원격탐사 원리와 방법

원격탐사 원리와 방법

이규성 지음

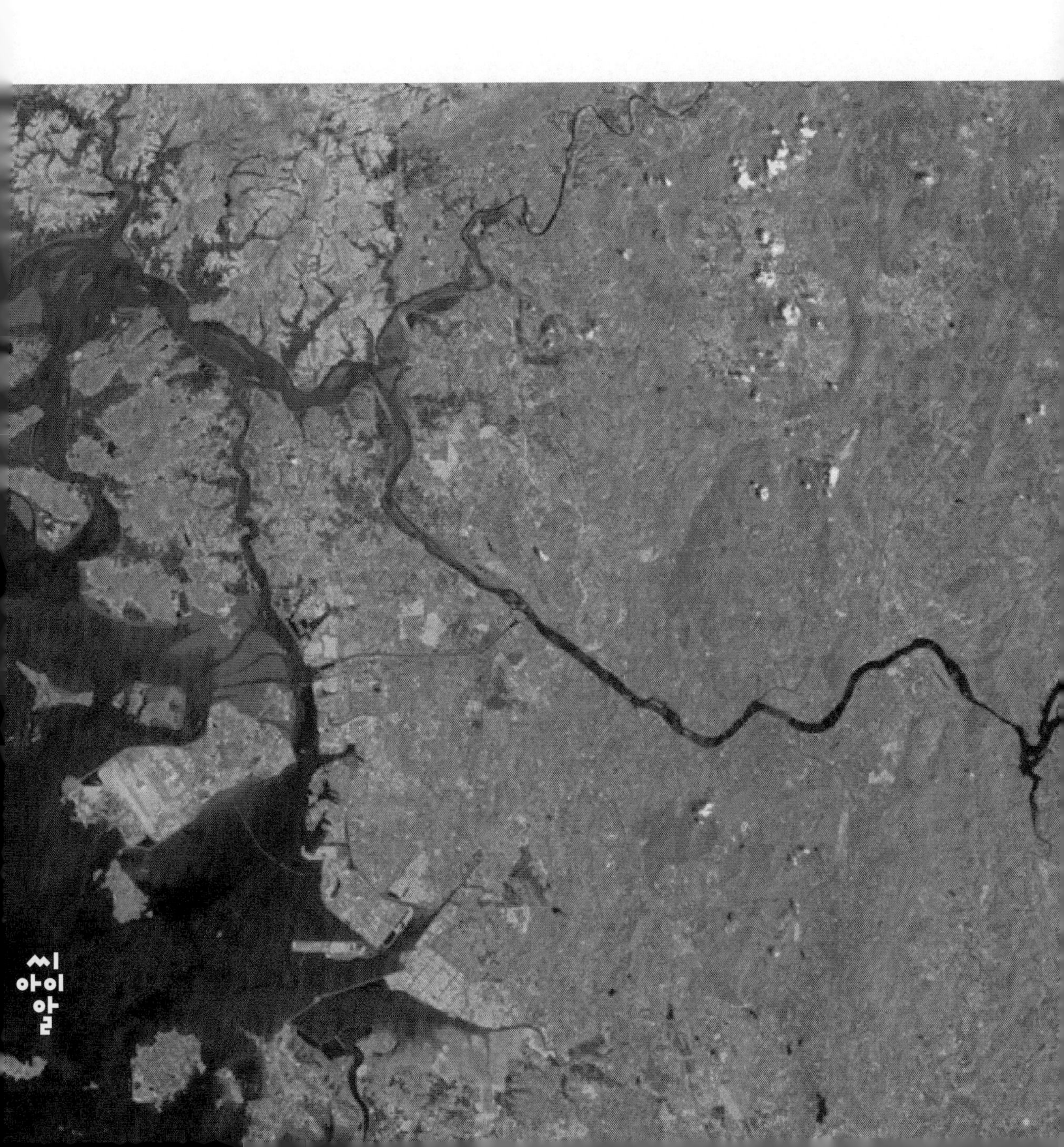

서 문

집필 작업과 함께 시작된 코로나 바이러스가 원고를 마친 지금도 수그러들지 않고 있다. 어느 우주인이 우주에서 지구를 보고 '아름다운 별'이란 감동의 찬사를 보냈던 게 무색하게, 지금 지구는 병들어가고 있다. 매일 위성에서 촬영된 다양한 영상이 전달되는 요즘, 우주에서 바라보는 지구의 모습은 옛 우주인이 감탄했던 아름다운 별이 아니다. 원격탐사 기술은 해마다 엄청난 면적의 열대우림이 사라지고, 북극의 빙하가 줄어들고, 태평양 해수면 온도가 상승한다는 사실을 밝히고 있다.

대학원생 시절 어느 교수님이 우리는 지구의 모습을 육안으로 처음 본 인류 첫 세대라는 얘기에 가슴 벅차했던 기억이 새롭다. 지구 정보를 수집하는 수단으로서, 원격탐사가 등장한 지 60년이 되었다. 약 40년 전 한국에도 원격탐사가 소개된 이래 비약적인 기술의 발달과 활용이 이루어졌다. 짧은 도입 역사에도 불구하고, 다목적실용위성, 정지궤도복합위성, 차세대 중형 위성 등 여러 기의 지구관측위성을 운영하고 있으며, 다양한 분야에 원격탐사 기술이 보급되었고 활용 또한 늘어나고 있다. 대학에서도 공간정보, 토목, 지리, 지구과학, 도시, 산림, 농업, 환경 등 다양한 전공에서 원격탐사 강의가 이루어지고 있다.

국내 원격탐사 기술 및 연구 수준을 뒷받침할 적절한 전문서적이 절대적으로 미흡하다. 대학에서 사용하는 원격탐사 교과서는 원서 또는 번역본이 주를 이루고 있다. 이 책은 두 그룹의 독자를 위하여 준비했다. 먼저 대학 또는 대학원에서 원격탐사 강의를 위한 교과서로 사용될 수 있도록, 원격탐사 전반적인 내용을 포괄적으로 다루었다. 한 학기 강의로는 다소 많은 분량이다. 각 전공에 적합한 내용을 부분적으로 발췌하여 강의할 수 있다. 두 학기로 나누어 강의한다면, 원격탐사 자료 획득 과정과 자료의 특성을 다루는 5장까지 내용과 위성영상의 종류와 영상처리를 다루는 6, 7장으로 구분할 수 있다.

이 책이 지향하는 두 번째 독자그룹은, 여러 분야에서 원격탐사자료를 다루고 활용하는 모든 현업 종사자다. 초고해상도 무인기 다중분광영상부터 저해상도 인공위성영상까지 원격탐사자료는 많은 분야에서 활용되고 있다. 현업에서 직접 원격탐사 영상자료 처리와 활용을 담당하는 전문가는, 종종 본인들이 다루고 있는 특정 분야에 국한된 원격탐사 기술에 갇혀 있는 경우가 있다. 이 책에서는 원격탐사시스템의 거의 모든 부분을 망라한 포괄적인 내용을 담고 있기 때문에, 현실 세계 문제 해결을 위한 종합적인 해답을 구하는 데 조력하고자 했다.

이 책은 모두 7장으로 구성되었지만, 각 장별 내용과 비중이 크게 다르다. 1장은 원격탐사의 서론적인 내용으로, 원격탐사의 정의, 개발 역사, 정보 획득 과정을 다룬다. 또한 이 책에서 설명할 주요 원격탐사시스템을 구분하는 기준과 종류를 설명한다. 2장은 원격탐사자료 획득에 사용하는 전자기복사 에너지의 기본적인 특성과 원격탐사자료의 신호특성과 관련된 내용을 다룬다. 또한 광원에서 센서까지 전자기복사 전달과정을 구성하는 대기와 중요 지표물의 분광특성을 다룬다.

3장부터 5장까지는 원격탐사시스템을 구성하는 사진시스템, 전자광학시스템, 마이크로파시스템으로 나누어, 각 시스템에 속하는 중요 센서의 종류와 구조 그리고 원격탐사자료의 특성을 다룬다. 3장의 사진시스템은 필름을 이용한 과거의 원격탐사자료로서, 지난 100여 년 가까이 사용한 항공사진에 대한 간단한 내용을 다룬다. 항공사진을 포함한 컬러영상의 육안 판독을 위한 해석 방법을 함께 다룬다. 4장은 가장 보편적인 전자광학시스템으로, 다중분광시스템부터 초분광 및 열적외선시스템까지 매우 다양한 종류의 전자광학센서의 구조와 각 영상자료의 기본적인 특성을 다룬다. 5장은 마이크로파 영역의 영상레이더와 수동 마이크로파시스템을 다룬다. 비록 마이크로파는 아니지만, 능동형 시스템으로 최근 여러 분야에서 많이 활용하는 LiDAR시스템을 포함한다.

6장은 원격탐사의 중요 부분인 지구관측위성에 관한 내용으로, 지구관측위성의 현황, 중요 위성영상의 종류와 특징, 그리고 한국의 지구관측위성 사업의 진행 과정과 향후 계획을 포함한다. 또한 국가별 지구관측위성 사업의 추진과정과 현황에 관한 내용을 간단히 설명한다. 마지막 7장은 원격탐사 영상처리를 다루는데, 워낙 방대한 주제이므로 전체 분량의 1/3 이상을 차지한다. 원격탐사자료의 분석이 대부분 컴퓨터 영상처리를 통하여 이루어지므로, 디지털 영상자료의 구조와 특성, 영상통계값, 영상 디스플레이와 같은 기초적인 내용부터 시작한다. 또한 원격탐사자료에 포함된 오류와 잡음을 제거하기 위한 전처리 과정인 복사보정과 기하보정을 다룬다. 전처리를 마친 영상자료에서 정보 추출을 위한 영상 합성, 영상 강조, 영상 변환 등의 내용과 함께, 영상처리의 궁극적인 단계인 영상 분류를 마지막으로 다룬다. 7장에 소개되는 영상처리 내용의 예시는 대부분 한국 지역의 원격탐사영상을 이용했다.

원격탐사가 한국에 소개된 지 40년이 지났지만, 아직까지 많은 원격탐사 용어를 적절한 우리말로 옮기지 못하고 있다. 이 책에서 사용하는 용어는 가급적 한글로 표현했지만, 용어의 혼란을 방지하고자 영어 표기를 함께 했다. 익숙하지 않은 원어 용어를 저자 주관으로 번역한 경우도 있는데, 독자에게 적절한 의미 전달이 미흡하면 이는 전적으로 저자의 책임이다. 원격탐사 용어의 적절한 우리말 번역은 가급적 많은 이들의 참여가 필요하다. 본문에 인용한 논문은 가급적 국내에서 발표된 논문을 위주로 선정하고자 했다. 국내에 많은 원격탐사 분야 전문가들이 있으며, 그들의 연구 성과를 부분이나마 반영하고자 했다. 참고문헌은 본문 중에 인용된 문헌뿐만 아니라,

해당 장에 관련된 중요 문헌은 인용 여부와 상관없이 포함했다.

이 책은 많은 이들의 노력과 도움을 모은 것이다. 먼저 인하대학교에서 원격탐사 강의에 참여했던 많은 학생들에게 고마움을 표한다. 그들의 적극적인 강의 참여와 평가를 통하여 매년 보완이 이루어졌으며, 그 내용의 상당 부분이 이 책의 바탕을 이룬다. 또한 원격탐사연구실을 거쳐간 많은 대학원생들에게도 고마움을 표한다. 그들이 학위과정에서 수행했던 연구 내용이 강의 내용을 새롭게 하는 데 큰 밑받침이 되었다. 독자층이 매우 한정된 전문서적 출간이 쉽지 않은 상황임에도, 선뜻 출판을 결정하여 이 책이 나오기까지 많은 수고를 해주신 도서출판 씨아이알 모든 여러분께 깊은 감사를 드린다. 마지막으로, 항상 따뜻한 미소와 격려로 응원해준 아내와 삼종이에게 큰 사랑의 고마움을 전한다.

인천 용현벌 교정에서

이규성

| CONTENTS |

CHAPTER 04 전자광학시스템

CHAPTER 05 마이크로파 및 라이다시스템

CHAPTER 06 지구관측위성과 위성영상

CHAPTER 07 원격탐사 영상처리

CHAPTER

원격탐사 정의 및 과정

CHAPTER 01

원격탐사 정의 및 과정

1980년대 초반 국내에 소개된 원격탐사는 현재 여러 기의 지구관측위성을 운영할 만큼 보편화된 기술이 되었으며, 지역적 규모의 국토관리부터 동아시아 환경모니터링에 이르기까지 폭넓게 활용하고 있다. 본 장에서는 원격탐사의 정의 및 기능을 알아보고, 원격탐사의 개발 역사를 살펴보고자 한다. 더 나아가 원격탐사의 전반적인 과정과 원격탐사시스템을 구분하는 기준을 다루고자 한다.

1.1 원격탐사 정의 및 기능

현재까지도 한국에서 원격탐사가 친숙한 용어는 아니지만, 점점 이해의 폭이 넓어지고 있다. 원격탐사 어원의 유래와 정의를 기능적인 측면에서 살펴보고자 한다.

원격탐사 정의

'Remote sensing'은 1960년대 초반 미국에서 처음 사용된 용어다. 1960년대는 미국과 소련이 경쟁적으로 우주 기술을 개발하는 시점으로, 초기 위성부터 카메라를 탑재하여 지구관측을 시작했다. 인공위성을 이용한 지구영상 촬영은 기존의 항공사진 카메라와 구별되는 특징을 가지고 있으며, 영상의 처리 및 판독 과정에도 차이가 있기 때문에 새로운 용어가 필요했다. 인공위성에서 촬영한 영상은 주로 가시광선을 이용하는 항공사진과 달리 가시광선과 적외선 또는 마이크로파 등 다양한 전자기파를 이용했으며, 영상센서 또한 항공사진 카메라와 구별되는 특성을 가지고 있었다. 따라서 기존의 항공사진 판독과 항공사진 측량보다 훨씬 포괄적인 의미인 remote sensing

이란 용어를 사용하기 시작했다. 특히 1972년에 발사된 최초의 민간 지구관측위성인 Landsat-1호에서 촬영된 다중분광영상의 처리와 활용에 관한 연구가 활발히 진행되면서 remote sensing이란 용어의 사용이 점차 확산되었다.

한국에서는 1980년대 초반 관련 연구소 및 국가기관의 실무자들끼리 연구회를 조직하여 활동하면서, remote sensing을 '遠隔探査'로 번역하여 사용하기 시작했지만, 일반인들에게 널리 보급된 용어는 아니었다. 물론 지금도 remote sensing을 원격탐사가 아닌 다른 용어(원격탐측, 원격감지 등)로 사용하는 사례가 있다. 1984년 대한원격탐사학회의 설립과 함께 원격탐사란 용어가 자리를 잡았고, 이후 40여 년 가까이 사용하고 있다. 동일한 한자 문화권이지만 중국과 일본에서는 우리와 다른 용어를 사용하는데, 중국에서는 remote sensing을 직역하여 '遙感(요감)'이란 용어를 사용하며, 일본에서는 영어 발음 그대로 표기하여 리모트센싱(モートセンシング)을 사용한다. 프랑스를 비롯한 불어권에서는 télédétection란 합성어로 remote sensing 대신 사용한다.

원격탐사는 사전적인 정의부터 구체적 기술 영역을 포함한 세부적인 정의까지 매우 다양하게 정의된다. 가장 일반적인 정의는 미국사진측량원격탐사학회(American Society of Photogrammetry and Remote Sensing, ASPRS)에서 다음과 같이 공시하고 있다.

> "Remote Sensing is the art, science, and technology of obtaining reliable information from noncontact imaging and other sensor systems about the Earth and its environment, and other physical objects and processes through recording, measuring, analyzing and representation(ASPRS, 2009)."

이를 간단히 축약하면 "원격탐사는 지표물에 관한 정보를 물리적 접촉 없이 획득하는 과학과 기술"로 표현되는데, 이와 유사한 정의는 여러 곳에서 찾아볼 수 있다. 원격탐사에 관한 기본적인 정의를 보다 확장하여, 원격탐사의 대상과 과정을 명확하게 정의하는 사례도 있다. 특히 Lillesand 등(2015)은 세계적으로 널리 사용하는 원격탐사 교과서에서 다음과 같이 원격탐사를 정의하고 있다.

> "관심의 대상이 되는 물체, 지역 또는 현상에 물리적으로 접촉하지 않는 측정기기를 통하여 얻어진 자료를 분석하여 그 관심 대상에 관련된 정보를 얻는 과학과 기술(The science and art of obtaining information about an object, area, or phenomenon through the analysis of data acquired by a device that is not in contact with the object, area, or phenomenon under investigation)"

원격탐사의 일반적인 정의를 종합하면 특정 지형지물, 지역 또는 지표 현상에 대하여 직접적인 접촉 없이 여러 종류의 센서를 이용하여 자료를 획득하여, 사물, 지역 또는 지표 현상과 관련된 정보를 추출하는 과학 또는 기술이라고 할 수 있다. 그러나 이러한 학문적 정의만으로 원격탐사의 정확한 의미를 전달하는 데 한계가 있다. 원격탐사의 의미를 보다 명확하게 전달하기 위해서는 원격탐사자료의 형태와 센서를 탑재하는 수단(platform)을 명시하여 설명할 수 있다. 즉 원격탐사는 지상, 항공기, 인공위성 등에 탑재되는 카메라, 전자광학센서, 영상레이더 등의 센서를 이용하여 원격탐사자료를 획득하고, 이러한 자료를 분석하여 정보를 획득하는 일련의 과정을 포함하는 기술 또는 학문이라 할 수 있다. 원격탐사에 포함되는 기술의 범위는 항공사진, 인공위성영상, 해저음파영상, 지하탐사자료 등을 모두 포함하는 포괄적 개념과 광학센서 및 마이크로파센서로 획득되는 항공영상과 위성영상을 주 대상으로 하는 좁은 의미의 개념이 있을 수 있다.

최근에는 remote sensing의 용어를 확장하여 'remote measurement(원격측정)'이란 새로운 용어를 사용하기도 한다(Green 등, 1998). 이 용어는 2000년대에 등장한 초분광 원격탐사(hyperspectral sensing)에서 비롯된 용어다. 초분광영상에서는 모든 화소에 해당하는 지표물의 완전한 분광반사자료를 얻을 수 있는데, 이는 그동안 지상에서 분광계(spectrometer) 측정을 통해서만 얻을 수 있는 정보다. Remote measurement라는 새로운 용어가 등장한 배경은, 현재 원격탐사 기술이 과거 실험실이나 현장에서 직접 측정을 통하여 얻을 수 있었던 정량적인 정보를 얻는 단계에 접근하고 있다는 의미다. 원격탐사에서 추구하는 정보의 성격이 점차 정량적으로 바뀌는 추세를 감안한다면, 원격측정이란 용어의 등장도 자연스러운 현상이다.

원격탐사는 원격에서 목표물의 정보를 획득하는 기술로 정의되지만, 목표물과 센서와의 거리를 구분하는 기준은 뚜렷하지 않다. 실제 지구 원격탐사에서 가장 기본적인 대상물인 식물, 물, 토양 등 주요 지표물의 분광반사 특성은 분광계를 이용하여 현장이나 실험실에서 측정한다. 현장이나 실험실에서 분광반사율을 측정하면, '무접촉'이라는 원격탐사 정의에 위배되는 모순이 생길 수 있다. '원격'의 의미를 너무 엄격하게 해석할 필요는 없지만, 일반적으로 센서와 목표물 간의 거리에 따라 원격탐사시스템을 구분하는 경우도 있다. 원격탐사시스템은 센서와 지표물과의 거리에 따라 위성, 항공, 지상의 세 가지로 나눌 수 있다(그림 1-1).

위성원격탐사는 현재 보편적인 원격탐사 분야로 인공위성에서 전 지구를 주기적으로 촬영하고 있으며, 한 번에 촬영되는 면적도 최소 수십 km에서 수천 km 폭에 이르기까지 광범위한 지역을 대상으로 한다. 위성원격탐사 초기에는 미국 및 유럽의 소수 위성에 의존했으나, 지금은 한국을 비롯하여 많은 나라에서 자국의 원격탐사 위성을 보유하고 있다. 더 나아가 여러 민간 기업에서 상업 목적의 위성영상을 공급하고 있다. 항공원격탐사는 인공위성이 개발되기 전까지 가장 대표적인 정보 획득 수단이었고, 지금도 항공사진 측량과 판독을 위한 중요 수단으로 사용한다.

항공기에서 촬영범위는 주로 지역적 규모로 국한되어 있고, 비행 고도에 따라 수십 km^2에서 수백 km^2 면적을 대상으로 한다. 현재는 무인항공기의 확산에 따라 기존의 항공사진보다 저고도에서 간편하게 초고해상도 영상 촬영이 가능하므로, 항공원격탐사의 새로운 영역으로 발전하고 있다. 지상원격탐사는 주로 현지에서 사람과 차량에 의한 원격탐사자료를 획득하는 방식이며, 이러한 지상원격탐사자료는 위성 및 항공원격탐사자료를 해석하고 처리하기 위한 참조자료로 많이 이용된다. 위성 및 항공원격탐사에서 얻어지는 정보는 궁극적으로 지상실측자료를 이용한 검증과정을 통하여 정보의 정확성과 신뢰도를 확보하게 되므로, 지상원격탐사는 원격탐사의 기초를 제공하는 역할을 한다.

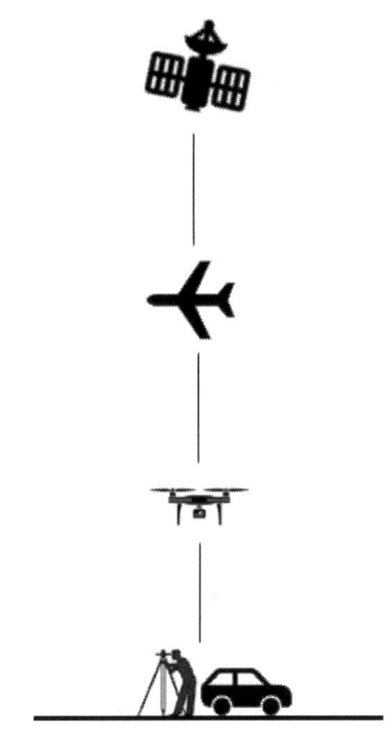

그림 1-1 원격탐사센서와 지표물 사이의 거리에 따른 원격탐사시스템의 구분

인공위성, 항공기, 지상에서 얻어지는 원격탐사자료는 각각 고유의 기능과 특성을 가지고 있지만, 많은 경우 한 종류의 원격탐사자료만으로 완전한 정보의 추출이 어렵다. 즉 인공위성에서 얻어지는 자료만으로는 정확한 정보추출에 한계가 있기 때문에, 지상이나 항공기에서 얻은 자료를 함께 사용해야 한다. 가령 광범위한 지역의 농작물 작황조사의 경우, 위성에서 얻어지는 원격탐사자료만으로 정확도와 신뢰도를 갖춘 완전한 정보를 얻기 힘들기 때문에, 지상측정 자료 및 항공영상에서 얻은 정보를 위성영상에 접목했을 때 정확한 정보의 추출이 가능하다. 따라서 원격탐사의 성공적인 활용을 위해서는 위성자료와 함께 항공 및 지상측정 자료를 유기적으로 연계하여 처리해야 하는 경우가 많다.

원격탐사의 기능

원격탐사 기술이 등장한 배경에는 현지조사, 측량, 항공사진측량 등 기존 방법과 비교하여 새로운 정보를 얻을 수 있다는 장점을 가지고 있기 때문이다. 원격탐사는 우선 한 번에 넓은 지역을 대상으로 정보 획득이 가능하다. 원격탐사 위성인 Landsat은 한 번에 185km 폭의 넓은 지역을 촬영하므로, 현지조사 및 항공사진을 이용한 과거의 방법보다 많은 시간과 노력을 단축할 수 있었다. 또한 인공위성 원격탐사는 정치적인 상황이나 물리적 환경 때문에 접근이 불가능한 지역의 정보를 얻을 수 있다. 예를 들어 외국의 영토나 극지를 대상으로 지도를 제작하거나 토지피복 상태와 관련된 정보 획득은 위성원격탐사만이 유일한 방법이다.

원격탐사는 이러한 지리적 장점과 함께 보다 빠른 시간에 저렴한 비용으로 정보를 획득할 수 있다. 교통과 통신의 발달로 전 지구 모든 지역에 대한 공간정보의 요구는 날로 높아지고 있으며, 원격탐사는 이러한 요구를 효과적으로 충족할 수 있는 기술로 인식되고 있다. 또한 센서 기술의 발달로 과거에는 얻을 수 없었던 새로운 형태의 정보 획득이 가능하게 되었다. 가령 지구 온난화로 인한 북극 지역 얼음의 계절적 분포는 수동 마이크로파 원격탐사로 비교적 정확하게 파악할 수 있게 되었고, 이러한 정보는 원격탐사 기술의 발달로 새롭게 얻을 수 있는 정보라고 할 수 있다.

물론 원격탐사가 많은 장점을 가지고 있지만, 현지조사 및 항공사진측량과 같은 기존의 방법과 비교하여 단점도 있다. 우선 광범위한 지역을 대상으로 빠른 정보 획득이 장점인 반면에, 원격탐사로 얻는 정보의 정확도와 신뢰성은 현지조사나 항공사진측량보다 상대적으로 낮은 편이다. 좁은 지역에서 정확한 정보를 얻기 위해서는 아직까지 현지조사나 해상도가 높은 항공사진에 의존하는 경우가 많다. 물론 원격탐사 영상센서 및 자료분석 기술이 빠른 속도로 발전하고 있지만, 정확하고 신뢰도가 높은 공간정보 획득을 위해서는 원격탐사와 기존의 조사방법을 병용하는 접근 방법이 적용되고 있다.

과학 또는 기술

원격탐사는 원격에서 정보를 얻는 과학과 기술로 정의되었으나, 초기에는 원격탐사의 성격에 대하여 다소 논란이 있었다. 원격탐사가 발전하면서 그러한 논란은 많이 소멸되었고, 현재의 원격탐사는 과학과 기술의 성격을 모두 포함하고 있다. 과학을 자연 현상에 대한 보편적인 진리를 탐구하는 학문으로 정의한다면, 원격탐사에서 다루는 지구 표면의 다양한 물체의 분광반사 특성이나 전자기파의 복사전달 과정과 관련된 부분은 과학의 성격에 부합된다. 기술은 과학과 달리 인류를 위하여 무언가를 만들고 제어하는 물리적인 방법이나 수단으로 정의하는데, 위성영상에서 필요한 정보를 추출하기 위한 다양한 영상처리 기법 등은 원격탐사가 기술로 분류될 수 있음을 보여준다. 과학과 기술은 독립적으로 존재할 수 있으나, 과학적 지식을 바탕으로 고도의 기술이 개발될 수 있으며, 과학 또한 기술적 발전을 토대로 새로운 사실을 밝혀낼 수 있다.

원격탐사가 다양한 지구 표면의 정보를 얻는 효과적인 방법이 되기 위해서는, 과학과 기술의 성격이 모두 필요하다. 현재 한국을 비롯하여 아시아 및 북미 지역의 산림에 심각한 피해를 끼치고 있는 참나무시들음병(oak wilt disease)에 감염된 임목을 적기에 탐지하고 피해 확산 방지를 위하여, 원격탐사를 활용하는 사례를 통하여 원격탐사 '과학'과 '기술'의 성격을 구분해본다(그림 1-2).

시들음병에 감염된 참나무의 생리적 변화와 그에 따른 잎의 광학적 특성과 관련된 내용은 원격탐사 과학이라 할 수 있다. 물론 이러한 지식은 원격탐사뿐만 아니라 식물생리학 및 산림과학 등과의 협업을 통하여 얻어진다. 참나무시들음병에 감염된 나무의 상부 엽층에 나타나는 분광반사 특성은 실험실 및 현지에서 정밀한 측정을 통하여 얻을 수 있으며, 이를 토대로 영상의 신호 특성을 예상할 수 있다. 원격탐사 과학을 통하여 얻어진 참나무시들음병 감염목의 광학적 특성을 토대로, 피해를 효과적으로 관측하고 탐지하기 위한 센서의 개발이나 영상자료 처리기법을 개발하는 것은 원격탐사 기술의 영역이라 할 수 있다. 원격탐사의 성공적인 활용을 위해서는 탐지하고자 하는 지표물 또는 지표 현상의 광학적 특성을 밝히고, 원격탐사 신호의 특성을 예측하는 원격탐사 과학이 선행되어야 한다. 비교적 짧은 역사를 가지고 있는 원격탐사는 식물학, 해양학, 지구과학, 수문학, 대기과학 등의 여러 학문 분야와 함께 원격탐사 신호의 특성을 밝히는 기초적인 사실을 구명해야 하며, 이를 토대로 정확한 정보를 얻기 위한 영상자료 분석 및 처리 기술이 개발되어야 한다.

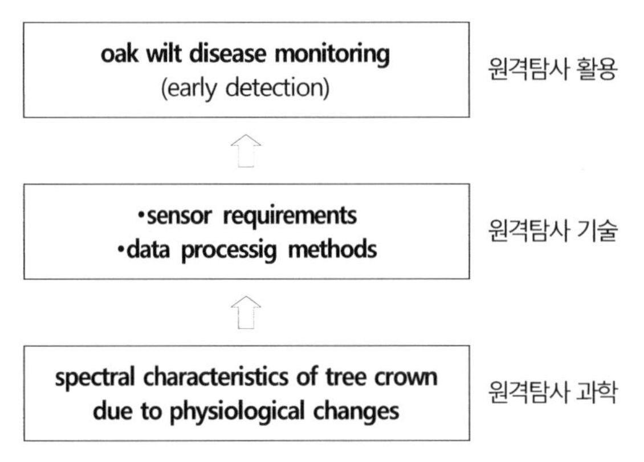

그림 1-2 참나무시들음병 탐지 사례를 통하여 원격탐사 과학과 기술의 성격을 구분

1.2 원격탐사 개발 역사

항공사진을 포함한 원격탐사의 개발 역사는 100여 년이 조금 넘는 짧은 기간이지만, 현대 과학기술에 힘입어 급속도의 발전을 이루었다. 현재의 원격탐사는 지역적 규모의 지도제작에서부터 지구 전 지역의 공간적 변화를 매일 관측할 수 있는 단계에 이르렀다. 이에 추가하여 화성과 같은 외계 혹성의 지도를 제작하는 분야까지 활용이 확대되고 있다. 본 장에서는 원격탐사의 개발 역사를 단순히 시대 순으로 열거하지 않고, 현재의 원격탐사 발전에 기여한 중요한 기술 분야를

토대로 설명하고자 한다. 이에 추가하여 한국의 원격탐사 역사도 간단히 살펴보고자 한다.

표 1-1 주요 기술적인 발전으로 본 원격탐사의 개발 역사

중요 기술	시기	내용
사진의 발명	1826	• 최초의 사진 발명(1826년 프랑스) • 두루마리형 셀룰로이드 필름 발명(1889년 미국 코닥사)
항공사진	1906~2000	• 열 기구 및 연을 이용한 항공사진 촬영(1860년대) • 비행기 발명 및 항공사진 촬영(1903년 라이트 형제) • 항공사진 카메라 개발(제1차 세계대전) • 항공사진측량기술 개발(1930년대)
컬러/컬러적외선 사진	1940~2000	• 최초 컬러 사진 발명 • 컬러적외선 사진 개발 및 활용(베트남전쟁)
초기 위성사진	1960년대	• 최초 인공위성 Sputnik 발사 • 군사 목적의 위성사진 촬영 • 디지털 영상센서 개발 • Remote Sensing 용어 처음 사용
위성 원격탐사	1972~	• 최초 민간 지구관측위성 발사(1972년 ERTS) • Landsat 위성 사업으로 위성원격탐사 기술 확산 • 각국에서 공공 목적의 지구관측위성 발사 및 운영 • 수백 기의 지구관측위성 운영 중 • 미소 냉전체제의 붕괴로 인한 군수산업의 민간 진출로 민간 기업에 의한 상업용 고해상도 위성영상 공급(1999년 IKONOS)
위성영상 산출물	1999~	위성영상 공급 단계에서 벗어나 사용자에게 필요한 정보의 형태로 가공 처리된 산출물(products) 제공(1999년 MODIS에서 비롯)
상시 지구관측	2010년대~	• 재해 재난을 비롯하여 적기에 전 지구관측이 가능한 체계를 구축 • 정지궤도 위성영상의 활용 확대(SEVIRI, 천리안 GOCI) • 수백 개의 소형/마이크로 위성 운영(Planet사 등)
무인기 원격탐사	2010년대~	드론을 비롯한 소형 무인항공기를 이용하여 간편하게 항공영상 촬영이 가능

항공사진

가장 오래된 원격탐사자료는 사진(photography)이다. 세계 최초의 사진은 1826년 프랑스의 조제프 니엡스(Joseph N. Niépce)가 촬영한 사진으로 어두운 방의 한쪽 벽에 작은 구멍을 뚫어 그 반대편 벽에 외부 풍경이 맺히게 하는 장치를 이용하여 찍은 것이다. 그 후 필름 역할을 하는 감광판을 이용하여 사진을 촬영한 후, 이를 다량의 사진으로 인화하는 사진술로 발달했다. 1889년에는 미국 코닥사에서 셀룰로이드를 사용하여 제조한 필름을 생산하기 시작했다. 사진술이 보편화되면서 측량이나 지도제작을 위하여 공중에서 넓은 지역을 촬영할 필요가 증가했다. 그러나 비행기가 발명되기 이전이므로, 무거운 카메라를 공중에 띄울 마땅한 수단이 없었다. 최초의 항공사진은 1860년대 열기구를 이용하여 촬영하였는데, 이때 촬영한 항공사진은 지금과 같은 연직사진이

아닌 측면에서 관측용으로 촬영된 사각사진(oblique photograph)이다(그림 1-3). 이 시기의 항공사진은 열기구 외에도 커다란 연에 카메라를 탑재하여 촬영하기도 했다(그림 1-4).

그림 1-3 1860년대 프랑스와 미국에서 열기구를 이용하여 촬영된 최초의 항공사진

그림 1-4 연을 이용하여 촬영한 항공사진(1906년 샌프란시스코 대화재 후)

1903년 미국 라이트 형제가 최초의 항공기를 개발한 후, 항공사진 촬영이 가능해졌다. 항공기에서 촬영한 최초의 항공사진 중에는 라이트 형제가 비행기 판매 영업을 위하여 이탈리아의 군부대를 촬영한 사진이 있다. 이후 항공사진 기술은 군사목적의 지도제작 및 정찰용으로 발달했다. 제1차 세계대전 중에 전투지역을 중심으로 항공사진 촬영을 통하여 지도를 제작했고, 매일매일의 전투 상황을 파악하기 위하여 항공사진 촬영이 빈번하게 이루어졌다. 이 시기에 개발한 카메라는 지금의 항공사진 카메라와 거의 유사한 형태를 갖추고 있다(그림 1-5). 제1차 세계대전이 끝난 후에 항공사진측량 기술이 본격적으로 개발되었고, 입체 항공사진을 이용한 3차원 지형정보 획득과

지도제작 기술이 비약적으로 발전했다. 제2차 세계대전이 시작되기 전인 1930년대부터 항공사진은 비단 지도제작뿐만 아니라, 토지이용, 산림자원조사, 고고학, 토양조사, 지질도 제작 등 여러 민간 분야에서 활용되기 시작했다.

그림 1-5 제1차 세계대전 중에 개발된 항공사진 카메라

컬러 및 컬러적외선 사진

컬러 사진은 1935년 미국 코닥사에서 최초로 개발했지만, 기술적인 문제와 흑백 사진에 비하여 과다한 비용 때문에 활용이 매우 드물었다. 컬러 사진은 1970년대 이후 일반에서 보편적으로 사용했지만, 항공사진 측량이나 판독 분야에서는 비용 문제로 활용이 드물었다. 항공사진 분야에서는 컬러 사진보다 컬러적외선 사진에 대한 관심이 오히려 높았다. 위장된 군사 목표물을 탐지하기 위한 목적으로, 1940년대 초반부터 컬러적외선 필름의 개발을 시작했다. 식물이 붉은색으로 보이고, 다른 지표물도 육안에 익숙하지 않은 색으로 보이므로 위색(false color) 사진으로 불리기도 했다. 컬러적외선 사진은 베트남전쟁에서 밀림에 위장된 군사 기지 및 장비를 탐지하는 목적으로 판독 기술이 개발되었다. 근적외선에서 식물의 독특한 반사 특성을 이용하여 식물과 다른 물체를 쉽게 구별하고, 병충해로 인한 식물 피해를 조기에 탐지하기 위한 용도로 컬러적외선 항공사진의 활용이 증가했다. 컬러적외선 사진은 컬러 사진이나 흑백 사진보다 선명한 영상을 얻을 수 있고 다양한 지표물의 구분이 용이하다는 장점 때문에, 미국 및 유럽에서는 디지털항공사진이 등장하기 전까지 농업 및 산림 등 식물 관련 분야에서 널리 활용되었다.

필름으로 촬영된 항공사진은 2000년대에 디지털카메라가 본격적으로 보급되면서 급격한 내리막길을 걷기 시작하였다. 사진 분야에서 선도적인 기술 개발과 전 세계 필름 시장을 차지했던 미국의 코닥사가 2012년 파산 신청을 할 정도로, 필름 기반의 항공사진 시대는 끝이 났다. 현재 항공사진은 디지털 항공카메라로 촬영되고 있으며, 100년 넘게 가장 중요한 원격탐사자료였던 항공사진은 이제 수명을 마쳤다. 그러나 항공사진은 과거의 공간정보를 기록한 역사적으로 중요한 자료로서, 한국을 비롯한 많은 나라에서 과거에 촬영한 항공사진을 디지털영상자료로 보존하여 활용하고 있다.

초기 위성사진

1957년 구 소련에 의하여 최초의 인공위성인 Sputnik호가 발사됨으로써 우주 개발이 시작되었고, 미국도 1958년 국가항공우주국(NASA)을 설립하여 Explorer 위성을 발사했다. 1960년대 미국과 소련의 냉전체제에서 경쟁적으로 많은 위성을 발사했고, 인공위성에 카메라 및 전자광학센서를 탑재하여 지구영상을 촬영하기 시작했다. 1960년대의 위성사진은 군사목적으로 촬영한 비밀자료로 민간에게 공개되지 않았다. 초기 위성사진은 대부분 인공위성에 탑재된 카메라에서 촬영한 필름이 낙하되어 지상에서 회수하는 방식으로 획득했다. 그러나 필름카메라는 곧 새로운 형태의 전자광학영상센서로 대체되었고, 가시광선 영역을 벗어난 적외선 영상이 등장했다. 또한 영상자료를 무선으로 송수신하는 기술을 통하여 종전의 항공사진 측량 또는 판독의 영역과 구분되는 '원격탐사(remote sensing)'란 새로운 용어가 등장했다.

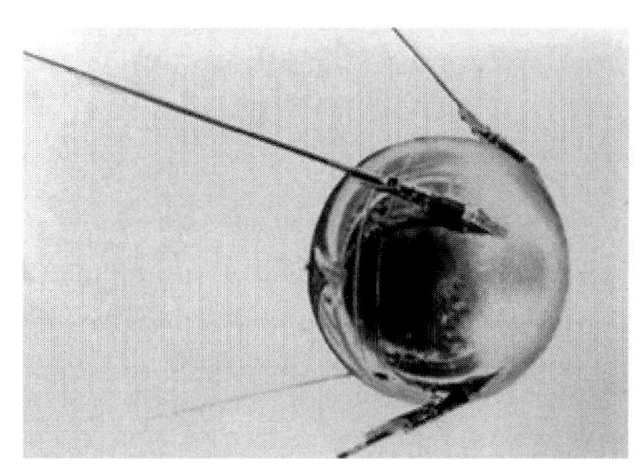

그림 1-6 1957년에 발사된 인류 최초의 인공위성인 Sputnik

인공위성 원격탐사

민간 목적으로 처음 개발한 지구관측위성은 1972년 미국 NASA에서 발사한 지구자원기술위성(Earth Resources Technology Satellite, ERTS)이다. ERTS는 실험 목적으로 발사했으나, 기대 이상으로 세계적인 관심을 끌게 되어 사실상 인공위성 원격탐사 시대를 시작한 매우 중요한 의미를 가진 위성이다. ERTS는 후에 NASA가 본격적인 지구관측위성 사업을 운영하면서 Landsat-1호로 명칭을 바꾸었다. Landsat-1 발사 이후 개선된 성능의 전자광학센서를 탑재한 위성들을 지속적으로 발사했다. 현재 운영 중인 Landsat-8호 위성에 이르기까지, Landsat 사업은 지난 50년 동안 가장 널리 활용하는 다중분광영상을 제공하고 있으며, 원격탐사 기술의 발전에 큰 역할을 했다.

Landsat 사업의 성공에 따라, 1980년대부터 세계 각국에서 경쟁적으로 지구관측위성을 발사하였다. 프랑스에서 1986년부터 시작한 SPOT 위성 사업은 상업용 위성영상 공급을 표방하였으나, Landsat을 비롯한 후속 지구관측위성의 대부분은 국가기관에서 공공 목적으로 개발했다. 현재 한국을 비롯하여 세계 여러 나라 및 민간 기업에서 수백 기의 지구관측위성을 운영하고 있지만, 위성영상의 품질 및 공급의 안정성 때문에 Landsat 영상은 현재까지 널리 활용되고 있다. 물론 Landsat이나 SPOT 위성과 다른 사양을 갖춘 새로운 영상센서를 탑재한 위성들이 많이 발사되었으며, 관측 대상을 육상, 해양, 대기, 극권 등으로 특성화하여 영상을 촬영하는 위성들도 개발되었다.

위성원격탐사 기술의 발달과 함께 고해상도 영상에 대한 요구도 높아졌다. 1990년대 초반 미국과 소련의 냉전체제 붕괴로 인하여, 정찰위성 관련 기술이 민간 분야로 전환되면서 고해상도 영상을 판매할 목적으로 상업용 위성의 개발이 시작되었다. 당시 빠른 속도로 보급이 확대된 지리정보시스템(GIS) 시장을 겨냥한 고해상도 영상의 공급을 위하여, 여러 다국적 기업에서 상업용 지구관측위성이 개발되었다. 1999년 최초의 상업용 고해상도 영상을 공급할 IKONOS 위성이 발사되었다. 상업용 지구관측위성 사업은 빠른 속도로 발전하고 있으며, 사용자가 원하는 고해상도 영상을 빠른 주기로 촬영하는 능력을 갖추고 시장을 확대하고 있다.

위성영상 산출물

위성영상의 공급이 확대되면서 다양한 분야에서 원격탐사영상의 활용이 증가했다. 그러나 원격탐사영상에 익숙하지 않은 사용자들이 원하는 정보를 추출하기 위해서는, 원격탐사영상의 기본적인 특성을 이해하고 디지털 영상처리 방법을 알아야 한다. 예를 들어 환경생태 및 농림업 분야에서는 다중분광영상에서 추출된 식생지수 자료를 널리 사용하고 있다. 그러나 식물분야 사용자들이 정확한 식생지수 자료를 산출하기 위한 일련의 영상처리 과정을 이해하기는 쉽지 않다. 위성원격탐사가 확대되면서 이러한 문제점이 꾸준히 지적되었고, 이를 해결하기 위하여 위성영상 공급자가 영상자료에서 사용자가 원하는 정보를 직접 산출하여 제공하기 시작했다. 위성에서 촬영된 영상을 가공 처리하여 사용자들이 원하는 정보의 형태로 처리된 결과물을 활용산출물(application products)이라고 한다. 영상과 함께 산출물을 제작하여 공급한 최초의 사례는 1999년 NASA에서 발사한 Terra위성에 탑재된 MODIS에서 시작했다(NASA, 2021).

MODIS는 저해상도 광학센서로서 매일 전 지구를 촬영할 수 있는 넓은 촬영폭을 가지고 있으며, 육상, 해양 및 대기를 관측하기 위하여 가시광선부터 열적외선까지 모두 36개의 분광밴드로 구성되어 있다. MODIS는 발사 전부터 육상, 해양 및 대기 분야의 사용자들이 필요로 하는 정보를 산출하는 알고리즘을 개발했고, 발사 후에는 수신된 원 영상을 자동으로 처리하여 산출물을 제작 공급하였다. 표 1-2는 MODIS 위성영상을 처리하여 사용자에게 필요한 정보로 가공 처리된 산출물의 종류를 보여준다. MODIS와 같이 단순히 위성영상을 공급하는 단계에서 벗어나, 사용자에게 필요한 정보 형태로 처리한 산출물을 제공함으로써 원격탐사의 실질적인 활용이 확대되었다. 활용산출물은 MODIS뿐만 아니라, 최근의 많은 지구관측위성에서도 공급하고 있다. 한국에서도 2010년에 발사한 COMS(천리안위성, 정지궤도복합위성)에서 촬영한 해색영상도 기본적인 영상자료와 함께, 해양 분야의 사용자에게 필요한 해수면 클로로필 농도와 같은 산출물을 제공하고 있다.

표 1-2 MODIS영상을 처리하여 사용자에게 필요한 정보로 가공 처리된 주요 활용산출물(application products)의 종류

원 영상
(raw image)

활용 분야	산출물(products)
육상	• 표면반사율 • 식생지수 • 엽면적지수 • 토지피복도 • 표면온도 및 산불 등
해양	• 해수면 표면온도 • 클로로필 농도 • 용존 유기/무기 탄소 등
대기	• 에어로졸 • 구름 • 가강수량 등
극권	적설(snow cover), 해빙(sea ice) 등

상시관측 체계

홍수 및 산불 등의 재해를 비롯하여 특정 시점에 발생한 변화 관측을 위하여 빠른 촬영주기를 갖춘 영상의 필요성은 날로 증가하고 있다. 대부분의 지구관측위성은 극궤도에서 운영되므로 동일 지역을 반복하여 촬영할 수 있는 주기는 한계가 있다. 그러나 2010년 이후 다양한 방법으로 지구 어느 곳이라도 원하는 시기에 영상을 얻을 수 있는 상시관측 체계를 갖추어가고 있다. 지구관측위성에서 촬영주기를 빠르게 하여 원하는 시기의 영상을 촬영할 수 있는 여러 가지 방법이 있다. AVHRR 및 MODIS와 같이 촬영폭을 넓게 하여 지구 전역을 하루에 한 번 촬영하는 오래된 방법이 있지만, 영상의 공간해상도가 낮은 문제가 있다.

촬영주기를 높이기 위한 다른 방법은 여러 기의 위성을 동시에 운영하는 것이다. Rapideye 위성

은 5기의 위성을 동시에 운영하여, 5m급 해상도 영상을 5일 주기로 촬영한다. 최근에는 고해상도 전자광학카메라를 탑재한 200기 이상의 초소형 위성을 동시에 운영함으로써, 사용자가 원하는 시기의 영상을 공급하고 있다. 빠른 영상 촬영을 위한 또 다른 대안으로 정지궤도 위성을 이용하는 방법이 있다. 정지궤도 위성은 주로 기상위성 또는 통신위성이지만, 최근에는 정지궤도에서 일정 지역을 상시 관측하는 원격탐사시스템이 개발되고 있다. 2010년 한국에서 발사한 천리안위성(COMS)에 탑재된 해색센서(GOCI)는 한반도를 중심으로 사방 2500km 되는 지역을 하루에 8회 촬영함으로써, 해양뿐만 아니라 육상관측에서도 획기적인 전기를 마련하였다. 정지궤도 영상은 높은 촬영주기와 함께 점차 공간해상도와 분광해상도를 개선해가고 있다.

무인기 원격탐사

현재 무인기는 취미, 촬영, 운송 등 다양한 용도로 활용이 급증하고 있으며, 원격탐사에서도 무인기 탑재를 위한 새로운 영상센서 및 영상처리 기술이 빠른 속도로 발전하고 있다. 기존의 항공기 및 인공위성에 얻어지는 영상보다 해상도가 월등히 높은 영상을 저비용으로 얻을 수 있고, 현장에서 직접 영상 촬영이 가능하므로 다양한 분야에서 활용되고 있다. 이미 수치사진측량 기술을 무인기영상에 적용하여 기하보정, 정사모자이크 제작, 수치고도자료 획득이 가능하며, 단순한 판독 목적의 영상획득 단계를 넘어 정밀 지도제작에 이용하고 있다. 무인기영상 초기에는 부피가 작고 가벼운 디지털카메라를 주로 사용했지만, 무인기에 적합한 소형 다중분광카메라 및 초분광카메라, 레이저 센서 등이 등장하고 있다. 무인기 원격탐사 기술은 위성원격탐사 이후 가장 획기적인 기술로 다양한 분야에서 활용이 확대되고 있다.

한국의 원격탐사

한국에서 '원격탐사'란 용어는 1980년대 초반부터 사용했지만, 최근까지 항공사진이 가장 주된 원격탐사자료였다. 한국에서 항공사진은 나름 오래된 역사를 가지고 있다. 일제시대에 특정 목적을 위하여 부분적으로 촬영된 항공사진이 존재하고 있지만, 전국적인 항공사진 촬영은 1950년대 군용 지도제작을 목적으로 시작했다. 민간 영역에서 항공사진의 활용은 1960년대에 군에서 촬영한 사진을 이용하여 토양조사, 도시계획, 산림조사 등에 산발적으로 시도되었다. 1970년대에 국가적 사업으로 전국적인 항공사진 촬영이 이루어졌으며, 이를 토대로 국가기본도인 지형도를 우리 기술로 제작하기 시작했다. 또한 항공사진판독을 통하여 전국 산림자원조사 사업이 이루어졌다. 항공사진을 이용한 지형도, 임상도, 토양도 등 전국적인 규모의 국토정보를 획득하는 기술적 진전은 빠르게 이루어졌다. 그러나 항공사진을 이용한 지도제작은 대부분 정부사업으로 진행되었으며, 민간 영역에서 항공사진의 이용은 매우 제한적이었다. 항공사진이 보안자료로 분류되어 촬영부터 배포, 보관, 이용이 엄격하게 관리되었기 때문에, 다양한 분야에서 항공사진의 활용은 이루어지지 않았다.

1980년대 초반에 Landsat 위성영상 및 전자광학영상을 이용한 원격탐사 기술이 국내에 소개되었고, 정부기관 및 연구소를 중심으로 원격탐사 기술의 활용에 관심이 높아졌다. 1984년 대한원격탐사학회가 설립되어 관련 전문가 그룹의 활동이 시작되었고, 대학에서도 토목공학, 지리학, 지구과학, 농림학 분야에서 원격탐사 강의가 개설되기 시작했다. 1999년에는 한국 최초의 지구관측위성인 KOMPSAT-1호가 발사된 이래 원격탐사는 공간정보 획득 및 국토관리를 위한 기반 기술로 인식되기 시작했다. KOMPSAT-1호 위성 이후 센서 성능이 향상된 전자광학 및 레이더 영상센서를 탑재한 후속 위성들이 운영되고 있으며, 차세대 중형 위성 사업과 같이 현업에서 활용 가능한 위성영상이 공급되고 있다. 또한 세계 최초로 해색센서를 탑재한 정지궤도 천리안위성이 발사되어 독자적인 지구관측 능력을 갖추게 되었다. 인터넷 환경에서 항공사진 및 고해상도 위성영상을 이용한 지도서비스가 시작되면서, 한국에서도 항공사진에 대한 보안 규정을 완화하여 민간기업 및 국가기관에서 고해상도 영상을 이용한 독자적인 지도서비스가 제공되어 일반인들도 원격탐사 기술을 쉽게 접할 수 있게 되었다.

1.3 원격탐사 과정

원격탐사는 원격에서 자료를 획득하고, 이 자료를 처리 분석하여 필요한 정보를 추출하고 이용하는 일련의 과정으로 이루어진다. 원격탐사 과정은 지구 표면의 특정 물체 또는 현상으로부터 반사 또는 방사되는 전자기에너지를 센서로 감지하여 원격탐사자료를 얻는 자료 획득 단계와 이를 처리·분석하여 목표물에 관한 정보를 추출하는 자료분석 단계로 구분할 수 있다. 원격탐사 과정을 가장 쉽게 설명할 수 있는 예로서, 인간이 사물을 보고 인식하는 과정을 들 수 있다. 물체에서 반사된 빛을 동공 뒤의 시세포에서 감지하여 영상신호를 생성한 후 이를 뇌로 전달되면, 뇌에서는 영상에 나타난 물체의 명암, 색깔, 질감, 크기 등을 고려하여 그 물체의 종류와 특성을 파악하는 일련의 과정이 원격탐사와 동일하다. 그림 1-7은 원격탐사의 전반적인 과정을 보여주고 있는데, 자료 획득과 자료분석 단계를 거쳐 최종 사용자에게 필요한 정보를 제공하는 정보이용 단계까지 포함한다.

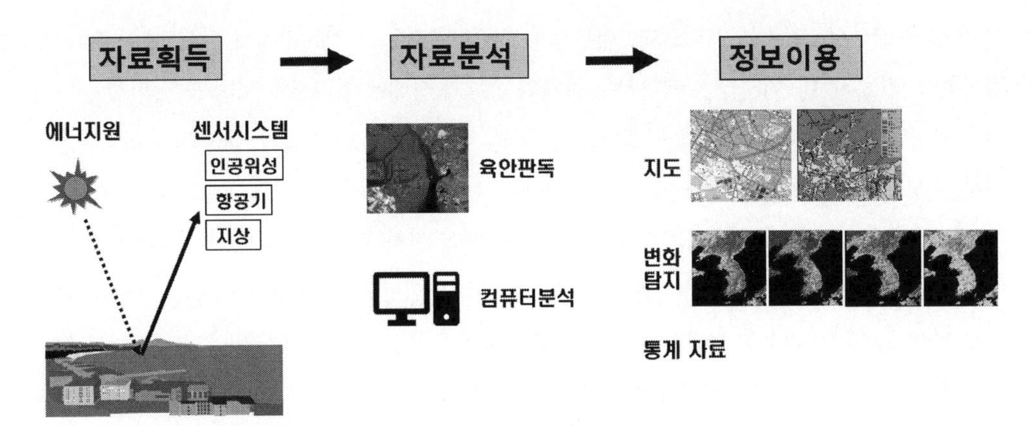

그림 1-7 자료 획득부터 정보 이용에 이르기까지 원격탐사의 과정

자료 획득

원격탐사의 자료 획득은 지구 표면에서 반사(reflected) 또는 방출(emitted)되는 전자기에너지를 센서에서 감지하여 원격탐사자료로 기록하는 과정이다. 원격탐사자료 획득 과정은 에너지의 전달경로를 따라 에너지원, 대기, 지표물, 센서의 네 가지 요소로 구성되어 있다.

먼저 지구 표면의 정보를 센서까지 전달하는 에너지가 필요한데, 원격탐사는 대부분 전자기에너지를 사용한다. 물론 초음파, 중력, 지진파 등을 이용하여 수중 및 지하 정보를 획득하는 특수한 형태의 원격탐사가 있으나, 일반적인 원격탐사에서는 대부분 태양에서 비롯된 전자기에너지를 사용한다. 센서 스스로 전자기에너지를 방출하여 영상자료를 획득하는 영상레이더도 있다. 레이더 원격탐사는 센서에서 마이크로파를 지표면으로 송신한 후, 지표면에서 반사되는 신호를 기록함으로서 자료를 얻는다. 해저지형도 제작 및 수중 탐사에서 에너지 전달경로는 물인데, 물은 전자기에너지를 대부분 흡수하므로 장거리 전달이 불가능하다. 따라서 수중 원격탐사는 물속에서 장거리 이동이 가능한 초음파에너지를 사용하기도 한다.

전자기에너지는 에너지원에서 지구 표면까지, 그리고 지구 표면에서 센서까지 전달경로를 갖는다. 대부분의 원격탐사시스템은 이와 같은 양방향의 전달경로를 갖지만, 열적외선 원격탐사는 지구 표면에서 스스로 방출하는 열적외선 에너지가 직접 센서로 전달되는 형태이므로, 지구에서 센서까지 한쪽 방향으로만 전달경로를 갖는다. 지구관측위성 및 항공기에서 얻어지는 자료는 전달경로가 대기층이므로, 원격탐사자료에 기록된 신호는 대기를 통과하면서 대기입자에 의한 영향을 받는다. 따라서 위성이나 항공기에서 촬영한 원격탐사자료에서 정확한 지표면의 정보를 추출하기 위해서는 대기영향을 보정해주는 처리가 필요한 경우가 많다.

지구 표면에 도달한 전자기에너지는 지표면과 접촉과정에서 반사, 흡수, 투과되며 물체의 종류와 특성에 따라서 그 비율이 다르다. 대부분의 원격탐사자료는 지표면에서 반사되는 에너지를 감지하여 생성되는데, 반사되는 에너지는 물체의 종류와 상태에 따라서 다르며 또한 파장에 따라서 달라진다. 따라서 지구 표면을 구성하고 있는 물, 식물, 토양, 암석 등의 주요 지표물의 파장별 반사 특성을 이용하기 위하여 여러 파장구간에서 촬영한 다중분광영상을 주로 이용한다.

원격탐사자료 획득 과정의 마지막 요소는 지표물에서 반사 또는 방사된 전자기에너지를 감지하여 자료를 생성하는 센서다. 원격탐사센서는 항공기 및 인공위성에 탑재되어 넓은 지역을 대상으로 영상자료를 얻지만, 지상에서 지표물의 정확한 반사 특성을 파악하기 위한 측정기기도 원격탐사센서로 분류할 수 있다. 센서에 따라 얻어지는 원격탐사자료의 종류와 특성은 매우 다양하다. 각 센서에서 감지할 수 있는 빛의 파장영역, 촬영할 수 있는 면적, 영상의 해상도 등을 고려하여 사용 목적에 적합한 센서를 선정해야 한다.

자료 분석

원격탐사자료의 형태는 필름으로 촬영되어 생성된 아날로그 형태의 항공사진과 컴퓨터에서 처리되는 디지털 영상자료로 나눌 수 있다. 디지털 영상자료는 컴퓨터 영상처리 기법을 이용하여 필요한 정보를 추출하는 게 일반적인 분석방법이다. 컴퓨터 기술과 영상처리 기법의 발달로 영상분석 과정의 많은 부분이 사람의 개입을 최소화하는 자동화 기술로 발전하고 있다. 특히 최근 인공지능 기술을 적용하여 영상에서 특정 목표물을 자동으로 탐지하고, 여러 지표물을 사용자가 원하는 등급으로 분류하는 기법들이 날로 발전하고 있다.

그러나 모든 원격탐사자료의 분석이 컴퓨터 영상처리를 통하여 이루어지는 것은 아니다. 필름을 이용한 아날로그 항공사진은 더 이상 촬영하지 않지만, 과거 수십 년 동안 축적된 항공사진의 판독 기법은 아직도 매우 유용한 자료분석 방법이다. 항공사진이나 디지털영상자료를 육안으로 판독하여 필요한 정보를 추출하는 과정은 가장 기본적인 원격탐사자료 분석 방법이다. 과거에 인화된 항공사진이나 양화 필름을 육안으로 판독하는 대신, 컴퓨터 화면에 출력된 디지털영상을 판독하는 과정은 거의 동일하다. 영상처리 기법이 날로 발전하고 있지만, 숙련된 작업자의 경험과 지식을 이용한 육안판독을 완전히 대신할 수 없다. 따라서 현재 모든 원격탐사자료 분석은 육안판독과 디지털영상처리 기법을 혼용하여 이루어진다.

정보 이용

원격탐사자료에서 얻어지는 정보는 성격에 따라 정성적(qualitative) 정보와 정량적(quantitative) 정보로 나눌 수 있다. 정성적 정보는 지표물을 인식, 분류, 탐지하여 얻은 정보에 해당하며 토지피복분류, 산림의 수종 분류, 암석의 구분 등이 여기에 해당한다. 정량적 정보는 해수면의 엽록소 농도, 농작물의 엽면적지수, 토양 수분 등과 같이 영상의 각 화소에 해당하는 지점의 생물리적 특성과 관련된 정보다. 표 1-3은 원격탐사에 얻어지는 대표적인 정보를 활용 분야에 따라 정성적 성격과 정량적 성격으로 구분하여 나열했다. 초기 원격탐사에서는 토지피복 및 식생 구분 등 정성적 정보인 주제도(thematic map) 제작이 주된 목적이었으며, 센서 및 자료분석 방법도 정성적 정보 추출을 위하여 개발되었다. 그러나 원격탐사 기술의 발달과 함께 정성적 정보에 추가하여, 보다 정량적인 정보에 대한 요구도가 증가하였으며, 이를 반영하여 원격탐사센서 및 자료처리 기술이 발전하고 있다.

표 1-3 원격탐사에서 얻어지는 정보의 종류 및 특성

활용 분야	정성적(qualitative) 정보	정량적(quantitative) 정보
지도제작	주제도 제작(thematic mapping) －토지이용/토지피복동 －식생도 －지질도 등	지형도 제작(topographic mapping) －지형도 －3D 도시 모델 등
식생	• 농작물 분류 • 산림수종 분류 • 식물의 활력도 • 식물 피해 등	• 엽면적지수(LAI) • 식물생산량(productivity) • 생체량(biomass) • 유효광합성복사량(PAR) 등
해양/수질	• 혼탁도 • 홍수피해지 구분 • 해빙 분포 등	• 엽록소 함유량 • 해수면 표면온도(SST) • 적설량 등
토양/지질	• 토양 종류 • 암석 구분 • 지질 구조 등	• 토양 수분 • 표면온도 • 광물 함량 등
대기	• 구름 분포 • 황사 분포 등	• 수증기 함량 • 황사 농도 등

1.4 원격탐사시스템의 구분

원격탐사시스템을 지칭하는 용어는 매우 다양하다. 1960년대에 원격탐사라는 새로운 용어가 등장한 배경에는, 기존의 항공사진 카메라와 구별되는 다양한 종류의 새로운 영상센서의 개발이 있었다. 원격탐사시스템을 분류하는 기준은 에너지원, 파장영역, 자료의 형태, 탑재수단 그리고 관측대상 등이 있다(표 1-4).

표 1-4 원격탐사시스템의 구분

분류 기준	센서시스템
에너지원	• 수동형 센서(항공사진 카메라, 전자광학영상센서) • 능동형 센서(영상레이더, LiDAR)
파장 및 센서 구조	• 사진시스템 • 전자광학시스템(다중분광센서, 열적외선 영상센서 등) • 마이크로파시스템(영상레이더, 수동 마이크로파 탐측기)
자료 형태	• 영상센서 • 비영상센서(spectrometer, scatterometer, altimeter)
탑재 수단	• 위성 탑재 센서 • 항공기 탑재 센서 • 지상센서
관측 대상	• 육상관측 센서 • 해양관측 센서 • 대기관측 센서

에너지원

원격탐사시스템을 구분하는 첫 번째 기준은 원격탐사자료 획득에 필요한 에너지의 원천이다. 자료 획득에 필요한 에너지를 센서 외부에 의존하는 수동형(passive) 시스템과 센서 스스로 필요한 에너지를 공급하는 능동형(active) 시스템으로 나눈다. 쉬운 예로 일반용 카메라는 태양을 에너지원으로 피사체에서 반사되는 빛에너지를 촬영한다. 그러나 야간에 사진을 촬영할 경우에는 빛이 없기 때문에, 인공조명(flash)을 이용하여 촬영한다. 이와 같이 카메라에 부착된 인공조명 장치를 이용하여, 영상촬영에 필요한 빛에너지를 센서 스스로 제공하면 능동형 시스템이다.

항공사진 카메라 및 전자광학센서는 수동형 시스템으로 태양을 에너지원으로 영상을 취득하지만, 야간에는 지구 표면에서 반사되는 빛이 없으므로 영상 획득이 어렵다. 열적외선센서는 지표면에서 방출하는 전자기에너지를 감지하기 때문에 야간에도 영상 촬영이 가능하다. 열적외선센서도 수동형 시스템이지만, 에너지원이 태양이 아닌 지구인 점에서 구별된다. 야간이나 구름 등 기상 조건에 관계없이 영상을 촬영할 수 있는 영상레이더는 대표적인 능동형 시스템이다. 영상레이더는 항공기 또는 인공위성에서 마이크로파를 지표면으로 발사한 후 지표면에서 반사되는 에너지를 감지함으로써 영상을 촬영한다. 능동형시스템은 영상레이더 외에도 라이다(LiDAR)와 수중 및 해저탐사를 위한 초음파(side scan sonar) 센서가 있다.

파장영역

원격탐사시스템 분류의 중요한 기준은 목표물에서 반사 또는 방출하는 전자기에너지의 파장이다. 원격탐사시스템은 사용하는 파장영역에 따라 크게 사진시스템, 전자광학시스템, 마이크로파시스템의 세 가지로 나누며, 이는 원격탐사시스템의 가장 대표적인 분류 체계다(그림 1-8). 가장 오래된 원격탐사센서의 형태는 사진시스템이다. 사진시스템은 대부분 가시광선 영역의 에너지를 필름에서 감지하고, 적외선 필름을 사용할 경우 가시광선과 근적외선 파장의 일부분을 감지할 수 있다. 현재는 필름을 이용하는 사진시스템은 거의 소멸 단계지만, 지난 100여 년 가까이 축적된 원격탐사자료는 필름으로 촬영된 항공사진이다.

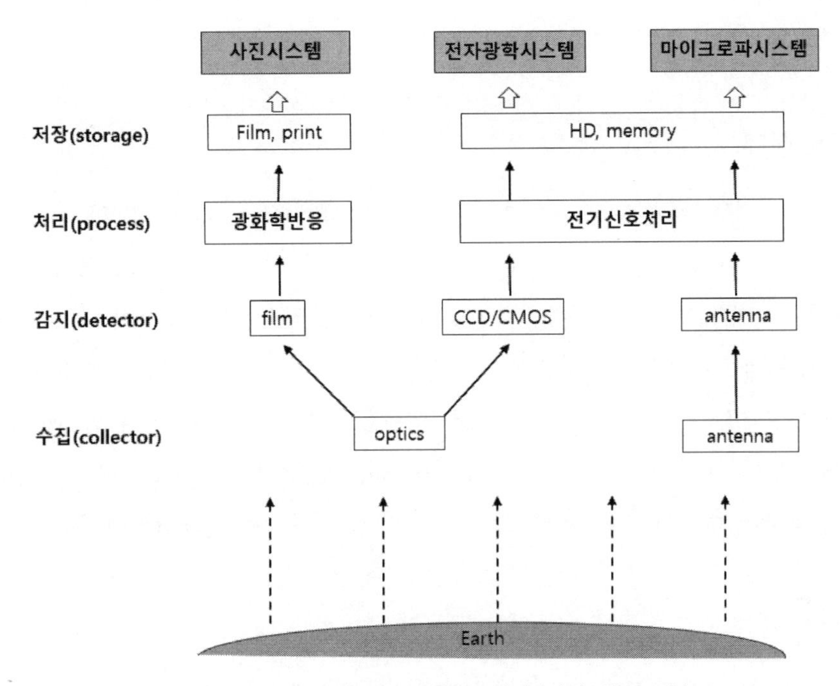

그림 1-8 파장과 센서 구조에 따른 원격탐사시스템의 구분

현재 가장 보편적인 원격탐사시스템은 전자광학(electro-optical) 센서다. 전자광학센서는 가시광선을 비롯하여 모든 적외선 파장영역을 감지할 수 있다. 특히 적외선 파장영역은 지구 표면에서 반사하는 적외선과 방출하는 적외선으로 구분되는데, 전자광학센서는 이 모든 파장의 적외선을 이용하는 시스템을 지칭한다. 사진시스템과 일부 파장영역이 중복되지만, 사진시스템에서 필름의 역할을 전자광학시스템에서는 감지기 또는 검출기(detector)가 대신한다. 사진시스템이나 전자광학시스템 모두 광학센서(optical sensor)에 포함되는데, 이는 지구 표면에서 반사 또는 방출되는 전자기에너지를 광학계(optics)를 통하여 수집하기 때문이다.

한국에서는 종종 '전자광학(EO)센서'란 용어를 디지털카메라와 유사하게 가시광선 및 근적외선 파장영역의 영상을 촬영하는 센서로 지칭하고, 열적외선 영상을 촬영하는 경우는 별도로 'IR

센서'로 지칭하기도 한다. 전자광학센서는 가시광선 및 모든 적외선 파장영역을 촬영할 수 있는 시스템이기 때문에, 열적외선을 포함한 모든 적외선센서는 당연히 EO센서의 일부분이다. 적외선 센서는 지표면에서 반사되는 적외선과 방출하는 열적외선으로 구분되므로, 현재 무분별하게 지칭하는 IR센서는 열적외선센서로 정확하게 사용해야 한다.

원격탐사센서 중 가장 긴 파장영역을 감지하는 마이크로파시스템이 있다. 가시광선 및 적외선보다 훨씬 긴 파장의 마이크로파시스템은 대기의 영향을 받지 않고, 야간에도 영상을 얻을 수 있는 장점이 있다. 마이크로파센서는 영상레이더와 같이 능동형 마이크로파시스템과 지구 표면에서 방출되는 미약한 마이크로파 에너지를 감지하는 수동형 마이크로파시스템으로 구분한다.

자료 형태

원격탐사시스템을 분류하는 또 다른 기준으로 자료의 형태가 있으며, 영상센서(imaging sensor)와 비영상센서(non-imaging sensor)로 구분한다. 대부분 원격탐사자료는 영상자료이므로 영상센서가 주를 이루고 있다. 영상자료란 지구 표면을 일정 크기의 해상공간으로 분할하여 영상신호가 이차원 배열 형태를 가진 자료다. 그러나 모든 원격탐사자료가 영상의 형태는 아니며, 단지 특정 지점 혹은 특정 선을 따라 감지된 신호만으로 구성되기도 한다. 가령 분광계(spectrometer)는 특정 지점의 파장별 반사율을 측정하는 센서로서, 자료는 분광반사곡선으로 표시한다. 비영상센서로는 복사계(radiometer), 고도계(altimeter), 마이크로파 산란계(microwave scatterometer) 등이 있다.

탑재 수단

원격탐사센서는 탑재 수단에 따라 항공기 탑재센서, 위성 탑재센서, 지상센서로 나눈다. 항공기 탑재센서와 위성 탑재센서로 촬영한 영상의 기본적 특성은 비슷하지만, 센서의 내구성 및 정밀도 등에 차이가 있다. 새로운 종류의 원격탐사 영상센서를 개발할 때, 먼저 항공기에 탑재하여 운영 시험을 하고, 그 뒤에 우주 환경에 맞게 성능을 개선해나가는 방법을 취한다. 대부분의 인공위성 탑재 전자광학센서 및 영상레이더시스템이 이러한 과정을 통하여 개발되었다. 최근에 무인항공기(UAV) 기술이 빠르고 급격하게 발달함에 따라 항공기 탑재센서에 큰 변화가 일어나고 있다. UAV 탑재에 적합한 소형의 경량 센서들이 개발되고 있다.

원격탐사자료는 대부분 항공기와 인공위성에서 얻어지지만, 지상에서 사람이 직접 촬영하거나 차량 및 고가사다리차에 탑재하여 자료를 얻는 원격탐사시스템도 있다. 이러한 지상센서의 대부분은 분광계 또는 레이더산란계와 같이 특정 지표물의 광학적 특성을 파악하기 위한 비영상 측정 장비가 주를 이루고 있다. 그러나 지상구조물 또는 문화재 유물 조사와 보존을 위하여 근접사진측량(close range photogrammetry)용으로 개발된 카메라와 레이저스캐너 등 지상용 영상센서도 있다.

관측 대상

원격탐사센서는 주요 관측 대상에 따라 육상센서, 해양센서, 대기센서로 구분되기도 한다. 최초의 지구관측위성인 Landsat은 그 이름에서 유추할 수 있듯이 육지 관측을 주목적으로 개발된 센서를 탑재하였다. 마찬가지로 SeaWiFs라는 위성 탑재센서는 해양을 주 관측 대상으로 하고 있으며, 1970년대부터 전 지구 규모의 환경 관련 연구에 매우 중요한 역할을 한 미국 해양대기청(NOAA) 위성에 탑재된 AVHRR은 해양과 구름관측을 주목적으로 개발된 센서다. 이와 같이 인공위성 원격탐사시스템은 주된 관측 대상을 설정하고, 그에 적합한 분광밴드와 공간해상도 등을 설정하였다. 가령 해색(ocean color)센서는 해수면의 클로로필 농도와 혼탁도 등이 주된 관심이므로, 물의 반사 특성에 따라 주로 가시광선 영역의 분광밴드가 많다. 또한 육상과 달리 해양에서는 공간적 변이 규모가 크기 때문에, 공간해상도 역시 육상센서와 다르게 km급으로 개발되곤 한다.

관측대상에 따라 육상센서 또는 해양센서로 구분하지만, 육상센서에서 얻어진 정보가 육상에서만 사용되는 것은 아니다. Landsat 영상도 연안 및 해양과 관련된 분야에서 많이 활용되었으며, 해양센서인 SeaWiFs도 해양관측과 동시에 산림 및 농지의 식물생육 모니터링 등 육상분야에서도 많이 사용되고 있다. 미국 NASA에서 전 지구 규모의 환경모니터링을 위해 개발된 MODIS의 경우 육상, 해양, 대기 관측에서 모두 활용될 수 있도록 36개 분광밴드를 갖추고 있다.

참고문헌

김광은, 김윤수, 2011. 국내 위성영상정보 수요 분석, 대한원격탐사학회지, 27(1): 1-7.

윤홍주, 1999. 위성원격탐사와 지구과학-위성해양학, 대한원격탐사학회지, 15(1): 51-60.

정형섭, 박상은, 김진수, 박노욱, 홍상훈, 2019. 한국의 원격탐사 활용, 대한원격탐사학회지, 35(6_3): 1161-1171.

ASPRS, 1999, Manual of Remote Sensing, Volume 3, Remote Sensing for the Earth Sciences, 3rd Edition, A. N. Rencz and R. A. Ryerson(Editors), p. 728.

Green R. O., M. L. Eastwood, and C. M., Sartureet, 1998 Imaging spectroscopy and the Airborne Visible Infrared Imaging Spectrometer(AVIRIS), *Remote Sensing of Environment,* 65:(3) 227-248 SEP.

Lillesand, T., R.W. Kiefer, and J. Chipman, 2015. Remote Sensing and Image Interpretation, 7th Edition, 736 pp., John Wiley & Sons, Inc., (ISBN: 978-1-118-34328-9)

NASA, MODIS homepage, https://modis.gsfc.nasa.gov/ 2021년 2월 확인.

Macdonald, R. B. A summary of the history of the development of automated remote sensing for agricultural applications, in *IEEE Transactions on Geoscience and Remote Sensing*, vol. GE-22, no. 6, pp. 473-482, Nov. 1984, doi: 10.1109/TGRS.1984.6499157.

CHAPTER

전자기복사와 분광특성

전자기복사와 분광특성

원격탐사에서 자료 획득의 대부분은 목표물에서 반사 또는 방출되는 전자기복사(electromagnetic radiation)에 의존한다. 해저 및 지하 원격탐사와 같이 전자기파가 투과하지 못하는 공간에서는 음파나 중력파 등을 이용하는 특수한 형태의 원격탐사가 있지만, 항공기 및 인공위성 원격탐사는 대부분 전자기에너지가 목표물의 정보를 센서로 전달하는 수단이 된다. 원격탐사자료 획득은 전자기복사의 이동 경로에 따라 에너지원(energy source), 목표물(target), 대기(atmosphere) 그리고 센서(sensor) 등 네 가지 요소로 구성된다(그림 2-1). 따라서 원격탐사자료가 얻어지는 과정을 이해하기 위해서는, 전자기복사의 기본적 특성과 함께 에너지원에서 센서까지 전자기복사의 이동에 관한 물리적 특성을 이해해야 한다.

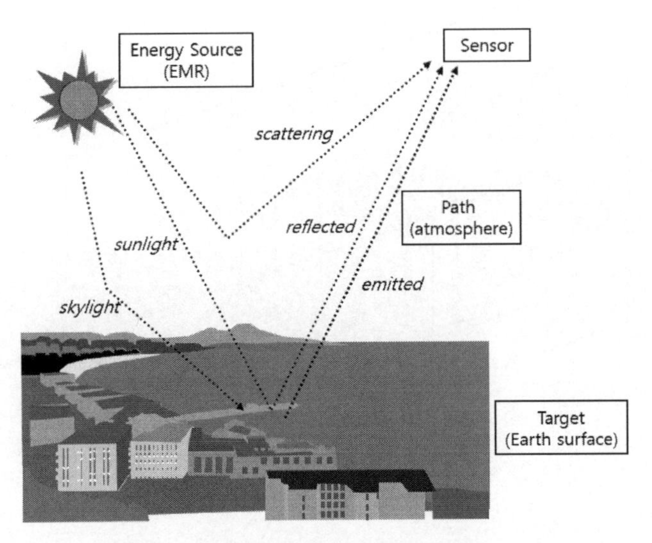

그림 2-1 원격탐사자료 획득 과정의 네 가지 요소

2.1 전자기복사 에너지

원격탐사는 결국 광원에서 목표물까지 그리고 목표물에서 센서까지 빛에너지가 전달되는 과정이다. 넓은 의미의 빛에너지는 전자기복사로 설명한다. 빛의 본질을 밝히기 위한 탐구는 지난 수천 년 동안 이어져 왔다. 전자기복사는 에너지가 광원으로부터 이동하는 과정이며, 그 본질은 파동 또는 입자의 이동으로 설명한다.

파동의 성질

전자기복사는 광원으로부터 파(wave)의 이동으로 설명할 수 있다. 그림 2-2에서 보듯이 전자기파는 전기장과 자기장이 서로 수직으로 교차하면서 시간에 따라 진행한다. 또한 전기장과 자기장은 전자기파의 진행방향에 수직이다. 전자기파의 진행 속도(c)는 통과하는 매체에 따라 결정되지만, 기본적으로 진공상태에서의 속도인 3×10^8m/sec로 취급한다. Sine곡선의 형태로 진행하는 전자기파가 1회 진동으로 전진한 거리는 파장(wavelength, λ)이며, 1초 동안 전자기파가 진동한 횟수를 주파수(frequency, f)라고 하며 단위는 헤르츠(Hz)로 표시한다. 전자기파의 속도 c는 상수이므로 전자기파의 분류는 다음의 식과 같이 파장 또는 주파수에 의해 구분된다.

$$c = f\lambda \tag{2.1}$$

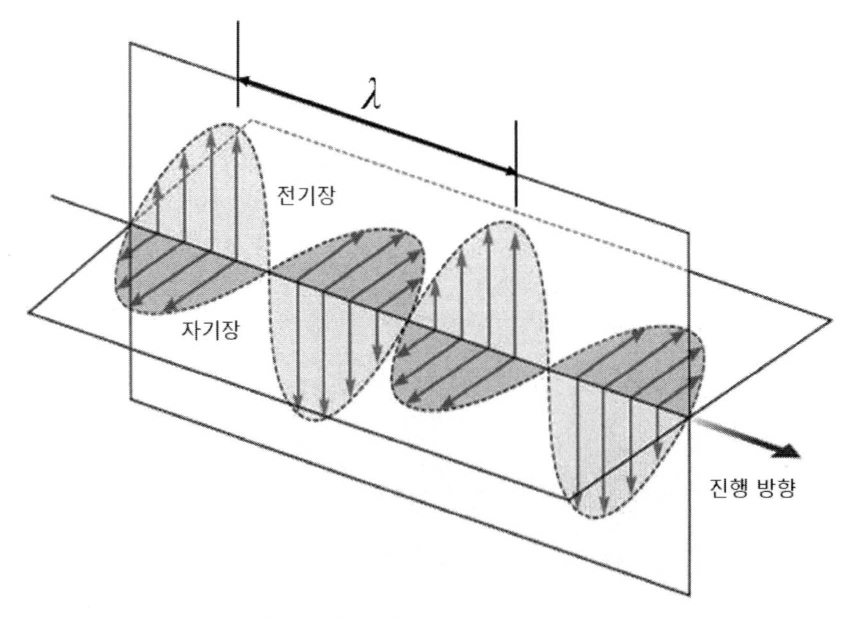

그림 2-2 에너지원으로부터 전자기파의 진행

전자기복사는 에너지이므로 전자기파가 도달하는 물체에 에너지가 전달되는 것이다. 원격탐사에서는 정보를 얻고자 하는 지표물에서 반사 또는 방출된 에너지가 센서에 전달됨으로써 원격탐사 신호를 생성하게 된다. 목표물과 관련된 정보는 센서에서 감지된 전자기파의 강도(amplitude)에 포함되는 경우가 대부분이다. 즉 센서에서 수신된 전자기에너지의 양은 전자기파의 강도에 비례하는데, 다중분광영상의 경우 파장에 따라 지표물에서 반사된 전자기파의 강도에 따라 영상 신호가 결정된다. 그러나 마이크로파 원격탐사에서는 수신되는 전자기파의 위상각(phase angle), 편광성(polarization), 주파수에 따라 정보를 얻는 경우도 있으며, 간섭레이더(interferometric SAR), 편광레이더(polarimetric SAR), 도플러 레이더 등이 여기에 해당한다.

입자의 성질

전자기복사의 주요 특징은 파동설로 설명되지만, 전자기에너지의 이동과 관련된 특징은 입자설로 설명해야 하는 경우도 있다. 입자설은 빛의 본질은 에너지를 가진 입자(photons, particles)의 이동으로 설명하는 이론이다. 하나의 입자가 가진 에너지의 양은 다음 식으로 나타낸다.

$$Q = hf \tag{2.2}$$

여기서 Q = 하나의 입자가 가진 에너지(joules)
h = 프랭크 상수(Plank's constant)(6.626×10^{-34} Jsec)
f = 주파수

이 식을 파동설의 식(2.1)의 주파수 f에 대입하면 다음 식(2.3)을 얻을 수 있다. 즉 한 개의 입자가 가진 에너지는 파장에 반비례하는데, 이는 원격탐사에서 중요한 의미를 갖는다. 원격탐사에서 사용하는 전자기파 중 파장이 비교적 긴 열적외선 또는 마이크로파를 이용하는 시스템은 가시광선이나 짧은 적외선을 이용하는 시스템보다 공간해상도가 낮다. 이는 지표면에서 방출되는 에너지의 양이 상대적으로 미약하기 때문에, 하나의 신호값을 얻기 위해서는 보다 넓은 공간에서 에너지를 수집해야 하나의 영상신호를 얻는 데 필요한 최소에너지를 얻을 수 있기 때문이다.

$$Q = \frac{hc}{\lambda} \tag{2.3}$$

그림 2-3은 Landsat-5호 위성에서 촬영한 인천지역 다중분광영상을 보여준다. 가시광선(a), 근적

외선(b) 및 단파적외선(c) 영상은 30m의 공간해상도를 갖지만, 파장이 긴 열적외선 영상(d)은 120m의 공간해상도를 갖는다. 열적외선 파장에서 전자기복사 에너지양은 파장이 짧은 다른 영상보다 낮기 때문에, 30×30m^{2}의 공간에서 감지한 에너지의 총량은 하나의 영상신호를 생성하기에 충분하지 않다. 따라서 영상신호를 생성하는 데 필요한 최소 에너지는 120×120m^{2}의 넓은 면적에서 수집해야 하므로 공간해상도가 낮다. 위성 수동 마이크로파 복사계(passive microwave radiometer)는 수십 km의 매우 낮은 공간해상도를 갖는다. 이 센서는 지표면에서 방출하는 cm급의 마이크로파를 감지하는데, 이 파장의 에너지는 열적외선과 비교해서도 매우 미약하므로, 수십 km 정도의 해상공간에서 방출되는 에너지를 수집해야 겨우 하나의 신호를 생성하는 데 필요한 최소 에너지가 된다.

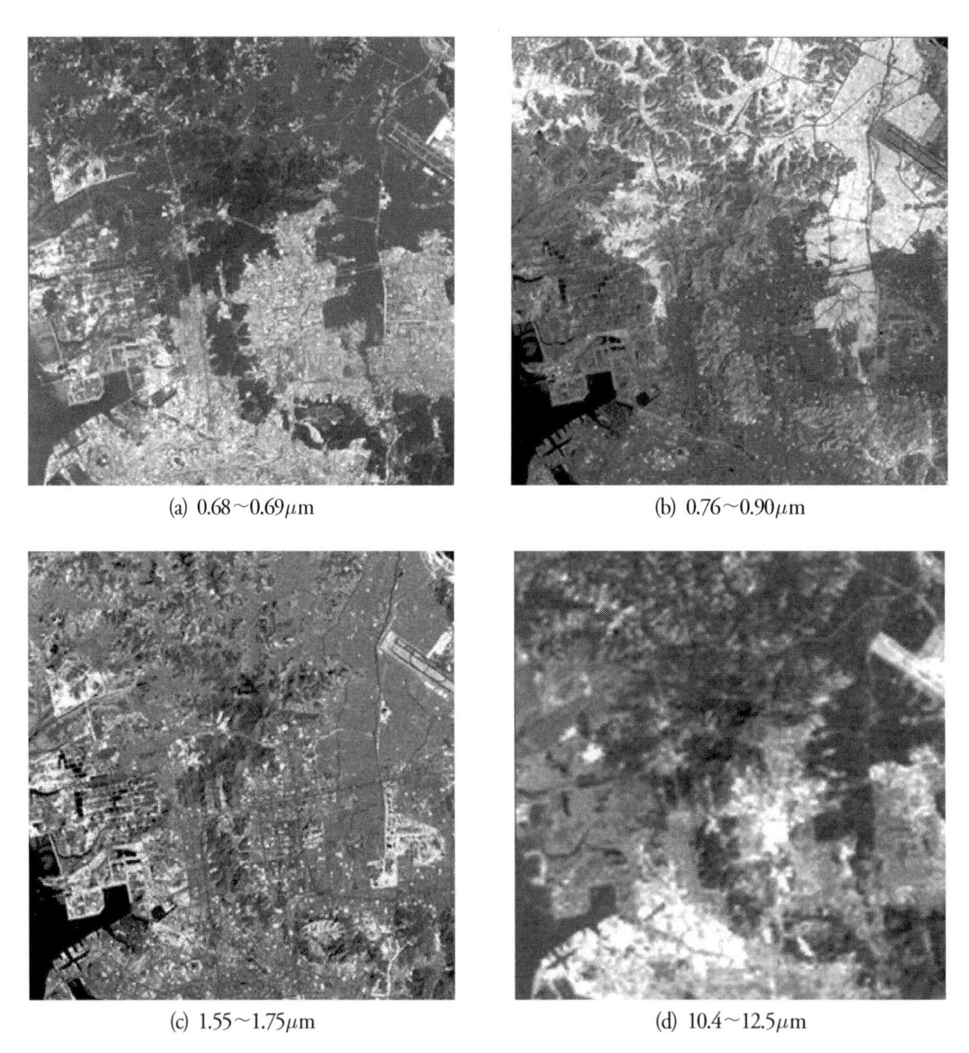

그림 2-3 열적외선 영상(d)은 짧은 파장의 가시광선(a), 근적외선(b), 단파적외선(c) 영상보다 공간해상도가 낮음

전자기파 스펙트럼

전자기파는 파장 또는 주파수에 따라 구분되는데, 파장이 아주 짧은 감마선부터 파장이 긴 라디오파까지 여러 종류로 나눈다. 그러나 원격탐사에서 사용하는 전자기파는 특정 부분만을 사용하고 있는데, 특히 지구 원격탐사에서는 가시광선, 적외선, 마이크로파의 세 종류의 전자기파를 사용한다. 그림 2-4에서는 지구 원격탐사에서 사용하는 전자기파의 명칭과 대략적인 파장영역을 보여준다. 가시광선 및 적외선 파장의 단위는 주로 마이크로미터(10^{-6}m, μm) 또는 나노미터(10^{-9}m, nm)를 사용하며, 마이크로파 파장의 단위는 주로 센티미터(cm)로 표시한다.

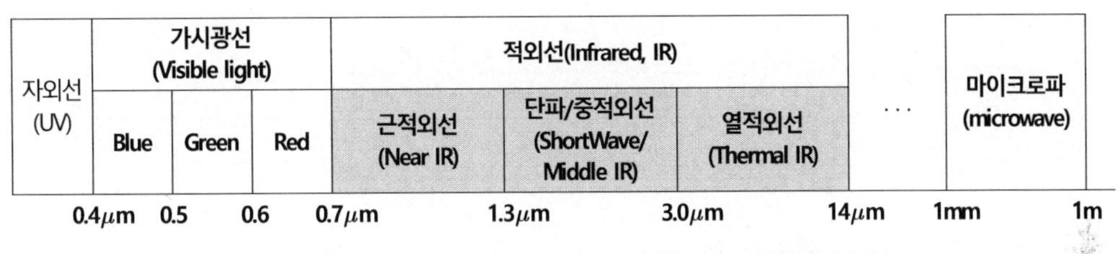

그림 2-4 지구 원격탐사에서 사용하는 전자기파 스펙트럼의 구분

전자기파의 구분은 파장 또는 주파수영역으로 구분하지만, 각 파장구간이 명확하지 않는 경우가 종종 있으며, 또한 분야에 따라 전자기파의 명칭도 상이한 경우도 있다. 본 장에서는 주로 원격탐사에서 사용하는 전자기파의 구분과 명칭을 다룬다. 가시광선은 파장이 400nm에서 700nm까지 구간을 말한다. 400nm가 가시광선과 자외선을 구분하는 절대적 경계는 아니며, 경우에 따라 350nm를 가시광선 또는 자외선(UV)으로 구분하기도 한다. 가시광선은 인간이 볼 수 있는 전자기파로 좁은 의미의 빛에 해당한다. 가시광선은 파장에 따라 무지개의 일곱 빛깔로 나누기도 하지만, 일반적으로 청색광, 녹색광, 적색광으로 나눈다. 세 가지 전자기파를 빛의 삼원색으로 지칭하며, 사람 눈이 색을 인식하는 원리 또는 컴퓨터 모니터 등 전자기기에서 색을 생성하는 데 사용된다. 가시광선에서 파장이 가장 짧은 자색광(violet light) 밖에 있는 빛은 자외선이라고 한다. 자외선은 대부분 대기 오존입자에 흡수되므로 지구 원격탐사에서는 거의 사용하지 않는다.

적외선(infrared, IR)은 가시광선 중 파장이 가장 긴 적색광의 바깥에 위치하기 때문에 적외선으로 지칭하며, 원격탐사에서는 매우 중요한 역할을 한다. 원격탐사에서 사용되는 적외선 영역은 대략 0.7μm에서 14μm까지 포함하는데, 적외선 영역 내에서 파장에 따른 적외선의 명칭은 학문 및 기술 분야에 따라서 매우 다양하다. 적외선을 구분하는 기준이 명확하지 않기 때문에 다소 혼란을 주기도 한다. 따라서 적외선 영역을 나타낼 때는 명칭과 함께 정확한 파장 또는 주파수를 함께 표시하는 게 좋다. 표 2-1은 원격탐사에서 사용하는 여러 적외선의 종류와 각각의 파장구간을 보여준다. 적외선은 크게 3μm를 경계로 반사적외선(reflected IR)과 방출적외선(emitted IR)으로 나눈다. 지구 표면에서 반사하는 적외선은 대략 3μm까지 해당되며, 그보다 긴 파장의 적외선은 지구 표면에서 스스로 방출하는 에너지 영역이다.

표 2-1 원격탐사에서 사용되는 적외선의 구분 및 파장영역

구분 1	구분 2	파장(μm)
반사적외선(reflected IR) 0.7~3.0μm	**근적외선(near IR, NIR)**	0.7~1.3
	사진적외선(photographic IR)	0.7~0.9
	단파적외선(shortwave-IR, SWIR) 또는 중적외선(middle IR, MIR)	1.3~3.0
방출적외선(emitted IR) 3.0~14.0μm	**열적외선(themal IR, TIR)**	3.0~14.0
	중파적외선(middle-wave IR, MWIR)	3.0~5.0
	장파적외선(long-wave IR, LWIR)	8.0~14.0

적외선 중 파장이 가장 짧은 구간은 근적외선(near infrared, NIR)으로, 대부분의 전자광학센서에서 빠짐없이 사용하는 매우 중요한 스펙트럼이다. 근적외선에서는 식물의 특성과 물의 분포를 가장 잘 볼 수 있으므로, 과거의 항공사진에서도 흑백적외선 필름과 컬러적외선 필름을 다양한 분야에서 활용했다. 적외선 필름은 0.7~0.9μm 영역만을 감지할 수 있기 때문에, 이 구간을 별도로 사진적외선(photographic IR)으로 지칭하기도 했다. 단파적외선(shortwave IR, SWIR)은 1.3~3.0μm까지의 파장영역인데, 이 파장영역의 명칭이 다르게 사용하는 경우가 있다. 원격탐사에서도 이 파장영역을 단파적외선이 아닌 중적외선(middle IR)으로 사용하기도 한다. 그러나 방출적외선 중 파장이 짧은 3~5μm 영역을 중파적외선(middle wave IR)으로 지칭하기도 하므로, 최근에는 중적외선과 중파적외선의 혼란을 피하기 위하여 단파적외선이란 명칭을 많이 사용하는 추세다. 지표면에서 방출하는 적외선은 물체의 온도에 따라 차이가 있고, 파장에 따라 중파적외선(MWIR), 장파적외선(LWIR), 원적외선(Far IR) 등으로 나누기도 한다. 그러나 지구 표면에서 방출하는 적외선 부분은 3~14μm 영역이 대부분이므로 이 구간을 열적외선(thermal IR, TIR)으로 지칭한다. 열적외선보다 긴 파장의 적외선은 원적외선으로 원격탐사에서는 거의 사용하지 않는다.

전자기파 스펙트럼은 원격탐사시스템에 따라 구분되기도 하는데, 앞에서 언급한 사진적외선이 이에 해당되는 명칭이다. 광학스펙트럼(optical spectrum)은 광학센서에서 감지할 수 있는 파장영역을 나타내다. 광학센서란 지표물에서 반사 또는 방출되는 전자기파를 광학계(optics)를 통하여 수집하므로, 일반카메라, 다중분광센서, 열영상카메라 등과 같이 전면에 렌즈를 갖춘 센서를 모두 포함한다. 따라서 광학스펙트럼은 가시광선 및 모든 적외선 영역을 포함하는 0.4~14μm 파장구

간을 포함한다. 한국에서 종종 IR센서를 열적외선 영상 촬영용으로 잘못 사용하는데, 적외선은 표 2-1에서 보듯이 매우 다양한 범위를 포함하므로 '열적외선(TIR)센서'로 정확하게 지칭해야 한다.

마이크로파는 원격탐사에서 사용하는 전자기파 중 가장 파장이 긴 영역이며, 가시광선 및 적외선과 달리 파장은 주로 cm로 표시한다. 마이크로파는 파장보다 주파수로 많이 표시하는데, 가령 영상레이더에서 널리 사용하는 C-밴드 레이더의 경우 5cm 파장으로 표기하는 대신, 6×10^9Hz(6GHz)의 주파수로 표기하는 경우가 많다. 또한 마이크로파는 개발 단계에서 사용했던 X-밴드, C-밴드, L-밴드와 같은 코드를 관례적으로 사용하는 경우가 많기 때문에, 마이크로파의 정확한 파장과 주파수는 별도로 파악해야 한다.

원격탐사와 관련되어 가장 빈번하게 사용되는 용어로 밴드(band)가 있는데, 밴드는 카메라 또는 센서에서 감지하는 특정 파장 또는 구간을 말한다. 가령 한국에서 최근 발사한 KOMPSAT-3A 위성에 탑재된 다중분광센서는 모두 5개의 분광밴드(spectral band)를 가지고 있다. 이 중 첫 번째 밴드는 $0.45\sim0.52\mu$m의 청색광을 감지한다. 원격탐사에 사용되는 전자광학센서의 대부분은 여러 개의 분광밴드를 가지고 있는 다중분광시스템이다. 원격탐사 다중분광센서의 사양을 나타낼 때, 밴드의 숫자와 밴드별 파장구간은 우선적으로 표시하는 항목이다.

에너지원

원격탐사센서에서 감지된 전자기에너지는 여러 광원에서 출발한다. 가시광선 및 반사적외선을 이용하는 원격탐사시스템은 태양이 광원이지만, 열적외선시스템은 지구에서 방출되는 전자기에너지를 사용하므로 지구가 광원이 된다. 영상레이더 및 라이다와 같은 능동형시스템은 센서 내부에서 마이크로파나 레이저를 직접 생성하여 지표면으로 발사하는 인공 광원을 가지고 있다.

전자기파를 방출하는 물체는 태양과 지구뿐만 아니다. 절대온도가 0°K 이상인 모든 물체는 전자기파를 방출한다. 물체에서 방출하는 전자기에너지의 양은 물체의 온도, 구성 물질, 방출률에 따라 다르기 때문에, 물체를 흑체(blackbody)로 가정하여 전자기에너지의 양과 파장영역을 설명한다. 흑체는 입사된 모든 에너지를 흡수하는 완전한 흡수체이며, 흡수된 에너지를 모두 방출하는 가상의 이상적인 발열체다. 절대온도가 T인 흑체에서 방출하는 에너지의 총량은 스테판-볼츠만 법칙(Stefan-Boltzman Law)으로 설명한다.

$$M = \sigma T^4 \tag{2.4}$$

여기서 M = 절대온도가 T인 흑체에서 방출하는 전자기에너지의 총량(W/m^2)

σ = 스테판-볼츠만 상수, 5.6697×10^{-8} Wm^{-2}K^{-4}

T = 절대온도 K

예를 들어, 절대온도가 600°K인 흑체는 300°K인 흑체보다 방출하는 에너지의 총량이 16배 크다. 물론 지구 표면에 존재하는 대부분의 물체는 흑체가 아니지만, 전자기에너지 방출량은 물체의 온도에 절대적으로 비례한다. 절대온도가 T인 흑체에서 파장에 따라 방출하는 전자기에너지를 구하기 위해서는 프랭크의 복사법칙(Plank's radiation formula)을 이용한다.

$$M_b(\lambda, T) = \frac{2hc^2}{\lambda^5 [\exp(hc/\lambda kT) - 1]} \qquad (2.5)$$

여기서 $M_b(\lambda, T)$ = 파장 λ에서 방출하는 흑체의 단위면적당 전자기에너지 양(W/m^2)

λ = 파장　　T = 절대온도

h = Plank 상수　　c = 빛의 속도

k = Boltzman 상수

그림 2-5는 절대온도가 다른 여러 흑체에서 방출하는 전자기에너지의 파장별 분포를 보여준다. 온도가 태양과 동일한 6000°K 흑체에서 방출하는 전자기에너지는 가시광선 영역에서 가장 크다. 태양에서 방출된 전자기에너지 중 가시광선 영역의 에너지가 가장 많고, 지구에서 이 에너지를 이용하여 광합성을 함으로써 생명체가 존재하게 된다. 사람의 체온이나 지구 표면의 평균 온도와 유사한 300°K에 해당하는 흑체는 가시광선에서 방출하는 전자기에너지가 없기 때문에 야간에는 식별할 수 없다. 그러나 300°K의 흑체는 10μm 부근의 열적외선에서 최대 에너지를 방출하므로, 열적외선 원격탐사에서는 야간에도 지구관측이 가능하게 된다. 백열전구 안에 있는 텅스텐에 전기를 통하면 약 3000°K의 온도가 되는데, 이때 방출하는 에너지는 1μm 부근의 근적외선에서 최대가 되지만, 가시광선 파장에서도 많은 에너지가 방출되어 육안으로 볼 수 있다. 백열등은 가시광선에서 적색광 및 녹색광에서 많은 에너지를 방출하고, 파장이 짧을수록 방출하는 에너지가 감소하기 때문에, 약간 노란색으로 보인다. 뜨겁게 달구어진 철근과 비슷한 온도(약 1000°K)의 흑체는 적외선파장에서 대부분의 에너지를 방출하고, 가시광선은 약간의 적색광을 방출하므로, 우리 눈에 붉은색으로 보인다. 철근의 온도가 높아지면 가시광선 영역에서 방출되는 에너지양이 증가하므로 철근의 색은 붉은색에서 노란색으로 바뀐다.

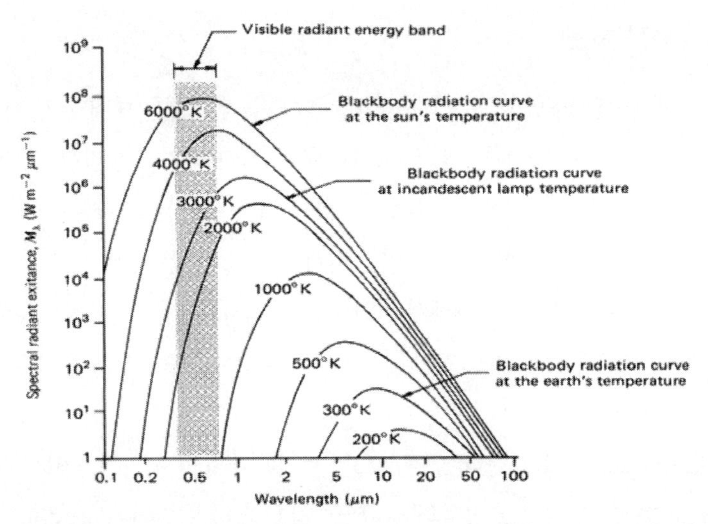

그림 2-5 프랭크 법칙에 의해 계산된 절대온도가 다른 여러 흑체에서 방출하는 전자기에너지의 파장별 분포 (Lillesand 등, 2015).

프랭크의 흑체복사곡선에서 보듯이 흑체의 온도가 높아질수록 방출하는 전자기에너지의 양이 증가할 뿐만 아니라, 최대 에너지를 방출하는 파장은 짧아진다. 흑체의 온도와 최대 에너지를 방출하는 파장과의 관계는 빈의 변위법칙(Wien's Displacement Law)으로 설명한다. 빈의 변위법칙은 나중에 다루게 될 열적외선 원격탐사에서 매우 중요한 개념이다. 열적외선 원격탐사에서는 정보를 얻고자 하는 지표물의 온도에 따라 센서의 파장이 결정된다. 예를 들어 바닷물의 표면온도를 측정할 때와 산불이나 화산활동을 탐지하고자 할 때 사용하는 열적외선 파장은 달라진다. 즉 지구 해수면의 평균적인 표면온도에서 최대 에너지를 방출하는 파장(10μm 부근)에 맞추어 센서를 제작하면, 잡음 비율이 최소화된 양질의 신호값을 얻을 수 있게 된다. 반면에 산불이나 화산 분출물은 해수면보다 훨씬 높은 온도이므로 최대 에너지를 방출하는 파장은 3~5μm 영역이다. 따라서 산불 및 화산활동에 관한 탐사가 주된 목적이라면 열적외선센서의 파장을 여기에 맞추어 제작되어야 한다.

$$\lambda_{max} = \frac{A}{T} \tag{2.6}$$

여기서 λ_{max} =절대온도가 T인 흑체에서 최대에너지를 방출하는 파장(μm)

A =2898μm K

T=절대온도

전자기복사량 척도

전자기복사는 에너지의 이동이므로 전자기에너지의 양을 나타내는 여러 가지 척도가 있다. 센서에서 감지하는 신호는 지표물에서 반사/방출된 전자기파가 대기를 통과한 후 센서의 시야각(field of view, FOV)으로 입사된 에너지양이다. 이 에너지양은 복사휘도(radiance)로 표시하며, 복사휘도의 단위는 watts/m^2/sr로 표시한다. 이 단위를 이해하기 위해서는 먼저 입체각(solid angle)의 개념이 필요하다. 전자광학센서는 지표면에서 반사/방출된 전자기에너지를 아주 좁은 원추의 형태로 감지하게 되므로, 입체각 단위의 전자기복사 에너지의 강도를 표시하기 위함이다. 그림 2-6은 평면각과 입체각의 차이를 보여준다. 평면각 θ는 반지름이 R인 원에서 호의 길이가 s일 때 내각을 말하며 단위는 radian으로 표시한다. 입체각 Ω는 반지름이 R인 구의 중심에서 비롯된 원추가 구의 표면에서 차지하는 면적이 A일 때, 원추의 내각을 말하며 단위는 steradian으로 표시한다. 구의 표면적은 $4\pi R^2$이므로 반구의 입체각은 2π steradian이 된다.

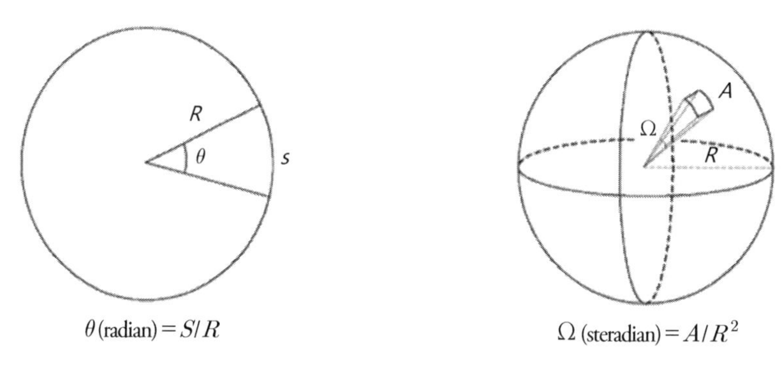

그림 2-6 평면각(plane angle)과 입체각(solid angle)의 차이

전자기에너지 양을 나타내는 척도는 표 2-2와 보듯이 이동 단계에 따라 여러 가지로 구분한다. 먼저 전자기복사는 에너지의 이동이므로 단위시간당 이동하는 에너지양을 복사속(radiant flux 또는 radiant power)으로 지칭하며, 측정 단위는 watts로 표시한다. 지구 표면에 입사되는 또는 지구 표면에서 방출되는 복사속은 단위면적에 따라 표시된다. 광원이나 지표면에서 단위 면적당 방출하는 복사속을 복사발산도(radiant emittance)라고 하며, 단위면적에 입사되는 복사속을 복사조도(irradinace)라고 한다. 복사발산도와 복사조도의 측정 단위는 모두 watts/m^{2}로 동일하다. 센서에서 감지한 에너지양은 지표면에서 반사/방출된 에너지 중 센서의 FOV에 포함된 단위입체각당 복사속이므로 복사휘도(radiance)라 하며, 측정 단위는 watt/m^2/steradian로 표시한다.

표 2-2 전자기복사량의 척도

척도	개념	단위
복사속, Radiant flux(power)	P or Φ=joule/sec	watt
복사발산도, Radiant exitance 또는 radiant emittance	M=P/A	watt/m^2
복사조도, Irradiance	E=P/A	watt/m^2
복사휘도, Radiance(radiant density per solid angle)	L=M/Ω=P/AΩ	watt/m^2/steradian

2.2 대기영향

태양과 지구 표면 사이에 그리고 지구 표면에서 인공위성 사이에는 대기층이 존재한다. 전자기파가 대기층을 통과하면서 대기입자와 충돌하면 에너지의 이동 방향이나 에너지양에 변화가 발생한다. 따라서 인공위성 및 항공기에 탑재된 원격탐사센서에서 감지된 신호값은 대기에 의한 영향을 포함하고 있으며, 이를 대기효과(atmospheric effects)라 한다. 대기효과는 원격탐사에서 우리가 정보를 얻고자 하는 목표물에서 반사/방출된 순수한 신호값이 아니므로, 정확한 정보를 추출하는 데 방해가 되기도 한다.

대기영향의 정도

대기영향을 좀 더 쉽게 설명하면 인공위성 및 항공기에 탑재된 센서에서 감지된 복사량(at-sensor radiation)과 지구 표면에서 반사된 복사량(Earth-leaving radiation)과의 차이로 설명할 수 있다. 센서에서 감지된 복사량 L을 아주 간단한 식으로 표현하면 다음 식과 같다(그림 2-7).

$$L = L_p + L_2 \tag{2.5}$$

여기서 L=at-sensor radiance(센서에서 감지된 복사량)

L_p=path radiance(대기산란량 중 센서에서 감지한 복사량)

$L_2 = L_1 * T$

L_1=Earth-leaving radiance(지표면에서 반사한 복사량)

T=atmospheric transmittance(대기투과율)

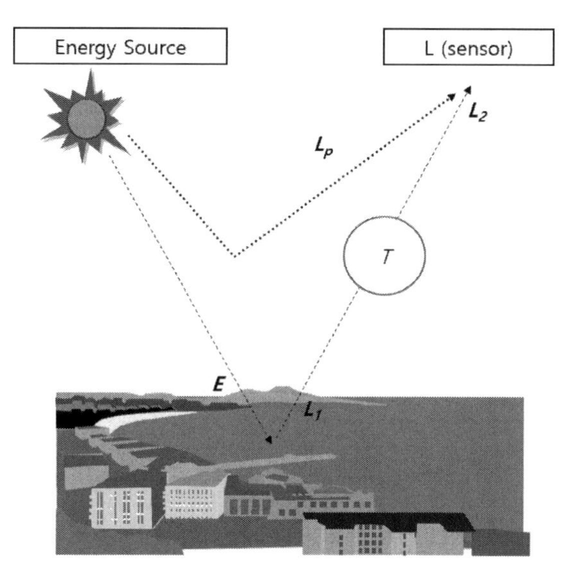

그림 2-7 대기효과는 원격탐사센서에서 감지된 복사량(L)과 지표면에서 출발한 복사량(L_1)과의 차이

원격탐사에서 정보를 얻고자 하는 목표물에서 반사한 순수한 신호는 L_1에 포함되어 있지만, 센서에서 실제 감지한 신호값 L과는 차이가 있다. 완전한 원격탐사시스템이란 우리가 정보를 얻고자 하는 목표물의 속성을 포함하는 순수한 복사량을 감지해야 한다. 즉 $L = L_1$이 되어야 하지만, L에는 원하지 않는 대기영향이 포함되어 있다. L과 L_1의 차이가 곧 대기로 인하여 발생한 영향이며, 이는 종종 원격탐사에서 지표면의 정확한 정보를 추출하는 데 장애 요소가 된다. L_p는 대기 중에서 산란된 복사량 중 일부분이 센서 방향으로 전달된 양으로 정보를 얻고자 하는 목표물과는 전혀 관계없다. 대기투과율 T는 지표면에서 출발한 L_1과 센서에 도달한 L_2의 비율로 대기에 의한 산란과 흡수를 포함한 대기영향을 나타낸다.

센서에서 감지된 신호에 포함된 대기영향의 정도는 여러 가지 요인에 따라 다르게 나타난다. 먼저 전자기파가 통과하는 경로(path length)에 따라 대기영향이 다르다. 가령 1~2km 상공의 항공기에서 촬영된 영상에 포함된 대기영향은 500km 이상의 우주궤도에서 촬영된 영상보다 상대적으로 작다고 할 수 있다. 또한 전자기파가 대기를 통과하는 경로가 광원에서 지표면 그리고 지표면에서 센서까지 양방향 경로는, 열적외선센서와 같이 지표면에서 센서까지 단방향 경로보다 대기의 영향이 더 복잡하게 작용한다(그림 2-8).

원격탐사 신호에 미치는 대기영향을 좌우하는 두 번째 인자는 지표면에서 반사/방출되는 전자기파의 강도다. 가령 나지 또는 사막과 같이 반사에너지가 큰 지표물의 신호는 대기영향의 비중이 상대적으로 낮다. 그러나 물과 같이 반사에너지가 낮은 지표물의 신호는 동일한 대기 상태에서도

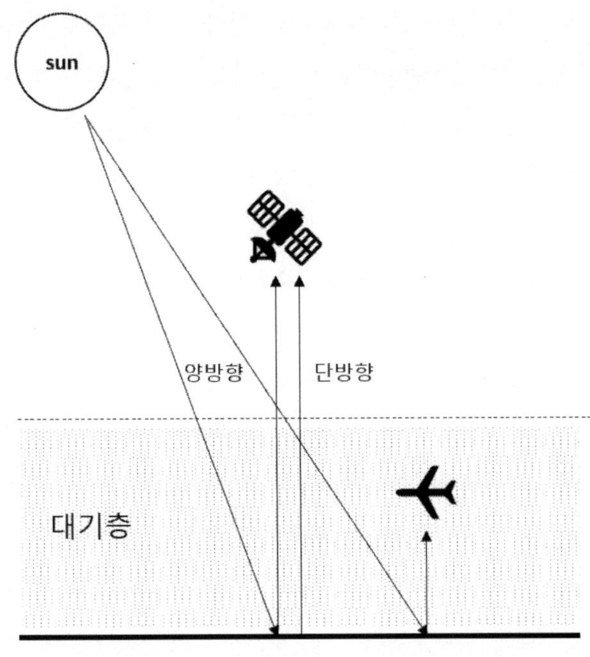

그림 2-8 센서에서 감지되는 전자기파의 대기 이동 경로

대기영향의 비중이 높다. 나지, 농경지, 산림 등을 포함한 육지 영상에서 대기영향의 비중은 가시광선 파장에서는 전체 신호값의 30% 정도이지만, 물과 같이 반사율이 낮은 물체는 전체 신호값의 70% 이상을 차지한다. 더구나 근적외선 파장에서는 물의 반사율이 매우 낮기 때문에 이 파장에서 얻은 물 표면의 신호값은 대부분 물과 관계없는 대기에 의하여 발생한 것으로 간주한다. 해색원격탐사의 주된 목적은 해수면의 클로로필 농도를 측정하는 것인데, 가시광선 영상에서 촬영된 해수면 영상신호의 70% 정도는 정보를 얻고자 하는 해수면과 관계없는 대기에 의하여 발생한 신호다. 따라서 해색원격탐사에서는 영상에서 대기의 영향을 제거하거나 최소화하는 보정 절차가 매우 중요한 처리 과정이다.

원격탐사 신호에 미치는 대기영향은 대기의 상태에 따라 좌우된다. 깨끗하고 맑은 하늘은 대기 중 에어로졸 농도가 낮고 매우 건조하여 수증기 함량도 낮다. 항공사진이나 위성영상도 맑은 날 촬영하면 대기영향을 적게 받아 비교적 깨끗한 영상을 얻을 수 있다. 한국과 같이 좁은 국토면적에 많은 인구가 분포하는 지역은 인간 활동에 의한 에어로졸의 농도가 높기 때문에 깨끗한 영상을 얻기 쉽지 않다.

마지막으로 원격탐사 신호에 포함된 대기영향은 파장에 따라 다르다. 대기영향은 전자기파가 대기입자와 충돌에 의하여 발생하는데, 산란의 경우 파장에 반비례하여 산란량이 증가한다. 즉 파장이 짧은 전자기파는 대기입자와의 충돌이 많으므로 산란량이 많지만, 파장이 긴 전자기파는 대기입자를 통과하는 비율이 높으므로 산란의 영향을 덜 받는다. 간단한 예로서 신호등에서 정지 신호나 차량의 경고등이 모두 적색인 이유는 적색광이 파장이 가장 길기 때문에 산란의 영향을 덜 받아 멀리서도 잘 보이기 때문이다. 가시광선에서 촬영한 사진보다 근적외선에서 촬영한 영상이 대기영향을 덜 받게 되므로 보다 선명하고 깨끗하게 보인다.

전자기파는 대기입자에 의하여 흡수되는 특정 파장구간이 있는데, 이러한 흡수영역에서는 영상을 촬영할 수 없다. 예를 들어 파장이 1.4μm 주변의 적외선은 대기 중 물 입자에 의하여 대부분 흡수되므로 지표면에서 반사된 신호가 센서까지 도달하지 못한다. 따라서 여러 파장에서 영상을 촬영하는 다중분광센서의 밴드별 파장구간은 대기흡수특징을 고려하여 설정해야 한다.

대기를 구성하는 입자는 질소와 산소 같이 구성 비율이 거의 고정적인 가스분자와, 지역과 시기에 따라 분포 특성이 가변적인 수증기와 에어로졸 등이 있다. 가스분자는 주로 질소와 산소로 이루어져 있으며 그 밖에 이산화탄소, 물, 오존, 메탄, 아르곤 등의 희소 기체가 포함되어 있다. 가스분자의 농도는 해발고도와 지역에 따라 다소 차이가 있지만, 대류권에서는 거의 고정적으로 분포한다. 따라서 원격탐사 신호에 미치는 가스분자의 영향 역시 대부분 고정적이다. 대기 중에 물은 분자크기부터 액체 상체의 빗방울까지 다양한 형태와 크기로 존재한다. 수증기는 주로 대류권에 분포하는데, 물이 온도나 압력에 의하여 기체 형태의 변환된 것이다. 물방울(water droplet)은 액체 또는 고체 상태로 구름, 비, 눈 등을 구성한다. 에어로졸은 대기 중에 떠다니는 고체 또는 액체 상태의 미세한 입자이다. 자연적 원인으로 발생한 에어로졸은 사막과 건조지역의 미세한 토양입자, 화산활동으로 분출된 화산재, 바다에서 증발된 미세한 소금가루 등이 있다. 인위적 요인으로 발생한 에어로졸은 인간 활동에 의하여 발생한 먼지와 화석연료의 분진과 연기를 구성하는 미세한 입자 등을 포함한다.

표 2-3 대기를 구성하는 입자의 분류

대기입자의 구성비	대기입자
고정적 분포	가스분자(N_2, O_2, CO_2, H_2O, O_3, Ar, N_2O, CO, CH_4)
가변적 분포	수증기
	에어로졸(먼지, 분진, 연기, 화산재, 황사, 소금가루 등)
	물방울(water droplet, 구름, 비, 눈 등)

산란

전자기파가 대기를 통과할 때 대기입자와 충돌하여 굴절(refraction), 산란(scattering), 흡수(absorption)가 발생한다. 굴절은 전자기파가 밀도가 다른 매체를 통과할 때 진행방향이 꺾이는 현상이며, 진행하는 전자기파에 미치는 영향은 국소적이므로 원격탐사 신호에는 큰 영향을 미치지 않는다. 따라서 원격탐사 신호에 미치는 대기의 영향은 크게 에너지가 분산되는 산란과 대기입자에 의하여 에너지가 손실되는 흡수로 나눌 수 있다(그림 2-9).

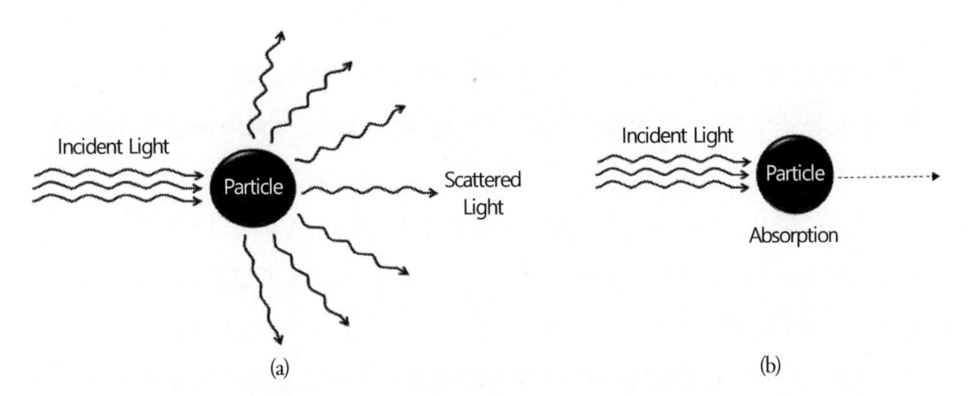

그림 2-9 원격탐사 신호에 영향을 미치는 대기입자의 전자기파 산란(a)과 흡수(b)

산란은 전자기파가 대기입자와 충돌하여 여러 방향으로 에너지가 분산되는 현상이며, 원격탐사 신호에 큰 영향을 미친다. 대기산란으로 항공사진이나 위성영상에서 흐릿하고 대비효과가 떨어지는 현상을 종종 볼 수 있다. 대기산란은 빛의 파장(λ)과 대기구성 입자의 지름(d)에 따라 레일리 산란(Rayleigh scattering), 미 산란(Mie scattering), 비선택적 산란(non-selective scattering)의 세 가지로 구분한다. 레일리 산란은 전자기파의 파장이 대기입자보다 매우 클 때($\lambda \gg d$) 발생하며, 대기입자 중 크기가 작은 가스분자에 의하여 주로 발생하는 분자산란(molecular scattering)이 주를 이룬다. 레일리 산란에서 산란량은 파장의 4승에 반비례($1/\lambda^4$)한다. 예를 들어 파장이 $0.4\mu m$인 청색광에서의 레일리 산란량은 파장이 $0.8\mu m$인 근적외선보다 16배 많다.

맑은 날 하늘이 파랗게 보이는 현상은 레일리 산란 때문이다. 맑은 날은 대기 중 수증기나 에어로졸의 농도가 낮기 때문에 가스분자에 의한 산란이 주를 이룬다. 가시광선에서 파장이 가장 짧은 청색광에서 산란이 압도적으로 많기 때문에 하늘이 파랗게 보인다. 사진을 촬영할 때 가장 많이 사용하는 필터는 $0.4\mu m$ 부근의 청색광을 차단하여 산란의 영향을 최소화하는 노란색 필터다. 컬러적외선 사진은 흑백 사진이나 자연색 사진보다 훨씬 선명한 사진을 얻을 수 있고, 육안에 잘 보이지 않는 식물이나 물의 특성을 잘 나타내므로 오래전부터 널리 사용되어왔다. 컬러적외선 사진이 동일한 조건에서 촬영된 일반 사진보다 선명한 이유는, 레일리 산란이 가장 많이 발생하는 청색광 영역을 차단하고 촬영하기 때문이다.

미 산란은 전자기파의 파장이 대기입자와 거의 유사할 때($\lambda \approx d$) 발생하며, 주로 수증기나 먼지와 같이 가스분자보다 큰 입자와 충돌하여 발생한다. 따라서 미 산란은 레일리 산란보다 파장이 긴 영역에서 발생한다. 레일리 산란은 항상 발생하는 산란이지만, 미 산란은 먼지와 분진 같은 에어로졸의 분포와 농도에 따라서 좌우되는 산란이므로 부분적으로 에어로졸 산란으로 불리기도 한다. 대기 중 수증기의 농도가 높거나 먼지가 많은 날 하늘이 회색으로 뿌옇게 보이는 현상은 미 산란이 주된 원인이다. 미 산란은 가시광선뿐만 아니라 적외선에서도 발생되므로, 원격탐사 영상신호에 큰 영향을 미친다. 원격탐사 신호에서 미 산란에 의한 대기영향을 보정하기 위해서는 영상 촬영시점과 동일한 시공간의 에어로졸과 수증기 분포와 농도를 알아야 하는데, 많은 경우 이러한 정보를 얻는 데 어려움이 많다.

비선택적 산란은 대기입자의 크기가 전자기파의 파장보다 클 때($\lambda \ll d$) 발생한다. 이 산란은 파장에 관계없이 모든 파장에서 산란이 발생하기 때문에 '비선택적'이란 용어를 사용한다. 구름을 구성하는 물방울 입자의 크기는 대략 5~100μm 정도로 가시광선 및 반사적외선 영역의 파장보다 훨씬 크므로 가시광선 및 반사적외선 전체에서 산란이 발생한다. 구름이 우리 눈에 하얗게 보이는 이유는 가시광선 모든 파장에서 거의 동일한 산란이 발생하기 때문이다. 근적외선이나 단파적외선도 구름의 물방울은 산란을 발생하므로 이 파장대역에서 촬영된 영상에서도 구름은 밝게 보인다.

그림 2-10은 미국 Terra위성에서 촬영한 중국 동북부 및 한반도 지역의 MODIS 영상으로 세 종류의 산란 현상을 관찰할 수 있다. 먼저 레일리 산란은 모든 지역에서 발생하지만, 영상의 가운데 깨끗한 부분에서는 다른 산란 현상은 거의 없이 레일리 산란만 있다고 할 수 있다. 미 산란은 산불 때문에 연기가 퍼져 있는 지역에서 관찰할 수 있다. 영상 오른쪽 및 상단부에서 산불이 진행 중이며, 여기서 발생한 연기가 영상의 우측 부분과 한반도와 황해 지역까지 이동했음을 볼 수 있다. 미 산란이 발생한 부분은 연기로 인하여 흐릿하게 나타나지만, 연기 아래 지표면을 어느 정도 관찰할 수 있다. 비선택적 산란은 영상 왼쪽 부분과 동해 북부에 넓게 퍼져 있는 구름에 해당한다. 영상 합성에 사용된 가시광선 모든 밴드에서 비선택적 산란이 크게 발생하였기 때문에, 구름이 하얗게 보인다.

그림 2-10 동북아 지역의 MODIS 영상에 볼 수 있는 세 가지 산란 현상

흡수

대기 흡수는 대기입자에 의하여 전자기에너지가 손실되는 현상이다. 대기입자에 의하여 흡수된 전자기에너지는 입자의 물성을 변화시키거나 열로 방출되기도 한다. 흡수는 H_2O, O_2, CO_2, O_3에 의하여 주로 발생하는데, 각각의 입자가 흡수하는 전자기파는 특정 파장구간에 한정되어 있다(그림 2-11). 전자광학시스템에서 이용하는 가시광선과 적외선 영역에서 가장 중요한 흡수체는 물이다. 대기 중 물분자 및 수증기는 전자기파의 가장 큰 흡수체로 원격탐사센서의 분광밴드를 결정하는 데 중요한 고려 요소다. 대기수분 흡수밴드(atmospheric water absorption band)는 수분에 의하여 전자기파가 흡수되는 파장구간을 말하며, 이 밴드에서는 영상자료의 획득이 거의 불가능하다. 중요한 대기수분 흡수밴드는 1.4μm, 1.9μm, 2.5μm, 6μm 주변이며 이 파장구간에서는

지표면에서 반사/방출되는 전자기파가 대기수분에 의하여 흡수된다. 따라서 대부분의 다중분광 센서는 이 파장구간을 제외하고 분광밴드를 결정한다. 자외선 영역은 오존(O_3)입자에 의하여 거의 흡수되므로 자외선 영상을 얻을 수 없다. 산소와 이산화탄소에 의한 흡수는 주로 열적외선 영역의 좁은 파장구간에서 주로 발생하므로 지표면에서 반사되는 가시광선, 근적외선, 단파적외선의 이동에는 큰 영향을 미치지 않는다.

대기투과율(atmospheric transmittance)은 지표면에서 반사/방출된 전자기에너지가 대기를 통과하면서 흡수 및 산란으로 손실되는 부분을 제외하고 투과되는 비율이다. 원격탐사에서 사용할 수 있는 전자기파는 결국 대기투과율이 높은 파장구간이어야 한다. 대기입자에 의한 흡수 및 산란의 영향이 작기 때문에 지표면에서 반사/방출된 전자기에너지가 센서까지 잘 도달할 수 있는, 즉 대기투과율이 높은 파장구간을 대기창(atmospheric window)이라고 한다. 그림 2-12는 원격탐사에서 사용하는 중요 대기창을 보여준다. 가시광선 및 근적외선을 포함하는 0.4~1.3μm 파장구간과 수분흡수밴드를 제외한 1.6~2.5μm 구간의 단파적외선 영역이 중요한 대기창에 포함된다. 열적외선

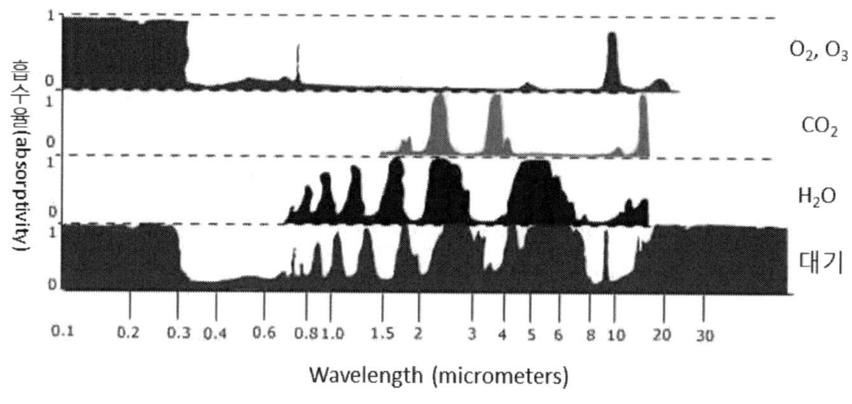

그림 2-11 주요 대기입자에 의한 전자기파의 파장별 흡수율

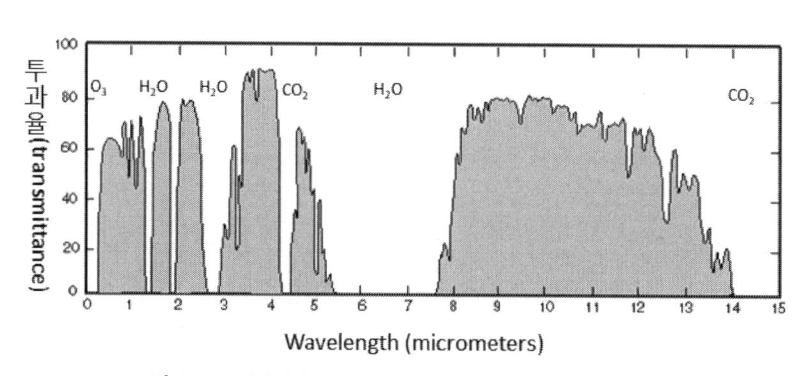

그림 2-12 원격탐사 광학스펙트럼에서의 대기투과율과 대기창

영역에서는 4.2μm 부근의 수분 및 이산화탄소 흡수밴드를 제외한 3~5μm 구간과 8~14μm 구간이 원격탐사에 주로 사용되는 대기창이다. 대기입자의 농도 및 분포에 관심있는 대기원격탐사에서는 대기흡수밴드에서 자료를 획득하는 경우가 있지만, 육상 및 해양원격탐사에서 사용하는 센서는 대기흡수밴드를 제외하고 대기창에 포함되는 파장구간만을 이용한다.

대기보정

원격탐사영상에서 지표물과 관련된 정확한 정보를 추출하기 위해서는 종종 대기영향을 제거하고 지표물에서 반사된 순수한 신호만을 필요로 하는 경우가 많다. 즉 원격탐사센서에서 감지된 복사량(L)은 그림 2-7에서 간단히 설명했듯이 목표물에서 반사된 복사량과 대기영향으로 구성되어 있다. 식(2.5)에서 간단히 언급했듯이 지표물에서 반사한 복사휘도 L_1은 목표물에 입사한 복사조도(E)에 해당 목표물의 표면반사율(ρ)을 곱하면 얻어진다. 대기보정은 센서에서 감지된 복사량 L에서 대기영향에 의한 신호를 제거하거나 최소화하여 표면반사율을 얻는 과정이다. 물론 목표물에서 반사한 복사량 L_1 역시 대기영향이 없는 순수한 신호라고 할 수 있지만, 복사조도(E)가 태양거리 및 각도에 따라 변화하므로 L_1 역시 지표물의 특성과 관계없는 변이를 포함한다. 따라서 원격탐사에서 정보를 얻고자 하는 목표물의 특성을 나타내는 순수한 신호값은 그 물체의 표면반사율이다.

대기보정은 아래와 같이 센서에서 감지한 복사량 L에서 표면반사율(ρ)을 구하는 과정인데, 이를 위해서는 나머지 항목(L_p, E, T)을 알아야 한다. 이 세 항목의 정확한 값을 얻기 위해서는 영상 획득 시점과 동일한 시간과 공간에 분포하는 정확한 대기자료가 필요하다. 그러나 이러한 대기자료를 얻는 데 어려움이 있으므로, 세 항목에 관한 값을 간접적으로 추정하기도 한다. 대기보정과 관련된 자세한 내용은 7장의 영상처리 과정에서 별도로 다룬다.

$$L = L_p + \frac{E \rho T}{\pi} \tag{2.6}$$

여기서 L =at-sensor radiance(센서에서 감지된 복사량)

L_p =path radiance(대기산란량 중 센서에서 감지한 복사량)

E =irradiance(지표물에 입사된 복사량)

ρ =surface reflectance(지표물의 표면반사율)

T =atmospheric transmittance(대기투과율)

2.3 반사율

지구 표면에 입사된 전자기에너지는 지표면에서 투과되거나, 흡수되거나 또는 반사된다. 물론 이 비율은 파장에 따라서 다르고, 물체마다 다르게 나타난다. 그림 2-13은 식물에 입사된 전자기에너지가 파장별로 반사, 흡수, 투과된 비율을 보여준다. 투과된 에너지의 대부분은 식물의 아래 층 잎이나 가지 또는 바닥의 토양에서 다시 반사되거나 흡수되므로 결국 입사된 에너지는 반사하거나 흡수된다고 볼 수 있다.

$$I_\lambda = E\tau_\lambda + E\alpha_\lambda + E\rho_\lambda \tag{2.7}$$

여기서 I_λ =파장 λ에서 입사된 전자기에너지의 총량

$E\tau_\lambda$, $E\alpha_\lambda$, $E\rho_\lambda$ =파장 λ에서 투과, 흡수, 반사된 에너지량

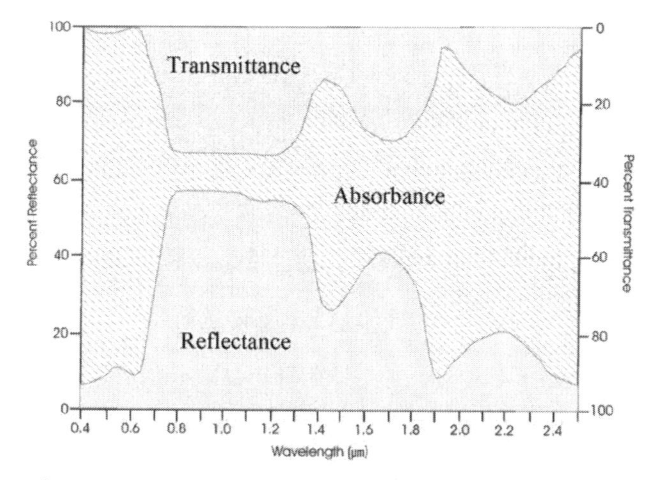

그림 2-13 식물에 입사된 전자기에너지의 파장별 반사, 흡수, 투과 비율

태양광을 광원으로 하는 지구 원격탐사에서 관심 있는 부분은 지표면에 입사한 에너지와 해당 물체가 반사한 에너지의 비율이며, 이를 반사율(reflectance, ρ)이라고 한다. 반사율은 파장에 따라 다르므로 이를 분광반사율(spectral reflectance, ρ_λ)이라고 한다. 분광반사율은 연속적인 파장에 따라 측정되지만, 대부분의 원격탐사센서는 특정 파장구간 또는 분광밴드($\Delta\lambda$)별로 반사율이 얻어진다. 분광반사율은 원격탐사 신호를 이해하는 가장 기본적인 지표이며, 우리가 정보를 얻고자 하는 지표물의 고유한 특성을 나타내는 절대적인 신호값이라고 할 수 있다.

$$\rho_\lambda = \frac{E\rho_\lambda}{I_\lambda} = \frac{\text{지표물에서 반사된 에너지}}{\text{지표물에 입사된 에너지}} \tag{2.8}$$

지구 원격탐사가 가능한 첫 번째 이유는 반사율이 파장에 따라서 다르기 때문이다. 지표물의 반사율이 파장에 관계없이 동일하다면 우리가 사는 세상은 오직 명암에 따라서 밝기값이 다르게 보이는 흑백 회색조로 보일 것이다. 분광반사율은 또한 지표면의 물체에 따라 다르므로, 식물, 물, 토양, 암석, 눈 등 다양한 지표물이 구분된다. 마지막으로 분광반사율은 동일한 물체라 할지라도 그 물체의 상태에 따라서 다르게 나타난다. 가령 동일한 바닷물이지만 물 표면의 엽록소 함량이나 토사부유물의 농도 등에 따라서 분광반사율에 차이가 나타난다. 식물도 마찬가지로 동일한 소나무지만 잎의 나이, 건강 상태, 수분함량 등에 따라서 분광반사 특성에 미세한 차이가 있다. 원격탐사에서는 다양한 지표물의 미세한 분광반사율 차이를 밝혀냄으로써 보다 정량적인 정보의 추출을 추구하고 있다.

여러 가지 반사율의 정의

반사율은 매우 간단한 개념이지만, 현실적으로 지구 표면에 있는 다양한 물체의 반사율을 정확히 측정하는 것은 어렵다. 원격탐사에서 사용하는 반사율은 다양한 의미를 가지고 있으며, 각 반사율의 정확한 의미는 다소 차이가 있다(Martonchik 등, 2000). 입사되는 전자기파가 한줄기 광선이고 지표면이 그림 2-14a와 같이 완전 전반사면(completely specular surface)이라고 가정한다면 반사율의 측정은 어렵지 않다. 입사되는 광량을 측정하기도 쉽고, 전반사면에서 반사되는 방향은 입사각과 같기 때문에 반사되는 에너지의 측정이 쉽다. 그러나 자연 상태에서 입사하는 전자기에너지는 한줄기 광선이 아니고, 지구 표면의 다양한 물체 또한 거울과 같은 완전 전반사면이 아니다. 입사된 에너지는 지표면의 상태에 따라 반사되는 에너지의 방향이 달라진다. 완전 전반사면과 대조되는 표면 상태로, 입사되는 전자기파의 방향에 관계없이 모든 방향으로 동일하게 반사하는 표면을 완전 난반사면(completely diffuse surface) 또는 램버시안 표면(Lambertian surface)이라고도 한다(그림 2-14c).

지구 표면에 존재하는 물체의 대부분은 완전 전반사면도 아니고 완전 난반사면도 아닌, 중간 형태라고 할 수 있다(그림 2-14b, d). 매끄러운 수면이나 얼음 표면은 전반사면에 유사한 반사 특성을 갖고 있으며, 울창한 산림이나 초원은 난반사면에 가까운 반사 특성을 보여준다. 일반적인 농경지의 경우 줄에 맞추어 작물이 재배되므로 태양의 위치와 관측자(센서)의 위치에 따라 반사되는 에너지가 크게 달라지는 방향성 반사(directional reflectance)의 특징을 보인다. 또한 지표면의 반사 특성은 고정적인 개념이 아니라, 센서의 공간해상도에 따라 상대적이다. 예를 들어 아마존 강 유역의 열대우림은 공간해상도가 높을 경우(예를 들어 1m) 태양과 센서의 위치에 따라 반사되는 에너지가 크게 달라지는 방향성 반사가 되지만, 공간해상도가 매우 낮은(1km 이상) 경우에는 난반사면에 가까운 반사 특성을 갖는다.

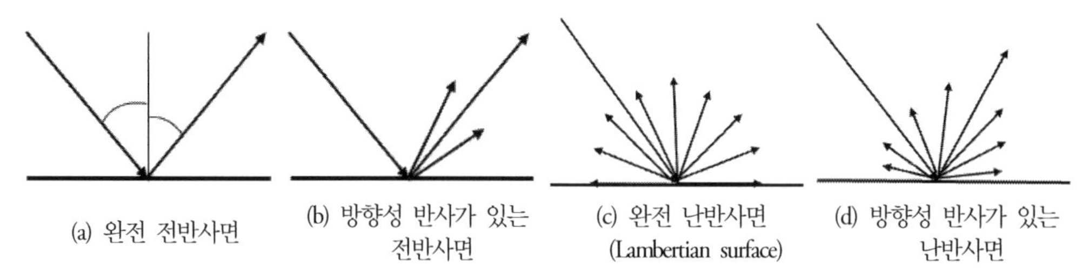

그림 2-14 입사된 전자기에너지가 지표면의 상태에 따라 반사되는 분포 특성

센서에서 감지한 복사휘도는 지표물에서 반사한 총에너지에서 센서 방향으로 반사된 부분만을 측정한 것이다. 해양원격탐사에서 종종 사용하는 원격탐사 반사율(remote sensing reflectance, R_{rs})은 해수면에서 반사된 에너지 총량이 아닌 센서 방향으로 반사된 부분만을 이용하여 계산된 값이다. 원격탐사 반사율을 나타내는 다음 식(2.9)에서 분모(E)는 입사된 복사조도이며, 분자(L)는 센서 방향으로 반사된 복사휘도를 나타낸다. 따라서 복사휘도 L은 파장(λ)에 따라서 변하지만, 그 물체가 완전 난반사면이 아니라면 태양 및 센서의 위치에 따라서 달라진다. 즉 원격탐사영상에서 도출된 반사율는 태양과 센서가 특정 위치에 있을 때 얻어진 결과이며, 다른 방향으로 반사된 에너지의 분포를 모르기 때문에 완전한 반사율을 얻는 데 한계가 있다.

$$R_{rs} = \frac{L_u(\lambda)}{E_d(\lambda)} = \frac{\text{upwelling radiance}}{\text{downwelling irradiance}} = str^{-1} \quad (2.9)$$

항공기 및 인공위성에서 측정된 원격탐사 신호는 센서 방향으로 반사된 일부분의 에너지에 해당하므로, 반사율을 구하기 위해서는 해당 지표물에서 반사된 에너지의 총량을 알아야 한다. 지구 표면은 다양한 상태의 지표물로 덮여 있는데, 모든 물체들의 표면 상태를 파악하여 방향성 반사 특성을 구하는 것은 실질적으로 어렵다. 원격탐사에서 측정한 복사휘도를 이용하여 반사율를 구하기 위해서는, 모든 물체의 표면 상태를 완전 난반사 특성을 갖는 램버시안 표면이라는 가정에서 출발한다. 전자광학센서에서 측정된 영상신호인 복사휘도(L)에서 반사율 ρ를 구하기 위하여 식(2.6)을 변환하면 다음과 같다.

$$\rho = \frac{(L - L_p)\pi}{E\ T} \tag{2.10}$$

여기서 π는 지표물을 램버시안 표면으로 가정하여, 센서 방향으로 반사되어 감지된 복사휘도를 반구 전체 방향으로 반사된 에너지로 환산하기 위하여 적용했다.

물론 지구 표면의 대부분 물체는 램버시안 표면이 아니라, 광원과 센서의 위치에 따라 반사율의 분포가 달라지는 방향성 반사 특성을 갖는다. 이와 같이 특정 지표면이 광원의 위치와 센서의 관측각도에 따라서 반사율의 분포가 다르게 나타나는 특징을 설명하는 반사율을 양방향반사분포함수(bidirectional reflectance distribution function, BRDF)라고 한다. BRDF는 센서 및 태양의 위치에 따른 반사율 분포를 설명하는 개념으로 다음과 같다.

$$f(\theta,\ \phi;\theta',\ \phi') = \frac{dL'(\theta',\ \phi')}{dE(\theta,\ \phi)} \tag{2.11}$$

여기서 $dL(\theta',\ \phi')$ = 센서 방향($\theta',\ \phi'$)으로 반사한 복사휘도
$dE(\theta,\ \phi)$ = 광원의 위치가 ($\theta,\ \phi$)일 때 입사된 복사조도

그림 2-15는 BRDF를 설명하기 위하여 광원과 센서의 위치를 표시하여, 반사율이 측정되는 방향을 보여준다. 광원과 센서의 위치에 따라 반사율이 다르게 나타나며, 또한 반사율은 파장에 따라 달라지므로 BRDF 역시 변한다. 정확한 BRDF의 측정은 매우 복잡하다. 특히 자연 상태에서는 그림 2-15와 달리 목표물에 입사하는 복사조도가 한줄기의 광선이 아니기 때문에, 분모 $dE(\theta, \phi)$를 정확하게 측정하는 게 매우 어렵다. 실험실에서는 고니오메터(goniometer)를 사용하여 특정 물

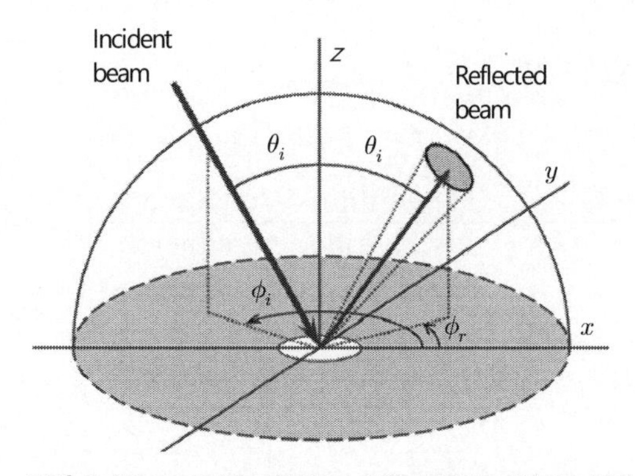

그림 2-15 BRDF를 설명하기 위한 광원과 센서의 위치

체의 BRDF를 측정하기도 하지만, 야외에서 자연 상태의 지표물에 대한 BRDF 측정은 매우 어렵다. 자연 상태의 여러 지표물의 방향성 반사의 특징을 알기 위해서는 태양과 센서의 각도를 달리하여 촬영된 여러 영상에 기록된 신호를 분석하여 BRDF 특성을 추정하기도 한다. 지구 표면의 다양한 물체들의 방향성 반사 특성을 설명하기 위하여 여러 종류의 수학적인 BRDF 모형들이 개발되었다.

특정 지표물의 완전한 반사 특성을 설명할 수 있는 반사율의 개념은 BRDF지만 측정이 어렵기 때문에, 현실적 대안으로 사용하는 반사율로 양방향반사계수(bidirectional reflectance factor, BRF)가 있다. BRF는 상대적으로 측정이 용이하기 때문에 실험실이나 야외에서 분광반사율을 측정할 때 사용한다. 양방향반사계수는 다음 식(2.12)에서와 같이 반사율을 얻고자 하는 목표물에서 반사된 복사휘도를, 완전난반사 특성을 가진 참조판(reference pannel)에서 반사된 복사휘도로 나눈 비율이다. 참조판은 황산바륨($BaSO_4$)으로 도색한 판으로 완전난반사의 특성을 갖고 있을 뿐만 아니라, 입사된 에너지의 99.99%를 반사하는 표면이다. 참조판에서 반사되는 복사휘도를 측정함으로써 측정하고자 하는 목표물에 입사한 에너지를 추정할 수 있다.

$$\mathrm{BRF}(\%) = \frac{L_t(\lambda)}{L_r(\lambda)} = \frac{\text{목표물에서 반사된 복사휘도}}{\text{참조판}(\mathrm{BaSO_4})\text{에서 반사된 복사휘도}} \tag{2.12}$$

반사율과 유사한 의미로 자주 사용하는 용어로 알베도(albedo)가 있다. 알베도는 지표면에 입사되는 광량이 태양에서 비롯된 경우에 국한하여 사용한다. 알베도는 다음 식(2.13)과 같이 지표면에 입사된 태양 복사조도와 모든 방향으로 반사된 에너지 합의 비율이며, 따라서 반구반사율(hemispherical reflectance)이라고도 한다. 알베도는 지구에서 반사하는 에너지량의 미세한 변화에 관심이 있는 기상학, 천문학, 생태학 등에서 자주 사용되는 개념이다. 가령 지구 전체의 평균 알베도는 대략 34%지만, 극지, 육지, 해양에서의 알베도를 주기적으로 관찰함으로써 기후 및 환경 변화와 관련하여 중요한 정보를 얻을 수 있다.

$$\mathrm{Albedo}(\%) = \frac{E_u(\lambda)}{E_d(\lambda)} = \frac{\text{upwelling irradiance}}{\text{downwelling irradiance}} \tag{2.13}$$

분광반사율 측정

광학영상을 판독하고 신호 특성을 해석하기 위해서는 다양한 지표물의 분광반사 특성을 이해해야 한다. 식물, 물, 토양 등 지구 표면을 덮고 있는 주요 지표물의 분광반사곡선(spectral reflectance curve)은 주로 실험실 또는 야외에서 조도계(radiometer)와 분광계(spectrometer) 등의 측정기기를 이용하여 측정된 파장별 양방향반사계수(BRF)이며, 이는 실제 다중분광영상의 해석에 이용하는 가장 기본적인 자료라고 할 수 있다.

분광반사율은 실내 또는 야외에서 복사계 또는 복사조도계(spectro-radiometer)를 이용하여 측정한다. 실험실에서는 인공 광원을 이용하여 측정하지만, 야외에서는 자연 상태에서 태양광을 광원으로 하여 지표물의 분광반사율을 측정한다. 측정되는 분광반사율은 양방향반사계수로서, 측정하고자 하는 목표물의 측정에 앞서서 먼저 반사율이 100%에 가까운 황산바륨판에서 반사되는 복사휘도(L_r)를 측정하고(그림 2-16a), 다음에 목표물에서 반사되는 복사휘도(L_t)를 측정한다(그림 2-16b). 반사율(BRF)은 L_t를 L_r로 나눈 값이 된다. 그림 2-16은 야외에서 분광반사율을 측정하는 모습인데, 태양의 복사조도가 구름이나 바람 등에 따라 빠르게 변할 수 있으므로, L_r과 L_t의 측정간격을 최소화해야 한다. 또한 사진에서 보는 것과 같이 넓은 초지의 분광반사율을 얻고자 할 때는 목표물 표면상태의 균질성과 분광계의 한정된 시야각(FOV)을 감안하여 L_t를 여러 곳에서 측정하여 평균값을 사용한다.

(a)

(b)

그림 2-16 야외에서 분광반사율(BRF)은 황산바륨판의 복사휘도(L_r)를 측정(a)한 후, 목표물의 복사휘도(L_t)를 측정(b)하여 구한다.

분광반사율은 실내와 야외에서 모두 측정이 가능한데, 실내 측정에서는 일반적으로 텅스텐 전등을 인공 광원으로 하여 측정하는 경우가 많다(그림 2-17a). 아주 미세하고 정밀한 측정이 필요할 경우에는 투과 및 흡수량을 측정하여 간접적으로 반사율을 측정하기도 한다. 원격탐사영상의 신호를 해석하기 위해서는 원격탐사영상에 나타나는 지표물의 면적과 동질성 여부에 주의하여야 한다. 예를 들어 1m의 고해상도 영상이면 각 화소의 신호는 사방 1m의 해상공간에서 반사된 복사휘도를 나타내므로, 이 물체의 분광반사율을 측정하려면, 최소한 그 정도 면적에 해당하는 지표물을 측정해야 한다. 그러나 대부분의 야외용 분광계의 시야각(FOV)은 사람의 키 높이 정도에서 측정할 경우, 최대 수십 cm 정도의 공간해상도를 제공하므로 분광계에서 측정하는 반사율이 목표물의 정확한 분광특성을 대표한다고 할 수 없다. 예를 들어 그림 2-17c에서와 같이 옥수수밭의 분광반사율을 측정할 경우 분광계가 관측할 수 있는 범위는 수십 cm에 불과하므로, 옥수수의 일부분 또는 줄로 식재된 옥수수 사이의 바닥을 측정할 우려가 있다. 따라서 보다 정확한 분광반사 측정을 위해서는 사다리차를 이용하면, 복사계의 측정 면적이 넓어지므로 옥수수밭을 대표할 수 있는 최소 면적의 분광반사율을 측정할 수 있다.

(a) 인공광원을 이용한 실내 측정

(b) 현지에서 측정

(c) 사다리차를 이용하여 측정 면적을 확대

그림 2-17 다양한 환경과 조건에서 분광반사율 측정

2.4 주요 지표물의 분광반사 특성

전자광학영상의 해석을 위해서는 다양한 지표물의 분광반사 특성을 이해해야 한다. 그러나 지구 표면을 덮고 있는 모든 지표물의 분광반사 특성을 파악하기는 현실적으로 어렵고, 또한 지구의 모든 지표물에 대한 분광반사율 측정자료 역시 존재하지 않는다. 원격탐사영상 해석을 위하여 필요한 사항은 주요 지표물에 대한 기본적인 분광반사 특성이다.

지구 표면의 70%는 물로 덮여 있다. 따라서 물의 기본적인 분광반사 특성을 이해하면 최소한 영상에서 수면을 판독할 수 있고, 이를 확장 응용하면 물의 혼탁도 및 엽록소 함량과 같이 물의 특성에 따른 영상의 해석이 어느 정도 가능하다. 지구 육지에서 가장 넓은 면적을 차지하는 물체는 농지, 산림, 초지를 덮고 있는 식물이다. 식물의 분광반사 특성은 다른 지표물과 달리 식물의 종류, 생육단계, 건강상태 등 다양한 생물리적 요인에 의하여 변이가 심하다. 따라서 육지 영상의 해석을 위해서는 식물의 기본적인 분광반사 특성과 분광반사율에 영향을 미치는 여러 인자들에 대한 이해가 필요하다.

농지와 초지는 생육기간이 아닌 경우에는 거의 나지 형태로 토양의 반사 특성을 보인다. 즉 육상에서 식물 다음으로 넓은 면적을 덮고 있는 물체는 토양 또는 암석이라 할 수 있다. 물론 건조지역 사막은 토양이 항상 드러나 있지만, 많은 지역은 암석으로 덮여 있기도 한다. 토양은 암석이 풍화되어 생성되므로 토양과 암석의 분광반사 특성은 어느 정도 유사하지만, 토양의 종류와 상태에 따라 다양한 변이를 나타낸다. 건물 및 도로와 같은 인공물을 구성하는 콘크리트와 아스팔트의 분광반사 특성 역시 암석과 토양의 분광반사 특성에서 크게 벗어나지 않는다. 극지방은 대부분 눈과 얼음으로 덮여 있고, 고위도 지역 및 해발고도가 높은 지역 역시 일 년 중 상당 기간이 눈과 얼음으로 덮여 있기 때문에 눈과 얼음의 분광반사 특성을 이해하는 것이 중요하다.

결국 지구 표면은 다양한 물체로 덮여 있지만, 이를 단순화하면 물, 식물, 토양, 암석, 눈으로 나눌 수 있다. 이러한 주요 지표물의 기본적인 분광반사 특성을 이해한다면, 광학영상의 판독과 해석이 어느 정도 가능하다. 다양한 지표물의 분광반사 특성을 알아야 하는 또 다른 이유로는 특정 활용 목적에 적합한 영상자료를 선정하기 위함이다. 예를 들어 한반도 육지에서 특정 시점의 강, 호수, 하천의 정확한 수면적을 추정하고 싶다면, 수면이 가장 잘 구분되는 파장에서 촬영된 영상이 필요하다. 물은 가시광선에서 종종 산림과 같이 반사율이 낮은 물체와 구분이 어렵지만, 근적외선 및 단파적외선에서는 반사율이 거의 0에 가깝기 때문에 다른 모든 물체와 확연히 구분된다.

또한 주요 지표물의 분광반사 특성은 새로운 영상센서를 개발할 때, 센서의 적정 분광밴드를 설정하는 데 필수적인 정보다. 과거에는 하나의 영상센서로 다양한 지표물에 대한 정보를 얻는 범용의 성격을 가지고 있었으나, 근래에는 특정 목적에 적합한 영상센서를 개발하는 경향이 있다. 가령 해색센서는 해양 표면의 엽록소 함량이나 혼탁도를 측정하고자 개발된 센서이며, 주로 가시광선 분광밴드로 구성되었다. 물은 근적외선 및 단파적외선을 대부분 흡수되므로, 물 표면에서 어느 정도 반사에너지가 있는 가시광선 분광밴드에서만 수질 관련 정보 추출이 가능하다.

그림 2-18은 지구 표면을 덮고 있는 주요 지표물의 분광반사곡선을 보여준다. 이 그래프의 분광반사곡선은 주요 지표물의 일반적인 반사 특성을 보여주지만, 각 지표물의 종류와 상태에 따라 분광반사율의 변이가 크게 나타나므로 모든 상황에 적용할 수 없다. 주요 지표물의 기본적인 분광반사 특성을 이해하고 분광반사율에 영향을 미치는 인자를 이해한다면, 광학영상에서 훨씬 효율적인 영상 해석과 정확한 정보 추출이 가능하다.

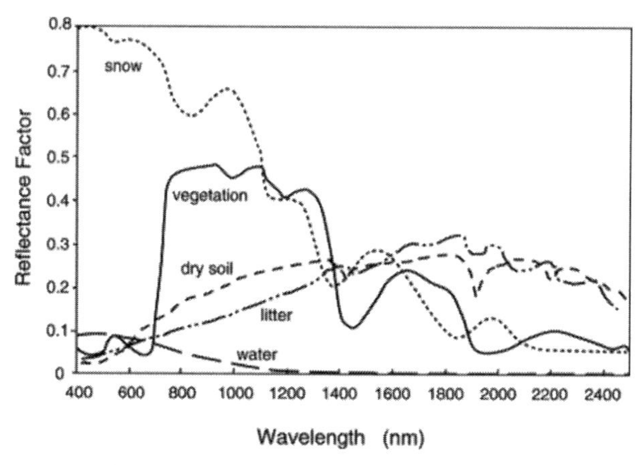

그림 2-18 지구 표면의 주요 지표물의 분광반사곡선

광학영상의 해석을 위해서는 특정 파장구간에서 여러 물체들의 상대적인 반사율의 차이를 파악하는 게 중요하다. 각 지표물의 파장에 따른 절대적 반사율을 파악하는 것도 중요하지만, 그보다는 특정 분광밴드에서 상대적인 반사율의 차이를 구별하는 게 필요하다. 그림 2-19는 2013년 9월에 촬영한 인천지역의 Landsat-8호 OLI 다중분광영상으로, 가시광선부터 단파적외선까지 6개 분광밴드 영상을 보여준다. 각 영상에서 반사율의 차이는 명암으로 구분되는데, 가시광선 3개 밴드의 영상에서는 산림이 어둡게 나타나고, 나지와 도시 등의 반사율은 높게 보인다. 그러나 근적외선 밴드에서는 산림 및 농지 등 식물이 다른 비식물 지표물과 뚜렷한 차이를 보인다. 물은 근적외선 및 단파적외선 밴드에서 반사율이 거의 0에 가깝기 때문에 가장 어둡게 보이므로 다른 지표물과 구분이 용이하다. 이와 같이 각 밴드에서 여러 지표물의 상대적인 반사율 차이를 이해한다면 영상판독이 훨씬 용이하다.

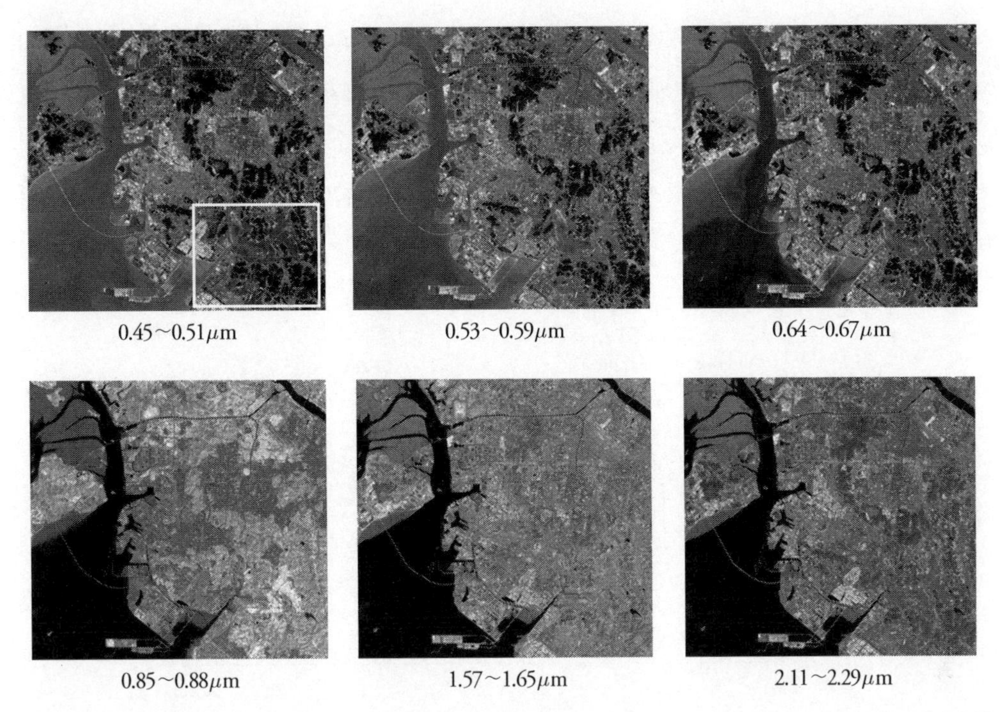

그림 2-19 인천지역 Landsat-8호 OLI 다중분광영상의 분광밴드 영상에서 나타나는 물, 식물, 토양, 도심지 등 주요 지표물의 상대적 반사율 차이

식생

육지에서 시기적으로 가장 변화가 심한 지표물은 식물이다. 식물은 극지방이나 극한 건조지역을 제외한 육지의 거의 모든 지역에 존재하고 있으며, 환경 조건에 따라 다양한 식생 구조와 상태를 가진다. 농지, 산림, 초원 등의 식생지역뿐만 아니라, 도시에서도 가로수 및 공원의 분포와 상태에 따라 원격탐사 신호는 매우 가변적이다. 식생은 지구환경 변화에 따른 영향을 가장 잘 보여주는 동시에 지구환경 변화를 야기하는 중요 인자이기도 한다. 따라서 육지 원격탐사에서 식물의 분광반사 특성을 이해하는 것은 식물과 관련된 정보 추출뿐만 아니라, 다른 지표물의 특성을 해석하기 위해서도 중요하다.

식생의 원격탐사 신호를 이해하기 위해서는 잎의 분광특성부터 시작하여 식물 개체 및 땅 바닥의 분광특성까지 확장하여 접근해야 한다. 녹색 식물의 분광반사 특성은 매우 독특한 특징을 가지고 있으며, 식물의 종류와 상태에 따라 파장별 반사율의 차이가 크다. 그림 2-20은 녹색 식물의 일반적인 분광반사곡선을 보여주고 있는데, 가시광선, 근적외선, 단파적외선에서 반사 특성이 뚜렷이 구분되는 특징을 가지고 있다. 가시광선 파장에서 잎의 반사율은 10% 이하의 비교적 낮은 반사율을 갖고 있으며, 잎에 포함된 색소에 의하여 반사율의 차이가 나타난다. 근적외선 파장에서 녹색 식물은 다른 지표물과 뚜렷이 구별되는 50% 이상의 높은 반사율을 가지고 있으며, 잎의 세포구조에 따라 반사율이 다르게 나타난다. 단파적외선 파장에서 식물의 반사율은 근적외선보다 낮지만, 여전히 가시광선보다 높다. 단파적외선 밴드의 파장이 길어질수록 식물의 반사율이 점차 낮아지는 특징을 보인다. 단파적외선 파장에서 식물의 반사율은 특히 잎의 수분함량에 민감하게 반응한다.

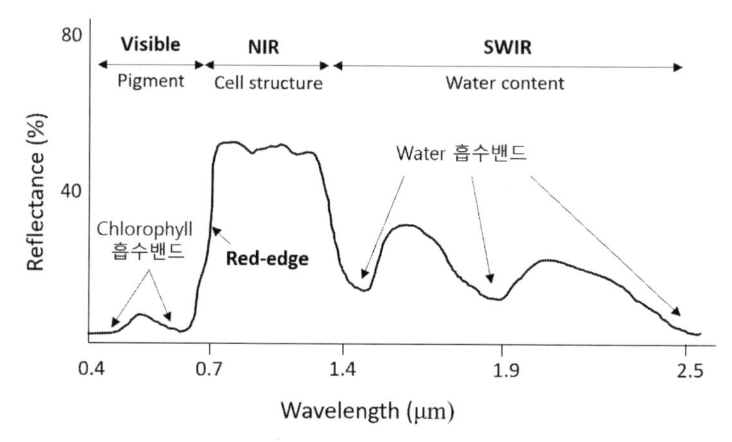

그림 2-20 녹색 식물의 일반적인 파장별 반사 특성은 가시광선, 근적외선, 단파적외선에서 뚜렷한 차이를 보이며, 각 파장영역에서 반사율에 영향을 미치는 인자가 다르다.

식물의 잎은 가시광선 파장에서 대부분의 전자기에너지를 흡수하며, 흡수된 에너지는 광합성에 사용된다. 잎은 엽록소를 비롯하여 여러 가지 색소를 포함하고 있으며, 색소의 종류와 함량에 따라 가시광선 파장에서 잎의 반사율이 결정된다. 엽록소 a와 b는 식물의 광합성과 관련된 가장 중요한 색소다. 엽록소 a는 430nm와 660nm의 빛을 그리고 엽록소 b는 450nm와 650nm의 빛을 흡수하므로, 이 파장구간을 엽록소 흡수밴드라고 한다. 육상식물 또는 해수면에 분포하는 식물성 플랑크톤의 엽록소 함량을 분석하기 위하여 엽록소 흡수밴드에서 촬영된 영상을 이용하기도 한다. 엽록소 흡수밴드가 존재하지 않는 녹색광 파장에서 식물의 반사율은 청색광 및 적색광보다 상대적으로 높기 때문에, 식물은 우리 눈에 녹색으로 보인다.

그림 2-21은 앞에서 설명한 그림 2-19의 인천지역 OLI 다중분광영상의 오른쪽 아래 부분을 확대한 영상으로, 다른 지표물과 비교하여 논과 산림의 반사 특성을 잘 보여준다. 녹색광 밴드에서 식물의 반사율이 청색광 및 적색광 밴드보다 높기 때문에 다소 밝게 보이는 것을 관찰할 수 있다. 농지 또는 인공림과 같이 동일한 종의 식생이라도 생육조건이 우량하여 잎의 엽록소 함량에 높으면, 엽록소 흡수밴드에서 반사율이 감소하여 상대적으로 녹색광 밴드의 반사율이 더욱 높게 보인다. 근적외선 밴드 영상은 식물의 높은 반사 특성에 따라 가장 밝게 보이며, 영상이 촬영된 9월

16일이 벼의 최대 생육 시기이므로 주변의 산림보다 더욱 밝게 보인다. 단파적외선에서 식물의 반사율은 여전히 가시광선 밴드보다 높지만, 파장이 긴 두 번째 단파적외선 밴드(2.11~2.29μm)에서는 식물의 반사율이 낮아져서 가시광선 밴드와 비슷하게 보인다.

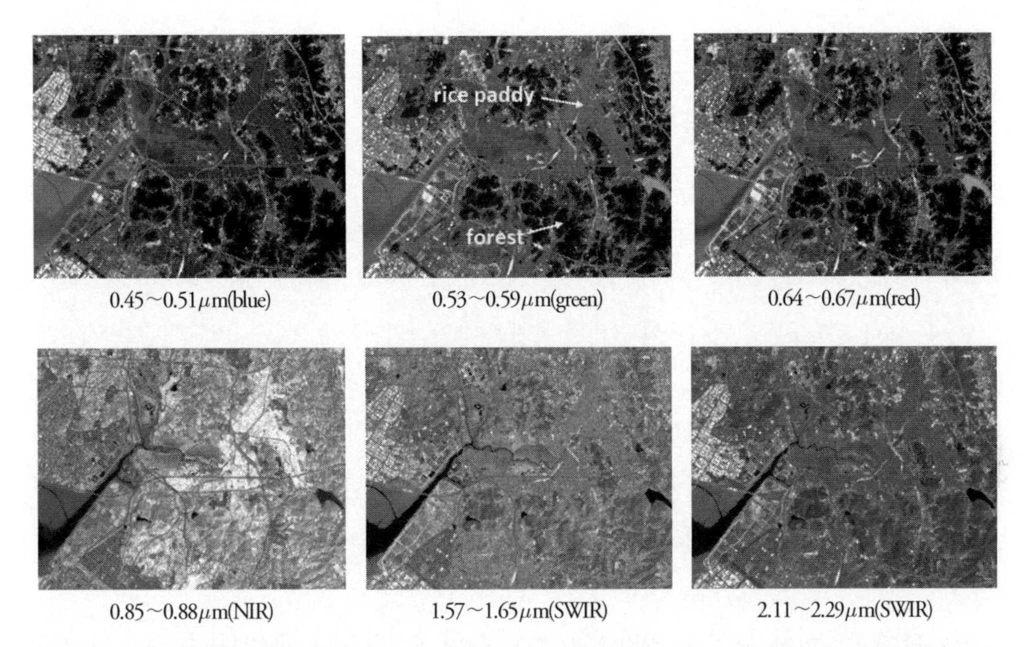

그림 2-21 인천지역 다중분광영상에서 나타나는 파장별 주요 식물의 분광반사율의 상대적 차이. 녹색광 밴드(0.53~0.59μm)에서 청색광 및 적색광 밴드보다 약간 밝게 보이며, 근적외선 밴드에서 가장 높은 반사율의 특징을 보인다.

가시광선에서 녹색 식물의 반사율은 잎에 포함된 색소에 따라 결정된다. 즉 육안으로 보는 식물의 색은 잎의 색소에 따라 달라진다. 그림 2-22는 정상적인 생육 상태의 녹색 잎과 가을에 변색된 빨간 단풍나무 잎, 노란 은행나무 잎, 갈색의 신갈나무 잎의 분광반사율의 차이를 보여준다. 녹색 잎은 엽록소로 인하여 녹색광 파장에서 가장 높은 반사율을 보이므로, 우리 눈에 녹색으로 보인다. 수목이 광합성 활동을 중지하고 생장을 멈추면 녹색 잎에 포함된 엽록소가 파괴되면서 감춰져 있던 다른 색소(Carotene, Xanthophyll)들이 나타나거나, 새로운 색소(Anthocyanin)가 합성되면서 잎의 색이 변한다. 카로틴이나 크산토필은 주로 황색 계통으로 보이며, 안토시아닌은 단풍나무와 같이 빨간색으로 보인다. 가시광선에서 잎의 색소에 따라 분광반사율에 차이가 나타나지만, 근적외선에서도 반사율이 감소한다. 가시광선에서 식물의 반사율 변화는 가을에만 나타나는 게 아니라, 병충해 및 가뭄에 의한 피해가 발생하면 엽록소 함량이 감소하여 잎의 색이 변하게 된다.

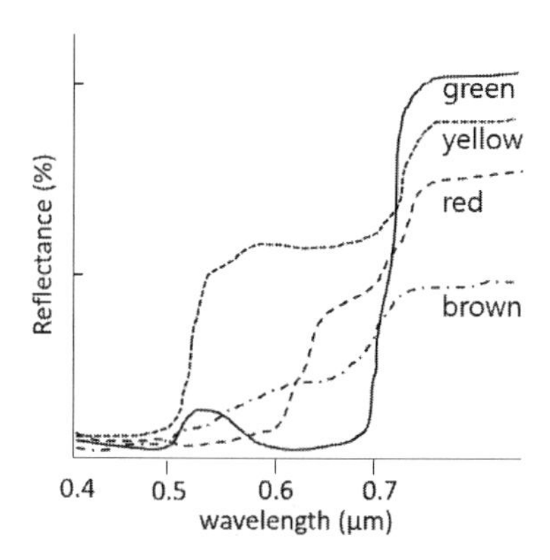

그림 2-22 가시광선 파장에서 잎에 함유된 색소에 따라 녹색잎, 노란잎, 빨간잎, 갈색잎의 반사율 차이

식물은 대략 700nm부터 반사율이 급격히 증가하여 근적외선에서 50% 내외의 높은 반사율을 보이는 식물만의 독특한 특성을 가진다. 이는 잎 표면에서의 반사와 함께 잎 내부의 세포벽 사이의 공극에서 발생하는 산란효과를 모두 포함하기 때문이다. 건강한 식물은 근적외선에서 높은 반사율을 보이고, 흡수율은 무시할 정도로 매우 낮다. 결국 식물에 입사하는 근적외선 영역의 에너지는 대부분 반사되거나 투과되며, 투과된 에너지는 다시 지표면의 토양에서 흡수될 때까지 반사와 투과가 되풀이된다.

근적외선에서 식물의 반사율은 잎의 세포구조에 따라 차이가 있다. 먼저 식물의 종에 따라 잎의 세포구조가 다르기 때문에, 작물의 종류나 수종에 따른 미세한 반사율의 차이를 근적외선에서 볼 수 있다. 잎의 단면이 여러 층의 세포구조를 가진 식물은 단층 세포구조를 가진 식물보다 반사율이 높다. 세포구조에 따른 잎의 반사 특성을 식물 개체 단위로 확장하면 매우 유용한 의미를 가진다. 가령 건강하게 자라고 있는 잎이 무성한 나무는 여러 장의 엽층으로 구성되어 있다. 따라서 나무에서 반사되는 근적외선 복사의 총량은 맨 위의 엽층에서 반사되는 에너지뿐만 아니라 그 아래의 엽층에서 반사되는 복사량까지 더해지므로, 잎의 층이 많은 나무일수록 반사율은 증가하게 된다.

그림 2-23은 여러 층의 잎으로 구성된 식물에서 반사되는 총 복사량이 엽층이 많을수록 증가하는 원리를 보여준다. 근적외선에서 흡수를 무시하고 잎의 반사율과 투과율이 각각 50%라 가정했을 때, 잎에 100의 복사에너지가 입사하면 엽층이 하나인 식물에서 반사되는 복사량은 50이다. 반면에 2개의 엽층을 가진 식물은 첫 번째 엽층에서 투과된 50의 반이 두 번째 엽층에서 반사되므로, 센서에서 감지하는 반사에너지의 총량은 62.5 이상이 된다. 물론 두 번째 엽층에서 반사와 투과를 반복하면, 맨 위의 엽층에서 반사되는 에너지의 총량은 62.5보다 크다. 잎의 층위가 많을수록 반사되는 에너지가 증가하지만, 층의 개수에 비례하지는 않고, 일정 범위를 초과하면 반사

되는 복사량의 증가폭은 둔화된다.

농업, 산림, 환경 분야에서 식물의 생육 및 구조를 나타내는 중요한 인자로, 단위면적당 엽면적의 비를 나타내는 엽면적지수(leaf area index, LAI)를 많이 사용한다. 잎은 광합성이 이루어지는 생산기관으로서 엽량을 정확하게 측정할 수 있다면, 광합성량과 생산량을 추정할 수 있다. 광합성량과 생산량 추정이 가능하면, 지역 단위의 작물 수확량 및 생장량 예측부터 전 지구 규모의 물질순환, 대기순환, 물순환 과정을 분석할 수 있다. 현재 전 지구 규모의 엽량을 측정할 수 있는 실질적인 방법은 대부분 원격탐사에 의존하고 있다. 그림 2-23에서 보듯이 식물의 엽량이 증가할수록 근적외선 반사가 증가하며, 이러한 원리를 이용하여 농지, 산림, 초지의 엽면적지수를 추정하고, 이를 토대로 광합성량과 생산량을 추정하는 방법을 개발하였다.

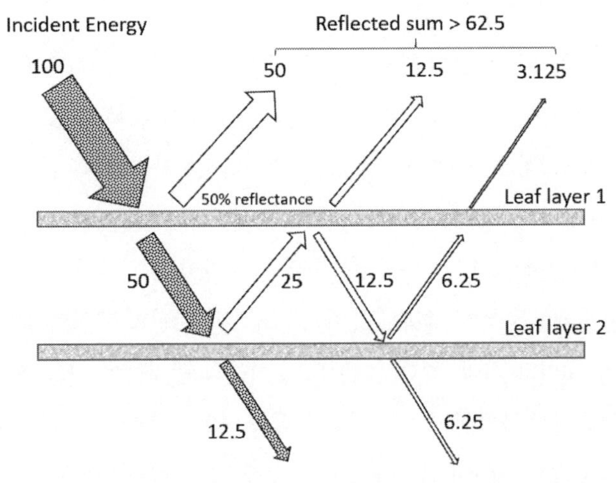

그림 2-23 다층 구조의 식물 엽층에서 근적외선 반사 원리(잎의 반사율과 투과율이 각각 50%라 가정)

그림 2-24는 인천 계양산의 갈참나무 숲에서 측정한 봄과 여름의 분광반사율 차이를 보여준다. 갈참나무의 잎이 아직 완전히 발달하기 전인 4월 23일에 사다리차에서 관측한 수관울폐도(crown closure)가 32%이지만, 잎이 충분히 자란 6월 11일에는 84%로 숲의 윗부분이 거의 잎으로 덮여 있다. 갈참나무 숲의 엽량에 따른 분광반사율의 차이는 근적외선에서 가장 두드러진 차이를 보여주고 있으며, 가시광선 및 단파적외선에서는 그 차이가 크지 않다. 근적외선에서 식물의 독특한 반사 특성을 이용하는 방법으로 식생지수(vegetation index)가 있다. 식생지수는 적색광 밴드와 근적외선 밴드에서 나타나는 식물의 반사 신호를 수학적으로 조합하여 단일 지수로 나타내는 방법인데, 식물과 비식물의 차이를 잘 나타낼 뿐만 아니라, 엽량에 따른 식물의 차이를 잘 보여준다. 식생지수에 대한 세부적인 내용과 처리 과정은 뒤의 영상처리에서 자세히 다루기로 한다.

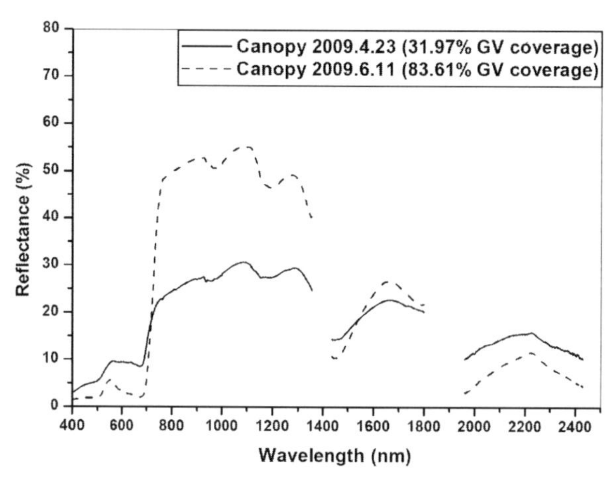

그림 2-24 인천 계양산에서 측정한 갈참나무(*Quercus aliena*) 숲의 계절별 분광반사율(Shin and Lee, 2009)

근적외선 밴드는 식물의 반사율이 가장 높을 뿐만 아니라, 식물의 여러 가지 특성을 잘 보여주므로 식물과 비식물의 구분, 토지피복 분류, 식물의 생육상태 분석 등에 효과적이다. 근적외선 영상은 식물의 분포와 특성을 잘 보여주며, 또한 가시광선보다 파장이 길기 때문에 대기산란의 영향을 덜 받아 비교적 깨끗하고 선명하다. 근적외선 밴드가 가진 이러한 장점 때문에 현재까지 개발된 대부분의 전자광학시스템은 근적외선 밴드를 포함한다.

식물은 근적외선에서 반사율이 급격히 높아지는데, 가시광선과 근적외선의 경계 부분을 적색경계밴드(red-edge band)라고 한다. 적색경계밴드는 식물의 반사율이 낮은 적색광에서 반사율이 갑자기 높아지는 근적외선 사이의 중간 영역으로 대략 680~750nm까지의 구간을 지칭한다. 적색경계밴드에서 식물의 반사 특성에 관한 연구는 비교적 최근에 많이 발표되었으며, 특히 잎의 엽록소 농도에 민감하게 반응한다고 알려졌다(Herrmann 등, 2011). 적색경계밴드에서 식물의 분광특성과 관련된 초기 연구는 주로 실험실이나 야외에서 얻은 분광측정 자료를 이용하여 분석하였으나, 초분광영상을 이용하여 적색경계 부분에서의 반사 특성 변화를 분석하기도 했다(Cho and Skidmore, 2006).

적색경계밴드를 포함하는 전자광학 영상센서는 상업용 위성에 최초로 탑재되었으며, 최근 발사된 유럽 Sentinel-2 위성을 포함하여 향후 적색경계밴드를 포함하는 영상탑재체가 증가할 전망이다. 2008년 발사된 Rapideye 위성은 5개의 밴드를 가진 다중분광센서를 탑재하고 있는데, 690~730nm 구간의 적색경계밴드를 포함하고 있으며, 고해상도 상업위성인 Worldview 2호 및 3호 위성은 705~745nm 영역의 적색경계밴드를 포함하는 고해상도 다중분광영상을 제공한다. 이 위성에서 촬영한 영상을 이용하여 엽록소, 생체량, 수분함량 등 식물의 생물리적 특성과 적색경계밴드에서 반사율의 관계를 찾으려는 연구가 꾸준히 시도되고 있다(Sibanda 등, 2017). 한국에서도 향후 발사될 차세대 중형 위성 4호인 농림위성(가칭)에 적색경계밴드를 포함한 다중분광센서를 탑재할 예정이다.

단파적외선(SWIR)에서 식물의 반사율은 근적외선보다 낮지만 가시광선보다 여전히 높게 나타난다. 그림 2-21의 확대된 SWIR밴드 영상에서 논과 산림의 밝기는 NIR밴드 영상보다 낮지만, 다른 지표물보다 여전히 높게 보인다. 두 번째 SWIR 영상에서 식물의 반사율은 상대적으로 낮아져서 수면을 제외하고는 가시광선 영상과 유사하게 보인다. 단파적외선에서 식물의 반사율은 잎의 수분함량에 영향을 받는데, 수분함량이 증가함에 따라 단파적외선 반사율이 감소한다. 반대로 잎의 수분함량이 감소하면 세포벽 사이에서 공극이 증가하여 더 많은 산란이 일어나므로, 단파적외선 영역에서 보다 높은 반사율을 가지게 된다. 그림 2-25는 실험실에서 옥수수 잎의 수분함량을 낮추어가면서 측정한 분광반사율의 변화를 보여주고 있다. 건강한 상태의 정상적인 옥수수 잎의 수분함량은 66% 이상으로 가장 낮은 반사율을 보인다. 가뭄이나 병충해로 인한 초기 스트레스 단계의 잎은 여전히 녹색으로 보이지만, 반사율은 모든 파장에서 조금 증가하였다. 잎의 수분함량과 SWIR 밴드 반사율의 반비례 관계를 이용하여 농작물 및 산림 식생의 수분 스트레스 탐지, 가뭄 피해 분석, 작물 생산량 추정 등에 활용할 수 있다.

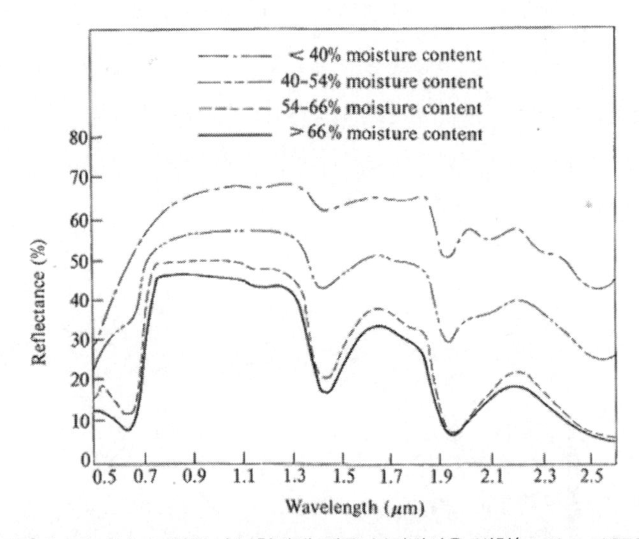

그림 2-25 옥수수 잎의 수분함량에 따른 분광반사율 변화(Hoffer, 1978)

물론 잎의 수분함량이 일정 단계 이하로 감소하면 광합성이 멈추고 잎이 갈색 계통으로 변하게 되므로, 단파적외선뿐만 아니라 가시광선과 근적외선에서도 반사율이 변한다. 작물 수확을 마친 농지 또는 생육을 마친 온대지역의 초지 및 활엽수림에서 관찰되는 분광반사 특성은 그림 2-25에서 수분함량이 아주 낮은 상태의 마른 잎과 유사하게 나타난다. 이 경우는 잎의 분광반사 특성이 아닌 식생지의 분광특성이므로, 마른 잎의 분광특성과 함께 배경이 되는 토양의 분광특성이 혼합된 특징을 갖는다.

지금까지 논의된 식물의 분광반사 특성은 대부분 실험실이나 야외에서 분광계로 측정한 잎의 분광반사율을 토대로 설명했다. 식물의 종류에 따른 분광반사 특성은 매우 다양하게 나타나며, 또한 같은 종의 식물이라도 엽량 및 수분함량 등 식물의 상태에 따라 다르게 나타난다. 실험실에서 측정한 분광반사율은 항공기 및 인공위성에서 관측되는 식생의 분광반사 특성과 차이가 있다. 가령 산림의 반사 신호는 숲의 상층부를 덮고 있는 엽층의 반사뿐만 아니라, 가지 및 줄기, 엽층 사이의 그늘, 그리고 수목의 밀도가 낮을 경우 바닥의 토양 및 초본류 식물의 반사까지 포함한다. 따라서 본 장에서 설명한 식물의 반사 특성을 영상에 나타나는 식생지에 그대로 적용하기보다는 해당 식물의 특성을 고려하여 신중하게 해석하여야 한다.

토양 및 암석

육지에서 식생을 제외하고 가장 넓게 분포하는 지표물은 나지 상태의 토양이다. 건조지대의 사막을 포함하여 농경지도 작물 재배기를 제외하면 일 년 중 상당 기간이 나지 상태다. 토양의 일반적인 반사 특성은 식물과 다르게 파장에 따른 반사율 차이가 크지 않다. 그림 2-26은 세 가지 토양의 분광반사율을 보여주는데, 토양의 종류에 상관없이 비슷한 양상이다. 우리 눈에 토양의 색이 황색계통인 이유는 녹색광 및 적색광에서 상대적으로 높은 반사율 때문이다. 근적외선에서 반사율이 정점에 도달하며, 단파적외선에서는 수분흡수밴드에서 흡수 특징을 제외하고는 거의 비슷한 반사율을 보인다.

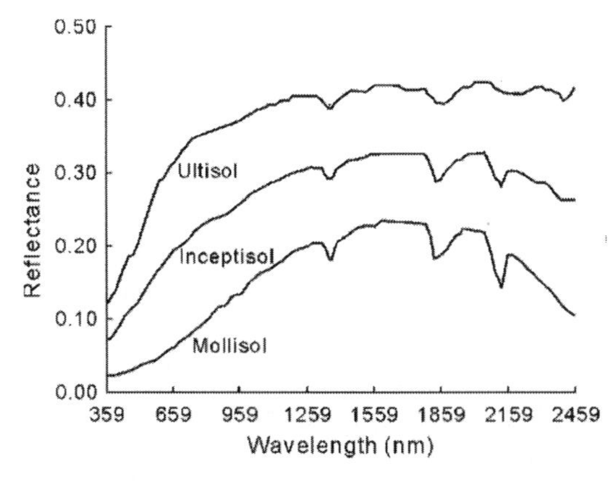

그림 2-26 여러 종류 토양의 일반적인 분광반사곡선

토양의 분광반사율은 파장에 따라 변화가 크지 않지만, 앞의 그림에서 보듯이 세 가지 토양의 절대적인 반사율은 10% 이상 큰 차이를 보여준다. 물론 지구에 분포하는 토양의 종류는 무수히 많다. 토양 분류는 입자의 크기에 따라 점토(clay), 모래(sand), 미사(silt)의 구성 비율을 기준으로 한다. 그림 2-20의 다중분광영상에서 인천지역에 분포하는 여러 종류의 토양별 반사율의 차이를 볼 수 있다. 인천에는 매우 낮은 반사율을 가진 갯벌부터 가장 높은 반사율을 보이는 콘크리트 표면까지 다양한 종류의 토양이 분포한다. 콘크리트는 비록 토양으로 분류되지 않지만, 기본적으로 모래와 자갈이 중요 구성 물질이므로 토양과 유사한 분광반사 특성을 가진다. 다중분광영상에서 식물과 비교하여 토양의 상대적 반사율은 파장에 따라 차이가 있다. 가시광선 밴드에서 토양의 반사율은 식물보다 높기 때문에 밝게 보이지만, 근적외선 밴드에서는 식물보다 어둡게 보이므로 상대적 반사율은 식물보다 낮다. 단파적외선에서는 토양의 반사율은 식물과 비슷하거나 다소 낮게 보인다.

토양 종류에 따라 반사율이 차이가 나지만, 동일한 토양에서도 토양의 표면 상태와 성분에 따라서 반사율이 크게 다르다. 토양에 포함된 수분, 유기물, 철분의 함량과 표면의 거칠기에 따라서 분광반사율에 큰 차이가 있다. 먼저 토양의 수분함량이 높을수록 반사율은 반비례하여 낮아진다. 그림 2-27a는 동일한 미사양토(silt loam)의 수분함량을 조절하여 실험실에서 측정한 분광반사율의 차이를 보여주는데, 수분함량이 증가할수록 반사율이 낮아지는 현상을 관찰할 수 있다. 가뭄 때 운동장이나 공원의 건조한 토양이 밝게 보이다가, 비가 온 후에 젖은 상태의 흙이 어둡게 보이는 이유는 토양의 수분함량이 높아졌기 때문이다. 수분함량에 따른 토양 반사율 감소는 우리 눈에

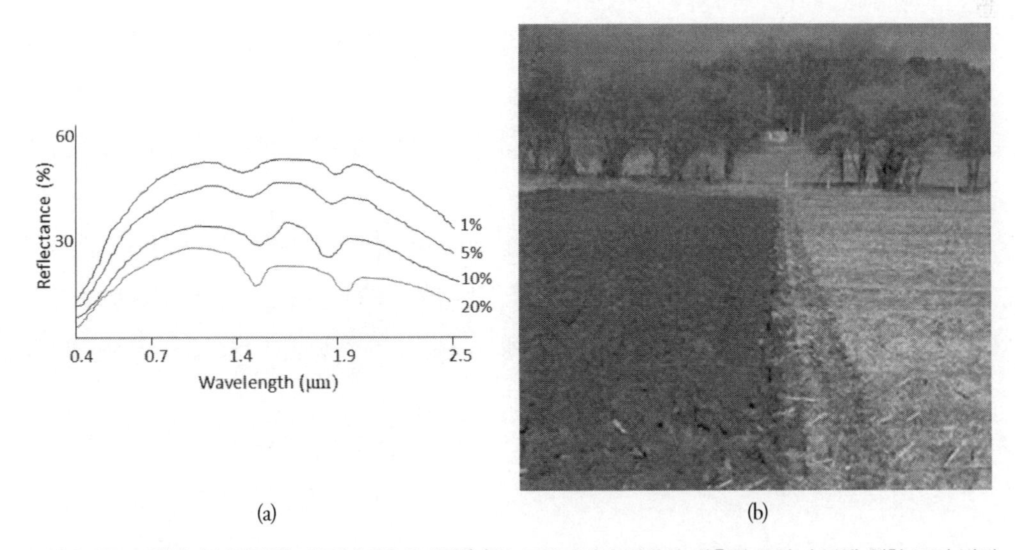

그림 2-27 토양의 수분함량에 따른 반사율의 변화(a)와 농경지에서 밭갈이 전후의 토양 수분에 의한 표면 밝기 차이(b)

보이는 가시광선 영역보다 근적외선 및 단파적외선에서 더욱 뚜렷하게 보인다. 그림 2-27b는 밭갈이 작업을 마친 부분과 밭갈이를 하지 않은 부분의 차이를 보여준다. 밭갈이를 마친 부분이 훨씬 어둡게 보이는 이유는 두 가지로 설명할 수 있다. 밭갈이를 마친 부분은 표면 아래에 있던 수분이 많은 토양이 표면으로 드러나서 반사율이 낮아졌기 때문이다. 밭갈이를 마친 토양 표면의 반사율이 낮아진 두 번째 이유는 표면 거칠기 때문이다. 밭갈이를 마친 토양의 표면은 굴곡이 많은 거친 표면이므로 산란이 많이 발생하여, 매끄러운 토양 표면보다 반사율이 낮다.

토양 반사율은 토양에 포함된 유기물 및 철분의 함량에 따라 차이가 있다. 거름(유기물)이 많은 부식토와 철분함량이 높은 토양이 어둡게 보이는 이유는 토양 유기물 및 철분 함량에 반비례하여 반사율이 낮아지기 때문이다. 또한 지구온난화에 따른 강우량 부족과 그에 따른 증발산량의 증가로 세계 여러 지역에서 토양의 염분 농도가 증가하는 현상이 발생하고 있다. 최근 연구에 따르면 토양 표면의 염분 농도가 증가할수록 반사율이 감소하는 사례가 보고되고 있다. 유기물, 철분, 염분 등의 토양 함유물 농도 변화에 따른 토양 반사율의 차이는 동일한 토양에 국한하여 해석해야 한다.

암석의 분광특성은 토양과 유사하지만, 암석의 종류에 따라 나타나는 독특한 흡수특징이 있다. 한국에는 암석이 대규모로 노출되어 있는 지역이 많지 않지만, 세계 여러 지역에 분포하는 암석지는 광물탐사를 위한 위성원격탐사의 직접적인 관심 대상이었다. 특히 사람이 쉽게 접근하기 어려운 밀림 및 오지에 분포하는 암석의 종류와 특성을 위성원격탐사로 해석하고자 했다. 암석은 토양과 비슷한 분광반사 특성을 가지고 있지만, 토양과 다르게 수분이나 유기물을 포함할 수 없기 때문에 토양보다 다소 높은 반사율을 보인다.

암석의 종류는 암석에 포함된 특정 성분에 의하여 구분되는데, 이러한 특정 광물질은 단파적외선 영역의 아주 좁은 파장구간을 흡수하는 특징을 가지고 있다. 그림 2-28은 미국 국립지질조사원(USGS)에서 측정한 암석의 종류별 분광반사곡선으로, 암석의 종류에 따라 단파적외선에서 나타나는 고유의 흡수특징(absorption features)을 볼 수 있다. 암석의 종류를 구분하는 방법은 단파적외선에서 나타나는 흡수특징을 이용하는 방법이 있지만, 이러한 흡수특징을 찾기 위해서는 좁은 파장구간에서 영상자료 획득이 가능한 초분광영상센서가 필요하다. 초분광센서 개발에 앞서 다중분광센서에 SWIR 밴드를 추가하여 암석 및 광물 종류와 특성에 관한 정보를 얻고자 개발된 최초의 위성센서로 Landsat TM이 있다.

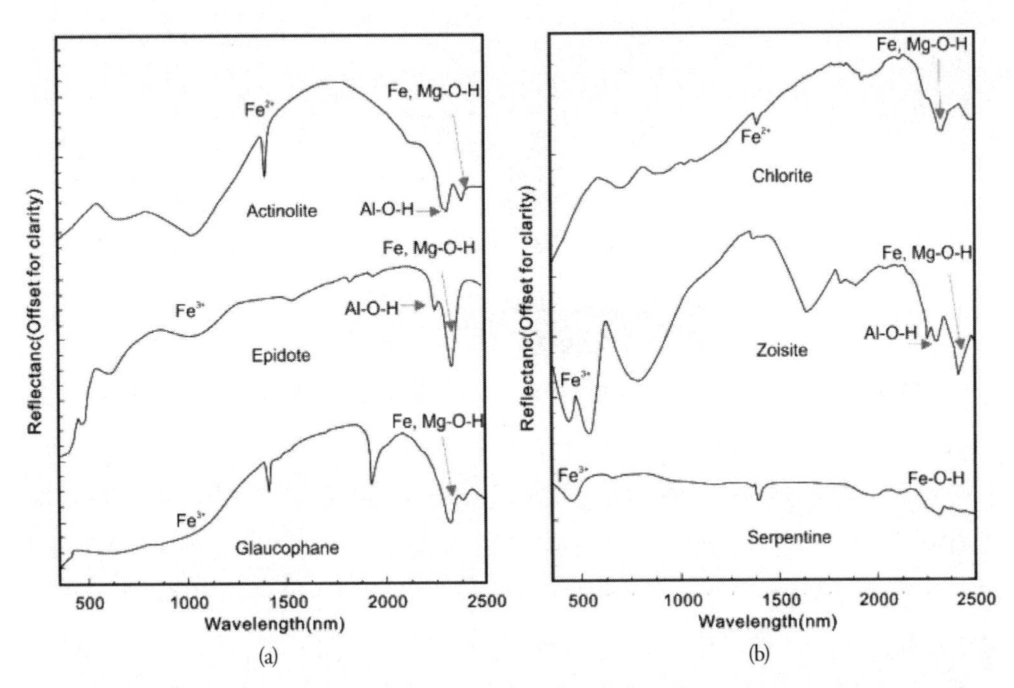

그림 2-28 암석의 분광반사곡선에서 나타나는 특정 광물질의 흡수특징(absorption features)(USGS, 2021)

물

물은 지구 표면에 있는 물체 중 가장 대표적인 전자기파 흡수체다. 수면에 입사된 전자기에너지의 대부분은 물에 의해 흡수되고, 가시광선에서 소량만 반사한다. 인천지역 다중분광영상에서 볼 수 있듯이, 바다는 가시광선 영상에서 비록 낮은 반사율을 가지고 있지만, 반사가 거의 없이 아주 검게 보이는 근적외선이나 단파적외선 영상과 달리 약간 밝게 보인다. 물은 가시광선에서 낮은 반사율의 기본적인 특징을 가지고 있지만, 물의 상태에 따라 반사 특성이 조금씩 달라진다.

광학센서에서 감지하는 물의 복사휘도는 그림 2-29와 같이 여러 가지로 요소로 구성되어 있다. 센서에서 감지된 물의 신호는 물과 전혀 관계없이 대기산란에 의하여 발생한 신호(L_p), 수면에서 반사된 신호(L_s), 수체 내의 용해물과 부유물에 의한 신호(L_v) 그리고 물의 깊이가 낮을 경우 물 바닥에서 반사된 신호(L_b)의 합으로 구성되어 있다. 이 중에서 물의 광학적 특성을 좌우하는 가장 중요한 부분은 L_v로서 이 값은 물에 포함된 유기물(조류, 플랑크톤) 및 무기물(토사부유물)의 종류와 함유량에 따라 변한다. 물에서 반사되는 순수한 에너지양은 매우 작으므로, 대기에 의하여 발생한 신호값 L_p가 L_v보다 크다. 따라서 해색 원격탐사나 강이나 호수의 수질과 관련된 정보를 얻기 위해서는 센서에서 감지된 신호에서 대기의 영향을 제거하는 대기보정을 통하여 L_p값을 최소화해야 한다.

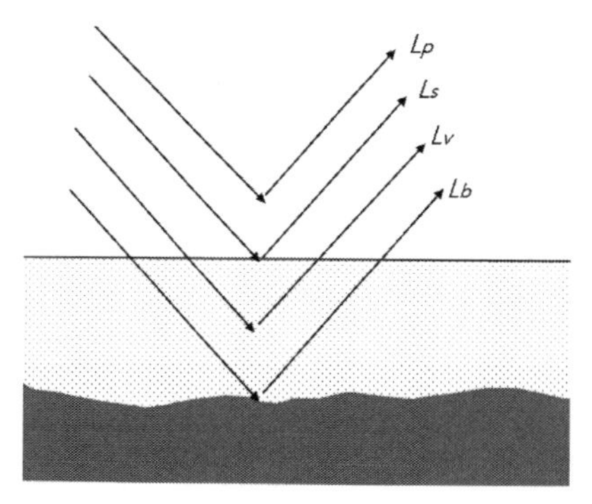

그림 2-29 센서에서 감지하는 물의 복사휘도 구성(대기, 물 표면, 물분자 및 용해부유물, 바닥)

육안으로 관측되는 물의 색깔은 결국 수체에 있는 입자들에 의하여 결정된다. 그림 2-30은 물의 상태에 따라 반사율의 변화를 보여주고 있다. 깨끗한 물은 엽록소가 거의 없거나 아주 소량이므로 청색광에서 흡수가 가장 작게 발생하여 파랗게 보인다. 그러나 일반적으로 우리가 보는 강이나 호수의 물은 녹색에 가까운데, 이는 물에 포함된 엽록소가 청색광과 적색광을 흡수하여 상대적으로 녹색광 반사가 많기 때문이다. 여름철 장마 시기의 강물은 탁도가 높아 황색으로 보이는데, 이는 물에 포함된 토사부유물의 함량이 높기 때문이며 이 경우에는 근적외선에서도 어느 정도 반사가 일어난다.

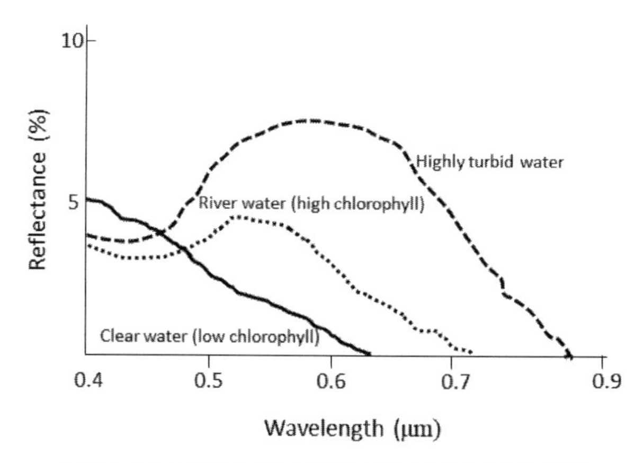

그림 2-30 물의 종류와 상태에 따른 분광반사율의 변화

원격탐사를 통하여 얻고자 하는 물 관련 정보는 크게 물의 분포와 수질의 두 가지로 나눌 수 있다. 대상 지역에서 수체를 탐지하고 정확한 물 표면의 분포와 면적을 파악하기 위해서는 물이 아주 검게 보이는 근적외선 또는 단파적외선 밴드의 영상이 적합하다. 그러나 물에 포함된 클로로필 또는 다른 용해물 또는 부유물의 농도를 추정하고자 할 때는 청색광 밴드를 포함한 가시광

선 영상이 필요하다. 그러므로 SeaWiFS 및 GOCI와 같은 인공위성 해색센서는 청색광을 포함한 여러 개의 가시광선 밴드를 가지고 있다.

눈과 구름

극지방 및 한대기후 지역의 대부분은 눈과 얼음으로 덮여 있으며, 극지방의 강설량과 빙하의 주기적인 모니터링은 지구 기후 변화와 관련하여 중요한 정보를 제공한다. 눈과 얼음은 높은 반사율을 가지고 있기 때문에, 지구 표면의 다른 물체들과 쉽게 구분된다. 그러나 눈과 얼음의 표면 상태에 따라 반사율의 차이가 크게 달라진다(그림 2-31). 최근에 내린 신선한 눈 표면은 매우 높은 반사율을 가지고 있지만, 만년설(firn)과 같이 시일이 경과될수록 눈의 반사율은 감소하는 경향을 보인다. 빙하에서 얼음의 반사율은 눈보다 더 낮으며, 히말라야에 분포하는 계곡빙하의 경우 얼음 표면이 토사물로 덮여 있는 경우가 많아 얼음의 분광특성을 보이지 않는다. 눈과 달리 얼음의 반사율은 근적외선에서 급격히 떨어진다.

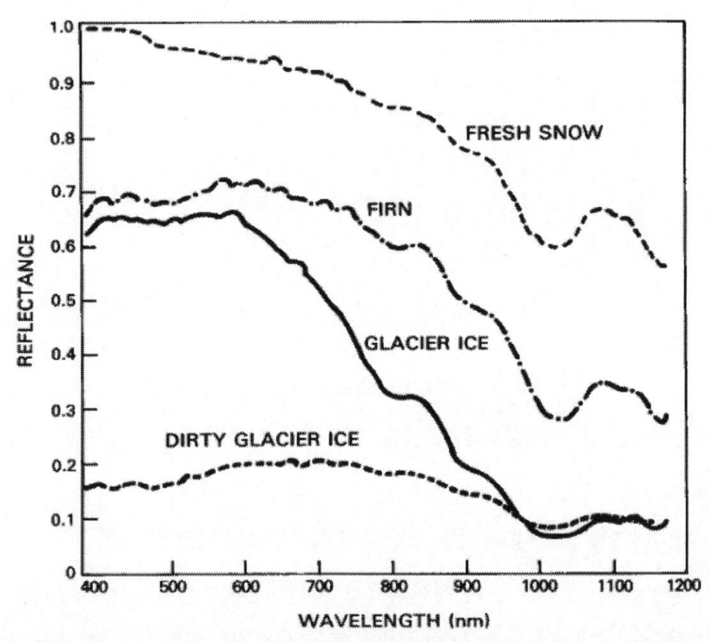

그림 2-31 눈과 빙하의 일반적인 분광반사율(Hall and Martinec, 1985)

눈과 얼음의 반사율은 표면 상태에 따라 좌우되는데, 표면이 비교적 매끄럽고 수분함량이 낮으면 반사율이 높다. 눈이나 얼음이 시일이 경과하면서 이물질이 쌓이면 눈과 얼음의 반사율은 낮아진다. 예를 들어 한반도 북부 해역은 추운 겨울에 바닷물이 동결되는 해빙 현상이 발생하는데,

해빙의 분광반사율은 얼음의 두께, 표면의 거칠기, 얼음에 포함된 토사물 등에 따라 반사율이 매우 다양하게 나타난다(Lee and Lee, 2017).

눈은 지구 표면을 덮고 있는 물체 중 가장 높은 반사율을 보이는 물체로서 비교적 다른 지표물과는 구분이 용이하지만, 구름과 비슷한 반사율을 보이기 때문에 종종 구별이 쉽지 않다. 육상 원격탐사에서 구름이 없는 깨끗한 영상을 얻기는 매우 어렵고, 특히 눈이 있는 고산지대, 온대북부 지역에서는 구름의 발생 빈도가 더 높기 때문에 눈과 구름을 구별하는 데 어려움이 있다. 그러나 그림 2-32에서 보듯이 눈과 구름의 반사율은 가시광선 및 근적외선에서는 비슷하게 높지만, 단파적외선에서는 눈과 구름의 반사율에 큰 차이가 있다. 구름을 구성하고 있는 물방울 입자의 크기는 수백 나노미터에 달하며, 이는 전자기파의 파장에 관계없이 산란이 발생한다. 따라서 구름은 가시광선, 근적외선, 단파적외선에서 모두 산란이 발생하므로 높은 반사율을 유지한다. 그러나 눈은 가시광선 및 근적외선에서는 높은 반사율을 갖지만, 단파적외선에서는 반사율이 낮아진다. 그러므로 눈과 구름을 쉽게 구별하기 위해서는 단파적외선 밴드의 영상이 적합하다.

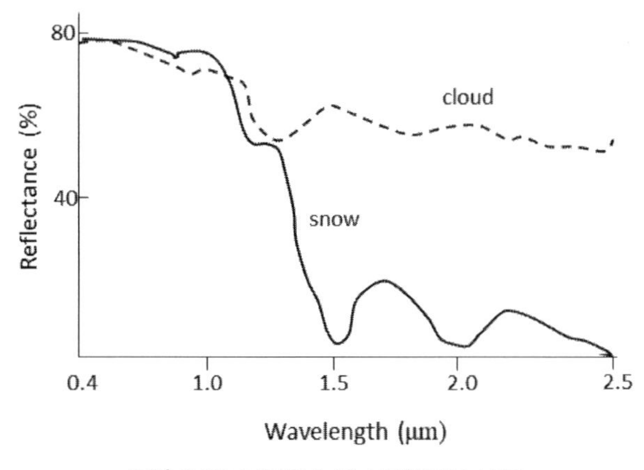

그림 2-32 구름과 눈의 분광반사율 비교

그림 2-33은 2010년 5월 14일에 촬영된 한반도 북부 지역의 MODIS 영상으로, 눈과 구름의 분광반사 특성 차이를 볼 수 있다. 5월은 계절적으로 식물의 생장이 시작된 봄철이지만, 북쪽의 백두산을 비롯하여 함경도 지방의 해발 2000m 이상 높은 산악지역에는 여전히 눈이 녹지 않고 쌓여 있다. 녹색광 밴드(0.55~0.57μm)영상에서는 황해도 및 한반도 최북단 지역에 분포하는 구름과 눈의 반사율이 모두 높기 때문에 서로 구분이 어렵다. 근적외선 밴드(0.84~0.9μm)영상에서도 비록 식물의 높은 반사율로 인하여 뚜렷하게 보이지 않지만, 눈과 구름의 반사율이 여전히 높게 보인다. 다만 근적외선 영상에서는 눈에 해당하는 면적이 녹색광영상보다 축소되어 보이는데, 이

는 눈이 쌓인 지역 중 눈의 깊이가 비교적 얕은 가장자리에서는 눈의 반사율이 떨어지기 때문이다. 가시광선과 근적외선 영상에서는 구분이 되지 않던 눈과 구름은 단파적외선 밴드(1.63~1.65μm) 영상에서는 뚜렷한 차이를 보인다. 구름은 비선택적 산란으로 인하여 여전히 높은 반사율로 밝게 보이는 반면에, 눈은 반사율이 떨어져 어둡게 보인다.

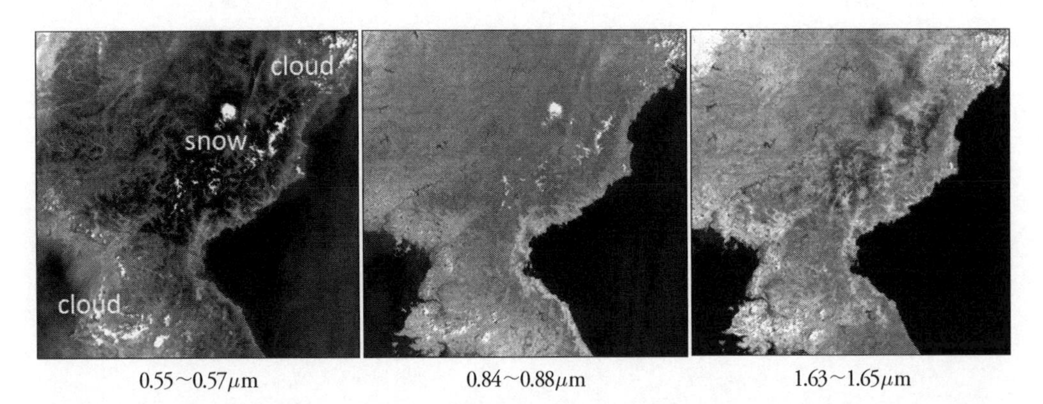

그림 2-33 다중분광영상에서 나타나는 눈과 구름의 차이. 2010년 5월 14일 촬영된 MODIS 영상에서 단파적외선 밴드에서 눈과 구름이 차이가 뚜렷하게 나타남

분광반사율의 변이

지금까지 지구 표면을 덮고 있는 주요 물체의 분광반사 특성을 설명했다. 분광계 측정 또는 다중분광영상을 분석하여 얻어진 반사율은 특정 지표물의 분광특성을 보여주지만, 측정 환경이나 해당 지표물의 시공간적 상태에 따라서 차이가 있다. 가령 한 그루의 소나무에서 채취한 솔잎의 반사율을 측정했을 때, 1년생 솔잎과 2년생 솔잎의 분광반사율은 잎의 수분함량이나 엽록소 분포 등 생리적인 상태에 따라서 분광반사율이 다르게 나타날 수 있다. 다른 예로서 옥수수 밭의 분광반사율은 옥수수가 식재된 간격, 줄의 방향, 토양의 종류 및 수분함량 등에 따라서 큰 차이가 나타날 수 있다.

분광반사율은 또한 측정 시기에 따라서 커다란 차이를 보일 수 있다. 식물의 경우 생육단계에 따라서 분광반사 특성의 계절적 변이가 크게 나타난다. 한국에서는 대부분 5월에 모내기를 하여 10월에 추수를 하는데, 생장 시점에 따라 벼의 잎이나 논의 분광특성은 매우 다르게 나타난다. 토양의 분광반사율 역시 같은 토양이라도 표면의 거칠기 및 수분함량 등에 따라서 다르게 나타날 수 있다.

분광반사율 측정에서 고려해야 할 다른 점은 측정기기의 오차와 측정 환경이다. 분광계가 오래되면 당연히 측정 감도가 저하되기 때문에, 정확한 측정을 위해서는 주기적으로 분광계의 성능을 점검해야 한다. 또한 야외에서 분광측정을 할 경우 대기 상태, 바람, 태양각 등 측정 환경에 따라 측정값이 민감하게 반응할 수 있다. 정밀한 측정이 이루어지기 위해서는 이러한 조건들에 대한 세심한 주의가 필요하다.

물체마다 가진 고유의 분광반사 특징을 'spectral signature'로 표현하기도 하지만, 앞에서 설명했듯이 물체의 상태와 측정 환경에 따라 분광반사율은 차이가 있기 때문에 적절한 용어는 아니다. 따라서 분광계에서 측정한 반사율이 그 물체의 유일무이한 절대적인 분광반사 특성이라는 의미보다는, 어느 정도 반사율의 변이를 포함하는 분광반사 특성의 의미인 'spectral characteristics'가 보다 적절한 표현이다.

참고문헌

지준범, 조일성, 이규태, 2013. 정지궤도 위성자료를 이용한 지표면 도달 태양복사량 연구, 대한원격탐사학회지, 29(1): 123-135.

엄진아, 고보균, 박성재, 선승대, 그리고 이창욱, 2019. 백운석 및 방해석의 분광특성 분석 연구: 강원도 강릉시 옥계면 지역, 대한원격탐사학회지, 35(6_3): 1261-1271.

염종민, 한경수, 김영섭, 2005. 한반도 식생에 대한 MODIS 250m 자료의 BRDF 효과에 대한 반사도 정규화, 대한원격탐사학회지, 21(6): 445-456.

이규성, 2019. 육상 원격탐사에서 광학영상의 대기보정, 대한원격탐사학회지, 35(6_3): 1299-1312.

이서영, 최명제, 김준, 김미진, 임현광, 2017. GOCI 자료를 이용한 고해상도 에어로졸 광학 깊이 산출, 대한원격탐사학회지, 33(6_1): 961-970.

이화선, 서원우, 우충식, 이규성, 2019. 산림 식생 모니터링을 위한 무인기 다중분광영상의 반사율 산출 및 평가, 대한원격탐사학회지, 35(6_2): 1149-1160.

Asner, G.P., 1998. Biophysical and Biochemical Sources of Variability in Canopy Reflectance, *Remote Sensing of Environment*, 64:234-253.

Cho, M. A., and Skidmore, A. K. 2006. A new technique for extracting the red edge position from hyperspectral data: The linear extrapolation method. *Remote sensing of environment,* 101(2): 181-193.

Cracknell, A. P. and L. W. B. Hayes, 1991. Introduction to Remote Sensing, Taylor & Francis.

Herrmann, I., Pimstein, A., Karnieli, A., Cohen, Y., Alchanatis, V., and Bonfil, D. J. 2011. LAI assessment of wheat and potato crops by VENμS and Sentinel-2 bands. *Remote Sensing of Environment*, 115(8): 2141-2151.

Hall, D.K., and J. Martinec. 1985. “Remote Sensing of Ice and Snow”. Chapman and Hall Ltd.

Hoffer, R.M., 1978. Biological and Physical Considerations in Applying Computer-Aided Analysis Techniques to Remote Sensor Data, In “Remote Sensing: the Quantitative Approach”, McGraw-Hills, Inc.

Jensen, J.R., 2007, Remote Sensing of the Environment: an Earth resource perspective, 2nd ed., Prentice Hall, p. 592.

Lee, H.S. and K.S. Lee, 2017. Capability of Geostationary Satellite Capability of Geostationary Satellite Imagery for Sea Ice Monitoring in the Bohai and Yellow Seas, Journal of Marine Science and Technology, Vol. 24, No. 6, pp. 1129-1135.

Lillesand, T., R.W. Kiefer,, and J. Chipman, 2015. Remote Sensing and Image Interpretation, 7th Edition, 736 pp., John Wiley & Sons, Inc.,

Martonchik, J. V., Carol J. Bruegge and Alan H. Strahler, 2000. A review of reflectance nomenclature used in remote sensing, *Remote Sensing Reviews*, 19: 1-4, 9-20.

Shin, J.I. and K.S. Lee, 2009. Spectral Mixture Analysis of Vegetation Canopy using Field Measured Spectral Data,

Proc. of ISRS 2009, Oct. 28-30, Busan, Korea, pp. 23-26.

Sibanda, M., Mutanga, O., Rouget, M., and Kumar, L. 2017. Estimating Biomass of Native Grass Grown under Complex Management Treatments Using WorldView-3 Spectral Derivatives. *Remote Sensing*, 9(1): 55.

Swain, P.H. and S. M. Davis(Eds). 1978. Remote Sensing: The Quantitative Approach, 396 pp. McGraw-Hill

USGS, 2021. USGS Spectral Library Version 7, https://pubs.er.usgs.gov/publication/ds1035. 2021년 2월 추출.

CHAPTER

사진시스템과 영상 해석

CHAPTER 03

사진시스템과 영상 해석

원격탐사가 등장하기 이전부터 사용된 가장 오래된 원격탐사자료는 항공사진이다. 사진시스템(photographic system)은 필름을 이용하여 영상을 얻는 방식으로 지난 100여 년 가까이 가장 일반적인 원격탐사 방법이었다. 필름을 이용한 항공사진은 이미 수명을 다했지만, 그럼에도 원격탐사에서 사진시스템을 다루는 이유는 지금까지 축적된 과거의 항공사진을 효율적으로 활용하기 위함이다. 또한 카메라 구조, 필터, 컬러 사진의 획득 원리는 현재의 전자광학시스템에서도 그대로 적용되므로 디지털영상의 해석에 도움이 된다.

항공사진은 제1차 세계대전에서 군사 목적으로 본격적인 활용이 시작되었으며, 전쟁이 끝난 후 민간 분야에서 지도제작 및 측량 목적으로 활용이 확대되었다. 1930년대부터 항공사진을 이용한 측량 기술이 개발되어 사진측량(photogrammetry)이라는 새로운 기술이 등장하였다. 사진측량은 사진을 이용하여 지표물의 위치와 관련된 정량적 해석을 통하여 공간정보를 얻는 기술이다. 정량적 해석은 지구공간에 있는 각 점의 위치 및 각 점 간의 길이, 방향, 높이, 면적 등을 측정하고 산출하는 과정이다. 사진측량의 영역은 지형도제작, 구조물 설계, 도로 및 단지 조성 등 넓은 공간을 대상으로 다양한 위치 정보 획득을 포함한다. 현재 국가기본도를 비롯하여 한국에서 제작되는 대부분 지도가 항공사진을 이용하고 있으며, 사진측량은 공간자료 획득의 중요 수단이다. 지상측량, 원격탐사, 위성측위시스템(GPS)으로 공간자료를 획득할 수 있지만, 지도자료의 정확도 및 신뢰도 측면에서 항공사진측량은 여전히 가장 대표적인 지도제작 방법이다.

사진측량과 함께 항공사진 관련 기술로 사진판독(photo interpretation)이 있다. 사진판독은 사진에서 지표물 및 지표 현상을 인식, 판단, 분류하는 정성적 해석을 다루는 기술이다. 사진판독과 관련된 초기의 활용 분야로서 산림조사를 꼽을 수 있는데, 대규모 면적과 직접조사가 어려운 접근성 때문에 산림의 수종 분류와 임목재적 조사에 항공사진이 도입되었다. 그 밖에 사진판독의 주된 활용 분야로서 토지이용 및 토지피복 분류, 농작물 관리, 지질 판독, 지형분석 등이 있다. 사진측량 및 사진판독은 현재의 원격탐사에서도 중요한 기술이며, 디지털항공사진 및 다양한 위성영상의 분석에 항공사진을 기반으로 개발된 사진 측량 및 판독 기술이 적용되고 있다. 한국에서는 1970년대부터 항공사진을 이용하여 본격적인 국가 지형도 제작 및 전국적인 산림조사가 이루어지고 있다. 현재는 디지털항공사진으로 대체되었지만, 지난 50여 년 동안 여러 국가기관에서 촬영한 항공사진은 중요한 국토정보로서의 가치를 가진다.

3.1 항공사진의 종류

항공사진은 다양한 종류와 형태로 구분된다. 비록 필름을 이용한 항공사진은 더 이상 촬영하지 않지만, 항공사진을 구분하는 기준은 여전히 유효하다. 항공사진은 촬영 각도, 필름, 카메라 등에 따라 구분된다.

촬영 각도에 의한 분류

항공사진의 분류는 주로 카메라의 촬영 각도와 필름을 기준으로 구분된다. 먼저 촬영 각도에 따라 연직사진(vertical aerial photograph)과 사각사진(oblique aerial photograph)으로 나눈다. 대부분의 항공사진은 사진측량 용도이므로 지표면에 수직방향으로 촬영된다(그림 3-1). 그러나 항공기의 자세 불안정과 흔들림 때문에 카메라의 중심축이 지표면과 완전한 수직을 이루기는 어렵다. 중심축이 수직에서 ±3°를 벗어나지 않고 촬영된 사진은 일반적으로 연직사진으로 취급한다. 연직사진은 대부분 지도 제작에 사용되며, 지형, 건물, 임목 등 3차원 물체의 형상과 높이를 측정하기 위하여 인접사진끼리 중첩된 입체사진을 촬영할 때 사용하는 방식이다. 연직사진을 촬영하기 위해서는 카메라 렌즈가 지표면에 수직으로 향하도록 설치해야 하는데, 비행기 동체 바닥에 설치하거나 경량카메라의 경우 날개 아래 부분에 설치하기도 한다.

연직항공사진을 촬영하기 위해서는 카메라가 반드시 지표면에 수직으로 향하도록 설치되어야 하며, 이를 위해서는 보통 카메라 설치를 위한 전용 항공기가 필요하다. 그러나 지도 제작 목적이 아닌 단순한 관측 및 판독을 위한 항공사진은 반드시 연직으로 촬영할 필요는 없다. 사각항공사진은 이와 같이 카메라의 중심축이 지표면의 수직선에서 벗어나 측면에서 촬영된 사진을 말하며(그림 3-2), 우리가 여객기 창문에서 지표면을 촬영한 사진이 곧 사각사진이다. 촬영 각도(t)에 따라 저사각(low oblique)사진과 고사각(high oblique)사진으로 구분되기도 하며, 사진에서 지평선이 보일 정도로 촬영 각도가 큰 사진을 고사각 사진으로 분류한다. 고사각 사진은 종종 사진 한 장에 촬영되는 면적을 최대화하여 특정 현상 또는 지표물을 탐지하기 위한 목적으로 사용된다. 사각사진은 연직사진과 달리 일정한 비행선을 따라서 연속적으로 촬영하기보다는 특정 지역 및 지표물을 대상으로 촬영하는 경우가 많다. 특히 요즘 활용이 급증하고 있는 무인항공기를 이용하여 촬영되는 많은 항공영상은 정밀한 지도제작 용도가 아닌 단순한 관측 및 탐지가 주된 목적이므로 사각사진으로 촬영하는 경우가 많다.

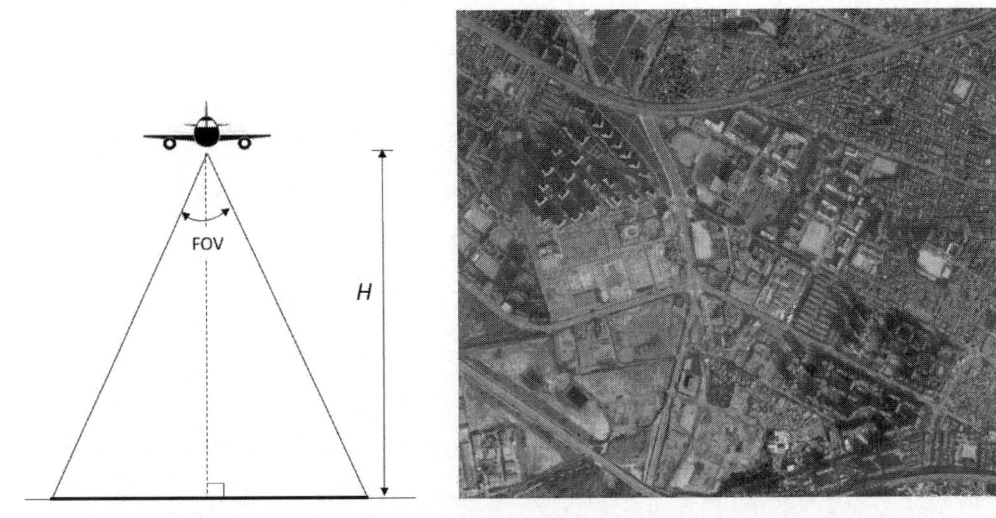

그림 3-1 촬영 각도가 지표면에 수직인 연직항공사진(vertical aerial photograph)

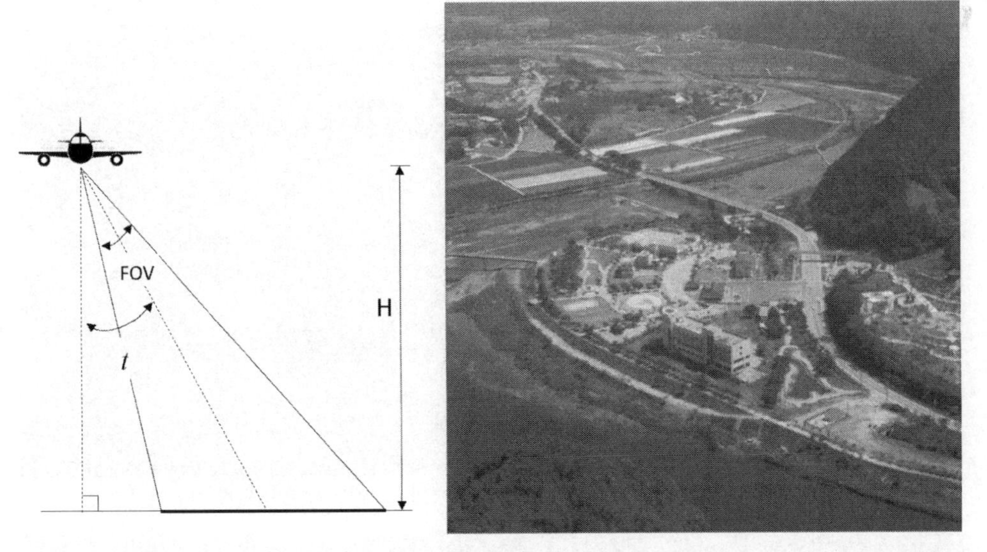

그림 3-2 촬영 각도가 수직선에서 벗어나 측면에서 촬영되는 사각항공사진(oblique aerial photograph)

필름에 의한 분류

항공사진을 구분하는 다른 기준은 감광 영역을 달리하는 필름이다. 필름은 감지하는 파장영역 및 구간의 세분화 정도에 따라 네 가지로 분류된다. 흑백 사진 및 흑백적외선 사진은 하나의 파장 구간(밴드)에서 에너지를 감지하므로 전정색사진(panchromatic photograph)이라고도 한다. 흑백 사진은 가시광선 구간의 빛에너지를 감지하여 흑백 명암으로 신호를 표시하며, 흑백적외선 사진은 가시광선과 약간의 근적외선(0.7~0.9μm) 영역의 빛을 감지한다. 흑백적외선 사진은 흑백 사진과 달리 근적외선 파장에서 나타나는 식물 및 물의 독특한 분광반사 특성을 잘 보여준다.

그림 3-3은 인천광역시 용현동 지역의 흑백 및 흑백적외선 항공사진으로 여러 지표물의 명암 차이를 보여준다. 새로운 주거지 및 도로의 확장으로 현재의 모습과 많은 차이가 있지만, 사진 위쪽의 산림 및 오른쪽 배수지에서 흑백 사진과 흑백적외선 사진의 차이점이 뚜렷하게 비교된다. 2장에서 간단히 언급했던 지표물의 분광반사 특성을 감안하여, 두 사진에서 나타나는 식물과 물의 명암 차이를 설명할 수 있다. 1980년에 촬영된 흑백 사진은 가시광선 전체 파장구간에서 반사된 빛에너지를 감지한 결과로서, 이 파장구간에서 반사율이 낮은 산림과 배수지의 수면이 어둡게 보인다. 반면에 나지 상태의 토양이나 도로 및 건축물들은 상대적으로 밝게 보인다. 흑백 사진의 아래쪽에서 검게 보이는 부분은 물이 아니라, 당시 항공사진에 적용되었던 보안규정 때문에 인위적으로 가려서 처리한 부분이다. 흑백 사진과 비교하여 1991년에 촬영된 흑백적외선 사진에서는 산림의 밝기가 흑백 사진처럼 어둡지 않다. 물론 근적외선 파장에서 산림의 반사율은 매우 높지만, 흑백적외선 사진은 근적외선과 가시광선을 모두 포함하는 파장구간(0.4~0.9μm)의 반사에너지를

(a) 흑백 사진(1980년 9월 촬영)

(b) 흑백적외선 사진(1991년 10월 촬영)

그림 3-3 인천광역시 용현동 지역의 흑백 사진과 흑백적외선 사진에서 보이는 산림과 수면의 반사 특성 차이

감지하므로 근적외선 영상에서처럼 식물이 밝게 보이지 않는다. 또한 흑백적외선 사진에서는 배수지에서 물의 낮은 반사 특성에 따라 토양과 물의 경계가 흑백 사진보다 뚜렷하게 보인다.

컬러 필름의 감광영역은 흑백 필름과 동일한 가시광선이지만, 감지한 빛을 파장별로 세분화하여 명암만 아니라 색으로 나타낼 수 있다. 마찬가지로 컬러적외선 필름은 흑백적외선 필름과 동일한 감광영역(0.4～0.9μm)을 감지하지만, 세 개의 감광층으로 분리하여 감지하므로 육안으로 볼 수 없는 근적외선 파장영역의 반사 특성을 볼 수 있다. 컬러 사진이나 컬러적외선 사진은 오래전에 개발되었지만, 흑백 사진보다 비용이 많이 들고 촬영 및 처리 과정이 복잡하므로 제한된 분야에서 활용되었다. 한국을 비롯하여 대부분의 국가에서 항공사진측량을 포함한 일반 용도로는 주로 흑백 사진을 사용하였다.

컬러적외선 사진은 다중분광영상센서가 나오기 전까지 식물과 관련된 분야에서 널리 활용되었다. 컬러적외선 사진의 장점으로는 먼저 선명하고 깨끗한 사진을 얻을 수 있다는 점이다. 컬러적외선 사진은 가시광선에서 대기산란의 영향을 가장 많이 받는 청색광 영역을 차단하고 대기투과율이 높은 근적외선 영역을 이용했기 때문에, 동일한 대기상태에서 촬영해도 가시광선에서 촬영된 사진보다 훨씬 선명한 사진을 얻을 수 있다. 컬러적외선 사진의 또 다른 장점은 육안으로 볼 수 없는 근적외선 영역의 신호를 볼 수 있다는 점이다. 근적외선 파장에서 식물과 물의 독특한 반사 특성이 나타나므로, 식물의 건강상태, 작물의 생장량, 토양의 수분함량, 수면의 탐지 등 여러 분야에서 활용되었다. 컬러적외선 사진은 필름 보관이 어렵고, 노출에 매우 민감하여 촬영과 인화 처리에 숙련도가 필요하므로, 제한적으로 사용되었다.

컬러 그림 3-4는 미국 동부 혼효림 지역을 촬영한 컬러 사진과 컬러적외선 사진을 보여준다.

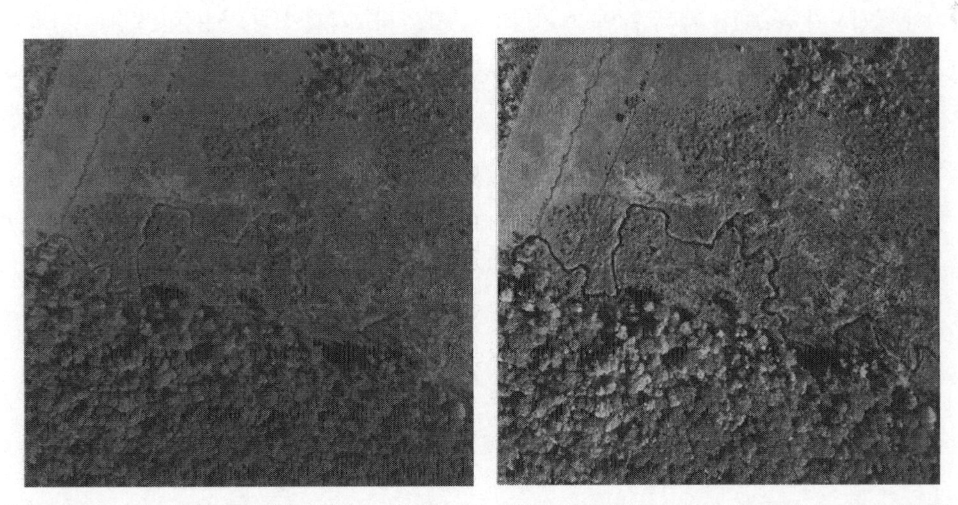

컬러 그림 3-4 미국 동부 코네티컷주 혼효림 지역의 컬러 사진과 컬러적외선 사진의 비교(1992년 10월 7일 촬영) (컬러 도판 p.556)

저고도에서 고배율로 촬영한 컬러 사진과 컬러적외선 사진에서 감지하는 파장영역은 각각 흑백 사진 및 흑백적외선 사진과 동일하지만, 세 개의 감광층에서 별도로 감지된 신호를 다른 색으로 합성하므로 판독할 수 있는 정보가 많다. 컬러 사진은 육안에 보이는 그대로의 색을 보여주지만, 컬러적외선 사진은 근적외선 파장에서 식물의 높은 반사율로 인하여 식물의 특성을 잘 관찰할 수 있다. 두 사진은 활엽수종이 변색되는 시점인 가을(1992년 10월)에 촬영했기 때문에, 나무의 잎이 다양한 색으로 보인다. 특히 나무가 없는 풀밭에서 초본류 식물의 밀도와 엽량에 따라서 근적외선 반사율을 나타내는 붉은색의 농도 차이를 볼 수 있다. 또한 컬러적외선 사진에서는 주변의 식물과 비교하여 구분이 어려웠던 하천의 수면이 뚜렷하게 보인다. 이와 같이 컬러적외선 사진은 식물의 특성과 수면의 분포를 잘 판독할 수 있기 때문에 다중분광영상이 공급되기 전까지 매우 요긴한 원격탐사자료로 활용되었다.

기타 분류

항공사진은 필름을 현상한 후 종이에 인화하는 방법에 따라 밀착사진(contact print)과 확대사진으로 구분한다. 항공사진 필름의 규격은 특수한 경우를 제외하고 대부분 사방 9인치의 정방형 크기다. 일반용 소형 카메라는 35mm 폭의 필름으로 촬영하고, 필름 크기보다 확대하여 인화하여 큰 사진을 얻었다. 그러나 확대 인화한 사진은 필름보다 낮은 해상도를 가지므로, 항공사진은 필름과 동일한 크기의 종이에 그대로 인화한 밀착사진이 대부분이다.

항공사진 한 장에 포함되는 지상 면적은 카메라의 초점거리와 비행고도에 따라 결정되지만, 필름 크기를 고려하면 제한적이다. 넓은 면적을 한 번에 판독하기 위해서는 여러 장의 사진을 붙여서 집성사진(mosaic)을 제작하기도 했다. 집성사진은 항공사진의 기하왜곡이 작은 사진의 중앙 부분만을 절취하여 제작한다. 정사사진(orthophoto)은 항공사진의 기하왜곡과 편위를 보정하여 마치 정사투영된 지도와 같이 사용할 수 있는 사진을 말한다. 정사사진은 지도와 같이 사진에 보이는 지표물의 위치와 면적 등이 정확하므로 사진지도(photo-map)라고도 한다. 현재 항공사진은 디지털카메라로 촬영하므로, 집성사진 및 정사사진의 제작은 컴퓨터 영상처리를 통하여 제작된다.

3.2 카메라의 구조

사진(photograph)은 필름을 이용하여 생성된 영상만을 지칭하며, 영상(image)은 사진을 비롯하여 다양한 종류의 디지털 센서에서 얻어지는 모든 영상자료를 포함하는 광의의 개념이라 할 수 있다. 사진은 렌즈를 통하여 수집된 빛에너지가 필름에서 반응하여 화학에너지로 변환됨으로써 생성된다. 현재 필름 항공사진의 시대는 끝이 났지만, 카메라의 구조는 크게 다르지 않다. 광학센서의 구조는 크게 목표물에서 반사/방출되는 빛에너지를 수집하는 광학계(optics), 수집된 빛에너지를 영상신호로 변환하는 검출기 또는 감지기(detector) 그리고 영상신호를 보관하는 저장기(storage)의 세 부분으로 나눌 수 있다. 카메라는 가장 기본적인 광학센서이며, 필름카메라와 디지털카메라는 구성 요소나 작동 원리가 거의 같다.

간단한 카메라 구조

사진이 촬영되는 과정을 알기 위해서는 간단한 카메라의 구조를 이해해야 한다. 그림 3-5는 간단한 카메라의 구조를 보여준다. 카메라의 맨 앞부분은 렌즈로 구성되어 있으며, 목표물에서 반사된 빛은 렌즈에서 굴절되어 필름으로 전달된다. 렌즈에서 수집되는 빛의 양은 조리개(diaphragm)의 구경에 따라 조절되는데, 그림 3-5에서 a방향으로 전달되는 광선은 그림과 같이 조리개의 구경을 작게 했을 경우 조리개에서 차단되므로 필름에 도달하지 못한다. 목표물의 맨 윗부분에서 반사된 광선 중 필름에 도달하는 광량은 렌즈의 중심부를 통과하여 굴절 없이 전달되는 광선 b와 렌즈의 초점을 통과하여 전달되는 광선 c가 주를 이룬다. 조리개 뒤에는 빛을 일시적으로 통과시켜 필름에 전달하는 셔터(shutter)가 있는데, 셔터가 열리는 시간을 조절하여 노출량을 결정한다.

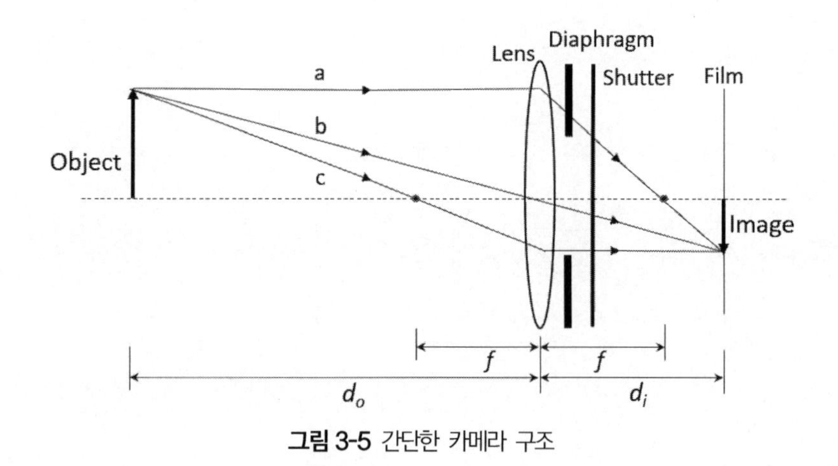

그림 3-5 간단한 카메라 구조

필름에 상이 뚜렷하게 맺히기 위해서는 렌즈의 초점거리(f), 렌즈에서 목표물까지 거리(d_o), 그리고 렌즈에서 필름까지의 거리(d_i) 사이에 다음과 같은 관계가 성립되어야 한다.

$$\frac{1}{f} = \frac{1}{d_o} + \frac{1}{d_i} \cong \frac{1}{d_i} \tag{3.1}$$

여기서 렌즈의 초점거리 f는 고정되어 있으므로, 상이 필름에 뚜렷하게 맺히려면 d_o 또는 d_i를 조절해야 한다. 피사체와 카메라를 움직이는 것은 쉽지 않기 때문에, 일반적으로 렌즈의 위치를 미세하게 앞뒤로 이동하며 d_i를 조절한다. 그러나 항공사진 카메라에서 d_o는 수백 미터 이상의 비행고도이므로, $1/d_o$는 0에 가깝게 된다. 그러므로 렌즈에서 상이 맺히는 필름까지의 거리 d_i는 렌즈의 초점거리 f와 같다. 항공사진 카메라는 일반카메라와 달리 d_i를 조절하는 장치가 필요 없이 필름이 렌즈의 초점거리에 고정적으로 위치한다.

카메라에서 촬영되는 공간적 범위는 시야각(field of view, FOV)으로 표시하는데, 시야각은 렌즈의 초점거리(f)와 상이 맺히는 필름 폭의 반(s)에 따라서 결정되며 렌즈의 크기에는 영향을 받지 않는다(그림 3-6). 항공사진 카메라는 초점거리가 100~300mm인 렌즈를 주로 사용하는데, 이는 초점거리가 대략 10~50mm인 일반카메라나 휴대폰카메라에서는 망원렌즈급이라 할 수 있다. 초점거리가 길면 시야각은 작아져서 사진 한 장에 촬영되는 지표면의 면적은 줄어들게 된다. 물론 촬영되는 지상면적은 항공기의 고도(H)에 따라서 변하기도 한다.

$$\text{FOV} = 2\tan^{-1}\left(\frac{s}{f}\right) \tag{3.2}$$

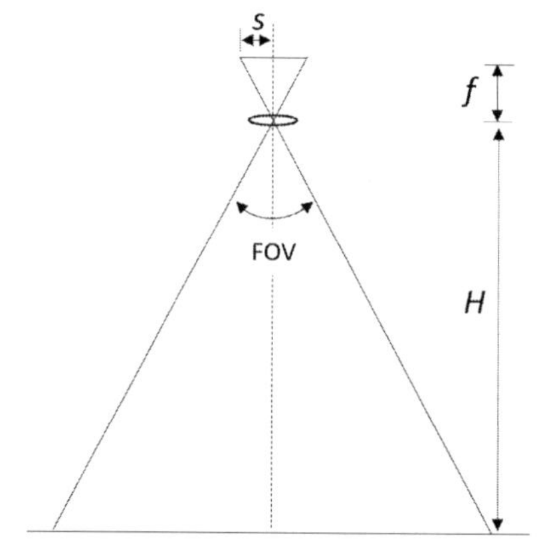

그림 3-6 항공사진 카메라의 시야각(FOV)

항공사진 필름의 일반적인 규격은 사방 9인치(228.6×228.6mm)인데, 필름 한 장에 촬영되는 최대 시야각은 식(3.2)에 따라 구할 수 있다. 필름의 최대폭(대각선 길이)은 323.3mm이므로, s = 161.65mm가 된다. 따라서 렌즈의 초점거리가 210mm인 항공사진 카메라의 경우, 시야각은 다음과 같이 계산된다.

$$\text{FOV} = 2\tan^{-1}\left(\frac{161.65}{210}\right) = 75.2°$$

FOV가 60°~75° 사이를 표준 시야각이라고 하며, 75° 이상인 경우에는 광각렌즈라 하여 초점거리가 짧은 렌즈를 사용하며 사진 한 장에 넓은 면적을 촬영할 수 있다. 반대로 시야각을 60° 이하로 좁게 촬영하려면 초점거리가 긴 렌즈를 사용하는데, 이 경우 사진 한 장에 찍히는 면적은 감소하지만 높은 공간해상도의 사진을 얻을 수 있다. 일반용카메라에서 필름이나 감지기의 배열 형태는 정방형이 아니라 직사각형인데, 이 경우 시야각은 수평방향과 수직방향으로 나누어 표시한다.

노출(exposure)

렌즈를 통과하여 필름에 도달하는 광량을 나타내는 노출(E)은 지표물에서 반사된 광량과 조리개의 구경 및 셔터속도에 따라 다음과 같이 구할 수 있다.

$$E = \frac{s\,d^2\,t}{4f^2} \tag{3.3}$$

여기서 s = 피사체에서 반사된 광량
d = 조리개의 구경
t = 노출시간(셔터속도)
f = 렌즈의 초점거리

지표물에서 반사된 광량은 고정된 값이므로, 카메라에서는 조리개의 구경과 셔터속도를 조절하여 노출량을 결정할 수 있다. 먼저 조리개의 구경 조절을 f-stop(F)이라고 하는데, f-stop은 렌즈의 초점거리를 조리개 구경으로 나눈 값(f/d)이다. 따라서 식(3.3)은 다음과 같이 간단하게 정리할 수 있다.

$$E = \frac{s\,d^2\,t}{4f^2} = \frac{s\,t}{4F^2} \tag{3.4}$$

F-stop이 증가하면 조리개의 구경이 작아져 필름에 도달하는 노출은 감소하게 된다. 조리개가 열려 있는 면적은 조리개 구경의 제곱에 비례한다. 따라서 f-stop은 조리개 구경의 제곱근에 반비례하여 노출량이 대략 두 배씩 변하도록 설정되었다. 그림 3-7에서 보듯이 F/4에서 조리개가 열려 있는 구멍의 면적은 F/5.6보다 두 배가 되며, F/2.8의 반이 되도록 설정했다. 조리개와 함께 노출을 조정하는 다른 방법으로 셔터속도가 있다. 셔터속도도 f-stop과 마찬가지로 노출량이 2배수로 변하도록 1/125초, 1/250초, 1/500초 등의 간격으로 설정되어 있다. 물론 요즘의 디지털카메라는 피사체에서 반사되는 광량에 따라 노출이 자동적으로 조절되므로, 과거 필름 사진보다 전체적인 명암이 잘 조절된 영상을 얻을 수 있다.

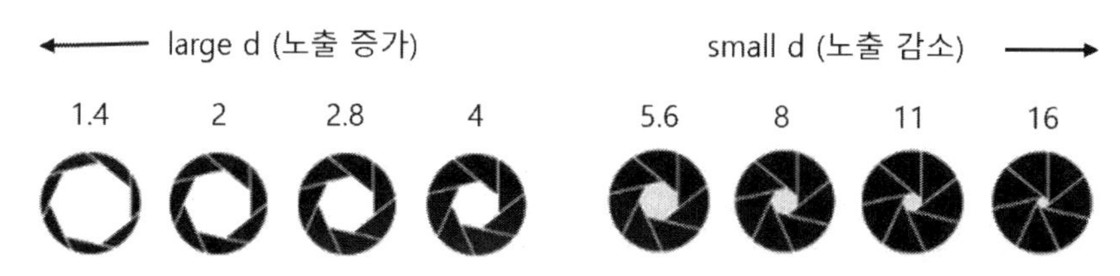

그림 3-7 필름에 도달하는 노출을 조절하기 위한 조리개의 구경과 f-stop의 관계

필터(filter)

필터는 선명하고 깨끗한 사진을 얻기 위하여, 필름카메라뿐만 아니라 디지털카메라에서도 흔히 사용된다. 필터는 렌즈 앞에 부착하여 지표물에서 반사된 전자기파의 특정 파장영역을 차단 또는 통과시킴으로써, 필름에서 감지하는 빛을 선택할 수 있다. 필터는 일반적으로 투명한 색유리나 젤라틴의 형태로 되어 있는데, 피사체에서 반사된 특정 파장영역의 빛이 필터에서 흡수되거나 또는 반사되고, 필터를 통과한 나머지 빛이 필름에 도달한다.

필터에서 차단되는 빛의 파장과 필름에서 감광하는 파장을 조합하여 원하는 파장대의 사진을 촬영할 수 있었다. 일반카메라와 항공사진 카메라에서 가장 널리 사용되는 헤이즈필터(haze filter)는 대기산란이 많이 발생하는 자외선 및 짧은 청색광 영역의 빛을 흡수하고 나머지를 투과함으로써 선명한 사진을 얻는다. 헤이즈필터는 가시광선의 대부분을 통과시키기 때문에 투명한 상태로 보인다. 노란색 필터(yellow filter)는 대기산란이 많은 청색광을 흡수하고 나머지 녹색광과 적색광을 통과시킨다. Yellow filter는 그림 3-8에서 보듯이 노란색 투명 유리로 되어 있는데, 이는 필터를 통과하는 녹색광과 적색광이 합해진 색깔이다. 흑백항공사진을 촬영할 때 선명한 사진을 얻기 위하여 노란색 필터를 사용하여 청색광을 차단하고, 0.5~0.7μm의 구간의 가시광선만 통과하여 필름에 전달된다.

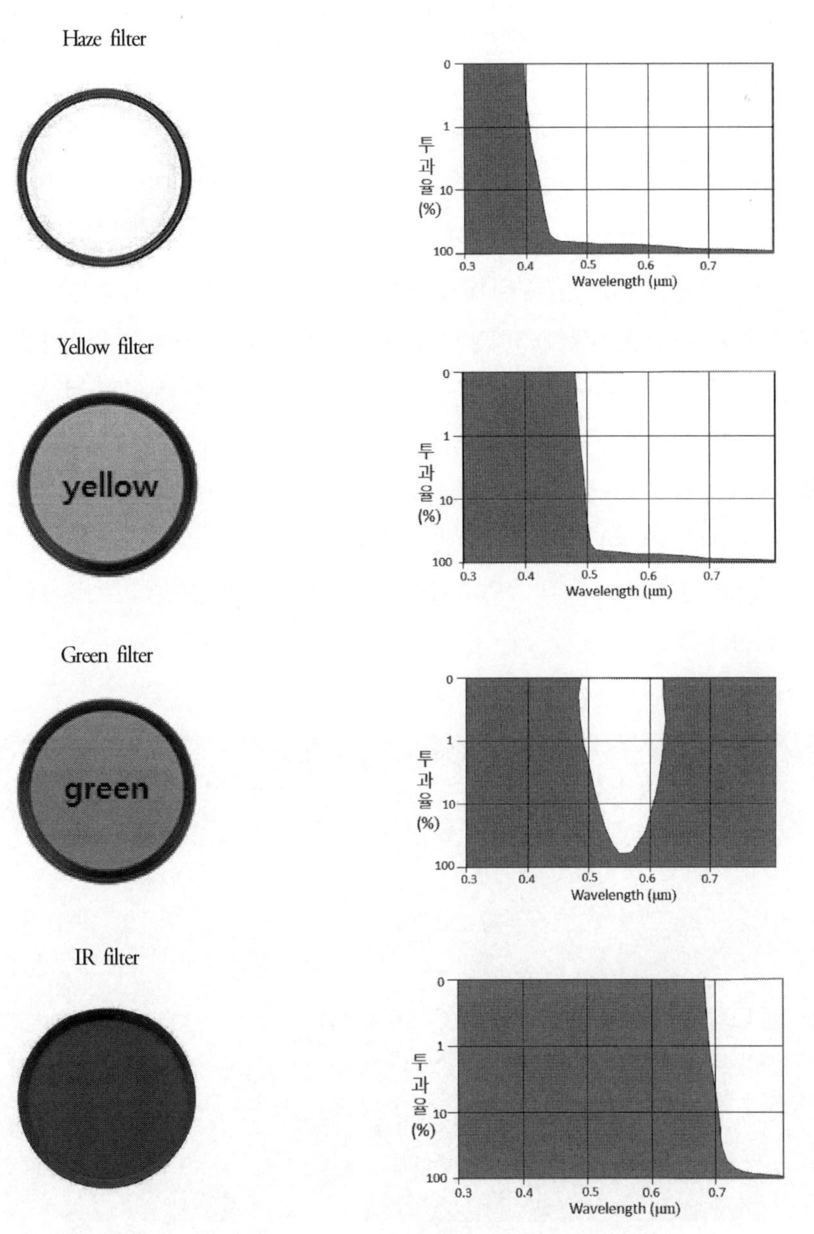

그림 3-8 사진시스템에서 사용하는 필터의 종류와 빛의 투과 특성

다중분광센서는 파장을 달리하여 여러 밴드의 영상을 쉽게 얻을 수 있지만, 사진시스템에서는 필름과 필터를 조합하여 원하는 파장영역의 사진을 얻을 수 있었다. 흑백 필름의 감광영역은 0.4~0.7μm이므로, 여기에 녹색필터(green filter)를 사용하여 촬영하면 녹색광(0.5~0.6μm) 밴드의 사진을 얻을 수 있었다. 이와 같이 특정 파장구간의 빛만을 통과시키고 나머지를 차단하는 필터를 band pass 필터라고도 한다.

근적외선에서 나타나는 식물과 물의 독특한 반사 특성을 보여주는 사진은 흑백적외선 필름을 이용하여 촬영할 수 있었다. 감광영역이 0.4~0.9μm인 흑백적외선 필름에 적외선필터를 사용하면 근적외선 밴드(0.7~0.9μm)의 사진을 촬영할 수 있다. 적외선필터는 가시광선을 모두 흡수하고 0.7μm보다 긴 적외선만을 투과하므로 육안으로는 검은색의 유리로 보인다. 그림 3-9는 미국 동부 코네티컷주 산림 지역의 고해상도 항공사진을 이용하여 제작한, 흑백적외선 사진과 적외선 필터를 이용하여 촬영한 근적외선 밴드 사진의 차이를 보여준다. 흑백적외선 필름에 적외선필터를 장착하면 0.7~0.9μm 구간의 근적외선 밴드 사진이 얻어지는데, 이 사진에서 산림 및 풀밭은 녹색식물의 높은 반사율 때문에 흑백적외선 사진보다 훨씬 밝게 보인다. 또한 근적외선은 대부분 물에 흡수되므로 하천이 매우 어둡게 보이는 것을 관찰할 수 있다. 이와 같이 사진시스템에서도 필름과 필터의 조합으로 원하는 파장구간의 사진을 촬영할 수 있었으나, 실질적으로 활용된 사례는 많지 않다.

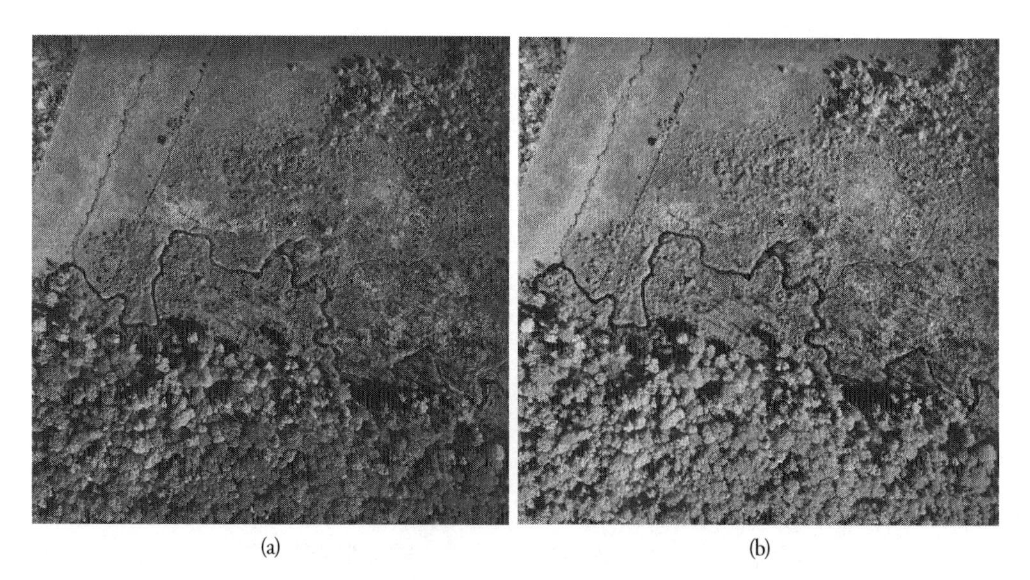

(a) (b)

그림 3-9 가시광선 및 근적외선을 포함한 0.4~0.9μm 영역의 흑백적외선 사진(a)과 적외선 필터를 장착하여 근적외선(0.7~0.9μm) 구간에서 촬영한 사진(b). 1992년 10월 미국 동부 코네티컷주의 산림

특수 목적으로 개발되었던 다중분광카메라는 4대의 카메라를 동시에 작동하되, 각 카메라에 밴드패스 필터와 적외선필터 등을 다르게 부착하여 4개 파장 밴드(청색광, 녹색광, 적색광, 근적외선)의 사진을 촬영할 수 있었다. 물론 요즘 사용하는 디지털항공카메라도 과거 다중분광카메라와 동일한 방식으로 4개의 렌즈에 필터 조합을 달리하여 다중분광영상을 촬영하고 있다.

특정 파장구간의 빛을 차단하거나 통과하는 필터 외에도, 편광필터와 비네팅저감(anti-vignetting) 필터와 같은 특수 목적의 필터가 있다. 편광필터는 주로 물과 같이 매끄러운 표면에서 특정 방향으로 과다하게 반사되는 빛을 선택적으로 차단함으로써 밝기가 고른 사진을 촬영하는 데 종종 사용된다. 비네팅효과는 사진의 중심부에서 바깥 쪽으로 갈수록 어두워지는 현상을 말하는데, 이는 렌즈의 중심부에 통과하는 광량이 많기 때문에 발생한다. 비네팅 효과를 줄이기 위한 비네팅저감 필터는 렌즈의 중심부를 투과하는 광량을 줄이고 중심부에서 외곽으로 벗어날수록 투과되는 광량을 늘려서 사진 중심부와 주변부의 밝기를 균질하게 한다.

3.3 항공사진 필름

사진시스템에서 필름은 지표물에서 반사된 빛에너지를 영상신호로 감지하는 기능과 함께 생성된 영상신호를 저장하는 역할을 한다. 카메라에 장착된 필름은 셔터를 작동하면 지표물에서 반사된 빛이 렌즈를 통하여 노출된다. 촬영을 마친 필름은 암실로 옮겨져 현상(processing)과 인화(printing)의 화학적 처리 과정을 거쳐 항공사진이 만들어진다. 필름은 인화를 통하여 인화지에 사진이 생성되게 하는 음화 필름(negative film)과 필름에 상이 그대로 기록되는 양화 필름(positive film)의 두 종류가 있으나, 여기에서는 간단히 양화 필름을 기준으로 설명한다. 항공사진 필름은 감광하는 빛의 파장영역과 색깔을 재현하는 감광층의 숫자에 따라 흑백 필름(panchromatic/B&W film), 흑백적외선 필름(B&W infrared film), 컬러 필름(color film), 컬러적외선 필름(color infrared film)의 네 종류가 있다.

흑백 필름 및 흑백적외선 필름

필름은 투명한 지지체(base) 위에 빛에너지를 감지하는 화학물질이 칠해진 감광층으로 구성된다. 그림 3-10은 흑백 필름과 흑백적외선 필름의 구조를 보여주고 있다. 먼저 지지체는 빛이 투과되고 상이 왜곡 없이 형성될 수 있도록 최대한 편평하고 투명한 아세테이트 또는 폴리에스터 재질로 되어 있다. 사진이 처음 발명되었을 초기에는 유리를 사용하기도 했다. 감광층(emulsion layer)

은 광량에 따라 반응하여 영상이 맺히는 층으로 필름에서 가장 중요한 부분이다. 감광층은 빛에 민감한 물질인 할로겐화은(silver halide) 입자로 구성되어 있으며, 이 입자의 크기, 모양, 밀도 등에 따라 빛에 반응하는 성질이 달라진다. 필름의 맨 아래는 투과방지층(backing)으로 감광층과 지지체를 통과한 빛을 흡수하여 감광층으로 역반사를 방지한다.

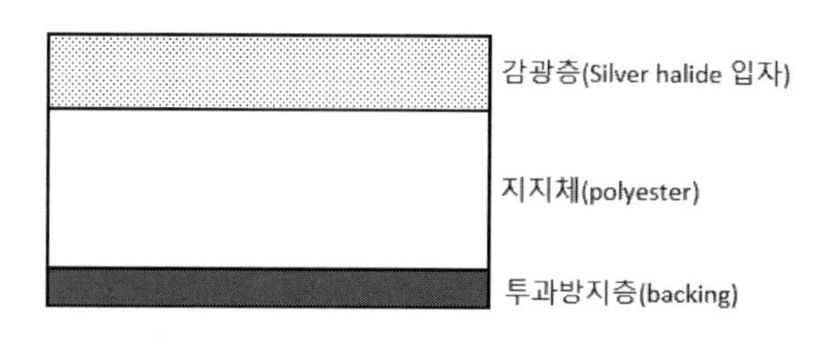

그림 3-10 흑백 필름 및 흑백적외선 필름의 구조

항공사진은 디지털방식의 전자광학영상과 달리 화소단위로 구분되지 않기 때문에, 정확한 공간해상도를 표시하기 쉽지 않다. 항공사진의 공간해상도는 필름의 해상도, 렌즈의 구경 및 정밀도, 대기상태에 따라 좌우되지만, 필름의 해상도가 가장 큰 영향을 미친다. 필름의 해상도는 감광층을 구성하는 할로겐화은 입자의 크기에 따라 결정되며, 입자의 크기가 작을수록 사진의 해상도는 높아진다. 고해상도 사진을 얻기 위해서는 당연히 할로겐화은 입자의 크기가 작아야 하지만, 입자의 크기가 작으면 빛에 반응하는 시간이 길어져 민감도가 떨어진다. 따라서 적정 공간해상도와 민감도를 고려하여 여러 종류의 필름이 제작되었으며, 이를 필름속도(film speed)라고도 한다.

흑백 필름은 종종 전정색(panchromatic) 필름이라고 지칭했는데, 전체를 포함한다는 의미의 접두사 'pan'과 색을 의미하는 'chroma'의 합성어로 가시광선의 색을 나타내는 모든 파장구간을 포함한다는 의미로 해석할 수 있다. 흑백 필름과 흑백적외선 필름은 하나의 감광층을 가진 구조는 동일하지만, 두 필름에서 감지하는 파장영역은 다르다(그림 3-11). 흑백 필름은 가시광선에서만 반응하지만, 흑백적외선 필름은 0.7~0.9μm 구간의 근적외선도 감지할 수 있다. 두 필름은 0.4μm보다 짧은 자외선 영역의 빛에도 어느 정도 반응하지만, 대기산란이 많이 발생하는 구간이므로 헤이즈필터를 이용하여 자외선 영역을 차단하고 촬영한다. 따라서 흑백 필름으로 촬영된 사진은 0.4~0.7μm 구간의 가시광선 밴드에 해당하는 영상신호이며, 흑백적외선 필름은 가시광선을 포함하여 약간의 근적외선을 감지하는 0.4~0.9μm 구간의 신호를 감지한다. 컬러적외선 필름 역시 0.7~0.9μm의 근적외선을 감지할 수 있는데, 이 파장구간을 필름에서 감지하는 적외선이란 의미로 사진적외선이라고 한다.

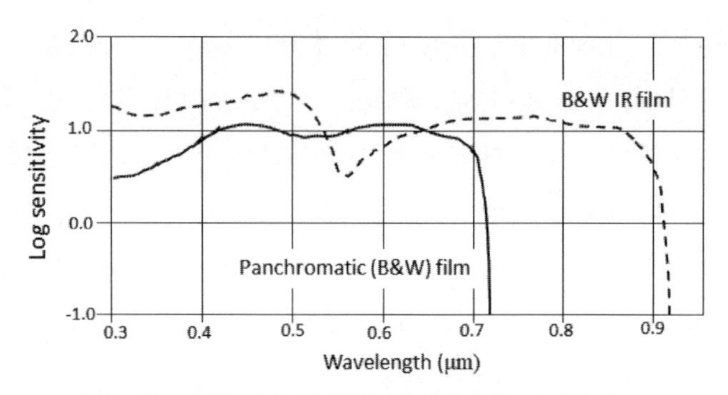

그림 3-11 흑백 필름 및 흑백적외선 필름의 파장별 반응도

컬러 필름 및 컬러적외선 필름

컬러 필름과 컬러적외선 필름이 감광할 수 있는 빛은 흑백 필름과 흑백적외선 필름과 동일하다. 그러나 컬러 및 컬러적외선 필름은 흑백 필름과 달리 세 개의 감광층을 가지고 있다. 컬러 사진에서 색을 만들기 위해서는 색(염료)의 삼원색인 노랑(yellow), 자홍(magenta), 청록(cyan)색이 필요하다. 컬러 및 컬러적외선 필름의 세 개 감광층은 각각 지표면에서 반사된 빛을 파장별로 구분하여 감지한 후, 현상 과정에서 세 개의 염료층을 형성한다. 가령 청색광 감광층은 청색광의 광량에 비례하여 화학적으로 반응하며, 노출된 필름을 현상하면 청색광 광량에 반비례하여 노란색 염료가 생성된다. 컬러 필름에서 청색광 파장에서 반사되는 광량이 많은 물체는 청색광 감광층에서 화학반응이 크게 일어나, 현상과정에서 감광재가 대부분 용해되기 때문에 노란색 염료층이 형성되지 않고 투명해진다. 청색물체에서 반사된 빛은 녹색광 및 적색광 감광층에서는 화학반응이 일어나지 않기 때문에 현상과정에서 자홍 및 청록색의 염료층이 형성된다. 지표물의 파장별 빛의 반응 정도에 따라 세 개의 감광층에서 각각 색의 농도가 다르게 나타나고, 그 결과가 합해져서 사진의 색이 결정된다.

그림 3-12a는 컬러 필름의 구조와 세 개 감광층의 파장별 민감도를 보여준다. 먼저 yellow 형성층은 청색광(0.4~0.5μm)에 반응하고, magenta 형성층은 녹색광에 반응하며, cyan 형성층은 적색광에 반응한다. 그러나 그림 3-12a의 컬러 필름의 파장별 민감도를 보면, magenta 및 cyan 형성층은 청색광에도 어느 정도 반응하게 된다. 이를 방지하기 위하여 yellow 형성층과 magenta 형성층 사이에 노란색 필터층이 삽입되어 있다. 노란색 필터는 청색광 영역의 빛을 차단하고 0.5μm보다 긴 파장의 빛을 통과시키기 때문에, 그 밑에 있는 두 개의 감광층은 각각 녹색광과 적색광에만 반응하게 된다.

컬러적외선 필름은 컬러 필름과 같이 세 가지 색을 형성하는 감광층을 가지고 있다. 그러나 컬러적외선 필름은 각각의 감광층에서 반응하는 빛의 파장구간이 컬러 필름과 다르게 설정되었으며, 컬러 필름과 다르게 청색광차단 필터층이 없다(그림 3-12b). 맨 위의 yellow 형성층은 녹색광(0.5~0.6μm)에 반응하고, magenta 형성층은 적색광(0.6~0.7μm)에 반응하며, cyan 형성층은 근적외선(0.7~0.9μm)에 반응한다. 그림 3-12b의 컬러적외선 필름의 파장별 민감도를 보면, 세 개의 감광층 모두 청색광 영역에서도 어느 정도 반응한다. 세 개의 감광층이 각각 녹색광, 적색광, 근적외선에 반응하고 청색광에 의한 색 혼합을 방지하기 위하여 컬러적외선 사진 촬영에서는 반드시 청색광 차단 필터를 렌즈 앞에 부착하여 촬영해야 한다. 비록 컬러적외선 필름의 감광영역은 0.4~0.9μm 이지만, 촬영된 컬러적외선 사진에 포함된 정보는 0.5~0.9μm 파장구간의 신호를 기록한 것이다.

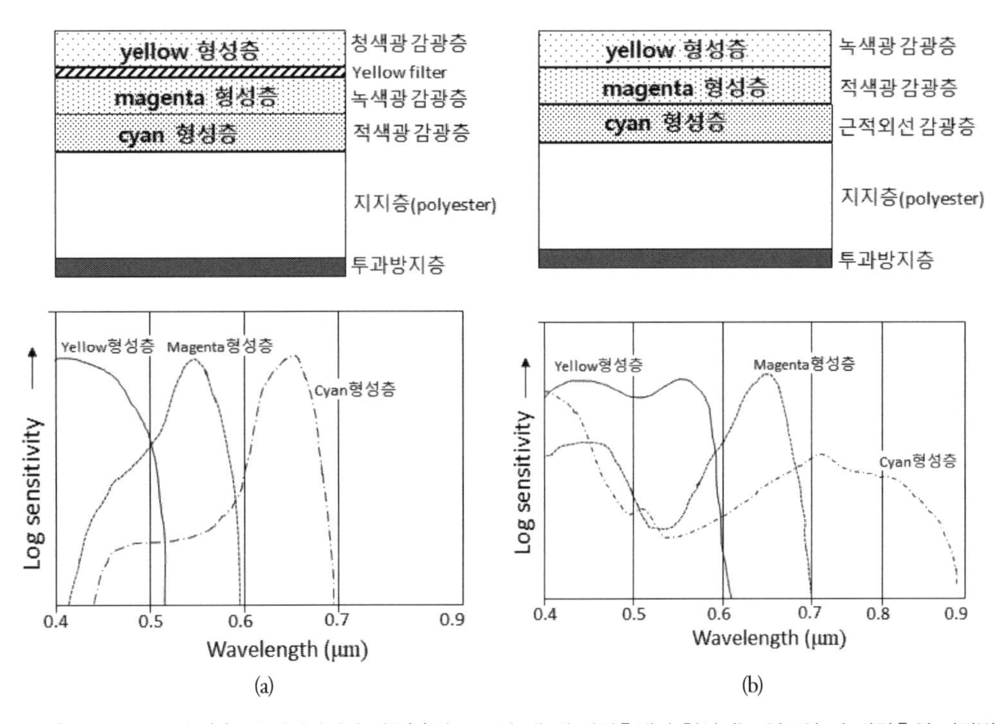

그림 3-12 컬러 필름(a) 및 컬러적외선 필름(b)의 구조와 세 개 감광층에서 형성되는 염료와 각 감광층의 파장별 반응도

3.4 RGB 가색혼합과 YMC 감색혼합

색이 생성되는 원리는 가색혼합(additive color mixture)과 감색혼합(subtractive color mixture)으로 나누어 설명할 수 있다. 가색혼합은 빛의 삼원색인 적색광(R), 녹색광(G), 청색광(B)의 혼합으로 모든 색이 만들어지는 원리다. 컬러 그림 3-13a는 가색혼합을 보여주는데, 청색광과 녹색광이 혼합되면 청록색이 되며, 청색광과 적색광이 혼합되면 자홍색이 되고, 녹색광과 적색광이 혼합되면

노란색이 된다. 가색혼합은 사람의 눈에서 색을 인식하는 원리와 동일하며, TV 및 모니터에서 색을 생성하는 과정에도 적용된다. 육안으로 하얗게 보이는 물체는 청색광, 녹색광, 적색광을 모두 강한 농도로 반사하므로, 빛의 삼원색이 혼합되어 하얗게 보인다.

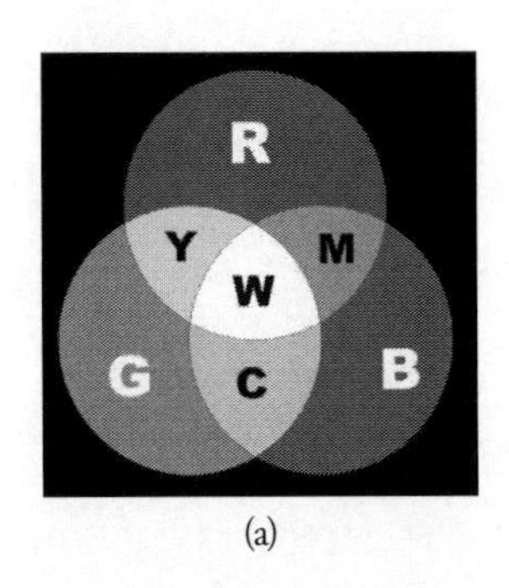

(a)

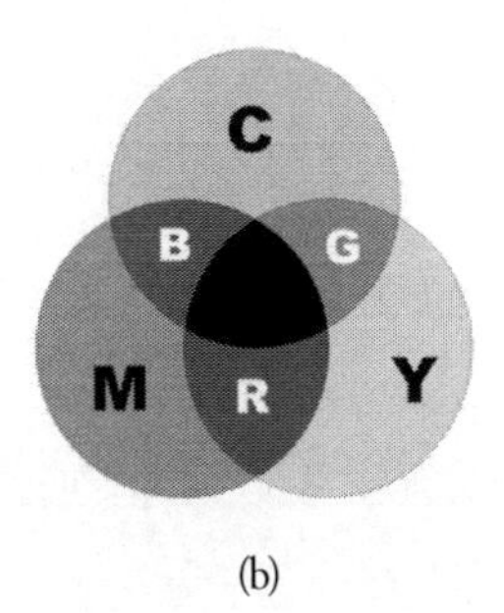

(b)

컬러 그림 3-13 색의 생성원리로 빛의 삼원색인 RGB의 가색혼합(a)과 염료의 삼원색인 YMC의 감색혼합(b) (컬러 도판 p.556)

세 가지 빛의 삼원색의 농도에 따라 혼합되는 결과는 다양한 색으로 나타난다. TV 및 컴퓨터 모니터에서 색이 생성되는 과정은 RGB 합성에 의한 가색혼합이다. 모니터에 출력되는 색은 적색광, 녹색광, 청색광이 혼합되어 생성되는데, 각각의 삼원색 농도가 256가지로 표시되므로, 세 가지 빛의 혼합으로 생성할 수 있는 색의 종류는 256^3가지다. 즉 흰색은 RGB의 농도가 각각 (255, 255, 255)이며, 검은색과 중간 밝기의 회색은 RGB 농도가 각각 (0, 0, 0)과 (128, 128, 128)이다. 앞에서 언급한 청록색과 노란색의 RGB 농도는 각각 (0, 255, 255)와 (255, 255, 0)이 된다. RGB 합성으로 생성되는 256^3가지의 색은 육안으로 구분할 수 있는 범위 이상으로 충분한 종류의 색을 포함한다. RGB 합성은 디지털사진을 비롯하여 다중밴드 원격탐사영상의 컬러합성에도 사용되는 중요한 개념이다.

감색혼합은 컬러 사진을 비롯하여 컬러프린팅에서 색을 만들어내는 과정이다. 컬러 그림 3-13b에서 보듯이 노란색(Y), 자홍색(M), 청록색(C)은 색 또는 염료의 삼원색이라 하며, 이 세 가지 염료의 혼합으로 다양한 색이 인쇄된다. 컬러프린터에 사용하는 잉크 및 토너의 색이 곧 세 가지 염료 삼원색이다. 가색혼합과는 달리 감색혼합에서는 세 가지 색의 삼원색을 모두 합하면 검은색이 된다. 노란색, 자홍색, 청록색은 각각 청색광, 녹색광, 적색광의 보색(complementary color)이다. 그림 3-13b를 자세히 관찰하면 색의 삼원색은, 각각의 보색이 아닌 나머지 두 가지 빛의 원색 혼합이다. 즉 청록색의 보색은 적색이므로, 적색광이 아닌 나머지 녹색광과 청색광의 혼합으로 생성된다. 노란색 역시 청색광의 보색이므로, 청색광이 아닌 나머지 적색광과 녹색광이 혼합된 결과다. 이러한 보색관계는 반대 방향으로도 동일하게 적용되는데, 적색광은 보색인 청록색을 제외한 나머지 색의 원색인 노란색과 자홍색의 혼합이다. 또한 녹색광은 보색인 자홍색을 제외한 나머지 원색인 청록색과 노란색의 혼합이다.

감색혼합

컬러 사진 및 컬러적외선 사진에서 색은 염료의 삼원색인 YMC의 감색혼합으로 생성된다. 필름은 양화 필름과 음화 필름이 있지만, 육안에 보이는 색이 그대로 재현되는 양화 필름을 기준으로 설명하고자 한다. 그림 3-14는 반사율이 다른 네 가지 물체를 컬러 필름으로 촬영했을 때 사진에 색이 생성되는 과정을 보여준다. 우리 눈에 청색, 녹색, 적색으로 보이는 물체는 각각 청색광, 녹색광, 적색광에서 반사가 크기 때문에, 컬러 필름의 해당 감광층에서 광화학 반응이 일어난다. 광화학 반응이 일어난 감광층의 할로겐화은 입자는 필름 현상 과정에서 용해되어 없어진다. 청색 물체는 청색광 감광층을 제외한 녹색광 및 적색광 감광층에서 각각 magenta 및 cyan 염료가 형성되므로, 두 색의 합해져 청색으로 보인다. 검은색으로 보이는 물체는 가시광선 모든 파장영역에서 반사가 매우 낮기 때문에 세 개의 감광층에서 광화학 반응이 일어나지 않으므로 현상 과정에서 각각 yellow, magenta, cyan의 염료층이 형성되어 세 가지 색이 합해져 검은색으로 보인다.

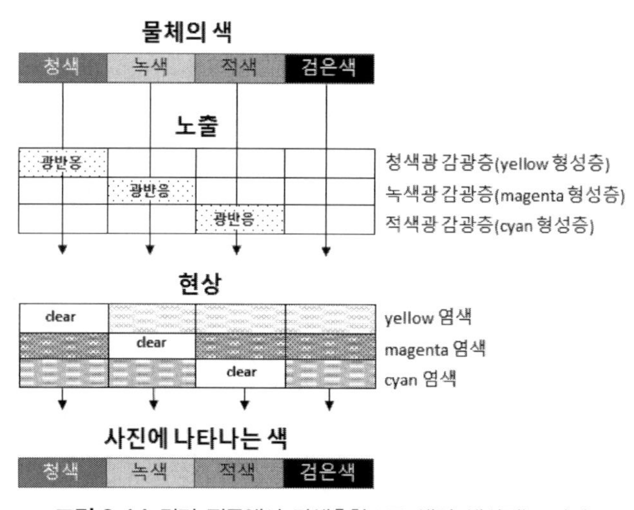

그림 3-14 컬러 필름에서 감색혼합으로 색이 생성되는 과정

지표면에 존재하는 물체의 색깔은 매우 다양하게 보이므로 세 개의 감광층에서 광화학 반응 정도에 차이가 있고, 이에 따라 현상 과정에서 형성되는 세 염료층의 농도가 달라지므로 다양한 색을 나타나게 된다. 예를 들어 노란색의 물체는 청색광의 반사는 거의 없고 녹색광 및 적색광 반사만 있기 때문에, 청색광 감광층을 제외한 나머지 감광층에서 모두 광화학 반응이 일어난다.

따라서 현상 후에는 yellow층만 형성되므로 노란색으로 보이게 된다. 아주 진한 노란색의 물체는 청색광 반사가 없고, 녹색광 및 적색광 반사가 있지만 반사되는 광량이 상대적으로 낮다. 이 경우 녹색광 및 적색광 감광층에서의 광화학 반응이 완전하지 않기 때문에, 현상 과정에서 완전히 용해되지 않는다. 따라서 이 물체는 현상 후에 yellow층이 형성되고, magenta 및 cyan 형성층에서도 어느 정도 색이 형성되므로 결과적으로는 어두운 노란색으로 보인다. 컬러 필름은 가시광선 영역의 빛만을 감지하므로, 근적외선 파장영역에서의 반사율을 고려할 필요가 없다.

컬러적외선 필름에서 색이 생성되는 과정은 컬러 필름과 동일하게 감색혼합으로 이루어지지만, 세 개 감광층에서 반응하는 빛의 파장이 다르다. 컬러적외선 필름도 yellow, magenta, cyan을 형성하는 세 개의 감광층을 가지고 있지만, 각 감광층에 반응하는 빛은 녹색광, 적색광, 근적외선으로 컬러 필름과 다르다. 그림 3-15는 반사율이 다른 열 개의 물체를 컬러적외선 필름으로 촬영했을 때 색이 생성되는 과정을 보여준다. 육안으로는 청색, 녹색, 적색, 흑색, 흰색의 물체지만, 각각의 물체가 육안에 보이지 않는 근적외선에서의 반사 여부에 따라서 컬러적외선 필름에서 감광 정도가 다르다. 가령 육안으로는 모두 파란색 물체인 A와 B에서, A는 청색광 반사만 있기 때문에 어느 감광층에서도 광화학 반응을 일어나지 않으므로 삼원색 혼합 결과인 검은색으로 보인다. 그러나 B는 청색광 반사로 육안에는 파랗게 보이나, 근적외선 반사도 있으므로 컬러적외선 필름에서 cyan 형성층에서 반응한다. 따라서 B는 현상 과정에서 근적외선 감광층이 용해되고, yellow와 magenta 층이 형성되므로 두 색의 혼합인 적색으로 보인다.

녹색 물체인 C와 D 역시 근적외선 반사 여부에 따라 컬러적외선 필름에서 다른 색으로 나타난다. 녹색광 반사만 있는 C는 첫 번째 감광층에서만 반응하므로, 현상 후에 남는 magenta와 cyan의 혼합 결과인 파란색으로 보인다. D는 식물과 같이 근적외선에서도 반사가 있으므로 녹색광 감광층과 근적외선 감광층에서 모두 광화학 반응이 일어나, magenta층만 남게 되므로 자홍색으로 보인다. 컬러적외선 사진은 산림 및 농지와 같이 녹색 식물이 분포하는 지점은 자홍색 계통으로 보이는 특징을 가진다. 그러나 식물의 종류와 생육 상태 등에 따라 컬러적외선 사진에서 나타나는 붉은색의 색상과 농도에 다소 차이가 있다. 식물은 근적외선에서 반사율이 훨씬 높기 때문에, 녹색광 감광층에서의 반응 정도가 근적외선 감광층보다 낮다. 따라서 필름 현상 후에 나타나는 결과는 magenta와 다소의 yellow가 형성되기 때문에 붉은색에 가까운 자홍색으로 보인다. 가령 산림에서 녹색광 반사가 낮은 침엽수림은 활엽수림에 비하여 녹색광 감광층에서의 반응이 적게 발생하므로, 컬러적외선 사진에서 활엽수림보다 진한 붉은 색으로 보인다. 초록색 페인트 및 인공 잔디는 비록 우리 눈에 녹색으로 보이지만, 근적외선 반사가 없기 때문에 C와 같이 파란색으로 보이므로 자연 상태의 식물과 뚜렷이 구분된다. 컬러적외선 사진의 주요 개발 목적은 이러한 원리를 이용하여 인공 위장막으로 가려진 무기 및 군사시설물 탐지하는 것이었다.

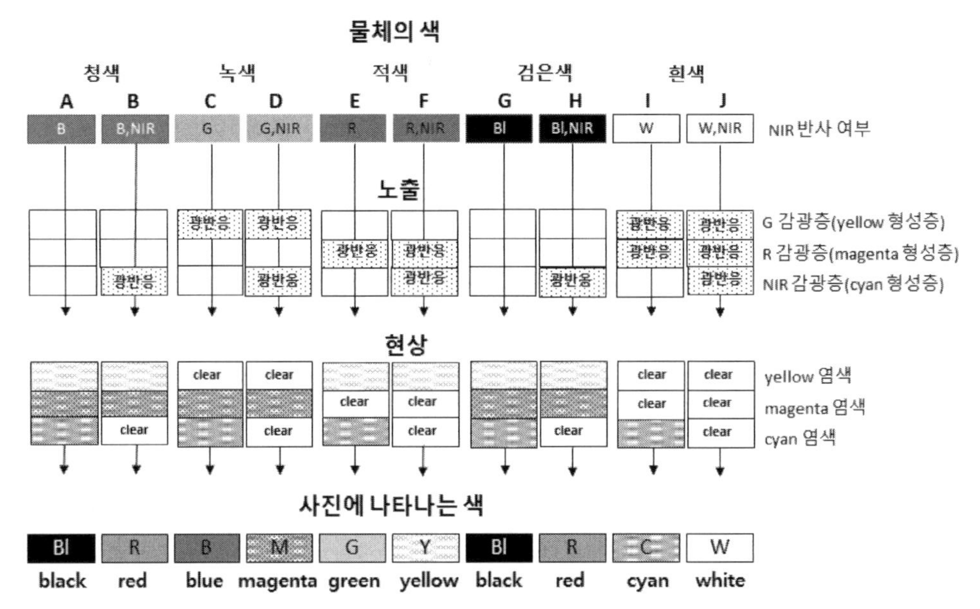

그림 3-15 컬러적외선 필름에서 감색혼합으로 색이 생성되는 과정으로, 육안으로 같은 색의 물체라도 근적외선 반사율에 따라 다른 색으로 보이는 원리를 보여준다.

컬러적외선 사진을 해석하기 위해서는 반드시 근적외선(0.7~0.9μm) 반사율을 알아야 한다. 경우에 따라서 컬러적외선 사진에 나타나는 물체의 색을 통하여 역으로 그 물체의 근적외선 반사 여부를 가늠할 수 있다. 육안에 적색으로 보이는 물체라도 컬러적외선 사진에서는 물체 E와 같이 녹색으로 보이거나 물체 F와 같이 노란색으로 보일 수 있는데, 노란색으로 보이는 물체는 근적외선에서 반사율이 높다는 것을 의미한다. 예를 들어 가을에 빨갛게 변한 단풍나무 잎이나 빨간 튤립 꽃은 컬러적외선 사진에서 노랗게 보이는데, 이를 통하여 단풍잎이나 튤립 꽃이 높은 근적외선 반사를 가지고 있음을 유추할 수 있다.

RGB 가색혼합으로 컬러영상판독

컬러 사진 및 컬러적외선 사진에서는 yellow, magenta, cyan의 감색혼합으로 색이 생성되지만, 우리에게 익숙한 색 혼합은 빛의 삼원색인 RGB 가색혼합이다. 가색혼합은 인간의 눈에서 색을 인식하는 과정이기도 하며, TV 및 모니터에서 색을 만들어내는 과정이라서 비교적 이해가 쉽다. RGB 가색혼합은 디지털항공사진을 비롯하여 다양한 종류의 원격탐사영상의 컬러합성에 사용하고 있다. 필름을 이용한 항공사진은 이미 지난 기술이며, 기존에 촬영된 컬러 및 컬러적외선 사진을 해석하기 위하여 우리에게 익숙하지 않은 YMC 감색혼합을 적용하는 것은 다소 부적절할 수 있다. 비록 YMC 감색혼합으로 만들어진 기존의 컬러 및 컬러적외선 사진이지만, 색이 생성되는 원리를 지금의 디지털 컬러영상에 부합되는 RGB 가색혼합으로 충분히 설명할 수 있다.

컬러 그림 3-16은 3차원으로 표시된 RGB 컬러공간으로 정육면체의 여덟 개 모서리에 해당하는 색을 RGB값으로 표시하였다. 컴퓨터 모니터에서 생성되는 색은 적색광, 녹색광, 청색광의 강도를 0부터 255까지 8bit로 표현하기 때문에, 모니터에 출력되는 색의 조합은 256^3가지다. RGB 컬러공간에서 원점에 해당하는 검은색은 (0, 0, 0)이며, 빛의 삼원색의 강도가 최대인 (255, 255, 255)는 흰색이다. 즉 검은색에서 흰색에 이르는 점선은 RGB값이 동일하므로 명암을 나타내는 회색 계통이다. 순수한 적색, 녹색, 청색은 각각 R, G, B에서만 최대값을 가지므로 (255, 0, 0), (0, 255, 0), (0, 0, 255)로 표시된다. 두 개의 순수한 삼원색의 합은 yellow, magenta, cyan인데 각각의 RGB값은 (255, 255, 0), (255, 0, 255), (0, 255, 255)가 된다. RGB 컬러공간에서 RGB에 각각 0부터 255 사이의 값을 적용함으로써 다양한 색의 생성이 가능하다. 그림 3-16의 오른쪽은 일상적인 컴퓨터 프로그램에서 흔히 사용되는 색의 RGB 값을 표시한 것이다.

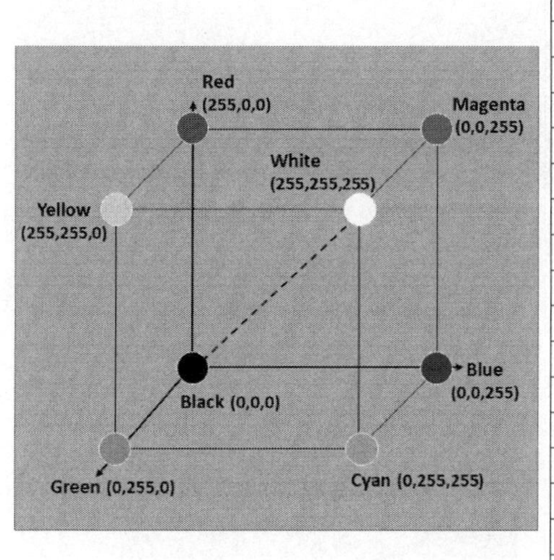

Color name	RGB triplet	Color
Red	(255, 0, 0)	
Lime	(0, 255, 0)	
Blue	(0, 0, 255)	
White	(255, 255, 255)	
Black	(0, 0, 0)	
Gray	(128, 128, 128)	
Fuchsia	(255, 0, 255)	
Yellow	(255, 255, 0)	
Aqua	(0, 255, 255)	
Silver	(192, 192, 192)	
Maroon	(128, 0, 0)	
Olive	(128, 128, 0)	
Green	(0, 128, 0)	
Teal	(0, 128, 128)	
Navy	(0, 0, 128)	
Purple	(128, 0, 128)	

컬러 그림 3-16 3차원으로 표시한 RGB 컬러공간과 일상에 사용하는 주요 색의 RGB값(컬러 도판 p.557)

원격탐사영상을 컬러로 합성하기 위해서는 최소한 3개 밴드에서 촬영한 영상이 필요하다. 육안으로 보이는 그대로의 자연색 합성(natural color composite)을 얻으려면, 적색광 밴드(0.6~0.7μm)의 신호를 적색광으로, 녹색광 밴드(0.5~0.6μm)의 신호를 녹색광으로, 청색광 밴드(0.4~0.5μm)의 신호를 청색광으로 표현하면 된다. 컬러 그림 3-17은 다중분광영상의 세 개 가시광선 밴드 영상을 이용하여 자연색 컬러합성을 만드는 과정(a)과 녹색광 밴드, 적색광 밴드, 근적외선 밴드를 이용하여 컬러적외선 사진과 같은 영상을 합성하는 과정(b)을 보여준다. 컬러적외선 사진과 같은 컬러합성을 종종 위색합성(false color composite)이라고도 하지만, 육안에 보이지 않는 근적외선 영역의 신호를 적색으로 표현했을 뿐 가짜 색은 아니므로 적절한 용어는 아니다.

물론 여러 밴드를 가진 다중분광영상자료는 RGB 컬러합성으로 표현할 수 있는 컬러영상의 조합은 많다. 가령 7개 밴드를 가진 Landsat TM 영상에서 RGB 컬러합성에 적용할 수 있는 3개 밴드의 조합($_7C_3$)은 35가지다. 각 조합에서 밴드별로 적용하는 RGB의 순서를 바꾸면 7개 밴드에서 만들 수 있는 컬러영상의 종류는 모두 210가지다. RGB 컬러합성은 3개 밴드가 필요하지만, 경우에 따라서 2개 밴드로도 컬러영상이 제작된다. RGB 합성에서 1개 밴드만을 이용한다면 R, G, B가 모두 동일한 영상신호를 갖게 되므로 그림 3-16의 3차원 컬러공간에서 검은색부터 흰색까지 잇는 점선에 걸쳐 있는 명암만을 나타내는 흑백 영상이 생성된다.

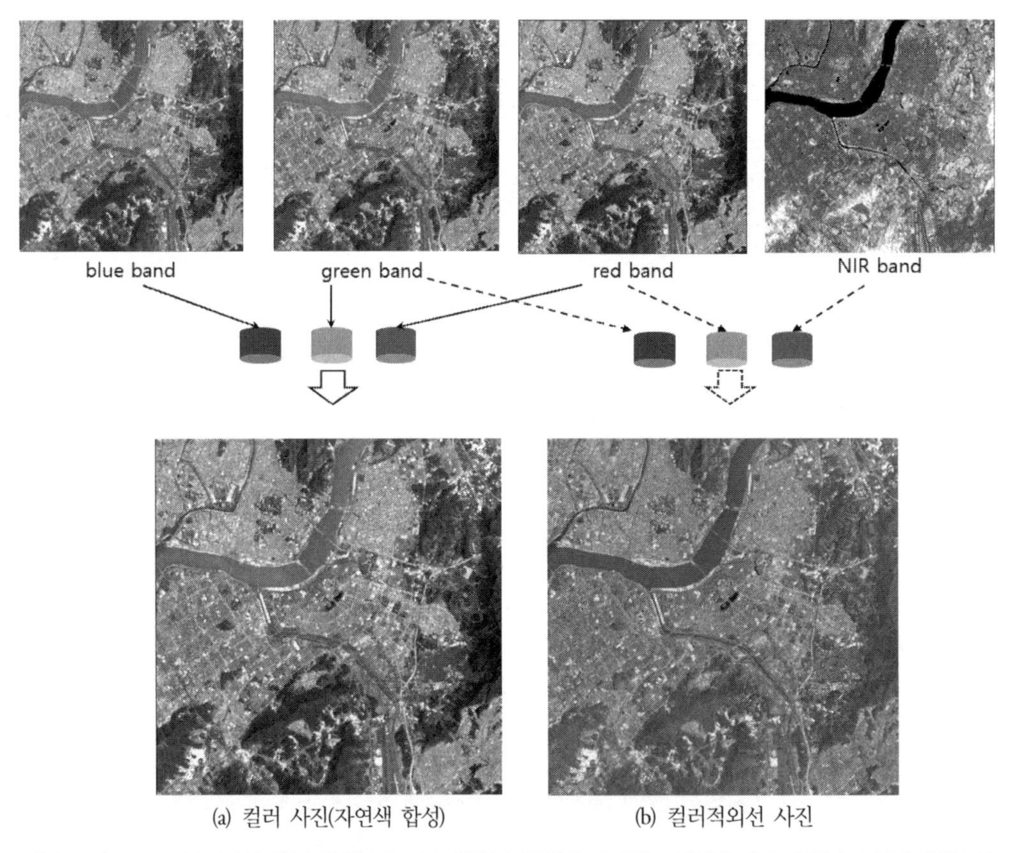

컬러 그림 3-17 다중분광영상을 이용한 RGB 컬러합성을 통하여 제작되는 자연색 컬러 사진(a)과 컬러적외선 사진(b)과 동일한 색이 생성(컬러 도판 p.557)

컬러 사진과 컬러적외선 사진에서 색이 생성되는 원리는 필름의 감광층에서 형성된 YMC 감색 혼합이다. 그러나 필름의 노출과 현상 과정을 거쳐서 각각의 감광층에서 색이 형성되고 각 층에서의 감색혼합 과정을 이해하기는 다소 복잡하다. 비록 필름으로 촬영된 컬러 사진 및 컬러적외선 사진이지만, RGB 가색혼합을 적용하면 보다 쉽게 색을 해석할 수 있다.

그림 3-18은 앞의 컬러적외선 사진에서 설명했던 열 가지 물체(그림 3-15)의 파장별 분광반사곡선을 보여준다. 컬러 사진은 자연색 합성과 동일하므로 R, G, B에 각각 적색광 밴드, 녹색광 밴드, 청색광 밴드의 신호를 적용하면 동일한 색을 얻게 된다. 컬러적외선 사진은 R, G, B에 각각 근적외선 밴드, 적색광 밴드, 녹색광 밴드의 신호를 적용한 결과와 동일한 색이 생성된다. 그림 3-18a의 물체 A와 B는 청색광 밴드에서 반사율이 높기 때문에 육안으로는 두 물체 모두 청색으로 보인다. 그러나 B는 A와 달리 근적외선에서 반사율이 높다. 컬러적외선 사진과 같은 분광밴드에 RGB 합성을 적용하면, 물체 A는 R, G, B 모두 매우 낮은 값을 가지므로 검은색으로 보이지만, 물체 B는 R에서 높은 값을 갖고 G와 B는 매우 낮으므로 적색으로 보인다.

그림 3-18b의 물체 C와 D는 육안으로는 모두 녹색으로 보이지만, 근적외선 밴드에서 반사율이 높은 물체 D는 식물과 매우 유사한 반사 특성을 갖고 있다. 이 물체를 컬러적외선 사진과 같은 밴드에 RGB합성을 적용하면 물체 C는 Blue에 할당된 녹색광 밴드에서 신호가 높기 때문에 청색으로 보이지만, 물체 D는 R과 B에서 모두 높은 신호를 갖기 때문에 두 빛의 혼합인 자홍색(magenta)으로 보인다. 그림 3-18c의 물체 E와 F는 육안에 모두 빨간색으로 보이지만, 물체 F는 E와 달리 근적외선에서 높은 반사율을 갖기 때문에 컬러적외선 사진과 같은 분광밴드에 RGB합성을 적용하면 R과 G에서도 모두 높은 신호를 가지므로 노란색으로 보인다. 그림 3-18d의 물체는 육안에 검은색으로 보이지만, 물체 H는 근적외선에서 높은 반사율을 보이므로, 컬러적외선 사진과 같은 분광밴드에 RGB합성을 적용하면 R에서 높은 신호를 갖게 되므로 붉은색으로 나타난다. 마지막으로 그림 3-18e의 물체는 육안으로는 흰색으로 보이지만 물체 I는 J와 다르게 근적외선 반사율이 낮으며, 따라서 RBG합성에서는 B와 G의 높은 강도로 청록색으로 보인다.

RGB 가색혼합은 원격탐사 영상자료의 컬러합성에서 매우 요긴하게 적용되며, 물체의 밴드별 신호 특성과 함께 컬러영상의 해석에서 중요한 개념이다. 항공사진을 비롯하여 원격탐사영상의 판독에서 가장 중요한 요소 중 하나로 색깔을 꼽을 수 있다. 우리 눈에 익숙한 자연색 합성에 추가하여, 여러 파장밴드에서 촬영된 다양한 영상들을 조합하여 많은 RGB 컬러영상을 제작할 수 있다. 특정 지표물의 해석 및 탐지에 있어서 지표물의 분광반사 특성에 적합한 컬러합성 영상을 생성할 수 있다면 색깔을 이용한 판독 능력을 높일 수 있다.

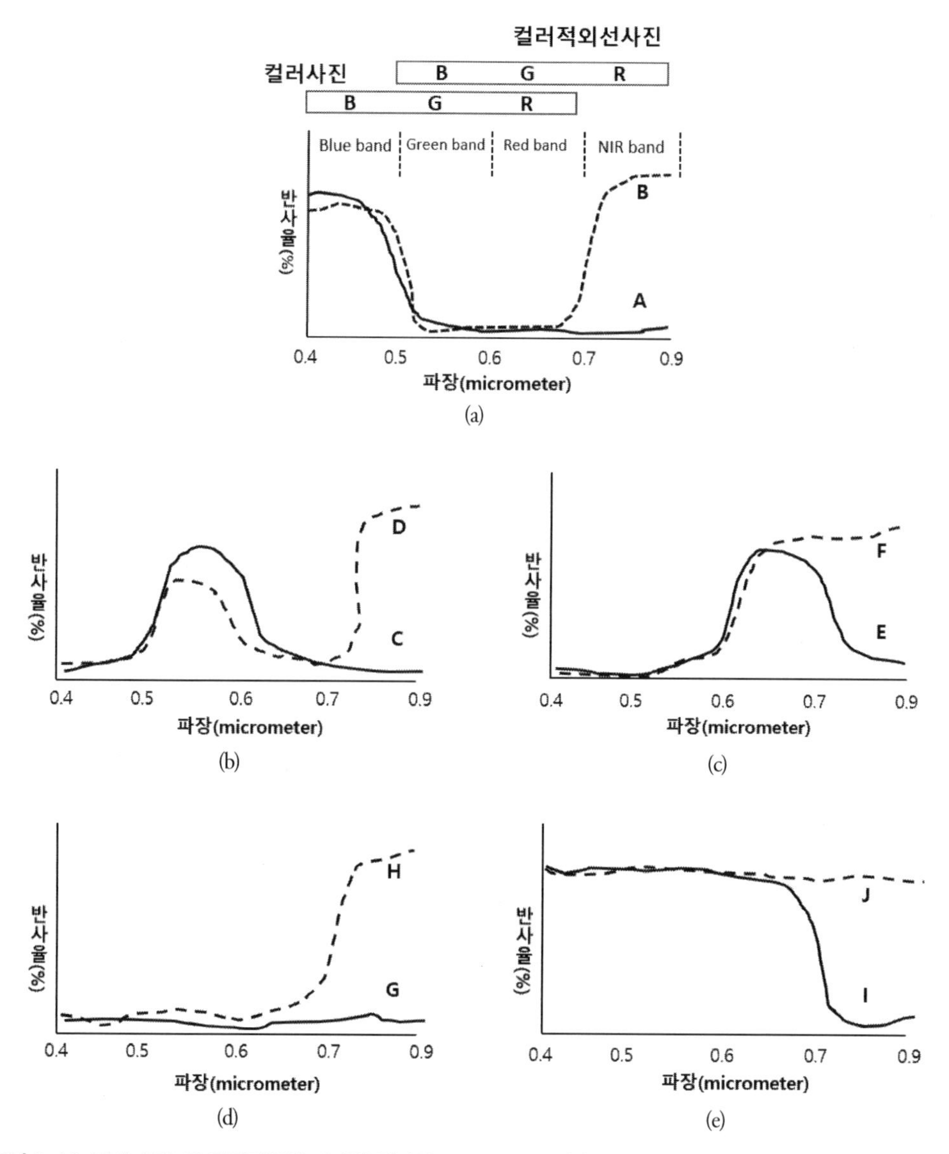

그림 3-18 컬러 사진 및 컬러적외선 사진에 해당하는 분광밴드에 (a)와 같이 RGB 가색혼합을 적용하면, YMC 감색혼합과 동일한 색이 생성된다. 육안에는 같은 색으로 보이는 물체들이 근적외선 반사율에 따라 컬러적외선 사진에서는 다른 색으로 보이는 원리를 RGB 가색혼합으로도 설명이 가능하다.

3.5 영상판독 원리

원격탐사영상에서 정보를 추출하는 방법은 육안에 의한 영상판독과 컴퓨터를 이용한 영상처리로 나눌 수 있다. 물론 현재 원격탐사영상은 대부분 디지털 자료이므로, 컴퓨터 영상처리가 주된 방법이지만, 모니터에 출력된 영상을 육안으로 판독하고 해석하는 방법도 함께 필요하다. 필름에 의하여 생성된 과거의 항공사진에서 정보를 추출하는 방법은 주로 육안에 의한 시각적 해석과 판독에 의존하였다. 항공사진의 분석 기술은 추출되는 정보의 특성에 따라 사진측량과 사진판독으로 나뉜다. 사진측량은 지형지물의 정확한 위치 정보를 기반으로 거리, 방향, 면적, 형상 등의 정보를 추출하며, 사진판독은 특정 물체 및 지표물을 인식, 구분, 탐지하는 정성적인 정보 해석 기술이다. 현재의 사진측량은 디지털항공사진을 이용하여 컴퓨터에서 처리되는 부분이 많기 때문에 수치사진측량으로 구분하여 지칭되기도 한다. 사진측량은 별도로 다루어야 할 광범위한 주제이기 때문에, 본 장에서는 과거에 촬영된 항공사진을 포함한 원격탐사영상을 시각적으로 해석하고 판독하는 기본적인 원리를 다루고자 한다.

영상판독은 시각적 영상해석(visual image analysis) 방법으로 판독자의 경험과 감각에 많이 의존한다. 영상판독을 통하여 얻는 정보는 주로 특정 지표물의 공간적 분포 특성을 강조한 주제도(thematic map)의 형태로 제작되며, 토지이용, 토양, 산림, 농업, 지질, 환경, 고고학, 재해재난 등과 관련된 분야에서 널리 활용된다. 현재 대부분의 원격탐사자료는 디지털영상의 형태를 갖지만, 영상판독 과정은 과거 항공사진 판독 방법과 크게 다르지 않다. 인화된 항공사진 또는 필름을 직접 판독하지 않지만, 컴퓨터 화면에 출력된 영상을 육안으로 판독하고 판독결과를 지도로 제작하는 과정은 동일하다. 따라서 항공사진에 적용했던 판독 원리는 디지털영상의 해석에서도 여전히 유용하다.

항공사진 판독에 앞서 판독 대상인 사진의 기본적인 특성을 파악하는 것이 중요하다. 항공사진의 기본적인 특성으로는 사진의 축척, 촬영 시기, 사용된 필름 및 필터 등을 알아야 한다. 축척은 사진에 나타나는 지형지물의 길이 및 면적을 추정하기 위한 가장 기본적인 사항이며, 촬영 시기는 대상 지역의 계절적인 변이 특징을 분석하는 데 반드시 필요하다. 필름과 필터의 적용은 다중분광영상보다 상대적으로 간단하지만, 특정 필터를 적용하여 촬영된 사진의 명암 및 색은 지표물 고유의 특성을 보여줄 수 있다.

영상의 축척

항공사진의 축척은 지도와 마찬가지로 지상 거리와 사진상의 거리의 비를 나타낸다. 그러나 사진은 피사체에서 반사된 빛이 렌즈를 통과하여 필름에 투영되는 중심투영이므로 지형기복이 있는 지점은 고도에 따라 사진에서 축척이 다르게 나타난다. 일반적으로 항공사진의 축척은 계획축척을 말하는데, 이는 촬영지역의 평균해발고도와 비행고도 그리고 카메라 렌즈의 초점거리에 따라 결정된다.

$$사진축척(RF) = \frac{d}{D} = \frac{f}{H} = \frac{f}{A-E} \tag{3.5}$$

여기서 d =사진상 거리(photographic distance)

D =지상 거리(ground distance)

f =렌즈의 초점거리(focal length)

H =비행고도(flight altitude above ground)

A =해발비행고도(flight altitude above sea level)

E =촬영지역의 평균해발고도(average terrain elevation)

항공사진의 축척은 대상 지역의 넓이, 예산, 판독 및 도화 능력 등에 따라 좌우될 수 있으나, 축척 결정의 가장 중요한 요인은 사진에서 인식하고 구별할 수 있는 공간해상도다. 일반적으로 항공사진의 축척은 제작하고자 하는 지도 축척의 4~5배 정도 작게 결정한다. 즉 1 : 5000 축척의 지도를 제작하려면 약 1 : 20000 축척의 항공사진이 필요하다.

영상 촬영 시기

영상판독에 앞서 영상의 촬영시점을 정확히 파악하는 게 중요하다. 식물의 생육 상태 및 토양 수분 등과 같이 계절적 또는 시간적 변화가 큰 지표물은 촬영시점에 따라 전혀 다르게 보일 수 있다. 특히 한국과 같이 온대지역에서는 생육 주기에 따라 식물의 피복 상태가 매우 다르므로, 촬영 시기를 정확하게 파악해야 한다. 가령 온대 지역 산림 수종을 판독할 경우, 활엽수 대부분은 11월에서 이듬해 4월까지 잎이 없는 상태이므로 이 시기에 촬영된 영상은 판독에 적합하지 않다. 농작물은 산림보다 생육 기간이 짧고, 생육단계별 차이가 크다. 한국에서 벼의 생육기간은 대략 150일 미만이고, 모내기부터 추수에 이르는 동안 벼의 생장 상태가 크게 바뀌기 때문에 정확한 판독을 위해서는 생육 기간에 걸쳐 여러 시기의 영상을 필요로 하는 경우도 있다. 대부분의 항공사진은 촬영일자가 사진에 표시되어 있지만, 디지털영상의 경우 별도의 메타데이터를 이용하여 정확한 촬영일자를 알아야 한다.

그림 3-19는 인천광역시 계양구 및 부천시 지역의 산림과 논의 계절별 생육 상태의 차이를 보여준다. 두 영상은 모두 식물의 반사도가 높은 근적외선 밴드 영상으로 왼쪽 (a)는 Landsat-5호 TM에서 촬영한 2003년 5월 8일 영상이며, 오른쪽 (b)는 Landsat-8호 OLI로 촬영한 2013년 9월 16일 영상이다. 두 영상이 10년의 간격으로 촬영되었기 때문에 농경지가 주택지로 바뀐 토지이용 변화도 볼 수 있지만, 식물의 계절적 차이만을 관찰하기로 한다. 5월의 TM영상에서는 오른쪽 위의

대규모 논이 아직 모내기 전의 물을 채운 상태이거나 모내기를 마쳤지만 어린 벼에서 반사되는 신호가 미약하기 때문에 주로 물의 낮은 신호 때문에 어둡게 보인다. 반면에 9월 OLI영상에서는 논이 매우 밝게 보이는데, 이는 벼의 생장이 최고점에 도달한 시점이기 때문이다. 정확한 논의 재배 면적 또는 수확량 예측을 파악하기 위한 영상의 촬영 시기와 생육 중인 벼의 건강 상태를 파악하기 위한 영상의 촬영 시기는 달라야 한다. 사진 왼쪽에 분포하는 계양산 지역의 산림에서도 수목의 생육 상태의 차이를 볼 수 있는데, 5월 영상에서는 활엽수종의 잎이 아직 충분히 자라지 않았기 때문에 침엽수림과 활엽수림의 차이를 어느 정도 구분할 수 있지만, 9월 영상에서는 임목의 상부 엽층이 충분히 발달하여 침엽수림과 활엽수림의 차이가 두드러지지 않음을 볼 수 있다.

(a) 2003.5.8. (b) 2013.9.16.

그림 3-19 영상 촬영 시기에 따른 식물의 생육 상태 차이: 인천 계양구 및 부천시의 논과 산림의 식생 상태를 보여주는 5월의 Landsat-5 TM 근적외선 밴드 영상(a)과 9월의 Landsat-8 OLI 근적외선 밴드 영상(b)

영상의 촬영 시기에 따른 지표물의 변화는 하천 및 호수의 물 표면을 판독할 때도 매우 중요하다. 수량의 계절적 차이도 고려해야 되지만, 촬영 직전에 집중적인 강우가 발생한 경우에는 수표면의 면적과 물의 혼탁도 등에서 큰 차이가 나타난다. 토양의 종류와 특성을 판독할 때도 토양의 수분 상태에 따라서 영상에 나타나는 밝기가 크게 다르다. 이와 같이 영상판독에 앞서서 영상이 촬영된 정확히 시기를 파악하고, 그 시기에 해당 지역의 식물의 생육 상태나 주요 농작물의 경작 방법 등을 숙지하고 판독에 임하며 훨씬 정확한 정보를 도출할 수 있다.

항공사진 입체시

항공사진 한 장은 필름의 크기와 동일하게 사방 9인치의 정방형이다. 항공사진은 입체시가 가능하도록 인접사진과 약 60% 이상 중복(overlap)되도록 촬영한다. 항공사진 판독은 입체시를 통하여 이루어지는데, 입체시는 낱장 사진에서 볼 수 없는 지형지물의 3차원 특성을 관찰할 수 있으므로 보다 정확하고 효율적인 판독이 가능하다. 예를 들어 건물의 상대적 높이와 형상을 비교하거나 산림에서 수종을 구분하고자 할 때 입체시에 의한 판독이 정확한 결과를 얻을 수 있다. 입체시는 두 눈과 물체의 사이의 미세한 관측각도의 차이로 얻을 수 있다. 훈련된 판독자는 육안으로도 입체쌍(stereo pair) 사진을 입체시할 수 있으나, 간단한 입체경을 이용하면 보다 쉽게 입체시를 할 수 있다.

그림 3-20은 간이입체경(portable stereoscope)을 이용하여 한 쌍의 항공사진을 입체시하기 위하여 정렬하는 과정을 보여준다. 항공사진은 네 모서리 또는 네 변의 중앙에 지표(fiducial mark)가 있는데, 두 개의 지표를 각각 상응하는 지표와 연결하면 사진 중앙에 교차하는 주점(principal point, pp)을 찾을 수 있다. 두 장의 사진에서 주점을 찾은 후, 각각의 주점에 해당하는 지점을 인접사진에서 찾을 수 있다. 입체쌍 사진은 60% 이상 중첩되므로 인접사진에 반드시 그 사진의 주점이 포함되어 있다. 인접사진에 표시된 주점을 공액주점(conjugate principal point, cpp)이라고 한다. 한 장의 사진에서 주점과 공액주점을 연결한 선은 그 사진을 촬영한 카메라의 이동선, 즉 비행선이 된다. 입체시는 한 쌍의 항공사진이 촬영될 때 카메라의 위치와 판독자의 두 눈의 위치가 동기화되어야 하므로, 두 장의 사진이 먼저 비행선에 따라 정렬되어야 한다. 그림의 왼쪽 사진(91-11)에서 얻어진 비행선을 기준으로 하고, 투명한 삼각자 등을 이용하여 이 선의 연장선에 오른쪽 사진(91-12)의 비행선이 일치되도록 하면 두 사진은 촬영시점의 비행선에 맞추어 정렬된다. 비행선에 정렬된 두 사진에서 동일 지역이 좌우에 모두 보이도록 간격을 조절해야 하는데, 판독자 두 눈 간격인 5~6cm 범위에서 입체경을 조절하면 입체시가 가능하게 된다. 두 사진에서 60%에 해당하는 부분이 입체시가 가능하지만, 간이입체경으로 그림 3-19b와 같이 배치했을 경우, 30% 정도만 입체시가 가능하다. 나머지 30%에 해당하는 지역을 입체시하려면 왼쪽 사진(91-11)을 오른쪽 사진(91-12) 위로 오도록 바꾸어주면 된다. 이 경우 입체시가 가능한 영역은 오른쪽으로 대폭 이동한다.

입체경은 항공사진 입체시와 함께 사진을 확대하여 볼 수 있으므로 판독 정확도를 높일 수 있다. 입체경은 사진측량에서 사용되었던 대형 입체도화기(stereo plotter)와 달리, 한 쌍의 항공사진을 대상으로 간단한 해석과 측정을 위한 판독용 도구라 할 수 있다. 간단한 볼록렌즈 2개로 이루어진 휴대용 입체경은 야외에서도 쉽게 사용할 수 있지만, 한 번에 전체 지역을 입체시할 수 없다

(그림 3-21a). 한 쌍의 사진에서 전체 영역을 입체시할 수 있는 탁상입체경(그림 3-21b)이 있는데, 이 입체경은 입체시를 하면서 건물이나 수목 등의 높이를 측정할 수 있는 부수적인 기능도 갖고 있다. 과거에 촬영된 항공사진의 입체 판독을 위하여 입체경은 여전히 유용한 도구지만, 현재 디지털항공사진은 기본적인 정렬 처리를 완료한 후에 컴퓨터 모니터에서 입체시를 할 수 있다. 컴퓨터 모니터에서 입체 판독을 위한 여러 종류의 장비가 개발되어 사용되고 있지만, 입체시의 원리는 기존의 아날로그 항공사진과 유사하다.

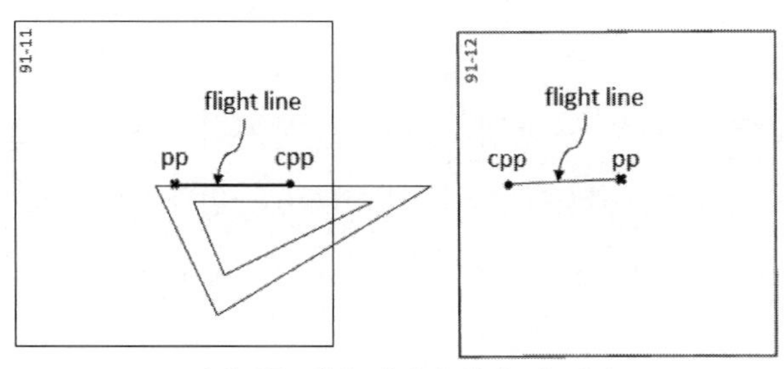

(a) 입체시를 위한 비행선 찾기 및 정렬

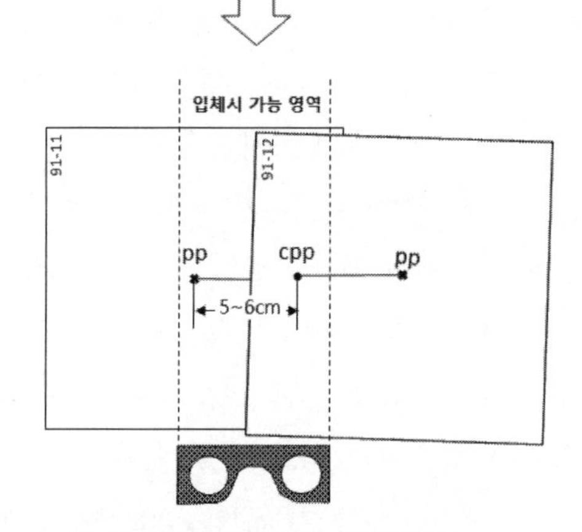

(b) 입체시를 위한 최종 사진 배치

그림 3-20 간이입체경을 이용한 입체시를 위한 항공사진의 정렬

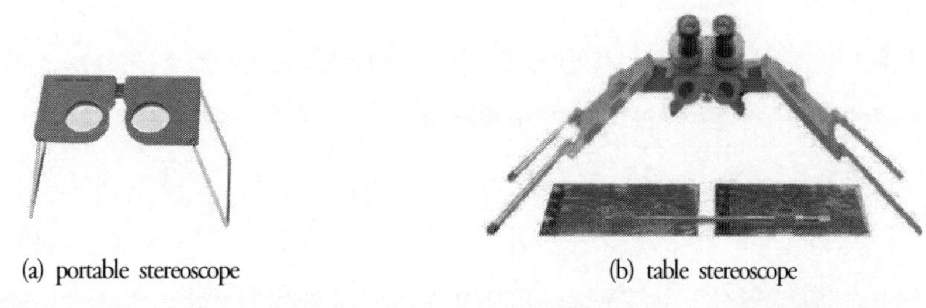

(a) portable stereoscope

(b) table stereoscope

그림 3-21 입체시를 위한 간이입체경(a)과 사진 전체를 입체시할 수 있는 탁상입체경(b)

영상판독 요소

디지털영상처리는 주로 화소의 밝기값(명암과 컬러)을 이용하여 정보를 추출한다. 육안으로 영상을 해석하고 판독하는 과정은 컴퓨터 영상처리와 달리 지형지물의 명암이나 색깔뿐만 아니라, 영상의 나타나는 모든 특성을 이용하여 판독자의 경험과 감각에 기초한 결과를 도출한다. 현재 영상에서 정보를 획득하는 방법이 컴퓨터에 의한 영상처리가 주된 방법으로 인식되고 있지만, 세밀하고 정확한 정보 추출은 숙련된 판독자의 경험에 의존하는 영상판독을 통하여 이루어진다.

항공사진을 비롯한 원격탐사영상은 공중에서 연직으로 촬영되었기 때문에, 우리가 일상에서 보는 사진과 다른 풍경이다. 또한 항공 및 우주영상은 가시광선 외에 적외선 및 마이크로파 영역의 신호를 보여주고, 또한 공간해상도에 따라 다양한 축척과 면적을 포함하므로 우리 눈에 익숙하지 않다. 원격탐사영상을 판독하는 과정에서 이용하는 요소는 명암과 색깔뿐만 아니라, 영상에 보이는 지표물의 모양, 크기, 배열상태, 질감, 그늘, 위치 특성, 주변 지형지물과의 연관성 등이 있다.

모양(shape)

공중영상에 보이는 특정 지표물의 모양과 외곽선의 형태는 지표물을 인식하는 데 중요한 열쇠가 될 수 있다. 한국에는 만 개가 넘는 저수지가 있다. 저수지는 겨울에 촬영된 영상에서 얼음으로 나타나는 경우를 제외하고는 대부분 녹색을 띄고 있고, 따라서 저수지 주변의 농경지 및 산림과 비슷하게 보이므로 명암과 색깔만으로 구분이 어려울 수 있다. 저수지는 주로 계곡 아래를 막아 놓은 형태이므로, 수면의 형태가 제방을 밑변으로 한 긴 삼각형의 형태로 보이기 때문에 쉽게 판독이 가능하다. 한국에는 없지만, 북미, 중동, 중앙아시아 건조지역의 원격탐사영상에서 원형의 농경지를 볼 수 있는데, 이는 원의 중심으로부터 반지름에 해당하는 선형 관개 파이프를 지상에 설치하여 회전시키면서 물을 뿌리는 회전형 관개(pivot irrigation) 농지로, 모양만으로도 쉽게 판독할 수 있다(그림 3-22). 지형지물의 모양이 영상판독에서 중요한 요소로 작용하는 사례로는 경지정리가 된 논, 골프장, 스키장, 활주로 등이 있다.

크기(size)

항공사진이나 위성영상에서 지형지물의 길이와 면적을 가늠하기 위해서는 먼저 영상의 축척을 파악해야 한다. 항공사진의 개략적인 평균 축척을 알면 길이와 면적을 추정할 수 있다. 가령 사진의 축척이 1 : 10000인 경우 사진에서 사방 1cm에 해당하는 면적은 지상에서 사방 100m인 1ha의 면적임을 알 수 있다. 토지이용 판독에서 학교 운동장의 피복 상태는 나지에 해당하지만, 대부분 1ha 미만의 면적으로 분포하고 있으며 주거지 가까이 위치하고 있으므로 학교운동장임을 쉽게 알 수 있다. 또한 영상에 나타나는 도로폭의 상대적 차이에 따라 도로의 종류를 추정하는 것도 지형지물의 크기를 이용한 판독이라고 할 수 있다.

그림 3-22 위성영상에 보이는 중동지역의 회전관개(pivot irrigation) 농지로, 지형지물의 모양이 영상판독에서 중요한 요소로 작용한다.

배열상태(pattern)

패턴은 특정 물체의 공간적인 배열상태를 말한다. 산림과 과수원은 모두 나무가 자라는 공간이다. 사진에서 산림과 과수원을 쉽게 구별하는 이유는 나무들의 배열상태가 다르기 때문이다. 과수원은 나무들이 매우 일정한 간격으로 배열되어 있고 나무들의 간격이 충분히 떨어져 있는 특징 때문에 주변 산림과 쉽게 구별할 수 있다. 이와 같이 나무나 건물들이 규칙적으로 배열한 상태로 토지이용 상태를 쉽게 판독하는 경우가 많다. 다른 나라와 달리 한국에서 가장 보편적인 주거 형태는 공동주거지역(아파트)이다. 공동주거지역은 인접 상업지역이나 산업지역과 비교하여 동일한 건물이 일정 간격으로 배치되어 있는 특징으로 쉽게 구분할 수 있다. 또한 항공사진이나 고해상도 위성영상에서 나타나는 공원묘지는 동일한 크기의 봉분이 밀집되어 있는 배열상태로 쉽게 구분된다.

명암 및 색상(tone, color)

영상판독에 있어서 가장 기본적인 판독 기준은 영상에 보이는 명암이나 색을 이용하는 것이다. 자연색영상은 육안에 익숙한 색이므로 쉽게 물체를 인식할 수 있다. 가령 한국의 산업단지는 공장 지붕을 파란색으로 처리하는 경우가 많기 때문에, 주변의 다른 지역과 쉽게 구분이 가능하다. 그러나 근적외선을 포함한 컬러적외선 사진 또는 다중분광영상을 판독할 때는 다양한 지표물의 분광반사 특성과 컬러합성 과정을 충분히 이해해야 판독이 가능하다. 가장 대표적인 예로서 식물은 흑백적외선 사진에서는 밝게 보이며, 컬러적외선 사진에서는 붉은색 계통으로 보여 다른 지표물과 쉽게 구분이 된다. 항공사진이 아닌 다중분광영상의 판독에서는 근적외선 밴드뿐만 아니라 단파적외선 및 열적외선 밴드를 함께 사용하여 컬러영상을 합성할 수 있기 때문에, 특정 파장에서 신호 특성을 잘 보이도록 미리 색을 설정할 수 있다.

질감(texture)

질감은 영상에 보이는 표면의 상대적 거칠기다. 가령 영상에서 목초지와 잔디는 매우 유사한 명암과 색으로 보이지만, 표면의 거칠기는 차이가 있다. 공원이나 골프장의 잔디밭은 목초지와 달리 주기적으로 관리되기 때문에 표면이 매우 매끄럽게 보여서, 상대적으로 거칠게 보이는 목초지와 구별이 가능하다. 질감은 영상의 축척 또는 공간해상도에 따라서 달라지는 상대적인 개념이다. 가령 동일한 산림이라도 고해상도 영상에서의 질감은 매우 거칠게 보일 수 있지만, 저해상도 영상에서는 매우 매끄러운 표면으로 보일 수 있다. 질감은 컴퓨터 영상처리에도 명암과 색과 함께 이용하는 중요한 특징 요소다.

그림자(shadow)

항공사진이나 대부분의 광학영상은 맑은 날 촬영이 원칙이므로, 사진에는 항상 그림자를 포함한다. 촬영시간에 따라 그림자의 방향이나 길이가 다르게 나타나지만, 종종 그림자를 이용하여 특정 물체를 쉽게 판독할 수 있다. 사진의 공간해상도에 따라 다르지만, 굵기가 매우 가늘거나 끝이 뾰족한 물체들(전신주, 철탑 등)은 사진에서 직접 판독이 어렵지만, 그림자를 이용하여 판독할 수 있다. 또한 항공영상이나 고해상도 위성영상이라고 해도, 영상에서 사람을 직접 판독하기는 매우 어렵다. 그러나 그림자를 이용하여 사람을 판독하는 경우가 있다.

위치(site)

영상이 촬영된 지역의 일반적인 토지이용 특성과 지리적 특성을 파악하면 치명적인 판독 실수는 피할 수 있다. 예를 들어 지형 분석에서, 한국은 유럽이나 미국과 다르게 빙하지형이 없는 특징을 알고 있으면 판독에서 큰 실수를 줄일 수 있다. 반면에 강원도 및 경북지역에서는 카르스트 지형의 특징을 감안하여 못밭(doline)과 같은 특이한 지형을 미리 예상하면서 영상을 판독할 수 있다. 사진에 해당하는 지역의 지리적 위치를 이용하는 또 다른 예로서 수종 판독을 들 수 있는데, 한국 남부 해안 지역에서는 다른 지역과 다르게 상록활엽수종이 많이 분포한다. 겨울의 영상에서 상록활엽수는 잎이 없는 참나무류 및 다른 활엽수종과 구별하는 데 도움이 된다.

인접 관계(association)

항공사진이나 위성영상을 판독할 때, 종종 구분이 매우 어려운 지표물이 있다. 이런 상황에서는 주변에 있는 다른 물체를 이용하여 해당 지표물을 판독하는 경우가 있다. 한국은 인구에 비해 농지 면적이 좁기 때문에 매우 집약적인 농업 형태를 보인다. 농경지 주변에 분포하는 여러 종류의 구조물(축사, 비닐하우스, 보관창고 등)이 사진에서 쉽게 판독하기 어려운 경우가 많다. 농경지에 인접하여 설치된 구조물이라는 주변 관계를 이용하여 그 물체의 특성을 파악할 수 있다.

항공사진판독 표본

원격탐사영상의 판독은 판독자의 지식과 경험이 필요한 작업이므로, 정확한 판독 결과를 얻으려면 지속적인 훈련이 필요하다. 빠르고 정확한 항공사진 판독을 위하여 미리 탐지하거나 분류하고자 하는 지표물들에 대하여 훈련용 참조자료로 제작된 항공사진판독 표본(airphoto interpretation key)이 있다. 항공사진판독 표본은 토지이용분류, 수종판독, 무기 탐지 등 특정 목표물을 대상으로 제작되며, 판독 요령을 글로 설명해놓은 이분법설명(dichotomous key)과 사진에서 직접 보이는 부분을 발췌하여 제작한 입체표본(stereogram)이 있다. 물론 입체표본이 판독 훈련에 훨씬 효과적이다. 그림 3-23은 산림을 수종 및 나무의 크기 등에 따라 구분하는 임상 판독을 위하여 제작한 입체표본이다. 이와 같은 입체표본을 이용하여 여러 종류의 임상에 대하여 입체시를 통하여 반복적인 훈련을 하면 효율적이고 정확한 임상 판독 능력을 갖출 수 있다.

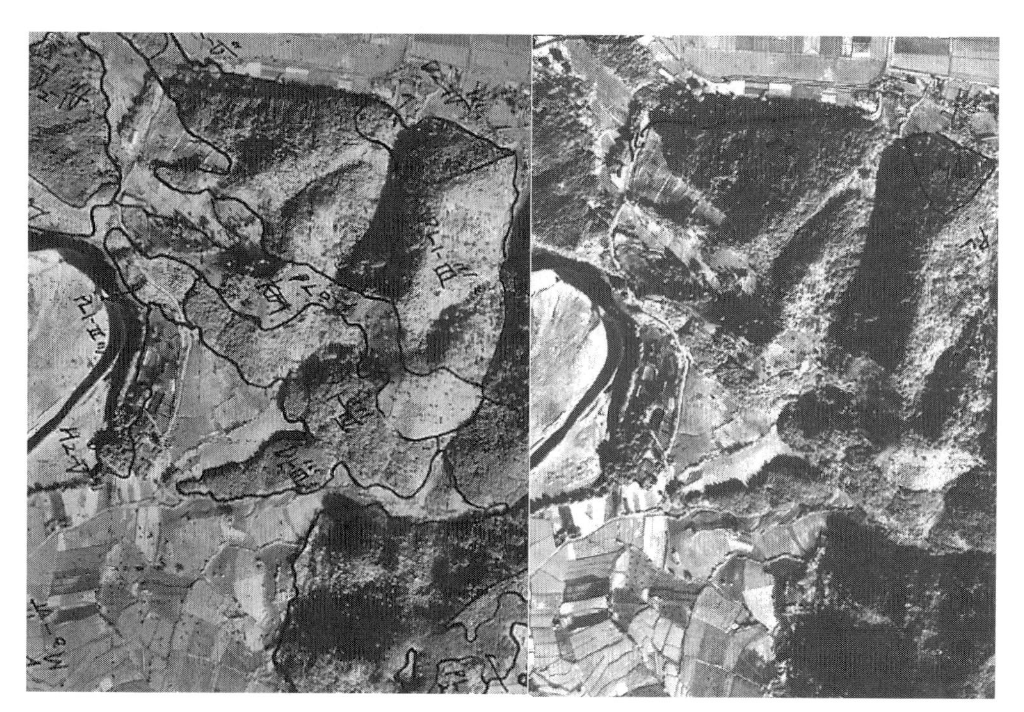

그림 3-23 임상분류 판독 훈련을 위한 항공사진 입체표본(stereogram)

참고문헌

ASPRS, 1997. Manual of Photographic Interpretation, 2nd Edition, W.R. Philipson(Editor), American Society for Photogrammetry and Remote Sensing(ASPRS), Bethesda, MD, USA.

Jensen, J.R., 2007. Remote Sensing of the Environment: an Earth resource perspective, 2nd ed., Prentice Hall, p. 592.

Lillesand, T., R.W. Kiefer, and J. Chipman, 2015. Remote Sensing and Image Interpretation, 7th Edition, 736 pp., John Wiley & Sons, Inc.

Paine, David P. and James D. Kiser, 2012. Aerial Photography and Image Interpretation, 3rd Edition, p. 648, John Wiley & Sons, Inc.

CHAPTER

전자광학시스템

전자광학시스템

원격탐사시스템은 지구 표면에서 반사 또는 방출하는 전자기에너지의 파장, 센서구조, 영상신호의 형태에 따라 사진시스템, 전자광학시스템, 마이크로파시스템의 세 가지로 나눈다. 원격탐사 센서의 구조는 지표면에서 반사 또는 방출된 빛에너지를 수집하는 장치, 수집된 빛에너지를 신호로 감지하는 검출기, 감지된 신호를 처리하여 영상신호로 생성하는 장치, 생성된 영상자료를 저장하는 부분으로 나눌 수 있다(그림 4-1). 3장에서 설명한 사진시스템은 렌즈를 통하여 수집된 빛이 필름에서 신호로 감지되고, 노출된 필름을 현상 및 인화 처리하여 사진이 생성된다. 현재 가장 보편적이고 널리 사용되는 원격탐사시스템은 전자광학(electro-optical)시스템으로 사진시스템과 유사한 특징을 가지고 있다. 전자광학시스템은 필름이 아닌 검출기(detector)에서 빛에너지를 전기신호로 감지하고, 신호 처리 과정을 통하여 디지털 영상자료를 생성한다. 사진시스템에서 필름은 빛에너지를 감지하는 기능과 영상자료를 저장하는 기능을 함께 갖지만, 전자광학시스템에서 얻어진 영상자료는 하드디스크 또는 메모리와 같은 별도의 장치에 저장된다.

전자광학시스템에 포함되는 모든 센서는 공통적으로 필름카메라와 유사한 구조로 되어 있기 때문에 종종 전자광학카메라로 지칭하기도 한다. 사진시스템이나 전자광학시스템 모두 광학센서(optical sensor)에 해당하는데, 지표면에서 반사 또는 방출되는 전자기파를 광학계(optics)를 통하여 수집하기 때문이다. 전자광학센서는 디지털카메라, 다중분광스캐너, 초분광센서, 열적외선센서까지 다양한 종류를 포함한다. 전자광학시스템에서 감지할 수 있는 빛은 가시광선부터 모든 적외선을 포함하는 파장영역이다. 본 장에서는 전자광학시스템의 일반적인 구조, 센서의 종류 및 특징, 각 센서에 해당하는 원격탐사자료의 특징을 다루고자 한다.

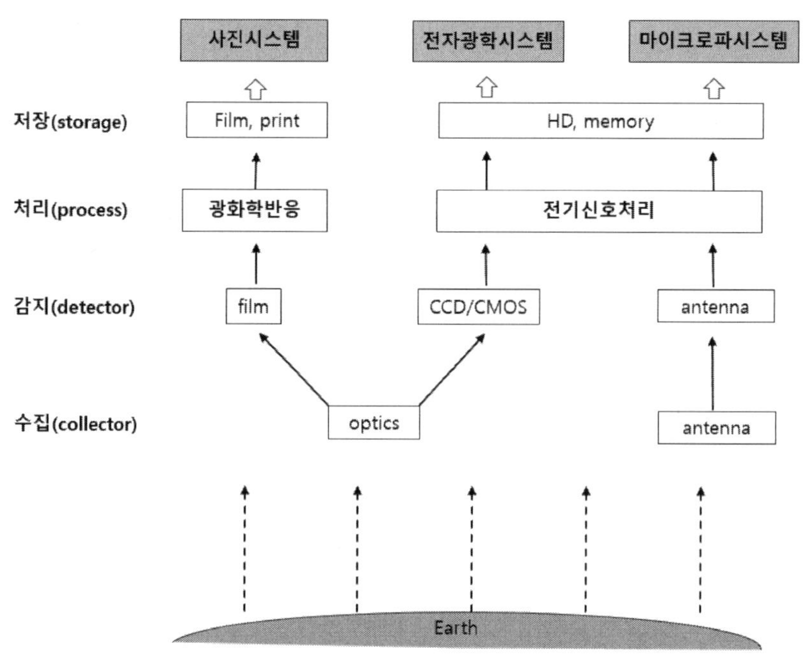

그림 4-1 파장과 영상신호 형태에 따른 원격탐사시스템의 구분

4.1 전자광학시스템과 사진시스템

전자광학시스템은 종전의 사진시스템과 비슷한 센서 구조 및 특징을 가지고 있지만, 사진시스템과 비교하여 여러 가지 장점이 있다. 특히 최신 정보통신 기술의 발달과 함께 전자광학시스템은 과거 사진시스템을 훨씬 능가하는 성능을 가진 가장 보편적인 원격탐사시스템으로 발전하고 있다. 표 4-1은 전자광학시스템과 사진시스템의 특징을 비교한다.

표 4-1 전자광학시스템과 사진시스템의 비교

항목	전자광학시스템	사진시스템
파장영역	0.4~14μm (V, NIR, SWIR, TIR)	0.4~0.9μm (V, NIR)
분광밴드 수	3~200	1(흑백), 3(컬러)
밴드폭(band width)	5~100nm	100~300nm
복사해상도(radiometric resolution)	high	low
공간해상도(spatial resolution)	high	high
자료전송(data transmission)	on-line	off-line

전자광학시스템은 사진시스템보다 넓은 파장영역의 전자기파를 이용하여 영상자료를 획득할 수 있다. 사진시스템은 가시광선과 사진적외선을 포함하여 0.4~0.9μm 영역의 사진스펙트럼(photographic spectrum)을 이용하지만, 전자광학시스템은 가시광선과 적외선 전체 영역을 포함하는 0.4~14μm 범위의 광학스펙트럼(optical spectrum)을 이용하여 영상자료를 획득할 수 있다. 전자광학시스템은 이와 같이 넓은 파장영역의 신호를 감지할 수 있기 때문에 다양한 파장구간에서 지표물 고유의 분광특성을 나타내는 영상을 얻을 수 있다.

흑백 필름은 하나의 감광층에서 가시광선을 감지하며, 컬러 필름은 세 개의 감광층으로 나누어 각각 다른 파장영역의 빛을 감지한다. 렌즈에서 수집된 빛을 감지하는 특정 파장구간을 분광밴드(spectral band)라고 하며, 흑백 필름은 하나의 밴드, 컬러 필름은 세 개의 밴드를 가진 센서다. 사람의 눈은 세 종류의 시세포를 가지고 있고 각각의 시세포에서 감지하는 빛의 파장구간이 다르기 때문에, 세 개 분광밴드를 가진 센서라고 할 수 있다. 전자광학시스템은 사진시스템이나 육안보다 파장구간을 세분화하여 전자기에너지를 감지할 수 있기 때문에, 분광밴드의 수가 많다. 디지털항공카메라나 고해상도 위성영상센서의 대부분은 가시광선 및 근적외선 영역에 걸쳐 최소한 4개의 분광밴드를 가지고 있으며, 이를 이용하여 자연색 영상 또는 컬러적외선 영상을 합성한다. 인공위성에 탑재된 다중분광센서는 가시광선 및 근적외선에 추가하여 단파적외선 및 열적외선 영역에서 영상을 촬영할 수 있도록 4개 이상의 분광밴드를 가지고 있다. 초분광센서는 좁은 파장구간에서 나타나는 미세한 분광특성을 활용하기 위하여 200개 이상의 분광밴드를 가지고 있기도 한다.

하나의 분광밴드가 감지하는 파장의 범위를 밴드폭(band width)이며, 이는 밴드 수와 밀접한 관계를 가지고 있다. 동일한 파장영역의 전자기파도 밴드폭을 좁게 하면 보다 많은 밴드를 만들 수 있다. 흑백 필름은 가시광선 전체를 감지하는 한 개의 밴드를 가지고 있으므로, 밴드폭이 300nm(400~700nm)라고 할 수 있다. 사람의 눈은 청색광, 녹색광, 적색광을 감지하는 세 개의 밴드를 가지고 있기 때문에, 각 밴드의 파장폭은 대략 100nm 정도가 된다. 가시광선 영역에서 보다 세부적인 분광특성을 얻고자 30개 밴드를 가진 초분광센서를 제작하려면, 각 밴드의 파장폭은 최소한 10nm가 되어야 한다. 이와 같이 전자광학센서는 사진시스템보다 분광밴드 수를 늘릴 수 있고, 더 나아가 영상신호를 얻고자 하는 구체적인 파장구간을 설정하여 촬영할 수 있다. 최근에 발사된 여러 지구관측위성에서 적색경계(red-edge) 밴드를 포함하는 탑재체를 볼 수 있는데, 이 밴드는 식물의 반사율이 급격히 변환되는 680nm에서 750nm 사이의 구간으로, 식물의 엽록소 농도나 건강 상태에 민감한 파장으로 알려졌다(이 등, 2019).

필름사진과 비교하여 전자광학영상은 영상신호의 세분화 정도를 나타내는 복사해상도가 높다. 필름사진에서 보이는 밝기의 범위는 정량화하여 표시하기 어렵지만, 대략 육안으로 구분할 수 있는 범위의 명암 단계를 가지고 있다. 그러나 전자광학영상이 가진 밝기값의 단계는 일정 범위의 숫자로 표시한다. 초기 전자광학영상에서 화소의 밝기는 주로 256단계(8bit)로 기록했지만, 요즘 등장하는 광학영상의 밝기값은 대부분 1024단계(10bit) 이상의 높은 복사해상도를 가진다. 전자광학영상의 높은 복사해상도는 육안으로 구별할 수 있는 명암의 범위를 훨씬 상회하지만, 컴퓨터는 미세한 밝기값의 차이를 구분하여 처리할 수 있으므로 보다 세부적인 정보의 추출이 가능하다.

초기 전자광학영상은 항공사진보다 낮은 공간해상도 때문에 제약이 많았다. 전자광학시스템에서 공간해상도를 높이기 위해서는 무수히 많은 검출기 배열이 필요한데, 위성원격탐사 초기에는 고정밀도의 검출기 배열을 제작하고 상대적으로 자료량이 많은 고해상도 영상을 송수신하고 처리하는 데 기술적 한계가 있었다. 현재는 검출기 제작 및 통신의 기술적 한계를 극복하여 매우 높은 공간해상도를 가진 전자광학영상을 얻을 수 있게 되었다. 인공위성에 탑재된 전자광학센서에서도 cm급 고해상도 광학영상을 촬영할 수 있게 되었고, 특히 최근 활용이 급증하는 무인기에 탑재된 소형 다중분광카메라는 비교적 낮은 고도에서 아주 높은 공간해상도 영상 촬영이 가능해졌다.

전자광학센서를 비롯한 디지털 원격탐사시스템의 가장 큰 장점은 영상자료의 획득 및 전송에 있다. 과거에는 필름을 항공기에 탑재된 카메라에 장착하고, 촬영 후에 필름을 지상으로 옮겨 현상 인화 처리를 거쳐야 비로소 항공사진을 얻을 수 있었다. 더구나 항공사진을 수요자에게 제공하려면, 교통수단을 이용하여 물리적으로 옮겨야 하는 번거로움이 있었다. 전자광학영상은 촬영과 동시에 영상자료가 생성되고, 항공기 및 인공위성에서 촬영된 영상을 직접 지상의 수신소로 전송할 수 있기 때문에 거의 실시간으로 영상을 획득하여 처리할 수 있다. 또한 이미 촬영된 영상을 사용자에게 공급할 경우, 인터넷을 통하여 쉽고 빠르게 전송할 수 있으므로 원격탐사영상의 접근성을 대폭 확대하였다. 현재 필름 항공사진의 시대는 끝났지만, 과거에 촬영된 항공사진의 대부분이 디지털영상으로 변환하여 보관하고 있다.

4.2 전자광학센서의 구조

전자광학센서의 구조는 필름카메라와 유사하지만, 필름카메라에 없는 검출기 및 자료처리부에서 차이가 있다. 그림 4-2는 지표면에서 출발한 전자기복사(EMR) 에너지가 전자광학센서에서 영상자료로 생성되는 과정을 보여준다. 전자광학센서의 구조는 광학계, 분광장치, 검출기 배열, 신호처리부 등으로 이루어져 있다.

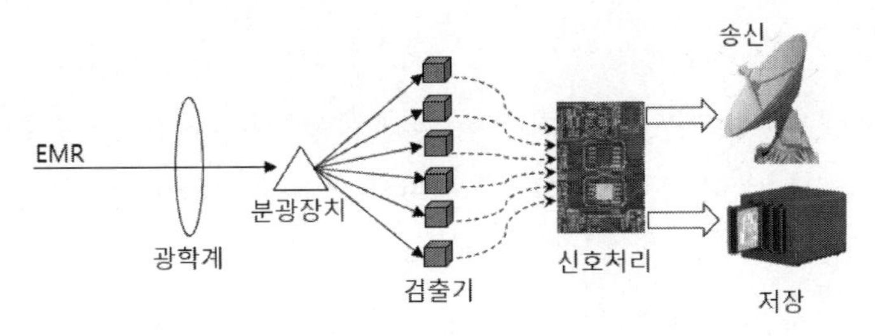

그림 4-2 전자광학센서의 구조와 영상자료가 생성되는 과정

광학계

광학계는 지표면에서 반사 또는 방출된 전자기에너지를 수집하는 기능을 한다. 사진시스템에서 이미 설명했듯이 일반 카메라의 렌즈는 빛을 모으는 기능을 하며, 렌즈의 구경과 초점거리는 카메라에 입사되는 광량, 영상의 크기, 공간해상도, 시야각 등을 결정하는 중요 사양이다. 일반 카메라 표준 렌즈의 초점거리는 50mm 정도이며, 원거리 피사체를 확대하여 촬영하기 위해서는 초점거리가 150~300mm 범위의 망원렌즈를 사용한다. 인공위성의 전자광학탑재체는 최소한 수백km 상공에서 지구 표면을 촬영하므로 일반 망원렌즈보다 훨씬 긴 초점거리가 필요하다. 렌즈만으로 1m 정도의 긴 초점거리를 구현하려면, 렌즈 구경이 아주 커야 되고 더구나 탑재체의 길이도 기형적으로 길게 되므로, 위성 탑재에 어려움이 있다. 따라서 인공위성 전자광학탑재체의 광학계는 반사경을 이용하여 유효 초점거리를 늘리면서 크기를 축소한 형태로 제작된다.

Landsat-8호 위성의 OLI(Operational Land Imager) 탑재체는 광학계의 초점거리가 866mm인데, 이를 구현하기 위하여 여러 개의 반사경을 이용한 광학계를 채택하였다. 그림 4-3은 3개의 반사경을 이용한 광학계로서, 하나의 렌즈로 구현하기 어려운 긴 초점거리를 얻을 수 있다. 전자광학센서에서 광학계는 영상의 촬영폭 및 공간해상도 등을 고려하여, 렌즈와 거울을 함께 이용하는 여러 가지 형태가 있다.

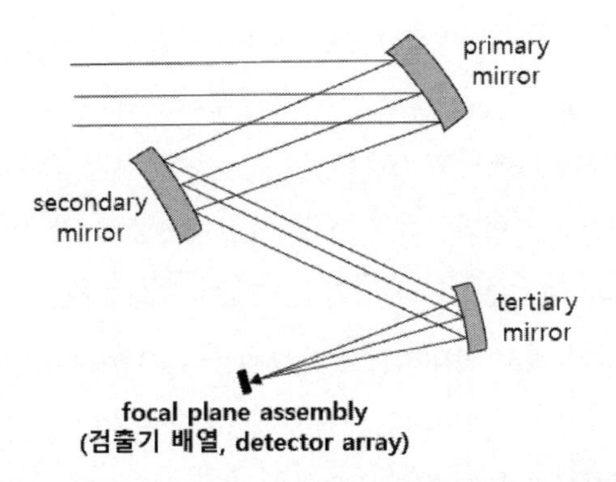

그림 4-3 반사경을 이용하여 렌즈보다 긴 초점거리를 구현하는 전자광학센서의 광학계

분광장치

광학계를 통과한 빛은 파장별로 분리되어야 하는데, 분광장치는 각각의 분광밴드에 맞추어 적정한 파장구간으로 분리하여 검출기로 전달한다. 빛을 파장별로 분리하는 간단한 분광장치로 프리즘이 있는데, 빛이 다른 매질을 통과할 때 파장에 따라 굴절각이 다른 원리를 이용한다. 다른 종류의 분광장치는 사진시스템에서 설명한 필터가 있다. 필터는 특정 파장의 빛을 차단하거나 또는 통과시키는데, 여러 종류의 필터를 복합적으로 사용하여 원하는 파장의 전자기파를 분리할 수 있다. 카메라에서 사용하는 필터와 원리는 같지만, 전기소자의 형태로 제작하여 입사하는 빛을 파장에 따라 정교하게 두 가지로 분리하는 dichroic grating이 있다. 이 장치는 빛을 가시광선과 적외선으로 일차적으로 분리하여, 두 번째 단계의 분광장치로 보내는 기능을 한다. 디지털항공카메라는 다중분광센서와 다르게 별도의 분광장치를 이용하지 않고, 분광밴드별로 렌즈와 필터를 갖춘 독립적인 광학계를 구성하여 제작하는 경우가 많다.

검출기

광학계를 통과한 빛은 궁극적으로 광학계의 초점에 상이 맺히게 되는데, 이 지점에 빛을 전기신호로 변환하는 검출기(detector)가 있다. 검출기 배열과 관련된 제어 부품들을 포함하여 초점면 조립부(focal plane assembly)라고 한다. 지표면에서 반사된 전자기에너지가 검출기에 도달하면 검출기는 에너지양에 따라 전기신호를 발생한다. 검출기의 성능은 빛에너지를 전기신호로 변환하는 감지속도, 안정성, 전기신호의 품질 등에 따라 결정된다. 일반 카메라 및 항공디지털카메라에서는 대부분 실리콘 검출기를 사용했는데, 이는 제작 기술이 안정화되어 있고 비교적 가격이 저렴하기 때문이다. 그러나 인공위성 전자광학센서의 검출기 배열은 우주 환경에서 안정적으로 장기적으로 운영되어야 하므로 매우 정밀한 고도의 제작 기술을 필요로 한다. 따라서 인공위성 전자광학탑재체의 구성 요소 중에서 검출기 부분은 중요한 비중을 차지한다.

전자광학센서의 검출기는 CCD(charge coupled device)와 CMOS(complementary metal oxide demi conductor)로 나눌 수 있는데, 두 종류 모두 특수한 형태의 반도체다. 초기부터 사용된 검출기의 형태는 CCD로 최초의 디지털카메라에 사용되었으며, 검출기에서 감지된 전기신호를 외부의 별도 회로를 통하여 디지털신호로 변환한다. CCD는 양질의 신호를 감지할 수 있는 안정화된 기술이지만, CMOS보다 제작비용이 많이 들고 전력 소모량이 크다. CMOS는 CCD 이후에 개발된 검출기 형태로, 전기 소모량이 적고 상대적으로 제작비용이 저렴하다. CMOS는 주로 휴대전화에 부착된 카메라에 사용할 목적으로 개발되었기 때문에, CCD보다 빛에 대한 민감도가 높고 영상신호의 품질이 상대적으로 떨어진다. 그러나 가격이 저렴하고 고능성 카메라 요구가 높아짐에 따라

CMOS 기술은 비약적으로 발전하고 있다. 현재 무인기 탑재용 카메라에 사용되는 검출기는 대부분 CMOS 검출기이며, 최근에 발사된 인공위성에는 CMOS 검출기를 사용한 광학카메라를 탑재할 정도로 성능이 날로 개선되고 있다.

그림 4-4에서 보듯이 검출기의 재료에 따라 감지할 수 있는 빛의 파장영역이 다르다. 실리콘(Si) 검출기는 0.4μm부터 1.1μm 영역의 가시광선과 근적외선까지 감지가 가능하다. 실리콘 검출기는 가공 및 대량생산 기술이 갖추어져 있기 때문에 일반 디지털카메라부터 인공위성 전자광학센서에 이르기까지 가장 널리 사용된다. 그러나 실리콘 검출기는 근적외선보다 긴 파장의 적외선을 감지할 수 없다. 지구 원격탐사에서 날로 활용도가 높아지는 단파적외선 및 열적외선 영역의 전자기에너지를 감지하기 위해서는, 두 종류 이상의 재료를 이용한 합금이 검출기 재료로 개발되었다. 단파적외선 영역의 에너지를 감지하기 위해서는 주로 황화납(PbS)으로 만든 검출기가 사용된다. 지구 표면에서 방출하는 열적외선 에너지를 감지하기 위한 검출기는 여러 종류가 있다. 화산 및 산불과 같이 비교적 높은 온도의 열 활동을 감지하는 데 적합한 3~5μm 영역의 짧은 열적외선을 감지하는 검출기는 안티모니화 인듐(InSb)으로 제작된다. 해양 및 육지의 평균적인 표면온도를 감지하는 데 적합한 8~14μm 영역의 열적외선은 세 가지 금속(HgCdTe)으로 제작된 검출기를 사용하며, 이를 흔히 MCT 혹은 tri-metal로 지칭한다.

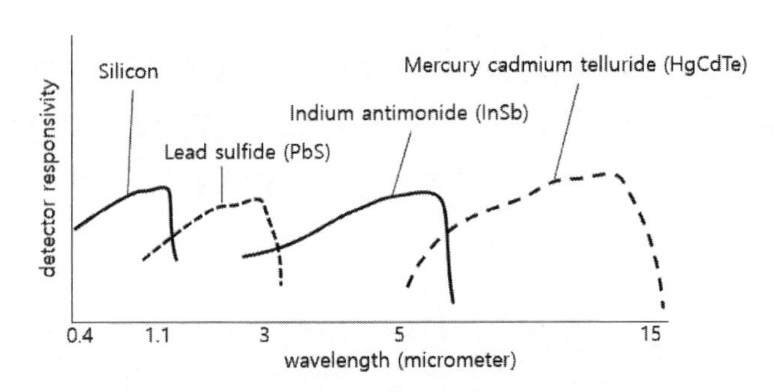

그림 4-4 검출기 재질에 따른 파장별 상대적 반응 정도

단파적외선 및 열적외선을 감지하는 검출기는 위에서 언급한 검출기 외에도 새로운 재질이 개발되고 있다. 그러나 단파적외선 및 열적외선 감지를 위한 검출기는 실리콘 검출기보다 제작이 상대적으로 까다롭고 양질의 신호값을 얻기 위한 별도의 냉각장치(dewar)가 필요하므로, 센서 개발 비용이 크게 증가한다. 특히 인공위성에 탑재할 전자광학센서의 개발에서 단파적외선 및 열적외선 밴드의 포함 여부에 따라 탑재체 설계의 난이도 및 개발 비용에 큰 차이가 있다. 그러므로 대다수의 전자광학센서는 가시광선 및 근적외선 밴드만을 포함하여, 단파적외선 및 열적외선 밴드를 포함하는 센서는 상대적으로 많지 않다.

신호처리부

검출기에서 감지한 빛에너지는 전하(electric charge)를 발생하여 전기신호가 생성되는데, 전기신호의 증폭과 잡음 소거 등의 신호처리 과정을 거쳐서 비로소 디지털 영상신호로 변환된다. 아날로그 전기신호를 디지털신호로 변환하는 과정은, 시간적으로 연속적인 아날로그 신호를 일정 간격(시간)으로 나누어 각 시점의 신호를 숫자로 변환한다(그림 4-5). 물론 디지털 신호는 전기신호의 범위와 신호에 포함된 잡음의 비율 등을 고려하여 적정 범위로 결정된다. 디지털 신호의 적정 범위는 영상의 각 화소가 갖는 밝기값의 범위로 복사해상도라고도 한다. 예를 들어 8bis 디지털 영상은 각 화소의 값이 0~255의 범위로 표시된다.

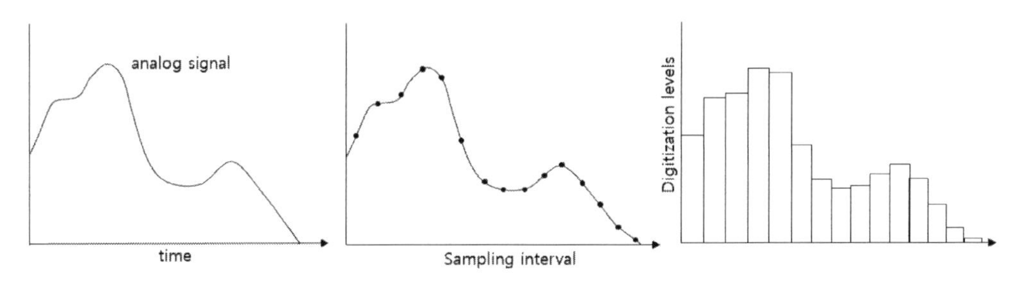

그림 4-5 검출기에서 감지한 아날로그 신호를 디지털 신호로 변환하는 과정

디지털 신호로 변환된 영상자료는 지상의 수신소로 직접 송신되거나 항공기 및 인공위성에 탑재된 별도의 저장장치에 저장된다. 영상자료는 대용량 자료이므로 송신 및 저장에 어려움이 있지만, 통신 기술과 자료 저장장치의 발달로 요즘에는 소형 무인기에서 촬영하는 영상자료도 지상에서 실시간으로 수신이 가능하다.

4.3 전자광학시스템의 구분

전자광학시스템은 감지하는 빛의 파장영역이 넓기 때문에, 다양한 기능과 특성을 가진 여러 종류의 센서를 포함한다. 디지털카메라, 다중분광센서, 초분광센서, 열적외선센서 등이 전자광학시스템에 포함되지만, 검출기 배열 형태, 영상촬영 방식, 파장영역 등에 따라 센서를 구분한다. 표 4-2는 전자광학시스템을 분류하는 기준에 따라 구분된 센서의 종류를 보여준다.

광학계를 통과한 빛은 검출기에서 감지되어 영상신호로 변환되므로, 검출기의 숫자와 배열 형태는 전자광학센서의 구조와 작동 원리를 이해하는 중요한 요소이며 결과적으로 영상의 특징을 결정한다. 대부분의 전자광학영상은 정지 상태에서 촬영된 게 아니라, 항공기 및 인공위성이 빠

표 4-2 전자광학시스템의 분류 기준에 따른 센서의 특징 및 종류

분류 기준	전자광학센서의 구분
검출기 배열	• 분리형 검출기 배열(discrete detector array) • 선형 검출기 배열(linear detector array) • 면형 검출기 배열(area detector array)
영상촬영 방식	• 선주사기(line scanner) – 횡주사기(across track scanner) – 종주사기(along track scanner) • 면촬영 카메라(frame camera)
분광밴드의 수 및 파장영역	• 다중분광센서(multi-spectral scanner, multi-spectral camera) • 초분광센서(imaging spectrometer, hyperspectral scanner) • 디지털카메라 • 열적외선센서(thermal scanner)
탑재 수단	• 위성 탑재센서 • 항공 탑재센서 • 지상용 센서

르게 이동하면서 촬영된다. 가장 일반적인 촬영 방식은 항공기및 인공위성의 비행 속도에 비례하여 영상을 줄로 나누어 촬영하는 선주사(line scanning) 방식이다. 따라서 많은 전자광학센서의 명칭에 주사기(scanner)를 포함한다. 선주사가 가장 보편적인 촬영방식이었지만, 최근에는 필름카메라와 동일하게 일정 면적의 영상을 한 번에 촬영하는 면촬영 카메라(frame camera)도 많이 개발되었다. 면촬영 카메라는 주로 무인기용 및 항공사진 촬영용으로 사용하지만, 최근에는 인공위성 탑재 센서에서도 채택하고 있다.

전자광학센서는 분광밴드의 수와 파장영역에 따라 센서의 명칭이 결정되는 경우가 많다. 가시광선, 근적외선, 단파적외선, 열적외선을 포함하는 광학스펙트럼에서 영상이 촬영되는 밴드의 숫자에 따라 다중분광(multispectral)센서와 초분광(hyperspectral)센서로 나눈다. 다중분광센서와 초분광센서를 구분하는 밴드의 숫자가 명확하게 정해져 있지 않지만, 밴드의 파장폭과 밴드별 파장의 연속성에 따라 구분한다. 디지털카메라는 과거 필름카메라와 동일하게 한 번에 영상을 얻는 면촬영 방식으로 자연색 사진을 얻을 수 있는 3개 밴드를 가진 센서다. 그러나 최근에 개발되는 항공카메라는 가시광선에 추가하여 근적외선 밴드를 포함하기도 하므로, 다중분광카메라로 지칭하기도 한다. 열적외선센서는 지표면에서 방출되는 열적외선 에너지만을 감지하는 센서로서 다른 전자광학센서와 구분된다. 열적외선 영상만을 촬영하는 센서도 있지만 인공위성에 탑재된 다중분광센서는 가시광선 및 근적외선 밴드와 함께 열적외선 밴드를 포함하는 경우가 많다.

전자광학시스템을 분류하는 다른 기준은 센서를 탑재하는 수단이다. 항공기 탑재체와 인공위성 탑재체는 기능과 구조가 동일할지라도, 센서가 작동하는 환경 조건이 매우 다르므로 센서를 구성하는 부품 및 개발 과정에 큰 차이가 있다. 인공위성에 탑재할 새로운 전자광학센서를 개발

할 때, 항공기 탑재용으로 먼저 개발하여 시험 운용 과정을 거치면서 성능을 개선하는 과정을 채택하기도 한다. 대부분의 원격탐사센서는 항공기 및 인공위성에 탑재되어 사용하지만, 지상 라이다와 같이 지상에서 촬영하기 위한 목적으로 개발되기도 한다.

검출기 배열 형태

전자광학센서는 검출기의 배열 형태에 따라 센서의 구조와 영상자료의 특성이 구분된다. 그림 4-6은 세 가지 검출기 배열 형태를 보여준다. 가장 간단한 배열 형태는 소수의 검출기가 각각 분리되어 있으며, 분광밴드별로 하나 또는 그 이상의 검출기가 분리되어 있다. 분리형 검출기배열(discrete detectors)은 초기의 횡주사기(across track scanner) 및 열적외선센서(thermal sensor)에서 많이 사용했다.

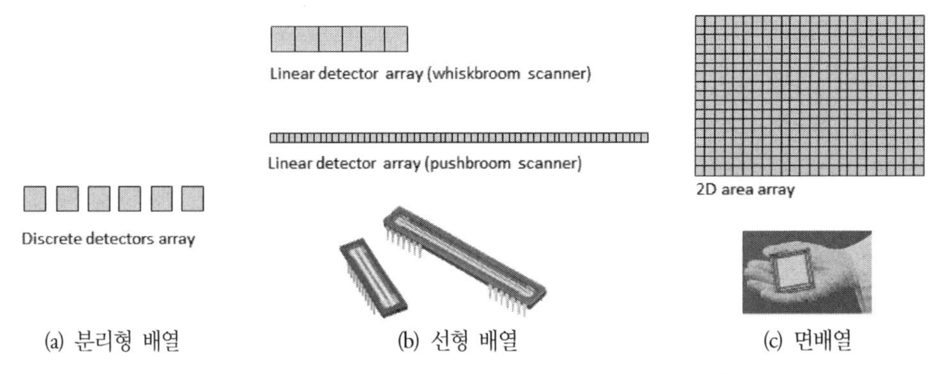

그림 4-6 전자광학센서에서 사용하는 세 가지 검출기 배열 형태

현재 가장 보편적인 검출기 배열 형태는 여러 개의 검출기가 한 줄로 연결된 선형 배열(linear array)이다. 선형 배열은 종주사(along track scanning) 센서에서 반드시 필요한 검출기 배열 형태이지만, 횡주사기에도 종종 사용된다. 종주사기에 사용되는 선형 배열은 수천 개 또는 그 이상의 많은 검출기가 일렬로 연결되어 있지만, 횡주사기에 사용되는 선형 배열은 수십 개 정도의 검출기가 연결되었을 뿐이다. Landsat TM은 횡주사 방식의 다중분광센서로 밴드마다 16개 검출기가 이어진 선형 배열을 사용하였다. 반면에 TM 다음으로 개발된 SPOT 위성의 다중분광센서는 종주사기로 3000개의 검출기가 한 줄로 연결된 선형 배열을 사용했다.

디지털카메라는 과거 필름을 대신하여 검출기가 2차원 형태의 면배열(area array)을 사용한다. 면배열 검출기는 주로 디지털카메라에 적용되어 왔으나, 최근에는 검출기 제작 기술의 발달로 우주 환경에서도 사용할 수 있는 면배열 검출기가 개발되고 있다. 여러 기의 소형 위성을 동시에 운영하는 Planet 및 SkySat과 같은 초소형 지구관측위성은 면배열 검출기를 채택한 고해상도 전자광학카메라를 탑재하고 있다. 또한 한국에서 천리안-1호 위성(COMS)에 탑재된 세계 최초의 정지궤도 해양 관측 센서인 GOCI도 면배열 CMOS 검출기를 채택하고 있다. 면배열 검출기는 구조와 작동 방식이 간단하므로, 향후 항공 및 위성 전자광학탑재체에서 이용이 증가할 전망이다.

횡주사기

횡주사기(across track scanner)는 초기 전자광학센서의 대표적 촬영 방식이다. Track은 항공기의 비행선 또는 인공위성의 궤도를 의미하므로, 항공기나 인공위성의 진행방향에 직각으로 영상을 줄로 나누어 촬영하는 방식이다. 횡주사기는 별칭으로 'whiskbroom scanner'로 불리는데, 여기서 broom은 빗자루를 말한다. 그림 4-7은 두 종류의 빗자루를 보여주는데, 가정에서 사용하는 소형 빗자루(a)가 whiskbroom에 해당한다. 사람이 앞뒤로 이동하면서 비질을 하는데, 비질 방향은 사람이 움직이는 방향과 직각이며 이는 횡주사기의 작동 방향과 같기 때문에 whiskbroom scanner란 별칭을 사용한다. 반면에 사무실이나 학교 등에서 사용되는 대형 빗자루(b)는 pushbroom이라고 하며, 이 빗자루는 앞으로 밀면서 나아가는 비질 방향이 사람이 움직이는 방향과 동일하다.

(a) whiskbroom (b) pushbroom

그림 4-7 두 종류 빗자루의 비질 방향과 촬영방식을 접목한 선형 주사기의 별칭

그림 4-8은 횡주사기의 구조와 작동 원리를 보여준다. 횡주사기에서 비행방향에 직각으로 줄로 나누어 촬영하려면 광학계 앞에 주사거울(scan mirror)이 필요하다. 주사거울은 약 45° 각도로 지표면과 렌즈를 연결하여 지표면에서 반사된 빛을 광학계로 전달한다. 주사거울은 일정 각도 범위에서 좌우로 진동하거나 회전함으로써 촬영 각도(FOV) 범위에 해당하는 지표면을 비행 속도에 따라 여러 개의 줄로 나누어 주사한다. 주사거울에서 반사된 빛은 광학계를 통과하여 검출기로 전달되는데, 하나의 검출기는 한 줄에 해당하는 영상신호를 감지한다. 최초의 민간 원격탐사위성인 Landsat-1호에 탑재된 MSS(Multi-Spectral Scanner)는 횡주사기로 밴드마다 6개의 분리형 검출기를 가지고 있으며, 주사거울이 한 번 회전할 때마다 6줄에 해당하는 면적을 촬영한다.

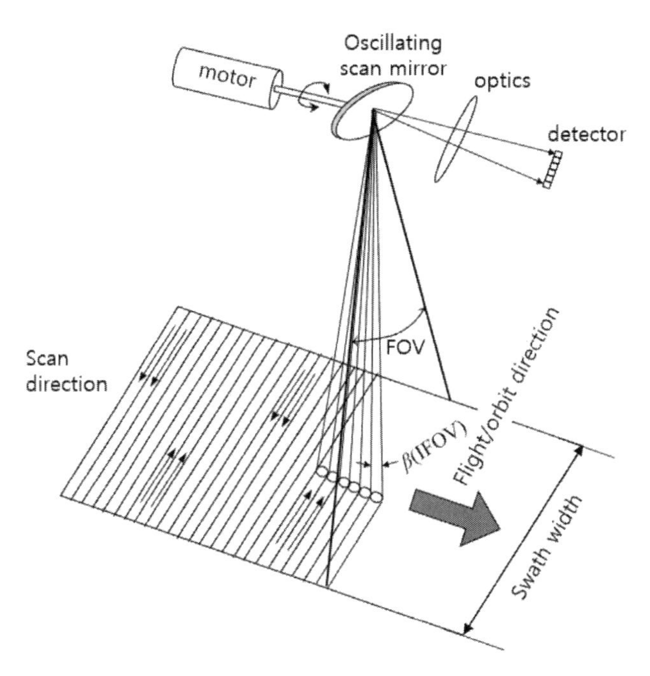

그림 4-8 횡주사기(across track scanner)의 구성 및 작동 원리

횡주사기는 밴드별로 검출기의 숫자가 한정되어 있기 때문에, 비행 속도에 맞추어 선형의 영상을 촬영하려면 주사거울이 매우 빠른 속도로 움직여야 한다. 검출기 제작기술이 발달됨에 따라 검출기의 숫자를 늘릴 수 있었고, 한 번에 여러 줄을 촬영할 수 있게 되었다. Landsat-4호 위성부터 탑재된 TM의 6개 분광밴드는 각각 16개의 검출기를 사용했고, 한국 KOMPSAT-1호 위성에 탑재된 OSMI(Ocean Scanning Multispectral Imager)는 밴드별로 96개 검출기가 이어진 선형 배열 검출기를 채택하여 한 번에 96줄에 해당하는 면적을 촬영했다.

그림 4-8의 횡주사기는 밴드별로 6개의 검출기가 있는데, 주사거울이 좌우로 회전하면서 한 번에 여섯 줄에 해당하는 면적을 촬영한다. 즉 주사 방향이 여섯 줄마다 좌우로 바뀌는데, 주사거울이 한쪽으로 스캔하는 동안에 위성은 빠른 속도로 비행하므로, 실제 촬영되는 지표면은 비행선에 완전한 수직 방향이 아니라 그림 4-9a와 같이 약간 기울어진 사선 방향이 된다. 따라서 횡주사 방식으로 촬영하면 비행선 아래 수직인 부분은 중복하여 촬영되며, 가장자리에서는 비행 속도 때문에 촬영이 누락된다. 횡주사기는 항공기 및 위성의 진행에 따라 발생하는 중복 및 누락 촬영을 방지하기 위하여 주사선 보정(scan line correction, SLC) 장치가 있다. SLC는 주사거울이 한 번 움직일 때마다 촬영되는 모든 화소마다 기록된 주사거울의 정확한 관측각 자료를 이용하여, 거울에서 반사된 빛이 검출기로 전달되는 시간을 미세하게 조정하여 중복과 누락이 없이 촬영되도록 하는 정교한 장치다(그림 4-9).

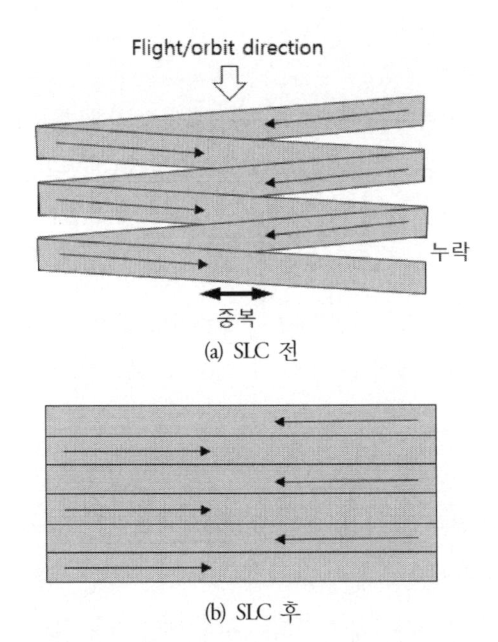

(a) SLC 전

(b) SLC 후

그림 4-9 횡주사기에서 주사선 보정(SLC) 과정

횡주사 방식의 위성센서인 Landsat-7호 ETM+는 위성 발사 후 4년이 지난 2003년에 SLC 장치에 장애가 발생했다. ETM+는 185km 폭의 지역을 좌우로 주사하는데, SLC 고장으로 인하여 촬영이 중복되고 누락되는 부분이 발생했다. 그림 4-10은 SLC가 고장난 후에 촬영된 ETM+ 영상을 보여주는데, 영상의 가장자리로 갈수록 누락되는 부분이 넓어지는 것을 볼 수 있다. 185km 폭으로 촬영된 전체 영상에서 누락 없이 중복되어 촬영되는 부분은 위성의 궤도선에 해당하는 중심부의 22km 폭의 지역이며, 여기서 벗어나면 촬영이 누락되는 부분이 발생하고 바깥쪽으로 벗어날수록 누락되는 부분이 넓어진다.

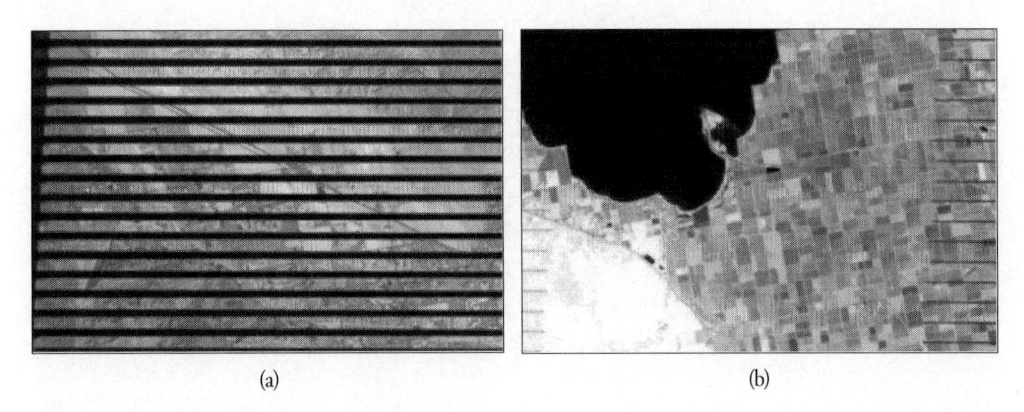
(a) (b)

그림 4-10 주사선 보정(SLC) 장치가 고장난 Landsat-7호 ETM+ 영상에서 촬영이 누락되는 가장자리 부분(a)과 중복 촬영되는 가운데 부분(b)

종주사기

종주사기(along track scanner)는 사람이 앞으로 전진하면서 진행방향에 따라 빗자루를 밀어내는 비질과 같은 방식이므로 'pushbroom scanner'란 별칭으로 불린다. 그림 4-11은 종주사기의 구조 및 작동 원리를 보여주는데, 종주사기는 항공기 및 위성의 진행방향에 따라서 연속적으로 영상을 촬영하는 방식이다. 종주사기는 일상에서 흔히 사용하는 복사기와 동일한 원리로, 복사할 원고를 유리 평판 위에 놓고 스위치를 작동하면 렌즈와 검출기로 합쳐진 소형카메라가 한쪽 방향으로 이동하면서 원고를 줄로 나누어 촬영해나간다. 종주사기는 횡주사기와 달리 주사거울이 없고, 영상의 한 줄에 포함되는 화소와 동일한 개수의 검출기가 선형으로 배열되어 있다. 그림 4-11에서 보듯이 영상의 촬영폭(swath width)에 해당하는 한 줄의 영상은 10개의 화소로 이루어져 있는데, 광학계의 초점면에 10개의 검출기가 선형으로 배열되어 있다. 즉 종주사기에는 반드시 선형 배열 검출기(liner array detectors)를 사용하며, 영상의 촬영폭에 해당하는 줄을 구성하는 화소와 동일한 숫자의 검출기가 필요하다. 종주사기에 장착되는 선형 배열 검출기는 보통 수천 또는 수만 개의 검출기로 이루어져 있다. 정확한 검출기의 개수는 촬영폭을 공간해상도로 나눈 값이다.

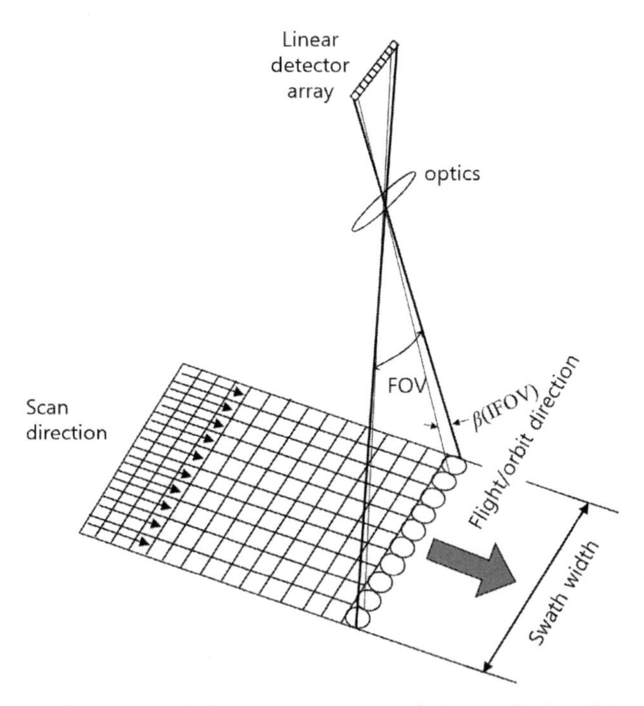

그림 4-11 종주사기(along track scanner)의 구조 및 작동 원리

종주사 방식의 위성 탑재 광학센서는 1984년에 발사된 SPOT에서 최초로 사용했으며, 60km 폭의 지역을 20m의 공간해상도로 촬영하므로 3000개의 검출기가 한 줄로 이어진 선형 배열을 이용했다. SPOT 이후 발사된 위성 탑재 전자광학센서는 대부분 종주사 방식이며, 공간해상도가 향상됨에 따라 검출기의 숫자도 증가하였다. 수만 개의 검출기를 한 줄로 배열하기 어렵기 때문에, 종종 여러 개의 선형 검출기 배열을 이어서 사용하기도 한다. 예를 들어, 고해상도 상업위성에 탑재된 전자광학센서는 0.5m 공간해상도의 영상을 15km 폭으로 촬영하는데, 이에 상응하는 선형 배열은 30000개 검출기가 필요하다. 그러나 30000개의 검출기를 한 줄로 배열하는 데 기술적 어려움이 있기 때문에, 10000개의 검출기를 가진 3개 선형 배열을 연결하여 30000개 검출기의 선형 배열 효과를 얻는다.

종주사기는 횡주사기처럼 주사거울이나 주사선 보정(SLC) 장치 등 작동 과정에서 움직이는 부품이 없기 때문에, 센서의 구조가 비교적 간단하여 고장이 적고 내구성이 좋다. 또한 횡주사기는 주사거울의 진동 속도 차이와 움직임 때문에 발생하는 미세한 오차로 영상의 기하구조에 큰 영향을 미친다. 그러나 종주사기는 각 화소에 해당하는 위치마다 검출기의 관측 각도가 고정적이므로 기하 정확도가 높다. 이러한 장점에 더하여 종주사 촬영 방식은 양질의 영상 신호를 얻을 수 있다. 종주사기는 한 개의 검출기가 하나의 화소를 감지하는 시간(dwell time)이 횡주사기보다 훨씬 길다. 횡주사기는 한 줄의 영상을 하나의 검출기가 모두 촬영하지만, 종주사기는 한 개의 검출기가 한 줄의 영상에서 하나의 화소만을 촬영한다. 한 개의 검출기가 하나의 화소를 감지하는 시간은 사진시스템에서 필름이 빛을 감지하는 노출시간과 동일한 개념이다. 검출기가 지상에서 반사 또는 방출되는 전자기에너지를 감지하는 시간이 길면, 충분한 복사에너지를 감지하여 잡음의 비율이 낮은 양질의 영상 신호를 얻을 수 있다.

종주사기는 횡주사기보다 촬영 방식과 센서 구조가 비교적 간단하고 또한 양질의 영상 신호를 얻을 수 있기 때문에, 현재 대부분의 전자광학센서에서 채택하고 있다. 그럼에도 불구하고 여전히 횡주사기가 사용되는 이유는, 종주사기가 아직까지 해결하지 못한 몇 가지 단점을 갖고 있기 때문이다. 종주사기는 반드시 수천 개 이상의 검출기가 선형 배열되어야 하는데, 실리콘 검출기는 가시광선 및 근적외선에 국한된 빛만을 감지할 수 있다. 단파적외선 및 열적외선 영상을 얻기 위해서는 실리콘이 아닌 다른 재질의 검출기 선형 배열이 필요한데, 이러한 재질의 선형 검출기 제작은 기술적으로 쉽지 않고 비용도 많이 든다. 물론 검출기 제작 기술이 발전하고 있기 때문에 단파적외선 및 열적외선 영상 촬영을 위한 선형 검출기 배열이 개발되었지만, 실리콘과 동일한 공간해상도와 성능을 갖춘 검출기 배열 제작은 여전히 한계가 있다. 종주사기의 또 다른 단점은 검출기의 개수가 많으므로, 모든 검출기의 성능을 점검하고 교정(calibration)하는 과정이 매우 어렵다. 특히 인공위성에 탑재한 종주사기는 수천 개 이상의 검출기를 가지고 있는데, 위성 발사

후 모든 검출기가 동일한 성능을 나타내는지를 검증하고 그에 따른 차이를 조정해주는 교정과정을 거쳐야 한다. 횡주사기는 검출기가 수십 개 이내에 불과하므로, 이러한 교정 작업을 비교적 용이하게 주기적으로 수행할 수 있지만, 검출기가 수천 또는 수만 개인 종주사기는 양질의 영상 신호를 얻기 위한 교정 작업이 어렵고 많은 노력을 필요로 한다.

면촬영 카메라

필름카메라를 빠르게 대체한 디지털카메라가 널리 사용되고 있지만, 원격탐사에서 디지털카메라와 같은 면촬영(frame camera) 방식의 전자광학카메라 개발은 비교적 최근에 시작했다. 특히 인공위성에 탑재한 전자광학센서는 대부분 선주사 방식이며 한 번에 영상을 촬영하는 면촬영 카메라는 드물었다. 면촬영 카메라는 그림 4-12에서 보듯이 검출기가 2차원 면배열(area detector array) 되어야 하며, 한 장의 영상에 포함되는 화소와 동일한 개수의 검출기를 가져야 한다. 디지털카메라의 가격이 검출기의 숫자와 비례했던 이유는 면배열 검출기를 제작하는 데 기술적 난이도가 크기 때문이다. 면촬영 방식의 카메라는 주로 항공카메라에 적용되었고, 우주 환경에서 사용되는 디지털카메라는 최근에 등장했다.

인공위성 탑재 면촬영 카메라는 한국에서 2010년에 발사한 정지궤도 위성인 COMS(천리안-1호)에서 시도되었다. COMS 위성에 탑재된 해색센서인 GOCI-1(Geostationary Ocean Color Imager-1)은 세계에서 처음 시도된 정지궤도 해양센서로서 한반도를 중심으로 주변 해역을 관측하기 위해

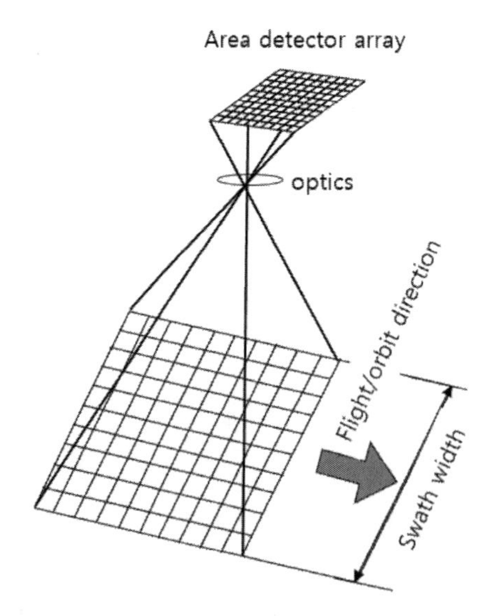

그림 4-12 면촬영 디지털카메라(frame camera)의 구조 및 면배열 검출기

개발했다. GOCI-1은 한반도를 중심으로 2500×2500km^2 지역을 500m 공간해상도로 촬영한다. 대상 지역을 한 번에 촬영하기 위해서는 5000×5000개 검출기의 면배열이 필요했지만, 이는 당시 검출기 제작 기술 및 비용 측면에서 감당하기 어려운 크기였다. GOCI-1에서는 2백만(1432×1415)개 검출기 면배열을 채택하였고, 이 검출기 배열을 이용하여 촬영지역을 16구역으로 나누어 각 구역을 순차적으로 촬영한 후 지상국에서 모자이크 처리하여 전 지역 영상을 얻는다. GOCI-1 후속으로 2020년 발사한 천리안-2B호 위성에 탑재한 GOCI-2 역시 공간해상도를 250m로 향상했지만, 전체 대상 지역을 한 번에 촬영하지 못하고 (2720×2718)개의 검출기 면배열로 12구역으로 나누어 촬영하는 방식을 채택하였다. 이와 같이 목표 지역을 한 번에 촬영하지 못하고 여러 구역으로 나누어 촬영한 뒤 집성하는 방식은 초기 디지털 항공카메라에서 시작된 방법이다.

최근 활용이 급증하고 있는 UAV용 카메라는 CMOS 검출기 기술의 발달에 힘입어 1억(10000×10000)개의 검출기를 가진 고해상도 면배열 카메라까지 등장하고 있다. 그러나 우주 환경에서는 아직까지 면촬영 방식의 디지털카메라 사용은 드물다. 최근 지구 전역에 걸쳐 사용자가 원하는 시간에 맞추어 광학영상을 공급할 목적으로 시작한 Planet 사업은 200기 이상의 초소형 위성을 동시에 운영하고 있는데, 이들 위성에서는 면배열 CMOS 검출기를 채택한 전자광학카메라를 탑재하고 있다.

인공위성에 탑재된 전자광학센서에 '카메라'란 명칭을 사용하는 경우가 종종 있다. 한국에서 최초로 발사한 지구관측위성인 KOMPSAT-1호에 탑재한 전자광학센서는 EOC(Electro Optical Camera)로 명명했지만, 이 센서는 면촬영 카메라가 아니라 종주사기다. 전자광학센서의 명칭에 'camera'를 사용하기도 하지만, 실제로는 면촬영 카메라가 아닌 선주사기인 경우가 많다. 또한 디지털항공카메라에서도 명칭은 '카메라'이지만 면촬영 방식이 아니라 선주사 방식도 있다. 따라서 전자광학센서의 명칭보다는 촬영 방식과 검출기 배열에 주의하여 센서의 특징을 파악해야 한다. 검출기 제작 기술의 발달로 향후 우주 환경에서도 면촬영 방식의 디지털카메라가 증가할 것이다.

4.4 다중분광시스템

다중분광시스템은 선주사 방식의 다중분광주사기(multispectral scanner)와 면촬영 방식의 다중분광카메라(multispectral camera)로 구분할 수 있다. 다중분광주사기는 가장 보편적인 전자광학센서이며 지구 원격탐사 초기부터 지금까지 오랜 역사를 가지고 있다. 다중분광카메라는 항공기 및 무인기 탑재용 센서로서 비교적 최근에 많이 소개되고 있으며, 분광밴드별로 렌즈와 검출기가 독립적으로 구성되어 있는 형태다.

분광밴드의 구성

다중분광시스템의 밴드 수에 대한 구체적인 기준은 없지만, 일반적으로 10개 이내인 경우가 대부분이다. 다중분광시스템의 분광밴드 수는 파장영역과 밀접한 관계를 가진다. 표 4-3은 대표적인 위성 탑재 다중분광시스템의 파장영역과 분광밴드의 분포를 보여준다. 일반적으로 다중분광센서의 분광밴드 수는 감지하는 파장영역이 넓을수록 증가한다. 검출기를 비롯한 센서 제작 기술의 발달에 따라, 최근 개발되는 위성 탑재 다중분광시스템은 분광밴드의 파장폭이 좁아지고 밴드 수가 증가하는 추세를 보이고 있다.

표 4-3 위성 탑재 다중분광시스템의 파장영역과 분광밴드의 분포

파장영역	위성 탑재체	파장영역별 분광밴드 수							
		B	G	R	RE	NIR	SWIR	TIR	total
Visible, NIR	MSS		1	1		2			4
	SPOT-1 HRV		1	1		1			3
	IKONOS, Orbview	1	1	1		1			4
	KOMPSAT-2, 3	1	1	1		1			4
	SeaWiFS, GOCI	3	2	1		2			8
Visible, Red-Edge(RE), NIR, SWIR	RapidEye	1	1	1	1	1			5
	WorldView-2	2	2	2	1	1			8
	SPOT-4 HRVIR		1	1		1	1		4
	SPOT VEGETATION	1		1		1	1		4
	Sentinel-2	2	1	1	3	3	2		12
Visible, NIR, SWIR, TIR	Landsat-7 ETM+	1	1	1		1	2	1	7
	Landsat-8 OLI/TIRS	2	1	1		1	3	2	10
	AVHRR			1		1		3	5
	ASTER		1	1		1	6	5	14
	KOMPSAT-3A	1	1	1		1		1	5

가시광선 및 근적외선 영상을 촬영하는 다중분광센서는 보통 4개 내외의 분광밴드는 가지고 있다. 최초의 민간 원격탐사 위성인 Landsat-1호에 탑재되었던 MSS(Multi-Spectral Scanner)는 2개의 가시광선 밴드와 2개의 근적외선 밴드를 가지고 있었다. 초기 다중분광주사기는 대기산란이 많은 청색광 밴드를 제외하는 경우가 있었지만, 고해상도 상업용 위성을 비롯한 한국의 KOMPSAT-2호 및 3호 위성에 탑재된 전자광학센서는 공통적으로 가시광선 3개 밴드와 근적외선 1개 밴드를 가지고 있다. 이들 4개 밴드를 이용하면 자연색 영상과 컬러적외선 영상의 합성이 가능하다. 가시광선과 근적외선 영역의 다중분광센서에서 특이한 경우는 SeaWiFS 및 GOCI와 같은 해양센서로 분광밴드 수가 많다. 해색센서는 해수면의 엽록소 및 토사부유물 등에 민감하게 반응하는 좁은 파

장폭의 가시광선 밴드와 대기보정을 위한 근적외선 밴드가 필요하기 때문이다.

가시광선 및 근적외선의 경계 부분인 680~750nm 구간의 적색경계(red-edge) 밴드에서 식물의 특성과 관련된 정보 획득의 가능성이 부각되면서, 최근 적색경계밴드를 포함하는 다중분광센서가 증가하고 있다. 단파적외선 밴드는 주로 여러 지표물의 수분함량과 암석 및 토양의 특성에 민감한 파장영역으로 활용성이 점차 증가하고 있지만, 검출기 제작의 어려움과 고비용 문제로 초기 위성 탑재체에 포함되지 않았다. 그러나 최근에는 단파적외선 밴드를 포함하는 전자광학 탑재체가 증가하고 있다.

열적외선 영상센서는 가시광선 및 근적외선센서와 다른 종류의 검출기가 필요하며, 또한 정확한 영상신호 획득을 위하여 별도의 냉각장치가 필요하므로 제작이 어렵고 고비용이다. 따라서 열적외선 밴드를 포함한 다중분광센서의 개발 사례는 많지 않다. Landsat-4호 위성부터 탑재된 TM은 가시광선, 근적외선, 단파적외선, 열적외선 밴드를 모두 포함한 이례적인 다중분광센서로, 1982년부터 지금까지 지구 원격탐사에서 널리 활용되고 있다. 항공기 탑재 열적외선센서는 별도의 독립된 형태로 제작되지만, 위성 탑재용 열적외선센서는 별도로 개발되거나 또는 가시광선 및 다른 적외선 밴드와 함께 열적외선 밴드를 포함하는 다중분광센서의 형태로 제작되었다. 영상센서 제작 기술의 발달로 다중분광센서에서 촬영 가능한 파장영역이 늘어나고 있으며, 밴드의 파장폭을 좁혀 밴드 수를 늘리고 있다. 이러한 추세는 비교적 최근에 발사된 Landsat-8 및 SPOT-5 위성과 한국의 KOMPSAT-3A 위성에서도 찾아볼 수 있다.

다중분광센서의 분광밴드별 파장구간은 분리되어 있다. 예를 들어 녹색광 밴드의 파장구간이 0.52~0.60μm라면, 적색광 밴드의 파장구간은 연속하여 0.60μm에서 시작하지 않고 0.63~0.69μm로 두 밴드 사이에 간극이 있다. 다중분광센서와 비교하여 뒤에서 다룰 초분광시스템은 분광밴드의 파장구간이 연속적으로 이어져 있다. 다중분광시스템에서 분광밴드의 파장구간 결정은 두 가지 측면을 고려하여 결정한다. 분광밴드의 파장구간 결정을 위한 첫 번째 고려사항은 해당 밴드에서 얻을 수 있는 정보의 종류와 특성이다. 예를 들어 식물의 엽록소 농도가 주된 관심이라면, 엽록소 흡수에 민감한 0.45~0.47μm 및 0.65~0.68μm 구간의 분광밴드가 필요하다. 파장구간을 결정하는 두 번째 고려사항은 대기영향을 최대한 피하도록 한다. 광학스펙트럼에 해당하는 0.4~14.0μm 영역에는 대기수분, 이산화탄소, 산소에 의한 흡수구간이 존재한다. 대표적인 수분흡수밴드는 1.4μm 및 1.9μm 주변이며, 그 밖에도 근적외선에 소규모의 대기흡수밴드가 분포한다. Landsat TM 및 ETM+의 근적외선 밴드의 파장구간은 0.75~0.90μm이었지만, 0.825μm 주변의 소규모 대기수분 흡수밴드를 피하기 위하여 Landsat-8호 OLI는 근적외선 밴드의 파장구간을 0.845~0.885μm로 조정하였다.

분광반응함수

모든 다중분광센서는 각 분광밴드의 파장구간이 명시되어 있지만, 이 파장구간이 각 밴드의 검출기에서 감지하는 빛의 정확한 경계를 의미하지 않는다. 예를 들어 TM근적외선 밴드의 파장구간이 0.75~0.90μm로 되어 있는데, 이는 근적외선 밴드의 검출기가 명시된 파장구간을 벗어난 0.74μm 또는 0.91μm의 빛을 전혀 감지할 수 없다는 의미는 아니다. 분광밴드의 파장구간은 반치전폭(full width half maximum, FWHM)의 의미로 해석하는 경우가 있다. 반치전폭은 신호처리 및 천문학 등에서 스펙트럼 분석에 적용되는 개념으로서, 파장 또는 시간에 따른 신호의 폭을 나타내는 데 사용된다. 반치전폭의 의미는 그림 4-13에 보듯이 파장 또는 시간에 따른 함수 $f(\lambda)$의 최대값이 2일 경우, $\lambda 1$과 $\lambda 2$에서 $f(\lambda)$가 최대값의 절반인 1이 되므로, 반치전폭은 $\lambda 1 \sim \lambda 2$가 된다. 이를 분광밴드의 파장구간 개념으로 해석하면 x축은 파장이며 y축은 해당 검출기의 상대적인 감지능력이다. 예를 들어 근적외선 밴드의 파장구간인 0.75~0.90μm를 FWHM으로 표시하면, 파장구간의 중간인 0.825μm에서 최고의 감지능력을 가지며 0.75μm와 0.90μm의 감지능력은 반으로 감소한다는 의미다.

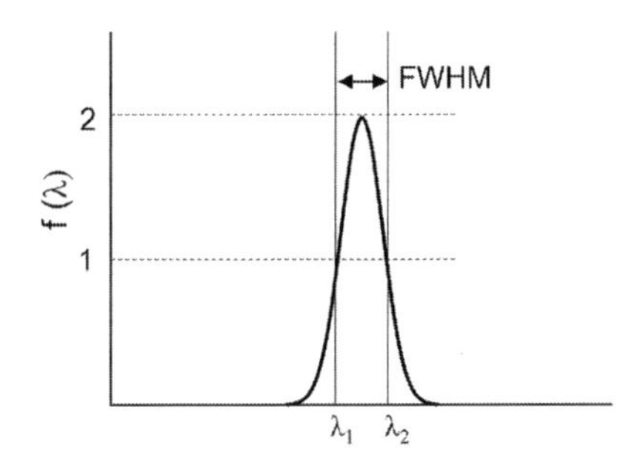

그림 4-13 분광밴드의 파장구간해석에 적용될 수 있는 반치전폭(FWHM)의 의미

그러나 다중분광밴드의 파장별 감지능력은 정규분포함수도 아니며, 최대 감지력을 갖는 파장이 반치전폭의 중심이 아닌 경우가 많다. 다중분광센서가 개발되면 모든 분광밴드별로 파장에 따른 감지능력의 분포를 보여주는 분광반응함수(spectral response Function, SRF)를 제공한다. 그림 4-14는 KOMPSAT-3A와 IKONOS의 4개 분광밴드(B, G, R, NIR)의 분광반응함수를 비교한다. 사양이 비슷한 두 센서의 분광반응함수가 일치하지 않는 이유는 각 센서에 사용된 검출기와 분광장치의 차이 때문이다. 이와 같이 동일한 파장구간의 분광밴드를 가진 이종센서에서 촬영된 영상의 신호는 SRF에 따라 다를 수 있기 때문에, 두 영상자료를 함께 사용할 때는 주의가 필요하다. 가령 KOMPSAT-3A와 IKONOS 영상을 함께 이용하여 지표물의 생물리적 인자와 관련된 정량적 변화

분석이 필요한 경우, 두 센서의 분광밴드에 기록된 영상신호를 서로 비교 가능한 복사량 또는 표면반사율로 환산해야 한다. 이종센서 간의 영상신호를 절대적인 비교가 가능한 복사휘도 또는 표면반사율로 환산하기 위해서는 각 밴드의 정확한 분광반응함수가 필요하다.

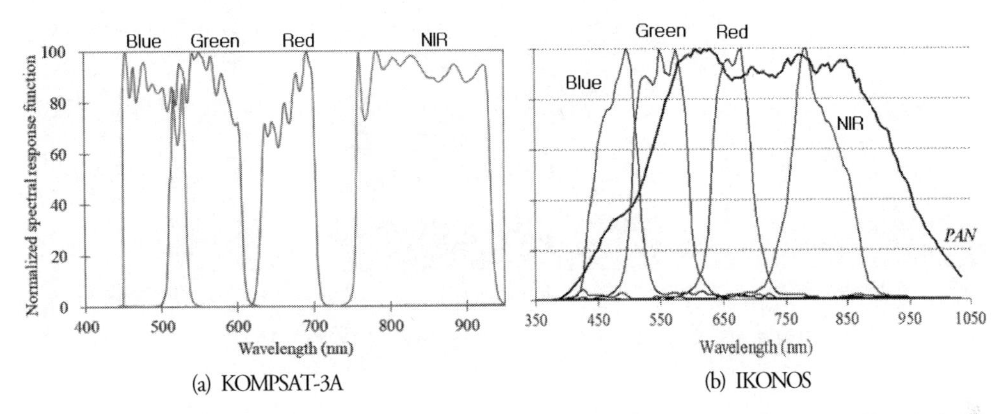

그림 4-14 분광밴드의 파장구간이 동일한 KOMPSAT-3A와 IKONOS의 밴드별 분광반응함수의 차이

4.5 전자광학영상의 해상도

전자광학영상의 기본적인 특징과 사양은 주로 해상도(resolution)로 설명한다. 해상도는 보통 공간해상도를 지칭하지만, 분광해상도(spectral resolution), 복사해상도(radiometric resolution), 시간해상도(temporal resolution) 역시 원격탐사영상의 특징을 나타내는 매우 중요한 척도다. 해상도(또는 해상력, 분해능)는 지상거리, 파장, 지표물의 복사량 또는 시간이 인접하거나 비슷한 신호값을 구분할 수 있는 능력을 나타내는 척도다. 특히 위성에서 촬영하는 전자광학영상은 네 종류의 해상도가 서로 밀접하게 관련되어 있기 때문에, 영상의 특성을 파악하기 위해서는 해상도 간의 관계를 이해하는 게 중요하다.

공간해상도

공간해상도(spatial resolution)는 영상에서 지표물을 인식하고 분류할 수 있는 기본 척도이며, 공간적으로 인접한 두 물체의 신호를 구분할 수 있는 최소거리를 말한다. 광학영상에서 공간해상도는 빛에너지를 감지하는 최소 단위 면적이며, 영상을 구성하는 최소 단위인 한 개 화소의 신호값을 생성하는 면적을 나타낸다. 그림 4-15는 인천지역 위성영상으로 공간해상도가 다른 세 종류의 영상의 차이를 보여준다. 공간해상도에 따라 구분할 수 있는 지표물의 형태와 종류가 달라진다.

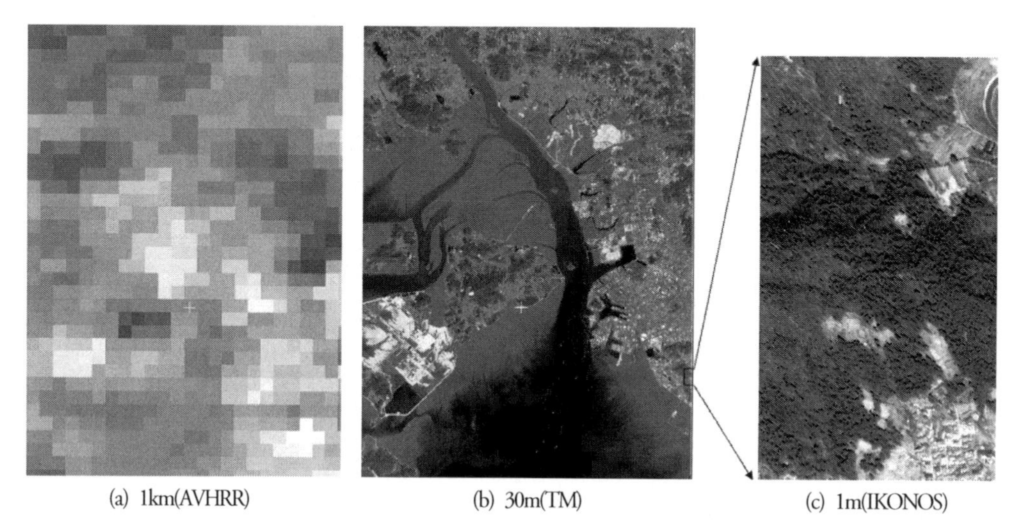

(a) 1km(AVHRR) (b) 30m(TM) (c) 1m(IKONOS)

그림 4-15 공간해상도가 다른 세 종류의 전자광학 위성영상의 비교

특히 공간해상도가 낮을수록 하나의 화소는 두 종류 이상의 지표물에서 반사된 신호가 합해진 혼합화소(mixed pixel)가 된다. 그림 4-15a의 AVHRR 영상은 1km 공간해상도를 보여주는데, 연안 지역임에도 불구하고 순수하게 바닷물에 해당하는 화소는 드물고, 선박, 갯벌, 부두시설, 육지 등에서 반사된 에너지가 혼합된 화소들이다. 반면에 그림 4-15c의 1m 고해상도 영상의 경우 산림에서 개체목의 수관까지 식별할 수 있을 정도로 세부적인 내용의 판독이 가능하다. 영상의 분광밴드 수가 같다면, 영상 자료의 크기는 공간해상도의 제곱에 비례하여 증가한다. 가령 3m의 공간해상도를 가진 영상은 30m 공간해상도 영상보다 자료량이 100배 크므로, 활용 목적에 필요한 적정 공간해상도의 영상을 선정하는 게 중요하다.

전자광학영상의 공간해상도는 항공기 또는 인공위성의 고도(H)와 검출기 하나의 순간시야각(instantaneous field of view, IFOV)에 따라서 결정된다.

$$D = H\beta \tag{4.1}$$

여기서 D = 공간해상도
H = 비행고도, 궤도 높이
β = 순간시야각 IFOV(radian)

순간시야각 IFOV는 하나의 검출기가 해상 공간을 관측하는 각도로서, 광학계의 지름 및 초점거리와 검출기의 크기에 따라 결정된다. 앞의 그림 4-8 및 4-11의 선주사기에서 하나의 화소를 관측하는 순간시야각 β를 볼 수 있다. 높은 공간해상도를 얻기 위해서는 IFOV를 작게 하거나 비행고도를 낮추어야 한다. 현재 30cm급의 고해상도 위성영상을 촬영하는 WorldView-4호 위성의 고도가 681km이므로, 검출기 한 개의 IFOV는 약 0.44μrad로 아주 좁은 각으로 촬영한다. 이와 같이 IFOV가 작은 고해상도 영상은 매우 좁은 지표면에서 반사되는 최소량의 빛에너지를 감지하여 영상신호를 생성하기 때문에 신호에 포함된 잡음의 비중이 클 수 있다. 고해상도 위성영상의 촬영폭(swath)은 대부분 15km 미만이고 연직 방향에서 크게 벗어나지 않게 촬영하므로, 한 줄의 주사선(scan line)에 포함된 화소들의 공간해상도는 큰 차이가 없다.

그러나 넓은 촬영폭으로 지구 전역을 하루에 촬영하는 AVHRR 또는 MODIS와 같은 저해상도 전자광학영상센서는 시야각(FOV)이 크기 때문에, 연직선에서 벗어날수록 공간해상도가 낮아진다. 그림 4-16에서 보듯이 궤도아래 연직인 부분의 공간해상도는 D이지만, 촬영각이 연직선에서 θ만큼 벗어난 지점의 고도는 $H\sec\theta$만큼 길어지므로 D'는 $\sec\theta$만큼 커진다. 예를 들어 약 830km 높이의 궤도에서 촬영하는 AVHRR은 연직선을 중심으로 좌우로 55°씩 스캔하는 횡주사기인데, 궤도 연직선 부분에서의 공간해상도는 1.1km지만, 연직선에서 55° 벗어난 가장자리의 공간해상도는 sec55°만큼 낮아져서 1.9km가 된다. 해양 및 대기 관측을 위한 전자광학센서는 IFOV를 크게 하여 공간해상도를 낮추는 대신에, FOV를 크게 하여 넓은 촬영폭으로 지구 전역을 하루에 촬영할 수 있다. 대기 및 해양영상의 1.1km 공간해상도는 대기 및 해양의 공간적 변이를 관측하기에 충분한 공간해상도라고 할 수 있다. 저해상도 영상은 넓은 면적에서 반사한 에너지양이 충분하기 때문에 잡음의 비율이 상대적으로 낮은 양질의 영상신호를 얻을 수 있다. 해양 및 대기 관측용 다중분광센서는 공간해상도를 희생하는 대신 양질의 영상신호를 얻는 방향으로 개발되었다.

전자광학영상의 공간해상도 D는 하나의 영상신호를 얻는 최소 면적으로 센서의 고도 H와 순간시야각 β에 의하여 결정되지만, 영상신호를 얻는 지상검출간격(ground sample distance, GSD)과는 약간의 차이가 있다. 그림 4-17은 공간해상도 D와 지상검출간격 GSD의 차이를 보여주고 있는데, 공간해상도는 D를 지름으로 하는 원형으로 인접 해상공간과 어느 정도 중첩된다. 따라서 중첩된 부분을 제외하고 화소별 신호가 얻어지는 간격 GSD는 D보다 짧다. Landsat TM의 공간해상도는 30m로 알려져 있지만, 영상자료에서 화소의 간격이 28.5m로 등록된 경우가 있는데, 이는 D와 GSD의 차이 때문이다. 그러나 현재 대부분 종주사 형태의 다중분광영상에서는 공간해상도 D와 지상표본간격 GSD가 구분 없이 동일한 의미로 사용된다. 영상의 최소 단위인 화소의 크기는 GSD로 표시할 수 있고, 이는 검출기가 영상신호를 얻은 지상 간격을 말한다. 나중에 영상처리 과정을 통하여 화소의 크기는 분석자가 임의로 조정할 수 있으며, 이 경우 화소의 크기는 GSD가 아니라 편의에 따라서 영상의 크기를 조절한 결과이므로 GSD와 구분하여 사용해야 한다.

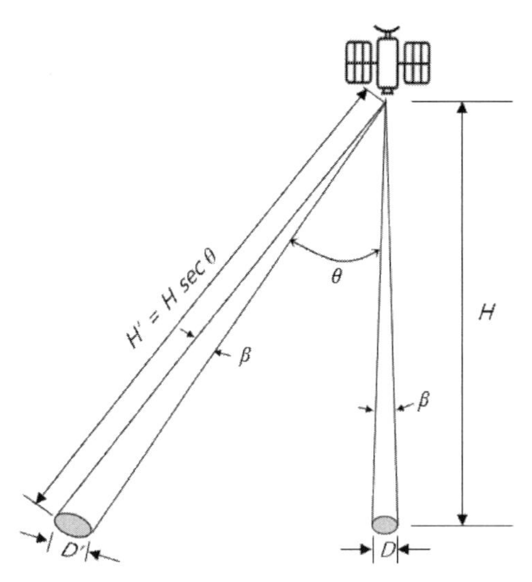

그림 4-16 전자광학영상에서 공간해상도를 결정하는 고도 H와 순간시야각(IFOV) β

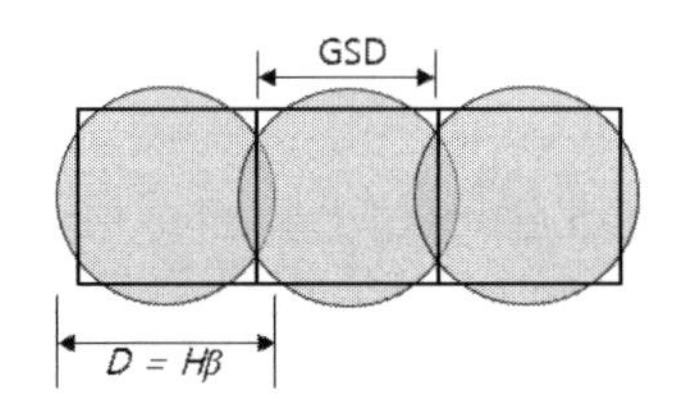

그림 4-17 전자광학센서의 공간해상도 D와 지상검출간격(GSD)의 관계

전자광학영상의 공간해상도는 D와 GSD로 표시할 수 있지만, 이것만으로 영상의 공간해상도를 충분히 설명하기 부족하다. 예를 들어 같은 공간해상도를 갖는 영상이라도 경계선 부분의 번짐 현상(blurring)이나 영상에 포함된 잡음의 정도는 센서의 정밀도 및 촬영 환경에 따라 다르게 나타난다. 영상의 공간해상도를 표시하는 D와 GSD의 한계를 보완하고자 변조전달함수(Modulation Transfer Function, MTF)와 같은 다른 척도를 함께 사용하기도 한다. MTF는 지표물의 실제 밝기값이 영상에서 구현된 정도를 퍼센트로 나타내는데, MTF는 일반적으로 흑백이 교차하는 줄무늬 표본을 지표면에 설치한 후 이를 촬영하여 영상에 나타나는 결과를 비교하여 측정한다. 어떠한 영상이라도 실제 지표물의 밝기값의 차이를 그대로 재현할 수 없기 때문에, 영상에 보이는 흑백 줄무늬의 선명도를 표현하는 척도로 MTF를 사용한다.

그림 4-18은 두 개의 가상 흑백 지표물을 촬영하였을 때, 영상에서 흑백 지표물의 명암 대비를 구현하는 정도를 변조전달(MT)의 개념으로 보여준다. 아래 그래프의 y축은 흑백줄무늬의 실제 밝기값과 영상에서 변조된 밝기값 비율(%)이며, x축은 영상에 나타나는 단위거리당 줄무늬 쌍을

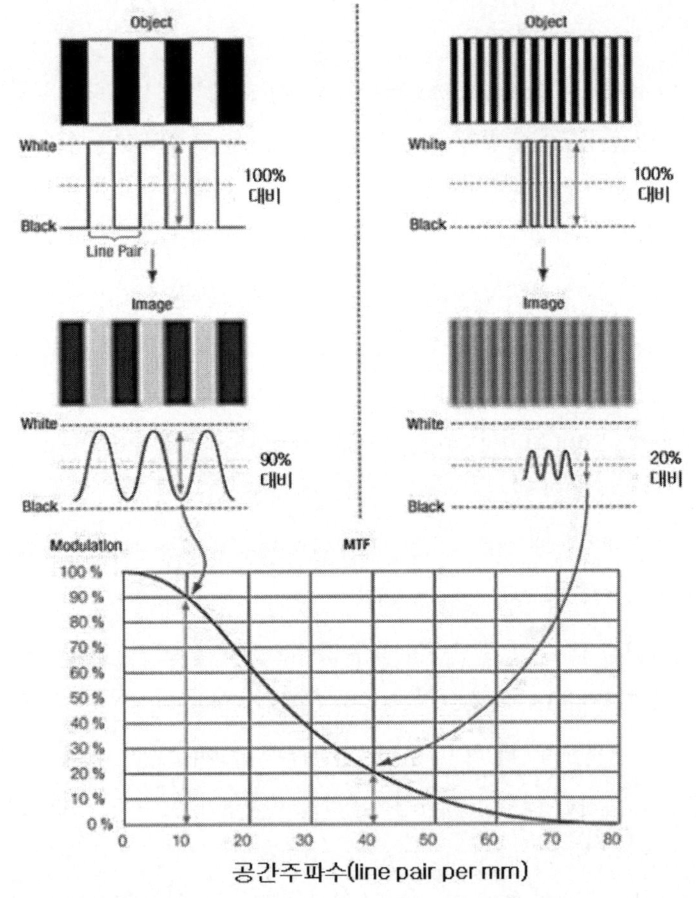

그림 4-18 광학영상의 공간해상도 척도로 사용되는 변조전달함수(MTF)의 개념

나타내는 공간주파수(line pair per mm)다. x축의 공간주파수가 증가할수록 y축의 밝기값 범위가 감소한다. 흑백줄무늬 간격이 넓은 낮은 공간주파수(10 lp/mm) 영역은 영상에서 흑백의 차이가 실제와 근접한 90% 대비로 재현되었다. 영상에서 흑백줄무늬의 간격이 조밀하면 공간주파수가 증가하는데, 고주파수영역의 흑백줄무늬는 영상에서 선명하게 재현되지 못하므로 결과적으로 낮은 MT를 가진다. 높은 공간주파수(40 lp/mm) 영역은 영상에서 흑백의 차이가 실제보다 낮은 20%로 나타났다. MTF를 이용한 공간해상도 표시는 필름을 이용한 항공사진에서 빈번하게 적용되었으나, 전자광학영상에서도 공간해상도를 나타내는 척도로 사용되고 있다. 위성 탑재 다중분광영상의 MTF는 분광밴드별로 다르게 표시하며, 그래프와 같이 공간주파수에 대한 MTF 곡선으로 표시하거나, 특정 공간주파수에서 명암 대비가 변조된 퍼센트로 표시하기도 한다.

분광해상도

전자광학영상의 분광해상도(spectral resolution)는 인접한 파장에서 나타나는 분광특성의 미세한 차이를 구분할 수 있는 척도를 말한다. 지구 표면의 물체들은 고유의 분광특성을 가지고 있으며, 매우 좁은 파장구간에서 반사 또는 흡수특징을 가지고 있는 경우도 있다. 좁은 파장구간에서 나타나는 분광특성을 관찰하기 위해서는 밴드폭이 좁은 높은 분광해상도가 필요하다. 그림 4-19는 분광해상도의 차이를 설명하기 위한 예를 보여주는데, 분광반사율이 다른 물체 A와 B가 파장폭($\Delta\lambda$)이 다른 세 개의 분광밴드(Band 1, 2, 3)에서 나타나는 신호의 차이를 볼 수 있다. 먼저 파장구간이 $\lambda 1$부터 $\lambda 2$까지인 Band 1 영상에서는 비록 A와 B의 분광반사율이 다르지만, 밴드의 파장구간에서 반사되는 에너지의 총량은 거의 같기 때문에 두 물체의 구분이 어렵다. 반면에 파장구간을 $\lambda 1$부터 $\lambda 3$로 좁힌 Band 2에서 감지된 에너지의 총량은 B가 A보다 크기 때문에 두 물체를 구분할 수 있다. 또한 파장폭이 $\lambda 4$부터 $\lambda 2$까지 구간의 Band 3 영상에서는 A가 B보다 높은 신호를 가지므로, 역시 두 물체를 구분할 수 있다.

그림 4-19의 Band 2와 3과 같이 밴드폭이 좁은 영상을 분광해상도가 높다고 한다. 전자광학센서에서 분광밴드의 파장폭($\Delta\lambda$)이 좁으면 당연히 분광밴드의 수가 늘어난다. 대략 400nm에서 700nm의 가시광선을 감지하는 사람의 눈이나 디지털카메라는 파장폭이 100nm인 청색광, 녹색광, 적색광의 세 개 밴드를 가진 센서다. 가시광선 영역에서 밴드별 파장폭을 10nm로 좁히면 30개 밴드의 영상을 얻을 수 있다.

분광해상도를 나타내는 다른 기준으로 센서가 감지하는 파장영역이 있다. TM 영상은 비록 7개 분광밴드를 가지고 있지만, 가시광선을 비롯하여 근적외선, 단파적외선, 열적외선 영역에서 모두 영상을 촬영한다. 반면에 SeaWiFS 해색센서는 비록 파장폭이 좁은 8개 분광밴드를 가지고 있지만,

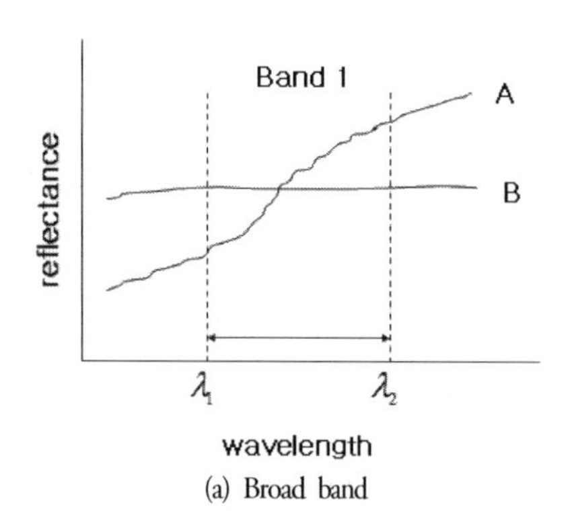

(a) Broad band

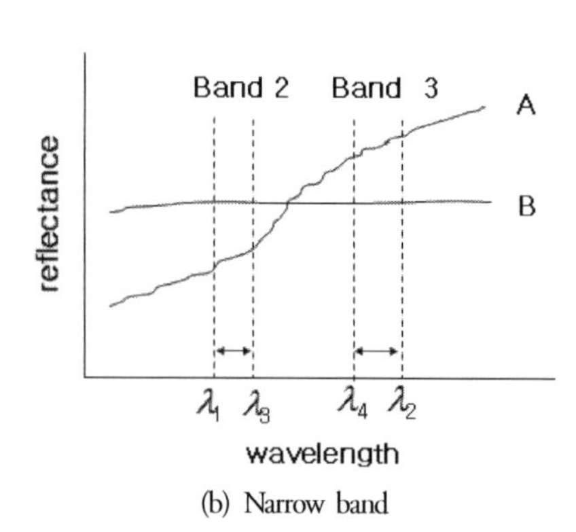

(b) Narrow band

그림 4-19 분광해상도의 차이에 따라 영상에서 나타나는 물체 A와 B의 신호값 차이: 파장폭이 넓은 밴드 1(a), 파장폭이 좁은 밴드 2 및 밴드 3(b)

가시광선과 근적외선 영상만을 얻을 수 있으므로 TM 영상보다 분광해상도가 높다고 할 수 없다.

분광해상도가 강조된 전자광학영상으로 초분광영상이 있다. 다중분광영상과 비교하여 훨씬 많은 100개 이상의 분광밴드를 가지며, 당연히 밴드별 파장폭도 매우 좁다. 분광해상도가 높은 영상은 좁은 파장구간에서 나타나는 미세한 반사율의 차이를 이용한다. 해색센서인 SeaWiFS의 영상은 바닷물에 함유된 식물성 프랑크톤, 토사부유물, 기타 유기물 및 무기물의 함량에 따라 반사율의 차이가 민감하게 나타나는 특정 가시광선 구간을 좁은 파장폭으로 세분화했기 때문에, 가시광선 파장영역에서 분광해상도가 높다고 할 수 있다.

복사해상도

복사해상도(radiometric resolution)는 영상 신호값의 범위를 나타내며, 단위 해상 공간에서 반사 또는 방출된 빛에너지를 세분하여 감지할 수 있는 민감도를 표시하는 척도다. 영상 신호를 세분하여 기록할 수 있으면, 반사율이 미세하게 차이나는 물체를 구분할 수 있다. 예를 들어, 소나무와 전나무의 잎은 색이나 명암에 큰 차이가 없지만, 근적외선 또는 단파적외선 밴드에서 미세한 반사율의 차이가 있을 수 있다. 이와 같이 육안으로 식별이 어려운 미세한 반사 신호의 차이를 구분하기 위해서는 검출기에서 감지한 전자기에너지를 최대한 세분화하여 기록할 수 있는 높은 복사해상도가 필요하다.

그림 4-20은 영상신호의 세분화 정도가 1bit, 3bit, 6bit인 세 영상을 비교한다. 화소의 값을 0과 1로 기록한 1bit 영상은 대략적인 지표물의 분포를 구분할 수 있을 뿐이다. 화소의 값을 8가지로 표시한 3bit 영상에서는 대략적인 토지피복과 주택의 지붕 형태를 구분할 수 있지만, 세부적인 지표 상태를 구분하기 어렵다. 화소값을 64가지로 표시한 6bit 영상에서는 3bit 영상에서 구분하기 어려운 세부적인 명암의 차이가 있는 지점을 볼 수 있다. 사람의 눈으로 식별할 수 있는 명암의

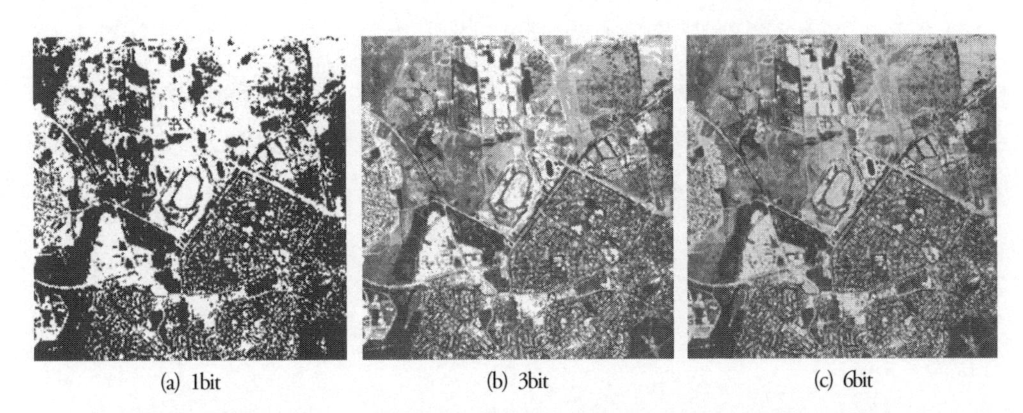

(a) 1bit (b) 3bit (c) 6bit

그림 4-20 영상신호의 세분화 정도를 나타내는 복사해상도의 차이를 보여주는 영상 비교

정도는 고작 스무 가지 내외에 불과하므로, 과거 필름 항공사진에서는 복사해상도의 중요성이 크게 강조되지 않았다. 그러나 디지털 영상에서 화소의 값은 숫자(digital number, DN)로 표시되며, 비록 육안으로는 구분이 어려운 명암이라도 컴퓨터는 미세한 밝기값의 차이를 구분할 수 있다. 원격탐사영상에서 추출하고자 하는 정보의 많은 부분이 육안 분석으로는 불가능한 미세한 분광 특성의 차이를 이용하므로 복사해상도의 가치는 더욱 중요하다.

전자광학영상의 복사해상도는 흔히 화소의 밝기값 범위를 표시하므로 화소깊이(pixel depth)라고도 한다. 초기 지구관측위성인 Landsat-1의 MSS영상의 복사해상도는 6bit이었으나, 이후 TM영상부터는 8bit의 복사해상도를 가졌다. 현재 전자광학영상의 복사해상도는 대부분은 10～12bit 이상으로 영상신호를 충분히 세분화할 수 있을 만큼 센서의 성능이 개선되었다.

해양 및 대기 관측을 위한 다중분광영상은 특히 복사해상도가 중요한 역할을 한다. 해양 원격탐사에서 주된 관측 대상은 해수면의 색과 온도 등이 있다. 해색센서의 주요 관측 대상은 해수면의 엽록소 농도인데, 전 지구 해수면에서 엽록소 함량에 따른 복사휘도의 차이는 크지 않다. 따라서 엽록소 농도의 변이에 따라 해수면에서 반사되는 복사에너지의 차이를 정밀하게 관측하기 위해서는 높은 복사해상도가 요구된다. 육상관측이 주된 목적이었던 초기 Landsat 위성영상의 복사해상도가 6～8bit이었지만, 거의 같은 시기에 운영했던 해양 관측 목적의 AVHRR 영상은 10bit의 높은 복사해상도를 가졌다.

복사해상도를 높이기 위해서는 검출기에서 감지하는 전자기에너지양이 충분해야 하며, 잡음의 비율이 낮아야 한다. 영상신호에 포함된 잡음의 비율을 신호 대 잡음비(signal-to-noise ratio, SNR)라고 하며, SNR은 영상의 복사해상도와 직접 연관된다. 육안의 명암 식별 능력의 한계를 감안하면 단순한 판독을 목적으로 하는 영상의 복사해상도는 중요하지 않다. 그러나 전자광학영상의 활용이 점차 지표물의 생물리적 특성과 관련된 정량적 정보 추출에 치중하기 때문에 과거에 비하여 SNR이 높은 영상을 필요로 한다.

SNR은 검출기에서 감지된 복사휘도에 비례하여 발생한 전기신호(P_s)와 잡음에 의한 전기신호(P_n)의 비율이다. 영상에 포함된 잡음은 센서 및 신호처리 과정에서 무작위로 발생하는 잡음과 온도의 변화에 따라 발생하는 잡음이 합해진 결과다. SNR을 높게 하려면 검출기에서 감지되는 전자기에너지양이 최대한 많아야 한다.

$$SNR = \frac{P_s(\lambda)}{P_n(\lambda)} = f(\beta, \Delta\lambda, \Delta t) \tag{4.2}$$

전자광학영상의 SNR은 지표물의 복사휘도(L)와 센서의 해상도에 따라 결정된다. 지표물에서 반사 또는 방출되는 복사휘도(L)는 직접 제어할 수 없다. 해양 영상은 주로 복사휘도가 낮은 수면을 관측하므로, SNR을 향상시키기 위해서는 센서의 촬영조건을 육상과 다르게 설정해야 한다. SNR은 순간시야각(IFOV) β, 밴드의 파장폭 $\Delta\lambda$, 검출기 감지시간 Δt에 비례한다. 즉 높은 SNR을 얻기 위해서는 β를 크게 하여 넓은 면적에서 충분한 에너지를 수집해야 하며, 파장폭 $\Delta\lambda$를 넓게 하여 충분한 양의 빛이 검출기에 입사되도록 분광해상도를 떨어뜨리거나, 검출기의 감지시간을 길게 해야 한다. 검출기의 감지시간 Δt는 이미 종주사 방식이 횡주사 방식보다 월등히 길어졌지만, 나머지 β와$\Delta\lambda$를 모두 충족하는 영상을 얻는 데는 현실적으로 어려움이 있다.

영상신호의 품질을 나타내는 최소 SNR을 미리 설정하고 이에 준하는 복사해상도가 결정되면, 나머지 공간해상도와 분광해상도 사이에는 상충(trade-off) 효과가 발생한다. 즉 미리 설정한 복사해상도 조건을 만족하기 위해서는, 하나의 해상도를 높이려면 다른 해상도를 희생해야 한다. 주어진 SNR 조건에서 공간해상도를 높게 하려면 β를 낮게 설정해야 하는데, 그럴 경우 감소하는 SNR에 상응하는 만큼 분광해상도를 희생하여 파장폭 $\Delta\lambda$를 넓게 하여 입사되는 광량을 증가시켜야 한다. 반대로 여러 분광밴드에서 영상을 얻기 위해서는 파장폭 $\Delta\lambda$를 좁게 해야 하는데, 그러기 위해서는 보다 넓은 면적에서 빛에너지를 수집해야 하므로 β를 크게 하여 공간해상도를 희생하여야 한다.

현재 위성 탑재 다중분광센서의 대부분은 이러한 해상도 상충효과를 감안하여, 공간해상도와 분광밴드가 다른 촬영모드를 병용하고 있다. 공간해상도와 분광해상도 조합을 다르게 시도한 첫 번째 사례로서, SPOT-1호 위성의 HRV 센서를 꼽을 수 있다. HRV 위성영상은 모두 4개 분광밴드로 촬영되는데, 컬러영상을 얻기 위한 다중분광영상은 3개 분광밴드에서 20m 공간해상도로 촬영하며, 10m 고해상도 영상을 얻기 위해서는 파장폭이 넓은 전정색 밴드를 이용하여 분광해상도를 낮추었다. 이러한 조합은 이후 많은 다중분광센서에서 널리 채택한 촬영 방식이다.

표 4-4는 한국의 KOMPSAT-3 위성과 상업위성에 탑재된 고해상도 다중분광센서의 분광밴드 구성과 공간해상도를 보여준다. 고해상도 전자광학센서는 공통적으로 공간해상도가 높은 한 개의 전정색 밴드와 공간해상도는 다소 낮지만 파장폭을 좁게 한 4개의 분광밴드로 구성되었다. KOMPSAT-3A 전자광학센서는 55cm의 고해상도 영상을 얻기 위해서는 파장폭이 0.45μm인 전정색 밴드로 촬영한다. 그러나 자연색 및 적외선 컬러영상을 얻기 위해서는 파장폭이 0.07~0.14μm로 좁혀진 4개의 다중분광밴드가 필요하지만, 공간해상도는 2.2m로 낮추어야 한다. 이와 같이 두 가지 촬영 모드에서 분광밴드와 공간해상도를 다르게 촬영하는 이유는 바로 위에서 설명한 해상도의 상충효과 때문이다. 영상의 품질을 유지하기 위한 최소 기준인 SNR과 복사해상도를 만족하기 위하여, 전정색영상은 높은 공간해상도를 얻는 대신 분광해상도를 희생했고, 4개 분광밴드 영상을 얻는 대신 공간해상도를 희생한 결과다.

표 4-4 적정 SNR 및 복사해상도를 만족하기 위하여 공간해상도와 분광해상도의 상충효과를 감안한 고해상도 전자광학영상센서의 촬영모드

위성 센서	촬영모드	공간해상도	분광밴드(μm)
IKONOS	Panchromatic mode	1m	Panchromatic(0.45~0.90)
	Multispectral mode	4m	Blue(0.45~0.52) Green(0.52~0.60) Red(0.63~0.69) NIR(0.76~0.90)
Quickbird	Panchromatic mode	0.61m	Panchromatic(0.50~0.90)
	Multispectral mode	2.4m	Blue(0.45~0.52) Green(0.52~0.60) Red(0.63~0.69) NIR(0.76~0.90)
KOMPSAT-3A AEISS-A	Panchromatic mode	0.55m	Panchromatic(0.45~0.90)
	Multispectral mode	2.2m	Blue(0.45~0.52) Green(0.52~0.60) Red(0.63~0.69) NIR(0.76~0.90)

물론 센서 및 검출기 기술의 발달로 55cm 공간해상도를 갖는 4개 다중분광밴드 영상을 얻을 수 있는 전자광학센서의 개발이 가능하다. 그러나 이렇게 통합된 센서 구조를 채택한다면, 촬영모드가 구분된 센서보다 제작비용이 높아지고 자료량이 증가하여 전송 및 수신처리에 어려움이 있을 수 있다. 사용자 입장에서는 당연히 좋은 공간해상도의 다중분광밴드 영상을 선호하므로, 이러한 사용자의 요구를 충족하기 위하여 두 가지 촬영모드로 얻어진 고해상도 전정색영상과 저해상도 다중분광영상을 합성하여, 고해상도 컬러영상을 제작한다. 이러한 영상합성 기법은 7장 영상처리에서 다룬다.

4.6 시간해상도와 인공위성의 궤도주기

전자광학영상의 특징을 설명하는 척도로서 이미 설명한 공간해상도, 분광해상도, 복사해상도 외에 시간해상도(temporal resolution)가 있다. 시간해상도는 동일 지역에 대하여 시기별로 차이가 있는 영상신호를 구분할 수 있는 척도이므로, 같은 지역을 반복하여 촬영할 수 있는 시간 간격을 의미한다. 영상이 필요할 때마다 비행기를 띄워야 하는 항공영상은 시간해상도 개념을 적용하기가 모호하다. 시간해상도는 주로 위성영상에 적용되며, 촬영주기 또는 재방문주기(revisiting cycle) 등의 용어를 함께 사용한다.

지구관측위성이 빠르게 증가하고 있으며 위성 탑재센서의 성능이 개선되고 있기 때문에, 특정 지역에 대한 촬영주기 또한 짧아지고 있다. 지구온난화로 인한 환경 변화와 홍수, 산불, 가뭄, 지진 등의 재해 재난을 적기에 탐지하고 모니터링하기 위해서는 위성영상의 적기 촬영능력이 중요하다. 재해 재난 관측뿐만 아니라 농지, 산림, 도시에서 단시간에 발생하는 자연적 및 인위적 변화를 관측하기 위하여 현시성을 갖춘 영상자료의 요구가 높아지고 있다. 본 장에서는 위성영상의 시간해상도와 관련된 인공위성의 궤도 특성과 촬영주기를 다룬다.

인공위성의 궤도

인공위성이 지구 주위를 회전하는 궤도는 크게 두 가지로 나눌 수 있다. 정지궤도(geostationary orbit)는 지구와 같이 움직인다는 의미에서 지구동기궤도(geo-synchronous orbit)라고도 한다. 정지궤도 위성은 지구의 자전과 동일한 속도로 궤도를 돌기 때문에, 지구에서 바라볼 때 인공위성이 항상 동일한 위치에 정지되어 있으므로 정지궤도라고 한다(그림 4-21). 정지궤도는 지구의 적도 상공 약 36000km 높이의 궤도에서 지구 자전과 같은 방향으로 동일한 각속도로 회전한다.

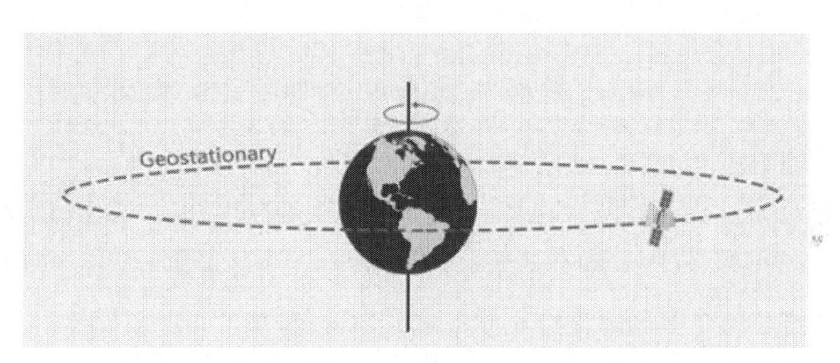

그림 4-21 정지궤도(geostationary orbit) 또는 지구동기궤도의 위성

정지궤도는 주로 기상위성과 통신위성에서 사용한다. 기상위성도 넓은 의미에서 지구관측위성이라고 할 수 있지만, 관측 대상이 최대 반구 지역으로 한정되어 있고 상대적으로 저해상도 영상이므로 기상 관련 활용에 국한된다. 기상위성은 36000km 거리에서 지구를 관측하므로 이론적으로 지구 표면의 반에 해당하는 넓은 지역을 촬영할 수 있다. 그림 4-22a는 한국 COMS 위성(천리안-1)에 탑재된 기상센서(Meteorological Imager, MI)에서 촬영한 영상으로, 한반도 중심을 지나는 동경 128°와 적도를 중심으로 지구의 반을 포함한다. 비록 지구 반을 촬영한 영상이지만, 영상의 가장자리 부분은 심한 곡률로 인한 기하왜곡으로 실제로 지구 표면의 약 20~30%에 해당하는 지역만을 사용한다. 따라서 위성의 중심 위치를 달리하는 5~6기의 기상위성을 운영하면, 지구 표면 전

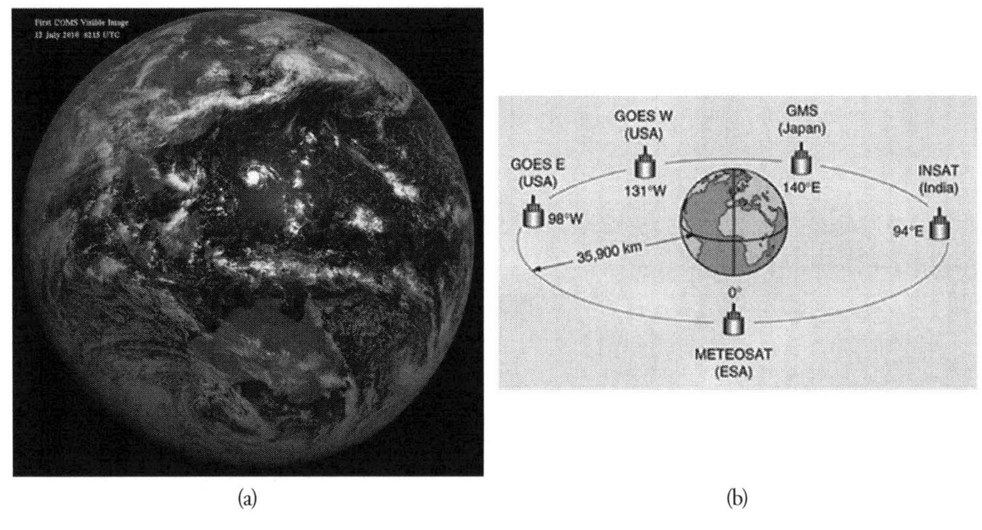

그림 4-22 정지궤도위성(천리안-1)에서 촬영된 반구 영상(a)과 세계 주요 기상위성의 위치(b)

체의 영상 획득이 가능하다. 그림 4-22b는 현재 정지궤도에 있는 주요 기상위성의 위치를 나타내는데, 대부분의 기상위성에서 촬영된 영상자료는 모든 국가에서 제한 없이 자유롭게 활용할 수 있다.

통신위성 역시 정지궤도를 이용하는데, 통신위성은 전파의 직접적인 이동이 어려운 지리적 또는 지형적 한계를 벗어나 전파 전달의 중계 역할을 한다. 정지궤도의 특정 위치에 고정되므로, 지상의 송신국 또는 다른 위성에서 전달되는 전파를 수신하여 넓은 지역을 대상으로 직접 송신할 수 있다. 좁은 의미의 지구 원격탐사 위성은 정지궤도를 이용하지 않았지만, 최근 한국에서 발사한 천리안 위성은 정지궤도에서 한반도 주변 해역 및 동아시아 지역의 대기환경을 자주 관측할 목적으로 개발된 GOCI와 GEMS(Geostationary Environment Monitoring Spectrometer)를 탑재하여 높은 시간해상도가 필요한 영상을 촬영하고 있다.

지구관측 위성의 대부분은 북극과 남극을 축으로 지구 자전에 수직 방향으로 회전하는 극궤도(near-polar orbit)를 채택하고 있다(그림 4-23). 궤도가 적도를 교차하는 각도와 궤도간격을 조절하면 극궤도 축의 움직임이 태양의 회전속도와 같아지게 된다. 따라서 극궤도위성은 태양처럼 매일 동일 지점을 동일한 지역 시간에 통과하게 되므로 태양동기궤도(sun-synchronous orbits)라고도 한다.

태양동기궤도는 지구관측에 적합한 여러 조건을 갖추고 있기 때문에, 대부분의 원격탐사 위성은 극궤도를 채택하고 있다. 태양동기궤도는 위성이 매일 같은 지역 시간에 통과하여 유사한 광조건으로 촬영할 수 있으므로, 영상 간 비교에 유리하다. 그러나 태양 각도는 지구상 위치에 따라

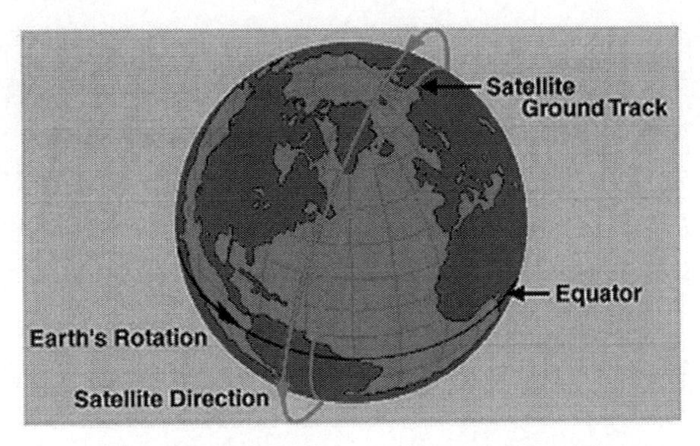

그림 4-23 극궤도(polar orbit) 또는 태양동기궤도

약간씩 차이가 있으며 또한 계절적으로 변하므로 모든 영상의 광 조건이 항상 일정하지 않다. 극궤도위성은 지구의 자전에 따라 각 궤도마다 다른 지역을 통과하므로, 하나의 위성으로 지구 전역을 촬영할 수 있다. 극궤도위성의 궤도 높이가 대부분 1000km 이하의 저궤도이므로, 정지궤도위성보다 높은 공간해상도의 영상을 얻을 수 있다. 태양동기궤도위성은 위성 하나로 지구 전역을 촬영할 수 있지만, 매일 궤도가 일치하지 않기 때문에 동일 지역을 매일 촬영하기는 쉽지 않다. 극궤도 지구관측위성에서 동일 지역을 반복하여 촬영할 수 있는 시간해상도는 영상의 촬영폭, 공간해상도, 궤도 높이 등에 따라 결정된다.

육상 관측을 주목적으로 개발된 지구관측위성은 대부분 매일 궤도가 해당 지역시간으로 오전 10시에서 11시 사이에 통과하도록 설정되었다. 오전을 촬영 시간으로 설정한 이유는, 그림자의 영향을 최소화하고 대기 상태가 비교적 깨끗한 시점의 선명한 영상을 얻기 위함이다. 영상에서 지형이나 건축물에 의한 그림자 영향이 가장 적은 시간은 태양고도각이 가장 높은 정오 무렵이지만, 이 시간은 인간의 활동이 시작되어 에어로졸의 농도가 증가하므로 상대적으로 산란의 영향을 많이 받는다. 에어로졸 산란이 가장 적은 깨끗한 영상을 얻으려면 인간 활동이 시작되기 전인 이른 아침이 적합할 수 있지만, 이 시간은 태양 고도가 낮기 때문에 그림자의 영향이 크다.

위성영상의 촬영주기

원형궤도를 도는 인공위성의 주기를 구하기 위해서는 먼저 인공위성의 속도를 산출해야 한다. 인공위성의 속도는 몇 가지 간단한 물리 법칙에 의하여 구할 수 있다. 그림 4-24는 지구가 완전한 구형이라 가정하고, 궤도의 높이가 H인 원형궤도에서 인공위성의 속도를 구하기 위한 여러 요소를 보여준다.

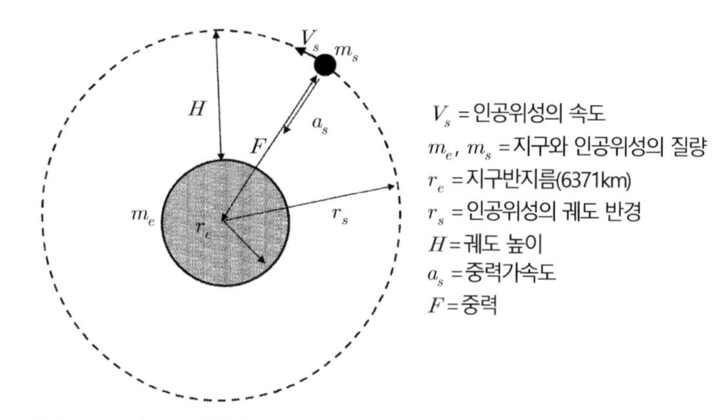

그림 4-24 지구상 원형궤도에서 위성의 궤도주기 산출을 위한 요소

먼저 지구와 인공위성이 서로 당기는 힘 F는 뉴턴의 만유인력 법칙에 의하여 다음과 같이 구할 수 있는데, 두 물체의 질량의 곱에 비례하고 거리의 제곱에 반비례한다.

$$F = G\frac{m_e m_s}{r_s^2} \tag{4.3}$$

여기서 G(중력상수) = 6.674×10^{-11} m³/(kg sec²)

m_e(지구 중량) = 5.972×10^{24} kg

두 번째로 인공위성에 작용하는 힘 F는 뉴턴의 운동 제2법칙에 의하여 위성의 질량과 가속도로 다음과 같다.

$$F = m_s a_s \tag{4.4}$$

인공위성에 작용하는 힘 F는 지구에서 인공위성을 당기는 중력, 즉 식(4.3)의 F와 동일하므로, 이를 정리하면 다음과 같다.

$$a_s = G\frac{m_e}{r_s^2} \tag{4.5}$$

중력가속도 a_s는 반지름이 r_s인 원에서 속도 V_s로 회전하는 물체가 중심으로 향한 구심력과 같으므로 다음과 같이 정리할 수 있다.

$$a_s = \frac{V_s^2}{r_s} \tag{4.6}$$

식(4.6)에 식(4.5)를 대입하면 인공위성의 속도 V_s는 다음 식과 같이 정리된다.

$$V_s = \sqrt{a_s r_s} = \sqrt{G\frac{m_e}{r_s^2} r_s} = \sqrt{G\frac{m_e}{r_e + H}} \tag{4.7}$$

결국 반지름 r_s인 원형궤도를 유지하기 위한 인공위성의 속도 V_s는 궤도 높이 H에 반비례한다. 지구의 질량, 지구 반지름, 중력계수가 상수이므로, 인공위성의 속도는 궤도 높이 H에 의하여 결정된다. 극궤도 지구관측위성의 회전속도는 궤도가 높은 정지궤도위성보다 빠르다.

궤도 높이 H가 705km인 Landsat-5호 위성의 궤도주기를 산출하여 이를 토대로 지구관측위성의 촬영주기를 구하는 과정을 설명하고자 한다. 물론 다음의 계산 과정은 지구를 반지름이 6371km인 완전한 구의 형태로 가정했기 때문에, 실제 위성의 속도 및 궤도주기와 차이가 있다. 먼저 식(4.7)을 이용하여 이 위성의 궤도상 속도를 계산하면, 다음과 같다.

$$V_s = \sqrt{G\frac{m_e}{r_e + H}} = 7.505\,\mathrm{km/sec}$$

위성의 궤도상 회전속도가 아닌, 지구 표면에서의 이동속도(V_g)는 곧 위성이 지구의 표면을 촬영하는 속도와 같으며, 다음과 같은 간단한 비례식으로 구할 수 있다.

$$V_g = V_s \frac{r_e}{r_s} = 6.757\,\mathrm{km/sec}$$

이 위성에서 남북방향의 극궤도를 따라 백두산부터 제주도까지 약 1000km에 해당하는 한반도를 촬영하는 데 148초가 소요된다. 극궤도 원격탐사위성의 촬영은 위성속도로 이루어지므로 매우 빠르게 넓은 지역의 촬영이 가능하다. 인공위성이 궤도 한 바퀴를 회전하는 데 소요되는 시간을 궤도주기(orbit period, T_o)라 하며, 이미 계산된 Landsat-5호 위성의 속도를 이용하면 궤도주기 T_o는 다음과 같다.

$$T_o = \frac{2\pi r_s}{V_g} = \frac{2\pi(r_e + H)}{V_s} = 98.73\,\mathrm{min} \tag{4.8}$$

극궤도 관측위성의 대부분이 궤도 높이가 500~1000km 범위에 위치하므로, 위성의 속도 및 궤도주기 산출에서 궤도 높이 H의 영향은 크지 않다. 가령 최근 고해상도 영상을 공급하는 상업용 위성은 궤도 높이를 낮게 하는데, 이 위성의 고도를 500km로 가정하면, 궤도주기는 94.47분이 된다. 궤도 높이가 1000km인 위성의 궤도주기는 104.97분으로 500km 궤도 높이와 큰 차이가 없다. 대부분의 극궤도 지구관측위성의 궤도주기는 100분에서 크게 벗어나지 않는다.

Landsat-5호 위성의 궤도주기로 하루 24시간을 나누면 이 위성은 하루에 14.58회 회전을 한다. 위성이 하루에 회전하는 궤도 수가 정수가 아니므로, 매일 위성이 통과하는 지구 표면상 궤도선은 일치하지 않고 매일 조금씩 이동한다. 대부분 극궤도 위성의 궤도 높이가 유사하므로, 결국 지구관측위성의 하루 궤도 수는 14회에서 15회 사이이며 각 궤도 사이의 간격(orbit distance, D_o)은 해당 지역의 위도에 따라 다르다. Landsat-5호 위성의 궤도 간 간격은 적도에서 2745km가 된다. 만약 영상센서의 촬영폭이 2745km보다 넓으면 하루에 지구 전역을 촬영할 수 있다. 적도가 아닌 지역은 위도에 비례하여 위도선이 짧아지는데, 가령 위도가 30°인 지역의 위도선 길이는 cos30° 만큼 짧으므로, 이 지역에서 궤도의 간격이 2377km이다.

(적도에서 궤도 간격) $D_{O_{Eq}} = \dfrac{2\pi r_e}{14.58} = 2744.6\,\mathrm{km}$

(위도 30° 지역에서 궤도 간격) $D_{o_{30}} = \dfrac{2\pi r_e \cos 30°}{14.58} = 2376.9\,\mathrm{km}$

영상센서의 촬영폭에 따라서 누락되는 부분이 없이 지구 전역을 촬영하는 데 소요되는 시간을 촬영주기라고 하며, 촬영주기는 지구 전역을 촬영한 후 처음의 궤도로 돌아오는 시간이므로 재방문주기(revisit cycle)라고도 한다. 적도 지역에서 하루에 촬영되는 폭은 일 궤도 수(N_o)와 촬영폭(W)을 곱한 값이다. 인공위성영상의 시간해상도(temporal resolution)는 결국 동일 지역을 반복하여 촬영할 수 있는 촬영주기 또는 재방문주기로 표시한다. 연직촬영만 가능한 Landsat 영상센서의 촬영주기는 일 궤도 수와 촬영폭(185km)에 따라 다음과 같이 산출한다.

$$촬영주기(revisit\ cycle) = \frac{2\pi r_e}{N_o W} = \frac{2\pi r_e}{14.58 * 185\text{km}} = 14.84\,(\text{days}) \tag{4.9}$$

극궤도 위성의 일 궤도 수는 14회에서 15회 사이로 큰 차이가 없기 때문에, 극궤도 위성의 시간 해상도는 결국 센서의 촬영폭으로 결정된다. 연직촬영만이 가능한 위성영상의 촬영주기는 적도 지역을 기준으로 지구 전역을 촬영하는 데 소요되는 기간이다. Landsat 위성의 다중분광영상 촬영폭은 185km이므로 재방문주기는 14.84일로 산출되었지만, 촬영 누락을 방지하기 위하여 궤도 간에 약간의 중첩을 감안하여 16일 주기로 동일 지역을 재촬영한다. 물론 이는 적도 지역에서 재방문주기이며, 위도선이 줄어드는 중고위도 지역에서의 재방문주기는 위도가 높을수록 짧아진다.

그림 4-25는 지구 표면에 표시된 Landsat-5호 위성의 궤도를 보여주고 있다. 이 위성은 하루에 14.84회 궤도를 회전하므로, 첫 궤도 1과 마지막 궤도 15가 부합되지 않는다. 매일 궤도가 조금씩 이동하여, 다시 첫날의 궤도와 동일한 위치에 도달하기까지 소요되는 기간이 재방문주기가 된다. Landsat-5호 위성은 16일이 되어야 지구 전역을 촬영하고 첫날 궤도와 일치하도록 재방문주기를 설정했다.

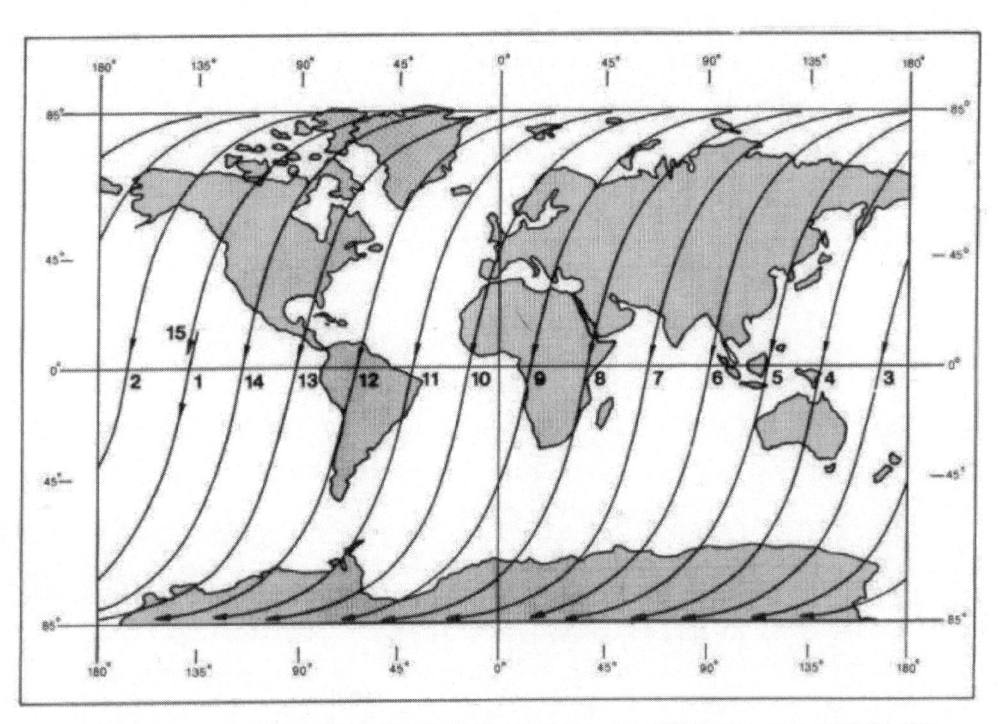

그림 4-25 Landsat-5호 위성의 하루 궤도로 첫 번째 궤도 1과 마지막 궤도 15가 일치하지 않음

물론 앞의 계산 과정에서 얻어진 극궤도 위성의 속도, 궤도주기, 일 궤도 수는 궤도 높이 H에 따라 달라지지만, 궤도 높이의 차이가 크지 않기 때문에 위성속도, 궤도주기, 일 궤도 수는 큰 차이가 없다. 결국 극궤도 지구관측위성의 시간해상도는 위성이 이동하면서 촬영하는 지역의 넓이인 촬영폭으로 결정된다. 비슷한 궤도 높이에서 촬영하는 NOAA 위성의 AVHRR 영상과 Landsat 위성의 TM 영상의 시간해상도가 각각 1일과 16일로 크게 다른 이유는 영상의 촬영폭 때문인데, AVHRR 영상의 촬영폭은 약 2600km 이상이며, TM영상의 촬영폭은 185km다.

위성영상의 촬영폭

인공위성의 궤도주기와 관련된 계산에서 볼 수 있듯이 극궤도위성에서 동일 지역을 반복하여 촬영할 수 있는 촬영주기는 결국 영상의 촬영폭으로 결정된다. 한번에 넓은 지역을 촬영하기 위해서는 영상의 공간해상도는 상대적으로 낮아야 한다. 위성 탑재 전자광학센서는 주로 선주사(line scanning) 방식으로 촬영하므로, 촬영폭은 주사각(scan anlge)과 궤도 높이에 따라 결정된다. 사진시스템에서 FOV는 카메라에서 관측되는 시야각으로서 렌즈마다 고유의 값을 갖는다. 그러나 선주사 형태의 영상센서에서 주사각 또는 시야각을 FOV 또는 TFOV(total field of view)로 표시하지만, 사진시스템에서 설명한 렌즈의 FOV와는 약간 차이가 있다.

선주사 방식의 센서에서 FOV는 렌즈의 시야각뿐만 아니라, 주사거울(scan mirror)의 작동 범위, 검출기의 크기 및 길이 등 여러 가지 요인에 따라 정해진다. 다중분광센서의 촬영폭은 FOV와

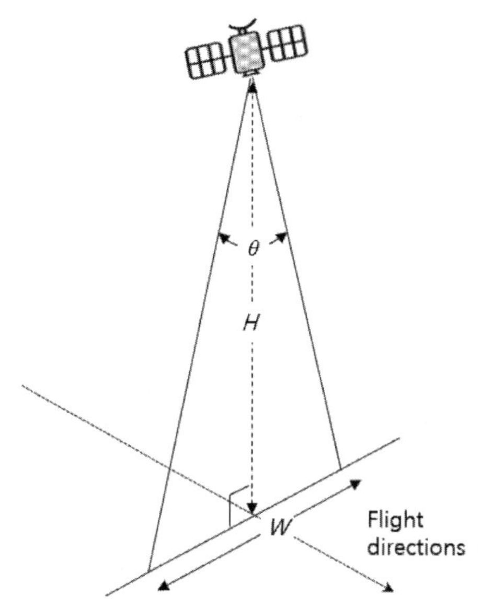

그림 4-26 선주사기의 주사각(scan angle) θ와 궤도 높이 H일 경우 영상의 촬영폭(swath width) W

함께 주사각 등으로 표시한다. 그림 4-27에서 궤도 높이 H와 주사각 θ가 주어지면, 촬영폭은 다음과 같이 간단히 구할 수 있다.

$$W(\text{swath width}) = 2H\tan\frac{\theta}{2} \tag{4.10}$$

여기서 W = 촬영폭(swath width)

H = 궤도 높이

θ(FOV) = 주사각(scan angle)

그림 4-27은 수도권을 중심으로 촬영된 Landsat-7호 ETM+ 영상이다. Landsat 영상의 촬영폭 185km는 위성의 궤도 높이 705km와 주사각(FOV) 15°에 의하여 결정된다. ETM+의 FOV는 궤도를 중심으로 좌우로 각각 7.5°씩 횡주사하는 방식이다. 유사한 궤도 높이에서 20km 미만의 촬영폭을 갖는 고해상도 전자광학센서의 FOV가 1° 미만임을 감안하면, ETM+의 15° FOV는 상대적으로 큰 주사각이다. ETM+ 영상의 좌우 경계선이 직사각형이 아니라 사다리꼴로 기울어졌는데,

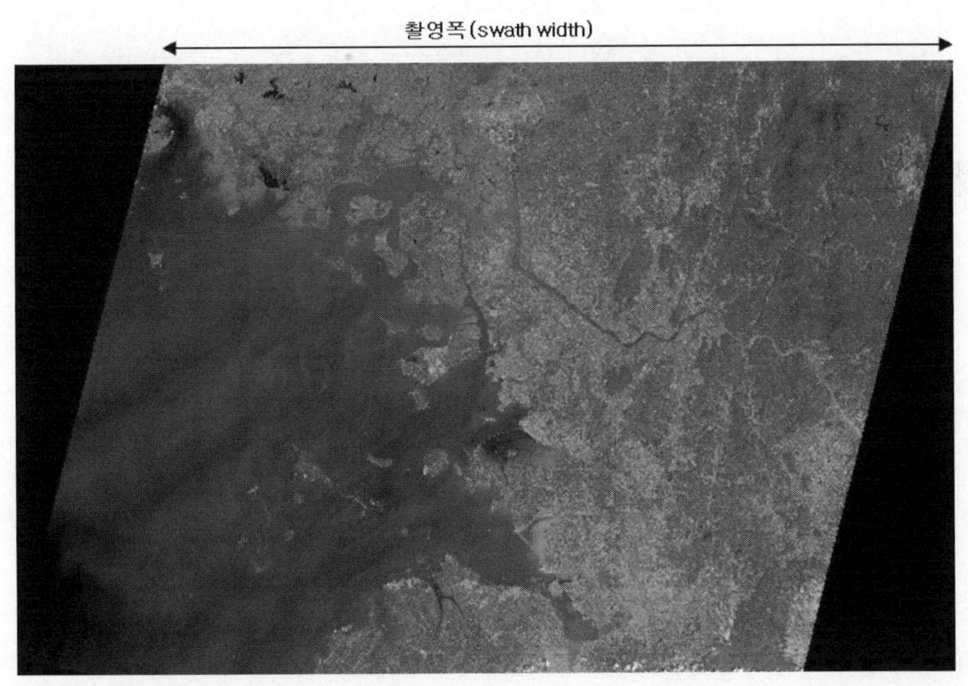

그림 4-27 수도권을 중심으로 촬영된 Landsat-7호 ETM+ 영상의 185km 촬영폭(swath width)은 위성의 궤도 높이와 센서의 주사각(scan angle)으로 결정

이는 위성이 정확하게 남극과 북극을 통과하는 완전한 극궤도가 아니라 적도에서 98.2° 기울어진 근사극궤도(near-polar orbit)이기 때문이다. 또한 식(4.7)에 의하여 계산된 위성의 속도를 고려하면, 위성이 남북방향으로 빠른 속도로 이동하면서 촬영하는 동안 지구 자전으로 지표면은 동서방향으로 이동하므로 사다리꼴 모양의 영상이 촬영된다.

대부분의 극궤도 지구관측위성에서 궤도의 높이 H는 큰 차이가 없기 때문에, 촬영폭 W는 거의 주사각(θ 또는 FOV)에 의하여 결정된다. 당연히 θ가 큰 해양센서는 한 번에 넓은 폭의 지역을 촬영할 수 있는 반면에, 고해상도 영상센서는 θ가 작기 때문에 촬영폭은 대부분 20km 미만이다. 횡주사방식의 AVHRR은 넓은 지역 영상을 얻기 위하여 연직선을 중심으로 ±55.4°의 넓은 주사각으로 촬영한다. NOAA 위성의 고도 870km를 대입하면 촬영폭은 2522km가 된다. 촬영폭은 그림 4-26과 같이 지표면이 평면인 연직촬영으로 계산했지만, 지구 표면은 그림과 다르게 곡면이므로 실제 촬영폭은 2600km 이상이다. AVHRR과 같이 넓은 촬영폭의 영상은 공간해상도가 낮은데, 이는 영상의 용도, 검출기, 대용량 자료의 저장 및 전송 때문이다.

동일한 주사각을 가진 영상센서라도 연직선에서 벗어나 사각촬영(off-nadir view)이 가능하면, 관측각(tilt angle)에 따라 촬영폭이 달라진다. 그림 4-28은 촬영 중심이 궤도 연직선에서 t만큼 벗어나 사각촬영했을 때, 촬영폭이 연직촬영보다 늘어나는 결과를 보여준다. 사각촬영이 가능한 SPOT HRV의 경우 연직촬영에서 촬영폭이 60km이었으나, 연직선에서 벗어나 좌우로 최대 27°까지 관측각을 기울여 촬영하면 촬영폭이 80km로 확장된다. 모든 고해상도 위성센서는 촬영폭이

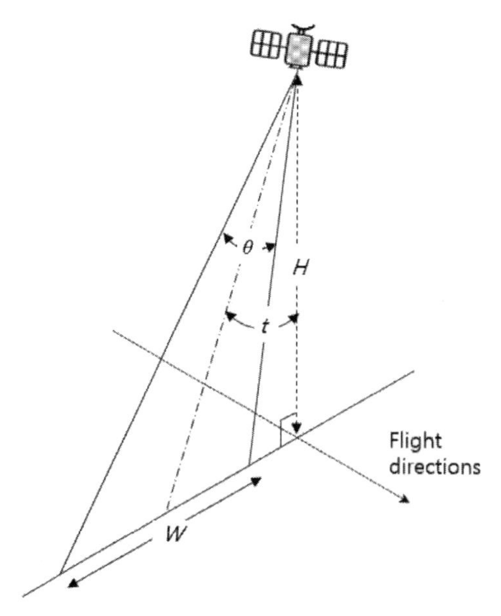

그림 4-28 관측각(tilt angle)이 연직선에서 t만큼 벗어나 사각촬영된 영상의 촬영폭 W는 연직촬영보다 넓어짐

매우 협소하기 때문에 연직촬영만으로는 동일 지역의 재방문주기가 매우 길게 되므로, 이를 보완하고자 사각촬영 기능을 갖추고 있다.

위성영상의 시간해상도 향상

다양한 사양을 갖춘 새로운 종류의 지구관측위성이 매년 발사되고 있지만, 빠른 시간에 원하는 지역의 영상을 얻기 위한 요구는 날로 증가하고 있다. 높은 시간해상도를 갖춘 위성영상은 특히 재해재난과 관련하여 정확하고 신속한 정보를 획득하고, 지속적으로 모니터링하기 위한 중요 수단이다. 위성영상의 시간해상도를 향상시키기 위하여 다음과 같은 여러 가지 방안이 있다.

- 촬영폭을 확대
- 사각촬영 기능 이용
- 여러 기의 인공위성 동시 운영
- 일 궤도 수를 정수로 고정
- 정지궤도 인공위성 이용

극궤도 위성의 궤도 높이는 1000km 미만으로 큰 차이가 없기 때문에 위성영상의 시간해상도는 결국 촬영폭에 의하여 결정된다. 앞에서 언급했듯이 185km 촬영폭의 Landsat 영상은 16일의 시간해상도를 갖지만, 2600km 이상의 넓은 촬영폭을 갖는 AVHRR 및 MODIS는 지구 전역을 하루에 촬영할 수 있는 높은 시간해상도를 갖고 있다. 촬영폭은 시간해상도뿐만 아니라 공간해상도와도 밀접한 관계를 갖고 있다. 위성영상의 촬영폭을 넓힘으로써 시간해상도를 높일 수 있지만, 검출기 및 광학계 제작의 어려움 때문에 공간해상도를 희생해야 하는 단점도 있다. 촬영폭이 넓은 AVHRR 및 MODIS 영상은 높은 시간해상도를 갖지만 공간해상도는 수백 m에서 1km로 낮다. 반면에 Landsat 영상의 시간해상도는 16일이지만 공간해상도는 30m급으로 높아진다. 그러나 최근에는 영상센서 기술의 발달로 시간해상도와 공간해상도를 모두 향상시킨 위성 탑재체가 개발되고 있다. 유럽우주국에서 발사한 Sentinel-2 위성의 전자광학영상은 10m급의 높은 공간해상도를 유지하면서 촬영폭을 290km까지 확대하여 시간해상도를 10일로 단축했다.

일반적으로 극궤도 위성영상의 시간해상도는 연직촬영을 기준으로 지구 전역을 촬영하는 데 소요되는 기간이다. 극궤도 지구관측위성에서 시간해상도를 높이는 가장 쉬운 방법은 인공위성의 자세 또는 카메라가 향하는 관측각을 궤도선 좌우로 기울여 촬영할 수 있는 사각촬영 기능을 갖는 것이다. 탑재체의 관측각 또는 위성의 자세를 기울여 촬영하면, 궤도의 연직 부분을 벗어난 지역을 촬영할 수 있다. SPOT 위성의 HRV영상은 연직촬영의 경우 26일의 시간해상도를 갖지만, 궤도에서 좌우로 최대 27°까지 벗어난 지역을 조준하여 촬영할 수 있는 사각촬영 기능을 적용하면 동일 지역을 1~5일이면 다시 촬영할 수 있다(그림 4-29).

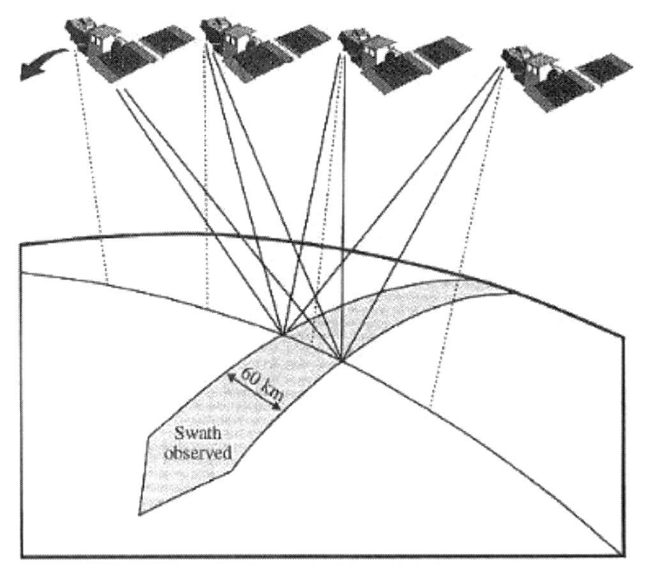

그림 4-29 사각촬영 기능을 이용하여 시간해상도를 향상시킨 SPOT 위성

고해상도 위성영상센서의 촬영폭은 대부분 20km 미만으로 한 번에 좁은 지역만을 촬영할 수 있기 때문에, 연직촬영으로는 시간해상도가 일 년에 두 번 정도로 반복 촬영이 매우 어렵다. 고해상도 위성영상은 접근이 어려운 지역에서 갑자기 발생한 재해 또는 사건을 파악하기 위한 수단으로 활용되는데, 180일 정도의 낮은 시간해상도로는 그러한 요구를 충족할 수 없다. 따라서 고해상도 영상을 촬영하는 위성센서의 대부분은 사각촬영 능력을 갖추고 있어 사용자가 요구하는 시기에 근접한 영상을 촬영할 수 있는 높은 시간해상도를 갖는다. 사각영상은 관측 및 감시 목적에는 큰 문제가 없지만, 지표물의 생물리적 특성과 관련된 정량적 정보 추출과 관련된 활용은 어려울 수 있다. 사각영상에 나타나는 지표물의 반사율은 광원과 센서의 위치에 따라 다르게 나타나므로, 정확한 영상신호를 복원하기 위한 자료 처리가 어렵다.

재해 재난 관측을 비롯하여 다양한 분야에서 원하는 시기의 영상을 얻기 위하여 시간해상도를 향상시키는 가장 효과적인 방법은 여러 기의 인공위성을 동시에 운영하는 것이다. 최근 유럽우주국에서 농업 및 산림 식생을 주기적으로 관측하기 위하여 발사한 Sentinel-2 위성은 촬영폭을 크게 하여 위성의 재방문주기를 단축시켰고, 더 나아가 동일한 센서를 탑재한 두 기의 위성을 동시에 운영함으로써 촬영주기를 5일로 단축했다.

높은 시간해상도를 갖춘 고해상도 위성영상의 수요가 증가함에 따라 최근에는 여러 민간 업체에서 많은 인공위성을 동시에 발사하여 운영하는 방법을 적극적으로 채택하고 있다. 독일의 RapidEye는 5기의 위성을 동시에 운영함으로써, 5m급 고해상도 다중분광영상을 최대한 5일 이내 촬영할 수 있는 빠른 재방문주기를 제공하고 있다. 시간해상도를 높인 가장 놀라운 사례는 Planetscope에서 200기 이상의 초소형 마이크로위성(DOVE)을 동시에 운영하여 지구 어느 곳에서나 사용자가 원하는 지역을 3일 이내에 촬영이 가능하도록 했다. 이와 같이 여러 기의 인공위성을 동시에 운영함으로써 높은 공간해상도와 시간해상도를 동시에 충족하는 민간 위성영상 사업은 앞으로도 활발히 전개될 것이다.

극궤도 지구관측위성의 궤도 높이는 1000km 미만의 고도에 분포하므로 일 궤도 수는 14회에서 15회 사이이며, 매일 매일의 궤도가 조금씩 달라져 동일 지역을 반복하여 촬영하는 주기는 늦어진다. 만약 극궤도 위성에서 지구 전지역 촬영을 포기하고, 궤도가 통과하는 지역만을 매일 촬영하려면 일 궤도 수를 정확하게 14회 또는 15회로 고정하면 된다. 인공위성의 일 궤도 수를 정확하게 정수로 고정하기 위해서는 인공위성의 궤도 높이를 조절하여 궤도주기를 102.86분 또는 96.0분으로 하면, 일 궤도 수가 각각 14회 또는 15회가 된다.

한 기의 인공위성에서 지구 전역을 촬영하는 것 보다 특정 지역만을 매일 반복하여 촬영할 수 있는 정수궤도의 위성은 주로 군사용 정찰위성에서 사용한다. 대만 FORMOSAT-2 위성은 891km 고도의 극궤도에서 하루에 정확히 14회 회전한다. 이 위성은 공간해상도가 2m인 영상을 얻을 수 있지만, 촬영폭이 24km로 좁은 지역만을 촬영할 수 있다. 그림 4-30에서 보듯이 14개의 고정된 궤도 중 하나는 정확하게 대만을 통과하고 있다. 매일 동일한 궤도에서 동일 지역의 영상을 촬영하여 높은 시간해상도를 유지하지만, 궤도를 벗어나서 관측각을 좌우로 최대 45°까지 기울인 사각촬영으로 촬영 불능 지역을 최소화하였다. 그러나 촬영폭이 24km로 좁기 때문에 사각촬영 기능을 적용해도 그림 4-30에서 공백으로 보이는 적도 및 인접한 지역은 촬영이 불가능하다 (Liu, 2006).

이러한 정수로 고정된 일 궤도 수를 갖는 위성의 사례는 민간 원격탐사 위성에서 찾기 어렵다. 그러나 여러 분야에서 활용할 수 있는 범용 지구관측위성이 널리 보급된 현재 상황에서, 지구 전역을 촬영할 수 있는 기능보다는 원하는 지역을 매일 촬영할 수 있는 시간해상도가 보다 중요한 역할을 할 수 있다. 한국에서 현재 계획 중인 차세대 중형 위성 중 하나인 농림위성도 지구 전역 촬영보다는 한반도 지역을 매일 통과하면서 영상을 얻을 수 있는 정수궤도를 가질 예정이다.

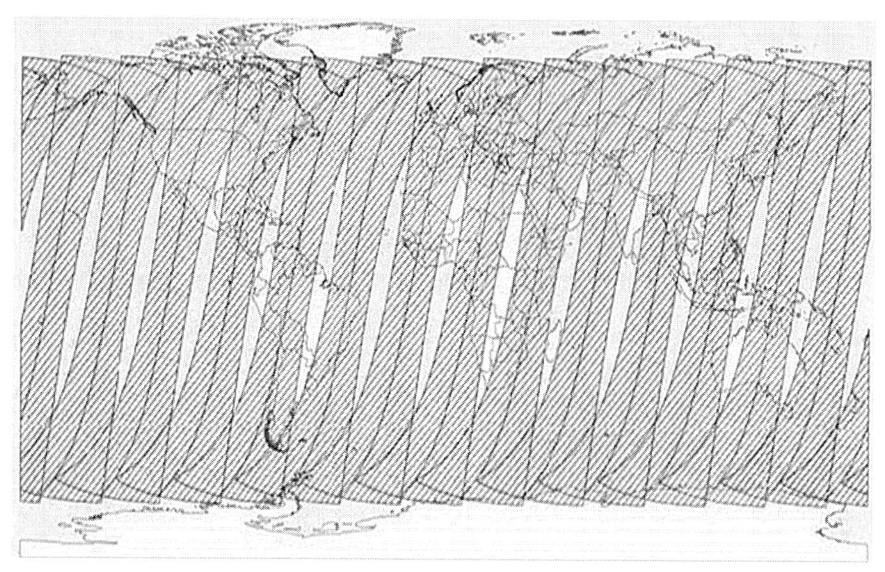

그림 4-30 매일 동일 지역을 촬영할 수 있는 Formosat-2 위성의 정수궤도(일 14회)와 촬영 가능 지역

위성영상의 시간해상도를 높일 수 있는 가장 이상적인 방법은 지구의 자전 속도에 맞추어 함께 움직이는 정지궤도위성을 이용하는 것이다. 정지궤도는 말 그대로 지구의 자전과 동일한 회전 속도를 갖기 때문에, 지구 관점에서 인공위성은 항상 고정된 위치에 있다. 따라서 24시간 연속하여 상시관측이 가능하다. 현재 정지궤도의 기상위성은 5분에서 15분 간격으로 촬영하고 있다. 정지궤도 위성은 36000km 상공에서 영상을 촬영하므로 극궤도 위성영상과 비교하여 공간해상도가 낮다.

한국에서 세계 최초로 운영 중인 정지궤도해색센서(GOCI)는 1시간 간격으로 다중분광영상을 촬영하여 한반도 주변 해역의 해수면 변화와 한반도 식생의 계절적 생육 특성을 볼 수 있는 높은 시간해상도의 장점을 잘 보여준다. GOCI-1은 한반도를 중심으로 사방 2500km되는 지역을 아침부터 저녁까지 한 시간 간격으로 일 8회 촬영하고 있다. 극궤도 위성영상 중 가장 빠른 시간해상도를 갖는 AVHRR 또는 MODIS영상이 하루에 한 번 촬영하지만, GOCI는 하루에 8회 촬영하므로 현재 기상위성을 제외하고는 가장 빠른 시간해상도를 제공하는 위성영상이다(Choi 등, 2012).

그림 4-31은 2011년 4월 1일 아침 9시부터 오후 4시까지 한 시간 간격으로 촬영된 8장의 GOCI-1 영상에서 산출된 식생지수영상으로, 해양을 제외한 육지의 구름이 시간별로 다르게 분포하고 있는 모습을 보여준다. 2020년에 발사한 천리안-2 위성에 탑재된 GOCI-2 영상의 공간해상도는 250m로 하루에 10회 촬영하고 있다. 정지궤도위성에서 고해상도 영상을 얻기에는 아직 한계가 있지만, 극궤도위성과 비교할 수 없는 매우 높은 시간해상도를 장점으로 정지궤도위성을 이용한 지구 원격탐사는 향후 중요한 역할을 담당할 수 있을 것이다.

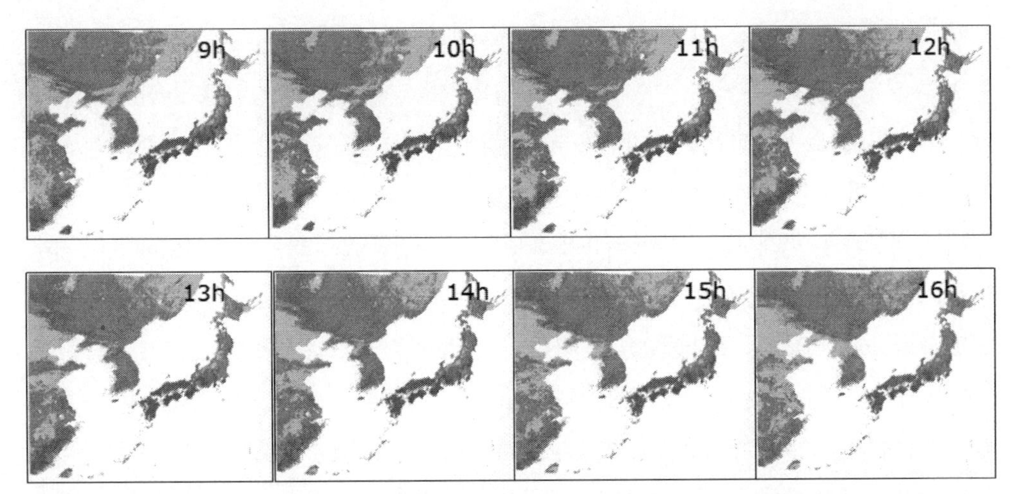

그림 4-31 정지궤도위성(천리안)에서 하루에 8회 촬영된 1시간 간격의 GOCI-1 영상에서 추출된 식생지수 영상

4.7 초분광시스템

전자광학시스템에서 분광해상도를 강조한 센서는 영상분광계(imaging spectrometer) 또는 초분광주사기(hyperspectral scanner)가 있다. 가장 보편적인 다중분광센서는 대략 10개 이하의 분광밴드로 영상을 촬영하지만, 다양한 지표물 및 지표현상의 완전한 분광특성을 설명하는 데에는 한계가 있다. 초분광영상은 식물, 암석, 토양, 물 등 다양한 지표물의 생물리적 특성과 관련된 보다 정확한 분광정보를 활용하기 위한 원격탐사자료다.

초분광영상센서는 영상으로부터 지표물의 세부적인 분광정보를 추출할 목적으로 개발했으며, NASA 제트추진연구소(JPL)에서 제작한 항공기 탑재용 영상분광계인 AVIRIS를 이용하여 본격적인 연구가 시작되었다. 현재 여러 종류의 항공기 탑재용 초분광센서가 개발되어 활용되고 있으며, 인공위성에도 몇몇 실험용 센서가 개발되었고 또한 개발 중이다. 본 장에서는 초분광영상의 기본적인 특징, 센서의 구조, 다중분광영상과 구분되는 초분광영상의 활용 등을 살펴보고자 한다.

초분광 원격탐사

초분광영상이 등장한 초기에는 '초분광 원격탐사(hyperspectral sensing)'보다는 주로 '영상분광학(imaging spectroscopy)'이란 용어를 많이 사용했다. 이미 화학, 생물학, 천문학 등에서 대상 물체의 특성을 구명하기 위하여 물체에서 반사 또는 방출하는 전자기파의 광학적 특성을 분광계(spectrometer)를 이용하여 측정하였다. 원격탐사에서도 실험실이나 야외에서 다양한 지표물의 분광특성을 파악하기 위하여 분광계를 사용하여 분광반사곡선을 측정한다. 분광계는 한 번의 측정으로 대상 물체의 분광반사곡선을 측정할 수 있는 반면에, 영상분광계(imaging spectrometer)는 영상의 모든 화소마다 분광반사곡선을 얻을 수 있다. 이러한 이유로 초분광영상이 등장한 초기에는 영상분광학이 정식 명칭으로 사용되었으나, 기존의 다중분광영상 기술과 구분하여 초분광영상 또는 초분광센싱 등의 별칭이 널리 사용되고 있다.

초분광영상과 같이 새로운 기술이 국내에 도입될 때 적절한 우리말 용어를 부여하는 데 다소 혼란이 있다. 한국에 이 기술이 소개된 1990년대 중반부터 hyperpsectral image가 널리 통용되고 있다. 'Hyperspectal'의 의미를 초분광(超分光), 극다중분광(極多重分光), 세분광(細分光), 고분광(高分光) 등 여러 가지 용어로 번역하여 사용하였으나, 'hyper'란 접두사가 '과도한, 아주 많은'이란 의미를 담고 있기 때문에 초분광이 가장 적합한 용어로 정착되고 있다. 물론 '극다중분광'도 기존의 다중분광(multispectral)을 뛰어넘는다는 의미에서 사용될 수 있지만, 가능한 간단한 용어로서 초분광이 보다 합리적인 선택일 수 있다(김 등, 2005).

초분광영상은 파장폭을 좁게 하여 분광밴드 수를 늘린 높은 분광해상도를 가진 영상이며, 수백 개의 연속된 분광밴드에서 촬영된 영상에서 모든 화소마다 해당 지표물의 분광반사곡선의 추출이 가능한 영상을 말한다(Green 등, 1998). 그림 4-32는 초분광 원격탐사의 기본 개념을 보여주는데, 영상에서 각 화소에 해당하는 지표물의 분광반사곡선 추출이 가능하다. 이와 같이 초분광영상에서 화소별 분광반사곡선 추출이 가능하려면, 분광밴드가 많고, 파장이 연속적이고, 파장폭이

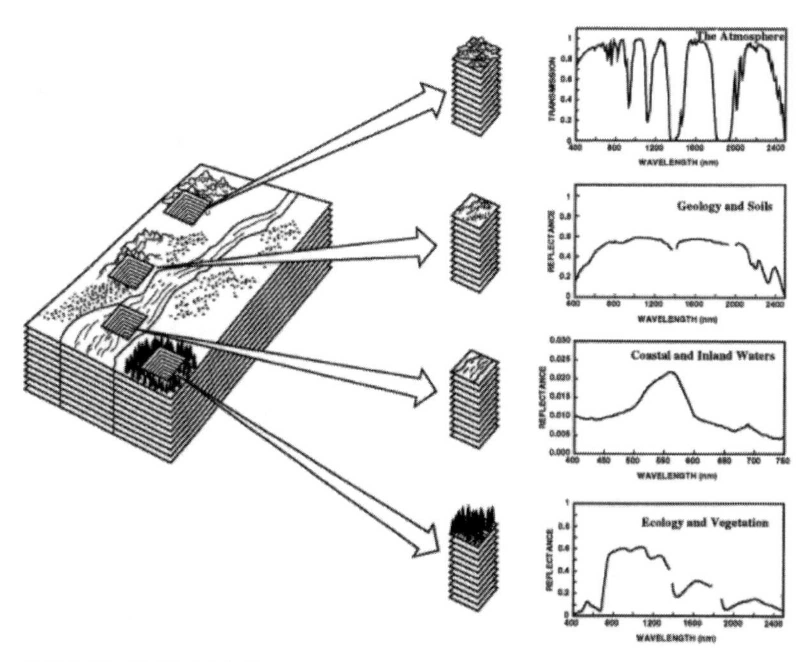

그림 4-32 초분광영상에서는 모든 화소에 해당하는 지표물의 분광반사곡선 추출이 가능

좁은 세 가지 조건을 갖추어야 한다.

초분광영상의 조건을 갖추기 위한 분광밴드 수는 정확히 정해져 있지 않지만, 대부분 100개 이상의 분광밴드를 가지고 있다. 항공기 탑재용 초분광영상센서 중에는 분광밴드 수를 선택적으로 조정할 수 있게 개발하는 경우도 있다. 분광밴드 수를 늘리려면 밴드폭을 좁게 해야 하며, 반대로 분광밴드 수를 줄이려면 밴드의 파장폭을 넓게 조정한다.

영상의 모든 화소에 해당하는 지표물의 분광반사곡선을 추출하려면, 각 밴드의 파장이 연속적으로 연결되어 있어야 한다. 다중분광영상의 밴드별 파장구간은 서로 떨어져 있다. 예를 들어 Landsat-8호 OLI센서의 밴드 2의 파장구간은 0.45~0.51μm이고 밴드 3의 파장은 0.53~0.59μm로 밴드 2와 밴드 3 사이의 일부 구간이 누락되어 있다. 초분광영상의 밴드 1 파장구간이 0.41~0.42μm 라면 밴드 2와 3의 파장구간은 각각 0.42~0.43μm와 0.43~0.44μm로 연결되어야 한다. 초분광영상은 심지어 영상 획득이 어려운 대기흡수밴드(1.4μm 및 1.9μm 주변)의 영상을 포함하는 경우도 있다.

초분광영상의 밴드폭은 보통 10nm 이내로 수십 nm 이상의 폭을 가진 다중분광센서보다 매우 좁다. 항공기 탑재용 초분광센서는 밴드의 파장폭이 1~2nm 정도에 불과할 정도로 지상측정용 분광계와 거의 동일한 높은 분광해상도를 갖춘 경우도 있다. 다중분광영상의 밴드폭은 분광밴드마다 다르게 설정되었지만, 초분광영상의 밴드폭은 대부분 동일하다. 그러나 몇몇 초분광센서의 파장폭은 파장영역에 따라 다르게 설정하기도 하는데, 주로 가시광선-근적외선(VNIR)과 단파적외선(SWIR)을 구분하여 파장폭을 다르게 한다. 예를 들어, 가시광선-근적외선 영역의 밴드는 3nm의 파장폭으로, 단파적외선 영역의 밴드는 10nm의 파장폭으로 제작하는 경우가 있는데, 이는 두 파장영역의 빛을 감지하는 검출기의 재질과 제작 기술의 난이도 때문이다.

초분광 원격탐사가 시작되면서 원격측정(remote measurement)이란 새로운 용어가 등장했다. 분광계를 이용하여 실험실이나 현지에서 직접 지표물의 분광반사를 측정하듯이, 초분광영상에서도 영상의 모든 화소에 대한 분광반사곡선의 추출이 가능하므로 원격측정이란 용어가 합당하다고 할 수 있다. 원격에서 지표물을 인식하고 구분하는 탐사의 범위를 넘어서, 지표물의 정량적 특성을 파악하기 위한 측정의 개념을 추가하는 것이 원격탐사의 지향점이며, 초분광영상은 이러한 원격측정의 개념을 실현한 사례라고 할 수 있다.

초분광영상의 분광해상도

식물, 물, 토양, 암석 등 다양한 지표물의 분광특성은 전자광학영상의 분석에 있어서 매우 중요한 요소다. 다중분광영상에서 나타나는 지표물의 분광특성은 소수의 한정된 분광밴드에서 얻지만, 이는 해당 지표물의 분광특성을 설명하기에 충분하지 않다. 초분광영상은 높은 분광해상도를 갖춘 영상으로, 좁은 파장구간에서 나타나는 미세한 분광특성의 차이를 구분할 수 있다. 이미 앞장에서 설명했듯이 그림 4-33의 물체 A와 B는 센서의 분광해상도에 따라 영상신호가 같거나 다를 수 있음을 보여준다. 분광해상도가 낮은 밴드 1에서는 두 물체에서 반사된 복사휘도의 총량이 거의 같기 때문에 두 물체의 구별이 어렵다. 그러나 분광해상도가 높은 밴드 2와 3에서는 두 물체의 구별이 가능하므로, 영상의 분광해상도에 따라서 유사한 분광특성을 갖는 물체를 구분할 수 있다.

분광해상도가 높은 영상은 좁은 파장구간에서 나타나는 미세한 분광 특징의 차이를 관찰할 수 있다. 특히 암석이나 광물은 특정 분자 성분에 따라 강한 흡수특징(absorption features)을 갖는데, 이를 이용하여 암석이나 광물의 종류를 식별하곤 한다. 그림 4-34에서는 분광해상도에 따라 이러한 흡수특징의 식별 여부를 보여준다. 임의의 광물이 OH 및 H_2O 분자에 의한 흡수특징을 가진 분광반사곡선을 보일 때, 파장폭이 넓은 밴드(a)에서는 두 곳의 흡수특징이 보이지 않고 평균화된 밴드 반사율을 보여준다. 그러나 이 밴드의 파장구간($\lambda 1 \sim \lambda 2$)을 5개 밴드로 세분한 초분광영상의 밴드(b) 반사율은 두 곳의 흡수특징이 나타나므로 암석의 구분이 가능하게 된다.

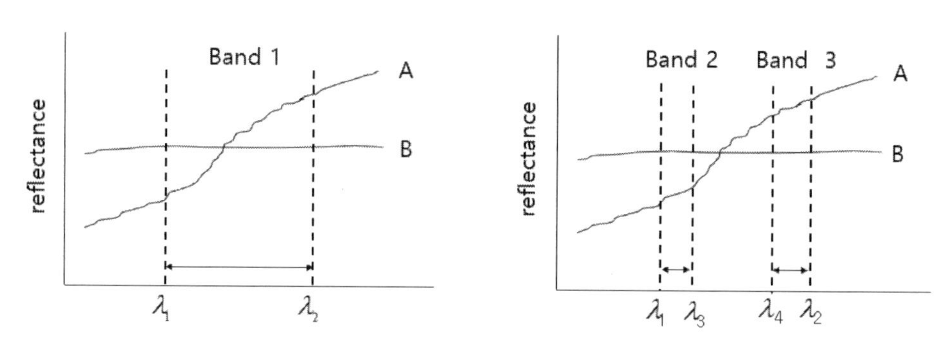

그림 4-33 분광해상도가 낮은 밴드 1에서 A, B 두 물체는 구분이 어렵지만, 분광해상도가 높은 밴드 2와 3에서는 두 물체의 구분이 가능함

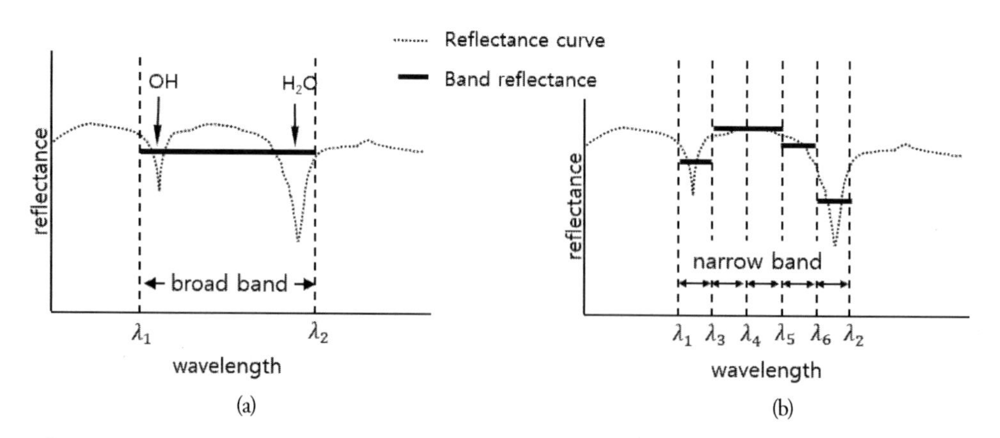

그림 4-34 임의의 암석이 가진 두 곳의 흡수특징(absorption features)이 넓은 파장폭의 다중분광영상(a)에서는 보이지 않으나, 분광해상도가 높은 초분광영상의 밴드(b)에서는 구별됨

초분광영상의 특징

그림 4-35는 NASA JPL에서 촬영한 미국 동부 메사추세츠 지역의 항공초분광영상(AVIRIS)으로 약 $12km^2$ 면적에 해당하는 산림지역이다. AVIRIS영상은 370~2510nm 구간을 224개의 연속적인 밴드로 구성되어 있으며, 각 밴드는 9~10nm의 좁은 파장폭을 갖는다. 그림 4-36의 확대된 네 장의 영상에서 볼 수 있듯이, 이 지역은 대부분 활엽수림으로 영상이 촬영된 5월에 이미 잎이 자란 상태이며, 산림 외에 소규모로 분포하는 호수 및 하천과 아직 작물이 자라지 않는 나지 상태의 농지로 이루어져 있다. 밴드 1부터 마지막 밴드 224까지 파장순서로 나열된 영상의 전체적인 밝

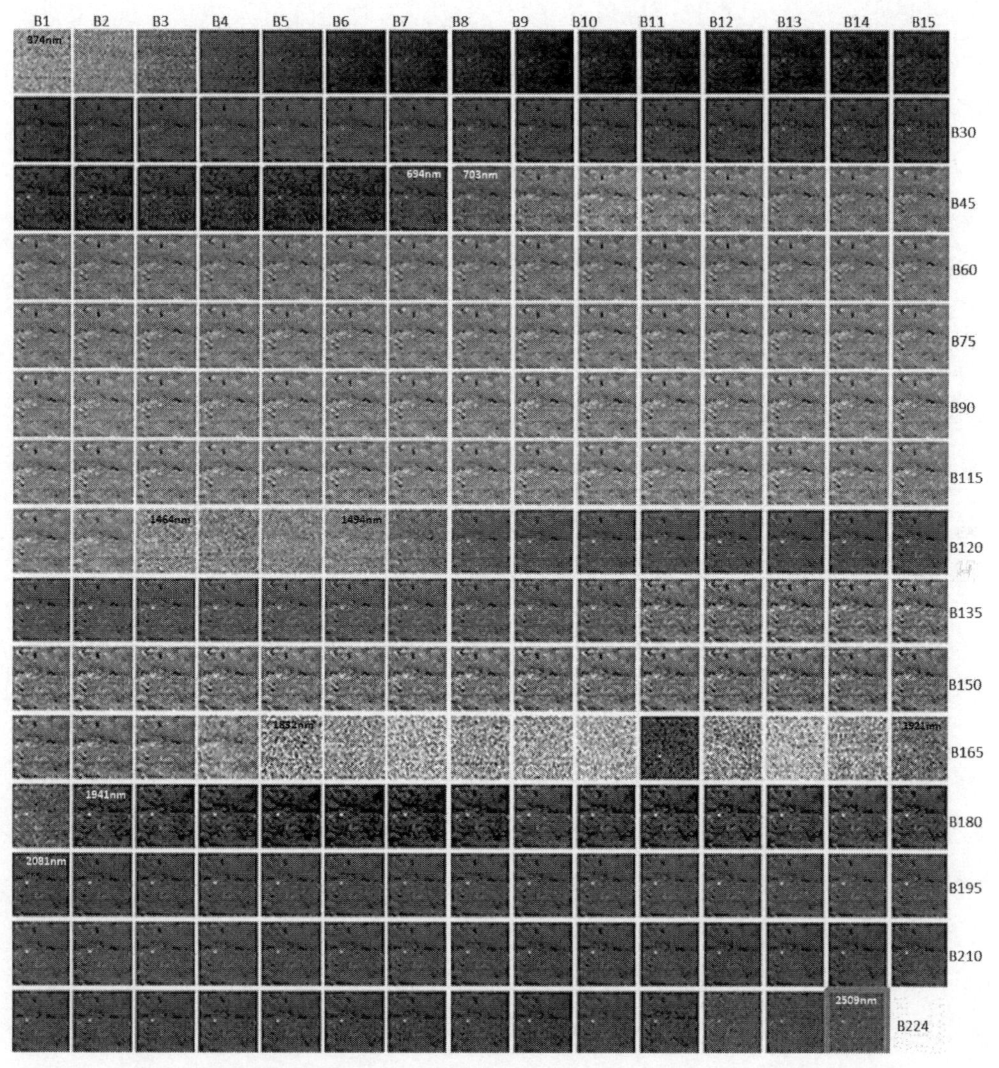

그림 4-35 미국 동부 활엽수림 지역의 항공초분광영상(AVIRIS)으로 370~2510nm 파장영역을 224개의 연속적인 분광밴드로 촬영한 영상

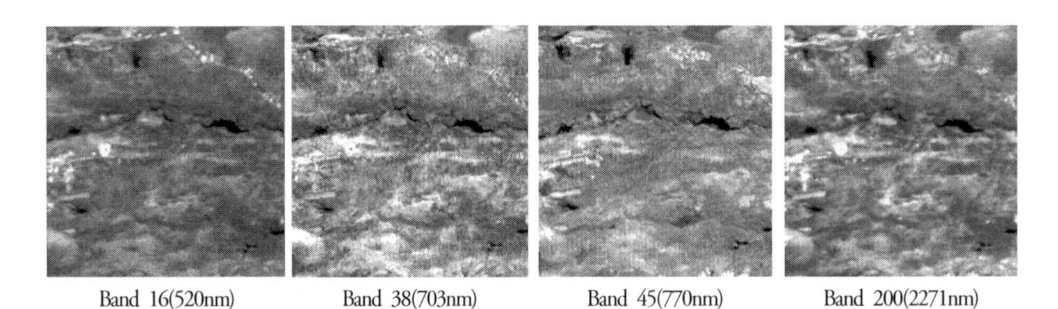

그림 4-36 AVIRIS영상에서 추출한 Red, Redege, NIR, SWIR 밴드 영상의 명암 차이

기값이 변하는 양상은 전형적인 식물의 분광반사 특성을 그대로 반영하고 있다. 네 장의 분광밴드 영상을 발췌하여 확대한 그림 4-36의 적색광, 적색경계, 근적외선, 단파적외선 밴드 영상에 보이는 산림과 호수의 명암은 파장별 반사율의 차이를 잘 보여준다.

첫 번째 밴드 1의 중심파장은 374nm이며 각 밴드의 파장폭은 약 9~10nm이므로 밴드 1의 파장 구간은 대략 370~379nm에 해당된다. 처음 3개 밴드의 영상은 잡음이 많이 보이는데, 이 구간은 대기 오존에 의한 흡수 및 산란이 많이 발생하는 자외선과 짧은 청색광에서 촬영되었기 때문이다. 이와 같이 영상 전체가 매우 어둡거나 밝은 화소들이 불규칙적으로 혼재하는 잡음의 형태로 채워진 영상은 1464~1494nm(밴드 118~121) 구간과 1832~1921nm(밴드 155~165) 구간에서도 볼 수 있는데, 이는 지표면에서 반사된 전자기에너지가 대기수분에 의하여 대부분 흡수되어 센서에 도달하는 에너지가 미약하기 때문이다. 초분광영상은 이와 같이 대기영향이 심한 파장구간의 영상조차 함께 촬영하는데, 비록 이러한 잡음 영상은 지표물과 관련된 정보를 제공하지 못하지만 종종 대기와 관련된 정보를 추출하는 데 요긴하게 활용된다. 가령 수분 흡수밴드에 해당하는 영상에 기록된 신호는 대기수분의 상태에 따라 달라지므로, 이 영상을 이용하여 대기수분의 농도와 공간적 분포를 추출하기도 한다.

AVIRIS 초분광영상에서 대기흡수 및 산란이 심한 밴드를 제외한 나머지 영상들은 식물(활엽수림)의 전형적인 분광반사 특성을 명암으로 잘 보여준다. 가시광선 영역(400~700nm)에 해당하는 영상들(밴드 1~밴드 36)은 전체적으로 매우 어둡게 보이는데, 이는 가시광선에서 녹색 식물의 반사율이 다른 지표물보다 낮기 때문이다. 근적외선에 해당하는 밴드 영상들은 식물의 높은 반사율 때문에 산림 지역이 매우 밝게 보인다. 밴드 36(694nm)과 밴드 37(703nm)은 이른바 적색경계(red-edge) 밴드로서 가시광선에서 근적외선으로 식물의 반사율이 급격하게 변하는 경계 부분에 해당하는 파장이며, 이 파장에서 반사율의 변이가 식물의 생물리적 특성과 밀접한 관계를 가지고 있다고 알려져 있다. 그림 4-36의 적색경계밴드인 밴드 38 영상은 적색광 및 근적외선 영상과 명암 차이가 있다.

근적외선 파장영역에 해당하는 밴드 40~116의 영상들은 활엽수림의 높은 반사율 때문에 모두 밝게 보이며, 물에서는 낮은 반사율로 호수와 하천이 매우 검게 나타나 주변 활엽수림과 뚜렷이 구분된다. 단파적외선 밴드 영상에서 활엽수림의 밝기는 근적외선보다 다소 낮아졌으며, 두 번째 단파적외선 영역인 1941nm(밴드 167) 이후의 영상들은 식물의 반사율은 점점 감소하여 가시광선 영상보다 약간 밝거나 비슷하다.

이와 같이 초분광영상은 보통 200개 이상의 연속적인 분광밴드에서 촬영되므로, 영상을 구성하는 모든 화소마다 분광계에서 측정한 것과 동일한 완전한 형태의 분광반사곡선을 도출할 수 있다. 초분광영상에서 분광반사율을 추출하기 위해서는 먼저 검출기에서 감지된 영상신호로부터 센서 및 대기영향으로 발생한 잡음을 최소화하기 위한 복사보정 및 대기보정 처리가 필요하다. 초분광영상 처리의 상당 부분은 화소별 반사율에 기초하여 이루어지므로, 초분광영상의 대기보정은 중요한 전처리 과정이다.

초분광영상과 다중분광영상의 차이

이미 초분광영상의 특징을 간단히 설명했지만, 다중분광영상과 비교되는 초분광영상의 차이점을 명확히 이해하면 초분광영상의 활용 가치를 보다 쉽게 파악할 수 있다. 그림 4-37은 Landsat ETM+ 다중분광영상과 AVIRIS 초분광영상에서 추출한 식물의 밴드별 반사율을 비교한다. ETM+ 영상에서 얻은 반사율은 넓은 파장폭을 가진 6개 분광밴드로 구분되며, 각 밴드의 반사율은 서로 분리되어 있다. 반면에 AVIRIS 영상에서 추출된 밴드별 반사율은 370~2500nm의 파장영역을 9~10nm 폭으로 나눈 224개의 연속적인 밴드에서 추출되었기 때문에, 지상이나 실험실에서 분광계로 측정한 분광반사곡선과 동일한 형태를 갖는다.

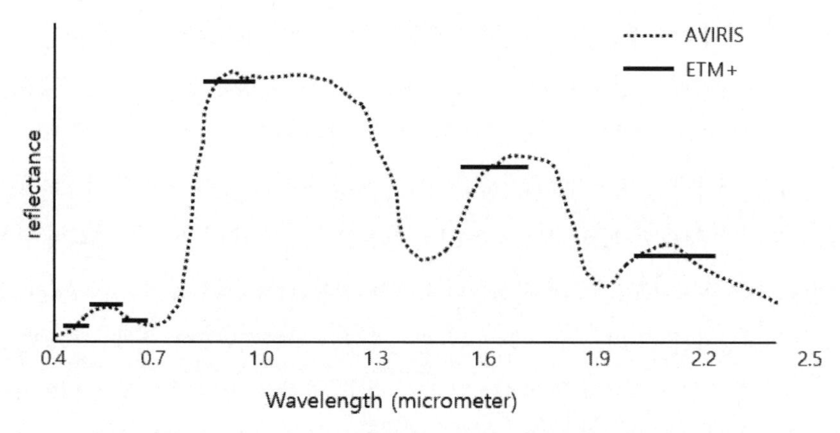

그림 4-37 초분광영상(AVIRIS)과 다중분광영상(ETM+)에서 추출된 식물의 밴드별 반사율 비교

ETM+ 다중분광영상에서 추출한 6개 밴드별 반사율은 지표물의 특징을 설명하기에 부족한 과소표본(under sampled) 자료이며, 반면에 AVIRIS 초분광영상에서 추출된 분광반사 신호는 지표물의 특성을 설명하는 데 필요 이상으로 많은 과다표본(over sampled) 자료라고 할 수 있다. 초분광영상의 많은 분광밴드에 포함된 영상신호가 필요 이상으로 과다한 자료라면, 우리가 AVIRIS와 같은 초분광영상을 이용하는 당위성에 의문이 있을 수 있다. 예를 들어 특정 농작물의 종류, 엽록소 함량, 수분 상태, 엽면적지수 등 생물리적 관련 정보를 추출하기 위하여 필요한 적정 분광밴드 수가 30개 정도라고 가정하면, 나머지 194개 밴드 자료는 낭비가 된다. 그러나 이러한 가정은 식물의 정보 추출을 위한 용도에 국한되며, 다른 지표물의 정보를 추출하는 데 필요한 분광밴드는 식물의 정보를 추출하는 데 필요한 30개 밴드와 일치하지 않는다. 즉 호수 및 하천의 수질 정보를 추출하기 위해서는 20개의 분광밴드가 필요하다면, 이 20개 밴드는 농작물 정보 추출을 위한 30개 밴드와 일치하지 않는다. 따라서 초분광영상의 많은 분광밴드는 특정 지표물만을 대상으로 설계된 게 아니며, 지구 표면에 존재하는 식물, 물, 토양, 암석뿐만 아니라 대기까지 포함하는 모든 물체가 관측 대상이 될 수 있다.

분광라이브러리

초분광영상에서 추출된 각 화소의 분광반사곡선을 해석하고, 각 지표물의 정보를 추출하는 방법 중 하나는 우리가 이미 알고 있는 다양한 지표물의 분광반사곡선과 비교를 통하여 이루어진다. 분광라이브러리(spectral library)는 실험실이나 야외에서 측정된 다양한 종류의 지표물에서 얻어진 분광반사자료를 축적한 참조자료로서 초분광영상의 해석에 자주 이용한다. 다양한 지표물에 대한 분광반사자료는 많은 기존 연구를 통하여 축적된 자료에 더하여 분광계를 이용하여 측정한 자료를 데이터베이스 형태로 구축한 여러 종류의 분광라이브러리가 있다. 그림 4-38은 분광라이브러리를 이용하여 초분광영상을 해석하는 과정을 보여준다. 대기보정 처리를 마친 초분광영상에서 각 화소마다 추출된 영상 분광반사곡선(image spectra)에 가장 근접한 분광반사자료를 분광라이브러리에서 찾아내어 해당 지표물의 정보를 얻는 방법이다.

표 4-5는 주로 미국의 연구소 및 대학에서 축적한 분광라이브러리의 종류와 각 라이브러리에 포함된 측정자료 및 측정에 사용한 분광계를 보여준다. 표에 열거된 분광라이브러리와 함께 다른 국가 및 연구기관에서도 나름대로의 자신들의 목적에 적합한 분광라이브러리를 구축하고 있다. 초기에 구축된 분광라이브러리는 주로 암석 및 광물 위주로 측정되었으나, 현재는 다양한 지표물을 포함하고 있다. 또한 분광반사를 측정할 때 측정 방법, 과정, 기기의 종류 등을 명확하게 표시하여 타 자료와 호환성을 높인다. 식물, 토양, 암석 등의 지표물은 지리적 조건과 환경에 따라

분광특성이 다르기 때문에 지역적 특성을 고려한 분광라이브러리도 구축되어야 한다. 한국에서도 초분광영상의 해석을 위한 용도뿐만 아니라, 다양한 종류의 광학영상의 분석과 활용을 위하여 한국에 분포하는 지표물의 종류와 특성을 고려한 지역적인 분광라이브러리 구축이 시도되었다 (신 등, 2010).

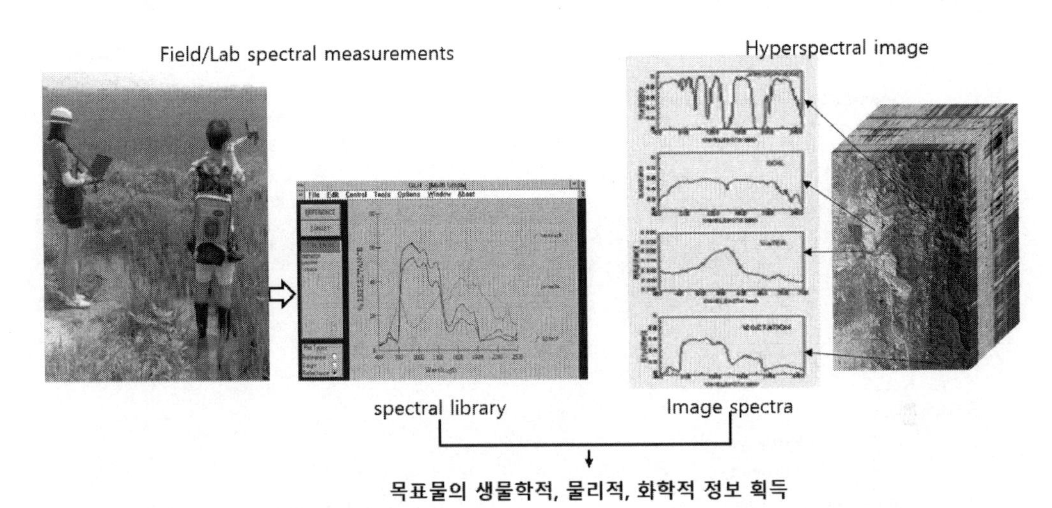

그림 4-38 실험실 및 야외에서 측정된 분광반사자료가 축적된 분광라이브러리를 이용하여 초분광영상의 각 화소에서 나타나는 분광반사자료를 해석

표 4-5 주요 기관별 분광라이브러리의 종류와 특성

Spectral Library	기관	분광측정 개수	측정기기 spectrometer	지표물				
				광물	암석	식물	인공물	물
USGS Digital Spectral library	USGS	496	Beckman, ASD 외 2개	O	O	O	O	O
JHU Spectral library	John Hopkins Univ.	617	GER, FTIR	O	O	O	O	O
JPL Spectral library	NASA JPL	160	Beckman	O	X	X	X	X
ASTER Spectral library	NASA JPL	2000	Beckman, ASD외 3개	O	O	O	O	O
IGCP-264 Spectral library	IGCP	130	Beckman, GER 외 2개	O	X	O	X	X

초분광센서의 구조

초분광영상센서의 구조는 기본적으로 다른 전자광학센서의 구조와 거의 동일하게 광학계, 분광장치, 검출기로 구성되어 있다. 기존의 다중분광센서는 10개 내외의 분광밴드를 가지고 있어 분광장치가 비교적 간단하지만, 초분광센서는 수백 개의 분광밴드가 있기 때문에 분광장치가 매

우 정교하게 되어 있다. 광학계를 통과한 빛이 프리즘이나 회절격자(diffraction grating)에 의하여 굴절되는 각도에 따라 파장별로 분류되는 방식을 분산(dispersion) 방식이라고 한다(그림 4-39a). 분산방식의 분광장치를 채택한 대표적인 초분광센서는 AVIRIS를 꼽을 수 있다. 다른 방식의 분광장치로는 각각의 검출기에 좁은 특정 파장구간의 빛을 통과시키는 band-pass 필터를 부착하여 파장별로 영상신호를 얻는 필터방식 등이 있다.

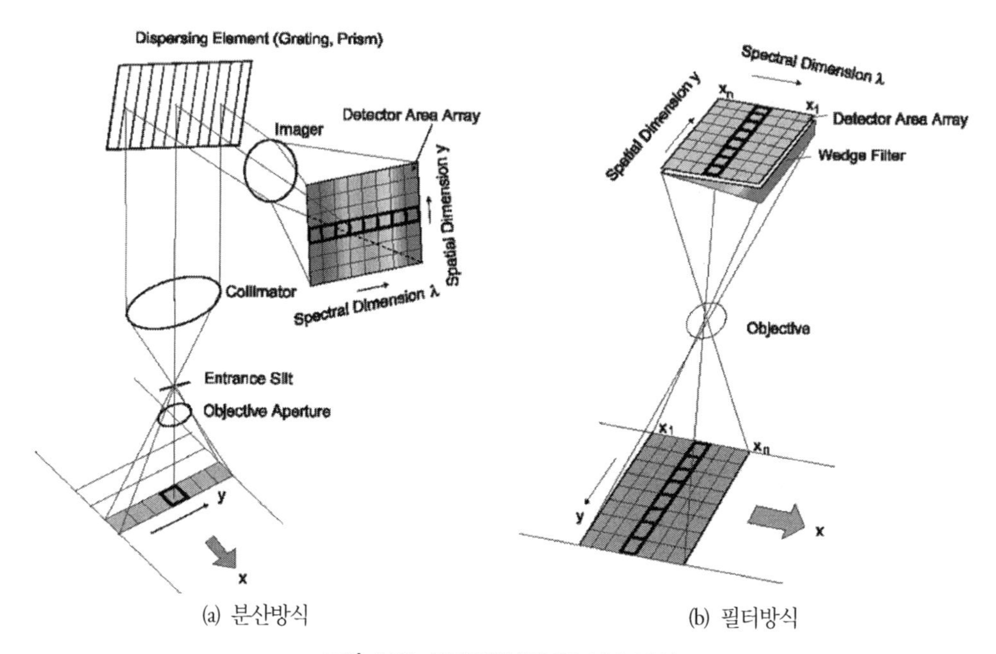

(a) 분산방식 (b) 필터방식

그림 4-39 초분광영상센서의 분광 방식

초분광센서의 영상 획득 방식도 다중분광센서와 마찬가지로 횡주사, 종주사, 면촬영 방식으로 구분한다. 횡주사방식은 검출기 하나가 비행방향에 직각으로 하나의 선을 모두 주사해야 하므로, 검출기에서 양질의 영상신호를 얻으려면 충분한 감지시간과 넓은 면적을 관찰해야 한다. 따라서 횡주사방식의 초분광센서는 상대적으로 낮은 공간해상도를 갖고 있으며, 주로 초기의 항공 초분광센서에 사용되었다. 현재 항공기 및 인공위성 탑재용 초분광센서는 대부분 종주사 방식이다. 종주사 방식은 횡주사 방식보다 상대적으로 안정된 센서 구조를 가지고 있으며, 검출기의 감지시간이 길기 때문에 높은 공간해상도와 잡음의 비율이 낮은 양질의 영상 신호를 얻을 수 있다. 최근 검출기 기술의 발달과 함께 일반 디지털카메라와 같이 검출기가 이차원으로 배열된 면촬영 방식의 초분광센서가 등장하고 있지만, 필터방식의 분광장치 한계로 분광해상도가 떨어지는 단점이 있다.

항공기 탑재 초분광센서

초분광 영상센서의 개발은 항공기 탑재용으로 먼저 개발되었으며, 현재까지 초분광 원격탐사는 주로 항공기 센서에 의존하고 있다. 이는 초분광 원격탐사가 인공위성에 탑재되어 운영될 만큼의 센서, 자료처리 기술, 활용 측면에서 충분한 기반을 갖추지 못하고 있기 때문이다. 초분광 영상센서의 개념은 이미 1970년대 초반에 제시되었으며, 최초의 초분광 영상센서인 SIS가 미국에서 개발되었다. 그 후 지질탐사를 비롯하여 다양한 지표물의 분광 분석 목적에 적합한 기능을 갖춘 항공기 탑재용 초분광 영상센서인 AVIRIS(Airborne Visible/infrared Imaging Spectrometer)가 등장함으로써, 초분광 원격탐사가 본격적으로 시작되었다. 그 후에 여러 나라에서 항공기 탑재용 초분광센서가 개발되어 활용되고 있다. 표 4-6은 주로 2000년 이후에 개발되어 현재 활용 중인 주요 항공기 탑재용 초분광 영상센서의 종류와 특징을 보여준다.

표 4-6 주요 항공기 탑재 초분광 영상센서의 종류 및 특징

Sensor	AVIRIS	Hymap	APEX		CASI/SASI		AISA		FAHI		SYSIPHE	
Developer	USA JPL	Australia	ESA		Canada		Finland		China		France Norway	
Number of bands	224	126	VNIR	SWIR	VNIR	SWIR	VNIR	SWIR	VNIR	SWIR	VNIR	SWIR
			114	198	288	100	348	246	256	512	120	254
Bandwidth (nm)	10	10-20	0.55-8	5-10	2.3	15	< 4.5	< 12	2.34	3	5	6.1
Wavelength range(nm)	400-2500	450-2500	372-1015	940-2540	380-1050	950-2450	380-970	970-2500	400-950	950-2500	400-1000	950-2500
spatial resolution/ IFOV(mrad)	20m, 3m	3-10m	2-5m/ 0.48		0.49	1.22	0.68		0.25	0.5	0.25	
FOV	30°	30-65°	28.1°		40°		40°		40°		15°	

AVIRIS는 초분광 원격탐사에서 중요한 역할을 했다. NASA에서 1983년 개발된 초분광센서인 AIS를 개량하여, 1987년에 소개된 센서로서 모두 224개의 밴드 영상을 촬영한다. AVIRIS는 매년 다양한 활용 분야를 포함하는 세계 여러 지역을 사전에 선정하여 영상을 촬영 공급하고 있으며, 현재까지 센서의 검보정, 영상 전처리, 지질학 및 광물탐사, 생태, 환경, 해양, 대기 등 다양한 목적에 사용되었다. 영상의 공간해상도는 항공기의 고도에 따라 다른데, 20km 고고도 항공기에서 촬영할 경우 30m의 공간해상도를 얻지만, 저고도 항공기를 이용하여 촬영한 영상은 3m의 높은 공간해상도를 갖는다. 최근에는 AVIRIS의 분광해상도와 신호 대 잡음비를 크게 개선하여 파장폭을 5nm로 하여 430개 분광밴드 영상을 얻을 수 있는 AVIRIS-NG가 개발되었다. AVIRIS-NG는

2014년부터 촬영이 시작되었고, 주로 북미와 북극의 한정된 지역을 촬영하고 있다.

APEX(Airborne Prism Experiment)는 유럽 원격탐사 과학자들에게 초분광영상을 공급하기 위하여 유럽우주국에서 개발한 센서로 380~2500nm 영역의 분광정보 취득을 위한 초분광영상을 제공하고 있다. AVIRIS와 APEX를 제외한 다른 항공기 초분광센서는 주로 민간분야에서 초분광영상을 공급하고자 개발하였거나 또는 센서 자체를 판매할 목적으로 개발되었다. 호주, 캐나다, 핀란드 등에서 개발된 HyMap(Hyperspectral Mapper), CASI(Compact Airborne Spectrographic Imager), AISA (Airborne Imaging Spectrometer for Applications) 등이 있는데, 이들은 공통적으로 대략 400nm에서 2500nm까지 가시광선, 근적외선, 단파적외선을 포함하는 초분광영상을 촬영할 수 있다. 이러한 상업용 초분광 영상센서의 성능 또한 지속적으로 개선되고 있으며, 소형 항공기에 탑재하여 촬영할 수 있도록 경량화되고 있다. 위성 탑재 초분광 영상센서가 드문 현실을 감안하면 초분광영상의 획득 및 활용은 당분간 항공기 센서에 의존할 것이다.

무인항공기 영상은 저렴한 비용으로 쉽게 영상을 얻다는 장점으로 원격탐사 분야에서 새로운 영상획득 수단으로 각광을 받고 있다. 초기에는 단순한 관측 목적의 자연색영상 획득이 주를 이루었으나, 최근에는 항공기에서 얻을 수 있었던 다중분광영상, 초분광영상, 레이더영상 등을 무인기에서 촬영하기 위하여 경량화한 특수 목적의 센서가 개발되고 있다. 무인기 탑재용 초분광센서는 기존의 항공용 초분광영상센서를 소형으로 제작했으며, 향후 많은 발전이 기대된다. 무인기용 초분광영상에서 정확한 분광반사율 추출을 위해서는 정교한 복사보정 처리가 우선되어야 한다.

위성 탑재 초분광센서

최초의 위성 탑재 초분광센서는 2000년에 미국에서 발사한 EO-1 위성에 탑재된 Hyperion으로, 많은 연구에 사용되었다. Hyperion과 비슷한 시기에 유럽우주국과 미국국방부에서 위성 초분광센서(Compact High Resolution Imaging Spectrometer, CHRIS; Fourier Transform Hyperspectral Imaging, FTHSI)를 탑재한 위성을 발사했으나, 매우 제한된 영상 공급으로 활용 사례는 많지 않다.

Hyperion은 미국 NASA의 소형 위성 실험의 하나로 개발된 EO-1 위성에 탑재하여 약 1년 정도의 수명을 예상하였으나, 기대 이상의 안정된 성능으로 2017년 3월까지 영상을 촬영했다. Hyperion은 매 궤도마다 촬영하지 않고, 실험 위성의 특성상 미리 선정된 지역에 대해 7.5km의 매우 좁은 폭으로 촬영했다. 영상 공급이 제한되었던 CHRIS나 FTHSI와 달리 Hyperion은 비록 주기적인 촬영은 아니지만, 지구 전 지역을 대상으로 초분광영상을 공급한 유일한 위성이었기 때문에, 초분광영상과 관련된 많은 연구에서 사용한 자료다. Hyperion을 탑재한 EO-1위성은 Landsat-7호 위성과 약 1분 차이로 동일한 궤도를 돌면서 영상을 촬영할 수 있기 때문에, ETM+

다중분광영상과의 초분광영상을 동시에 얻을 수 있어 두 영상자료의 특성을 비교하는 연구에 많이 사용되었다(Goodenough 등, 2003). Hyperion 영상은 약 400~2500nm 파장구간에서 220개의 분광밴드로 촬영되며, 각 밴드는 약 10nm의 파장폭을 가지고 있으나, 항공 초분광영상과 다르게 영상의 품질은 상대적으로 낮았다.

표 4-7은 현재 위성용으로 개발되었거나 향후 발사 예정인 초분광 영상센서의 종류와 특징을 보여주고 있다. 표에 열거된 위성용 초분광센서의 종류는 많으나, 현재까지 실질적으로 전 세계 모든 사용자에게 자유롭게 공개된 영상은 Hyperion을 제외하고는 별로 없다. 위성 또는 우주정거장에서 촬영된 초분광영상의 공급이 극히 제한적이고, 또한 초분광센서를 탑재한 위성이 발사되지 않았기 때문에 아직까지 원활한 공급체계를 갖춘 위성 초분광영상은 찾기 어렵다. 모든 위성 탑재 초분광센서는 대략 400~2500nm 영역을 촬영하는데, 가시광선과 근적외선(VNIR)과 단파적외선(SWIR) 구간으로 나누어 분광밴드의 수와 밴드폭을 다르게 구성하고 있다. 단파적외선 구간은 검출기의 재질이 다르고, 감지하는 에너지양이 상대적으로 낮기 때문에 적정 품질의 영상신호를 유지하기 위하여 밴드폭을 넓게 한다.

표 4-7 인공위성 탑재 초분광 영상센서의 종류 및 특징

<table>
<tr><th>Sensor</th><th colspan="2">EO-1 Hyperion</th><th colspan="2">TianGong-1</th><th>PRISMA</th><th colspan="2">HySIS</th><th colspan="2">HISUI</th><th colspan="2">EnMAP</th><th colspan="2">HyspIRI</th></tr>
<tr><td>Developer</td><td colspan="2">USA NASA</td><td colspan="2">China space station</td><td>Italian Space Agency</td><td colspan="2">India</td><td colspan="2">JAPAN ISS</td><td colspan="2">Germany DLR</td><td colspan="2">USA NASA</td></tr>
<tr><td>Launch</td><td colspan="2">2000. 11.</td><td colspan="2">2011. 9.</td><td>2019. 3.</td><td colspan="2">2018. 11</td><td colspan="2">2019. 12.</td><td colspan="2">2021 예정</td><td colspan="2">예정</td></tr>
<tr><td rowspan="2">Number of bands</td><td rowspan="2" colspan="2">220</td><td rowspan="2" colspan="2">128</td><td rowspan="2">249</td><td>VNIR</td><td>SWIR</td><td rowspan="2" colspan="2">185</td><td rowspan="2" colspan="2">244</td><td rowspan="2" colspan="2">214</td></tr>
<tr><td>60</td><td>256</td></tr>
<tr><td rowspan="2">Bandwidth (nm)</td><td rowspan="2" colspan="2">10</td><td>VNIR</td><td>SWIR</td><td rowspan="2">10</td><td rowspan="2">2.4</td><td rowspan="2">10</td><td>VNIR</td><td>SWIR</td><td>VNIR</td><td>SWIR</td><td rowspan="2" colspan="2">10</td></tr>
<tr><td>10</td><td>23</td><td>10</td><td>12.5</td><td>6.5</td><td>10</td></tr>
<tr><td>Wavelength range(nm)</td><td colspan="2">400-2500</td><td colspan="2">400-2500</td><td>400-2500</td><td>400-950</td><td>850-2400</td><td colspan="2">400-2500</td><td>420-1000</td><td>900-2450</td><td colspan="2">380-2500</td></tr>
<tr><td rowspan="2">SNR</td><td>VNIR</td><td>SWIR</td><td rowspan="2" colspan="2">-</td><td rowspan="2">100-400</td><td rowspan="2" colspan="2">-</td><td rowspan="2">450</td><td rowspan="2">300</td><td rowspan="2">400</td><td rowspan="2">180</td><td>VNIR</td><td>SWIR</td></tr>
<tr><td>140-160</td><td>40-110</td><td>560</td><td>230-350</td></tr>
<tr><td>Spatial resolution</td><td colspan="2">30m</td><td>10m</td><td>20m</td><td>30m</td><td colspan="2">30m</td><td colspan="2">30m</td><td colspan="2">30m</td><td colspan="2">30m</td></tr>
<tr><td>Swath(km)</td><td colspan="2">7.5</td><td colspan="2">10</td><td>30</td><td colspan="2">30</td><td colspan="2">30</td><td colspan="2">30</td><td colspan="2">145-600</td></tr>
</table>

위성에서 얻어지는 초분광영상은 높은 촬영고도로 인하여 30m 정도의 공간해상도를 얻기 위해서는 좁은 순간시야각(IFOV)을 유지해야 하므로, 항공영상과 비교하여 신호 대 잡음비(SNR)가 낮은 단점이 있다. 일본에서 개발하여 국제우주정거장(ISS)에 탑재한 HISUI를 비롯하여 향후 발

사가 예정되는 독일의 EnMAP 및 미국의 HyspIRI(Hyperspectral Infrared Imager)는 30m급의 공간해상도를 유지하면서 신호 대 잡음비를 획기적으로 개선하여 양질의 신호값을 갖도록 개발 중이다. 특히 미국 NASA에서 Hyperion 후속으로 개발 중인 HyspIRI는 지구생태계에 영향을 미치는 식물 활동과 화산, 산불, 가뭄 등 자연재해와 관련된 중요한 정보를 제공하고자 영상의 촬영폭을 최대 600km까지 확장하여 넓은 지역을 촬영할 수 있게 설계하였다. 중국과 일본에서 개발된 초분광센서는 인공위성이 아닌 우주정거장에 탑재하여 촬영했다.

지상용 초분광센서

일반카메라와 마찬가지로 지상에서 초분광영상을 촬영할 수 있는 초분광카메라가 있다. 지상용 초분광카메라는 위조지폐 탐지, 특정 약품 감지, 의료 진찰, 군용 목표물 탐지 등과 같은 특수 목적용으로 개발되었거나, 지상에서 쉽게 분광특성 정보를 얻는 실험 목적으로 개발되었다. 지상용 초분광카메라는 이동이 용이하도록 소형으로 제작되었다. 지상용 초분광카메라는 주로 400~900nm의 구간의 가시광선과 근적외선 영상을 촬영하지만, 최근에는 단파적외선 영역까지 촬영이 가능한 카메라도 등장했다. 지상용 초분광카메라에서 촬영된 영상은 정확한 분광반사율을 얻기 위한 절대적인 복사보정처리가 어렵지만, 분광계와 함께 초분광 원격탐사에서 참조자료를 얻는데 사용된다.

지상용 초분광카메라에 이어 최근에는 스마트폰에서도 초분광영상 촬영 가능한 기술이 소개되고 있다. 스마트폰에 장착된 카메라 모듈을 초분광영상 촬영이 가능한 검출기 및 필터로 대체한 형태로 개발되고 있다. 지상용 및 스마트폰 장착 초분광카메라는 향후 음식물의 상태, 피부 질환, 주변의 의심 물체 검색 등 일상생활에 적용할 수 있는 초분광영상의 활용 기술로 발전이 기대된다.

초분광영상의 활용

초분광영상은 기존의 다중분광영상보다 높은 분광해상도로 좁은 파장구간에서 나타나는 미세한 분광특성을 강조한 원격탐사자료다. 따라서 초분광영상의 활용은 높은 분광해상도를 이용할 수 있는 분야에 집중된다. 초분광영상의 대표적인 활용 사례로 2001년 9월 11일 미국 뉴욕시에서 발생한 세계무역센터(WTC) 폭파 사건에 따른 환경피해 조사를 꼽을 수 있다(Clark 등, 2000). 미국 환경청과 지질조사국(USGS)에서는 자살 폭파 사건으로 붕괴된 WTC 쌍둥이 빌딩과 인접한 호텔 및 부속건물에서 발생한 먼지에 포함된 유해 물질의 분포와 농도를 파악하고자 AVIRIS 영상을 촬영하였다. 붕괴된 건물들은 현재 발암물질로 알려진 석면 단열재를 사용하였으며, 건물이 무너지면서 발생한 잔해 및 비산 먼지에 포함된 석면 농도가 사람에게 유해한 정도인지를 시급히 판단해야 했다. 이를 위하여 사건 발생 5일 후인 9월 16일부터 23일까지 현장 및 주변 지역에 대한 AVIRIS 영상을 촬영하였고, 동시에 현장에서 건출물 잔해 및 먼지 표본을 수거하여 초분광 영상 처리를 위한 분광반사측정을 실시하였다. 그림 4-40은 미국 지질조사국의 분광라이브러리에 포함된 석면의 분광반사곡선으로 가시광선 및 근적외선에서의 흡수특징은 두드러지지 않지만, 1.385μm와 2.323μm 구간에서 강한 흡수특징을 보여준다. 붕괴된 건축물의 비산 먼지 및 잔해의 석면 포함 여부 및 농도를 파악하기 위하여 석면의 흡수특징이 나타나는 두 파장밴드를 포함한 초분광영상이 필요했다.

저고도에서 촬영한 AVIRIS영상은 기본적인 전처리와 현장에서 측정된 분광반사자료를 이용한 보정 처리를 마친 후, 붕괴지 주변을 쌓여 있는 건축물 잔해 및 먼지를 콘크리트, 시멘트, 먼지, 석면 등으로 분류했다. 그림 4-40의 USGS 분광라이브러리에 포함된 다양한 물체의 분광반사곡선을 이용하여 석면을 비롯한 여러 광물질의 분포와 농도를 분석하여 지도의 형태로 제작하였다.

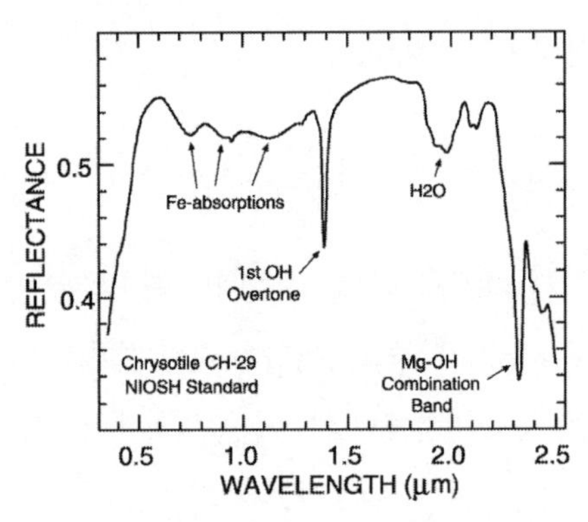

그림 4-40 석면의 분광반사곡선으로 1.385μm와 2.323μm 구간에서 강한 흡수특징을 보여줌(USGS, 2021)

뉴욕 WTC 활용 사례에서 보듯이 초분광영상은 석면과 같이 좁은 파장구간에서 강한 흡수특징을 보이는 물체들을 탐지하고 분류하는 데 매우 효과적이다. 이러한 사례는 초분광영상이 광물 및 지질 탐사 분야에서 널리 활용되고 있는 이유를 설명해준다. 사람이 직접 접근하기 어려운 오지의 광물 탐사를 위하여 항공 초분광영상을 촬영하여 암석의 종류를 구분하고, 이를 토대로 특정 광물의 분포를 분석한다. 현재도 광물탐사 분야는 많은 상업용 항공 초분광영상의 중요 활용 그룹이다.

여러 원격탐사 기술의 개발이 군사적 목적에서 비롯되었듯이, 초분광영상 역시 군용 목표물을 탐지하기 위한 용도로도 활용된다. 특정 군사 목표물을 탐지하거나 또는 목표물을 감추기 위한 위장장치의 분광반사 특성을 파악하고, 이를 이용하여 초분광영상에서 해당 목표물을 찾거나 분류하는 처리기술이 개발되었다. 최근에는 식생 및 생태계 모니터링과 관련된 분야에서 초분광영상의 활용이 증대하고 있다. 기존의 다중분광영상으로는 불가능했던 특정 식물이나 수목을 분류하거나, 환경변화와 관련된 잎의 생화학적 반응 특성을 분석하기 위한 시도가 활발히 진행되고 있다. 기존의 원격탐사 방법으로 분석이 어려웠던, 기온, 수분, 대기오염, 병충해 등에 의한 식물의 생리적 변화가 나타나는 초기의 스트레스 상태와 관련하여 초분광영상에서 나타나는 분광특성의 변화에 많은 연구가 이루어지고 있다.

물의 분광특성은 물에 포함된 클로로필과 물에 용해된 유기물 또는 무기물의 종류와 농도에 따라 변한다. 초분광영상에서 얻어지는 가시광선 영역의 미세한 분광특성의 변화를 통하여 수질을 측정하고자 하는 노력이 꾸준히 진행 중이다. 또한 최근 극지방의 급격한 환경 변화에 따른 식물의 종류와 분포 특성 그리고 얼음 및 눈의 표면 상태를 정확하게 분석하기 위한 초분광영상의 활용이 확장되고 있다. 결국 초분광영상의 활용은 기존의 다중분광영상에서 얻기 어려운 세부적인 분광정보를 이용하여 지표물의 생물학적, 화학적, 물리적 특성에 관련된 정보를 얻을 수 있는 다양한 분야로 활용이 확대될 전망이다.

초분광 원격탐사의 전망

초분광 원격탐사가 등장한 지 30년이 넘었고, 초분광영상의 활용 및 자료처리와 관련하여 많은 연구가 있었지만, 실질적으로 기존의 다중분광영상이 가진 한계를 뛰어넘는 획기적인 성과를 얻기에는 시간이 필요하다. 현재까지 여러 종류의 초분광영상센서들이 개발되었지만, 기존의 다중분광센서나 디지털카메라와 같이 범용 원격탐사센서로서의 역할을 기대할 단계는 아니다. 현재 항공기 및 위성 탑재용 초분광센서의 개발 및 운영 상황을 감안한다면, 초분광영상은 본격적인 운영목적보다는 실험목적에 치중하여 활용할 가능성이 높다.

초분광 원격탐사는 기본적으로 영상을 구성하는 모든 화소에 해당하는 지표물의 분광반사 특성을 얻기 위한 수단이다. 실험실 또는 야외에서 분광계를 이용하여 특정 지표물에 대한 분광반사율을 측정한 자료가 있지만, 지구 표면에 존재하는 다양한 물체의 분광반사 특성을 모두 파악할 수는 없다. 예를 들어 세계적으로 가장 널리 분포하는 수종으로 소나무를 꼽을 수 있는데, 소나무에 포함되는 수종은 수백 종이 넘고, 같은 종의 소나무라도 지역적 환경적 생육 조건에 따라 수관을 구성하는 잎의 생물리적 상태는 매우 다양하게 나타난다. 모든 소나무의 분광반사 특성을 현지에서 직접 측정한다는 것은 현실적으로 불가능하다. 가령 특정 지역의 소나무가 대기오염 또는 수분결핍 등의 원인으로 스트레스 상태라면, 여기서 나타나는 분광반사 특성을 초분광영상을 통하여 얻을 수 있고 이를 이용하여 건강한 상태의 소나무와 구분할 수 있는 적정 분광밴드의 파장구간을 제시하는 것이 초분광 원격탐사의 활용 가치라고 할 수 있다.

초분광영상은 앞에서도 언급했듯이 과다표본 자료다. 즉 사용자가 원하는 정보를 추출하는 데 필요 이상의 분광밴드를 가진 영상자료라 할 수 많다. 초분광영상은 수백 개의 분광밴드를 가진 대용량 자료이므로 처리와 분석에 어려움이 있다. 물론 컴퓨터의 성능이 날로 개선되고 있고, 초분광영상에 적합한 영상처리 기술 또한 개발되고 있지만, 기존의 다중분광영상 처리보다 많은 노력과 비용이 발생할 수 있다. 초분광영상은 기존의 다중분광영상보다 높은 분광해상도를 이용하여 새로운 정보를 추출하는 데 많은 잠재력을 가진 영상이지만, 모든 활용 분야에서 완전한 해답을 제공하기까지 해결해야 할 숙제가 여전히 많다. 초분광영상은 다중분광영상의 한계를 극복하기 위한 하나의 대안이 될 수 있지만, 영상자료가 가진 기본적인 낭비요소와 방대한 자료량에 따른 처리의 어려움 등으로 당분간 실험 목적의 영상 자료로서 활용될 것이다.

4.8 디지털카메라

디지털카메라는 최근 무인용 카메라부터 초소형 인공위성에 탑재되는 카메라까지 활용이 증가하는 면촬영 방식의 새로운 형태의 센서다. 원격탐사에서 면촬영 방식의 디지털카메라는 2000년 이후 항공카메라부터 시작했다. 토지이용, 농업 및 산림조사, 토양도 제작 등 나름대로 독자적인 활용 분야를 갖고 있던 필름 기반 항공사진은 새로운 디지털 항공영상으로 빠르게 대체되었다. 본 장에서는 디지털 항공카메라, 무인기용 카메라, 인공위성 디지털카메라의 종류와 특성을 다루고자 한다.

디지털항공카메라

항공카메라는 용도에 따라 두 종류로 구분하는데, 3차원 지형도를 비롯한 정밀한 지도제작(mapping)용 카메라와 공중에서 넓은 지역에 대한 조사와 관측이 주된 목적인 정찰(reconnaissance)용 카메라로 나뉜다. 항공카메라는 보통 지도제작용 카메라를 말하는데, 일반카메라와 달리 렌즈의 구경이 크고 초점거리가 길며 기하정밀도가 뛰어난 카메라를 말한다. 2000년 이후 항공카메라는 대부분 디지털카메라로 대체되었고, 현재는 항공측량을 비롯하여 대부분의 활용 분야에서 디지털항공사진을 이용한다.

비행기에서 스마트폰으로 창밖의 지표면을 촬영한 영상도 정찰용 항공사진으로 볼 수 있다.

과거에 최대한 넓은 지역을 한 장의 사진에 촬영하기 위하여 고안된 파노라마카메라와 큰 규격의 필름을 사용하는 대형카메라 등이 있었지만, 최근에는 별도의 정찰용 카메라가 없이 무인기용 경량 카메라부터 위성 탑재 카메라까지 모두 정찰용 항공영상 촬영에 이용한다. 카메라 및 검출기 기술의 발달에 따라 전통적인 지도제작용 카메라와 정찰용 카메라의 구분이 모호해지기도 했지만, 영상의 촬영 면적이 넓고 입체사진의 기하정밀도가 높은 지도제작용 디지털 항공카메라가 주를 이루고 있다.

디지털항공사진은 과거의 필름항공사진보다 여러 가지 장점을 가지고 있으며, 디지털카메라 제작 기술의 발달로 필름카메라보다 다양한 성능을 갖춘 항공사진을 제공한다. 표 4-8은 기존의 필름항공사진과 디지털항공사진의 차이점을 비교한다. 기존의 필름항공사진은 감광영역과 감광층의 세분화에 따라 흑백, 흑백적외선, 컬러, 컬러적외선 사진 네 종류로 구분되지만, 가시광선 영역을 명암으로 나타내는 전정색사진이 가장 보편적 항공사진이었다. 그러나 디지털항공사진은 다중분광센서와 마찬가지로 광학계, 분광장치, 검출기로 구성된 전자광학센서의 기본적인 구조를 갖추고 있기 때문에, 분광장치와 검출기의 조합으로 빛의 파장구간을 선택적으로 바꿀 수 있다. 따라서 디지털항공사진의 대부분은 흑백이 아닌 컬러영상이며, 근적외선을 포함하여 여러 개의 밴드에서 촬영이 가능하다.

표 4-8 디지털항공사진과 필름항공사진의 비교

기준	디지털항공사진	필름항공사진
분광해상도	• 파장대 변조가 용이 • 분광밴드 선택 가능 • 대부분 컬러영상	• 필름과 필터의 조합으로 파장대 선택 제한적 • 대부분 흑백 사진
공간해상도	검출기 기술의 발달로 필름 항공사진과 대등	초기 디지털 항공사진보다 우수
복사해상도	화소의 밝기값 범위가 필름 항공사진보다 우수	• 필름 감광 민감도에 의하여 결정 • 육안판독 범위
기하정밀도	• 높음 • GPS 이용	높음
처리 과정	실시간 처리	후처리(현상, 인화)
보관 및 공급	• 자료 저장(영구적) • 실시간 전송	• 필름 보관(변질 우려) • 별도 운송 수단 필요

디지털영상의 공간해상도는 검출기 숫자로 결정되는데, 초기 디지털카메라는 검출기 배열 제작에 기술적 한계가 있었다. 초기 디지털카메라의 가격은 검출기의 숫자와 비례했으며, 디지털항공사진의 공간해상도는 필름항공사진보다 낮았다. 디지털항공사진의 공간해상도를 높이기 위하여 촬영대상 지역을 여러 구역으로 나누어 촬영한 후 이를 모자이크하는 방법으로 높은 공간해상

도를 구현했다. 그림 4-41은 디지털항공카메라에서 높은 공간해상도를 얻기 위하여 사진 한 장의 촬영 지역(X*Y)을 네 개의 소구역(a*b)으로 분할 촬영한 후 이를 모자이크하는 과정을 보여준다. 한 번에 넓은 지역의 영상을 촬영하기에 충분한 면배열 검출기의 제작이 어렵기 때문에, 네 개의 구역을 촬영하는 렌즈와 검출기 배열을 독립적으로 갖춘 카메라로 네 구역을 촬영한 뒤 이를 접합하여 한 장의 큰 사진을 얻는 방식이다. 최근에는 CMOS와 같이 새로운 검출기 기술의 발달로 검출기의 숫자가 1억~4억 개에 이르는 면배열 검출기 제작이 가능하므로, 별도의 모자이크 처리 없이 필름항공사진과 대등한 높은 공간해상도의 디지털항공영상을 얻을 수 있게 되었다.

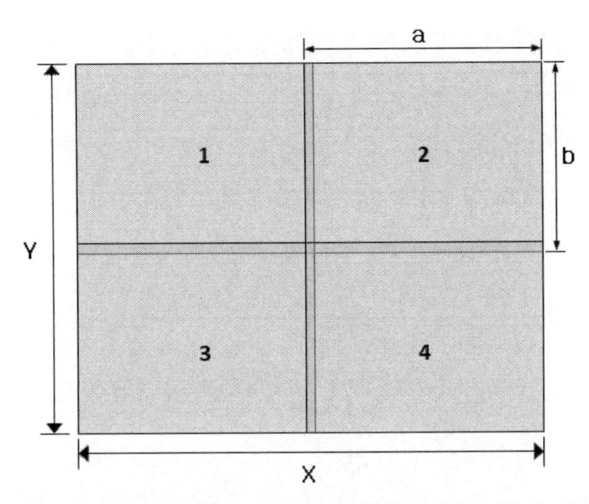

그림 4-41 디지털항공카메라에서 공간해상도를 높이기 위하여 네 개 구역(a*b)으로 분할 촬영 후 모자이크 처리를 통하여 넓은 지역(X*Y)의 항공사진을 얻는 방식

필름항공사진에 나타나는 명암이나 색의 가지 수는 필름 감광층을 구성하는 할로겐화은 입자의 크기와 노출량 등에 좌우되지만, 일반적으로 육안판독 범위를 크게 벗어나지 못했다. 그러나 디지털항공사진은 검출기에서 충분한 양의 빛에너지를 감지할 수 있고 전기신호처리 능력에 따라 12bit 이상의 높은 복사해상도를 얻고 있다. 항공사진의 기본적인 활용이 항공측량이므로 지도 제작용 항공카메라는 필름카메라와 디지털카메라 모두 높은 기하정밀도를 가지고 있다. 디지털카메라는 이에 추가하여 매 사진이 촬영되는 시점의 정확한 위치정보를 GPS와 내부항법장치(INS)를 이용하여 기록할 수 있으므로, 사진측량에 필요한 기하 정확도를 높일 수 있다.

디지털항공사진의 가장 큰 장점으로 영상을 얻는 과정이 단순하고 보관과 이동이 매우 간편하다는 점을 꼽을 수 있다. 필름항공사진은 촬영된 필름을 지상의 현상소로 옮겨 현상과 인화 과정을 거쳐야 비로소 사진이 제작되며, 이를 사용자에게 공급하기 위해서는 별도의 운송 수단을 필요로 한다. 그러나 디지털항공사진은 촬영과 동시에 영상이 생성되며, 심지어 항공기에서 지상으로 영상의 실시간 전송이 가능하다. 디지털항공영상의 이동 및 공급은 인터넷을 이용하여 전 세계 어느 곳이라도 매우 간단하게 이루어지므로, 항공영상의 활용이 확대되는 계기가 되었다. 또한 사진측량 기술도 컴퓨터 영상처리 기반으로 바뀌어, 과거 필름이나 인화된 항공사진을 이용하는 사진측량 기술이 디지털항공영상을 컴퓨터 화면에 출력하고 영상처리 기법을 통하여 해석하므로 수치사진측량으로 전환되었다.

원격탐사센서의 명칭에 '카메라(camera)'가 포함되면, 대부분 검출기의 형태가 그림 4-42에서 보듯이 이차원 면배열이다. 디지털카메라는 한 장의 영상을 한 번에 촬영하므로 프레임(frame) 카메라라고 한다. 그러나 모든 디지털항공카메라가 면배열 검출기를 가진 프레임 카메라는 아니다. 간혹 센서 명칭이 '카메라'지만 실제 구조는 면촬영 방식이 아닌 선주사 방식인 경우가 있다. 항공사진은 지도제작뿐만 아니라 관측이나 정찰 목적으로도 입체영상을 필요로 하는데, 선주사 방식의 디지털항공센서는 입체영상을 얻기 위하여 촬영 각도를 달리하는 선형 검출기를 여러 개 사용하여 전방, 수직, 후방으로 동시에 촬영한다.

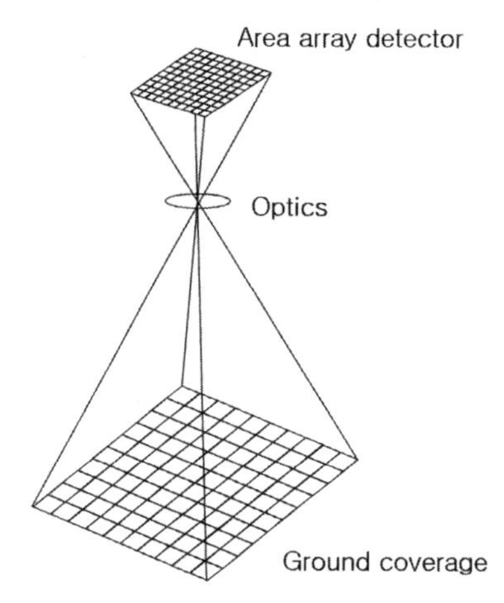

그림 4-42 대부분의 디지털항공카메라에서 채택하고 있는 이차원 면배열 검출기

디지털카메라의 컬러영상 획득 방법

디지털항공카메라는 기본적으로 자연색영상을 촬영하며, 카메라에 따라서 근적외선 밴드를 추가하여 컬러적외선 영상을 촬영하기도 한다. 컬러영상을 얻기 위해서는 최소한 세 개 분광밴드가 필요하며, 자연색영상은 청색광, 녹색광, 적색광밴드 영상의 RGB합성을 통하여 생성된다. 따라서 디지털항공카메라에서 컬러영상을 얻기 위해서는 다른 전자광학센서와 마찬가지로 렌즈를 통과한 빛을 파장별로 분리하는 분광장치가 필요하다.

디지털카메라에서 가장 간단한 분광방법은 모든 검출기마다 필터를 부착하여 파장별로 분리된 빛을 감지하는 방식이다. 그림 4-43a는 검출기 필터방식으로 세 개 분광밴드의 영상을 얻는 과정을 보여주는데, 모든 검출기는 각각 청색광, 녹색광, 적색광을 분리하여 통과시키는 필터 중 하나가 부착되어 있다. 각각의 필터는 대략 전체 검출기의 1/3씩 할당되어 있지만, 육안에서 감지하는 파장별 민감도와 최적의 자연색 합성을 위하여 필터별 검출기의 숫자는 조정된다. 그림 4-43b는 청색광 필터를 부착한 검출기만을 보여주는데, 녹색광 필터와 적색광 필터가 부착된 검출기에서는 청색광 신호를 얻지 못한다. 청색광 신호가 없는 빈 공간에서 청색광 밴드의 신호는 청색광 신호가 얻어진 주변의 값을 보간법(interpolation)으로 추정하여 채워 넣는다. 마찬가지로 녹색광 및 적색광 검출기에서 얻어진 신호도 보간법을 이용하여 빈 공간을 채움으로써 모든 화소마다 자연색 합성에 필요한 세 개 밴드의 영상신호를 갖게 된다.

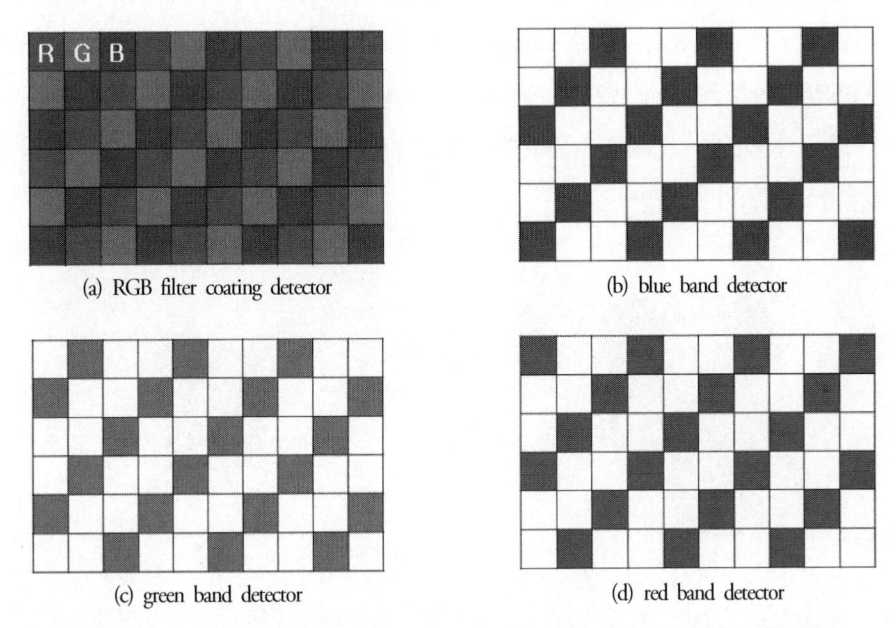

그림 4-43 디지털카메라에서 컬러영상 획득을 위한 분광밴드별 검출기 필터 배열 방식

검출기 필터방식은 전체 검출기가 청색광, 녹색광, 적색광 밴드로 나누어져 있기 때문에 합성된 컬러영상의 공간해상도는 전체 검출기의 숫자와 비례하지 않고 낮아진다. 검출기 필터방식으로 촬영된 컬러영상은 실질적으로 각 화소의 영상신호 중 한 개 밴드의 영상신호만이 실제 감지된 값이며, 나머지 두 개 밴드의 신호는 보간법에 의하여 추정된 값이다. 따라서 컬러영상의 각 분광밴드별 정확한 복사신호를 필요로 하는 활용이나 높은 공간해상도를 필요로 하는 활용 분야에서는 기본적인 한계가 있을 수 있다. 검출기 필터방식은 일반 디지털카메라를 비롯하여 무인기

용 경량 카메라에 주로 사용된다.

검출기 필터방식을 개선하여 분광밴드별로 모든 화소의 영상신호를 얻기 위해서는 다중분광 센서와 동일하게 각 분광밴드별로 독립된 검출기 배열을 사용해야 한다. 분광밴드별로 검출기 배열을 사용하는 방법은 밴드별로 분리된 독립적인 광학계를 갖는 다중분광카메라와 하나의 통합된 광학계를 사용하는 다중분광주사기(scanner)로 구분할 수 있다. 그림 4-44는 분광밴드별로 분리된 독립된 광학계와 검출기 배열을 갖고 있는 다중분광카메라를 보여주고 있다. 카메라 (a)는 지도제작용 디지털항공카메라로 5개의 렌즈통을 볼 수 있으며, 이 카메라는 실질적으로 5대의 독립된 카메라가 합쳐진 형태로 각각의 광학계는 별도의 필터를 부착하여 다른 파장대의 영상을 촬영한다. 왼쪽 카메라의 렌즈 구경이 큰 광학계는 고해상도 전정색영상을 촬영하며, 나머지 4개 광학계는 각각 청색광, 녹색광, 적색광, 근적외선 밴드의 영상을 촬영한다. 물론 각 광학계 뒤에는 해당 파장구간의 빛만을 통과시키는 필터와 면배열 검출기가 있다. 중앙의 조그만 렌즈는 촬영지역을 모니터링하기 위한 소형 비디오카메라다. 그림 4-44b는 무인기 탑재용으로 개발한 소형 다중분광카메라로 가시광선 3개 밴드와 근적외선 밴드의 영상을 촬영할 수 있다. 기계적 구조는 왼쪽의 사진측량용 대형 카메라와 동일하지만, 무인기 탑재용으로 렌즈 및 검출기를 경량화하여 주로 관측용으로 많이 사용한다.

(a) (b)

그림 4-44 분광밴드별로 독립된 광학계와 검출기 배열을 갖는 디지털항공카메라(a)와 무인기 탑재용 소형 다중분광카메라(b)

인공위성에서 널리 사용되는 다중분광주사기는 하나의 광학계와 분광밴드별로 구분된 검출기 배열을 가지고 있다. 비록 항공 '카메라'로 지칭되지만, 센서 구조는 카메라가 아닌 다중분광주사기 형태의 항공카메라가 있다. 항공기용 다중분광주사기는 주로 종주사 방식으로 밴드별로 선형 검출기 배열을 갖추고 있다. 항공 다중분광주사기는 일반적으로 7개의 선형 검출기 배열을 갖는데, 세 개의 전정색 밴드는 입체영상 촬영을 위하여 수직, 전방, 후방으로 나누어 촬영한다. 나머지 네 개의 선형 배열은 다중분광밴드용으로 세 개의 가시광선 밴드와 하나의 근적외선 밴드에 해당한다. 다중분광밴드에서 촬영된 영상은 별도의 보정과정을 통하여 자연색 또는 컬러적외선 사진과 같은 컬러영상으로 합성된다.

무인기용 디지털카메라

무인기 원격탐사는 기존의 항공기 및 인공위성을 이용한 원격탐사보다 저비용으로 간편하게 항공영상을 얻을 수 있는 장점 때문에 매우 빠른 속도로 발전하고 있다. 무인기용 디지털카메라는 크기와 무게를 최소화한 점이 가장 큰 특징이다. 지도제작용 디지털항공카메라는 본체의 무게만 수십 kg 이상이며 정밀 기하보정을 위한 GPS 및 내부항법장치와 카메라를 항공기에 부착하기 위한 장치 등을 모두 포함하면 100kg 이상이다. 그러나 무인기용 디지털카메라는 무인기 탑재가 가능하고 촬영시간을 늘리기 위하여 가능한 최소 중량으로 제작되는데, 최근에 소개되는 무인기용 카메라의 중량은 1kg 미만인 경우가 많다.

드론으로 지칭되는 무인기는 항공촬영 이외에도 구조, 운송, 군용, 게임, 농업 등 많은 용도로 사용하며, 그에 따라 무인기의 형태 및 종류도 매우 다양하다. 무인기는 항공법 등 관련 법규와 활용 분야에 따라 여러 등급으로 분류되지만, 무인기의 중량, 비행고도, 비행속도 등에 따라 초소형부터 대형까지 분류한다. 본 장에서 다루는 원격탐사용 무인기는 군사목적 등에 사용되는 중량 150kg 이상의 대형 무인항공기 또는 무인헬리콥터를 제외하고, 대략 중량이 수십 kg 이하고 비행고도가 1km 아래에서 운영되는 소형 무인비행장치를 다루고자 한다.

항공촬영용 무인기는 크게 고정익 무인기와 회전익 무인기로 구분한다(그림 4-45). 고정익 무인기를 이용한 항공촬영은 보다 넓은 지역을 빨리 촬영할 수 있는 장점이 있지만, 무인기 이착륙을 위한 별도의 장비 또는 지형 조건을 갖추어야 한다. 회전익 무인기는 일반 취미용부터 항공촬영에 이르기까지 보편화되었으며, 탑재할 수 있는 카메라의 종류와 기능 또한 빠른 속도로 발전하고 있다. 회전익 무인기를 이용한 항공촬영은 장소에 구애받지 않고 현장에서 신속하게 항공영상을 촬영할 수 있으나, 비행속도가 느리고 공중 체류 시간이 짧기 때문에 촬영 면적에 제한이 있다. 또한 회전익 무인기의 경우 상대적으로 비행 고도가 낮기 때문에 높은 공간해상도의 영상을 얻을 수 있지만, 사진 한 장에 촬영되는 면적은 상대적으로 좁다.

무인기 탑재용 카메라는 일반 측량용 항공카메라와 다르게 크기와 무게에 많은 제약이 있다. 카메라 무게는 공중 체류 시간에 영향을 미치기 때문에 무인기용 카메라는 크기와 무게를 최소화하는 방향으로 개발하고 있다. 일반적인 무인기용 카메라는 관측용으로 출발하였으나, 현재는 사진측량 기법의 적용이 가능한 내외부표정요소를 도출할 수 있으며, 여러 장의 사진을 접합하여 정사영상(ortho-image) 제작이 가능하다.

(a) (b)

그림 4-45 항공영상 촬영을 위한 소형 고정익 무인기(a)와 회전익 무인기(b)

무인기용 카메라는 자연색영상을 촬영하는 RGB카메라로서 일반 디지털카메라와 크게 다르지 않다. 과거 필름카메라는 필름의 크기에 따라 카메라를 분류했었는데, 무인기용 RGB카메라 역시 초기에는 검출기 면배열의 크기로 분류하기도 했다. 그림 4-46은 검출기의 숫자가 각각 2400만 개(RX1)와 8034만 개(iXA)인 두 종류 무인기용 RGB카메라를 보여준다. 면배열에 포함된 검출기 숫자로 구분했던 초기 분류 기준에 따르면 RX1과 iXA는 각각 중형카메라와 대형카메라에 해당하지만, 현재는 이러한 분류 기준이 큰 의미를 갖지 않는다. 디지털카메라의 검출기는 CMOS 기술의 발달로 검출기 하나의 크기가 3μm 이하로 줄었으므로, 검출기 면배열의 크기를 줄이면서도 검출기가 1억 개 이상인 초고해상도 소형카메라가 등장하고 있다.

무인기용 RGB카메라는 대부분 소형 또는 중형카메라로 구분되는데, 이를 구분하는 기준으로는 단지 검출기의 숫자뿐만 아니라 카메라 렌즈의 구경, 기하정밀도, 카메라의 중량, 영상의 신호 대 잡음비 등을 포함한다. 최근 무인기용 RGB카메라는 본체의 크기도 작아지고 중형급이라고 해도 1kg 이하의 경량이지만, 과거 대형 카메라를 능가하는 성능을 갖추고 있을 만큼 카메라 제작 기술이 빠르게 발달하고 있다.

(a) 중형 카메라(RX1)

(b) 대형 카메라(iXA)

	(a) 중형 카메라(RX1)	(b) 대형 카메라(iXA)
detectors	6000×4000	10300×7800
array size	35.8×23.8mm	53.7×40.4mm
weight	498g	2.2kg
size	113×65×70mm	132×128×114mm

그림 4-46 검출기 숫자와 중량 등에 따라 분류된 무인기용 카메라

RGB카메라가 가장 보편적인 형태의 무인기용 디지털카메라로서 관측 및 지도제작에 사용되고 있지만, 원격탐사 목적의 활용에는 다소 한계가 있다. 기존의 항공기 또는 인공위성 탑재용으로 개발된 원격탐사 영상센서들이 무인기용으로 개발되고 있으며, 센서 가격 또한 매년 저렴해지고 있다. 무인기용 원격탐사센서로 초경량 다중분광카메라, 초분광카메라, 열적외선카메라가 이미 개발되었으며, 전자광학카메라보다 크기도 크고 무거운 LiDAR 및 영상레이더 센서 또한 무인기용으로 개발되고 있다.

무인기용 카메라는 원격으로 작동되기 위한 조정용 컴퓨터, 사진의 위치와 카메라자세 등의 정보를 얻기 위한 GPS/INS 장비, 영상자료를 송신하거나 지상의 컴퓨터와 연결하기 위한 통신장비 등으로 연결되어 있다. 이러한 부수 장비들의 작동이 원활히 이루어져야 양질의 영상을 얻을 수 있다. RGB카메라로 촬영되는 영상 한 장에 해당하는 지역은 비교적 좁은 면적이므로, 한 번 비행에 수백 장 이상의 많은 영상을 촬영해야 원하는 지역을 모두 포함한다. 무인기 촬영에서 얻어진 많은 개별 영상들은 후처리 과정을 통하여 모자이크된 정사영상으로 제작되어 사용한다. 정확한 모자이크 정사영상을 제작하기 위해서는 광속조정, 영상표정, 수치고도자료 추출 등과 같은 기본적인 사진측량 처리 과정이 적용되어야 하며, 이를 위하여 개별 영상마다 촬영시점의 정확한 위치와 카메라의 자세 자료가 구비되어야 한다. 현재 개별 영상을 접합하여 한 장의 커다란 정사영상으로 제작하는 작업은 전용 사진측량 소프트웨어를 이용하여 촬영을 마친 후 별도의 후처리 과정을 통하여 이루어진다.

무인기영상은 육안판독을 통한 정성적인 정보의 추출이나 정사영상 및 지도제작 등에 주로 활용되고 있지만, 토지피복분류 또는 변화탐지와 같은 전통적인 원격탐사 활용을 위하여 관심이 증가하고 있다. 더 나아가 지표물의 생물리적 특성과 관련된 정량적 정보 추출을 위하여 무인기영상을 활용하려는 노력도 꾸준히 시도하고 있다. 지표물의 생물리적 특성과 관련된 정량적인 정보 추출을 위해서는 무인기영상의 신호 특성이 중요한 요소가 될 수 있다. 특히 지표물의 정보를 포함하는 순수한 신호값인 표면반사율을 도출하기 위한 대기보정 절차가 중요한 과제다. RGB카메라에서 촬영된 영상은 대부분 자료 저장 및 전송의 효율성을 높이기 위하여 JPG와 같이 압축영상 포맷을 채택하고 있다. 압축 영상은 카메라에서 처음 감지한 지표물의 본래 정보가 압축처리 과정에서 손실되므로, 정량적인 정보 획득 목적에는 적합하지 않을 수 있다. 무인기영상의 정량적인 활용을 위해서는 촬영시점의 카메라 검출기에서 감지한 신호를 그대로 기록한 원시영상(raw image)의 형태로 저장되어야 한다. 검출기 기술의 발달로 디지털카메라의 복사해상도가 12~14bit까지 향상되고 있기 때문에, 세분화된 영상신호를 충분히 활용하기 위해서는 각 화소의 원래값이 유지되어야 한다. 물론 원시자료로 저장할 경우 자료의 양이 매우 커지므로 저장 및 전송에 어려움이 있을 수 있다. 가령 1억 개의 검출기를 가진 RGB카메라에서 촬영되는 영상 한 장의 자료량은 원시 형태일 경우 300Mb 이상이 될 수 있으며, 한 번 비행에서 촬영되는 수백 장을 감안하면 자료 양은 기하급수적으로 증가한다.

무인기영상은 기존의 인공위성 및 항공기 영상과 비교하여 공간해상도가 매우 높은 초고해상도 영상이다. 촬영고도 및 검출기의 크기에 따라 달라지지만, 화소 하나의 지상거리(GSD)가 10cm 미만인 경우가 대부분이다. 이러한 초고해상도 무인기영상을 단순히 육안판독 목적이 아닌 기존의 원격탐사 영상처리에 사용할 경우 초고해상도 때문에 여러 가지 문제가 발생할 수 있다. 토지피복분류, 주제도 제작, 변화분석, 객체탐지 등의 목적에 초고해상도 무인기영상을 그대로 사용할 경우, 기존의 위성영상 또는 항공영상에 적용했던 영상처리 기법을 그대로 적용하는 데 문제가 있을 수 있다. 그동안 원격탐사 영상처리의 주된 방법은 화소 단위의 영상처리가 일반적이었으나, 초고해상도의 무인기영상에서는 화소 단위의 분류와 탐지보다 객체단위 분석이 보다 적합하다. 무인기영상 처리에서는 유사한 특성을 갖는 인접 화소들을 객체로 분할(image segmentation)한 뒤, 객체를 분류 또는 탐지하는 방법을 자주 이용한다. 비록 무인기 카메라는 초고해상도 영상을 빠르고, 쉽고, 저렴한 비용으로 촬영할 수 있지만, 활용 목적에 적합한 무인기영상을 위한 적절한 영상처리 방법 또한 해결해야 할 숙제다.

위성 탑재 디지털카메라

인공위성에 탑재된 전자광학센서의 대부분은 선주사기이며 면배열 검출기를 가진 프레임카메라는 매우 드물었다. 이는 우주 환경에서 양질의 복사신호를 감지할 수 있는 정밀한 면배열 검출기 제작의 어려움 때문으로 생각된다. 우주에서 면촬영 카메라를 사용된 사례로서 한국에서 지난 2010년 발사한 정지궤도위성인 COMS(천리안-1호)에 탑재한 해색센서인 GOCI를 꼽을 수 있다. 2010년부터 촬영을 시작한 GOCI-1은 한반도를 중심으로 2500×2500km^2 대상 지역을 500m 공간해상도의 영상을 얻는데, 검출기 제작 기술의 한계로 전 지역을 한 번에 촬영할 수 없었다. 약 200만 개 CMOS 면배열 검출기로 대상 지역을 16구역으로 나누어 각 구역을 순차적으로 촬영하는 방식을 적용하였다(그림 4-47a). 16구역으로 나누어 촬영된 각각의 영상들은 지상국에서 수신된 후 모자이크 처리를 거쳐 한 장의 영상으로 제작된다. 이는 앞장에서 설명한 디지털항공카메라가 대상 지역을 4개 구역으로 나누어 촬영한 뒤 집성하는 방법과 동일하다.

GOCI-1의 성공적인 운영에 따라 개선된 성능의 GOCI-2를 탑재한 천리안-2B(Geo-KOMPSAT 2B) 위성이 2020년 2월 발사되었다. GOCI-2는 GOCI-1과 동일한 지역을 촬영하지만 공간해상도를 250m로 향상했고, 따라서 훨씬 많은 검출기를 필요로 한다. 대상 지역을 250m 공간해상도로 한 번에 촬영하려면 1억 개(10000×10000)의 검출기 면배열이 필요하다. 그러나 GOCI-2는 250m

공간해상도를 감안하여 7300만 개(2720×2718)의 CMOS 검출기로 구성된 면배열을 사용하며, 분할촬영 구역을 12개로 축소하였다(그림 4-47b). 이렇게 분할 촬영된 영상들을 지상국에서 집성하여 한 장의 모자이크 영상(c)으로 제작된다.

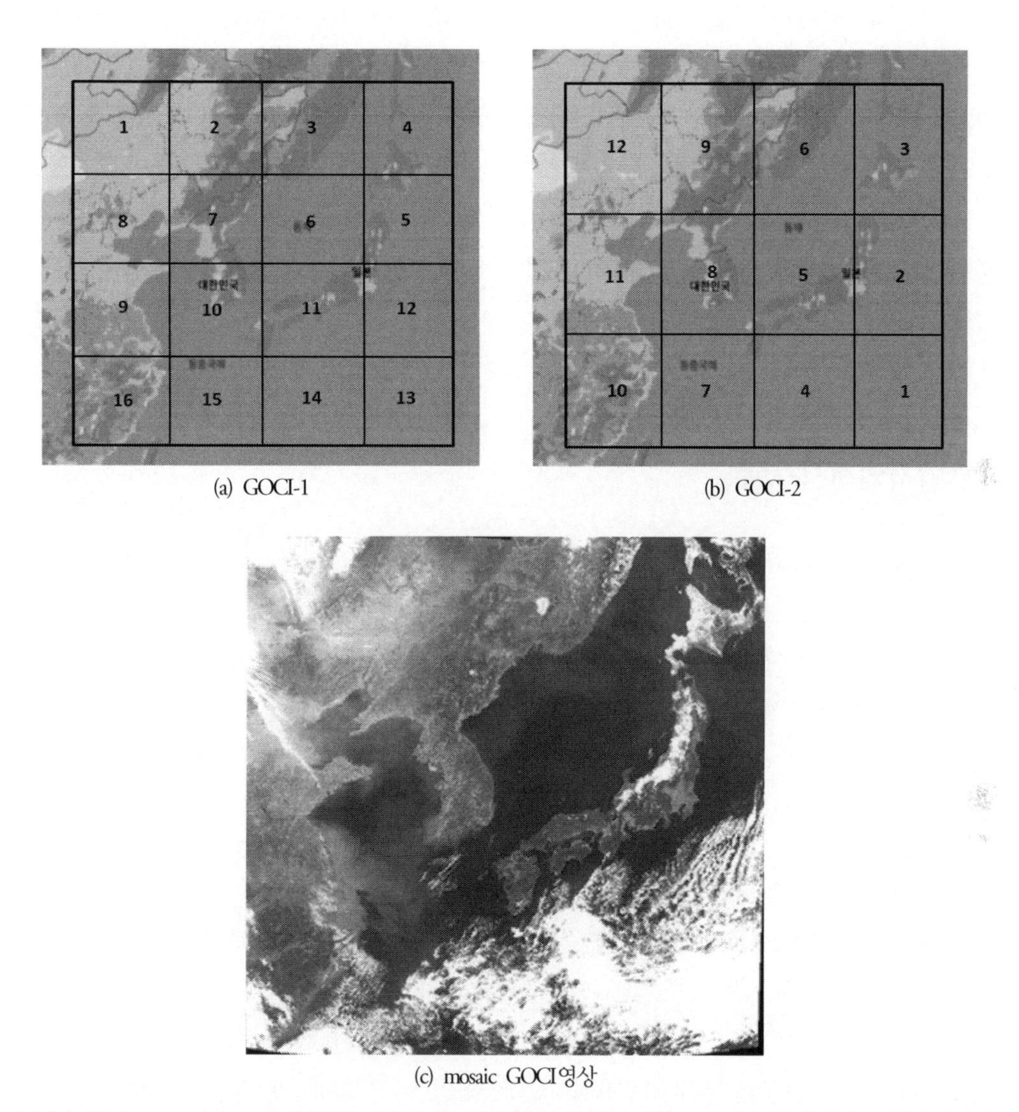

(a) GOCI-1

(b) GOCI-2

(c) mosaic GOCI영상

그림 4-47 2D array detector(면배열 검출기)로 16회(GOCI-1) 및 12회(GOCI-2) 분할 촬영 후 접합된 정지궤도해색센서 영상

최근 면배열 검출기를 이용한 카메라를 탑재한 소형 인공위성들이 증가하고 있다. 이들 위성은 동일한 사양의 카메라를 장착한 여러 기의 위성을 동시에 운영함으로써 빠른 주기로 촬영할 수 있다. 민간업체에서 운영 중인 Planetscope 프로그램은 현재 200기 이상의 초소형 위성을 동시에

운영하고 있는데, 이 위성은 면배열 CMOS 검출기를 장착한 소형카메라를 이용하여 고해상도 위성영상을 촬영하고 있다. Planet 위성의 크기는 10×10×30cm에 불과하며, 무게 또한 5kg 정도의 초소형 위성으로 CubeSat으로 불리기도 한다. 이들 위성은 한 번에 24.6×16.4km^{2}의 면적을 약 4m의 공간해상도로 촬영하며, 높은 시간해상도로 농업, 재해, 환경 등의 시계열 관측에 활용된다.

SkySat은 무게가 100kg 정도의 소형 위성으로 2560×2160개의 면배열 CMOS 검출기를 가진 디지털카메라를 장착하고 있다. 이 카메라는 4개 분광밴드에서 약 2m의 공간해상도로 한 번에 약 8×8km^2 면적을 촬영한다. SkySat 역시 현재 15기 이상의 위성이 발사되었고, 향후 위성의 숫자를 추가함으로써 빠른 촬영주기로 동일 지역을 자주 촬영할 목적으로 운영 중이다. 면촬영 방식의 디지털카메라는 선주사기보다 기계적으로 간단하며 작동 원리가 단순하기 때문에 인공위성용 전자광학센서에 이용이 증가될 전망이다.

4.9 열적외선시스템

열적외선(thermal infrared, TIR)시스템은 다른 전자광학시스템과 마찬가지로 센서 외부의 에너지원에 의존하는 수동형 시스템이다. 그러나 열적외선시스템의 에너지원은 태양이 아닌 지구 표면에서 방출되는 열적외선 복사에너지를 감지한다. 본 장에서는 열적외선시스템의 기본 원리, 센서 구조, 열적외선 영상의 판독 원리 및 주요 활용 분야를 다룬다.

열적외선 영상의 특징

열적외선 원격탐사에서 사용하는 파장영역은 3∼14μm이다. 이미 설명했듯이, 원격탐사에서 사용하는 적외선은 0.7∼14μm 구간이며, 열적외선은 파장이 짧은 근적외선 및 단파적외선과 구분되는 특성을 가지고 있다. 지구 표면에서 출발한 복사에너지는 3μm를 경계로 반사에너지와 방출에너지로 구분된다. 반사에너지는 지표면에서 반사되는 가시광선, 근적외선, 단파적외선 영역을 말하며, 방출에너지는 지구 표면에서 스스로 방출하는 열적외선 영역의 복사에너지다(그림 4-48). 그러므로 적외선 영상 또는 적외선센서란 용어는 적외선의 종류와 특성을 구분 없이 사용하는 모호한 의미이므로, 근적외선 영상 또는 열적외선센서와 같이 적외선의 종류를 정확히 구분하여 표시해야 한다.

열적외선 원격탐사는 파장이 3∼14μm 구간의 방출적외선을 감지하여 정보를 얻는 시스템이지만, 지구 표면에서 방출된 열적외선 중 일부 구간(5∼8μm)은 대기수분에 의하여 대부분 흡수

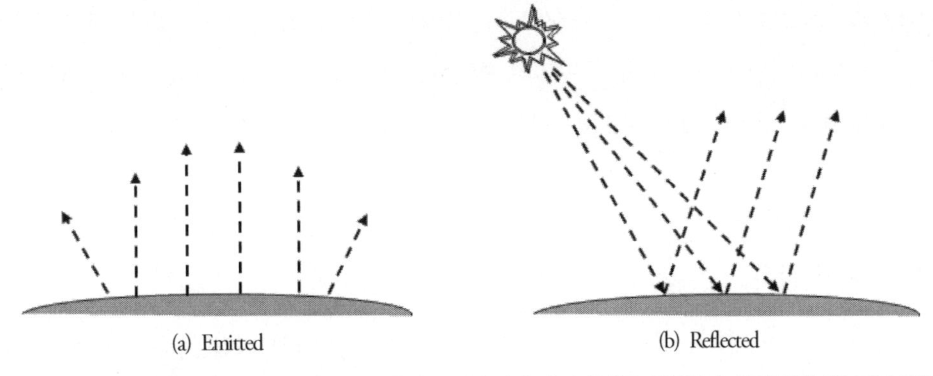

그림 4-48 열적외선 원격탐사는 지표면에서 방출하는 열적외선 에너지(a)를 이용하며, 반사적외선은 지표면에서 반사되는 근적외선과 단파적외선을 의미(b)

되므로 실질적으로 지구 원격탐사에서 이용하는 열적외선은 주로 3~5μm 및 8~14μm의 두 구간으로 나뉜다. 근적외선 및 단파적외선 영상은 지표면에서 반사된 에너지를 감지한 결과이고, 열적외선 영상은 지표면에서 방출되는 열에너지를 감지한 결과이므로 뚜렷한 차이가 있다. 열적외선시스템은 에너지원이 촬영 대상인 지구 표면이기 때문에 야간에도 촬영이 가능하다.

그림 4-49는 서울 및 인천을 포함한 경기만 지역의 Landsat-8 OLI/TIRS로 촬영한 근적외선(0.85~0.88μm) 영상과 열적외선(10.60~11.19μm) 영상의 차이를 비교한다. 두 영상은 2013년 9월 13일 오전 11시에 촬영한 영상으로, 근적외선 영상은 농경지 및 산림에서 식물의 높은 반사율과 서울과 인천 및 주변 도시지역이 상대적으로 낮은 반사율의 특징을 잘 보여준다. 또한 한강과 경기만 수면이 매우 낮은 반사율로 아주 검게 보인다. 반면에 열적외선 영상은 오전 11시의 지표면온도에 비

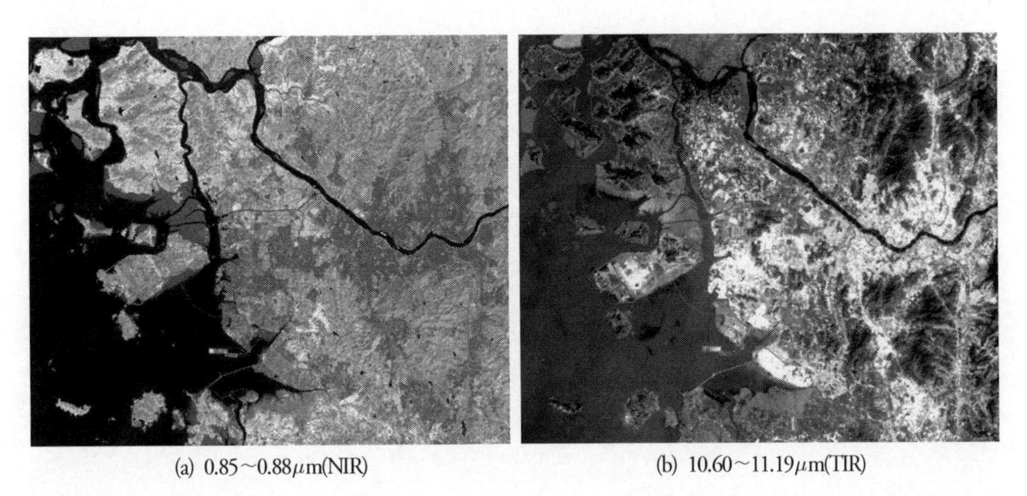

(a) 0.85~0.88μm(NIR)　　(b) 10.60~11.19μm(TIR)

그림 4-49 Landsat-8호에서 9월 13일 오전 11시에 촬영한 서울과 인천 및 경기만 지역의 근적외선(0.85~0.88μm) 영상과 열적외선(10.60~11.19μm) 영상의 차이

례하는 밝기를 보여주는데, 근적외선 영상에서 어둡게 보였던 도심지 및 인천공항이 높은 표면온도로 가장 밝게 나타났으며, 산림 및 수면의 표면온도는 상대적으로 낮기 때문에 어둡게 보인다. 이와 같이 열적외선 영상에 나타나는 지표물의 신호 특성은 반사적외선과 달리 표면에서 방출되는 열에너지와 직접적으로 관련 있다.

열복사 원리

열적외선 영상의 해석을 위해서는 열복사(thermal radiation)의 기본적인 원리를 이해해야 한다. 앞의 2장에서 이미 설명한 흑체복사를 이용하여 열적외선 원격탐사의 원리를 설명한다. 지구 표면에서 방출되는 에너지는 대부분 열적외선이며, 근적외선 및 마이크로파 에너지는 미약하다. 물론 태양이나 온도가 매우 높은 외계의 별에서는 자외선, 가시광선, 근적외선 영역의 에너지를 방출하며, 지구 표면에서 온도가 아주 높은 산불 또는 화산 지역에서는 파장이 짧은 가시광선 및 근적외선을 방출하기도 한다.

절대온도가 0°K 이상인 모든 물체는 전자기에너지를 방출한다. 흑체(blackbody)는 입사된 전자기에너지를 전부 흡수하고, 흡수된 에너지를 모두 방출하는 가상의 이상적인 발열체다. 흑체에서 방출하는 전자기에너지의 양은 흑체의 온도와 파장에 따라 다르다. 절대온도가 T인 흑체에서 방출하는 파장별 전자기에너지의 양은 프랭크의 복사법칙(Plank's radiation formula)을 따른다.

$$M_b(\lambda) = \frac{2hc^2}{\lambda^5[\exp(hc/\lambda kT) - 1]} \tag{4.11}$$

여기서 $M_b(\lambda)$ = 절대온도가 T인 흑체에서 파장별 방출하는 단위면적당 에너지 양(W/m³)

λ = 파장　　T = 절대온도　　h = Plank 상수

c = 빛의 속도　　k = Boltzman 상수

위의 식에서 방출하는 에너지양은 결국 흑체의 절대온도에 비례하는데, 모든 파장구간을 포함하여 방출에너지의 총량은 위 식을 적분하면 얻을 수 있다. 즉 절대온도가 T인 흑체에서 방출하는 에너지의 총량은 다음의 스테판-볼츠만 법칙(Stefan-Boltzman Law)으로 설명한다.

$$M_b = \int_0^\infty M_b(\lambda)d\lambda = \sigma T^4 \tag{4.12}$$

여기서 M_b = 절대온도가 T인 흑체에서 방출하는 전자기에너지의 총량(W/m^2)

σ = 스테판-볼츠만 상수, $5.6697 \times 10^{-8}\ Wm^{-2}K^{-4}$

T = 절대온도 K

태양과 유사한 6000°K의 흑체에서 방출하는 에너지의 총량과 지구의 평균 온도에 근접한 300°K의 흑체에서 방출하는 에너지의 총량은 절대온도의 4제곱에 비례하므로, 동일 면적에서 방출하는 에너지의 총량은 태양이 지구보다 16만 배 많다. 그림 4-50은 식(4.11)의 프랭크 복사법칙에 따라 산출한 절대온도가 다른 흑체에서 방출하는 복사발산도(M)의 파장별 분포를 보여주는데, 흑체의 온도가 높을수록 방출하는 전자기에너지의 총량은 증가한다.

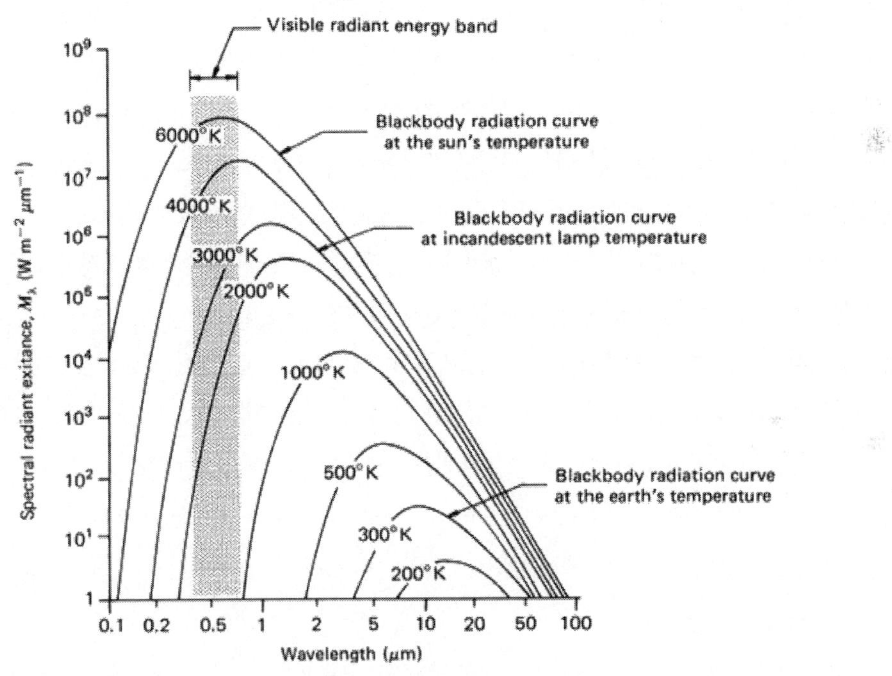

그림 4-50 프랭크 법칙에 의해 계산된 절대온도가 흑체에서 방출하는 전자기에너지의 파장별 분포(Lillesand 등, 2015)

그림 4-50의 흑체복사곡선에서 흑체의 절대온도에 따른 복사에너지의 분포는 파장에 따라 다르며, 최대에너지를 방출하는 파장은 흑체의 절대온도에 반비례하여 짧아진다. 흑체의 온도와 최대에너지를 방출하는 파장의 관계는 빈의 변위법칙(Wien's Displacement Law)으로 설명하며, 이 법칙은 열적외선 원격탐사에서 매우 중요한 의미를 갖는다.

$$\lambda_{\max} = \frac{A}{T} \tag{4.13}$$

여기서 $\lambda_{\max}$ =절대온도가 T인 흑체에서 최대에너지를 방출하는 파장(μm)

A =2898μm K

T=절대온도

열적외선 원격탐사에서 얻고자 하는 정보는 주로 지표물의 온도이며, 관심 지표물의 온도에 따라 열적외선센서의 파장구간을 결정한다. 열적외선센서를 포함한 모든 전자광학센서의 검출기에서 감지하는 에너지양이 많을수록 잡음이 적은 양질의 신호를 얻을 수 있다. 따라서 열적외선센서도 관심 대상인 지표물의 표면온도를 고려하여, 해당 지표물이 최대에너지를 방출하는 파장에 부합하는 파장구간을 설정하면 양질의 신호를 얻을 수 있다. 가령 해수면의 온도를 측정하기 위한 열적외선센서는 대부분 10μm 부근의 밴드를 이용하는데, 이는 평균온도가 약 20℃ 주변인 해수면에서 최대에너지를 방출하는 파장에 해당한다. 반면에 높은 온도의 산불이나 화산 활동을 탐지하고 모니터링하기 위해서는, 최대에너지를 방출하는 파장이 짧아져서 대략 3~5μm 영역의 열적외선 밴드를 이용한다. 지상이나 항공에서 사람이나 동물을 찾기 위한 열영상카메라는 사람 및 동물에서 방출하는 온도에 적합한 열적외선 파장을 이용한다.

대부분의 위성 열적외선센서는 해양, 육지, 극지 등의 평균 온도를 고려하여 10~12μm 영역의 분광밴드를 사용한다. 열적외선 밴드를 포함하는 인공위성 다중분광센서로 AVHRR이 있다. AVHRR은 3.55~3.93μm와 10.30~11.3μm 구간에서 두 개 열적외선 밴드를 포함하고 있는데, 전자는 주로 화산 폭발이나 산불 탐지 등에 사용되며, 후자는 해수면 및 육지의 표면온도 추출에 사용된다. 반면에 Landsat-8에 탑재한 열적외선센서인 TIRS는 10.30~11.3μm 및 11.5~12.5μm의 두 개 밴드에서 열영상을 촬영한다.

방출률

열복사 원리를 흑체를 대상으로 설명했으나, 지구 표면에 존재하는 물체는 흑체가 아니고 물체에 따라서 에너지를 흡수하고 방출하는 정도가 다르다. 방출률(emissivity) 또는 방사율은 물체가 가진 고유의 전자기에너지 방출 효율성을 나타내는 척도로서, 물체의 온도, 종류, 구성 물질, 표면 상태, 수분함량, 파장 등에 따라 다르다. 다중분광 및 초분광영상에서 지표물의 종류와 특성을 해석하려면 분광반사율이 필요하듯이, 열적외선 영상에서는 지표물의 표면온도 차이를 해석하기 위해서 방출률이 중요하다. 흑체가 아닌 물체에서 방출하는 복사발산량은 스테판-볼츠만 법칙에 적용하면 다음과 같이 표시할 수 있다.

$$M_r = \varepsilon \sigma T^4 \tag{4.14}$$

여기서 M_r = 절대온도가 T인 실체(real object)에서 방출하는 에너지의 총량(W/m^2)

동일한 온도를 가진 흑체와 특정 물체에서 발산하는 복사량의 차이가 결국 방출률이며, 이는 식(4.12)와 식(4.14)를 나눈 값이다. 특정 물체의 방출률은 그 물체에서 방출하는 복사량을 동일한 온도를 가진 흑체복사량으로 나눈 값으로 다음과 같다.

$$\frac{M_r}{M_b} = \frac{\varepsilon \sigma T^4}{\sigma T^4} = \varepsilon \tag{4.15}$$

흑체는 입사된 에너지를 전부 흡수하고, 흡수된 에너지를 모두 방출하는 이상적인 발열체이므로 당연히 방출률은 1이다. 그러나 지구 표면에 존재하는 물체의 방출률은 대부분 1보다 작다. 방출률이 0.3인 물체는 내부 에너지의 30% 정도만 방출할 수 있다는 의미다. 방출률이 1보다 작지만 파장에 관계없이 모든 파장에서 방출률이 같은 물체를 회색체(grey body)라고 한다. 그림 4-51에서 보듯이 회색체의 방출률은 0.7 정도로 파장에 관계없이 일정하고, 아래의 복사발산도 그래프는 흑체의 복사곡선과 회색체의 복사곡선이 비슷한 형태임을 보여준다. 파장에 관계없이 회색체 복사량을 흑체 복사량으로 나눈 비율은 0.7로 일정하다. 파장에 따라 방출률이 변하는 물체를 선택적 발열체(selective radiator)라고 하며, 그림에서 보듯이 특정 파장에서의 방출률은 흑체와 같이 1에 근접하기도 하지만, 파장에 따라 방출률이 다르게 나타난다.

방출률은 총방출률(total emissivity)과 분광방출률(spectral emissivity)로 나누어 설명할 수 있는데, 특히 분광방출률은 일정 파장구간의 복사량을 감지하는 열적외선 원격탐사에서 중요하다. 총방출률은 특정 온도의 발열체가 전자기에너지를 방출하는 모든 파장영역에 걸쳐서 측정한 파장별 방출률을 평균한 값이다. 회색체는 파장에 관계없이 방출률이 동일하므로 총방출률이나 분광방출률이 같다. 깨끗한 물의 방출률은 0.98 이상으로 흑체에 가장 근접한 회색체에 해당한다. 분광방출률은 파장에 따라 방출률이 변하는 선택적 복사체에 적용하는 개념으로, 특정 파장 또는 파장구간에서의 방출률을 의미한다. 열적외선 파장은 3~14μm이지만, 열적외선 원격탐사에서 가장 많이 사용하는 파장은 주로 8~14μm이다. 그러므로 8~14μm 구간에서 다양한 지표물의 방출률을 알면, 열적외선 영상을 해석하고 표면온도를 추출하는 데 매우 유용하다. 그림 4-52는 8~14μm 구간에서 회색체(물)와 선택적 복사체(화강암)의 복사발사도의 차이를 보여준다. 동일한 온도의 흑체와 물의 복사곡선은 거의 일치하는데, 이 파장영역에서 물의 방출률은 파장에 관계없이 같다. 반면에 화강암의 복사발산량은 파장에 따라 차이가 큰 선택적 복사체의 특성을 보인다. 화강암은 6~10μm 파장구간에서는 회색체처럼 방출률이 같지만, 10~13μm 구간에서는 파장에 따라 방출률의 차이가 크다.

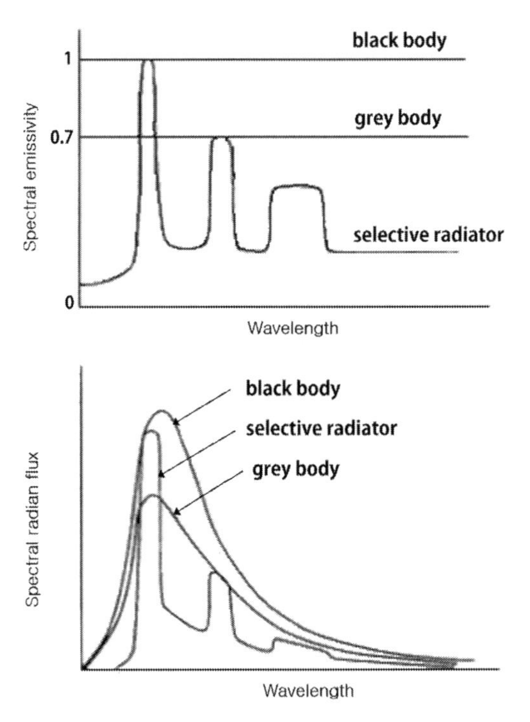

그림 4-51 흑체, 회색체, 선택적 복사체의 파장에 따른 방출률과 복사발산도(Lillesand 등, 2015)

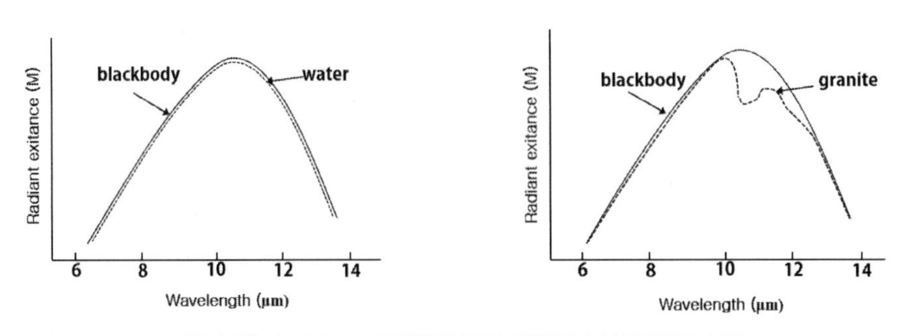

그림 4-52 6~14μm 구간에서 물과 화강암의 복사발산도 비교

선택적 복사체는 열적외선 밴드의 파장구간에 따라 방출률이 크게 다를 수 있다. 열적외선센서의 파장구간이 9~10μm라면, 화강암은 회색체와 같이 1에 근접한 방출률을 갖는다. 그러나 센서의 파장구간이 8~14μm로 넓게 설정되었다면 화강암의 방출률은 파장에 따라 변이가 크므로 평균방출률을 사용해야 한다. 선택적 복사체는 비록 동일한 표면온도를 가지고 있어도, 열적외선센서의 파장구간에 따라 다른 신호로 기록될 수 있다. 예를 들어 ETM+ 밴드7과 TIRS 밴드10의 파장구간은 각각 10.4~12.5μm와 10.60~11.19μm로 차이가 있기 때문에, 두 밴드의 파장구간에서 화강암의 방출률은 다르다. 그러므로 같은 온도를 가진 물체라도 선택적 복사체라면, 두 밴드에서 감지한 복사휘도는 다르게 기록된다.

표 4-9는 열적외선 원격탐사에 널리 사용되는 파장(8~14μm)에서 여러 지표물의 평균 방출률을 보여준다. 방출률은 물체에 따라 다르지만, 동일한 물체라도 표면 색깔과 거칠기, 온도, 수분함량 등에 따라 다르다. 특정 물체의 정확한 방출률을 측정하기는 매우 어렵고 또한 선택적 복사체의 경우 파장에 따른 방출률의 차이가 크다. 따라서 방출률은 단일 값보다는 일정 범위로 표시하는 경우가 많다. 지구 표면을 덮고 있는 물, 식물, 토양, 눈과 같은 자연적인 물체의 방출률은 매우 높다. 반면에 금속 및 유리와 같이 표면이 비교적 매끄러운 인공물들의 방출률은 매우 낮다.

표 4-9 지구 열적외선 원격탐사에 널리 사용되는 파장구간(8~14μm)에서 다양한 물체의 방출률

물질	방출률	물질	방출률
깨끗한 물	0.98~0.99	스테인레스 강	0.16
보통 물	0.92~0.98	알루미늄 호일	0.03~0.07
콘크리트	0.71~0.90	칠한 알루미늄 호일	0.55
아스팔트	0.94~0.97	광택처리된 금속	0.16~0.21
건조 토양	0.92~0.94	녹슨 철	0.63~0.70
습윤 토양	0.95~0.98	화강암	0.86
젖은 눈	0.98~0.99	감람석	0.78
건조한 눈	0.85~0.90	현무암	0.95
건강한 녹색 식물	0.96~0.99	유리	0.77~0.81
건조 식물	0.88~0.94	사람 피부	0.97~0.99

지구 표면에서 방출하는 복사에너지는 해당 지표물에 입사된 에너지 총량과 반사된 에너지에 따라 다르다. 지구 표면에 입사된 전자기에너지의 총량은 에너지보존법칙에 따라 반사(r)되거나, 흡수(a)되거나, 투과(τ)하여 다른 물체로 전달된다. 입사에너지와 지표면에서의 반사, 흡수, 투과하는 에너지의 비중은 파장에 따라 다르므로, 다음과 같이 나타낼 수 있다.

$$E(I)_\lambda = E(r)_\lambda + E(a)_\lambda + E(\tau)_\lambda \tag{4.16}$$

이 식에서 좌우를 입사에너지 $E(I)$로 나누면, 다음과 같이 정리된다.

$$1 = r_\lambda + a_\lambda + \tau_\lambda \tag{4.17}$$

여기서 반사율 r은 모든 방향으로 반사한 에너지의 비율을 나타내는 반구반사율(albedo)이며, a는 흡수율, τ는 투과율이다. 물론 반사율, 흡수율, 투과율은 파장에 따라 달라지므로, 분광반사율 또는 분광흡수율로 표시할 수 있다.

열적외선 원격탐사에서 적용하는 또 다른 중요한 원리는 키르호프법칙(Kirchoff's Radiation Law)으로, 열적외선 파장영역에서 분광흡수율과 분광방출률이 같다는 법칙이다.

$$a_\lambda = \varepsilon_\lambda \tag{4.18}$$

이 관계를 식(4.17)에 대입하여, 흡수율을 방출률로 대체하면 다음과 같다.

$$1 = r_\lambda + \tau_\lambda + \varepsilon_\lambda \tag{4.19}$$

즉 지표면에 입사된 열복사에너지는 지표면 물체에서 흡수되거나 반사되고 더 이상 아래로 전달되지 않으므로, 투과율 τ는 0이 된다. 따라서 식(4.19)는 다음과 같이 정리할 수 있다.

$$1 = r_\lambda + \varepsilon_\lambda \tag{4.20}$$

결국 반사율과 방출률은 서로 상충 관계며, 이는 열적외선 영상을 해석하는 데 중요한 열쇠가 될 수 있다. 키르호프법칙은 "좋은 흡수체는 좋은 발열체이며, 좋은 반사체는 나쁜 발열체다"로 해석할 수 있다. 스텐레스 강판, 알루미늄 호일, 광택 처리된 금속과 같이 표면이 매끄럽고 반사가 잘되는 물체는 당연히 반사율이 높다. 표 4-9에서 보듯이 이 물체들의 방출률은 키르호프법칙에 따라 매우 낮다. 물체의 방출률을 측정하는 방법은 복사계를 이용하는 직접적 방법과 반사율을 측정하여 방출률을 추정하는 간접적인 방법이 있다.

지표물의 온도 측정

사람의 체온이 36.5℃이라 함은 피부의 온도가 아닌 신체 내부 근육과 체액의 온도를 말한다. 이와 같이 물체 내부의 분자운동에 의하여 발생하는 온도를 운동온도(kinetic temperature, T_{kit})라고 한다. 반면에 열적외선 원격탐사에 감지하는 열에너지는 지구 표면에서 방출하는 온도에 관련되므로 이를 복사온도(radiant temperature, T_{rad})라고 한다.

지표면에서 방출하는 복사온도는 그 물체 내부의 운동온도보다 대부분 낮게($T_{rad} < T_{kit}$) 나타난다. 사람의 피부 온도가 체온보다 항상 낮은 이유는 복사온도와 운동온도의 차이 때문이다. 과거에 체온 측정은 온도계를 입안이나 겨드랑이에 꽂고 신체 내부 온도를 충분히 감지할 때까지 몇 분 동안 기다렸는데, 요즘에는 신체에 직접 접촉 없이 피부에서 방출하는 복사온도를 측정한 후 이를 운동온도로 변환하는 방식으로 체온을 측정한다. 열적외선 원격탐사에서 얻어지는 복사온도를 운동온도로 변환하기 위해서는 지표물의 분광방출률을 알아야 한다.

파장구간이 $\lambda_1 \sim \lambda_2$ 인 열적외선센서에서 측정된 복사량은 프랭크의 복사법칙에 따라 다음과 같이 산출된다.

$$M_r = \int_{\lambda_1}^{\lambda_2} \frac{\varepsilon\, 2hc^2}{\lambda^5 [\exp(hc/\lambda kT) - 1]} \tag{4.21}$$

지표면에서 방출한 복사량 M_r은 열적외선센서의 파장구간($\lambda_1 \sim \lambda_2$)과 분광방출률(ε)에 따라 달라진다. 항공기 및 위성에서 감지된 M을 식(4.21)에 대입하여 표면온도 T를 얻을 수 있다. 또한 앞에서 설명한 스테판-볼츠만 법칙을 변형하여 흑체가 아닌 지표물에서 방출하는 에너지의 총량으로 표시하면 다음과 같다.

$$M_r = \varepsilon\ \sigma T_{kit}^4 \tag{4.22}$$

열적외선 원격탐사에서 산출한 온도는 지표면에서 방출한 복사온도(T_{rad})가 된다. 복사온도와 운동온도(T_{kin})의 관계는 흑체를 이용하여 설명할 수 있는데, 흑체는 완전한 발열체이므로 T_{rad}와 T_{kin}가 같다. 따라서 같은 온도의 흑체에서 방출하는 복사량 $M_b = \sigma T_{rad}^4$ 와 식(4.22)의 실제 물체의 복사량을 연계하면, 복사온도와 운동온도의 관계는 다음과 같다. 즉 열적외선 원격탐사자료에서 산출한 복사온도를 운동온도로 변환하려면 센서의 파장구간에 해당하는 지표물의 분광방출률을 알아야 한다.

$$T_{rad} = \varepsilon^{1/4} T_{kin} \tag{4.23}$$

열적외선 원격탐사의 기본적인 목적은 지구 표면의 온도를 추출하는 것이다. 열적외선 영상신호를 표면온도로 변환하기 위해서는 복사보정(radiometric calibration) 과정이 필요하다. 열적외선센서에서 감지한 복사휘도 L과 지표물의 표면온도 T와의 관계는 식(4.24)로 간단히 설명할 수 있는데, 여기서 지표물의 분광방출률을 알고 있다는 가정에서 T를 구하기 위한 복사보정계수 a와 b가 필요하다.

$$L_{\lambda} = a + b\varepsilon_{\lambda} T_{kit}^4 \tag{4.24}$$

여기서 L_{λ} =열적외선센서에서 감지한 복사휘도
a, b =복사보정계수
ε_{λ} =분광방출률
T_{kit} =지표물 표면의 운동온도

열적외선 영상의 복사보정은 센서 내부에 기준온도 장치를 이용하는 내부표준 방법과 영상 촬영시점에 지상에 설치한 참조자료를 이용하는 외부표준 방법으로 나눌 수 있다. 내부표준 방법은 센서 내부에 정확한 온도를 가진 기준체(reference plates)를 장착하여 센서가 주기적으로 기준체를 감지하여 영상신호와의 관계를 보정하는 방법이다. 센서 내부의 기준체는 낮은 온도와 높은 온도를 가진 두 개의 판을 이용하는데, 두 개의 기준체를 감지하여 얻은 복사휘도와 온도와의 관계식을 통하여 영상에 기록된 복사휘도를 온도로 변환한다. 내부표준원을 이용한 복사보정 방법은 비교적 근거리에서 지표물의 표면온도를 정확하게 측정할 수 있지만, 센서와 지표물의 거리가 긴 위성 센서는 대기의 영향 때문에 별도의 대기보정 절차를 거쳐야 정확한 표면온도를 얻을 수 있다.

외부표준 방법은 항공기 및 위성에서 촬영하는 시점에 직접 현장에서 여러 지표물의 표면온도를 측정한 뒤, 영상신호와 현장에서 측정된 온도와의 관계식으로 복사보정계수를 얻는 방법이다(그림 4-53). 현장에서 표면온도를 측정하는 참조 지표물은 상대적으로 온도가 낮은 물체(물, 얼음 등)부터 온도가 높은 물체(콘크리트, 토양 등)까지 포함해야 한다. 열적외선센서로 감지한 복사휘도

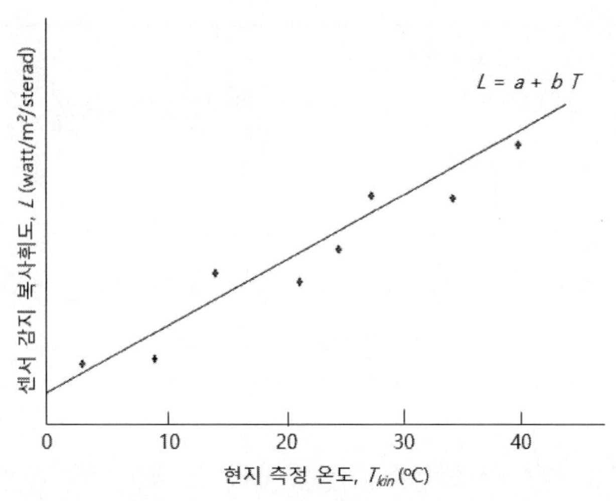

그림 4-53 현지에서 측정한 온도와 센서에서 감지된 복사휘도의 관계식으로 복사보정계수를 산출하는 외부표준 방법

는 대기에 의한 산란, 흡수, 방출의 영향을 포함하고 있다. 따라서 외부표준방법에 의한 복사보정은 지표에서 측정한 온도와 대기층 밖에서 측정한 복사휘도와의 관계식이므로, 대기보정 효과를 갖는 복사보정계수라고 할 수 있다. 그러나 외부표준방법으로 구해진 복사보정계수는 특정 시점 및 지역의 영상에 국한하여 사용할 수 있으며, 다른 시기의 타 지역 영상에 확장 적용하려면 촬영조건 및 대기상태에 대한 세심한 검토가 선행되어야 한다.

대기영향

지표면에서 방출된 전자기에너지는 대기를 통과하면서 대기입자에 의하여 산란, 흡수, 방출되므로, 열적외선센서에서 감지한 신호에 영향을 미친다. 열적외선 원격탐사에 사용되는 3~14μm의 파장영역 중 5~8μm 구간은 대기수분에 의하여 대부분 흡수되고, 이산화탄소 및 오존에 의한 부분적인 흡수구간이 존재한다(그림 4-54). 따라서 열적외선센서의 밴드는 이러한 흡수 구간을 제외하고 대기창에 포함된 파장구간을 설정한다.

가시광선 및 반사적외선을 이용하는 다중분광영상은 산란 및 흡수가 대기영향의 중요 부분이지만, 열적외선 구간에서는 이에 더하여 대기입자에 의한 방출이 큰 영향을 미친다. 지표면에서 방출된 전자기에너지는 대기 흡수 및 산란 때문에 센서에 도달하는 에너지보다 대체로 크다. 따라서 대기 흡수 및 산란이 발생한 열적외선 영상은 지표면의 온도가 실제보다 낮게 기록될 수 있다. 반면에 대기입자에 의한 방출량이 크면 지표면에서 방출한 에너지에 더해지므로, 지표면의 온도가 실제보다 높게 나타날 수 있다.

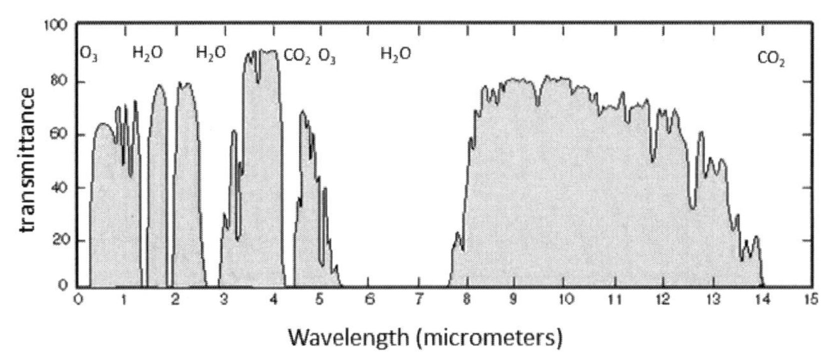

그림 4-54 열적외선 파장영역(3~14μm)에서 대기 입자에 의한 흡수 및 대기창(Lillesand 등, 2015)

열적외선 영상에서 정확한 표면온도를 추출하기 위해서는 대기의 영향을 최소화하는 보정처리가 반드시 필요하다. 대기영향은 기상조건, 지리적 위치, 해발고도, 촬영 계절 및 시간에 따라 다르므로, 정확한 대기자료를 얻는 데 어려움이 있다. 인공위성 열적외선 원격탐사의 대표적인 활용 분야인 해수면 온도(sea surface temperature, SST) 산출에서, 대기효과를 보정하는 방법으로 여러 분광밴드에서 얻은 신호의 차이를 이용하여 대기영향을 추정한다. 열적외선 영상에서 대기효과를 보정하기 위한 다양한 기법들이 꾸준히 개발되고 있으며, 이를 토대로 열적외선 영상에서 산출한 해수면 및 지표면온도의 정확도는 향상되고 있다.

열적외선 영상센서의 구조

열적외선 감지 기술은 제1차 세계대전 무렵부터 시작한 오랜 역사를 가지고 있지만, 실제 항공기 및 위성 탑재 열적외선 영상센서는 1960년대에 처음 등장했다. 항공기 및 인공위성 탑재 열적외선 영상센서는 주로 열적외선주사기(thermal scanner)로 지칭하는데, 이는 열적외선을 감지할 수 있는 검출기의 재질과 제작 기술의 난이도 때문이다. 열적외선에 반응하는 검출기의 재질은 InSb, GeHg, HgCdTe 등이 있으며, 각 검출기에서 최대에너지를 감지할 수 있는 열적외선 파장영역은 다르다(그림 4-55). 산불이나 화산 활동 같은 높은 온도의 지표물 탐지에 적합한 3~5μm 구간의 센서는 InSb 재질의 검출기를 사용하며, 평균적인 지표면온도에 적합한 8~14μm 구간의 센서는 HgCdTe 검출기를 많이 사용한다. GeHg 검출기는 열적외선 모든 파장영역을 감지할 수 있으나, 10μm에서 최대 감응도를 보이므로 주로 8~14μm 파장 밴드에서 주로 사용한다.

인공위성 탑재 열적외선 영상센서의 대부분이 선주사기인 이유는, 양질의 열적외선 에너지를 감지하기 위한 검출기를 면배열로 제작하기 어렵기 때문이다. 물론 최근에 면배열 검출기를 갖춘 열상감시장비(thermal observation device, TOD)와 소형 열영상카메라가 개발되었지만, 위성 원격탐사에서 사용하는 열적외선 영상센서는 아직까지 선주사기가 보편적이다.

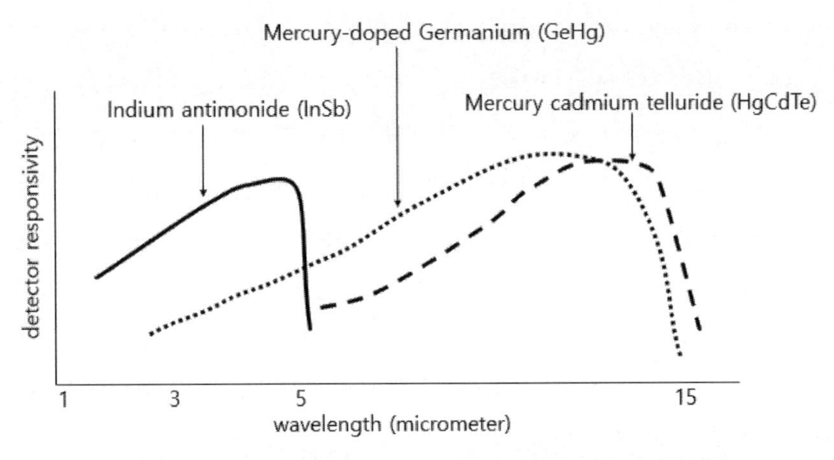

그림 4-55 열적외선센서에서 사용되는 검출기 재질에 따른 파장별 감응도

열적외선 영상센서는 다른 전자광학센서와 유사한 구조를 갖지만, 별도의 냉각장치를 갖추어야 한다. 그림 4-56에서 보듯이 열적외선센서는 지표면에서 방출된 전자기에너지를 광학계에서 수집한 후, 분광장치에서 파장대역으로 분리하여 검출기로 전달되는 과정은 다른 전자광학센서와 동일하다. 다만 검출기에 액화질소로 채워진 냉각장치(dewar)가 부착되어 있는데, 이는 잡음을 최소화하여 양질의 신호를 감지하기 위해 반드시 필요하다. 절대온도가 0°K 이상인 모든 물체는 전자기에너지를 방출하며, 방출하는 에너지의 양은 온도가 높을수록 많다. 따라서 지표면에서 방출한 열적외선만을 감지해야 하는 검출기의 온도가 높으면, 검출기에서 스스로 방출한 에너지가 잡음의 역할을 한다. 검출기의 절대온도를 0°K로 낮추면 이상적이지만, 최저 온도를 유지하기 위한 현실적인 방법으로 액화질소를 사용하여 검출기의 절대온도를 최저화하여 잡음 비율을 줄일 수 있다.

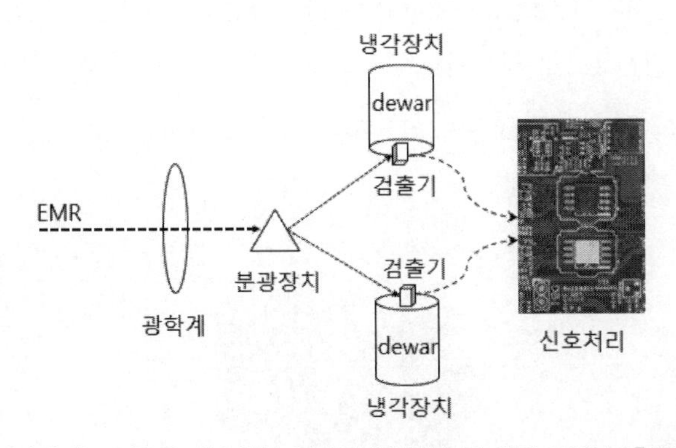

그림 4-56 열적외선 영상센서는 잡음을 최소화한 양질의 영상신호를 얻기 위해 검출기에 냉각장치를 부착

열적외선 영상은 다중분광센서에 열적외선 밴드를 포함하여 촬영하거나, 독립적인 열적외선센서로 여러 밴드의 열적외선 영상을 얻는다. 열적외선 영상은 상대적으로 공간해상도가 낮기 때문에, 공간해상도가 높은 가시광선 및 반사적외선 영상과 함께 촬영함으로써 정확한 위치를 파악하여 판독 효과를 높일 수 있다. 인공위성 열적외선 영상은 1970년대 후반부터 지금까지 미국 NOAA 위성의 AVHRR에서 꾸준히 공급하고 있다. AVHRR은 5개의 분광밴드를 가진 극궤도 위성센서로, 가시광선 및 근적외선 밴드와 3개 열적외선 밴드에서 넓은 촬영폭으로 매일 지구 전역을 촬영한다. AVHRR과 유사한 특성을 가진 MODIS는 개선된 사양의 열적외선 영상을 공급하고 있다. 한국의 정지궤도 기상센서를 포함하여 GOES 등 모든 기상위성센서는 열적외선 밴드를 포함하고 있으나 공간해상도가 매우 낮다.

AVHRR를 비롯한 위성 열적외선 영상은 1km 이상의 저해상도 영상으로 매일 전 지구관측에는 유리하지만, 도시 및 국소지역의 열 현상을 관측하기에는 부적절하다. 1982년에 발사된 Landsat-4호부터 탑재된 TM 다중분광센서는 열적외선 밴드를 포함하고 있으며, 60~120m 공간해상도의 열적외선 영상을 공급했다. 최근에 발사된 Landsat-8호 위성에서는 별도의 열적외선센서인 TIRS(Thermal Infrared Sensor)를 탑재하여 2개 열적외선 밴드 영상을 촬영하고 있다. 한국도 2015년에 발사된 KOMPSAT-3A호 위성에서 3~5μm 구간의 열적외선 영상을 5.5m의 고해상도로 촬영하고 있다.

위성 및 항공기용 열적외선 영상센서는 냉각장치를 갖춘 높은 정밀도의 검출기 배열 때문에 상대적으로 많은 제작비용이 들지만, 최근에는 별도의 냉각장치를 부착하지 않는 저가의 열적외선센서가 등장하고 있다. 냉각장치가 없는 간단한 형태의 열적외선 영상센서는 주로 무인기 탑재용으로 개발되었지만, 최근에는 초소형 인공위성에 탑재할 정도로 정밀도를 갖춘 저가의 열적외선 영상센서가 등장하고 있다.

열상감시장비(TOD), 열화상카메라, 열상카메라 등의 이름으로 알려진 지상용 열적외선센서는 비교적 단거리에서 열적외선 영상을 촬영하여 온도 측정 및 목표물 탐지 등에 사용한다(그림 4-57). 지상에서 흔히 감시용으로 사용되는 열적외선카메라는 대부분 별도의 냉각장치가 없고, 비교적 저렴한 비용으로 제작이 가능하여 현장에서 쉽게 열적외선 영상을 얻을 수 있다.

그림 4-57 지상용 열상감시장비(TOD)를 비롯한 열적외선카메라의 종류와 형태

2020년 초부터 전 세계로 확산된 신종 코로나바이러스 감염병으로, 일상에서 지상용 열적외선 카메라를 쉽게 볼 수 있다. 컬러 그림 4-58은 주변에서 쉽게 볼 수 있는 다양한 지상용 열적외선카메라로 촬영한 영상을 보여준다. 코로나감염 진단과 예방을 위한 체온 측정 또는 인체 검색용으로 사용되고 있으며, 의료용 진단 수단으로 정확한 통증부위를 찾아내는 용도로 사용한다. 또한 열적외선카메라의 주요 활용 분야로는 주택 및 건물의 에너지 효율성을 높이기 위한 열손실을 탐지하는 데 사용된다. 그림의 열적외선 영상은 컬러 영상이지만, 세 개 분광밴드를 RGB합성한 결과가 아니라 하나의 열적외선 밴드에서 촬영한 영상 신호를 온도에 비례하는 색으로 할당하여 출력한 결과다.

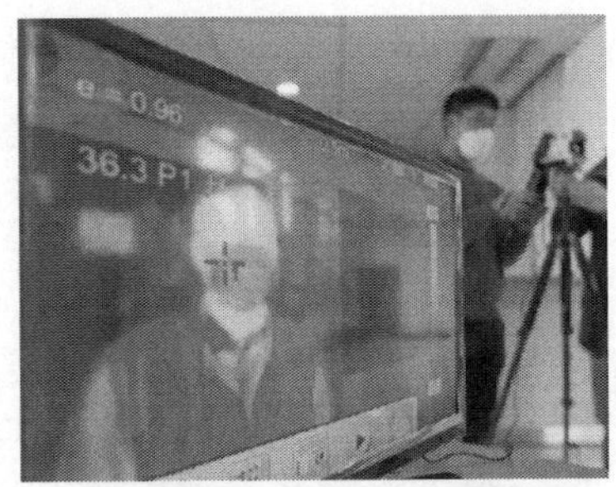

(a) 코로나감염 진단을 위한 체온 측정

(c) 건물 열손실 탐지

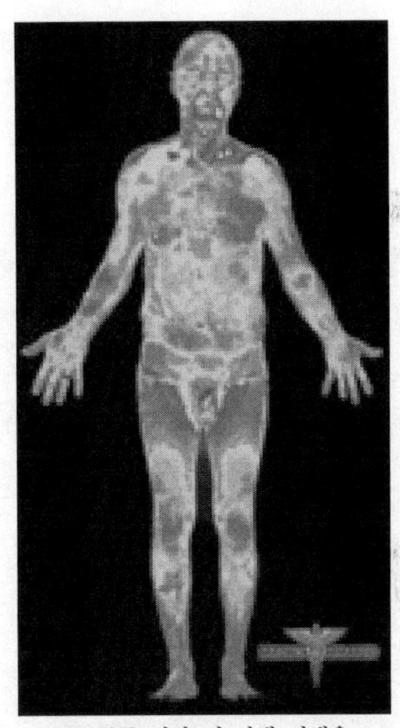

(b) 통증 진단 및 인체 검색용

컬러 그림 4-58 일상에서 쉽게 볼 수 있는 열적외선 영상의 사례(컬러 도판 p.558)

열적외선 영상의 해석

열적외선 원격탐사는 주변보다 이상적으로 높거나 혹은 낮은 온도의 지표물을 탐지하거나, 상대적인 온도 차이를 비교하는 정성적 활용이 주를 이룬다. 흑백 열적외선 영상에서 영상의 밝기는 온도에 비례하여, 온도가 높은 지점은 밝게 보이고 온도가 낮은 지점은 어둡게 보인다. 그림 4-59a는 2013년 9월 13일 오전 11시에 촬영된 수도권 및 경기만 해역의 Landsat 열적외선 영상으로 도시, 산림, 논, 바다, 갯벌 등 다양한 지표물의 상대적인 온도 차이를 보여준다. 영상이 촬영된 오전 11시는 이미 햇빛을 충분히 받아 뜨거워진 콘크리트 및 아스팔트의 도시가 가장 밝게 보이고, 산림과 바다가 어둡게 보이므로 표면온도가 상대적으로 낮다는 것을 알 수 있다.

흑백 열적외선 영상의 밝기는 지표물의 온도와 비례하도록 출력하는 게 일반적이지만, 경우에 따라서 온도와 영상 밝기가 반비례하도록 출력하는 경우도 있다. 즉 온도가 높은 부분은 어둡게 보이고 온도가 낮은 부분은 밝게 보이도록 출력하는 방법인데, 기상위성에서 촬영한 열적외선 영상을 출력할 때 흔히 사용한다. 그림 4-59b는 한국의 천리안-2A호에 탑재한 기상센서에서 2020년 7월 24일 16시에 촬영한 동아시아 지역의 열적외선 영상으로, 온도가 낮은 구름이 가장 밝게 보이며 온도가 높은 육지는 어둡게 보인다. 기상위성의 열적외선 영상은 강수량 예측을 위해 구름과 대기의 온도가 주된 관측 대상이며, 이를 위하여 구름의 분포와 온도를 쉽게 파악할 수 있도록 영상의 밝기를 온도에 반비례하여 출력한다. 구름에 해당하는 부분은 밝게 보이며, 구름의 표면온도에 반비례하여 밝기가 달라진다. 구름 없이 맑은 육상이나 해양은 높은 표면온도 때문에 매우 어둡게 보인다.

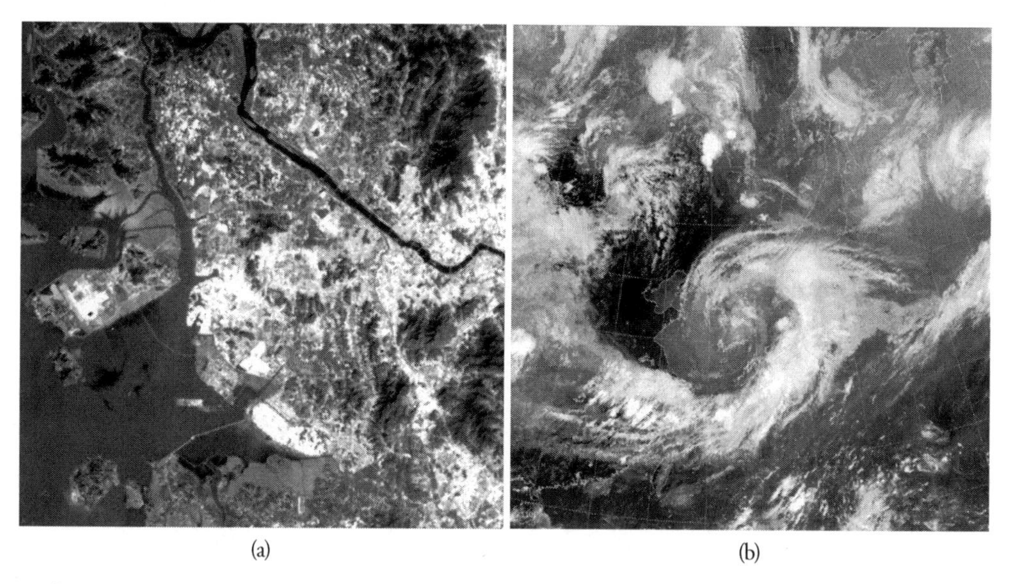

(a) (b)

그림 4-59 열적외선 영상의 밝기와 표면온도의 관계: 흑백영상의 밝기는 온도에 비례하여 높은 온도가 밝게 보이도록 출력하는 게 일반적이지만(a), 구름의 온도가 주된 관측 대상인 기상위성의 열적외선 영상은 온도에 반비례하여 온도가 가장 낮은 구름이 밝게 보이도록 출력한다(b).

주로 회색조로 출력되는 열적외선 영상이 요즘에는 영상처리기술 및 출력 장비의 성능 향상으로 영상신호에 적절한 색을 입혀서 컬러영상으로 출력하여 온도의 차이를 쉽게 파악하도록 한다. 열적외선 컬러영상은 세 개 밴드의 신호를 RGB로 합성한 진색(true color)영상이 아니라, 화소의 신호값에 따라 적절한 색을 할당한 컬러조견표를 이용하여 출력한 결과이다. 열적외선 영상에 할당되는 색은 사람의 색감에 의존하므로 파란색부터 빨간색 사이의 색으로 온도가 높은 지점일수록 붉은색에 가깝게 표시하는 방식이다. 컬러 그림 4-60은 NOAA 위성의 AVHRR 영상에서 추출한 촬영된 한반도 주변 해역의 해수면 온도(SST)를 보여주는 컬러영상(a)과 항공 열적외선센서에서 촬영한 야간의 도심지 영상(b)을 보여준다. 한반도 해역의 SST영상은 엄밀한 의미에서 위성에서 촬영한 열적외선 영상이 아니라, 일주일 동안 촬영한 AVHRR 영상들을 가공 처리하여 산출한 SST 자료를 컬러영상의 형태로 출력한 것이다. 항공 열적외선 영상에서는 야간의 도심지 건물, 도로, 차량 등의 표면온도 차이를 보여주며, 특히 도로에서 차량통행이 빈번한 부분의 높은 표면온도와 건물 외벽과 옥상에서 방출되는 열 손실 정도를 쉽게 비교할 수 있다.

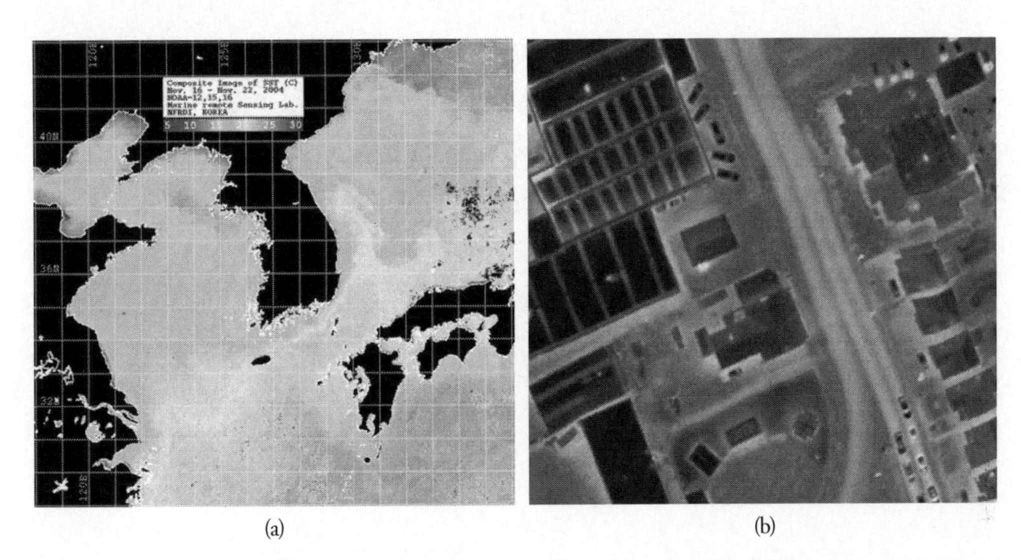

컬러 그림 4-60 일주일 동안 촬영한 AVHRR 열적외선 영상을 처리하여 산출된 해수면 온도(SST) 영상(a)과 항공 열적외선 영상의 화소값을 적정 색으로 출력한 컬러 영상(b) (컬러 도판 p.558)

열적외선 영상을 해석할 때 중요한 요소는 정확한 영상 촬영 시간이다. 지구 표면은 일출부터 태양광을 흡수하면서 열을 받게 되고, 흡수된 에너지가 다시 열적외선 형태로 방출되면서 일몰과 함께 식어가는 하루 동안의 주기를 반복한다. 물론 지표물의 종류와 상태에 따라 흡수, 전도, 저장, 방출 등의 열 특성이 다르기 때문에, 열적외선 영상의 정확한 판독을 위해서는 지표물마다의 열 특성을 고려해야 한다. 그림 4-61은 지구 표면을 구성하는 중요 물체인 물, 식물, 토양 및 암석의 시간별 복사온도의 변화 양상을 보여준다. 일출 전까지 지표물의 복사온도는 커다란 차이가 없이 일정한 상태를 유지하다가, 일출 후에 태양열에 의하여 표면이 뜨거워지기 시작한다. 지표물은 정오가 지나면서 최대 표면온도에 도달하며 이후 다시 온도가 낮아지는 양상을 보인다. 일출 직후 및 일몰 이후 지표물의 온도가 교차하는 시점(thermal crossover)에는 지표물 간의 온도차가 크지 않기 때문에, 이 시간은 열적외선 영상 촬영에 부적합하다.

먼저 나지 및 암석의 경우 표면온도가 빠르게 상승하다가 최고점에 도달한 후 빠르게 온도가 낮아진다. 도시 지역의 아스팔트 및 콘크리트 또한 나지 및 암석과 매우 유사한 양상을 보인다. 반면에 물과 식물은 일출 후 표면온도가 상승하는 폭이 크지 않으며, 최대온도와 최소온도의 차이 또한 나지와 암석과 비교하여 크지 않다. 또한 물과 식물이 최대온도에 도달하는 시점은 오후 2~3시 정도로 나지 및 암석보다 1~2시간 정도 늦다. 지표물에 따라 온도 변화의 폭과 시간에 차이가 나는 이유는 물체마다 열 특성이 다르기 때문이다. 열용량(thermal capacity)은 물체가 열에너지를 흡수하여 저장하는 능력을 말하는데, 물은 다른 물체에 비하여 열용량이 높기 때문에 주야간 온도의 차이가 크지 않지만, 토양 및 암석은 열용량이 작기 때문에 열을 잘 저장하지 못하므로 밤에 온도가 급격히 떨어진다. 지표물의 열용량을 비롯한 열 특성은 물체의 구성 성분, 깊이, 밀도, 수분함량 등에 따라 달라진다. 토양과 암석 또한 구성 입자의 크기, 성분, 밀도 등에 따라 열 특성이 다르게 나타난다. 이와 같이 토양과 암석의 종류에 따라 열적외선을 방출하는 특성의 차이를 이용하여 토양 및 암석의 종류를 분류한 사례도 있다.

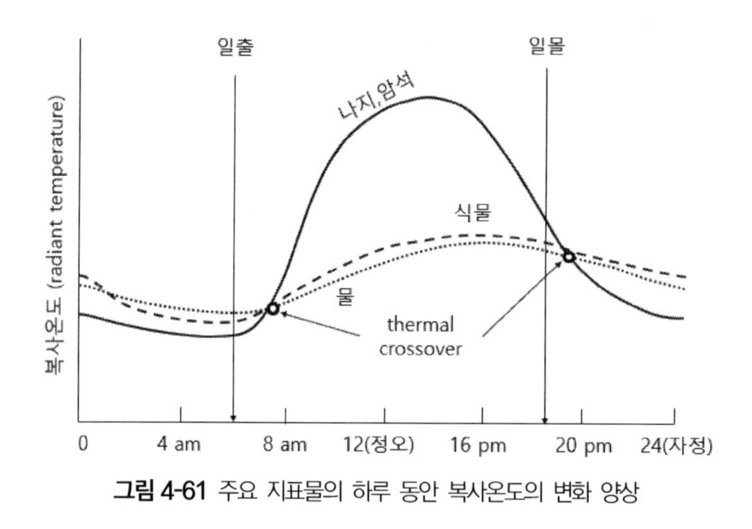

그림 4-61 주요 지표물의 하루 동안 복사온도의 변화 양상

그림 4-62는 주간과 야간에 촬영된 항공 열적외선 영상에서 나타난 여러 지표물의 열 특성 차이를 보여준다. 호수 및 연못의 물은 낮에 다른 지표물보다 온도가 낮기 때문에 어둡게 보이지만, 야간에는 다른 지표물보다 식는 속도가 느리기 때문에 상대적으로 높은 온도를 유지한다. 연못 주변의 나지는 주간영상에서는 밝게 보이나, 야간영상에서는 이미 표면이 식었기 때문에 어둡게 보인다. 연못의 위에 분포한 풀밭은 녹색 잎의 밀집도에 차이가 있기 때문에 밤에 표면온도에

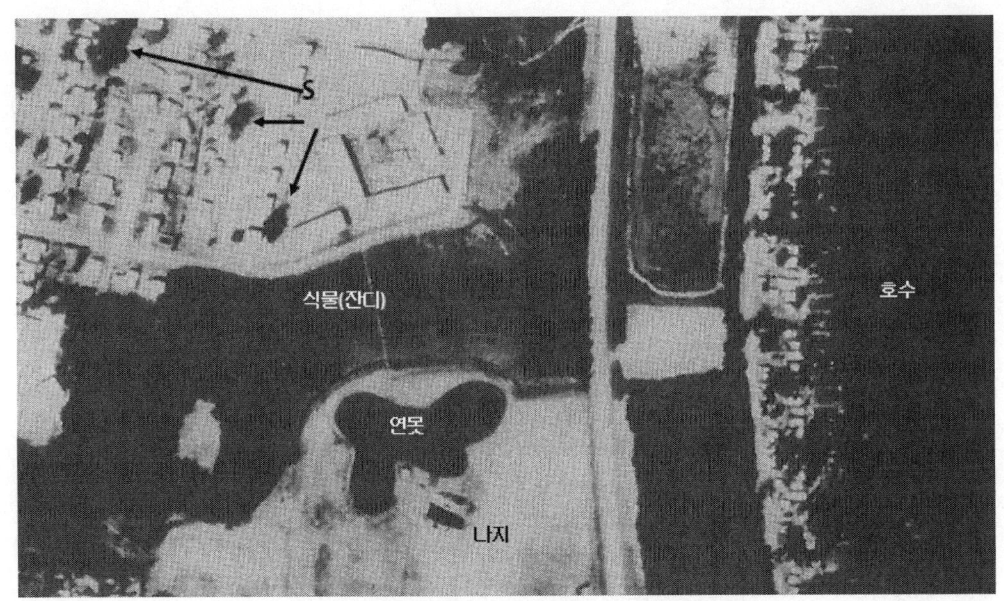

(a) 오후 2:40 촬영

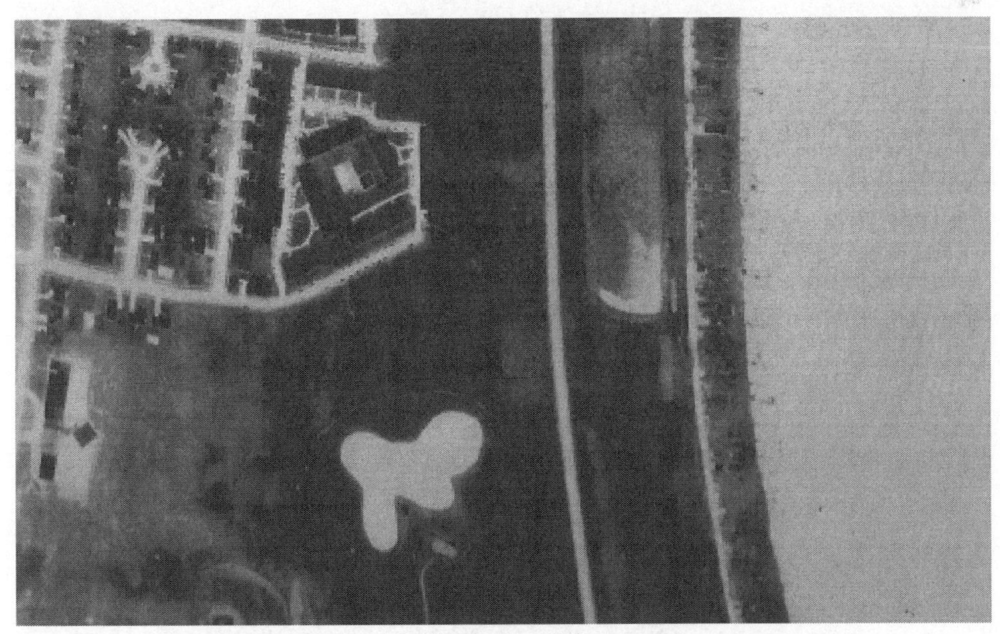

(b) 밤 9:30 촬영

그림 4-62 주야간 항공 열적외선 영상에서 나타난 지표물의 열 특성에 따른 표면온도 차이(Lillesand 등, 2015)

다소 차이가 있게 보인다. 산림과 같이 잎이 무성한 경우는 주간에는 잎에서의 증발산작용으로 차갑게 보이나, 야간에는 다른 지표물보다 따뜻하게 보인다. 영상의 좌상부는 미국의 전형적인 주거지역인데, 주간영상에서 개별 주택의 지붕과 도로가 열을 받아 매우 밝게 보인다. 그러나 야간영상에서는 지붕이 이미 충분히 식었기 때문에, 개별 주택의 지붕이 매우 어둡게 구별된다. 주택 사이의 도로와 주택으로 들어가는 주차장 진입로 등 아스팔트가 야간영상에서 매우 밝게 보이는 이유는, 낮 동안 열을 받아 달구어진 도로 표면이 식는 속도가 느리기 때문에 야간에도 주변의 지붕 및 주택 잔디보다 높은 온도임을 알 수 있다.

주간의 열적외선 영상 판독에서는 주의해야 할 사항이 있다. 영상의 좌상부에 화살표로 표시된 'S'는 주택지에 있는 큰 나무들의 그늘로 표면온도가 낮게 나타난 지점이다. 주간에 촬영된 열적외선 영상에서는 이와 같이 태양 직사광이 나무와 건물 등으로 가려진 그늘 부분의 표면온도가 직사광을 받는 주변보다 낮기 때문에 어둡게 보인다. 또한 산악지역의 열적외선 영상에서도 경사면의 방향에 따라 입사하는 광량의 차이로 인한 표면온도의 차이를 고려해야 한다. 이와 같이 열적외선 영상의 정확한 판독이 되려면, 영상촬영 시간과 여러 지표물의 열 특성을 감안해야 한다.

열적외선 원격탐사의 활용

열적외선 원격탐사의 활용은 영상에서 직접 표면온도를 추출하는 정량적 활용과 여러 지표물의 상대적인 온도 차이를 비교하여 주변보다 이상적으로 높거나 혹은 낮은 물체나 현상을 탐지하는 정성적인 활용으로 나눌 수 있다. 대표적인 정량적 활용은 해수면 온도(SST) 산출이라고 할 수 있다. AVHRR와 MODIS에서 촬영되는 열적외선 영상을 처리하여 전 지구 SST 자료가 매일 제공되며, 이를 이용하여 기상예보, 수산업, 해양 환경관리, 지구환경 변화와 기상이변 관측을 위한 다양한 분야에서 활용하고 있다. 컬러 그림 4-63은 MODIS 열적외선 영상에서 추출된 SST 자료를 보여주는데, 이 자료는 한 달 동안 촬영한 열적외선 영상을 이용하여 구름을 제거하는 처리 과정을 마치고 해수면 온도만을 보여주는 합성영상이다. 열적외선 밴드를 포함한 여러 저해상도 위성

컬러 그림 4-63 MODIS 열적외선 영상에서 추출된 2001년 5월의 해수면 온도(SST) 자료로 육지와 극권은 제외하고 바다, 호수, 강의 수면 온도만을 산출하였음(컬러 도판 p.559)

영상의 대부분은 이러한 SST 자료를 한 달, 15일, 10일, 일주일 등의 주기로 합성하여 제작 공급하고 있다.

한국에서도 1989년부터 국립수산과학원에서 AVHRR 자료를 직접 수신하여, 한반도 주변 해역의 SST 자료를 처리하여 등온선의 형태의 지도로 제작하여 어민, 수협, 관련 단체에 제공했다. 현재는 등온선 형태의 지도자료(그림 4-64)와 함께 SST 자료를 그림 4-60a의 컬러 영상의 형태로 인터넷을 통하여 제공한다. AVHRR 위성영상은 전 세계적으로 무료로 공급되며, 또한 수신에 제한이 없기 때문에 세계 여러 곳에서 직접 수신할 수 있다. AVHRR 영상 수신에 필요한 안테나를 포함한 하드웨어 및 관련 소프트웨어 비용이 크지 않기 때문에, 많은 기관과 대학에서 직접 수신하여 활용하고 있다. 한국에서도 기상청을 비롯한 여러 기관에서 수신시스템을 설치하여 운영하고 있다. AVHRR와 함께 2000년 이후에는 MODIS 열적외선 영상에서 추출된 SST와 육지의 표면온도(land surface temperature, LST) 등의 산출물을 이용하여 한반도 지역의 열 현상 분석에 사용하고 있다.

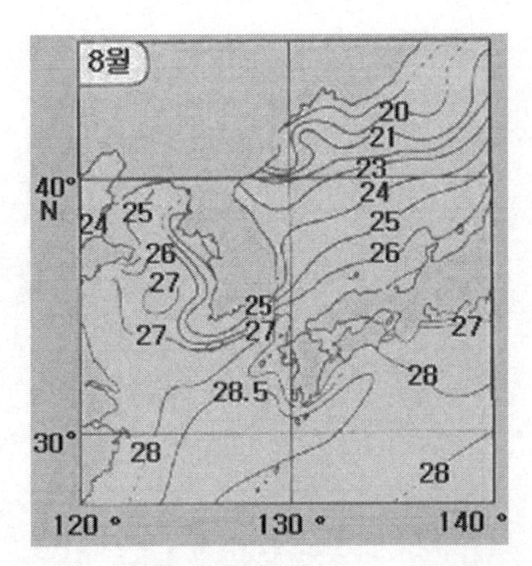

그림 4-64 AVHRR 열적외선 영상을 처리하여 얻어진 한반도 주변 해역의 SST 자료를 등온선형태의 지도로 공급

전 지구 규모로 발생하는 중요한 열 현상의 하나로 야생 산불(wild fire)을 꼽을 수 있다. 한국에서 산불은 건조기인 봄에 사람의 실수로 발생하는 소규모 사건으로 인식되지만, 지구 전역에서 발생하는 대규모 산불의 대부분은 번개 등 자연적인 발화로 발생하거나 열대지역에서 농업 및 가축 사육을 목적으로 열대림을 전용하는 수단으로 발생하고 있다. 지구에서 매일 발생하는 산불을 탐지하고 산불 규모와 확산 범위에 대한 정보는 피해를 줄이기 위한 방재 목적에도 유용하지만, 지구환경 및 인류 건강에 영향을 미치는 대기 이산화탄소 및 미세먼지 농도의 시공간적 변화

를 모니터링하는 데 중요한 정보다. 지구 전역에서 매일 발생하는 산불을 탐지하고 모니터링하기 위하여 MODIS 열적외선 영상을 이용하여 산불 피해지와 새로 발생한 산불에 대한 정보를 매일 제공하고 있다.

그림 4-65는 2012년 7월 9일의 MODIS영상으로 러시아 시베리아 지역에서 발생한 대규모 산불 연기가 확산되는 모습을 보여주는 가시광선 밴드 영상이다. 영상 위에 흰색의 선으로 구획된 지점은 현재 산불이 진행되는 지점으로, 이는 MODIS 열적외선 영상에서 추출된 지표온도를 이용하여 연기로 가려진 산불진행지를 탐지한 결과다. 산불이 여러 곳에서 동시 다발적으로 발생하고 있으며, 해당 지역이 300×200km^{2}인 광범위한 지역에 산불 연기의 확산 범위를 감안하면 한국에서는 볼 수 없는 대규모 산불임을 알 수 있다. MODIS와 같은 저해상도 열적외선 영상에서 대규모 산불은 표면온도의 차이를 이용하여 쉽게 탐지가 가능하지만, 소규모 산불의 정확한 탐지를 위해서는 별도의 처리 기법이 필요하다. 열적외선 영상은 화산 폭발이나 대규모 폭발 사고와 같은 높은 온도의 열 현상을 적기에 탐지하고 관찰하는 데 효과적으로 활용되고 있다.

그림 4-65 2012년 7월 9일 촬영된 MODIS 가시광선 영상에 보이는 러시아 시베리아 지역의 대형 산불 연기와 열적외선 영상에서 추출된 산불 진행지(흰색선)

발전소는 대용량 엔진 가동에 필수적인 많은 양의 냉각수를 확보해야 하므로 대부분 해안 또는 강 주변에 위치하고 있다. 강 또는 바다에서 끌어온 차가운 물은 발전기 냉각에 사용된 후 뜨겁게 되어 다시 강과 바다로 배출된다. 발전소에서 배출되는 뜨거운 온배수는 종종 주변 해역 및 강의 생태계에 영향을 미치므로, 온배수의 시공간적 확산을 모니터링하기 위하여 열적외선 영상을 사용한다. 그림 4-66은 미국 뉴저지주에 허드슨강 하구에 위치한 원자력 발전소에서 배출되는 온배수의 확산 상태를 보여주고 있다. 발전소 온배수가 주변 수역 및 생태계에 미치는 영향은 온배수의 배출량, 배출 속도, 확산 범위, 주변 수체와의 온도 차 등에 따라 달라진다.

그림 4-66 미국 뉴저지주에 허드슨강 하구에 위치한 발전소에서 배출되는 온배수의 확산 상태(https://pollution-marinebiology.weebly.com/)

한국 역시 원자력 발전소를 비롯하여 대규모 화력발전소는 대부분 해안에 위치하고 있으며, 매년 막대한 양의 온배수가 바다로 배출되고 있다. 발전소 온배수 배출로 인하여 주변 해역의 수산 양식 어민들과 많은 분쟁이 있다. 발전소 온배수 배출뿐만 아니라, 대규모 임해공업단지에서 배출되는 온배수 역시 방대한 양이기 때문에 이에 대한 적절한 모니터링 또한 시급한 상태다. 온배수 모니터링은 선박이나 부이를 이용하여 소수의 표본 지점에서 수온을 측정하여 온배수의 확산 범위 및 시간 등을 추정하여 왔으나, 기상조건 및 해류의 이동에 따라 급변하기 때문에 보다 넓은 지역을 주기적으로 관측해야 한다.

한국에서도 발전소에서 배출되는 온배수 확산의 공간적 특성을 파악하고, 주변 해역의 환경변화 현상을 분석하기 위하여 Landsat TM 열적외선 영상을 사용한 사례가 있다(안 등, 2014). Landsat 열적외선 영상이 넓은 지역을 관찰하고 온배수의 확산범위, 주변 해역과의 온도차, 온배수가 영향이 미치는 범위 등을 분석할 수 있지만, 촬영주기가 16일이기 때문에 빠른 주기의 모니터링을 위한 실무적인 활용에는 한계가 있다. KOMPSAT-3A 위성 IIS(Infrared Imaging System) 고해상도 열적외선 영상은 발전소 온배수 모니터링뿐만 아니라 국지적인 열 현상을 관찰하고 분석하는 데 요긴한 자료가 될 수 있다.

열적외선 영상 또한 군사 목적의 활용이 주된 개발 동기였으며, 여기서 개발된 기술을 토대로 다양한 민간 분야 활용이 확산되었다. 항공 열적외선 영상의 초기 민간 활용으로 건물, 배수시설, 전기시설물에서 열이 누출되는 부분을 탐지하는 분야를 꼽을 수 있다. 가령 주택을 비롯한 빌딩의 난방 효율을 높이기 위하여 실내 온도가 외부로 손실되는 부분을 탐지하고, 고압선로에서 누전되는 부분을 찾거나, 대규모 배수시설물에서 누수되는 부분을 탐지할 목적으로 항공 열적외선 영상을 사용하였다. 현재는 간단한 휴대용 열상카메라를 이용하여 주택이나 건물에서 열이 누출되는 곳을 쉽게 탐지할 수 있다. 비슷한 예로, 농업용 또는 난방용 배관에서 누수가 발생하는 부분을 탐지하기 위하여 항공 열적외선 영상을 사용한다. 그림 4-67은 항공 열적외선 영상으로 농업용 관개배수관에서 누수로 인하여 주변보다 낮은 온도로 나타나는 누수지점을 탐지한 사례를 보여준다.

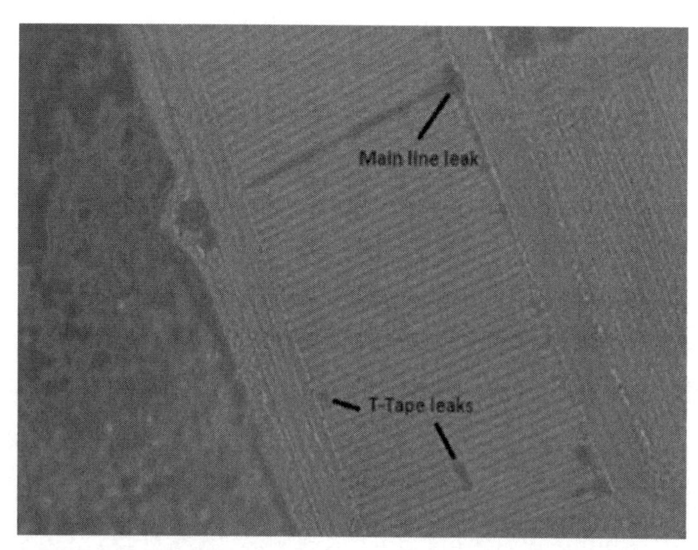

그림 4-67 무인기 탑재 열영상카메라에서 탐지한 농업용 관개배수관의 누수지점 탐지(https://www.abc.net.au/news/rural/2017-03-07/)

열적외선 영상은 지금도 군이나 경찰에서 인명 수색용으로 유용하게 사용된다. 군에서 주로 사용되는 장비는 영상감시장비(TOD)라 하여 적군 침투 감시를 위한 야간 경계 목적으로 활용되고 있으며, 경찰에서는 항공 열적외선 영상을 이용하여 은닉한 범인 색출에 사용되는 사례를 종종 접할 수 있다. 항공 열적외선 영상을 이용하여 야생 동물의 개체수와 분포를 파악하는 연구는 종종 있었지만, 열적외선 영상의 공간해상도 제한으로 곰 또는 사슴과 같은 대형 동물의 탐지 사례 정도가 보고되었다. 그림 4-68은 야간 인명 수색에 사용되는 열적외선 영상의 활용 사례를 보여주고 있는데, 특히 (b)영상은 2015년 보스톤 마라톤 폭발 사건 발생 후 주택가 보트 안에 숨은 범인을 경찰 헬기에서 촬영한 열적외선 영상을 이용하여 색출한 사례를 보여준다.

열적외선 영상은 열거한 사례 외에도 다양한 분야에서 활용이 확대되고 있다. 도시화 현상에 따라 발생하는 도시 열섬현상을 해석하거나, 농작물 및 산림에서 식물의 생육과 관련된 생리 현상의 변화를 분석하는 등 새로운 분야에서 열적외선 원격탐사의 활용을 시도하고 있다. 소수의 위성 탑재 열적외선센서에 의존했던 과거와 다르게, 현재는 많은 종류의 무인기용 또는 지상용 열적외선카메라가 개발되어 비교적 저비용으로 열적외선 영상의 획득이 가능해졌다. 향후 열적외선 원격탐사는 지금까지의 활용 범위를 뛰어넘는 다양한 분야로 확대가 기대된다.

(a) 야간 경비용 열적외선 카메라 영상

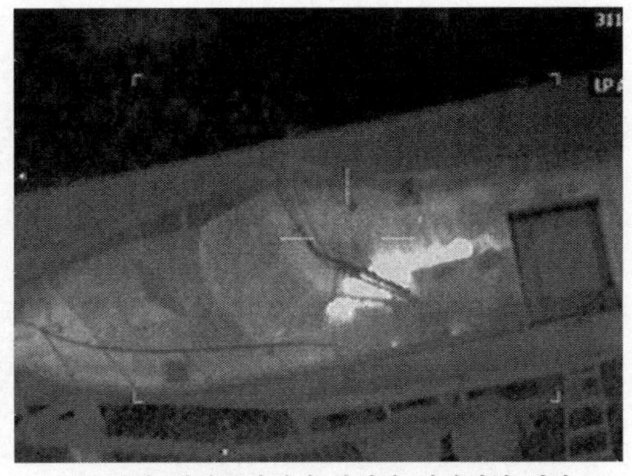
(b) 경찰 헬리콥터에서 촬영한 열적외선 영상

그림 4-68 야간에 인명 수색을 위한 열적외선 영상: 지상 열적외선 카메라(a), 근접 항공 열적외선 카메라(b)를 이용한 은닉 범인 색출 사례

참고문헌

김선화, 이규성, 마정림, 국민정, 2005. 초분광 원격탐사의 특성, 처리기법 및 활용 현황, 대한원격탐사학회지, 21(4): 341-369.

나상일, 박찬원, 소규호, 안호용, 이경도, 2019. 작물 스트레스 평가를 위한 드론 초분광 영상 기반 광화학반사지수 산출 및 다중분광 영상에의 적용, 대한원격탐사학회지, 35(5_1): 637-647.

신정일, 김선화, 이규성, 2010. 한반도 지역에 적합한 분광라이브러리의 설계 및 구축, 대한원격탐사학회지, 25(5): 465-475.

안지숙, 김상우, 박명희, 황재동, 임진욱, 2014. 위성영상을 이용한 고리원자력발전소 온배수 확산의 계절변동, 한국지리정보학회지, 17(4), 52-68.

유철희, 박선영, 김예지, 조동진, 2019. KOMPSAT과 Landsat 8을 이용한 도시확장에 따른 열환경 분석: 세종특별자치시를 중심으로, 대한원격탐사학회지, 35(6_4): 1403-1415.

이승훈, 심형식, 백홍열, 1998. 다목적 실용위성 탑재 전자광학카메라(EOC)의 성능 특성, 대한원격탐사학회지, 14(3): 213-222.

조성익, 안유환, 유주형, 강금실, 윤형식, 2010. 정지궤도 해색탑재체(GOCI)의 개발, 대한원격탐사학회지, 26권, 2호, pp. 157-165.

이화선, 이규성, 2017. 울폐산림의 엽면적지수 추정을 위한 적색경계 밴드의 효과, 대한원격탐사학회지, 33(5_1): 571-585.

채성호, 박숭환, 이명진, 2017. Landsat-8 OLI/TIRS 위성영상의 지표온도와 식생지수를 이용한 토양의 수분상태 관측 및 농업분야에의 응용 가능성 연구, 대한원격탐사학회지, 33(6_1): 931-946.

ABC, 2017. https://www.abc.net.au/news/rural/2017-03-07/drone-mapping-thermal-leak/8329114?nw=0

Ahn, Y.H., P. Shanmugam, J.-H. Lee, Y.Q. Kang, 2006. Application of satellite infrared data for mapping of thermal plume contamination in coastal ecosystem of Korea, *Marine Environmental Research*, Volume 61, Issue 2, pp. 186-201.

Choi, Jong-Kuk, Young Je Park, Jae Hyun Ahn, Hak Soo Lim, Jinah Eom, Joo-Hyung Ryu, "GOCI, the world's first geostationary ocean color observation satellite, for the monitoring of temporal variability in coastal water turbidity," *Journal of Geophysical Research*, Vol. 117, C09004, 2012.

Clark, R.N., 2001. Environmental Studies of the World Trade Center area after the September 11, 2001 attack.(Ver. 1.1), https://pubs.usgs.gov/of/2001/ofr-01-0429/

Goodenough, D. G., A. Dyk, K. O. Niemann, J. S. Pearlman, H. Chen, T. Han, M. Murdoch, and C. West, 2003. Processing Hyperion and ALI for Forest Classification, *IEEE Transactions on Geoscience and Remote Sensing*, 41(6): 1321-1331.

Green, R.O., M. L. Eastwood, C.M. Sarture, T.G. Chrien, Mikael Aronsson, Bruce J Chippendale, Jessica A Faust, Betina

E Pavri, Christopher J Chovit, Manuel Solis, Martin R Olah, Orlesa Williams, 1998. Imaging Spectroscopy and the Airborne Visible/Infrared Imaging Spectrometer(AVIRIS), *Remote Sensing of Environment*, Volume 65, Issue 3, pp. 227-248.

Herrmann, I., A. Pimstein, A. Karnieli, Y. Cohen, V. Alchanatis, and D. Bonfil, 2011. LAI assessment of wheat and potato crops by VENμS and Sentinel-2 bands, *Remote Sensing of Environment*, 115(8): 2141-2151.

Jensen, J.R., 2007, Remote Sensing of the Environment: an Earth resource perspective, 2nd ed., Prentice Hall, 592 p.

Jensen, J.R., 2016. Introductory Digital Image Processing: A Remote Sensing Perspective. 4th Editon, Pearson Prentice Hall, Inc.

Jeong, H., H. Ahn, D. Shin, and C. Choi, 2019. Comparison the Mapping Accuracy of Construction Sites Using UAVs with Low-Cost Cameras, *Korean Journal of Remote Sensing*, 35(1): 1-13.

Knight, E.J., and G. Kvaran. 2014, Landsat-8 Operational Land Imager Design, Characterization and Performance, *Remote Sensing*. 2014, 6, 10286-10305; doi: 10.3390/rs61110286

Kuenzer, Claudia & Dech, Stefan.(2013). Thermal Infrared Remote Sensing: Sensors, Methods, Applications. SN-978-94-007-6639-6 doi: 10.1007/978-94-007-6639-6.

Kross, A., H. McNairn, D. Lapen, M. Sunohara, and C. Champagne, 2015. Assessment of RapidEye vegetation indices for estimation of leaf area index and biomass in corn and soybean crops, *International Journal of Applied Earth Observation and Geoinformation*, 34(2015): 235-248.

Lee, D.H., D.C. Seo, H. S. Kim, E. S. Lee, H. J. Choi, “Calibration and Validationfor KOMPSAT-3,” Proceedings of JACIE 2014(Joint Agency Commercial Imagery Evaluation) Workshop, Louisville, Kentucky, March 26-28, 2014.

Lillesand, T., R.W. Kiefer,, and J. Chipman, 2015. Remote Sensing and Image Interpretation, 7th Edition, 736 pp. John Wiley & Sons, Inc.

Liu, C., 2006. Processing of FORMOSAT-2 daily revisit imagery for site surveillance, *IEEE Transactions on Geoscience and Remote Sensing*, 44(11): 3206-3214.

Swain, P.H. and S. M. Davis(Eds). 1978. Remote Sensing: The Quantitative Approach, 396 pp. McGraw-Hill

USGS, 2021. USGS Spectral Library Version 7, https://pubs.er.usgs.gov/publication/ds1035. 2021년 2월 추출.

Wenny, B.N., D. Helder, J. Hong, L. Leigh, K.J. Thome, and D. Reuter, 2015. Pre-and post-launch spatial quality of the Landsat 8 Thermal Infrared Sensor, *Remote Sensing*, 7(2): 1962-1980.

Yao, H., R. Qin, and X. Chen, 2019. Unmanned Aerial Vehicle for Remote Sensing Applications—A Review, *Remote Sensing*. 2019, 11, 1443; doi:10.3390/rs11121443.

Yong, S. S., J. P. Kong, H. P. Heo, and Y. S. Kim, 2002. Communications: Analysis of the MSC(Multi-Spectral Camera) Operational Parameters, *Korean Journal of Remote Sensing*, 18(1): 53-59.

Yoon, Y., and Y. Kim, 2007. Application of Hyperion hyperspectral remote sensing data for wildfire fuel mapping, *Korean Journal of Remote Sensing*, 23(1): 21-32.

Yeom, J.M., J, Hwang, Jae-Heon Jung, Kwon-Ho Lee and Chang-Suk Lee, 2017. Initial Radiometric Characteristics of KOMPSAT-3A Multispectral Imagery Using the 6S Radiative Transfer Model, Well-Known Radiometric Tarps, and MFRSR Measurements, *Remote Sensing*. 2017, 9, 130; doi:10.3390/rs9020130\

CHAPTER

05

마이크로파 및 라이다시스템

CHAPTER 05

마이크로파 및 라이다시스템

사진시스템이나 전자광학시스템은 촬영이 간단하고, 육안에 익숙한 영상이므로 판독 및 해석이 비교적 용이하다. 그러나 광학영상은 구름이 없는 맑은 기상 조건을 갖추어야 깨끗한 영상을 얻을 수 있다. 마이크로파시스템은 광학시스템보다 훨씬 긴 파장의 마이크로파를 이용하므로, 기상 조건에 영향을 받지 않고 야간에도 영상을 획득할 수 있는 장점을 가지고 있다. 마이크로파시스템은 원격탐사에서 이용하는 전자기파 중 가장 긴 파장을 이용하며, 사진시스템이나 전자광학시스템에서 얻을 수 없는 특성을 가진 영상자료를 제공한다.

사진시스템 및 전자광학시스템은 태양 또는 지구를 에너지원으로 하는 수동형 시스템이지만, 마이크로파시스템은 영상레이더(imaging radar)와 같이 센서에서 영상획득에 필요한 에너지를 스스로 공급하는 능동형 시스템과 지표면에서 방출하는 마이크로파 에너지를 감지하는 수동형 시스템을 모두 포함한다. 현재 마이크로파시스템은 광학시스템보다 활용이 제한적이지만, 특정 활용 분야에서는 전자광학시스템과 구별되는 고유한 정보를 가지고 있다.

본 장에서는 마이크로파시스템의 기본 특성을 소개하고, 영상레이더의 원리와 구조 그리고 레이더영상의 해석 및 활용 등을 다루고자 한다. 수동 마이크로파시스템은 지구에서 방출하는 마이크로파 에너지를 감지하여, 열적외선 영상에서 얻을 수 없는 새로운 정보를 제공한다. 라이다(LiDAR)는 레이저를 이용한 능동형 원격탐사시스템으로, 3차원 지형자료를 비롯하여 독특한 정보를 제공한다.

5.1 마이크로파시스템의 특징

마이크로파시스템은 파장과 자료 형태가 사진시스템 및 전자광학시스템과 확연히 구분되는 특징을 가지고 있다. 마이크로파시스템은 원격탐사에서 사용하는 전자기파 중 가장 긴 1mm~1m 파장영역의 마이크로파를 이용한다. 이는 대기를 구성하는 가스분자, 수증기, 에어로졸 입자보다 훨씬 길기 때문에 대기 입자에 큰 영향을 받지 않고 통과하므로 기상조건에 관계없이 영상자료를 얻을 수 있는 장점이 있다.

광학영상은 구름이 없는 맑은 날에만 촬영이 가능하지만, 세계 어느 지역이든 구름은 항상 분포한다. 그림 5-1은 MODIS에서 하루에 촬영한 아시아 및 한반도 지역 영상으로, 구름의 분포가 지역과 시간에 따라 매우 다양하게 나타나고 있다. 구름의 분포는 지역의 기후 특성에 따라 시기별로 매우 다르다. 구름 분포면적의 비율은 운량(cloud cover)으로 표시하며 단위는 % 혹은 0~10로 나타낸다. 하늘에 구름이 전혀 없는 상태는 0이며, 구름으로 하늘이 완전히 가려진 상태는 10으로 표시한다. 한국에서는 운량이 2 또는 20% 이하인 경우를 '맑음'으로 표시하는데, 이는 항공사진을 비롯한 광학영상을 촬영하기 위한 최소 조건이다. 전국의 주요 기상관측소에서 측정한 운량 자료에 따르면, 연평균 '맑음' 일수는 80일에 불과하다. 게다가 여름에는 고온 다습한 계절풍의 영향과 태풍으로 운량이 많기 때문에 깨끗한 광학영상을 얻는 데 어려움이 많다.

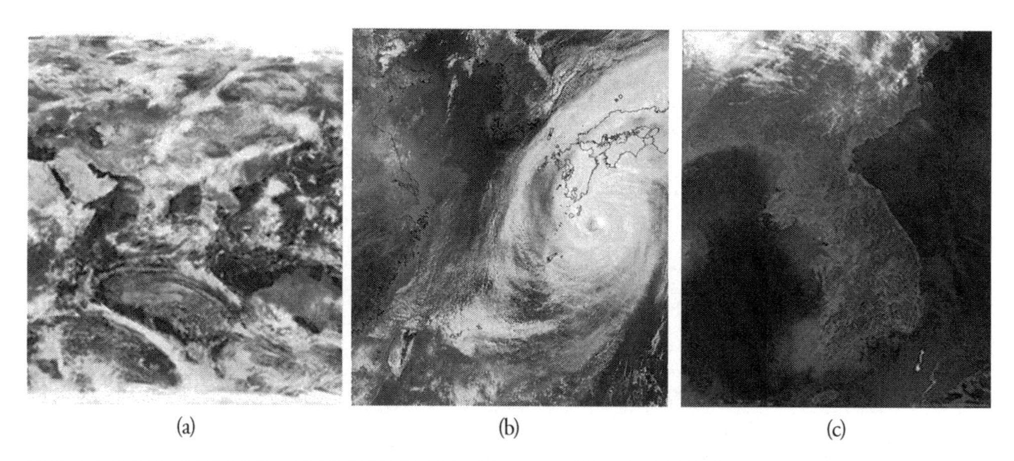

(a) (b) (c)

그림 5-1 광학영상에서 구름은 영상획득에서 중요한 제한요소로 작용: 하루에 촬영한 아시아 전역의 MODIS 영상(a) 한국을 포함한 동아시아 지역의 여름 영상(b) 운량이 10% 이하인 한반도 영상(c)

육상 원격탐사에서 시간해상도는 동일 지역을 반복하여 촬영할 수 있는 주기를 말하며, 식물의 생장과 산불 및 홍수와 같은 재해를 모니터링하기 위하여 빠른 촬영주기를 필요로 한다. Landsat의 촬영주기는 16일이므로, 1년에 동일 지역을 22~23회 정도 촬영 가능하다. 그러나 한국을 비롯한 대부분의 북반구 중위도 지역에서 구름이 없는 깨끗한 Landsat 영상이 촬영되는 경우는 연 5회 이하가 대부분이다. 즉 그림 5-1c와 같이 한반도 전역이 구름이 거의 없는 깨끗한 영상을 얻는 경우는 매우 드물기 때문에, 광학영상 촬영에서 구름은 매우 중요한 제한 요소가 된다.

마이크로파의 파장은 구름 입자보다 훨씬 길기 때문에 지표면에서 반사 또는 방출된 마이크로파는 구름을 투과하여 센서까지 도달할 수 있다. 마이크로파영상은 구름과 가스분자 및 에어로졸에 의한 산란 및 흡수에 의한 영향이 상대적으로 작다. 봄에 촬영한 한반도 지역의 광학영상은 건조기에 발생하는 황사 및 미세먼지의 영향으로 영상이 뿌연 상태인 경우가 많지만, 레이더영상에서는 이러한 대기산란 효과가 나타나지 않는다. 마이크로파영상은 또한 야간에도 영상을 촬영할 수 있다. 영상레이더는 마이크로파를 지구로 발사하여 지표면에서 반사한 마이크로파를 수신함으로써 영상을 얻는 능동형 시스템으로, 시간에 관계없이 촬영할 수 있다. 그림 5-2는 12월 26일 저녁 6시 반에 촬영한 서울 동부 지역의 레이더영상으로 주간 영상과 다름없이 강, 교량, 도로, 산림, 건물 등의 주요 지표물의 분포를 잘 보여준다. 수동 마이크로파시스템 역시 지구 표면에서 방출되는 복사에너지를 감지하므로 야간에도 영상을 얻을 수 있다.

그림 5-2 야간에 촬영된 서울 동부 지역의 RADARSAT 영상(1999. 12. 26. 18 : 30 촬영)

마이크로파시스템과 다른 시스템과 비교

마이크로파시스템은 영상 획득을 위한 에너지원, 파장, 센서 구조가 다른 원격탐사시스템과 다르다(표 5-1). 사진을 포함한 광학시스템은 기본적으로 태양에너지를 이용하여 영상을 얻지만, 영상레이더는 센서 스스로 영상획득에 필요한 에너지를 공급하는 능동형 시스템이다. 수동 마이크로파시스템은 지구에서 방출하는 마이크로파 복사에너지를 감지하므로 지구가 에너지원이다. 전자광학센서는 광학계를 이용하여 지표면에서 반사 또는 방출된 에너지를 수집하고, 필름과 검출기에서 전자기에너지를 감지하여 영상신호를 생성한다. 반면에 마이크로파시스템은 안테나에서 전자기파를 수신하고 이를 전기신호로 변환하는 감지기 역할도 함께 한다. 안테나는 전기신호를 전자기파로 역변환도 가능하므로 전자기파를 지표면으로 방출할 수 있다. 영상레이더에서 안테나는 지표면에서 반사된 마이크로파를 수신하는 역할뿐만 아니라, 전자기파를 생성하여 지표면으로 발신하는 기능을 동시에 담당한다.

표 5-1 마이크로파시스템과 다른 원격탐사시스템과의 비교

원격탐사시스템	에너지원	파장	수집기	검출기
마이크로파시스템 Microwave sensing	• Active(sensor) • Passive(Earth)	1mm~1m	antenna	antenna
전자광학시스템 Electro-Optical sensing	Passive(Sun, Earth)	0.4~14μm	optics	detector (CCD, CMOS)
사진시스템 Photographic sensing	Passive(Sun)	0.4~0.9μm	optics	film

마이크로파 원격탐사는 사진시스템 및 전자광학시스템과 구분되는 두 가지 특징을 가지고 있다. 첫 번째 특징은 상대적으로 긴 파장의 마이크로파가 대기 및 지표물을 투과(penetration)할 수 있다. 마이크로파는 구름 및 연무를 투과할 수 있기 때문에 기상 조건에 관계없이 영상을 얻을 수 있다. 마이크로파는 파장에 따라 다소 차이가 있지만 이슬비나 가루눈이 내리는 상태에서도 큰 영향을 받지 않고 통과할 수 있다. 물론 기상레이더는 파장이 짧은 마이크로파를 사용하므로 물방울과 눈에 부딪쳐 반사되는 신호를 통하여 강우 또는 강설를 탐지한다. 마이크로파는 대기 입자뿐만 아니라, 식물의 엽층과 토양을 투과할 수 있다. 마이크로파는 파장에 비례하여 수목이나 작물의 엽층을 통과하는 능력을 갖기 때문에, 마이크로파영상은 종종 식물의 수직적 구조와 관련된 정보를 포함하기도 한다. 마이크로파는 또한 사막과 같이 매우 건조한 상태의 토양층을 어느 정도 투과할 수 있으므로, 지표면 아래 묻힌 구조물이나 유적 탐사에 활용하기도 한다.

마이크로파영상은 전자광학영상과 비교하여 전혀 다른 과정을 통하여 얻어지므로, 두 영상의

신호는 서로 관련성이 낮다. 즉 동일한 지표면이라도 마이크로파 영역에서 반사 또는 방출되는 에너지는 광학스펙트럼(가시광선, 적외선)에서 반사 또는 방출되는 에너지와 직접적인 관계가 없다. 그림 5-3은 경기도 파주 및 임진강 지역의 레이더영상과 전자광학영상의 차이를 보여준다. 먼저 두 영상에서 임진강이 매우 낮은 신호로 어둡게 보이지만, 두 영상에서 수면이 낮은 신호를 갖는 원리는 다르다. RADARSAT 영상은 측면에서 입사된 마이크로파의 대부분이 매끄러운 물 표면에서 안테나 반대 방향으로 반사되어, 안테나 방향으로 반사하는 에너지가 거의 없기 때문에 수면의 신호가 낮다. 그러나 Landsat TM 근적외선 영상은 태양에서 입사된 근적외선이 대부분 물에 흡수되므로 낮은 반사 신호로 어둡게 보인다. 레이더영상에서 밝게 보이는 부분은 건물이 밀집된 지역으로 측면에서 입사된 마이크로파가 안테나 방향으로 많이 반사되지만, 전자광학영상에서는 건물의 지붕이나 옥상에서 반사한 근적외선이 주변 농지 및 산림과 차이가 크지 않다. 이와 같이 동일한 지표물이라도 레이더영상과 전자광학영상에서 서로 다른 신호 특성을 가지고 있기 때문에, 두 영상을 함께 사용하면 해당 지표물에 관한 보다 풍부한 정보의 획득이 가능하다.

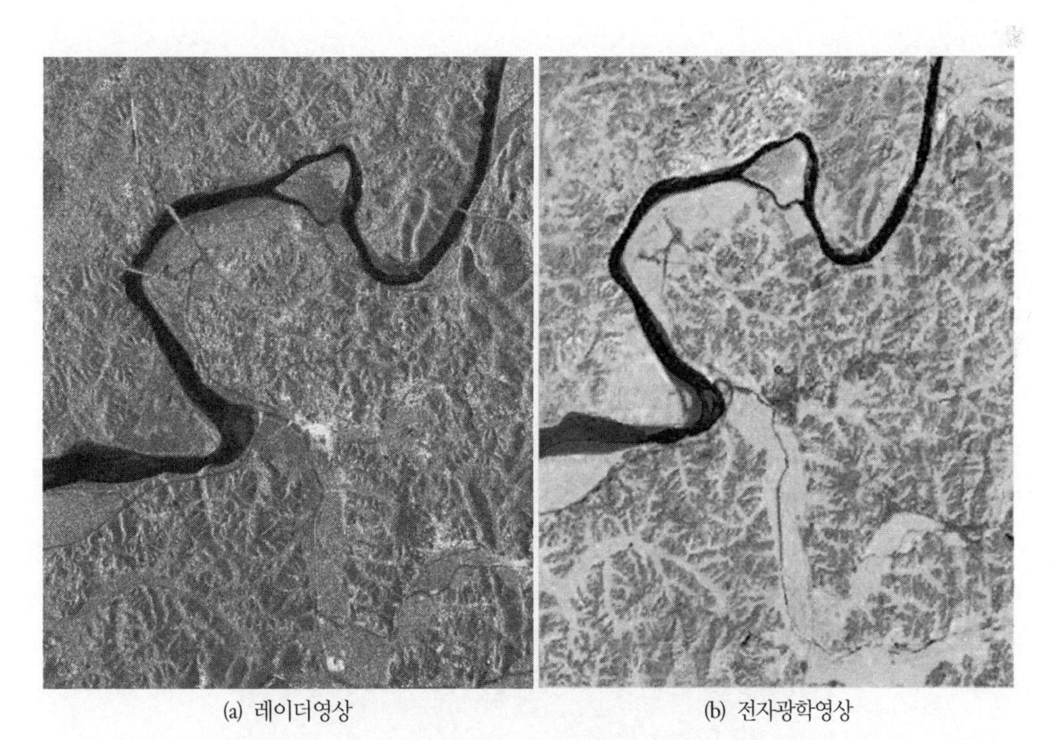

(a) 레이더영상 (b) 전자광학영상

그림 5-3 레이더영상과 전자광학영상의 비교: 경기도 문산 및 임진강 지역의 RADARSAT 영상(a)과 Landsat TM 근적외선 영상(b)

마이크로파시스템의 종류

마이크로파시스템은 자료의 형태와 에너지원에 따라 여러 종류의 센서가 있다(표 5-2). 먼저 자료 획득에 필요한 전자기에너지를 스스로 공급하는 능동형 센서는 영상레이더와 마이크로파산란계(scatterometer)가 있다. 능동형 센서는 지표면으로 마이크로파를 발사한 후 지표면에서 산란되어 안테나 방향으로 반사되는 마이크로파를 감지하여 자료를 얻는다. 영상레이더는 합성구경레이더(SAR) 또는 측면관측항공레이더(SLAR) 등으로 지칭한다. 영상레이더에서 획득하는 자료는 당연히 영상이나, 마이크로파산란계는 특정 목표물 또는 특정 지점에서 반사된 신호만을 기록한 비영상 자료를 얻는다. 마이크로파산란계는 특정 지표물의 레이더 산란 특성을 얻기 위한 측정 장비로서, 주로 지상에 설치하여 안테나의 입사각과 파장 등을 자유롭게 조절하여 측정한다(그림 5-4).

표 5-2 에너지원과 자료 형태에 따라 구분되는 마이크로파시스템의 종류

구분	imaging system	non-imaging system
active microwave system	영상레이더(imaging radar) -SAR, SLAR	마이크로파산란계 (scatterometer)
passive microwave system	마이크로파 복사계/탐측기(microwave radiometer) 마이크로파 영상기(microwave imager)	마이크로파 복사계/탐측기 (microwave radiometer)

그림 5-4 비영상 능동형 마이크로파센서인 마이크로파 산란계를 이용하여 특정 지표물의 마이크로파 산란 특성을 측정

수동형 마이크로파센서는 열적외선센서와 마찬가지로 지구 표면에서 방출하는 전자기에너지를 감지한다. 열적외선센서는 지구 표면에서 최대에너지를 방출하는 3~14μm 열적외선 영역의 에너지를 감지하지만, 수동형 마이크로파센서는 1mm~1m 파장의 마이크로파 영역의 방출에너지를 감지한다. 그림 5-5에서 보듯이, 지구에서 방출하는 마이크로파 에너지양은 열적외선보다 매우 미약하고, 하나의 영상신호를 생성하기 위해서는 넓은 공간에서 방출하는 충분한 양의 에너지를 수집해야 하므로 공간해상도가 매우 낮다. 그러나 수동 마이크로파센서로 얻는 자료는, 마이크로파 투과력 때문에 열적외선 영상에서 얻을 수 없는 새로운 정보를 제공한다.

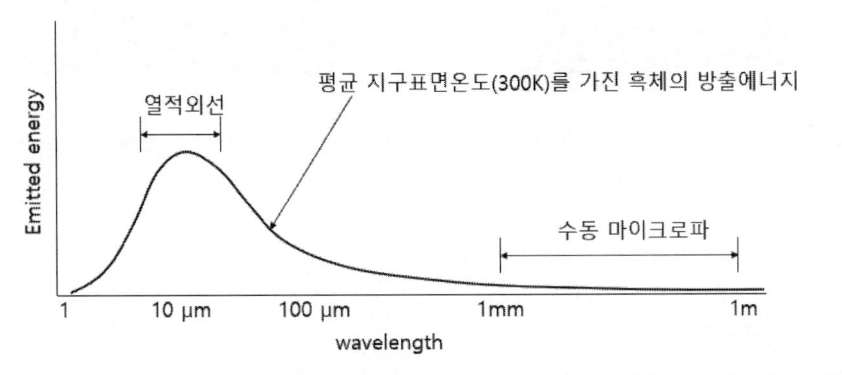

그림 5-5 열적외선과 비교하여 수동 마이크로파센서에서 감지하는 지구 복사에너지의 파장구간 및 에너지양

수동 마이크로파센서는 대부분 수동 마이크로파 복사계 또는 검측기(passive microwave radiometer)로 지칭되며, 얻어지는 자료는 영상 또는 비영상 형태로 나뉜다. 항공기 또는 인공위성에 안테나를 특정 각도로 고정하여 자료를 취득하면, 비행선에 따라 일정 간격으로 떨어진 지점의 마이크로파 방출에너지를 기록한 비영상 자료가 된다. 그러나 안테나의 축을 원형으로 회전하면서 순차적으로 방출에너지를 측정하여 결과적으로 영상 형태의 자료를 획득하는 영상시스템도 있다. 인공위성에 탑재된 마이크로파 복사계를 종종 마이크로파 영상기(microwave imager)라고 하는데, 이는 수동 마이크로파 복사계에서 영상자료를 얻는 센서를 말한다. 그림 5-6은 지표면에서 방출하는 마이크로파 에너지를 측정하기 위한 지상용 마이크로파 복사계와 위성 탑재용으로 개발한 마이크로파 복사계의 안테나를 보여준다.

(a)

(b)

그림 5-6 지상에서 마이크로파 복사량을 측정하는 수동 마이크로파 복사계(a)와 인공위성에 탑재되는 수동 마이크로파 복사계의 안테나(b)

5.2 영상레이더

능동형 마이크로파시스템은 레이더로 통용한다. 레이더는 일반인들에게도 친숙한 용어로 일상생활에서도 자주 사용한다. RADAR(RAdio Detection And Ranging)는 라디오파를 이용하여 물체를 탐지하고 물체까지의 거리를 측정한다는 의미다. 다양한 레이더 기술이 있는데, 우리에게 친숙한 레이더는 비행기 및 선박의 위치를 탐지하는 평면위치표시기(Plane Position Indicator, PPI) 및 이동체의 속도 측정을 위한 도플러 레이더(Doppler radar) 등이 있다. 본 장에서 다룰 영상레이더(imaging radar)는 PPI 레이더 및 도플러 레이더와 마찬가지로 안테나에서 발사한 마이크로파가 지표면에 부딪쳐서 안테나로 반사된 마이크로파를 수신하는 원리는 동일하다. 그러나 PPI 및 도플러 레이더는 이동 물체의 위치, 거리, 속도를 측정하지만, 영상레이더는 지표면을 일정 해상공간으로 분할하여 각 해상공간에서 반사되는 마이크로파의 강도를 연속적으로 수신하여 영상자료를 생성한다. 본 장에서는 영상레이더의 기본 구조와 영상이 생성되는 과정을 다루고자 한다.

레이더 개발 과정

레이더센서는 PPI와 같은 비영상시스템으로 시작했다. 이미 1920년대에 레이더의 기본 원리를 이용하여 항공기 및 선박의 위치를 찾기 위한 실험이 진행되었으며, 군사 목적의 PPI 레이더는 1930년대에 등장했다. 안테나에서 발사된 마이크로파에 부딪혀 반사되는 신호를 기록하여 선박 및 항공기의 위치, 방향, 속도 등의 정보를 얻기 위한 시스템이 개발되었다. PPI 레이더는 안테나를 360° 회전하면서 마이크로파를 송수신함으로써, 항공기의 위치, 이동상황, 속도 등을 지속적으로 보여준다. 지금도 PPI 레이더는 항공관제시스템, 항공기 및 선박의 항법장치 그리고 기상관측 등에 널리 사용되고 있다. 그림 5-7은 PPI 레이더의 회전식 안테나와 여기서 수신된 레이더반사의 위치와 강도를 보여주는 평면위치표시기의 예를 보여준다.

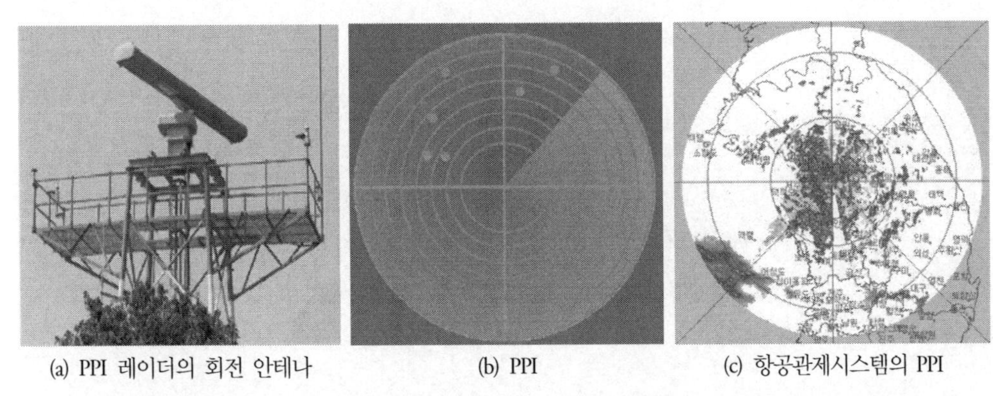

(a) PPI 레이더의 회전 안테나 (b) PPI (c) 항공관제시스템의 PPI

그림 5-7 위치 및 거리 탐지를 위한 회전식 안테나를 이용한 레이더 및 평면위치표시기(PPI)

레이더 원격탐사시스템은 안테나에서 수신되는 레이더반사를 영상의 형태로 기록하므로, 다른 레이더와 구분하여 영상레이더(imaging radar)라고 한다. 영상레이더의 안테나는 항공기 또는 인공위성 하부에 부착되어 있으며, 송수신되는 마이크로파의 방향이 지표면의 수직이 아닌 측면이다. 따라서 영상레이더가 등장한 초기에는 측면관측 항공레이더(Side Looking Airborne Radar, SLAR)로 지칭되기도 했다. 요즘은 항공기 및 인공위성에 탑재한 안테나의 크기를 대폭 축소한 기술을 적용한 영상레이더시스템이 대부분이므로, 합성구경레이더(Synthetic Aperture Radar, SAR)란 명칭을 많이 사용한다.

원격탐사 기술의 많은 부분이 군사목적으로 개발되었듯이, 영상레이더 역시 표적 탐지를 위한 정찰 목적으로 개발했다. 영상레이더는 1940년대 후반에 처음 개발되었는데, 기상조건에 관계없이 그리고 야간에도 영상을 얻을 수 있는 능동형 시스템이므로, 항공사진을 이용한 정찰시스템보다 월등한 조건을 갖는 센서로 등장했다. 영상레이더 기술은 그 후 20여 년 동안 대부분 비공개 기술로 유지되다가, 1960년대 후반에 비로소 민간 분야에 활용되기 시작했다.

민간 분야에서 영상레이더 기술이 적용된 초기 사례는 주로 중남미 및 아시아 열대림 지역의 지도제작 사업에서 찾아볼 수 있다. 열대림 지역은 현지 측량이나 심지어 항공측량을 위한 접근이 쉽지 않을뿐더러, 연중 대부분이 구름으로 덮여 있는 기후 특성 때문에 정확한 지도제작이 매우 어려운 지역이다. 그림 5-8은 1967년 파나마 열대림 지역에서 촬영된 초기 SLAR 영상을 보여 준다. 초기 SLAR 영상은 접근이 어렵고 지도가 없는 열대림 지역의 기본도로서 사용되었으며, 지질 탐사, 산림 조사, 하천 및 수자원 조사 등 다양한 분야에서 활용 가능성을 확인했다.

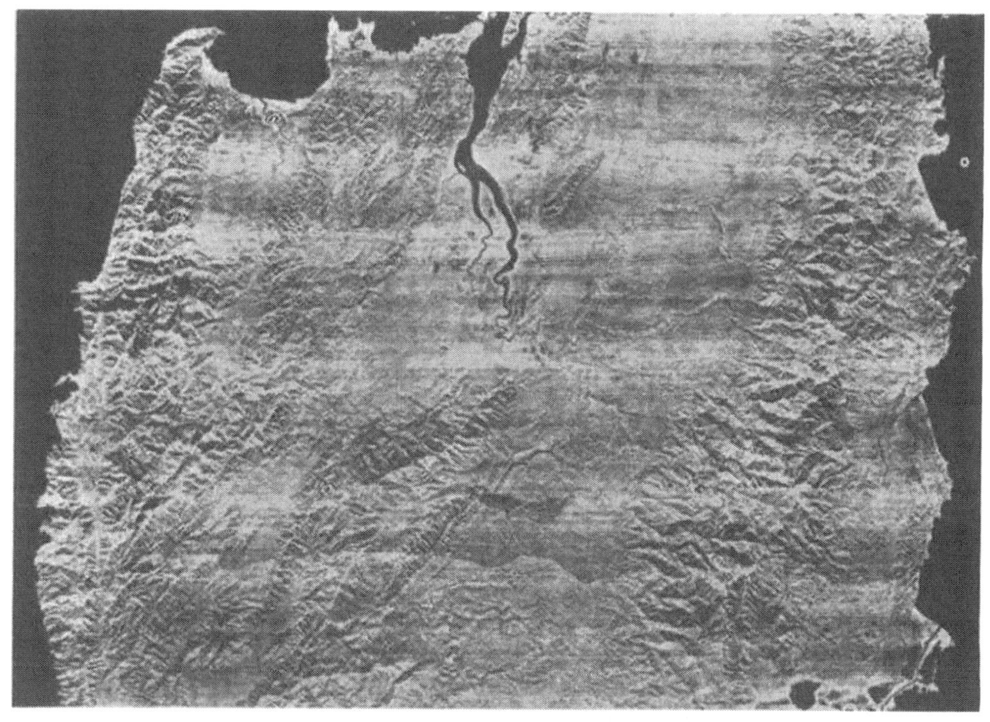

그림 5-8 열대림(Panama) 지역의 지도 제작을 위하여 촬영된 항공레이더(SLAR) 영상(Dellwig, 1969)

영상레이더를 탑재한 최초의 인공위성은 1978년에 발사한 SEASAT으로, 비록 발사 후 100일 정도 짧은 수명이었지만, 촬영된 SAR 영상은 해수면의 파랑, 바람, 해빙의 이동 등 해양 관련 연구와 함께 산림, 지질, 농업 등 육상 관련한 연구에 많은 기여를 했다. 레이더영상의 민간 분야 활용과 연구를 목적으로 1981년부터 시작한 우주왕복선 영상레이더(Shuttle Imaging Radar, SIR) 실험을 통하여, 레이더영상의 신호 특성을 이해하기 위한 많은 연구가 수행되었다. 그 후 일본, 소련, 유럽 등에서 JERS, Almaz, ERS와 같은 영상레이더를 탑재한 위성을 발사했으며, 1995년 최초의 운영 목적의 영상레이더시스템을 탑재한 RADARSAT-1 위성을 발사했다. 2000년 이후에도 유럽 및 일본 등에서 성능이 개선된 영상레이더 센서를 탑재한 위성을 계속 발사하였고, 한국에서도 2013년 KOMPSAT-5호 위성에서 SAR 영상을 촬영하고 있다.

영상레이더 개발은 오히려 전자광학센서보다 먼저 시작했지만, 현재 레이더 원격탐사의 활용도는 전자광학시스템보다 낮다. 레이더영상은 촬영이 어려운 홍수모니터링, 극지 환경, 지질 관련 연구 등에 제한적으로 활용되고 있지만, 일반적인 토지피복 분류 및 환경 관련 활용에서 아직까지 광학영상에 미치지 못하고 있다. 레이더영상의 활용이 낮은 이유는 영상레이더 개발이 군사목표물을 탐지하기 위하여 개발되었기 때문에, 식물, 토양, 물, 암석 등 자연 지표물의 레이더신호 특성에 대한 이해가 부족하기 때문이다. 레이더영상의 활용이 어려운 두 번째 이유는 영상레이더 시스템의 복잡한 구조와 관련 있다. 광학영상의 신호는 기본적으로 분광밴드에 따라 좌우된다. 그러나 레이더영상의 신호는 마이크로파의 파장뿐만 아니라, 편광성, 그리고 안테나의 입사각에 따라 달라진다. 따라서 안테나에서 수신한 마이크로파 신호와 해당 지표물의 속성과의 관계가 정확히 구명되지 않았다. 즉 레이더영상의 신호에 영향을 미치는 시스템 변수가 파장, 편광성, 안테나 입사각 등 여러 개이며, 이들 변수 간의 상호 관련성이 충분히 밝혀지지 않았다. 물론 레이더 원격탐사에 대한 연구와 활용이 산림, 수자원, 해양, 기상, 지질, 환경, 도시 등 다양한 분야에서 활발히 진행 중이며, 자료 획득의 장점을 가진 레이더 원격탐사의 활용은 꾸준히 늘어나고 있다.

영상레이더 구조

능동형 마이크로파센서는 기본적으로 두 개의 안테나가 필요하다. 즉 마이크로파를 생성하여 지표면으로 송신하는 안테나와 지표면에서 부딪혀 반사하는 마이크로파를 수신하는 안테나가 있어야 한다. 그러나 두 개 안테나를 항공기 및 인공위성에 장착하려면 크기와 무게에 제한이 있기 때문에, 대부분 하나의 안테나에서 송신 및 수신의 기능을 모두 수행하도록 제작한다. 그림 5-9는 영상레이더의 구조를 간단하게 보여준다. 듀플렉서는 하나의 안테나를 송신용과 수신용으로 빠르게 전환하는 장치로, 영상레이더를 비롯한 많은 레이더시스템에서 하나의 안테나로 송수신 역할을 동시에 수행할 수 있게 한다.

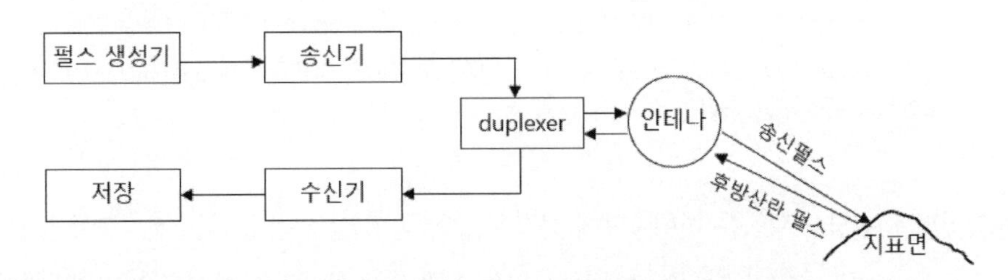

그림 5-9 하나의 안테나로 송수신 기능을 동시에 수행하는 영상레이더의 구조

영상레이더는 연속적인 마이크로파(continuous wave)가 아닌 펄스(pulse)형 마이크로파를 이용한다. 즉 짧은 시간에 생성된 마이크로파는 일정한 길이를 갖는 단절된 형태의 펄스이며, 펄스 길이는 빛의 속도와 펄스 지속시간(pulse duration)에 의하여 다음과 같이 구한다.

$$pl = c\tau \tag{5.1}$$

여기서 pl =pulse length(펄스 길이)

c =빛의 속도(3×10^8m/sec)

τ =pulse duration(펄스 지속시간)

펄스발생기에서 생성된 레이더펄스는 송신기를 거쳐 안테나에서 지표면으로 발사되며, 지표면에서 산란된 펄스 중 안테나 방향으로 반사하는 펄스만을 수신하여 영상신호로 기록한다. 그림 5-10에서 보듯이 하나의 마이크로파 펄스가 지표면으로 송신되어 지표면에 부딪히면, 지표면에서 여러 방향으로 산란되며, 산란되는 마이크로파의 강도 또한 표면 특성에 따라 다르게 나타난다. 안테나 방향으로 반사하는 마이크로파를 후방산란(backscattering)이라고 하며, 안테나에서는 후방산란 마이크로파만을 수신하여 영상신호로 기록한다. 지표면에서 산란하는 마이크로파의 강도와 방향은 지표물의 특성에 따라 달라지므로, 레이더영상은 동일 지표면이라도 안테나의 방향과 마이크로파의 입사각에 따라 다르다.

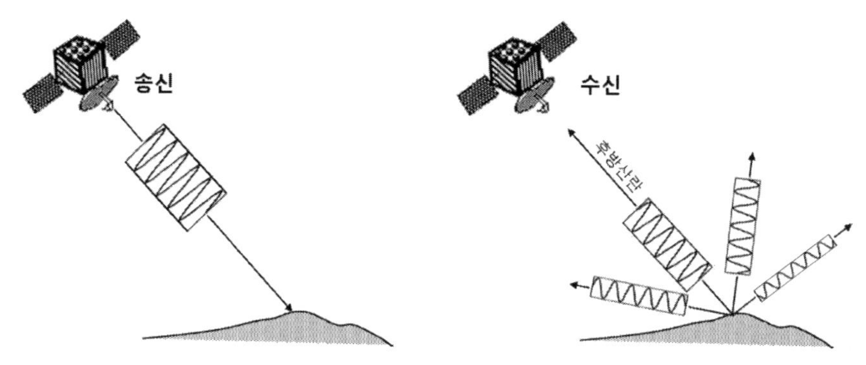

그림 5-10 영상레이더에서 마이크로파 펄스의 송신과 지표면에서 안테나 방향으로 반사하는 마이크로파 후방산란(backscattering)을 수신

영상레이더에서 영상 획득은 비행방향에 직각으로 한 줄씩 촬영되며, 이는 전자광학센서의 선주사기(line scanner)와 유사한 방식이다. 선주사기는 항공기의 연직점을 중심으로 비행방향에 직각으로 한 줄씩 촬영되지만, 영상레이더는 측면 관측이므로, 항공기 또는 인공위성 진행방향의 왼쪽 또는 오른쪽으로 한 줄씩 촬영한다. 그림 5-11은 영상레이더시스템의 비행방향, 안테나 방향 및 각도, 그리고 마이크로파 펄스의 진행 구조를 보여주며, 영상레이더에서 사용하는 중요한 용어를 표시하고 있다. 먼저 항공기 또는 인공위성이 진행하는 방향을 방위방향 또는 비행방향

(azimuth direction)이라고 하며, 안테나는 비행방향에 직각으로 향하게 된다. 안테나가 바라보는 방향으로 영상이 촬영되는데, 이 방향을 거리방향(range direction) 또는 비행직교방향이라고 한다. 안테나는 항공기의 측면에 부착되어 비행경로의 한쪽만을 촬영하므로, 초기의 영상레이더시스템을 측면관측항공레이더(SLAR)라고 했다.

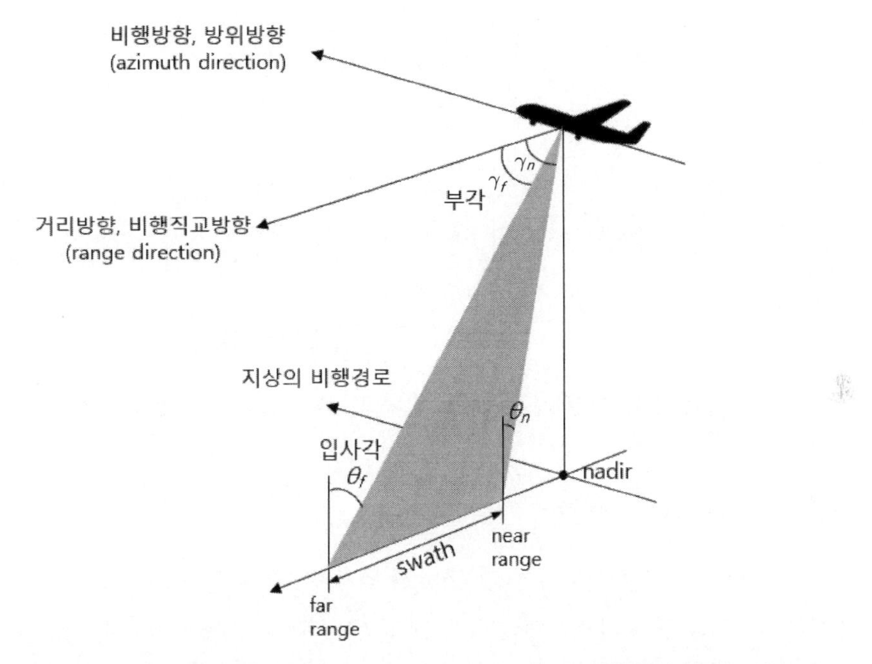

그림 5-11 영상레이더시스템의 비행방향, 안테나, 그리고 마이크로파 펄스의 진행방향이 이루는 기하 구조

한 줄의 영상을 촬영하기 위하여 안테나에서 하나의 마이크로파 펄스가 발사되어 부채꼴 모양으로 지표면으로 퍼져나간다. 마이크로파 펄스가 지표면에 처음 닿은 지점부터 마지막으로 도달하는 먼 지점까지 영상이 촬영되는데, 이를 촬영폭(swath) 또는 관측폭이라고 한다. 지표면으로 송신되는 마이크로파의 진행선과 거리방향의 수평면이 이루는 각도를 부각(depression angle)이라고 한다. 송신되는 마이크로파 펄스가 부채꼴 모양으로 퍼져 나가므로 연직점에서 가까운 지점의 부각 γ_n은 먼 지점의 부각 γ_f보다 크다. 관측각(look angle)은 부각의 보각으로 마이크로파 진행선과 항공기의 연직선이 이루는 각도다. 입사각(incidence angle)은 지표면의 수직선과 입사되는 마이크로파 진행선이 이루는 각도로, 부각과 마찬가지로 마이크로파 펄스가 도달하는 가까운 지점과 먼 지점에서 입사각 θ가 다르다. 지표면이 평면이라면 입사각이 관측각과 같지만, 실제 레이더영상의 촬영 환경에서 입사각과 관측각은 차이가 있다. 특히 인공위성 영상레이더는 매우 높은 고도에서 넓은 지역을 촬영하므로 지구의 구면을 고려하면 입사각과 관측각은 다르게 된다(그림

5-12). 또한 지형기복이 있는 지역의 레이더영상에서는 화소단위로 지표면의 수직선과 입사되는 마이크로파 진행선이 이루는 각을 국소입사각(local incidence angle)이라고 하며, 이는 레이더 후방 산란에 큰 영향을 미치는 요소다.

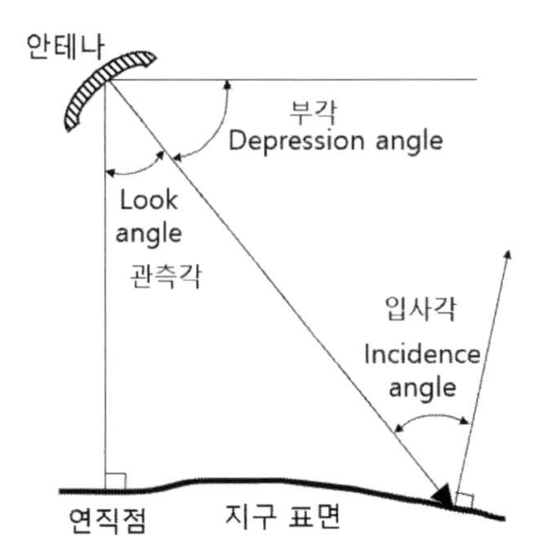

그림 5-12 측면에서 지표면으로 입사되는 마이크로파의 각도를 나타내는 용어

영상레이더시스템 변수

광학영상은 동일 지역에서 다른 영상신호를 얻기 위하여 파장구간을 다르게 설정한 여러 분광 밴드를 이용한다. 흑백 사진은 하나의 가시광선 밴드에서 신호를 감지하며, 다중분광영상은 여러 개의 분광밴드에서 영상신호를 얻는다. 사진시스템을 포함한 광학시스템에서는 영상신호를 얻기 위한 시스템 변수는 파장이 유일하다. 그러나 영상레이더는 동일 지역에서 다른 영상신호를 얻을 수 있는 시스템 변수가 최소한 세 개가 있다. 영상레이더 역시 마이크로파 파장에 따라서 영상신호가 달라지지만, 파장 외에도 안테나 입사각과 마이크로파의 편광성(polarization)을 다르게 적용하면 영상신호가 달라진다.

마이크로파시스템에서 전자기파를 구분하는 기준으로 파장과 함께 주파수로 표시하는 경우가 많다. 전자기파의 속도 c는 상수이므로, 파장 λ을 알면 주파수 f는 다음 식으로 쉽게 구할 수 있다.

$$c = f\lambda \tag{5.2}$$

광학스펙트럼의 파장은 주로 μm를 사용하지만, 영상레이더에서 사용하는 마이크로파의 파장은 주로 cm로 표시한다. 마이크로파의 주파수는 헤르츠(Hertz)로 표기하며, 주파수 단위가 커지기 때문에 주로 GHz(10^9Hertz)를 많이 사용한다.

마이크로파는 일정 파장구간을 고유 코드(X-밴드, C-밴드, L-밴드 등)로 표시하는 경우가 많다. 표 5-3은 마이크로파시스템에서 사용하는 밴드의 명칭과 각 밴드에 해당하는 파장 및 주파수영역을 보여준다. 마이크로파 밴드의 명칭(K, X, C, S, L, P)은 특별한 의미가 아니고, 레이더 개발 초기에 보안 목적으로 사용한 코드를 지금까지 관습적으로 사용하는 것으로 알려져 있다. 마이크로파 밴드는 일정 범위의 파장 또는 주파수를 지칭하므로, 마이크로파센서의 사양을 설명할 때는 밴드의 명칭과 함께 정확한 파장 또는 주파수를 밝히는 게 좋다. 가령 최초의 인공위성 영상레이더인 SEASAT의 영상레이더는 L-밴드 마이크로파를 이용했는데, 이를 23.5cm 파장 또는 1.275GHz 주파수로 정확하게 표시하는 게 필요하다. 마이크로파 밴드는 파장구간이 아니라 단일 파장이다. 가령 AVHRR 다중분광센서의 근적외선 밴드는 파장이 0.725μm부터 1.10μm까지 구간이지만, RADARSAT의 SAR시스템은 파장이 5.6cm인 C-밴드 마이크로파를 사용한다.

표 5-3 마이크로파시스템에서 사용하는 밴드의 명칭과 밴드별 파장 및 주파수영역

Microwave band	파장(cm)	주파수(GHz)
Ka	0.75~1.1	40~26.5
K	1.1~1.67	26.5~18.0
Kn	1.67~2.4	18.0~12.5
X	2.4~3.75	12.5~8.0
C	3.75~7.5	8.0~4.0
S	7.5~15	4.0~2.0
L	15~30	2.0~1.0
P	30~100	1.0~0.3

대부분의 인공위성 영상레이더는 안테나의 중량 및 전원 문제 때문에 주로 단일 밴드로 운영한다. 그러나 파장 밴드가 다른 여러 기의 영상레이더를 이용하면, 파장에 따른 레이더 신호 차이를 구분할 수 있다. 그림 5-13은 다양한 작물을 재배 중인 네덜란드의 농경지를 촬영한 C-밴드 영상과 L-밴드 영상의 차이를 보여준다. 두 항공 레이더영상에서 파장에 따른 레이더반사 신호의 차이는 여러 곳에서 볼 수 있는데, 농지의 표면 상태와 작물의 종류와 생육단계에 따라 파장이 짧은 C-밴드와 파장이 긴 L-밴드에서 후방산란 특성이 다르게 보인다.

레이더영상은 마이크로파의 파장 외에도 안테나 입사각에 따라서 영상신호가 다르게 나타난다. 그림 5-14는 우주왕복선 영상레이더(Shuttle Imaging Radar-B, SIR-B) 실험에서 촬영한 영상으로, 미국 플로리다 지역의 습지산림과 농경지를 포함한 지역의 L-밴드 영상이다. 세 영상 모두 동일한 파장에서 촬영했지만, 안테나의 입사각을 순차적으로 크게 하여 촬영했다. 안테나 입사각은 지표

면의 수직선과 안테나에서 발사된 마이크로파 진행선이 이루는 각도로서, 입사각이 작으면 안테나가 수직에 가깝게 기울어진 상태다. 영상에서 호수 및 도로와 같이 매끄러운 표면은 세 영상에서 모두 어둡게 보이지만, 호수에 인접한 습지산림의 밝기는 세 영상에서 큰 차이를 보인다. 습지산림은 산림의 바닥이 물로 덮여 있는 습지로서, 세 영상은 안테나 입사각에 따라 산림의 하층부 수면까지 마이크로파 투과력에 따라 후방산란에 차이가 있음을 보여준다. 안테나 입사각이 28°인 영상에서 습지산림에 밝게 보이는 이유는, 레이더 투과력이 입사각이 작을 때 높기 때문이다. 습지산림에서 수관층을 투과한 마이크로파는 줄기와 바닥의 수면 사이의 모서리반사가 발생하여 높은 후방산란이 일어난다. 이와 같이 영상레이더는 마이크로파의 파장에 더하여 안테나 입사각을 다르게 하면, 다른 영상신호를 얻을 수 있다.

그림 5-13 마이크로파 파장에 따른 농경지 레이더영상에서 나타나는 후방산란의 차이

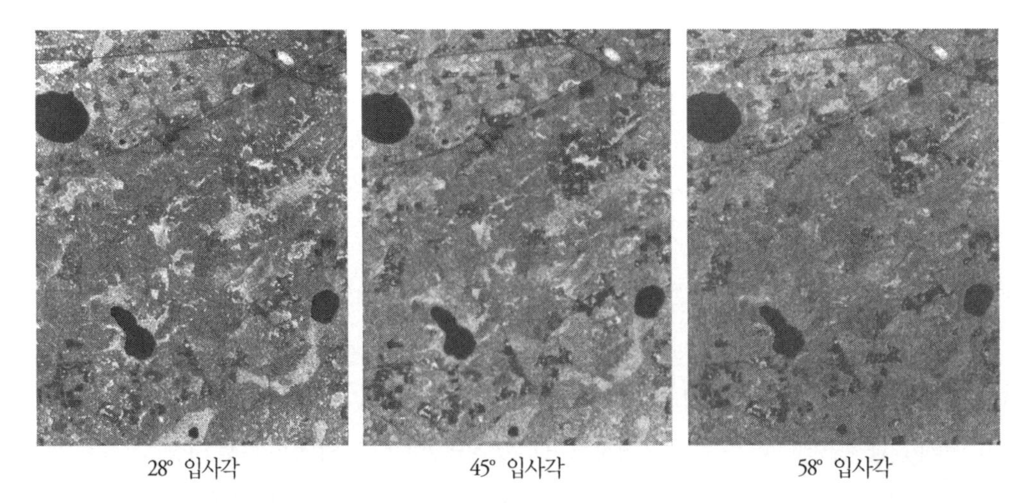

그림 5-14 우주왕복선 영상레이더(SIR-B) 실험에서 촬영된 미국 플로리다 지역의 농경지 및 습지산림의 레이더영상에서 나타난 안테나 입사각에 따른 후방산란의 차이

영상레이더는 파장과 안테나 입사각뿐만 아니라, 안테나에서 송수신하는 마이크로파의 편광성에 따라 후방산란 신호가 달라진다. 전자기파는 진행 축을 중심으로 전기장과 자기장이 서로 직각으로 교차하면서 진행하는데, 편광성은 전기장의 방향을 말한다. 전자기파는 이동 축을 중심으로 360° 모든 방향으로 전기장과 자기장이 수직으로 교차하면서 진행하는데, 편광필터를 적용하면 특정 방향으로 진행하는 전자기파만을 선택할 수 있다. 마이크로파의 편광성은 수직방향과 수평방향으로 구분되며, 편광필터를 이용하여 특정 방향의 파를 선택할 수 있다. 그림 5-15는 편광필터를 적용하여 수직방향의 파를 선택하는 과정을 보여준다.

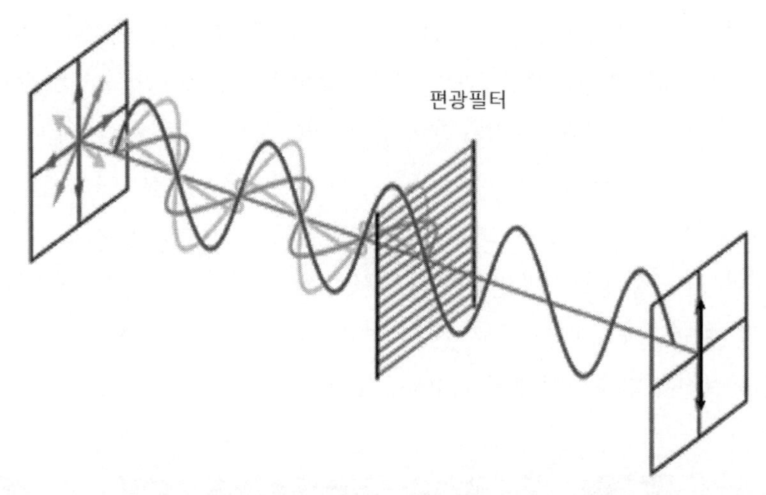

그림 5-15 마이크로파에 편광필터를 적용하여 수직 편광을 선택

영상레이더시스템은 마이크로파를 송신할 때 수직(vertical, V) 또는 수평(horizontal, H)방향의 편광필터를 적용하고, 또한 지표면에서 반사한 마이크로파를 수신할 때 수직 또는 수평 편광필터를 선택할 수 있다. 따라서 영상레이더의 편광모드는 HH, HV, VV, VH의 네 가지로 구분하는데, 앞 글자는 송신할 때 편광성이며 뒷 글자는 수신할 때 편광성을 나타낸다. 송신 및 수신의 편광성이 같은 HH와 VV를 동일편광(co-polarization)이라고 하며, 송신과 수신의 편광성이 다른 VH와 HV를 교차편광(cross-polarization)이라고 한다. 레이더영상은 송수신에 적용하는 마이크로파의 편광모드에 따라 영상신호가 달라지며, 삼차원 구조를 갖는 수목, 농작물, 건물 등은 다른 지표물과 구분되는 독특한 편광 특성을 갖는다.

그림 5-16은 NASA의 항공 영상레이더(JPL AIRSAR) 실험에서 촬영한 경상남도 울주군 지역의 L-밴드 영상으로 세 가지 편광모드의 차이를 보여준다. 세 영상에 사용된 편광모드에 따라 특정 지표물의 밝기 차이를 볼 수 있다. 영상은 오른쪽 아랫부분은 논과 마을에 해당하는 지점으로,

HH 및 VV의 동일편광 영상에서는 밝게 보이지만 교차편광인 HV영상에서는 어둡게 나타났다. 이와 같이 영상레이더시스템의 편광모드를 선택적으로 적용하면, 파장과 안테나 입사각에 의한 차이와 구분되는 새로운 영상신호를 얻을 수 있다.

영상레이더는 새로운 영상신호를 얻기 위하여 센서에서 선택적으로 적용할 수 있는 시스템 변수는 파장, 안테나 입사각, 편광성의 세 가지가 있다. 전자광학센서의 시스템 변수가 파장 하나인 것을 감안하면, 영상레이더에서는 파장, 안테나 입사각, 편광을 달리 하여 촬영하면 영상신호가 다른 여러 영상을 얻을 수 있다. 현존하는 대부분의 영상레이더가 C-밴드, X-밴드 또는 L-밴드 중 하나의 파장밴드만을 이용하지만, 안테나의 입사각을 세 가지로 구분하고, 4가지 편광모드를 적용하면, 궁극적으로 영상신호가 다른 12장의 영상을 얻을 수 있다. 영상레이더는 세 개의 시스템 변수를 다르게 적용하면 신호 특성이 다른 여러 영상을 얻을 수 있지만, 시스템 변수의 다양성은 레이더영상의 해석에 어려움을 주기도 한다. 영상레이더에서 각 시스템 변수가 미치는 영향과 원인에 대하여 완전한 이해가 어렵다. 레이더영상에서 특정 지표물의 신호에 미치는 파장, 입사각, 편광성의 영향을 해석하기 쉽지 않다. 또한 두 개 이상 시스템 변수의 상호 관련성 여부에 대한 이해도 미흡한 상태이므로, 완전한 영상신호의 해석이 쉽지 않다. 영상레이더는 센서의 구조 및 자료 해석이 복잡하고 어렵지만, 지속적인 연구 개발을 통하여 다양한 지표물에 대한 레이더영상의 신호 특성에 대한 이해의 폭을 넓히고 있다.

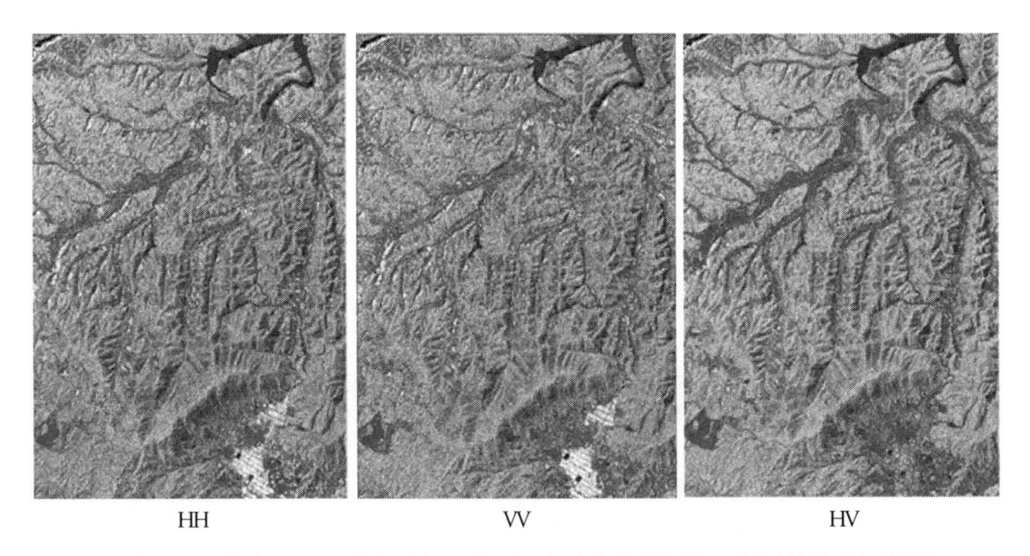

그림 5-16 송수신 마이크로파의 편광모드를 다르게 하여 촬영한 항공 레이더영상(경남 울주군)

레이더영상의 획득 원리

영상레이더는 안테나에서 발사한 하나의 마이크로파 펄스가 지표면에 부딪혀 다시 안테나까지 반사되는 후방산란을 시간 순으로 기록함으로써 한 줄의 영상이 얻어진다. 그림 5-17은 한 줄에 해당하는 영상신호가 수신되는 과정을 시간 순으로 보여준다. 마이크로파 펄스가 송신되어 지표면으로 이동하여 시간 6에서 최초로 지면과 주택에 부딪혀서 반사된 펄스는 시간 12에 안테나에 도달한다. 송신된 펄스는 계속 진행하여 시간 9에 나무와 충돌하여 반사된 펄스는 시간 17에 안테나에 도착한다. 이 과정을 통하여 한 줄의 영상이 촬영되며, 항공기의 비행방향에 따라서 한 줄씩 영상이 더해진다. 항공기 또는 인공위성이 빠른 속도로 이동하므로, 안테나에서 마이크로파 펄스가 송신되는 간격은 매우 짧지만(10^{-6}초 이하), 빛의 속도로 지표면까지 왕복 이동하는 마이크로파를 기록하기에는 충분하다.

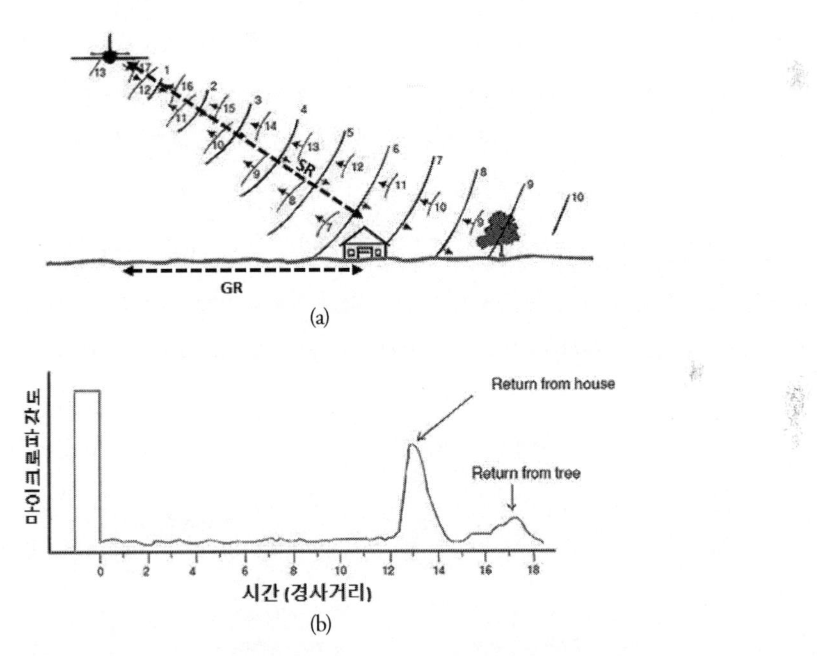

그림 5-17 하나의 마이크로파 펄스의 송수신 과정을 시간 순으로 표시한 경로(a)와 시간 순으로 수신되는 마이크로파의 강도(b)

안테나에서 지표면까지 펄스의 왕복 시간에 빛의 속도를 적용하면 거리로 환산되며, 이를 경사거리(slant range, SR)라고 하여 다음과 같이 계산한다.

$$SR = \frac{ct}{2} \tag{5.3}$$

여기서 c는 빛의 속도(3×10^8m/sec)이며 t는 마이크로파가 안테나에서 지표면까지 왕복하는 시간이다. 결국 레이더영상에서 각 화소는 지상에서의 거리(ground range, GR)가 아닌 마이크로파 이동선인 경사거리에 따라 기록되는데, 이는 레이더영상의 특성을 이해하는 데 중요한 원리다. 각 화소까지의 지상거리 GR은 안테나 부각(γ)을 알면 다음과 같이 구할 수 있으며, 사용자에게 공급되는 영상은 대부분 지상거리로 변환된 형태다.

$$GR = SR \cdot \cos\gamma \tag{5.4}$$

거리방향 해상도와 방위방향 해상도

레이더영상의 획득 원리를 이해하기 위해서는 먼저 레이더영상을 구성하는 각 화소의 공간해상도 개념을 알아야 한다. 레이더영상의 공간해상도는 거리방향(비행직교방향)과 방위방향(비행방향)으로 구분하여 표시되며, 이는 전자광학영상의 공간해상도와 완전히 다른 개념이다. 그림 5-18은 항공 영상레이더에서 거리방향 해상도와 방위방향 해상도의 개념을 보여준다. 항공기에 부착된 안테나는 비행속도를 고려하여 일정 간격으로 마이크로파 펄스를 송신하는데, 각 마이크로파 펄스는 비행직각방향으로 근지점부터 원지점에 이르는 한 줄의 영상을 촬영한다. 안테나가 마이크로파를 송신하는 방향으로 구분되는 거리방향 해상도(range resolution)는 마이크로파 펄스의 길이와 부각에 의하여 결정된다. 항공기 및 위성의 비행방향에 따라서 구분되는 방위방향 해상도(azimuth resolution)는 안테나에서 발사되는 펄스의 빔폭(antenna beamwidth)으로 결정된다.

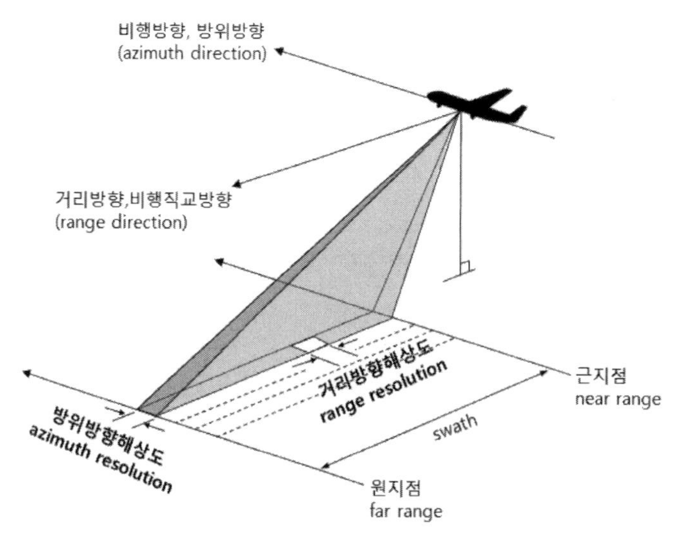

그림 5-18 레이더영상의 해상도는 안테나가 향하는 거리방향 해상도와 방위방향 해상도로 구분

거리방향 해상도 R_r은 안테나에서 송신한 마이크로파 펄스 길이에 따라서 결정되는데, 펄스 길이는 빛의 속도와 펄스지속시간의 곱이다. 영상레이더는 펄스를 생성하는 펄스지속시간을 매우 짧게 하여 펄스 길이를 줄여서, 거리방향 해상도를 높일 수 있다. 따라서 레이더영상의 거리방향 해상도는 광학영상과는 달리 비행고도와는 관련이 없고, 오로지 마이크로파 펄스의 길이에 따라 결정된다. 식(5.5)의 분모에 해당하는 부각 γ는 마이크로파가 이동하는 사선상의 해상도를 지상거리로 환산하기 위함이다.

$$R_r = \frac{pl}{2\cos\gamma} = \frac{c\tau}{2\cos\gamma} \tag{5.5}$$

여기서 pl = 펄스의 길이(pulse length)

τ = 펄스 지속시간(pulse duration)

c = 빛의 속도

γ = 부각(depression angle)

거리방향 해상도가 펄스 길이의 반이 되는 과정을 설명하기 위하여, 그림 5-19는 안테나에서 송신된 하나의 마이크로파 펄스가 같은 높이의 지표물(집, 나무)에서 부딪쳐 안테나 방향으로 반사되어 수신되는 과정을 시간 순으로 보여준다. 안테나에서 송신된 마이크로파 펄스가 T-1 시점에 지붕에 닿았지만 옆에 위치한 나무에는 아직 도달하지 않았다. T-2 시점에 지붕에서 반사된 펄스의 반이 안테나를 향하여 가고 있는 중이며, 동시에 옆에 있는 나무 꼭대기에 잔여 마이크로파 펄스가 도착했다. T-3 시점에는 지붕에서 반사된 펄스는 지붕을 완전히 벗어나 안테나로 향하고 있으며, 나무에서 반사된 펄스는 반 정도가 안테나로 향하는 중이다. 시점 T-4에서는 집과 지붕에서 반사된 펄스가 모두 안테나로 이동 중이다. 지붕에서 반사된 펄스와 나무에서 반사된 펄스가 각각 독립적인 신호로 구분되어 안테나에서 수신되기 위해서는 집과 나무의 거리가 사선상에서 펄스 길이의 반보다 길어야 한다. 만약 집과 나무의 사선상 거리가 펄스 길이의 반보다 짧다면, 나무에서 반사된 펄스가 앞서 가고 있는 집에서 반사된 펄스의 뒷부분과 중첩되어 하나의 신호로 수신되므로 집과 나무는 구분이 되지 않는다. 집과 나무가 구분된 신호로 분리되기 위한 최소거리가 거리방향 해상도이며, 이를 마이크로파가 이동하는 사선상의 경사거리로 표시하면 $pl/2$이며, 경사거리를 지상거리로 변환하기 위하여 부각 γ을 적용하면 거리방향 해상도는 $pl/2\cos\gamma$이 된다.

안테나에서 송신된 마이크로파 펄스는 지표면을 향하여 확산되므로 안테나에서 가까운 지점의 부각과 먼 지점의 부각은 다르다. 즉 비행방향에 직각으로 촬영된 한 줄의 영상에 포함된 모든 화소에서 부각은 조금씩 차이가 있고, 이로 인하여 모든 화소의 거리방향 해상도는 조금씩 달라진다. 예를 들어 그림 5-20에서 보듯이 안테나에서 송신된 마이크로파 펄스는 근지점과 원지점에서의 부각이 각각 55°와 40°라면, 근지점과 원지점 화소의 거리방향 해상도는 부각에 따라 다르다. 마이크로파 펄스 지속시간이 0.1×10^{-6}초라면, 펄스 길이는 30m이며, 여기에 각 지점의 부각을 적용하면 근지점과 원지점의 거리방향 해상도는 각각 26.2m와 19.6m가 된다.

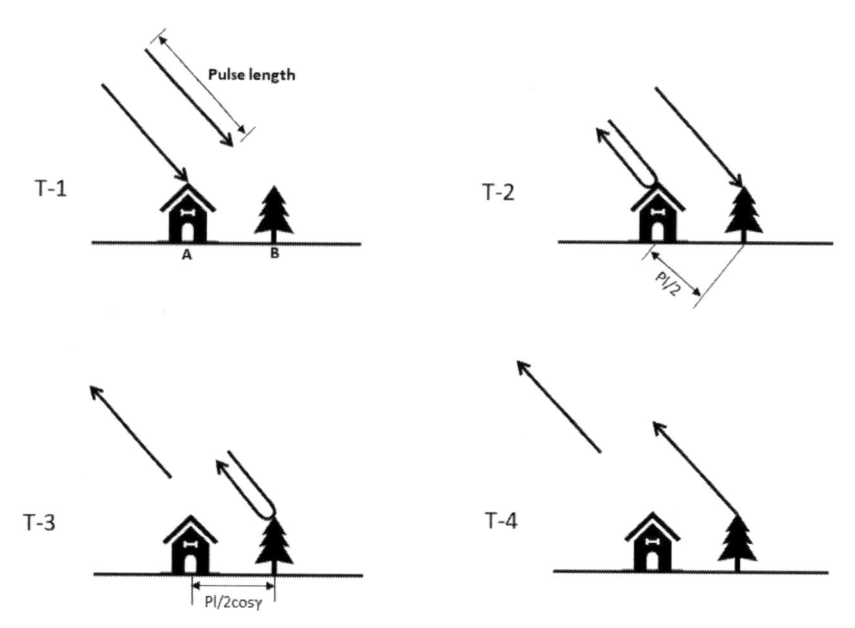

그림 5-19 거리방향 해상도는 집과 나무에서 반사되는 마이크로파 펄스가 각각 분리된 신호로 구분되기 위한 최소 거리

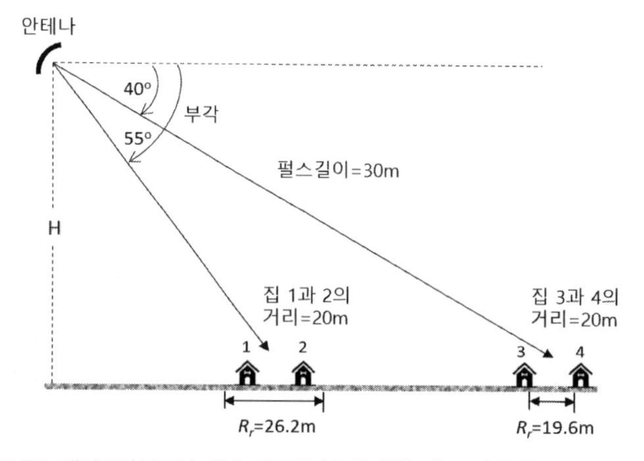

그림 5-20 레이더영상에서 해당 지점의 부각(γ)에 따른 거리방향 해상도의 차이

$$근지점에서의\ 거리방향\ 해상도\ R_r = \frac{c\tau}{2\cos\gamma} = \frac{3\times10^8 \text{m/sec} \times 10^{-7}\text{sec}}{2\cos55°} = 26.2\text{m}$$

$$원지점에서의\ 거리방향\ 해상도\ R_r = \frac{c\tau}{2\cos\gamma} = \frac{3\times10^8 \text{m/sec} \times 10^{-7}\text{sec}}{2\cos40°} = 19.6\text{m}$$

집 1과 2 그리고 3과 4 사이의 지상 간격이 20m라면, 거리방향 해상도가 26.2m인 근지점에서는 집 1과 2에서 반사된 펄스는 서로 분리되지 않으므로, 영상에서 두 집이 구분되지 않는다. 반면에 원지점에서 거리방향 해상도는 19.6m이므로, 20m 간격인 집 3과 4에서 반사된 마이크로파는 서로 분리되어 수신되므로 두 집은 별개의 화소로 구분된다.

레이더영상에서 비행방향에 따라 구분되는 각 화소의 최소 간격이 방위방향 해상도(azimuth resolution)이며, 방위방향 해상도는 안테나에서 좁은 각도로 송신되는 마이크로파의 빔폭(beam width)에 따라 결정된다. 안테나에서 송신되는 마이크로파는 180° 전면으로 확산되지 않고, 미리 정해진 일정한 각도의 좁은 빔폭으로 퍼져 나간다. 따라서 방위방향 해상도는 아래와 같이 구할 수 있다.

$$R_a = SR \cdot \beta \tag{5.6}$$

여기서 SR = 안테나에서 지표면까지 거리
β = 안테나 빔폭(radian)

안테나 빔폭은 고정된 각도이므로, 안테나에서 멀어질수록 지표면에 닿은 마이크로파의 폭은 확산된다. 그림 5-21에서 보듯이 안테나로부터 가까운 지면에서는 마이크로파의 폭이 좁지만 안테나에서 멀어질수록 폭이 넓어지므로 방위방향 해상도는 낮아진다. 빔폭이 1.5×10^{-3}radian인 영상레이더에서 안테나로부터 가까운 근지점까지 거리가 10km이면 방위방향 해상도 R_{a1}는 15m가 된다. 따라서 20m 간격인 구조물 A와 B는 마이크로파 빔의 바깥에 위치하므로, 각각에서 반사된 마이크로파가 분리되어 수신되고 영상에서 A와 B에 해당하는 신호는 구분된다. 경사거리가 16km인 원지점에서는 C와 D의 간격이 20m이므로 방위방향 해상도 R_{a2} =24m보다 짧기 때문에 두 기둥이 모두 빔폭 안에 포함되므로, 각각에서 반사된 마이크로파가 분리되지 않고 하나의 신호로 수신되므로 영상에서 C와 D는 구분되지 않는다.

거리방향 해상도 R_r과 마찬가지로 방위방향 해상도 R_a도 모든 화소마다 경사거리(SR)가 다르므로, 결과적으로 레이더영상에서 안테나가 향하는 방향의 한 줄에 포함되는 모든 화소의 방위방향 해상도는 다르다. 따라서 한 줄의 영상에 포함되는 모든 화소의 거리방향 해상도와 방위방향 해상도는 각각 다르다. 그림 5-22에서 보듯이 안테나 근지점에서는 거리방향 해상도가 가장 낮으며 원지점으로 갈수록 부각이 작아져서 거리방향 해상도가 높아진다. 반대로 방위방향 해상도는 안테나 근지점에서는 경사거리가 짧고 동일한 각도로 확산되는 마이크로파의 폭이 좁으므로 방위방향 해상도가 가장 높으며, 안테나에서 멀리 확산될수록 경사거리가 길어지고 마이크로파의 폭이 넓어지므로 방위방향 해상도는 낮아진다.

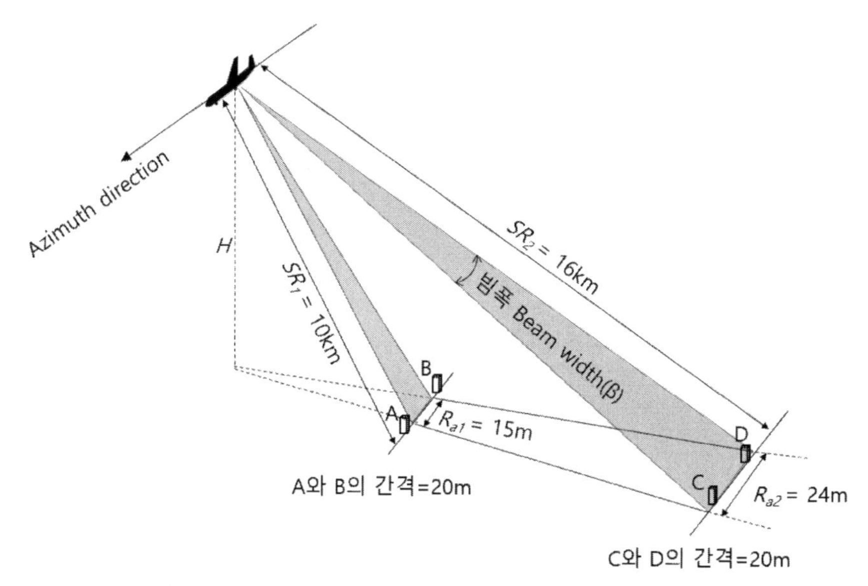

그림 5-21 실구경레이더(RAR)에서 안테나 빔폭(β)과 지표면까지의 거리(SR)에 따른 방위방향 해상도의 차이

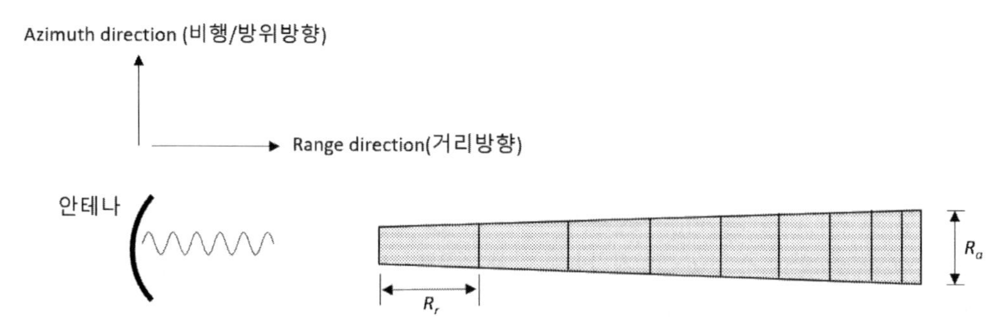

그림 5-22 실구경레이더에서 거리방향으로 한 줄의 영상에 포함되는 모든 화소는 서로 다른 해상도를 갖는다.

방위방향 해상도를 결정하는 중요 인자는 안테나에서 송신되는 마이크로파의 빔폭과 각 지점까지의 경사거리로 결정된다. 안테나에서 각 지점까지의 경사거리는 비행고도와 그 지점에 입사되는 마이크로파의 부각으로 계산되므로, 방위방향 해상도를 구하는 식(5.6)은 다음과 같이 변환할 수 있다.

$$R_a = SR \cdot \beta = \left(\frac{H}{\sin\gamma}\right) \cdot \beta \tag{5.7}$$

여기서 SR=안테나에서 지표면까지 경사거리

β=안테나 빔폭(radian)

H=비행고도

γ=부각

궤도가 높은 위성 레이더영상은 고도에 비례하여 R_a가 커지므로 방위방향 해상도가 낮고, 비행고도가 낮은 항공 레이더영상의 방위방향 해상도는 훨씬 높다. 레이더영상에서 거리방향 해상도는 비행고도에 무관하지만, 방위방향 해상도는 비행고도에 따라 경사거리가 길어지므로 고도에 반비례하여 해상도가 낮아진다. 지표면으로 송신되는 마이크로파의 확산 범위인 안테나 빔폭은 안테나의 크기에 따라 결정되는데, 안테나 구경이 클수록 좁은 빔폭을 얻을 수 있다. 이러한 요구 조건에 부합되는 안테나 구경을 가진 레이더를 실구경레이더(real aperture radar, RAR)라고 한다. 또한 실제 안테나 크기보다 훨씬 큰 안테나 효과를 갖도록 제작된 레이더시스템을 합성구경레이더(synthetic aperture radar, SAR)라고 한다.

합성구경레이더(SAR)

레이더영상에서 방위방향 해상도를 높이기 위해서는 비행고도를 낮추어야 하며 또한 안테나 빔폭을 좁게 해야 한다. 실구경레이더(RAR)에서 방위방향 해상도가 높은 영상을 촬영하려면 안테나 빔폭이 좁아야 하며, 안테나 빔폭을 좁게 하려면 안테나의 구경이 커야 한다. 마이크로파 안테나의 형태가 원형인 경우가 많기 때문에 안테나 크기를 나타낼 때 길이(length)란 표현과 함께 구경(aperture)을 사용한다. 방위방향 해상도를 결정하는 안테나 빔폭은 안테나 길이와 마이크로파 파장에 의하여 다음과 같이 결정된다.

$$R_a = SR \cdot \beta = SR \cdot \left(\frac{\lambda}{L}\right) \tag{5.8}$$

여기서 SR=안테나에서 지표면까지 경사거리

β=안테나 빔폭(radian)

λ=마이크로파 파장

L=안테나 구경(길이)

결국 RAR에서 방위방향 해상도가 좋은 영상을 얻기 위해서는 파장이 짧은 마이크로파를 이용하고, 구경이 큰 안테나를 사용해야 한다. 짧은 파장의 마이크로파를 이용하는 것은 기술적으로 간단하지만, 항공기 또는 인공위성에 탑재하는 안테나의 크기를 늘리는 것은 현실적으로 많은 어려움이 있다. 예를 들어 파장이 5cm인 C-밴드 항공 영상레이더에서 경사거리가 5km인 지점의 방위방향 해상도가 5m가 되도록 하려면, 무려 50m 길이의 안테나가 필요하다. 초기 실구경 영상레이더는 비행고도를 낮추고 짧은 파장의 마이크로파를 사용함으로써 안테나의 길이를 최소화하여 영상을 촬영했지만, 항공기 탑재 능력을 감안하면 안테나의 크기는 제한된다. 더구나 인공위성은 궤도높이가 수백 km 이상이므로 항공 레이더영상과 동일한 해상도를 얻기 위해서는 훨씬 큰 안테나를 필요로 하지만, 인공위성에 탑재할 수 있는 안테나의 크기는 매우 제한적이므로 현실적으로 실구경 안테나를 위성에 탑재하는 것은 어렵다.

적정 방위방향 해상도를 얻는 데 필요한 실구경레이더 안테나를 탑재하기 어려운 기본적인 문제를 해결하기 위하여 합성구경레이더(SAR) 기술이 개발되었다. SAR은 실제 안테나 구경은 항공기나 인공위성에 탑재할 수 있을 정도로 짧고 소형이지만, 실제 안테나 구경보다 수십배 이상 긴 안테나 효과를 낼 수 있도록 합성한 시스템이다. 현재 영상레이더시스템은 대부분은 합성구경레이더 기술에 의존하고 있으며, 따라서 레이더영상을 보편적으로 SAR 영상이라고 부른다.

실구경레이더는 한 줄의 영상을 얻기 위하여 하나의 마이크로파 펄스를 이용하는 반면에, 합성구경레이더는 동일한 지점에 여러 마이크로파 펄스를 송신하고 여러 개의 반사파를 수신할 수 있다. 동일한 지점에서 반사한 여러 개의 반사파에서 나타나는 도플러 효과(Doppler effect)를 이용하여 실제보다 훨씬 좁은 빔폭 효과를 얻을 수 있다. 도플러 효과는 송신기와 수신기의 상대적 거리 차이로 발생하는 파동(음파, 전자기파 등)의 주파수 변화를 말한다. 예를 들어 구급차가 경보음을 울리며 다가올 때, 경보음 소리는 길가에 서있는 수신자에 가까워질수록 고주파수의 높은 음으로 들린다. 이후 구급차가 수신자를 지나 멀어지면 경보음은 저주파수의 낮은 음으로 들린다. 실제 구급차 경보음은 일정한 주파수를 갖고 있지만, 구급차와 수신자의 거리 변화에 따라, 수신자가 감지하는 주파수가 변하는 현상이 도플러 효과다.

합성구경레이더는 매우 복잡한 구조를 가지고 있기 때문에 안테나 크기, 해상도, 파장과 관련된 모든 시스템 요소의 기술적인 내용을 완전히 이해하기 위해서는 별도의 문헌을 참조해야 한다. 그림 5-23은 간략화한 합성구경레이더의 작동원리를 보여주고 있다. 항공기에 탑재된 구경이 작은 안테나가 비행방향에 따라 이동하면서 동일 지점에서 반사한 마이크로파를 시간 순으로 T1부터 T7까지 연속적으로 수신하면, 각각의 작은 안테나가 연결되어 길이가 L1인 긴 안테나의 기능을 하게 된다. 각 시점에서 수신된 마이크로파는 도플러 효과에 따라 다른 주파수를 가지게 되는데, 수신된 마이크로파의 도플러 주파수를 합성 처리하여 특정 주파수영역만을 선택하면, 인공적인 안테나 빔폭을 얻을 수 있다. 즉 동일 지점에서 여러 개의 안테나로부터 수신된 마이크로파의 주파수를 분석하여 주파수 변조가 발생하지 않은 영역(zero Doppler shift)의 반사파를 선택하면, 사용자가 원하는 빔폭을 합성할 수 있다.

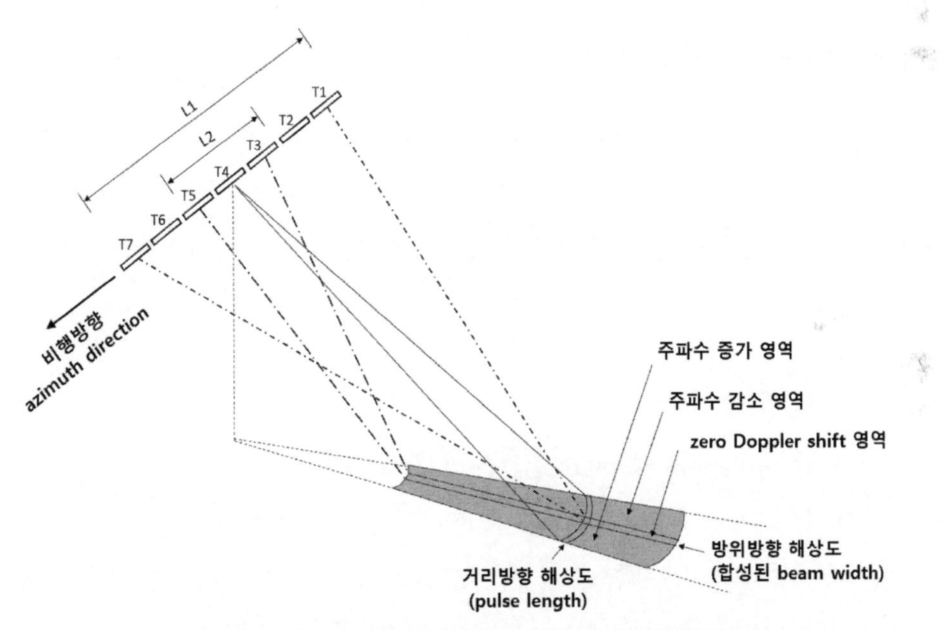

그림 5-23 합성구경레이더(SAR)의 작동 원리 및 방위방향 해상도

항공기에서 가까운 근지점에서 원하는 해상도를 얻으려면 소수의 안테나로 합성된 L2 길이의 안테나가 필요하지만, 경사길이가 길어질수록 수신하는 안테나의 숫자는 증가하게 된다. 따라서 안테나로부터의 거리가 멀어질수록 안테나의 합성 길이는 L1 이상 길어진다. 합성구경레이더는 안테나로부터 경사거리에 관계없이 모든 화소가 동일한 방위방향 해상도를 갖게 된다(그림 5-24). 거리방향 해상도는 실구경레이더와 마찬가지로 마이크로파 펄스 길이로 결정되지만, 방위방향

해상도는 모든 화소마다 합성된 빔폭으로 동일한 간격이 된다. 따라서 SAR시스템에서 방위방향 해상도는 실구경레이더와 달리 비행고도에 영향을 받지 않지 않는다.

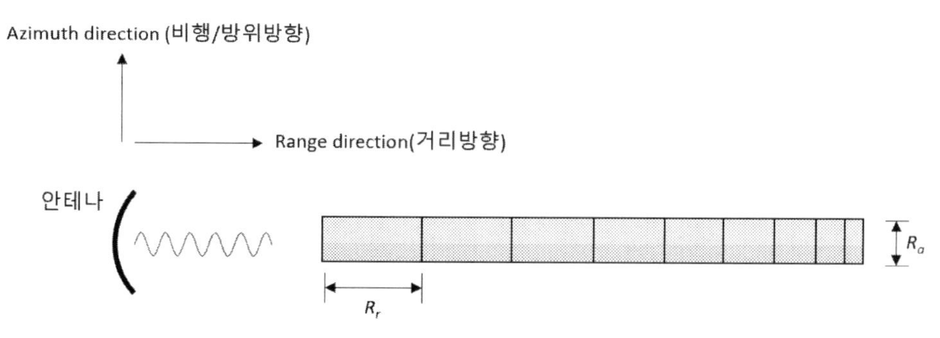

그림 5-24 합성구경레이더의 방위방향 해상도(R_a)는 안테나로부터 거리에 관계없이 동일

5.3 레이더영상의 기하 특성

레이더영상의 획득 과정과 방법은 사진이나 전자광학영상과 완전히 다르기 때문에 레이더영상만이 가진 고유의 특징이 있다. 특히 영상레이더는 안테나가 향하는 방향이 지표면에 수직이 아닌 측면이므로, 이에 따라 연직 촬영이 대부분인 광학영상과 구분되는 독특한 기하 특성을 보여준다.

경사거리 영상

레이더영상은 안테나에서 발사된 마이크로파가 지표면에 비스듬히 입사하는 측면관측이므로, 광학영상과 다른 기하 특성을 갖는다. 그림 5-24에서 보듯이 거리방향 해상도(R_r)는 펄스 길이와 부각에 따라 결정되므로 모든 화소의 지상 간격이 다르게 배열되어 있다. 또한 레이더영상에서 안테나가 향하는 거리방향의 모든 화소는 안테나에서 지표면까지의 경사거리(slant range) 또는 안테나에서 수신된 시간 순으로 기록되므로, 지상에서의 실제 거리와 차이가 있어 기하 왜곡이 심한 모습이다. 그림 5-25는 일본 JERS 위성에서 촬영한 경상남도 합천 지역의 SAR 영상으로 (a)는 경사거리로 기록된 원 영상이며, (b)는 경사거리를 지상거리(ground range)로 변환한 영상이다. 경사거리 영상은 화소마다 지상 간격이 다르므로 안테나 쪽으로 압축된 모습이다. 특히 안테나와 가까운 왼쪽 부분에서 압축효과가 두드러지며, 경사거리로 기록된 영상은 거리 및 면적 측정이 가능한 평면도로서의 기능을 할 수 없기 때문에 지상거리로 변환하여야 한다. 지상거리로 변환한 영상은 각 지점 간의 상대적 거리 및 면적이 비교적 정확하게 나타난다. 사용자에게 제공하는 SAR 영상은 대부분 수신소에서 지상거리로 변환 처리하여 공급한다.

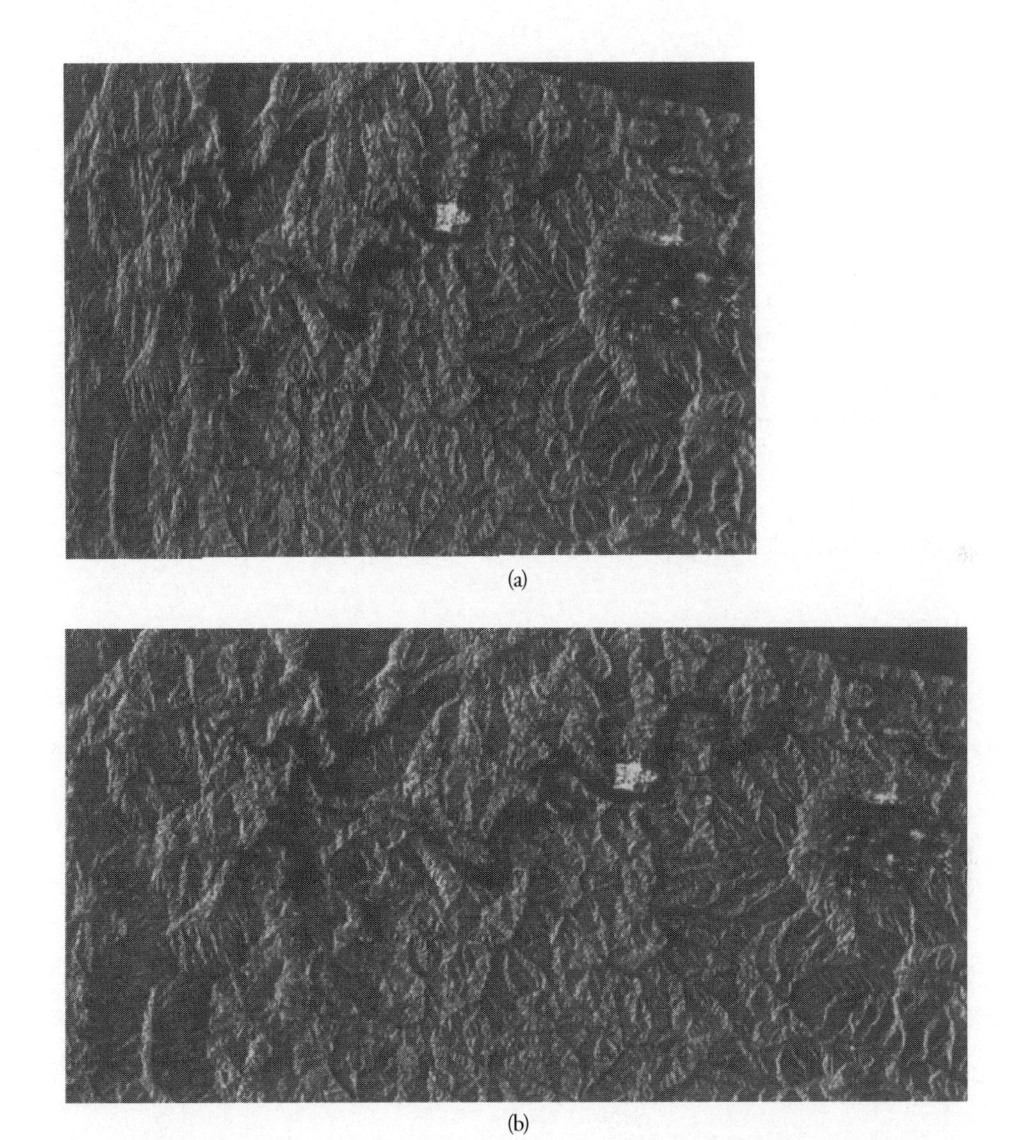

(a)

(b)

그림 5-25 SAR 영상은 경사거리로 기록된 원 영상(a)을 지상거리로 변환(b)하여 사용

그림 5-26은 경사거리 영상과 지상거리 영상의 기하구조의 차이를 보여주는데, 동일한 간격으로 떨어진 A, B, C, D 네 지점이 분포한 넓은 평야 지대로 가정한다. 레이더영상은 마이크로파 펄스가 각 지점에서 반사되어 안테나에 도달하기까지 경사거리에 따라 기록된다. 안테나에서 가까운 근지점에서는 실제 지상거리보다 압축되어 나타나며, 원지점으로 갈수록 압축 정도가 낮아

져 실제 지상거리와 유사하게 기록된다. 즉 그림에서 지상에서는 두 점 간의 거리 $\overline{AB}$, $\overline{BC}$, $\overline{CD}$는 모두 같지만, 각 점들이 경사거리로 투영되면 근지점부터 압축되므로 경사거리로 기록된 영상에서는 각 점 간의 거리가 $\overline{A'B'} < \overline{B'C'} < \overline{C'D'}$로 나타난다.

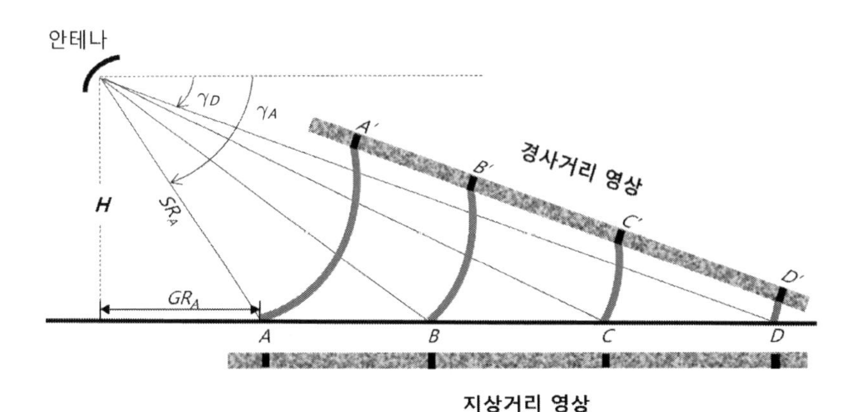

그림 5-26 레이더영상에서 경사거리로 기록된 영상과 지상거리로 변환된 영상의 기하구조의 차이

경사거리로 기록된 원 영상을 지상거리 영상으로 변환하기 위해서는 비행고도 또는 각 화소 지점의 부각을 알아야 한다. A지점까지의 지상거리 GR_A는 비행고도 및 경사거리(SR_A)와 함께 직각삼각형을 이루므로 다음과 같이 구할 수 있다.

$$GR_A = \sqrt{SR_A^2 - H^2} \tag{5.9}$$

각 화소까지의 지상거리 GR은 또한 해당 지점에 입사되는 마이크로파의 부각을 알면 다음과 같이 구할 수 있다. 물론 모든 화소 지점의 정확한 부각을 구하기는 쉽지 않지만, A 지점에서 부각 γ_A과 경사거리 SR_A를 알면, A까지 지상거리 GR_A는 다음과 같이 구한다.

$$GR_A = SR_A \cdot \cos\gamma_A \tag{5.10}$$

평야 지대를 촬영한 레이더영상에서는 경사거리에 따라서 안테나 방향으로 영상이 압축되는 기하왜곡이 주를 이루지만, 지형기복이 심한 산악 지역의 레이더영상은 지형의 경사도와 사면의 방위에 따라 여러 가지 다른 기하왜곡 현상이 나타난다.

지형기복에 의한 기하왜곡

레이더영상은 측면 관측 특성에 따라 안테나 근지점에서 경사거리가 실제 지상거리보다 압축되는 특성이 있다. 촬영지역이 평지라면 레이더영상에서 나타나는 기하왜곡은 경사거리가 압축되는 현상뿐이며, 이는 해당 지점의 부각과 경사거리를 알면 쉽게 보정이 가능하다. 그러나 한국과 같이 지형기복이 심한 산악지역의 레이더영상은 경사거리 압축에 추가하여 다소 복잡한 기하왜곡 현상이 나타난다. 산악지역의 레이더영상에서는 사면의 경사도와 마이크로파의 입사각에 따라 전면축소(fore-shortening), 상하반전(layover), 그늘(shadow) 현상 등의 기하왜곡이 나타난다(그림 5-27).

SAR 영상에서 안테나와 마주보는 사면의 길이가 실제 지상길이보다 짧게 나타나는 현상이 전면축소(fore-shortening)이다. 전면축소는 비교적 경사도가 낮은 사면에서 나타나는데, 그림 5-27a와 같이 산의 바닥(A, B)에서 산정(T)까지의 지상거리 $\overline{AT}$와 $\overline{TB}$가 같다고 가정할 때, 안테나를 마주보는 사면의 길이가 지상거리보다 압축되어 $\overline{A'T'}$로 축소되는 현상이다. 전면축소는 레이더영상이 안테나로부터 각 지점까지 경사거리(또는 도달하는 시간)에 따라 기록되기 때문이다. 안테나에서 발사된 마이크로파 펄스가 A 지점에 도달하고 곧이어 산정 T에 닿아 반사되고, 마지막으로 B지점에 도달한다. A 점 도착시간과 T점 도착시간의 차이는 T점과 B점 도착시간의 차이보다 훨씬 짧으므로, 시간에 따라 기록되는 레이더영상에서는 당연히 $\overline{AT}$가 $\overline{A'T'}$로 축소된다.

전면축소는 한 장의 영상에서도 입사각이 작은 안테나에 가까운 근지점에서 심하게 나타나며, 안테나에서 멀어질수록 입사각이 조금씩 커지므로 전면의 압축효과는 감소한다. 대부분의 인공위성 영상레이더는 안테나 입사각이 고정적인데, 동일 지역에 대하여 입사각 23°인 ERS-1위성의 SAR 영상이 입사각이 39°인 JERS-1위성의 SAR 영상보다 안테나를 마주보는 사면의 압축 효과가 크게 보인다.

지형기복이 심한 사면에서 경사도가 크면 입사하는 마이크로파가 A에 닿기 전에 산꼭대기 T에 먼저 도달한다. 따라서 안테나로부터 지상거리는 A가 가깝지만, 산꼭대기 T에서 반사된 마이크로파가 먼저 기록되고 A 점에서 반사파는 나중에 기록되기 때문에 산꼭대기와 바닥이 뒤집혀서 보이는 상하반전(layover) 현상이 나타난다(그림 5-27b). 상하반전은 지표면의 경사각(α)이 안테나 입사각(θ)보다 클 때 발생하며, 설악산과 같이 경사도가 심한 지역의 SAR 영상에서 볼 수 있다.

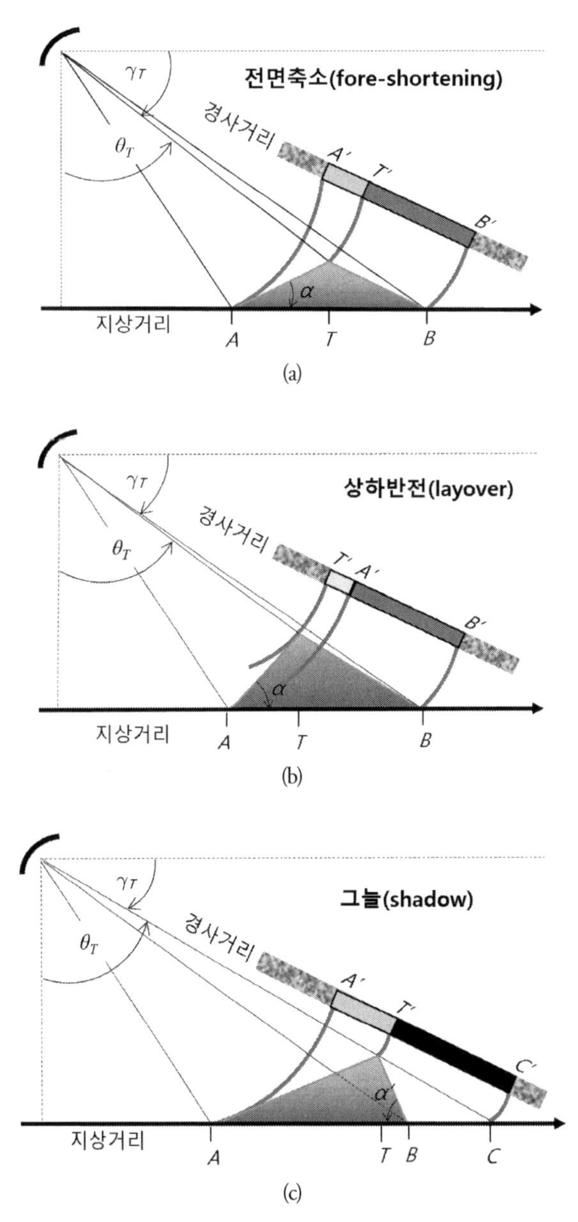

그림 5-27 산악 지역에서 지형기복에 의해 나타나는 레이더영상의 기하왜곡 현상: 사면의 경사도와 입사하는 마이크로파의 입사각에 따라 전면축소(a), 상하반전(b), 그늘(c) 현상이 있다.

레이더영상에서는 안테나를 마주보는 건물 또는 경사도가 심한 사면의 뒷부분이 완전히 검게 보이는데, 이를 레이더 그늘(radar shadow)라고 한다. 레이더 그늘은 마이크로파 펄스가 도달하지 못하는 부분이며, 따라서 후방산란이 전혀 없으므로 영상신호가 없다. 레이더 그늘 현상은 안테나 반대사면의 경사도(α')가 부각 γ_T보다 클 때 나타난다. 그림 5-27c에서 보듯이 입사한 마이크로파 펄스는 A와 T에 도달한 후 안테나에서 멀리 떨어진 평지의 C 지점에 도달하기 전까지 반대 사면과 B부터 C 사이의 어느 곳도 도달하지 못한다. 따라서 영상에서 T부터 C까지 부분은 모두 레이더반사가 없는 그늘로 나타난다.

그림 5-28은 SAR 영상에 나타나는 기하왜곡 현상의 사례를 보여준다. (a) 영상은 사면 경사가 비교적 완만한 경기도 파주 지역 영상으로 왼쪽의 안테나와 마주보는 사면의 폭이 압축된 전면축소 현상(검은 화살표로 표시된 부분)이 보인다. 안테나를 등지고 있는 반대쪽 사면은 레이더반사가 약하므로 어둡게 나타난다. (b) 영상은 안테나 평균 입사각이 42°로 촬영한 관악산 지역 영상으로 경사도가 급한 산정부에서 상하반전 현상을 볼 수 있다. 안테나와 마주보는 사면 중 경사도가 급한(42° 이상) 산정부 또는 능선에서는 상하반전이 나타난다. 영상에서 하얀 화살표로 표시된 밝고 가늘게 보이는 것이 상하반전이 발생한 산정부로서, 레이더 후방산란이 낮아 어둡게 보이는 인접 후면 경사면 다음에 갑자기 매우 강한 레이더반사의 산정부의 신호가 나타난다.

그림 5-28의 (c)영상은 전형적인 레이더 그늘현상을 보여주는 고해상도 항공 레이더영상이다. 레이더그늘은 비록 사면의 경사도가 크지 않아도, 안테나 입사각을 크게 하여 촬영한 영상에서 잘 나타난다. SAR 영상에서 보이는 사면의 밝기와 그늘 현상을 이용하여 촬영시점의 안테나 위치, 관측방향, 비행방향 등을 추정할 수 있다. SAR 영상은 안테나와 경사면이 이루는 기하 관계에 따라 경사면의 밝기가 다르게 나타나며, 또한 전면축소 및 레이더 그늘과 같은 기하왜곡 현상 때문에 지형 구조를 파악하기 용이하다. 레이더영상에서 나타나는 이러한 기하 특징을 이용하여 지형분석, 지질구조해석, 빙하관측 등에 효과적으로 활용할 수 있다.

SAR 영상에서 지표물의 특성에 관한 정보를 추출하고자 할 때, 지형기복에 따른 영상 신호의 변이는 정확한 지표물 정보를 얻는 데 장애가 된다. 예를 들어 SAR 영상으로 산림을 분류하거나 임목의 밀집도 및 엽량과 관련된 정보를 얻고자 할 경우, 임목에서 반사되는 레이더파와 함께 해당 지점의 지형효과에 의한 신호가 추가되어, 산림에 관한 정보를 해석하기 어렵다. 산악지형에서 SAR 영상을 이용하여 지표물에 관한 특성을 해석하기 위해서는, 레이더반사 신호에 포함된 지형 효과를 최소화하는 보정이 필요하다. 그러나 상하반전이나 레이더그늘은 신호가 누락된 원 지점의 레이더반사가 없기 때문에 복원이 불가능하다. 산악지역의 SAR 영상에서 전면축소를 보정하기 위해서는 수치지형자료(DEM)를 이용하여 모든 화소마다 안테나와 해당 지점의 정확한 기하 관계를 이용한 복사보정방법이 있다(이, 1997).

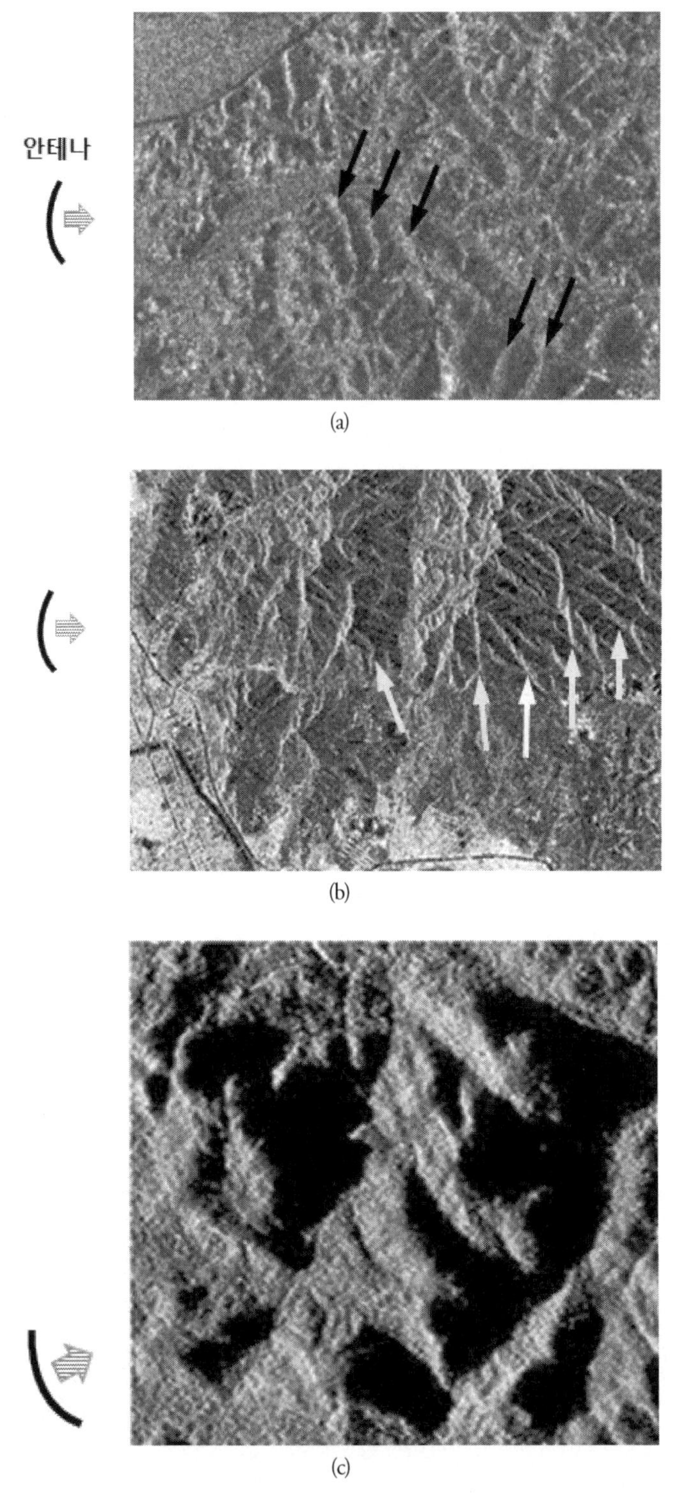

그림 5-28 산악지형에서 나타나는 레이더영상의 기하왜곡 현상의 사례. 안테나가 영상의 왼쪽에 위치하고 있을 때 나타난 전면축소(a), 상하반전(b), 레이더 그늘(c)

5.4 레이더영상의 신호 특성

레이더영상의 중요한 특징 중 하나로 스페클(speckle) 잡음 현상이 있다. 레이더영상에서 밝기를 좌우하는 후방산란 신호는 안테나와 지표물의 기하 관계, 표면 거칠기, 지표물의 유전율 등에 영향을 받는다.

스페클 잡음

스페클 잡음(speckle noise)은 레이더영상에서 아주 밝거나 어둡게 나타나는 점들로, 광학영상에서 볼 수 없는 독특한 특징이다. 레이더영상에서 스페클은 영상에 소금과 후추를 뿌려 놓은 것처럼 보이므로 salt-and-pepper 효과라고도 하며, 영상 분석 및 판독에서 장애가 된다. SAR 영상에서 스페클 현상이 나타나는 원인을 두 가지로 설명하는데, 하나는 스페클이 무작위로 발생하는 잡음(random noise) 현상으로 설명한다. 스페클의 다른 원인으로 마이크로파의 간섭성(coherency)이 있다. 안테나에서 송신된 마이크로파가 해상공간에 있는 지표물에 부딪혀 산란이 발생하여 안테나로 반사되는데, 후방산란에 포함된 여러 마이크로파의 간섭성 때문에 최종 수신된 신호는 모든 반사파의 합보다 훨씬 크거나 혹은 매우 작은 강도로 기록될 수 있으므로 스페클이 발생한다(Goodman, 1986).

SAR 영상에서 나타나는 스페클 잡음을 제거하거나 최소화하기 위한 연구는 오래 전부터 꾸준히 진행되었다. SAR 영상에서의 스페클을 줄이기 위한 방법은 영상촬영 단계에서 적용하는 방법과 이미 영상이 촬영된 후에 필터링 기법을 적용하는 방법으로 나눈다. 전자의 경우는 마이크로파를 송수신하는 과정에서 하나의 해상 공간을 비행방향(azimuth direction)으로 세분하여 마이크로파를 여러 번 수신하고, 이를 평균하는 다중관측(multi-look) 방법이다. SAR 영상에서 널리 사용되는 4-look 영상은 동일 지점에서 후방산란을 4회 수신하여 평균값을 영상신호로 채택하는 방식이다. 다중관측으로 레이더영상을 촬영하면 스페클 잡음은 현저히 감소하지만, 한 번의 관측(single-look)으로 처리한 영상보다 공간해상도는 낮아진다.

그림 5-29는 서울 동부 지역의 한강 주변을 촬영한 RADARSAT 영상으로 single-look 처리된 영상과 4-look 처리된 영상의 차이를 보여준다. 비행방향에 따라서 네 번 촬영된 값을 평균한 4-look 영상은 한 번 촬영으로 얻어진 single-look 영상보다 스페클 잡음이 현저하게 감소했음을 볼 수 있다. 비행방향의 공간해상도를 세분하여 마이크로파를 수신하는 횟수를 늘릴수록 스페클 잡음 현상은 감소하지만, 그에 따라 공간해상도를 희생해야 한다. Single-look 영상의 공간해상도는 6.5m 이지만, 가장 널리 사용하는 4-look 처리한 영상의 공간해상도는 26m로 낮아진다.

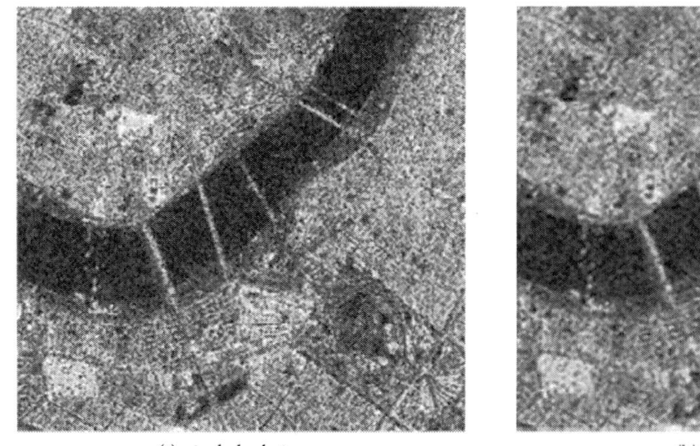
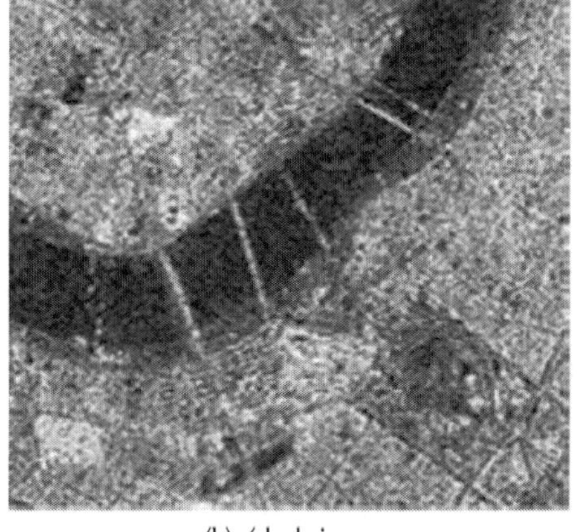

(a) single-look image (b) 4-look image

그림 5-29 SAR 영상에서 스페클 잡음을 줄이기 위하여 영상 촬영시점에 적용하는 다중관측(multi-look) 처리 방법

영상 촬영 후 사용자에게 제공된 SAR 영상에서 스페클 잡음을 줄이는 방법은 영상처리에서 흔히 적용하는 필터링 기법이 있다. 영상 필터링은 여러 가지 용도에 널리 사용하는 처리 기법이지만, SAR 영상의 스페클을 줄이기 위하여 특별히 고안된 여러 가지 필터링 기법들이 개발되었다. 스페클 잡음을 줄이기 위한 필터는 오래 전부터 꾸준히 연구되었지만, 스페클을 완전히 제거하기 보다는 영상 해석과 판독을 위하여 스페클을 최소화하는 방향으로 개발되었다. 그림 5-30은 경기도 과천의 RADARSAT 영상의 스페클 잡음을 줄이기 위하여 필터를 적용한 결과를 보여준다. SAR 영상의 필터링은 스페클 잡음을 최소화하여 동일한 지표물의 신호가 균질하도록 하는 동시에, 서로 다른 지표물 간의 경계가 뚜렷하게 유지되도록 하는 게 중요하다.

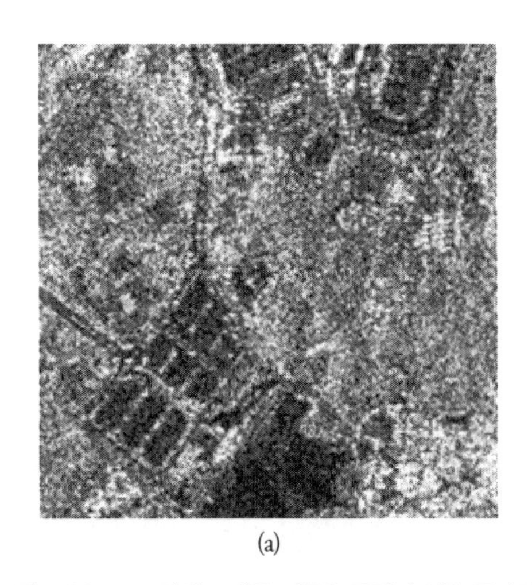
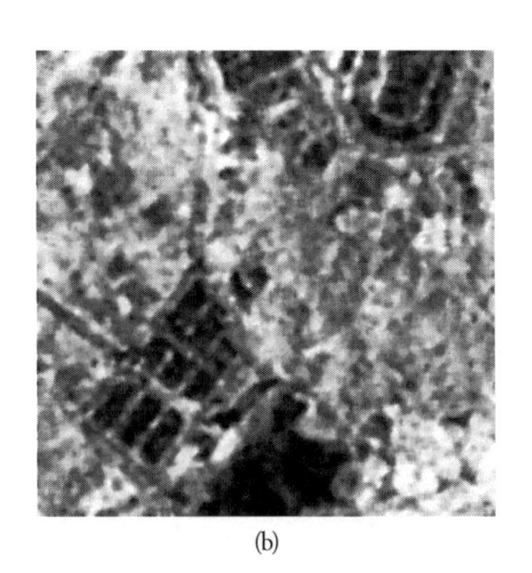

(a) (b)

그림 5-30 SAR 영상 스페클 잡음을 줄이기 위한 공간필터링: 원시영상(a)과 중앙값(median) 필터를 적용한 영상(b)

레이더 방정식

레이더영상의 화소값(DN)은 지표면에서 안테나 방향으로 반사되어 수신된 마이크로파의 강도에 비례하며, 이를 정수화한 값이다. 안테나에서 수신된 마이크로파의 강도는 다음의 레이더방정식으로 표현할 수 있다.

$$P_r = \frac{P_t \lambda^2 G^2}{(4\pi)^3 R^4} \sigma^\circ \tag{5.10}$$

여기서 P_r =수신된 마이크로파의 강도(power)

P_t =송신된 마이크로파의 강도

λ =마이크로파 파장

G =안테나 이득(antenna gain)

R =안테나에서 지표물까지 거리

σ° =후방산란계수(backscattering coefficient)

레이더방정식에서 후방산란계수를 제외한 나머지 모든 변수는 영상레이더의 시스템과 관련된 인자다. 즉 안테나에서 송신된 마이크로파의 강도, 파장, 안테나의 성능과 관련된 인자는 우리가 정보를 얻고자 하는 지표물과 무관하다. 안테나에서 수신한 마이크로파의 강도 P_r 에서 지표물과 관련된 인자는 후방산란계수 σ° 뿐이다. 후방산란계수는 각 화소에 해당하는 지표물이 안테나 방향으로 산란하는 특성을 의미하며, 이는 그 지표물이 가진 고유의 산란특성으로 해석할 수 있다.

레이더방정식에서 송수신한 마이크로파의 강도를 제외한 나머지 변수가 고정값이므로, 후방산란계수는 송신마이크로파 강도와 수신마이크로파 강도의 비로 표시할 수 있다. 이 값은 범위가 매우 크므로 로그를 취하여 데시벨(dB)로 표현한다. DN값으로 표시된 레이더영상에서 후방산란계수를 추출하는 과정을 복사보정(radiometric calibration)이라고도 하며, 이를 위해서는 영상레이더의 시스템 인자에 대한 세부적인 정보가 필요하다.

$$\sigma^\circ = 10 \log\left(\frac{P_r}{P_t}\right) = \text{decibel(dB)} \tag{5.11}$$

레이더영상의 신호와 직접적으로 연관된 후방산란계수에 영향을 미치는 요인은 표 5-4와 같이 센서의 시스템 인자와 지표물의 특성과 관련된 인자로 나눌 수 있다. 레이더영상을 해석하기 위해서는 먼저 각 인자가 레이더 후방산란에 미치는 영향을 파악하는 게 중요하고, 인자 간의 상호관계를 이해하여야 한다. 예를 들어 마이크로파 후방산란은 지표면의 거칠기에 크게 좌우되지만, 지표면의 거칠기는 절대값이 아니라 마이크로파의 파장에 따라서 달라지는 상대적인 개념임을 고려해야 한다. 광학영상과 달리 레이더영상의 신호 특성은 여러 가지 변수에 의하여 매우 복잡하게 좌우되므로, 모든 지표물의 후방산란 특성을 완전히 이해하기는 쉽지 않다. 영상레이더 기술이 군사목적으로 시작되었기 때문에, 레이더영상의 처리 및 해석 기술이 군사 목표물에 치중되어 개발되었다. 따라서 지구 표면의 모든 지표물에 대한 레이더 신호 특성에 대한 이해가 충분하지 않은 단계이며, 이를 위한 연구가 꾸준히 진행 중이다.

표 5-4 레이더영상의 신호(후방산란계수)에 영향을 미치는 인자

영상레이더시스템 인자	지표물의 특성과 관련된 인자
• 파장 • 안테나(송신 마이크로파) 입사각 • 편광	• 표면 거칠기 • 지표물과 안테나의 기하관계 • 전기적 특성

표면 거칠기 영향

지표면에 입사한 마이크로파는 표면 거칠기(surface roughness)에 따라 다양한 산란 특성을 보이며, 안테나 방향으로 반사되는 후방산란에 큰 영향을 미친다. 표면 거칠기와 후방산란의 관계를 간단히 정리하면 표면이 거칠수록 안테나 방향으로 후방산란이 증가하여 높은 영상신호를 갖게 된다. 그림 5-31은 표면 거칠기에 따른 세 가지 산란 유형을 보여준다. 먼저 유리처럼 매끄러운 표면에 입사된 마이크로파는 안테나 반대방향으로 반사하는 거울반사(specular reflection)가 있다. 자연 상태에는 호수 및 강의 잔잔한 수면이나 포장된 도로 등이 거울반사의 특성을 보이는 지표물로서, 후방산란이 미미하므로 레이더영상에서 대체로 어둡게 보인다. 산림, 나지, 암석지 등 자연 상태의 지표면은 그림 5-31b와 같이 입사된 마이크로파가 여러 방향으로 산란되는 난반사(diffuse reflection) 특성을 보인다. 난반사 표면은 표면의 거칠기에 따라 후방산란이 결정되는데, 거칠기가 심할수록 후방산란도 증가한다. 건물이나 나무와 같은 수직적 구조물은 입사된 마이크로파가 지표면과 수직 구조물에서 여러 번 반사되며, 지표면의 상태가 매끄러운 경우 그림 5-31c와 같은 모서리반사(corner reflection)가 발생한다. 레이더영상에서 건물이 밀집된 도심지가 매우 밝게 보이는 이유는 이러한 모서리반사로 인하여 후방산란이 크기 때문이다.

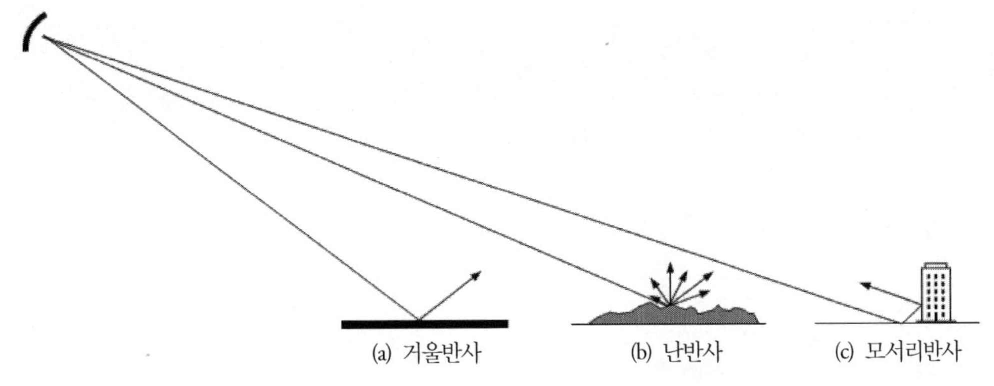

그림 5-31 표면의 거칠기에 따른 레이더 산란의 유형

지구 표면에 존재하는 대부분의 물체는 난반사 형태를 가지고 있으므로, 안테나 방향으로 후방산란은 표면 거칠기에 따라 좌우된다. 그러나 표면 거칠기는 항상 일정한 기준으로 분류되는 고정된 값이 아니라, 입사하는 마이크로파의 파장에 따라서 상대적이다. 즉 동일한 지표면이라도 마이크로파의 파장이 길면 거울반사와 같은 매끄러운 표면이 될 수 있고, 파장이 짧은 마이크로파에서는 난반사를 발생하는 거친 표면이 될 수도 있다.

그림 5-32는 같은 표면이라도 입사하는 마이크로파 파장에 따라서 표면 거칠기가 상대적으로 작용하여 산란 특성이 달라지는 경우를 보여준다. 잔잔한 호수와 같이 매끄러운 표면(그림 5-32a)은 파장에 관계없이 모두 거울반사가 발생한다. 약간의 굴곡을 가진 토양의 표면(그림 5-32b)은 파장이 짧은 X-밴드 레이더에서는 난반사면으로 작용하여 안테나 방향으로 반사되는 후방산란이 있지만, 파장이 긴 L-밴드 레이더에서는 여전히 매끄러운 표면으로 작용하기 때문에 거울반사가 되어 후방산란이 없다. 표면의 굴곡이 좀 더 심한 상태(그림 5-32c)에서 X-밴드는 완전 난반사면에 가깝게 작용하여 후방산란이 증가하지만, L-밴드는 난반사면으로 작용하여 후방산란이 X-밴드보다 작게 발생한다. 표면이 매우 거친 지표물(그림 5-32d)은 두 파장에서 모두 완전 난반사면으로 작용하여 동일한 양의 후방산란이 발생한다.

표면 거칠기는 산악지형에서 계곡, 능선, 산정부 등 수백 미터 이상의 규모로 나타나는 지형기복이 아니고, 센티미터급으로 나타나는 국소적인 표면의 굴곡 정도를 나타내는 개념이다. 표면 거칠기를 구하는 실험적인 방법의 하나로 지표 횡단면에서 여러 점의 높이를 측정하여 평균높이로부터 분산 정도를 나타내는 평균제곱근높이(root mean square height)를 사용하기도 한다. 평균제곱근높이가 h 인 표면에 입사하는 마이크로파의 파장 λ와 부각 γ를 적용하면, 이 표면이 거울반사면 또는 난반사면으로 작용하는지를 이론적으로 추정하기도 한다.

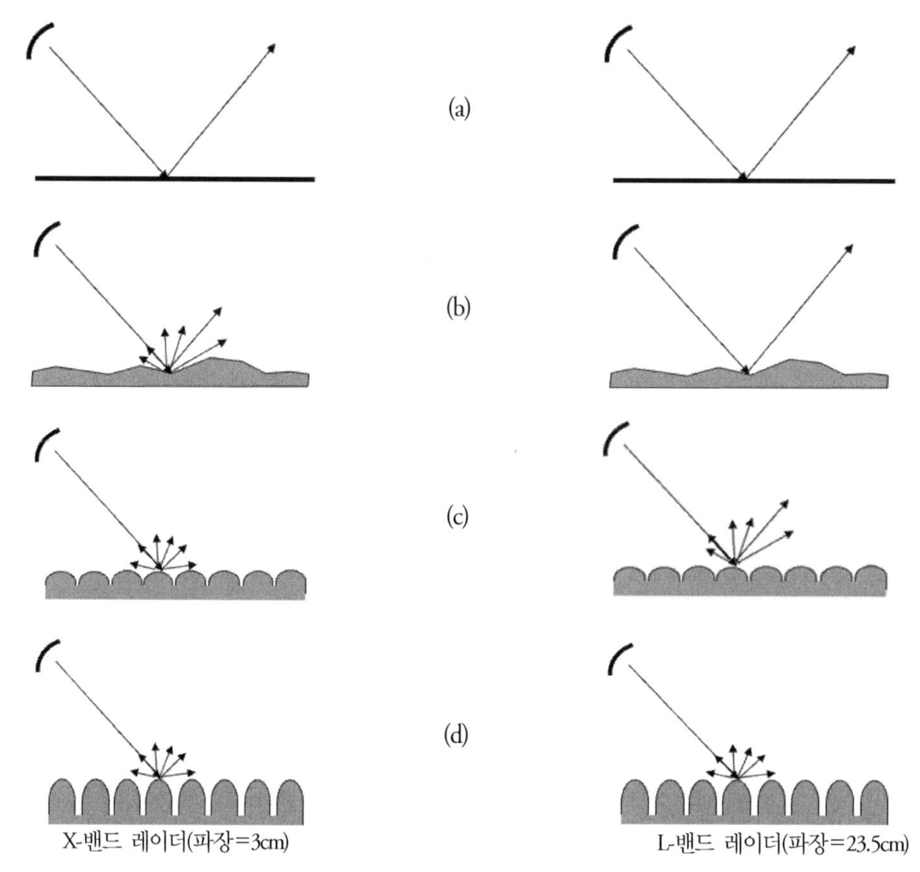

그림 5-32 마이크로파 파장에 따른 상대적 표면 거칠기와 표면산란의 형태

레이더영상에서는 매끄러운 표면의 수면은 거울반사 때문에 쉽게 구별되므로, 홍수 모니터링과 침수 피해 조사에서 중요한 정보를 제공한다. 그림 5-33은 1999년 8월 초 경기도 임진강 유역에 발생한 대규모 홍수로 침수된 지역을 촬영한 레이더영상이다. 8월 4일 촬영된 C-밴드 SAR 영상에서 문산 주변의 논(A)과 휴전선 인근 개성지역의 대규모 농경지(B)가 침수되었음을 쉽게 관찰할 수 있다. 이 영상에서 임진강의 수면이 매우 어둡게 보이지만, 침수된 농경지는 임진강 수면보다 다소 밝게 보인다. 임진강 수면은 아주 매끄러운 표면으로 대부분 거울반사가 발생하여 후방산란이 없지만, 침수된 농경지는 수면 위로 벼의 윗부분이 노출되었기 때문에 약간의 후방산란이 발생했던 것으로 추측된다.

레이더영상에서 수면은 대부분 거울반사면으로 작용하여 어둡게 보이지만, 바람으로 파랑이 있는 수면은 거친 표면으로 작용하여 밝기가 다양하게 나타난다. 특히 해수면에서는 파랑에 의한 바다의 표면 거칠기가 다양하게 나타난다. 한국을 비롯하여 세계 여러 곳에서 발생한 유조선 원유 유출사고는 대규모 재산 피해와 함께 주변 해양생태계에 막대한 환경 피해를 야기하고 있다.

그림 5-34는 2007년 충청남도 태안 연안에서 발생한 유조선 원유 유출 사고 당시 촬영한 레이더 영상이다. 사고가 발생한 시점의 태안 해역은 구름이 많아 광학영상 촬영이 어려웠지만, 유럽우주국 Envisat의 ASAR로 촬영할 수 있었다. 이 영상에서 원유가 분포하는 해역은 주변 바다보다 검게 구별된다. 원유는 바닷물보다 점성이 높기 때문에 기름 표면은 비교적 편평하고 매끄러운 상태가 되므로, 레이더 거울반사의 특징이 잘 나타난다. 홍수와 해양 기름 유출과 같은 재해 모니터링에 레이더영상이 매우 중요한 역할을 할 수 있는 이유는 물 표면의 독특한 신호 특성과 함께 기상조건과 시간에 관계없이 영상을 촬영할 수 있기 때문이다.

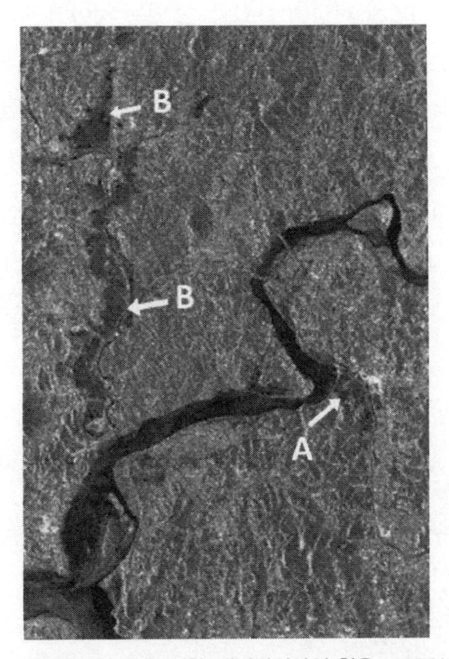

그림 5-33 홍수로 인한 침수 피해지 모니터링을 위한 레이더영상의 활용: 1999년 8월 경기도 임진강 유역에서 발생한 대규모 홍수로 침수된 농경지(1999년 8월 4일 RADARSAT 영상)

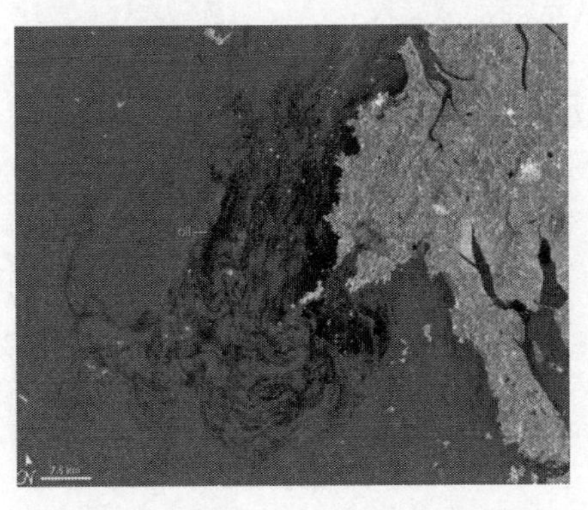

그림 5-34 2007년 충청남도 태안 해역에서 발생한 유조선 기름 유출 사고로 확산된 원유 분포 지역을 촬영한 유럽 Envisat의 ASAR 영상(https://earthobservatory.nasa.gov/images)

레이더영상에서 높은 건물이 있는 지역이 밝게 보이는 이유는, 입사한 마이크로파가 여러 번의 거울반사를 거쳐서 안테나 방향으로 되돌아가는 모서리반사(corner reflection) 때문이다. 모서리반사는 지표면과 건물의 벽면에서 다중산란이 발생하여, 안테나 방향으로 반사하는 레이더파의 강도가 크기 때문이다(그림 5-35a). 모서리반사는 도심지 건물이 밝게 보이도록 할 뿐만 아니라, 바다에서 선박이 밝고 뚜렷하게 보이는 원인이기도 하다. 선박의 측면과 해수면 사이에서 모서리반사가 발생하여 매우 밝게 보인다(그림 5-35b). 선박에서 모서리반사는 마이크로파가 매끈한 선박 측면과 수면 사이에서 반사가 되풀이되면서 결과적으로 안테나 방향으로 전반사되는 과정이다.

그림 5-36은 두 가지 모서리반사 현상을 관찰할 수 있는 레이더영상의 예를 보여준다. 왼쪽 영상 (a)는 JERS SAR 영상으로 영상 중심부에 경상남도 합천군 읍내의 건물 밀집지역이 매우 밝게 나타나며, 건물 밀집지역의 모서리반사는 주변의 산림, 강 그리고 계곡부에 분포하는 소규모 농지와 뚜렷이 구분된다. 오른쪽 영상 (b)는 RADARSAT 영상으로 인천항 주변 해역에서 운항 중인 여러 종류의 선박이 모서리반사 때문에 배경이 되는 어두운 해수면과 대비하여 쉽게 구별된다. 또한 항구 주변 구조물 및 인천 시가지 건물에서도 역시 모서리반사 현상을 관찰할 수 있다.

(a) (b)

그림 5-35 매끄러운 지표면 및 수면에서 발생하는 모서리반사의 유형

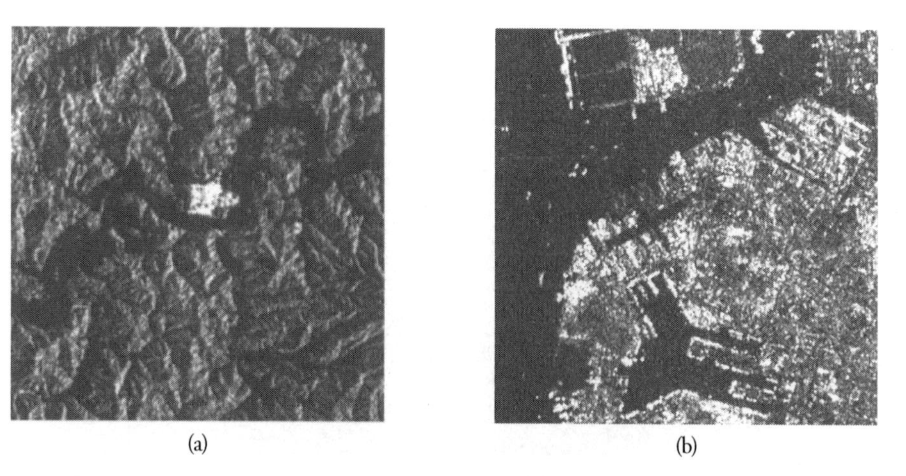

(a) (b)

그림 5-36 레이더영상에서 나타나는 모서리반사 현상: 경상남도 합천읍의 건물 밀집지역(a)과 인천항 주변 해역의 선박과 건물(b)

레이더 투과력

안테나에서 송신된 마이크로파는 수면, 토양, 암석 등에 도달하여 표면산란(surface scattering)이 발생하며, 후방산란 신호는 주로 표면 거칠기에 따라 좌우된다. 농지와 산림에서는 작물이나 임목의 엽층에서뿐만 아니라 엽층을 투과하여 줄기와 지표면에서도 산란이 발생하는데, 이러한 다중산란을 체적산란(volume scattering)이라고 한다. 마이크로파가 식물을 투과하는 능력은 파장과 안테나 입사각에 따라 다르며, 파장이 길수록 그리고 동일한 파장이라도 입사각이 작을수록 투과력이 높다. 비록 동일한 식생지를 촬영한 영상이라도, 파장과 안테나 입사각에 따라 투과 정도가 다르기 때문에 후방산란 신호가 다르게 나타난다.

그림 5-37은 작물의 생육단계에 따른 마이크로파 투과력과 후방산란의 차이를 보여준다. 옥수수 밭을 가정하여 (a)와 (b)는 발아 후 몇 주 지나지 않은 초기 생육단계이며, (c)와 (d)는 알곡이 맺힐 정도로 줄기와 잎이 충분히 자란 상태다. 초기 생육단계의 옥수수 밭에서 파장이 3cm인 X-밴드는 잎과 지표면에서 모두 산란이 일어나므로 어느 정도 레이더반사가 있지만, 파장이 23cm인 L-밴드는 대부분 작은 잎들의 엽층을 투과하여 지표면에서 전반사되므로, 안테나 방향의 후방산란이 거의 없어 영상에서 어둡게 보인다. 옥수수가 충분히 생장한 상태에서 X-밴드의 후방산란(c)은 대부분이 엽층에서 발생하여 비교적 밝게 보이지만, 파장이 긴 L-밴드는 잎에서 어느 정도 산란이 있지만 여전히 엽층을 투과하여 다중산란이 발생하므로 안테나 방향의 레이더반사는 X-밴드보다 현저히 낮다. 식생지에서 마이크로파의 투과력은 파장뿐만 아니라 안테나 입사각이 작을수록 높아진다.

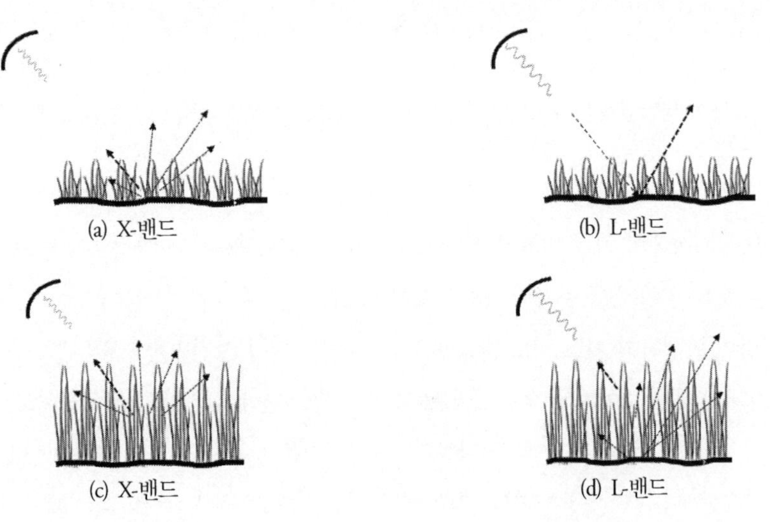

그림 5-37 농지에서 작물의 생육 상태에 따른 파장별 투과력과 후방산란의 차이

그림 5-38은 위성 레이더영상에서 보이는 열대지역 오일팜 나무 농장의 파장별 레이더 후방산란의 차이를 보여준다. 열대지역에서만 재배가 가능한 오일팜 나무는 식용유 및 바이오연료 생산을 위한 중요 작물이다. 오일팜 사업을 위하여 매년 대규모 열대림이 농장으로 전환되면서 대기오염, 토양침식, 야생 생태계 훼손 등의 환경 문제도 대두되고 있다. 두 영상은 에콰도르의 대규모 오일팜 농장이 포함된 지역으로, L-밴드 영상은 2008년 일본 ALOS-1위성에서 촬영했으며, C-밴드 영상은 2018년 유럽 Sentinel-1 위성에서 촬영했다. 비록 두 영상의 촬영시점에 10년 차이가 있지만, 오일팜 농장 및 주변 열대림의 밝기는 파장에 따라 차이가 뚜렷하다. 오일팜 나무의 수명이 약 30년 정도인 점을 감안하면, 10년 사이에 벌채와 새로운 식재가 이루어진 부분도 있지만, 두 영상에서는 C-밴드와 L-밴드의 식물 엽층 투과력의 차이를 볼 수 있다.

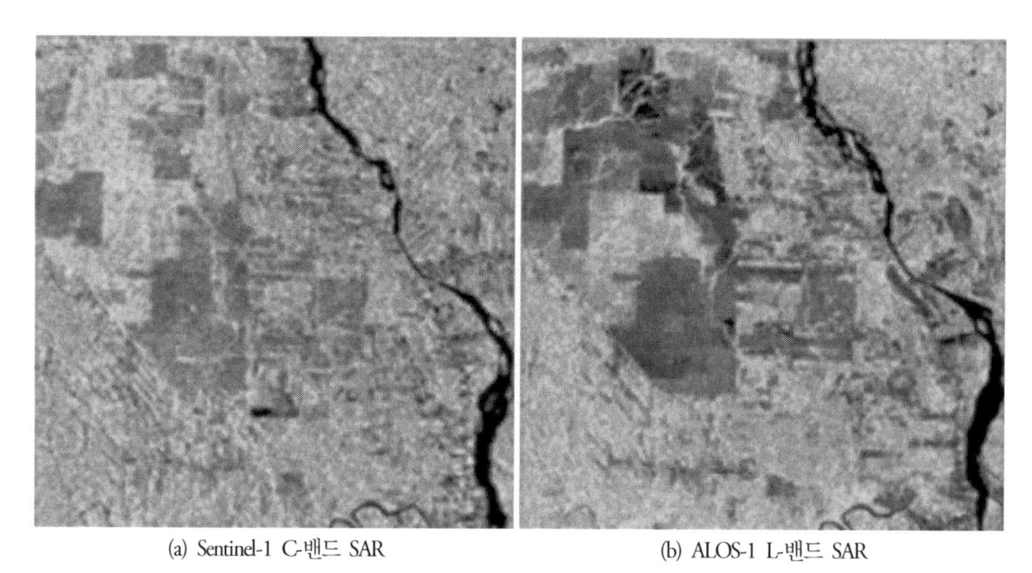

(a) Sentinel-1 C-밴드 SAR (b) ALOS-1 L-밴드 SAR

그림 5-38 위성 레이더영상에서 나타나는 에콰도르 야자수 농장의 파장별 레이더 후방산란의 차이(Kellndorfer, 2019)

먼저 L-밴드 영상에서 최근 벌채가 이루어져 나지 상태의 표면은 상대적으로 매끄럽기 때문에 검게 보이는 부분이 있지만, 파장이 5cm로 짧은 C-밴드 영상은 비록 식물이 없는 나지 상태에서도 표면 산란이 발생하여 어느 정도 밝게 보인다. L-밴드 영상은 전반적으로 C-밴드 영상보다 밝기의 차이가 뚜렷하게 보이는데, 이는 오일팜 나무의 생장 단계에 따라 L-밴드 마이크로파의 투과력이 다르게 작용하기 때문이다. 어린 나무가 자라는 곳은 투과력이 높기 때문에 전반사 효과로 어둡게 보이지만, 나무가 생장하면서 잎과 줄기 및 바닥에서 체적산란이 발생하여 후방산란이 증가하므로 밝게 보인다. L-밴드 레이더는 산림에서 엽층 투과력이 높기 때문에 줄기와 지표면 사이에서 모서리반사가 나타나지만, 지표면이 매끈한 표면이 아닌 풀이 우거진 상태이므로 전형적인 모서리반사의 특성은 보이지 않는다. C-밴드 영상에서 보이는 밝기의 차이는 엽층에서의 후방산란이 다르기 때문이며, 잎이 작고 어린 나무가 자라는 곳은 레이더반사가 낮기 때문에 다소 어둡게 보이지만, 잎이 충분히 자란 큰 나무가 있는 곳에서는 후방산란이 증가하여 밝게 보인다. 두 영상에서 모두 밝게 보이는 왼쪽 부분은 충분히 성장한 오일팜 나무에서 높은 레이더반사 특성을 보여준다. 영상레이더시스템은 파장에 따라 후방산란 신호에 차이가 있지만, 여러 개의 파장밴드를 동시에 갖기는 어렵다. 따라서 레이더 영상신호를 다양화하기 위해서는 편광모드와 안테나 입사각을 다르게 하여 영상을 촬영하는 방법이 주를 이룬다.

체적산란은 마이크로파가 통과하는 매개물 사이에서 산란이 여러 번 발생하는 경우로 주로 산림에서 많이 발생한다. 산림에 입사하는 마이크로파는 숲의 맨 위를 차지하는 엽층에서 표면산란이 발생하고, 엽층을 투과한 나머지는 가지, 줄기 그리고 지표면 사이에서 다중산란이 발생한다.

그림 5-39는 우주왕복선 영상레이더(SIR-B) 실험에서 촬영된 미국 플로리다주 북부 지역의 L-밴드 영상으로, 산림에서 체적산란과 모서리반사에 따른 후방산란의 차이를 보여준다. 해발고도가 낮은 평야 지대로 강수량이 많기 때문에 산림의 바닥이 물인 습지 형태의 산림이 많이 분포한다. 지표면이 물이 아닌 산림은 아열대 기후 특성에 따라 나무 아래에 풀이나 관목류로 우거진 상태다. 영상에 표시한 습지산림(S)이 육지산림(F)보다 밝게 보이는 이유는 지표면 상태에 따라 산란 유형이 다르기 때문이다. 파장이 23.5cm인 L-밴드 마이크로파는 산림의 수관을 쉽게 투과할 수 있기 때문에 잎, 줄기, 가지 등에서 다중산란이 발생하며, 이는 습지산림이나 육지산림에서 공통적으로 나타난다. 그러나 습지산림에서는 투과된 마이크로파가 매끄러운 수면과 나무의 줄기사이에서 모서리반사가 일어나므로 강한 레이더반사로 아주 밝게 보인다. 습지산림에서의 모서리반사는 그림 5-35에서 설명한 건물과 선박이 모서리반사로 인하여 매우 강한 레이더반사를 보이는 현상과 같다. 육지산림(F)은 바닥이 관목이나 초본류 식물로 우거져 있기 때문에 지표면에 도달한 마이크로파가 여러 방향으로 산란되므로 안테나 방향으로의 모서리반사가 일어나지 않기 때문에 습지산림보다는 어둡게 보인다.

마이크로파 투과력은 파장이 길수록 좋아지지만, 동일한 파장일 경우 안테나의 입사각이 작을수록 높아진다. 그림 5-39의 플로리다 SIR-B 영상은 안테나 입사각이 28°로 수직에 가까우므로 투과력이 높다. 그러나 그림 5-14의 동일 지역 영상에서 입사각을 45° 및 58°로 기울여 촬영한 영상에서는 투과력이 낮아지기 때문에 습지산림에서 모서리반사 효과가 크지 않아 육지산림과 차이가 줄어든다.

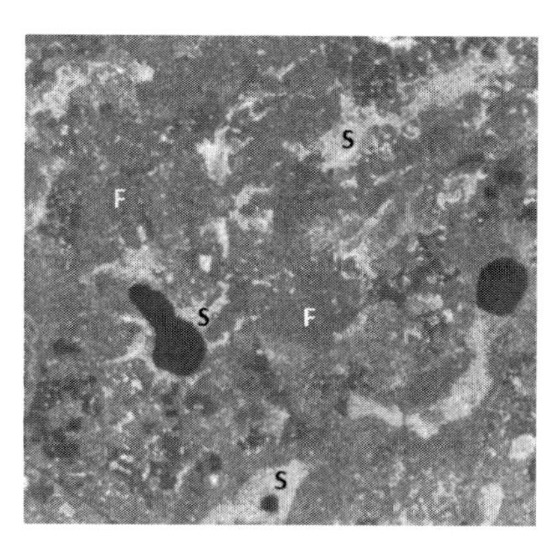

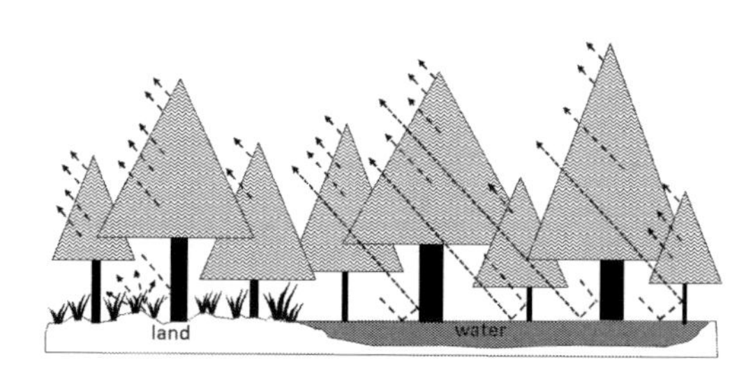

그림 5-39 우주왕복선 영상레이더(SIR-B) 실험에서 촬영된 L-밴드 영상에 보이는 미국 플로리다 습지산림(S)에서 나타나는 모서리반사 현상

산림 및 농지에서 마이크로파의 투과력은 식물의 종류, 식물의 구조(잎의 모양, 크기, 밀도, 방향, 가지의 굵기 및 밀도 등), 식물의 밀집도 등에 따라 다르며, 이에 따라 레이더 후방산란에 큰 영향을 미친다. 레이더영상은 식생지의 체적산란과 투과력에 따른 후방산란 신호의 특성을 이용하여 식물의 종류, 생체량(biomass), 엽면적지수(LAI), 임목 재적과 관련된 정보를 얻는 데 활용되기도 한다.

마이크로파의 투과력은 매우 건조한 토양에서도 관찰되는데, 아라비아 및 아프리카 북부 사막지역에서 마이크로파 투과로 인하여 모래 아래 묻혀 있는 고대 도시의 흔적을 발견한 사례가 있다. 그러나 마이크로파의 토양 투과는 파장이 긴 영상레이더에서 수분함량이 매우 낮은 건조한 토양에서만 볼 수 있다. 어느 정도의 수분이 함유된 일반 토양에서는 투과력이 현저히 떨어지며, 따라서 레이더반사는 표면의 거칠기와 수분함량으로 결정된다.

편광 효과

영상레이더시스템은 마이크로파의 편광을 특정하여 송신할 수 있으며, 지표면에서 산란되어 반사되는 마이크로파의 편광을 선택하여 수신할 수 있다. 송신 및 수신 마이크로파의 편광에 따라 네 가지 편광 조합으로 영상을 얻을 수 있는데, 동일 지표물이라도 편광모드에 따라 영상 신호가 다르게 나타나는 경우가 많다.

그림 5-40은 2000년 9월 30일 NASA 항공레이더(AirSAR)에서 촬영한 경상남도 울산 지역의 L-밴드 항공 레이더영상으로, 편광에 따른 레이더 후방산란 신호의 차이를 보여준다. 영상의 오른쪽 아래 부분은 논과 주택이 혼재된 마을로 HH편광에서는 강한 레이더반사를 보이지만, HV편광에서는 낮은 레이더반사로 어둡게 나타난다. 특히 9월 30일은 벼가 최대로 생장한 시점으로 벼 포기

의 수직구조가 교차편광에서 상대적으로 낮은 레이더반사를 보이지만, 수평편광(HH)에서는 높은 레이더반사를 보인다. 또한 HV편광에서는 지형기복에 따른 경사면의 밝기 차이가 HH보다 뚜렷하지 않다.

영상레이더의 편광 모드에 따른 특정 지표물의 신호값을 정확하게 해석하기는 쉽지 않다. 레이더 후방산란 신호에 미치는 편광 효과는 마이크로파의 파장 및 안테나 입사각에 따라 달라지며, 또한 지표물의 거칠기, 물리적 구조, 전기적 특성 등이 복합적으로 작용하므로 특정 영상에서 보이는 편광 효과를 시스템 변수가 다른 영상레이더에서 촬영한 영상에 확장 적용하기는 어렵다.

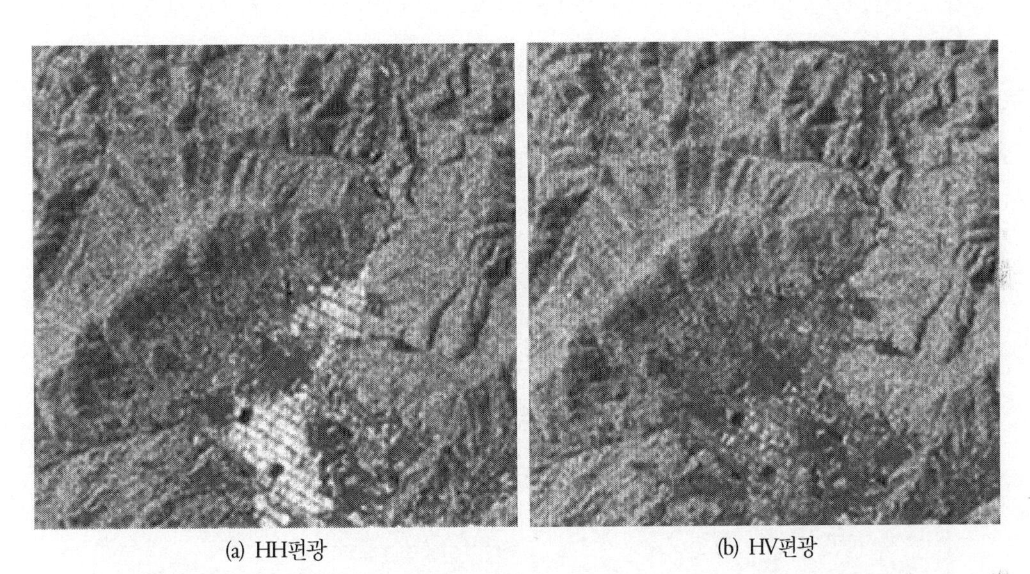

(a) HH편광 (b) HV편광

그림 5-40 L-밴드 항공 레이더영상의 편광(polarization)에 따른 레이더 후방산란의 차이

지표물과 안테나의 기하관계

지형기복이 없는 평야 지역이나 해양의 레이더영상에서 나타나는 밝기값의 차이는 대부분 표면 거칠기에 따라 좌우된다. 그러나 산악지역이거나 건물이 밀집한 도시지역의 레이더영상의 신호는 지표물과 안테나와의 기하관계가 큰 영향을 미친다. 안테나 위치를 기준으로 경사면 또는 건물의 방향이 레이더반사의 강약을 결정하는 가장 중요한 요인이다. 앞에서 설명한 레이더영상에서 볼 수 있듯이 산악지역에서 안테나를 마주보는 경사면이 가장 밝게 나타나며, 경사면의 방향이 안테나 전면으로부터 벗어날수록 어둡게 보인다. 안테나와 경사면의 기하구조가 같은 조건의 경사면에서 영상신호 차이는 수종, 임분 밀도, 엽량 등에 영향을 받는다. 즉 산림지역 레이더영상에서 나타나는 밝기의 차이는 일차적으로 안테나와 경사면의 기하관계에 따라 결정되며, 동일 기하구조를 갖는 경사면 안에서는 산림의 수종과 구조에 의하여 이차적으로 영향을 받는다.

안테나와 지표물의 기하관계는 도시지역의 SAR 영상에서 뚜렷하게 보이는 경우가 많다. 안테나가 향하는 방향을 기준으로 도로 및 건물의 방위가 후방산란에 큰 영향을 미친다. 그림 5-41a의 경기도 광명시 및 서울 금천구 지역의 RADARSAT SAR 영상에서 아파트단지 내 건물 사이의 도로 및 주차장이 매우 어둡게 보인다. 영상 옆에 표시된 안테나 위치에서 발사된 마이크로파의 진행방향이 아파트 건물의 배열과 평행하여 주차장 및 도로가 건물로 차단되지 않기 때문에, 입사된 마이크로파가 주차장 및 도로의 매끈한 표면에서 전반사되어 어둡게 보인다. 그림 5-41b의 인천 도심지 및 항만 지역의 JERS SAR 영상은 도시 중심의 주택, 산업단지, 상업지 등을 보여주고 있는데, 건물의 배열 방향과 높이 등에 따라 다양한 밝기로 보인다. 인천영상에서 매우 밝게 보이는 부분은 주로 대규모 아파트 단지로서 건물들이 주로 안테나를 향하고 있으며, 건물 높이가 단독주택 및 공장 건물보다 높기 때문에 개방된 공간에서 레이더반사가 많이 일어난다. 시가지에서 비교적 어둡게 보이는 부분은 주로 단독주택지역으로 낮은 주택들이 매우 조밀하게 배열되어 있으며, 도로 간격 또한 좁기 때문에 아파트단지에서 나타나는 모서리반사가 발생하지 않는다. 레이더영상을 해석하기 위해서는 정확한 안테나 위치와 방향을 파악하는 것이 중요하다. 산악지형의 영상에서는 경사면의 밝기 차이가 뚜렷하기 때문에 안테나의 위치를 비교적 쉽게 파악할 수 있다. 그러나 도시에서는 건물의 배열상태, 높이, 밀도 등에 따라 레이더 후방산란의 특성이 매우 다양하게 나타나므로, 촬영시점의 안테나의 위치를 직접 파악하는 게 쉽지 않다.

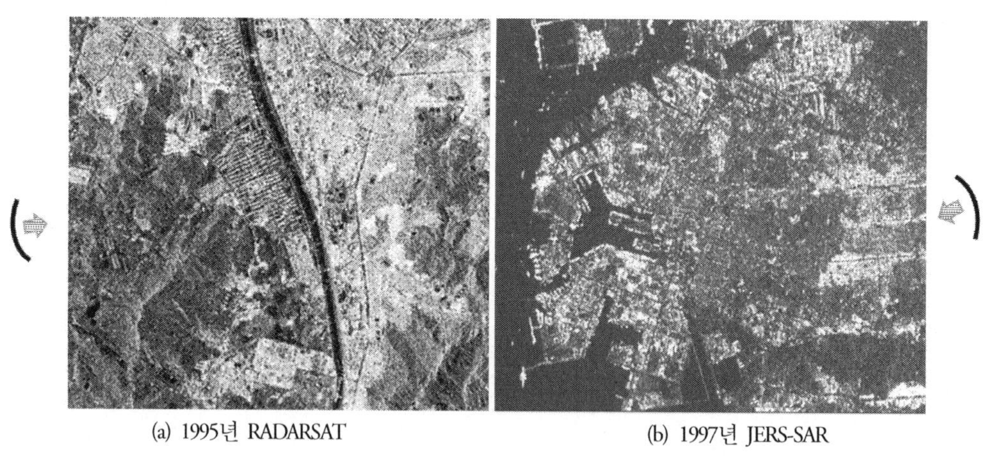
(a) 1995년 RADARSAT　　(b) 1997년 JERS-SAR

그림 5-41 안테나의 위치와 마이크로파 입사 방향에 따른 도시 지역의 후방산란의 차이

지표물의 전기적 성질

지표면에 존재하는 식물, 토양, 암석 등은 나름대로 고유의 전기적 특성을 갖고 있다. 유전체에 입사된 전자기에너지를 반사하고 전달하는 전기적 특성은 유전상수(dielectric constant)로 표시하며, 지표물의 유전상수는 레이더 후방산란에 영향을 미친다. 레이더영상에서 동일한 표면 거칠기를 가진 지표물의 유전상수가 높으면 강한 레이더반사로 밝게 나타난다. 물은 전도체로서 토양이나 식물보다 매우 높은 유전상수를 갖고 있지만, 매끄러운 표면 거칠기 때문에 안테나 반대방향으로 전반사되므로 매우 어둡게 보인다. 식물이나 토양의 수분함량이 높으면 유전상수가 커지므로, 레이더반사가 높게 나타난다. 동일한 종류의 작물 또는 수종으로 구성된 농지 및 산림에서 레이더반사 신호는 생육 환경 차이로 잎의 수분함량이 다를 수 있으며, 또한 촬영시점의 기상상황에 따라 잎 표면의 이슬 및 물방울로 인하여 유전상수가 달라질 수 있다. 같은 농작물이라도 생육 상태가 양호한 작물은 가뭄 또는 병충해로 피해를 입은 작물보다 수분함량이 높기 때문에 레이더 후방산란이 높게 나타난다.

나지 상태 토양에서 마이크로파 후방산란은 주로 토양의 표면 거칠기와 수분함량에 따라 좌우된다. 토양의 표면 거칠기는 토양의 특성 및 경작 방법 등에 따라 다르지만, 동일한 상태의 토양 표면에서는 수분함량에 따라 레이더반사가 달라질 수 있다. 토양의 수분함량이 증가하면 유전상수가 높아져서 강한 레이더반사로 밝게 보인다. 초원이나 경작지와 같이 식물의 생체량이 많지 않은 지역에서 토양 수분을 추정하고자 한다면, 식물 투과력이 높은 긴 파장의 마이크로파가 보다 효과적이다. 토양 수분은 농업, 기상, 수문 등 여러 분야에서 필요로 하는 매우 중요한 정보지만, 레이더영상에서 정확한 토양 수분을 추정하는 데에는 어려움이 있으며, 특히 식물로 덮여 있는 지역에서 레이더반사에 미치는 토양 수분의 영향은 제한적이다.

그림 5-42는 Sentinel-1위성에서 촬영한 C-밴드 영상으로 남미 에콰도르 열대림 지역에서 강우로 인하여 식물과 토양의 수분함량이 높아져 레이더 후방산란이 증가한 모습을 보여준다. 왼쪽 영상은 강우가 없었던 시기에 촬영되어 강 주변의 오일팜 농장 지대를 제외한 열대림 지역의 밝기가 일정하다. 오른쪽 영상은 부분적으로 열대 강우가 진행 중에 촬영한 영상이다. 영상 중간에 검게 보이는 것은 현재 강우가 집중적으로 진행되는 두터운 구름으로, 커다란 물방울이 집중되어 산란이 심해져 레이더반사가 없는 상태다. 반면에 구름 주변으로 넓은 지역이 밝게 보이는데, 이는 강우가 지나간 지역으로 식물 표면에 물방울이 맺혀 있고 토양의 수분함량이 매우 높기 때문에 강한 레이더반사를 보인다.

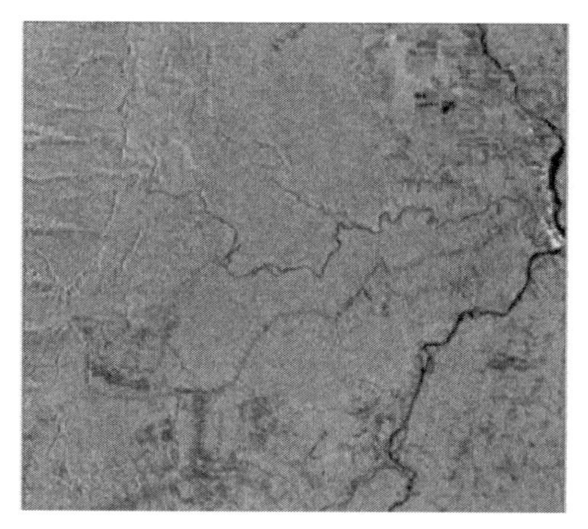

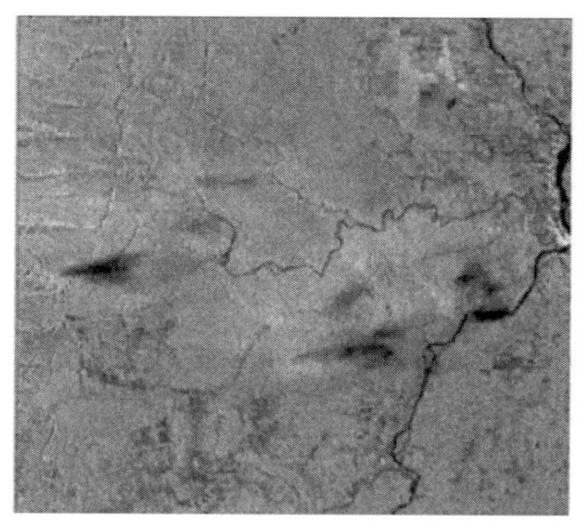

그림 5-42 강우로 인한 식물과 토양의 높은 수분함량으로 나타난 레이더 후방산란의 차이(Kellndorfer, 2019)

눈과 얼음의 레이더반사는 종종 표면의 수분함량에 따라 크게 달라진다. 눈이나 얼음의 생성시기, 밀도, 표면 상태에 따라 전기적 특성이 달라지며, 이에 따라 레이더 후방산란도 영향을 받는다. 눈 및 얼음의 표면에 액체 상태의 수분함량이 높아질수록 레이더반사는 강해지므로 건조한 상태보다 밝게 보이게 된다. 레이더영상에서 금속으로 된 물체는 전도성으로 매우 강한 레이더반사를 보인다. 송전탑 및 철교와 같은 철 구조물은 매우 강한 레이더반사를 보이는데, 이는 금속의 전도성과 함께 구조물과 지표면 사이의 모서리반사가 합해져서 아주 밝게 보인다. 전도성이 높은 금속 구조물의 강한 레이더반사는 선박, 철제 창고, 철조망, 파이프 구조물 등에서도 볼 수 있다.

5.5 간섭레이더(InSAR)

영상레이더는 반사된 마이크로파의 강도에 따라 영상신호가 결정된다. 그러나 간섭레이더(Interferometric SAR, InSAR)는 지표면에서 반사된 마이크파의 위상각(phase angle)을 이용하여 정보를 추출하는 기술이다. InSAR시스템은 3차원 지형자료 획득, 고도측량, 지진이나 화산으로 인한 지형변화 및 움직임, 산림의 생체량, 해수면의 파랑 등에 관한 정보를 얻는 데 활용한다.

간섭레이더의 원리

간섭레이더는 동일한 지역을 안테나 위치가 다른 두 장의 레이더영상에 기록된 위상차(phase difference)를 이용하여 지표물의 높이, 지형변화, 움직임 등에 관한 정보를 얻는 특수한 형태의 영상레이더시스템이다. 그림 5-43에서 두 개 파동은 동일한 파장과 진폭이지만, 90°의 위상차를 갖고 있다. 간섭레이더는 동일지점에서 반사된 두 마이크로파의 위상차를 이용하여 정보를 추출하므로, 기존의 영상레이더와 구분된다.

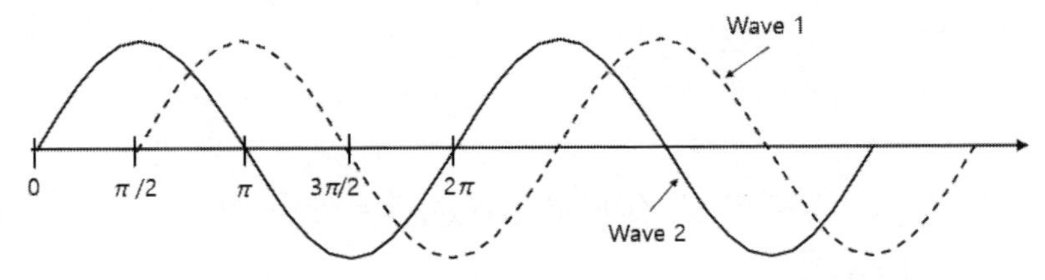

그림 5-43 파장과 진폭은 같지만, 위상각이 다른 두 개의 파동

그림 5-44는 간섭레이더에서 두 곳의 안테나 위치와 높이를 구하고자 하는 목표점의 기하관계를 보여준다. 동일 지점에서 위치와 입사각이 다른 안테나 1과 안테나 2에서 반사된 마이크로파를 각각 수신하며, 각 안테나에서 목표점까지의 거리 r_1과 r_2는 마이크로파의 이동시간을 정확히 측정하면 구할 수 있다.

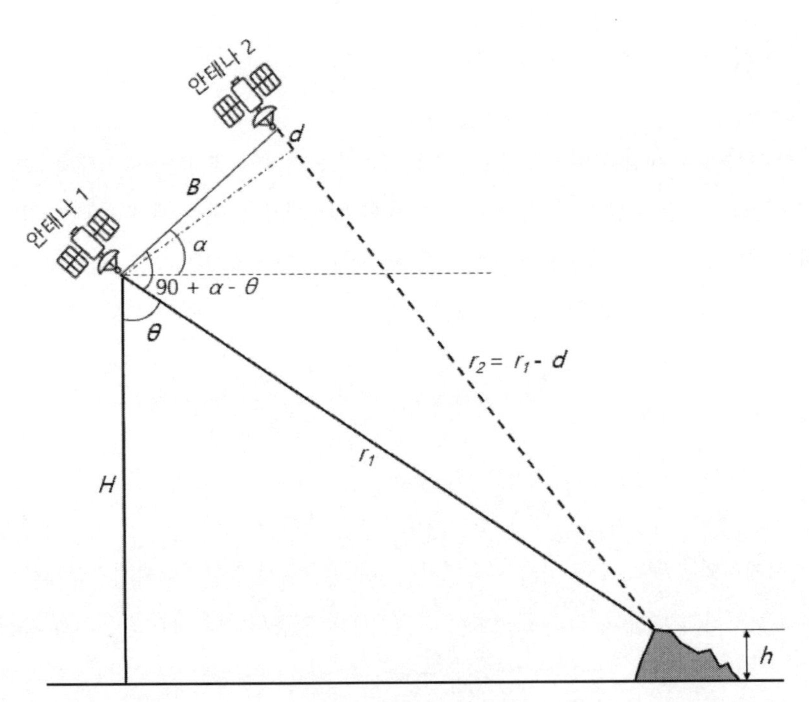

그림 5-44 간섭레이더(InSAR)에서 두 안테나와 목표점과의 기하관계
B=기선거리(baseline), H=비행고도, α =기선의 수평각, θ =목표점에서 안테나 1의 입사각

각각의 안테나에서 목표점까지 거리를 파장(λ)으로 나누면, 각 안테나에서 수신한 마이크로파의 위상각(Φ)을 다음과 같이 구할 수 있다.

$$\Phi_1 = \frac{4\pi}{\lambda} r_1, \qquad \Phi_2 = \frac{4\pi}{\lambda} r_2 \tag{5.12}$$

여기서 수신한 두 마이크로파의 위상각의 차이($\Delta\Phi$)는 결국 안테나에서 목표점까지 거리의 차이인 d에 의하여 결정된다.

$$\Delta\Phi = \Phi_1 - \Phi_2 = \frac{4\pi}{\lambda}(r_1 - r_2) = \frac{4\pi}{\lambda} d \tag{5.13}$$

두 안테나 사이의 기선거리(B) 및 r_1과 r_2로 이루는 삼각형에서 기선의 수평각도 α를 알고 있으면, 삼각함수의 코사인법칙에 의하여 정확한 입사각 θ를 구할 수 있다.

$$r_2^2 = r_1^2 + B^2 - 2r_1 B \sin(\alpha - \theta) \tag{5.14}$$

여기서 입사각 θ를 제외한 나머지 값은 알고 있으므로, 목표점의 높이는 아래와 같이 계산된다. 결국 두 안테나에서 수신된 마이크로파의 미세한 위상차를 토대로 해당 지점의 정확한 입사각을 구하고, 이를 이용하여 목표점의 높이 h를 산출한다. 위의 절차를 모든 화소마다 반복 적용하여, 각 화소에 해당하는 지점의 높이 h를 얻게 된다.

$$h = H - r_1 \cos\theta \tag{5.15}$$

간섭레이더에서 각 지점의 높이를 구하는 과정에서 발생하는 오차는 두 안테나 사이의 기선거리 B와 기선거리의 수평각 α에 따라 좌우된다. 특히 인공위성 간섭레이더시스템에서는 기선거리와 수평각을 구하기 위하여, 모든 화소마다 촬영시점의 인공위성의 정확한 위치와 자세 정보가 필요하다.

간섭레이더의 영상 촬영은 크게 단일경로(single pass) 방식과 반복경로(repeat pass) 방식으로 구분한다(그림 5-45). 단일경로 방식의 InSAR는 항공기에 두 개의 안테나를 함께 탑재하여 하나의 안테나(A1)는 송수신 기능을 수행하며, 다른 안테나(A2)는 수신 기능만을 담당한다(그림 5-45a).

두 개의 안테나가 동일 항공기에 탑재되어 있으므로, 정확한 안테나 사이의 기선거리와 기선의 수평각을 알 수 있다. 따라서 단일경로 방식의 InSAR시스템은 대부분 항공기를 탑재수단으로 하며, 정확한 고도자료 산출이 가능하다. 우주공간에서 단일경로 방식의 간섭레이더 측정은 우주왕복선에 두 개의 안테나를 동시에 탑재하여 지형도를 제작한 사례가 있다. 2000년 2월에 미국 NASA의 SRTM(Shuttle Radar Topographic Mapping) 사업에서, 우주왕복선 본체에 하나의 송수신 안테나를 고정하였고, 발사 후 우주인들이 우주공간에서 60m 길이의 구조물을 우주선 본체로부터 연결하여 수신용 안테나를 설치한 후 간섭레이더 측정을 했다. 약 10일 정도의 짧은 기간에 지구 육지의 80%에 해당하는 넓은 지역에 대하여 간섭레이더영상을 촬영하였다.

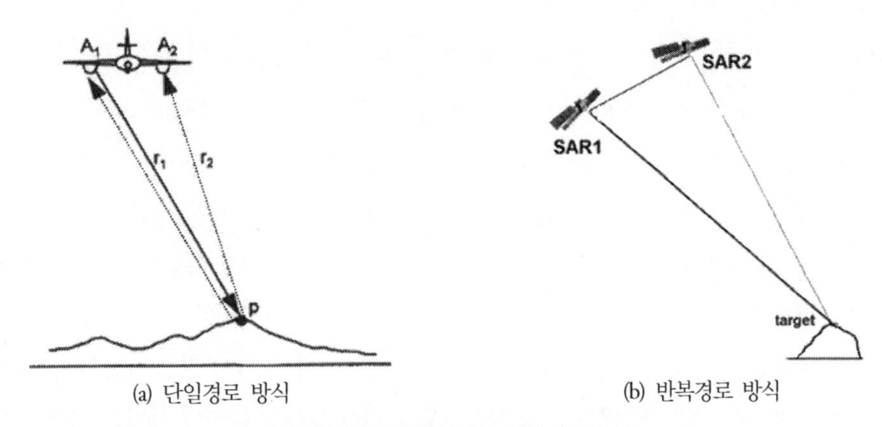

(a) 단일경로 방식　　(b) 반복경로 방식

그림 5-45 간섭레이더의 영상 촬영 방식

인공위성은 기본적으로 탑재체의 크기와 중량에 많은 제한을 받기 때문에, 두 개의 안테나를 동시에 탑재하기 매우 어렵다. 따라서 위성 간섭레이더영상은 주로 반복경로 방식으로 촬영한다. 반복경로 방식의 간섭레이더는 첫 궤도에서 영상을 촬영하고, 동일한 인공위성이 다른 궤도에서 안테나의 입사각을 다르게 조정하여 첫 궤도에서 촬영한 지역과 동일 지역을 반복 촬영하는 방식이다(그림 5-45b). 이 경우 각 촬영시점의 정확한 인공위성의 위치와 자세 정보를 구해야만 간섭레이더 측정에 필요한 기선길이와 수평각을 구할 수 있다. 반복경로 방식에서 수신된 신호는 시간 간격을 두고 측정되었기 때문에, 촬영조건 및 지표 상태의 변화가 있을 수 있으므로 두 영상에서 동일 지점을 찾기 어려운 경우가 있다. 반복경로 방식의 촬영시간 차이에 따른 문제를 극복하고자, 두 기의 인공위성을 운영하여 동시에 동일 지역을 촬영하는 동시촬영(tendem) 방식을 사용하기도 한다. 유럽우주국(ESA)이 보유한 여러 기의 SAR 위성(ERS, TerraSAR, Sentinel-1)을 이용하여 동일 지역의 간섭레이더영상을 얻기도 한다. Tendem 촬영 방식은 다른 궤도에서 동일 지역을 촬영하지만, 동시에 촬영함으로써 반복경로 방식의 단점을 보완한다.

간섭레이더의 활용

간섭레이더 기술은 3차원 수치지형자료 획득을 목적으로 개발하였다. 3차원 수치지형자료는 항공사진측량, 전자광학입체영상 그리고 라이다(LiDAR) 등 다른 원격탐사 방법으로도 획득이 가능하다. 간섭레이더는 입체 항공사진 및 전자광학영상을 이용한 측량 방법과 다르게 기상 조건에 영향을 받지 않고 야간에도 영상을 촬영할 수 있다. 또한 항공 라이다는 비교적 좁은 지역에 국한하여 촬영이 가능하지만, 인공위성 간섭레이더는 접근이 어려운 지역이나 훨씬 광범위한 지역을 대상으로 수치지형자료의 제작이 가능하다.

시간 간격을 두고 동일 지역을 촬영한 간섭레이더영상에서는 지표물의 움직임을 측정할 수 있기 때문에, 지진 또는 화산 활동으로 인한 미세한 지각 움직임에 대한 정보를 얻을 수 있다. 간섭레이더는 지진이나 화산 활동으로 인한 지형 변화를 빠르게 측정할 수 있으며, 이를 이용하여 산사태, 눈사태, 구조물 붕괴 직전의 미세한 변화를 조기에 감지하는 목적에 활용하기도 한다.

간섭레이더의 활용은 수치지형자료의 제작이나 지형변화 탐지 등이 주를 이루고 있으나, 최근에는 빙하 및 파랑의 이동속도와 관련된 정보 획득까지 확장하고 있다. 또한 농업 및 산림의 식생구조, 수확량, 식생 변화 탐지와 관련된 활용이 증가하고 있다. 레이더영상에서 산림의 투과력은 파장과 입사각에 따라 다르므로, 짧은 파장(X-밴드 및 C-밴드)의 간섭레이더에서 추출한 산림의 높이는 수목의 상층부 잎에서 반사된 신호를 이용하여 추출한다. 따라서 짧은 파장을 이용한 간섭레이더에서 얻어진 산림의 높이는 지표면의 고도가 아닌 나무의 높이에 해당하므로, 인간의 접근이 어려운 지역의 산림 생체량 등을 측정하는 데 사용하도 한다.

5.6 영상레이더 인공위성

영상레이더 개발은 전자광학센서보다 일찍 시작했지만, 주로 군사 목적에 한정되어 개발되었기 때문에 민간 분야 활용을 위한 기술 개발은 뒤늦게 출발했다. 항공 레이더는 낮은 비행고도로 인하여 안테나에서 송신된 마이크로파 펄스의 입사각 범위가 크다. 따라서 레이더영상에서 입사각에 따른 레이더반사의 차이가 크게 나타나며, 지표물의 종류와 구조에 따른 반사 신호의 차이와 구별이 어려운 단점이 있다. 인공위성 레이더영상은 매우 높은 궤도에서 마이크로파가 발사되므로 입사각의 차이가 작다. 따라서 영상레이더 원격탐사는 주로 인공위성에 의존하여 발달했으며, 군사 목적과 같은 특별한 경우를 제외하고 항공 영상레이더의 민간 분야 활용은 제한적이다.

인공위성 영상레이더는 기상조건에 관계없이 또한 야간에도 촬영이 가능한 능동형 시스템이므로, 비교적 짧은 기간에도 충분한 영상자료를 획득할 수 있다. 최초의 민간 분야의 영상레이더를 탑재한 SEASAT 위성을 비롯하여 우주왕복선 영상레이더 실험 단계를 거쳐, 1995년에 비로소 본격적인 운영 목적의 RADARSAT 위성이 발사되었다. 표 5-5는 현재까지 발사된 영상레이더시스템을 탑재한 인공위성의 종류와 영상레이더의 기본 사양을 보여준다. 여러 위성이 발사되었지만, 실험 목적인 SIR-C를 제외하면, 모든 위성은 하나의 파장밴드로 SAR 영상을 촬영한다. 영상레이더시스템은 안테나 때문에 전자광학센서보다 부피도 크고 무겁기 때문에 여러 파장의 시스템을 동시에 탑재하기는 어렵다. 대신 다른 신호 특성을 가진 여러 영상을 얻기 위하여, 안테나 입사각 및 편광모드를 달리하여 촬영하는 방식을 취한다.

표 5-5 영상레이더를 탑재한 인공위성의 종류와 SAR 영상의 기본 사양

위성(발사)	밴드	해상도(m)	촬영폭(km)	입사각(°)	편광모드	운영국
SEASAT(1978)	L	25	100	20~26	HH	미국
SIR-A(1981)	L	40	40	47~53	HH	미국
SIR-B(1984)	L	25×(15~45)	10~60	15~60	HH	미국
SIR-C(1994)	X,C,L	25×(15~45)	15~90	15~60	HH	미국
Almaz-1(1991)	S	10~30	350	20~70	HH	소련
ERS-1(1991)	C	30	100	23	VV	유럽(ESA)
ERS-2(1995)	C	30	100	23	VV	유럽(ESA)
JERS-1(1992)	L	18	75	35	HH	일본
RADARSAT-(1995)	C	8~100	45~500	10~60	HH	캐나다
RADARSAT-2(2001)	C	3~100	10~500	10~60	HH, HV, VH, VV	
Envisat-1(2000)	C	30~1000	58~405	14~45	HH, HV, VH, VV	유럽(ESA)
ALOS PALSAR-I, II (2006, 2014)	L	7, 14, 30, 100	40~70, 250~350	8~60	HH, HV, VH, VV	일본
		3, 6, 10, 100	25, 50, 70, 350	8~70		
TerraSAR(2007)	X	1, 2, 3, 16	10, 30, 100	20~55	HH, HV, VH, VV	독일
Cosmo-SkyMed (2007~2010)	X	1, 3~15, 30, 100	10, 40, 100, 200	20~60	HH, HV, VH, VV	이탈리아
KOMPSAT-5(2013)	X	1, 3, 20	5, 30, 100	20~55	HH, HV, VH, VV	한국
Sentinel-1A,1B (2014, 2016)	C	5~40	20~400	20~46	HH, HV, VH, VV	유럽(ESA)

SEASAT과 SIR

1978년에 발사한 SEASAT은 최초의 민용 영상레이더를 탑재한 인공위성으로, 안테나의 입사각을 23°로 고정하여 100km 폭의 L-밴드 영상을 촬영했다. SEASAT SAR시스템은 비록 100일의 짧은 운영을 마치고 작동이 멈추었지만, 이 기간에 촬영된 25m 공간해상도의 SAR 영상은 해류의 경계

및 이동, 파동, 강우 현상, 빙하의 표면 상태 등 해양 분야에서 요긴한 정보를 제공했을 뿐만 아니라, 지형구조, 지질, 산림, 수자원 분포 등 육상에서도 높은 활용 가치를 보여주었다.

영상레이더 원격탐사의 특징과 활용 가능성을 연구하기 위하여 NASA에서 세 번의 우주왕복선을 이용한 영상레이더(SIR-A, B, C) 실험을 수행했다. 각각의 우주왕복선 비행 중 3일에서 10일의 짧은 기간에 미리 선정된 세계 여러 지역의 레이더영상 촬영이 이루어졌다. 1981년 시행된 SIR-A 실험은 SEASAT과 거의 동일한 사양의 L-밴드, HH 편광모드로 40m 해상도의 영상을 촬영했으나, 안테나 입사각을 50°로 하여 지표면에 가깝게 기울여 촬영했다. 1984년에 수행된 SIR-B 실험에서는 레이더영상에서 안테나 입사각의 효과를 연구하기 위하여 L-밴드, HH 편광모드, 25m 공간해상도의 영상을 촬영하되, 안테나 입사각을 5°~60° 사이에서 바꾸어가면서 동일 지역을 반복 촬영했다. SIR-B 영상자료를 이용한 여러 연구에서 파장이 긴 L-밴드 레이더는 입사각이 작을수록 마이크로파의 투과력이 높다는 결과를 보여주었다.

1994년 SIR-C 실험은 보다 다양한 영상레이더의 시스템 인자 효과를 연구할 목적으로 수행하였다. 마이크로파 파장의 효과를 밝히기 위하여 기존의 L-밴드와 파장이 짧은 C-밴드와 X-밴드를 추가하였다. 또한 편광 효과를 알기 위하여 L-밴드와 C-밴드 영상 촬영에 HH, HV, VH, VV의 네 가지 편광모드를 적용하였다. 세 번의 실험을 통하여 얻어진 영상자료는 지형, 지질, 산림, 농업, 해양, 수자원, 환경생태, 대기 등 다양한 분야의 연구자들에게 제공되었으며, 이 연구들을 통하여 레이더영상의 신호 특성을 이해하고 활용 기술을 개발하는 데 크게 기여했다.

RADARSAT

위성레이더 원격탐사가 실험단계를 벗어나 본격적인 운영 목적으로 개발된 최초의 위성으로 RADARSAT이 있다. 캐나다는 영토의 대부분이 고위도 지역인 지리적 특성에 따라, 겨울이 길고 구름이 많은 기상조건 때문에 광학영상을 얻는 데 어려움이 많다. 캐나다 우주국에서 개발하여 1995년에 발사한 RADARSAT-1은 C-밴드 HH 편광모드에서 영상을 촬영하는데, 안테나 입사각을 조절하고 송신하는 마이크로파 빔을 여러 가지로 바꾸어 적용하여 공간해상도와 촬영폭이 다른 SAR 영상을 촬영하였다. 그림 5-46은 RADARSAT-1에서 안테나 입사각을 다르게 적용하여 촬영 면적과 촬영 지역을 다르게 할 수 있는 여러 가지 영상 촬영 방식을 보여주고 있다.

안테나 입사각과 마이크로파의 빔을 조절하여 촬영폭과 공간해상도가 다른 영상을 촬영하는 방식은, RADARSAT 이후 개발된 다른 위성영상레이더에서 공통적으로 적용되었으며, 이러한 기능을 이용하여 원하는 지역의 영상을 적기에 촬영할 수 있는 가능성을 높였다. 능동형센서로 전천후 촬영 능력을 갖춘 SAR시스템에 다양한 촬영 방식을 적용하면, 재해 재난과 같이 불특정 시기와 장소에서 발생하는 지표 현상을 적기에 촬영할 수 있는 가능성을 높일 수 있다. 2001년 발사한 RADARSAT-2는 캐나다 정부와 민간 기업이 공동으로 개발한 준상업용 성격의 위성이며, 본격적인 운영 목적의 SAR 영상 공급체계를 갖춘 위성이라고 할 수 있다. 이 위성의 영상레이더의 사양은 기존 RADARSAT-1과 거의 동일하지만, 네 가지 편광모드에서 고해상도(3m) 영상을 얻을 수 있다는 점에서 차이가 있다.

그림 5-47은 표준 방식(standard beam)으로 촬영한 한강 하구 및 황해도 지역의 영상으로, 촬영폭은 100km이며 25m의 해상도를 갖는다. 한반도에서 7월은 구름이 없는 깨끗한 광학영상을 얻기 어려운 여름 장마철이지만, SAR 영상은 농작물의 생육상태와 홍수로 인한 침수 피해 및 수위 변화와 관련된 정보를 얻는 데 매우 요긴하게 사용할 수 있다.

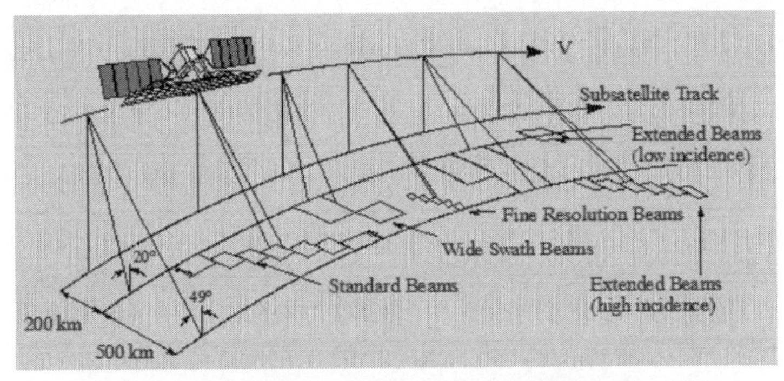

그림 5-46 RADARSAT 영상의 촬영 방식에 따른 촬영폭의 차이

그림 5-42 표준 빔모드(100km swath)로 촬영된 한강 하구 및 황해도 지역의 RADARSAT 영상

ERS, Envisat, Sentinel-1

유럽우주국에서 발사한 ERS(European Remote sensing Satellite)는 1991년과 1995년에 사양이 같은 영상레이더를 탑재했다. ERS 영상레이더는 C-밴드 VV 편광성을 갖춘 25m 해상도의 영상을 촬영했다. 2000년에 발사한 Envisat(Environmental Satellite)은 ERS와 호환성을 유지하기 위하여 C-밴드 영상레이더 ASAR을 탑재했는데, ASAR은 ERS의 기본적인 사양을 유지하면서, RADARSAT에서 사용했던 다양한 촬영 방식을 적용하여 30m에서 1km까지 다양한 공간해상도의 레이더영상 촬영이 가능하다.

ESA에서 가장 최근에 발사한 레이더 원격탐사위성은 Sentinel-1이며, 2014년과 2016년에 발사된 두 기의 위성이 동일한 궤도에서 동시에 작동하면서 빠른 촬영주기로 레이더영상을 촬영할 수 있도록 했다. Sentinel-1의 C-SAR시스템은 ERS 및 Envisat 위성에서 촬영된 영상과 호환성을 유지하도록 동일한 C-밴드로 촬영하되, 공간해상도를 5m까지 향상시켰고, 두 기의 위성을 동시에 운영함으로써 촬영주기를 최대한 단축하면서 간섭레이더를 위한 동시촬영(temdem) 방식이 가능하도록 운영한다.

일본의 JERS 및 ALOS

일본은 초기 지구관측위성부터 영상레이더를 탑재했는데, 1991년 발사한 JERS-1위성에는 전자광학카메라와 영상레이더를 동시에 탑재했다. JERS-1의 영상레이더는 L-밴드 HH 편광모드에서 18m 해상도의 영상을 촬영했다. 일본의 위성 레이더영상은 2006년 발사된 ALOS(Advanced Land Observation Satellite)와 2014년에 발사된 ALOS-2에 탑재된 PALSAR에서 촬영하고 있다. PALSAR는 기존의 JERS SAR 영상과 동일한 L-밴드를 계승했지만, 안테나 입사각을 8°~60° 범위에서 조절하여 공간해상도와 촬영 면적으로 다르게 설정하여 다양한 목적에 활용될 수 있도록 여러 종류의 영상을 촬영할 수 있다.

고해상도 X-밴드 SAR

최근에 발사된 위성레이더는 파장이 3cm로 짧은 X-밴드 영상레이더가 증가하는 추세다. SAR 영상의 방위방향 해상도를 높이기 위해서는 파장이 짧아야 하는데, 고해상도 레이더영상을 얻기 위하여 X-밴드를 채택하는 경우가 많다. 2007년 이후 독일에서 발사한 TerraSAR-X와 이탈리아에서 발사한 Cosmo-SkyMed는 모두 최고 1m 해상도의 SAR 영상을 얻을 수 있다. 한국에서도 2013년에 발사한 KOMPSAT-5호에 탑재된 영상레이더 역시 고해상도 레이더영상 촬영을 목적으로 X-밴드를 채택했다. 가장 최근에는 민간에서 상업용 고해상도 X-밴드 SAR 영상을 제공하고 있는데, 여러 기의 위성을 동시에 운영함으로써 최고 50cm 해상도의 SAR 영상을 사용자가 원하는 시기에 공급할 수 있는 체계를 갖추고 있다.

고해상도 X-밴드 SAR 영상은 기상 조건 및 시간에 관계없이 촬영할 수 있으므로, 기존의 고해상도 광학영상 촬영의 한계를 극복할 수 있다. 고해상도 X-밴드 SAR 영상은 오래전부터 군사 목적으로 이용되었으나, 최근에는 민간 분야로 활용 범위를 확대하고 있다. 고해상도 SAR 영상은 도시, 환경, 농림업, 건설, 해양 등 다양한 활용 분야를 표방하고 있다.

5.7 수동 마이크로파시스템

수동 마이크로파센서는 지구에서 방출하는 마이크로파를 감지하는 시스템이다. 앞 장에서 설명한 빈(Wien)의 변위법칙에 따르면 지구의 평균 표면온도에 해당하는 흑체에서 최대 에너지를 방출하는 전자기파는 파장이 10μm 내외의 열적외선이다. 해수면의 온도를 비롯한 지구 표면의 열 현상에 관련된 정보는 주로 열적외선센서를 통하여 얻고 있지만, 수동 마이크로파시스템은 열적외선 영상과 구별되는 정보를 제공한다. 수동 마이크로파 원격탐사는 그림 5-48에서 보듯이 지구에서 방출되는 마이크로파 영역의 미약한 에너지를 감지하여 지구환경 변화와 관련된 중요한 정보를 얻을 수 있다.

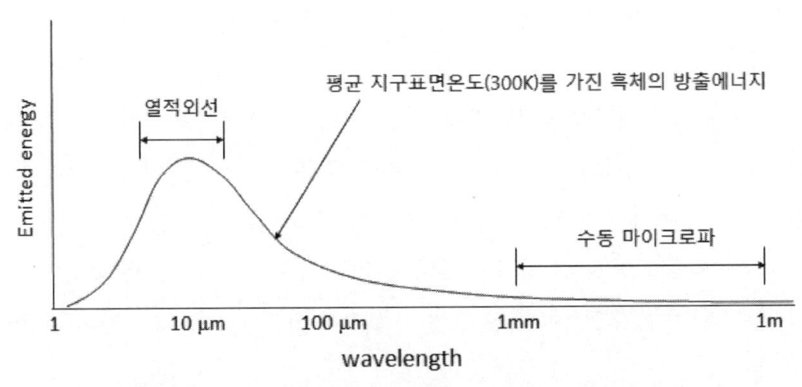

그림 5-48 수동 마이크로파시스템에서 감지하는 지구 방출에너지

수동 마이크로파시스템은 지구에서 방출되는 전자기에너지를 안테나에서 수집하고 감지하므로, 광학계와 검출기를 이용하는 열적외선센서와 구조적 차이가 있다. 그러나 두 시스템은 지구에서 방출하는 전자기에너지를 감지하여 표면온도와 관련된 정보를 얻는 과정은 매우 유사하다.

수동 마이크로파자료의 특징

수동 마이크로파센서는 주로 파장이 0.15~30cm인 마이크로파 영역에서 방출하는 소량의 에너지를 감지하는데, 이는 열적외선 에너지보다 매우 적은 양이다. 미세한 양의 마이크로파 방출에너지를 수집하여 잡음 비율이 낮은 양질의 신호를 얻기 위해서는, 매우 넓은 면적에서 에너지를 수집해야 한다. 따라서 수동 마이크로파센서는 공간해상도가 수 km 이상의 저해상도로 작동한다. 수동 마이크로파시스템은 특정 지점에 한정하여 복사량을 측정하는 비영상센서인 수동 마이크로파 검출기 또는 복사계(microwave radiometer)가 있으며, 대상 지역을 일정 간격으로 나누어 연속적으로 복사량을 측정하는 영상센서 형태의 수동 마이크로파 주사기 또는 영상기(microwave scanner or imager)로 구분한다.

수동 마이크로파시스템은 열적외선시스템과 동일한 원리로 작동하지만, 마이크로파의 투과력을 이용하여 열적외선 원격탐사에서 얻기 어려운 정보 획득이 가능하다. 센티미터 단위의 마이크로파 파장은 열적외선보다 훨씬 길기 때문에 대기 및 식물의 엽층을 투과할 수 있다. 수동 마이크로파센서에서 얻어지는 정보의 대부분은 마이크로파의 투과력에 의존하여 추출된다.

컬러 그림 5-49는 수동 마이크로파영상과 열적외선 영상의 차이를 뚜렷하게 보여주는 사례로, 2000년 2월 1일부터 5일까지 촬영한 열적외선 영상(AVHRR)과 수동 마이크로파영상(TMI)을 처리하여 얻은 지구 해수면 온도(SST)의 차이를 보여준다. AVHRR 영상에서 얻은 SST 자료는 부분적으로 신호가 누락되어 하얗게 보이는 부분을 볼 수 있으며, 특히 동아시아 해역은 누락된 부분이 많다. AVHRR SST영상에서 자료가 누락된 이유는, 영상을 촬영한 5일 동안 해당 지역이 모두 구름으로 덮여 있었기 때문에 SST 산출이 불가능했다. 열적외선은 구름 투과가 어렵기 때문에, 열적외선 영상에서 구름이 분포하는 지역은 해수면 또는 지표면의 온도가 아닌 구름의 표면온도가 산출된다. 반면에 동일한 기간에 촬영된 TMI 수동 마이크로파영상에서 얻어진 SST 자료는 누락된 부분 없이 지구 해역 전체의 표면온도를 보여준다. 구름 아래 해수면에서 방출된 마이크로파는 구름 입자보다 훨씬 긴 파장으로 구름을 투과하여 인공위성까지 도달할 수 있고, 이 신호를 처리하여 해수면 온도를 얻을 수 있기 때문이다. 비록 TMI 영상의 공간해상도는 5~45km로 AVHRR 영상보다 낮지만, 구름을 투과할 수 있기 때문에 짧은 기간에 지구 전체 해수면의 온도 산출이 가능하다.

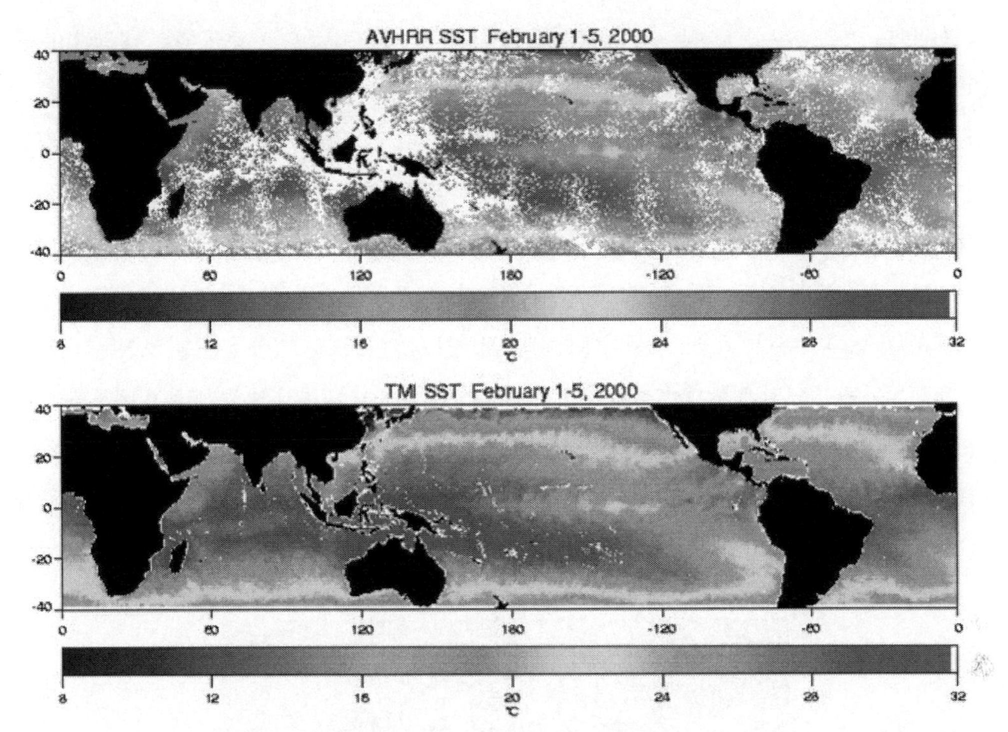

컬러 그림 5-49 동일 기간에 수동 마이크로파 검출기(TMI) 영상과 열적외선 영상(AVHRR)에서 얻어진 해수면 온도(SST) 자료의 비교(컬러 도판 p.559)

수동 마이크로파자료의 활용

수동 마이크로파자료의 활용 분야는 크게 토양 수분, 얼음의 분포 및 두께, 해수면 온도, 해수면 풍속, 대기 수분, 강우강도 등과 관련 있다. 수동 마이크로파자료의 활용은 주로 해양 및 대기와 관련되었고, 특히 해수면 온도 및 풍속, 대기 수분, 강우강도 정보는 오직 해양에서만 얻을 수 있다. 육상에서는 토양 수분과 얼음에 관한 정보 추출이 주요 활용 분야이며, 특히 토양 수분이 수동 마이크로파 원격탐사의 대표적 육상 활용 분야로 꼽을 수 있다. 수동 마이크로파영상의 투과력은 해양에서보다 육지 및 극지방에서 더 큰 효력을 발휘하여, 열적외선 원격탐사에서 얻기 어려운 독특한 정보를 제공한다.

토양의 수분함량은 농업, 산림, 환경, 수자원, 기상 등 다양한 분야에서 필요한 매우 중요한 정보지만, 현재 광범위한 지역의 토양 수분 분포를 정확히 추정하기에는 많은 어려움이 있다. 수동 마이크로파자료는 비록 공간해상도가 낮은 단점이 있지만, 농지 및 산림과 같이 식물로 덮인 지역에서도 토양 수분의 추정이 가능하다. 토양에서 방출된 마이크로파의 일부는 식물에서 산란되지만, 상당 부분은 식물을 투과하여 위성까지 전달되므로, 열적외선을 비롯한 다른 원격탐사 방법에서 얻기 어려운 토양 수분 정보를 얻을 수 있다.

극지방의 얼음 분포와 두께는 지구환경 변화와 관련된 지표 현상으로 중요 관측 대상이며, 극권의 대규모 빙하의 계절적 분포와 이동 상황에 관한 정보는 수동 마이크로파 원격탐사의 중요 활용 분야다. 특히 북극해 빙하의 계절적 변화는 북극해 항로 개척과 관련하여 많은 관심을 끌고 있다. 그림 5-50은 NASA Aqua 위성에 탑재된 수동 마이크로파센서인 AMSR-E의 관측 자료를 처리하여 추출한 북극해 빙하의 계절적 차이를 보여준다. 2007년 9월 영상에 나타난 북극해 빙하 분포(a)는 관측 이래 가장 작은 면적으로 기록되었다. 북극해를 감싼 하얀 경계선은 1979년부터 2002년까지 다른 수동 마이크로파센서에서 관측된 9월 중순의 평균 빙하 분포를 보여준다. 2007년 11월 14일에 촬영된 영상에서 추출한 빙하 분포(b)는 겨울이 되면서 빙하 면적이 빠르게 증가하고 있음을 보여주지만, 이 시점의 빙하 면적 역시 지난 20여 년 평균 분포보다 많이 감소했다. 북극해와 같이 광대한 지역의 빙하 분포와 변화 상황을 주기적으로 관측할 수 있는 원격탐사 방법은 수동 마이크로파시스템이 효과적이다.

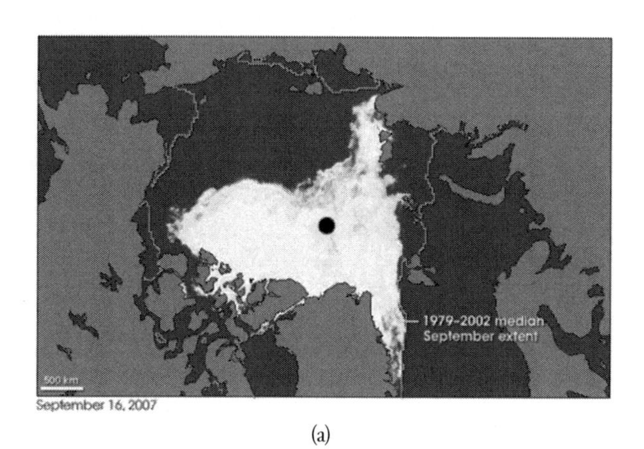

(a)

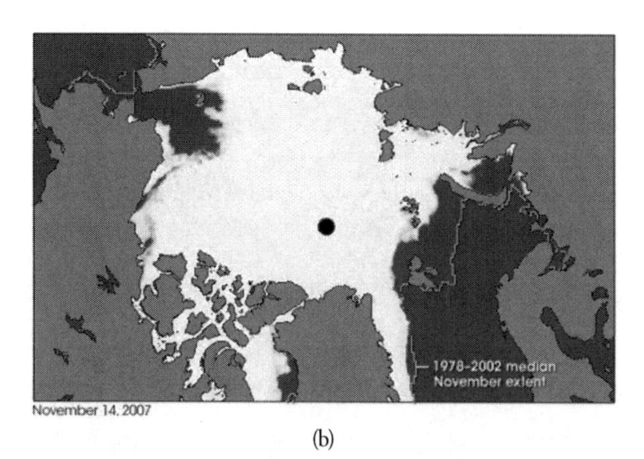

(b)

그림 5-50 NASA Aqua 위성에 탑재된 수동 마이크로파센서(AMSR-E)의 관측자료를 처리하여 추출한 북극해 빙하의 계절적 변화. 북극해를 감싼 하얀 경계선은 1979년부터 2002년까지 해당 시점의 평균 빙하 분포면적(NASA Earth Observatory, https://earthobservatory.nasa.gov/images)

수동 마이크로파시스템은 해수면 온도 외에도 해수면의 풍속, 강우강도, 강설량, 대기수분 등 기상 및 대기 관련된 분야에서 많이 활용되고 있으나, 주로 해양에서 촬영된 자료에 국한하여 사용된다. 해양에서 관측된 마이크로파 복사신호를 처리하여 강우, 강설, 대기수분 등 대기 관련된 정보를 추출하려면, 배경이 되는 해수면에서 방출된 신호를 제거해야 한다. 해수면은 균일한 방출률을 가진 자료물이므로, 수신된 마이크로파 복사신호에서 해수면 방출 신호를 제거하기가 비교적 쉽다. 그러나 육지는 방출률이 다른 다양한 종류의 지표물이 분포하고 있기 때문에, 해양에서와 같이 대기 관련 정보를 추출하기 어렵다.

수동 마이크로파자료는 비록 공간해상도가 낮지만, 기상 조건에 관계없이 주야간 모두 자료 획득이 가능하므로 전 지구 또는 대륙 규모의 기후와 환경 목적에 많이 활용된다. 또한 지구 표면에서 방출한 마이크로파 에너지의 강도가 미약하므로, 필요한 정보를 추출하기 위한 자료 처리는 다소 복잡한 과정을 거친다. 위성 안테나에서 수신된 마이크로파 신호는 우리가 정보를 얻고자 하는 지표물에서 방출된 에너지에 더하여, 대기 입자에 의하여 방출된 에너지를 포함한다. 따라서 안테나에서 수신된 신호에서 잡음에 해당하는 대기 방출에너지를 제거하는 보정처리 과정이 매우 중요하다. 현재 대부분의 수동 마이크로파 원격탐사는 위성 탑재 센서를 이용하는데, 보정처리의 어려움을 해결하기 위한 방안으로 여러 마이크로파 밴드를 이용한다. 수동 마이크로파 원격탐사는 지역적 또는 상업적 활용보다는 전 지구 규모의 환경, 해양, 대기, 기상 분야에 필요한 귀중한 정보를 제공함으로써, 지구환경 변화와 관련된 관측 수단으로서의 역할을 담당하고 있다.

수동 마이크로파 인공위성

다른 원격탐사자료와 다르게 수동 마이크로파 원격탐사자료는 사용자층이 넓지 않아 일반에게 친숙하지 않은 자료다. 수동 마이크로파자료는 주로 인공위성에서 얻어지고 있으나, 영상 형태의 자료는 보기 어렵고 그림 5-49 및 5-50과 같이 자료를 처리한 결과물을 자주 접할 수 있다. 표 5-6은 인공위성 탑재 수동 마이크로파센서의 종류와 기본 사양을 보여준다. 수동 마이크로파센서의 사양 표시에서, 광학센서 및 영상레이더에서 사용하는 밴드 대신 채널(channel)이란 용어를 많이 사용하며, 파장 대신 주파수를 주로 사용한다. 모든 수동 마이크로파센서는 매우 낮은 공간해상도를 갖고, 넓은 폭의 지역을 한 번에 촬영한다. 초기 영상은 심지어 공간해상도가 100km 이상인 경우도 있었으며, 매우 넓은 공간에서 방출되는 마이크로파 에너지를 수집해야 양질의 신호를 생성할 수 있었다. 현재 운영 중인 위성 마이크로파 복사계의 공간해상도는 5km급 영상을 얻을 수 있을 정도로 개선되었다.

표 5-6 위성 탑재 수동 마이크로파센서의 종류와 기본 사양

위성	센서	운영기간	촬영폭(km)	밴드 수 (channel)	주파수 (GHz)	공간해상도 (km)
Nimbus-7	SMMR (Scanning Multichannel Microwave Radiometer)	1978~1987	783	10	6.6~37	20~120
DMSP (Defense Meteorological Satellite Program)	SSM/I (Special Sensor Microwave/Imager)	1987~현재	1400	7	19.3~85.5	12.5~25
	SSMIS (Special Sensor Microwave Imager/Sounder)	2000~현재	1500~1700	24	19.3~183.3	13~75
TRMM (Tropical Rainfall Measuring Mission)	TMI (TRMM Microwave Imager)	1997~현재	880	5	10.7~85.5	5~45
Aqua GCOM-W ADEOS	AMSR (Advanced Microwave Scanning Radiometer)	2002~현재	1500	6~8	6.9~89.0	3~75

초기 위성 마이크로파 복사계로 미국 NASA에서 발사한 Nimbus-7호 위성에 탑재한 SMMR (Scanning Multichannel Microwave Radiometer)이 있었다. Nimbus-7호 위성은 일종의 실험위성으로 SMMR을 비롯하여 CZCS(Coastal Zone Color Scanner) 등 해양, 대기, 기상과 관련된 여러 종류의 센서 성능을 점검하기 위한 목적으로 발사했다. SMMR은 10개의 채널로 비교적 좁은 폭의 지역을 촬영했지만, 10년 동안 작동하면서 해빙, 해수면 특성, 대기 수분 등 여러 분야에서 활용되었다. 미군에서 운영하는 국방기상위성(DMSP)은 1987년부터 현재까지 10기 이상의 위성을 발사하여, 수동 마이크로파 원격탐사 발전에 큰 기여를 하고 있다. TMI와 AMSR은 미국과 일본이 공동으로 운영한 프로그램으로, 센서 개발 및 자료 분석 결과물을 공유하는 방식으로 운영되고 있다. 전자광학시스템 및 영상레이더와 비교하여, 수동 마이크로파시스템은 범지구 규모의 해양, 기상, 대기 분야로 활용 분야가 비교적 한정되어 있으며, 사용자 그룹의 범위가 좁다. 일반에게 친숙하지 않은 원격탐사시스템이지만, 수동 마이크로파 원격탐사는 전 지구 규모의 환경 변화와 관련된 소중한 자료를 제공하고 있다.

5.8 라이다(LiDAR)시스템

지금까지 다룬 원격탐사시스템 중에서 영상레이더가 유일한 능동형 시스템이었으나, 비교적 최근에 많이 활용되는 라이다(Light Detection And Ranging, LiDAR)는 또 다른 능동형 원격탐사시스템이다. LiDAR는 레이저를 이용하여 목표물까지 거리를 정밀하게 측정하기 위한 수단으로 출발했다. 항공 LiDAR 시스템은 1980년대 후반에 개발되었지만, 그 이전에도 레이저를 이용한 거리 측정 기구는 있었다. 거리측량 장비인 EDM(electronic distance meter)이나 인공위성에서 지구 형상과 크기를 정확하게 측정하기 위한 고도계(altimeter)에서 레이저를 이용하여 거리를 측정하는 원리는 동일하다.

EDM이나 고도계는 특정 지점까지의 거리를 측정하는 비영상시스템이지만, 라이다시스템은 레이저를 짧은 간격으로 연속적으로 송신하여 대상 지역에서 반사되는 신호를 수신하는 일종의 영상시스템이라고 할 수 있다. 라이다는 레이저 점을 규칙적인 간격으로 지표면에 뿌려서 자료를 얻는 일종의 스캐닝의 방식이므로, 레이저주사기(laser scanner)라고도 한다. 라이다는 주로 항공기에 탑재하여 작동하므로, 항공레이저스캐너(Airborne Laser Scanner, ALS)로 불리기도 한다. ALS는 주로 기존의 사진측량이나 간섭레이더보다 정밀한 수치표고자료를 얻기 위한 수단으로 활용한다. 능동형 시스템인 항공 라이다는 기상조건에 관계없이 야간에도 정밀한 지형자료 획득이 가능한 장점을 가지고 있지만, 기존의 항공측량 및 간섭레이더와 같은 3차원 지형자료 취득 방법보다 상대적으로 촬영 지역이 좁은 단점도 있다.

항공 라이다의 구성 및 원리

항공 라이다는 레이저스캐너, GPS수신기, 내부항법장치 등으로 구성되어 있다(그림 5-51). 레이저스캐너는 레이저 광선을 매우 짧은 간격으로 지표면에 발사하는 송신기, 지표면에서 반사된 레이저를 감지하는 수신기, 송신기에서 지표면을 거쳐 수신기까지 레이저 광선의 이동시간을 측정하는 시계로 이루어져 있다. 또한 모든 레이저 점의 좌표를 얻기 위한 위성측위시스템(GPS)과 내부항법장치(IMU)가 구비되어 있다. 항공 라이다에서는 송신기에서 측점까지의 레이저 이동시간을 측정하여 측점의 고도(z)를 얻는데, 이와 함께 각 측점의 정확한 지도좌표(x, y)를 구하는 것도 매우 중요하다. 각 레이저펄스가 발사된 시점에 센서의 좌표와 자세는 GPS와 IMU에서 측정된 자료로 계산되며, 각 측점의 3차원 좌표의 정확도를 높이기 위하여 지상에 별도로 설치된 GPS를 이용한 차분측위시스템(Differential Global Positioning System, DGPS)을 함께 운영하기도 한다.

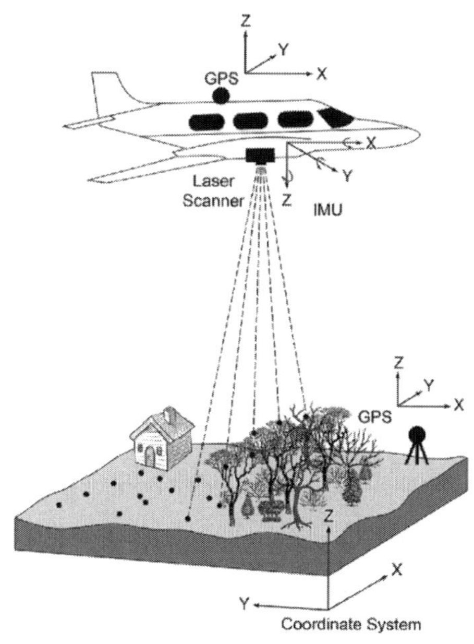

그림 5-51 항공 라이다는 레이저스캐너와 GPS 및 내부항법장치(IMU)로 구성

항공 라이다에서 레이저펄스를 지표면으로 분산시키는 스캐닝 방식은 반사경을 이용하여 송신하는데, 반사경의 종류와 움직임에 따라 레이저펄스가 분산되는 형태가 달라진다. 항공 라이다에서 레이저광선이 지표면에 뿌려지는 방식은 크게 세 가지로 나눌 수 있다. 첫 번째는 그림 5-52a와 같이 반사경이 회전하면서 레이저를 지상으로 송신하여, 결과적으로 레이저 측점의 분포는 연속적인 타원형이 되는 방식이다. 타원형 방식은 측점의 분포를 고르게 하는 장점이 있지만, 촬영폭이 고정적이다.

가장 일반적인 형태의 스캐닝 방식은 전자광학센서의 횡주사와 비슷한 방법으로 비행방향에 직각으로 좌우로 레이저펄스를 송신한다. 횡주사기에서와 같이 레이저 발생기에서 발사된 펄스가 일정한 각도로 좌우 진동하는 거울을 통하여 지그재그형으로 뿌려진다(그림 5-52b). 지그재그형은 가장 널리 사용하는 레이저 스캐닝 방식이지만, 레이저 측점의 분포 밀도가 비행방향의 중심선에서 멀어질수록 낮아지기 때문에, 측점의 밀도가 균일하도록 비행선을 달리하여 동일 지역을 중복 촬영하는 경우가 많다. 세 번째 스캐닝 방식은 전자광학센서의 종주사 방식과 동일하게 여러 개의 레이저펄스를 선형으로 배열하여 비행방향에 따라서 뿌려주는 형태다(그림 5-52c). 타원형 또는 지그재그형 방식은 한 번에 하나의 레이저펄스가 지표면으로 뿌려지지만, 선형 방식은 레이저 광선을 유리섬유(fiber glass)를 이용하여 한 번에 여러 개의 펄스를 지표면으로 송신하여 측점의 위치 정확도를 높일 수 있다. 그러나 한 줄에 포함할 수 있는 레이저펄스의 숫자가 한정되므로 촬영폭이 좁다는 단점이 있다.

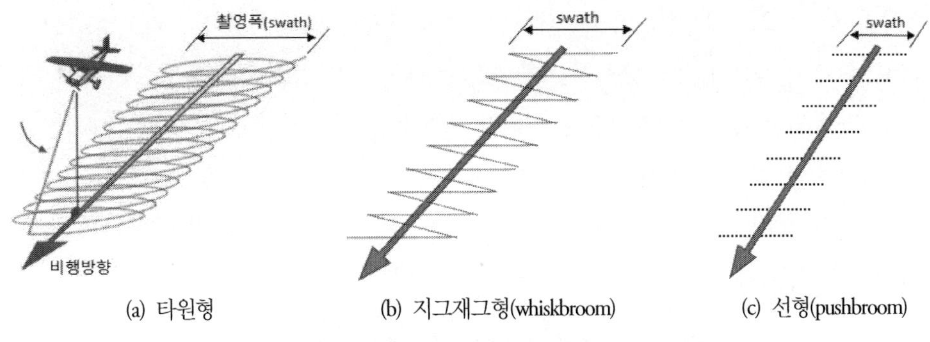

(a) 타원형 (b) 지그재그형(whiskbroom) (c) 선형(pushbroom)

그림 5-52 항공 라이다에서 레이저 스캐닝 방식

레이저 스캐닝 방식에 관계없이 레이저펄스는 대상 지역의 모든 표면을 덮지 않고 점의 형태로 분포된다. 지금까지 다룬 모든 영상센서는 대상 지역의 모든 표면을 일정 간격의 해상공간으로 나누어 신호를 취득하여 영상 자료를 얻는다. 반면에 항공 라이다는 대상 지역에 분산된 점 자료의 형태로 촬영되므로, 영상센서로 분류하기에는 다소 모호한 점이 있다. 그러나 라이다에서 얻어진 점 자료는 후처리를 통하여 격자형태의 영상자료로 변환되어 사용하는 경우가 많기 때문에, 영상센서로 구분해도 큰 무리는 없다. 라이다 점 자료를 격자형 자료로 변환하는 과정에서 격자의 크기는 레이저 측점의 밀도(laser point density)에 따라서 결정한다.

레이저는 가시광선 또는 적외선의 특정 파장의 전자기파 진폭을 강화하여 생성한 인공광선으로, 광원으로부터 퍼지지 않고 한 줄기 가는 빔의 형태로 직진한다. 레이저 빔은 한줄기 직선이 아니라, 아주 작은 내각을 갖는 원추형으로서 발생기에서 멀어질수록 확산한다. 레이저 발자국(footprint)은 레이저 빔이 지표면에 닿는 원의 면적이므로 직경으로 표시한다. 항공 라이다의 footprint는 비행고도가 높을수록 커지므로, 레이저 점 밀도와 footprint에 따라 지표면을 덮는 면적이 결정된다. 가령 항공 라이다 촬영에서 레이저 점 밀도가 5점/m^2되도록 스캐닝하고 footprint가 30cm인 경우, 실제 레이저 빔이 접촉하는 지표면의 면적은 1m^2에서 $5\times\pi\times0.15^2=0.353m^2$이 된다. 이는 1회 비행에서 얻은 점유 면적 비율이며, 점 밀도를 높이기 위하여 동일 지역을 반복 촬영하면 레이저 측점의 접촉 면적은 증가한다.

라이다시스템에서 사용하는 레이저는 크게 펄스와 연속파(CW)로 구분한다. 펄스 레이저를 이용하는 라이다는 송신기에서 지표면을 거쳐 수신기에 도달하는 레이저펄스의 이동시간(t)을 측정하여 측점까지 거리를 구한다. 연속파 레이저는 센서에서 측점까지의 거리를 레이저파의 이동시간이 아닌 송수신 레이저파의 위상각(phase angle)을 이용하여 측정한다. 송신된 레이저파의 위상각과 수신된 레이저파의 위상각의 차이를 이용하여 측점까지 거리를 측정한다. 연속파 레이저는 주로 목표물이 상대적으로 가까이 있는 경우에 사용되어 세밀한 측정이 가능하지만, 레이저파를 긴 시간 동안 지속적으로 발생시키기 때문에 전기소모량이 많은 단점이 있다. 따라서 항공 라이다의 대부분은 전력 소모가 작고 수신 신호에 잡음 비율이 낮은 펄스 레이저 방식을 채택하고 있다. 레이저가 도달한 각 지점까지 정확한 거리가 산출되면, 이를 토대로 GPS 및 IMU에서 얻어진 센서의 정확한 위치와 자세 자료를 결합하여 각 지점의 3차원 좌표를 얻는다.

레이저 다중반사

라이다에서 송신된 레이저펄스는 지표면에서 반사되는데, 산림이나 농지 등 식물에서는 입사된 레이저가 식물의 여러 부위에서 순차적으로 반사가 일어난다. 이와 같이 하나의 레이저 측점에서 여러 차례 반사가 일어나는 경우를 다중반사(multiple returns)라고 한다. 다중반사가 발생한 측점에서 반사되는 신호를 시간 순으로 구분하여 기록할 수 있는데, 가장 먼저 반사된 신호를 최초반사(first return), 가장 나중에 수신된 신호를 최종반사(last return)라고 한다. 지표면이 나지 또는 암석지라면 다중반사가 일어나지 않으므로 최초반사와 최종반사 신호가 같으며, 이를 단일반사(singular return)로 분류하여 사용하기도 한다.

그림 5-53a는 수목에서 다중반사 과정을 보여주는데, 입사된 레이저펄스는 나무의 꼭대기에서 최초반사가 일어나고, 수관 내부의 잎과 가지에서 두 번째와 세 번째 반사가 발생하고, 마지막으로 숲의 바닥에서 반사한다. 라이다시스템에 따라 다중반사를 수신할 수 있는 횟수를 설정할 수 있지만, 최초반사와 최종반사는 반드시 수신한다. 두 번째와 세 번째 반사에서 얻어지는 신호의 특성은 입목의 구조와 관련되어 있지만, 아직까지 많이 사용하지 않고 있다. 산림에서 최초반사 신호를 처리하여 얻은 고도와 최종반사 신호를 처리하여 얻은 고도의 차이는 결국 나무의 높이가 된다.

다중반사는 식물 외에도 수직적인 구조를 갖는 건물 등에서도 발생할 수 있는데, 그림 5-53b에서 보듯이 레이저 footprint의 일부분인 건물 모서리에서 최초반사가 일어나고, 나머지는 계속 진행하여 지면에서 최종반사가 된다. 건물 밀집 지역에서 최초반사로 얻은 고도는 대부분 건물의 높이를 포함한 값이며, 최종반사에서 얻어진 고도는 건물 바닥의 지면의 고도에 해당한다. 최초반사와 최종반사를 함께 처리하여 건물 꼭대기에 해당하는 레이저 측점과 지면에 해당하는 레이저 측점을 구분하기 위한 여러 처리기법이 개발되었다.

물은 대표적인 전자기에너지 흡수체이므로 전자기파가 수체를 투과하기 어렵기 때문에, 원격탐사에서 강이나 바다의 바닥 상태 및 해저지형에 관한 정보를 얻기 어렵다. 레이저는 비교적 강한 에너지를 가진 광선으로 수십 미터 깊이의 수체를 투과할 수 있다. 레이저 다중반사 특성을 이용하여 항공 라이다로 해안 및 하천의 수심을 측량할 수 있다. 레이저 수심 측량(laser bathymetry)은 그림 5-53c와 같이 물 표면에서의 최초반사와 수면 아래 바닥에서 최종반사 신호를 처리하여 수심을 산출할 수 있다. 레이저 수심 측량은 항공수로측량(Airborne Lidar Hydrography, ALH)으로 지칭되기도 하며, 넓은 수역에서 빠르고 효과적인 수심 측량 기술로 발전하고 있다.

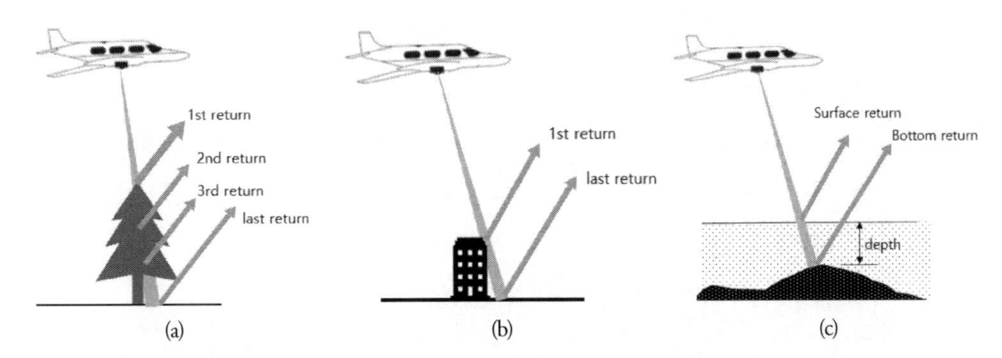

그림 5-53 항공 라이다에서 산림, 건물, 수체에서 발생하는 다중반사(multiple returns)

레이저 반사강도

라이다시스템에서는 송신된 레이저파가 목표물에서 반사되어 수신되기까지의 레이저 이동시간이 주된 측정 대상이지만, 목표물에서 반사한 레이저파의 강도(laser intensity) 또한 지표물의 특성을 나타낸다. 항공 라이다시스템은 주로 가시광선 및 근적외선의 특정 파장의 레이저를 이용하는데, 레이저 반사강도는 해당 파장에서 지표물의 반사 특성을 보인다. 즉 900nm의 레이저를 이용한 라이다 반사강도는 900nm 근적외선에서의 지표물 반사 특성과 매우 유사하게 나타난다. 그림 5-54는 1064nm 레이저를 이용한 항공 라이다로 촬영한 경기도 가평 유명산 지역의 레이저 반사강도 영상으로, 근적외선에서 식물은 높은 반사율로 밝게 보이고 물은 매우 낮은 반사율로 어둡게 보인다. 따라서 이 반사강도 영상은 다중분광센서에서 촬영한 근적외선 밴드 영상과 거의 유사한 신호 특성을 보여준다.

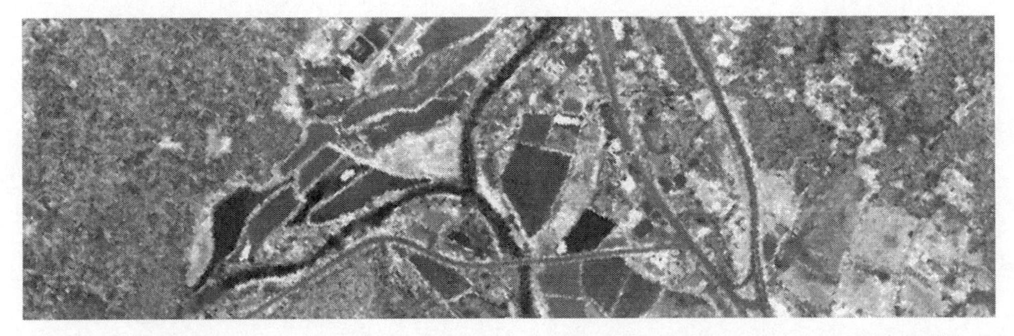

그림 5-54 근적외선(1064nm) 레이저를 이용한 경기도 가평 유명산 지역의 항공 라이다 반사강도 영상(Yoon 등, 2008)

레이저 반사강도는 해당 파장에서 지표물의 반사율 외에도 레이저 footprint, 지표물까지의 거리, 송신하는 레이저파의 강도, 수신기의 구경 등에 영향을 받는다. 그러나 레이저 footprint 안에 단일의 지표물이 포함된다면, 레이저 반사강도는 결국 해당 지표물의 반사율과 센서와 지표물의 기하조건에 영향을 받는다. 항공 라이다는 정밀 3차원 지형정보 추출이 주된 관심 분야지만, 레이저 반사강도 영상은 아직까지 부수적인 자료로 취급되고 있다. 그러나 레이저 반사강도 영상은 기상조건에 관계없이 촬영이 가능하고 정밀 고도자료와 함께 이용한다면 새로운 정보의 추출이 가능하다. 가령 홍수 피해조사에서 항공 라이다에서 얻어진 근적외선 레이저의 반사강도 영상과 수면의 높이를 함께 활용하면 보다 정확한 침수지 구획이 가능하다. 레이저 반사강도 영상은 향후 다중분광레이저 기술과 함께 새로운 형태의 원격탐사자료로 활용이 기대된다.

지상 라이다

항공 라이다와 함께 시작된 지상 라이다(terrestrial LiDAR) 측량은 현재 다양한 분야에서 활용하고 있다. 지상 라이다 스캐너는 주로 삼각대에 거치하여 사방으로 회전이 가능하며 상하로 일정 범위에서 스캐닝한다(그림 5-55). 물론 스캐너 내외부 조정 장치를 이용하여 측량 범위를 설정하면 스캐너가 자동으로 좌우상하로 움직이면서 목표물까지의 정밀한 거리 측정이 가능하다. 지상 라이다에서는 목표물까지의 정확한 거리보다 상대적인 거리 측정을 통하여 구조물의 3차원 형상과 크기를 도출할 수 있다.

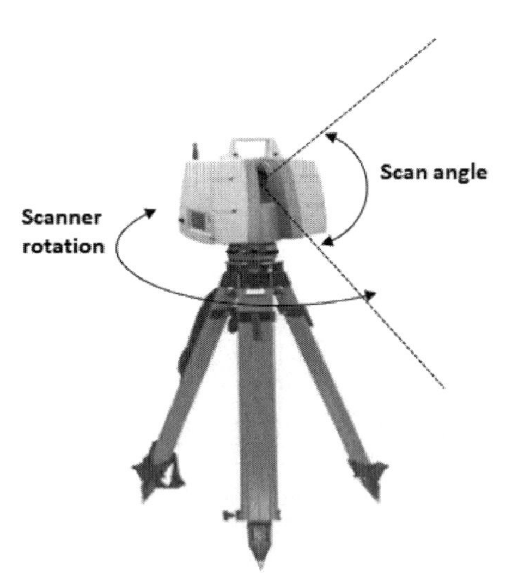

그림 5-55 지상 라이다 측량용 스캐너

지상 라이다 측량은 일찍부터 고건축물, 불상, 석탑, 도자기 등 보존가치가 있는 문화재의 정확한 형상을 영구적인 기록으로 남기기 위한 방법으로 사용했다. 한국에서도 2008년 방화로 소실된 국보 숭례문을 완전하게 복원할 수 있었던 것은, 화재 이전에 지상 라이다 측량을 통하여 얻어진 숭례문의 3차원 형상 자료 때문이다. 국가적으로 보존해야 할 건축물을 비롯하여 석탑, 불상 등 주요 유물에 대한 3차원 레이저 측량 자료가 이미 갖춰져 있다.

컬러 그림 5-56은 건축, 시설물 관리, 산림조사 등에 활용된 지상 라이다의 사례를 보여준다. 건설 현장에서 공사 진행 상황을 정량적으로 측정하기 위한 수단으로 지상 라이다를 활용할 수 있다. 단시간에 촬영된 지상 라이다 자료를 분석하여 토공량을 비롯한 공사 현황 자료를 쉽게 산출할 수 있다. 또한 건물, 교량, 댐, 옹벽 등 주요 구조물의 미세한 변위를 주기적으로 모니터링하고 관리하기 위한 방법으로 지상 라이다 측량을 이용한다. 특히 라이다시스템은 자연광이 필요하지 않은 능동형 시스템이므로, 어두운 터널 내부에 설치된 각종 시설물이나 터널의 상태를 모니터링하기 위한 효과적인 수단이 될 수 있다. 철로 및 도로에서는 지상 라이다를 삼각대가 아닌 차량에 직접 설치하여 차량이 이동하면서 터널 상부 및 좌우 표면이나 도로면을 스캐닝하여 시설물 관리에 효율적으로 이용하고 있다.

컬러 그림 5-56 지상 라이다를 건축 현황 측량(a), 구조물 변형 조사(b), 수목의 측정(c)에 활용한 사례 (컬러 도판 p.560)

레이저 스캐닝 기술은 자율주행 자동차를 위한 가장 중요한 센서의 하나로 꼽을 수 있다. 주행 중인 차량에서 전후좌우로 접근하는 다른 차량이나 보행자 등을 실시간으로 감지하고 정확한 거리를 측정하기 위한 수단으로 레이저 스캐닝 기술이 적용되고 있다. 수목과 같은 자연물의 정확한 모양과 크기를 측정하는 것은 쉽지 않은 작업이나, 지상 라이다를 사용하여 산림에서 임목의 형상과 수고, 흉고직경, 잎의 분포 등을 정확하게 측정할 수 있다.

라이다 활용

항공 라이다 기술은 기존의 방법과 차별화된 보다 정밀하고 세밀한 3차원 지형자료 획득을 비롯하여 시설물 관리, 산림조사, 연안 측량, 문화재 보존 등 여러 분야에서 활용되고 있다. 도시지역에서 항공 라이다를 통하여 얻어지는 고도 자료는 지면의 높이가 아니라 건물 및 가로수의 높이를 포함하는 경우가 많다. 지면의 고도를 수치로 표현한 자료는 수치고도모형(digital elevation model, DEM) 자료이지만, 건물 및 수목 등 지표면을 덮고 있는 3차원 구조체의 높이를 표시한 자료를 수치표면모형(digital surface model, DSM) 자료라고 한다. 도시에서 DSM 자료는 지형을 비롯하여 건축물 및 가로수 등의 형상을 그대로 재현하는 3차원 도시모델링에 필요한 자료다. DSM 자료를 제작하기 위해서는 항공 라이다에서 획득한 모든 레이저 측점에 대한 분류 및 잡음 제거 등의 처리가 선행되어야 한다.

지상 라이다는 유형 문화재 보존을 위한 기초자료로 활용된다. 과거 고건축물, 탑, 불상 등의 문화재의 원형을 정확하게 기록하려면 입면도, 평면도, 정면도 등 정밀지도를 갖추어야 했지만, 지금은 지상 라이다를 이용하여 정확한 측량자료를 얻는다. 그림 5-57은 지상 라이다를 이용하여 경주 첨성대를 촬영한 점 자료를 이용하여 복원한 영상으로, 건물의 완전하고 정밀한 3차원 형상을 보여주고 있다(이 등, 2017).

그림 5-57 문화재 보존을 위한 3차원 지상 라이다 측량의 사례로, 경주 첨성대에서 측정한 최초 레이저 측점(이 등, 2017)

한국에서 산림의 대부분은 평지가 아닌 산악지형에 분포하고 있다. 기본 지형도에 표시된 산악지의 고도는 산림의 바닥인 지표면 높이를 나타내지만, 항공사진에서 산림의 지표면은 수관에 의하여 대부분 차단되므로, 사진측량에 의한 지표면

고도는 오차를 포함하고 있다. 항공 라이다 측량은 수관층을 투과하여 얻어지는 레이저 반사를 이용하기 때문에 수목 아래 지표면의 정확한 3차원 지형정보를 얻을 수 있다. 그림 5-58은 항공 라이다 촬영에서 얻어진 산림의 레이저 측점을 지면점(검은색)과 비지면점(회색)으로 분류한 결과를 보여준다. 지면점은 임목에서 반사된 신호를 제외하고 지표면에서 최종반사된 신호를 처리하여 얻은 고도를 나타내는데, 이를 이용하여 제작한 DEM 자료는 나무 아래 지표면의 자세한 지형기복을 보여준다. 항공 라이다 측량은 3차원 지형정보 획득을 위한 기존의 사진측량 또는 간섭레이더 방법보다 정밀하고 세부적인 지형정보를 얻을 수 있다.

산림에 입사하는 고밀도 레이저펄스는 나무의 잎, 가지, 줄기, 하층식생, 지표면 등 여러 부분에서 반사되며, 이러한 다중반사 신호를 시간 순으로 분리하여 수신할 수 있기 때문에 임목의 공간적 분포 특성과 수직적 구조와 관련된 정보를 추출할 수 있다. 그림 5-58의 비지면점은 레이저 다중반사가 발생하는 산림에서 임목의 상층부 수관에서 최초반사 신호를 처리하여 얻은 고도를 보여준다. 비지면점의 고도를 이용하여 생성한 DSM 자료와 지면점을 처리하여 얻은 DEM 자료를 비교하면 임목의 분포와 높이를 산출할 수 있다. 수고는 지역적인 산림자원조사에 있어서 가장 중요한 측정 인자일 뿐만 아니라, 임목의 생체량과 재적 등을 추정하는 데 반드시 필요하다.

그림 5-58 항공 라이다 촬영으로 얻어진 산림의 레이저 측점을 지면점(검은색)과 비지면점(회색)으로 분류한 결과. 비지면점은 임목의 상부에서 반사

항공 라이다는 기상 조건에 영향을 받지 않고 촬영이 가능한 능동형 시스템이므로, 재해 발생 시 쉽게 촬영이 가능하므로 신속하고 정확한 정보를 얻을 수 있다. 산사태로 인한 붕괴 및 토사 이동량의 규모와 복구 작업량 산정 등에서 항공 라이다 자료는 신속하고 정확한 정보를 제공한다. 또한 홍수기에 하천의 수위 변화를 빠르고 정확하게 파악할 수 있으며, 침수 피해지의 범위 및 피해 정보를 얻을 수 있다. 라이다시스템은 정밀한 지형정보를 획득하기 위한 수단으로 출발했지만, 최근에는 다양한 분야로 활용이 확장되고 있다. 라이다 기술은 기존의 방법보다 보다 세부적이고 정확한 3차원 위치 정보를 추출하고 이를 응용하여 다양한 정보를 제공할 수 있는 원격탐사 방법으로 발전하고 있다.

위성 레이저 센서

레이저 원격탐사는 주로 무인기를 포함한 항공레이저 및 지상레이저시스템을 기반으로 발달했으나, 최근에는 레이저 센서를 탑재한 지구관측위성이 증가하고 있다. 위성 레이저 원격탐사는 항공라이다와 성격이 다른 분야에서 활용하는데, 주로 극지방 빙하의 표면 상태 변화와 대기의 수직적 분포 특성을 파악하기 위한 목적으로 이용되고 있다. 2003년과 2018년에 발사된 ICESat은 레이저 고도계(laser altimeter)를 탑재하여 극지방 얼음의 표고 변화를 관측하여 지구 해수면의 미세한 수위 변화를 모니터링하고 있다. 또한 레이저 고도계 자료를 이용하여 구름과 에어로졸의 수직적 구조를 밝히고, 더 나아가 식생지역에서 식물의 높이를 측정하고 있다. CALIPSO(Cloud-Aerosol Lidar and Infrared Pathfinder Satellite Observations) 위성은 레이저 고도계를 이용하여 에어로졸과 구름 입자의 수직적 구조와 크기를 관측하여, 기존의 기상위성 및 대기관측 위성에서 얻기 어려운 정확한 대기 정보를 얻고 있다. 위성 레이저 자료는 아직까지 항공 라이다처럼 영상자료의 형태가 아니지만, 다른 위성 원격탐사자료에서 얻을 수 없는 정밀한 자료를 제공하고 있다.

참고문헌

백원경, 정형섭, 2019. 다중시기 위성 레이더영상을 활용한 변화탐지 기술 리뷰, 대한원격탐사학회지, 35(5_1): 737-750.

우충식, 윤정숙, 신정일, 이규성, 2007. 항공 LiDAR 데이터를 이용한 산림지역의 개체목 자동인식 및 수고 추출, 한국임학회지, 96(3): 251-258.

유희영, 박노욱, 홍석영, 이경도, 김이현, 2013. 3차원 웨이블렛 변환을 이용한 다중시기 SAR영상의 특징 추출 및 분류, 대한원격탐사학회지, 29(5): 569-579.

윤근원, 김상완, 민경덕, 원중선, 2001. DEM 정밀도 향상을 위한 2-pass DInSAR 방법의 적용, 대한원격탐사학회지, 17(3): 231-242.

윤정숙, 이규성, 신정일, 우충식, 2006. 산림지역에서의 항공 LiDAR 자료의 특성 및 지면점 분리, 대한원격탐사학회지, 22(6): 533-542.

이규성, 김양수, 이선일, 2000. 시계열 위성레이더영상을 이용한 침수지 조사, 한국수자원학회논문집, 33(4): 427-435, 2000년 8월.

이규성, 1997. 인공위성 레이더(SAR) 영상자료에 있어서 지형효과 저감을 위한 방사보정, 대한원격탐사학회지, 13(1): 57-73.

이호진, 조기성, 2017. 문화재 3차원 모델링을 위한 지상 LiDAR와 UAV 정확도 비교 연구. 지적과 국토정보, 47(1), 179-190.

정형섭, 종루, 2011. MAI(Multiple Aperture SAR Interferometry) 간섭도의 지형위상보정, 대한원격탐사학회지, 27(2): 171-180.

조민정, 정형섭, 2018. SAR 간섭기법을 활용한 하와이 킬라우에아 화산의 2018 분화 활동 관측, 대한원격탐사학회지, 34(6_4): 1545-1553.

조홍범, 조우석, 박준구, 송낙현, 2008. 항공 LiDAR 데이터를 이용한 3차원 건물모델링, 대한원격탐사학회지, 24(2): 141-152.

지준범, 이규태, 2010. 마이크로웨이브 강수량을 이용한 MTSAT-1R 위성의 강우강도 추정, 대한원격탐사학회지, *26*(5): 511-525.

채성호, 2020. TanDEM-X bistatic SAR영상의 2-pass 위성영상레이더 차분간섭기법 기반 수치표고모델 생성 방법 개선, 대한원격탐사학회지, 36(5_1): 847-860.

Dellwig, L. F. 1969. An Evaluation of Multifrequency Radar Imagery of the Pisgah Crater Area, California. *Modern Geology*, Vol. 1, pp. 65-73.

Goodman, J. W. 1986. A random walk through the field of speckle. *Optical Engineering*, 25(5): 610-613.

Hong, S.-H. Kim, H.-O. Wdowinski, S. Feliciano, E. Evaluation of Polarimetric SAR Decomposition for Classifying

Wetland Vegetation Types. *Remote Sensing*. 2015, 7, 8563-8585.

Jensen, J. R., 2016. Introductory Digital Image Processing: A Remote Sensing Perspective. 4th Editon, Pearson Prentice Hall, Inc.

Kellndorfer, J. 2019, "Using SAR Data for Mapping Deforestation and Forest Degradation." SAR Handbook: Comprehensive Methodologies for Forest Monitoring and Biomass Estimation. Eds. Flores, A., Herndon, K., Thapa, R., Cherrington, E. NASA. DOI: 10.25966/68c9-gw82

Kim, H. Y., K. A. Park, S. R. Chung, S. K. Baek, B. I. Lee, I. C. Shin, C. Y.Chung, J. G. Kim, and W. C. Jung, 2018. Validation of Sea Surface Temperature(SST) from satellite passive microwave sensor(GPM/GMI) and causes of SST errors in the Northwest Pacific, *Korean Journal of Remote Sensing,* 34(1): 1-15.

Lillesand, T., R.W. Kiefer, and J. Chipman, 2015. Remote Sensing and Image Interpretation, 7th Edition, 736 pp., John Wiley & Sons, Inc.,

Park, S. E., 2011. A perspective on radar remote sensing of soil moisture, *Korean Journal of Remote Sensing,* 27(6): 761-771.

Park, T. J., W. K. Lee, J. Y. Lee, M. Hayashi, Y. Tang, D. A. Kwak, M. I. Kim, C. Guishan, and K. J. Nam, 2012. Maximum canopy height estimation using ICESat GLAS laser altimetry, *Korean Journal of Remote Sensing,* 28(3): 307-318.

Yoon, J.S, J. I. Shin, K. S. Lee, 2008. Land Cover Characteristics of Airborne Lidar Intensity Data: A case study, *IEEE Geoscience and Remote Sensing Letters*, 5(4): 801-805.

CHAPTER

06

지구관측위성과 위성영상

CHAPTER 06

지구관측위성과 위성영상

항공사진 측량 및 판독을 벗어나 1960년대 초반부터 원격탐사란 용어가 등장했지만, 원격탐사가 독립된 기술 분야로 인식되기 시작한 시점은 지구관측위성의 발사와 함께 한다. 1957년에 세계 최초의 인공위성인 Sputnik가 당시 소련에 의하여 발사된 이후 미국과 소련이 경쟁적으로 많은 인공위성을 발사하였고, 인공위성에 카메라를 장착하여 위성 원격탐사의 가능성을 실험했다. 1960년 미국 NASA가 발사한 TIROS(Television Infrared Observation Satellites) 1호 위성은 최초의 지구관측위성이라고 할 수 있지만, 지구관측 효과가 충분히 입증되지 않은 실험 목적이었다. 이 위성은 기상관측을 위한 위성 운영, 탑재 카메라, 자료처리 및 전송과 관련하여 여러 종류의 실험을 수행했다.

TIROS를 제외하고 1960년대에 발사된 지구관측위성의 대부분은 군사목적의 정찰위성이었으며, 촬영한 영상은 일반에게 공개되지 않았다. 최근에 공개된 이 시기의 위성사진은 필름을 이용하여 촬영한 아날로그 형태의 사진이었다. 1960년대는 인공위성에서 지구 전역의 사진촬영이 가능하고, 더 나아가 구름 분포와 같이 지구 표면의 변화를 주기적으로 관측할 수 있다는 가능성을 확인했다.

본 장에서는 지난 50년 동안 원격탐사의 발전과 활용에 큰 영향을 미친 주요 지구관측위성의 사양과 특징을 살펴보고자 한다. 지구관측위성에 탑재된 센서의 해상도, 작동 방식, 영상자료의 특성을 파악하는 것은 원격탐사 기술의 활용과 향후 기술 개발에 있어서 매우 중요한 사항이다. 본 장에서는 주로 유럽우주국 ESA에서 운영하는 온라인 지구관측위성 데이터베이스(eoPortal)를 참조하여 주요 위성에 관한 특징과 탑재체 사양에 관한 자료를 얻었다(ESA, 2021). 국가적인 지구관측위성 사업이 활발히 진행 중인 한국의 원격탐사 위성사업의 현황을 소개하고, 향후 위성 원격탐사 기술의 전망을 살펴보고자 한다.

6.1 지구관측위성의 분류와 현황

1957년 인류 최초의 인공위성이 발사된 이래 수많은 인공위성이 경쟁적으로 발사되었으며, 현재도 많은 위성이 지구궤도를 돌고 있다. 인공위성은 지구관측, 통신, 기상, 과학, 군사 등 다양한 분야에서 우리 생활에 밀접한 영향을 미치고 있다. 본 장에서는 현재 지구궤도에서 운영 중인 지구관측위성의 현황을 살펴보고자 한다.

지구관측위성의 분류 기준

지구관측위성은 육지, 해양, 대기를 주된 관측 대상으로 한다. 군사 목적의 정찰위성이나 기상위성은 포괄적 의미에서 지구관측위성으로 분류될 수 있으나, 촬영 지역과 사용자가 제한적이므로 별도로 분류되기도 한다. 지구관측위성의 종류와 숫자는 매년 증가하고 있다. 지구관측위성의 분류에 엄격한 기준은 없지만, 표 6-1에 열거한 네 가지 기준에 따라서 지구관측위성의 특징을 구분하는 경우가 많다.

표 6-1 지구관측위성의 분류 기준

<table>
<tr><th>분류 기준</th><th colspan="2">위성의 구분</th><th>위성 예</th></tr>
<tr><td rowspan="5">탑재센서</td><td rowspan="3">전자광학센서</td><td>다중분광센서</td><td>Landsat</td></tr>
<tr><td>열적외선센서</td><td>NOAA</td></tr>
<tr><td>초분광센서</td><td>EnMAP</td></tr>
<tr><td rowspan="2">마이크로파센서</td><td>영상레이더</td><td>RADARSAT</td></tr>
<tr><td>수동 마이크로파센서</td><td>TRMM</td></tr>
<tr><td rowspan="3">영상의 공간해상도</td><td colspan="2">중해상도</td><td>SPOT</td></tr>
<tr><td colspan="2">저해상도</td><td>Aqua, Terra</td></tr>
<tr><td colspan="2">고해상도</td><td>IKONOS</td></tr>
<tr><td rowspan="3">주요 관측 대상</td><td colspan="2">육상관측</td><td>Landsat, Sentinel-2</td></tr>
<tr><td colspan="2">해양관측</td><td>SEASAT</td></tr>
<tr><td colspan="2">대기관측</td><td>NOAA</td></tr>
<tr><td rowspan="3">인공위성 운영</td><td colspan="2">공공위성</td><td>KOMPSAT</td></tr>
<tr><td colspan="2">상업위성</td><td>Worldview</td></tr>
<tr><td colspan="2">군사위성</td><td>KH</td></tr>
</table>

지구관측위성은 지구 촬영이 주목적이므로, 위성에 탑재된 센서의 종류와 특성에 따라 위성을 구분한다. 초기 정찰위성은 필름을 이용하는 카메라를 탑재하기도 했지만, 1970년대 이후의 위성 탑재체는 대부분 전자광학센서와 마이크로파센서로 대체되었다. 전자광학센서가 가장 보편적인

탑재체지만, 이를 세분화하여 다중분광센서, 열적외선센서, 초분광센서로 구분하기도 한다. 가장 많은 위성이 다중분광센서를 탑재하고 있지만, 종종 다중분광센서에 열적외선 밴드를 포함하는 경우도 있다. 사실 열적외선센서만을 탑재한 위성은 매우 드물며, 대부분 다중분광센서에 열적외선 밴드를 포함한 형태다. 가령 NOAA 위성에 탑재된 AVHRR은 5개 밴드를 가진 다중분광센서로 분류되지만, 5개 밴드 중 3개가 열적외선 밴드다. 초분광센서는 수백 개의 분광밴드 영상을 촬영할 수 있어 기존의 다중분광센서와 구별되지만, 이를 탑재한 위성은 아직까지 매우 드물다. 마이크로파센서를 탑재한 위성은 영상레이더와 수동 마이크로파 복사계로 나눌 수 있다. 경우에 따라서 위성 한 기에 여러 종류의 센서를 탑재하는 경우도 있다. 유럽우주국에서 처음 발사한 지구관측위성인 ERS-1은 영상레이더와 수동 마이크로파 검출기를 모두 탑재했으며, 일본 JERS-1은 전자광학센서와 영상레이더를 모두 탑재했었다.

지구관측위성은 영상의 공간해상도에 따라 분류되기도 한다. 공간해상도가 수십 미터급인 중해상도 영상은 활용 범위가 다양하여 가장 일찍부터 개발되었고, 현재도 많은 위성이 중해상도 영상을 촬영하고 있다. 공간해상도가 미터급인 고해상도 위성은 민간업체에서 상업용으로 시작했으나, 현재는 한국을 비롯하여 여러 나라에서 공공위성으로 고해상도 영상을 촬영하고 있다. 공간해상도가 수백 미터 또는 킬로미터인 저해상도 위성은 지구 전역을 하루에 촬영할 수 있기 때문에, 전 지구 규모의 해양, 대기, 환경 관측을 위한 용도로 널리 사용된다. 기상위성도 주 관측 대상이 구름과 대기이므로 수 킬로미터의 낮은 공간해상도를 가지고 있기 때문에, 이 범주로 분류할 수 있다.

극궤도 위성은 지구 전역을 촬영할 수 있지만, 주 관측 대상에 따라 크게 육상관측, 해양관측, 대기관측 위성으로 나눈다. 최초의 민간 지구관측위성인 Landsat은 land와 satellite를 합성한 이름에서 알 수 있듯이, 육상관측을 주목적으로 개발한 위성이다. 마찬가지로 해양관측을 목적으로 개발한 SEASAT 위성이 있다. 모든 기상위성 및 NOAA 위성은 대기관측이 주목적이다. 그러나 각 위성마다 주된 관측 대상을 갖고 있지만, 발사 후 원래 목적과 달리 육지, 해양, 대기를 모두 포함하여 폭넓게 활용되는 경우도 많다. 가령 NOAA 위성의 AVHRR 영상은 해양 및 대기 관측을 주목적으로 발사하여 해수면 온도를 포함한 해양 분야에서 많이 활용되었으나, 육상 분야에서도 식생지수를 이용하여 전 지구 규모의 식물 상태를 분석하는 데 많이 활용했다.

지구관측위성의 대부분은 미국, 유럽, 일본, 인도 등 각국의 국가기관에서 실험 또는 공공의 목적으로 발사했으며, 인공위성의 운영과 자료 공급 또한 국가기관에서 담당하고 있다. 한국에서 발사한 원격탐사 위성도 모두 국가 예산으로 제작하여 발사 운영하고 있다. 그러나 위성영상의 활용이 증가하고, 특히 고해상도 위성영상의 상업적 가치 때문에 민간기업이 위성 및 탑재체 제작, 위성 발사, 위성영상의 판매를 모두 담당하는 상업용 지구관측위성이 증가하고 있다. 상업용 위성의 대부분은 고해상도 위성영상을 사용자가 원하는 지역 및 시기에 맞추어 촬영해야 하므로, 다수의 소형 위성으로 운영하는 추세다. 군사위성은 공공위성과 마찬가지로 국가에 의하여 운영되지만, 영상의 배포와 활용이 제한되므로 민간 원격탐사에는 거의 사용하지 않는다. 그러나 상업위성을 포함하여 고해상도 영상을 촬영하는 많은 위성들이 군사목적으로 활용되기도 한다.

위성영상의 이름

현재 이용 가능한 위성영상의 종류가 매우 많고, 따라서 위성영상의 명칭이 혼돈되는 경우가 있다. 지구관측위성이 많지 않았던 초기에는 Landsat 또는 SPOT과 같이 위성의 이름만으로도 위성영상의 종류와 특성을 파악할 수 있었지만, 수백 기의 지구관측위성이 운영되는 지금은 위성영상을 정확하게 표기하는 것이 매우 중요하다.

위성영상은 센서의 명칭으로 불리는 게 일반적이다. 1970년대부터 현재까지 Landsat의 영상은 주로 TM영상이라고 많이 불리는데, Thematic Mapper(TM)는 Landsat-4 및 -5호 위성에 탑재한 센서다. MODIS, ASTER, SeaWifs 등은 센서 이름으로 위성영상을 지칭하며, 센서를 탑재한 인공위성의 이름은 별도로 표기하지 않는 경우가 많다. 센서 이름으로만 위성영상을 지칭하는 경우는, 하나의 인공위성에 여러 센서를 탑재했을 때 적용한다. 예를 들어 MODIS와 ASTER는 Terra 위성에 탑재한 센서이며, Terra 위성은 이들 센서 외에도 다른 영상 및 비영상센서가 탑재되어 있으므로 위성의 이름만으로 위성영상의 종류를 밝히기 어렵다.

위성에 하나의 센서를 탑재했으면, 위성영상의 명칭을 인공위성의 이름으로 사용하기도 한다. 가령 1980년대에 발사한 초기 SPOT 위성은 HRV(High Resolution Visible)라는 광학영상센서의 이름을 갖고 있지만, 센서 이름을 사용하지 않고 위성 이름을 이용하여 'SPOT 영상'으로 표기했다. 마찬가지로 대부분의 고해상도 상업위성(IKONOS, Quickbird 등)은 하나의 센서만 탑재했기 때문에 위성 이름으로 영상자료를 지칭한다.

지구관측위성의 숫자가 매년 증가하고 있고, Landsat 및 SPOT과 같은 초기의 지구관측위성은 지금까지 지속적으로 후속 위성이 발사되었기 때문에, 인공위성 또는 센서의 이름만으로 위성영상의 종류와 특징을 정확하게 표시하기 어렵다. 따라서 위성영상의 종류를 명확하게 밝히기 위해서는 인공위성과 센서의 이름을 모두 표기해야 하며, 동일한 인공위성이라도 발사 순서로 매겨진 위성의 번호를 함께 표시하는 게 좋다. TM 영상은 Landsat-4호 및 -5호 위성에 모두 탑재되었으므로 'Landsat-5호 TM 영상'과 같이 표시하는 게 정확한 자료의 종류와 특성을 표시하는 방법이다. 한국도 1999년부터 현재까지 다목적실용위성(KOMPSAT) 사업을 지속하고 있지만, 종종 위성 및 위성영상의 명칭이 불명확하거나 여러 이름을 사용하여 혼란을 야기하는 경우가 있다. 예를 들어

'KOMPSAT 영상' 또는 '아리랑 위성영상'과 같은 모호한 표현보다는 'KOMPSAT-1호 EOC 영상'과 같이 명확하게 표기해야 한다.

지구관측위성의 현황

현재 우주공간에서 운영 중인 인공위성의 숫자는 정치적 그리고 기술적인 문제로 정확하게 파악하기 어렵다. 비영리 국제단체인 지구관측그룹(Group of Earth Observation, GEO)과 '관심 있는 과학자조합(Union of Concerned Scientists, UCS)'에서 조사한 자료에 따르면, 2018년 1980기의 인공위성이 운영 중에 있으며, 이 중 684기의 위성을 지구관측 또는 지구과학위성으로 분류하고 있다. 세계 43개국에서 지구관측위성을 보유하고 있는데, 미국이 전체 위성의 50.2%를 보유하고 있으며, 중국이 17.8% 그리고 일본, 러시아, 인도가 각각 3% 이상을 보유하고 있다. 유럽우주국(ESA)과 같이 국가가 아닌 여러 나라에서 공동으로 운영하는 인공위성도 있다. 한국도 1999년 다목적 실용위성을 발사한 이후 여러 기의 지구관측위성을 운영하고 있다.

최근에 지구관측위성의 숫자는 빠르게 증가하고 있다. 2014년에 192기의 지구관측위성이 있었으나 불과 4년 만인 2018년에 684기로 급증한 이유는, 초소형 지구관측위성이 민간업체들에 의하여 다량으로 발사되고 있기 때문이다. 미국의 위성영상업체인 Planet은 2013년 이후 약 300기의 초소형 위성을 발사했다. 이 업체는 초소형 위성에 간단한 광학카메라를 탑재하여 사용자들이 원하는 지역의 고해상도 영상을 수일 이내에 공급할 수 있도록 많은 위성을 운영하고 있다. 초소형 위성은 다른 중대형 위성보다 수명이 짧기 때문에, 사용자가 원하는 시기의 영상을 촬영하기 위해서는 지속적으로 위성을 발사해야 한다.

표 6-2는 현재 운영 중인 지구관측위성을 크기별로 분류하였다. 인공위성은 제작, 탑재체, 발사, 운영의 전 과정에서 크기가 중요한 변수이므로 가급적 크기와 중량을 최소화해야 한다. 인공위성의 중량에 따라서 초소형 위성, 마이크로위성, 소형 위성, 대형 위성으로 나눈다. 민간업체에 의하여 운영되는 초소형 위성이 가장 많은 부분을 차지하고 있지만, 이들 위성이 공급하는 영상은 가시광선 및 근적외선 영상이 대부분이다. 그러나 인공위성, 센서, 통신 기술 발달로 10kg 정도의 초소형 위성이라도 과거 대형 위성과 비슷한 영상을 촬영하고 공급하는 기능을 갖추고 있다. 1970년대 초기 발사한 Landsat의 무게는 953kg이었고 위성의 높이와 지름이 각각 3m와 1.5m에 달하는 대형 위성이었지만, 현재는 초기 Landsat보다 나은 사양을 갖춘 영상을 100kg 이하의 소형 위성에서도 촬영이 가능해졌다. 가령 Rapideye와 같은 소형 위성은 공간해상도가 5m인 다중분광 영상을 공급하고 있다. 현재 각 나라별로 운영하는 공공 목적의 지구관측위성은 대부분 소형 또는 대형 위성이다. 이들 위성은 고품질의 영상을 촬영하기 위한 탑재체를 비롯하여 대용량 영상

자료의 저장과 전송에 필요한 장비를 갖추고 있으므로, 대부분 소형 이상으로 제작했다. 한국의 KOMPSAT 위성은 1000kg급이고 현재 추진 중인 차세대 중형 위성사업의 표준 위성 중량이 500kg 급인 점을 감안하면, 위성의 크기와 중량은 향후 지구관측위성에서 매우 중요한 요소라 할 수 있다.

표 6-2 위성의 크기에 따른 지구관측위성의 분류(UCS, 2018)

위성의 크기	no. of satellite(%)		비고
cubesat	267	39.0%	10kg 이하
micro satellite	66	9.7%	10~100kg
소형(small) satellite	82	12.0%	100~500kg
대형(large) satellite	204	29.8%	500kg 이상
unknown	65	9.5%	대부분 정찰위성
합계	684	100%	

지구관측위성은 기본적으로 지구영상 촬영이 주된 기능이다. 표 6-3에서 보듯이 기상위성을 포함하여 약 70% 위성이 지구영상을 제공하고 있으며, 전체 위성의 반이 광학영상을 촬영하고 있다. 열적외선 및 초분광영상을 촬영하는 위성은 각각 10기 이하에 불과하다. 또한 30%의 위성은 비록 지구관측위성으로 분류되었으나, 영상 촬영이 주된 기능이 아니고 지구과학과 관련된 비영상센서를 탑재했거나, 정확한 센서의 사양을 밝히기 어려운 군사위성으로 추측된다.

표 6-3 현재 운영 중인 지구관측위성의 중요 기능

중요 기능		no. of satellite(%)
영상 촬영	optical imaging	338(49.4%)
	radar imaging	49(7.2%)
	thermal infrared imaging	8(1.2%)
	hyperspectral/multispectral imaging	10(1.5%)
	meteorology	82(12.0%)
Earth Science		62(9.1%)
Electronic intelligence		64(9.4%)
Video		2(0.3%)
Other purposes		12(1.8%)
simple Earth observation		57(8.3%)
합계		684(100%)

현재 운영되는 지구관측위성은 600여 기 이상이지만, 모든 위성이 촬영한 영상자료를 제대로 공급하지 않고 있다. 현재 지구궤도에서 운영하는 원격탐사위성의 숫자는 많지만, 세계적으로 널리 공급되는 위성영상의 종류는 한정되어 있다. 많은 지구관측위성 중에서 기본적인 품질을 유지하고 또한 안정적인 영상 공급체계를 갖춘 위성은 많지 않다. 많은 지구관측위성이 있지만, 사용자가 목적에 적합한 위성영상을 선정하고 이용하기 위해서는, 각 위성에서 촬영한 영상자료에 대한 기본적인 사양을 이해해야 한다. 즉 위성영상의 공간해상도, 분광해상도, 복사해상도, 촬영주기와 같은 기본적인 사양에 추가하여, 위성이 처음 발사한 시기 및 운영 기간 그리고 3차원 지형정보 획득을 위한 입체영상 촬영 가능 여부 등을 알아야 한다.

6.2 Landsat

Landsat 이전에 이미 대기 관측을 위한 TIROS 위성이 있었지만 주로 기상 분야에서 활용되었기 때문에, 일반적인 원격탐사영상으로 널리 알려지지 않았다. Landsat은 1972년에 1호 위성이 발사된 이후 지금까지 50년 동안 양질의 다중분광영상을 안정적으로 공급하고 있으며, 실질적으로 인공위성 원격탐사 시대를 시작하고 기술 발전을 이끌어온 매우 중요한 지구관측위성이다. Landsat의 기본적인 사양을 이해하면, 그 후에 발사된 대부분의 지구관측위성의 종류와 기능의 차이를 쉽게 이해할 수 있다.

Landsat 프로그램의 개요

1970년대 이래 지금까지 많은 지구관측위성이 발사되었고, 현재에도 600여 기 이상의 위성이 운영 중이지만, 전 세계적으로 광범위하게 활용되는 위성영상의 종류는 많지 않다. Landsat은 미국 NASA와 내무부의 공동 사업으로 시작했으며, 사업 초기에 위성의 이름은 지구자원기술위성(Earth Resources Technology Satellite, ERTS)이었다. ERTS는 세계 최초로 중해상도(당시에는 고해상도) 다중분광영상을 주기적으로 촬영하고, 영상의 활용 가능성을 점검하기 위한 실험 위성이었다. 위성의 성공적인 발사와 더불어 촬영된 영상을 제한 없이 공급했기 때문에, 미국을 비롯하여 세계 여러 국가에서 새로운 위성영상에 관한 연구에 참여했다. ERTS는 기대 이상의 성과를 얻었으며, 여러 연구를 통하여 다중분광영상의 활용 가능성을 확인했다. ERTS란 위성의 명칭은 곧 Landsat-1로 바뀌었고, 이후 지속적으로 모두 8기의 위성을 발사하여 현재 Landsat-7호 및 -8호가 운영되고 있다.

표 6-4는 2021년 발사 예정인 Landsat-9호를 포함하여 모든 Landsat의 임무기간 및 탑재 센서의 기본적인 특징을 보여준다. 인공위성의 궤도와 탑재 센서의 특성에 따라 Landsat은 크게 세 그룹으로 나눌 수 있다. Landsat-1, 2, 3호 위성은 920km의 궤도 높이에서 18일 촬영주기로 80m 공간해상도의 MSS(Multi-Spectral Scanner) 영상을 촬영했다. 두 번째 단계는 Landsat-4, -5, -6, -7호 위성으로서 공간해상도를 높이기 위해 위성의 궤도를 705km로 낮추었고, 공간해상도와 분광밴드를 향상시킨 TM(Thematic Mapper)을 탑재하였다. TM 영상은 처음 소개된 1982년부터 지금까지 대표적인 중해상도 다중분광영상으로서 세계적으로 널리 활용되는 위성영상이다. Landsat-7호 발사 이후 Landsat 사업의 계속 여부에 대한 논란이 있었으나, 오랜 기간 축적된 영상자료의 연속성 때문에 사업을 계속하기로 결정했다. 후속 위성의 명칭을 'Landsat 자료 연속임무(Landsat Data Continuity Mission, LDCM)'로 하여 2013년 발사 후 현재까지 운영 중이다. LDCM 위성은 현재 Landsat-8호로 명칭을 변경하여 운영하고 있다. 7호 위성까지 탑재했던 TM 및 ETM+ 다중분광센서가 횡주사 방식이었지만, 8호 위성부터는 종주사 방식의 OLI(Operational Land Imager)와 TIRS(Thermal Infra-Red Sensor)를 탑재하여 품질이 향상된 다중분광영상을 제공하고 있다.

표 6-4 Landsat의 연혁 및 위성별 탑재 센서의 종류 및 기본 특성

구분	궤도 높이	촬영주기	발사~임무 종료	탑재 센서	주사방식
Landsat-1	920km	18일	1972.07.23.~1978.01.06.	MSS, RBV	whisk-broom
Landsat-2			1975.06.22.~1982.02.05.		
Landsat-3			1978.03.05.~1983.03.31.		
Landsat-4	705km	16일	1982.07.16.~2001.06.15.	TM, MSS	
Landsat-5			1984.03.01.~2013.06.05.		
Landsat-6			1993.10.05. 발사 후 실패	ETM	
Landsat-7			1999.04.15.~운영 중	ETM+	
Landsat-8			2013.02.11.~운영 중	OLI, TIRS	push-broom
Landsat-9			2021 예정		

Landsat-1, 2, 3호에 탑재된 MSS는 가시광선 및 근적외선 밴드만 포함했지만, 이후 위성에 탑재한 TM과 OLI/TIRS는 가시광선, 근적외선, 단파적외선, 열적외선 분광밴드를 가지고 있다. 특히 Landsat-4호 위성부터 탑재된 TM은 당시 다른 전자광학센서에서 매우 드물었던 단파적외선 및 열적외선 밴드 영상을 제공함으로써 활용의 폭을 한층 넓혔다. 그림 6-1은 지금까지 Landsat에 탑재했던 모든 다중분광센서의 분광밴드와 파장구간을 보여주며, 각 분광밴드의 파장구간은 대기투과율이 높은 대기창(atmospheric window)에 포함되도록 설정했다. 시계열 영상의 호환성과 연속성을 유지하기 위하여 1982년 이후 탑재된 TM, ETM+, OLI+TIRS 센서들은 모두 가시광선, 근

적외선, 단파적외선, 열적외선 밴드를 갖추었고, 밴드별 파장구간은 최대한 동일하게 제작되었다. 다만 고해상도 영상의 요구를 반영하여 Landsat-6호부터 ETM에 전정색 밴드를 추가하였으나, 위성의 발사 실패로 Landsat-7호 ETM+부터 공간해상도가 15m로 개선된 전정색 영상을 공급하였다.

Landsat에서 촬영한 모든 영상은 동일한 폭(185km)으로 촬영되었으며, 영상의 크기를 185×185km^2 구역의 장(scene) 단위로 나누어 공급하고 있다. 모든 Landsat 영상은 남북방향의 위성궤도(path)와 동서방향(row)에 따라 고유의 위치를 표시하는 WRS(World Reference System)를 이용했으나, 요즘은 인터넷 환경에서 자료 검색이 용이하므로 WRS 없이도 쉽게 영상 검색이 가능하다. 그림 6-2는 한반도 지역의 두 장의 Landsat 영상을 보여주고 있는데, 왼쪽 (a)는 1984년 10월에 촬

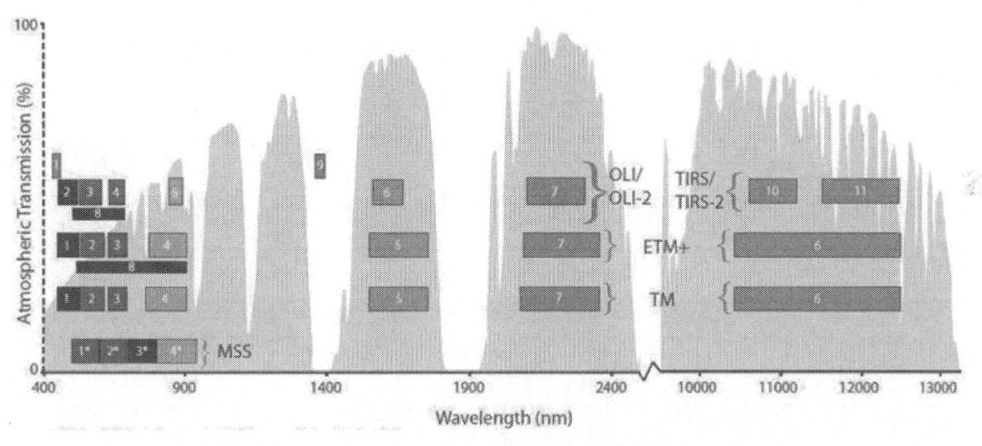

그림 6-1 지금까지 Landsat에 탑재한 모든 다중분광센서의 파장구간

(a) 북한 대동강 청천강 하구를 포함한 Landsat-5 TM scene(1984년 10월)

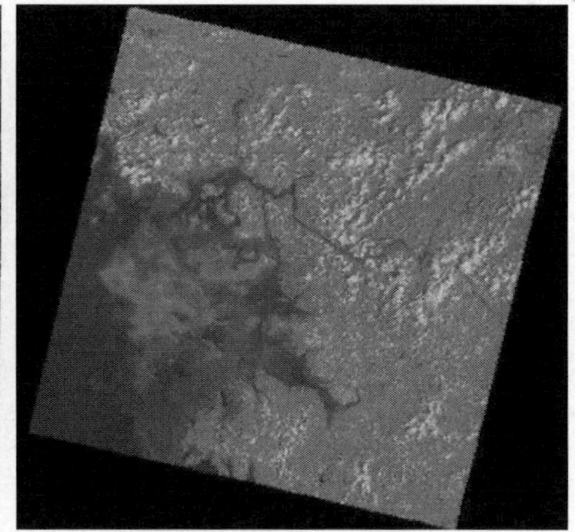

(b) 경기만 및 수도권 지역을 포함한 Landsat-8 OLI scene(2018년 7월)

그림 6-2 Landsat 한 장(scene)의 면적은 사방 185×185km^{2}로 처음부터 지금까지 동일

영한 북한 평안도와 황해도 및 서해안 지역의 TM 영상이며, (b)는 2018년 7월에 촬영한 수도권 및 경기만 지역의 OLI 영상으로, 각각의 영상에 포함된 지역은 남한 면적의 1/3에 해당하는 넓은 지역이다. 그림 6-2a의 영상은 위성 궤도에 따라 촬영된 그대로의 경계를 보여주는데, 영상이 촬영되는 짧은 기간에도 지구 자전으로 인하여 영상의 외형이 직사각형이 아닌 평행사변형으로 보이며, 이렇게 초기 수신된 영상은 추가적인 기하보정처리를 통하여 그림 6-2b와 같이 지도좌표에 등록한 형태로 공급한다.

Landsat-1, 2, 3호

ERTS로 발사한 Landsat-1호는 짧은 기간에도 불구하고 다양한 실험과 활용 연구를 통하여 많은 관심을 받았고, 이에 힘입어 Landsat-1호 이후 3년 간격으로 2호 및 3호 위성을 발사했다. Landsat-1, 2, 3호는 모두 RBV(Return Beam Vidicon)과 MSS를 탑재했으며, 각 위성은 5~7년 정도 운영되었다(표 6-5). RBV는 완전한 디지털영상센서가 아니라 필름과 유사한 감광판에 영상을 촬영한 후 이를 다시 스캐닝하는 아날로그형 비디오 카메라와 유사한 형태다. RBV는 녹색광(0.475~0.575μm), 적색광(0.58~0.68μm), 근적외선(0.69~0.83μm) 영역을 촬영할 수 있는 3대의 카메라로 구성되었으며, 80m 공간해상도의 영상을 촬영하였다. 각 카메라는 필름카메라와 동일하게 한 번의 노출로 185×185km^2에 해당하는 지역을 촬영했기 때문에, 횡주사기 형태의 MSS 영상보다 기하정밀도가 우수한 영상으로 알려졌다. 그러나 센서의 기계적 결함 때문에 많은 영상을 촬영하지 못했고, 활용 사례가 많지 않다.

MSS는 다중분광스캐너(multispectral scanner)라는 보통명사를 널리 사용하기 이전에, 초기 Landsat에 탑재된 센서의 고유 명칭이다. MSS는 디지털 영상자료를 공급한 최초의 민간용 위성 다중분광

표 6-5 Landsat 1~3호 위성에 탑재된 RBV와 MSS의 기본 사양

센서	분광밴드	파장영역(μm)	공간해상도	복사해상도	비고
RBV	1	0.475~0.575	80m	–	광학계와 감광판을 갖춘 독립적인 3대의 아날로그 비디오 카메라
	2	0.580~0.680			
	3	0.690~0.830			
MSS	1(4)	0.5~0.6	79m	6bit	밴드 번호를 RBV와 연계하여 4, 5, 6, 7로 사용했음
	2(5)	0.6~0.7			
	3(6)	0.7~0.8			
	4(7)	0.8~1.1			
	5	10.4~12.6	240m		3호 위성에 탑재되었으나, 발사 후 미작동

센서로, 여러 분야에서 활용을 위한 활발한 연구가 이루어졌다. 또한 MSS영상을 토대로 다양한 원격탐사 영상처리 기법이 개발되었다. MSS는 두 개의 가시광선 밴드와 두 개의 근적외선 밴드에서 전 지구 육지 영상을 촬영했는데, 80m 중해상도 다중분광영상으로도 광범위한 지역의 세부적인 지표 상태를 보여주는 최초의 지구영상으로 많은 관심을 모았다.

컬러 그림 6-3은 Landsat-1호에서 촬영한 최초의 한반도 MSS 영상으로, 1972년 10월 31일 서울 지역의 모습은 현재와 매우 다른 도시 영역과 피복 상태를 보여준다. 컬러적외선 항공사진과 같이 근적외선, 적색광, 녹색광 밴드로 RGB합성된 컬러영상에서 하늘색 계통으로 보이는 건물 및 도로로 이루어진 도심지는 대부분 한강 이북에 위치하고 있다. 여의도 남쪽의 영등포 및 동작구를 제외한 한강 이남의 강남 및 부천의 대부분은 농지와 산림으로 미개발 상태임을 알 수 있다. 특히 강남 및 송파 지역은 여전히 대규모 농경지로 보이며, 강북에서도 현재의 노원구, 고양시, 남양주시 등이 여전히 산림이나 농지로 되어 있다. 또한 한강 제방 공사가 이루어지기 이전이므로, 한강이 자연 하천의 형태로 백사장 및 여러 곳의 하중도가 보인다. 영상의 오른쪽 아래 성남시는 막 개발을 시작한 나지의 분광특성을 보여준다. Landsat-1호 MSS 영상은 넓은 지역에 대한 지표 상태를 보여주는 획기적인 영상이었으며, 지금도 과거 토지 이용 및 피복 형태를 기록한 역사적인 자료로서 가치가 있다.

컬러 그림 6-3 Landsat-1호에서 1972년 10월 31일에 촬영된 한반도 지역 최초의 MSS 영상으로 서울 지역의 옛 모습을 볼 수 있음(컬러 도판 p.560)

MSS는 횡주사 방식의 다중분광센서로 각 밴드마다 6개의 검출기를 사용했는데, 위성의 궤도 직각 방향으로 한 번 스캐닝할 때마다 6줄의 영상을 촬영했다(그림 6-4). Landsat-1, 2, 3호는 920km 높이의 궤도에서 약 11.6°의 시야각(FOV)으로 185km 폭의 영상을 촬영했는데, 이는 항공사진 카메라의 시야각보다 훨씬 좁기 때문에 기하왜곡이 심하게 나타나지 않는다. MSS영상은 지표면에서 반사된 전자기에너지를 검출기에서 전기신호로 변환 처리하여 각 화소의 밝기값을 0부터 63까지 6bit 숫자로 기록한 디지털영상자료다.

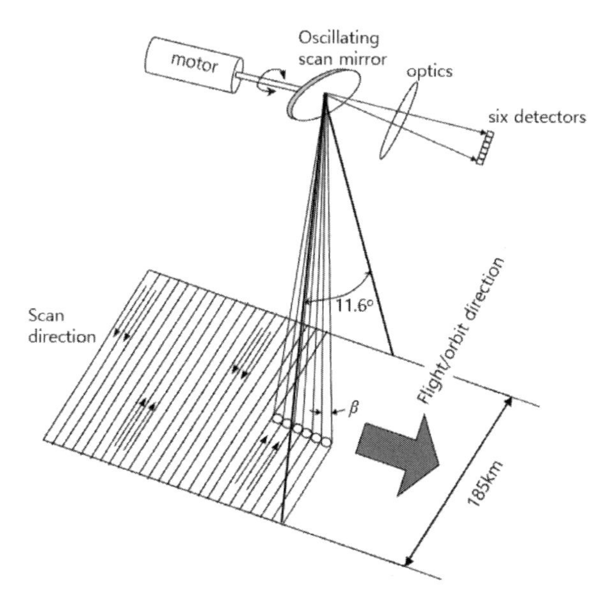

그림 6-4 궤도 방향에 직각으로 영상을 얻는 횡주사 방식의 MSS에서 한 번에 6줄씩 촬영하는 과정

Landsat-4, 5, 6, 7호

초기 Landsat의 성공적인 운영으로 다양한 분야에서 위성영상의 활용이 시작되었으며, 아울러 MSS영상보다 높은 공간해상도와 여러 분광밴드 영상을 촬영할 수 있는 새로운 센서의 필요성이 제기되었다. Landsat-4호부터 위성의 궤도를 705km로 낮추었고, 순간시야각(IFOV)을 좁게 하여 공간해상도를 30m로 개선한 TM은 단파적외선 및 열적외선 밴드를 추가하였다. TM은 광학스펙트럼을 모두 포함하는 7개 분광밴드를 가진 획기적인 영상센서로 다양한 분야에서 활용되었으며, 지금까지도 원격탐사 위성영상을 대표하는 영상자료를 제공하고 있다(표 6-6).

TM에는 MSS에 없었던 청색광, 단파적외선, 열적외선 밴드가 추가되었다. 밴드 1의 청색광(0.45~0.52μm)영상은 나머지 두 개의 가시광선 밴드(녹색광, 적색광)와 함께 사람 눈에 보이는 그대로의 자연색영상을 합성할 수 있도록 했다. 또한 청색광 밴드는 물에서 반사율이 상대적으로 높은 클로로필 흡수밴드이므로, 수질 또는 수심과 관련된 정보 추출에 이용되었다. 단파적외선 밴드5(1.55~1.75μm)는 식물 및 토양의 수분함량에 민감하게 작용하며, 구름과 눈을 구분하는 데 유용하다. 두 번째 단파적외선 밴드 6(2.08~2.35μm)은 초기 설계에는 포함되지 않았으나, 암석 및 광물의 분광특성을 잘 보여주는 파장영역으로, 관련 분야 사용자 그룹의 강력한 요구에 의하여 나중에 추가되었다. 마지막 밴드 7(10.4~12.5μm)은 중해상도급 열적외선 영상을 촬영하며, 지구 표면의 각종 열 현상 분석 및 표면온도 측정을 위해 사용했다. 문헌에 따라 두 번째 단파적외선 밴드를 밴드 7로 지칭하는 경우도 많지만, 본 장에서는 파장의 순서에 따라 밴드 6으로 표시한다.

표 6-6 Landsat-4~7호 위성에 탑재된 TM 및 ETM+ 센서의 사양

분광밴드	파장영역(μm)	공간해상도	비고
1	0.45~0.52	30m	공간해상도 및 파장영역이 TM 및 ETM+에서 모두 동일
2	0.52~0.60		
3	0.63~0.69		
4	0.76~0.90		
5	1.55~1.75		
6(7)	2.08~2.35		밴드 6과 7을 바꾸어 지칭하는 경우가 많음
7(6)	10.4~12.5	120m/60m	60m 공간해상도는 ETM+에서 적용
panchromatic	0.52~0.90	15m	*Landsat-7호 ETM+에 신설

지도는 기능에 따라 크게 지형도(topographic map)와 주제도(thematic map)로 구분하는데, 주제도는 토지피복 및 토지이용, 식생, 지질, 토양, 농작물 등 특정 주제의 공간적 분포 특성을 보여주는 지도다. Landsat-4호에 탑재된 센서의 명칭을 Thematic Mapper로 한 이유는, 다양한 주제도를 제작하기에 적합한 다중분광영상을 제공하는 센서라는 의미를 강조했기 때문이다. 지형도 제작을 위해서는 3차원 지형자료 획득이 가능한 입체영상을 촬영해야 하는데, 이를 위한 영상센서는 추후 다른 위성에 탑재했다.

Landsat-6호는 높은 공간해상도 요구를 반영하여 15m 해상도의 전정색 밴드를 추가한 ETM을 탑재했으나, 발사 후 궤도 안착에 실패했다. 1999년에 발사된 Landsat-7호는 열적외선 밴드의 공간해상도를 60m로 개선한 ETM+를 탑재했다. TM과 ETM+는 열적외선 밴드와 전정색 밴드를 제외한 나머지 6개 분광밴드의 공간해상도는 30m로 동일하게 유지하고 있으며, 화소의 밝기값 범위를 나타내는 복사해상도를 0부터 255까지 8bit로 기록했다.

Landsat-4, 5, 7호는 궤도 높이를 기존의 920km에서 705km로 낮추었으나, MSS영상과 동일한 185km 촬영폭(swath)을 유지하기 위해서는 TM의 시야각 FOV를 기존의 11.6°에서 14.9°로 확대했

다. 또한 920km의 궤도에서는 위성이 동일 지점으로 다시 오는 촬영주기(revisit cycle)가 18일이었으나, TM 영상은 낮아진 궤도 때문에 촬영주기를 16일로 조정했다. 또한 MSS는 밴드별로 6개의 검출기로 6줄씩 영상을 촬영했으나, TM은 열적외선 밴드를 제외한 모든 밴드는 각각 16개의 검출기를 장착하여 한 번에 16줄의 영상을 촬영한다. 열적외선 밴드는 지표면에서 방출하는 에너지 양이 충분하지 않으므로 공간해상도를 120m로 희생하여 검출기의 숫자를 4~8개로 조정했다. ETM+의 전정색 밴드는 15m 공간해상도에 맞추어 32개의 검출기를 사용했다.

Landsat-7호 위성의 탑재체인 ETM+은 2003년 3월에 위성의 진행속도에 따른 횡주사선의 중복과 누락을 보정하는 장치(SLC)가 고장났고, 따라서 궤도 연직선에서 좌우로 벗어날수록 촬영이 누락되는 부분이 증가한다. SLC 고장으로 인하여 185km 폭의 영상에서 누락 없이 온전히 촬영되는 부분은 위성의 궤도 아래 중심부의 22km 폭에 불과하다(그림 6-5).

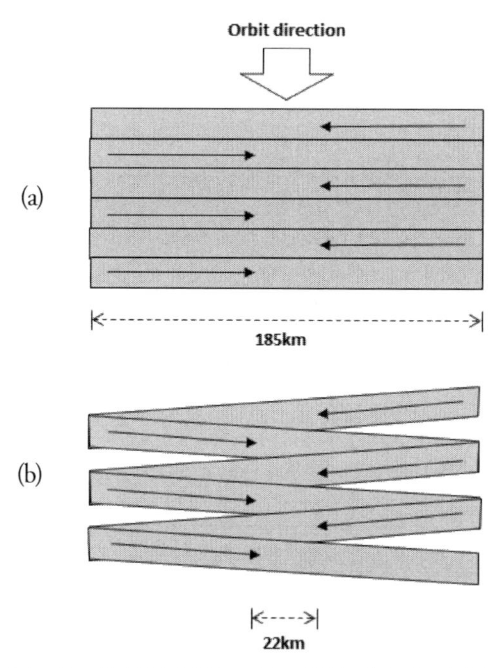

그림 6-5 Landsat-7호 ETM+ 횡주사기에서 주사선 보정 장치(SLC) 고장 이전(a)과 이후 영상에서 누락 발생(b)

극궤도 위성의 일반적인 설계 수명은 4~5년 정도이며, Landsat 역시 영상자료의 연속성을 유지하기 위하여 1호 발사 이후 5호 위성까지 3~5년 주기로 발사했다. 1980년대 후반부터 도입된 지구관측위성 사업의 민영화 추세에 따라 Landsat의 운영과 영상 공급을 민간업체에서 담당하기도 했고, 이 와중에 Landsat-6, 7호 위성의 개발과 발사가 지연되었다. 1993년 ETM을 탑재한 Landsat-6호 위성이 발사되었으나 궤도 안착에 실패했고, ETM+를 탑재한 Landat-7호 위성이 1999년에 발사되어 기존의 TM보다 향상된 품질의 영상을 공급했다. 그러나 2003년 ETM+의 SLC 장치 고장으로 인하여 완전한 영상 촬영이 불가능하게 되었으며, 따라서 ETM+ 영상의 활용도는 크게 저하되었다. 그러나 다행히 1984년에 발사한 Landsat-5호의 TM이 정상적으로 작동하여 영상을 공급할 수 있었고, 심지어 Landsat-8호가 발사된 2013년까지 작동하여 TM 영상의 연속성을 유지할 수 있었다. Landsat-5호는 1984년 발사 이래 2013년까지 30년 가까이 정상적으로 작동한 놀라운 성능을 발휘하였으며, 이는 극궤도 지구관측위성에서 유례없는 운영 기록이다.

Landsat-8호

Landsat-7호 발사 후 Landsat 사업의 지속 여부에 대한 논의가 있었다. Landsat 영상이 오랜 기간 지구환경, 도시, 자원 등 다양한 분야에서 매우 중요한 역할을 해왔으며, ETM+ 영상과 같은 중해상도 다중분광영상이 계속 필요하다는 의견이 꾸준히 제기되었다. 미국 정부는 2000년대 초반부터 상업용 지구관측위성 사업이 활발히 진행되었기 때문에, 추가 Landsat(LDCM)의 개발과 운영을 민간업체에 완전히 넘기는 방안을 추진하기도 했다. 그러나 결국 2007년 NASA에서 LDCM 위성 제작 및 발사를 담당하고, 지질조사국(USGS)은 위성의 운영 및 영상공급을 담당하기로 결정했다. 마침내 2013년에 LDCM이 성공적으로 발사되었고, 후에 위성의 이름을 Landsat-8호로 변경했다. Landsat-8호의 주된 목적은 이전 Landsat에서 50년 동안 축적한 영상의 분광밴드, 공간해상도, 품질 등을 유지하여, 전 지구 육지의 시계열 변화 분석이 가능한 영상을 공급하고자 했다. 현재 Landsat-8호 위성영상을 비롯하여 기존의 Landsat은 모두 무상으로 공급하고 있다.

Landsat-8호에는 기존의 TM 및 ETM+의 성능을 개선한 두 종류의 영상센서를 탑재하였다. 가시광선부터 열적외선 구간의 다중분광영상을 촬영할 수 있는 기능은 ETM+와 같지만, 가시광선부터 단파적외선 영상을 얻는 OLI와 열적외선 영상만을 촬영하는 TIRS로 구분했다. 또한 Landsat-1호부터 7호 위성까지 모든 탑재 센서가 횡주사 방식의 whiskbroom 센서이었으나, OLI와 TIRS는 모두 종주사 방식의 pushbroom 센서로 제작하였다. 단파적외선 및 열적외선 밴드의 선형 검출기 제작 기술의 한계를 극복하여, 종주사 방식으로 얻을 수 있는 잡음 비율이 낮은 양질의 영상을 촬영할 수 있다. OLI 밴드는 7000개의 검출기가 한 줄로 이어진 선형배열을 사용하며, 전정색 밴드는 13000개의 선형배열 검출기를 사용한다. TIRS는 기존의 재질이 아닌 새롭게 개발된 재질의 검출기를 640개 이어붙인 선형 배열로 제작하였고, 3개의 선형배열을 연결하여 185km 폭으로 종주사 촬영이 가능하게 했다. TM 및 ETM+ 영상은 화소의 밝기값 범위가 8bit이었지만, OLI와 TIRS는 높은 신호 품질로 12bit의 복사해상도를 가진다.

표 6-7은 OLI와 TIRS의 기본 사양을 보여주는데, OLI는 9개 밴드로 구성되어 있으며 ETM+보

다 두 개 밴드가 추가되었다. 전정색 밴드를 포함한 7개 밴드는 OLI와 ETM+가 거의 동일한 파장구간을 갖지만, 근적외선 밴드(0.85~0.88μm)는 ETM+ 밴드(0.78~0.90μm)에 포함된 0.825μm에서 대기수분 흡수의 영향을 피하기 위하여 새롭게 설정했다. OLI에 추가한 첫 번째 밴드(0.43~0.45μm)는 연안의 해색 및 수질과 관련된 정보를 추출하기 위하여, 기존의 청색광 밴드보다 파장구간을 짧고 좁게 하여 수면에 분포하는 클로로필에 민감하도록 파장구간을 설정했다. 두 번째 새로운 밴드(1.36~1.38μm)는 근적외선과 단파적외선 사이의 대기수분 흡수밴드에 해당하는 파장구간으로, 육지 표면에서 반사된 신호는 거의 보이지 않고 대기 상층에 위치한 매우 얇은 구름(cirrus)을 탐지할 용도로 추가했다. 열적외선센서인 TIRS는 기존의 TM 및 ETM+의 열적외선 밴드(10.4~12.5μm)의 파장영역을 나누어 두 개의 밴드(10.60~11.19μm, 11.50~12.51μm)로 구성했다. OLI 및 TIRS는 기존의 Landsat 영상과 동일하게 185km의 폭으로 촬영하며, 공간해상도 역시 ETM+와 동일하다. 다만 TIRS는 영상신호의 품질 향상을 위하여 ETM+ 열적외선 영상의 60m 공간해상도를 약간 낮추어 100m로 조정했다.

OLI 및 TIRS 영상은 개선된 품질의 영상신호를 이용하여 보다 정량적인 활용이 가능해졌으며, 또한 과거 50년 동안 축적된 기존의 Landsat 영상을 함께 이용하여 다양한 목적의 시계열 변화 분석에 활용하고 있다. Landsat-8의 설계 수명은 다했지만, 여전히 양질의 영상을 제공하고 있다. 후속 위성인 Landsat-9호는 이미 제작이 완료되어 2021년 발사 예정이다. Landsat-9호 위성에는 OLI 및 TIRS의 분광밴드 및 공간해상도가 동일하게 설정되었지만, 복사해상도를 14bit로 향상하여 신호 대 잡음비(SNR)가 높은 매우 양질의 영상신호를 제공할 예정이다.

표 6-7 Landsat-8호 위성 탑재센서인 OLI와 TIRS의 사양

분광밴드		파장영역(μm)	공간해상도	검출기(detector)
OLI	1	0.43~0.45(coastal blue)	30m	Silicon PIN(SiPIN) detectors (7000 detectors array)
	2	0.45~0.51(blue)		
	3	0.53~0.59(green)		
	4	0.64~0.67(red)		
	5	0.85~0.88(NIR)		
	6	1.57~1.65(SWIR-1)		MgCdTe(7000 detectors array)
	7	2.11~2.29(SWIR-2)		
	8	0.50~0.68(panchromatic)	15m	SiPIN(13000 detectors array)
	9	1.36~1.38(cirrus)	30m	MgCdTe(7000 detectors array)
TIRS	10	10.60~11.19(TIR-1)	100m	Quantum Well Infrared Photodetectors(QWIP) (3개의 640 detectors array)
	11	11.50~12.51(TIR-2)		

6.3 SPOT 및 Sentinel-2

미국의 Landsat 프로그램이 비록 실험위성으로 시작했지만, 기대 이상의 성과가 도출됨에 따라 프랑스, 러시아, 일본, 인도 등 다른 나라에서도 독자적인 지구관측위성 개발을 추진했다. 1980년대에 여러 나라에서 지구관측위성을 발사했는데, 프랑스정부를 주축으로 개발한 SPOT(Systeme Pour l'Observation de la Terre)-1호가 1986년에 발사된 이래 지금까지 모두 7기의 위성을 발사하여 양질의 다중분광영상을 지속적으로 영상을 공급하고 있다. 또한 유럽우주국(ESA)을 주축으로 유럽 여러 나라가 공동으로 지구관측위성 프로그램을 운영하고 있으며, SPOT 위성 또한 유럽의 다른 위성과 연계하여 운영하고 있다.

SPOT 프로그램의 개요

SPOT은 프랑스 정부에서 개발했지만 실험위성이 아니라 양질의 위성영상을 판매하겠다는 목적으로 출발했으며, 인공위성 발사와 함께 영상 공급을 위한 회사를 설립하여 운영하고 있다. SPOT영상은 Landsat 및 다른 위성영상보다 비교적 높은 가격으로 공급되었으며, 여러 나라에서 해당 지역의 SPOT 위성을 직접 수신할 수 있는 기능과 권리를 판매하는 전략을 통하여 영상 공급을 확대했다. 한국에서도 SPOT과 수신계약을 체결하여, 한반도 및 주변 지역의 영상을 수신하여 공급한 적이 있다.

SPOT은 영상 판매를 위한 상업 위성을 표방했으므로, Landsat보다 뛰어난 사양을 가진 위성영상을 제공하고자 했다. 먼저 SPOT 영상은 실질적인 공간해상도를 10m가 되도록 하여 30m 해상도의 TM 영상보다 세부적인 내용을 볼 수 있게 했다. 또한 TM 영상은 센서 이름에서 알 수 있듯이 주제도 제작에 적합한 다중분광영상이지만, SPOT은 3차원 지형자료를 얻기 위한 입체 영상을 촬영할 수 있으므로 지형도 제작이 가능했다.

표 6-8은 1986년부터 지금까지 발사된 7기의 SPOT 위성의 궤도 및 탑재 센서의 기본적인 특성을 보여주고 있는데, 위성영상의 종류와 특징에 따라 크게 세 그룹으로 나눌 수 있다. 1986년 1호 발사 이후 3~4년 간격으로 발사된 SPOT-1, 2, 3호는 동일한 HRV 센서를 탑재했다. SPOT-4, 5호는 HRV보다 공간해상도를 높이고 단파적외선 밴드를 추가한 HRVIR과 HRG와 함께, 광범위한 지역의 식생 모니터링을 위한 VEGETATION 센서를 새롭게 탑재했다. 2012년과 2014년에 발사된 SPOT-6, 7호는 공간해상도를 크게 향상한 NAOMI 센서를 탑재했으며, 유럽의 상업용 고해상도 위성인 Pléiades-1A, 1B와 연계하여 촬영할 수 있도록 궤도를 694km로 낮추었다. SPOT-6, 7호 위성에는 4, 5호에 탑재했던 VEGETATION을 제외했는데, 이는 유럽항공우주국에서 발사한 새로운 식생관측 전용 위성인 Sentinel-2에서 촬영하는 영상으로 대체할 수 있기 때문이다.

표 6-8 SPOT 위성의 연혁 및 기본적 특성

<table>
<tr><th>위성</th><th>발사~임무 종료</th><th>궤도 높이</th><th>탑재 센서</th><th>촬영주기</th><th>촬영폭</th></tr>
<tr><td>SPOT-1</td><td>1986.02.21.~1990.12.31.</td><td rowspan="6">832km</td><td rowspan="3">2개 HRV</td><td rowspan="4">26일</td><td rowspan="4">60km</td></tr>
<tr><td>SPOT-2</td><td>1990.01.21.~2009.07.30.</td></tr>
<tr><td>SPOT-3</td><td>1993.09.25.~1997.11.14.</td></tr>
<tr><td>SPOT-4</td><td>1998.03.23.~2013.07.29.</td><td>2개 HRVIR</td></tr>
<tr><td rowspan="2">SPOT-5</td><td rowspan="2">2002.05.04.~2015.03.31.</td><td>VEGETATION</td><td>1일</td><td>2200km</td></tr>
<tr><td>2개 HRG</td><td>26일</td><td>60km</td></tr>
<tr><td>SPOT-6</td><td>2012.09.09.~</td><td rowspan="2">695km</td><td rowspan="2">2개 NAOMI</td><td rowspan="2">26일</td><td rowspan="2">60km</td></tr>
<tr><td>SPOT-7</td><td>2014.06.30.~</td></tr>
</table>

SPOT 영상은 Landsat과 마찬가지로 초기의 기본 사양을 지금까지 유지함으로써 지속적으로 활용할 수 있는 조건을 갖추었다. SPOT에 탑재된 영상센서는 모두 종주사(pushbroom scanning) 방식으로, Landsat의 횡주사 방식보다 안정적인 센서 구조와 양질의 영상신호를 얻을 수 있다. 그러나 SPOT 영상의 촬영폭은 60km로 Landsat의 185km에 비하여 상대적으로 좁은데, 촬영폭을 넓히기 위하여 두 대의 센서를 장착하여 최대 117km의 촬영폭이 되도록 했다(그림 6-6).

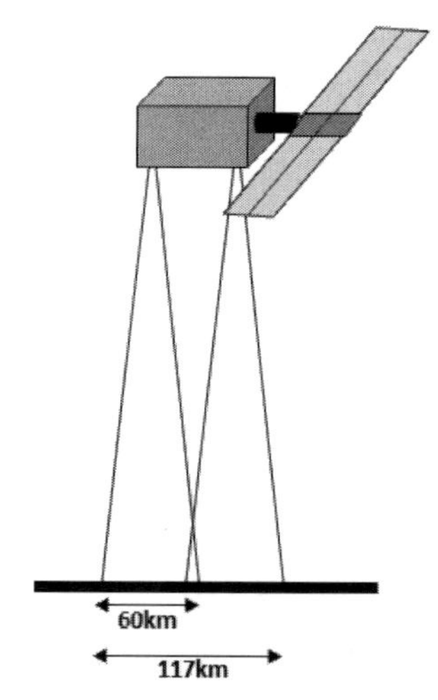

그림 6-6 SPOT은 두 대의 종주사 방식의 다중분광센서를 장착하여 촬영폭을 최대 117km로 확대

두 대의 다중분광센서를 동시에 사용하면 연직촬영의 경우 26일 주기로 동일 지역을 반복촬영할 수 있다. Landsat은 연직촬영만 가능하지만, SPOT은 위성의 자세를 비스듬히 기울여 궤도 좌우의 지역을 촬영할 수 있는 사각촬영(off-nadir viewing) 능력을 갖추었기 때문에, 동일 지역을 5일 이내에 반복하여 촬영할 수 있다. SPOT-4, 5호에 탑재했던 VEGETATION 센서는 전 지구 규모의

식생 모니터링을 위하여 촬영폭을 2200km로 넓게 하여 지구의 대부분 지역을 매일 촬영할 수 있도록 했다.

SPOT 영상의 종류와 특징

SPOT은 현재까지 7기의 위성을 발사했지만, 영상의 사양에 큰 차이가 없다. 표 6-9는 각 위성에 탑재된 광학센서의 특징을 보여주는데, 4호 및 5호 위성에서 촬영했던 VEGETATION 영상을 제외한 광학영상은 차츰 공간해상도를 향상시킨 점을 제외하면 비슷한 사양을 유지하고 있다. SPOT영상은 Landsat 영상과 구별되는 두 가지 큰 특징을 가지고 있는데, 첫 번째는 공간해상도를 높이기 위하여 고해상도 전정색 밴드를 포함했으며, 두 번째는 지형도 제작을 위한 입체영상 촬영이 가능하다는 점이다.

표 6-9 SPOT 위성 탑재 센서의 사양

<table>
<tr><th>위성</th><th>탑재 센서</th><th>밴드</th><th>파장(μm)</th><th>공간해상도</th><th>사각촬영범위(°)</th></tr>
<tr><td rowspan="4">SPOT-1, 2, 3</td><td rowspan="4">HRV</td><td>1</td><td>0.50~0.59</td><td rowspan="3">20m</td><td rowspan="9">±27</td></tr>
<tr><td>2</td><td>0.61~0.68</td></tr>
<tr><td>3</td><td>0.79~0.89</td></tr>
<tr><td>Pan.</td><td>0.51~0.73</td><td>10m</td></tr>
<tr><td rowspan="7">SPOT-4</td><td rowspan="5">HRVIR</td><td>1</td><td>0.50~0.59</td><td rowspan="4">20m</td></tr>
<tr><td>2</td><td>0.61~0.68</td></tr>
<tr><td>3</td><td>0.79~0.89</td></tr>
<tr><td>4</td><td>1.58~1.75</td></tr>
<tr><td>Pan.</td><td>0.61~0.68</td><td>10m</td></tr>
<tr><td rowspan="4">VEGETATION</td><td>1</td><td>0.43~0.47</td><td rowspan="4">1.15km</td><td rowspan="4">±50.5</td></tr>
<tr><td>2</td><td>0.61~0.68</td></tr>
<tr><td rowspan="7">SPOT-5</td><td>3</td><td>0.78~0.89</td></tr>
<tr><td>4</td><td>1.58~1.75</td></tr>
<tr><td rowspan="5">HRG</td><td>1</td><td>0.50~0.59</td><td rowspan="4">10m</td><td rowspan="5">±31</td></tr>
<tr><td>2</td><td>0.61~0.68</td></tr>
<tr><td>3</td><td>0.79~0.89</td></tr>
<tr><td>4</td><td>1.58~1.75</td></tr>
<tr><td>Pan.</td><td>0.48~0.71</td><td>2.5m</td></tr>
<tr><td rowspan="5">SPOT-6, 7</td><td rowspan="5">NAOMI</td><td>1</td><td>0.45~0.52</td><td rowspan="4">6m</td><td rowspan="5">±30</td></tr>
<tr><td>2</td><td>0.53~0.60</td></tr>
<tr><td>3</td><td>0.62~0.69</td></tr>
<tr><td>4</td><td>0.76~0.89</td></tr>
<tr><td>Pan.</td><td>0.45~0.75</td><td>1.5m</td></tr>
</table>

SPOT-1, 2, 3호에 탑재된 HRV(High Resolution Visible) 센서는 20m의 공간해상도를 가진 3개의 다중분광밴드(근적외선, 적색광, 녹색광 영역)와 공간해상도를 10m로 높인 하나의 전정색 밴드로 구성된다. 공간해상도를 달리하여 밴드를 구성한 이유는 4장에서 설명한 영상의 광학적 품질을 유지하기 위하여 공간해상도와 분광해상도를 절충했기 때문이다. SPOT-4호의 HRVIR(High-Resolution Visible and Infrared)과 5호 위성의 HRG(High Resolution Geometric), 그리고 6호 및 7호 위성의 NAOMI(New AstroSat Optical Modular Instrument)에서 모두 해상도가 높은 전정색 밴드와 해상도를 낮춘 다중분광밴드를 가지고 있다.

SPOT HRV 영상이 공급되면서 해상도가 높은 전정색영상과 해상도가 낮은 다중분광영상을 합성하여, 두 영상의 장점을 모두 갖도록 하는 영상융합 기법이 개발되었다. 10m 고해상도의 전정색영상과 20m 해상도의 다중분광영상을 처리하여, 10m 해상도를 갖는 다중분광영상으로 합성할 수 있다. 이러한 영상융합 기법은 전정색영상을 이용하여 해상도가 낮은 컬러영상을 선명하게 만든다는 의미로 pan-sharpening이라고도 한다. SPOT과 같이 공간해상도를 이원화하여 고해상도 전정색 밴드와 저해상도 다중분광밴드로 나누어 영상을 촬영하는 방식은 이후 발사된 다른 위성에서도 많이 채택되었다. Landsat-7호의 ETM+를 비롯하여, 2000년대부터 발사한 대부분의 고해상도 광학영상센서는 SPOT과 유사한 밴드 구성을 가진다.

SPOT-1, 2, 3호의 HRV는 연직선에서 좌우로 27°까지 기울여서 촬영할 수 있는 사각촬영 기능을 이용하면, 동일 지역을 반복하여 촬영할 수 있는 주기를 5일 이내로 단축할 수 있다. 연직촬영의 경우 촬영폭의 제한으로 동일 지역을 다시 촬영하려면 26일이 소요되지만, 사각촬영 기능을 적용할 경우 지상의 궤도에서 좌우로 수백 km 벗어난 지역의 촬영이 가능하다. SPOT의 사각촬영 기능은 촬영주기 단축뿐만 아니라, 동일 지역을 다른 각도에서 촬영하여 입체영상을 얻을 수 있다. 그림 6-7에서 보듯이 궤도 A에서 촬영한 지역을 궤도 B에서 반복하여 촬영할 경우, 두 궤도에서 촬영된 영상은 관측각도가 다른 한 쌍의 입체영상이 된다. SPOT 입체영상을 토대로 육안에 의한 입체 판독으로 제작하던 지형도를 컴퓨터 영상처리기법으로 3차원 수치고도자료(DEM)를 자동으로 추출하고 지형도를 제작하는 수치사진측량 기술 개발이 시작되었다.

SPOT-4호에 탑재한 HRVIR은 기존의 HRV과 거의 동일한 사양을 가지고 있지만, 단파적외선(1.58~1.75μm) 밴드를 추가했다. 단파적외선 파장은 식물 및 토양의 수분함량에 민감하게 반응하므로, 식생 상태 모니터링과 광물 탐지에 주로 이용된다. SPOT-5호 HRG 역시 4호 HRVIR과 동일한 단파적외선 밴드를 포함하고 있으며, 또한 기존의 HRV 및 HRVIR보다 뛰어난 공간해상도를 갖는다. HRG는 2.5m 공간해상도의 전정색영상과 10m 공간해상도의 다중분광영상을 촬영한다.

SPOT-5호 위성이 발사된 2002년에는 이미 상업위성이 1m급의 고해상도의 광학위성을 공급하

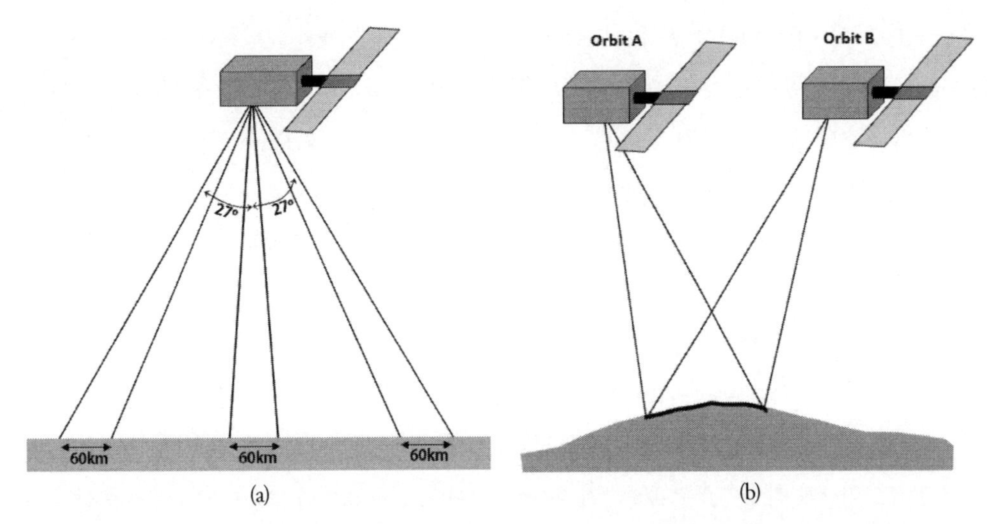

그림 6-7 SPOT 위성의 사각촬영(off-nadir viewing) 기능(a)과 이를 이용한 입체영상 촬영(b)

는 시점이었기 때문에, 이후에 발사한 SPOT-6, 7호에 탑재한 NAOMI 센서는 기존의 SPOT 센서와 동일한 촬영폭을 유지하면서, 공간해상도를 높여서 고해상도 상업위성과 대등한 수준의 영상을 촬영한다. NAOMI는 최고 1.5m 해상도의 전정색영상과 6m 해상도의 다중분광영상을 촬영한다. NAOMI는 4, 5호 위성에서 제공했던 단파적외선 밴드는 제외하고, 자연색 합성에 필요한 청색광(0.45~0.52μm) 밴드를 추가했다. SPOT-6, 7호는 프랑스와 유럽항공우주국의 지원 없이 민간 상업위성으로 개발했다. SPOT-6, 7호는 또한 50cm급 고해상도 광학영상을 공급하는 프랑스의 민간 상업위성인 Pléiades과 연계하여 운영하기 위하여, 이 위성과 동일한 궤도에서 영상을 촬영하고 있다.

SPOT VEGETATION과 Sentinel-2

SPOT은 영상 판매를 목적으로 한 상업용 위성을 표방했지만, SPOT-4, 5호에 탑재한 VEGETATION 또는 VMI(Vegetation Monitoring Instrument)는 농업, 산림, 환경 모니터링 등 공공 목적에 부합하는 센서다. VEGETATION은 프랑스, 유럽연합, 벨기에, 이탈리아, 스웨덴 등이 공동으로 개발했으며, 영상 및 활용산출물은 비교적 저렴한 비용으로 공급했다. VEGETATION 영상은 AVHRR 및 MODIS와 유사하게 1.15km의 공간해상도로 지구 전역을 거의 매일 촬영할 수 있도록 넓은 촬영폭을 갖고 있다. VEGETATION은 청색광, 적색광, 근적외선, 단파적외선의 4개 분광밴드를 가지고 있으며, 원 영상보다 주로 식생지수를 비롯한 활용산출물 형태로 이용한다. 2015년 SPOT-5호 위성의 수명이 종료됨에 따라 VEGETATION 영상의 공급은 끝났지만, 농지 및 산림 모니터링의 중요성을 감안하여 Sentinel-2 위성을 이용하여 식생 모니터링 프로그램을 지속하고 있다.

Sentinel 위성은 유럽연합이 공동으로 추진하는 지구환경 및 안전 모니터링(Global Monitoring for Environment and Security) 사업으로, 유럽의 오래된 지구관측위성들을 대체하고자 추진 중이다. Sentinel 위성은 대기, 해양, 육지 등 관측 분야에 따라 구별되는데, Sentinel-2 위성은 농업 및 산림 모니터링을 위하여 개발했다. 2015년에 발사된 Sentinel-2A와 2017년에 발사된 Sentinel-2B의 두 기 위성을 동시에 운영하여, 빠른 촬영주기로 농림업 분야에 특화된 중해상도 광학영상을 공급하고 있다.

Landsat 및 SPOT과 같은 중해상도 위성이 육지 관측을 주목적으로 개발되어 운영되지만, 농업 및 산림 등 식생 모니터링에 특화된 위성으로 개발된 사례는 Sentinel-2가 처음이라고 할 수 있다. 표 6-10에서 보듯이 Sentinel-2 위성영상의 특징은 비교적 높은 공간해상도를 유지하면서 촬영주기를 단축하기 위하여 촬영폭을 290km까지 확장한 점이다. Landsat이나 SPOT 영상과 대등한 공간해상도를 갖지만, 촬영폭을 넓히고 위성 2기를 동시에 운영하여 촬영주기를 5일로 단축했다.

표 6-10 Sentinel-2 위성 및 전자광학 탑재체 사양

위성 발사	2015년 6월 23일(Sentinel-2A), 2017년 3월 7일(Sentinel-2B)				
궤도 높이	786km				
주사 방식	pushbroom				
검출기	Si(VNIR), HgCdTe CMOS(SWIR)				
촬영 주기	5 days with 2 satellites				
촬영폭	290km(20.6°FOV)				
공간해상도	10m/20m/60m				
복사해상도	12bit				
분광밴드	중심파장(nm)	공간해상도(m)	분광밴드	중심파장(nm)	공간해상도(m)
1	443	60	8	842	10
2	490	10	8a	865	20
3	560	10	9	945	60
4	665	10	10	1375	60
5	705	20	11	1610	20
6	740	20	12	2190	20
7	783	20			

Sentinel-2의 전자광학 탑재체는 13개의 분광밴드로 구성되어 가시광선 및 근적외선 밴드는 10m 공간해상도, 단파적외선 밴드와 적색경계(red-edge) 밴드는 20m 공간해상도로 촬영한다. 단파적외선 밴드의 검출기는 과거 열적외선 밴드에서 사용했던 HgCdTe 계열의 검출기인데, Cd(cadmium)의 함량이 높아지면 감지하는 파장이 짧아지는 성질을 이용하여 단파적외선 검출기로 사용했다.

Sentinel-2는 적도지역은 5일 그리고 유럽을 비롯한 중위도 지역은 2~3일마다 동일 지역을 반복촬영할 수 있다. Sentinel-2 위성은 단순히 영상자료만을 공급하는 단계에서 벗어나 농업 및 산림 분야 사용자가 직접 이용할 수 있는 식생지수 등 여러 가지 산출물을 제공하고 있다.

6.4 저해상도 광학위성영상

저해상도 광학위성영상은 널리 이용하는 위성영상이며, 특히 전 지구 규모의 식생, 해양, 대기 정보를 얻는 매우 중요한 역할을 하고 있다. 저해상도 광학영상은 비록 공간해상도는 낮지만, 넓은 시야각(FOV)으로 촬영폭을 크게 하여 하루에 지구 전역을 촬영할 수 있다. 그림 6-8은 약 2600km의 폭으로 촬영한 NOAA-19호 위성의 AVHRR 영상으로 한반도와 일본 전역, 베이징을 비롯한 중국 동부 지역까지 포함한 넓은 지역을 한 번에 촬영한다. 저해상도 광학위성영상은 대부분 무료로 공급되며, 비교적 저렴한 장비로 직수신이 가능하여 다양한 규모의 환경 모니터링에 활용된다. 한국에서도 일찍부터 저해상도 광학위성영상을 직접 수신하여 해양 및 대기 분야에서 활용하고 있다.

그림 6-8 NOAA-19호 위성의 AVHRR 열적외선 영상. 110° 시야각(FOV)으로 약 2600km 폭의 넓은 지역을 한 번에 촬영

저해상도 광학위성영상은 매일 지구 전역을 촬영할 수 있기 때문에, 육지, 해양, 극권, 대기와 관련된 전 지구 환경 모니터링에 매우 요긴한 정보를 제공한다. 컬러 그림 6-9는 AVHRR 및 MODIS와 같은 저해상도 광학영상을 처리하여 얻은 식생지수(b)와 해수면 온도(c) 자료를 보여주는데, 이

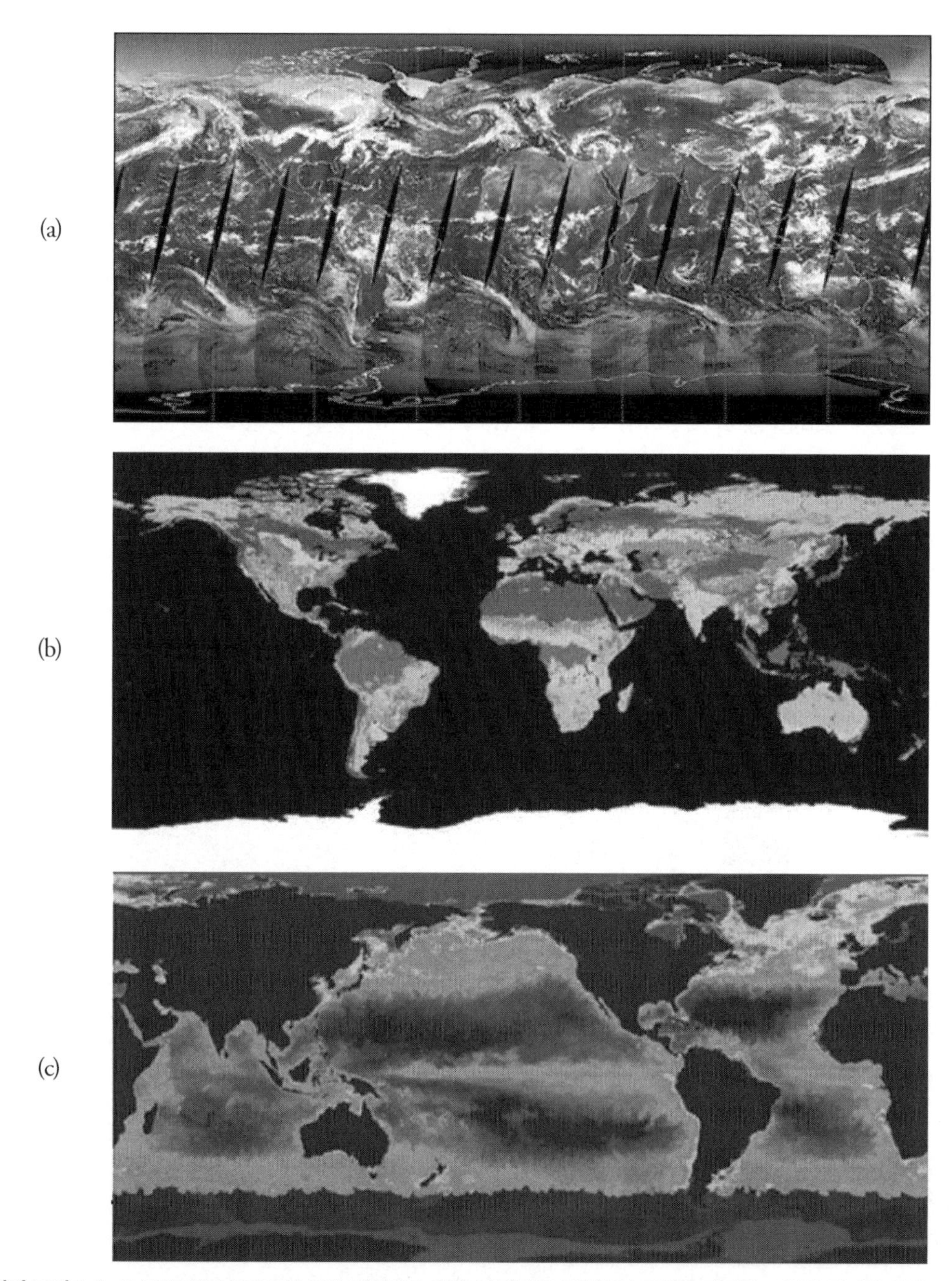

컬러 그림 6-9 AVHRR 및 MODIS와 같은 저해상도 일별 영상(a)을 중첩하여 구름을 제거하고 합성 처리한 식생지수(b)와 해수면 온도(c) (컬러 도판 p.561)

러한 활용산출물은 일정 기간(예를 들어 10일 또는 16일) 촬영된 일별 영상(a)을 중첩하여 구름을 제거한 합성 결과다. 일별 영상만으로도 구름 분포 및 이동, 산불 또는 화산과 같은 재해, 해수면의 클로로필 분포, 빙하 및 강설과 같은 현상에 대한 시공간적 변화를 빠르게 탐지할 수 있다. 그러나 일별 영상에서 보듯이 지구 전역의 많은 부분은 항상 구름으로 덮여 있기 때문에, 구름이 없는 육지 또는 해양 전역의 상태를 보여주는 정보를 추출하기 위해서는 별도의 합성 과정이 필요하다. 저해상도 광학위성영상은 현재 지구의 해양, 대기, 육지의 순환과정과 지구환경 변화 연구에 필수적인 정보를 제공하고 있다.

AVHRR

미국 국립해양대기청(NOAA)은 1960년에 최초의 기상위성인 TIROS(Television Infra-Red Observation Satellite)-1호를 발사했다. TIROS 위성은 아날로그 방식의 TV카메라를 탑재하여 구름 사진을 촬영했다. 디지털 방식의 다중분광센서인 AVHRR(Advanced Very High Resolution Radiometer)은 1978년 TIROS-N 위성에 최초로 탑재하여 촬영을 시작했고, 1979년 이름을 NOAA-6호로 변경한 위성에 두 번째 AVHRR를 탑재한 이후 지금까지 오랜 기간 영상을 제공하고 있다. 표 6-11은 NOAA 위성의 운영 과정 및 AVHRR 영상의 기본 특성을 보여준다. NOAA 위성은 1~2년 간격으로 계속 발사되었으며, 2009년에 발사한 NOAA-19호에 마지막 AVHHR를 탑재했다. 이후 AVHRR은 유럽기상위성기구의 기상위성(MetOp)에 탑재되어 영상을 공급하고 있다. AVHRR 영상은 1978년부터 현

표 6-11 NOAA 위성의 운영 역사 및 AVHRR 영상의 기본 특성

<table>
<tr><td>위성(발사)</td><td colspan="3">TIROS-N(1978)
NOAA-6(1979)
NOAA-7(1981)
NOAA-8(1983)
NOAA-9(1984)
NOAA-10(1986)</td><td>NOAA-11(1988)
NOAA-12(1991)
NOAA-13(1993)
NOAA-14(1994)
NOAA-15(1998)
NOAA-16(2000)</td><td>NOAA-17(2002)
NOAA-18(2005)
NOAA-19(2009)
NOAA-20(2017)*
Suomi-NPP(2011)*
*VIIRS 탑재</td><td>MetOp-A(2006)
MetOp-B(2012)
MetOp-C(2018)</td></tr>
<tr><td>궤도/높이</td><td colspan="6">Sun-synchronous / 830~870km</td></tr>
<tr><td>주사 방식</td><td colspan="6">whiskbroom scanner</td></tr>
<tr><td>촬영 주기</td><td colspan="6">dairy</td></tr>
<tr><td>촬영폭</td><td colspan="6">2400~2900km</td></tr>
<tr><td>공간해상도</td><td colspan="6">1.1km</td></tr>
<tr><td rowspan="5">분광밴드</td><td>1</td><td>Red</td><td colspan="4">0.58~0.68μm</td></tr>
<tr><td>2</td><td>NIR</td><td colspan="4">0.72~1.10μm</td></tr>
<tr><td>3</td><td>TIR</td><td colspan="4">3.55~3.93μm</td></tr>
<tr><td>4</td><td>TIR</td><td colspan="4">10.3~11.3μm</td></tr>
<tr><td>5</td><td>TIR</td><td colspan="4">11.5~12.5μm(위성에 따라 미장착)</td></tr>
</table>

재까지 40여 년 가까이 일별 지구 전역의 영상을 축적하고 있으며, 전 지구 규모의 환경 변화와 관련된 시계열 연구에 활용되고 있다.

미국 국립해양대기청(NOAA)은 AVHRR의 후속 센서인 VIIRS(Visible Infrared Imaging Radiometer Suite)를 탑재한 Suomi NPP(National Polar-orbiting Partnership) 위성을 2011년에 발사했으며, 2017년 발사한 NOAA-20호에도 VIIRS를 탑재하여 영상을 제공하고 있다. VIIRS는 가시광선부터 열적외선까지 22개 분광밴드를 가지고 있으며, 공간해상도는 밴드에 따라 375m 또는 750m로 AVHRR보다 개선되었다.

AVHRR 영상은 구름의 분포와 온도, 눈과 얼음, 해수면 온도, 오존 등 기상관측을 주목적으로 설계되었으나, 전 지구 육지 및 해양과 관련된 다양한 분야에서 성공적으로 활용되었다. 표 6-11에서 AVHRR 영상의 기본적인 사양을 보여주고 있는데, 위성에 따라 궤도 및 센서의 분광밴드 구성에 조금씩 차이가 있다. AVHRR은 TM과 같은 횡주사기로 궤도방향에 직각으로 좌우 ±55°씩 주사거울을 작동하여 약 2600km 폭의 넓은 지역을 촬영하여, 지구 전역을 하루에 촬영할 수 있다. 물론 2600km 폭의 영상은 궤도 아래 중심선에서 벗어날수록 기하왜곡이 크게 발생한다. 그러나 3~4기의 NOAA 위성이 동시에 운영되므로, 각 위성에서 촬영된 AVHRR 영상에서 기하왜곡이 심한 부분을 제외해도 하루에 지구 전역 영상 획득에는 큰 문제가 없다. 또한 위도가 높아질수록 각 궤도에서 촬영되는 영상의 중첩되므로, 중고위도 지역에서는 기하왜곡이 심한 가장자리 부근의 영상을 사용하지 않아도 하루에 전 지역의 영상을 얻을 수 있다.

AVHRR은 기본적으로 적색광, 근적외선, 열적외선에 걸친 네 개의 분광밴드를 가지고 있다. 특히 적색광 밴드와 근적외선 밴드를 이용하여 산출한 정규식생지수(NDVI)는 지구 전역의 식생의 분포 및 생육 상태를 파악할 수 있는 자료로, AVHRR 영상을 이용하여 처음으로 전 지구 시계열 NDVI자료를 제작했다. NDVI는 근적외선 밴드와 적색광 밴드에서 나타나는 식물의 분광반사 특성을 간단히 조합하여 식물의 피복도, 엽량, 활력도과 밀접한 관계가 있는 지수다.

$$NDVI = \frac{\rho_{NIR} - \rho_R}{\rho_{NIR} + \rho_R} = \frac{AVHRR_2 - AVHRR_1}{AVHRR_2 + AVHRR_1} \tag{6.1}$$

여기서 ρ_{NIR}와 ρ_R은 각각 근적외선 및 적색광 밴드에서의 반사율이다. NDVI는 두 밴드에서의 반사율 차이를 합으로 나눔으로써 -1~1 사이의 값을 갖도록 정규화하여, 1에 가까울수록 녹색식물의 양이 많다는 것을 의미한다. 일별 AVHRR 영상을 이용하여 구름이 제거된 전 지구 식생지수 자료를 제작하여 산림, 농지, 초원의 월별, 계절별, 연도별 식물의 생육과 관련된 정보 추출과 모니터링에 중요한 역할을 했다. AVHRR 이후 MODIS 또는 VEGETATION과 같은 다른 저해상도 다중분광영상이 등장했지만, AVHRR 영상은 1970년대 후반부터 현재까지 오랜 기간 자료가 축적되어 있으므로, 장기적인 변화를 관찰하고 분석할 수 있다.

AVHRR의 공간해상도는 1.1km로 육지관측이 주목적인 다른 위성센서와 비교하여 낮은 공간해상도지만, "개선된 고해상도 복사계(Advanced Very High Resolution Radiometer)"란 다소 어울리지 않는 명칭을 가지고 있다. AVHRR은 본래 대기와 해양 관측을 주목적으로 개발했기 때문에, 해상도가 수 km인 기상센서와 비교하여 1.1km는 상대적으로 높은 공간해상도다. 또한 AVHRR 영상은 넓은 해상공간에서 수집된 충분한 양의 에너지를 감지하므로, 잡음의 적은 양질의 영상신호를 생성할 수 있었다. 비슷한 시기의 Landsat MSS 및 TM 영상은 6bit 또는 8bit의 복사해상도를 갖지만, AVHRR 영상은 처음부터 10bit의 높은 복사해상도를 제공했다. 또한 AVHRR은 동일 지역을 매일 촬영할 수 있으므로 시간해상도가 다른 위성영상센서보다 월등히 높다. 따라서 센서 명칭에 포함된 '고해상도'의 의미를 여러 측면에서 해석할 수 있다.

MODIS

AVHRR이 지구환경과 관련된 다양한 분야에서 효율적으로 활용된 사례를 감안하여, NASA에서는 범지구관측사업(EOS)의 하나로 1999년 지구 전역의 육상, 해양, 대기, 극권의 정보를 얻기 위하여 여러 종류의 센서를 탑재한 Terra 위성을 발사했다. Terra 위성에 처음 탑재한 MODIS(MODerate Resolution Imaging Spectrometer)는 기존의 저해상도 광학영상의 성능을 개선하여, 육지, 해양, 대기 분야에 함께 활용할 수 있는 양질의 영상을 공급할 목적으로 개발했다. MODIS는 2002년 발사된 Aqua 위성에도 탑재하여 지금까지 범지구환경 모니터링에 가장 널리 활용되는 저해상도 광학영상이다.

MODIS는 705km 궤도의 Terra 및 Aqua 두 위성에 탑재되어 매일 지역 시간으로 오전과 오후로 나누어 2400km 폭으로 촬영하는 횡주사 방식의 광학센서다. MODIS는 영상분광계(imaging spectrometer)라는 명칭에 어울리게 36개의 분광밴드로 구성되어 있으며, 각 밴드는 매우 좁은 파장폭을 가지고 있다(표 6-12). 가시광선부터 열적외선 영역(0.4~14.4μm)을 포함하는 36개의 분광밴드는 크게 세 가지 활용 분야에 적합한 파장구간 및 파장폭을 가지고 있다. 밴드 1부터 7까지는 주로 토지이용 및 식생 모니터링을 위한 육상 분야, 밴드 8부터 16까지는 해양 분야, 나머지 밴드 17부터 36까지는 수증기, 구름, 오존 등과 관련된 대기 분야 활용을 목적으로 설정했다. 공간해상도 역시 활용 분야에 맞추어 설정했는데, 육상 활용을 위한 밴드 1, 2와 밴드 3부터 7까지는 각각 250m와 500m로 설정했고, 해양 및 대기 분야 활용을 위한 밴드 8부터 36까지는 공간적 변이를 고려하여 1km로 설정했다.

표 6-12 NASA의 Terra 및 Aqua 위성에 탑재한 MODIS의 기본 사양

위성(발사일)	Terra(1999. 12. 18.)/ Aqua(2002. 05. 04.)					
궤도/높이	Sun-synchronous / 705km					
주사 방식	whiskbroom scanning					
촬영 주기	dairy					
촬영폭	2400km					
공간해상도	250m(band 1, 2) / 500m(band 3~7) / 1km(band 8~36)					
분광밴드/파장(μm) 밴드 1~7(육상) 밴드 8~16(해양) 밴드17~36(대기)	1	0.620~0.670	13	0.662~0.672	25	4.482~4.549
	2	0.841~0.876	14	0.673~0.683	26	1.360~1.390
	3	0.459~0.479	15	0.743~0.753	27	6.535~6.895
	4	0.545~0.565	16	0.862~0.877	28	7.175~7.475
	5	1.230~1.250	17	0.890~0.920	29	8.400~8.700
	6	1.628~1.652	18	0.931~0.941	30	9.580~7.880
	7	2.105~2.155	19	0.915~0.965	31	10.780~11.280
	8	0.405~0.420	20	3.660~3.840	32	11.770~12.270
	9	0.438~0.448	21	3.929~3.989	33	13.185~13.485
	10	0.483~0.493	22	3.929~3.989	34	13.485~13.785
	11	0.526~0.536	23	4.020~4.080	35	13.785~14.085
	12	0.546~0.556	24	4.433~4.498	36	14.085~14.385

MODIS는 복사해상도가 12bit로 양질의 영상자료를 제공할 뿐만 아니라, 원시 영상을 가공 처리하여 사용자들이 직접 활용할 수 있는 산출물(products)을 제작하여 공급하고 있다. 산출물을 제작하여 공급하는 방식은 MODIS에서 처음 시도했으며, 이는 위성영상 활용을 확대한 중요한 계기가 되었다. 예를 들어 식생지수를 산출하기 위해서는 영상의 화소값(DN)을 그대로 사용하는 것 보다 대기보정 처리를 통하여 얻어지는 표면반사율을 사용하는 것이 바람직하지만, 식생이나 환경생태 분야의 사용자에게 대기보정은 어렵고 까다로운 처리 과정이다. 환경생태 및 농림업 분야에는 널리 사용하는 정확한 시계열 식생지수 자료를 제작하기 위해서는, 영상등록, 대기보정, 구름제거 등 복잡한 처리 절차를 거쳐야 하지만, MODIS 식생지수 산출물은 이미 이러한 처리 과정을 마친 자료이므로, 사용자가 직접 식물의 특성 및 생육 상태를 모니터링하기 위한 자료로 사용할 수 있다.

한국에서도 한반도 전역의 식생 현황을 모니터링하기 위한 용도로 MODIS 산출물인 식생지수를 농업, 산림, 수자원, 환경 분야에 널리 사용하고 있다. 그림 6-10은 2000년부터 2010년까지 MODIS 식생지수 산출물 자료를 이용하여 제작한 11년 평균 월별 식생지수 자료를 보여준다. 영상에서 식생지수는 명암에 비례하는데, 4월은 산림에서 잎이 자라기 시작하는 시점이지만, 논은

아직 모내기철이 아니므로 어둡게 나타났다. 8월은 모든 농작물과 수목의 잎 생장이 최고로 도달한 시기이므로, 한반도 전역이 매우 밝게 보인다. 반대로 12월에는 침엽수림을 제외한 모든 지역의 식생지수가 낮기 때문에 어둡게 보인다. 이와 같이 MODIS 식생지수 산출물은 전 지구 규모의 활용뿐만 아니라, 한반도와 같은 지역적 규모의 농지 및 산림 식생의 생육 상황과 변화를 분석할 수 있다.

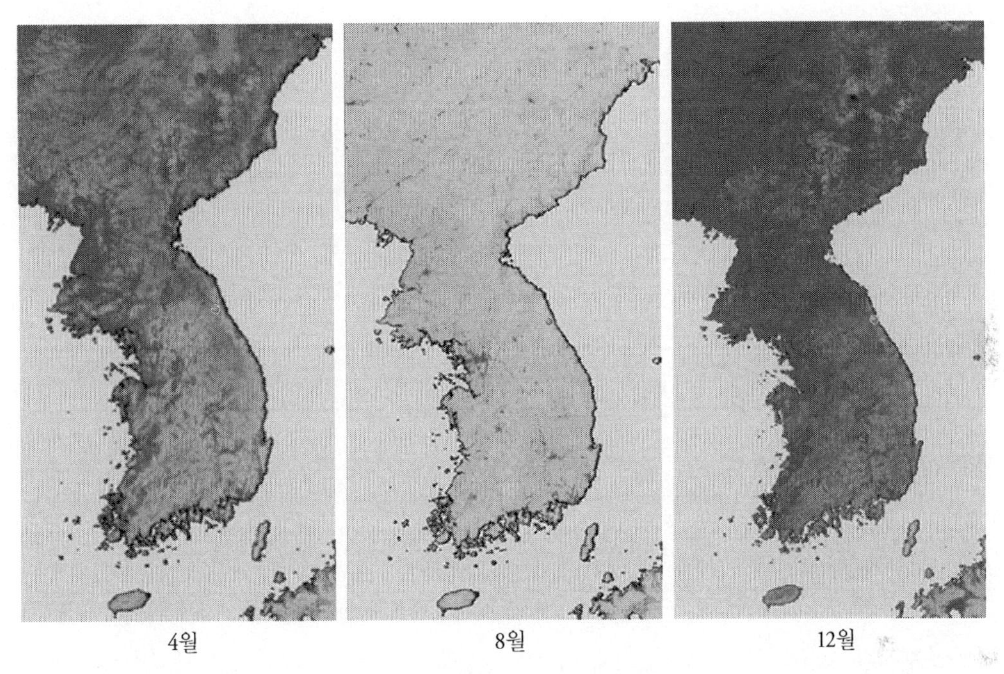

그림 6-10 MODIS 식생지수 산출물 자료를 이용하여 제작한 한반도 지역의 11년 평균 월별 식생지수

MODIS 산출물은 활용 분야에 따라 육상, 해양, 대기 등으로 구분된다(표 6-13). MODIS 활용산출물 제작을 위한 알고리즘은 Terra 위성이 발사되기 수 년 전부터 개발되었으며, 위성을 발사하고 MODIS 영상의 촬영과 함께 활용산출물이 제작되었다. 물론 활용산출물에 대한 지속적인 검증과정과 알고리즘의 개선을 통하여 산출물의 신뢰도를 향상시키고 있다. 영상자료와 함께 활용산출물을 공급함으로써, MODIS는 위성영상의 사용자층을 확대하는 데 크게 기여했으며, 이후 발사된 여러 지구관측위성이 영상자료와 함께 활용산출물을 제작하여 공급하는 계기를 마련했다. 한국에서도 천리안위성의 기상 및 해색영상도 이러한 산출물 공급 정책을 채택하여, 영상자료와 함께 여러 산출물을 제작하여 제공하고 있다.

표 6-13 MODIS 영상을 처리하여 제작한 육상, 해양, 대기 분야의 대표적 활용산출물

육상 산출물	해양 산출물	대기 산출물
• Surface Reflectance • Land Surface Temperature • Land Cover • Vegetation Indices • Thermal Anomalies/Fires • FPAR / LAI • Evapotranspiration • Gross Primary Productivity • BRDF / Albedo • Water Mask • Burned Area Product • Snow Cover • Sea Ice • Ice Surface Temperature	• Sea Surface Temperature • Remote Sensing Reflectance • Chlorophyll-a Concentration • Particulate Organic Carbon • Particulate Inorganic Carbon • Photosynthetically Available Radiation (PAR)	• Aerosol products • Total Precipitable Water • Cloud Products • Atmospheric Profiles • Atmosphere Joint Product • Atmosphere Gridded Product • Cloud Mask

해양관측 위성

해양관측 위성영상은 관측 대상인 해수면 온도 및 엽록소 등의 공간적 분포 특성을 감안하여 대부분 낮은 공간해상도를 갖는다. 해양관측을 위한 원격탐사 위성은 1978년에 함께 발사된 Nimbus-7 위성과 SEASAT 위성이 있다. SEASAT 위성은 비록 100여 일의 짧은 수명에도 불구하고, 영상레이더를 탑재한 최초의 민간 인공위성으로서 해양 및 육상 분야에서 다양한 활용 가능성을 보여주었다. Nimbus-7위성에 탑재한 CZCS(Coastal Zone Color Scanner)는 주로 해색 원격탐사를 목적으로 제작한 실험용 센서였으나, 기대 이상의 성능을 발휘하여 1986년까지 영상을 촬영했다. CZCS는 6개 분광밴드로 구성되어 있으며, 4개의 가시광선 밴드는 해수면 엽록소 흡수에 민감하도록 파장폭을 좁게 설정하였다. 나머지 근적외선 밴드와 열적외선 밴드는 영상신호에서 대기효과를 보정하거나 해수면 온도 추출에 사용했다. CZCS 영상은 825m 공간해상도로 1566km 폭의 해역을 촬영했다. CZCS는 최초의 해색센서로, 향후 발사된 해양관측위성의 센서 개발에 기준이 되었다.

1997년 발사한 상업위성 OrbView-2에 탑재된 SeaWiFS(Sea-viewing Wide Field of View Sensor)는 CZCS의 후속 해양관측센서로, 청색광부터 근적외선 영역에서 8개 분광밴드로 1.1km 해상도의 다중분광영상을 공급했다. 가시광선 6개 밴드와 근적외선 2개 밴드의 구성은 이후 한국의 정지궤도 해색센서인 GOCI와 인도 Oceansat-2의 해색센서인 OCM-2를 포함하여 여러 해양관측 센서에 동일하게 채택했다. SeaWiFS는 2010년까지 작동했으며, 2800km의 넓은 촬영폭으로 매일 지구 전역의 영상을 공급하여 식물성 플랑크톤의 분포와 이를 이용한 해양의 물질 순환 과정을 밝히는

데 중요한 자료를 제공했다. SeaWiFS 영상은 해양 관측뿐만 아니라 육상에서도 근적외선 및 적색 광밴드 영상을 이용한 식생지수 산출을 통하여 전 지구 식생의 변화를 관찰하는 데 활용되었다. 컬러 그림 6-11은 1997년 9월부터 2000년 8월까지 촬영한 SeaWiFS 영상에서 추출한 해수면의 식물성 플랑크톤의 엽록소 농도와 육지의 식생지수를 보여준다. 녹색, 황색, 적색에 해당하는 지점은 식물성 플랑크톤의 농도가 높아 생산성이 높은 해역이며, 청색 및 자색은 식물성 플랑크톤의 농도가 낮은 해역을 나타낸다. 육지에서 평균 NDVI의 분포는 진한 녹색으로 갈수록 식물피복률이 높은 산림지역이며 갈색계통은 식물의 피복률이 낮은 건조 지역과 사막이다.

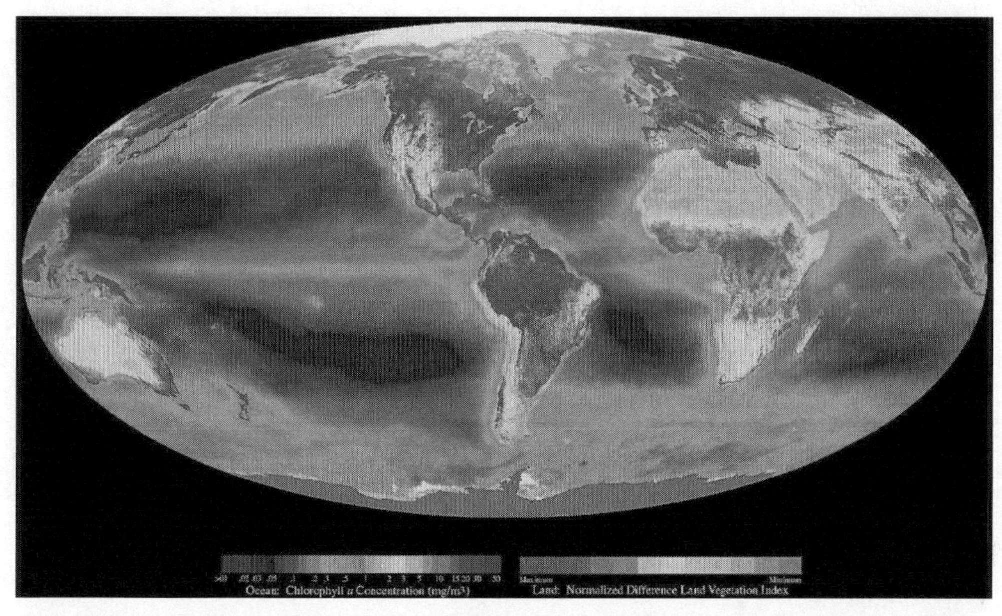

컬러 그림 6-11 SeaWiFS 영상에서 추출한 해수면의 엽록소 분포와 육지의 식생지수 자료(NASA, 2021) (컬러 도판 p.562)

SeaWiFS 이후에 개발된 해양관측 위성 센서로는 일본의 SGLI, 유럽우주국의 MERIS, 인도의 OCM-2, 그리고 한국의 GOCI 등이 있다. 해색 위성영상은 주로 해수면의 생물리적 특성과 관련된 정보를 추출하기 위하여 활용되지만, 육상 및 대기 관련 분야에서도 활용되기도 한다. 해색 위성영상의 대부분은 AVHRR 및 MODIS와 마찬가지로 매우 빠른 촬영주기로 지구 전역을 촬영할 수 있고, 자료 수신 및 공급에 큰 제한이 없기 때문에 해양 분야뿐만 아니라 육상 및 대기 분야에서 많이 활용하는 위성자료다.

6.5 고해상도 위성영상

Landsat 이후 다양한 종류의 위성영상이 공급되었으나, 항공사진에 버금가는 고해상도 영상의 필요성은 꾸준히 제기되었다. 민간 분야에서 고해상도 영상의 요구를 반영하여 1992년 미국에서는 육상원격탐사법(Land Remote Sensing Act)을 제정하여, 정찰위성에서 사용했던 고해상도 영상 기술을 민간에서 사용하도록 허용했다. 이에 따라 1990년대부터 여러 분야에서 활용되기 시작한 지리정보체계(GIS) 시장 및 인터넷기반 지도서비스에 필요한 수치지도 및 고해상도 영상지도의 수요를 반영하여, 민간기업에서 고해상도 영상을 공급하기 위한 위성 사업을 시작했다. 1999년 최초의 상업용 고해상도 위성영상을 촬영할 수 있는 IKONOS 위성이 발사된 이후, 많은 민간업체 및 국가에 의하여 고해상도 영상을 촬영할 수 있는 위성들이 운영되고 있다.

고해상도 상업위성영상

IKONOS를 비롯한 모든 상업위성 사업은 위성의 제작 및 발사부터 탑재체 개발과 위성영상의 수신 및 공급에 이르기까지 모두 민간자본으로 이루어진다. 한국에서도 IKONOS 사업에 참여한 업체가 있었으며, 국내에 수신소를 설치하여 최초의 상업용 위성영상을 수신 판매했다. 1990년대 후반부터 여러 다국적 기업에서 시작한 상업용 지구관측위성은 정찰위성에 사용되는 전자광학카메라에 버금가는 고해상도 영상을 제공하고 있다. 고해상도 위성영상으로 구분하는 명확한 기준은 없지만, 대략 전정색영상은 1m 그리고 컬러영상은 4m 정도의 해상도를 가진 영상을 말한다.

표 6-14는 IKONOS에서 공급한 고해상도 위성영상의 기본 사양을 보여주는데, 종주사 방식의

표 6-14 최초의 고해상도 상업위성영상을 공급한 IKONOS 영상의 기본 사양

위성의 궤도 / 높이	Sun-synchronous / 680km		
위성발사	1999년 9월 24일		
주사 방식	push-broom scanning		
촬영 주기	3일(FOV 26°를 적용한 사각촬영 경우)		
촬영폭	11km		
복사해상도	11bit		
분광밴드	밴드	파장영역(μm)	공간해상도
panchromatic mode	전정색	0.45~0.90	• 0.82m(연직촬영 경우) • 1.0m
multispectral mode	1(Blue)	0.445~0.516	• 3.2m(연직촬영 경우) • 4.0m
	2(Green)	0.506~0.595	
	3(Red)	0.632~0.698	
	4(NIR)	0.757~0.853	

전자광학센서는 하나의 전정색 밴드와 네 개의 다중분광밴드로 촬영한다. 고해상도 상업위성영상은 판매가 주목적이므로, 고객이 요구하는 지역 또는 판매 가능성이 높은 지역을 선택적으로 촬영한다. 영상의 촬영폭은 11km로 한 번에 좁은 지역만을 촬영할 수 있으므로, 관측각을 최대 26°까지 기울여 사각촬영하면 촬영주기를 3일로 단축할 수 있다. IKONOS 위성은 2015년 3월 임무를 종료할 때까지 15년 동안 고해상도 위성영상을 공급하여, 지도제작뿐만 아니라 언론, 농업, 수송, 재해재난, 인터넷포털 서비스에 많이 활용했다.

고해상도 위성영상의 특성

IKONOS 이후 많은 고해상도 위성영상이 촬영되고 있으며, 현재 수십 기 이상의 위성에서 해상도가 1m 이하의 고해상도 영상을 공급하고 있다. 고해상도 위성영상은 자료의 양이 대용량이기 때문에 주로 고객이 요청하는 지역을 주문 촬영하거나, 판매 가능성이 높은 관심 지역을 선택적으로 촬영한다. 대부분의 고해상도 위성영상은 고해상도 전정색영상과 공간해상도는 다소 희생하되 자연색 및 컬러적외선 영상을 얻기 위하여 네 개의 다중분광영상으로 구성된다.

고해상도 위성영상은 SPOT 위성영상에 적용했던 pan-sharpening 처리를 통하여 고해상도 전정색영상과 저해상도 다중분광영상의 장점을 결합하여 고해상도 컬러영상을 제작할 수 있다. 컬러 그림 6-12는 IKONOS 다중분광영상과 전정색영상을 합성하여 제작한 1m 해상도의 컬러영상(a)과 1 : 15000 축척으로 촬영한 흑백 항공사진(b)의 차이를 보여준다. 컬러합성영상의 해상도는 흑백

(a) IKONOS

(b) 1 : 15000 축척 흑백 항공사진

컬러 그림 6-12 컬러적외선 사진과 동일한 방식으로 컬러합성된 IKONOS 영상과 흑백 항공사진 비교 (컬러 도판 p.562)

항공사진과 큰 차이가 없지만, 근적외선 밴드에서 나타나는 논, 밭, 침엽수림, 활엽수림 등 식생의 종류 및 지표물의 세부적인 차이를 잘 보여준다.

대부분의 고해상도 위성영상센서는 지형도 제작에 필요한 입체영상 촬영 능력을 갖고 있다. 입체영상은 SPOT과 같이 다른 궤도에서 위성의 자세를 기울여 동일 지역을 다른 각도로 촬영하거나, 위성에 탑재된 센서의 관측각을 다르게 고정한 두 줄 이상의 검출기 선형배열을 장착하여 동시에 입체영상을 촬영하는 방법이 있다. 물론 한 쌍의 입체영상을 동시에 촬영하는 후자의 방식이 양질의 입체영상 획득과 정확한 3차원 지형정보 추출에 유리하다.

표 6-15는 현재 고해상도 영상을 공급하는 대표적인 상업용 또는 공공 위성의 목록을 보여주고 있는데, 민간기업의 합병과 소유권 이전 등으로 인공위성의 이름이 변경되는 경우가 종종 있다. 예를 들어 Geoeye-2 위성이 해당 기업의 사정으로 인하여 나중에 Worldview-4로 변경되기도 했다. 표 6-15에 열거된 대부분의 고해상도 위성영상은 IKONOS와 비교하여 분광밴드의 구성, 공간해상도, 촬영폭 등에 큰 차이가 없다. 예외적으로 WorldView-2, 3, 4호 위성은 공간해상도를 점차 높이고 있으며, 8개 다중분광밴드 영상을 제공한다. WorldView 다중분광영상은 가시광선 및 근적외선 영역을 8개의 밴드로 나누어 촬영하는데, 특히 연안지역 해수면의 엽록소 함량에 민감한 청색광 밴드(400~450nm)와 식물의 생리적 특성에 민감한 적색경계밴드(705~745nm)를 포함한다. 고해상도 위성영상은 주로 지도제작 또는 관측 목적에 활용되었으나, 토지피복 분류 또는 식물의

표 6-15 고해상도 광학영상센서를 탑재한 위성의 종류 및 탑재체 사양

인공위성	위성발사 연도	swath (km)	공간해상도		운영국
			panchromatic(1)	multispectral(4)	
IKONOS	1999	11	0.82m	3.28m	미국(상업용)
QuickBird	2001	18	0.6m	2.4m	
OrbView-3	2003	8	1.0m	4.0m	
Geoeye-1	2008	15.2	0.41m	1.64m	
WorldView-1	2007	16.4	0.5m	N/A	
WorldView-2	2009	16.4	0.46m	1.84m(8 밴드)	
WorldView-3	2014	13.1	0.31m	1.24m(8 밴드)	
WorldView-4(Geoeye-2)	2016	13.1	0.31m	1.24m(8 밴드)	
EROS-B	2006	7	0.7m	-	이스라엘(상업용)
Cartosat-2	2007	9.6	0.8m	N/A	인도
Cartosat-3	2019	16	0.25m	1.14m	
Pleaides-1A, 1B	2011, 2012	20	0.7m	2.8m	프랑스
SPOT-6/7	2012, 2014	60	1.5m	6.0m	
ZY-3A	2012	51	2.1m	5.8m	중국
KOMPSAT-2	2006	15	1.0	4.0	한국
KOMPSAT-3	2012	12	0.7	2.8	

생물리적 정보 추출 등 활용 범위가 넓어지고 있다. 그러나 3차원 지형자료 획득이 최우선 목표라면, 항공사진측량과 마찬가지로 다중분광밴드 없이 하나의 전정색영상만을 촬영하는 센서도 있다. WorldView-1과 인도의 Cartosat-2 위성은 지형도 제작이 주목적이기 때문에 공간해상도를 50~80cm로 높인 전정색영상만을 촬영한다.

고해상도 위성영상의 해상도는 점차 높아져서 과거 정찰위성영상에 근접하고 있다. 현재 Cartosat-3와 WorldView-3, 4의 전정색영상은 20~30cm 정도의 높은 해상도를 갖는다. 현재 고해상도 위성영상의 공간해상도는 항공영상과 거의 대등한 수준이며, 분광밴드의 구성 역시 근적외선 및 가시광선 영역을 포함하는 4개 밴드로 비슷하다. WorldView와 같이 분광밴드 구성을 세분화하여 지형도 제작과 함께 수질과 식물과 관련된 추가적인 정보 추출을 위한 용도로 확장하는 경우도 있다. 고해상도 위성영상은 항공영상과 다르게 장소에 제한을 받지 않고 촬영이 가능하다는 장점이 있다.

대부분의 고해상도 위성영상의 촬영폭은 20km 미만으로 상대적으로 좁은 지역만을 촬영할 수 있기 때문에, 동일 지역을 반복하여 촬영할 수 있는 촬영주기에 한계가 있다. 촬영주기를 단축하기 위하여 연직촬영이 아닌 위성을 자세를 기울여 촬영할 경우 동일 지역에 대한 재방문 주기를 3~5일 정도로 단축하기도 한다. 고해상도 위성영상은 대용량 자료이므로 자료 전송 및 저장의 한계로 하루에 촬영할 수 있는 면적이 제한되어 있다. 초기 IKONOS는 하루에 촬영 가능한 면적이 150000km^{2}이었으나, 최근 WorldView위성은 이를 1500000km^{2}까지 확대했다.

RapidEye 및 Planet 위성영상

고해상도 위성영상의 공급이 확대되었지만, 여전히 사용자가 요구하는 지역을 원하는 시기에 촬영할 수 있는 촬영주기에는 다소 한계가 있었다. 특히 불특정 시기에 발생한 재해 재난 정보를 신속하게 얻기 위해서는 빠른 촬영주기가 필요하다. 빠른 촬영주기를 갖춘 고해상도 위성영상을 얻기 위하여 여러 기업에서는 다수의 인공위성을 동시에 운영하여 사용자가 원하는 시기의 영상을 가능한 빨리 촬영할 수 있는 공급체계를 갖추고 있다.

독일의 RapidEye사에서는 2008년에 동일한 전자광학카메라를 탑재한 5기의 위성을 발사했다. 위성에 탑재한 전자광학카메라의 공간해상도는 5m로 대부분의 고해상도 위성영상보다 다소 낮지만, 촬영폭을 77km로 넓혀 한 번에 넓은 지역을 촬영할 수 있다. 상대적으로 넓은 촬영폭에 사각 촬영 기능을 적용하여 동일 지역을 매일 촬영할 수 있도록 했다. 연직촬영의 경우에도 5기의 위성을 동시에 운영함으로써, 촬영주기를 5일로 단축하여 사용자가 원하는 지역의 영상을 최대한 적기에 공급하도록 했다. RapidEye는 기존의 고해상도 위성영상의 4개 다중분광밴드에 추가하여 적색경계밴드(690~730nm)를 추가했다.

RapidEye는 식물의 생물리적 특성에 민감하게 반응하는 적색경계밴드 영상을 제공한 최초의 민간위성이다. 적색경계밴드를 추가하여 식물의 분류와 생육 상태를 분석할 수 있는 영상을 제공함으로써, 농업 및 산림 분야에서 많이 활용되고 있다. RapidEye 이후 발사된 WorldView 위성 및 다른 위성의 전자광학탑재체도 적색경계밴드를 포함하는 사례가 늘고 있다. 한국에서도 농업 및 산림 분야에서 RapidEye의 활용 빈도가 상대적으로 높으며, 향후 발사 예정인 차세대 중형 위성-4호인 농림위성의 전자광학탑재체 역시 RapidEye와 동일하게 적색경계밴드를 포함한 5개의 분광밴드 영상을 촬영할 예정이다.

극궤도 소형 위성으로 수명이 거의 다한 RapidEye를 대신하여, 원하는 시기의 고해상도 광학영상을 공급할 수 있는 Planet 위성이 있다. Planet 위성은 중량이 10kg 미만인 초소형 위성(cubesats)으로 지금까지 동일한 사양의 전자광학카메라를 탑재한 위성을 300여 기 이상 발사했다. 발사 후 궤도에 안착하지 못하거나 손실된 위성을 감안해도, 현재 약 200여 기의 위성을 동시에 운영하여, 사용자가 원하는 지역을 3일 이내에 촬영이 가능하도록 했다. Planet 위성은 가시광선과 근적외선 영역의 4개 분광밴드에서 3.7m 공간해상도의 다중분광영상을 촬영한다. 기존의 전자광학센서가 줄 단위로 영상을 촬영하는 선주사기(line scanner)지만, Planet 위성의 탑재체는 디지털카메라와 같이 한 번에 $24.6 \times 16.4 km^2$에 해당하는 면적을 촬영하는 CMOS 면배열 검출기를 이용한다. RapidEye 및 Planet과 같이 여러 기의 위성을 동시에 운영함으로써, 높은 공간해상도와 빠른 촬영주기를 동시에 제공하는 위성영상사업은, 향후 빠른 속도로 확대될 것이다.

6.6 한국의 지구관측위성

한국 최초의 인공위성은 1982년 발사된 우리별-1호로, 중량이 50kg 미만인 소형 위성으로 우주기술 축적과 자립을 위한 일종의 실험 위성이었다. 한국에서 본격적인 지구관측위성 사업은 1999년 다목적실용위성(KOMPSAT)-1호에서 비롯되었으며, 정지궤도관측위성 및 차세대 중형위성 등 다수의 지구관측위성을 운영하고 있다. 한국의 지구관측위성 사업은 크게 세 가지로 나눌 수 있는데, 첫 번째 다목적실용위성 사업은 고해상도 영상을 기반으로 지도제작, 지리정보시스템, 환경관리등에 활용되고 있다. 두 번째는 기상, 해양, 대기 상황을 실시간으로 관측하기 위한 정지궤도위성 사업으로, 정지궤도에서 해양 및 대기관측은 세계에서 최초로 시도된 해색 모니터링과 미세먼지를 비롯한 대기 오염과 관련 정보를 실시간으로 관측하고 있다. 세 번째는 각 부처별로 특화된 분야에 활용할 목적으로 개발 중인 차세대 중형 위성사업이 있다. 그동안 축적된 위성 개발

기술을 토대로 위성관련 산업을 촉진하고 국토관리, 농림업, 수자원, 환경 등 각 부처의 업무에 연관된 활용을 위하여 개발하고 있다.

다목적실용위성(KOMPSAT)

다목적실용위성(Korean Multi-Purpose Satellite, KOMPSAT)은 아리랑위성으로 지칭되기도 하며, 현재까지 5기의 위성이 성공적으로 발사되었고, 6호 및 7호 위성이 개발 중이다. 1999년 1호 발사 이후, 위성 제작 및 탑재체 개발에서 해외 기술 의존도를 줄여나가고 있다. 2021년 발사한 차세대 중형 위성 1호와 발사 예정인 KOMPSAT-6호는 위성, 탑재체, 지상국 운영과 관련된 대부분이 국내 기술로 개발되고 있다. 표 6-16은 현재까지 발사된 KOMPSAT 위성과 각 위성에 탑재된 영상센서의 기본적 사양을 보여준다.

표 6-16 다목적실용위성(KOMPSAT)에 탑재된 영상센서의 종류와 기본 사양

위성	발사	탑재체	분광밴드		Swath(km)
			밴드	공간해상도	
KOMPSAT-1	1999.12.21	EOC	전정색(510~730nm)	6.6m	17
		OSMI	400~900nm 영역에서 6개 밴드 선택	850m (nadir)	800
KOMPSAT-2	2006.07.28	MSC	전정색(500~900nm)	1m	15
			4개 다중분광(B, G, R, NIR)	4m	
KOMPSAT-3	2012.05.18	AEISS	전정색(450~900nm)	0.7m	16
			4개 다중분광(B, G, R, NIR)	2.8m	
KOMPSAT-3A	2015.03.25	AEISS-A	전정색(450~900nm)	0.55m	12
			4개 다중분광(B, G, R, NIR)	2.2m	
		IIS	열적외선(3~5μm)	5.5m	
KOMPSAT-5	2013.08.22	COSI	9.66GHz(X-band)	1m(high)	5
				3m(표준)	30
				20m(광폭)	100

MSC(Multi-Spectral Camera), AEISS-A(Advanced Earth Imaging Sensor System-A), IIS(Infrared Imaging System), COSI(Corea SAR Instrument)

KOMPSAT-1호는 우주기술 습득을 위하여 외국 기업과 공동으로 위성 및 탑재체를 개발했으며, 이를 토대로 2호부터 위성 본체 및 탑재체 제작에서 국내 기술의 참여도를 점차 늘려갔다. KOMPSAT-1호는 전자광학카메라(Electro-Optical Camera, EOC)와 해양다중분광주사기(Ocean Scanning Multispectral Imager, OSMI)의 두 종류 광학센서를 탑재했으나, 결과적으로 영상의 품질과 활용도

는 다소 미흡했다.

EOC는 하나의 전정색 밴드(500~900nm)로 6.6m 해상도의 흑백영상만을 촬영했다. 그림 6-13은 서울 시내를 촬영한 EOC 영상으로, 위성이 발사된 1999년에는 6.6m의 비교적 높은 해상도 영상에 대한 기대가 있었다. 그러나 전정색 영상이므로 토지피복을 비롯한 다양한 지표물의 특성을 해석하는 데 다소 한계가 있었다. EOC는 약 2500개의 선형 검출기 배열을 가진 종주사기로서 약 17km 폭으로 촬영했다. EOC는 동일 지역을 다른 궤도에서 촬영하여 입체영상 촬영이 가능했으며, 당시 촬영된 입체영상은 수치고도자료(DEM) 제작에 활용되었다. 그러나 EOC 영상이 공급된 2000년에는 이미 EOC보다 해상도가 높은 상업위성의 다중분광 및 입체영상이 공급되었기 때문에, 실질적인 EOC 영상의 활용 사례는 많지 않다.

그림 6-13 KOMPSAT-1호에 탑재된 EOC에서 촬영한 서울 시가지 모습(한국항공우주연구원, 2021)

KOMPSAT-1호에는 EOC외에도 해양센서로 OSMI가 탑재했는데, 한반도 주변 해역의 식물성 플랑크톤 분포와 해수면 탁도를 측정하기 위한 용도로 개발했다. OSMI는 횡주사 방식으로 800km 폭의 지역을 850m 해상도로 촬영한 광학센서다. 해수면의 분광특성을 고려하여, 400~900nm 구간에서 최대 6개 분광밴드를 선택하여 다중분광영상을 촬영할 수 있었다. 분광밴드의 파장폭 역시 지상국에서 조정할 수 있도록 했는데, 다른 해색센서와 마찬가지로 해수면의 클로로필 함량에 민감한 청색광 영역에 많은 밴드를 할당하여 촬영했다.

OSMI는 해색영상이 갖추어야 할 양질의 복사신호를 감지하는 데 다소 문제가 있었으므로, 본래 목적인 해색 관련 활용은 많지 않았다. 그림 6-14는 OSMI에서 촬영된 한반도 및 주변 해역의 영상을 보여주는데, 영상에서 횡주사 방식으로 96개 검출기에서 한 번에 촬영한 영상신호가 균질하지 않기 때문에 줄무늬 잡음이 보인다. AVHRR 및 MODIS 같은 저해상도 광학영상은 공간해상도를 희생하는 대신 잡음을 최소화한 양질의 복사신호를 얻는 게 중요하다. 비록 KOMPSAT-1호의 EOC 및 OSMI 영상의 활용도는 높지 않았지만, 한국 최초의 원격탐사 위성으로서 원래 계획했던 수명을 훨씬 초과하여 2008년 임무를 종료할 때까지 위성운영, 영상 수신, 영상자료의 검보정 및 전처리, 공급 등 제반 기술을 축적할 수 있는 기반을 제공했다.

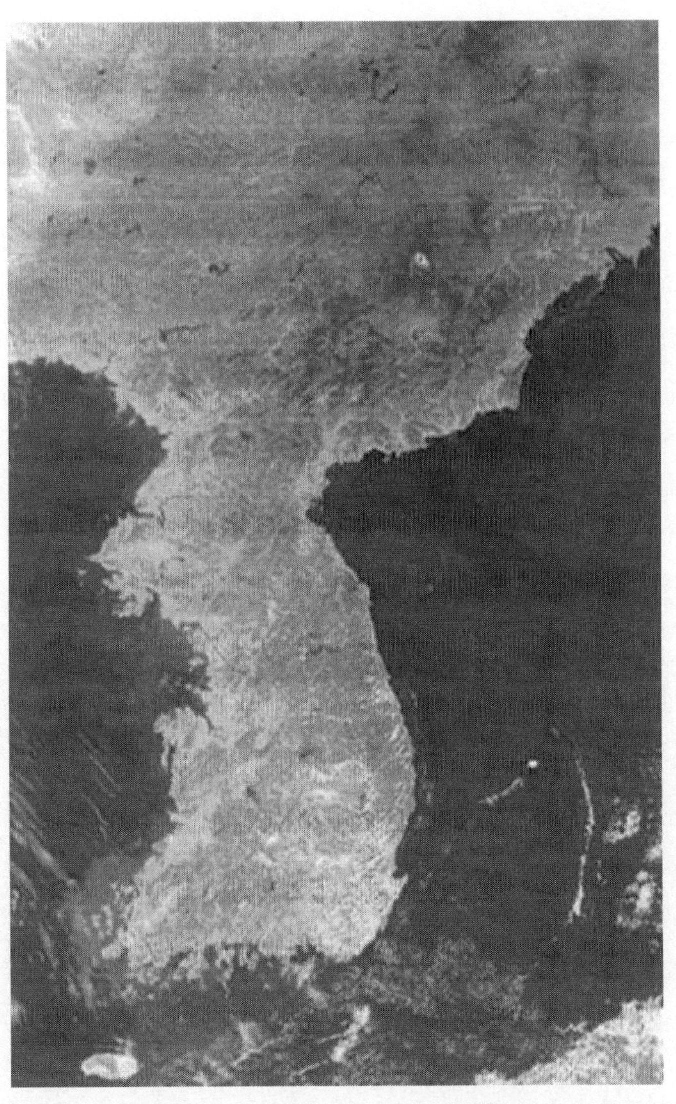

그림 6-14 KOMPSAT-1호에 탑재된 OSMI로 촬영한 한반도 및 주변 해역 영상으로 횡주사 방식에서 복사보정의 문제로 줄무늬 현상이 발생한 모습(한국항공우주연구원, 2021)

2006년 발사한 KOMPSAT-2호는 IKONOS와 공간해상도 및 분광밴드의 구성이 동일한 다중분광카메라(Multi-Spectral Camera, MSC)를 탑재했다. MSC는 1m 해상도의 전정색영상과 4m 해상도의 다중분광영상을 15km 폭으로 촬영했다. 2012년 발사한 KOMPSAT-3호는 전정색영상의 공간해상도를 70cm까지 향상시킨 센서(Advanced Earth Imaging Sensor System, AEISS)를 탑재하였다. AEISS는 MSC와 동일한 파장구간을 갖는 네 개 분광밴드 영상을 제공한다. KOMPSAT-3A의 고해상도 광학센서(AEISS-A)는 2, 3호 위성에 탑재된 센서와 동일한 파장대의 분광밴드를 갖추고 있으나, 전정색영상과 다중분광영상의 공간해상도가 각각 0.55cm와 2.2m로서 상업용 고해상도 위성영상에 버금가는 사양을 갖추고 있다. KOMPSAT-3A는 AEISS-A에 추가하여 열적외선 영상을 촬영할 수 있는 IIS(Infrared Imaging System)를 탑재했다. IIS는 3~5μm 열적외선 영역에서 방출되는 에너지를 감지하여 지구 표면의 온도를 나타내는 열 영상을 촬영한다. IIS는 열적외선 영상으로는 이례적인 5.5m의 고해상도 영상이지만, 촬영폭이 12km에 불과하므로, 주로 산불, 화산활동, 도시열섬 현상 등 국소적인 고온의 열 현상을 감지하는 용도에 적합하다.

컬러 그림 6-15는 KOMPSAT-3A에서 촬영된 고해상도 다중분광영상과 열적외선 영상의 차이를 보여준다. 김포공항 영상(a)은 2.2m 해상도의 자연색 합성영상으로 활주로 및 계류장의 유도선, 항공기의 모양과 크기 등을 충분히 식별할 수 있는 높은 해상도를 제공할 뿐만 아니라, 기존의 2, 3호 위성에서 촬영한 다중분광영상과 비교하여 복사해상도가 14bit로 향상되었다. 열적외선 영상(b)은 한강을 중심으로 서울 강북과 강남의 지표온도를 보여주는데, 남산을 비롯하여 식물이 분포하는 지점과 대규모 아파트 단지의 건물 그늘은 낮은 표면온도로 파란색으로 보인다. 한강으로

(a) AEISS-A 다중분광영상　　(b) IIS 열적외선 영상

컬러 그림 6-15 KOMPSAT-3A 위성의 고해상도 다중분광센서(AEISS-A)로 촬영한 김포공항의 자연색영상(a)과 열적외선센서(IIS)로 촬영한 서울 시내 열적외선 영상(b)(한국항공우주연구원, 2021) (컬러 도판 p.563)

유입되는 중랑천과 한강본류의 수면온도에 미세한 차이가 있음을 볼 수 있는데, 이는 수심이 얕은 중랑천의 온도가 한강 본류의 수면온도보다 상대적으로 높기 때문이다. 아스팔트, 콘크리트, 건물 옥상 등 태양열의 영향으로 표면온도가 높은 지점은 황색 및 적색으로 나타난다.

KOMPSAT-5호는 3A위성보다 먼저 2013년에 발사했다. KOMPSAT-5호는 기상조건에 영향을 받지 않고 야간에도 촬영이 가능한 영상레이더(Corea SAR Instrument, COSI)를 탑재했다. COSI는 X-band 마이크로파를 이용한 영상레이더로서, 파장(3.2cm)이 상대적으로 짧기 때문에 고해상도 레이더영상을 얻을 수 있다. COSI 영상의 해상도는 촬영폭에 따라 달라지는데, 1m 고해상도 SAR 영상은 5km 촬영폭으로 촬영할 때만 가능하다. 표준 촬영은 30km 폭의 지역을 3m 해상도로 촬영되며, 100km의 넓은 폭으로 촬영하면 공간해상도는 20m로 낮추어야 한다. COSI SAR 영상의 편광모드는 HH, HV, VH, VV 중 하나를 선택하여 촬영할 수 있으며, 안테나의 입사각은 20~55° 범위에서 조정할 수 있다. 그림 6-16은 COSI로 촬영한 프랑스 파리 시내의 SAR 영상인데, 다른 위성 레이더영상에서 보기 어려운 건물의 모양, 도로, 지표물의 특성 등 고해상도 SAR 영상의 특징을 잘 보여주고 있다. 향후 발사할 KOMPSAT-6호는 5호와 마찬가지로 SAR 영상 촬영을 위한 영상레이더시스템을 탑재할 예정이다.

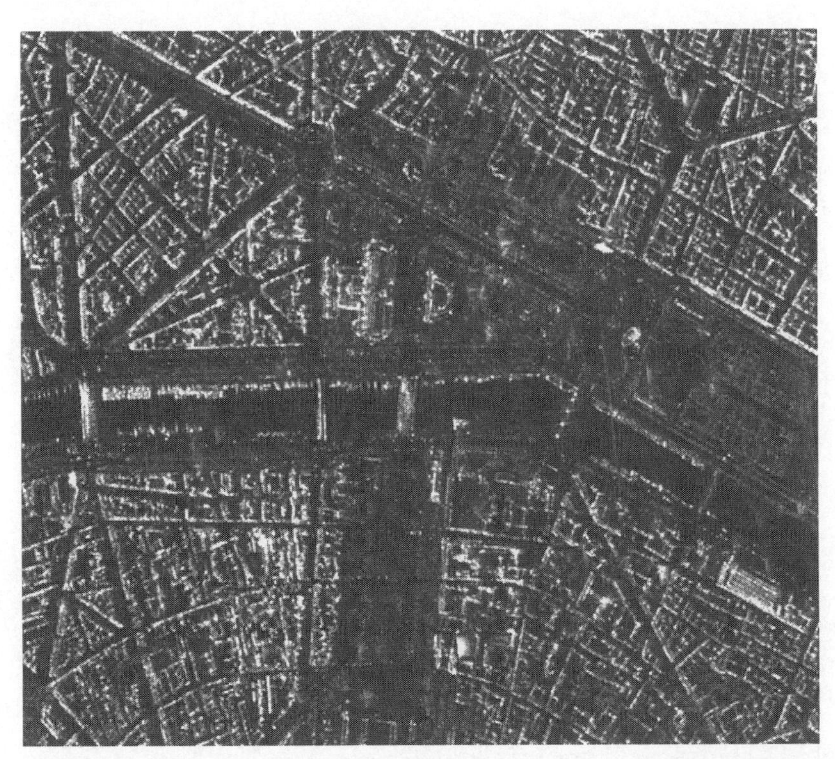

그림 6-16 KOMPSAT-5호에 탑재한 COSI에서 촬영한 프랑스 파리 시내의 SAR 영상(한국항공우주연구원, 2021)

KOMPSAT 위성 사업은 1990년대 중반부터 시작하여 다른 나라보다 출발이 다소 늦었지만, 지속적이고 꾸준한 기술 개발을 통하여 독자적인 지구관측위성 프로그램을 운영할 수 있는 기술력을 갖추는 기반을 마련했다. 1호 위성부터 현재까지 호환성을 갖춘 고해상도 전자광학영상을 이용하여 지형도 제작을 비롯하여 다양한 분야에 활용되고 있다. 또한 3A 및 5호 위성에서 촬영하는 고해상도 열적외선 영상과 SAR 영상은 외국의 위성영상과 구별되는 나름대로의 차별성을 갖고 있다.

정지궤도 천리안 위성

정지궤도위성은 극궤도위성보다 훨씬 높은 궤도 때문에 고해상도 영상을 얻기 어려운 기본적인 한계가 있다. 그럼에도 불구하고 한국에서는 최근 정지궤도위성을 이용하여 세계적으로 보기 드문 새로운 형태의 원격탐사위성 사업을 시작하여 나름대로 성공을 거두고 있다. 표 6-17은 현재까지 발사한 정지궤도 지구관측위성의 종류와 탑재 센서의 기본적인 특징을 보여준다. 정지궤도 지구관측위성은 발사 후에 별칭으로 천리안위성으로 지칭되기도 하며, 또한 정지궤도복합위성(Geo-KOMPSAT)으로 불리는 등 다양한 이름을 가지고 있다.

표 6-17 한국의 정지궤도관측위성(Geo-KOMPSAT)의 목록 및 탑재 센서의 기본 사양

위성	발사일	센서	촬영지역	촬영주기	분광밴드(수)	공간해상도
천리안1 COMS	2010년 6월 2일	MI	반구(FD)	30분	VIS(1) TIR(4)	1km(VIS) 4km(TIR)
			한반도 주변(LA)	10분		
		GOCI	$2500 \times 2500 km^2$	8회/일	400～900nm(8)	500m
천리안2A GEO-KOMPSAT-2A	2018년 12월 5일	AMI	반구(FD)	4회/시간	0.47～13.3μm(16)	0.5～1km(VIS) 2km(TIR)
			한반도 주변(LA)	30회/시간		
천리안2B GEO-KOMPSAT-2B	2020년 2월 19일	GOCI-II	$2500 \times 2500 km^2$	10회/일	380～900nm(13)	250m
		GEMS	$5000 \times 5000 km^2$ 동북아시아	8회/일	300～500nm (0.6nm폭, 1000bands)	7km

2010년에 발사한 통신해양기상위성(Communication Ocean and Meteorological Satellite, COMS)은 통신, 기상, 해양관측의 여러 용도를 가진 복합위성으로 개발되어 '통해기' 위성으로 지칭되기도 했으나, 현재는 후속 위성들과의 연관성을 나타내기 위하여 Geo-KOMPSAT-1호라고 한다. COMS에는 두 종류의 전자광학센서를 탑재했는데, 기상관측을 위한 MI(Meteorological Imager)와 해양관측을 위한 GOCI(Geostationary Ocean Color Imager)가 있다. MI는 한국의 최초 기상위성센서로 한반도의 중심을 통과하는 동경 128.2°와 적도를 중심으로 촬영지역을 다양하게 선정할 수 있다.

가장 넓은 촬영지역은 지구의 반에 해당하는 지역(full disk, FD)이며, 북반부, 남반부, 아시아태평양 북부, 그리고 한반도 및 주변 지역(local area, LA) 등으로 나누어 촬영할 수 있다. 정지궤도위성은 이론적으로는 하루 24시간 계속 촬영이 가능하지만, 촬영시간 및 자료 송신 등을 감안하여 최소 30분마다 촬영할 수 있으며, 한반도 주변 지역은 매 10분마다 촬영할 수 있다.

MI는 미국 및 일본의 기상위성에 탑재된 센서와 거의 동일한 사양을 갖고 있다. 다섯 개 밴드에서 다중분광영상을 얻는데, 한 개의 전정색 밴드(VIS, 0.55~0.80μm)는 1km 해상도 영상을, 그리고 열적외선(3.5~12.5μm) 영역에 걸쳐 있는 네 개 밴드는 4km 해상도의 영상을 제공한다. 기상청 국가기상위성센터에서 수신되는 MI영상은 산출물 처리 과정을 거쳐 대기 수증기 분포 및 농도, 고도별 구름 분포, 해수면 온도와 같은 정보를 추출하여 일기예보에 사용한다. 그림 6-17은 COMS 위성에 탑재된 MI의 VIS밴드 반구(FD)영상이다. 한국 시간으로 2011년 9월 23일 오전 11시 15분에 촬영한 영상으로, 한반도 및 주변 지역과 호주 대륙 전체가 구름이 없이 맑은 상태임을 보여준다.

그림 6-17 정지궤도 COMS(천리안 1호) 위성의 기상센서의 VIS 밴드로 촬영된 반구(FD) 영상(국가기상위성센터, 2021)

COMS 위성에는 기상센서인 MI와 함께 해색센서인 GOCI를 탑재했다. GOCI는 정지궤도위성에서 해색 관측용으로 개발한 세계 최초의 사례다. 그림 6-18에서 보듯이 GOCI의 촬영 영역은 한반도를 중심으로 사방 2500km에 해당하는 정방형 지역으로, 한반도를 둘러싼 황해, 동해, 남해 전역을 비롯하여, 태평양 서북부 및 동중국해까지 넓은 해역을 포함한다. 또한 GOCI 촬영 영역의 약 40%는 육지에 해당하며, 한반도와 일본 전역, 중국, 몽골, 러시아, 대만 등을 부분적으로 포함하고 있기 때문에 해양관측과 함께 육상 분야에서도 요긴하게 활용될 수 있다.

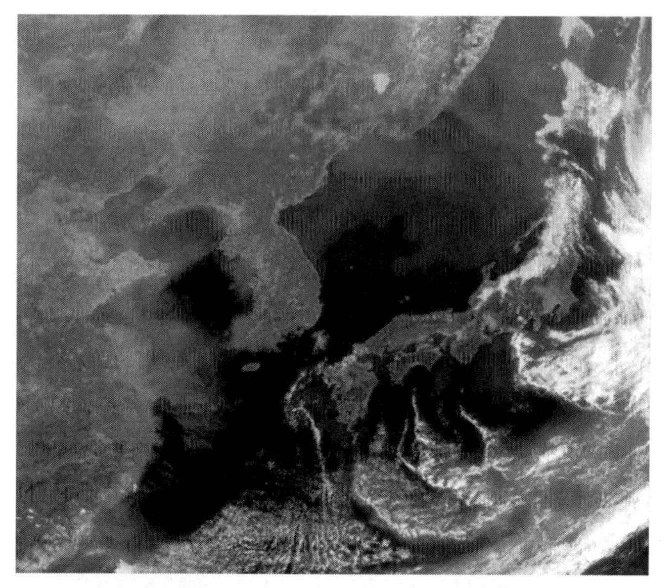

그림 6-18 COMS(천리안-1, Geo-KOMPSAT-1) 위성의 정지궤도해색센서(GOCI)에서 촬영한 영상으로, 한반도를 중심으로 사방 2500km의 정방형 지역을 매일 8회 촬영

GOCI의 가장 큰 장점은 동일 지역을 하루에 8회 촬영할 수 있는 높은 시간해상도다. 극궤도위성영상인 AVHRR와 MODIS가 가장 빠른 1일 촬영주기를 갖는 것과 비교하여, GOCI의 1시간 촬영주기는 기존 극궤도 위성영상에서 얻지 못하는 빠른 시공간적 변화를 탐지하는 데 매우 적합하다. GOCI 영상을 이용하여 시공간적인 변화가 심하게 나타나는 한반도 주변 해역의 엽록소 농도, 용존유기물, 탁도를 빠른 주기로 관측할 수 있으며, 기름 유출, 적조, 해양 안개, 동절기 해빙의 탐지와 추적도 가능하다.

GOCI는 기존의 해색센서인 SeaWifs와 동일한 8개의 분광밴드로 구성되어 있다. 각 밴드의 파장폭을 좁게 설정하여 해수면의 엽록소 함량에 민감한 청색광 및 적색광 영역에 6개 밴드를 할당했으며, 대기보정을 위한 2개 근적외선 밴드를 포함한다. GOCI는 위성용 광학센서에서 보편적인 촬영방식인 선 주사기가 아니라, 디지털카메라와 같이 한 번 노출로 영상을 촬영하는 면배열 검출기를 가진 프레임 카메라다. 500m 공간해상도로 2500×2500km^2 대상 지역을 촬영하기 위해서는 이론적으로 2500만 개의 검출기가 사각형으로 배열되어야 한다. 그러나 우주환경에서 정밀한 복사에너지를 측정하기 위한 면배열 검출기 제작에 기술적 한계가 있으므로, 약 1400×1400개의 면배열 검출기를 사용하여, 전체 지역을 16구역으로 나누어 순차적으로 촬영한다(그림 6-19). 전체 지역을 촬영하는 데 30분이 소요되며, 16구역에서 촬영된 영상들은 집성처리하여 한 장의 영상으로 제작한다. 2020년에 발사한 후속 위성(Geo-KOMPSAT-2B)에 탑재된 GOCI-2는 공간해상도를 250m로 개선했고, 전체 지역을 12구역으로 나누어 촬영시간 및 집성처리 시간을 단축했다.

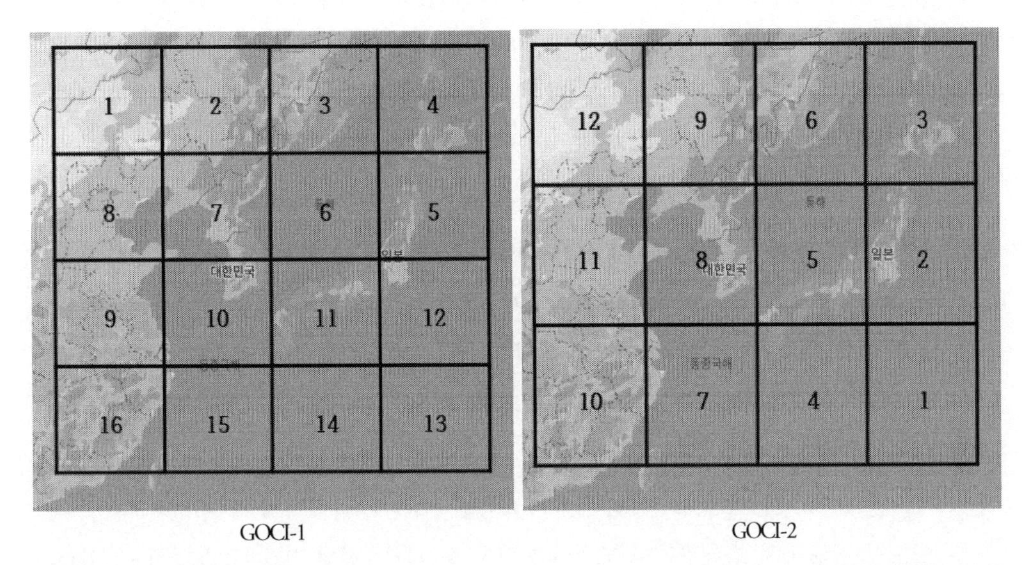

그림 6-19 GOCI 영상의 촬영 지역을 16개(GOCI-1) 및 12개(GOCI-2) 구역으로 나누어 분할 촬영하는 순서

GOCI 영상을 이용한 한반도 주변 해역의 엽록소, 용존유기물, 토사부유물, 적조지수 등 해수면의 생물리적 특성과 관련된 산출물을 제작하는 알고리즘을 개발했으며, 각종 산출물은 해양 환경 연구 및 해양 관리에 활용되고 있다. GOCI 영상은 하루에 8회 촬영할 수 있으므로, 해양 및 육지에서 발생하는 다양한 재해 재난을 탐지하고 대응하는 데 필요한 정보를 제공할 수 있다.

GOCI 영상은 한반도뿐만 아니라 일본을 포함한 동북아시아 상당 지역을 포함하고 있으므로, 해양 분야와 함께 육상 분야에서도 다양한 활용이 가능하다. 특히 짧은 주기의 시계열 식생지수 산출물을 이용하여 농작물 및 산림의 생육 변화, 산불, 가뭄 등의 짧은 시간에 발생하는 여러 가지 지표 변화를 탐지하고 모니터링할 수 있다. AVHRR 및 MODIS와 같은 극궤도 영상은 구름의 영향을 제거하기 위해서는 열흘 또는 보름 동안 촬영한 일별 영상을 합성하여 구름제거처리(cloud-free compositing)를 한다. 그러나 GOCI의 영상을 이용할 경우 훨씬 짧은 주기(3~5일)로 구름이 제거된 합성 영상을 제작할 수 있으며, 이를 이용하여 해양 및 육지의 생태계 변화 및 재해 재난 상황에 대한 정확한 정보의 추출이 가능하다(Lee and Lee, 2016).

천리안-2호는 COMS에 탑재한 기상센서와 해상센서를 분리하여 2기의 위성에 별도로 탑재하여 운영한다. 2018년에 발사한 정지궤도복합위성-2A(천리안-2A)는 기존의 MI를 개선한 AMI(Advanced

Meteorological Imager)를 탑재했다. AMI는 분광밴드를 16개로 확장하여, MI에 없던 청색광, 녹색광, 근적외선, 단파적외선 밴드 영상을 새롭게 촬영할 수 있으며, 열적외선 영역의 밴드도 세분화하여 대기, 해양, 육상 분야에 활용할 수 있는 다양한 산출물을 생산한다. 가시광선 영상의 공간해상도를 0.5~1km로 높였으며, 나머지 적외선 밴드의 해상도 역시 2km로 개선했다. 그림 6-20은 한반도 및 동북아시아 지역을 촬영한 AMI 영상이다. 한반도, 일본, 중국, 몽골 등 동북아시아 지역 대부분을 포함하는 지역(LA) 영상으로, 촬영주기를 대폭 단축하여 한 시간에 24회 촬영하여 일기예보의 정확도를 향상시키고자 했다.

2020년에 발사한 정지궤도복합위성-2B(천리안-2B)는 성능이 개선된 GOCI-2와 한반도를 비롯한 동북아 지역의 대기오염을 관측하고 모니터링하기 위한 환경센서(Geostationary Environment Monitoring Spectrometer, GEMS)를 새롭게 탑재했다. GOCI-2는 기존 GOCI보다 공간해상도, 분광해상도, 시간해상도를 모두 개선했다. 먼저 공간해상도를 250m로 높여서 보다 세부적인 해역 및 육상 관측이 가능하도록 했다. 가시광선 및 근적외선(380~900nm) 영역을 13개 분광밴드로 세분화했고, 주간에 10회 촬영할 수 있도록 시간해상도를 높였다. 또한 기존 GOCI와 동일한 사방 2500km 지역은 250m 공간해상도로 촬영하며, AMI의 반구영상과 유사하게 아시아 및 오세아니아 전역과 인도양, 동중국해, 남태평양, 서태평양을 모두 포함하는 전체 지역(full disk, FD)을 1km의 공간해상도로 하루에 한 번 촬영할 수 있다.

그림 6-20 정지궤도복합위성(Geo-KOMPSAT-2A, 천리안-2A)의 기상센서 AMI에서 촬영한 한반도 및 동북아 지역(LA) 영상(국가기상위성센터, 2021)

천리안-2B에는 새롭게 추가된 대기센서인 GEMS를 탑재했는데, GEMS는 오존(O_3), 이산화황(SO_2), 이산화질소(NO_2), 포름알데히드(HCHO), 에어로졸 등 대기오염 물질과 미세먼지의 분포현황 및 발생지점 그리고 이동 경로를 모니터링하기 위하여 개발한 센서다. GEMS는 300~500nm의 파장영역을 0.6nm의 폭의 330여 개 밴드로 나누어, 지구 표면 및 대기에서 반사되는 복사에너지를 감지할 수 있는 일종의 영상분광계(imaging spectrometer)다. 한국을 중심으로 중국, 일본, 동남아시아 전역을 포함하는 $5000 \times 5000 km^2$ 지역을 약 8km의 공간해상도로 하루에 8회 촬영한다. 천리안-2B에서 탑재된 GOCI-2와 GEMS는 세계적으로 처음 시도되는 정지궤도 해양 및 대기센서로, 여러 나라에서 많은 관심을 보이고 있다. 정지궤도 위성영상은 극궤도 위성에서는 불가능한 빠른 촬영주기를 이용하여, 시공간적 변화가 심한 해역 및 대기 상태에 관한 정확한 정보를 빠르게 얻을 수 있는 새로운 형태의 원격탐사자료라고 할 수 있다.

차세대 중형 위성

차세대 중형 위성 사업은 지난 20여 년 동안 축적된 국가 우주기술을 민간 분야로 이전하여 관련 산업을 발전시키기 위하여, 세계 우주시장에 진입할 수 있는 저비용 고효율 중형 위성을 개발하고자 시작했다. 먼저 중량이 500kg 정도인 중형급 표준형 위성본체를 국내 기술로 개발하고, 이를 기반으로 국토, 농림업, 환경, 수자원 등 공공분야에서 필요로 하는 위성정보를 제공하고자 한다. 차세대 중형 위성 사업은 2015년에 국가사업으로 확정되었고, 1단계 사업으로 국토교통부가 수요 부처로 참여하였다. 중형 위성-1, 2호는 정밀 지도제작 및 국토 모니터링을 위한 고해상도 광학영상센서를 탑재하며, 2021년 3월에 1호 위성을 발사했다. 중형 위성-1호(국토위성)의 탑재체는 KOMPSAT-3A에 탑재했던 AEISS와 거의 동일한 광학센서로 0.5m 해상도의 전정색영상과 2.2m 해상도의 다중분광밴드 영상을 촬영할 예정이다. 중형 위성-2호 역시 1호 위성과 동일한 전자광학탑재체를 이용하여 2022년 발사할 예정이며, 두 기의 위성을 동시에 운영할 예정이다.

중형 위성-3, 4, 5호 위성 개발 사업은 2019년에 확정되었으며, 각각 우주과학 및 기술검증, 농작물 및 산림자원 조사 및 분석, 수자원 및 재난재해 관리 분야의 공공수요에 대응하기 위하여 3기의 위성을 계획하고 있다. 표 6-18은 현재 발사되었거나 개발 중인 차세대 중형 위성의 종류, 목적, 간단한 사양을 보여준다.

한국의 위성사업에서는 종종 인공위성의 명칭을 자주 변경하거나, 여러 가지 이름을 혼용하여 사용자에게 혼란을 준다. KOMPSAT 위성 역시, 다목적실용위성, 아리랑 등의 이름을 가지고 있으며, 정지궤도위성 역시 천리안, 정지궤도복합위성, COMS, Geo-KOMPSAT 등 여러 가지 이름이 혼용되고 있다. 중형 위성 역시 현재 정확한 공식명칭은 없지만, 각 수요부처별로 국토위성, 농업위성, 산림위성, 농림업 중형 위성, 수자원위성 등 여러 명칭을 사용하고 있다. 지구관측 위성영상은 한국뿐만 아니라 모든 국가에서 사용 가능한 자료이므로, 정확하고 간편한 통일된 위성 명칭을 사용해야 할 것이다.

표 6-18 차세대 중형 위성 사업 계획

<table>
<tr><th colspan="2">위성</th><th>참여 부처</th><th>탑재체</th><th>분광밴드</th><th>해상도(m)</th><th>촬영폭(km)</th><th>주 활용 분야</th></tr>
<tr><td rowspan="2">1, 2호</td><td rowspan="2">국토관리</td><td rowspan="2">국토교통부</td><td rowspan="2">고해상도 전자광학</td><td>B, G, R, NIR</td><td>2.2</td><td rowspan="2">12</td><td rowspan="2">정밀 국토 모니터링, 지도제작 및 갱신, 국토관리</td></tr>
<tr><td>Pan</td><td>0.5</td></tr>
<tr><td>3호</td><td>우주과학/기술검증</td><td>과학기술정보통신부</td><td>우주과학, 기술검증</td><td colspan="3">미정</td><td>• 우주 원천핵심기술 검증 및 우주 과학 연구
• 지상 우주환경 시험인프라 확충을 통한 기능 시험</td></tr>
<tr><td>4호</td><td>농림업</td><td>농촌진흥청, 산림청</td><td>전자광학</td><td>B, G, R, RE, NIR</td><td>5</td><td>120</td><td>• 농작물 작황정보 생산 및 예측
• 한반도 산림자원 조사 및 모니터링</td></tr>
<tr><td>5호</td><td>수자원</td><td>환경부</td><td>SAR</td><td>C-band</td><td colspan="2">미정</td><td>• 수자원 조사, 하천관리, 해양환경 감시
• 재난·재해(홍수/가뭄/유류 유출/적조 등) 대응 등</td></tr>
</table>

기존의 다목적실용위성과 정지궤도복합위성에 추가하여 차세대 중형 위성이 운영되면, 한반도 및 주변 지역에 대한 다양한 공간해상도, 분광해상도, 촬영지역, 시간해상도를 달리하는 충분한 관측 체계를 갖추었다고 할 수 있다. 위성개발과 함께 추진되어야 할 사항은, 새로운 종류의 위성자료를 종합적이고 체계적으로 분석하여 이용할 수 있는 영상처리 및 활용 기술의 개발도 함께 이루어져야 한다.

6.7 세계 각국의 지구관측위성

앞에서 설명한 주요 지구관측위성 외에도 많은 국가에서 독자적인 원격탐사 위성을 발사하여 운영하고 있다. 그러나 많은 국가에서 촬영하는 위성영상의 상당 부분은 영상의 품질이 제대로 검증되지 않았거나, 안정적인 영상자료의 공급체계를 갖추지 못했기 때문에 실질적으로 널리 활용되지 않는다. 나름대로 뛰어난 사양을 갖춘 위성영상이 있지만, 대부분 자국에서 한정적으로 사용하는 실정이다.

유럽

유럽의 지구관측위성은 국가별로 사업을 수행하는 경우도 있지만, 주로 유럽우주국(ESA)에서 공동으로 개발, 운영, 자료공급 등을 담당하고 있다. ESA에서 지금까지 발사한 공공위성은 대부분 유럽의 지리적 환경을 감안하여, 기상조건에 관계없이 영상을 얻을 수 있는 영상레이더를 탑재한 위성이 많다. 1991년과 1995년에 발사한 유럽원격탐사위성-1, 2호(ERS-1, 2)는 C-band 레이더영상 촬영이 주목적이며, 그 밖에 해수면 온도 및 대기 오존 관측을 위한 센서를 탑재했다. ERS 후속 위성으로 2000년에 발사한 EnviSat은 ERS와의 연계를 위한 C-밴드 영상레이더 ASAR와 초분광영상센서인 MERIS, 수동 마이크로파 검출기 MWR 등을 탑재했다.

유럽연합에서는 2012년 종합적인 지구관측 프로그램인 Copernicus 사업을 시작하여, 범지구관측시스템기구인 GEOSS(Global Earth Observation System of Systems)에 참여하기로 결정했다. Copernicus를 위한 Sentinel-1, 2, 3호 위성을 2014년부터 발사했는데, 이들 위성의 탑재체는 미국 및 프랑스의 위성이나 상업 위성에서 제공하지 않는 새로운 사양을 갖춘 영상자료를 빠른 주기로 촬영하고 있다. 표 6-19는 Sentinel 위성의 종류와 탑재체의 기본 사양을 보여준다.

2014년과 2016년에 발사한 Sentinel-1A,1B 위성의 C-SAR는 기존의 ERS 및 Envisat 위성의 C-밴드 영상레이더를 개선한 시스템이다. C-SAR 영상은 5~100m 범위의 공간해상도로 육상, 연안, 해빙을 주 관측 대상으로 한다. 두 기의 위성이 동일한 궤도에서 180° 간격으로 돌면서, 공간해상도와 촬영지역을 네 가지로 다르게 설정하여 원하는 지역의 레이더영상을 빠른 주기로 촬영할 수 있도록 했다. C-SAR의 촬영주기는 지역에 따라서 구분했는데, 유럽 지역은 촬영주기를 하루로 설정했다.

그림 6-19 유럽연합의 지구관측프로그램 Copernicus의 Sentinel 위성의 기본 사양

위성(발사)	센서	촬영모드/분광밴드(수)	공간해상도	swath(km)	촬영주기
Sentinel-1A, 1B (2014, 2016)	C-SAR	SM(Strip mode)	5×5m	80	지역별로 별도의 촬영주기, 유럽은 1일 이내에 재방문 가능
		IW(Inaterferometric wide swath)	5×20m	250	
		EW(Extra Wide Swath)	25×100m	400	
		WV(Wave mode)	5×5m	20	
Sentinel-2A, 2B (2015, 2016)	MSI	V, NIR, SWIR(13)	10, 20, 60m	290	5일
Sentinel-3 (2016)	OLCI	V, NIR(21)	300m	1300	0.5~2일
			1.2km		
	SLSTR	V, NIR, SWIR(6)	0.5km	700~1400	
		TIR(5)	1km		

Sentinel-2 위성은 2015년과 2016년에 두 기가 발사되었으며, 다중분광센서인 MSI로농작물의 생육 상태 및 산림 변화를 모니터링하기 위한 다중분광영상을 촬영한다. MSI는 10~60m 해상도 영상을 290km의 넓은 폭으로 촬영하며, 두 기의 위성을 동시에 운영함으로써 동일 지역에 대한 재방문주기를 5일 이내로 단축한 획기적인 기능을 갖는 전자광학센서다. 2016년에 발사한 Sentinel-3에는 Envisat에 탑재했던 영상분광계인 MERIS를 계승한 OLCI와 육지와 해수면 온도 측정이 주목적인 열적외선센서 SLSTR를 탑재했다. OLCI는 가시광선 및 근적외선 영역에서 좁은 파장폭을 가진 21개의 밴드의 영상을 공급하고 있으며, 0.3~1.2km의 공간해상도로 1300km 폭의 지역을 촬영함으로써 특정 지역을 2일 이내에 다시 촬영할 수 있다. SLSTR 역시 Envisat에 탑재했던 AATSR의 성능을 개선한 전자광학센서로서, OLCI와 동일한 넓은 폭의 지역을 빠른 주기로 촬영한다. SLSTR은 단파적외선 및 열적외선 밴드를 포함하여 식물 및 토양의 수분함량, 식물의 건강상태, 해양과 육지 표면의 온도를 산출하는 데 활용하고 있다. ESA의 Sentinel 위성자료는 일반인에게 무료로 공급하고 있으며, 미국의 위성영상 공급시스템과 연계되어 자료 활용이 용이하도록 했다.

ESA에서 공동으로 개발, 발사, 운영하고 있는 지구관측위성 사업 외에도 프랑스, 독일, 이탈리아 등은 독자적인 지구관측위성을 발사하여 운영한다. 프랑스에서는 이미 오래전부터 SPOT 위성을 발사하여 운영하고 있으며, 최근 독일과 이탈리아는 영상레이더시스템을 탑재한 위성을 운영하고 있다. 러시아는 구 소련 시기부터 독자적인 지구관측위성을 보유하고 있으며, 1985년부터 여러 기의 RESURS 위성을 발사하여 중해상도급의 다중분광영상을 촬영했다. 1991년에는 영상레이더시스템을 탑재한 Almaz 위성을 운영하기도 했으나, 자료 공급체계의 한계 등으로 영상자료의 국제적인 활용 사례는 많지 않다.

일본

일본은 1980년대 후반부터 지금까지 지구관측위성 사업을 지속적으로 유지하고 있으며, 우수한 성능을 갖춘 위성영상을 촬영하고 있다. 일본의 지구관측위성은 모두 정부 주도로 국가기관에서 담당하고 있으며, 센서 개발 및 위성자료 공급 과정에서 미국과 공동으로 운영한 사례도 있다. 표 6-20은 일본에서 발사한 지구관측위성의 종류와 탑재체의 주요 사양을 보여준다.

미국과 프랑스에서 Landsat과 SPOT을 계기로 인공위성 원격탐사가 활발히 진행되던 시기에 맞추어, 일본에서도 1987년부터 지구관측위성인 두 기의 해양관측위성(Marine Observation Satellite, MOS)을 발사했다. MOS는 특성이 다른 세 종류의 센서를 탑재한, 당시로서는 매우 독특하고 우수한 성능의 센서를 모두 갖춘 위성이었다. 중해상도(50m) 다중분광센서인 MESSR과 km급 저해상도 다중분광센서인 VTIR은 당시 미국의 Landsat MSS와 AVHRR과 유사한 분광밴드 및 공간해상도를 갖춘 센서였다. 여기에 추가하여 수동 마이크로파 복사계 MSR은 광범위한 지역의 해양 및 극지 변화와 관련하여 중요한 정보를 제공했다. MOS는 본래 목적인 해양 분야에서 주로 활용했지만, 육상 분야에서도 식생을 비롯한 여러 분야에서도 활용했다.

표 6-20 일본의 지구관측위성 사업 및 주요 탑재체의 기본 사양

위성(발사)	센서	분광밴드(수)	공간해상도	swath(km)	비고
MOS-1 (1987) MOS-1b (1990)	MESSR	G, R, NIR1, NIR2(4)	50m	100	*수동 마이크로파 검출기
	VTIR	V, 3 TIRs(4)	0.9~2.7km	1500	
	MSR*	0.96, 1.26cm(2)	23~32km	317	
JERS-1 (1992)	OPS	G, R, NIR, NIR2, 4 SWIRs(8)	20m	75	NIR2는 사각촬영용
	SAR	L-band, 23.5cm	18m	75	HH편광
ADEOS-1 (1996)	OCTS	0.402~12.5μm(12)	700m	1400	발사 10개월 후 중단
	AVNIR	pan, B, G, R, NIR (1 pan, 4 multi.)	pan: 8m multi: 16m	80	
ADEOS-2 (2002)	AMSR	수동 마이크로파 (8 밴드)	3~70km	1600	
	GLI	V,NIR(23) NIR, SWIR(6) TIR(7)	250m~1km	1600	
ALOS (2006)	PRISM	동일한 3개 전정색 밴드 (전, 후, 연직 촬영)	2.5m	35/70	고해상도 입체영상
	PALSAR	L-band, 23.5cm	7-100m (4 모드)	40~70 250~350	8~60° 입사각
	AVNIR-2	B, G, R, NIR(4)	10m	70	AVNIR 개선
ALOS-2 (2014)	PALSAR-2	L-band,	3~100m (4 모드)	40~70 250~350	8~70° 입사각
GCOM-W (2012)	AMSR2	수동 마이크로파 (8 밴드)	10km	1450	모두 6기 위성 발사 예정
GCOM-C (2017)	SGLI	V, NIR, SWIR, TIR (19)	250m~1km	1150~1400	

1992년에 발사한 JERS-1은 전자광학센서 OPS와 영상레이더를 모두 탑재한 최초의 위성으로, 광학영상과 레이더영상을 동시에 촬영할 수 있었다. OPS 영상은 가시광선부터 단파적외선까지 8개 분광밴드를 가진 다중분광영상이었으며, 특히 밴드 4는 밴드 3과 동일한 근적외선 영상이지만 궤도 전방으로 15.3° 기울여 촬영하여 연직 촬영된 밴드 3 영상과 입체쌍(stereo pair)을 이루어 3차원 지형자료를 추출할 수 있도록 했다. OPS 광학영상과 동시에 촬영하는 L-밴드 SAR 영상은 18m의 공간해상도로 HH 편광모드로 촬영했다.

세계적으로 본격적인 위성 원격탐사 기술이 확산되었던 1996년과 2002년에 발사된 두 기의

ADEOS-I, II는 육지, 해양, 대기에 관한 종합적인 정보를 얻기 위하여 여러 종류의 센서를 함께 탑재했다. 해양관측 센서인 OCTS는 가시광선부터 열적외선까지 12개 분광밴드를 갖춘 횡주사형 다중분광센서로, 해색과 해수면 온도를 모두 측정할 수 있는 기능을 갖추었다. 또한 세부적인 육상 관측을 위하여 제작된 AVNIR은 80km 폭의 지역을 8m 해상도의 전정색영상과 16m 해상도의 다중분광영상을 동시에 촬영했다. 그 밖에도 대기 관련 정보 획득을 위하여 수동 마이크로파 탐측기인 AMSR과 TOMS는 대기 분야에서 많은 활용이 기대되었던 센서였다. 그러나 두 기의 위성은 모두 발사 후 10개월 만에 작동이 멈추어 본격적인 활용 단계에 미치지 못했다.

현재 일본의 지구관측위성 사업은 2006년 발사된 ALOS(Advanced Land Observation Satellite)와 2014년에 발사된 ALOS-2가 있다. ALOS는 정밀 지형도 제작을 위한 PRISM, L-밴드 SAR 영상 촬영을 위한 PALSAR, 그리고 빠른 촬영주기로 지역 규모의 육상관측을 위한 AVNIR-2 등을 모두 갖추고 있다. PRISM은 최대 70km 폭의 넓은 지역을 대상으로 2.5m 고해상도의 수치고도자료(DEM)를 제작하기 위하여 개발한 센서로, 동일한 파장의 전정색영상을 연직, 전방, 후방에서 동시에 촬영하여 완전한 입체영상을 얻을 수 있다. PALSAR는 과거 JERS-1에 탑재했던 L-band 영상레이더를 계승한 센서로, 안테나의 입사각을 8~60° 범위에서 조절하여 공간해상도와 촬영면적으로 달리하는 레이더영상을 촬영한다. AVNIR-2는 ADEOS에 탑재되었던 AVNIR을 계승한 다중분광센서로 지역 규모의 토지이용 및 재해 재난 모니터링을 위한 목적으로 탑재했다. 10m 공간해상도의 다중분광영상을 70km 폭으로 촬영하며, 재해 재난이 발생 시 연직방향에서 좌우로 최대 44°까지 기울인 사각촬영이 가능하므로, 빠른 주기로 동일 지역을 재촬영할 수 있다. 발사 예정인 ALOS-3 및 -4 위성은 일본이 그동안 개발했던 광학 및 레이더 센서의 성능을 개선하거나, 초분광영상을 촬영할 수 있는 새로운 센서를 탑재할 계획이다.

GCOM(Global Change Observation Mission) 사업은 ADEOS 위성의 후속 사업으로, 지구환경 변화 연구에 필요한 종합적인 자료를 제공할 목적으로 개발하고 있다. 다만 대형 위성의 실패에 따른 위험 부담을 줄이기 위하여, 여러 기의 중소형 위성으로 나누어 각 위성에 센서를 구분하여 탑재하는 방식으로 설계했다. GCOM 위성은 해양, 대기, 육상, 빙권, 기후변화 관측 목적으로 구분하여 순차적으로 위성을 발사할 계획이며, 2012년에 해양 및 빙권 관측을 목적으로 최초의 GCOM-W(water)를 발사했고, 2017년에 GCOM-C(climate)를 발사했다. GCOM-C에 탑재된 SGLI는 MODIS와 유사한 250m에서 1km 범위의 공간해상도를 가진 19개 밴드의 가시광선, 근적외선, 단파적외선, 열적외선 영상을 빠른 주기로 촬영한다.

1980년대 후반부터 시작된 일본의 지구관측위성 프로그램은 뛰어난 성능을 갖춘 원격탐사센서를 개발하여 탑재했으나, 위성의 수명이 상대적으로 짧았기 때문에 본격적인 활용에 필요한 충분한 영상 공급이 이루어지지 않았다. 일본 지구관측위성은 타국 위성과 다르게 한 기의 위성에 여러 종류의 센서를 동시에 탑재하였다. 이러한 위성은 동일한 시점에 동일 지역을 특성이 다른 여러 종류의 원격탐사자료를 획득할 수 있는 장점이 있지만, 위성의 수명이 짧거나 위성이 실패할 경우 위험 부담이 상대적으로 크다. 일본의 위성자료는 지리적 근접성과 개방된 자료 공급체계로 한국에서도 상대적으로 활용빈도가 높다.

ASTER(Advanced Spaceborne Thermal Emission and Reflection Radiometer)는 미국 NASA에서 지구 전역의 생물, 물, 대기, 지질의 포괄적인 연구를 위하여 추진한 EOS 사업의 하나로 개발한 Terra 위성에 탑재된 센서 중 하나로 현재까지 여러 분야에서 많이 활용되고 있다. 1999년에 발사된 Terra는 비록 미국 위성이지만, ASTER는 일본과 NASA가 공동으로 개발하여 탑재한 다중분광센서로서 Terra 위성에 함께 탑재한 MODIS 저해상영상의 해석을 돕기 위한 중해상도 영상을 촬영한다. 표 6-21에서 볼 수 있듯이 ASTER 영상은 가시광선, 근적외선, 단파적외선, 열적외선에 걸친 14개의 분광밴드 영상을 비교적 높은 해상도로 촬영하여, 동일 파장에서 동시에 촬영하는 저해상도의 MODIS영상과 함께 분석할 수 있다. 비록 촬영폭이 60km로 좁지만, 14개 분광밴드의 ASTER 영상을 이용하여 육지의 표면온도, 표면반사율, 토지피복, 3차원 지형 정보를 얻을 수 있다.

표 6-21 일본과 미국 NASA가 공동으로 개발한 ASTER의 기본 사양

Characteristic	VNIR	SWIR	TIR
분광밴드 (파장)	Band 1: 0.52~0.60μm	Band 4: 1.600~1.700μm	Band 10: 8.125~8.475μm
	Band 2: 0.63~0.69μm	Band 5: 2.145~2.185μm	Band 11: 8.475~8.825μm
	Band 3: 0.76~0.86μm	Band 6: 2.185~2.225μm	Band 12: 8.925~9.275μm
	Band 3: 0.76~0.86μm (후방촬영)	Band 7: 2.235~2.285μm	Band 13: 10.25~10.95μm
		Band 8: 2.295~2.365μm	Band 14: 10.95~11.65μm
		Band 9: 2.360~2.430μm	
공간해상도	15 m	30m	90m
Swath Width(km)	60	60	60
Detector Type	Si	PtSi~Si	HgCdTe
복사해상도(bit)	8	8	12

인도

인도의 지구관측위성 사업은 일본과 비슷한 1980년대 후반부터 시작되었으며, 인도우주연구소(Indian Space Research Organization, ISRO)에서 위성 및 탑재체 개발을 담당하고 있다. 표 6-22는 인도에서 발사한 주요 지구관측위성의 목록과 탑재체의 간단한 사양을 보여준다. 인도원격탐사위성(Indian Remote Sensing Satellite, IRS)은 1988년 1호를 발사한 이후 1997년까지 모두 4기의 위성을 발사하였다. 물론 이후에 발사된 지구관측위성도 IRS라는 명칭을 부여했지만, 촬영되는 영상의

특성에 맞는 다른 이름을 사용하는 경우가 많다. 예를 들어 2005년에 발사한 IRS-P5 위성은 3차원 지형정보 획득을 위한 고해상도 전정색 입체영상 획득이 주목적이므로, IRS-P5 대신에 CartoSat-1 호란 이름을 사용한다. 초기 IRS는 4개 분광밴드를 가진 LISS에서 중해상도 다중분광영상을 촬영했으며, 공간해상도를 188m로 낮추어 촬영폭을 810km로 확장한 WiFS를 이용하여 동일 지역을 5일마다 촬영했다.

그림 6-22 인도의 주요 지구관측위성 및 탑재체의 기본 사양

위성(발사)	센서	분광밴드(수)	공간해상도	swath(km)
IRS-1A(1988) IRS-1B(1991)	LISS-I,II	B, G, R, NIR(4)	72.5m(LISS-I) 36.3m(LISS-II)	148
IRS-1C(1995) IRS-1D(1997)	LISS-III	Panchromatic	5.2m	70
		G, R, NIR, SWIR(4)	23m, 70m(SWIR)	148
	WiFS	R, NIR(2)	188m	810
Cartosat-3(2019)	Cartosat-3	Panchromatic	0.25m,	16
		B,G,R,NIR(4)	1.14m	
ResourceSat-2(2011)	AWiFS	G,R, NIR,SWIR(4)	56m	740 (5일 촬영주기)

인도 위성에 촬영한 영상자료는 세계적인 영상 공급체계를 갖추지 못했기 때문에, 외국의 영상 판매업체를 통하여 영상을 공급한 경우도 있었다. 이와 같이 국가적으로 개발한 지구관측위성에서 촬영되는 영상자료를 민간 기업에서 판매를 대행하는 사례는 지금도 많이 시행되고 있으며, 한국의 KOMPSAT 영상도 국내외 기업에 판매를 위탁하고 있다. IRS 이후 인도 지구관측위성은 크게 두 종류로 나눌 수 있다. 지형도를 비롯한 정밀한 지도 제작을 위한 고해상도 광학영상 획득을 위한 Cartosat 위성과 넓은 촬영폭으로 중해상도 토지피복 및 식생 변화 모니터링을 목적으로 하는 ResourceSat이 있다. 최근 발사된 Cartosat-3호는 현재까지 알려진 지구관측위성에서 가장 해상도가 좋은 25cm 전정색영상을 촬영할 수 있다.

아시아 국가 위성

한국, 일본, 인도 외에도 아시아 여러 나라에서 지구관측위성을 보유하고 있다. 특히 중국은 많은 지구관측위성을 보유하고 있는 걸로 알려졌지만, 1988년부터 발사가 시작된 극궤도 및 정지궤도 기상위성인 FY(FengYun, 風雲)을 제외하고는, 최근까지 개방된 자료 공급체계를 갖춘 위성영상은 많지 않다. 기상위성을 제외한 지구관측위성은 대부분 2000년 이후에 발사되었으며, 특히 중국과 브라질이 공동으로 개발한 CBERS(China-Brazil Earth Resources Satellite)가 1999년에 처음 발

사된 이후, 육상 및 해양관측 목적으로 여러 위성을 발사했다. CBERS는 중해상도 가시광선 및 적외선 영상을 촬영하는 여러 개의 전자광학센서를 탑재했으며, 이 위성은 ZY위성(Zi Yuan, 資源)으로도 부른다. 최근 고해상도 영상의 요구도가 증가함에 따라 2013년 GF(Gaofen, 高分)-1호를 발사한 이래 2014년 전정색영상의 해상도를 80cm까지 높인 GF-2호와 2016년 1m급 SAR 영상을 촬영할 수 있는 GF-3호까지 발사하였다.

중국은 또한 환경위성인 HJ(Huan Jing, 環境)와 해양관측위성인 HY(Haiyang, 海洋)를 지속적으로 발사하여 운영하고 있으며, 탑재 센서 또한 전자광학카메라, 영상레이더, 수동 마이크로파 복사계 등 다양하게 구비하고 있다. 이와 같이 중국의 지구관측위성 프로그램은 2000년대에 들어 비약적인 발전을 보이고 있다. 그러나 중국 위성영상의 정확한 품질이나 검보정 처리 과정 등이 제대로 공개되지 않고, 영상자료의 공급체계가 제대로 구비되지 않았기 때문에, 현재는 주로 자국의 위성영상 수요를 충당하는 수준으로 추측한다.

대만은 2004년 지구관측위성인 Formosat-1을 발사하였고, 2017년에 발사한 Formosat-5까지 모두 4기의 위성을 운영하고 있다. 각각의 위성에 고해상도 육상 영상, 해양관측, 대기관측을 위한 센서를 탑재하였는데, 주로 대만 및 주변 지역의 정보 획득을 위한 내부적 수요를 충당하고자 했다. 특히 Formosat-2는 2m 해상도의 전정색영상과 8m 해상도의 다중분광 영상을 얻는 고해상도 광학카메라를 탑재하였고, 대만 영역을 매일 촬영할 수 있도록 891km의 높이의 궤도에서 매일 14회씩 동일한 궤도를 회전하도록 설정했다. 따라서 매일 14회의 궤도 중 하나는 대만 지역을 통과하며, 동일 지역을 매일 반복하여 촬영이 가능하도록 했다. 물론 고해상도 광학카메라의 촬영폭이 22km인 점을 감안하면, 연직촬영만으로 대만 전역을 촬영할 수 없기 때문에, 카메라의 관측각도를 기울여 궤도 연직 지역이 아닌 주변의 다른 지역을 촬영할 수 있도록 했다. 매일 동일한 궤도를 도는 극궤도 위성의 경우 지구 전역의 촬영은 불가능하지만, 최소한 하루에 한 번은 동일 지역 촬영이 가능하다.

지금까지 언급된 국가 외에도 태국, 말레이시아, 싱가포르, 아랍에미레이트 등 아시아의 여러 국가에서 지구관측위성을 보유하고 있다. 그러나 이들 국가에서 보유한 지구관측위성은 주로 자국의 수요에 국한된 영상을 촬영하고 있으며, 대외적인 영상 공급은 제대로 이루어지지 않고 있다. 전 세계적으로 지구관측위성을 보유하고 있는 40여 개 이상의 국가 중 많은 나라는 이와 같이 자국의 수요를 충족하기 위한 목적으로 위성을 운영하고 있다. 지구관측위성의 종류와 탑재 센서의 폭이 매우 다양해졌지만, 실제 세계적으로 활용되는 원격탐사영상은 한정적이다. 각 나라마다 자국의 수요에 적합한 영상센서를 갖춘 지구관측위성의 개발 추세는 앞으로도 지속될 전망이다.

참고문헌

국가기상위성센터, 2021. 위성영상, https://nmsc.kma.go.kr/ 2021. 2. 28 확인.

윤성주, 손종환, 박형준, 서정훈, 이유진, 반승환, 최재승, 김병국, 이현직, 이규성, 권기억, 이계동, 정형섭, 정윤재, 최현, 구대성, 최명진, 신윤수, 최재완, 어양담, 정종철, 한유경, 오재홍, 이수암, 장은미, 김태정, 2020. 국토위성정보 활용기술 및 운영시스템 개발: 성과 및 의의, 대한원격탐사학회지, 36(5_2): 867-879.

정민경, 김용일, 2020. 2019 강릉-동해 산불 피해 지역에 대한 PlanetScope 영상을 이용한 지형 정규화 기법 분석, 대한원격탐사학회지, 36(2_1): 179-197.

조성익, 안유환, 유주형, 강금실, 윤형식, 2010. 정지궤도 해색탑재체(GOCI)의 개발, 대한원격탐사학회지, 26(2): 157-165.

조영민, 백홍렬, 1996. 다목적 실용위성 1호 탑재 센서의 특성, 대한원격탐사학회지, 12(1): 1-16.

최윤호, 이원진, 박순천, 선종선, 그리고 이덕기, 2017. 천리안 위성영상(MI)과 Landsat-8 위성영상(OLI, TIRS)을 이용한 화산재 정보 산출: 사쿠라지마 화산의 사례연구, 대한원격탐사학회지, 33(5_1): 587-598.

한국항공우주연구원, 2021. KARI IMAGE , https://www.kari.re.kr/kor.do "공공누리에 따라 한국항공우주연구원의 공공저작물 이용"

한현경, 이명진, 2019. 차세대 중형 위성 5호 활용 확대를 위한 영상레이더의 환경분야 활용 방안 연구, 대한원격탐사학회지, 35(6_3): 1251-1260.

Cho, Y. M. 2013., COMS normal operation for Earth observation mission, *Korean Journal of Remote Sensing,* 29(3): 337-349.

ESA, 2021. Satellite Missions Database, https://directory.eoportal.org/web/eoportal/satellite~missions, 2021. 2. 28 확인.

Goetz, S. 2007. Crisis in Earth observation. *Science* 315: 1767.

Jensen, J. R., 2016. Introductory Digital Image Processing: A Remote Sensing Perspective. 4th Editon, Pearson Prentice Hall, Inc.

Lee, H. S., and K. S. Lee, 2016. Improvement of Temporal Resolution for Land Surface Monitoring by the Geostationary Ocean Color Imager Data, *Korean Journal of Remote Sensing,* 32(1): 25-38.

Lillesand, T., R.W. Kiefer, and J. Chipman, 2015. Remote Sensing and Image Interpretation, 7th Edition, 736 pp., John Wiley & Sons, Inc.

NASA, 2021. SeaWifs homepage, https://oceancolor.gsfc.nasa.gov/SeaWiFS/ 2021. 2. 28 확인.

National Research Council of the National Academies. 2007. Earth Science and Applications from Space: National Imperatives for the Next Decade and Beyond. Washington, D.C.: National Academies Press. http://books.nap.edu/catalog/11820.html

Sakong, H. S., and J. H. Im, 2002. Application Fields and Strategy of KOMPSAT-2 Imagery, *Korean Journal of Remote*

Sensing, 18(1): 43-52.

Tatem, A. J., S. J. Goetz, S., and S. I. Hay, 2008. Fifty Years of Earth~observation Satellites, *American Scientist* 96(5): 390-398.

USC(Union of Concerned Scientists), 2018. How many Earth observation satellites are in space in 2018?, https://www.pixalytics.com/eo-satellites-in-space-2018/ 2021년 2월 28일 확인.

CHAPTER

원격탐사 영상처리

원격탐사 영상처리

원격탐사는 영상자료를 획득하는 과정과 영상자료를 처리 분석하여 정보를 추출하는 단계로 나눌 수 있다. 원격탐사가 등장하기 전에는, 육안에 의한 시각적 사진 해석과 판독이 주된 방법이었다. 항공사진에서 특정 목표물을 탐지하거나 토지피복을 분류하기 위해서는, 육안으로 직접 사진을 판독해야 했다. 심지어 초기 위성영상은 비록 디지털자료였지만, 당시 대용량 영상자료를 처리하고 분석할 수 있는 컴퓨터 성능이 충분하지 않았기 때문에, 디지털영상을 사진의 형태로 출력하여 육안으로 판독하는 경우도 있었다.

현재 위성영상을 포함한 대부분의 원격탐사자료는 디지털 형태로 얻어지며, 영상자료의 처리와 분석은 컴퓨터에서 시작한다. 심지어 간단한 영상판독으로 필요한 정보를 추출하는 초보적인 분석일지라도, 영상자료를 컴퓨터 모니터에 출력하고 원하는 정보를 효과적으로 판독할 수 있도록 컬러영상으로 합성하거나 영상의 밝기와 대비를 조정하는 기초적인 영상처리 기법이 필요하다.

영상처리(image processing) 기술은 공장자동화, 의료, 교통, 보안, 게임, 방송 등 우리 생활과 밀접하게 관련된 여러 분야에서 활용하고 있으며, 오래 전부터 사진, 비디오, 그림 등을 처리하는 처리 기법이 개발되었다. 원격탐사 분야의 영상처리 기법은 일반적인 영상처리 기법을 바탕으로, 원격탐사영상이 가진 특성에 맞도록 개발된 처리 기법을 포함한다. 초분광영상 및 초고해상도 무인기영상 등 새로운 원격탐사자료가 등장하면서, 각 영상의 특성에 맞는 새로운 처리 기법 또한 꾸준히 개발되고 있다. 본 장에서는 원격탐사영상에서 정보를 추출하기 위한 기본적인 영상처리 기법을 소개하고자 한다.

7.1 영상의 종류와 저장 방식

영상처리 대상인 원격탐사자료는 컴퓨터에서 처리 가능한 디지털영상이어야 한다. 무인기영상부터 인공위성에서 촬영한 대부분의 원격탐사자료는 디지털 형태이므로 컴퓨터에서 직접 처리가 가능하다. 본 장에서는 디지털영상의 기본적인 특성과 영상자료의 저장방식 등을 다룬다.

디지털 원격탐사영상

디지털영상의 최소 구성요소는 화소(picture element, pixel)이며, 영상은 화소가 2차원으로 배열된 형태다. 그림 7-1은 인천지역의 근적외선 영상으로, 중심부 교차로 지점을 확대하면 격자 모양의 화소를 육안으로 확인할 수 있다. 화소는 영상에서 더 이상 분리되지 않는 최소 구성 요소로 각 화소마다 하나의 값을 갖는다. 디지털영상에서 모든 화소는 숫자(digital number, DN) 또는 밝기값(brightness value)으로 표시되며, 이는 화소에 해당 지점에서 반사 또는 방출된 전자기에너지를 반영한다. 원격탐사영상의 DN값은 센서에서 감지한 신호의 품질에 따라 6bit, 8bit, 10bit 등의 정수로 기록하였다. 디지털영상은 결국 영상의 화소 수에 비례하는 숫자를 기록한 자료에 불과하다. 그림 7-1의 인천 영상에서 확대 부분은 10개의 열과 행으로 이루어진 100개의 숫자로 이루어진 자료이며, 각 숫자는 0부터 255 사이의 정수로 기록되어 있다. 물론 100개 숫자로 기록된 자료는, 영상의 크기가 1열 100행, 2열 50행, 4열 25행, 5열 20행 등 여러 형태가 될 수 있지만, 영상크기를 비롯하여 영상에 관한 자료는 별도의 파일로 첨부하거나 동일 파일에 추가하여 기록한다.

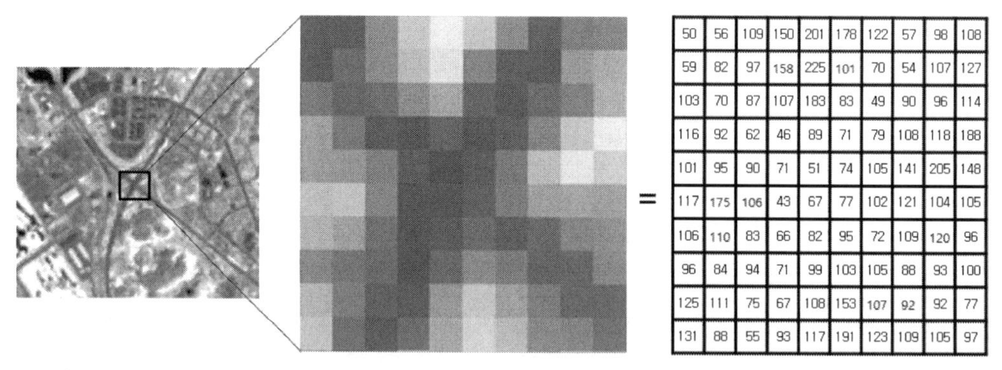

50	56	109	150	201	178	122	57	98	108
59	82	97	158	225	101	70	54	107	127
103	70	87	107	183	83	49	90	96	114
116	92	62	46	89	71	79	108	118	188
101	95	90	71	51	74	105	141	205	148
117	175	106	43	67	77	102	121	104	105
106	110	83	66	82	95	72	109	120	96
96	84	94	71	99	103	105	88	93	100
125	111	75	67	108	153	107	92	92	77
131	88	55	93	117	191	123	109	105	97

그림 7-1 디지털영상에서 화소(pixel)는 밝기값(DN value)을 가진 더 이상 분리될 수 없는 최소 구성요소

디지털 원격탐사 영상자료에서 각 화소에 해당하는 면적은 종종 그 영상의 공간해상도와 같은 의미를 가진다. 예를 들어 Landsat-8 OLI 영상의 공간해상도는 30m이며, 이는 곧 영상의 각 화소

는 $30 \times 30m^2$에 해당하는 면적을 나타낸다. 그러나 화소의 크기는 영상처리 과정에서 쉽게 변환될 수 있지만, 영상의 공간해상도는 센서의 사양 또는 촬영 조건에 따라 결정된 고유의 값이다. 따라서 엄밀한 의미에서 원격탐사영상의 화소 크기와 공간해상도는 반드시 일치하지 않는다.

아날로그영상의 수치화

현재 인공위성, 항공기, 무인기 등에서 얻어지는 모든 원격탐사영상은 디지털자료다. 그러나 불과 10여 년 전까지도 필름 항공사진이 사용되었고, 과거 원격탐사자료는 항공사진을 비롯하여 레이더필름, 비디오필름, 우주사진 등 아날로그 형태의 영상이 많았다. 필름이나 종이에 인화된 아날로그영상은 화소와 같이 최소 구성요소가 없으며 영상의 밝기가 숫자로 구분되지 않고 연속적으로 변한다.

아날로그 형태의 원격탐사영상을 컴퓨터에서 처리하기 위해서는 먼저 디지털영상으로 변환하여야 한다. 아날로그영상을 디지털영상으로 변환하는 수치화(digitization, scanning)과정은 스캐너라는 장비를 통하여 이루어진다. 항공사진을 비롯한 아날로그영상의 수치화는 영상을 컴퓨터에서 처리하기 위한 목적과 함께 과거의 귀중한 영상을 안정적으로 보존하기 위한 방법이다. 아세테이트 필름 또는 종이에 기록된 사진은 장기간 보관에 한계가 있기 때문에, 스캐닝을 통하여 디지털영상으로 변환함으로써 보관과 활용에 효과적이다.

아날로그영상을 수치자료로 변환하는 스캐너는 해상도, 기하정밀도, 스캐닝 방식과 속도 등에 따라 여러 종류가 있다. 널리 사용되는 스캐너는 일반 복사기와 거의 유사한 형태로 선형 검출기 배열로 한 줄씩 사진을 변환하거나, 디지털카메라와 같이 면형 검출기 배열로 사진의 전체 또는 일정 부분을 한 번에 변환한다. 선형 검출기를 이용한 스캐너는 속도가 빠르고 간편하기 때문에 널리 사용되고 있으나, 변환과정에서 원본 사진의 기하 특성이 다소 왜곡될 수 있다. 또한 디지털영상의 해상도는 검출기 숫자에 따라 제한을 받는다.

광기계식 스캐너(opto-mechanical scanner)는 스캐닝 속도가 다소 느리지만, 변환과정에서 기하왜곡이 작고 정밀한 영상신호를 얻을 수 있다. 광기계식 스캐너는 주로 인화된 사진이 아닌 현상처리된 필름을 직접 디지털영상으로 변환한다. 그림 7-2는 광기계식 스캐너의 기본 구조와 작동원리를 보여준다. 광발생기에서 레이저와 같이 아주 좁은 폭의 광선을 발사하여 필름에서 투과하는 광량을 극소농도계(micro-densitometer)로 측정하여 해당 지점의 신호를 얻는다. 필름에서 신호를 측정하는 간격이 디지털영상의 화소 크기가 된다. 필름의 모든 지점에서 신호를 얻기 위해서는 필름을 고정하고 극소농도계와 광발생기를 미세한 간격으로 움직이거나 또는 극소농도계를 고정하고 필름을 미세하게 움직이는 방식이 있다. 컬러 필름 또는 컬러적외선 필름을 스캐닝할 때는, 극소농도계 전면에 필터를 장착하여 파장구간별로 투과되는 빛을 구분하여 신호를 생성한다. 컬러 필름은 청색광, 녹색광, 적색광을 분리하여 영상신호를 생성하며, 컬러적외선 필름은 적외선필터를 사용하여 근적외선 구간의 신호를 별도로 분리하여 감지한다.

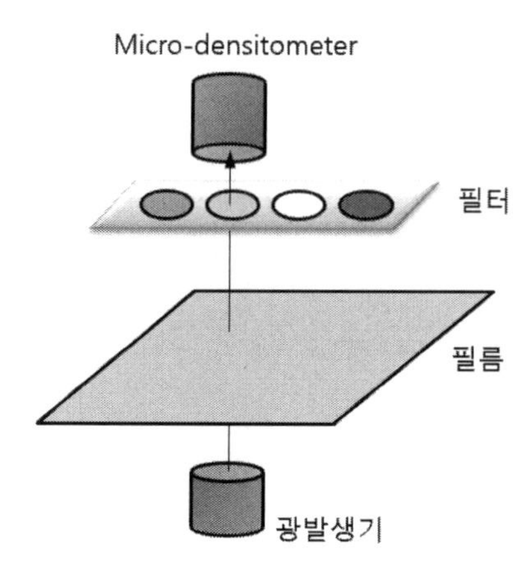

그림 7-2 항공사진필름을 디지털영상으로 변환하는 광기계식 스캐너(opto-mechanical scanner)의 기본 구조

아날로그영상의 수치화를 위해서는 필름에서 신호를 측정하는 간격(스캐닝 해상도)과 밝기값 범위를 결정해야 한다. 스캐닝 과정에서 해상도는 DPI(dots per inch) 또는 원본 필름에서 신호를 측정할 간격으로 표시한다. 예를 들어 900DPI는 원본 필름에서 1인치당 900개의 신호를 측정하는 해상도이며, 이를 각 측점간의 간격으로 표시하면 28.2μm가 된다. 평균 축척이 1 : 20000인 항공사진을 900DPI로 수치화하면, 변환된 디지털영상의 화소의 지상 간격은 다음과 같이 구한다.

$$D = \frac{2.54\text{cm} \times PSR}{DPI} = \frac{2.54 \times 20000}{900} = 56.4(\text{cm}) \tag{7.1}$$

여기서 PSR(photo scale reciprocal)은 사진축척의 역수며, 사진을 수치화한 디지털영상의 화소는 지상에서 사방 56.4cm 면적을 갖는다. 스캐닝 과정에서 해상도는 원본 사진의 축척, 광학적 특성, 선명도, 디지털영상의 활용 목적 등을 고려하여 적정한 값을 설정해야 한다. 스캐닝 해상도를 높이면 당연히 디지털영상의 화소 크기는 작아지지만, 해상도에 비례하여 영상의 자료량도 증가한다. 즉 스캐닝 해상도를 300DPI에서 600DPI로 2배 높이면 디지털영상의 자료량은 4배로 증가하므로, 자료의 처리 및 저장용량 등을 고려하여 적절한 해상도로 수치화해야 한다. 스캐닝과정에서 해상도와 함께 각 화소의 밝기값 범위를 설정해야 한다. 아날로그사진 또는 필름의 상태를 고려하여 결정하는데, 일반적으로 0부터 255 사이의 8bit로 설정하면 충분하다.

다중밴드영상자료 포맷

원격탐사영상을 포함한 모든 디지털영상은 결국 영상을 구성하는 화소의 밝기를 나타내는 숫자로 구성된 자료다. 원격탐사영상의 대부분은 여러 개의 밴드 영상을 포함하므로 일반 디지털영상과 구분된다. 자연색사진은 기본적으로 RGB에 할당된 세 개 분광밴드 영상을 포함하지만, 많은 원격탐사영상은 세 개 이상의 밴드를 포함한다. 그림 7-3은 영상 크기가 10행×10열인 N개 밴드 영상자료의 구조를 보여준다. 예를 들어 8개의 밴드를 가진 영상이라면, 이 영상자료는 모두 800개(=10×10×8)의 화소(숫자)로 이루어진 자료다. 다중밴드영상에서 각 화소의 위치는 열(X), 행(Y), 밴드(N)로 나타낼 수 있는데, 가령 3열, 7행, 밴드 1에 해당하는 화소의 값 DN(3, 7, 1)은 193이다.

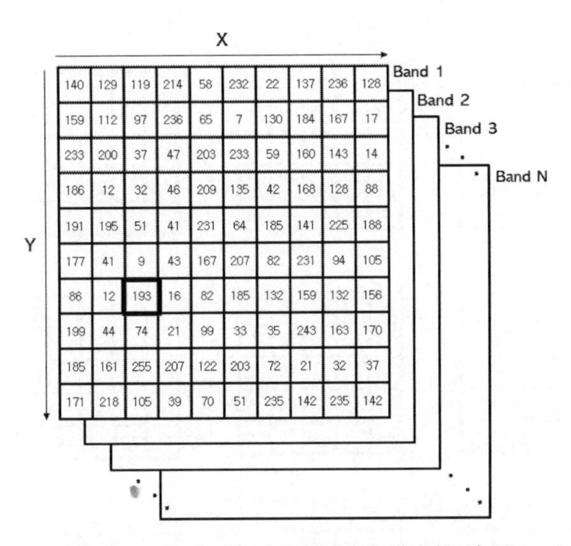

그림 7-3 N개 밴드를 가진 원격탐사 영상자료의 구조

다중밴드 원격탐사 영상자료의 저장방식(image format)은 화소값을 배열하는 순서로 구분한다. 영상자료는 좌상에 위치한 화소를 시작점으로 위에서 아래로 저장된다. 다중밴드영상자료의 화소값을 기록되는 방식은 BSQ(band sequential), BIL(band interleaved by line), BIP(band interleaved by pixel)로 나눈다. 그림 7-4는 열과 행의 크기가 5×5인 3개 밴드 영상에서 각 화소값을 기록하는 세 가지 저장방식의 차이를 보여준다. 영상은 모두 75개의 화소값으로 된 자료인데, 세 가지 방식에서 모두 1번 밴드의 좌상에 위치한 첫 번째 화소(1)부터 저장한다. BSQ 방식은 밴드의 순서를 우선하여 저장하는 방식으로, 1번 밴드의 모든 화소를 저장한 후에, 2번 밴드의 첫 번째 화소(26)부터 마지막 화소(50)까지 저장하고, 이어서 3번 밴드의 첫 번째 화소(51)부터 마지막까지 저장하는 방식이다. 이 방식으로 저장된 파일은 1, 2, … 25, 26, … 50, 51, … 75의 순서로 기록된다.

BIL 방식은 화소를 행(line)을 기준으로 기록하는 방식이다. 1번 밴드에서 첫 번째 행을 모두 기록하고, 2번 밴드로 이동하여 첫 번째 행을 기록하고, 3번 밴드로 이동하여 첫 번째 행을 기록한다. 모든 밴드의 첫 번째 행에 해당하는 화소를 기록한 다음, 1번 밴드로 이동하여 두 번째 행을 기록하는 순서로 저장된다. BIL 방식으로 영상을 저장하면 두 번째 행까지는 1, 2, … 5, 26, … 30, 51, 52, … 55, 6, 7, … 10, 31, 32, … 35, 56, 57, … 60의 순서로 기록된다.

BIP 방식은 화소 순서를 우선하여 기록하는 방식이다. 좌상 코너에 위치한 화소를 시작점으로 하여 우하 방향으로 기록한다. 첫 번째 화소에 해당하는 세 개 밴드의 화소값을 1, 26, 51을 기록하고, 두 번째 화소에 해당하는 2, 27, 53을 저장하고, 그 다음은 세 번째 화소인 3, 28, 53을 기록하는 과정을 반복하여 마지막 화소에 해당하는 25, 50, 75가 파일 끝에 기록된다.

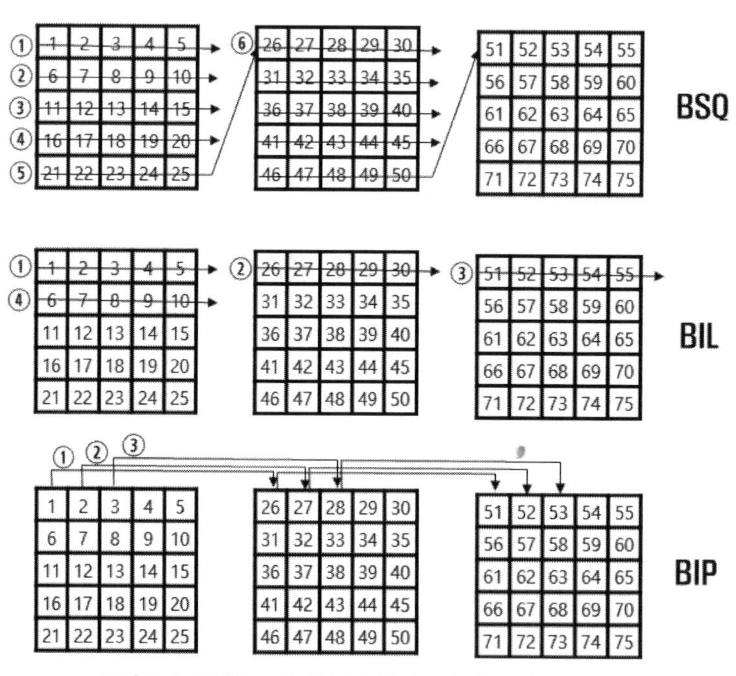

그림 7-4 다중밴드 원격탐사 영상자료의 세 가지 저장 방식

다중밴드영상의 세 가지 저장방식은 원격탐사 초기에 컴퓨터 성능과 저장장치의 기능에 따라 구분하여 사용했다. 당시 원격탐사영상은 대용량 자료이므로 주로 자기테이프에 저장했는데, 영상 처리를 위해서는 먼저 테이프에 저장된 영상자료를 읽어야 했다. 다중밴드영상의 저장 방식은 전체 영상 중 특정 밴드 또는 특정 부분만을 발췌하여 읽기에 적합하도록 고안되었다. 가령 BSQ는 다중밴드영상에서 특정 밴드만을 읽는 데 적합한 방식이며, BIP는 영상의 전체 지역에서 특정 부분만을 발췌하여 읽는 데 매우 효율적이다. BIP는 또한 화소별로 모든 밴드의 자료가 모여 있으

므로, 초분광영상과 같이 특정 지점에서 모든 밴드의 분광자료를 관찰하는 데 효과적인 기록 방식이다. BIP는 복잡한 영상신호 체계를 가진 레이더영상을 기록하는 방식으로도 효과적이다. BIL은 BSQ와 BIP의 장점을 절충한 저장방식으로 널리 사용했다.

다중밴드영상자료의 저장방식은 컴퓨터 성능이 비약적으로 향상된 요즘에는 원격탐사 영상처리에 큰 영향을 미치지 않는다. 세 가지 다중밴드영상의 저장방식은 지금까지 축적된 다양한 종류의 원격탐사자료를 읽기 위하여 필요한 내용이다. 영상자료를 처리하려면, 가장 먼저 소프트웨어를 사용하거나 간단한 프로그래밍을 통하여 원 자료를 읽어야 한다. 다중밴드영상은 열, 행, 밴드의 삼차원 구조를 가진 자료이므로, 프로그래밍의 FOR 루프를 적용하여 읽거나 새로운 파일로 저장할 수 있다. 아래는 BSQ 방식의 파일을 읽을 수 있는 간단한 FOR 반복문의 예시다.

```
FOR EACH band
    FOR EACH line
        FOR EACH pixel
                I[pixel, line, band]=get_pixel(input);
```

BIP 및 BIL 방식의 파일을 읽거나 저장하기 위한 코딩은 위에서 band, line, pixel의 순서를 적절히 조정하면 된다. 물론 다중밴드영상자료를 읽고 쓰기 위한 다양한 종류의 프로그래밍 언어와 매크로 언어가 존재하므로, 해당 언어의 문법에 적합한 구조문을 사용하면 된다. 다중밴드영상자료를 읽고 쓰는 프로그래밍은 모든 영상처리 알고리즘을 구현하는 데 가장 기본적인 요소다.

영상자료의 파일 크기는 영상의 크기(행, 열, 밴드)와 화소값의 범위에 따라 아래와 같이 결정된다.

$$\text{파일크기(bytes)} = (\text{column} \times \text{line} \times \text{bands} \times \text{bytes/pixel}) + \text{header}$$

예를 들어 SPOT HRV 다중분광영상 한 장(scene)의 크기는 3000행과 3000열로 되어 있으며, 세 개 분광밴드로 되어 있다. 화소의 복사해상도는 8bit이므로 화소값은 0부터 255사이의 1byte 정수로 기록된다. 따라서 HRV영상 한 장의 파일크기는 다음과 같이 25.7Mb가 된다. 물론 SPOT에서 영상자료와 함께 영상의 기본적인 사항(촬영날짜 및 시점, 촬영지역, 영상의 크기 등)을 설명하는 header자료가 영상파일 안에 함께 저장되어 있으면, 파일 크기는 다소 증가한다.

$$3000 \times 3000 \times 3 \times 1 = 27000000\text{(bytes)} = 25.7\text{Mb}$$

원격탐사영상의 화소값은 1byte(0부터 255) 정수가 가장 일반적이었으나, 영상센서 기술의 발달로 검출기에서 감지하는 신호의 품질이 향상되어, 최근에 공급되는 영상자료의 화소값은 10~14bit의 복사해상도를 가지고 있다. 복사해상도가 9bit 이상인 영상은 화소값을 2bytes(0부터 65535) 정수로 기록한다. 또한 최근에는 원시 영상(raw image)을 처리 가공하여 사용자가 직접 활용할 수 있는 산출물 형태의 자료를 공급하는 위성자료가 많다. 절대복사보정이나 대기보정 처리를 마친 영상자료의 화소값은 복사휘도 또는 표면반사율과 같은 물리량으로 기록되므로, 이러한 자료의 화소값은 4bytes 혹은 그 이상의 실수로 기록하는 경우도 있다.

압축 영상포맷

휴대전화 및 디지털카메라의 보급 확대로 디지털영상에 대한 이해가 높아졌다. 일상생활에서 사용하는 디지털사진의 파일크기는 화소 수로 계산된 다중밴드영상의 파일크기와 큰 차이가 있다. 그림 7-5는 비록 흑백 사진으로 보이지만, 디지털카메라로 촬영한 컬러 사진으로 1543열과 922행으로 된 영상이다. 청색광, 녹색광, 적색광 3개 밴드로 합성된 자연색 영상이므로, 각 밴드 영상의 화소값의 범위를 8bit로 가정하면, 원본 영상의 파일크기는 4267938bytes(1543열×922행×3밴드)가 되어야 한다. 그러나 사진파일의 크기는 346653bytes로 화소 수로 계산한 파일크기의 8.1%에 불과하다. 카메라로 촬영한 사진파일은 주로 JPEG 형식으로 저장한다. JPEG/JPG 파일은 밝기가 비슷한 화소값을 합쳐서 단일값으로 저장함으로써 파일크기를 줄인, 컬러영상의 국제적인 영상압축(image compression) 표준 형식으로 널리 사용되고 있다.

그림 7-5 디지털 컬러 사진의 압축파일 형식인 JPEG를 이용했을 때, 이 영상은 화소 수로 계산한 원 영상보다 파일크기가 8.1%에 불과함

디지털영상의 압축효율은 압축비(compression ratio) 또는 압축률로 표시하며, 원본 영상의 크기를 압축 영상의 크기로 나눈 값이다. 그림 7-5의 JPEG로 압축된 디지털사진의 압축비는 12.3이 된다. 압축비가 클수록 원본 영상보다 파일크기가 작아지지만, 영상의 품질은 낮아진다.

$$압축비 = \frac{원본\ 영상\ 크기}{압축\ 영상\ 크기} \tag{7.2}$$

영상자료의 압축은 유사한 신호를 갖는 화소를 합쳐서 저장하는데, 압축과정에서 원 영상의 화소값을 보존하는 무손실 압축방법과 원 영상의 신호를 보존하지 못하는 손실 압축방법으로 나눈다(표 7-1). 압축 영상파일의 형식은 대부분 상업용으로 개발했으나, 현재는 일반적인 디지털영상의 저장 형식으로 널리 활용되고 있다. 무손실 압축 방식은 TIFF, PNG, BMP 등이 있으며, 손실 압축 방식은 JPEG를 비롯하여 GIF 등이 있다.

표 7-1 디지털영상의 압축 방식 비교

압축 방식	특 징	파일 형식
무손실 압축	• 압축과정에서 원 영상의 정보 손실 없음 • 원본 영상으로 복구 가능 • 압축 효율이 낮음 • 원격탐사영상에 사용	TIFF, PNG, BMP
손실 압축	• 중복되고 불필요한 정보의 손실을 허용하여 자료량을 줄이는 방법 • 원본 영상의 정보 손실(복구 불가) • 영상품질 저하 • 압축 성능이 우수 • 원격탐사에서는 간단한 검색용 영상에 사용	JPEG, GIF

압축과정에서 원본 영상의 정보를 유지하는 무손실 압축(lossless compression)파일은 압축비가 낮은 대신에, 원 영상의 신호를 그대로 복구할 수 있는 파일 형식이다. 무손실 압축 방법의 하나인 RLE(run length encoding)는, 영상에서 동일한 값을 갖는 화소가 이어서 나타나면 화소의 개수와 반복되는 값만을 표시함으로써 자료량을 축소한다. 그림 7-6은 10열×5행 크기의 영상이 RLE로 압축되는 과정을 보여준다. 영상의 첫 번째 행에서 처음 네 개의 화소의 값은 2, 다음 세 개 화소의 값은 4, 나머지 세 개 화소의 값은 7인 경우, RLE 압축 방법은 42, 34, 37로 표시한다. 압축영상에서 처음 숫자는 화소의 개수이며 두 번째 숫자는 그 화소의 값을 나타내므로, 10개의 숫자를 3개로 기록할 수 있다. 원격탐사영상의 공간해상도가 증가하고 이에 따라 파일 크기가 증가하기 때문에, 최근에는 원격탐사 영상자료의 공급용 파일은 무손실 압축 형식을 이용한다.

압축과정에서 원본 영상이 가진 신호값의 손실을 어느 정도 허용하는 손실 압축(lossy compression)은 압축비를 최대한 높여서 파일의 크기를 최소화하기 위해 개발했다. 손실 압축 방법은 중복되거나 유사한 값을 갖는 화소들을 묶어서 단일 값으로 기록함으로써, 압축 성능을 높이는 대신에, 원본 영상의 신호를 잃게 되며 원본 영상으로 복구가 불가능하다.

(a)

2	2	2	2	4	4	4	7	7	7
3	3	3	4	4	6	6	6	6	6
1	1	1	3	3	3	5	5	5	5
2	2	2	2	2	4	4	6	6	6
3	3	2	2	2	5	5	5	5	5

(b)

42	34	37
33	24	56
31	33	45
52	24	36
23	32	55

그림 7-6 무손실 영상 압축 방법인 RLE를 적용했을 때 50개 화소(a)의 값을 15개 숫자(b)로 표시

원격탐사영상의 모든 화소는 해당하는 위치의 표면 특성과 관련된 정보를 담고 있다. 따라서 원본 영상의 신호가 바뀔 수 있는 JPEG와 같은 손실 압축 파일 형식은 거의 사용하지 않는다. 육안으로는 원본 영상과 JPEG와 같이 압축된 영상의 차이를 구별하기 어려울 만큼, 영상압축 기술은 발전했다. 그러나 원격탐사에서 정보 획득은 화소에 기록된 복사량을 토대로 이루어지므로, 손실 압축은 원 영상의 정보를 잃게 된다. 원격탐사에서 손실 압축 형식의 영상파일은 영상 검색이나 간단한 영상 소개용으로만 사용한다.

원격탐사 영상자료 처리를 위하여 국내외에서 개발한 여러 종류의 영상처리 소프트웨어가 있다. 대부분 국내외 민간 기업에 의하여 개발된 원격탐사 영상처리 소프트웨어는 각각 고유의 영상자료 포맷을 가지고 있지만, 모두 압축 방식이 아닌 원본 영상의 화소값을 그대로 기록하는 포맷을 채택하고 있다. 다양한 종류의 원격탐사영상은 공급기관 및 영상처리 소프트웨어에 따라 고유의 파일 형식으로 저장하지만, 다른 처리 환경에서도 영상자료의 호환이 쉽게 이루어지도록 여러 도구를 제공하고 있어 파일 형식의 차이는 큰 문제가 없다.

위성영상자료의 공급 표준

지구관측위성이 증가함에 따라 위성영상의 정확한 사양과 내용에 대한 세부적 자료가 필요한 경우가 많다. 특히 지표물의 생물리적 특성과 관련된 정량적 정보와 관련된 활용이 확대됨에 따라, 지표물과 관련된 정확한 영상신호 추출이 중요하다. 최초 수신된 원 영상에 포함된 잡음과 왜곡 현상을 줄이기 위해서는 여러 보정처리를 적용해야 하며, 이러한 영상보정 과정에서 원시영상과 관련된 세부적인 자료를 필요로 한다.

위성영상은 최초로 수신된 원시자료부터 사용자가 원하는 정보의 형태로 가공 처리된 활용산출물에 이르기까지, 처리 과정에 따라 여러 단계로 공급된다(그림 7-7). 위성영상에 따라 수신소에서 처리하는 각 단계별 명칭에 차이가 있지만, 일반적으로 3~4단계(level 0~3)로 구분하여 사용자에게 공급한다. Level 0 자료는 원시영상으로 인공위성에서 촬영된 영상을 지상국에서 수신한 영상자료다. 연구 목적 또는 차후 보정 처리 방법을 개발하기 위한 용도로 사용되지만, 실제 최종 사용자에게 공급하지 않는다.

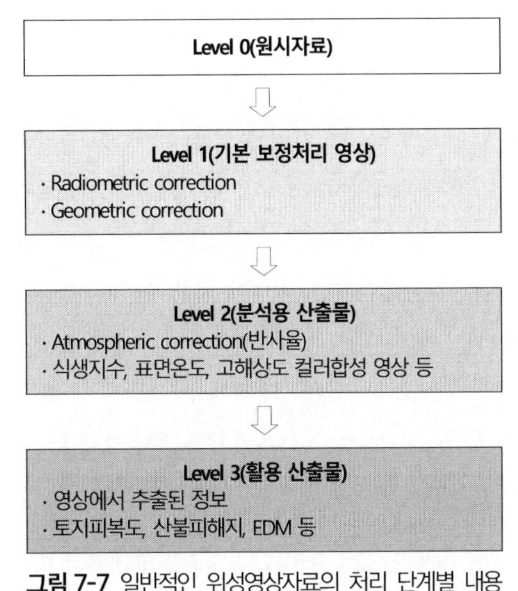

그림 7-7 일반적인 위성영상자료의 처리 단계별 내용

Level 1 자료는 원시영상에 포함된 센서 및 수신 과정에서의 오류를 수정하는 복사보정(radiometric correction)과 영상의 기하왜곡을 수정하여 지도좌표에 등록하는 기하보정(geometric correction) 처리를 마친 자료다. 복사왜곡의 종류와 보정 방법에 따라 처리 단계를 나누기도 하며, 기하보정 역시 지상기준점(GCP) 또는 수치고도자료(DEM)의 사용 여부에 따라 Level 1 자료를 1R, 1G 등으로 세분하기도 한다. Level 1 자료는 일반 사용자에게 공급하는 위성영상의 처리 단계다.

Level 2 자료는 영상신호가 지표물에서 반사 또는 방출된 순수한 신호에 가깝도록 추가적인 보정처리를 적용한 영상이다. 전자광학영상에서 지표물의 특성을 나타내는 순수한 신호인 표면반사율을 얻기 위해서는 대기보정을 거쳐야 한다. 표면반사율과 마찬가지로 열적외선 영상에서는 센서에서 감지한 복사휘도를 표면온도로 변환하는 처리가 필요하다. 표면반사율과 표면온도는 지표물의 특성을 대표하는 순수한 신호이며, 이를 토대로 지표물의 생물리적 특성과 관련된 정량적 분석이 이루어진다. Level 2 자료에 포함하는 표면반사율 및 표면온도는 사용자가 차후 분석에 사용하도록 처리한 기본 산출물이라고도 한다.

Landsat 위성영상의 Level 2 자료는 분석용 자료(Analysis Ready Data, ARD)라고 하며, 표면반사율과 표면온도 그리고 각 화소의 신호 품질을 나타내는 부가자료 등이 포함된다. 식생지수는 육상 원격탐사에서 가장 널리 사용되는 자료이지만, 산출방법에 따라 그 값의 변이가 크다. 최근에는 위성영상의 공급자가 표면반사율과 함께 식생지수를 제공하는 경우가 늘어나고 있다. 고해상도 위성영상의 경우 전정색영상과 다중분광영상을 합성하여 높은 공간해상도를 갖춘 컬러합성영상이 Level 2에 포함되기도 한다. 또한 MODIS와 같이 시간해상도가 높은 영상들을 중첩하여 구름을 제거한 합성영상을 산출하기도 하는데, 합성된 표면반사율이나 식생지수 또한 2단계 자료에 해당한다.

Level 3 자료는 사용자가 원하는 최종 정보의 형태로 처리된 자료다. 토지피복도, 산불 피해지, 육지에서 수면의 분포도 등은 이미 영상을 처리 분석하여 얻어진 결과물이므로, 더 이상 처리가 필요 없는 정보의 형태로 가공된 자료다. Level 3 자료는 활용산출물로 지칭되기도 하며, 종종 부가가치산출물(value added products)이라고도 한다. 다양한 종류의 주제도(thematic map)외에 입체영상을 이용하여 제작한 수치고도자료(DEM)와 지형에 의한 기하왜곡을 정밀하게 보정한 정사영상 등이 이 범주에 포함될 수 있다. 그러나 모든 위성영상이 Level 3 자료를 제공하지 않으며, MODIS를 비롯한 소수의 위성영상이 Level 3 자료를 제공한다.

원격탐사영상의 Metadata

원격탐사 영상자료 처리를 위해서는 영상에 관한 세부적인 내용이 필요한 경우가 많다. 영상의 특성을 설명하는 자료로는 센서의 사양, 영상의 크기, 촬영 일시, 촬영 지역, 영상의 해상도 등 기본적인 사항부터 촬영시점의 태양각, 구름 상태, 센서의 작동 상태, 위성의 자세에 관한 사항 등 세부적인 내용을 포함한다. 이와 같이 영상의 사양과 내용을 설명하는 자료를 메타데이터(metadata)라고 하며 '데이터를 위한 데이터'의 의미를 갖는다. 원격탐사 위성영상은 종류와 특성이 매우 다양하며, 심지어 동일 위성에서 촬영한 영상이라도 촬영시점에 따라 탑재체 작동, 수신상태, 지상국 처리 등에서 다양한 특성을 가질 수 있다. 위성영상의 공급자에 따라 영상자료를 공급하는 포맷 및 내용이 다양하므로, 사용자에게 적절한 메타데이터가 제공되어야 한다.

지구관측위성을 운영하는 국가, 공공기관, 기업체의 모임인 지구관측위성위원회(Committee on Earth Observation Satellites, CEOS)에서는 위성영상 공급을 위한 표준을 마련했다. 이 기준을 종종 CEOS 포맷이라고 하지만, 이는 위성영상자료의 파일 구조에 대한 표준이 아니라, 위성영상을 공급할 때 사용자에게 반드시 제공해야 할 내용적 표준이다. CEOS는 위성영상 공급자가 영상자료와 함께 영상의 구체적 사양과 특징에 관한 메타데이터 파일을 제공하도록 했다. 메타데이터는 인공위성, 센서, 촬영 일시, 수신처리 단계, 영상 크기, 공간해상도, 밴드 수, 기하보정/복사보정 여부, 복사보정 계수, 좌표계, 투영법, 영상의 품질 등 다양한 자료를 포함한다. 표 7-2는 Landsat-8 OLI/TIRS 영상과 함께 공급되는 메타데이터 파일의 주요 내용을 보여준다.

표 7-2 Landsat-8 OLI/TIRS 위성영상과 함께 제공되는 metadata의 기본 내용

구분	항목	내용	예시
파일자료	scene ID	영상의 고유 번호	LC8115034015082
	file date	파일 생성일	2015-03-23
	station ID	파일이 처리된 수신국	LGN
영상의 기본자료	data type	수신처리 단계	L1T(level 1T)
	elevation source	기하보정에 사용된 DEM자료	GLS2000
	data format	영상자료 포맷	GEOTIFF
	satellite ID	촬영 위성	Landsat-8
	sensor ID	촬영된 센서	OLI_TIRS
	date_acquired	촬영일	2015-03-23
	scene center time	영상중심 촬영시간	02:04:25.24
	corner_UL_LAT/LON (UL, UR, LL, LR)	영상 좌상모서리 위도/경도 (네 모서리 좌표 모두 포함)	38.52217/126.8229
	corner_UL_X/Y	영상 좌상모서리 UTM x/y	310200/4266000
	lines/samples	영상 크기(행, 열)	7901×7761
	file name band1	밴드별 파일 이름	LC8115034015082_B1.TIF
	file name band quality	밴드별 영상의 품질자료 파일	LC8115034015082_BQA.TIF
	cloud cover	영상의 운량	0.10
	image quality	영상의 품질	9
	roll angle	위성의 자세(roll angle)	−0.001
	sun azimuth elevation	태양 방위각 고도각	145.178161 48.098899
	Earth sun distance	태양 지구 거리 계수	0.9965419
	GCP version, model	기하보정에 사용된 GCP자료/개수	2, 713
	Geometric RMSE	기하보정 정확도	7.171
복사보정	Radiance max band_n	밴드 n의 최대 복사휘도	765.34674
	Radiance min band_n	밴드 n의 최소 복사휘도	−63.20258
	Quantize max band_n	밴드 n의 최대 화소값(DN)	65535
	Quantize max band_n	밴드 n의 최소 화소값(DN)	1
	Radinace multi band_n	밴드 n의 복사보정계수(slope)	1.2643E-02
	Radinace multi band_n	밴드 n의 복사보정계수(절편)	−63.21522
	K_n constant band_n	열적외선 밴드 n의 표면온도계수	774.89, 1321.08
영상 좌표계	map projection	지도 투영법	UTM
	datum, ellopsoid	기준 지구모형	WGS 84
	UTM zone	UTM 좌표구역	52
	Grid cell size	화소 간격	30
	resampling option	재배열 방법	cubic convolution

메타데이터 파일에 포함된 내용은 사용자가 차후 영상처리 과정에서 반드시 필요한 경우가 많다. 가령 여러 시기의 영상을 이용하여 정량적인 변화 분석을 하려면, 대기보정 또는 시계열 정규화 처리를 해야 하며, 대기보정에서는 가장 먼저 메타데이터에 포함된 복사보정 자료를 이용하여 영상의 DN값을 복사휘도로 전환해야 한다. 또한 지도좌표에 등록하여 공급한 영상자료의 세부적인 기하보정 처리 과정과 정확도 등을 파악하여, 추가적인 보정 여부를 결정할 수 있다.

HDF 및 GeoTIFF

위성영상을 포함하여 여러 종류의 원격탐사자료를 공급하는 파일의 형태로 HDF(Hierarchical Data Format)와 GeoTIFF(Geo Tagged Image File Format)를 많이 사용한다. HDF와 GeoTIFF는 영상자료와 메타데이터를 하나의 파일에 포함한 파일 구조다. 두 파일 모두 미국에서 개발되었으며, 현재 민간 분야에서 자유롭게 사용할 수 있는 포맷으로 쉽게 읽고 처리할 수 있으며, 대부분의 영상처리 소프트웨어에서 지원하고 있다.

HDF는 원격탐사영상을 위한 파일 포맷으로 개발되지 않았지만, 한국을 비롯한 여러 원격탐사영상 공급에 사용하는 포맷이기도 한다. HDF는 미국 국립슈퍼컴퓨터센터에서 과학자들이 많이 사용하는 대용량 자료를 쉽게 공유하기 위하여 개발했다. 다양한 종류의 컴퓨터 및 운영체계로 분산된 환경에서 사용하는 대용량 자료를, 메타데이터와 함께 하나의 파일로 기록하는 계층적 구조를 갖는 파일형식이다. HDF 파일은 컴퓨터 기종에 관계없이 사용할 수 있으며, 영상자료를 비롯한 대용량 자료를 읽고 쓰는 데 효과적이다. HDF 파일 구조는 파일에 포함된 대용량 자료와 각 자료를 설명하는 부분으로 나누어져 있다.

HDF를 원격탐사에서 사용한 사례는 미국 NASA에서 새로 개발한 영상센서의 성능을 점검할 목적으로 항공기에서 시험 촬영한 영상(MASTER, AIRSAR 등)을 공급하는 포맷으로 사용했다. 한국에서도 KOMPSAT-1호의 EOC 영상과 정지궤도위성인 COMS의 해색센서(GOCI) 영상 등을 HDF로 공급했다. HDF는 다른 표준형식의 영상자료와 호환이 가능하며, HDF 파일을 읽고 처리할 수 있도록 대부분 공공 및 상업용 소프트웨어에서도 지원한다.

TIFF(Tagged Image File Format)는 민간기업에서 개발된 영상자료 포맷이며, 무손실 압축 방식으로 원본 영상을 그대로 복원할 수 있다. GeoTIFF는 1990년대 말 미국 NASA에서 개발했는데, 이 시기는 지리정보시스템(GIS)의 활용이 급증하여 원격탐사영상을 다른 수치지도와 함께 사용하는 경우가 많았다. 위성영상뿐만 아니라 항공사진, 지도, 수치고도자료(DEM) 등의 격자형 자료를 GIS 환경에서 함께 사용하기 위해서는, 격자형 자료에 위치정보를 나타내는 지도좌표에 대한 세부적인 내용이 필요하다.

GeoTIFF는 TIFF 자료를 기반으로, 영상의 지리적 위치에 관한 세부적인 내용을 추가한 포맷으로 TIFF자료와 호환되도록 개발했다. GeoTIFF는 TIFF로 저장된 영상에 지도투영법, 회전타원체, 지구기준좌표계, 지리좌표체계 등 지리적 위치를 표시하는 내용을 포함한다. GeoTIFF는 1995년 NASA에서 제시했던 기본적인 파일 내용을 기준으로, 2019년 Open Geospatial Consortium(OGC)에서 새롭게 개선된 표준안을 발표했다. GeoTIFF가 등장한 후, 지리적 위치정보를 포함하는 유사한 형식의 영상파일 포맷(NITF, PNG 등)들이 개발되어 사용되기도 한다.

7.2 영상처리시스템

원격탐사 영상자료의 처리와 분석을 위한 시스템은 컴퓨터 하드웨어와 소프트웨어로 구분한다. 디지털 원격탐사영상이 등장한 1970년대에는 위성영상과 같은 대용량 자료를 처리하기에는 컴퓨터 하드웨어의 성능이 절대적으로 부족했으며, 지금과 같이 원격탐사 영상처리를 위한 별도의 소프트웨어도 없었다. 현재 대부분의 원격탐사영상은 개인용 컴퓨터 환경에서도 충분히 처리가 가능하며, 다양한 공공 및 상용 소프트웨어가 있다. 현재는 원격탐사 영상자료의 처리와 분석에서 고가의 하드웨어와 소프트웨어가 없어도, 사용자가 필요한 정보를 추출하는 데 큰 어려움이 없다.

영상처리 하드웨어 구성

원격탐사 영상처리를 위한 하드웨어는 개인용 컴퓨터로도 충분할 정도로 성능이 크게 개선되었다. 그림 7-8에서 보듯이 영상처리를 위한 하드웨어 구성은 크게 영상자료의 입력장치, 컴퓨터 그리고 출력장치로 나눌 수 있다. 가장 중요한 부분인 컴퓨터는 주로 중앙처리장치(CPU), 저장장치(storage), 화면 디스플레이를 위한 제어장치(graphic controller)로 구분된다. 개인용 컴퓨터에서 중앙처리장치 역할은 마이크로프로세서에서 담당한다. CPU는 프로그램의 명령을 해석하며, 자료를 읽고 저장하기 위하여 주변 장치들을 제어하고, 자료에 대한 핵심 연산 기능을 담당하는 두뇌 역할을 한다.

자료를 저장하는 장치는 단기기억장치인 RAM(random assess memory)과 장기기억장치인 하드디스크로 나눌 수 있다. RAM은 장기기억장치에 저장된 자료를 CPU에서 처리하도록 단기적으로 보관하는 장치이며, 컴퓨터의 전원이 켜 있는 동안에만 작동한다. 물론 RAM의 용량이 클수록 CPU에서 한 번에 처리할 수 있는 자료량이 증가하여 처리속도가 향상된다. 장기기억장치는 하드디스크가 주를 이루고 있으나, 최근에는 자료를 읽고 쓰는 속도가 매우 빠른 SSD(solid state drive)를 이용하기도 한다. 하드디스크와 SSD는 컴퓨터 전원 공급이 없어도 한번 기록된 자료는 그대로 유지되는 장기기억장치지만, 두 장치의 작동 원리와 특징은 매우 다르다. 하드디스크는 원형의 회전 금속판에 자기패턴으로 자료를 기억시키는 장치이며, 대용량 자료를 저장할 수 있는 이점이 있다. 반면에 SSD는 전원이 없어도 기록된 자료를 유지하는 일종의 반도체로 하드디스크와 다르게 매우 소형으로 제작할 수 있으며, 전력 소비가 낮고, 소음이 발생하지 않는다. SSD는 특히 하드디스크보다 훨씬 빠른 속도로 영상자료를 읽고 쓸 수 있는 장점을 가지고 있지만, 아직까지 저장할 수 있는 자료의 용량은 하드디스크보다 떨어진다. 대용량의 위성영상 및 항공영상 자료를 처리하기 위해서는 별도의 외부 저장장치가 필요하며, 자료 용량을 감안하여 주로 하드디스크를 이용한 저장장치를 사용한다.

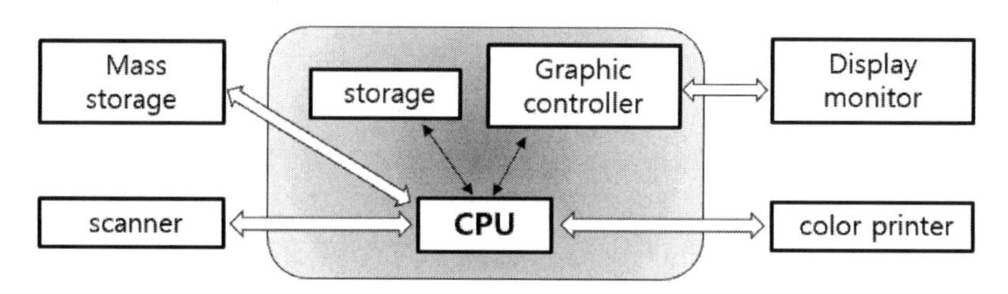

그림 7-8 영상처리를 위한 컴퓨터 및 입출력 장비

원격탐사 영상처리에 가장 큰 영향을 미친 하드웨어는 영상 디스플레이와 관련된 장비들이다. 원격탐사에서 가장 기본적인 자료 분석 방법은 육안으로 영상을 판독하고 해석하는 과정이다. 그러나 디지털 원격탐사영상이 등장한 초기에는 위성영상과 같은 대용량 자료를 컴퓨터 화면에 출력하기 위한 하드웨어 장비가 충분하지 않았다. 영상자료를 컴퓨터 모니터로 출력하려면, 외부 저장장치에서 영상자료를 읽어 그래픽카드에 있는 별도의 임시 저장장치(graphic memory)에 기억시키고, 이를 별도의 제어기를 통해 모니터에 출력한다. 영상자료를 위한 그래픽 저장장치 및 제어기 기술이 충분히 개발된 지금은 원격탐사영상을 화면에 쉽게 디스플레이할 수 있다. 육안에 의한 간단한 원격탐사 영상판독을 위해서도, 영상자료를 모니터에 출력하고 명암, 색상, 대비 효과를 조절할 수 있게 되었다.

영상처리 소프트웨어

원격탐사 영상자료 처리는 일반적인 영상처리 기능에 원격탐사영상에 적합하도록 개발한 기능을 추가하면서 개발되었다. 원격탐사 영상처리를 위한 전용 소프트웨어는 한정된 사용자로 인하여 범용 소프트웨어로 발전하기 어렵다. 외국의 공공기관이나 기업체에서 몇몇 원격탐사 영상처리용 소프트웨어가 개발되었고, 국내에서도 연구기관 및 민간 기업에서 원격탐사용 영상처리 소프트웨어가 개발되었다.

원격탐사용 영상처리 소프트웨어의 사용이 제한적인 이유는, 사용자마다 원격탐사영상에서 얻고자 하는 정보의 종류와 특성이 매우 다양하며 모든 사용자가 원하는 처리 기능을 갖춘 소프트웨어의 개발은 한계가 있기 때문이다. 예를 들어 매일 수신하는 위성영상에서 한반도 주변의 해수면 온도를 정확히 산출하는 일상적인 업무를 위한 영상처리는, 모든 영상처리 기능을 갖춘 소프트웨어보다 해수면 온도 추출과 관련된 기능에 집중된 소프트웨어를 선호할 것이다. 따라서 원격탐사 영상처리 프로그램은 주로 사용자의 활용 목적에 적합하도록 주문 제작하는 방식으로 개발되는 실정이다.

표 7-3은 원격탐사 영상처리 소프트웨어에서 지원하는 일반적인 기능을 나열하고 있다. 물론 소프트웨어에 따라 다소 기능이나 사용 환경에 차이가 있지만, 대부분의 주요 기능에는 큰 차이가 없다. 유틸리티는 다양한 종류의 파일 포맷을 가진 원격탐사 영상자료를 읽거나 쓰는 기능 위주로 구성되어 있으며, 영상자료의 부분 영역이나 다중밴드영상에서 필요한 밴드만을 발췌하는 데 사용된다. 또한 여러 장의 영상을 접합하여 넓은 지역의 단일 영상으로 모자이크하는 기능 등을 포함한다.

영상자료를 화면에 출력하기 위한 디스플레이는, 다중밴드영상을 조합하여 적정 컬러영상을 합성하고 영상의 밝기, 색깔, 대비효과 등을 강조하는 기능을 포함한다. 복사보정 및 기하보정은 전처리 기능이라고 하며, 영상에서 필요한 정보를 추출하기 전에 영상자료에 포함된 잡음과 오류를 보정하고 영상을 정확한 지도좌표에 등록하는 기능이다. 영상합성은 높은 해상도를 가진 전정색영상과 비교적 낮은 해상도를 가진 다중분광영상을 합성하여 높은 해상도의 컬러영상을 제작하는 기능이 대표적이다. 또한 촬영주기가 빠른 시계열 영상을 중첩하여 선명한 화소들만 선택하여 구름이 제거된 깨끗한 영상으로 합성하는 기능을 포함하기도 한다.

원격탐사영상에서 필요한 정보를 추출하는 과정은 대부분 영상강조 및 영상분류에 포함된 기능을 이용한다. 영상강조는 영상의 특정 지표물 또는 지표현상이 잘 나타나도록 변환하는 과정으로, 영상 필터링, 분광지수 산출, 주성분분석 변환 등을 포함한다. 영상분류는 영상의 모든 화소를 정해진 등급으로 분류하는 기능으로, 대부분의 소프트웨어는 감독분류와 무감독분류 방법을 지원한다. 고해상도 영상자료의 이용이 증가하면서 영상을 유사한 특성을 가진 화소들을 합하여 일정 크기의 조각으로 나누는 영상분할 기능을 포함하는 경우도 있다. 또한 최근 관심이 높아지고 있는 인공지능 기법을 이용한 분류 방법 등 영상분류는 영상처리 소프트웨어에서 가장 갱신이 빈번한 기능이라고 할 수 있다.

표 7-3 원격탐사 영상처리 소프트웨어의 주요 기능

구분	항목	기능
유틸리티	import	다양한 종류의 외부 영상 읽기
	export	다양한 종류의 외부 영상포맷으로 쓰기
	subset	영상의 부분 지역/밴드 발췌
	mosaic	여러 영상을 접합 집성
디스플레이	display	컬러, 흑백 영상 화면으로 출력
	profile	영상에서 특정 지점의 영상신호 읽기
	contrast stretch	영상의 대비효과를 강조
복사보정	radiometric normalization	다중 시기 영상의 영상신호 정규화
	atmospheric correction	대기효과 보정
기하보정	geometric correction	단순기하보정을 통한 좌표 등록
	ortho rectification	DEM을 이용한 정사보정
영상합성	pan-sharpening	고해상도 컬러영상 합성
	cloud-free composite	시계열 영상을 중첩하여 구름이 없는 영상 생성
영상강조	filtering	공간필터링, 주파수영역 필터링
	spectral indices	식생지수를 비롯한 다양한 분광지수 생성
	image transformation	주성분분석 변환 등
	image algebra	밴드와 밴드, 영상과 영상의 산술적 연산
영상분류	supervised classification	감독 분류
	unsupervised classification	무감독 분류
	object-based classficiation	객체기반 분류
	accuracy assessment	분류 정확도 분석
GIS	vector map display	벡터 지도 디스플레이
	vector-raster transformation	벡터자료와 격자자료의 변환
	raster-based analysis	격자형 자료를 이용한 공간분석
사진측량	DEM generation	입체쌍 영상을 이용한 DEM 생성
도면출력	image map	영상지도 편집, 벡터지도 중첩, 주기

원격탐사 영상처리 고유의 기능은 아니지만, 영상처리 결과물이 GIS 환경에서 다른 수치지도와 함께 사용되기 위한 부가 기능들이 추가되고 있다. 벡터형 수치지도자료를 영상과 함께 중첩하여 디스플레이하는 초보적인 기능과 함께, 벡터형 자료를 격자화하여 영상분류 결과와 연계하여 분석할 수 있는 기능을 포함하기도 한다. 그밖에도 입체쌍 위성영상 또는 항공사진을 이용하여 모니터에서 입체시가 가능하도록 처리하거나, 자동으로 수치고도자료를 생성하는 사진측량 기능을 지원하는 소프트웨어도 있다.

컴퓨터 성능의 개선과 함께 일반적인 영상처리를 기능을 제공하는 소프트웨어의 이용이 용이해졌다. 따라서 원격탐사 전용 영상처리 소프트웨어 외에도 다양한 프로그램이 존재한다. 또한

많은 원격탐사 연구는 새로운 정보를 추출을 위한 처리 기법 개발이 주를 이루고 있으므로, 기존 소프트웨어의 기능과 함께 자체적인 프로그램 개발을 통하여 새로운 기능을 구현하는 경우가 많다. 원격탐사 영상처리 전용 소프트웨어가 매년 새롭게 소개되는 처리 기능을 모두 수용하기에는 한계가 있다.

원격탐사 영상처리 전용 소프트웨어와 함께, 최근에는 특정 기능만을 강조한 소프트웨어가 등장하고 있다. 전자광학영상에서 지표물의 순수한 신호를 나타내는 정확한 표면반사율을 추출하기 위한 대기보정 소프트웨어와 고해상도 영상의 분류를 위한 영상분할과 객체지향분류와 같이 특정 기능만을 포함한 소프트웨어가 있다. 또한 SAR 영상, 초분광영상, 항공 라이다 자료와 같이 특정 영상에 적합하도록 개발된 처리 기능들을 집약한 소프트웨어가 있다. 최근 활용이 급증하고 있는 무인기영상을 자동으로 접합하여 정사모자이크 영상을 생성하는 프로그램 또한 특정 기능만을 강조한 새로운 형태의 원격탐사 영상처리 소프트웨어라고 할 수 있다.

7.3 영상통계값

영상자료는 영상의 구성하는 화소의 개수와 동일한 숫자로 이루어진 자료다. 원격탐사 영상처리의 첫 번째 과정은, 영상의 구성하는 숫자들의 대표값, 분포, 관계를 나타내는 영상통계값(image statistics)을 이용하여 영상의 기본적 특성을 이해하는 것이다.

기술통계값

통계값(statistics) 또는 통계량은 모집단의 특징을 요약하여 설명하는 척도로서 사용한다. 예를 들어 인천광역시 초등학생의 발육상태를 파악하기 위하여 신장과 체중을 조사한 자료를 요약하여 설명하는 척도로 평균, 최소, 최대, 중앙값, 표준편차 등이 있다. 이러한 통계값을 이용하여 인천 초등학생의 발육상태를 설명하고 다른 그룹의 초등학생과 비교가 가능하다.

다중밴드영상에서 각 밴드 영상의 주요 특징을 요약하여 설명하는 기술통계값(descriptive statistics)이 있다. 영상의 기술통계값으로 평균, 최소값, 최대값, 분산, 표준편차 등이 있으며, 이들과 함께 모든 화소값의 분포를 보여주는 히스토그램을 널리 사용한다. 평균(mean), 중앙값(median), 최빈값(mode)은 전체 자료의 중심에 해당하는 대표값으로 사용한다. 산술평균은 모든 화소값의 합을 화소 수로 나눈 값으로, 영상신호의 중심을 나타내는 대표적인 통계값이다. 중앙값은 전체 화소를 가장 큰 값부터 아래로 정렬했을 때 중앙에 위치한 화소의 값이다. 가령 만 개의 화소로 이루어진 영상을 화소값에 따라 정렬했을 때 오천 번째에 위치한 화소의 값이 중앙값이 된다. 최빈값은 영상에서 가장 많은 화소가 가지고 있는 값으로 히스토그램에서 쉽게 구별할 수 있다.

최근 원격탐사영상은 복사해상도가 향상되어 화소값의 범위가 10bit(0~1023) 이상의 정수로 기록되므로, 최빈값은 특정 화소값으로 표시하거나 또는 가장 많은 화소가 갖는 값의 구간으로 표시하는 경우도 있다. 가령 12bit 복사해상도를 가진 영상의 화소는 0~4095 사이의 값을 갖는데, 특정 값을 갖는 화소의 수가 전체 영상의 화소에 비해 매우 작으므로, 가장 많은 화소가 분포하는 구간(예를 들어 2000~2100)을 최빈값으로 사용하기도 한다. 최빈값은 종종 영상에서 이상 신호의 과다 여부를 판단하는 데 사용된다. 가령 12bit 영상의 최빈값이 0 또는 4095와 같이 극값을 갖는다면, 이는 정상적인 영상신호가 아닌 오류로 인하여 발생한 신호로 해석할 수 있다.

평균, 중앙값, 최빈값이 영상의 중심 밝기값을 대표하지만, 화소의 분포 특성에 따라 다른 의미로 해석할 수 있다. 그림 7-9는 세 가지 히스토그램 유형에 따라 영상의 평균, 중앙값, 최빈값의 상대적 위치를 보여준다. 산술평균은 화소값의 분포가 평균을 중심으로 좌우 대칭인 정규분포에 가까울 때 비로소 영상의 중심 밝기를 나타내는 대표값으로서 의미를 갖는다. 정규분포에서는 평균, 중앙값, 최빈값이 모두 같다. 실제 완전한 정규분포를 갖는 영상은 흔하지 않으며, 산림, 농지 또는 도심지와 같이 단일의 토지피복으로 구성된 비교적 좁은 지역의 영상이 정규분포에 가까운 히스토그램을 보인다.

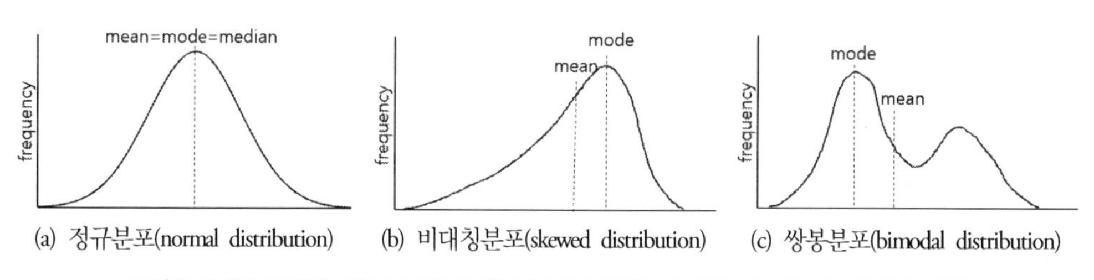

(a) 정규분포(normal distribution) (b) 비대칭분포(skewed distribution) (c) 쌍봉분포(bimodal distribution)

그림 7-9 영상자료의 히스토그램 유형과 중심 밝기를 대표하는 통계값의 상대적 위치

대부분의 원격탐사영상은 평균, 중앙값, 최빈값이 모두 다른 비대칭분포를 가지고 있다. 그림 7-9(c)와 같은 쌍봉분포(bimodal distribution)를 갖는 영상은 화소값의 차이가 뚜렷한 두 종류의 토지피복으로 이루어진 지역으로, 평균은 두 토지피복에 해당하는 화소값이 아닐 확률이 높다. 예를 들어 해안가 산림지역을 촬영한 영상의 히스토그램은, 바다와 산림에 해당하는 화소들이 쌍봉분포의 양쪽을 차지하며 쌍봉 사이에 분포하는 화소는 바다와 산림이 아닌 다른 토지피복일 수 있다. 쌍봉분포에서는 양쪽 봉우리의 꼭대기에 해당하는 최빈값이 영상의 중심 신호를 대표할 수 있으며, 그 사이에 위치하는 평균은 영상의 대표값으로서 부적절하다. 원격탐사영상의 도수분

포는 토지피복 종류와 분포 면적의 구성비에 따라 달라진다. 따라서 히스토그램의 형태와 대표통계값의 위치 등을 통하여 영상의 기본적인 특성을 파악할 수 있다.

영상자료의 분포 특성을 설명하는 통계값으로 최소값, 최대값, 분산, 표준편차 등이 있다. 영상의 복사해상도에 따라 화소값은 8bit(2^8)부터 16bit(2^{16}) 범위로 표시한다. 최소값 및 최대값은 실제 영상의 화소값 범위를 가장 쉽게 설명할 수 있는 통계값이다. 그러나 실제 화소값의 범위가 그 영상의 복사해상도와 일치하는 경우는 많지 않다. 예를 들어 KOMPSAT-3호 EOS 영상의 복사해상도는 14bit로 0부터 16383 사이의 값을 가질 수 있지만, 실제 영상의 최소값과 최대값이 0과 16383인 경우는 거의 없다. 영상의 최소값 및 최대값이 그 영상의 복사해상도 양극값과 일치하는 경우는, 촬영 당시 또는 수신처리 과정에서 발생한 오류에 해당하는 경우가 많다. 최소값 및 최대값이 영상자료의 분포 범위를 나타내는 기술통계값이지만, 최소 및 최대값이 이상값(outlier)이면 분포 특성과 거리가 있다.

영상자료의 분산과 표준편차는 영상의 중심 밝기값인 평균으로부터 벗어나 있는 정도를 설명하는 산포도로서, 단일 영상의 분포 특성을 설명하는 대표적인 통계값이다. 분산은 영상의 모든 화소와 평균의 차이인 편차제곱합을 전체 화소 수로 나눈 값이며, 표준편차는 분산의 제곱근으로 다음과 같다.

$$\text{분산(var)} = \sigma^2 = \frac{1}{n-1}\sum_{i=1}^{n}(x_i - \overline{x})^2 \quad (7.3)$$

$$\text{표준편차(std)} = \sigma = \sqrt{\sigma^2} \quad (7.4)$$

분산 또는 표준편차는 원격탐사영상에 포함된 상대적 정보량을 비교하는 척도로 해석할 수 있다. 그림 7-10은 동일 지역을 각각 다른 센서 또는 다른 분광밴드로 촬영한 두 영상의 히스토그램의 차이를 보여준다. 영상의 화소값이 정규분포라는 가정에서 두 영상의 평균은 같지만, A영상은 많은 화소가 평균 주변에 좁게 분포하고 있어 표준편차(σ_A)가 작으며, B영상은 많은 화소가 평균에서 멀리 떨어져 분포하고 있으므로 표준편차(σ_B)가 크다. 동일 지역을 촬영한 영상에서 분산 또는 표준편차가 크면, 여러 지표물에 해당하는 화소값의 차이가 크다는 의미다. 반면에 표준편차가 작은 A영상은 여러 지표물 간의 신호 차이가 B영상만큼 크지 않다. 영상의 화소값은 해당 지표물에서 반사 또는 방출된 복사량을 반영하므로, 지표물의 속성에 따라 화소값의 차이가 크면 지표물들의 차이를 잘 구분할 수 있다. 영상판독에서도 분산이 큰 영상은 명암이 세분화되어 다양한 지표물의 차이를 잘 보여주므로, B영상이 A영상보다 지표물의 종류와 특성을 판독하는 데 유리하다. 따라서 분산이 큰 영상은 작은 영상보다 상대적 정보량이 많다고 할 수 있다.

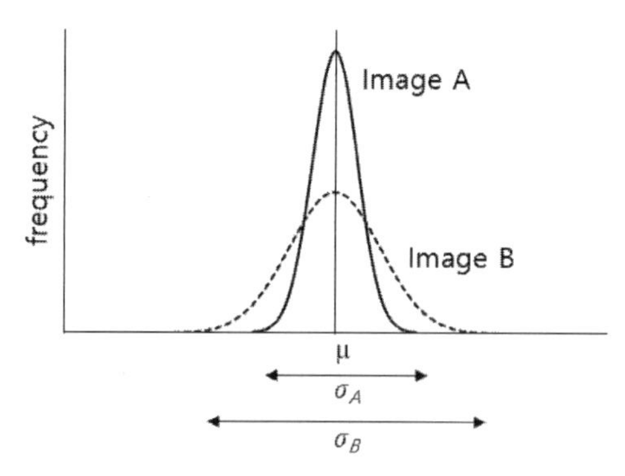

그림 7-10 동일 지역을 다른 센서 또는 다른 분광밴드로 동시에 촬영한 영상 A와 B의 히스토그램 비교

영상 전체 화소값의 분포 특성을 설명하는 다른 방법으로 평균과 표준편차를 함께 이용한다(그림 7-11). 영상자료가 정규분포인 경우, 평균 μ으로부터 ±1표준편차 범위에 전체 화소의 68%가 포함된다. 범위를 ±2표준편차로 확장하여 $(\mu-2\sigma)$부터$(\mu+2\sigma)$ 사이에 전체 자료의 95.4%가 분포하므로, 전체 영상에서 각 화소값의 상대적인 위치를 가늠할 수 있다. 영상의 기술통계값은 단일밴드영상의 기본적인 특성을 설명하는 데 유용할 뿐 아니라, 향후 영상 디스플레이, 영상강조, 영상분류 등 여러 처리 과정에서 자주 사용한다.

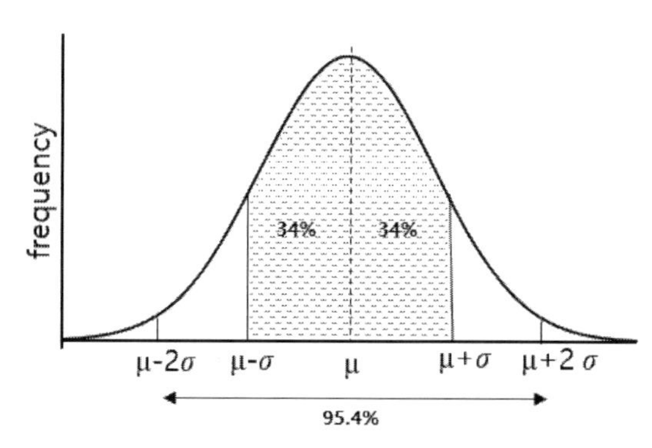

그림 7-11 정규분포를 갖는 영상자료에서 평균과 표준편차를 이용한 화소값의 분포영역 파악

단일 영상의 기술통계값을 이용하여 실제 원격탐사영상에 나타나는 특징을 해석해본다. 그림 7-12는 1999년 5월 30일에 촬영한 제주도 Landsat-5 TM 영상으로 백만(1000×1000) 개 화소로 된 청색광, 근적외선, 단파적외선, 열적외선 4개 밴드 영상의 기술통계값을 보여준다. TM 영상의 복사해상도는 8bit로 0~255 사이의 값을 갖는다. 청색광밴드 영상은 표준편차 9.44로 평균 주변에 좁게 분포하고 있으며, 최소값 역시 평균에 가까운 값을 갖는다. 히스토그램을 보면 쌍봉분포에 가까운 분포를 보여주는데, 영상에서 이미 잎이 충분히 생장한 산림 및 중산간지역 식물에 해당

하는 낮은 신호값과 나머지 나지 및 도시에 해당하는 높은 신호값의 두 그룹을 구분할 수 있다. 물에서 어느 정도 반사하는 복사량이 있는 청색광 밴드이므로, 바다에 해당하는 화소들은 두 그룹의 중간에 분포한다. 비록 최대값이 255지만 120보다 큰 값을 갖는 화소는 거의 없다.

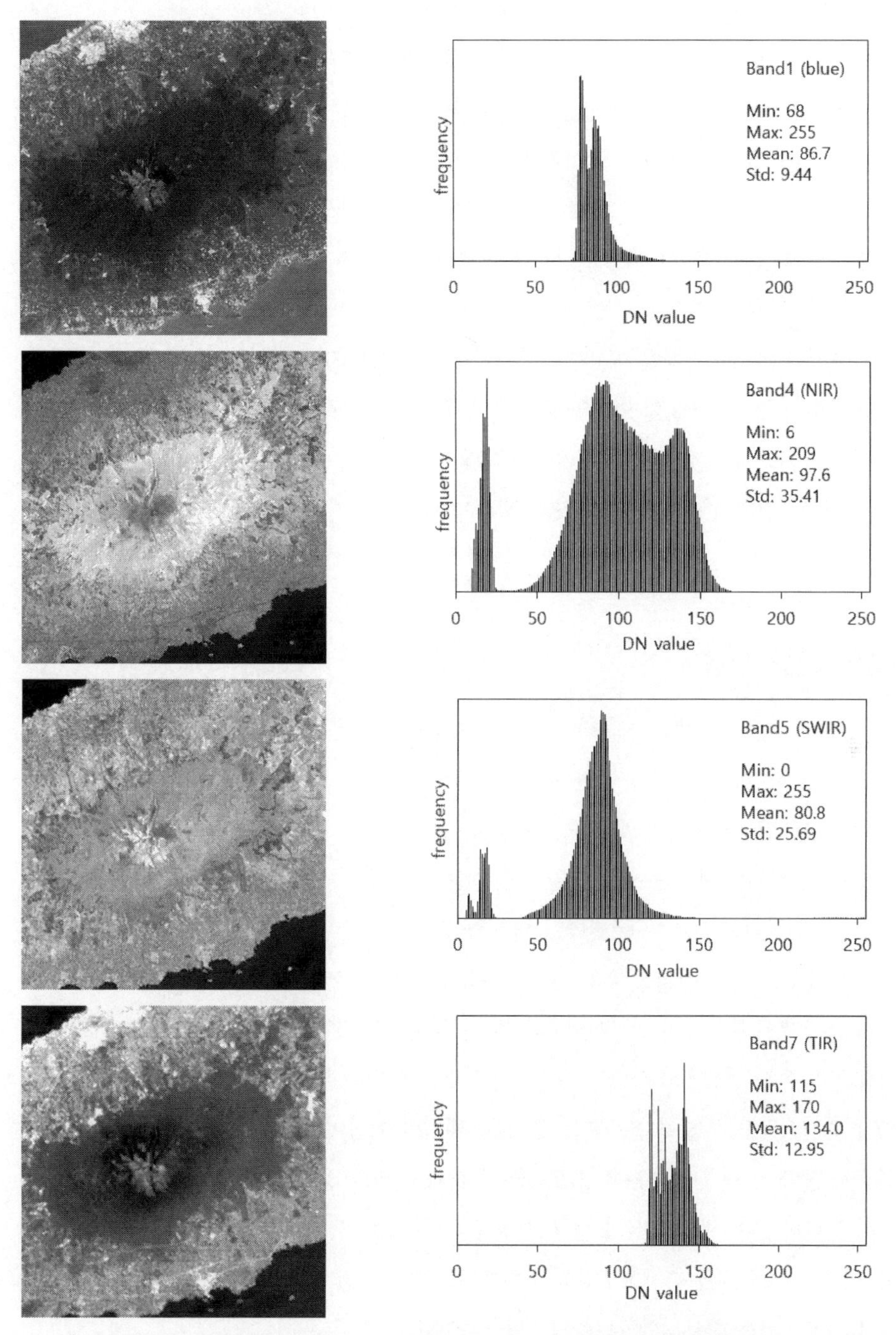

그림 7-12 제주도 Landsat-5 TM의 4개 밴드 영상의 기술통계값

근적외선(0.76~0.90μm) 영상은 가장 큰 표준편차를 갖는데, 다양한 지표물의 밝기 차이를 잘 보여준다. 근적외선 밴드는 물에서의 반사가 거의 없기 때문에 바다가 아주 어둡게 보이며, 반대로 식물의 높은 반사율 때문에 산림이 매우 밝게 보인다. 바다와 산림에 해당하는 화소들이 히스토그램의 양끝에 분포하고 있다. 근적외선 영상에서 도시지역, 아직 작물 생장이 미약한 농지, 그리고 어느 정도 자란 목초지 및 산림이 혼재된 중산간지역의 차이를 볼 수 있다.

단파적외선(1.55~1.75μm) 영상 역시 큰 표준편차를 보여주는데, 모든 화소값이 넓게 분포하고 있다. 단파적외선 영상도 물에서 반사가 없기 때문에 최소값 0은 이해되지만, 최대값 255는 청색광 밴드와 마찬가지로 이상값으로 추정된다. 단파적외선 밴드에서 식물은 상대적으로 높은 반사율을 갖고 있지만, 근적외선 밴드와 다르게 녹색식물의 양에 따른 화소값의 차이가 뚜렷하지 않다.

열적외선(10.4~12.5μm) 영상은 지표면에서 방출된 복사에너지를 반영하며, 영상의 밝기는 표면온도와 비례한다. 히스토그램의 형태와 화소값의 분포가 청색광 영상과 비슷하여 평균 주변에 매우 좁게 몰려 있다. 제주 및 서귀포 시가지가 매우 밝게 보이는데, 이는 영상 촬영시점인 오전 11시경에 콘크리트 건물과 아스팔트 등 도시의 표면온도가 다른 지표물보다 높다는 것을 보여준다.

기술통계값의 활용

원격탐사영상의 기술통계값을 이용하여 영상신호의 품질을 추정하고 또한 대상 지역의 개략적인 지표 특성을 파악할 수 있다. 동일한 센서로 촬영된 여러 장의 영상자료가 있을 때, 동일 지역의 영상이라면 영상의 기술통계값은 유사할 것이다. 그러나 다른 영상과 비교하여 평균, 최소값, 최대값에 큰 차이를 보이는 영상이 있다면, 이는 센서 및 수신처리 과정에서 오류가 발생했거나 해당 지역에 급격한 토지피복 변화가 발생했을 가능성이 높다.

그림 7-12의 제주도 영상 기술통계값에서 보듯이, 영상의 복사해상도의 양극값을 갖는 화소는 거의 없다. 즉 8bit 복사해상도의 영상에서 0과 255는 센서에서 감지할 수 있는 최소 및 최대 복사량을 의미하지만, 실제 영상에서 0 또는 255의 값을 갖는 화소는 흔치 않다. 복사해상도의 극값을 갖는 화소가 비정상적으로 많이 분포하는 영상은, 센서의 이상이나 수신 처리 과정에서 발생한 오류인 경우가 많다. 그림 7-13은 JERS-1의 OPS 근적외선 밴드 영상으로, 센서의 오류로 줄무늬 현상이 심하게 나타났다. 센서 오류가 발생한 영상의 통계값은 정상 상태의 영상보다 잡음에 해당하는 화소들이 극값을 갖는다. OPS 영상의 히스토그램을 보면 0과 255의 값을 갖는 화소의 숫자가 가장 많은데, 이는 줄무늬에 해당하는 화소들이다.

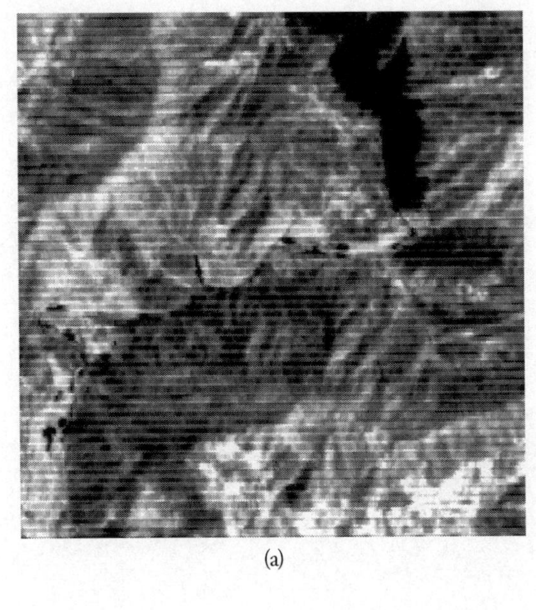

(a)

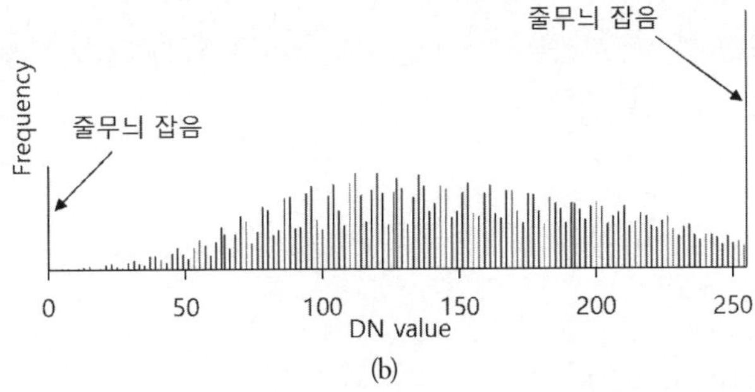

(b)

그림 7-13 센서 이상으로 줄무늬 현상이 심하게 발생한 JERS-1 OPS 근적외선밴드 영상(a)과 히스토그램(b)

영상통계값은 또한 영상처리 기법을 적용한 후 효과를 평가하기 위한 수단으로 이용한다. 영상처리는 기본적으로 화소의 값을 다양한 연산과정을 통하여 변환하는 과정이라고 할 수 있다. 영상의 화소값이 일련의 영상처리를 통하여 변환되었으면, 당연히 처리 후 결과영상의 통계값은 변한다.

예를 들어 영상에서 주변 화소보다 비정상적으로 높거나 낮은 잡음 화소를 제거하기 위하여 필터링(filtering) 처리를 하면, 당연히 결과영상은 입력영상과 다른 통계값을 갖는다. 그림 7-14는 스페클(speckle) 잡음이 많은 SAR 영상에 평균 필터를 적용한 결과를 보여준다. 스페클 잡음은 매우 높거나 낮은 값을 갖는 화소들로, 필터링 처리한 영상은 스페클이 많이 제거되었다. RADARSAT SAR 영상은 2bytes(0~65535) 범위의 값을 갖는데, 입력영상과 필터링 처리된 결과영상의 통계값을 비교하면 스페클 잡음에 해당하는 화소들이 제거되었기 때문에, 최소값은 증가하고 최대값은 낮아졌다. 또한 평균은 필터링 전후에 큰 차이가 없지만, 표준편차는 처리 후 크게 감소했다. 이와 같이 간단한 영상통계값의 비교를 통하여 영상처리 결과를 쉽게 평가할 수 있다.

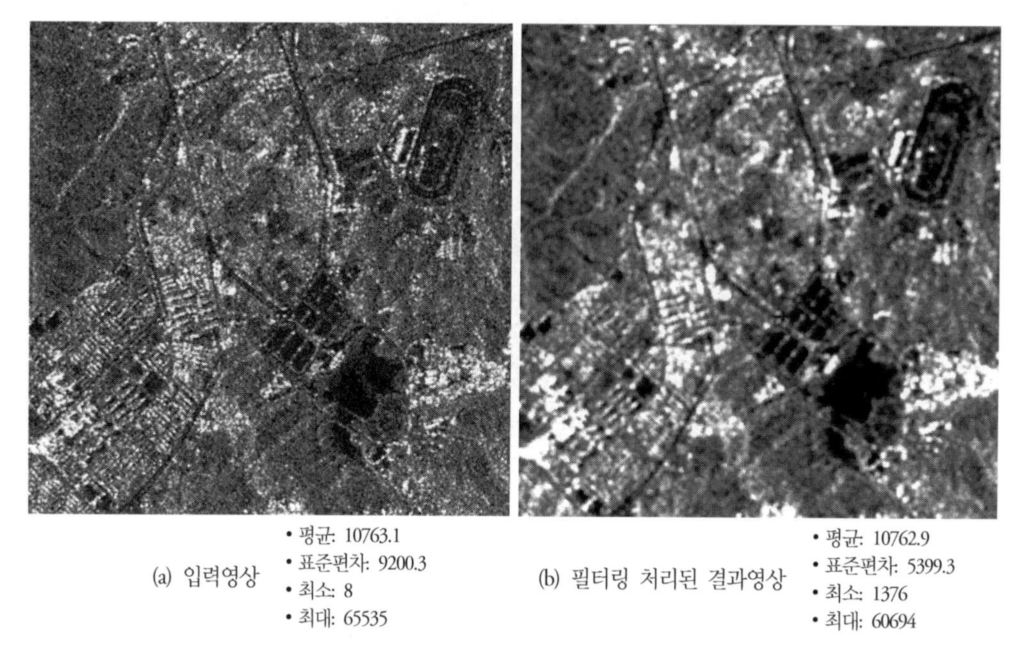

(a) 입력영상
- 평균: 10763.1
- 표준편차: 9200.3
- 최소: 8
- 최대: 65535

(b) 필터링 처리된 결과영상
- 평균: 10762.9
- 표준편차: 5399.3
- 최소: 1376
- 최대: 60694

그림 7-14 SAR 영상에 필터링 처리 전후의 영상 및 기술통계값 비교

다중밴드영상의 통계값

원격탐사영상의 대부분은 여러 파장구간에서 촬영한 다중밴드영상이며, 서너 개의 분광밴드를 가진 디지털항공영상부터 수백 개 분광밴드를 가진 초분광영상이 있다. SAR 영상은 대부분 단일 마이크로파로 촬영하지만, 편광모드 또는 안테나 입사각을 달리하여 결과적으로 신호 특성이 다른 여러 영상을 얻는다. 이와 같이 다중밴드 원격탐사영상의 밴드 간 관계를 설명하려면, 기술통계값으로는 충분하지 않다.

공분산 및 상관계수는 다중밴드영상에서 밴드 간 관계를 설명하기 위한 통계값으로, 두 개 이상의 변수의 관계를 나타내는 다변량통계값(multivariate statistics)이다. 다변량통계값은 다중밴드영상뿐만 아니라, 동일 지역을 주기적으로 반복 촬영한 시계열 영상에서 촬영 시기가 다른 영상 간의 관계를 분석하기 위한 수단으로도 사용한다.

변수 x, y의 공분산(covariance)은 다음과 같이 구한다.

$$Cov_{xy} = \frac{1}{n-1}\sum_{i=1}^{n}(x_i - \bar{x})(y_i - \bar{y}) \tag{7.5}$$

두 영상의 공분산은 파장밴드, 편광모드 또는 촬영 시기가 다른 영상 x와 영상 y의 선형관계를 설명하는 통계값으로, 영상 x의 신호와 동일 위치의 영상 y의 신호가 같은 방향으로 변하면 공분산은 양의 값을 갖는다. 반대로 영상 x의 신호가 평균보다 작은 값을 가질 때 영상 y의 신호가 평균보다 큰 값을 가지면, 공분산은 음의 값을 갖게 된다. 따라서 공분산의 부호를 통하여 영상 x와 영상 y의 선형관계를 파악할 수 있다. 공분산 식(7.4)는 앞장에서 설명한 분산 식(7.2)를 확장한 결과로, 변수 x와 x의 공분산은 변수 x의 분산이 되는 셈이다.

공분산은 두 변수의 측정 단위에 따라 크기가 달라진다. 예를 들어 같은 지역을 동시에 촬영한 영상이라도 12bit로 기록한 Landsat-8 OLI 영상의 공분산은 8bit로 기록한 Landsat-7 ETM+ 영상보다 큰 값을 갖게 된다. 공분산은 부호만으로 관계의 경향을 파악할 수 있을 뿐, 선형관계의 강도를 정확하게 파악하기 어렵다.

두 변수의 선형관계의 강도를 파악하기 위한 통계값으로, 공분산을 각 변수의 표준편차로 나눈 상관계수(correlation coefficient)를 사용한다. 영상 x와 y의 상관계수 r은 공분산(Cov_{xy})을 각각의 표준편차(s_1, s_2) 곱으로 나눈 값으로, -1~1 사이의 값을 갖는다. 상관계수의 절대값이 1에 가까울수록 두 변수 간의 선형관계의 강도는 높아지고, 0에 가까울수록 선형관계가 떨어져 두 변수는 서로 독립적이다. 상관계수가 1에 근접할수록, 영상 x의 화소값이 증가하면 영상 y의 화소값도 비례하여 증가하며, 1이 되면 완전한 비례관계가 된다. 반대로 상관계수가 -1에 가까워지면, 영상 x의 화소값이 증가할수록 영상 y의 화소값은 반비례하여 감소하며, -1이 되면 완전한 반비례 관계가 된다.

$$r_{xy} = \frac{Cov_{xy}}{s_x s_y} \tag{7.6}$$

그림 7-15는 2019년 6월 22일 촬영한 서울 지역의 Landsat-8 OLI/TIRS 다중분광영상으로, 총 11개 밴드에서 해수면 분석을 위한 밴드 1과 전정색영상인 밴드 8을 제외한 9개 영상의 기술통계값과 공분산 및 상관계수를 비교한다. OLI/TIRS 영상의 복사해상도는 12bit이지만, 수신처리 과정에서 2bytes 정수로 확대하여 0~65535 사이의 값으로 기록되었다. 표 7-4는 9개 밴드별 영상자료의 기술통계값을 보여주는데, 그림 7-12에서 설명한 제주도 TM영상과 분포 특성은 크게 다르지 않다. 가시광선 및 열적외선 밴드 영상의 표준편차는 근적외선 및 단파적외선 밴드 영상보다 낮다.

근적외선 및 단파적외선 영상에서 보이는 여러 지표물의 밝기 차이가 가시광선 및 열적외선 영상보다 두드러지게 보이는 이유다. 특히 근적외선 영상은 가장 큰 표준편차를 가지고 있으며, 시가지, 한강, 산림 등 다양한 지표물의 미세한 명암 차이가 잘 나타난다.

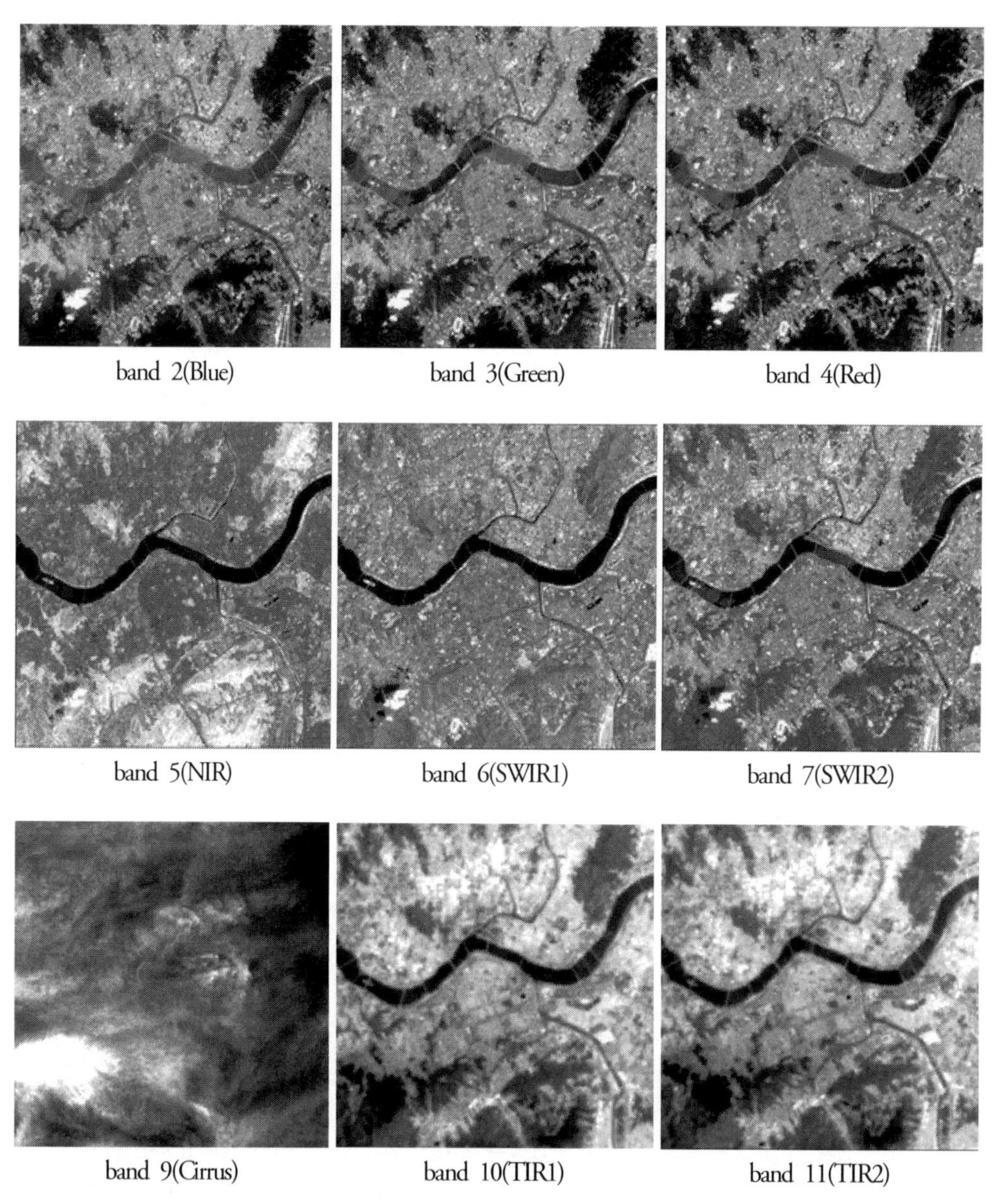

그림 7-15 서울 지역의 Landsat-8 OLI/TIRS의 9개 다중분광영상(2019년 6월 22일 촬영)

표 7-4 서울 지역의 Landsat-8 OLI/TIRS의 9개 다중분광영상의 밴드별 기술통계값

band	2(B)	3(G)	4(R)	5(NIR)	6(SWIR1)	7(SWIR2)	9(Cirrus)	10(TIR1)	11(TIR2)
최소	9175	7682	6893	6557	5307	5230	5037	22221	20650
최대	42696	53229	54965	64308	65535	65535	6047	34020	29187
평균	11268.3	10518.3	9921.0	16296.2	12915.9	10209.4	5223.1	28386.6	25365.8
표준편차	1150.5	1319.0	1785.3	3939.2	2574.7	2391.9	110.0	1455.6	1055.3

표 7-5 서울 지역의 Landsat-8 OLI/TIRS의 9개 다중분광밴드의 공분산 및 상관계수 행렬

[분산-공분산 행렬]

band	2(B)	3(G)	4(R)	5(NIR)	6(SWIR1)	7(SWIR2)	9(Cirrus)	10(TIR1)	11(TIR2)
2	1323695	1467319	1949567	-1219915	1754543	2187810	18073	917423	621862
3	1467319	1739752	2320497	-872080	2371087	2720828	14792	1084991	741549
4	1949567	2320497	3187163	-1448072	3172809	3743910	15053	1553440	1070624
5	-1219915	-872080	-1448072	15516904	4210417	245719	1713	-1658902	-1187957
6	1754543	2371087	3172809	4210417	6629174	5513257	3436	1738914	1205792
7	2187810	2720828	3743910	245719	5513257	5721354	4486	2174309	1515964
8	1641946	1919038	2596397	-1155522	2618101	3057229	14802	1258034	862790
9	18073	14792	15053	1713	3436	4486	12101	-45032	-40881
10	917423	1084991	1553440	-1658902	1738914	2174309	-45032	2118683	1524515
11	621862	741549	1070624	-1187957	1205792	1515964	-40881	1524515	1113653

[상관계수 행렬]

band	2(B)	3(G)	4(R)	5(NIR)	6(SWIR1)	7(SWIR2)	9(Cirrus)	10(TIR1)	11(TIR2)
2	1.000	0.967	0.949	-0.269	0.592	0.795	0.143	0.548	0.512
3	0.967	1.000	0.986	-0.168	0.698	0.862	0.102	0.565	0.533
4	0.949	0.986	1.000	-0.206	0.690	0.877	0.077	0.598	0.568
5	-0.269	-0.168	-0.206	1.000	0.415	0.026	0.004	-0.289	-0.286
6	0.592	0.698	0.690	0.415	1.000	0.895	0.012	0.464	0.444
7	0.795	0.862	0.877	0.026	0.895	1.000	0.017	0.625	0.601
9	0.143	0.102	0.077	0.004	0.012	0.017	1.000	-0.281	-0.352
10	0.548	0.565	0.598	-0.289	0.464	0.625	-0.281	1.000	0.993
11	0.512	0.533	0.568	-0.286	0.444	0.601	-0.352	0.993	1.000

기술통계값에서 밴드 9 영상이 가장 좁은 분포 범위(5037~6047)와 낮은 표준편차(110.0)를 보인다. 밴드 9는 Landsat-8에 새롭게 추가된 밴드로 1.36~1.39μm 수분흡수 구간이므로, 지표면에서 반사된 에너지는 대기수분에 의하여 대부분 흡수되고, 대기 상층부에 존재하는 권운(새털구름)에서 반사한 미약한 에너지를 감지한다. 따라서 밴드 9 영상은 지표면에서 반사 또는 방출된 에너

지를 감지한 다른 8개 밴드 영상과 큰 차이가 있다.

밴드별 기술통계값을 이용하여 각 영상의 화소값 평균과 분포 특성을 설명할 수 있으나, 9개 밴드 영상의 관계를 설명하기 어렵다. 표 7-5는 9개 밴드 영상의 선형관계를 설명하는 공분산 행렬과 상관계수 행렬을 보여준다. 공분산 및 상관계수 행렬은 각 밴드의 분산과 상관계수를 나타내는 대각선을 축으로 같은 값을 갖는 대칭행렬(symmetric matrix)이다. 즉 밴드 2와 2의 공분산 1323695는 밴드 2의 분산이며, 이 값에 제곱근을 취하면 표 7-5에서 밴드 2의 표준편차 1150.5가 된다. 공분산의 부호에 따라 선형관계의 방향을 설명할 수 있는데, 세 개의 가시광선 밴드는 모두 근적외선 밴드와 음수의 공분산을 갖는데, 이는 근적외선 영상에서 큰 값을 갖는 화소는 가시광선 영상에서는 낮은 값을 갖는다는 의미다. 근적외선 영상에서 남산, 아차산, 관악산, 청계산의 산림이 매우 밝게 보이지만, 가시광선 영상에서는 모두 어둡게 보인다. 반대로 가시광선 영상에서 건물 및 도로의 도심지는 밝게 보이지만, 근적외선 영상에서는 어둡게 보인다. 공분산 행렬에서 밴드 간의 선형관계의 방향은 알 수 있지만, 선형관계의 강도를 정확히 파악하기 어렵다.

공분산을 각 밴드 표준편차의 곱으로 나눈 상관계수는 두 밴드 간의 선형관계를 보다 명확하게 설명한다. 우선 세 가시광선 밴드 간 상관계수는 0.949~0.986으로 매우 강한 양의 선형관계를 갖는다. 두 밴드 간의 상관계수가 1에 근접할 정도로 높으면, 두 밴드 영상에 포함된 정보가 많이 중복되었음을 의미한다. 즉 세 개 가시광선 밴드 영상에서는 모든 지표물의 밝기가 대부분 양의 방향으로 비례하며, 세 영상을 육안으로 관찰해도 여러 지표물의 상대적인 명암 차이를 구분하기 어렵다.

상관계수의 곱을 결정계수(coefficient of determination, r^2)라고 하는데, 결정계수는 두 영상의 선형관계에 의하여 설명할 수 있는 변이량의 비율을 나타낸다. 녹색광 밴드 3 영상과 적색광 밴드 4 영상의 상관계수는 0.986인데, 두 영상의 모든 화소값이 같은 방향으로 변한다는 것을 의미하며, 두 영상의 결정계수는 0.972가 된다. 이는 밴드 4 영상에 나타나는 화소값 변이의 97.2%를 밴드 3 영상으로 설명할 수 있다는 의미다. 화소값의 변이는 다양한 지표물에 해당하는 화소들의 차이이므로, 화소값의 변이는 영상이 가진 상대적인 정보량으로 해석할 수 있다. 즉 밴드 3과 밴드 4 영상은 97.2%의 정보가 중복되어 있으며, 각 영상이 가지고 있는 고유의 정보는 2.8% 정도에 불과하다. 상관계수 행렬에서 두 개의 열적외선 밴드 10과 밴드 11 역시 0.993의 높은 상관계수를 가지고 있는데, 마찬가지로 두 밴드는 98.6%의 정보가 중복되어 있으므로 둘 중 하나의 영상을 사용해도 큰 차이가 없을 것이다. 그러나 종종 두 밴드의 선형관계에 의하여 설명할 수 없는 1.4%의 변이가 각 영상에서 추출하고자 하는 독특한 고유의 정보가 될 수 있으므로, 두 밴드의 상관계수가 높다고 하나를 완전히 무시할 수는 없다.

근적외선 밴드 5 영상은 다른 나머지 8개 영상과 매우 낮은 상관계수를 갖는다. 이는 근적외선 영상이 다른 영상들과 유사성이 낮으며, 다른 영상에서 나타나지 않는 고유의 정보를 많이 가지고 있음을 의미한다. 근적외선 밴드는 거의 모든 전자광학센서에 포함되어 있으며, 다른 분광밴드와 구별되는 고유의 영상신호를 제공한다. 서울 지역의 근적외선 영상도 여러 지표물의 상대적인 명암의 차이가 가장 두드러지게 나타나며, 다른 밴드와 큰 차이를 보인다. 밴드 9 역시 다른 영상들과 선형관계가 매우 낮지만, 이 영상은 지표면의 신호가 아닌 대기 상층부의 새털구름에서 반사한 신호이므로, 낮은 상관계수는 당연한 결과다.

두 개의 단파적외선 밴드(SWIR1, SWIR2) 역시 지표물의 반사 특성이 유사하므로 0.895의 높은 상관계수를 갖는다. 첫 번째 단파적외선 밴드의 파장구간인 1.56~1.66μm에서 식물, 물, 토양의 반사 특성이 다른 밴드와 차이가 있으므로, 다른 밴드들과의 상관계수가 상대적으로 낮게 나타났다. 그러나 두 번째 단파적외선 밴드 7의 파장구간인 2.1~2.3μm에서는 물을 제외한 나머지 지표물의 반사 특성이 가시광선 밴드와 비슷하기 때문에 가시광선 밴드와의 상관계수가 비교적 높게 나타났으며, 영상의 명암도 가시광선 영상과 비슷하게 보인다.

공분산과 상관계수는 분광밴드 및 촬영 시기 등을 달리하는 여러 영상 간의 선형관계를 설명하는 중요한 통계값으로, 향후 여러 가지 영상처리 과정에서 자주 사용한다. 예를 들어 영상판독을 위한 컬러영상을 합성하기 위해서는 3개 밴드 영상이 필요한데, 육안에 의한 판독 효과를 높이기 위한 세 개 밴드를 선정할 때 공분산 및 상관계수를 사용한다. 서울 지역의 9개 밴드를 이용한 RGB 컬러합성에서, 세 개 밴드를 선택하는 조합의 수는 84가지다. 육안판독의 효과는 다양한 지표물의 종류와 특성에 따라 다른 색으로 보이도록 하는 게 중요한데, 이를 위해서는 서로 유사성이 낮은 세 개 밴드의 조합이 최적일 수 있다. 다중밴드영상의 밴드별 기술통계값과 공분산 및 상관계수와 같은 다변량통계값은 영상 디스플레이부터, 영상변환, 영상강조, 영상분류 등 대부분의 영상처리 과정에서 자주 사용되므로, 영상 통계값에 대한 충분한 이해가 선행되어야 한다.

7.4 영상 디스플레이

원격탐사자료의 분석은 영상을 모니터에 출력하는 단계부터 시작한다. 디지털 원격탐사영상이 처음 등장한 1970년대에는, 대용량의 영상자료를 모니터에 디스플레이할 수 있는 하드웨어 장비가 절대적으로 부족했고, 심지어 영상자료를 흑백프린터로 출력하여 판독하기도 했다. 지금은 원격탐사영상을 모니터에 디스플레이할 수 있는 하드웨어 성능이 충분하므로, 영상 디스플레이는 시각적 영상해석을 위한 중요 도구이자 모든 영상처리 과정의 출발점이다.

원격탐사 영상자료의 디스플레이는 종종 과학적 시각화(scientific visualization)라고 표현한다

(Jensen, 2016). 과학적 시각화는 이미 우리가 알고 있는 정보나 자료를 단순히 그림으로 표현하는 게 아니라, 방대한 양의 자료에 포함된 미지의 정보를 찾기 위한 시각적인 분석 과정이다. 영상 디스플레이는 대용량 영상자료의 특성을 이해하고 정보를 해석하는 수단이다. 본 장에서는 원격탐사영상 디스플레이와 관련된 하드웨어의 구성과 화면 출력 과정을 다루고자 한다.

영상 디스플레이의 한계

이상적인 디스플레이시스템은 영상의 모든 화소가 가진 신호값을 반영하는 명암 또는 색으로 구분하여 출력할 수 있어야 한다. 그러나 원격탐사 영상자료를 그림의 형태로 모니터에 출력하거나 또는 프린터로 인쇄하는 방식은, 영상자료가 가진 신호값을 그대로 표현하는 데 한계가 있다. 그림 7-16은 영상 디스플레이에서 입력영상의 화소값과 모니터에 출력되는 밝기의 차이를 보여준다. 원격탐사영상의 화소값 범위가 0~4095까지 12bit가 보편적인 상황에서, 모니터에 출력되는 밝기값의 범위가 0~255이므로 영상자료에 부합하는 명암으로 출력할 수 없다. 가령 2048의 값을 가진 화소는 모니터에서 128의 중간 밝기로 출력된다. 물론 육안으로 구별할 수 있는 명암의 단계는 상대적으로 많지 않기 때문에, 모니터에 출력되는 256가지의 명암은 큰 문제가 되지 않는다. 화소값이 2047 또는 2049인 화소 역시 128의 밝기값으로 출력되므로, 영상 디스플레이에서 입력영상의 화소값의 변이를 보여주지 못하는 기본적 한계를 가지고 있다.

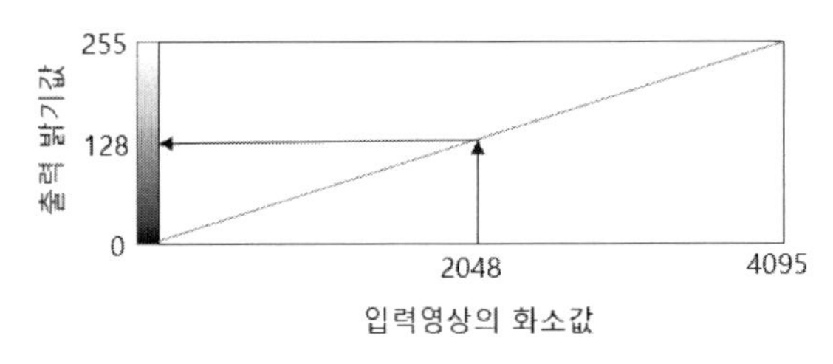

그림 7-16 영상 디스플레이시스템에서 입력영상의 화소값과 출력되는 밝기의 차이

다중밴드 원격탐사자료를 컬러영상으로 출력하려면 흑백 디스플레이와 다른 문제가 있다. 컴퓨터 기술의 발달로 모니터에 출력할 수 있는 색의 종류가 256^3가지이므로, 이는 육안으로 구별할 수 있는 색의 종류를 능가하므로 자연색 영상을 출력하는 데는 큰 문제가 없다. RGB 컬러영상은 3개 분광밴드가 필요한데, 대부분 원격탐사영상은 3개 이상의 밴드를 가지고 있기 때문에, 원 영상이 가진 모든 정보를 보여주는 하나의 컬러영상으로 출력하기 어렵다. 예를 들어 7개 분광밴드의 TM 영상으로 합성할 수 있는 컬러영상의 조합은 35가지며, 각각의 컬러합성영상은 서로 다른 정보를 포함하고 있다.

35가지 컬러영상을 대형 모니터에 한 번에 디스플레이할 수 있지만, 이를 동시에 비교하며 판독하기는 실질적으로 어렵다. 결국 다중밴드영상이 갖고 있는 모든 화소값의 변이를 그대로 보여주는 컬러영상 디스플레이는 어렵다. 출력시스템의 기능적 제한, 육안으로 구별할 수 있는 명암과 색의 범위, 그리고 다중밴드영상을 한 번에 디스플레이할 수 없는 컬러영상의 부재 등으로, 원격탐사영상에 포함된 모든 정보를 보여줄 수 있는 출력 방법은 현실적으로 없다. 따라서 모니터에 출력한 영상은 영상자료가 가진 정보의 일부분이며, 눈에 보이지 않는 정보가 있다는 것을 늘 명심해야 한다.

컴퓨터 디스플레이시스템

컴퓨터 모니터에 출력된 컬러영상은 각 화소값에 해당하는 적색광, 녹색광, 청색광의 혼합 결과다. 모니터에서 출력되는 명암이나 색깔은 3장에서 설명했던 가색혼합 과정으로, 빛의 삼원색인 RGB의 혼합으로 다양한 색이 생성된다. 그림 7-17은 컴퓨터에서 영상자료를 모니터로 출력하는 과정에 필요한 하드웨어 구성을 보여준다. 컴퓨터 내부 혹은 외부에 연결된 대용량 저장장치에 있는 영상자료를 읽어 그래픽 처리기에 보내면, 모니터로 출력할 영상자료는 그래픽 메모리에 임시 저장된다. 그래픽 메모리에 저장된 영상자료의 각 화소는 조견표(lookup table)를 통하여 적정 명암 또는 색깔이 결정되어, 그에 해당하는 숫자를 아날로그 전기신호로 전환하여 모니터로 전달하면 발광 소자에 의하여 화면에 출력된다.

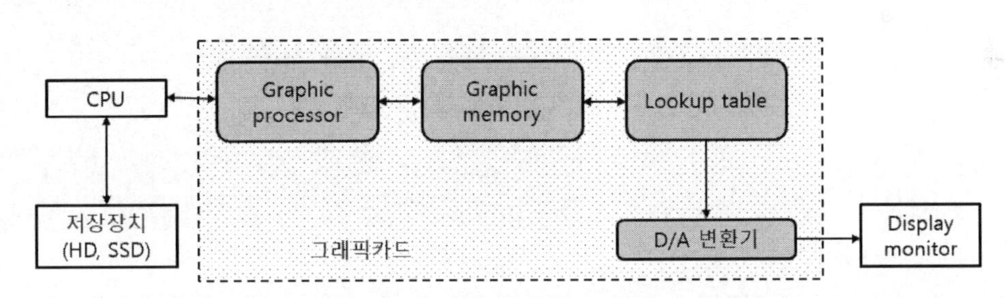

그림 7-17 원격탐사영상 디스플레이를 위한 컴퓨터 하드웨어의 구성

단일밴드영상 디스플레이

전정색영상 또는 레이더영상은 주로 흑백으로 디스플레이하는 경우가 많다. 다중분광영상도 각 밴드 영상의 신호 특성을 파악하기 위해서는, 흑백으로 출력하여 화소값의 상대적 차이를 쉽게 판독할 수 있다. 단일밴드영상을 흑백회색조로 출력하려면, 모니터에 출력하는 색을 결정하는 RGB의 값을 모두 0~255까지 동일하게 설정한 조견표(LUT)를 이용한다.

그림 7-18은 단일밴드영상을 회색조로 디스플레이하기 위한 조견표를 보여준다. 흑백회색조 조견표는 입력영상의 화소값이 0인 경우 조견표의 RGB값이 (0, 0, 0)으로 설정되어 가장 어둡게 출력되며, 화소값이 127인 경우는 (127, 127, 127)의 중간 밝기의 회색으로 출력된다. 회색조 조견표를 이용하여 출력한 서울 동부 지역 TM 청색광밴드 영상에 나타나는 명암 차이는 청색광 파장에서 여러 지표물의 반사 특성을 보여준다. 청색광밴드에서 산림은 낮은 반사율로 어둡게 보이며, 도로 및 콘크리트는 높은 반사율로 밝게 보인다. 청색광에서 물의 반사율은 다른 분광밴드보다 다소 높기 때문에, 한강의 수면이 어둡지 않고 중간 밝기로 보인다. 이와 같이 하나의 분광밴드 영상을 회색조로 출력하면, 해당 파장구간에서 여러 지표물의 영상신호 차이를 쉽게 비교할 수 있다. 특히 육안에 익숙하지 않은 적외선 밴드 영상은 컬러영상으로 출력하는 것 보다, 먼저 회색조 영상으로 출력하여 각 밴드 영상의 신호 특성을 파악하는 게 좋다.

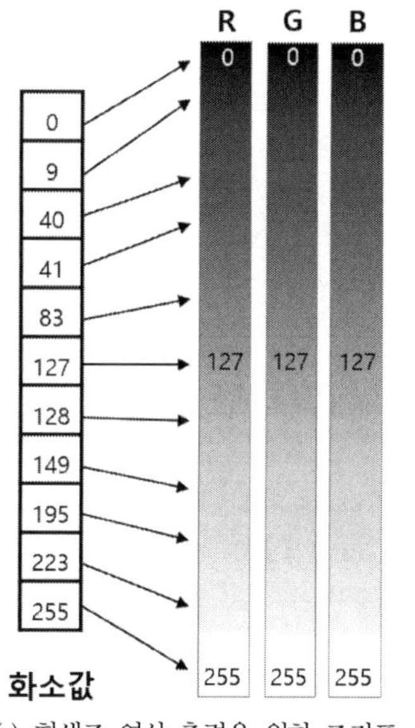

(a) 회색조 영상 출력을 위한 조견표

(b) 회색조 조견표에 따라 출력된 TM영상

그림 7-18 단일밴드영상을 흑백회색조 영상으로 출력하기 위한 조견표(LUT)와 이를 이용하여 출력한 서울 동부 지역의 Landsat-5 TM 청색광밴드 영상

최근 원격탐사영상의 복사해상도가 향상되어 화소값의 범위가 8bit 이상으로 기록되는 자료가 많다. 비록 영상자료의 화소값 범위가 8bit를 초과해도, 모니터에 출력되는 밝기는 원래 화소값을 선형 변환하여 0~255 사이의 밝기로 보이게 된다. 가령 12bit 복사해상도를 갖는 영상자료는 0~4095 사이의 화소값을 갖지만, 모니터에 출력되는 밝기값은 8bit 영상과 마찬가지로 256단계로 출력된다. 기술적으로는 원 영상의 화소값 범위와 동일한 4096단계의 명암으로 출력할 수 있지만,

256단계의 명암도 사람 눈으로 식별할 수 있는 범위를 훨씬 초과하므로 더 이상 세분화화여 출력할 필요는 없다.

단일밴드영상은 대부분 흑백회색조로 디스플레이하지만, 특정 지표물을 잘 보이도록 강조하거나 판독 효과를 높이기 위하여 컬러영상으로 출력하기도 한다. 단일밴드영상의 각 화소값을 하나의 색으로 표현하는 경우도 있고, 일정 범위의 화소값을 묶어서 하나의 색으로 표현하는 경우도 있다. 컬러 그림 7-19는 회색조로 출력했던 TM 청색광 영상자료의 화소값을 각각 다른 색으로 출력하는 과정을 보여준다. 청색광밴드 영상에서 가장 낮은 화소값을 보라색으로 시작하여 가장 큰 화소값을 빨간색으로 나타내는 무지개 색조의 조견표(LUT)를 적용하여 출력하였다. 청색광밴드에서 가장 높은 화소값을 갖는 도로 및 콘크리트 등이 조견표에서 (255, 0, 0)에 근접한 적색으로 표시되며, 한강 수면의 화소값은 128로 이에 해당하는 조견표의 녹색(0, 255, 0)으로 출력된다. 단일밴드영상을 컬러영상으로 출력하는 다른 방법은 일정 범위의 화소값을 하나의 색으로 출력하는 것이다. 즉 한강 수면에 해당하는 화소의 값이 대략 120부터 130 사이에 분포하고 있다면, 이 값에 해당하는 모든 화소를 하나의 색으로 출력하는 방법이다. 이러한 출력방법을 등급분할(level slice)이라고 하며, 특정 지표물을 강조하여 출력하는 방법이다.

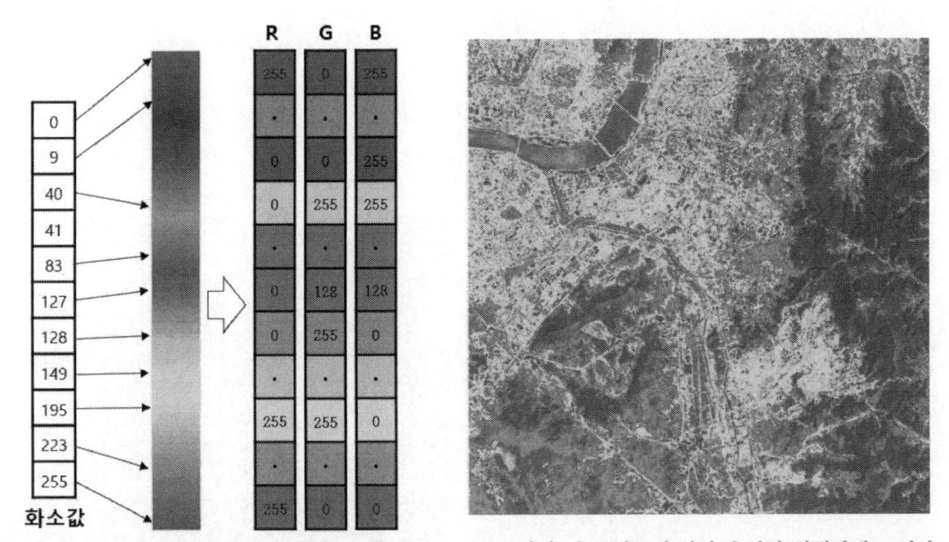

(a) 무지개 색조의 컬러영상 출력을 위한 조견표(LUT) (b) 무지개 색 조견표에 따라 출력된 청색광밴드 영상

컬러 그림 7-19 단일 밴드영상을 무지개 색조의 256색으로 출력하기 위한 조견표(a)와 이를 이용하여 출력한 서울 동부 지역의 Landsat-5 TM 청색광밴드 영상(b) (컬러 도판 p.564)

다중밴드영상 디스플레이

다중밴드영상자료는 당연히 컬러영상으로 출력함으로써, 여러 밴드 영상의 고유한 신호 특성을 다른 색으로 볼 수 있다. 컬러영상 출력은 RGB 가색혼합 과정에 따라 세 개 밴드의 화소값에 해당하는 적색광, 녹색광, 청색광의 농도가 각각 256가지이므로, 모니터에 출력할 수 있는 모든 색의 조합은 256^3가지다. 그림 7-20은 8bit로 기록된 세 개 밴드 영상을 RGB 컬러합성할 때, 모니터에 출력되는 색이 생성되는 과정을 보여준다. 다중밴드영상자료의 밴드 3을 적색광(R), 밴드 2를 녹색광(G), 그리고 밴드 1을 청색광(B)에 할당하고, 조견표는 각 밴드의 화소값과 일치하는 빛의 강도로 설정되어 있다. 즉 밴드 3에서 0인 화소는 가장 낮은 적색광 강도로 출력하고 255의 값을 갖는 화소는 가장 높은 적색광 강도로 출력한다. 마찬가지로 밴드 2와 밴드 1은 각각 녹색광과 청색광의 출력 강도를 결정한다. 첫 번째 화소는 세 개 밴드에서 각각 240, 56, 60의 값을 가지고 있는데, 조견표의 RGB 컬러조합은 (240, 56, 60)으로 붉은색에 가깝게 출력된다. 가운데 화소는 세 개 밴드에서 각각 20, 82, 240의 값을 갖고 있으며, 이에 해당하는 조견표의 RGB 컬러조합은 (20, 82, 240)으로 파란색 계통의 색으로 출력된다. 이와 같이 다중밴드영상자료는 컬러합성에

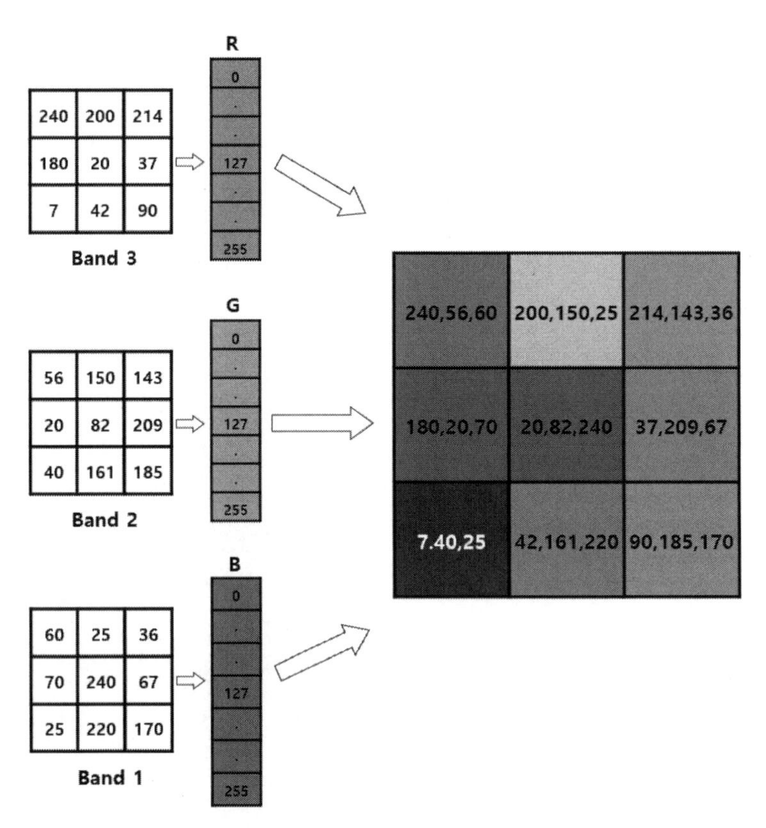

그림 7-20 세 개 밴드 영상자료를 RGB 가색혼합으로 색이 결정되는 진색디스플레이(true color display) 과정

사용되는 세 개 밴드의 화소값에 해당하는 RGB 컬러조합으로 출력되며, 이를 진색디스플레이 (true color display)라고도 한다.

RGB 컬러합성은 세 개 밴드가 필요하지만, 최소한 두 개 밴드만으로도 컬러합성이 가능하다. AVHRR 영상은 해양 및 대기 관측이 주목적이지만, 넓은 촬영폭으로 매일 지구 전역을 촬영하여 육상 분야에서도 많이 활용되었다. AVHRR의 육상 활용은 주로 적색광 밴드와 근적외선 밴드를 이용하는데, 이 두 개 분광밴드만으로도 식물의 분포 특성을 잘 보여주는 컬러합성이 가능했다.

컬러 그림 7-21은 AVHRR와 유사한 MODIS 분광밴드를 이용하여 RGB 컬러합성한 결과를 비교한다. 컬러 그림 7-21a는 두 개 밴드만으로 합성한 컬러영상으로 R에 근적외선 밴드를 할당하고 G와 B에 적색광 밴드를 할당했다. 근적외선 밴드를 적색광에 할당했기 때문에 식물이 높은 반사율로 붉게 나타나는 컬러적외선 사진과 비슷한 특징을 보인다. 모내기 이전인 5월에 촬영한 영상이므로, 대부분의 평야지대에서는 녹색식물의 특징이 보이지 않지만, 산림은 이미 잎의 생장이 시작되어 붉은색의 농도가 진하게 보인다. 또한 남한과 북한에서 붉은색의 농도에 차이가 보이며, 북한 산림에서 붉은색의 농도가 남한보다 낮음을 볼 수 있다. 북한의 산림이 남한보다 근적외선 신호가 낮은 이유는 위도 차이로 잎의 생장이 늦고, 연료 및 식량 문제로 훼손 정도가 심하기 때문이다.

(a) R, G, B=근적외선, 적색광, 적색광

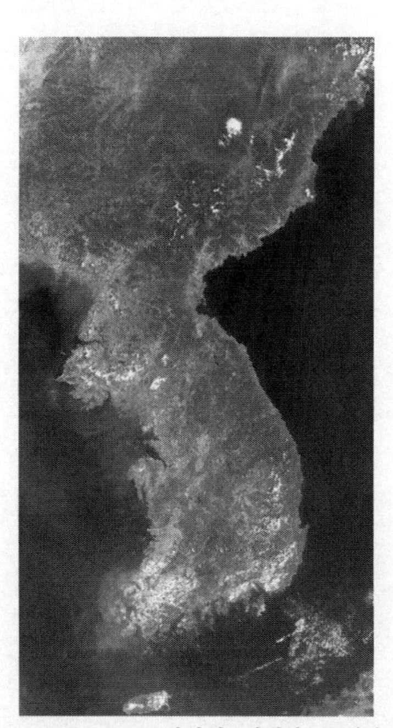

(b) R, G, B=근적외선, 적색광, 녹색광

컬러 그림 7-21 MODIS 두 개 밴드로 RGB 합성한 컬러영상(a)과 세 개 밴드로 합성한 컬러영상(b)의 비교 (컬러 도판 p.565)

컬러 그림 7-21b는 세 개 밴드를 모두 이용하여 합성한 컬러영상으로, R에 근적외선 밴드, G에 적색광 밴드, B에 녹색광 밴드를 할당하여 출력한 결과다. 이 영상과 두 개 밴드를 합성한 컬러영상은 전체적인 토지피복의 종류를 구분하는 데 큰 차이가 없다. 특히 두 영상에서 보이는 산림의 농도와 분포는 거의 동일하다. 적색광 및 녹색광 밴드에서 식물의 반사율이 근적외선 밴드보다 매우 낮으므로, 두 가시광선 밴드 중 하나만을 사용해도 식물의 특성을 보여주는 데 차이가 없다. 세 개 밴드로 합성한 컬러영상은 나지 상태의 토양 반사율 차이를 보여준다. 두 밴드를 합성한 컬러영상은 남북한 모두 나지가 밝은 회색 계통으로 보이지만, 세 밴드를 합성한 컬러영상에서 북한 지역의 나지는 녹색 계통으로 보인다. 북한 지역의 토양은 적색광 밴드 파장구간에서 반사율이 다소 높기 때문이다. 토양의 반사 특성은 토양 입자의 구성과 철분 및 유기물 함량 등에 따라 영향을 받는데, 녹색광 밴드를 추가하여 합성한 컬러영상에서 남북한의 토양 차이를 보여준다.

다중분광영상 대부분은 최소 4개 이상의 분광밴드를 가지고 있으므로, 여러 컬러영상 합성이 가능하다. 그림 7-22에서 보듯이 Landsat TM 다중분광영상의 7개 분광밴드를 이용하여 RGB 컬러 합성이 가능한 세 개 밴드의 조합은 35가지다. 각 조합에서 밴드에 적용하는 청색광, 녹색광, 적색광의 순서를 바꾸면 7개 밴드로 만들 수 있는 컬러영상은 모두 210가지다. 비록 7개 밴드의 TM 영상에서 많은 컬러영상을 합성할 수 있지만, 자연색 합성(그림 7-23a)과 컬러적외선 사진(그림 7-23b)의 색으로 구현한 컬러합성을 가장 많이 사용한다.

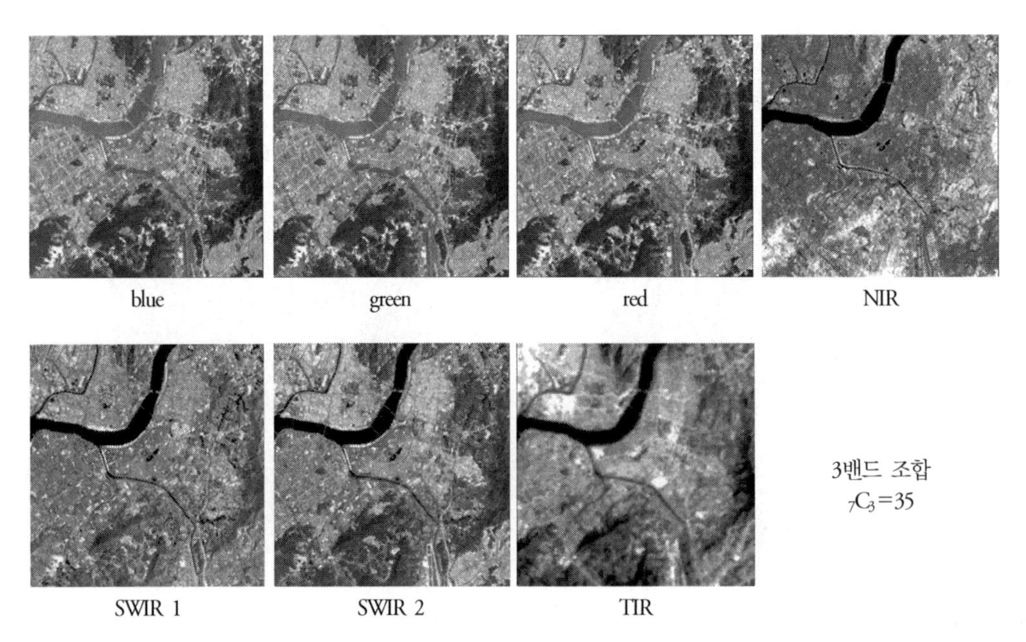

그림 7-22 Landsat TM의 7개 분광밴드 영상을 이용하여 생성할 수 있는 RGB 컬러합성 조합은 35가지

컬러 그림 7-23은 서울 지역 TM 7개 밴드에서 세 개 밴드를 추출하여 RGB 합성한 네 종류의 컬러영상을 보여준다. 첫 번째 영상(a)은 적색광 밴드(0.63~0.69μm), 녹색광 밴드(0.52~0.60μm), 청색광 밴드(0.45~0.52μm)를 각 밴드의 파장에 해당하는 빛으로 합성하여, 사람 눈에 보이는 그대로의 색으로 재현한 자연색 합성(natural color composite) 영상이다. 두 번째 영상(b)은 RGB에 각각 근적외선, 적색광, 녹색광 밴드를 할당하여, 근적외선에서 식물이 적색 계통으로 보이는 컬러 적외선 사진과 동일한 색으로 구현한 합성영상이다. 세 번째 영상(c)은 RGB에 각각 근적외선, 단파적외선, 적색광 밴드를 할당하여, 단파적외선 밴드에 나타나는 다양한 지표물의 반사 특성을

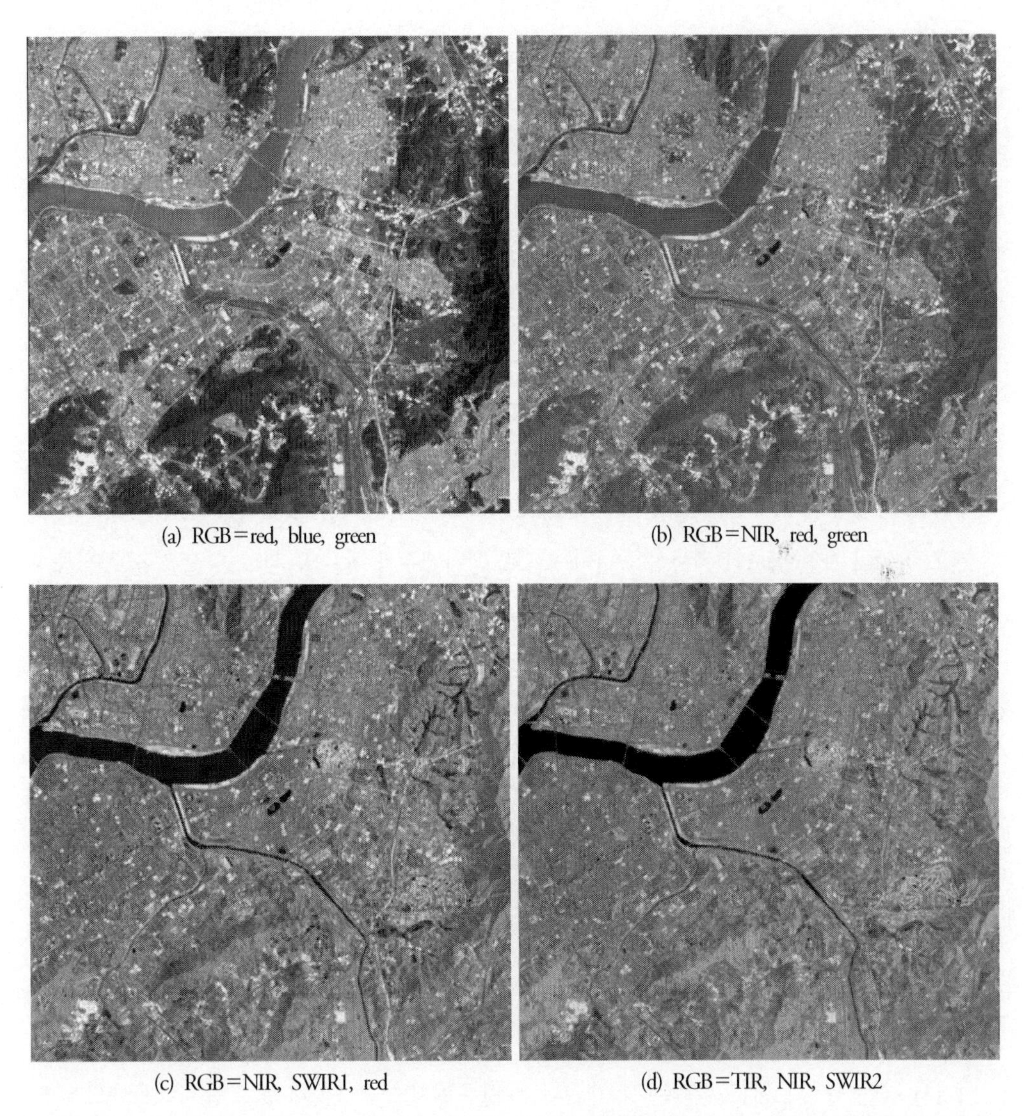

(a) RGB=red, blue, green

(b) RGB=NIR, red, green

(c) RGB=NIR, SWIR1, red

(d) RGB=TIR, NIR, SWIR2

컬러 그림 7-23 Landsat TM의 7개 분광밴드에서 세 개 밴드를 추출하여 RGB 합성한 컬러영상의 예로 자연색 합성(a)과 컬러적외선 사진과 동일한 색으로 구현한 영상 합성(b) (컬러 도판 p.566)

추가한 결과를 보여준다. 네 번째 영상(d)은 RGB에 각각 열적외선, 근적외선, 단파적외선 밴드를 할당하여, 지표면온도와 관련된 정보를 가늠할 수 있다. (a)를 제외한 세 장의 컬러영상은 적외선 밴드를 사용했기 때문에, 육안에 익숙한 색이 아니므로 종종 위색합성(false color composite)이라고 한다. 그러나 적외선 밴드를 사용한 컬러합성 영상은 육안에 보이지 않는 적외선 영역의 신호를 출력한 결과이므로, 가짜 색은 아니고 따라서 위색은 적절한 용어가 아니다.

TM 영상자료는 7개 분광밴드를 가지고 있지만, 컬러 합성영상에 포함된 정보는 최대 세 개 밴드로 제한된다. 다중분광영상의 대부분은 세 개 이상의 분광밴드를 가지고 있기 때문에, 모니터에 출력되는 컬러 합성영상은 원 영상에 포함된 모든 정보를 표현하지 못한다. 그림 7-23의 네 가지 컬러합성영상은 각각 35가지 조합 중 하나로, 7개 밴드 중 세 개 밴드의 영상신호만을 보여줄 뿐이다. 각각의 컬러합성에 사용한 세 개 밴드의 분광특성에 따라 지표물의 종류와 상태가 다르게 보인다. 그렇다면, 다중분광영상의 컬러합성에서 가능한 많은 정보를 보여줄 수 있는 적정 세 밴드 조합이 있을 수 있다. 즉 35가지 컬러영상 조합에서 최적의 조합은 가장 많은 정보를 디스플레이하여 다양한 지표물의 특성을 차별화하고 판독효과를 높일 수 있다.

컬러영상 디스플레이에서 TM과 같이 7개 분광밴드 자료의 화소값 차이를 가장 잘 보여주는 최적의 세 밴드 조합을 선정하는 기준이 필요하다. 다중분광영상에서 최적의 컬러영상합성에 포함될 세 밴드 조합을 찾기 위하여 영상통계값을 이용한다. 밴드별 영상의 표준편차는 각 밴드 영상의 상대적 정보량으로 해석할 수 있다. 표준편차가 큰 영상은 여러 지표물의 신호 차이가 크기 때문에, 표준편차가 작은 영상보다 지표물의 차이가 잘 나타난다. 또한 밴드 간 상관계수는 두 밴드 영상이 가진 정보의 유사성을 나타내므로, 상관계수가 낮은 두 밴드 영상은 정보의 중복 정도가 낮다는 의미다. 영상통계값을 이용하여 다중밴드영상의 최대 정보를 보여줄 수 있는 세 개 밴드 선정 방법의 하나로 적합지수(Optimum Index Factor)가 있다(Chavez 등, 1984). 적합지수 OIF는 다중분광밴드 영상의 밴드별 표준편차와 밴드 간 상관계수를 이용하는 방법으로, 모든 세 개 밴드 조합의 적합지수를 다음과 같이 구한다.

$$OIF = \frac{\sum_{k=1}^{3} s_k}{\sum_{i=1}^{3} |r_i|} \tag{7.7}$$

여기서 s_k는 각 조합에 포함되는 세 개 밴드의 표준편차, r_i는 세 개 밴드 중 두 개 밴드 간의 상관계수다. 각 밴드의 표준편차가 클수록 상대적인 정보량이 증가하며, 두 밴드 간 상관계수 절대값이 낮을수록 정보의 중복성은 낮다. 모든 가능한 세 개 밴드 조합에 대하여 각각 OIF를 구하고, 가장 큰 OIF를 갖는 컬러조합을 선정하는 방법이다. TM 영상의 35개 컬러조합에서, 가장 높은 OIF를 갖는 조합은 촬영 지역의 토지 피복 구성과 분광특성에 따라 다를 수 있다.

대부분의 TM 영상에서 최고 OIF를 갖는 세 개 밴드 조합은 가시광선 밴드 중 하나, 근적외선 밴드, 단파적외선 밴드를 포함한다. 앞 장의 표 7-5와 표 7-6의 서울 지역 OLI/TIRS 영상의 통계값에서 보듯이 가시광선, 근적외선, 단파적외선 밴드 간의 상관계수는 낮지만, 가시광선 밴드 그리고 단파적외선 밴드끼리의 상관관계는 높다. 따라서 컬러합성을 위한 세 개 밴드 선정은 여러 지표물의 분광반사 특성 차이가 뚜렷한 가시광선, 근적외선, 단파적외선에 해당하는 밴드를 하나씩 선정하면 큰 무리가 없다. 그림 7-23의 컬러영상 중 세 번째 합성영상(c)이 다른 컬러조합보다 여러 지표물의 종류와 특성을 잘 보여준다고 할 수 있다.

OIF외에도 최적의 컬러조합을 선정하기 위한 다른 방법들이 제시되었지만, 다중분광영상의 컬러 디스플레이는 원 영상이 가진 모든 정보를 보여줄 수 없는 기본적인 한계가 있다. 육안으로 구별이 가능한 색의 종류가 한정되어 있고, 또한 컬러합성영상은 기본적으로 세 개 밴드의 정보만을 보여주기 때문이다. 분광밴드가 많은 영상일수록, 컬러조합의 수가 증가하므로 최적의 컬러조합을 찾는 것은 더욱 어렵다. 분광밴드가 200개 이상인 초분광영상에서 컬러영상을 합성할 수 있는 세 밴드 조합은 백만 개 이상이다. 따라서 초분광영상의 컬러조합은 원자료가 가지고 있는 정보의 극히 일부만을 보여줄 뿐이다. 다중분광영상 또는 초분광영상의 컬러합성을 위해서는 영상자료가 가진 정보를 집약하는 주성분분석과 같은 영상변환 처리를 하여 변환된 자료를 이용한 컬러합성 방법을 사용하기도 한다.

다중시기영상의 컬러합성

다중분광영상의 컬러합성은 세 개 분광밴드에서 나타나는 영상신호가 다르기 때문에 RGB로 출력되는 색이 결정된다. 만약 RGB 합성에 하나의 밴드만을 입력하면, RGB 각각의 밝기값이 동일하므로 회색조 영상이 된다. 그러나 RGB 합성에 같은 밴드 영상이라도 촬영시점이 다른 영상을 사용한다면, 영상신호의 시기별 차이에 의하여 색이 결정된다. 동일 지역에 대하여 촬영시점이 다른 다중시기영상(multi-temporal image)의 컬러합성은 주로 변화를 탐지하고 분석하는 데 사용한다. 기상조건에 관계없이 영상 획득이 용이한 다중시기 SAR 영상 자료를 합성하여 지표상태의 변화 분석에 자주 적용하는 방법이다.

그림 7-24는 1999년 여름 서울 북부 임진강 지역에서 발생한 홍수 전후로 촬영된 세 시기의 RADARSAT SAR 영상이다. 레이더영상은 기상조건에 관계없이 촬영이 가능하므로, 구름에 덮여

있는 홍수기에도 영상을 얻을 수 있었다. 1999년 8월 2일부터 4일까지 경기 북부에 800mm 이상의 집중적인 강우로, 임진강 유역이 범람하여 수도권 및 파주 연천 등 경기 북부 지역과 휴전선 이북의 개성 지역에 대규모 침수 피해가 발생했다. SAR 영상은 침수 이전인 7월 7일, 홍수로 여러 지역이 침수된 상태인 8월 4일, 그리고 침수된 물이 빠져나간 8월 14일에 촬영한 영상이다. 물 표면은 후방산란이 없는 매끄러운 표면이므로 어둡게 보이기 때문에 레이더영상에서 쉽게 판독이 가능하다. 침수 시점에 촬영한 8월 4일 영상에서 휴전선 및 임진강 주변에 어둡게 보이는 침수지를 쉽게 볼 수 있다. 산림과 고도가 다소 높은 구릉 지역은 침수 피해가 발생하지 않았기 때문에 세 시기 영상에서 밝기의 차이가 크지 않다. 침수된 물이 빠진 후에 촬영된 8월 14일 영상에서는, 침수되었던 대부분의 논이 복구되어 벼의 생장이 최고에 이르러 후방산란량이 크므로 오히려 밝게 보인다.

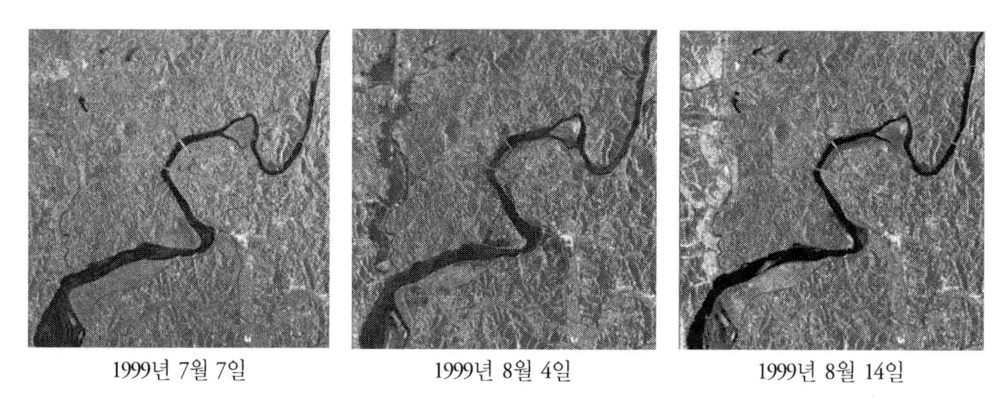

그림 7-24 경기도 북부 임진강 지역을 촬영한 다중시기 RADARSAT SAR 영상에 나타나는 침수 전후의 모습

여러 시기에 촬영된 영상을 각각 비교하여 변화를 파악할 수 있지만, 세 시기의 영상을 RGB 합성으로 출력하면 변화가 발생한 부분을 쉽게 탐지할 수 있다. 컬러 그림 7-25는 7월 7일, 8월 4일, 8월 14일 영상을 각각 R, G, B로 합성한 컬러영상이다. 세 시기의 영상신호에 차이가 없는 임진강 수면이나 문산 및 파주와 같은 도시 지역은 레이더 후방산란에 변화가 없기 때문에 검은색이나 회색으로 보인다. 영상에서 자홍색 계통으로 뚜렷이 구별되는 부분이 홍수로 인하여 물에 잠긴 농경지를 나타내는데, 침수 이전 및 이후에 복구되어 정상적으로 자라고 있는 논은 레이더 반사가 있지만, 8월 4일 영상은 침수로 인하여 레이더반사가 없는 물 표면이므로 컬러영상은 R과 B의 신호가 합해져 자홍색 계통으로 보인다. 임진강 주변에 침수 피해를 입은 논의 일부분은 홍수 이후에 복구되지 못하고 벼가 누워 있거나 이미 경지를 정리하여 나지 상태이므로, 벼가 있는 7월 7일 영상에서만 레이더반사가 있기 때문에 빨간색으로 보인다. 이와 같이 다중시기영상을

이용한 컬러합성은 동일 지역에서 시기별 영상신호의 차이를 쉽게 판독할 수 있으므로, 변화탐지에 효과적이다(Lee and Lee, 2003).

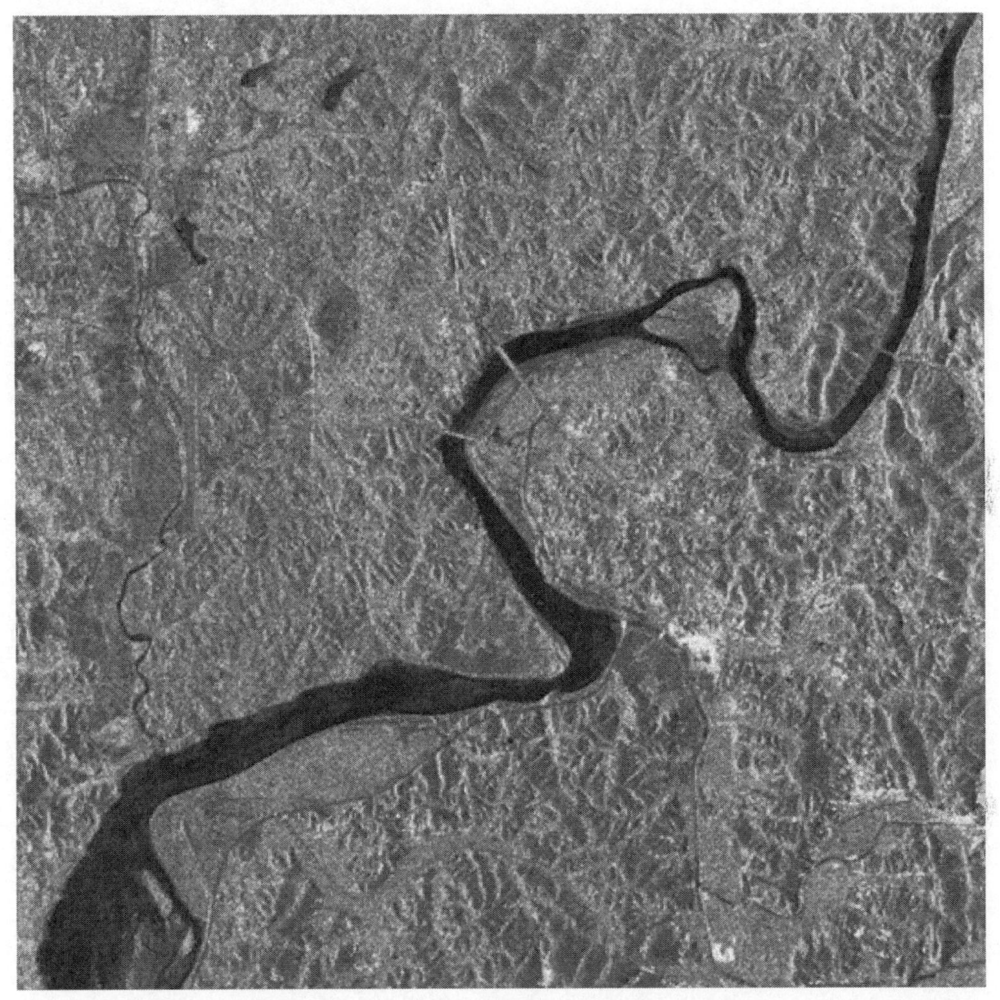

컬러 그림 7-25 다중시기 SAR 영상을 이용한 RGB 컬러합성을 이용한 변화 탐지(1999년 7월 7일(R), 8월 4일(G), 8월 14일(B) 촬영한 영상에서 보이는 경기도 북부 지역의 침수 피해지 및 복구 현황) (컬러 도판 p.567)

7.5 대비효과 강조

원격탐사 영상자료를 처음 모니터에 출력하면 대부분 명암의 차이가 거의 없는 저대비(low contrast) 영상으로 판독이 어렵다. 원격탐사영상이 명암의 차이가 낮은 저대비 영상으로 보이는 이유는, 입력영상의 화소값이 모니터에 출력되는 밝기값의 전체 영역을 이용하지 않기 때문이다.

저대비 영상의 화소값을 조정하여 화면에 잘 보이도록 하는 과정을 대비효과 강조(contrast enhancement) 또는 대비 스트레칭(contrast stretching)이라고 한다. 본 장에서는 영상 디스플레이에서 가장 먼저 적용되는 대비효과 강조 기법을 다루고자 한다.

원격탐사영상의 저대비 현상

원격탐사영상의 저대비 현상은 센서에서 감지할 수 있는 복사에너지의 최소 및 최대값의 범위인 동적영역(dynamic range)과 영상에 기록된 화소값의 범위가 다르기 때문이다. 영상센서의 동적영역을 결정하는 최대(L_{max}) 및 최소 복사량(L_{min})은 촬영 지역의 지리적 위치, 지표면의 종류와 특성, 촬영 계절 등을 고려하여 설정한다(그림 7-26). 극궤도 위성의 영상센서는 지구 전역을 촬영하므로, 가장 높은 반사율을 가진 극지방의 눈과 얼음, 사막의 모래, 건조지역의 밝은 암석 등과 가장 낮은 반사율을 보이는 진흙 갯벌, 화산재, 산불피해지 등을 모두 감지할 수 있도록 동적영역을 넓게 설정한다. 동적영역은 또한 태양조도의 연중 변화를 모두 고려하여 설정한다. 따라서 일정시점에 수십 또는 수백 킬로미터의 폭의 특정 지역을 촬영한 영상에 기록된 복사휘도의 범위는 그림 7-26의 영상 A와 B와 같이 센서의 동적영역 중 일부분을 차지할 뿐이다.

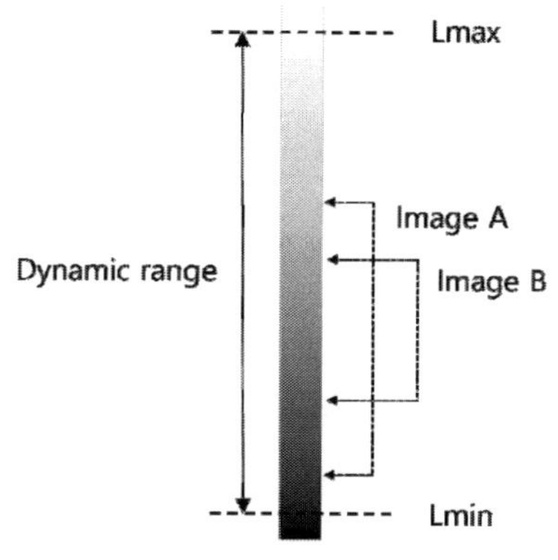

그림 7-26 원격탐사 영상센서에서 감지할 수 있는 복사에너지의 동적영역(dynamic range)과 영상에 기록된 신호값 범위의 불일치

영상파일을 처음 모니터에 디스플레이하면, 영상자료의 화소값에 부합하는 조견표의 밝기값으로 출력한다. 그림 7-27은 제주도 지역의 TM 열적외선 밴드 영상을 회색조로 출력한 결과다. 입력영상의 기술통계값과 히스토그램을 보면 모든 화소가 평균 134를 중심으로 비교적 좁게 분포하고 있다. 이 영상의 화소값에 해당하는 출력 밝기값은 115부터 170까지 대부분 중간 밝기값 영역에 걸쳐 있다. 즉 모니터에 디스플레이할 수 있는 0부터 114까지의 밝기값과 171부터 255까

지의 밝기값은 사용하지 않고 출력된 영상이므로, 중간 밝기의 회색 영역만을 이용하여 출력한 영상은 당연히 저대비이므로 지표물의 차이를 구분하기 어렵다. 앞 장에서 소개한 서울 및 제주도의 다중분광영상의 기술통계값과 히스토그램을 보면 화소값이 모니터에서 출력할 수 있는 밝기값의 범위인 0~255 사이에 고르게 분포하는 분광밴드 영상은 없다.

영상 디스플레이에서 대비효과 강조는 원 영상의 화소값을 모니터에 출력할 수 있는 밝기값의 범위에 맞추어 확장해주는 처리다. 그림 7-28은 제주도 열적외선 밴드 영상의 화소값 범위(115~170)를 모니터 출력 밝기값 범위인 (0~255)로 확장하여 대비효과를 강조하는 과정을 보여준다. 평균값 주변에 좁게 분포하고 있는 입력영상의 히스토그램을 0~255 사이의 모니터 밝기값에 맞추어 확장하여, 115와 170 사이의 화소값을 0과 255 사이의 밝기가 되도록 변환한다. 따라서 영상의 대비효과 강조는 입력영상의 히스토그램을 화면 밝기값의 범위에 맞추어 늘리는 과정이

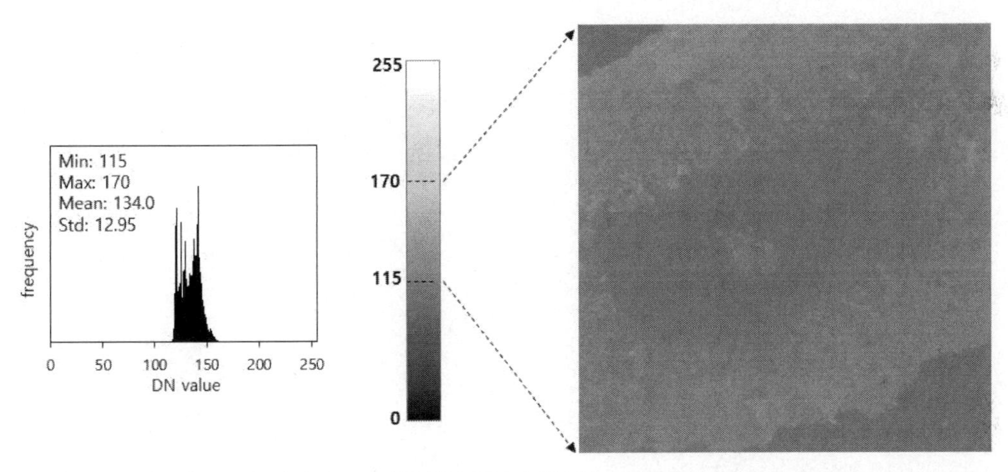

그림 7-27 영상의 화소값 범위가 모니터의 출력 밝기값 범위의 일부분만 이용함으로 나타나는 저대비 현상

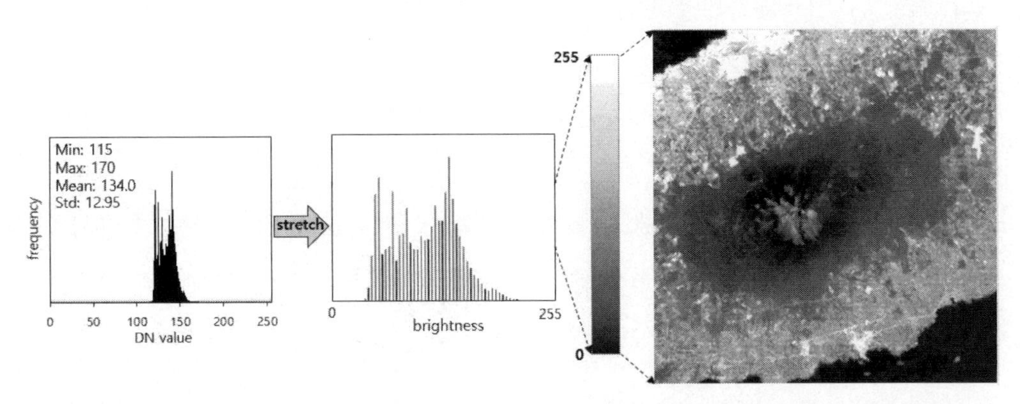

그림 7-28 영상의 대비효과 강조는 입력영상의 히스토그램을 출력 밝기값의 범위에 맞추어 확장(stretching)

므로 대비 스트레칭(contrast stretching)이라고도 한다. 대비효과 강조를 위한 처리는 디스플레이를 위하여 임시 저장된 그래픽 메모리 내에서 이루어지며, 입력영상의 원래 화소값을 바꾸지 않는다. 출력 범위에 맞추어 변환된 밝기값을 별도의 파일로 저장하여 사용하는 경우도 있지만, 영상의 대비효과 강조는 단순히 육안 분석을 돕기 위한 디스플레이 과정이다.

최소 및 최대값을 이용한 선형스트레칭

대비효과 강조는 입력영상의 히스토그램을 디스플레이시스템의 출력범위에 맞추어 늘리는데, 이는 결국 입력영상의 화소값을 일정 함수식에 의하여 출력 밝기값(brightness value, BV)으로 변환하는 과정이다.

$$BV = F(DN) \tag{7.8}$$

여기서 입력영상의 화소값 DN은 함수식 $F(DN)$에 의하여 화면에 출력되는 밝기값 BV로 변환된다. 영상의 화소값 DN을 출력 밝기값 BV로 변환하는 과정은 선형스트레칭 방법과 비선형스트레칭 방법이 있다.

선형스트레칭에서 가장 간단한 방법은 입력영상의 통계값 중 최소 및 최대값을 이용하여 1차 선형변환식을 다음과 같이 산출하여 화면에 출력되는 밝기값을 구한다.

$$BV_{out} = \left(\frac{DN_{input} - DN_{\min}}{DN_{\max} - DN_{\min}} \right) \cdot 255 \tag{7.9}$$

여기서 BV_{out} =화면에 출력되는 밝기값

DN_{input} =입력영상의 화소값

$DN_{\min}$, $DN_{\max}$ =입력영상의 최소 및 최대값

그림 7-29는 제주도 TM 영상의 밴드 1(청색광) 영상의 최소값 및 최대값을 이용하여 선형변환식을 도출하여 대비효과를 강조한 결과를 보여준다. 이 영상의 최소값 68과 최대값 255를 식(7.8)에 적용하면 다음과 같은 선형변환식이 얻어진다.

$$BV_{out} = 1.364\, DN_{input} - 92.7$$

이 식에 입력영상의 화소값 DN을 입력하면 화면에 출력되는 밝기값 BV가 얻어진다. 그러나 이 방법을 적용한 결과 밝기값의 범위는 0~255로 확장되었으나, 영상의 대비효과는 크게 개선되지 않았다. 입력영상의 히스토그램(a)이 선형스트레칭을 적용한 결과영상의 히스토그램(b)과 큰 차이가 없다. 이 방법은 입력영상의 최소 및 최대값이 이상값(outliers)이면, 대비 효과가 개선되지 않는 단점이 있다. 입력영상의 히스토그램(a)을 보면 영상의 최소값 68은 대부분 화소가 분포하는 최저점에 위치하고 있으나, 최대값 255는 대부분의 화소가 분포하는 윗부분(대략 130)에서 훨씬 벗어난 끝 지점에 위치하므로 이상값일 확률이 높다. 입력영상의 히스토그램에서 보듯이 130~255 사이에 분포하는 화소는 거의 없다. 입력영상의 화소값 130을 앞의 식에 적용하면 85의 밝기값에 해당하는데, 디스플레이에 적용되는 출력 밝기값 85~255 사이에 해당하는 화소는 거의 없고, 대부분의 화소가 0~84 사이의 어두운 밝기값으로 출력되기 때문에 대비효과가 나타나지 않았다. 백만 개의 화소로 구성된 이 영상의 도수분포 자료를 점검한 결과, 화소값이 130 이상인 화소는 전체 영상의 1%에 못 미치는 만 개 이하다. 따라서 입력영상의 99% 이상을 차지하는 대부분의 화소는 0~84 사이의 어두운 밝기값으로 출력되었고, 나머지 85~255 사이의 밝기값은 1% 미만의 소수 화소들의 밝기값이므로, 대비효과가 나타나지 않는다.

영상의 최소값 및 최대값이 센서의 기계적 결함이나 수신처리 과정에서의 오류로 발생한 이상값으로 대부분 화소의 분포 범위에서 크게 벗어나 있다면, 최소 최대값을 이용한 선형스트레칭

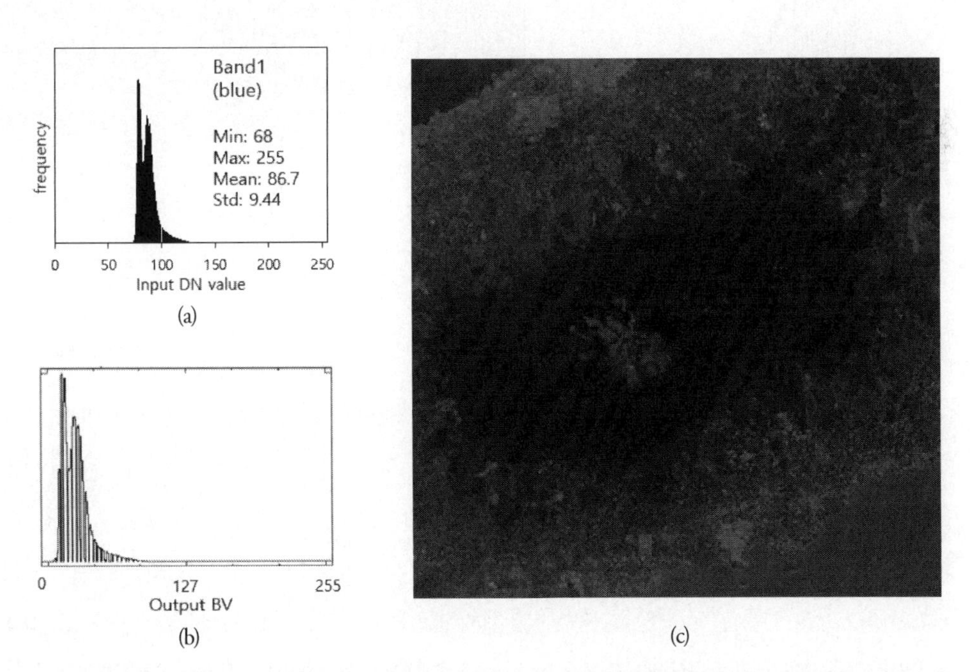

그림 7-29 입력영상의 최소값 및 최대값을 이용하여 선형스트레칭을 적용한 결과영상(c)과 스트레칭 전(a)과 후(b)의 히스토그램

효과를 얻기 어렵다. 이러한 경우에는 입력영상의 최소 및 최대값을 그대로 적용하는 대신에, 사용자가 입력영상의 히스토그램을 보면서 대부분의 화소가 분포하는 경계영역에서 임의의 최소값과 최대값으로 설정할 수 있다. 그림 7-30은 입력영상의 히스토그램에서 대부분의 화소가 분포하는 범위인 70과 130을 임의의 최소 및 최대값으로 설정하여 스트레칭한 결과를 보여준다. 출력된 밝기값의 히스토그램(b)은 0~255까지 넓게 퍼져 있으며, 대비효과가 강조되어 산림, 농지, 나지, 도시 등 다양한 지표물의 차이를 잘 보여준다.

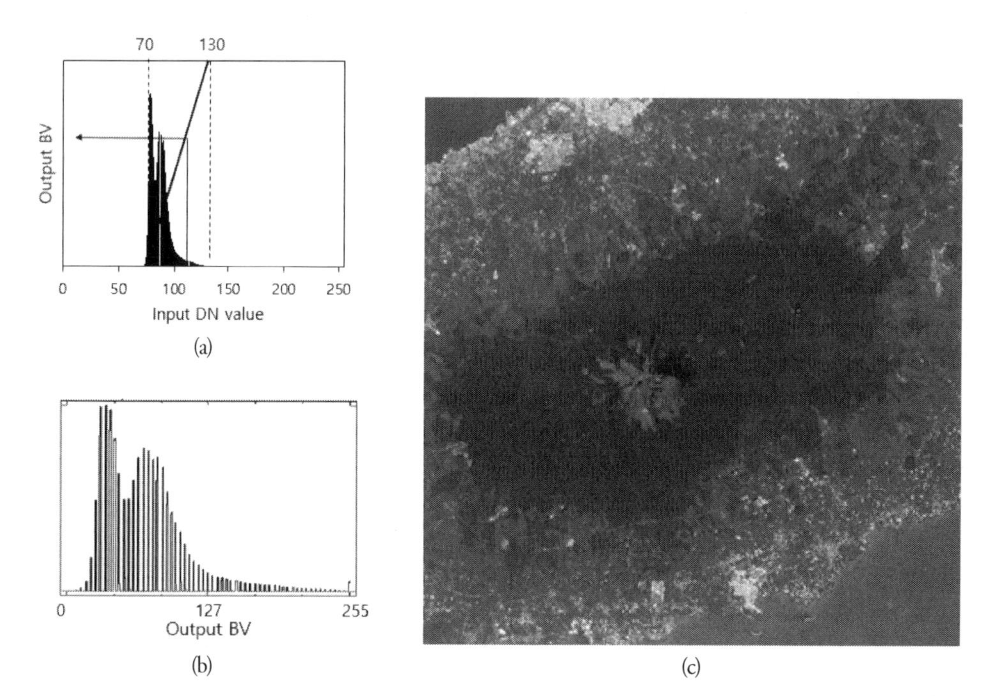

그림 7-30 입력영상 히스토그램(a)을 사용자가 선정한 임의 최소값(70) 및 최대값(130)을 이용하여 선형스트레칭 한 후 출력된 밝기값의 히스토그램(b)과 결과영상(c)

평균 및 표준편차를 이용한 선형스트레칭

분석자가 입력영상의 히스토그램을 보면서 임의의 최소 및 최대값으로 선정하면 대비 효과가 개선된 영상을 디스플레이할 수 있지만, 매번 최소 및 최대값을 설정해야 한다. 이러한 번거로움을 없애고 또한 이상값을 가진 화소가 최소 및 최대값으로 선정되지 않도록, 자동으로 최소 및 최대값을 선정하는 방법이 있다. 영상의 화소값이 정규분포라는 가정에서, 평균과 표준편차를 이용하여 화소값의 양쪽 끝에 해당하는 범위를 제외하고 임의의 최소 및 최대값을 자동으로 설정할 수 있다. 정규분포에서는 평균을 중심으로 좌우로 표준편차의 1.96배 범위($\mu \pm 1.96\sigma$)에 전체 화소의 95%가 포함되며, 정규분포의 양끝에는 각각 2.5%에 해당하는 높은 값과 낮은 값의 화소가 분포한다.

이 방법은 입력영상의 평균과 표준편차를 이용하여, 양끝의 2.5% 경계에 해당하는 값을 최소 및 최대값으로 하여 선형스트레칭하는 방법이다. 제주도 TM 영상의 평균과 표준편차를 적용하면, 최대값은 86.7+1.96(9.44)=105, 최소값은 86.7−1.96(9.44)=68로 자동 추출된다. 그림 7-31a는 이 방법으로 선형스트레칭한 결과영상의 밝기값 히스토그램을 보여주는데, 사용자가 설정한 최소 및 최대값(70, 130)을 적용한 히스토그램(그림 7-30b)보다 255의 밝기값을 갖는 화소의 빈도가 높게 나타났다. 평균+1.96(표준편차)에 해당하는 최대값이 105이므로, 화소값이 105 이상인 모든 화소는 255의 밝기로 출력된다. 결과영상(그림 7-31c)에서는 높은 화소값을 갖는 제주시 및 서귀포시의 밝기가 세분화되지 않고 최대 밝기로 보인다. 최대값을 105보다 큰 값으로 설정되게 하려면 표준편차의 배수(Z값)를 1.96보다 큰 2.33을 적용하면 정규분포에서 (μ +2.33σ)는 상위 99%에 해당하므로, 최대값은 109로 설정되어 255 밝기로 출력되는 화소 수는 감소한다.

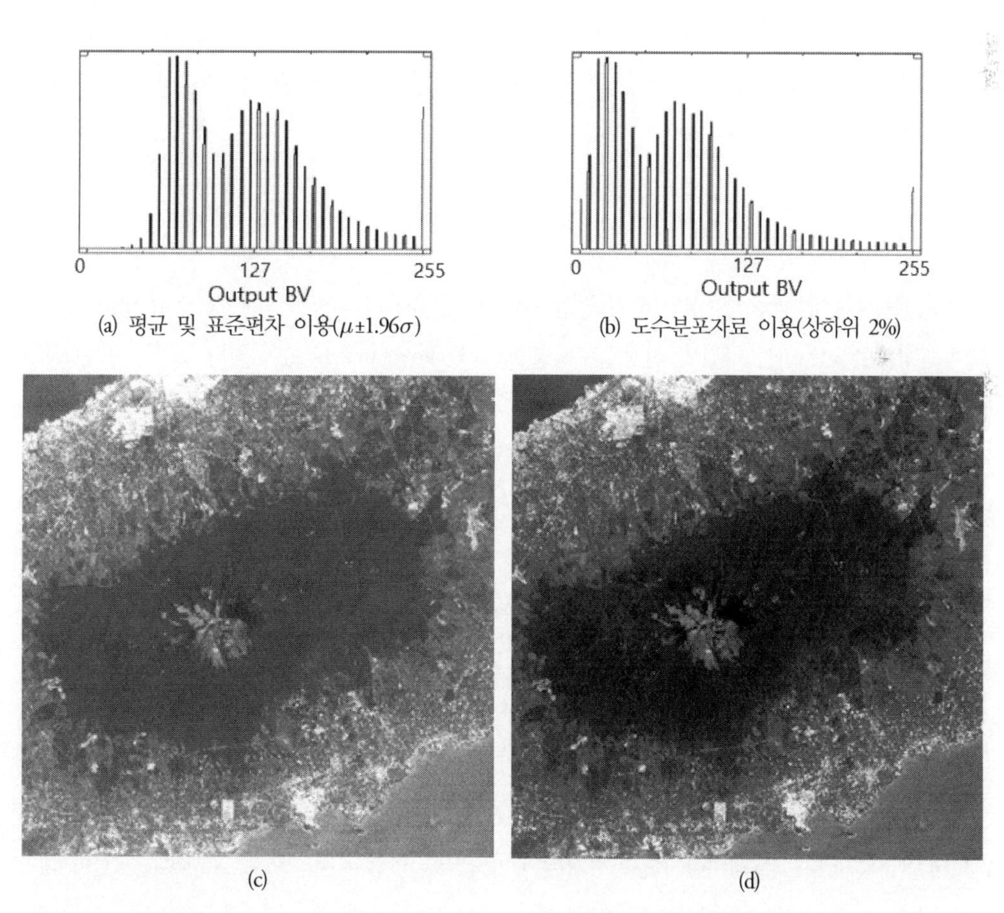

(a) 평균 및 표준편차 이용(μ±1.96σ)　(b) 도수분포자료 이용(상하위 2%)

(c)　(d)

그림 7-31 입력영상의 평균과 표준편차 및 도수분포자료를 이용하여 스트레칭한 출력 밝기값의 히스토그램(a, b)과 출력영상(c, d)

도수분포자료를 이용한 선형스트레칭

평균과 표준편차를 이용하여 선형스트레칭을 위한 최소 및 최대값을 자동으로 설정하는 방법은, 영상의 화소값이 정규분포라는 가정에서 출발한다. 그러나 제주도 TM 청색광밴드 영상과 같이 정규분포와 거리가 있는 영상에 이 방법을 적용하면, 자동으로 설정되는 최소 및 최대값보다 낮거나 또는 높은 값을 갖는 정상 화소들이 0 또는 255의 밝기로 출력되는 단점이 있다. 컴퓨터 연산 능력의 향상에 힘입어 대용량 영상자료의 도수분포(frequency distribution)를 빠르게 계산할 수 있기 때문에, 상위 또는 하위 1~2%에 해당하는 화소값을 쉽게 구할 수 있다. 제주도 TM영상은 백만 개의 화소로 구성된 자료인데, 상하위 2%에 해당하는 화소의 값을 각각 0과 255의 밝기로 출력하고, 나머지 96만 개의 화소를 1~254의 밝기로 출력할 수 있다. 그림 7-31b와 d는 입력영상의 도수분포자료에서 하위 2%에 해당하는 화소값인 75를 최소값으로, 상위 2%에 해당하는 화소값인 114를 최대값으로 설정하여 선형스트레칭한 결과를 보여준다. 이 방법은 실제 도수분포자료를 이용하여 최소 및 최대값을 설정했기 때문에, 평균과 표준편차를 이용한 방법보다 대비효과가 뚜렷하면서도 255 밝기로 출력되는 화소의 숫자가 감소하여 제주 및 서귀포 시내에서 다소의 명암 차이가 보인다.

구간별 선형스트레칭

선형스트레칭 방법에는 이 밖에도 입력영상의 화소값을 여러 구간으로 나누어 각 구간마다 별도의 선형식을 적용하는 구간별 선형스트레칭(piecewise linear stretching)이 있다. 그림 7-32는 구간별 선형스트레칭을 적용하는 과정을 보여주는데, 입력영상의 화소값을 세 개의 구간으로 나누어 각 구간의 최소 및 최대값을 이용하여 세 개의 선형 변환식으로 출력 밝기값을 구하는 방법이다. 입력영상의 화소값을 표 7-6과 같이 영상자료의 중심값 주변에 많이 분포하는 화소들의 대비효과를 강조하고자 화소값 100과 130을 경계로 세 구간으로 나눈 후 각 구간에서 적정 출력 밝기값의 범위를 설정하면 세 개의 선형 변환식이 산출된다. 입력영상에서 1 및 3 구간에 해당하는 화소는 많지 않으므로, 대부분의 화소는 2구간의 출력 밝기값인 30~200 사이 밝기로 출력된다.

구간별 선형스트레칭은 분석자가 영상에서 해석하고자 하는 특정 부분의 대비 효과를 강조하여 판독 효과를 높이기 위하여 사용한다. 가령 그림 7-33은 인천지역의 Landsat-8 OLI 근적외선 영상(a)인데, 산림을 비롯한 식물 지역의 차이를 판독하기 위하여 다른 부분은 무시하고, 식물에 해당하는 부분의 밝기를 최대한 차등화하기 위하여 입력영상을 두 구간으로 구분했다. 식물에 해당하는 최소 화소값 100을 경계점으로 설정(b)하여, 비식생지에 해당하는 1구간의 화소는 모두 5의 밝기값으로 출력했고, 식생지에 해당하는 100 이상의 값을 갖는 2구간의 화소는 6부터 255 사이

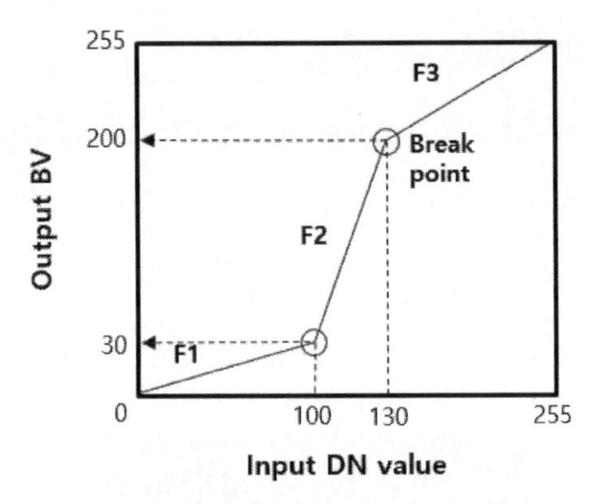

그림 7-32 입력영상의 화소값을 세 구간으로 나누어 구간별 선형스트레칭을 적용하는 과정

표 7-6 구간별 선형스트레칭을 위한 입력영상의 화소값 범위와 각 구간의 선형 변환식

구간	입력영상의 화소값 범위	선형 변환식	
1	$0 < DN_{in} \leq 100$	F1	$BV_{out} = DN_{in} \times 30/100$
2	$100 < DN_{in} \leq 130$	F2	$BV_{out} = (DN_{in} - 100) \times (170/30) + 30$
3	$130 < DN_{in} \leq 255$	F3	$BV_{out} = (DN_{in} - 130) \times (55/125) + 200$

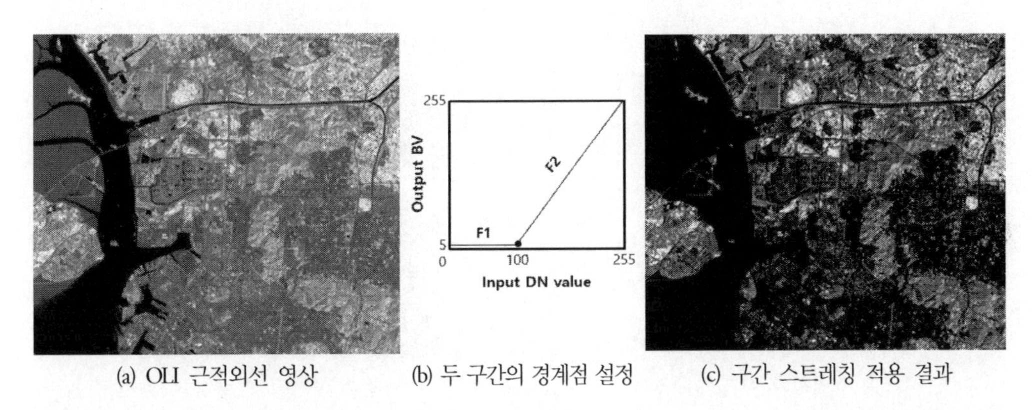

(a) OLI 근적외선 영상 (b) 두 구간의 경계점 설정 (c) 구간 스트레칭 적용 결과

그림 7-33 산림 및 식생 지역의 영상신호를 세부적으로 판독하기 위하여 두 구간으로 나누어 선형스트레칭을 적용하는 과정

의 밝기값으로 출력한 결과(c)다. 구간별 스트레칭은 분석자가 직접 입력영상의 화소값 구간을 나누고 각 구간별 출력 밝기값의 범위를 설정해야 하므로, 얼핏 복잡한 과정으로 보일 수 있다. 그러나 실제로는 분석자가 입력영상의 히스토그램을 보면서, 구간 경계점(break point)을 임의로 움직이면서 스트레칭 결과를 즉시 확인할 수 있기 때문에, 영상에서 세부적으로 판독하고자 하는 특정 부분을 강조하여 볼 수 있다.

로그 및 지수함수를 이용한 스트레칭

영상에서 관심 지표물의 대비효과를 강조하는 다른 방법으로, 선형식이 아닌 로그함수(logarithmic function) 또는 지수함수(exponential function)를 이용하기도 한다. 로그함수는 낮은 화소값을 갖는 지표물의 대비 효과를 강조하여 세부적인 차이를 판독하고자 할 때 적용하는 변환식이다. 그림 7-34는 인천지역의 OLI 적색광밴드 영상(a)으로, 이 영상에서 연안 해수면의 탁도에 따른 차이를

(a) OLI 적색광밴드 영상

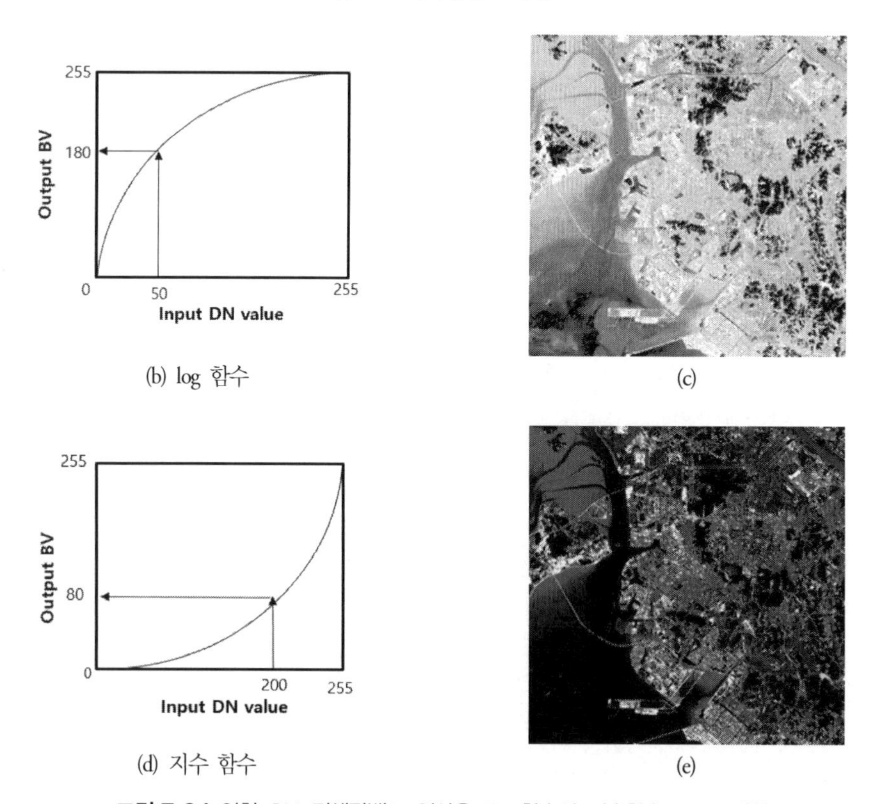

(b) log 함수

(c)

(d) 지수 함수

(e)

그림 7-34 인천 OLI 적색광밴드 영상을 로그함수와 지수함수로 스트레칭

시각적으로 해석하고자 로그함수(b)를 적용하여 대비효과를 강조했다. 로그함수로 스트레칭한 결과영상(c)에서 해수면을 비롯하여 갯벌 등 낮은 값(50 이하)을 갖는 화소들은 0부터 180 사이의 다양한 종류의 밝기로 출력되어 세부적인 차이를 보여준다. 높은 화소값을 갖는 도시지역은 도로와 건물의 구분이 어려울 만큼 모두 밝게 출력되었다.

지수함수를 적용하여 입력영상을 스트레칭하면, 로그함수와는 반대로 입력영상에서 높은 화소값을 갖는 지표물의 밝기값이 세분화되어 미세한 차이를 구별할 수 있게 된다. 그림 7-34d에서 보듯이 200 이상의 높은 화소값을 갖는 건물, 공장, 도로 등은 80~255까지 넓은 범위의 밝기값으로 출력된다. 지수함수로 출력된 영상(e)은 도심지의 대비효과가 강조되어 세부적 차이를 볼 수 있다. 200 이하의 화소값을 갖는 지표물은 0~80 사이의 매우 어두운 밝기값으로 출력되어, 해수면과 산림 등이 모두 어둡게 보인다. 이와 같이 1차 선형식이 아닌 적절한 함수식을 적용하여 스트레칭하면 영상에서 관심 영역의 명암 차이를 세분화하여 판독 효과를 높일 수 있다.

비선형스트레칭

선형스트레칭 방법은 입력영상의 화소값을 선형식을 이용하여 출력 밝기값으로 변환한다. 히스토그램 균등화(histogram equalization)는 대표적인 비선형 방식의 대비효과 강조 기법으로, 그림 7-35에서 보듯이 입력영상의 히스토그램(a)을 출력 밝기값마다 동일한 화소가 분포하는 균등 히스토그램(b)이 되도록 스트레칭하는 방법이다. 그러나 같은 값을 갖는 화소들을 둘 이상의 밝기값으로 분리하여 디스플레이할 수는 없기 때문에, 실질적으로 출력 밝기값의 히스토그램(c)은 완전한 균등 히스토그램은 아니다. 히스토그램의 균등화는 다수로 존재하는 화소값은 하나의 밝기값으로 출력되지만, 소수로 존재하는 화소값들은 합쳐서 하나의 밝기값으로 출력함으로써 균등 히스토그램에 가깝도록 한다.

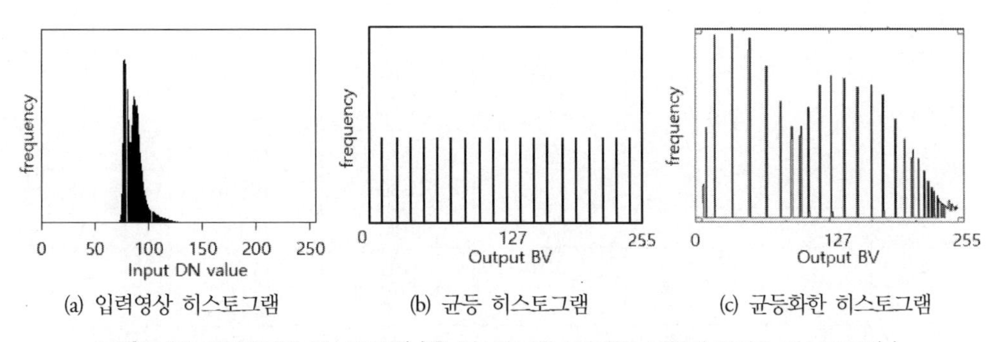

(a) 입력영상 히스토그램 (b) 균등 히스토그램 (c) 균등화한 히스토그램

그림 7-35 입력영상의 히스토그램(a)을 히스토그램 균등화로 변환된 밝기값 히스토그램(c)

히스토그램 균등화 방법은 입력영상에서 화소값이 출현한 누적비율 Rcf_i과 화면에 출력되는 밝기값별 화소 수가 동일한 경우의 누적확률 $p(BV_i)$이 최대한 일치하도록 밝기값을 할당한다. 예를 들어 표 7-7은 4bit(0~15)의 화소값을 갖는 100개 화소의 입력영상이 0부터 15까지 밝기값으로 출력하는 경우를 가정하여, 누적도수를 이용하여 출력 밝기값을 결정하는 과정을 보여준다. 입력영상의 화소값 DN_i는, i까지 누적된 화소 수(cf_i)를 전체 화소로 나눈 누적비율(Rcf_i)이 균등 히스토그램의 누적확률 $p(BV_i)$에 가장 근사한 밝기값으로 출력된다. 즉 입력영상의 화소값 2는 2까지 Rcf_i가 0.09이므로, 이에 가장 근사한 $p(BV_i)$ 0.07에 해당하는 밝기값 1로 출력된다. 입력영상의 화소값 3의 Rcf_i는 0.20이므로, 동일한 $p(BV_i)$를 갖는 3의 밝기값으로 출력되므로, 밝기값 2로 출력되는 화소는 없다. 그림 7-36은 표 7-7의 입력영상 히스토그램을 균등화하여 스트레칭한 결과영상의 히스트그램을 보여준다. 낮은 출현 빈도를 갖는 화소값 2, 6, 7, 8, 13, 15는 이웃의 화소값과 합해져 하나의 밝기값으로 출력된다. 즉, 화소값 6과 7은 화소값 5와 합쳐져 밝기값 7로 출력된다. 비록 출력 밝기값의 범위는 0~15까지지만, 화면에 출력된 영상의 히스토그램을 보면, 밝기값 0, 2, 4, 6, 9, 11로 출력되는 화소는 없다.

표 7-7 히스토그램 균등화로 입력영상 화소값을 출력 밝기값으로 변환하는 과정

화소값(DN_i)	도수	누적도수(cf_i)	$Rcf_i = cf_i/100$	$p(BV_i)$	$BV_{out} = cf*SF$	출력 밝기값(BV)
0	0	0	0.00	0.00	0.000	0
1	5	5	0.05	0.07	0.750	1
2	4	9	0.09	0.13	1.350	1
3	11	20	0.20	0.20	3.000	3
4	12	32	0.32	0.27	4.800	5
5	14	46	0.46	0.33	6.900	7
6	2	48	0.48	0.40	7.200	7
7	1	49	0.49	0.47	7.350	7
8	2	51	0.51	0.53	7.650	8
9	2	53	0.53	0.60	7.950	8
10	13	66	0.66	0.67	9.900	10
11	15	81	0.81	0.73	12.150	12
12	12	93	0.93	0.80	13.950	14
13	3	96	0.96	0.87	14.400	14
14	2	98	0.98	0.93	14.700	15
15	2	100	1.00	1.00	15.000	15

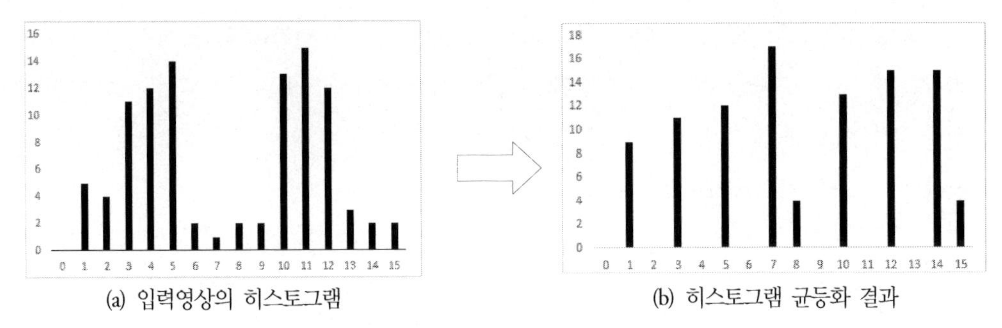

(a) 입력영상의 히스토그램

(b) 히스토그램 균등화 결과

그림 7-36 예시 입력영상(표 7-7)의 히스토그램(a)을 히스토그램 균등화로 출력한 영상의 밝기값 히스토그램

히스토그램 균등화 방법은 입력영상의 출력 밝기값을 구하기 위하여 입력영상의 누적도수(cumulative frequency)를 필요로 한다. 출력 밝기값은 입력영상의 각 화소값의 누적도수와 축척계수를 이용하여 다음과 같이 구할 수도 있다.

$$BV_{out} = cf_i \frac{L-1}{N} \tag{7.10}$$

여기서 BV_{out}=출력 밝기값

cf_i=화소값 i까지 누적도수

L=출력 밝기값의 범위

N=입력영상의 전체 화소 수

축척계수(scale factor, SF)는 입력영상의 전체 화소 수 N을 밝기값의 범위 $(L-1)$로 나눈 값의 역수다. 표 7-7에서 입력영상의 총 화소 수는 100이며, 밝기값의 범위는 16이므로, 축척계수 SF는 0.15가 된다. SF를 각 화소값의 누적도수에 곱한 결과에 가장 근사한 정수가 해당 화소의 출력 밝기값이다.

그림 7-37은 제주도 TM 열적외선 밴드 영상을 히스토그램 균등화로 스트레칭한 결과를 보여준다. 균등화 처리된 결과영상의 밝기값 히스토그램(b)은 앞에서 적용했던 다른 선형스트레칭 방법보다 0~255 사이의 전체 밝기값의 범위에 모든 화소가 비교적 고르게 분포되었음을 볼 수 있다. 또한 히스토그램 균등화로 처리된 영상(c)은 전체적인 명암의 대비효과가 가장 뚜렷하게 보인다. 히스토그램 균등화는 이와 같이 전체 밝기값의 범위를 모두 사용하여 출력하므로, 대비 효과가 가장 잘 나타나는 스트레칭 기법이다. 그러나 히스토그램 균등화는 영상의 전체 화소 수에 비하여 적은 수로 존재하는 화소값은, 독립된 밝기값으로 출력되지 못하고 이웃 값을 갖는 다른

화소들과 결합하여 출력되므로, 세부적인 차이를 보여주지 못하는 단점이 있다. 히스토그램 균등화가 적용된 제주도 영상에서도, 제주시 및 서귀포 도심지에 국소적인 명암 차이가 없이 밝게 보인다. 비선형스트레칭 기법에는 히스토그램 균등화 방법과 함께, 입력영상의 히스토그램을 정규분포에 가깝도록 변환하여 출력하는 방법 등이 있다.

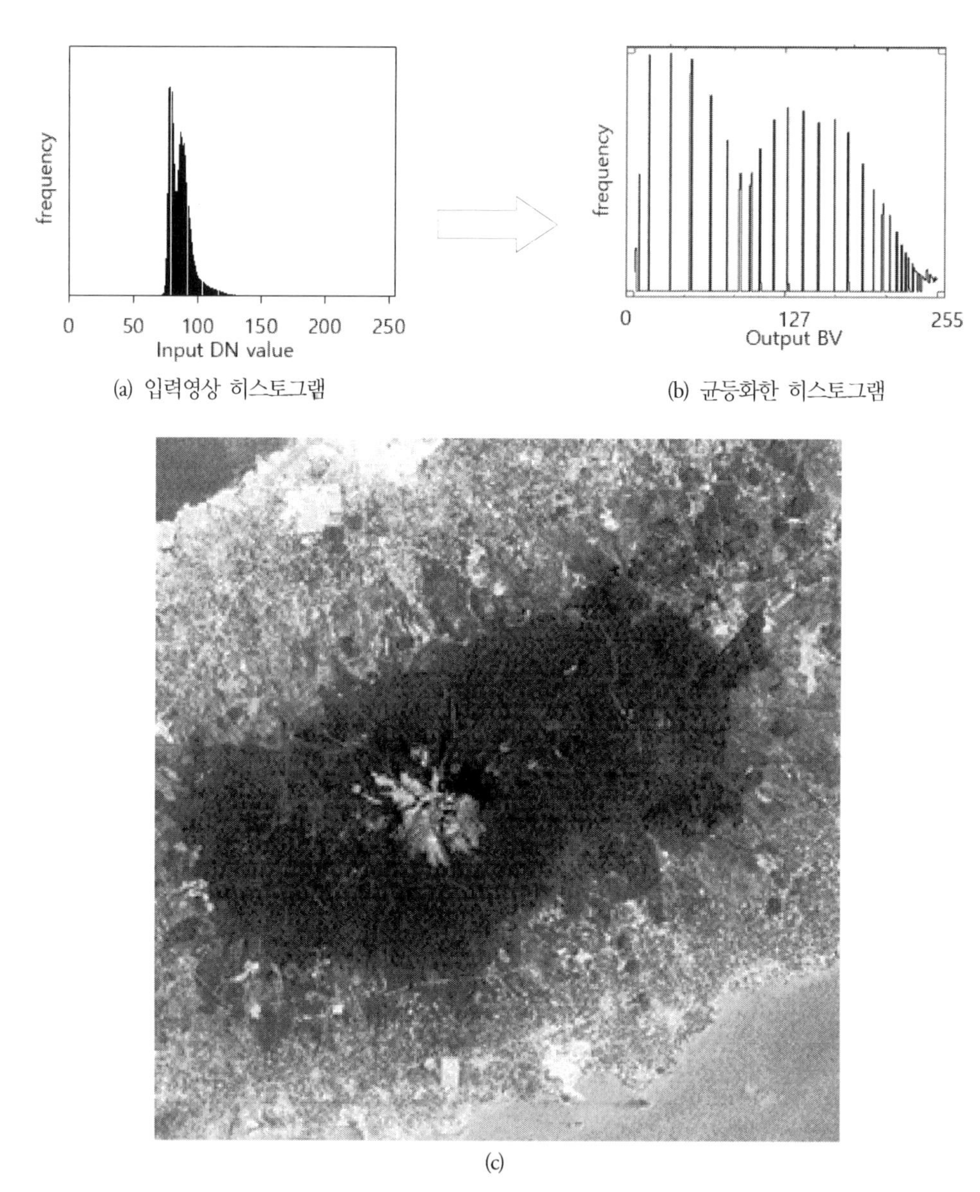

그림 7-37 히스토그램 균등화를 적용한 제주도 TM 열적외선 영상(c)과 입력영상의 히스토그램(a)이 균등화 과정을 거친 출력 밝기값의 히스토그램(b)

모든 영상처리의 시작은 영상자료를 육안으로 확인하고 해석하는 과정에서 출발한다. 특정 시점에 한정된 지역을 촬영한 원격탐사영상의 기본적인 특성 때문에, 대부분의 원격탐사영상은 명암 차이가 낮은 저대비 영상으로 출력된다. 대비효과 강조 기법은 육안에 의한 영상해석에서 매우 중요하므로, 각 스트레칭 기법의 차이와 특성을 이해하면 영상자료가 가지고 있는 특정 정보를 강조하여 볼 수 있다. 독자의 이해를 돕고자 대비효과 강조기법에 대한 설명을 흑백 영상을 이용하여 설명했지만, 컬러영상에 대한 스트레칭은 컬러 합성에 사용된 세 개 밴드 영상에 각각 스트레칭을 적용하므로 결과는 흑백 영상과 크게 다르지 않다.

7.6 대기보정

원격탐사영상은 우리가 정보를 추출하고자 하는 지표물에서 출발한 순수한 신호를 가져야 한다. 그러나 모든 원격탐사자료는 촬영시점에 발생한 오차와 잡음을 포함하고 있다. 영상자료의 오차와 잡음의 원인은, 센서 및 수신처리 과정에서 발생하는 내부적인 요인과 대기, 태양조도, 지형, 항공기 및 위성의 요동 등 외부적 요인으로 나눌 수 있다. 내부적인 원인으로 발생하는 오차와 왜곡은 규칙적이고 일정한 특징을 가지므로 보정이 비교적 쉽다. 그러나 외부적인 원인에 의한 오차와 왜곡은 대부분 불규칙적으로 발생하므로 보정이 쉽지 않다.

영상에 포함된 오차와 왜곡은 영상 품질을 떨어뜨리고, 정확한 정보를 얻는 데 방해가 된다. 정보를 추출하기 위한 본격적인 처리 과정에 앞서, 영상에 포함된 오차와 왜곡을 제거하거나 또는 최소화하는 처리를 전처리(preprocessing)라고 한다. 복사왜곡(radiometric distortion) 또는 방사왜곡은 영상자료에 기록된 신호값이 정보를 얻고자 하는 지표물에서 반사 또는 방출된 순수한 신호에 더해진 오차 및 잡음을 말한다. 복사왜곡의 원인은 센서 이상, 대기 영향, 태양조도 차이, 지형효과 등을 포함한다. 본 장에서는 복사보정의 하나로, 영상신호에 포함된 대기영향을 최소화하는 대기보정 처리를 다루고자 한다.

영상신호와 대기영향

원격탐사영상의 화소값은 지표면에서 반사한 순수한 신호에 추가하여, 지표면과 전혀 관계없이 대기입자에 의하여 발생한 신호를 포함하고 있다. 대기영향은 결국 센서에서 감지된 복사량(at-sensor radiation)과 지표물에서 출발한 복사량(Earth-leaving radiation)의 차이에 해당하며, 이를 대기효과(atmospheric effects)라고 한다. 원격탐사영상에 포함된 대기효과는 대기 상태에 따라 다르고 또한 전자기파의 파장에 따라 상대적이다. 파장이 긴 열적외선 영상은 파장이 짧은 가시광선 영상보다 대기산란의 영향을 덜 받는다. 대기흡수는 수증기 및 산소 등의 입자에 의해 특정 파장구간에서만 주로 발생한다. 대기보정(atmospheric correction)은 센서에서 감지된 영상신호에서 대기 입자에 의한 산란 및 흡수 등 대기영향을 제거 또는 최소화하는 처리 과정을 의미한다.

광학영상의 대기보정은 영상의 화소값을 표면반사율(surface reflectance, ρ)로 변환하는 과정이다(그림 7-38). 광학영상의 신호는 처리 단계에 따라 DN값, 복사휘도, 대기상부 반사율, 표면반사율 등으로 구분되며, 지표물의 속성을 반영하는 순수한 신호는 표면반사율이다. 영상의 DN값은 센서에서 감지된 복사휘도(L)를 정수화한 상대적인 밝기값이다. DN을 복사휘도 L로 변환하려면 절대복사보정계수(absolute radiometric calibration coefficients)가 필요한데, 이 보정계수는 위성 발사 전에 실험실에서 얻어진 초기값을 기초로, 발사 후에 지속적인 검보정 작업을 통하여 주기적으로 갱신된다. 절대복사보정계수 a와 b는 영상자료와 함께 공급되는 메타데이터에 포함되어 있다. 영상자료의 종류에 따라, 복사보정계수가 아닌 센서에서 감지한 최소(L_{min}) 및 최대 복사휘도(L_{max})를 제공하기도 하는데, 이를 이용하여 다음과 같이 a, b를 구할 수 있다.

$$L = aDN + b \tag{7.11}$$

여기서 L =센서 감지 복사휘도(watt/m²/str)

DN =영상의 화소값

$a = (L_{max} - L_{min})/d$, $b = L_{min}$

d =복사해상도(화소의 최대값으로 8bit 자료인 경우 255)

센서에서 감지한 복사휘도 L을 태양조도(solar irradiance)로 나누면 다음과 같이 대기상부 반사율(top-of-atmosphere reflectance, ρ_{TOA})을 구할 수 있다. 태양조도는 영상 촬영시점의 태양 천정각 및 지구와 태양 간의 거리에 따라 변하므로, 여러 시기에 촬영된 영상들은 태양조도의 차이에 의한 효과가 나타나며, 이를 정규화하는 태양각 보정이 필요하다. 대기상부 반사율은 시계열 영상을 분석하거나, 촬영 계절과 시간이 다른 여러 장의 영상을 접합하여 모자이크 영상을 제작할 때, 태양조도의 차이를 정규화하는 방법이다.

$$\rho_{TOA} = \frac{\pi L d^2}{E_o \cos\theta} \tag{7.12}$$

여기서 d = 지구와 태양의 거리 계수

E_o = 대기권 상부에 도달하는 평균 태양조도

θ = 태양 천정각(solar zenith angle)

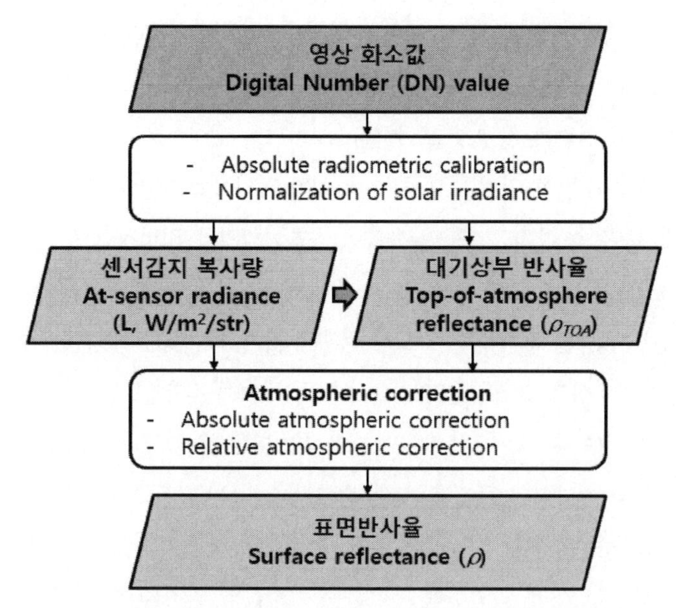

그림 7-38 처리단계에 따른 전자광학영상신호의 구분과 대기보정을 통하여 표면반사율이 얻어지는 과정

센서 감지 복사휘도와 대기상부 반사율(ρ_{TOA})은 여전히 대기영향을 포함하고 있기 때문에 지표물의 특성을 나타내는 순수 신호값으로 사용할 수 없지만, 대기보정 과정에서 반드시 필요한 중간값 역할을 한다. 정확한 L 또는 ρ_{TOA}가 있어야, 최종적인 표면반사율을 구할 수 있다.

대기를 구성하는 입자는 질소와 산소 같은 가스분자와 액체 또는 고체 상태로 분포하는 수증기와 에어로졸 등이 있다. 질소, 산소, 이산화탄소, 아르곤 등이 대부분을 차지하는 가스분자의 농도는 거의 고정적인 비율로 분포하고 있다. 반면에 에어로졸과 수증기의 분포와 농도는 시공간적으로 차이가 심하다. 에어로졸은 화석연료의 연소와 산업 활동으로 발생하는 먼지와 분진 등이 주를 이루며, 건조지역에서 발생한 토사입자, 화산에서 분출된 재, 바닷물의 표면에서 증발된 미세한 소금가루 등 자연적으로 발생한 입자도 포함한다. 전자기파는 대기층을 통과하면서 대기를 구성하는 입자와 충돌하여 산란 및 흡수가 발생한다. 가스분자 및 에어로졸에 의한 산란은 입자의 크기와 전자기파의 파장에 반비례하여 선택적으로 발생하며, 입자의 크기가 큰 수증기는 파장에 관계없이 가시광선 및 적외선 영역에서 산란을 야기한다. 대기 가스 중 산소, 오존, 물, 이산화탄소는 각각 특정 파장구간의 전자기파를 흡수하며, 파장에 따라서 흡수량에 차이가 있다. 지표면에서 반사한 전자기에너지가 대기 입자와 충돌하여 발생하는 산란량 및 흡수량을 산출할 수 있다면, 센서에서 감지된 영상신호에 포함된 대기영향을 제거할 수 있다.

모니터에 출력된 광학영상에서 대기입자에 의한 영향을 육안으로 관찰하기는 쉽지 않다. 대기 입자에 의한 산란은 파장에 반비례하므로, 가시광선 영상의 선명도가 적외선 영상보다 다소 낮게 보이지만, 맑은 날 촬영한 영상에서는 그러한 차이점을 보기 쉽지 않다. 대기 상태가 매우 건조하고, 산업 지역에서 멀리 떨어져 에어로졸 영향이 거의 없는 사막 지역 광학영상의 신호도 대기 입자에 의한 기본적인 산란과 흡수를 포함한다. 그러므로 대부분의 광학영상은 대기보정 전과 후의 영상이 육안으로 구별이 어려울 만큼 큰 차이가 없다. 즉 화면에 출력된 영상이 DN으로 기록되었거나, 대기보정을 마치고 표면반사율로 기록되었거나 외형적으로는 큰 차이가 없다.

대기보정 결과를 육안으로 구별할 수 있는 예외적인 경우로, 광학영상에서 볼 수 있는 안개 또는 연기 등의 연무 현상을 제거했을 때 보정 전후의 차이가 뚜렷하다. 그림 7-39는 옅은 안개로 희미한 가시광선 항공영상에서 연무제거(haze removal) 처리를 적용한 결과를 보여준다. 광학영상에서 보이는 연무 현상은 대기보정 처리를 통하여 최소화할 수 있지만, 대부분 시각적 판독효과를 높이기 위한 별도의 처리 기법을 통하여 제거되며 이는 DN값을 표면반사율로 변환하는 엄밀한 의미의 대기보정과는 다소 차이가 있다. 안개와 연기 등을 제거하는 처리기법은 일종의 영상기반 복사보정 처리로, 영상에서 연무에 해당하는 화소값의 범위를 추정하고 이를 수학적으로 차감하는 방식이다(Jinag 등, 2016).

그림 7-39 안개 또는 연기 등의 연무현상이 보이는 가시광선 항공영상(a)과 연무제거 처리 후의 결과(b)

대기보정의 필요성

원격탐사영상에 대기보정 처리 여부는 영상신호에 포함된 대기영향의 정도, 활용 분야 그리고 보정에 필요한 대기자료의 존재 등에 따라 결정한다. 가장 우선적으로 고려하는 사항은 영상신호에 포함된 대기영향의 비중이다. 가령 해양이나 호수에서 반사한 복사량은 육상에서 반사한 복사량보다 매우 낮기 때문에, 동일한 양의 대기영향을 받아도 센서에서 감지된 복사휘도에 포함된 대기영향의 비중이 훨씬 크다. 초기 위성 해색센서인 CZCS로 촬영한 영상에서 해양과 육지의 복사휘도에서 대기영향의 비중을 추정한 결과, 물에서는 대기영향이 영상신호의 50~85%를 차지할 정도로 크지만, 육지에서는 대기영향이 25~40%로 상대적으로 작게 나타났다(Cracknell and Hayes, 1991). 따라서 해양 및 강과 호수의 수질과 관련된 원격탐사에서는 대기효과 보정에 관한 연구를 일찍부터 시작했다.

해양 원격탐사에서 대기보정은 매우 중요한 처리 과정이지만, 육상 원격탐사에서는 최근에 그 중요성이 강조되고 있다. 육상 영상은 대기영향이 상대적으로 크지 않고 또한 육상 원격탐사의 주된 활용이 대기보정이 필요 없는 토지피복분류 등과 같은 정성적 성격이었기 때문이다. 육상 원격탐사도 식물이나 토양의 생물리적 특성과 관련된 정량적 활용이 증가함에 따라 대기보정의 필요성이 점점 중요해지고 있다. 대기보정은 많은 노력과 시간이 요구되는 복잡한 처리 과정이고, 그 효과 또한 충분히 검증되기 어려운 경우도 있다. 광학영상의 대기보정 처리 여부는 영상에서 얻고자 하는 정보의 특성과 활용 목적에 따라 결정된다. 표 7-8은 활용 분야에 따라서 구분한 광학영상의 대기보정 필요성 여부를 보여준다.

대기보정이 반드시 필요한 경우는 물, 식물, 토양의 생물리적 특성과 관련된 정량적 정보를 추출하는 활용 분야다. 해색 원격탐사는 물의 낮은 반사율 때문에 대기입자에 의한 영향이 상대적으로 크다. 해수면의 엽록소 농도 및 혼탁도 등의 정보를 얻기 위해서는, 영상신호에서 대기효과를 먼저 제거해야 한다. 엽록소 농도의 차이에 의한 수면의 영상신호 폭은 대기산란에 의한 차이보다 작으므로, 대기보정은 필수적이다. 산림 또는 농작물의 생물리적 특성을 나타내는 엽면적지수, 광합성량, 생체량 등의 인자를 추정하려면, 먼저 대기영향에 의한 영상신호의 차이를 보정해야 한다. 특히 원격탐사 신호를 이용한 생물리적 인자의 추정 모델을 시공간적으로 확장하여 사용하려면, 반드시 대기보정을 마친 표면반사율을 이용해야 한다.

초분광영상은 수백 개의 연속된 파장밴드에서 얻어지는 분광반사 특성을 기반으로 정보를 추출한다. 초분광영상 분석의 많은 부분은 분광라이브러리에 있는 참조 반사자료와의 비교검색을 통하여 이루어지기 때문에, 대기보정을 통한 표면반사율 획득이 우선되어야 한다. 초분광영상의 대기보정은 다른 영상자료와 달리 대기보정에 필요한 대기정보(수증기 및 에어로졸)를 영상에서 직접 추출할 수 있기 때문에 보다 정확한 대기보정이 가능하다(Kim 등, 2007).

표 7-8 활용 분야에 따른 원격탐사영상의 대기보정 필요성 여부

대기보정 필요성	활용 분야	활용 사례
대기보정 반드시 필요	지표물의 생물리적 특성과 연관된 정량적인 정보 추출	• 강/호수의 엽록소 농도 • 토양 수분함량 • 식물의 엽면적지수, 생체량, 수분함량, 식생지수 등
	해양 원격탐사	• 해수면의 엽록소 농도 및 혼탁도 • 해수면 온도
	정량적 시계열 변화 분석	• 농작물 생육 모니터링 • 산림의 생체량 변화 • 이종센서 자료를 이용한 변화 분석
	초분광영상 처리	분광반사곡선 추출
대기보정이 어느 정도 필요	영상 합성	영상모자이크(특히 UAV 영상)
	정성적 시계열 변화 분석	• 식물의 활력도 변화 • 토양 수분 상태 변화 • 산림 생육 상태의 상대적 차이
대기보정 불필요	단일 시기 영상을 이용한 활용	• 토지피복지도 제작 • 특정 지역 및 시점의 생물리적 변수 추정을 위한 실험적 모형
	변화 탐지	• 토지피복 변화 탐지 • 불법시설물 단속 및 시설물 현황 파악
	공간자료 구축	• 지형도 제작 • 토지피복 분류 • 산사태, 산불 등 피해 지도 제작

대기보정이 반드시 필요하지는 않지만, 여러 시기 또는 여러 지역의 영상을 사용하는 경우에는, 각 영상마다 다른 대기영향을 정규화(normalization)해줄 필요가 있다. 센서의 촬영폭이나 촬영면적의 한계로 광범위한 지역을 한 번에 촬영하기 어려우면, 여러 장의 영상을 집성(mosaic)하여 하나의 영상을 제작한다. 모자이크에 사용되는 개별 영상들은 서로 다른 시기에 촬영되기도 하며, 더 나아가 다른 센서로 촬영하기도 하므로 상대적인 복사보정이 필요하다. 집성영상의 용도가 시각적인 판독을 위한 활용 목적이라면 영상의 밝기값을 조정하는 간단한 보정 처리로 충분하다. 그러나 집성영상을 이용하여 정량적인 정보를 추출하고자 한다면, 정확한 대기보정이 필요하다. 최근에 활용이 급증하는 무인기(UAV) 영상은 수백 장 이상의 낱장 영상을 집성하여 사용하기 때문에, 무인기영상을 이용한 정량적인 정보 추출을 위해서는 집성영상에 대한 세심한 대기보정 기술이 필요하다(Wang and Myint, 2015).

단순한 작물의 생육 상태 변화를 관찰하고자 한다면, 복잡한 대기보정이 필요 없다. 정성적 시계열 변화 분석은 여러 시기의 영상에 포함된 대기영향을 비슷하게 조정해주는 상대적인 복사보정 처리만으로 충분하다. 한국과 같이 산악지형이 많은 지역에서는 사면의 경사와 방위에 따른

태양조도의 차이에 따라 광학영상의 신호값에 왜곡이 발생한다. 지형에 의한 복사왜곡 정도가 현저히 다른 여러 시기의 영상을 이용하여 산림의 변화를 분석할 때는, 지형효과를 줄이기 위한 복사보정과 함께 각 시기의 대기상태를 균등화하는 상대적인 대기보정이 필요하다.

식물 및 토양과 같은 육상지표물에서 반사하는 복사량은 크기 때문에 영상신호에 포함된 대기영향의 비중이 상대적으로 작다. 대기영향이 영상신호에 포함되어 있지만, 토지피복 종류를 구분하는 데 큰 어려움이 없다면 대기보정을 할 필요가 없다. 가령 산림 분류에서 침엽수림과 활엽수림에 해당하는 화소값의 차이가 뚜렷하다면, 굳이 대기보정을 하지 않아도 된다. 단순한 토지피복분류 또는 지형도 제작과 같은 활용 분야에서는 대부분 대기보정이 필요하지 않다. 단일 시기에 얻어진 하나의 영상만을 이용하여 분석하는 경우에도 대기보정이 필요 없다. 심지어 현지 측정자료와 영상신호를 직접 연결하여 식물의 엽면적지수와 같은 생물리적 변수를 추정하는 실험적 모형을 제작할 때도, 그 모형을 특정지역에 국한되어 사용한다면 대기보정이 필요 없다.

절대 대기보정

광학영상에 포함된 대기효과를 보정하는 과정은 크게 두 단계로 나눌 수 있는데, 먼저 영상 촬영시점과 지역에 일치하는 대기자료를 획득해야 하며, 두 번째는 대기자료를 이용하여 산란 및 흡수를 추정하여 표면반사율을 구하는 과정이다. 대기보정에서 대기자료를 얻는 첫 번째 과정이 매우 어려운데, 특히 에어로졸 및 수증기와 같이 시공간적으로 변화가 심한 자료를 얻는 게 용이하지 않다. 기상자료 또는 위성영상에서 직간접적으로 추출한 대기자료를 이용하여 표면반사율을 얻는 보정 방법을 절대 대기보정(absolute atmospheric correction)이라고 하며, 대기영향을 간접적으로 추정하여 보정하는 방법을 상대 대기보정(relative atmospheric correction)이라고 한다.

센서에서 감지한 복사휘도 L은 지표면에 입사된 복사량의 일부분이 반사된 후, 대기를 통과하면서 대기 입자에 의한 영향을 포함하는 복잡한 요소로 구성되어 있다. 그림 7-40은 태양에서 출발한 전자기에너지가 항공기 및 인공위성 센서에 도달하기까지 전달 과정을 간단히 보여준다. 지표면에 도달하는 복사조도(E)의 총량은 대기권 밖의 태양 복사조도(E_o)가 지표면까지의 대기투과율(T_z)에 따라 결정되며, 여기에 대기산란조도(E_d)와 인접 지표면에서 반사된 복사조도(E_n)까지 더해진다. 지표면에서 센서 방향으로 반사한 복사휘도(L_e)는 입사된 복사조도의 합에 지표물의 반사율(ρ)을 곱하면 얻어진다. L_e는 지표물의 속성을 나타내는 순수한 신호가 될 수 있으나, 계절적인 태양 복사조도의 차이 때문에 사용하는 경우가 드물다. 지표면에서 출발한 복사휘도 L_e는 지표면에서 센서까지 대기투과율(T_v)에 따라 센서에 도달하는 복사량이 결정되며, 센서 방향으로 산란된 대기복사휘도(L_p)가 더해져 센서 감지 복사휘도(L)가 된다.

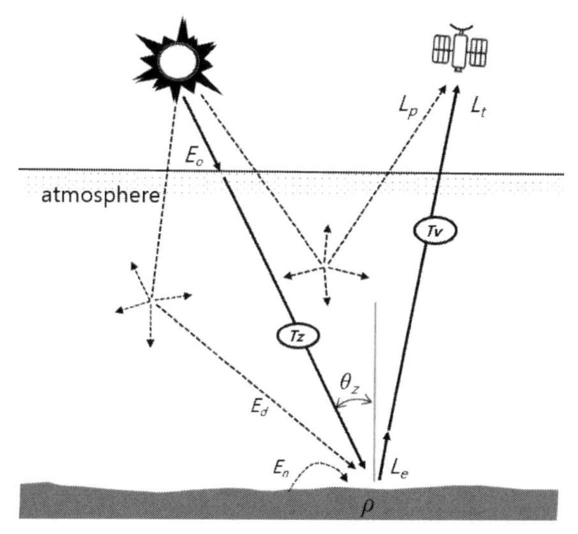

그림 7-40 지표면에 입사된 복사에너지가 대기층을 통과하여 센서에 전달되는 과정

이러한 복사전달과정을 통하여 센서에서 감지한 복사휘도 L은, 지표면에서 반사되어 대기를 통과한 L_t와 대기산란 복사량 중 센서에서 감지된 대기복사휘도 L_p의 합이다. L_t는 지표면에서 반사된 L_e에 대기투과율을 곱한 값이며, L_e는 다시 지표면에 입사된 복사조도 총량 E와 지표면 고유의 반사율 ρ의 곱으로 얻어진다. 이러한 요소들을 모두 종합하면, 센서 감지 복사휘도 L은 다음과 같이 표시할 수 있다.

$$L = L_t + L_p = L_e T_v + L_p = \frac{E\rho T_v}{\pi} + L_p = \frac{(E_0 \cos\theta_z T_z + E_d + E_n)\rho T_v}{\pi} + L_p \tag{7.13}$$

여기서 L = 센서 감지 복사휘도(at-sensor radiance)

ρ = 표면반사율(surface reflectance)

T_z = 태양~지표면 대기투과율(transmittance from sun to earth surface)

T_v = 지표면~센서 대기투과율(transmittance from earth to sensor)

E_o = 대기상부 태양 복사조도(Extraterrestrial solar irradiance)

E_d = 대기산란 복사조도(diffuse sky irradiance)

E_n = 인접 지표면으로부터 복사조도(irradiance from neighboring surface)

θ_z = 태양천정각(solar zenith angle)

L_p = 센서 방향 대기산란 복사휘도(path radiance)

지표면에서 반사된 복사량이 모든 방향으로 동일하다는 완전난반사면(Lambertian surface)으로 가정했기 때문에, 센서 방향으로 반사된 복사휘도는 입체각 π로 나눈다. 물론 지구 표면은 피복의 종류에 따라 완전난반사면의 특성과 차이가 있기 때문에, 앞에서 산출되는 표면반사율은 태양 위치 및 센서의 촬영각에 따라 달라지므로 이를 정규화하는 처리가 필요한 경우가 있다.

절대 대기보정은 결국 영상에 기록된 모든 화소의 복사휘도 L을 표면반사율 ρ로 변환하는 과정이다. 식(7.13)에서 이미 알고 있는 값은 영상에 기록된 복사휘도 L, 대기상부 복사조도 E_o, 그리고 영상 촬영시점의 태양천정각 θ_z뿐이다. 미지의 변수인 대기투과율(T_z, T_v), 복사조도(E_d, E_n), 대기산란 복사휘도(L_p)는 영상자료와 시공간적으로 부합되는 대기자료를 이용하여야 한다. 지표면에서 센서까지 복사에너지의 이동 과정을 모의한 복사전달모델(radiation transfer model)을 이용하여 미지의 변수를 비롯하여 표면반사율을 산출한다.

그림 7-41은 영상의 화소값 DN을 표면반사율 ρ로 변환하는 절대 대기보정 과정 및 각 단계에서 필요한 입력 자료를 보여준다. 대기보정의 첫 번째 단계로 영상의 화소값 DN을 물리량인 L로 바꾸어야 하는데, 이를 위해서는 절대복사보정계수(radiometric calibration coefficients)가 필요하다. 절대복사보정계수가 알려져 있지 않거나 또는 부정확한 영상자료는 절대 대기보정이 어렵다. 영상의 화소값을 정확한 복사휘도로 전환할 수 없다면, 다음 단계의 대기보정에서 정확한 대기투과율과 산란을 계산해도 정확한 표면반사율을 얻을 수 없다. 절대 대기보정의 두 번째 단계는 대기 복사전달모델을 이용하여 표면반사율로 변환하는 과정이다. 원격탐사에서 많이 사용되는 복사전달모델은 MODTRAN(MODerate resolution atmospheric TRANsmission)과 6S(Second Simulation of the Satellite Signal in the Solar Spectrum) 등이 있다.

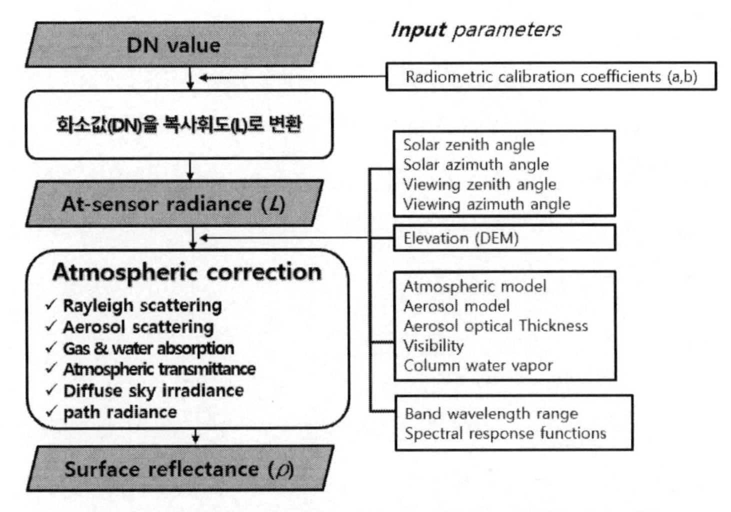

그림 7-41 절대 대기보정의 과정 및 단계별로 필요한 입력 자료

표면반사율을 계산하기 위하여 복사전달모델에 입력할 자료는 크게 네 그룹으로 구분할 수 있다. 영상 촬영시점의 태양과 센서의 기하 요소(천정각 및 방위각), 영상지역의 해발고도, 대기자료(대기모델, 에어로졸모델, 가시거리, AOT, 수증기량 등) 그리고 센서의 밴드별 파장구간과 분광반응함수 등이 있다. 입력변수 중 센서와 관련된 인자는 영상의 모든 화소에 단일값으로 적용되지만, 나머지 변수는 원칙적으로 화소마다 적절한 값이 적용되어야 한다. 촬영 면적이 상대적으로 작은 고해상도 영상은 영상에 포함된 태양각 및 센서각의 변이가 작으므로 단일 값을 적용해도 무방하지만, 촬영폭이 수천 킬로미터인 저해상도 위성영상은 화소별로 태양각 및 센서 관측각을 적용해야 한다.

복사전달모델에 입력하는 자료 중 대기보정 결과에 가장 큰 영향을 미치는 변수는 에어로졸이다. 에어로졸모델은 분진, 먼지, 소금 등 에어로졸의 유형별 구성비를 지역적 특성에 따라 설정한 표준 모델이며, 해당 지역에 적합한 모델을 적용한다. 에어로졸 광학두께(aerosol optical thickness, AOT)는 영상자료와 시공간적으로 부합되는 값을 사용해야 한다. 지역이 협소하고 AOT 자료 획득이 어려운 경우에는 단일 AOT값을 영상 전체에 적용하기도 하지만, 에어로졸의 시공간적 분포와 농도가 매우 가변적인 점을 감안한다면 화소마다 적정 AOT값을 적용해야 한다.

대기보정을 위한 AOT 자료를 구하는 방법은 세 가지로 나눌 수 있다. 첫 번째는 각국의 기상청 및 연구기관에서 수집하는 지상관측자료를 이용하는 방법이다. 두 번째는 대기보정 대상인 영상에서 직접 AOT값을 추정하는 방법으로, 다중분광영상에서 반사율이 매우 낮은 지표물(dark object)을 선정하여 에어로졸 영향을 많이 받은 분광밴드와 그렇지 않은 분광밴드에서의 신호 차이를 이용하여 AOT를 추정한다. 이 방법은 해색 원격탐사에서 효과적으로 사용하는 방법이지만, 육지영상에는 적용이 쉽지 않다. 세 번째 방법은 다른 위성자료에서 산출된 AOT 자료를 이용하는 방법이다. 대기오염과 관련된 에어로졸 모니터링을 위하여 MODIS와 같은 저해상도 위성영상에서 AOT 자료를 산출하고 있으며, 한국에서는 정지궤도 환경위성 및 해양위성을 통하여 에어로졸 산출물을 제작하고 있다. 다른 위성에서 산출한 AOT값을 이용하기 위해서는, 먼저 AOT값이 시공간적으로 영상과 일치해야 한다. 지상이나 다른 위성자료에서 측정된 에어로졸 자료가 없거나 영상에서 직접 AOT 정보를 추출하기 어렵다면, 영상 획득 시점의 수평 가시거리(visibility)를 통하여 AOT를 간접적으로 추정하여 적용한다.

대기보정에서 에어로졸 다음으로 중요한 대기입자는 전자기에너지의 주요 흡수체인 수증기다. 수증기 분포와 농도는 기상상태 및 계절적으로 변화가 크며 지역적으로도 차이가 크다. 그러나 대기 수증기량 자료가 매우 한정되어 있기 때문에, 평균 수증기량을 위도와 계절별로 구분한 표준 대기모델(atmospheric model)을 선택하여 영상 전체에 단일의 수증기량을 적용한다. 영상에서 직접 수증기량을 추정하여 대기보정에 이용하는 방법은 주로 초분광영상 처리에서 개발되었다.

수증기 흡수밴드를 이용하여 수증기량을 추정하는 방법이 개발되었지만, 대부분의 다중분광영상은 이러한 수증기 흡수밴드가 없다. 다른 위성에서 산출된 수증기 자료를 대기보정에 이용하기도 한다. MODIS 영상에서 산출된 일별 수증기량 자료를 시계열 Landsat 영상의 대기보정에 이용하는 방법이 있다(Frantz 등, 2019).

절대 대기보정은 복사전달모델의 종류나 입력 변수에 따라 처리 과정에 다소 차이가 있지만, 대기보정 결과는 입력 자료의 정확도와 적합성에 크게 좌우된다. 특히 입력변수 중 영상자료와 시공간적으로 부합되는 정확한 에어로졸 및 수증기 자료가 절대 대기보정에 큰 영향을 미친다. 절대 대기보정은 모든 입력 자료가 준비되면, 영상의 모든 화소마다 대기입자에 의한 산란 및 흡수를 계산하고 이를 토대로 복사조도 및 대기투과율을 산출하여 표면반사율을 얻는다. 그러나 영상의 모든 화소마다 표면반사율을 구하기 위한 계산 과정이 매우 복잡하고 많은 시간이 소요되므로, 대부분의 대기보정 처리는 모든 입력변수의 값을 일정 범위로 나누어, 각 조합에 대해 표면반사율을 미리 계산한 조견표(look up table)를 이용한다.

상대 대기보정

절대 대기보정은 지표면에서 반사된 복사에너지가 센서까지 도달하는 과정을 모형화한 복사전달모델을 이용하여 표면반사율을 산출하지만, 적합한 대기자료가 있어야 가능하다. 상대 대기보정(relative atmospheric correction)은 대기자료 없이, 영상신호에서 대기영향을 최소화하거나 대기효과를 정규화하는 처리 기법이다. 따라서 대기보정 처리 후 영상신호는 반드시 표면반사율이 아닌 정규화된 DN 또는 복사휘도가 되기도 한다. 상대 대기보정은 영상기반 대기보정, 실험적 대기보정, 그리고 시계열영상의 복사정규화 등의 방법이 있다.

영상기반 대기보정은 영상에서 대기산란복사량(L_p)및 대기투과율(T) 등을 간접적으로 추정하는 방법이다. 널리 알려진 영상기반 방법은 암체차감법(dark object subtraction, DOS)으로 영상에서 반사한 복사량이 없다고 판단되는 어두운 물체(예, 완전한 그늘)의 신호값을 이용하는 것이다. 영상에서 선정된 암체의 복사휘도를 대기산란량으로 추정하여 이 값을 영상의 모든 화소에 적용하는 방법이다. DOS 방법은 영상에서 반드시 암체를 찾아야 하는 근본적 한계가 있으며, 또한 가장 중요한 대기투과율에 대한 고려가 없다. DOS 방법을 개선하여 대기투과율 T_z 및 T_v이 각각 태양 및 센서의 천정각에 근사하다는 것을 실험적으로 제시한 COST 방법도 있다(Chavez, 1996). 물론 이 방법은 영상의 매 화소마다 다른 대기 상태를 고려하지 않고, 영상 전체에 대기산란량과 대기투과율을 단일 값으로 적용하기 때문에, 대기 상태의 공간적인 변이가 존재하는 넓은 지역의 영상에는 적합하지 않다. 매년 새로운 영상기반 보정 방법이 소개되고 있으며, 대기보정뿐만 아니라 연무 제거를 위한 방법으로도 많이 사용한다.

영상기반 대기보정은 해색 원격탐사에서 보편화된 방법으로, 가장 이상적인 대기보정 방법이 될 수 있다. 즉 대기보정에 필요한 에어로졸 및 수증기 자료를 영상에서 직접 추출할 수 있다면, 가장 적합한 대기자료를 얻게 되는 셈이다. 해색 위성센서인 SeaWiFS와 한국의 정지궤도 해색센서인 GOCI는 모두 8개의 분광밴드 영상을 얻는데, 해수면 엽록소 및 탁도 측정을 위한 6개의 가시광선 밴드와 대기자료 추출을 위한 2개의 근적외선 밴드로 되어 있다. 물은 근적외선에서 반사도가 거의 없거나 매우 낮기 때문에, 근적외선 밴드 영상은 해수면과 관련된 신호는 없고, 대기산란에 의하여 발생한 신호가 주를 이룬다. 육상 원격탐사에서 대기보정의 중요성이 늘어가면서, 영상에서 직접 대기자료를 추출할 수 있는 분광밴드를 포함하는 새로운 센서의 개발이 기대된다.

무인기영상의 실험적 대기보정

실험적 대기보정(empirical line correction)은 영상촬영과 동시에, 촬영 지역에서 여러 지표물의 분광반사율을 직접 측정하여 대기보정하는 방법이다. 영상의 화소값과 현지에서 직접 측정된 표면반사율과의 선형관계를 통하여 영상의 화소값을 직접 반사율로 변환하는 기법이다.

$$\rho_i = a\,DN_i + b \tag{7.14}$$

여기서 ρ_i =밴드 i의 표면반사율

DN_i =밴드 i 영상에서 화소값

a, b =화소값을 표면반사율로 변환하는 선형식의 계수

실험적 대기보정은 영상촬영과 동시에 현지에서 표면반사율을 측정해야 하므로, 시간과 노력이 필요한 방법이다. 영상 촬영 지역에서 반사율을 측정할 지표물은 선형관계식을 도출하기에 충분하도록, 반사율이 낮은 물체부터 반사율의 높은 물체까지 고르게 선정해야 한다. 또한 현지 분광측정은 영상의 공간해상도를 고려하여, 화소면적보다 넓은 균일한 지표물을 대상으로 해야 한다. 영상 촬영시점에 분광반사 측정이 어려우면, 그림 7-42와 같은 고정된 표면반사율을 가진 기준 반사판(reference reflectance panel)을 미리 설치하여 영상을 촬영하고 대기보정에 이용한다. 실험적 대기보정 방법은 일반적으로 특정 시기와 지역을 촬영한 개별 영상에 적용할 수 있다.

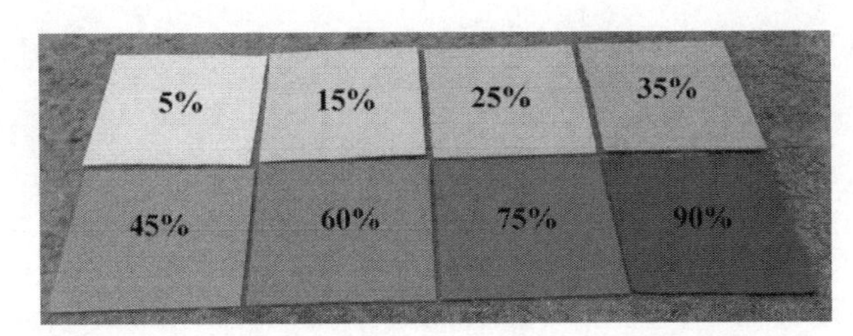

그림 7-42 실험적 대기보정을 위하여, 영상 촬영지역에 설치하여 대기보정에 사용하는 기준 반사판(reference reflectance panel)

실험적 대기보정 방법은 최근 활용이 급증하는 무인기 다중분광영상의 대기보정에 적용하는 방법이다(나 등, 2015; Guo 등, 2019). 무인기 탑재용 광학카메라는 크기와 중량이 최소화되어, 위성센서와 달리 양질의 영상신호를 얻기 위한 보정장치를 갖추기 어렵다. 무인기영상은 촬영 면적이 좁기 때문에 한 번 비행에 수백 장 이상의 영상을 촬영하는데, 모든 낱장 영상마다 태양 각도 및 대기 상태의 시공간적 변화에 따라 복사조도(수광량)에 차이가 있다. 각 낱장 영상의 반사율은 카메라에서 감지한 복사휘도(L)를 무인기 장착된에 조도계로 측정된 복사조도(E)로 나누면 구할 수 있다. 영상마다 대기 상태와 태양각에 따른 복사조도의 차이를 보정하기 위하여 기준 반사판을 사용하기도 한다.

그림 7-43은 무인기 다중분광영상 촬영에 앞서, 기준 반사판을 촬영하여 보정계수를 얻는 과정

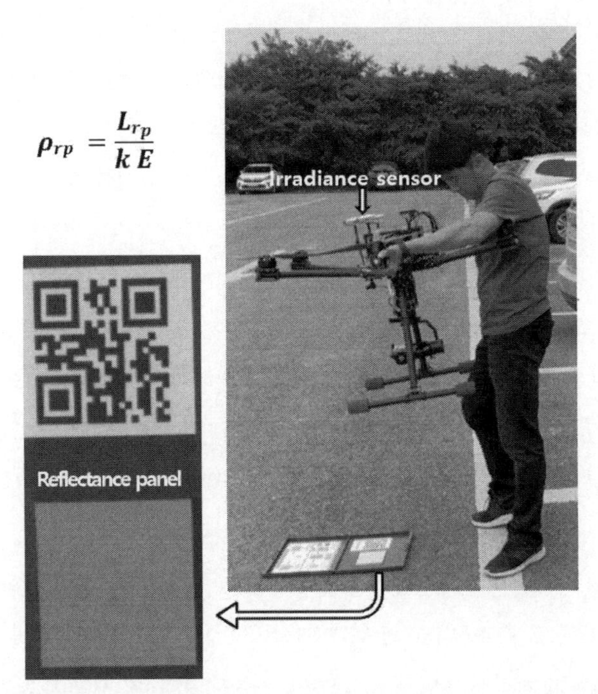

그림 7-43 무인기 다중분광영상의 실험적 대기보정을 위한 기준 반사판 측정

을 보여준다. 기준 반사판은 반사율(ρ_{rp})와 복사휘도(L_{rp})가 이미 정해졌기 때문에, 다중분광카메라로 기준 반사판을 촬영하여 얻은 복사휘도와 조도계에서 측정한 해당 시점의 대기 상태를 반영한 복사조도(E)를 이용하면 보정계수 k를 구할 수 있다. 이 보정계수를 모든 낱장 영상 촬영마다 측정한 복사조도에 적용함으로써, 각 화소마다 반사율을 구할 수 있다. 실험적 대기보정 방법은 무인기영상을 촬영할 때마다 기준 반사판을 측정해야 하는 번거로움이 있지만, 고해상도 대용량 무인기영상의 대기효과를 보정하는 효율적인 방법이다.

시계열 영상분석을 위한 복사 정규화

여러 시기에 촬영된 동일 지역의 시계열 영상을 이용하여 변화 분석을 할 경우, 우선적으로 모든 시기의 영상신호는 상호 비교가 가능해야 한다. 특히 두 종류 이상의 영상센서에서 시계열 영상을 촬영한 경우에는 영상신호의 직접적인 비교가 어렵다. 시계열 영상을 이용한 정량적 변화 분석을 위해서는, 절대 대기보정을 통하여 얻어진 표면반사율이 가장 바람직한 영상신호다. 그러나 시계열 영상자료의 절대 대기보정이 어렵거나 불가능한 경우가 많다. 영상의 화소값을 복사휘도로 변환하기 위한 정확한 복사보정계수를 구하기 어렵거나, 이종센서로 촬영된 영상에서 분광밴드별 파장구간 및 분광반응도가 다르면, 절대 대기보정을 통한 표면반사율 비교가 현실적으로 쉽지 않다.

시계열 영상의 복사정규화(radiometric normalization)는 여러 시기 영상에 포함된 대기영향을 표준화하는 상대 대기보정 방법이다. 시계열 영상을 구성하는 각각의 영상은 촬영시점에 따라 대기영향이 다를 수 있다. 각각의 영상을 비교 가능한 표면반사율로 변환하기 어렵거나 또는 변환할 필요가 없을 경우, 모든 영상이 동일한 대기영향을 갖도록 조정하는 방법이다. 시계열 영상의 복사정규화는 먼저 여러 시기의 영상 중에 하나를 기준영상으로 선정하고, 나머지 영상들을 기준영상의 대기영향과 비슷하게 맞춰주는 방법이다.

시계열 영상을 기준영상의 화소값에 맞추어 변환하기 위해서는, 시계열 영상이 촬영된 모든 시기에 걸쳐 반사율의 변화가 없다고 판단되는 불변성지표(invariant targets)의 화소값을 구해야 한다. 불변성지표는 보통 콘크리트 및 아스팔트, 운동장, 대형 건물 지붕, 수질의 변화가 크지 않은 호수 등을 꼽을 수 있다. 나지는 강우 및 경작활동에 따른 표면의 토양 수분 차이 때문에 반사율에 큰 차이가 나타날 수 있다. 나지를 불변성지표로 사용하려면, 영상 촬영시점의 강우 기록 및 경작 활동 등을 점검해야 한다.

그림 7-44는 낙동강 수질 변화를 분석하기 위하여 2008년과 2010년에 촬영된 네 시기의 고해상도 자연색영상을 흑백으로 출력한 KOMPAT-2 영상이다. 네 시기 영상은 모두 동일 센서에서 촬영한 영상이므로, 식물의 계절적 변이를 제외하면 촬영시점의 대기 상태에 따라 동일한 지표물이

라도 화소값이 다르다. 낙동강 수면의 엽록소의 농도 변화에 따른 영상신호의 차이는 매우 미세하며, 이러한 미세한 차이는 종종 대기영향에 의한 영상신호의 차이보다 작다. 따라서 시계열 영상에서 대기영향을 보정하기 전에는 엽록소 농도의 차이를 직접 비교하기 어렵다. 세 시기 영상을 하나의 기준영상에 맞추는 복사정규화를 위하여 운동장, 강변 모래톱, 공장지붕, 아스팔트 등의 불변성지표에서 추출된 화소값을 이용할 수 있다.

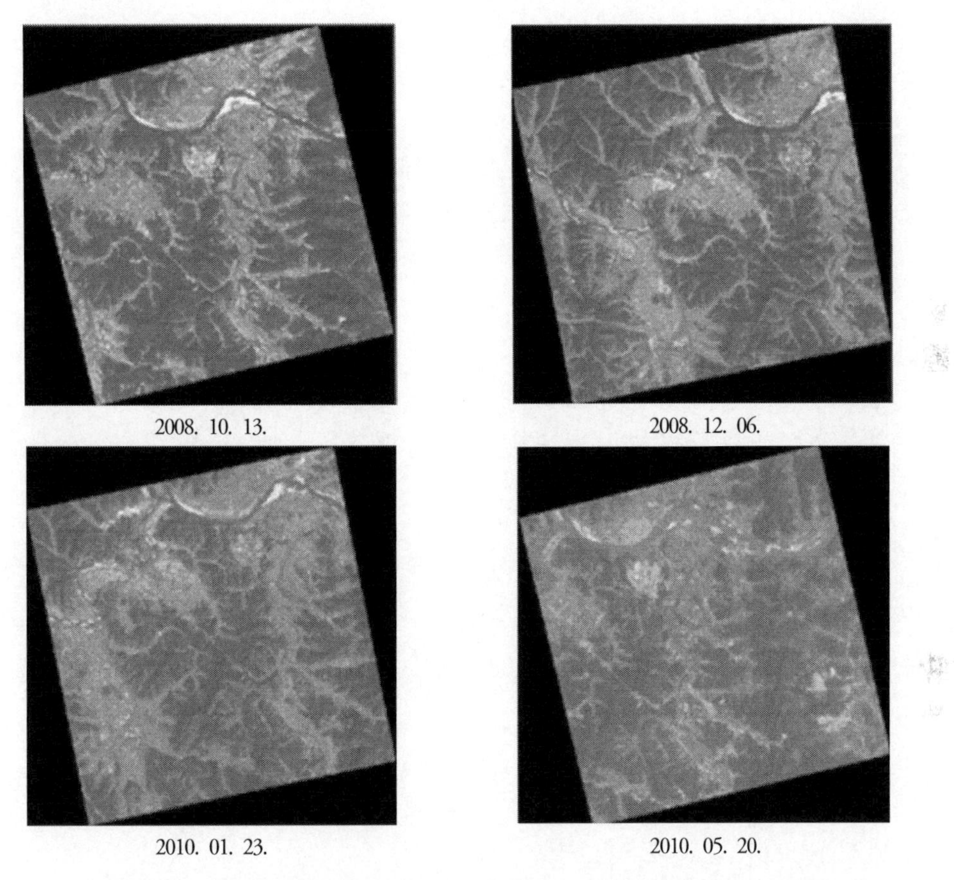

그림 7-44 낙동강 수질 변화 분석을 위한 KOMPSAT-2 시계열 영상의 복사정규화

그림 7-45는 2010년 5월 20일 영상을 기준으로 2008년 10월 13일 영상을 변환하기 위하여 불변성지표 화소값을 이용하여 도출한 밴드별 선형회귀식을 보여준다. 복사정규화를 위한 선형회귀식은 기준영상을 제외한 세 시기 영상의 모든 밴드마다 필요하므로, 세 시기 영상의 복사정규화를 위해서는 모두 12개의 변환식이 필요하다. 불변성지표는 영상이 촬영된 네 시기에 반사율의 변화가 없으므로, 복사정규화를 적용하면 거의 동일한 화소값을 갖게 된다. 따라서 복사정규화 결과영상에서 나타나는 낙동강 수면의 화소값 차이는 엽록소를 비롯한 수질 관련 인자에 의한

차이로 해석할 수 있다. 복사정규화 방법은 별도의 대기자료가 필요하지 않고 비교적 간단하게 적용할 수 있는 상대적 대기보정 방법이지만, 불변성지표 선정에 세심한 주의가 필요하고, 선형 회귀식의 신뢰도에 대한 검증이 필요하다.

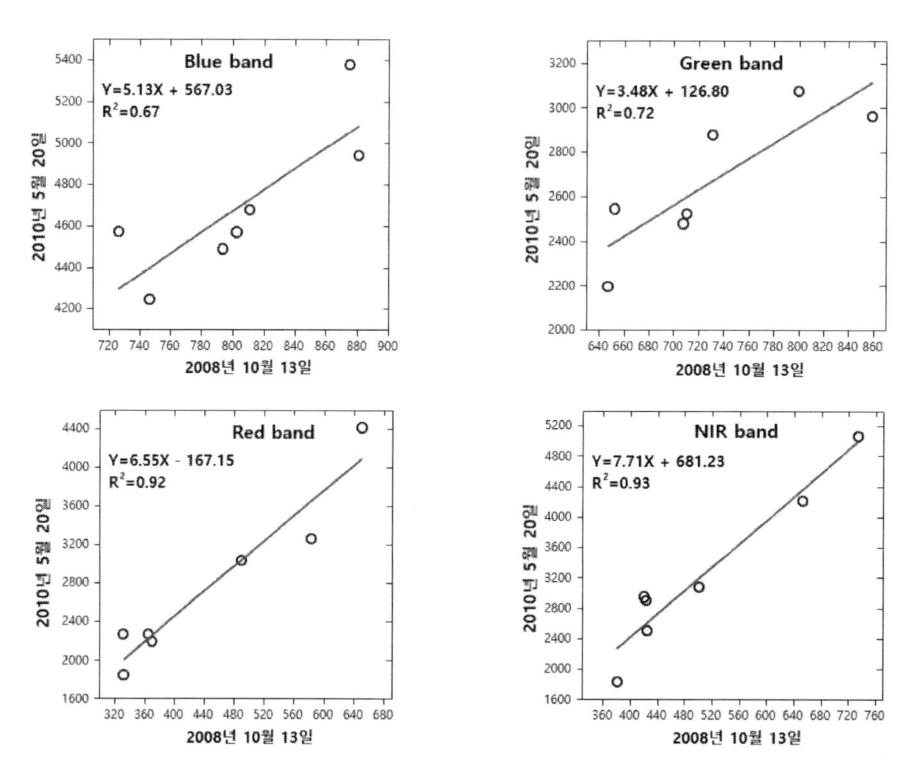

그림 7-45 시계열영상의 변화 분석을 위하여 기준영상(2010년 5월)에 맞추어 2008년 10월 영상을 변환하기 위한 밴드별 선형회귀식

7.7 센서 및 지형효과 복사보정

영상신호에 포함된 대기영향을 최소화하는 대기보정이 복사보정의 주된 처리 과정이지만, 그 밖에도 센서의 이상 및 지형기복에 의한 복사조도의 차이 등으로 복사왜곡 현상이 나타난다. 본 장에서는 센서 작동과정에서 발생하는 잡음과 산악지형 영상에서 지형기복에 의한 태양 복사조도의 차이를 보정하는 과정을 다루고자 한다.

센서 발생 복사왜곡 보정

전자광학영상센서의 광학계를 통과한 빛에너지는 검출기에서 감지되어 영상신호로 저장된다.

센서의 종류에 따라 검출기의 숫자와 배열 형태가 다양하지만, 모든 검출기는 감지한 광량에 비례하여 동일하게 반응하도록 제작되었다. 그러나 촬영 환경과 기계적 결함에 의하여 일부 검출기에 오류가 발생할 수 있으며, 이로 인하여 영상에 복사왜곡 현상이 나타난다.

프레임 카메라와 같은 면배열 검출기 센서를 제외하면, 대부분의 광학영상센서는 선형주사기다. 선형주사기는 횡주사 방식과 종주사 방식으로 나누며, 주사 방식에 따라 검출기 문제로 발생하는 복사왜곡의 형태는 다르다. 검출기에 이상이 발생하여 설계된 성능대로 작동하지 못하면, 정상 검출기보다 높거나 낮은 감지 반응을 한다. 원래 성능대로 작동하지 않는 검출기로 촬영한 영상은 주변보다 밝거나 어둡게 보이는 줄무늬(stripping) 현상이 나타난다. 또한 검출기가 일시적인 작동 불능 상태이면 해당 검출기에서는 영상신호가 생성되지 않는 줄누락(line drop-out)이 나타난다.

그림 7-46의 두 영상은 모두 선형주사기 위성영상으로 위성의 궤도방향은 위에서 아래로 이동하면서 촬영한 다중분광영상으로 줄무늬 및 줄누락 현상이 보인다. 궤도에 직각방향으로 촬영한 횡주사 방식의 (a)영상은 Landsat-1 MSS 영상으로 6개의 검출기로 한 번에 6줄씩 촬영하나, 문제가 있는 검출기에서 촬영된 줄은 주변보다 밝은 줄무늬가 6줄 간격으로 나타난다. 궤도 방향에 따라서 하나의 검출기로 한 화소씩 촬영하는 종주사 방식의 (b)영상은 KOMPSAT-1 EOC 영상으로, 약 2500개의 선형배열 검출기로 촬영했다. 이 영상은 종주사 방식이므로 궤도와 동일한 방향으로 여러 개의 희미한 줄무늬와 줄누락 현상이 보인다. 많은 검출기 중에서 설계 성능을 발휘하지 못하는 검출기에서 감지된 영상신호는 줄무늬로 나타나며, 촬영시점에 작동이 불능인 두 개 검출기에 해당하는 부분은 줄누락이 나타났다.

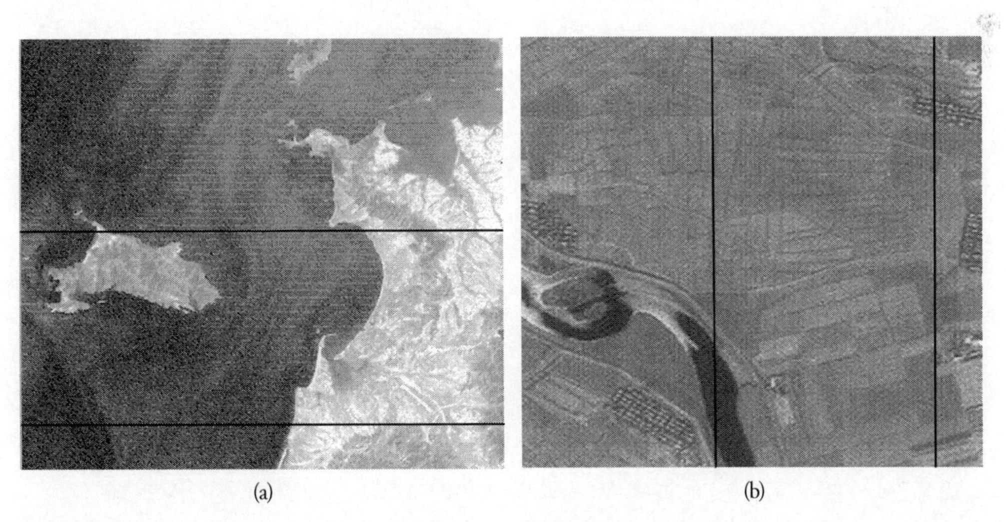

그림 7-46 횡주사기(whiskbroom) 영상(a)과 종주사기(pushbroom) 영상(b)에서 검출기 이상으로 나타나는 줄무늬 및 줄누락 현상

줄무늬 현상을 보정하기 위해서는 먼저 줄무늬 잡음을 야기한 검출기에서 촬영한 줄을 찾아야 하는데, 횡주사 영상(a)에서는 검출기의 숫자가 비교적 소수이므로, 줄무늬에 해당하는 줄을 찾는 게 비교적 용이하다. 가령 MSS 영상의 검출기는 6개이므로, 각 검출기에서 촬영한 모든 줄에 포함된 화소의 평균과 표준편차로 줄무늬에 해당하는 주사선을 찾을 수 있다. 소수의 검출기로 반복하여 촬영된 수천 줄 이상의 횡주사 영상에서는 각각의 검출기로 촬영한 화소값은 토지피복에 관계없이 거의 비슷한 평균과 표준편차를 갖는다. 따라서 이상이 있는 검출기에서 촬영된 줄의 평균 또는 표준편차는 다른 검출기와 차이를 보인다.

그림 7-47a에서 보듯이 n개 검출기를 가진 횡주사기에서 2번 검출기(d2)에서 촬영한 모든 화소의 평균과 표준편차가 다른 검출기에서 촬영한 영상통계값과 차이가 있다면, 2번 검출기로 촬영된 주사선이 줄무늬에 해당한다. 종주사 방식으로 촬영한 영상(그림 7-47b)에서는 선형으로 배열한 검출기마다 영상에서 하나의 열을 촬영하므로, 줄무늬를 야기하는 검출기를 찾는 과정이 쉽지 않다. 가령 그림 7-46a 영상을 종주사기를 촬영했다면, 1번부터 왼쪽에 위치한 검출기는 대부분 바다를 촬영하고 오른쪽의 검출기들은 주로 육지를 촬영한다. 따라서 종주사기로 촬영한 영상은 1번 검출기부터 n번 검출기까지 촬영한 부분이 크게 다를 수 있다. 종주사 영상에서 줄무늬를 야기하는 검출기를 찾으려면, 균질의 지표물이 있는 넓은 지역을 촬영한다. 가령 센서의 촬영폭보다 넓은 호수 또는 잔잔한 바다와 같이 균질의 지표물을 촬영한 영상은 검출기마다 촬영한 열의 통계값은 거의 같아야 한다. 문제가 있는 검출기에서 촬영한 열은 주변보다 높거나 낮은 평균을 갖는다.

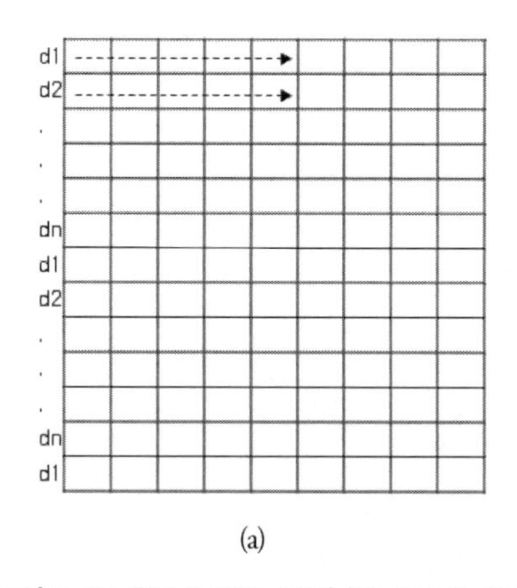

(a)

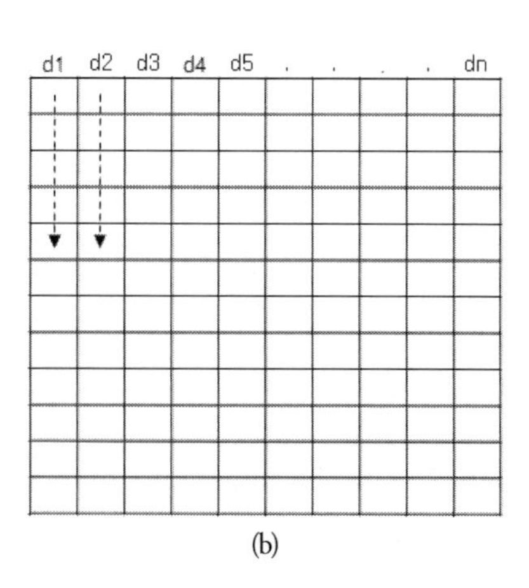

(b)

그림 7-47 횡주사 촬영 영상(a)과 종주사 촬영 영상(b)에서 각각의 검출기로 촬영된 영상의 행과 열

줄무늬를 제거하는 방법은 해당 줄무늬의 평균과 표준편차를 정상 검출기에서 촬영된 부분의 평균과 표준편차에 맞도록 조정해준다. 가령 줄무늬에 해당하는 화소들이 정상 검출기에서 촬영된 부분보다 평균이 높거나 또는 낮고 표준편차는 같을 경우 줄무늬 화소에 적정값을 가감하면 된다. 평균뿐만 아니라 표준편차에서도 차이가 있다면 정상 검출기에 촬영된 부분의 화소값으로 변환할 수 있는 간단한 선형식을 적용하여 보정한다. 종주사 방식에서는 균질의 지표물을 촬영한 영상에서 얻은 검출기별 통계값을 이용하여 줄무늬에 해당하는 열에 적정 값을 가감해주면 된다. 이와 같은 줄무늬 제거 방법은 검출기 이상으로 나타나는 규칙적인 줄무늬 잡음에는 쉽게 적용할 수 있지만, 줄무늬가 불규칙적으로 발생하는 경우에는 나중에 다룰 영상 필터링 등 별도의 방법을 적용해야 한다.

검출기 작동 불능으로 나타나는 줄누락 현상은 화소값이 없으므로, 완전한 복구는 불가능하다. 줄누락 현상을 보정하는 방법의 하나로 인접한 화소값을 이용하여 적정한 값을 추정하여 삽입한다. 그림 7-48과 같이 횡주사 영상(a)과 종주사 영상(b)에 줄누락 현상이 발생하면, 비어 있는 화소의 값(m1, m2, m3)은 인접 화소의 평균으로 채워 넣는다. 가장 근접한 두 개 화소의 평균을 이용하거나 또는 영상 필터링 방식과 유사하게 근접한 6개 화소의 평균을 이용하는 방식이 있다.

$$m2 = \frac{DN2 + DN5}{2} \tag{7.16}$$

$$m2 = \frac{DN1 + DN2 + DN3 + DN4 + DN5 + DN6}{6} \tag{7.17}$$

DN1	DN2	DN3
m1	m2	m3
DN4	DN5	DN6

(a)

DN1	m1	DN4
DN2	m2	DN5
DN3	m3	DN6

(b)

그림 7-48 횡주사 영상(a)과 종주사 영상(b)에서 나타나는 줄누락 부분의 보정

줄누락 현상을 보정하는 처리는, 누락된 줄에서 가장 근접한 화소의 값을 이용하여 채워넣는 일종의 보간(interpolation)이므로, 완전한 복구는 아니다. 따라서 보간 처리된 영상자료는 해당 지점의 생물리적 특성과 관련된 정보를 추출하는 정량적인 분석에는 부적합하다. 원격탐사 영상자료가 많지 않았던 과거에는 센서 결함으로 인한 줄무늬 및 줄누락 같은 복사왜곡을 보정하기 위

한 처리 방법이 필요했으나, 지금은 센서 이상으로 발생하는 복사왜곡 현상의 대부분은 영상공급 기관에서 기본적으로 처리하여 제공한다.

지형효과 복사보정

산악지역의 광학영상은 경사면의 방위와 경사도에 따라 사면의 밝기가 크게 다르다. 산악지역 영상에서 나타나는 화소값의 차이는, 지표물의 속성에 의한 차이보다 지형기복에 의한 복사왜곡 현상인 경우가 많다. 가령 동일한 수고와 임분 밀도를 갖는 소나무림일지라도, 소나무림이 위치한 경사면의 방위에 따라 밝기가 다르게 나타난다. 이와 같이 동일한 지표물이라도 지형 효과에 따라 화소값이 다르게 나타나는 복사왜곡은 정확한 지표물의 속성정보를 추출하기 어렵게 한다. 산악지역에 분포하는 산림 및 농경지의 식생 분류와 식물의 생물리적 특성 정보를 추출하기 위해서는, 지형효과에 의한 복사왜곡을 보정해야 한다.

그림 7-49는 SPOT 다중분광영상 위에 임상도를 중첩한 결과다. 임상도는 산림을 수목의 종류, 수령, 수고, 흉고직경, 밀도를 기준으로 분류한 지도로서, 각각의 폴리곤은 수종 및 나무의 크기와 밀도가 비슷한 속성을 갖는다. 산림이 평지에 위치한다면, 하나의 폴리곤으로 구획된 내부의 화

그림 7-49 임상도와 중첩된 SPOT 다중분광영상에서 보이는 지형효과에 의한 복사왜곡. 임상도에 구획된 각각의 폴리곤은 수종 및 나무의 크기가 동일한 임분으로 동일한 밝기값을 가져야 한다.

소들은 동일한 밝기로 보여야 한다. 그러나 임상도와 중첩한 다중분광영상은 하나의 폴리곤 안에서도 영상의 밝기가 다르게 나타난다. 한국과 같이 산악지형에 위치한 산림에서 임목의 속성 정보를 얻기 위해서는 지형기복에 의한 복사왜곡을 보정해야 한다.

지형효과의 복사보정은 주로 사면의 방위와 경사각에 따라 입사하는 광량이 달라지므로, 평지에 수직으로 입사하는 광량을 기준으로 복사조도를 보정한다. 지형효과 복사보정은 수치고도자료(DEM)를 이용하여 태양광의 입사각과 사면의 방위와 경사각의 기하 관계를 이용하여 수광량을 보정하는 직접적인 방법과 별도의 DEM 없이 복사왜곡을 줄이는 상대 보정방법이 있다.

밴드비에 의한 상대 복사보정

두 개의 분광밴드 영상신호를 나눈 밴드비(band ratio)는 각 밴드 영상신호에 포함된 잡음을 줄이는 간단한 복사보정 방법이다. 밴드비는 지형기복에 의한 복사왜곡뿐만 아니라, 대기효과 및 태양각도에 의한 영향을 줄일 수 있는 상대적 복사보정 방법이 될 수 있다. 밴드 i와 j의 화소값(DN) 또는 복사휘도(L)는 지표면에서 반사된 복사휘도 L_e에 지형 및 대기효과에 의한 복사왜곡 ε가 곱해진 결과로 가정하면, 두 밴드의 신호를 나눈 밴드비 R_{ij}는 아래와 같이 각 밴드 영상신호에 포함된 복사왜곡 ε이 소거된 순수한 신호값의 비율이라고 할 수 있다.

$$R_{ij} = \frac{DN_i}{DN_j} = \frac{L_i}{L_j} = \frac{L_{ei}\varepsilon_i}{L_{ej}\varepsilon_j} \tag{7.18}$$

만약 밴드 i와 j에 포함된 복사왜곡 ε_i와 ε_j가 비슷하면, 밴드비의 보정효과는 좋게 나타나며, ε_i와 ε_j의 차이가 크다면 복사보정 효과는 낮아진다. 밴드비는 복사보정을 위한 간단한 방법이지만, 두 분광밴드에 포함된 특정 지표물의 특성을 잘 보이도록 강조하는 기법으로도 사용한다. 밴드비는 지형자료 또는 대기자료와 같은 별도의 참조자료를 필요로 하지 않는 처리 기법이므로, 다중밴드영상 처리에서 널리 사용한다.

그림 7-50은 경기도 안양의 SPOT 다중분광영상의 근적외선 밴드(a)를 적색광 밴드(b)로 나눈 밴드비(c) 영상이다. 두 밴드영상의 중앙 부분에 넓게 걸쳐 있는 산림에서 경사면의 방위에 따라 밝기의 차이가 뚜렷하다. SPOT을 포함한 대부분의 극궤도 위성영상은 지역시간으로 오전에 주로 촬영하므로, 이 영상 촬영시점인 오전 11시 25분 태양의 방위각과 고도각은 각각 159.7°, 45.7°로 태양은 영상의 우하쪽에 위치하고 있다. 태양을 마주하는 남쪽 및 동쪽 경사면에 위치한 산림은 밝게 보이며, 반대로 북쪽과 서쪽 경사면은 어둡게 보인다.

그림 7-50 SPOT 다중분광영상의 근적외선 밴드(a)를 적색광 밴드(b)로 나눈 밴드비(c) 영상

두 밴드를 나눈 밴드비 영상은 경사면의 방위에 따른 산림의 밝기 차이가 많이 감소하였음을 볼 수 있지만, 여전히 사면의 방위에 따라 명암에 차이가 있는 부분이 있다. 두 분광밴드에서 지형효과가 같다면 밴드비를 통하여 지형효과가 소거되지만, 두 밴드에서의 지형효과에 의한 복사왜곡의 차이가 크면 밴드비의 보정 효과는 낮아진다. 근적외선 밴드에서 지형효과가 적색광 밴드보다 더욱 두드러져 보이듯이, 지형에 의한 복사왜곡 정도가 파장에 따라 다르다. 따라서 밴드비는 지형효과에 의한 복사왜곡을 어느 정도 줄일 수 있지만, 완전한 보정은 어렵다. 한편 밴드비가 어느 정도 지형효과를 줄였다고 가정하면, 밴드비 영상에 보이는 산림의 밝기 차이는 수종 구성

및 임목 밀도 등 산림의 속성에 따른 차이로 해석할 수 있다. 근적외선 밴드와 적색광 밴드를 나눈 밴드비는 다음에 다룰 식생지수(vegetation index)로서 식물의 특성을 보여주는 영상강조기법으로 사용하기도 한다.

DEM을 이용한 지형효과 복사보정

지형기복에 따른 태양 복사조도의 차이를 정확히 산정하기 위해서는, 영상의 모든 화소마다 사면의 방위와 경사각을 구할 수 있는 수치고도자료(DEM)가 필요하다. 영상과 수치고도자료를 동일 좌표에 정확하게 등록하면, 촬영시점의 태양의 위치(방위각과 고도각)와 각 화소의 지형 인자(사면 방위각과 경사도)에 따른 기하관계를 계산할 수 있다. 각 화소마다 입사하는 태양 복사조도의 상대적 차이를 계산하기 위해서는 국소 유효입사각(effective local incidence angle)이 필요하다. 국소 유효입사각은 태양광의 입사선과 사면의 수직선이 이루는 각(i)으로, 수광량의 차이를 설명하는 기하인자다(그림 7-51). 삼차원 공간에서 각 화소별 유효입사각 i는 다음 식에 의하여 계산된다.

$$\cos i = \cos\theta_s \cos\theta_n + \sin\theta_s \sin\theta_n \cos(\phi_s - \phi_n) \qquad (7.19)$$

여기서 θ_s = 태양 천정각(solar zenith angle)

θ_n = 사면의 경사각(terrain slope angle) = e

ϕ_s = 태양 방위각(solar azimuth angle)

ϕ_n = 사면의 방위각(aspect angle of terrain slope)

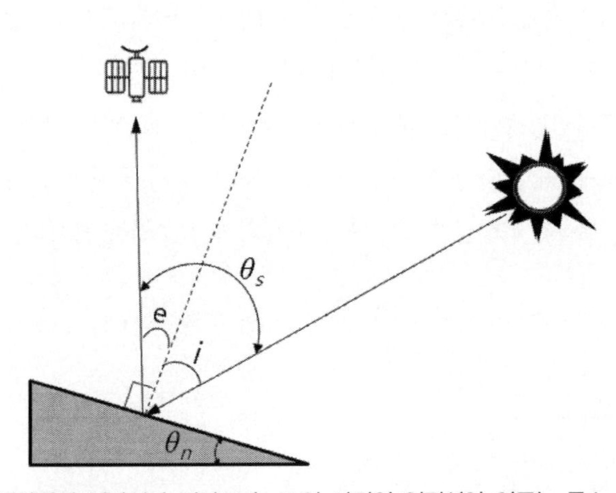

그림 7-51 태양광의 입사선과 경사도가 θ_n인 사면의 연직선이 이루는 국소 유효입사각(i)

식(7.19)에서 영상 촬영시점의 태양 천정각과 방위각은 영상자료의 메타데이터에서 쉽게 얻을 수 있다. 각 화소의 경사각과 방위각은 수치고도자료에서 얻을 수 있다. 영상의 각 화소에 입사된 복사조도는 화소별 유효입사각 i에 따라 결정되는데, i가 0에 가까울수록 태양을 정면으로 마주하는 사면이므로 수광량이 가장 크고, i가 커지면 수광량이 감소한다.

유효입사각을 이용한 간단한 복사보정 방법으로 코사인보정(cosine correction)이 있다. 코사인보정은 완전난반사면에 입사하는 복사조도는 입사각에 따라 달라진다는 램버시안 코사인 법칙(Lambertian Cosine Law)을 기초로, 각 화소의 표면을 수평면으로 가정하여 수광량을 조정한다. 유효입사각이 i인 경사면에 입사하는 태양 복사조도 E는 $E\cos(i)$만큼 감소하므로, 센서에서 감지되는 복사휘도를 $\cos(i)$만큼 늘려주는 방법이다.

$$L_c = \frac{L\cos\theta_s}{\cos(i)} \simeq \frac{L}{\cos(i)} \tag{7.20}$$

여기서 L_c =지형효과에 의한 복사왜곡을 보정한 복사휘도
L =센서에서 감지된 영상신호(복사휘도)
θ_s =태양천정각
i =유효입사각

영상에 포함된 지역이 넓지 않으면 모든 화소 위치의 태양 천정각은 거의 같기 때문에 이를 무시하고, 복사휘도 L을 $\cos(i)$로 나누면 된다. 이 방법은 기본적으로 완전난반사(Lambertian) 표면을 가정했기 때문에, 지표면의 종류와 특성에 따라 완전 난반사면의 특성과 다른 표면은 보정효과가 낮아진다. 수광량 중 태양에서 직접 입사하는 복사조도만을 고려하므로, 대기산란 및 인접 지표면에서 발생한 복사조도는 포함하지 않는 단점이 있다.

미네르트 보정은 코사인보정에서 Lambertian 가정의 단점을 보완하여 개발된 방법으로, 네덜란드의 천체물리학자 Minnaert가 달 표면 거칠기를 연구하기 위하여 개발한 이론을 이용하여 개발한 방법이다(Ekstrand, 1996). 미네르트 보정에서 지형효과를 보정한 복사휘도 L_c는 다음과 같이 구한다.

$$L_c = \frac{L\cos e}{\cos^k(i)\cos^k(e)} \tag{7.21}$$

여기서 L_c =지형효과에 의한 복사왜곡을 보정한 복사휘도

L =센서에서 감지된 영상신호(복사휘도)

e =유효반사각(effective exitance angle=사면의 경사각 θ_n)

k =미네르트 상수

미네르트 보정은 코사인보정을 간단하게 변형한 방법으로, 미네르트 상수 k는 지표면의 산란 특성이 Lambertian 표면과 어느 정도 유사한가를 나타내는 척도다. 식(7.21)에서 미네르트 상수 k가 1이면 완전 난반사면으로, 이는 코사인보정과 같다. k가 1보다 작아질수록 완전 난반사면에서 멀어지는 산란 특성을 갖는 표면이다. 미네르트 상수를 구하기 위해서는, 현지 참조자료를 이용하는 경험적인 방법이 있다. 즉 지형조건을 달리하는 동질의 표본점들을 선정하여, 표본점의 영상신호와 지형인자를 추출하면 미네르트 상수를 구할 수 있다. 이를 위해 식(7.21)을 단순 1차 선형식의 형태로 변환하기 위하여 로그 함수를 취하면 다음과 같다.

$$\log(L\cos e) = k\log(\cos i \cos e) + \log L_c \tag{7.22}$$

지표면의 속성이 동일한 지점에서 나타나는 영상신호의 차이는 지형효과라고 추정할 수 있다. 예를 들어 산악지역에서 같은 상태의 인공림(수종, 수고, 임목밀도가 동일)의 영상신호에 차이가 있다면, 이는 경사면의 지형효과로 해석할 수 있다. 임상도와 같이 동일한 속성을 가진 지점에서 표본점을 추출하여 화소별 영상신호와 지형인자를 추출하면, 식(7.22)의 좌변에 해당하는 ($L\cos e$)와 우변에 해당하는 ($\cos i \cos e$)를 구할 수 있으며, 이를 이용하여 기울기 k를 구할 수 있다. 그림 7-52는 동일한 속성의 산림에서 추출한 표본점의 영상신호(복사휘도)와 지형인자를 이용하여 산출한 미네르트 상수 k를 보여준다. 지형기복에 의한 영향과 표면의 산란 특성은 분광밴드마다 다르고, SPOT 영상에서 가시광선 밴드의 k값이 근적외선 밴드보다 낮게 나타났다.

그림 7-53은 경기도 안양 산림지역의 SPOT 영상에 나타난 지형효과를 보정한 결과를 보여준다. 복사보정 전의 영상(a)은 사면의 방위에 따라 산림의 밝기에 현저한 차이가 있다. 코사인보정을 적용한 영상(b)은 보정 전에 어둡게 보였던 반대사면이 밝게 보이는 반면, 태양을 마주하고 있어 밝게 보였던 사면이 보정 후에는 오히려 어둡게 보이는 과다보정(over correction) 현상이 나타났다. 코사인보정은 Lambertian 표면이라는 가정으로 처리되지만, 산림은 수종, 수고, 수관의 크기와 모양 등에 따라 완전 난반사면과 거리가 있기 때문이다. 미네르트 방법으로 보정한 영상(c)에서는 과다보정 현상이 보이지 않고, 태양을 마주보는 사면과 반대사면의 밝기 차이가 많이 줄었다.

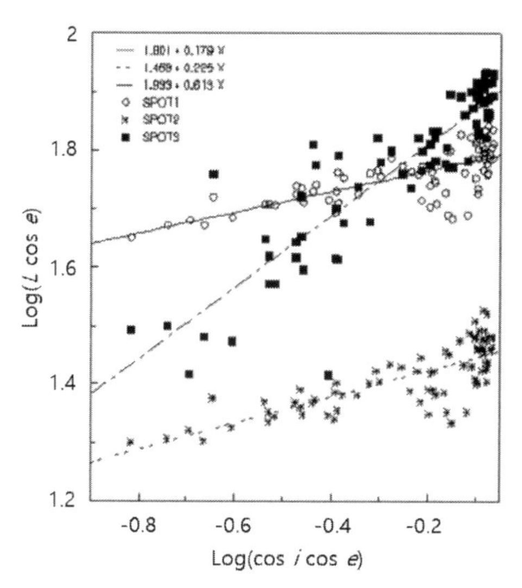

그림 7-52 실험적으로 미네르트 상수 *k*를 구하기 위하여 동질의 속성을 가진 산림에서 추출한 표본점의 영상신호와 지형인자의 관계식 도출

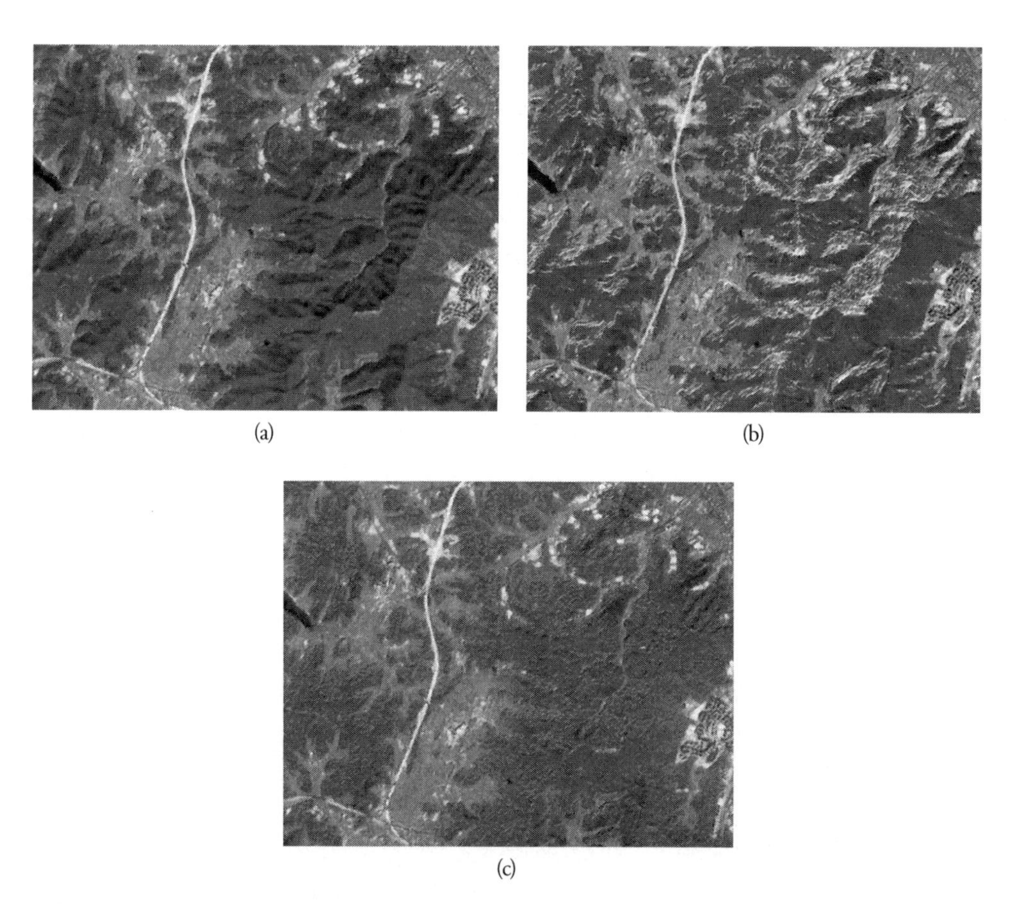

(a) (b) (c)

그림 7-53 SPOT 다중분광영상에 나타난 지형효과(a)를 코사인 보정한 결과(b)와 미네르트 보정한 결과(c)의 비교

미네르트 방법은 비록 영상에서 표본점을 추출하여 미네르트 상수를 구하는 경험적 방법이지만, 지형효과의 복사보정에 효과적이다. 한국의 산림지역에 적용 가능한 미네르트 계수는 0.2~0.6 사이로 파장 밴드에 따라 다르게 나타난다(Lee, 1997).

지형효과를 줄이기 위한 광학영상의 복사보정은 미네르트 방법 외에도 다른 유사한 기법들이 있다. 그러나 광학영상에서 나타나는 지형효과에 의한 복사왜곡을 보정하기 위해서는, Lambertian 가정 외에도 해결해야 할 문제가 있다. 대부분의 복사보정 방법은 지표면에 직접 입사하는 태양 복사조도의 차이만을 고려하고, 대기산란 및 인접 지표물에서 입사되는 복사조도를 고려하지 않는다. 또한 영상의 각 화소에 해당하는 정확한 유효입사각을 얻기 위해서는, 영상의 공간해상도와 일치하는 정밀한 수치고도자료가 필요하다.

레이더영상에서는 지형기복에 의한 복사왜곡 현상이 광학영상보다 더욱 심하게 나타난다. 레이더영상의 획득 원리에 따라 산악지형에서 나타나는 전면축소, 상하반전, 레이더그늘과 같은 지형에 의한 왜곡 현상 때문에, 영상과 수치고도자료를 정확하게 일치시키기 위한 작업조차 쉽지 않다. 더구나 레이더반사가 전혀 없는 그늘에 대한 복사보정은 원칙적으로 불가능하다. 따라서 현재 레이더영상에서 나타나는 지형효과의 복사보정은 매우 제한적이다.

7.8 기하보정

원격탐사영상에서 거리, 방향, 면적 등 기하정보를 취득하기 위해서는 영상의 모든 화소가 정확한 위치에 등록되어야 한다. 그러나 원격탐사영상은 여러 원인으로 기하왜곡(geometric distortion)을 포함하고 있기 때문에, 이를 보정하기 전에는 정확한 기하정보를 얻을 수 없다. 영상의 기하보정(geometric correction)은 기하왜곡을 최소화하고, 모든 화소가 정확한 위치를 갖도록 지상좌표에 등록하는 과정으로, 영상교정(image rectification) 또는 영상등록(image registration)이라고도 한다.

원격탐사영상의 기하보정은 영상좌표와 각 화소의 지상좌표 간의 기하관계를 설명하는 센서모델 구축부터 출발한다. 센서모델이 구축된 영상에서는 기본적인 위치, 거리, 방향의 측정이 가능하다. 원격탐사영상의 촬영방식이 횡주사, 종주사, 프레임카메라, 영상레이더 등으로 다양하고, 무인기카메라 및 레이저센서와 같이 새로운 특성을 갖는 센서가 증가함에 따라, 센서모델만으로 영상의 기하오차를 완전히 제거하기는 어렵다. 본 장에서는 지상기준점(ground control points, GCP)을 이용하여 영상의 기하왜곡을 최소화하고 지도좌표에 등록하는 단순 기하보정 과정을 다룬다.

기하왜곡의 특성과 보정

원격탐사영상의 기하왜곡은 규칙적으로 발생하는 오차와 불규칙적으로 발생하는 오차로 나눌 수 있다. 광학영상은 주사각(scan angle)에 따른 해상도 변화, 중심투영에 따른 변위, 지구의 자전, 지구 곡면 등에 의한 기하왜곡은 체계적이며 규칙적인 오차로 보정이 비교적 용이하다. 가령 대부분의 광학위성영상은 선주사기(line scanner)로 촬영하는데, 영상의 모든 화소는 해당 지점의 주사각에 따라 공간해상도 차이가 발생한다. 주사각이 큰 가장자리 화소는 센서에서 해당 지점까지의 상대적 비행고도가 길어지므로, 연직점 화소보다 훨씬 넓은 면적을 촬영한다. 이러한 공간해상도의 차이 때문에, 연직점에서 가장자리로 갈수록 영상은 실제보다 축소되는 기하왜곡이 나타난다. 이러한 기하왜곡은 각 화소의 정확한 주사각을 구하여 비교적 간단하게 보정할 수 있다. 그러나 촬영시점의 항공기/인공위성의 자세, 고도, 속도의 변화로 야기되는 영상의 뒤틀림 현상이나 지형에 의한 기복변위는 산발적이고 불규칙적인 기하왜곡이므로 정확한 보정이 쉽지 않다.

항공영상과 위성영상은 모두 지표면에서 반사된 빛이 렌즈를 통과하여 상이 맺히는 중심투영이므로, 영상에 나타나는 기하왜곡의 특성은 유사하다. 그러나 항공영상은 대부분 프레임 카메라로 한 번에 촬영되므로, 기하왜곡은 영상의 연직점에서 모든 방향으로 멀어질수록 크게 나타난다. 반면에 위성영상은 대부분 줄로 나누어 촬영하는 선주사 방식이므로, 기하왜곡은 영상의 줄마다 발생한다(그림 7-54). 물론 위성 탑재 광학센서도 프레임 카메라가 있고 항공영상도 선주사기 방식이 있지만, 기하왜곡의 정도는 고도가 낮고 시야각(FOV)이 넓은 항공영상에서 더 크게 나타난다. 위성영상은 매우 높은 궤도에서 상대적으로 협소한 FOV로 촬영하므로 상대적으로 기하왜곡이 작다.

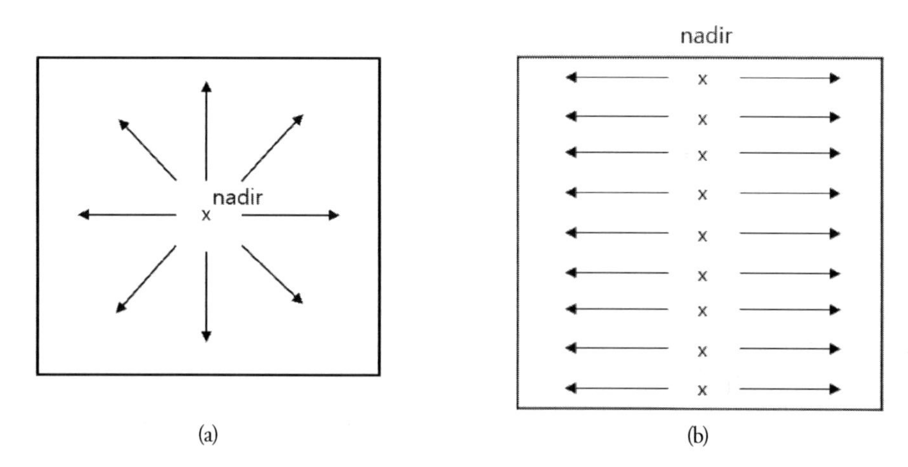

그림 7-54 면촬영 방식의 프레임카메라의 항공영상(a)과 선주사 방식의 위성영상(b)에서 보이는 중심투영에 의한 기하왜곡 방향

현재 대부분의 위성영상은 각 센서의 특성에 맞게 개발된 센서모델을 이용하여, 체계적으로 발생한 기하왜곡을 보정한 후 공급한다. 그러나 기하오차의 원인이 불분명하거나 불규칙적으로 발생한 기하왜곡은 여전히 남아 있으므로, 영상의 모든 화소가 정확한 지상좌표에 부합하지 않는다. 항공사진 및 고해상도 위성영상은 연직점에서 벗어날수록 지형에 의한 기복변위가 심하게 나타나므로, 이를 보정하기 위해서는 수치고도자료를 이용하여 각 화소의 3차원 위치에 따른 변위를 계산하여, 정확한 평면위치를 산출하는 정사보정(ortho-correction)이 필요하다. DEM자료를 이용한 정확한 정사보정 처리는 사진측량에서 다루는 중요 내용이므로 본 장에서는 생략하기로 한다.

단순 기하보정은 정사보정과 다르게 지상기준점(GCP)을 이용하여 각 화소의 평면적 위치를 지상좌표에 등록하기 위한 처리 과정이며, 지상기준점에 맞추어 영상의 위치를 변형시키는 과정이다. 상대적으로 높은 궤도에서 좁은 FOV로 촬영한 중저해상도 위성영상은 항공영상보다 기하왜곡이 심하지 않기 때문에, 지상기준점을 이용한 단순 기하보정으로 기하왜곡의 상당 부분을 보정할 수 있다. 단순 기하보정은 지상기준점 선정, 좌표변환식 산출, 영상재배열의 세 단계로 나누어 처리한다.

지상기준점 선정

기하보정에서 가장 중요한 요소인 지상기준점(GCP)은 영상과 지상에서 모두 위치를 확인할 수 있는 지점이며, 영상좌표와 지도좌표가 모두 추출되어야 한다. GCP 선정은 기하보정의 결과를 좌우하는 가장 중요하고 시간을 필요로 하는 작업이기 때문에, 선정 과정에서 세심한 주의가 필요하다. 영상에서 뚜렷하게 보이는 지점이라도 지도좌표 취득이 어려운 경우가 있으며, 반대로 지도에서는 뚜렷하게 표시된 지점이라도 영상에서 해당 지점을 찾기 어려운 경우도 있다. 영상에서 잘 보이는 도로의 교차점이나 대형 건물의 모서리와 같은 인공물의 경계에서 GCP를 추출하지만, 도시 및 도로가 없는 산림이나 사막지역의 영상에서는 GCP 획득이 어렵다.

영상에서 저수지 및 하천과 같은 수면은 비교적 식별이 용이하므로, 수면과 육지의 경계선 부분이 GCP로 적합하게 보일 수 있다. 그러나 호수 및 하천의 수위는 계절적 기상조건에 따라서 자주 변하므로, 수면과 육지의 경계선에서 GCP를 추출할 때는 주의가 필요하다. 마찬가지로 산림 또는 농경지의 경계선 부분은 나무와 작물의 생육단계에 따라 영상에서 보이는 위치가 달라질 수 있으므로, GCP를 선정할 때 주의해야 한다.

GCP는 영상 전체에 고르게 분포하도록 선정해야 한다. 기하보정은 GCP의 좌표를 기준으로 처리되기 때문에, GCP가 영상의 한 부분에 집중되면 해당 부분은 기하보정의 정확도가 높게 나타나지만, GCP가 없는 부분은 기하오차가 여전히 남을 수 있다. 또한 영상에 포함된 지역이 해발 고도 차이가 심하다면, 기복변위를 고려하여 GCP의 고도 분포가 가급적 고르게 선정하는 게 좋다. GCP 선정에서 필요한 GCP의 개수는 좌표변환식의 차수에 따라 다음과 같이 결정된다.

$$n = \frac{(t+1)(t+2)}{2} \tag{7.23}$$

여기서 n = 최소 GCP 개수

t = 좌표변환식의 차수

가장 간단한 1차 다항식으로 좌표변환 할 경우 구해야 할 미지수가 3개이므로, 최소 3개의 GCP가 필요하다. 그러나 GCP의 숫자는 좌표변환식의 상대적인 정확도 분석, 영상 전체에 포함된 기하왜곡의 분포, GCP 선정과정의 오류 등을 감안하여, 최소 요구 GCP보다 2~3배 여유를 가지고 충분히 추출한다.

GCP의 영상좌표는 모니터에 출력된 영상에서 직접 취득하지만, 상응하는 지도좌표는 현지에서 직접 측량하거나 위성측위시스템(GPS) 측량을 통하여 구하는 방법이 있다. 그러나 현지 측량으로 지도좌표를 취득하는 방법은 많은 시간과 노력이 필요하므로, 단순 기하보정에 적용하는 경우는 많지 않다. 많은 양의 영상자료를 지속적으로 보정해야 할 경우에는, GCP를 포함하는 영상 조각들을 데이터베이스로 제작하여 사용한다. GCP 영상조각은 그림 7-55에서와 같이 대부분 항공영상이나 고해상도 위성영상에서 추출하는데, 영상 조각의 중심부에 현지 측량 또는 지도에서 취득한 지도좌표를 포함한다. GCP 영상조각에서 직접 지도좌표를 취득하기도 하지만, 더 나아가 기하보정 대상인 영상에서 GCP 영상조각에 해당하는 부분을 자동적으로 찾아내어 정합하는 방법을 사용하기도 한다.

영상에서 선정한 GCP의 지도좌표를 얻는 가장 보편적인 방법은 이미 제작된 국가기본도와 같은 정밀 지형도를 이용하는 것이다. 과거에는 종이 지도에서 해당 지점의 좌표를 읽기 위하여 별도의 작업이 필요했지만, 국가기본도가 대부분 수치지도로 제작되어 있으므로 영상과 수치지도를 동시에 화면에 출력하여 GCP의 지도좌표를 영상좌표와 함께 취득할 수 있다(그림 7-56).

GCP의 지도좌표를 취득하는 다른 방법은 이미 기하보정을 마친 다른 영상을 이용하는 것이다. 이 경우 지도좌표를 얻는 영상은 기하보정 대상인 영상보다 공간해상도가 높거나 최소한 동일해야 한다. 다른 영상에서 지도좌표를 취득하기 위해서는 먼저 기준이 되는 참조영상의 기하보정 처리 과정과 위치정확도에 대한 사전 점검이 필요하다. 참조영상에서 지도좌표를 취득하는 대신,

영상좌표를 취득하여 영상대 영상을 등록하는 경우도 있다. 영상대 영상 등록(image to image registration)은 영상을 지도좌표에 등록하는 대신, 두 장 이상의 영상을 서로 중첩하여 판독하거나 변화분석 등을 위하여 적용한다.

그림 7-55 많은 영상을 지속적으로 기하보정하기 위한 GCP 영상조각 모음

그림 7-56 수치지도자료를 이용하여 GCP의 지도좌표를 영상좌표와 동시에 취득

영상좌표와 지도좌표

기하보정은 지상기준점을 이용하여, 영상의 모든 화소를 지도좌표(map coordinate)에 맞추는 과정이다. 영상좌표(image coordinate)는 화소 단위로 표시하는데, 그림 7-57에서 보듯이 10행×10열 크기의 영상에서 원점은 파일에 처음 기록된 좌상 화소(a)를 사용하거나, 또는 좌하 화소(b)를 사용하기도 한다. 영상좌표로 각 화소의 행과 열 번호를 그대로 사용(x)하면 첫 번째 화소의 좌표는 (1, 1)이며, 마지막 화소의 좌표는 (10, 10)이 된다. 이와 같이 화소의 열과 행의 번호를 영상좌표로 사용하면 화소 내부의 어느 지점을 선정해도 동일한 영상좌표를 갖는다.

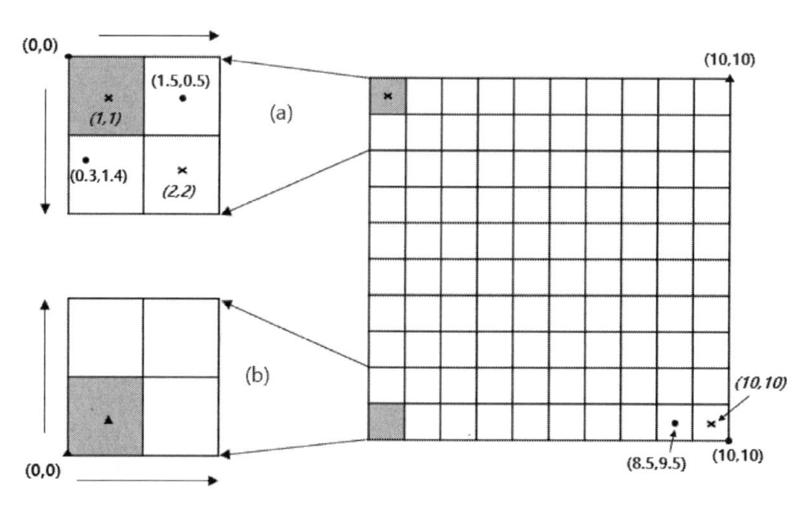

그림 7-57 영상좌표의 원점은 좌상(a) 또는 좌하(b) 화소가 되며, 영상좌표는 화소의 열과 행 번호(x)를 그대로 사용하거나 화소 내에서의 거리를 감안한 좌표(●, ▲)를 사용하기도 한다.

영상의 공간해상도에 따라 영상에서 GCP에 해당하는 정확한 지점을 특정하기 어려운 경우가 많다. 예를 들어 그림 7-58에서 교차로 중심점을 GCP로 선정하고자 할 때, 영상의 공간해상도 때문에 정확한 교차점의 위치를 특정하기 어렵다. 이러한 경우 교차점에 가장 근사하다고 판단되는 지점을 선정하면, 그 지점의 영상좌표는 화소 안에서 거리에 따라 정해진다. 즉 하나의 화소 안에서 상대적 위치 차이를 감안한 화소단위 거리의 영상좌표(●)를 사용하면, 화소 번호에 상관없이 어느 지점이라도 GCP 위치로 선정할 수 있다. 원점 영상좌표 (0, 0)을 첫 화소의 좌상 모서리로 하면, 두 번째 화소의 중심점은 (1.5, 0.5)가 되며, 두 번째 행의 첫 화소 내부의 임의 지점의 좌표는 원점으로부터 화소단위 거리인 (0.3, 1.4)가 된다. 이러한 영상좌표계를 사용하면 마지막 화소의 중심점은 (9.5, 9.5)이며 우하 모서리가 (10, 10)이다. 화소단위 거리의 영상좌표는 영상의 해상도가 낮을 때, GCP 위치를 화소 크기보다 세분화하여 표시할 수 있으므로 좌표변환식의 오차를 줄일 수 있다.

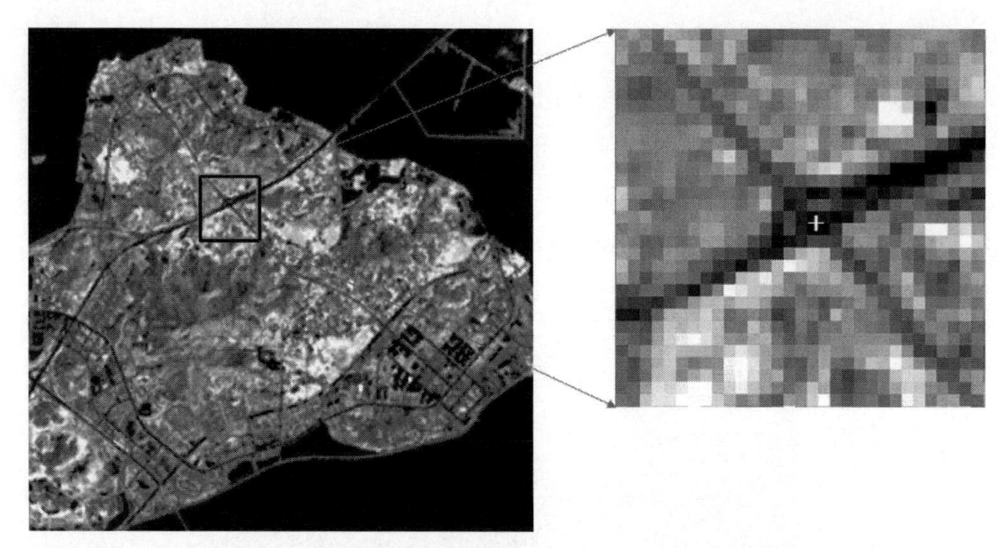

그림 7-58 교차로 중심점을 GCP로 선정하고자 할 때 영상의 공간해상도 때문에 정확한 화소를 특정하기 어려우므로, 교차점에 가장 근접하는 위치를 선정하면 화소단위 거리로 표시된 영상좌표를 구할 수 있다.

지도좌표는 지구 전 지역에 적용할 수 있는 경위도좌표계와 일정 국가 또는 지역 단위로 구분하여 해당 구역에서만 사용하는 평면직각좌표계가 있다. 촬영지역이 매우 넓은 저해상도 위성영상을 제외하면, 대부분 원격탐사영상은 평면직각좌표계를 지도좌표로 사용한다. 평면직각좌표계는 지구 표면의 일정 지역을 평면으로 가정하여, 원점으로부터 거리로 표시하는 좌표체계다. 세계 모든 나라마다 고유의 지도좌표 기준계(datum)와 평면좌표체계를 갖고 있기 때문에, 지도좌표 취득에 앞서 이에 대한 기본적인 이해가 필요하다. 좌표 기준계는 지표에서 위치 측정을 위한 기준으로, 지구의 형상을 수학적 모형으로 표시한 지구타원체 모델, 원점의 위치, 고도 측정의 기준면 등을 정의한 것이다. 한국을 비롯한 많은 국가에서 해당 지역에 가장 적합한 국지적 기준계를 이용했었으나, 지구 측지기술의 발달과 GPS와 같은 범지구 위치 측정체계가 확산됨에 따라 지구 전역에 적용할 수 있는 통일된 기준계로 전환하고 있다.

한국도 2007년부터 세계적으로 통용되는 측지기준계로 전환하여, GPS로 측정하는 지도좌표를 그대로 사용할 수 있도록 했다. 따라서 원격탐사영상을 포함하여 다양한 종류의 수치지도자료를 복잡한 좌표변환 과정 없이 직접 사용할 수 있다. 한국에서 사용하는 평면직각좌표체계는 세계 측지기준계를 기준으로 한반도를 네 개의 좌표구역으로 구분했고, 각 좌표구역에 횡메르카토로(Transverse Mercator Projection) 투영법을 적용한다.

그림 7-59는 한국의 네 개 평면직각 좌표구역을 보여주고 있으며, 각 좌표구역은 동경 124°부터 경도 2° 폭으로 서부구역(124°~126°), 중부구역(126°~E128°), 동부구역(128°~130°), 동해구역(130°~E132°)으로 구획한다. 각 좌표구역의 원점은 북위 38°선과 각 구역의 중심경선(동경 125°, 127°,

129°, 131°)이 교차하는 점이다. 평면직각좌표는 원점으로부터 미터 단위 거리로 표시하며, 원점의 왼쪽과 아래 지역의 좌표가 음수로 표시되지 않도록 원점 좌표를 (0, 0)이 아닌 (200000, 600000)으로 사용한다. 한국의 평면좌표체계는 좌표구역이 경도 2° 폭으로 좁기 때문에, 각 좌표구역에서 최대 축척오차가 1/10000에 불과할 정도로 매우 작다. 두 개의 좌표구역에 걸쳐 있는 지역의 영상 또는 지도를 하나의 평면좌표로 표시하려면, 한쪽의 좌표를 연장하여 사용하기도 한다.

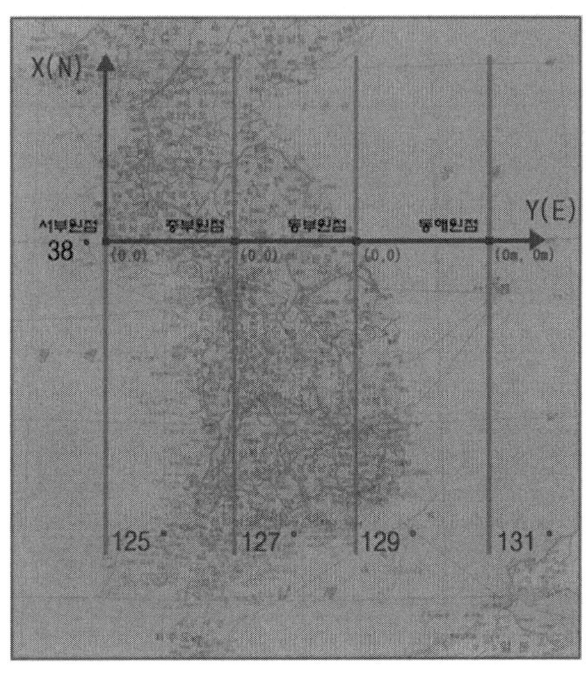

그림 7-59 한국에서 채택하고 있는 평면직각좌표체계의 네 개 좌표구역 및 원점의 위치

평면직각좌표계는 주로 특정 국가 또는 지역에 국한하여 사용하지만, 전 세계 거의 모든 지역에 적용할 수 있는 공동횡메르카토르(Universal Transverse Mercator, UTM) 좌표계가 있다. UTM 좌표계는 미군이 개발했으나 세계 여러 나라에서 사용하는 평면직각좌표계다. UTM 좌표계는 북위 84° 이북 및 남위 80° 이남의 양극지방을 제외한 지구 전역을 경도 6° 폭으로 나누어 모두 60개의 좌표구역으로 구분한다. 각 좌표구역에 TM 투영법을 적용하고, 원점은 적도선과 각 구역의 중앙 경도선의 교차점이 된다. 한국은 경도 126°부터 132°까지 구획되는 UTM 좌표구역 52에 해당하며, 원점은 적도선과 경도 129°가 만나는 지점이다. 한국의 평면직각좌표계와 마찬가지로 음수의 좌표 표시를 피하기 위하여, 원점의 좌표를 북반구 지역은 (500000, 0)으로 하고, 남반구 지역은 (500000, 10000000)으로 한다. 좌표구역이 넓기 때문에 지구곡면에 의한 최대 축척오차가 4/10000에 이른다.

좌표변환식 산출

모든 GCP의 영상좌표와 지도좌표를 추출했으면, 다음 단계는 이를 이용하여 좌표변환식을 산출하는 과정이다. 좌표변환식은 영상의 모든 화소를 정해진 지도좌표로 옮기기 위한 수단으로 아래와 같이 두 가지 방식이 있다.

$$I_x = F1(M_x, M_y) \qquad I_y = F2(M_x, M_y) \tag{7.24}$$

$$M_x = f1(I_x, I_y) \qquad M_y = f2(I_x, I_y) \tag{7.25}$$

먼저 지도좌표(M_x, M_y)에 해당하는 영상좌표(I_x, I_y)를 구하는 방식과 반대로 영상좌표를 지도좌표로 변환하는 방식이 있다. 일반적으로 전자의 방식을 자주 사용하는데, 영상의 전체 또는 일부분을 지도좌표 틀로 정해놓고, 영상의 각 화소를 지도좌표에 맞추어 이동하는 과정이다.

지도좌표에 해당하는 영상좌표를 구하는 좌표변환식은 표 7-9에서와 같이 차수가 다른 여러 다항식의 형태가 있다. 가장 간단한 1차 다항식은 아핀변환(affine transformation)이라고도 하며, 지도좌표 M_x와 M_y만을 독립변수로 하여 영상좌표 I_x와 I_y를 각각 구하기 위한 한 쌍의 식이다. 이 식에서 미지수를 구하기 위해서는, 최소한 3개의 GCP가 필요하다. 다항식의 차수를 늘리면 미지수가 증가하여 더 많은 GCP를 필요로 한다. 그림 7-60은 인천 SPOT 영상의 기하보정을 위하여 선정된 GCP의 분포를 보여주고 있는데, 도시지역은 영상에서 위치 확인이 비교적 용이한 도로 교차점이나 대규모 건물의 모서리 등 GCP 후보점이 많다. 반면에 바다와 산림에서는 영상과 지도에서 모두 위치를 확인할 수 있는 지점이 많지 않기 때문에 GCP 취득이 쉽지 않다.

표 7-9 다항식 차수에 따른 좌표변환식의 형태

종류	수식
1차 다항식 (affine)	$I_x = aM_x + bM_y + c$ $I_y = dM_x + eM_y + f$
Pseudo affine	$I_x = aM_x + bM_y + cM_xM_y + d$ $I_y = eM_x + fM_y + gM_xM_y + d$
2차 다항식 (2nd order polynomial)	$I_x = aM_x + bM_y + cM_xM_y + dM_x^2 + eM_y^2 + f$ $I_y = gM_x + hM_y + iM_xM_y + jM_x^2 + kM_y^2 + l$
3차 다항식 (3rd order polynomial)	$I_x = aM_x + bM_y + cM_x^2 + dM_y^2 + eM_x^3 + fM_y^3 + gM_xM_y + hM_x^2M_y + iM_xM_y^2 + j$ $I_y = kM_x + lM_y + mM_x^2 + nM_y^2 + oM_x^3 + pM_y^3 + qM_xM_y + rM_x^2M_y + sM_xM_y^2 + t$

그림 7-60 인천 SPOT 영상의 기하보정을 위하여 선정된 GCP의 분포

좌표변환식은 GCP의 영상좌표를 종속변수로 그리고 지도좌표를 독립변수로 하는 다중회귀식과 같다. 영상좌표 I_x와 I_y를 구하는 각각의 다항식은 GCP에서 얻어진 영상좌표와 지도좌표 사이에 가장 근사한 관계식을 구하는 과정으로, 최소제곱법을 이용하여 계수를 산출한다. 표 7-10은 인천지역 SPOT 영상의 기하보정을 위하여 선정된 28개 GCP의 영상좌표와 지도좌표를 보여준다. 다음은 28개 GCP 자료를 모두 이용하여 산출된 1차 다항식 형태의 좌표변환식이다.

$$I_x = 0.049098 M_x - 0.00906 M_y - 3997.1$$

$$I_y = -0.00914 M_x - 0.04916 M_y + 23616.8$$

모든 GCP를 이용하여 산출한 좌표변환식을 영상의 기하보정에 적용하기에 앞서 좌표변환식의 정확도를 점검해야 한다. 좌표변환식은 GCP 자료만을 이용하여 산출된 식이므로, GCP 자료의 특성에 따라 기하보정 결과가 다를 수 있다. 따라서 계산된 좌표변환식이 입력영상에 포함된 기하왜곡 보정효과에 대한 검증이 필요하다. 먼저 각 GCP에 대하여, 좌표변환식에 의하여 예측된 위치와 실제 위치의 차이(잔차)를 비교하여 상대적 오차를 파악할 수 있다. 모든 GCP에 대한 정확도 검증 척도로 평균제곱근오차(RMSE)를 사용하는데, GCP의 실제 영상좌표와 좌표변환식이 예측한 영상좌표의 차이를 보여주는 척도다. RMSE는 동서방향(x), 남북방향(y), 전체 오차로 나누어 아래와 같이 산출한다.

$$\mathrm{RMSE}(x) = \sqrt{\frac{1}{n}\sum_{i=1}^{n}(x-\hat{x})^2} \tag{7.26}$$

$$\mathrm{RMSE}(y) = \sqrt{\frac{1}{n}\sum_{i=1}^{n}(y-\hat{y})^2} \tag{7.27}$$

$$\mathrm{RMSE} = \sqrt{\frac{1}{n}\sum_{i=1}^{n}\left[(x-\hat{x})^2+(y-\hat{y})^2\right]} \tag{7.28}$$

표 7-10은 인천 SPOT 영상에서 추출한 GCP를 모두 이용하여 산출한 1차 좌표변환식의 상대적 정확도를 검증한 결과, 전체 RMSE는 1.243으로 나타났으며, 동서방향의 오차(1.019)가 남북방향의 오차(0.712)보다 약간 크게 나타났다. 결국 28개 GCP를 모두 이용하여 산출한 좌표변환식의 상대적 정확도는 ±1.242배 화소 간격으로, SPOT 다중분광영상의 20m 공간해상도를 감안하면 약 25m의 오차 범위를 의미한다. 기하보정의 정확도는 영상의 활용 목적, 영상의 기하왜곡 정도, GCP 선정의 난이도 등을 감안하여 적정 허용 오차 범위를 설정한다.

GCP 선정은 주의를 요하는 작업이므로, 종종 선정 과정에서 잘못된 위치를 표시하거나 좌표값을 읽는 데 실수가 있을 수 있다. 잘못 입력된 GCP가 있더라도, 좌표변환식은 모든 GCP를 포함하여 산출되므로 오차가 커질 수 있다. GCP 선정 과정에서 충분한 GCP를 선정하는 이유는, 영상 전체의 기하왜곡 특성을 포함시키고자 하는 목적과 함께 선정 과정에서 실수 등으로 인한 오차를 피하기 위함이다. 기하보정의 상대적 정확도를 높이기 위해서는, 잔차가 큰 GCP를 제거한 후 좌표변환식을 다시 산출한다. 표 7-10에서 각 GCP의 잔차를 보면 3번과 27번 GCP의 잔차가 가장 크게 나타나는데, 위치선정의 오류로 판단되는 두 GCP를 제외하고 좌표변환식을 다시 산출한다. 26개의 GCP로 얻어진 좌표변환식의 전체 RMS 오차는 0.932로 상대적 정확도가 1화소 거리 이내로 줄었다.

표 7-10 28개 GCP를 모두 이용하여 산출된 좌표변환식의 검증

no	I_x	I_y	M_x	M_y	$E(I_x)$	$E(I_y)$	$err(I_x)$	$err(I_y)$	error
1	531.43	685.58	172392.7	434431.2	530.35	685.69	1.086	−0.112	1.092
2	590.42	550.68	174060.8	436858.6	590.26	551.13	0.160	−0.449	0.476
3	613.57	390.68	175173.7	439911.4	617.23	390.88	−3.657	−0.200	**3.663**
4	838.57	513.12	179082.7	436724.0	838.04	511.85	0.534	1.268	1.376
5	778.46	721.33	177151.1	432815.0	778.62	721.66	−0.164	−0.327	0.366
6	1033.37	471.20	183057.1	436803.3	1032.46	471.63	0.915	−0.438	1.014
7	453.60	805.69	170438.3	432349.8	453.26	805.87	0.348	−0.179	0.391
8	560.01	765.10	172684.1	432768.4	559.72	764.77	0.285	0.327	0.434
9	365.91	474.52	169905.5	439188.0	365.13	474.59	0.784	−0.066	0.787
10	487.48	433.49	172455.0	439549.2	487.03	433.54	0.447	−0.043	0.449
11	379.07	301.91	170820.6	442555.8	379.54	300.67	−0.469	1.234	1.320
12	271.26	279.03	168765.5	443381.2	271.16	278.87	0.100	0.153	0.183
13	274.75	369.68	168487.8	441572.5	273.92	370.33	0.836	−0.651	1.059
14	881.13	446.70	180180.7	437876.2	881.51	445.18	−0.373	1.522	1.567
15	830.48	144.18	180260.2	443987.2	830.03	144.05	0.447	0.133	0.467
16	837.48	182.80	180273.2	443218.3	837.64	181.73	−0.165	1.074	1.086
17	1143.30	63.94	186728.5	444380.7	1144.05	65.60	−0.750	−1.660	1.822
18	999.20	187.16	183412.1	442509.2	998.18	187.90	1.024	−0.736	1.261
19	927.02	454.40	181056.2	437546.4	927.48	453.39	−0.455	1.017	1.114
20	1149.96	410.50	185584.5	437586.5	1149.44	410.04	0.511	0.462	0.689
21	995.35	645.24	181673.4	433533.5	994.15	645.02	1.206	0.225	1.227
22	1037.39	580.72	182747.9	434643.6	1036.84	580.62	0.548	0.093	0.556
23	324.49	612.91	168624.9	436590.5	325.79	613.98	−1.303	−1.065	1.683
24	309.41	699.83	167994.5	434960.0	309.62	699.89	−0.203	−0.066	0.214
25	881.38	510.49	179932.2	436581.6	881.04	511.09	0.347	−0.602	0.695
26	1131.23	300.97	185620.7	439791.4	1131.24	301.32	−0.010	−0.350	0.350
27	1071.97	765.27	182812.9	430866.3	1074.27	765.72	−2.295	−0.446	**2.338**
28	305.12	614.71	168209.5	436650.3	304.85	614.83	0.266	−0.117	0.291
						RMSE	**1.019**	**0.712**	**1.243**

전체 GCP를 이용하여 산출한 좌표변환식의 전체 RMS 오차가 미리 설정한 오차 허용범위보다 크다면, 잔차가 가장 큰 GCP를 제거하고 다시 좌표변환식을 산출하여 오차를 점검하는 과정을 반복한다. 오차가 큰 GCP를 제거한 후 산출되는 좌표변환식의 계수는 바뀌게 되고, 전체 RMSE는 줄어든다. 표 7-11은 기하보정의 최대 허용 오차를 0.5화소 이내로 설정하고, 잔차가 큰 GCP를 하나씩 제거하면서 좌표변환식의 상대 정확도를 점검하여, RMSE가 비로소 0.5 이하인 최종 좌표변환식을 산출한 결과다. 다음의 최종 변환식은 RMSE가 0.483으로 최초 28개 GCP에서 10개를 제거하고, 18개 GCP를 이용하여 산출한 식이다.

$$I_x = 0.04911 M_x - 0.00904 M_y - 4008.2, \quad I_y = -0.00914 * M_x - 0.04917 * M_y + 23622.4$$

표 7-11 기하보정의 허용 RMSE를 0.5화소 간격을 넘지 않도록 오차가 큰 GCP를 순차적으로 제거하여 최종 18개의 GCP만으로 산출한 좌표변환식의 검증

no	I_x	I_y	M_x	M_y	$E(I_x)$	$E(I_y)$	$err(I_x)$	$err(I_y)$	$error$
1	531.43	685.58	172392.7	434431.2	530.68	685.58	0.756	0.004	0.756
2	590.42	550.68	174060.8	436858.6	590.65	550.97	−0.240	−0.298	0.382
5	778.46	721.33	177151.1	432815.0	778.95	721.55	−0.495	−0.215	0.540
6	1033.37	471.20	183057.1	436803.3	1032.92	471.45	0.445	−0.259	0.515
7	453.60	805.69	170438.3	432349.8	453.52	805.78	0.082	−0.094	0.124
8	560.01	765.10	172684.1	432768.4	560.02	764.67	−0.009	0.424	0.424
9	365.91	474.52	169905.5	439188.0	365.55	474.42	0.364	0.099	0.378
10	487.48	433.49	172455.0	439549.2	487.48	433.36	−0.001	0.135	0.135
12	271.26	279.03	168765.5	443381.2	271.67	278.66	−0.407	0.365	0.547
13	274.75	369.68	168487.8	441572.5	274.38	370.14	0.373	−0.461	0.593
15	830.48	144.18	180260.2	443987.2	830.65	143.79	−0.166	0.390	0.424
18	999.20	187.16	183412.1	442509.2	998.78	187.65	0.420	−0.487	0.643
20	1149.96	410.50	185584.5	437586.5	1149.95	409.84	0.003	0.659	0.659
22	1037.39	580.72	182747.9	434643.6	1037.26	580.47	0.130	0.245	0.278
24	309.41	699.83	167994.5	434960.0	309.92	699.78	−0.510	0.042	0.512
25	881.38	510.49	179932.2	436581.6	881.48	510.92	−0.093	−0.436	0.445
26	1131.23	300.97	185620.7	439791.4	1131.80	301.10	−0.569	−0.127	0.583
28	305.12	614.71	168209.5	436650.3	305.20	614.70	−0.082	0.012	0.083
						RMSE	0.360	0.321	0.483

인천 SPOT 영상 기하보정은 1차 다항식을 적용하여 좌표변환 과정을 보여주었지만, GCP의 숫자가 충분하므로 2차 또는 3차 다항식을 이용한 좌표변환이 가능하다. 좌표변환식의 차수가 높아지면, 기하보정의 상대적 정확도인 RMSE는 낮아진다. RMSE는 좌표변환식에 의한 예측값과 실제값의 차이를 나타내는 척도이므로, 1차식이 아닌 2차식 및 3차식을 적용하면 당연히 실측값에 더욱 근접한 예측값을 얻을 수 있다. 그러나 RMSE를 낮추기 위하여 차수가 높은 좌표변환식을 적용하면, 오차가 포함된 GCP가 있어도 이에 근접하여 변환식이 산출되므로, 영상이 과하게 뒤틀어지는 결과를 얻을 수 있다.

그림 7-61은 인천 SPOT 영상의 기하보정을 위해 선정한 28개의 GCP 중 가장자리에 있는 몇 개 GCP의 좌표에 임의로 오차를 크게 하여, 다항식 차수를 바꾸어 기하보정한 결과를 비교한다. 1차 다항식에 의하여 보정된 영상(a)는 원 영상이 오른쪽으로 기울어진 형태로, 이는 위성의 궤도가 완전한 극궤도가 아니기 때문에 지도좌표로 보정하면 나타나는 일반적인 결과다. 2차 다항식으로 보정된 영상(b)의 외곽선이 2차식에 볼 수 있는 완만한 곡선의 형태를 보여주며, 3차식으로

보정된 영상(c)의 외곽선은 S자 형태의 3차식 곡선을 보여준다. GCP가 많이 분포하는 중앙부분은 세 영상에서 큰 차이가 없지만, 오차가 큰 가장자리는 GCP에 억지로 맞추는 2차 및 3차 변환식 때문에 영상이 심하게 틀어진 모습이다.

(a) 1차 다항식 (b) 2차 다항식 (c) 3차 다항식

그림 7-61 좌표변환식의 차수를 달리하여 기하보정 처리를 한 결과

다항식의 차수를 다르게 적용한 세 개의 좌표변환식의 RMSE를 비교하면, 당연히 3차식을 적용한 영상(c)이 가장 작은 오차를 보인다. 좌표변환식에 2차 및 3차 다항식을 적용할 때는, RMSE뿐만 아니라 영상의 기하왜곡 정도와 특성 등을 고려하여 신중하게 선택해야 한다. 항공영상과 같이 비행기의 자세 및 속도의 차이로 인하여 기하왜곡의 방향이나 특성이 1차식으로 보정이 어려운 경우에는 2차 및 3차 좌표변환식이 필요하다. 단순 기하보정은 궁극적으로 GCP에 의존하여 기하왜곡을 줄이고 영상을 지도좌표에 등록하는 과정이므로, 종종 고무판을 밀고 당겨서 편평하게 만든다는 의미로 rubber sheeting이라고도 한다.

영상 재배열

정확도 검증을 마치고 최종 좌표변환식이 결정되면, 기하보정의 마지막 단계는 지도좌표 공간으로 영상의 화소를 이동시키는 과정이다. 좌표변환식에 의하여 지도좌표(M_x, M_y)에 위치하게 될 화소의 영상좌표(I_x, I_y)를 구한 뒤, 지도좌표 공간에 배열되는 화소의 값(DN)을 결정하는 과정을 영상 재배열(image resampling)이라고 한다. 좌표변환식으로 계산된 영상좌표는 열과 행 번호로 된 영상좌표와 정확히 부합되지 않기 때문에, 지도좌표 공간에 입력되는 화소의 값을 결정해야 한다. 영상 재배열은 기하보정의 마지막 단계에서 적용되지만, 화소 크기를 변경하거나 또는 화면에 출력된 영상을 확대 또는 축소하는 경우에도 적용하는 기법이다.

영상 재배열은 지도좌표 공간에 미리 정해진 위치마다 화소값을 채워 넣는다는 의미로, 화소값

내삽법(intensity interpolation)이라고도 한다. 영상 재배열은 최근린 내삽법, 양선형 내삽법, 3차회선 내삽법 등이 있는데, 영상의 특징과 용도에 따라 적정 방법을 사용한다. 그림 7-62는 영상좌표 공간에 있는 입력영상의 화소가 기하보정 후에 지도좌표 공간으로 이동하는 재배열 과정을 보여준다. 분석자는 먼저 지도좌표 공간에 배열될 화소의 간격(크기)을 설정하는데, 대부분 입력영상의 공간해상도와 동일한 화소 크기를 사용하지만 종종 화소 크기를 변경하는 경우도 있다, Landsat TM 영상은 30m 공간해상도를 갖지만, 순간시야각(IFOV)이 인접 화소와 약간 중첩되므로 실제 화소 크기는 28.5m로 배열되었다. TM영상을 기하보정하는 과정에서 화소 크기를 편의상 30m 또는 그 이상으로 재배열하기도 한다. 영상 재배열 과정에서 원 영상의 공간해상도보다 화소 간격을 크게 설정하면, 영상의 해상도는 낮아지지만 파일 크기를 줄일 수 있다. 예를 들어 5m 해상도의 다중분광영상을 10m 화소 크기로 재배열하면 영상파일의 크기는 1/4로 줄어든다. 원 영상의 공간해상도는 센서 및 촬영 조건에 따라 결정되지만, 재배열을 통하여 화소의 크기는 분석자가 원하는 대로 조정이 가능하다.

최근린 내삽법(nearest neighbor interpolation)은 좌표변환식에 의하여 계산된 영상좌표(I_x, I_y)에 가장 가까이 위치한 화소의 값을 그대로 해당 지도좌표에 할당하는 방식이다. 그림 7-62에서 지도좌표(270, 500)에 위치할 영상좌표를 좌표변환식으로 계산하면 (2.8, 3.3)이 된다. 최근린 내삽법은 영상좌표 (2.8, 3.3)에 가장 근접한 화소 (3, 3)의 밝기값 53을 할당하는 방법이다. 최근린 내삽법은 입력영상의 공간해상도와 화소값을 그대로 유지하면서 가장 빠른 재배열 방법이다. 지표면의 생

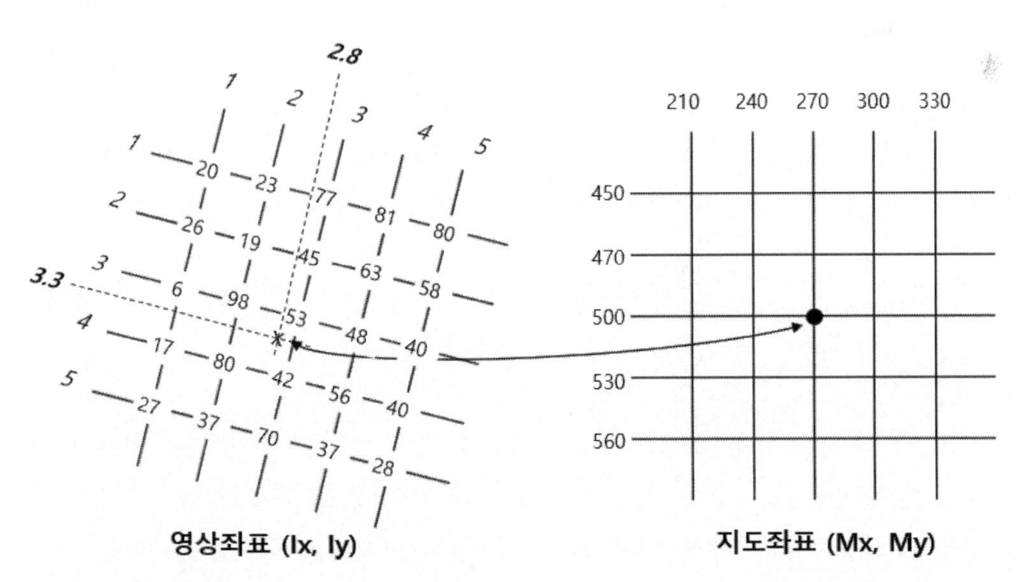

그림 7-62 영상 재배열(image resampling)은 좌표변환식에 의하여 지도좌표(M_x, M_y)에 위치하게 될 입력영상의 화소 위치와 밝기값(DN)을 결정하는 과정

물리적 특성과 관련된 정량적인 정보 추출을 위한 영상처리에서, 원 영상의 화소값을 그대로 유지하는 것은 매우 중요하다. 대기보정에서 설명했듯이 영상의 화소값은 지표면에서 반사한 복사량을 반영하며 복사휘도로 전환이 가능한 신호다. 다른 재배열 방법은 원 영상의 화소값이 그대로 유지되지 않고 주변의 다른 화소값의 가중평균으로 변하기 때문에, 지표면의 속성을 반영하는 순수한 신호가 필요한 활용에는 입력영상의 신호를 그대로 유지하는 최근린 내삽법을 적용해야 한다.

양선형 내삽법(bilinear interpolation)은 좌표변환식으로 결정한 영상좌표 지점에서 양방향(동서 및 남북)으로 가장 근접한 4개의 화소를 이용하여 지도좌표에 위치할 화소값을 결정하는 방법이다. 지도좌표에 삽입할 화소값은 4개 화소의 가중평균이며, 가중치는 예측된 영상좌표 지점으로부터 거리에 반비례하여 결정된다. 이 과정은 널리 사용하는 역거리가중보간법(inverse distance weighted interpolation)으로 다음과 같이 화소값을 산출한다.

$$DN_n = \sum_{i}^{n} w_i DN_i \tag{7.29}$$

여기서 DN_n = 지도좌표에 삽입될 화소값

DN_i = 자표변환식에서 결정한 위치에서 가까운 n(4)개의 화소값

w_i = 화소 i의 가중치

근접한 화소에 대한 가중치는 거리제곱(또는 거리)에 반비례하여, 가장 가까운 순서대로 가중치가 커지며 가중치의 합은 1이 된다. 각 화소의 가중치는 다음과 같이 계산된다.

$$w_i = \frac{d_i^{-2}}{\sum_{i=1}^{n} d_i^{-2}}, \qquad \left(\sum_{i}^{n} w_i = 1\right) \tag{7.30}$$

표 7-12는 최근린 내삽법과 동일한 위치의 화소값을 양선형 내삽법으로 결정하는 과정을 보여준다. 먼저 좌표변환식으로 결정한 영상좌표 (2.8, 3.3)에서 양방향으로 가장 가까운 4개 화소까지 거리를 구하고, 거리제곱에 반비례하여 가중치를 구한다. 거리보다 거리제곱을 사용하면 가까운 위치의 화소가 더 큰 가중치를 갖게 된다. 가장 가까운 (3, 3)의 화소가 가장 큰 가중치 0.65를 갖는다. 지도좌표 (270, 500)에 위치할 화소의 값은 4개 화소의 가중평균인 58.5가 된다. 양선형

내삽법은 원 영상의 화소값이 주변의 평균으로 결정되므로, 원 영상보다 다소 경계가 희미해지고 주변과 밝기 차이가 심한 소수의 화소들은 주변과 비슷한 값을 갖게 되어 영상이 부드럽게 보이지만, 원 영상의 고유한 신호값을 잃게 된다.

표 7-12 양선형 내삽법으로 예측점에서 양방향으로 가까운 4화소의 가중평균으로 화소값이 결정되는 과정

4개 근접 화소의 좌표	DN	(2.8, 3.3)부터 거리(d_i)	$1/d_i^2$	w_i	w_i *DN
(2, 3)	98	0.854	1.370	0.116	11.3
(3, 3)	53	0.361	7.692	0.650	34.5
(2, 4)	80	1.063	0.885	0.075	6.0
(3, 4)	42	0.728	1.887	0.159	6.7
			11.834	1.000	58.5

3차 회선 내삽법(cubic convolution interpolation)은 양선형 내삽법의 연장으로, 주변의 4개 화소가 아닌 16개 화소를 이용하는 방법이다. 식(7.30)에서 지도좌표에 할당하는 화소값은 주변 16개 화소값의 가중평균이 된다. 3차 회선 내삽법에 의한 영상 재배열은 연산 과정이 복잡하여 처리 시간이 다른 방법보다 길다. 또한 양선형 내삽법과 마찬가지로 원 영상의 영상신호를 잃게 되므로, 공간해상도가 다른 영상자료 및 공간자료를 단일 해상도의 영상으로 통합하여 처리할 때 많이 사용된다. 3차 회선 내삽법으로 배열한 영상은 양선형 내삽법보다 경계선 부분이 희미해지는 효과가 감소하여 선명하게 보인다.

7.9 영상 합성

원격탐사영상은 새로운 영상센서의 등장과 함께 파장영역, 공간해상도, 촬영주기를 달리하는 다양한 종류가 있다. 그러나 한 종류의 영상만으로 사용자가 요구하는 모든 정보를 얻기는 어렵다. 특성이 다른 두 종류의 이상의 영상을 합성하여, 두 영상이 가진 장점을 모두 포함하는 새로운 영상을 생성하는 영상합성(image composite)은 영상의 해석 능력을 높이고 정보의 양을 늘리는 처리 기법이다. 영상합성은 영상융합(image fusion, image merging)이라고도 한다. 영상합성에 포함되는 처리 기법은 표 7-13과 같이 여러 경우로 나눌 수 있으며, 각 기법에 해당하는 원격탐사 영상자료의 종류와 합성 목적은 다소 차이가 있다.

표 7-13 영상합성 기법의 종류와 특성

영상 합성의 종류	특성	목적
고해상도 컬러영상 합성 (pan-sharpening)	저해상도 다중분광영상과 고해상도 흑백영상의 융합	영상의 판독효과 증진
구름 영향이 최소화된 영상 합성 (cloud-free image composite)	다중시기 영상을 중첩하여 구름의 영향이 최소화된 영상 합성	시계열 분석
이종센서 자료의 융합 – 광학영상과 레이더영상 합성 (optical+SAR image)	광학영상과 레이더영상의 신호 특성을 모두 포함하는 영상 합성	이종센서의 신호 특성을 함께 이용
– 영상과 공간자료의 융합 (image+non-image data)	영상과 비영상 자료를 합성	DEM 등의 공간자료와 영상 자료의 융합

고해상도 컬러영상 합성(pan-sharpening)

현재 많은 광학영상센서는 공간해상도가 높은 전정색(panchromatic)영상과 공간해상도는 다소 낮지만 분광해상도를 강조한 다중분광(multispectral)영상을 동시에 촬영한다. 이와 같이 영상의 종류를 이원화하여 촬영하는 방식은 1986년 SPOT 위성영상에서 비롯되었으며, 현재 한국의 KOMPSAT 위성영상을 포함하여 거의 모든 고해상도 광학위성영상에서 채택하고 있는 방법이다. 또한 Landsat과 같은 30m급 공간해상도를 가진 중해상도 영상센서도 이와 같이 공간해상도와 분광해상도를 달리하여 두 종류의 영상을 촬영하는 사례는 날로 증가하고 있다(표 7-14).

많은 전자광학센서가 한 번에 고해상도 컬러영상을 촬영하는 대신, 고해상도 전정색영상과 저해상도 다중분광영상으로 분리하여 영상을 얻는 주된 이유는 공간해상도와 분광해상도의 상충관계 때문이다. 영상신호의 품질을 나타내는 신호 대 잡음비(SNR)는 센서 개발 단계에서 미리 결정한다. 영상의 SNR은 공간해상도를 결정하는 순간시야각(β)과 분광해상도와 관련된 파장폭($\Delta\lambda$)에

표 7-14 공간해상도와 분광해상도를 다르게 촬영 모드를 이원화한 광학위성센서의 예

위성센서(발사 년도)	panchromatic mode (1 밴드)		multispectral mode	
	μm	공간해상도(m)	밴드 수(파장)	공간해상도(m)
SPOT HRV(1986)	0.51~0.73	10	3(V, NIR)	20
IKONOS-1(1999)	0.45~0.90	0.82	4(V, NIR)	3.8
Worldview-4(2016)	0.45~0.80	0.31	4(V, NIR)	1.24
Pleaides(2011)	0.48~0.82	0.7	4(V, NIR)	2.8
Landsat-7 ETM+(1999)	0.52~0.90	15	7(V, NIR, SWIR, TIR)	30
Landsat OLI(2013)	0.50~0.68	15	8(V, NIR, SWIR, TIR)	30
KOMPSAT-2(2006)	0.45~0.90	1	4(V, NIR)	4
KOMPSAT-3A(2015)	0.45~0.90	0.55	4(V, NIR)	2.2

비례한다. 즉 고해상도 영상을 얻으려면 순간시야각(β)이 작아야 하며, 분광해상도가 높은 다중분광영상을 얻으려면 파장폭($\Delta\lambda$)이 좁아야 한다. 순간시야각과 파장폭이 모두 작아지면 미리 설정한 SNR을 유지하지 못하므로, 순간시야각과 파장폭은 서로 상충관계가 된다. 높은 공간해상도의 영상을 얻기 위해서는 순간시야각을 작게 하는 대신 파장폭을 넓게 설정해야 하며, 이 조건에 따라 촬영된 영상이 고해상도 전정색영상이다. 반대로 컬러 영상을 얻기 위해서는 최소한 세 개 이상의 분광밴드가 필요하므로 파장폭을 좁게 하지만, 대신 순각시야각을 크게 하여 공간해상도를 희생해야 한다. 물론 고성능 검출기 및 센서제작 기술의 발달로 고해상도 다중분광영상을 얻을 수 있는 광학영상센서의 제작은 가능하지만, 센서 제작 및 운영 비용 절감과 자료 처리의 효율성을 감안하여 아직도 대부분의 전자광학센서는 고해상도 전정색영상과 저해상도 다중분광영상을 이원화하여 촬영한다.

고해상도 전정색영상과 저해상도 다중분광영상을 결합한 고해상도 컬러영상을 합성하는 방법은, 전정색영상으로 저해상도 다중분광영상의 해상도를 높여 선명하게 만든다는 의미로 pan-sharpening 이라고도 한다. 지금까지 여러 가지 pan-sharpening 방법이 개발되었으며, 지금도 두 영상의 장점을 최대화하려는 노력이 진행되고 있다. Pan-sharpening 방법에는 컬러공간(color space) 변환 방법, 웨이브렛(wavelet) 변환 방법, 주성분분석(principal component analysis) 방법 그리고 필터링을 이용한 방법 등이 있다.

컬러공간이란 색을 정의하기 위한 컬러시스템(color system)이며, 인간의 색감에 기초한 경험적인 시스템부터 파장별 반사율로 정의하는 정량적 시스템까지 다양한 종류가 있다. 원격탐사 컬러영상의 색은 이미 앞에서 설명한 RGB 컬러시스템을 이용한다. RGB와 다른 컬러시스템으로, 색을 명암(intensity), 색상(hue) 그리고 색의 순도를 표시하는 채도(saturation)로 구분하여 정의하는 IHS 컬러시스템이 있다.

컬러공간 변환을 이용한 영상합성은, 저해상도 RGB 컬러영상을 IHS 컬러공간으로 변환하여 고해상도 컬러영상을 합성하는 방법이다. 모든 영상합성에 입력되는 두 영상은 사전에 기하보정 처리를 마친 후 동일한 좌표계에 정확히 등록되어야 한다. 컬러 그림 7-63은 IHS 변환 방법으로, 저해상도(4m) 다중분광영상과 고해상도(1m) 전정색영상을 결합하여 두 영상의 장점을 모두 포함한 고해상도(1m) 컬러영상을 합성하는 과정을 보여준다. IHS 변환을 이용한 영상합성의 첫 단계는 세 개의 다중분광밴드로 만든 RGB 컬러영상을 IHS로 변환하는 것이다. 물론 R, G, B 영상을 I, H, S 영상으로 변환하는 아래 식은 절대적인 게 아니며, 다른 유형의 변환식도 존재한다.

$$I = R + G + B \tag{7.31}$$

$$H = \frac{G-B}{I-3B} \tag{7.32}$$

$$S = \frac{I-3B}{I} \tag{7.33}$$

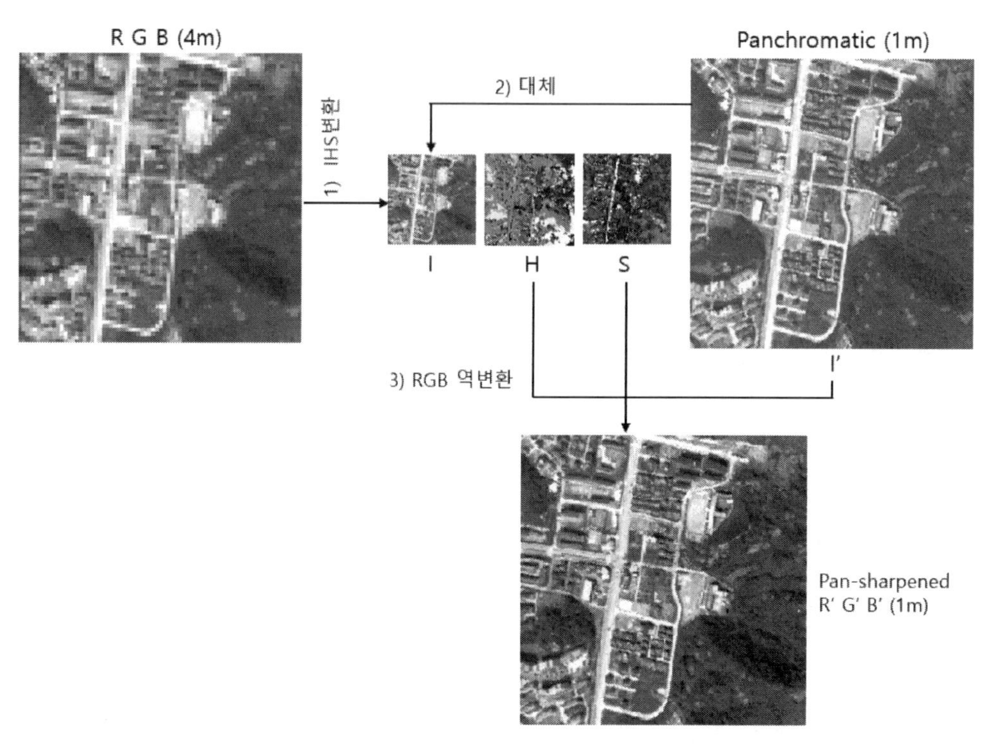

컬러 그림 7-63 IHS 변환 방법으로 저해상도 컬러영상과 고해상도 전정색영상을 융합하는 pan-sharpening 과정(컬러 도판 p.568)

두 번째 단계에서는 IHS 변환으로 얻어진 명암(I)영상을 고해상도 전정색영상으로 대체한다. 전정색영상과 명암영상의 통계값(평균, 표준편차 등)이 크게 다를 경우, 전정색영상을 명암영상의 통계값과 비슷하도록 조정해주는 전처리가 필요하다. 전정색영상의 화소값 분포가 명암영상과 비슷하면, 원래 RGB 컬러영상의 색이 합성영상에서 잘 재현된다. 마지막 단계에서는 화소값 조정을 마친 전정색영상(I')을 명암영상으로 취급하여, I'와 색상(H)영상, 채도(S)영상을 다시 RGB로 역변환한다. 즉 $I'HS$를 역변환하면. 공간해상도가 향상된 $R'G'B'$를 얻게 된다. 그림 7-63의 다중분광영상은 근적외선, 적색광, 녹색광 밴드를 RGB합성한 결과이며, 합성된 $R'G'B'$ 영상 역시 공간해상도가 향상된 같은 분광밴드인 셈이다. 전정색영상의 파장구간이 세 개 분광밴드가 차지하는 파장영역과 유사하면 합성효과가 좋다. IHS 변환을 이용한 합성방법은 RGB 컬러영상에 사용한 세 개 분광밴드 영상만을 고해상도로 변환하는 한계가 있다.

브로비(Brovey) 변환을 이용한 영상합성도 일종의 IHS 변환과 유사하지만, IHS 변환 방법보다 처리 과정이 간단하며, 세 개 이상의 모든 분광밴드에도 적용이 가능하다. 브로비 변환은 R, G, B의 합이 1이 되도록 제작한 색도좌표체계(chromatic color coordinate)를 기초로 개발된 합성 방법이다. 브로비 변환을 이용한 방법에서, 합성되는 고해상도 컬러영상의 세 밴드의 화소값(R_n, G_n, B_n)은 다음과 같이 구해진다.

$$R_n = \frac{R \cdot P}{I} \tag{7.34}$$

$$G_n = \frac{G \cdot TP}{I} \tag{7.35}$$

$$B_n = \frac{B \cdot TP}{I} \tag{7.36}$$

여기서 R, G, B = 저해상도 컬러영상을 구성하는 세 밴드 영상의 화소값
P = 고해상도 전정색영상의 화소값
$I = (R + G + B)/3$

신호처리 분야에서 사용하는 웨이브렛 변환(wavelet transformation)을 통한 영상합성 방법(Vetterli 등, 1995)이 있다. 영상을 웨이브렛 변환하면 원 영상의 크기가 반으로 축소된 네 영상이 생성된다. 가령 화소 수가 512×512인 영상을 웨이브렛 변환하면, 인접한 네 개 화소(2×2)의 값의 평균인 256×256 크기의 개략영상(approximation image)과 인접한 두 화소의 차이를 나타내는 세부영상(detail images)이 생성된다. 세부영상은 원 영상의 가로방향, 세로방향, 대각선방향으로 인접 화소의 차이를 기록한 세 영상이다. 웨이브렛 변환으로 생성된 개략영상을 다시 2단계 웨이브렛 변환하면, 영상의 크기가 다시 반으로 축소된 128×128 크기의 개략영상과 세부영상이 생성된다. 따라서 입력영상에 여러 단계의 웨이브렛 변환을 적용해도, 각 단계의 개략영상과 세부영상들이 존재하므로 이를 역변환을 하면 정보의 손실 없이 원래의 영상으로 복원이 가능하다.

그림 7-64는 웨이브렛 변환을 이용한 영상합성 과정을 보여준다. 먼저 1m 해상도의 전정색영상을 웨이브렛 변환하여 2m 해상도의 개략영상과 세부영상으로 나눈 후, 1단계 개략영상을 다시 웨이브렛 변환하면 2단계 개략영상의 공간해상도는 4m로 낮아지고, 영상의 크기도 원 영상의 1/4로 축소되어 저해상도 다중분광영상과 같은 공간해상도를 갖는다. 2단계 개략영상을 다중분광영상의 밴드 1 영상으로 대체한 뒤, 웨이브렛 역변환을 두 차례 하면 해상도가 1m로 향상된 다중분광밴드 1 영상이 합성된다. 이러한 과정을 모든 다중분광밴드 영상마다 적용하면, 세부영상에 보

관된 전정색영상의 공간해상도와 개략영상 자리에 대체된 다중분광영상의 분광정보가 웨이브렛 역변환을 통하여 합성된다.

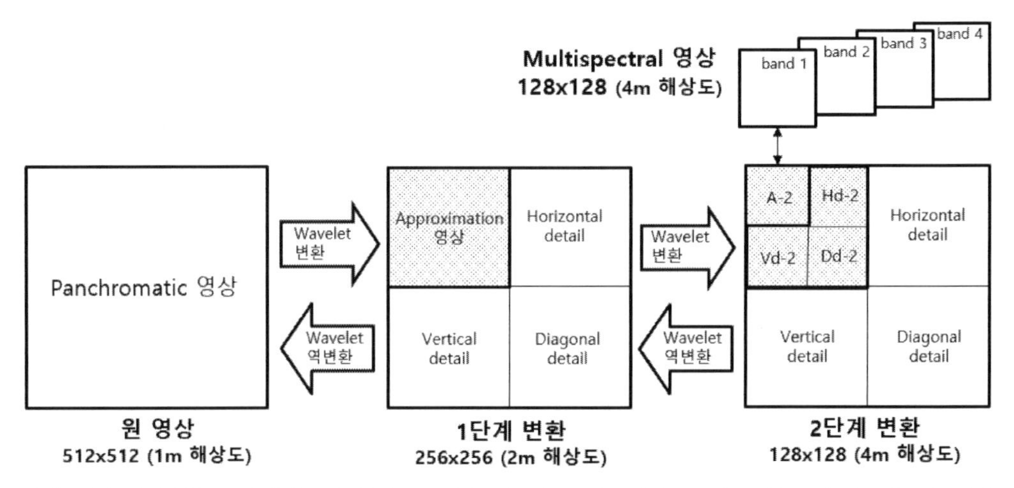

그림 7-64 웨이브렛(wavelet) 변환을 이용하여 저해상도(4m) 다중분광영상 각각을 고해상도(1m) 영상으로 합성하는 과정

주성분분석(principal component analysis, PCA)은 다중분광영상 및 초분광영상에 자주 적용하는 변환기법으로, 여러 밴드에 존재하는 정보를 소수의 주성분으로 집약시켜 영상 자료의 양을 줄이거나, 원 영상에서 나타나지 않는 특징을 강조하고자 적용하는 기법이다. 그림 7-65는 저해상도(4m) 다중분광밴드 영상과 고해상도 전정색영상을 PCA 변환을 이용하여 합성하는 과정을 보여준다. 먼저 저해상도 다중분광영상을 PCA를 통하여 변환하면, 4개의 주성분(PC)이 얻어진다. 첫 번째 주성분은 4개 다중분광밴드 영상이 공통적으로 가지고 있는 정보를 가장 많이 포함하고 있으며, 이 정보는 4개 밴드 영상이 공유하는 특징과 관련성이 높다. 첫 번째 주성분을 고해상도(1m)

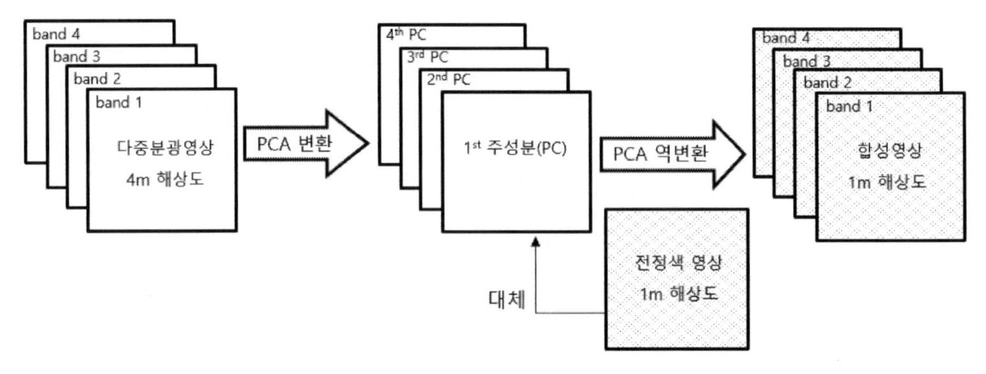

그림 7-65 주성분분석(PCA) 변환을 이용한 영상합성 과정

전정색영상으로 대체하고, 나머지 주성분은 저해상도 분광밴드의 분광정보와 관련된 정보를 포함한다. 고해상도 전정색영상과 나머지 3개의 주성분(2nd, 3rd, 4th PC)을 다시 PCA 역변환을 하면, 전정색영상의 1m 공간해상도와 4개 밴드의 분광정보를 포함한 주성분이 결합하여, 4개 밴드의 고해상도 다중분광영상이 합성된다. PCA를 이용한 합성방법은, 앞에서 설명한 IHS 변환과 다르게 공간해상도가 향상된 모든 분광밴드 영상의 합성이 한 번에 이루어진다.

고해상도 전정색영상과 저해상도 다중분광영상의 장점을 결합하는 pan-sharpening은 위에서 설명한 방법 외에도 많은 알고리즘이 꾸준하게 소개되고 있다. Pan-sharpening의 주된 목적은 영상의 시각적인 판독 능력을 높이기 위함이다. 합성된 영상은 공간해상도가 향상된 다중분광영상으로, 전정색영상의 고해상도를 가진 컬러영상을 얻을 수 있으므로 다양한 지표물을 해석하는 데 요긴하게 사용할 수 있다. 반면에 합성된 영상은 원 영상이 가진 고유의 화소값(DN)이 손실되는 근본적인 문제를 가지고 있다. Pan-sharpening으로 합성된 다중분광영상의 화소값의 물리적 성격이 모호하므로, 지표물의 생물리적 특성과 관련된 정량적 정보를 추출하는 데 한계가 있다.

여러 종류의 Pan-sharpening 합성 방법이 개발되었으나, 합성된 고해상도 다중분광영상의 우열을 가늠하는 명확한 기준을 마련하기 쉽지 않다. 이론적으로는 합성된 영상은 저해상도 다중분광영상의 분광정보와 고해상도 전정색영상의 세부적인 공간정보를 모두 유지해야 한다. Pan-sharpening 합성 영상의 효과를 비교하고 평가하기 위한 여러 가지 기준이 제시되었으나, 원 영상의 특성과 직접 비교가 가능한 절대적이고 객관적인 기준은 미흡하다(Vivone 등, 2015). 결국 pan-sharpening에 의한 영상 합성은 육안판독 능력을 향상하기 위한 목적뿐만 아니라, 합성에 사용된 원 영상에 포함된 관심 있는 정보를 극대화하는 방향으로 개선되어야 한다.

시계열 영상합성(cloud-free composite)

AVHRR 및 MODIS와 같은 저해상도 위성영상은 매일 전 지구의 대부분 지역을 촬영할 수 있기 때문에, 지구환경과 관련된 다양한 분야에 활용되고 있다. 그러나 짧은 촬영주기에도 불구하고 지구 표면의 상당 부분은 항상 구름으로 덮여 있다. 구름의 분포는 시공간적으로 매우 유동적이므로, 심지어 한 시간 간격으로 촬영하는 GOCI와 같은 정지궤도 위성영상에서도 구름의 분포는 매 영상마다 다르게 나타난다. 상존하는 구름의 분포 때문에, 위성영상의 실질적인 관측주기는 영상이 촬영주기에 미치지 못한다. 동일지점에 대하여 구름의 영향 없이 주기적인 관측이 가능하려면, 구름을 제거하거나 또는 최소화된 영상합성이 필요하다.

구름이 없는 깨끗한 영상을 합성하는 방법으로 시기적으로 연속 촬영된 여러 장의 영상을 중첩하여 구름이 아닌 깨끗한 화소를 추출하는 기법(cloud-free image composite)이 있다. 구름 제거를 위한 영상합성의 첫 번째 과정은, 다른 영상합성에서와 마찬가지로 모든 영상이 동일한 좌표체계에 등록되어야 한다. 두 번째 단계는 합성에 사용할 영상의 촬영 기간을 결정해야 하는데, 촬영주기가 하루인 극궤도 위성영상은 합성 기간을 7일, 8일, 10일, 14일, 16일로 다양하게 적용하고 있다. 합성기간을 길게 하면 합성 영상에서 구름의 분포는 작아지지만, 홍수 또는 산불같은 짧은 기간에 발생한 빠른 변화를 적기에 관찰할 수 없다(Ahl 등, 2006). 반면에 합성기간을 짧게 하면 관측주기를 단축시킬 수 있지만, 합성 영상에 포함된 운량은 증가하게 된다.

구름 제거를 위한 영상합성의 마지막 단계는, 합성기간에 해당하는 화소 중에서 구름이 아니라고 판단되는 화소를 선택하는 과정이다. 표 7-15는 합성에 사용되는 N개 시계열 영상의 모든 화소마다 N개의 식생지수 또는 반사율을 비교하여, 구름이 아닌 화소를 추출하는 알고리즘의 종류와 특징을 보여준다. 최대 식생지수 합성(maximum NDVI composite) 방법은 모든 화소마다 계산한 식생지수(NDVI) 중 NDVI가 가장 큰 화소를 선택한다. 합성기간에 촬영된 모든 화소 중에서 최대 식생지수를 갖는 화소가 구름이 아닐 확률이 가장 높다고 판단한다. 식생지수는 식물이 많을수록 높아지며, 식물이 없는 나지 또는 암석지 등도 구름보다 약간 높은 NDVI를 갖는다. 구름은 가시광선에서 반사율이 가장 높기 때문에 구름의 NDVI는 음수인 경우가 많으며, 옅은 구름에 가려진 지표면이라도 구름이 없는 깨끗한 표면보다 식생지수가 낮다. 따라서 식생지수가 가장 큰 화소는 구름이 아닌 확률이 높다. 합성기간의 모든 화소에서 최대 NDVI를 가진 화소를 추출하면, 합성결과는 구름이 없는 깨끗한 식생지수 영상이며, 해당 시점의 밴드별 반사율(또는 화소값)을 선택하면 합성결과는 영상이 된다. NDVI가 아닌 다른 식생지수를 사용하는 경우도 있는데, 구름에 민감한 청색광 밴드를 이용한 밴드비 식생지수를 사용하기도 한다. 또한 구름의 NDVI는 종종 물, 얼음, 나지, 암석 등의 식생지수와 비슷하게 나타나므로, NDVI가 아닌 구름을 잘 구별할 수 있는 단파적외선 밴드를 포함한 다른 분광지수를 사용하는 알고리즘도 제시되었다.

표 7-15 구름제거를 위한 영상합성에서 구름이 아닌 화소를 선정하는 알고리즘의 종류와 특징

알고리즘	수식	특징
최대 식생지수 (maximum VI)	Max($NDVI_i$)	각 위치의 N개 화소 중에서 최대 NDVI를 갖는 화소를 선택
	Max($\rho_{NIR(i)}/\rho_{blue(i)}$)	밴드비 식생지수
	Max(Max($\rho_{SWIR(i)}$, $\rho_{NIR(i)}$)/$\rho_{green(i)}$)	식물이 없는 지표물의 SWIR 반사율을 고려
최소 청색광 반사율 (minimum ρ_{blue})	Min($\rho_{blue(i)}$)	구름을 비롯한 대기영향이 클수록 청색광 밴드 반사율은 증가
양방향 반사율 분포 함수(BRDF) 적용	N개 화소 중 구름이 아닌 화소가 5개 이상인 경우에 5개 화소의 반사율을 이용하여 BRDF 함수식으로 수직 반사율을 산출(모든 화소가 구름과 비구름으로 먼저 분류되어야 함)	

청색광은 구름을 비롯한 대기산란의 영향을 가장 많이 받기 때문에, 청색광 영상에서 반사율이 가장 큰 화소는 구름이거나 또는 대기영향을 많이 받은 화소라고 할 수 있다. 최소 청색광 반사율을 이용한 합성은 N개 화소 중 청색광 반사율이 최소인 화소가 구름이 아닐 확률이 가장 높다는 가정으로 개발한 알고리즘이다.

양방향 반사율 분포함수(BRDF)를 이용하는 합성기법은, 다른 방법처럼 N개 화소 중 구름이 아닌 화소를 선택하는 방법이 아니고, 구름이 아닌 화소들의 반사율을 이용하여 태양각 및 관측각의 차이를 보정한 새로운 반사율을 산출하는 방법이다. 이 방법은 MODIS 16일 합성영상에서 구름 제거와 방향성 반사를 보정하기 위하여 사용하는 기법이다. 합성기간에 촬영한 16개의 화소 중 구름이 아닌 화소가 5개 이상 있으면, BRDF 함수식을 적용하여 구름이 아닌 화소의 반사율을 새롭게 산출하는 방법이다. 이 방법은 구름제거 효과와 함께, 촬영시점마다 다를 수 있는 태양각과 관측각의 영향을 보정하는 알고리즘이다. 이 방법을 적용하려면 먼저 합성기간에 포함된 영상의 모든 화소를 구름과 비구름으로 구분해야 한다. 각 위치마다 구름이 아닌 화소의 수가 5개 미만이면 최대 NDVI 합성과 같은 다른 방법으로 대체한다(Huete 등, 1999).

그림 7-66은 2009년 10월 16일부터 23일까지 8일 동안 촬영된 MODIS 영상을 중첩하여 구름을 제거한 합성영상을 보여준다. 한반도 기후 특성상 비교적 구름이 없는 10월 중순에 촬영했지만, 일별 영상은 여전히 많은 구름이 분포하고 있다. 구름 제거를 위한 영상합성 결과 대부분의 지역에서 구름이 제거되었지만, 백두산을 비롯한 함경도 고산지역에 하얗게 보이는 부분이 남아 있다. 이 부분은 8일 동안 모두 구름이 덮여 있었거나 또는 이른 강설로 인하여 눈이 덮여 있을 수 있다. 이 영상은 근적외선 및 가시광선 밴드를 조합한 영상이므로 눈과 구름의 차이를 구분하기 쉽지 않다.

구름 제거를 위한 영상합성은 구름 제거 효과와 합성영상의 시간해상도 사이의 상충효과 때문에 합성기간 설정이 매우 중요하다. 한국의 정지궤도 해색센서인 GOCI-1은 매일 주간에 8회 촬영하므로 합성기간을 획기적으로 줄일 수 있다. 5일 동안 촬영한 40장의 GOCI 영상을 이용하여 구름을 제거한 합성영상에 남아 있는 1년 평균 운량(cloud coverage)은 전체 촬영면적(2500×2500km^2)의 2.5%에 불과했으나, 16일 동안 촬영한 MODIS영상을 이용한 합성영상의 운량은 8.9~19.3%로 정지궤도 위성영상의 장점을 보여주었다(Lee and Lee, 2015).

구름을 제거하기 위한 영상합성은 주로 저해상도 위성영상을 대상으로 이루어졌으나, 최근에는 중해상도 위성영상을 이용하여 전 지구 또는 대륙 규모의 식생 모니터링을 위한 영상합성이 시행되고 있다. 유럽에서 운영하는 Sentinel-2 위성영상은 해상도가 10~20m인 광학영상이지만, 2기의 위성을 동시에 운영하여 비교적 넓은 촬영폭으로 촬영주기를 5일로 단축하였다. 이 영상을 이용하여 전 지구를 대상으로 농업 및 산림의 식생 상황을 주기적으로 관측하고 분석하기 위하

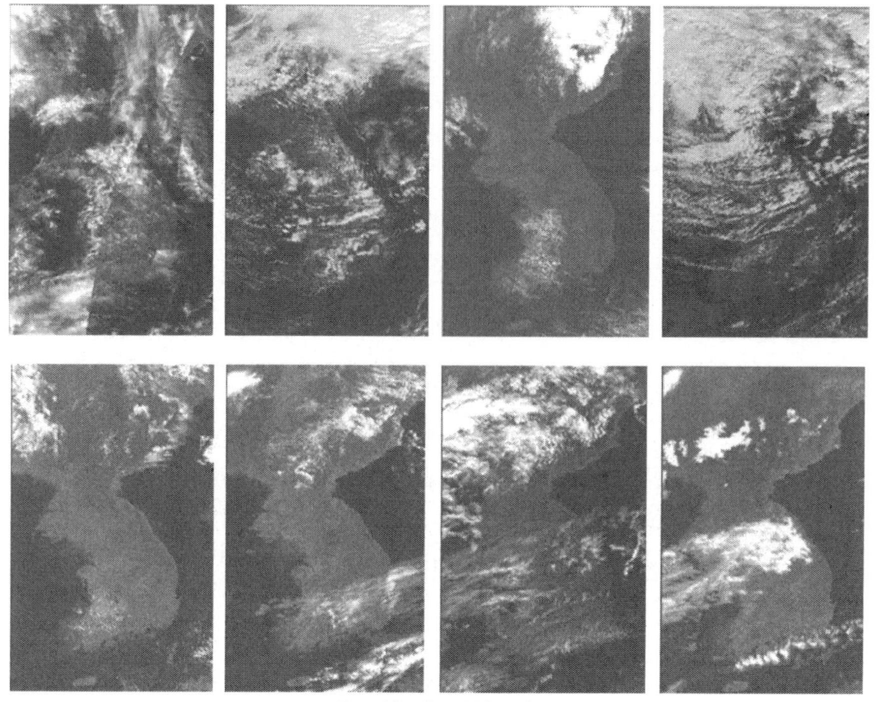

Oct. 16～Oct. 23(2009)

cloud-free image composite

그림 7-66 2009년 10월 16일부터 23일까지 촬영된 8장의 일별 MODIS 영상을 중첩하여 구름의 영향이 최소화된 영상합성 결과

여, 구름을 최소화한 합성영상을 제작하는 방법이 제시되었다(Corbane 등, 2020). 또한 Landsat 영상을 대상으로 구름을 제거하기 위한 합성이 시도되었으나, 촬영주기가 16일인 Landsat 영상만으로 구름제거 효과를 얻으려면 합성주기가 너무 길어지는 단점이 있다. 이러한 단점을 보완하고자 시간해상도가 높은 MODIS 영상에서 관측된 분광정보와 Landsat 영상의 공간해상도 정보를 융합하는 새로운 형태의 시공간적 합성 방법이 시도되었다(Kim 등, 2020).

이종센서 자료의 합성

지금까지 설명한 영상합성은 공간해상도, 분광해상도, 시간해상도가 다른 여러 종류의 광학영상을 합성하는 방법이다. 영상 자료 획득 원리와 영상신호의 성격이 다른 이종센서로 촬영한 영상을 합성한다면, 합성효과가 더욱 클 것이다. 광학영상의 신호는 주로 표면에서 반사되는 파장별 복사에너지와 관련 있지만, 레이더영상의 신호는 표면의 거칠기와 지표물 투과에 의한 다중산란 특성을 반영한다. 따라서 두 영상의 신호 특성은 연관성이 낮고 각 영상에서 추출할 수 있는 정보의 종류도 다르므로, 두 영상을 적절히 합성하면 새로운 정보의 추출이 가능하다.

예를 들어 산림 원격탐사에서 광학영상의 신호는 주로 임목의 상층부 잎에서 반사된 복사량에 기초하므로, 수종 분류 및 수관울폐도 등의 정보 추출에 사용한다. 반면에 레이더영상은 파장이 긴 마이크로파의 산림 투과성 때문에, 후방산란 신호는 상부 엽층 아래 임목의 줄기, 가지, 지표면에서 레이더반사를 포함한다. 따라서 레이더영상은 산림의 구조적 특성(수고, 수간직경, 임목재적, 생체량 등)에 관한 정보를 추출하는 데 적합하다. 그러므로 광학영상과 레이더영상을 결합하여 두 영상의 특성을 모두를 포함하는 새로운 영상을 융합할 수 있다면, 합성영상에서 얻을 수 있는 정보의 종류와 폭은 늘어날 수 있다.

광학영상과 레이더영상의 합성은 아직까지 보편화된 영상합성 방법은 아니지만, 레이더영상의 증가와 정량적인 정보 추출을 지향하는 원격탐사 추세를 감안하면 기대되는 영상합성 방법이다. 광학영상과 레이더영상의 합성을 위해서는 먼저 두 영상을 동일한 좌표계에 등록해야 하는데, 레이더영상은 측면 관측으로 인한 기하왜곡 특성이 다소 복잡하므로 광학영상과 함께 등록이 쉽지 않다. 특히 산악지역의 레이더영상에서 나타나는 전면축소 및 레이더 그늘과 같은 심한 기하왜곡은 보정이 쉽지 않기 때문에, 영상합성의 전 단계로 두 영상을 정확하게 일치시키는 기하보정 처리 문제를 해결해야 한다.

광학영상과 레이더영상의 합성은 pan-sharpening에서 적용했던 방법들을 그대로 적용할 수 있다(Amarsaikhan 등, 2010). 예를 들어 주성분분석(PCA) 변환을 이용하여 광학영상과 레이더영상을 합성하는 과정은, 두 영상을 단일 영상 자료로 취급하여 주성분분석으로 변환하면 각각의 주성분

(PC)은 광학영상과 SAR 영상의 특성이 혼합된 합성영상이 된다. PCA를 이용한 두 영상의 합성은 종종 광학영상의 분광밴드가 SAR 영상보다 많기 때문에, 각 주성분은 광학영상의 영향이 과다하게 반영된다. 예를 들어 ETM+ 7개 밴드 영상과 RADARSAT의 C-밴드 영상을 묶어서 8개 밴드 영상을 PCA로 변환하면, 7개 밴드의 ETM+영상의 변이량이 절대적으로 크므로, SAR 영상의 특징을 보여주는 주성분은 많지 않다. 광학영상의 몇몇 밴드(가령 가시광선, 근적외선, 단파적외선 파장에서 각각 1개 밴드)만을 이용하면, 합성과정에서 과다한 영향력을 피할 수 있다. 또한 주성분분석 변환을 위한 고유벡터(eigen vector)를 구하기 위하여, 두 영상 자료의 공분산 행렬을 사용하는 것보다 공분산을 정규화한 상관계수 행렬을 사용하는 것이 바람직하다. 광학영상과 레이더영상의 신호값이 서로 다른 기준에서 생성되었기 때문에, 공분산 행렬을 사용하면 변이량이 큰 몇 개의 밴드에 의하여 주성분이 크게 좌우된다.

두 영상을 합성하는 다른 방법으로 웨이브렛 변환이나 컬러공간 변환을 적용하는 방법도 있는데, 이 방법들은 pan-sharpening에서 고해상도 전정색영상을 사용하는 대신에 레이더영상을 사용하는 방법이다. 가령 웨이브렛 변환에 전정색영상을 사용하는 대신 레이더영상을 사용하고, 역변환 과정에서 개략영상을 광학영상으로 대체하는 방법이다.

광학영상과 레이더영상을 합성하는 대부분의 방법은, 분석자가 합성과정을 조정할 수 없기 때문에 합성효과를 예측하기 쉽지 않다. 즉 PCA 변환 또는 웨이브렛 변환을 이용한 합성은, 입력된 광학영상과 레이더영상이 가진 통계량 및 신호 특성에 따라 자동적으로 처리되므로, 합성영상이 분석자가 희망하는 새로운 정보의 포함 여부는 가늠할 수 없다. 결국 광학영상과 레이더영상의 합성은 사용자가 원하는 정보를 최대한 포함하는 새로운 영상을 합성하는 방향으로 개발되어야 한다. 예를 들어 도시의 건물 특징, 산림의 생체량 정보, 토양의 수분 정보 등을 최대한 잘 보여주는 합성영상을 만드는 방법이 필요하다.

광학영상과 레이더영상의 합성은 여러 가지 선결해야 할 어려움이 있지만, 두 영상 자료의 신호 특성을 감안하면 향후 활용이 기대되는 영상합성 방법이다. 이러한 추세를 반영하여 광학센서와 영상레이더를 탑재한 여러 기의 위성을 동시에 운영하여 동일 지역에서 두 종류의 영상을 함께 획득하고자 하는 여러 사업이 추진 중이다. 컬러 그림 7-67은 고해상도 광학영상(a)과 X-밴드 SAR 영상(b)을 합성한 결과(c)를 보여준다. 합성영상에서 두 영상의 특징을 모두 관찰할 수 있는데, 광학영상의 표면 밝기와 레이더영상의 지형 굴곡과 표면 거칠기를 함께 보여준다. 광학영상의 밴드 수가 많기 때문에, 합성과정에서 과다한 영향을 줄 수 있으므로, 레이더영상의 가중치를 조정하거나 편광모드를 다르게 촬영한 레이더영상을 추가할 수 있다.

이종센서 자료의 합성과 함께 영상 자료와 비영상 자료를 결합하는 합성 또한 기대효과가 큰 분야다. 오래전부터 원격탐사영상을 이용한 토지피복분류에서 수치고도자료(DEM)를 함께 이용하여 분류 정확도를 높이려는 시도가 있었다. 가령 한라산의 산림 식생을 분류하려면, 영상 자료에 나타나는 식생 군집별 신호와 함께 고도 및 사면 방위와 같은 지형 인자에 영향을 받는 식생 분포 특성을 이용하고자, DEM 자료를 영상분류에 함께 사용할 수 있다. 이와 유사한 영상합성으로 영상 자료와 LiDAR 자료의 합성이 있다. 비록 원격탐사에서는 아직 미진한 단계지만, 자율주행 자동차에서는 카메라영상과 LiDAR를 융합하는 시도가 활발히 진행 중이다. 영상 자료와 고도값을 나타내는 고밀도 LiDAR 점 자료를 합성하면, 영상신호와 정밀한 고도자료를 결합하는 효과를 낼 수 있을 것이다.

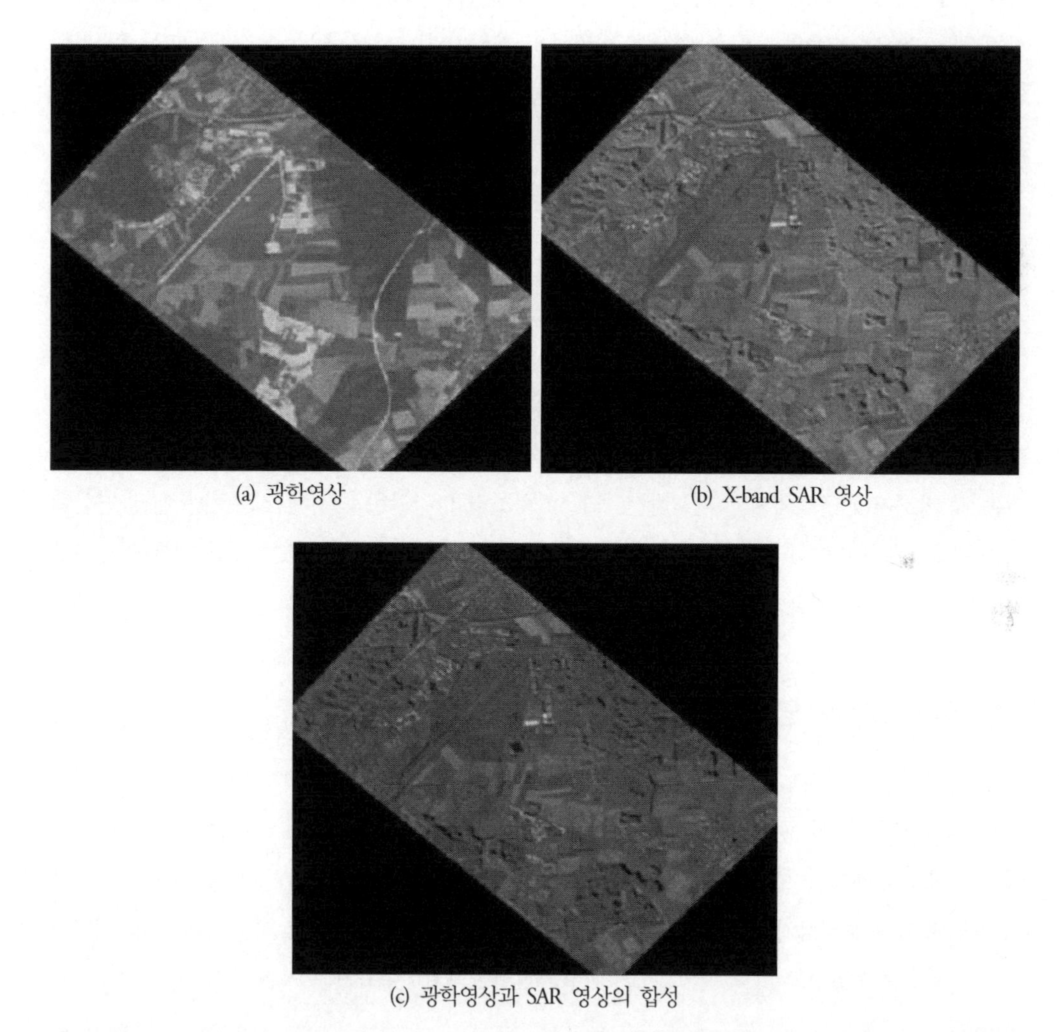

(a) 광학영상

(b) X-band SAR 영상

(c) 광학영상과 SAR 영상의 합성

컬러 그림 7-67 광학영상과 SAR 영상의 합성 사례로 동시에 촬영된 고해상도 광학영상(a)과 X-밴드 SAR 영상(b)을 합성한 결과(c) © OptiSAR Team, https://directory.eoportal.org/ (컬러 도판 p.569)

7.10 영상 필터링

영상강조(image enhancement)는 원 영상에서 잘 나타나는 않는 특징을 강조하기 위한 처리 기법으로, 원격탐사 영상처리에 자주 적용하는 기법이다. 영상강조는 목적에 따라 크게 세 가지로 나눌 수 있다. 영상강조의 첫 번째 목적은 시각적 판독 효과를 향상시키기 위한 처리다. 영상 디스플레이에서 이미 다루었던 대비효과를 개선하기 위한 스트레칭 기법은 영상강조 기법의 하나로 분류할 수 있다. 영상강조의 두 번째 목적은 다음 단계의 영상분석에 앞서 효율성과 정확도를 높이기 위한 일종의 중간처리 과정이다. 가령 다중분광영상을 분류할 때 영상처리의 효율성과 분류정확도를 높이기 위하여 원 영상을 변환하는 과정이다. 영상강조는 주로 육안판독 및 후속 영상처리의 효과를 높이기 위한 준비 과정에 해당하지만, 종종 영상강조 기법이 최종 처리가 되는 경우도 있다. 예를 들어, 다중분광영상에서 광물자원 및 특정 지질구조를 찾거나 선형 지표물을 탐색할 때 적용하는 영상 필터링 및 밴드비와 같은 처리 기법은 후속 단계를 위한 준비 과정이 아니라, 영상강조가 최종 처리가 된다.

영상강조는 영상의 화소값을 변환하는 처리인데, 화소값의 변환이 주변 화소들의 연산에 의하여 이루어지는 방법이 있다. 주변 화소들의 밝기값에 의하여 영상의 특정 요소가 강조되는 대표적인 강조기법으로 영상 필터링(image filtering)이 있다. 반면에 각 화소값의 변환이 다중밴드영상에서 동일 지점에 해당하는 밴드별 화소값의 연산으로 처리되는 방법이 있다. 예를 들어 식생지수는 각 화소마다 근적외선과 가시광선 밴드의 화소값을 간단한 수식에 적용하는 밴드 연산에 의한 영상강조 방법이다. 후자에 해당하는 영상강조 기법은 영상변환이라고 하며, 다음에 별도로 다루기로 한다. 본 장에서는 전자에 해당하는 영상 필터링을 주로 다룬다.

공간주파수와 영상 필터링

영상 필터링은 디지털카메라 사용이 확대되면서, 일반인에게도 친숙한 간단한 영상처리 기법이다. 심지어 휴대전화로 촬영한 사진을 선명하게 또는 의도적으로 흐리게 하는 간단한 조작이 영상 필터링에 해당한다. 필터링(filtering)이란 사용자가 원하는 물체를 크기, 성분, 모양, 무게 등의 기준에 따라 선택하거나, 원하지 않는 특성의 물체를 제거하는 의미로 사용된다. 영상 필터링은 영상에서 강조하고자 하는 특징을 잘 나타나게 하고, 나머지 부분은 제거 또는 억제하는 처리 기법이다.

영상을 구성하는 최소 단위는 화소이며, 각 화소와 주변 화소의 관계를 설명하는 용어 중 하나로 공간주파수(spatial frequency)가 있다. 공간주파수는 단위 공간 또는 거리에서 화소값이 변화하는 빈도를 말한다. 영상에서 저주파수 요소(low frequency component)란 주변 화소들이 대부분 유사한 값을 갖고 있기 때문에 단위거리당 화소값의 변화가 적은 성분을 말한다. 반대로 고주파수 요소(high frequency component)는 화소값의 차이가 심한 부분으로, 단위거리당 화소값이 자주 바뀌는 성분이다. 그림 7-68의 인천지역 TM 영상에서 추출한 도심지, 갯벌, 해수면의 화소값 분포를 보면 공간주파수를 쉽게 이해할 수 있다. 도심지에서 추출한 화소들은 건물 옥상, 도로, 가로수, 차량, 공원, 공장 등 좁은 공간에서 화소값이 모두 다르게 나타나므로 고주파수 요소에 해당한다. 그러나 갯벌이나 해수면은 도심지와 동일한 면적에서 화소값을 추출했는데, 대부분 유사한 값을 가지고 있고 변화가 적게 나타나므로 전형적인 저주파수 요소라고 할 수 있다.

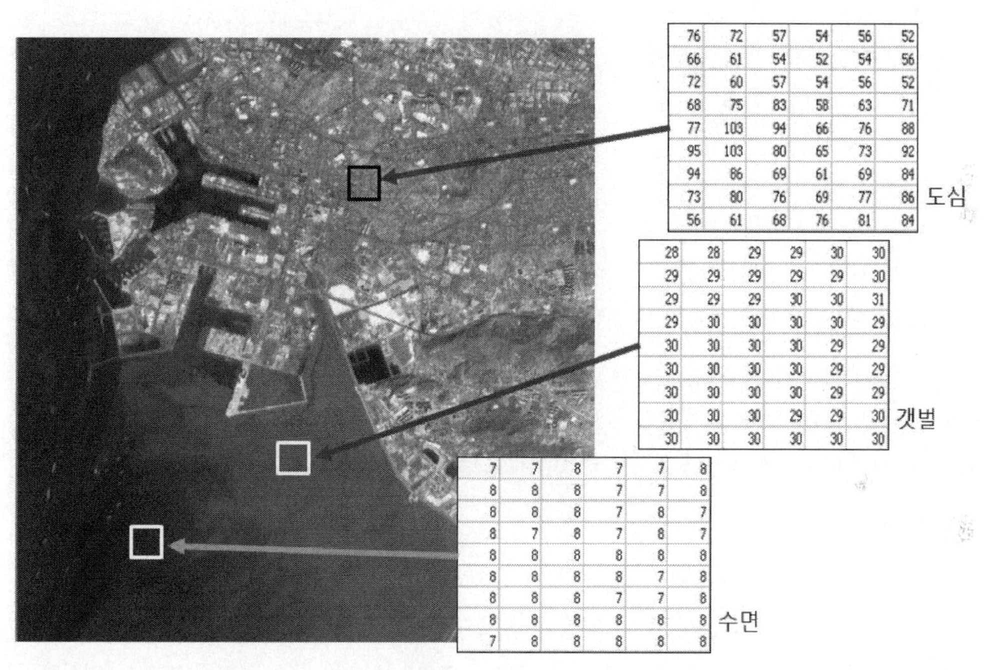

도심

76	72	57	54	56	52
66	61	54	52	54	56
72	60	57	54	56	52
68	75	83	58	63	71
77	103	94	66	76	88
95	103	80	65	73	92
94	86	69	61	69	84
73	80	76	69	77	86
56	61	68	76	81	84

갯벌

28	28	29	29	30	30
29	29	29	29	29	30
29	29	29	30	30	31
29	30	30	30	30	29
30	30	30	30	29	29
30	30	30	30	29	29
30	30	30	30	29	29
30	30	30	29	29	30
30	30	30	30	30	30

수면

7	7	8	7	7	8
8	8	8	7	7	8
8	8	8	7	8	7
8	7	8	7	8	7
8	8	8	8	8	8
8	8	8	8	7	8
8	8	8	7	7	8
8	8	8	8	8	8
7	8	8	8	8	8

그림 7-68 영상에서 저주파수 요소(수면, 갯벌)와 고주파수(도심) 요소에 해당하는 영역의 화소값(*DN*) 분포

필터링은 영상에 포함하는 특정 공간주파수 요소를 강조하거나 또는 억제하여 분석자가 원하는 요소가 잘 보이도록 처리하는 기법이다. 영상 필터링은 크게 저주파수 통과 필터링(low pass filtering)과 고주파수 통과 필터링(high pass filtering)으로 나눈다. 저주파수 필터링은 인접 화소 간의 차이를 최소화하여 저주파수 요소를 강조하고, 또한 고주파수 요소를 억제하는 기법이다. 반대로 고주파수 통과 필터링은 인접 화소 간의 차이를 더욱 크게 하여 고주파수 요소를 강조하는 대신 저주파수 요소를 억제하는 기법이다. 예를 들어 그림 7-68의 인천 영상의 바다에서 여러 척의 작은 선박을 볼 수 있는데, 여기에 고주파수 통과 필터링을 적용하면 선박과 바다의 밝기 차이가

커지므로 선박이 뚜렷하게 보이게 된다. 반대로 저주파수 통과 필터링을 적용하면 선박과 바다의 밝기 차이가 줄어들어 선박이 잘 보이지 않게 된다.

영상 필터링은 공간영역 필터링(spatial domain filtering)과 주파수영역 필터링(frequency domain filtering) 방식으로 나눈다. 공간필터링은 영상을 일정 크기의 창(window)으로 구획하여 창 내부의 중심화소값을 주변 화소값들의 산술적 조합에 의하여 아래와 같이 변환한다.

$$DN_c = \frac{\sum_{i=1}^{n} c_i \, DN_i}{n}, \qquad \text{convolution mask} = \begin{matrix} c_1 & c_2 & c_3 \\ c_4 & c_5 & c_6 \\ c_7 & c_8 & c_9 \end{matrix} \tag{7.38}$$

여기서 DN_c =창(window) 내부 중심화소의 필터링 결과

n =창 내부의 화소 수(3x3창에서는 9)

c_i =창 내부의 화소 DN_i에 적용하는 계수

창 내부의 각 화소에 적용되는 계수를 회선마스크(convolution mask) 또는 회선요소(convolution kernel)라고 하며, 다양한 계수로 조합된 회선마스크를 적용하여 원하는 필터링 효과를 얻을 수 있다. 하나의 창 안에서 연산이 완료되면, 창은 옆으로 한 칸씩 이동하면서 새로운 중심화소에 대한 연산을 되풀이하여 결과적으로 모든 화소값을 바꾼다. 이동창(moving window)으로 영상의 전체 영역을 돌면서 연산을 수행하는 방식이므로 공간회선필터링(spatial convolution filtering)이라고도 한다.

주파수영역 필터링은 입력영상을 푸리에(Fourier) 변환을 통하여 공간주파수 요소로 분해한 주파수영역 영상의 형태로 변환한다. 그다음 주파수영역 영상에서 억제하고자 하는 특정 주파수 요소를 제거한 후, 푸리에 역변환을 하면 사용자가 원하는 공간주파수 요소가 강조된 영상을 얻는 방법이다.

잡음 제거 및 smoothing 필터

저주파수 통과 필터는 영상에 산발적으로 분포하는 잡음을 제거하거나, 화소값의 변화가 심한 고주파수 요소를 억제하여 인접 화소 간의 차이를 최소화하기 위하여 적용하는 필터다. 평균필터(mean filter)가 대표적인 저주파수 통과 필터로서 창의 중심화소는 창 내부의 모든 화소의 평균값을 갖게 된다. 따라서 평균필터의 회선마스크는 모두 1로 되어 있다.

$$\text{평균필터 mask} = \begin{matrix} 1 & 1 & 1 \\ 1 & 1 & 1 \\ 1 & 1 & 1 \end{matrix} \tag{7.39}$$

그림 7-69는 평균필터를 이용한 공간필터링 과정을 보여주는데, 3×3 크기의 창 내부의 중심화소는 창 내부의 9개 화소의 평균으로 대체한다. 첫 번째 창에서 입력영상의 중심화소 57은 창 내부 화소의 평균인 61.7로 바뀐다. 필터링 연산 결과는 실수값이지만, 자료량을 줄이기 위하여 정수 62로 저장하는 경우가 많다. 첫 번째 창에서 연산이 끝나면, 창은 오른쪽으로 한 칸 이동(점선)하여 새로운 중심화소 54를 평균으로 대체하고, 순차적으로 창을 이동하여 한 줄 연산이 끝나면 아래로 한 칸 이동하여 두 번째 줄의 값을 계산한다. 이러한 과정을 영상의 오른쪽 맨 아래까지 계속 되풀이하여 영상 전체를 필터링한다.

61	54	52	54	56
60	57	54	56	52
75	83	58	63	71
103	94	66	76	88
103	80	65	73	92
86	69	61	69	84

그림 7-69 3×3 크기의 이동창(moving window)을 적용한 공간필터링 과정

평균필터를 적용하면 인접 화소의 차이가 최소화되어 영상이 평활(smooth)하게 보인다. 평균필터는 주로 영상의 잡음을 제거하기 위하여 적용하는데, 주변 화소보다 이상적으로 높거나 낮은 값을 갖는 잡음 화소는 주변 화소값과 차이가 줄어들어 매끈한 표면 상태로 보이게 된다. 평균필터는 영상의 잡음 제거에 효과적이지만, 인접화소와의 차이를 줄이기 때문에 서로 다른 지표물의 경계선이 흐려지는 블러링(blurring) 현상이 나타난다. 평균필터와 같이 저주파수 요소를 강조하는 필터는 창의 크기가 클수록 블러링 효과가 심해진다. 5×5 크기의 창을 사용하면 3×3 창보다 많은 화소의 평균으로 중심화소를 대체하므로, 피복이 다른 경계선 부근은 두 지표물에 해당하는 화소값이 아닌 주변 25개 화소의 평균으로 대체되므로 블러링의 폭이 넓어진다. 영상에서 잡음은 제거하되, 블러링 효과를 최소화하기 위하여 여러 종류의 저주파수 통과 필터가 개발되었다. 경계선 부근의 블러링 효과를 줄이기 위한 시도로 중심화소의 가중치를 주변 화소보다 약간 높게 부여하는 방법도 있다.

중앙값(median) 필터는 평균필터의 단점을 보완하기 위한 간단한 방법으로, 창 안에 있는 화소

의 평균이 아닌 중앙값을 채택하는 필터다. 평균필터는 창 내부의 모든 화소의 산술 평균인 반면에 중앙값필터는 중앙값을 선택하므로, 평균에 포함되는 잡음의 영향을 없앴다. 중앙값은 잡음이 아닐 확률이 높기 때문에 블러링 현상을 줄일 수 있다. 블러링 효과를 줄이기 위한 유사한 방법으로, 창 안의 화소 중 최소값과 최대값을 제외한 나머지 화소들의 평균으로 중심화소값을 결정하는 올림픽 필터도 있다.

그림 7-70은 인천 연안 ETM+ 청색광밴드 영상으로, 대기산란에 의한 미세한 잡음 현상을 평균필터와 중앙값필터를 적용한 결과의 차이를 보여준다. 평균필터를 적용한 영상은 잡음이 감소하여 표면이 부드러워진 효과를 보여주지만, 해안가의 방파제 및 도로와 같이 경계선이 희미해지는 블러링 현상도 볼 수 있다. 중앙값 필터를 적용한 영상은 잡음이 감소하여 부드러운 평활화

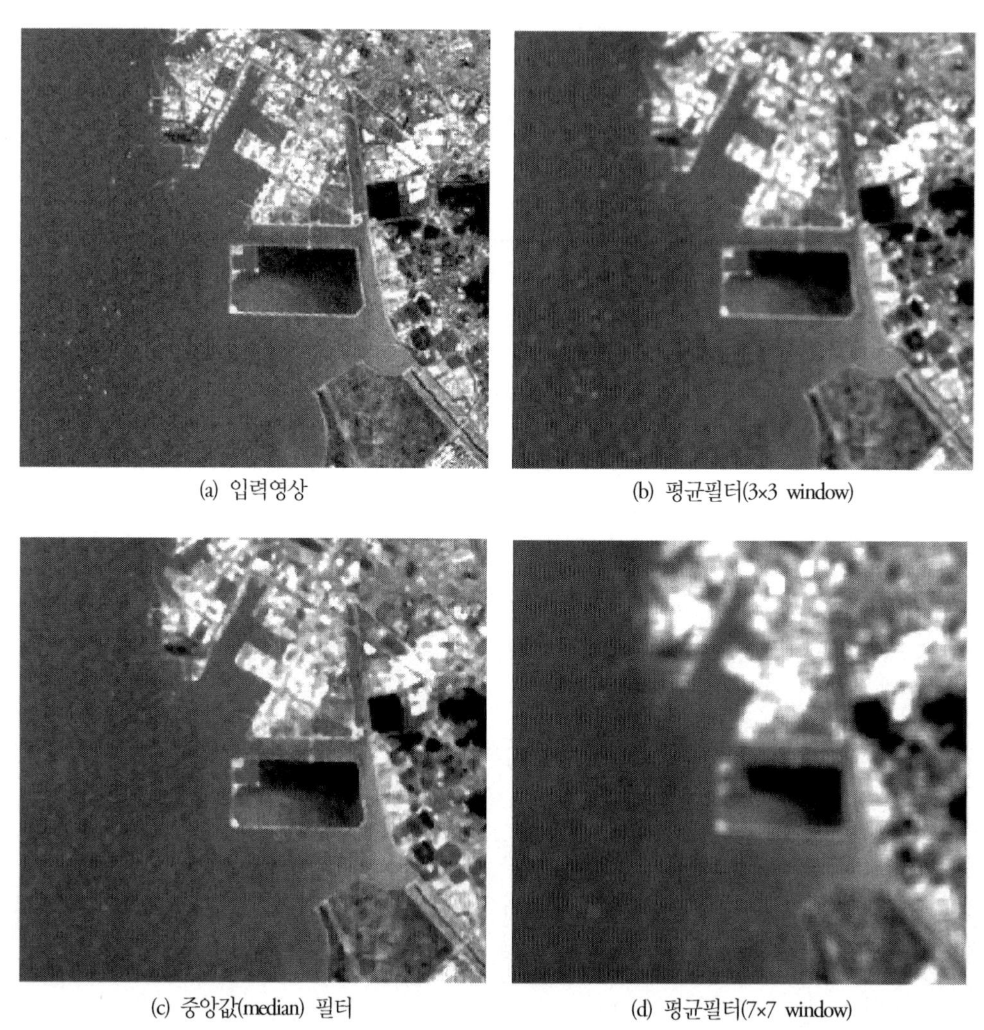

(a) 입력영상

(b) 평균필터(3×3 window)

(c) 중앙값(median) 필터

(d) 평균필터(7×7 window)

그림 7-70 인천 연안 ETM+ 청색광밴드 영상으로 대기산란에 의한 미세한 잡음제거를 위한 공간필터링 결과

효과와 함께 경계선 블러링 현상이 감소했다. 마지막 영상(d)은 평균필터를 적용했으나 창의 크기를 7×7로 확대하여 필터링한 결과다. 입력영상에서 주변보다 밝거나 어두운 화소들이 없어져 영상 전체의 밝기가 균질화되었지만, 블러링 현상이 심해져서 경계선이 제대로 보이지 않는다. 또한 입력영상에서 보이는 작은 선박들이 거의 보이지 않게 되었다.

저주파수 요소를 강조하기 위한 필터는 아니지만, 창 내부의 최소값, 최대값, 최빈값(mode)을 선택하는 필터도, 영상의 특정 부분을 강조하기 위하여 사용한다. 특히 최빈값 필터는 영상자료가 아닌 격자형식의 공간자료(raster map)에 종종 적용한다. 영상분류 결과인 토지피복도는 산림 내부에 분포하는 작은 풀밭이나 묘지를 분광특성에 따라 산림이 아닌 농지 또는 나지로 분류하는데, 여기에 최빈값 필터를 적용하면 산림 내부에서 한 개의 화소에 해당하는 풀밭이나 묘지 등은 주변의 산림에 해당하는 값으로 바뀐다. 이동창을 이용하는 공간회선필터링은 격자형 지도자료에도 자주 적용하는 처리 기법이며, 특히 격자형 수치고도자료(DEM)에서 사면의 경사도와 방위를 산출하는 데 사용한다.

이동창을 이용한 공간필터링은 창의 중심화소에 해당하는 값을 산출하므로, 필터링 결과는 입력영상의 크기보다 작아지게 된다. 즉 m행과 n열로 이루어진 영상에 3×3 크기의 창을 적용하면 필터링 결과영상은 (m−2)×(n−2) 크기가 된다. 그림 7-71에서 보듯이 10행×10열 크기의 영상에 3×3 창을 적용하면 창의 중심화소값만 계산되므로, 필터링 결과는 회색으로 표시한 8행×8열 부분에만 얻어진다. 창의 크기를 5×5로 사용하면 결과영상은 행과 열 양쪽에서 2줄씩 축소되어 6행×6열이 된다. 영상 필터링을 포함하여 이동창을 이용하는 모든 공간회선 연산에서 공통적으로 발생하는 결과영상의 축소 문제를 해결하기 위하여, 입력영상의 크기를 임의로 확대하는 방법이 있다. 즉 3×3창을 이용한 필터링은 입력영상의 크기를 12행×12열로 확대한 후, 가장자리 화소값을 원래 영상의 가장자리 화소에서 그대로 복제하고 필터링하는 방법이다. 필터링 결과영상의 축소를 방지하기 위한 두 번째 방법은 입력영상을 그대로 사용하되, 가장자리에 해당하는 화소는 창의 중심화소로 간주하여 연산하는 방법이다. 즉 3×3창을 적용할 경우, 첫 번째 화소는 그 화소가 중심

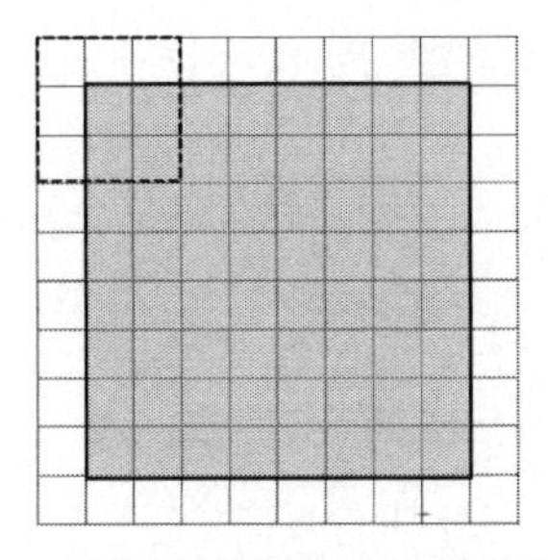

그림 7-71 10행×10열 크기의 영상에 3×3창(점선)을 적용하면, 창의 중심화소만 계산되므로 필터링 결과영상의 크기(회색 부분)는 8행×8열로 축소

이 되는 창 내부의 4개 화소만을 이용하여 연산이 이루어지며, 두 번째 화소는 6개의 화소만으로 계산한다.

SAR 영상 필터링

SAR 영상의 특징으로 영상에서 아주 밝거나 어둡게 보이는 스페클(speckle) 잡음 현상을 꼽을 수 있다. 스페클 잡음은 레이더파의 산란과정에서 발생하는 상호 간섭현상 때문이며, 지표물에 관계없이 무작위로 나타난다. SAR 영상의 분석과 활용에 방해가 되는 스페클 잡음을 제거하기 위하여 영상 필터링을 자주 사용한다. 스페클 잡음은 고주파수 요소에 해당하므로, 평균필터와 같은 저주파수 통과 필터링을 적용하지만 스페클 제거와 함께 블러링 현상으로 SAR 영상 고유의 신호 특성을 잃는 문제가 있다.

SAR 영상에서 스페클 잡음을 최소화하는 동시에 레이더영상의 고유한 신호 특성을 최대한 유지하기 위하여, 오래전부터 SAR 영상에 적합한 필터링 기법이 개발되었다. SAR 영상 필터링은 먼저 스페클 현상을 모형화하는 단계에서 시작한다. 일반적인 스페클 모델은 스페클 잡음이 지표물에서 반사된 순수한 후방산란 신호에 곱해지는 다음과 같은 곱셈형 모델이다.

$$Z_{ij} = X_{ij} N_{ij} \tag{7.40}$$

여기서 Z_{ij} = 영상좌표$(i,\ j)$에 위치한 화소의 신호

X_{ij} = 지표면에서 반사한 잡음이 없는 신호

N_{ij} = X_{ij}에 곱해진 스페클 잡음 영향

스페클 잡음 N은 지표물에서 반사된 순수한 신호 X와 독립적이며, 위치와 관계없이 무작위로 발생한다는 통계적 가정에 따라 N의 평균과 표준편차는 일정하다고 할 수 있다. 이와 같은 기본적인 스페클 모델에 기초하여, 스페클 영향이 최소화된 X를 추정하기 위하여 여러 가지 필터링 기법이 개발되었다.

SAR 영상 필터링은 이동창이 영상 전체를 돌면서 창 안의 중심화소를 산출하는 공간회선필터 형태지만, 중심화소값 계산에 필요한 매개변수가 모든 창마다 구분되므로 적응형(adaptive) 필터라고도 한다. 간단한 형식의 SAR 필터는 창 안의 화소들을 중심화소와 동일한 집단(피복)인지 여부를 먼저 판정하고, 동일한 집단으로 분류된 화소만의 평균으로 중심화소값을 결정하는 방법이다. 주변 화소들이 중심화소와 동일한 집단 여부를 판단하는 기준은 표준편차(σ)를 이용한다. 정규분

포에서 평균을 중심으로 $\pm2\sigma$ 범위에 포함될 확률은 95.5%이므로 중심화소에서 $\pm2\sigma$ 범위에 들면 동일한 집단으로 판단한다. 표준편차를 각 창 안에서 산출한 값을 이용하거나, 영상 전체에서 실험적으로 계산한 값을 이용하는 경우가 있다. 이 방법은 표준편차 σ에 의하여 필터링 결과가 좌우되므로, 시그마(sigma) 필터라고도 한다(Lee, 1983). 스페클 모델에 기초하지만 지표면에서 반사된 신호 X가 주변의 화소들과 독립적이 아니라, 공간적으로 상관성이 있다는 자기상관(autocorrelation) 개념이 적용된 SAR 필터도 있다(Frost, 1982). 창 중심의 화소는 주변 화소값들의 가중평균으로 대체되는데, 각 화소에 대한 가중치는 화소값의 차이와 중심으로부터 거리에 따라 결정한다.

Lee와 Frost가 제시한 SAR 필터링 방법이 여러 가지 형태로 개선되었고, 그 밖에도 스페클 모델 자체를 변형하여 여러 종류의 SAR 필터링 기법들이 소개되었다. 그러나 SAR 영상 필터의 스페클 잡음 제거 효과에 대한 객관적인 검증은 쉽지 않다. 즉 SAR 영상에서 레이더반사만을 반영하는 순수한 신호와 스페클 잡음에 해당하는 신호를 명확하게 구분하는 기준이 모호하기 때문이다. 스페클 잡음을 최소화하는 측면을 강조하면, 서로 다른 지표물의 경계선이나 도로 및 하천 등과 선형 물체가 희미해지게 된다. SAR 영상의 스페클 필터도 다른 저주파수 필터와 마찬가지로 잡음을 최소화하면서 원 영상의 선명도를 최대한 유지하는 방향으로 개발되고 있다.

그림 7-72는 경기도 과천지역의 C-band RADARSAT 영상에 평균필터와 중앙값필터를 비롯하여, SAR 영상에 특화된 시그마 필터, Lee의 개선형 필터, 그리고 Frost의 자기상관 필터를 적용한 결과를 비교한다. Lee의 개선형 필터는 시그마 필터에서 중심화소와 동일 집단 여부를 판단하는 방법을 좀 더 구체화한 방법이다. 입력 영상과 비교하여, 필터링 처리가 된 다섯 영상에서 모두 스페클 잡음이 현저히 감소되었지만, 경계선이 희미해지는 블러링 효과는 다소 차이가 있다.

SAR 영상의 스페클 필터링에서 경계선 유지 효과를 비교하기 위한 수단으로, 두 지표물 사이의 경계선 부분을 가로지르는 선을 그어 화소값을 비교하기도 한다. 횡단선에 걸쳐 있는 화소값의 차이를 보면, 육안으로 잘 보이지 않는 경계선 부근의 필터링 전후 변화를 관찰할 수 있다. 평균필터보다 SAR 영상에 특화된 필터를 적용했을 때, 토지피복 사이의 경계선에서 화소값의 차이가 비교적 잘 유지된다. SAR 영상에서 필터의 선택은 영상의 활용 목적에 따라 결정한다. 시각적 해석이 주된 목적이라면 스페클 필터링이 중요하지 않을 수도 있다. SAR 영상의 스페클 필터는 영상의 활용 목적과 필터링 적용 방법의 난이도 및 효과에 따라 결정해야 한다.

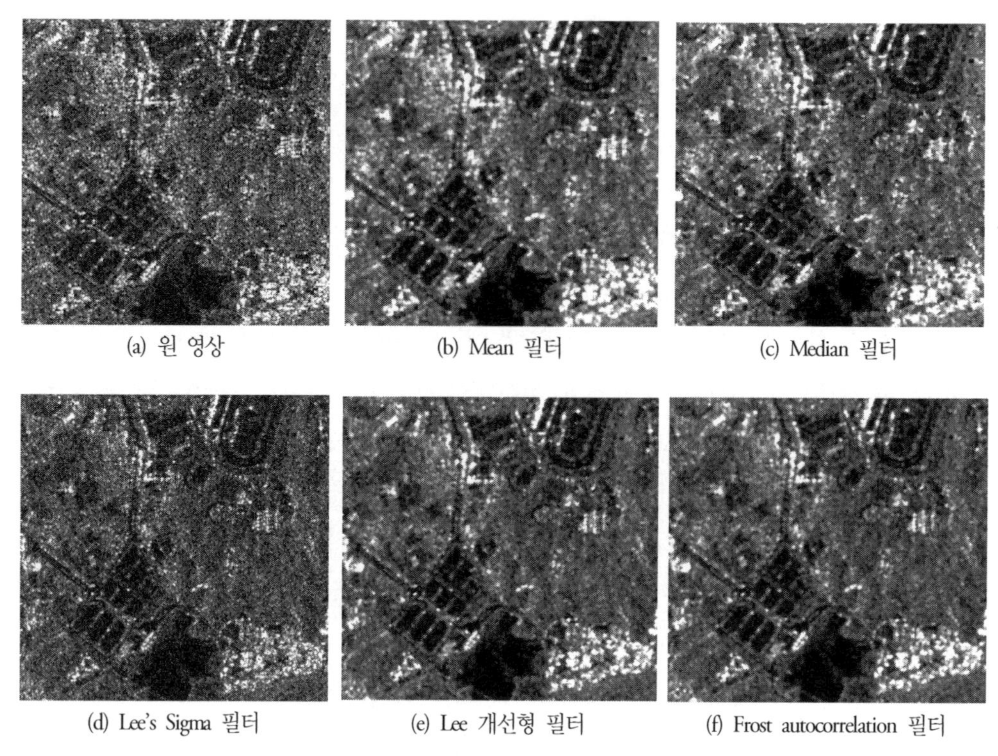

(a) 원 영상 (b) Mean 필터 (c) Median 필터

(d) Lee's Sigma 필터 (e) Lee 개선형 필터 (f) Frost autocorrelation 필터

그림 7-72 SAR 영상의 스페클 필터링 효과의 비교

고주파수 통과 필터(High Pass Filter)

평균필터 및 스페클 필터는 영상의 저주파수 요소를 강조하여 잡음을 최소화하고 영상의 밝기를 평활하게 한다. 반대로 고주파수 통과 필터는 화소값이 자주 변하는 고주파수 요소를 강조하는 필터로서, 주변 화소와의 차이를 강조한 처리기법이다. 고주파수 필터를 적용하면 중심화소의 값이 주변 화소보다 작으면 필터링 결과는 더 작은 값을 갖으며, 중심화소의 값이 주변 화소보다 큰 값이면 필터링 결과는 더 큰 값을 갖는다. 결국 고주파수 통과 필터링은 모든 화소에 대하여 주변 화소와 차이를 더 벌어지게 하여 경계선이 선명하도록 한다. 그림 7-73은 KOMPSAT-1 EOC 영상에 고주파수 통과 필터링을 적용한 결과를 보여준다. 식(7.41)의 마스크 1을 적용한 영상(b)은 입력영상에서 희미하게 보이는 도로 및 건물 외곽선이 뚜렷하게 나타난다. 그러나 모든 경계선이 과다하게 강조되므로, 경계선 안쪽의 세부적 명암 차이가 손실되는 현상이 보인다. 경계선 강조 효과를 약간 낮추는 대신에 경계선 내부의 명암 차이를 입력영상과 가깝게 유지하기 위하여, 중심화소와 주변 화소의 가중치를 다소 조정한 마스크 2를 사용하기도 한다. 마스크 2를 적용한 필터링 결과(c)는 원 영상보다 선명하게 보이지만, 경계선 강조 효과는 마스크 1을 적용한 영상보다 낮게 나타났다.

(a) KOMPSAT EOC 입력영상

(b) 고주파수 필터(마스크 1)

(c) 고주파수 필터(마스크 2)

그림 7-73 고주파수 통과 필터를 적용하여 경계선이 강조되어 영상이 선명해짐

$$\text{고주파수 필터 마스크 1} = \begin{matrix} -1 & -1 & -1 \\ -1 & 9 & -1 \\ -1 & -1 & -1 \end{matrix} \qquad (7.41)$$

$$\text{고주파수 필터 마스크 2} = \begin{matrix} 1 & -2 & 1 \\ -2 & 5 & -2 \\ 1 & -2 & 1 \end{matrix} \qquad (7.42)$$

고주파수 필터는 영상을 선명하게 보이도록 하지만, 주로 다른 토지피복 사이의 경계선이나 도로와 같은 선형 특징을 강조하는 효과를 갖는다. 경계선 강조(edge enhancement) 필터는 경계선 부근의 화소값 차이를 강조하여 경계선이 입체적으로 돌출되거나 함몰되어 보이도록 한다. 경계선 강조 필터링에서 창 안의 중심화소값은 결국 주변 화소와의 차이가 되는데, 경계선 부근에서는 주변 화소와 차이가 크기 때문에 경계선이 부각된다. 표 7-16은 경계선 강조 필터인 Embossing 필터와 Compass gradient 필터의 회선 마스크를 보여주는데, 특정 방향의 경계선을 강조하려면 마스크 계수를 조정한다. 가령 Embossing 필터에서 동서방향의 경계를 강조하는 마스크는 창 안의 중심화소값은 좌우에 인접한 화소의 차이가 되며, 남북방향의 마스크는 인접한 상하 화소의 차이이므로 수직방향의 경계선이 강조된다.

그림 7-74는 EOC영상에 경계선 강조 필터를 적용한 결과를 보여주는데, 입력영상에서 희미한 경계선이 강조되어 뚜렷하게 보인다. 경계선 강조 필터에서 중심화소의 좌우 또는 상하 화소의 일부만을 사용한 Embossing 필터와 Compass gradient 필터를 적용한 결과는 큰 차이가 없다. 또한 사용하는 마스크에 따라 결과영상에서 경계선의 방향에 차이가 있음을 볼 수 있다. 경계선 강조 필터의 목적은 입력영상에서 잘 보이지 않는 경계선을 강조하여 육안판독 효과를 높이기 위하여 적용하며, 사용자가 강조하고자 하는 경계선의 종류와 특성에 따라 입력영상의 파장 밴드를 잘

선정하여야 한다. 가령 저수지, 호수, 작은 하천 수로 등 수면의 경계선을 강조하고자 한다면, 가시광선 영상보다는 근적외선 및 단파적외선 밴드 영상이 적합하다.

표 7-16 경계선 강조(edge enhancement) 필터의 종류와 경계선의 방향을 구분하여 적용하는 마스크 요소

Embossing 필터	마스크	Compass gradient 필터	마스크
마스크 1(동서)	0 0 0 1 0 −1 0 0 0	마스크 1(동)	−1 1 1 −1 −2 1 −1 1 1
마스크 2(남북)	0 1 0 0 0 0 0 −1 0	마스크 2(북)	1 1 1 1 −2 1 −1 −1 −1
마스크 3(북동)	1 0 0 0 0 0 0 0 −1	마스크 3(북동)	1 1 1 −1 −2 1 −1 −1 1
마스크 4(북서)	0 0 1 0 0 0 −1 0 0	마스크 4(서북)	1 1 1 1 −2 −1 1 −1 −1

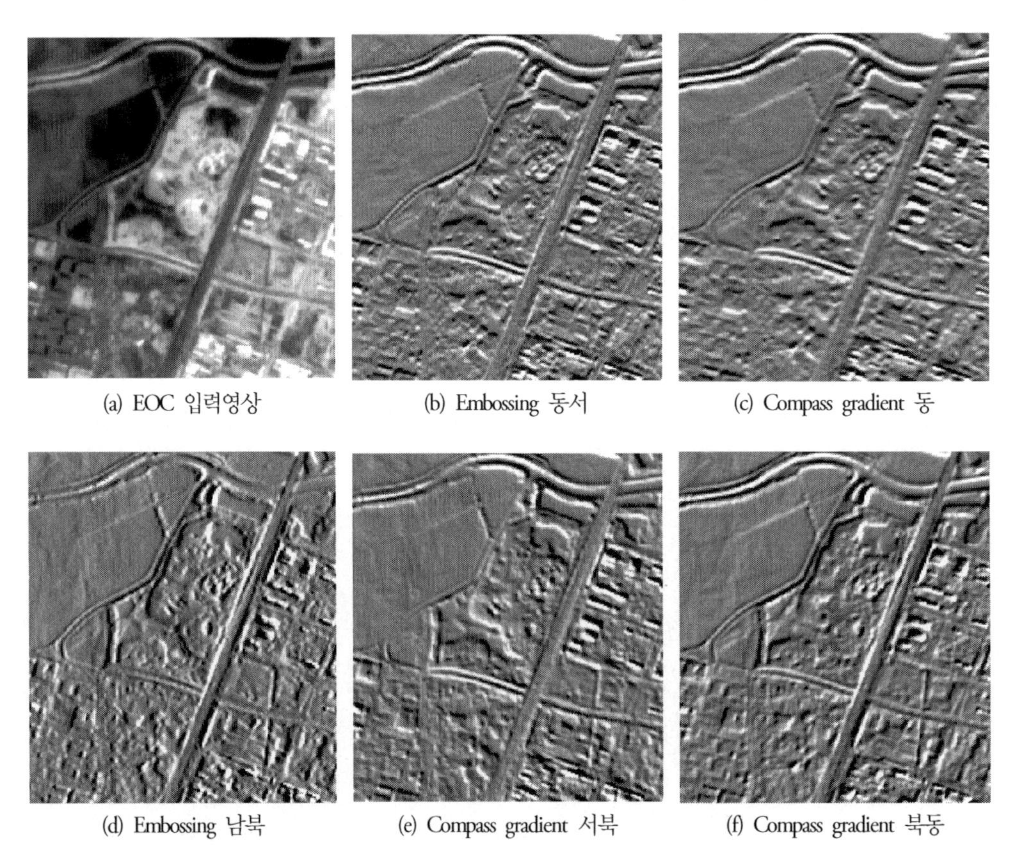

(a) EOC 입력영상 (b) Embossing 동서 (c) Compass gradient 동

(d) Embossing 남북 (e) Compass gradient 서북 (f) Compass gradient 북동

그림 7-74 EOC 영상에 여러 종류의 경계선 강조(edge enhancement) 필터 적용 결과

지리정보시스템을 비롯하여 지도서비스의 확대에 따라 수치지도를 자동으로 제작하거나 갱신할 필요성은 증가하고 있다. 원격탐사영상에서 수치지도를 자동으로 추출하기 위한 기술 개발은 꾸준히 시도되고 있다. 경계선 탐지(edge detection) 필터링은 경계선을 강조하는 단계에서 벗어나, 영상에서 경계선 및 선형 지표물을 자동으로 추출하기 위한 과정으로 활용하기도 한다.

경계선 탐지에는 Sobel 필터와 Roberts 필터가 대표적인데, 두 필터는 모두 두 단계로 나누어 필터링이 진행된다. 먼저 3×3 이동창 필터로 수평방향의 경계선과 수직방향의 경계선을 강조한 영상을 생성하고, 두 번째 단계에서 수평 및 수직 경계선 강조 영상을 연산하여 경계선을 탐지하는 과정이다. 표 7-17은 두 필터링의 첫 단계에서 수평 및 수직방향의 경계선을 강조하는 마스크 X와 Y를 보여주는데, 마스크의 요소는 Embossing 필터와 Compass gradient 필터와 비슷하다.

표 7-17 경계선 탐지(edge detection) 필터의 첫 단계에 적용하는 방향별 마스크

Soble 필터	마스크	Roberts 필터	마스크
X(수평방향)	−1 0 1 −2 0 2 −1 0 1	X(수평방향)	0 0 0 0 1 0 0 0 −1
Y(수직방향)	1 2 1 0 0 0 −1 −2 −1	Y(수직방향)	0 0 0 0 0 1 0 −1 0

첫 단계에서 수평 및 수직 방향의 경계선을 강조한 영상 X와 Y를 얻은 다음, 두 번째 단계에서는 경계선에 해당하는 화소가 아주 높은 값을 갖도록 다음 식을 이용하여 Sobel값과 Roberts값을 산출한다.

$$\text{Sobel} = \sqrt{X^2 + Y^2} \quad (7.43)$$

$$\text{Roberts} = X + Y \quad (7.44)$$

두 개의 경계선 탐지 필터 중 Roberts 필터가 마스크 구성이나 연산 과정이 Sobel 필터보다 비교적 간단하다. Roberts 필터링의 두 단계 연산 과정을 결합하면 다음과 같이 설명할 수 있는데, 3×3 창 안의 중심화소값은 입력영상의 중심화소를 포함하여 네 개 화소의 연산으로 구해진다. Roberts 필터의 마스크는 표 7-17에 열거한 것과 유사한 다른 마스크를 적용하기도 한다.

$$\text{Roberts} = (DN_5 - DN_9) + (DN_6 - DN_8) \quad (7.45)$$

그림 7-75는 2m 해상도의 GeoEye 적색광밴드 영상에 두 종류의 경계선 탐지 필터를 적용한 결과를 보여준다. 필터링 처리를 한 두 영상은 모두 경계선에 해당하는 화소들이 밝게 보이고 나머지 부분은 검게 보이는, 이진영상(binary image)처럼 보인다. 두 영상에서 보이는 경계선은 거의 비슷하게 보이지만, Sobel 필터링 결과영상에서 경계선의 더 밝고 뚜렷하게 보인다. 물론 Sobel 값과 Roberts값으로 계산된 영상에서 경계선을 자동으로 추출하기 위해서는 별도의 처리 과정을 거쳐야 한다. 그림 7-75의 필터링 처리된 영상의 히스토그램은 경계선에 해당하는 화소들과 나머지 화소들의 값이 대략 쌍봉 분포(bimodal distribution)를 갖는다. 히스토그램에서 적정 임계값을 설정하여 경계선에 해당하는 화소만을 추출하면, 완전하지 않지만 경계선에 해당하는 화소들을 추출할 수 있다. 경계선 강조 필터와 경계선 탐지 필터는, 최근 이용이 급증하는 무인기영상을 포함한 고해상도 영상에서 직접 지도자료를 추출할 수 있는 방법의 하나로 사용할 수 있다.

(a) 적색광밴드 영상 (b) Sobel 필터링 결과 (c) Roberts 필터링 결과

그림 7-75 고해상도 위성영상에 경계선 추출을 위한 Sobel 필터와 Roberts 필터 적용 결과

주파수영역 필터링

원격탐사영상은 여러 공간주파수 요소로 구성되어 있다. 주파수영역 필터링은 화소가 이차원으로 배열된 공간영역의 영상을 주파수영역으로 변환하여 분석자가 원하는 주파수 요소를 강조 또는 억제하는 필터링 기법이다. 공간영역 영상을 주파수영역으로 바꾸기 위하여 푸리에 변환(Fourier transform)을 이용한다. 푸리에 변환은 시간 또는 거리에 따른 연속 신호의 함수를 다양한 주파수(또는 파장)의 사인 곡선의 합으로 분해하는 수학적 방법이다. 영상에서 각 화소는 거리에 따른 연속적 신호이며, 화소가 이차원으로 배열되었으므로 모든 방향으로 거리에 대한 연속 함수로 표현할 수 있다. 공간영역의 영상을 푸리에 분석으로 분해하면 공간주파수별로 분해된 주파수영역의 영상이 얻어진다. 푸리에 변환으로 얻은 주파수영역의 영상에서 강조 또는 제거하고 싶은 공간주파수 요소를 조작한 후, 변형된 주파수영역 영상을 푸리에 역변환(inverse Fourier transform)

하면 원하는 공간주파수 요소만을 강조한 영상이 얻어진다.

그림 7-76은 푸리에 변환을 이용한 주파수영역 필터링 과정을 보여준다. 입력영상을 푸리에 변환으로 주파수영역 영상으로 변환하는데, 계산의 효율성을 위하여 고속 푸리에 변환(fast Fourier transform, FFT) 방법을 이용한다. 두 번째 단계는 주파수영역 영상에서 분석자가 원하는 특정 공간주파수 성분을 제외하고 나머지를 제거하는 등 조작 과정이다. 마지막 단계에서는 변형된 주파수영역 영상을 고속 푸리에 역변환(IFFT)하여, 분석자가 원하는 공간주파수 요소가 강조된 필터링 결과를 얻는다.

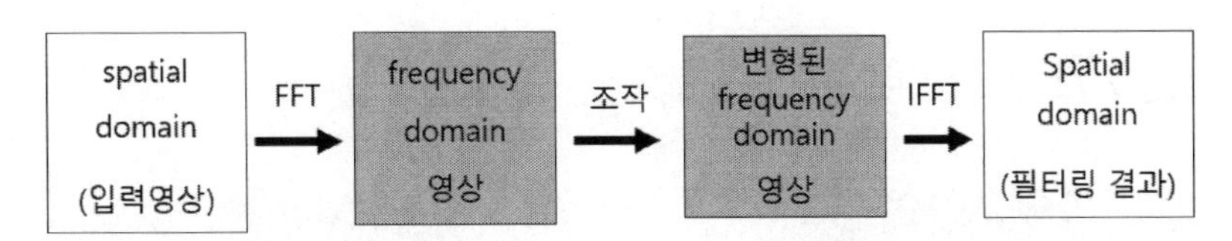

그림 7-76 푸리에 변환을 이용한 주파수영역 필터링 과정

주파수영역 필터링 기법을 적용하기 위해서는, 먼저 푸리에 변환으로 생성된 주파수영역 영상에 대한 이해가 필요하다. 그림 7-77은 주파수영역 영상에 대한 이해를 돕기 위하여, 일정 간격으로 밝기가 반복되는 네 가지 모의영상을 푸리에 분석으로 변환한 주파수영역 영상을 비교한다. 주파수영역 영상에서 밝기는 해당 공간주파수 요소의 강도이며, 밝게 보이는 지점의 공간주파수 요소가 많다는 의미다. 주파수영역 영상에서 중심에 가까울수록 저주파수 요소이며, 중심에서 가장자리로 벗어날수록 고주파수 요소다. 공간영역 영상(a)은 상대적으로 화소값의 변화 빈도가 높은 고주파 요소에 해당하므로, 주파수영역 영상에서는 중심에서 많이 벗어난 지점에 위치하게 된다. 흑백의 반복 패턴이 넓은 간격인 저주파수 요소에 해당하는 영상(b)은 주파수영역 영상에서 중심부에 가깝게 표시된다. 공간영역 영상에서 나타나는 주요 특징 객체의 방향은 주파수영역 영상에서 90° 회전하여 나타나며, 또한 주파수영역 영상은 중심에서 대각선 방향으로 상호 대칭형이다. 가로 방향으로 기울어진 공간영역 영상(c)과 세로 방향으로 약간 기울어진 영상(d)의 줄무늬 방향은, 주파주영역 영상에서 90° 회전하여 나타난다.

주파수영역 영상에서 특정 주파수 요소를 선택하여 강조하는 필터링 처리는, 앞에서 설명한 공간필터링과 동일한 효과를 보여준다. 그림 7-78은 경기도 과천 SAR 영상에 주파수영역 필터링을 적용한 결과를 보여준다. 푸리에 변환된 주파수영역 영상(b)에서 중심부의 저주파수 요소를 제외한 나머지 고주파수 요소를 제거(c)하고, 이를 푸리에 역변환하면 스페클 잡음이 제거된 영상

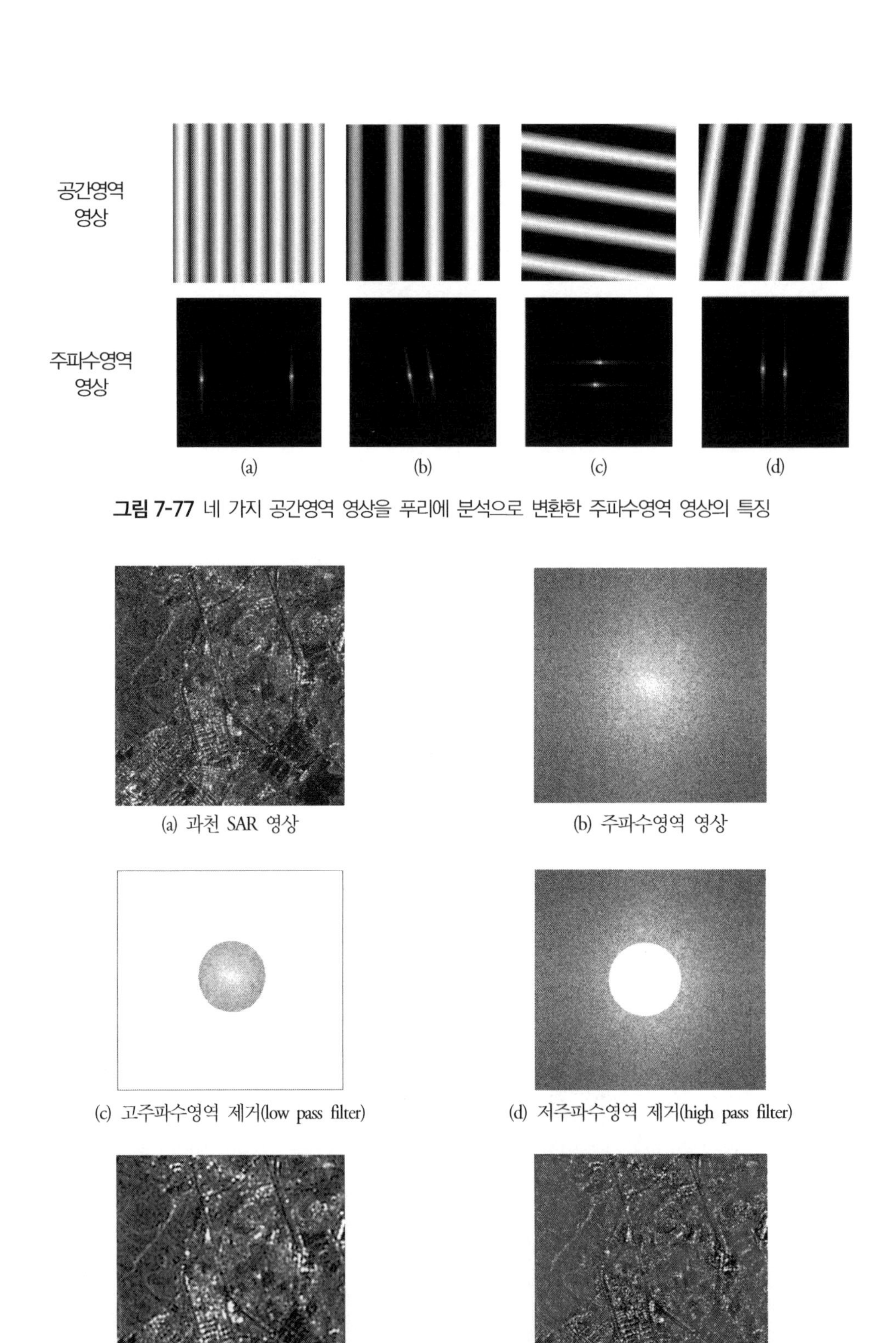

그림 7-77 네 가지 공간영역 영상을 푸리에 분석으로 변환한 주파수영역 영상의 특징

그림 7-78 푸리에 변환된 주파수영역 영상을 조작하여 SAR 영상의 고주파수 및 저주파수 요소를 강조한 영상

(e)을 얻을 수 있다. 이는 평균필터와 같은 저주파수 통과 필터와 비슷한 효과를 보여준다. 반대로 주파수영역 영상에서 저주파수 요소에 해당하는 중심부를 제거(d)하고, 이를 푸리에 역변환하면 경계선 및 스페클이 강조된 영상(f)을 얻을 수 있다. 이는 앞에서 설명한 공간필터링에서 경계선 강조 필터링과 유사한 효과를 보여준다.

주파수영역 필터링은 이동창을 이용하는 공간필터링의 대용이 아니라, 공간필터링에서 처리하기 어려운 잡음을 제거하는 데 효과적이다. 그림 7-79는 일본 JERS-1 위성의 OPS에서 촬영한 근적외선 밴드 영상(a)에서 시스템 이상으로 발생한 심한 줄무늬 잡음 현상을 볼 수 있으며, 이는 공간회선필터링으로 보정이 쉽지 않다. 근적외선 영상을 푸리에 변환한 주파수영역 영상(b)에서는 입

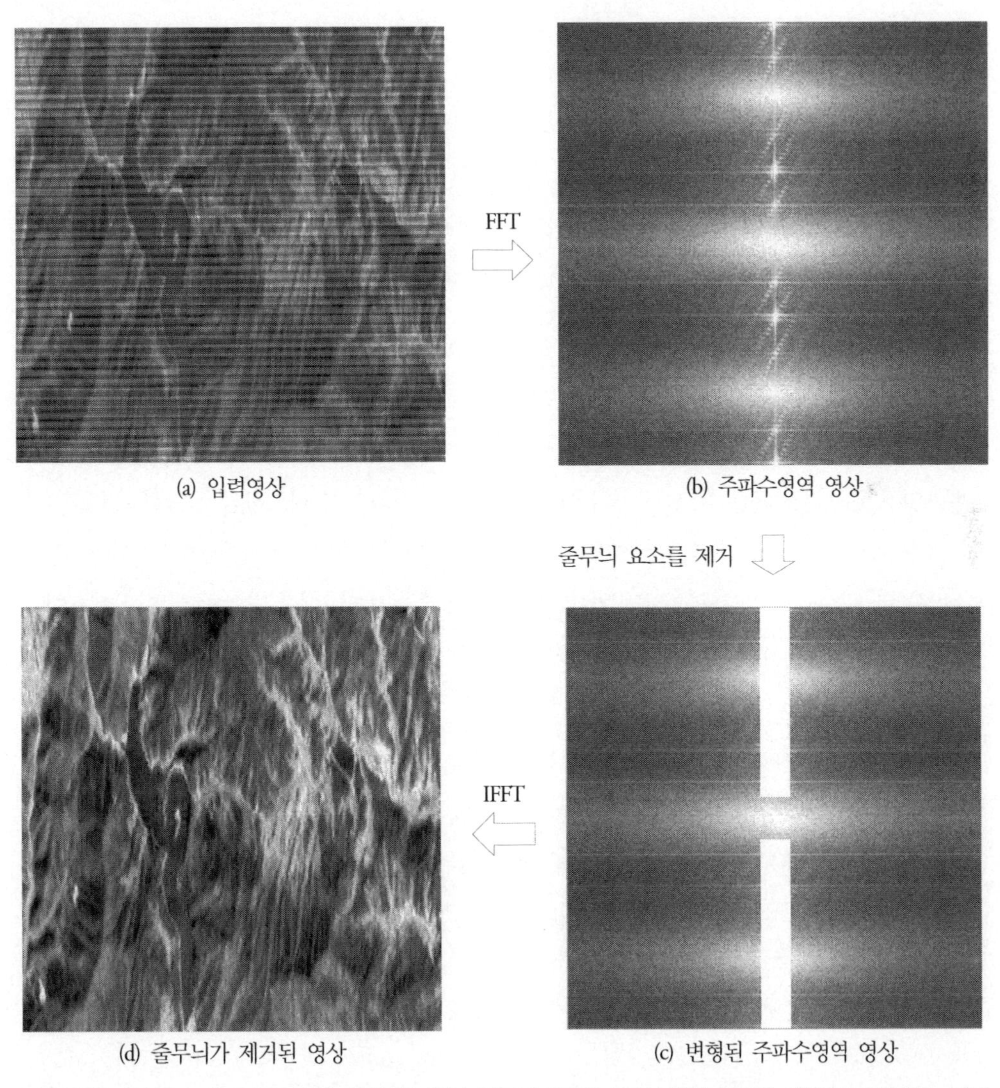

(a) 입력영상
(b) 주파수영역 영상
(d) 줄무늬가 제거된 영상
(c) 변형된 주파수영역 영상

그림 7-79 JERS-1 OPS 근적외선 영상에 나타난 줄무늬 잡음을 주파수영역 필터링 기법으로 처리하는 과정

력영상에서 나타난 줄무늬 잡음에 해당하는 특징을 쉽게 볼 수 있다. 입력영상에서 가로 방향의 줄무늬가, 주파수영역 영상에서는 90° 회전하여 세로 방향으로 나열하고 있다. 또한 촘촘한 간격으로 영상 전역에 나타나는 줄무늬의 빈도에 따라 해당 주파수 요소가 매우 밝게 보인다. 주파수영역 영상에서 입력영상의 줄무늬에 해당하는 주파수 요소를 제거(c)하고, 이 영상을 푸리에 역변환하면 줄무늬가 제거된 공간영역 영상(d)을 얻게 된다. 이와 같이 주파수영역 필터링 방법은 이동창을 이용한 공간회선필터링에서 처리하기 어려운, 줄무늬 현상과 같이 일정한 패턴으로 나타나는 규칙적인 잡음을 제거하는 데 효과적이다.

7.11 영상 변환과 식생지수

영상강조는 영상 필터링 기법과 다중밴드영상의 밴드별 화소값을 수학적으로 조합하여 특정 정보를 잘 보여주는 새로운 영상을 생성하는 영상변환(image transformation) 기법이 있다. 영상변환은 여러 밴드에 포함된 특징을 강조한 새로운 영상으로 변환하는 과정이므로, 앞 절에서 설명한 두 종류 이상의 영상자료를 결합하여 영상을 생성하는 영상합성과 다소 차이가 있다. 본 절에서는 다중밴드영상에 적용되는 여러 가지 영상변환 기법을 다루고자 한다.

밴드연산

밴드연산(band algebra)은 동일 지역의 여러 분광밴드 영상의 각 화소값을 간단한 수학식으로 조합하여 새로운 영상으로 변환하는 방법이다. 가장 간단한 형태의 밴드연산으로는 두 밴드의 화소값을 나누는 밴드비(band ratio)가 있다. 이미 앞 장의 복사보정에서 간단히 설명했듯이, 밴드비는 각 밴드 영상에 포함된 복사왜곡을 줄이기 위한 보정처리 기법으로 이용한다. 두 분광밴드에 포함된 대기 및 지형기복에 의한 복사왜곡의 정도가 유사할 경우, 두 밴드를 나눔으로써 각 밴드 영상신호에 포함된 복사왜곡이 소거되는 효과를 얻을 수 있다. 복사보정 효과를 얻으려면, 밴드비에 입력하는 두 분광밴드의 반사 특성이 유사하고 파장이 인접해야 한다.

영상강조 기법으로서의 밴드비는 일반적으로 두 밴드의 파장구간에서 반사 특성이 서로 상이한 경우에 적용한다. 두 밴드를 나눔으로써, 각각의 밴드에서 잘 나타나지 않는 새로운 특징이 밴드비 영상에서는 강조되어 잘 보이도록 하는 처리 기법이다. 밴드비의 대표적인 영상강조 사례로, 근적외선 밴드를 적색광 밴드로 나눈 결과는 녹색 식물의 특징을 잘 보여준다. 이 밴드비는 식생지수(vegetation index)의 하나로, 두 밴드에 포함된 식물 관련 특성을 결합한 강조 기법이다.

밴드비에 사용하는 두 개의 밴드 선정은 강조하고자 하는 지표물의 분광반사 특성에 기초하지만, 이를 정확하게 판단하기는 쉽지 않다. 그러므로 영상강조를 위한 밴드비에 사용하는 두 밴드를 선정하려면, 밴드 간 상관관계를 이용할 수 있다. 두 밴드의 상관관계가 낮다면 두 영상의 신호가 연관성이 낮다는 의미다. 따라서 두 밴드를 나눔으로써 두 밴드에서 잘 나타나지 않는 특징이 밴드비 영상에서는 잘 보일 수 있다. 식물의 분광반사 특성은 근적외선과 가시광선에서 매우 다르므로, 두 밴드의 비가 식물의 특징을 강조하는 효과를 준다. 반대로 복사보정 효과를 얻기 위한 밴드비에 사용하는 두 밴드는 서로 상관관계가 높아야 한다. 두 밴드의 상관관계가 높다는 것은 대기, 지형, 태양각 등 환경 조건에 의한 영향이 비슷할 수 있기 때문이다.

그림 7-80은 인천지역의 SPOT 다중분광영상의 적색광 및 근적외선 밴드 영상과 두 밴드를 나눈 밴드비 영상을 보여준다. 두 밴드 영상에서 보이는 도심, 갯벌, 물, 산림, 논의 밝기는 각각 다르다. 물론 근적외선 영상의 밝기는 식물의 높은 반사율을 보여주지만, 식물과 비슷한 밝기값을 가진 비식물 지표물(영상 좌상부의 밝은 토양)과 구분이 어려운 경우도 있다. 두 밴드를 나눈 밴드비 영상에서는 식물과 비식물이 뚜렷하게 구분되며, 또한 식생지에서도 식물의 종류와 상태에 따라 차이가 있다. 영상이 촬영된 10월 6일의 식생 상태를 감안하면, 논은 이미 최대 생육단계가 지난 추수 직전의 상태이므로 산림보다 다소 어둡게 보인다.

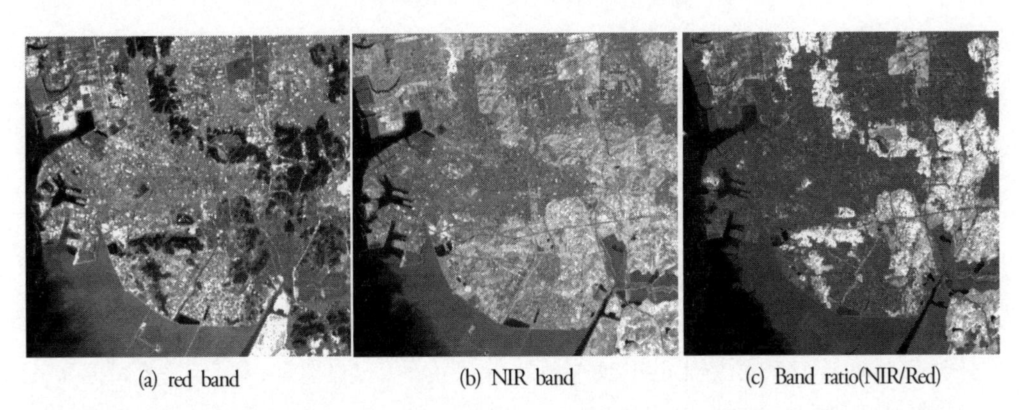

(a) red band (b) NIR band (c) Band ratio(NIR/Red)

그림 7-80 1995년 10월 6일 촬영한 인천지역의 SPOT 다중분광영상의 적색광 밴드(a)와 근적외선 밴드(b)의 밴드비 영상(c)

밴드비는 다양한 지표물의 분광반사 특성에 대한 충분한 이해가 없어도 간단하게 적용할 수 있는 기법이다. 광물, 토양, 수분과 관련하여 분광반사 특성이 서로 다른 두 개의 밴드를 이용한 밴드비 영상은 종종 기대하지 못했던 의외의 특징을 강조하여 보여주는 경우가 있다. 밴드비는 아주 간단한 처리 과정이므로, 여러 밴드 조합에 대하여 시험적으로 밴드비 영상을 생성하고 그

특징을 비교하면서 관심 대상을 찾는 수단으로 종종 사용한다.

밴드 차이(band difference)는 두 밴드 신호값의 차이로 밴드비와 유사한 정보를 얻을 수 있다. 근적외선 및 적색광 밴드의 신호 차이는, 밴드비와 마찬가지로 식물의 특성을 강조한 식생지수로 사용할 수 있다. 밴드비와 밴드 차이는 또한 다중시기 영상을 이용한 간단한 변화탐지에도 적용할 수 있다. 동일 지역을 다른 시기에 촬영한 두 영상을 나누거나 빼주면 변화와 관련된 흥미로운 결과를 볼 수 있다. 두 시기 영상을 이용한 밴드비와 밴드차는 아래와 같이 산출한다.

$$DN_{ratio} = \frac{DN_{time1}}{DN_{time2}} \tag{7.46}$$

$$DN_{diff} = DN_{time1} - DN_{time2} \tag{7.47}$$

두 시기 영상에 밴드비와 밴드차 수식을 적용하면, 두 시기에 지표 변화가 없는 지점은 각각 1과 0에 가까운 값을 갖는다. 반면에 두 시기에 지표 상태가 변한 지점은 밴드비 영상에서 1보다 크거나 작은 값을 갖게 되며, 절대값이 1에서 멀어질수록 피복 상태의 변화가 크다는 것을 의미한다. 밴드차 영상에서는 0보다 크거나 작아질수록 피복 변화의 정도가 크다. 밴드연산을 이용한 변화탐지를 위해서는, 두 밴드 영상이 가급적 동일한 센서로 촬영한 영상이 바람직하다. 두 영상이 이종센서로 촬영한 영상이면, 두 영상의 화소값 차이를 보정하는 정규화 과정이 필요하다. 변화탐지에서는 또한 두 영상 촬영시점의 대기상태 및 태양각 차이도 함께 고려해야 한다. 밴드연산을 이용한 변화탐지는 주로 변화가 발생한 지점을 빠르게 탐지하기 위한 용도로 적용되며, 변화의 종류와 특성에 관한 구체적인 정보를 얻기 위해서는 추가적인 처리가 필요하다.

분광지수

분광지수(spectral index)는 본래 전파천문학에서 비롯된 용어로, 천체에서 방출되는 전파를 탐지하여 천체의 속성을 설명하는 지표로 사용했다. 지수(index)란 어떠한 현상 또는 상태를 하나의 숫자로 나타내는 지표로서, 일상생활에서도 주가지수, 불쾌지수, 대기질지수 등 다양하게 사용한다. 원격탐사에서 분광지수란 여러 분광밴드에서 나타나는 영상신호를 수학적으로 조합하여, 특정 지표물의 특성을 잘 나타낼 수 있도록 변환하는 처리 기법이다. 근적외선 및 가시광선 밴드의 신호를 조합하여 단일의 숫자로 변환한 식생지수는 원격탐사에서 가장 널리 사용되는 분광지수다. 식물 외에도 물, 눈과 얼음, 토양 등 여러 지표물의 특성을 강조한 분광지수가 개발되었다.

분광지수의 개념은 그림 7-81의 구름과 눈의 분광반사 곡선을 이용하여 간단히 설명할 수 있다.

구름과 눈은 가시광선 및 근적외선 파장에서는 매우 높은 반사율로 종종 구분이 쉽지 않으며, 또한 눈의 종류와 표면 상태에 따른 차이도 잘 보이지 않는다. 그러나 단파적외선 파장에서는 눈과 얼음의 반사율은 급격히 하락하지만, 구름은 여전히 높은 반사율을 유지한다. 또한 눈은 입자의 크기와 표면 상태에 따라 근적외선과 단파적외선 반사율에 차이가 있다. 구름과 눈의 분광반사 특성을 이용하여 눈의 분포와 표면 상태를 잘 나타내는 분광지수를 도출할 수 있다. 녹색광과 단파적외선 밴드에서 눈의 반사율 차이가 크지만, 구름의 반사율은 큰 차이가 없다. 두 밴드의 반사율 차이($\rho_G - \rho_{SWIR}$)는 눈과 구름의 차이를 잘 나타내며, 눈의 종류와 표면 상태에 따른 차이도 잘 보여준다. 이를 토대로 개발된 정규눈지수(normalized difference snow index, NDSI)는 두 밴드 영상의 모든 화소의 값(DN 또는 반사율)을 다음과 같이 조합하여, 눈의 특성을 나타내는 새로운 영상으로 변환한다(Riggs 등, 2015).

$$NDSI = \frac{\rho_G - \rho_{SWIR}}{\rho_G + \rho_{SWIR}} \tag{7.48}$$

NDSI는 가시광선 밴드와 단파적외선 밴드를 가진 다중분광 또는 초분광영상을 이용하면 쉽게 산출할 수 있다. 가령 Landsat-8 OLI 영상의 밴드 3 (0.53~0.59μm)과 밴드 6 (1.57~1.65μm) 영상을 식(7.48)에 적용하면, 다른 지표물과 쉽게 구분되는 눈의 분포와 표면 상태를 잘 보여주는 새로운 영상으로 변환된다.

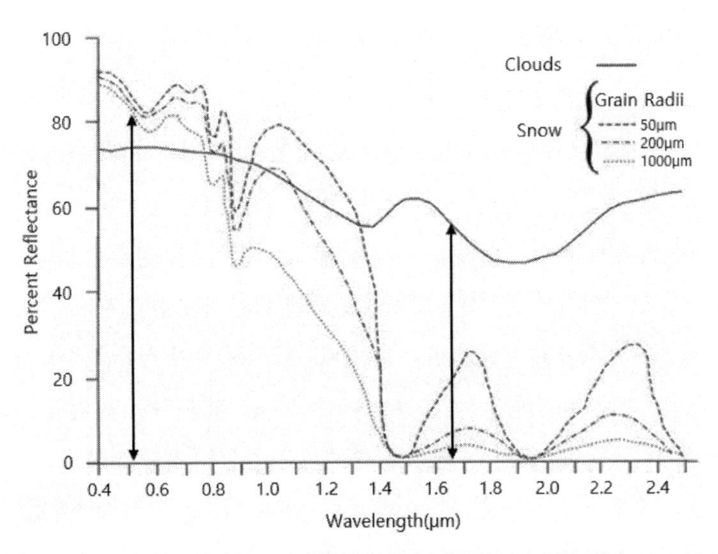

그림 7-81 구름과 눈의 분광반사율의 차이를 이용하여 조합한 눈 분광지수(Riggs 등, 2015)

원격탐사 분광지수는 기본적으로 반사율이 크게 다른 두 개 분광밴드의 신호(반사율)의 차이 값 또는 나눈 값이다. 분광지수는 각 밴드 영상신호에 포함된 대기 및 촬영 환경의 영향을 제거하는 복사보정 효과도 있기 때문에, 원 영상을 그대로 사용하는 것보다는 두 밴드를 나누거나 빼준 분광지수를 사용하는 게 효과적인 경우가 많다. 표 7-18은 지금까지 개발한 다양한 종류의 분광지수 중 일부분을 관심 대상별로 구분했다. 식생지수가 가장 대표적인 분광지수이지만, 식물 및 토양의 수분함량, 염분 상태, 산불 피해 정도 등 다양한 활용 분야에 적합한 분광지수가 개발되었다. 관심 대상인 지표물의 분광특성에 대한 충분한 이해와 이를 뒷받침할 수 있는 분광측정자료가 있다면, 새로운 분광지수 개발이 어렵지 않다. 광학영상센서의 분광밴드가 세분화되고, 밴드 수가 증가하는 추세를 감안하면, 향후 새로운 분광지수의 개발은 계속되리라 전망한다.

표 7-18 주요 관심 지표물에 대한 다양한 분광지수 개발 사례

주요 관심 대상	분광지수	수식
식생	정규식생지수(NDVI)	(NIR−R)/(NIR+R)
	엽록소지수(초분광영상에 적용)	ρ800−ρ680
물	수분지수(NDWI)	(NIR−SWIR)/(NIR+SWIR)
토양	토양 염분(soil salinity) 지수	(R/NIR), (R×NIR)/G
눈	눈지수(NDSI)	(G−SWIR)/(G+SWIR)
산불	화재피해도 지수(fire severity index)	(NIR−SWIR2)/(NIR+SWIR2)

식생지수

식생지수(vegetation index, VI)는 원격탐사 영상처리에서 가장 널리 사용하는 강조 기법으로 간단하면서도 표준화된 처리 방법이다. 지구 표면의 약 30%를 차지하는 육지의 영상신호에 가장 큰 영향을 미치는 요소는 식물이다. 눈과 얼음으로 덮여 있는 극권과 매우 건조한 사막지역을 제외하면, 육지의 대부분은 수목, 농작물, 관목류 및 풀 등 다양한 식생이 존재한다. 산림, 농지, 목초지, 초원 등 여러 형태의 식생은 환경 조건에 따라 식물의 생육 상태가 계속 변하므로, 육상 원격탐사영상은 촬영 지역의 식물 상태 및 생육단계에 따른 시공간적 변화를 반영한다.

식생지수는 식물과 비식물의 분광반사 특성의 차이를 이용하여 식물을 강조할 뿐만 아니라, 식생지역에서도 식물의 종류, 엽량, 피복률 등에 따른 차이를 잘 나타낸다. 그림 7-82는 가시광선과 근적외선 파장에서 식물과 다른 지표물의 전형적인 분광반사곡선을 보여주고 있는데, 이 그래프를 통하여 식생지수의 기본적인 원리를 이해할 수 있다. 식물은 가시광선에서 낮은 반사율을 갖지만, 근적외선에서는 반사율이 급격히 증가하여 다른 지표물과 뚜렷한 차이를 갖는다. 반면에

식물이 아닌 물, 토양, 암석, 눈과 같은 지표물은 두 파장구간에서 반사율의 차이가 크지 않다. 그러므로 두 파장구간의 영상 신호를 나누거나 빼준 결과만으로도 식물과 비식물이 쉽게 구분된다.

식생지수는 식생지와 비식생지의 차이를 강조할 뿐만 아니라, 식물의 상태를 나타내는 여러 인자들과 관련되어 있다. 아래 그림에서 식물 A와 식물 B의 차이는, 다양한 측면에서 해석할 수 있다. 식물의 종류에 따라서 잎의 세포가 다층 구조로 된 식물 A는 단층 구조를 가진 식물 B보다 근적외선에서 반사율이 높게 나타날 수 있다. 또한 같은 종류의 식물이라도 A는 잎이 무성한 상태로 B보다 엽량이 많다면, 근적외선 반사율이 높게 나타난다. 엽량이 많으면 가시광선 밴드에서도 미세한 반사율의 차이가 발생한다. 청색광 및 적색광 파장은 엽록소 흡수밴드로, 엽량이 많거나 건강하게 자라는 식물은 엽록소 농도가 높기 때문에 청색광과 적색광 흡수율이 높고 반사율이 낮다. 청색광 밴드는 대기산란의 영향을 많이 받기 때문에, 식생지수 산출에는 주로 적색광 밴드를 사용한다.

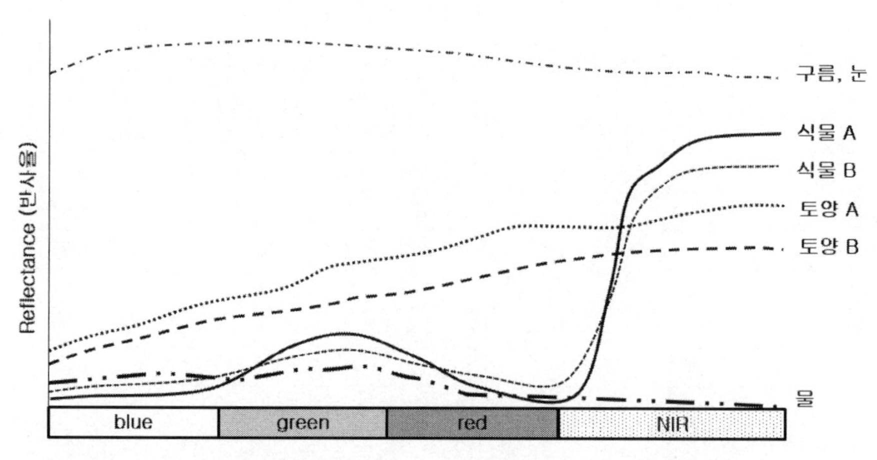

그림 7-82 가시광선과 근적외선에서 식물 및 식물이 아닌 다른 지표물들의 분광반사 특성 비교

표 7-19는 다양한 지표물의 적색광 및 근적외선 반사율을 이용하여 식생지수가 산출되는 과정을 보여준다. 식물이 아닌 지표물은 두 밴드에서 반사율의 차이가 미약하므로, 두 밴드의 반사율을 나눈 값은 1에 가깝다. 반면에 식물은 근적외선에서 반사율이 매우 높기 때문에 두 밴드를 나눈 비는 1보다 훨씬 크게 된다. 두 밴드를 나눈 식생지수(ratio VI)는 이미 그림 7-80c에서 보여준 밴드비 결과로 나타난다. 두 밴드의 반사율 차이(difference VI) 또한 비슷한 경향을 보인다. 비식물 지표물은 두 밴드의 반사율 차이가 0에 가깝지만, 식물은 높은 근적외선 반사율 때문에 0보다 큰 값을 갖게 된다. 따라서 식물 A와 B는 식물이 아닌 다른 지표물보다 식생지수가 크며, 또한

식물 A와 B의 차이도 강조되어 나타난다.

두 식생지수(ratio, difference)는 식물의 분포 특성을 강조하는 간단한 지표지만, 정성적인 판독 목적 외에는 잘 사용하지 않는다. 밴드비 및 밴드 차이를 이용한 식생지수는 그 값의 범위에 대한 절대적인 기준이 모호하다. 표 7-19에서는 식생지수 산출을 위하여 밴드별 반사율이 사용했지만, 경우에 따라 화소값(DN) 또는 복사휘도(radiance) 등 다양한 영상신호를 사용할 수 있다. 이럴 경우 식생지수의 최대 및 최소값의 범위와 차이에 대한 기준이 영상신호에 따라 달라지므로 해석에 어려움이 있다. 이러한 단점을 보완하고자 영상신호의 종류에 관계없이, 적색광 및 근적외선 밴드 신호의 차이를 두 밴드 신호의 합으로 나눔으로써, 식생지수를 일정 기준에 맞춘 정규식생지수(normalized difference vegetation index, NDVI)를 가장 널리 사용한다.

$$NDVI = \frac{\rho_{NIR} - \rho_R}{\rho_{NIR} + \rho_R} \tag{7.49}$$

표 7-19 다양한 지표물의 밴드별 반사율을 가정하여 산출된 식생지수 비교

지표물	밴드별 영상신호(반사율)		식생지수		
	NIR	R	Ratio VI (NIR/R)	Difference VI (NIR−R)	NDVI (NIR−R)/(NIR+R)
눈, 구름	90	92	0.98	−2	−0.01
식물 A	45	9	5.00	36	0.67
식물 B	35	11	3.18	24	0.52
토양 A	28	26	1.08	2	0.04
토양 B	22	19	1.16	3	0.07
물	1	4	0.25	−3	−0.60

NDVI는 입력영상의 신호 종류에 상관없이 −1∼1 사이의 값을 가지며, 식물의 양이 많을수록 1에 가까운 값을 갖는다. 식물이 아닌 지표물의 NDVI는 주로 0 주변의 값을 가지며, 물과 같이 근적외선 신호가 적색광 신호보다 낮은 경우에는 음수 값을 갖기도 한다. NDVI를 비롯한 대부분의 식생지수는 적색광 밴드와 근적외선 밴드 영상만을 사용하며, 두 밴드 영상은 대부분의 항공기 및 위성 전자광학센서에서 촬영한다.

NDVI를 포함한 대부분의 식생지수는 영상의 공간해상도에 관계없이 산출이 가능하므로, 다양한 규모의 지역에 적용할 수 있다. 무인기 및 고해상도 영상에서 촬영된 좁은 면적의 공원이나 농지부터 MODIS와 같은 저해상도 위성영상을 이용하여 지구 전역에 이르기까지, 식생지수는 식물과 관련된 정보를 추출하는 데 널리 사용하는 영상변환 기법이다.

식생지수는 식물 군집의 생물리적 특성과 관련된 정량적 인자와 밀접한 관계가 있다. 산림 및 농지의 식물 생육 상태를 가늠하기 위한 인자로 엽면적지수(LAI), 생체량(biomass), 수관울폐도(crown closure), 순생산량(production), 유효 광합성 복사량(PAR) 등이 있다. 오래 전부터 식생지수를 이용하여 이러한 식생 관련 인자를 추정하려는 많은 노력이 있었다. 식생지수는 산림, 농업, 환경생태 등 식물과 직접적으로 관련된 분야에서 뿐만 아니라, 수문학 및 기상학 등에서도 널리 사용한다.

다양한 활용 분야에서 식생지수 자료의 중요성과 효율성을 감안하여, 여러 영상 공급 기관에서는 영상자료와 함께 식생지수 자료를 산출물로 함께 공급하고 있다. MODIS는 매일 지구 전역을 촬영한 일별 영상자료를 처리하여, 16일 주기로 구름의 영향이 제거된 시계열 식생지수 영상을 제공한다. 유럽 및 한국에서도 최신 위성에서 촬영된 영상을 이용하여 일정 주기로 합성한 시계열 식생지수를 산출물로 공급할 예정이다. 시계열 식생지수는 동일 지역의 식물 상태 변화를 주기적으로 모니터링하기 위한 수단이다. 컬러 그림 7-83은 2000년부터 2010년까지 촬영된 MODIS 일별 영상을 처리하여, 16일 주기의 11년 평균 NDVI를 산출한 결과를 보여준다(Lee and Yoon, 2008). 첫 번째 식생지수 영상은 1월 1일부터 16일까지 일별영상을 합성하여 산출한 NDVI의 11년 평균 자료이며, 이후 영상은 동일한 방법으로 16일 주기로 합성한 평균 식생지수 자료다. 온대

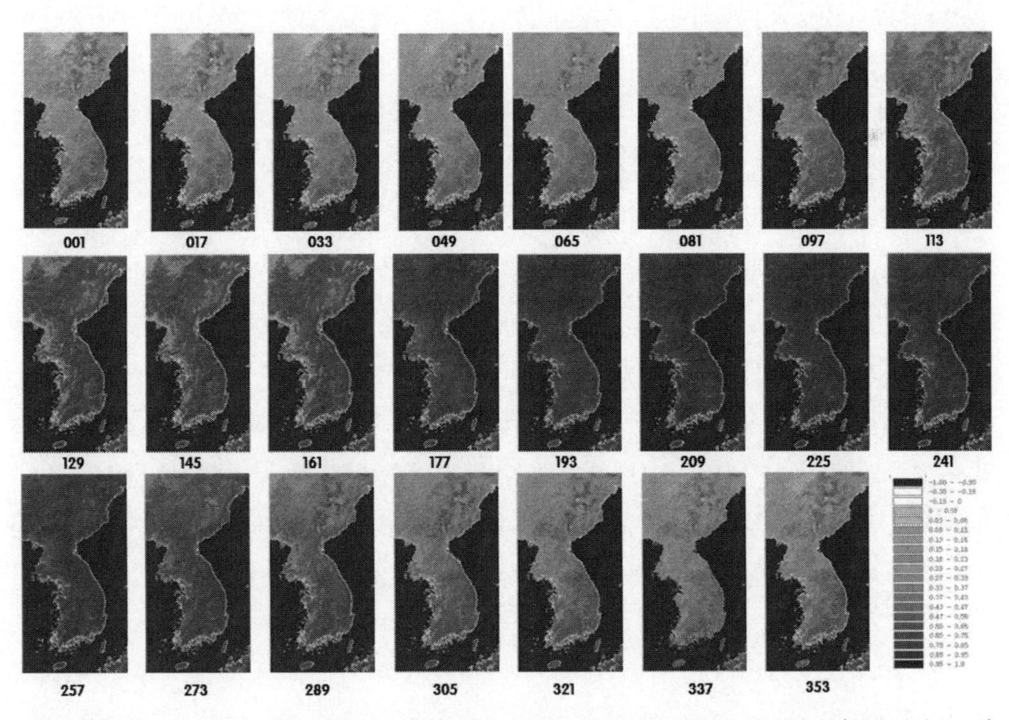

컬러 그림 7-83 MODIS 영상을 이용하여 산출한 한반도 지역의 11년 평균 16일 주기 식생지수(컬러 도판 p.570)

지역의 기후 특성에 따라 식물 생장이 시작되는 봄(081 영상)부터 늦가을(337 영상)까지 산림과 농지에서 계절별 임목 및 농작물의 생육 상태에 따른 NDVI의 변화를 쉽게 관찰할 수 있다.

동일 지역에서 오랜 기간 축적된 식생지수 평균을 기준으로 현 시점의 식생지수와 비교한다면, 현재 식물의 생육주기(phenology)와 생장 상태를 파악할 수 있다. 장기간 축적된 식생지수의 예년 평균을 이용하여 현 시점의 식생 상태를 비교 분석하기 위한 방법으로, 식생지수 이상값(NDVI anomaly)을 다음과 같이 구할 수 있다.

$$NDVI\ anomaly = NDVI_i - \overline{NDVI_i} \tag{7.50}$$

여기서 $NDVI_i$ =특정 시점 i의 식생지수

$\overline{NDVI_i}$ =예년 i 시점의 평균 식생지수

식생지수 이상값이 0에 가까우면 현 시점의 식생지수가 예년 평균과 차이가 없으므로, 현재의 식물 생육 상태가 평년과 크게 다르지 않다는 의미다. 그러나 식생지수 변칙값이 음수인 지점은 현 시점의 식생이 예년보다 발육이 늦거나 건강 상태가 나쁜 경우로 해석할 수 있다.

컬러 그림 7-84는 한반도 지역의 가뭄이 심했던 2012년 6월 중순(10일~25일) NDVI와 같은 6월 중순의 11년 평균 NDVI의 차이인 식생지수 이상값을 보여준다. 2012년은 봄부터 시작된 심한 가뭄 때문에, 농지 및 산림에서 식물 발육이 예년보다 부진하여 대부분 지역의 식생지수 이상값이 음수인 갈색으로 보인다. 특히 극심한 가뭄으로 북한 서해안 농경지와 함경도 산림이 매우 낮은 이상값으로 진한 갈색으로 보인다. 반면에 호남 및 영남 지역의 일부 농지에서는 생육 상태가 예년보다 우수한 녹색(양수)으로 나타난 지점을 볼 수 있는데, 이는 관개 농업으로 가뭄에 관계없이 벼의 생육이 예년보다 좋은 상태를 의미한다.

식생지수 이상값을 이용한 변화 분석을 위해서는 정확한 평균 식생지수 자료가 구축되어야 한다. 평균 식생지수는 수십 년 이상 장기간 축적된 자료를 기반으로 산출되어야 하지만, 위성영상의 특성상 장기간 동일 사양의 영상센서가 운영되는 경우는 많지 않다. 이종센서 자료를 함께 이용하여 장기간 평균 식생지수 자료를 구축하려면, 이종센서 영상 간의 파장영역, 복사해상도, 공간해상도 차이에 따른 식생지수의 호환성을 검증하고 보완해야 한다.

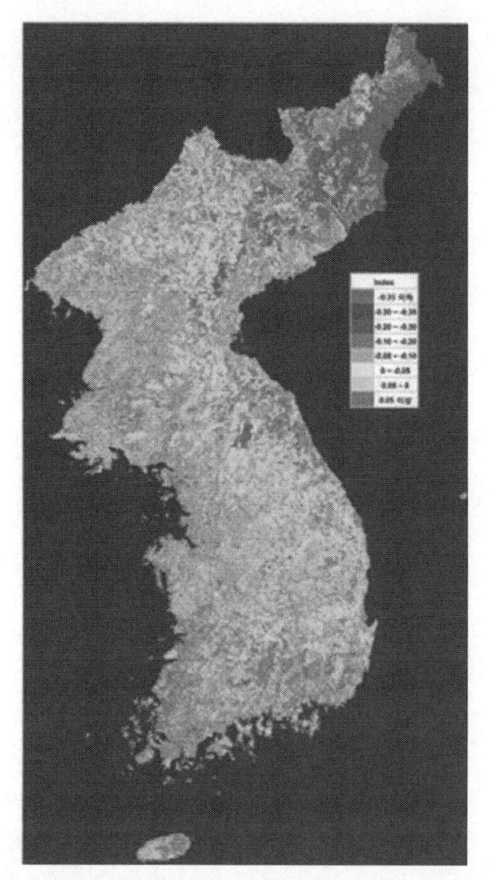

컬러 그림 7-84 한반도 지역의 현재 식생지수와 동일 시점의 예년 평균(2000~2010년) 식생지수와의 차이인 NDVI 이상값(anomaly) 영상(컬러 도판 p.570)

개선형 식생지수

NDVI는 지난 1970년대 초반부터 사용한 식생지수이며, 적용이 간단하고 식생과 관련된 다양한 정보를 얻는 데 매우 중요한 역할을 해왔다. 그러나 NDVI는 대기상태 및 식물의 배경이 되는 토양 반사의 영향에 민감하다. NDVI는 식생의 생물리적 특성과 밀접한 관계를 가지고 있기 때문에, 엽면적지수 또는 생체량를 추정하는 데 사용한다. 그러나 NDVI와 엽면적지수의 관계는 수관울폐도가 높고 엽량이 많은 식생에서는 상관성이 떨어진다. 그동안 지적된 NDVI의 단점을 보완하고, 더 나아가 식생의 생물리적 특성 인자에 민감하게 반영하도록 개선한 여러 종류의 식생지수가 개발되었다.

표 7-20은 NDVI를 비롯하여 다중분광영상에서 산출되는 여러 종류의 식생지수를 보여준다. 식생지수는 기본적으로 적색광 밴드와 근적외선 밴드의 신호를 간단한 산술 조합한 결과지만, 개선된 형태의 여러 식생지수는 두 밴드의 신호에 추가하여 부수적인 입력 정보를 필요로 한다.

개선 식생지수(Enhanced VI, EVI)는 NDVI 다음으로 많이 사용하는 식생지수의 하나로, 대기산란과 다양한 토양 조건에 의한 영향을 최소화하기 위하여 개발했다. EVI는 특히 MODIS 영상과 함께 제공하는 주요 활용 산출물인 식생지수에 NDVI와 함께 포함되었다(Huete 등, 2002).

표 7-20 원격탐사 식생지수의 종류 및 특성

식생지수	수식	내용
정규식생지수	$\frac{\rho_{NIR}-\rho_R}{\rho_{NIR}+\rho_R}$	• 가장 널리 사용되는 식생지수 • 정성적 정량적 활용에 모두 적용
개선 식생지수(EVI)	$G\frac{\rho_{NIR}-\rho_R}{\rho_{NIR}+c_1\rho_R-c_2\rho_B+L}$	• 대기산란 영향을 줄이기 위하여 보정계수 c_1, c_2를 사용하며, 토양 차이를 보정하기 위한 계수 L을 적용 • 보정계수는 실험적으로 취득
대기보정 식생지수(ARVI)	$\frac{\rho_{NIR}-\rho_{RB}}{\rho_{NIR}+\rho_{RB}}$	• 적색광 신호에서 대기산란 및 흡수의 영향을 보정 • $\rho_{RB}=\rho_R-\rho_B-\gamma(\rho_B-\rho_R)$
토양보정 식생지수(SAVI)	$\frac{(\rho_{NIR}-\rho_R)}{(\rho_{NIR}+\rho_R+L)}(1+L)$	식물의 배경이 되는 토양의 밝기 차이 보정
직교화 식생지수(PVI)	$\frac{(\rho_{NIR}-a\rho_R-b)}{\sqrt{1+a^2}}$	• 식물의 양은 토양선(soil line)에 수직 관계로 가정 • a, b는 수직선의 기울기와 절편
엽록소 지수(MTCI)	$\frac{\rho_{754}-\rho_{709}}{\rho_{709}+\rho_{681}}, \frac{\rho_{750}-\rho_{705}}{\rho_{750}+\rho_{705}}$	• MERIS 위성영상에 기초 • 엽록소 흡수에 민감한 좁은 파장구간 사용
광화학반사율 지수(PRI)	$\frac{\rho_{531}-\rho_{570}}{\rho_{531}+\rho_{570}}$	잎의 캐로틴 색소(Carotenoid) 변화에 민감
수분스트레스 지수(WSI)	$\frac{\rho_{SWIR}-\rho_{NIR}}{\rho_{SWIR}+\rho_{NIR}}$	식물의 수분 스트레스와 관련

대기보정 식생지수(Atmospherically Resistant VI)와 토양보정 식생지수(Soil Adujusted VI)는 EVI 개발 이전에 제시된 지수다. ARVI의 산출은 NDVI와 동일한 수식이지만, 적색광 반사율 ρ_R대신에 적색광 신호에서 대기산란 및 흡수의 영향을 보정한 ρ_{RB}를 사용한다. SAVI는 식물의 배경이 되는 토양의 반사에 따라 식생지수가 영향을 받기 때문에 토양 밝기의 차이를 보정하기 위하여 개발되었다. SAVI는 식물의 밀집도가 높지 않은 건조지역의 산림이나 농지에서 효과적인 방법이다. 직교화 식생지수(Perpendicular VI)는 다음에 설명할 다중밴드 식생지수 변환과 관련된 지수로서, 적색광 및 근적외선 신호 공간에서 식물의 양은 토양선(soil line)의 수직선을 따라 분포한다는 가정에서 a, b는 식물선의 기울기와 절편을 나타낸다.

NDVI를 비롯한 개선형 식생지수는 주로 식생의 물리적 구조와 관련된 엽면적지수, 밀집도,

생체량 등을 추정하기 위한 수단으로 많이 사용했다. 그러나 식물의 생리적 특성과 관련된 인자에 민감하도록 개발한 식생지수도 있다. 특히 엽층의 엽록소 함량을 추정하고자 여러 종류의 식생지수가 개발되었다. 분광밴드가 일반적인 다중분광영상보다 많은 MERIS 영상을 기반으로 개발한 MTCI(MERIS Terrestrial Chlorophyll Index)와 초분광영상의 좁은 파장폭의 밴드를 이용하여 개발한 CI(chlorophyll index) 등이 있다. 식물의 광합성 효율과 관련된 잎의 캐로틴 색소(Carotenoid pigments)의 변화에 민감한 PRI(Photochemical Reflectance Index)도 있다. 식물의 생리적 상태와 관련된 식생지수로 가뭄 및 환경변화에 따른 식물의 수분 결핍 현상에 민감하게 반응하도록, 단파적외선 밴드를 포함하여 개발한 수분스트레스 지수(WSI)도 있다.

물론 지금까지 열거한 식생지수 외에도 많은 식생지수가 개발되고 있다. 식물의 생리적 또는 화학적 특성과 관련된 지수 개발에 있어서, 최근 관심을 끌고 있는 적색경계(red-edge)밴드 영상이나 초분광영상 등을 이용하여, 좁은 파장구간에서 나타나는 잎의 생화학적 성분과 관련된 분광특성을 반영하는 새로운 종류의 식생지수 개발이 기대된다.

식생지수는 식물의 특성과 관련된 정성적인 해석과 정량적 해석에 모두 이용할 수 있다. 정성적인 측면은 식물의 종류, 건강성, 가뭄 및 병충해로 인한 피해를 식생지수를 통하여 해석할 수 있다. 식생지수 활용의 정량적인 측면은 식물의 엽면적지수, 생산량, 생체량, 수관울폐도 등과 관련되어 있다. 식생지수는 일종의 서수(ordinal number)의 개념이므로, 식생지수 값에 대한 정확한 정량적 의미를 부여하기 쉽지 않다. 가령 NDVI 0.6은 0.3보다 크지만, 물리적으로 식물의 양이 두 배라는 의미는 아니다. 따라서 식생지수를 이용한 식물의 정량적 인자를 추정하는 경우에는 세심한 주의가 필요하다.

식생지수 산출에 사용하는 분광밴드 영상의 신호값으로 대기보정을 마친 분광반사율을 사용하는게 바람직하지만, 영상의 화소값(DN)이나 복사휘도를 사용해도 무방한 활용 분야도 있다. 입력영상의 영상신호에 따라 산출되는 식생지수 값은 당연히 달라지지만, 식생지수 자료의 시각적 영상 해석 및 비교가 목적이라면 입력영상의 신호에 따른 차이는 크지 않다. 그러나 광범위한 지역을 대상으로 엽면적지수 분포를 보여주는 예측모형을 개발하려면 여러 시기에 촬영된 영상자료를 이용해야 하므로, 대기보정을 마친 밴드별 반사율을 이용하여 식생지수를 산출해야 한다.

주성분분석

주성분분석(principal component analysis, PCA)은 여러 변수를 가진 통계값을 분석하기 위한 다변량통계 방법으로, 영상변환 및 합성에 자주 사용하는 기법이다. 주성분분석의 개념을 이해하기 위하여, 다변량통계값 해석에 주성분분석을 적용하는 사례를 들어보기로 한다. 임목의 생장에 영향을 미치는 요소는 기온, 광량, 바람, 지형고도, 사면의 방위 및 경사, 토양 수분, 토양 유기물 등 많은 변수가 있다. 이렇게 많은 변수와 임목 생장과의 관계를 설명하는 게 매우 복잡하고, 변수의 상대적인 영향력 차이를 파악하는 것도 쉽지 않다. 또한 모든 변수들이 서로 독립적이 아니기 때문에 모든 변수를 이용한 분석은 낭비 성격도 있다. 주성분분석은 임목 생장에 영향을 미치는 n개 환경 변수를 새로운 n개의 주성분(principal component, PC)으로 변환하여, 처음 몇 개의 주성분만으로도 임목 생장을 충분히 설명할 수 있게 한다.

위의 사례에서 설명한 주성분분석의 원리를 n개 밴드를 가진 다중밴드영상의 변환에 그대로 적용할 수 있다. 즉 n개 밴드의 영상에 주성분분석을 적용하면 n개의 주성분 영상으로 변환되지만, n보다 작은 수의 주성분으로 n개 밴드 영상의 정보를 충분히 설명할 수 있다. 주성분분석으로 다중밴드영상을 변환하는 목적은 크게 두 가지다. 첫 번째 목적은 주성분 영상은 n개 밴드 입력영상에 있는 다양한 정보를 포함하므로, 입력영상에 보이지 않는 새로운 정보를 강조하는 효과를 얻기 위함이다. PCA 변환의 두 번째 목적은 다중밴드영상이 가지고 있는 정보의 손실 없이, 자료의 양과 차원을 축소하는 영상압축 효과를 얻고자 함이다. 차원 축소는 n개 밴드의 영상을 n보다 작은 수의 주성분으로 축소하여 대용량 영상자료 처리의 효율성을 높인다.

다중분광영상은 비록 여러 개의 분광밴드를 가지고 있지만, 영상통계값에서 확인했듯이 모든 밴드는 독립이 아니고 서로 상관관계를 가진다. 두 밴드의 상관관계가 높다는 것은 두 밴드 영상의 정보가 중복된다는 의미이며, 따라서 모든 밴드를 그대로 이용하는 것은 낭비가 될 수 있다. 특히 수백 개의 분광밴드를 가진 초분광영상을 그대로 처리하는 것은 현실적으로 매우 어렵다. 초분광영상의 차원 축소는 본 처리에 앞서 적용하는 중요한 과정이며, PCA 변환 또는 이를 응용한 MNF 변환을 이용하여 소수의 주성분으로 변환하여 사용한다. 비록 n개 밴드 영상을 PCA로 변환하면 n개의 주성분이 생성되므로 차원 축소가 아니지만, 실질적으로는 모든 주성분이 아닌 처음 몇 개의 주성분만 사용하므로 밴드 수가 줄어드는 셈이다.

그림 7-85는 주성분분석의 개념을 설명하기 위하여, 두 밴드 영상을 PCA 변환하는 과정을 보여준다. 먼저 입력영상의 밴드별 화소값의 분포를 나타낸 산포도(a)를 보면, 각 밴드에서 화소값의 평균과 분포범위(v1, v2)를 볼 수 있다. 또한 산포도는 두 밴드가 양의 상관관계를 보여주는데, 이는 두 밴드의 영상신호가 서로 선형관계이며 중복되는 부분이 많다는 것을 의미한다. 영상통계값에서 분산은 영상이 가진 상대적인 정보량으로 해석했는데, 두 밴드의 상관관계가 높기 때문에 하나의 밴드만으로도 다른 밴드가 가진 정보의 많은 부분을 설명할 수 있다. PCA 변환의 첫 번째 단계는 두 밴드 영상이 가진 공통적인 변이(공분산)를 가장 많이 설명할 수 있는 새로운 축을 찾는 것이다. 두 밴드 영상의 화소값 분포범위가 가장 넓은 폭을 통과하는 방향의 새로운 축(PC1)을 설정한다. 두 번째 축은 첫 번째 축에 직교하는 방향으로 설정되며, 밴드 수가 세 개 이상이면

세 번째 축도 두 번째 축에 직교하여 설정된다. 밴드 1과 밴드 2의 밝기값 기준으로 표시했던 화소값을, 새로운 축인 PC1과 PC2을 기준으로 변환하여 표시하게 된다. 그림 (b)는 PCA 변환 후 첫 번째 주성분(PC1)과 두 번째 주성분(PC2)의 값으로 변환한 자료의 분포를 보여준다. 첫 번째 축인 PC1에서 가장 큰 분산(v'1)을 가지며, 두 번째 축인 PC2에서 나머지 분산(v'2)을 설명한다. PC1과 PC2는 상관성이 없는 독립적 관계이며, 따라서 모든 주성분 간의 상관계수는 0이 된다.

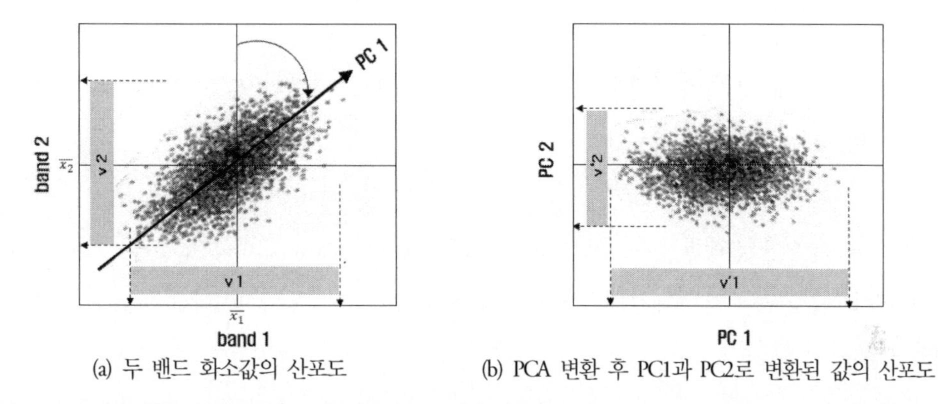

(a) 두 밴드 화소값의 산포도 (b) PCA 변환 후 PC1과 PC2로 변환된 값의 산포도

그림 7-85 두 밴드의 영상을 주성분분석(PCA)으로 변환하는 과정은 (a) 두 밴드 산포도에서 최대 변이(공분산)를 설명할 수 있는 방향으로 새로운 축(PC1)을 설정하고, (b) 두 번째 축(PC2)은 첫 번째 축에 직교하는 방향으로 설정하면, PC1에서 두 밴드 화소값의 변이를 최대한 설명한다.

다중밴드영상을 주성분으로 변환하기 위한 변환계수를 구해야 하는데, 이는 입력영상의 분산공분산 행렬을 이용한다. 모든 다중밴드영상마다 해당 지역의 특성에 따라 분산공분산 행렬이 다르므로, PCA 변환은 각 영상마다 변환계수가 다르다. 다중밴드영상의 밴드별 화소값 또는 영상 신호의 범위 및 규모에 차이가 크면, PCA 변환 과정에서 특정 밴드에 의한 과도한 영향을 피하기 위하여 분산공분산 행렬을 표준화한 상관계수 행렬을 사용하기도 한다. 다중밴드영상의 PCA 변환은 n밴드 영상의 분산공분산 행렬을 고유값 분해(eigenvalue decomposition) 또는 대각화(diagonalization) 과정을 통하여 다음과 같이 계산한다.

$$V^{-1}\Sigma_x V = D \tag{7.51}$$

여기서 Σ_x =밴드 수가 n개인 다중밴드영상의 분산공분산 행렬

D=Σ_x의 고유값 λ_p가 대각선 위치의 성분이며 나머지는 0을 갖는 대각행렬

V=Σ_x를 대각화하기 위한 고유벡터 행렬로 화소값을 주성분으로 변환하는 계수

n개 밴드의 다중밴드영상에 있는 각각의 화소값 $[x_1, x_2, \cdots, x_n]$은 고유벡터 V에 포함된 각 주성분에 해당하는 변환계수에 의하여, 아래와 같이 새로운 주성분으로 변환한다.

$$PC_p = \sum_{i=1}^{n} a_{ip} x_i \tag{7.52}$$

여기서 PC_p = p번째 주성분 값

a_{ip} = p번째 주성분을 구하기 위한 밴드 i의 고유벡터(변환계수)

x_i = 밴드 i의 화소값

식(7.51)에서 산출된 행렬 D는 분산공분산 행렬의 고유값(eigenvalue, λ_p)이 대각선 성분의 값이며, 나머지 성분은 0을 갖는 대각행렬이다. 입력영상이 5개 밴드의 영상이라면, 고유값 행렬 D는 다음과 같다.

$$D = \begin{pmatrix} \lambda_1 & 0 & 0 & 0 & 0 \\ 0 & \lambda_2 & 0 & 0 & 0 \\ 0 & 0 & \lambda_3 & 0 & 0 \\ 0 & 0 & 0 & \lambda_4 & 0 \\ 0 & 0 & 0 & 0 & \lambda_5 \end{pmatrix} \tag{7.53}$$

대각행렬 D에서 λ_p는 p번째 주성분의 고유값이며, 첫 번째 주성분 λ_1의 고유값이 가장 크고 주성분 순서가 낮아지면 고유값은 작아진다. 각 주성분의 고유값은 다중밴드영상의 총분산 중에서 각 주성분이 설명하는 몫이다. 영상의 분산은 화소값의 변이 폭으로 상대적인 정보량을 의미한다. 따라서 주성분 p의 고유값 비율 λ_p(%)는 해당 주성분이 설명하는 입력영상의 상대적 정보량의 비율로 해석할 수 있다.

$$\lambda_p(\%) = \frac{\lambda_p}{\sum_{i=1}^{n} \lambda_p} \tag{7.54}$$

주성분분석에 의한 영상변환 과정을 이해하고, 주성분 영상의 해석을 위하여 인천지역 Landsat-5 TM 7개 밴드 영상(그림 7-86)을 사용했다. 이미 영상통계값에서 언급했듯이, 가시광선 밴드끼리 상관계수는 모두 0.9 이상이며, 육안으로 구분하기 어려울 정도로 서로 유사하다. 적외선 밴드는 모두 나름대로의 특성을 보여주는데, 근적외선 영상이 다른 밴드와 뚜렷이 구별되는 특징을 보인다. 인천 TM 영상의 분산공분산 행렬을 이용하여, 주성분분석 변환을 위한 고유벡터를 산출했다 (표 7-21).

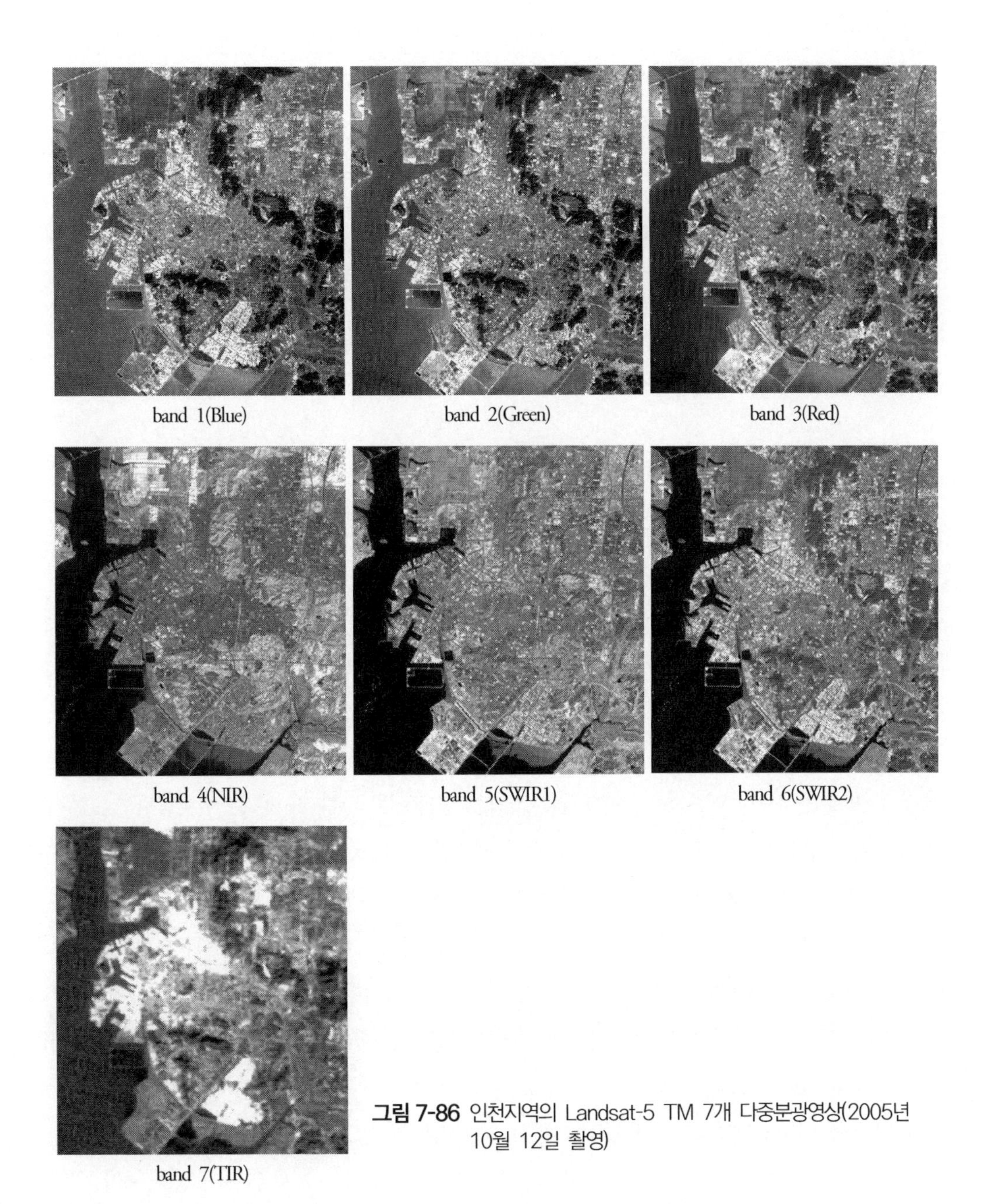

그림 7-86 인천지역의 Landsat-5 TM 7개 다중분광영상(2005년 10월 12일 촬영)

표 7-21 인천지역 Landsat-5 TM 영상의 분산공분산 행렬에서 산출된 고유벡터

TM 밴드	PC1	PC2	PC3	PC4	PC5	PC6	PC7
band 1(blue)	0.13	0.54	0.37	0.37	−0.57	−0.19	−0.24
band 2(green)	0.12	0.27	0.36	−0.14	0.05	−0.02	0.87
band 3(red)	0.22	0.37	0.41	−0.39	0.57	0.05	−0.41
band 4(NIR)	0.48	−0.61	0.52	0.27	−0.01	0.23	−0.04
band 5(SWIR 1)	0.73	−0.03	−0.38	−0.25	−0.12	−0.49	0.02
band 6(SWIR 2)	0.09	0.14	−0.16	0.73	0.58	−0.25	0.09
band 7(TIR)	0.37	0.33	−0.36	0.11	−0.06	0.78	0.04

그림 7-87은 고유벡터(eigen vector)를 이용하여, 7개 밴드 TM영상을 7개 주성분으로 변환한 결과를 보여준다. 첫 번째 주성분(PC1) 영상은 TM 단파적외선 영상(band 5)과 유사하게 보인다. PC1 영상은 표 7-21의 고유벡터 행렬의 첫 번째 열에 있는 변환계수를 이용하여 생성되었다. 첫 번째 주성분은 7개 TM 밴드 영상의 가중평균이며, PC1 영상의 각 화소값은 다음과 같이 구한다.

$$\mathrm{PC1} = 0.13x_1 + 0.12x_2 + 0.22x_3 + 0.48x_4 + 0.73x_5 + 0.09x_6 + 0.37x_7$$

여기서 x_i는 TM 7개 밴드 영상의 화소값이며, 각 밴드에 해당하는 고유벡터의 값을 관찰하면 각 주성분 생성에 미친 입력영상의 밴드별 기여도를 가늠할 수 있다.

첫 번째 주성분(PC1) 영상은 7개 TM 밴드의 가중평균이지만, 밴드 5의 가중치가 0.73으로 PC1에 가장 큰 기여를 했다. 첫 번째 주성분 영상을 보면 TM 밴드 5 영상과 매우 유사한 명암 분포를 보여준다. TM 밴드 5 다음으로, 근적외선(밴드 4)과 열적외선(밴드 7)가 PC1 생성에 많은 기여를 했다. 반면에 가시광선 밴드와 두 번째 단파적외선 밴드(밴드 6)의 기여도는 미미하다.

두 번째 주성분의 고유벡터를 보면, 가시광선 밴드와 근적외선 밴드의 차이를 보여주는 결과다. 즉 PC2의 고유벡터를 보면, 세 개 가시광선 밴드는 양수이며 근적외선 밴드는 음수를 갖는다. 결국 PC2는 가시광선 밴드와 근적외선 밴드의 차이를 강조하는 $(x_V - x_{NIR})$ 결과로, 앞에서 설명한 식생지수 영상의 명암이 반전된 모습이다. 산림 및 농경지는 어둡게 보이며, 비식생지는 밝게 보인다. 물론 PC2 영상에서 열적외선 밴드의 영향도 무시할 정도가 아니므로, 해당 밴드의 특징을 볼 수 있다.

세 번째 주성분의 고유벡터를 보면 가시광선 및 근적외선 밴드와 나머지 적외선 밴드와의 차이를 나타내는 결과이며, PC3 영상은 입력영상의 어느 밴드에서도 볼 수 없는 특징을 보여준다. 이와 같이 고유벡터의 밴드별 변환계수를 통하여 각 주성분 생성에 기여한 7개 TM 분광밴드의

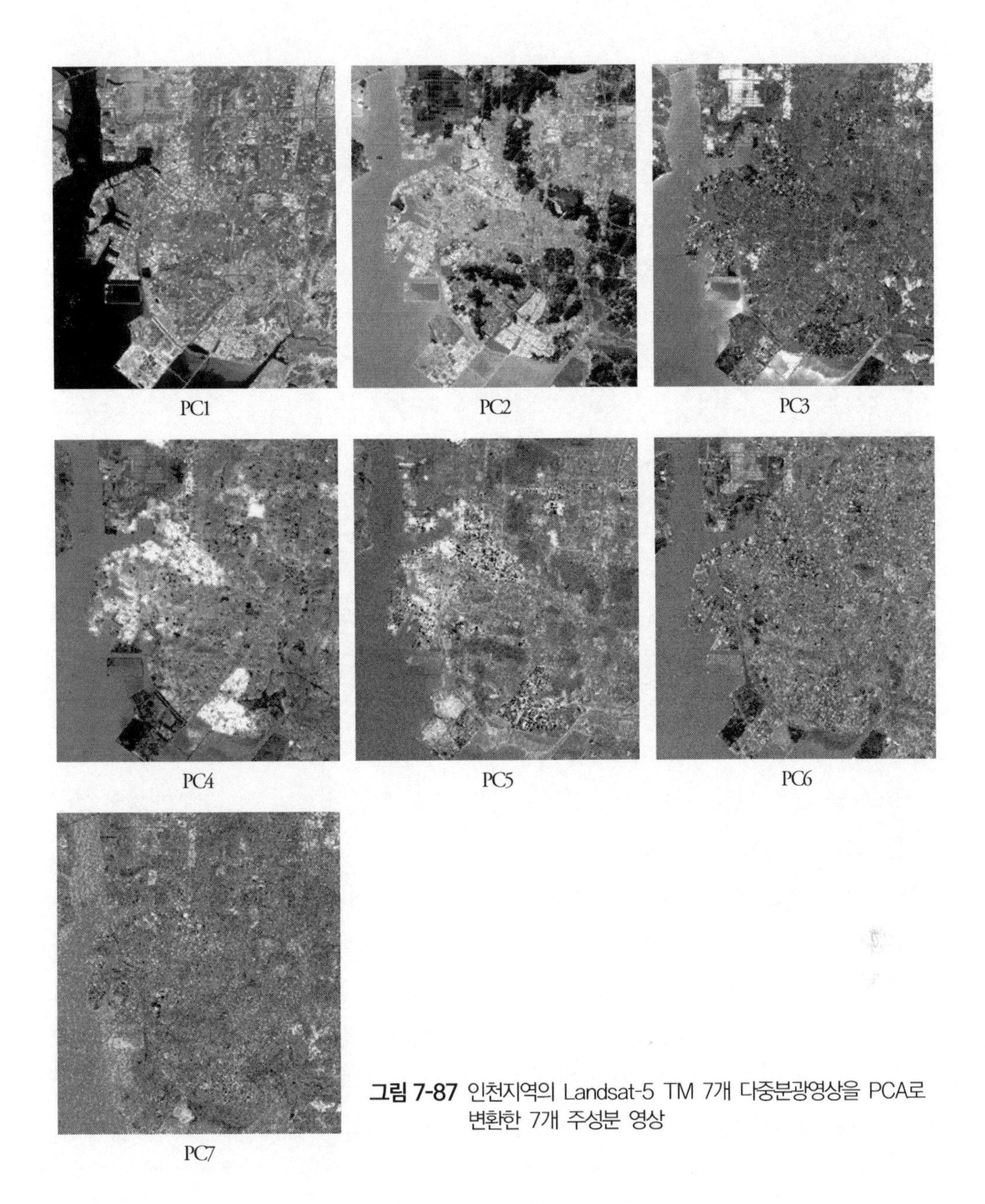

그림 7-87 인천지역의 Landsat-5 TM 7개 다중분광영상을 PCA로 변환한 7개 주성분 영상

상대적 영향을 가늠할 수 있다. 네 번째 이후의 주성분(PC4~PC7) 영상은 잡음이 점차 심해지는 모습을 보여준다. TM 7개 분광밴드 영상은 각각 대기 또는 센서 이상으로 인한 잡음을 포함하고 있고, 이러한 잡음 또한 각 밴드 영상의 분산에 포함된다. 입력영상의 잡음이 모아지는 후순위 주성분은 대부분 분석에 사용하지 않는다. 따라서 PCA로 영상을 변환할 때, 고유값 및 고유벡터를 참조하여 변환할 상위 주성분을 선정한다.

표 7-22는 TM 영상의 분산공분산 행렬에서 추출한 각 주성분의 고유값과 고유값비율을 보여준다. 첫 번째 주성분(PC1)은 7개 밴드의 TM 영상이 가지고 있는 총분산의 87.8%를 설명한다. TM 다중밴드영상에 포함된 모든 변이의 87.8%를 하나의 주성분으로 설명할 수 있으므로 매우 효율적인 정보 압축 방법이다. 그러나 PC1의 높은 고유값은 입력영상의 분산공분산 구조에 따라 결정되므로, 다른 지역 또는 다른 시기의 영상이 같은 고유값을 갖지 않는다.

표 7-22 인천지역 TM 영상의 분산공분산 행렬에서 추출된 주성분별 고유값과 비율

주성분	PC1	PC2	PC3	PC4	PC5	PC6	PC7
고유값(eigenvalue) λ_p	1634.0	161.2	39.1	14.17	8.1	4.1	1.0
총분산 대비 비율(%)	87.8	8.7	2.1	0.8	0.4	0.2	0.05
누적 비율(%)	87.8	96.5	98.6	99.4	99.8	99.9	100.0

모든 주성분은 상관계수가 0인 독립적 관계이므로, 각 주성분의 고유값은 다른 주성분과 중복되지 않는 고유의 분산량이다. 따라서 PC2 및 PC3의 고유값은 PC1과 비교하여 매우 작지만, PC1과 다른 고유 정보를 갖는다고 할 수 있다. 그러므로 주성분 PC1과 PC2 및 PC3을 함께 이용하면, TM 7개 밴드에 포함된 총분산의 98.6%를 설명하는 셈이다. 상대적인 정보량으로 해석할 수 있는 총분산의 대부분을 포함하므로, TM 7개 밴드 대신에 3개 주성분을 이용해도 정보의 손실 없이 자료를 압축하는 효과를 갖는다.

컬러 그림 7-88은 세 개의 주성분(PC1, PC2, PC3)을 이용하여 RGB합성한 컬러영상이다. TM 7개 밴드로 합성할 수 있는 RGB컬러영상의 조합은 35가지로, 어느 조합의 컬러영상이라도 7개 밴드에 포함된 화소값의 전체 변이를 모두 보여줄 수 없다. 그러나 세 개 주성분으로 합성한 컬러영상은 이론적으로 7개 밴드에 포함된 총 변이량의 98.6%를 포함하므로, TM 영상의 어느 세 밴드 조합의 컬러영상에서도 볼 수 없는 새로운 특징을 보여줄 수 있다. 주성분을 이용한 컬러합성영상은 입력영상에서 보이지 않는 새로운 내용과 특징을 보여줄 수 있어, 판독 효과가 높을 수 있다.

주성분분석으로 변환한 소수의 주성분이 비록 입력영상에 포함된 화소값의 총분산을 최대한 설명하지만, 상위 주성분 영상에 포함된 분산이 사용자가 원하는 특정 정보와 부합되는지 여부는 별개의 문제다. 주성분 영상은 입력영상의 분산공분산 구조에 전적으로 의존하여 변환된 결과이므로, 각 주성분에 포함된 정보는 사용자가 원하는 정보가 아닐 수 있다. 즉 식생지수는 식물의 특징을 잘 보이도록 하는 변환 기법이지만, 주성분분석은 사용자가 원하는 방향으로 영상을 변환하는 게 아니다. 입력영상의 분산공분산 구조를 이용하여 최대 공분산을 설명하는 주성분을 생성

할 뿐이다. 각 주성분에 포함된 정보의 특징은 사용자가 고유벡터와 고유값을 이용하여 해석해야 한다.

컬러 그림 7-88 PCA 변환으로 생성한 처음 세 개 주성분으로 합성한 컬러영상(RGB=PC1, PC2, PC3) (컬러 도판 p.571)

주성분분석은 다중분광영상이나 초분광영상에 적용하는 영상변환 기법이지만, 종종 영상합성 또는 변화탐지에도 유용하게 사용한다. 앞 장의 영상합성에서 설명했듯이, 주성분분석은 해상도가 다른 두 종류의 영상을 합성하거나 또는 이종센서 영상자료의 합성에도 빈번이 사용한다. 또한 두 시기의 영상을 합쳐서 주성분분석을 적용하면 시기별 영상의 차이가 강조되어 변화 정보를 얻을 수 있다. 예를 들어 2010년과 2020년에 촬영된 TM 영상에서 각각 red, NIR, SWIR 3개 분광밴드를 추출하여, 6개 밴드로 이루어진 다중시기영상을 PCA로 변환하면 주성분 영상 중 몇 개는 10년간 발생한 변화를 강조하여 보여줄 수 있다.

TC 변환

TC(Tasseled Cap) 변환은 초기 Landsat 위성의 MSS 다중분광영상에서 식물 관련 정보를 추출하기 위하여 개발된 영상변환 기법이며 개발자의 이름을 따서 Kauth-Thomas(1976) 변환이라고도 한다. TC 변환은 식생지수와 주성분분석을 혼합한 변환 기법이라고 할 수 있다. TC 변환은 식생지수처럼 여러 밴드에 포함된 식물 관련 신호 특성을 하나의 영상으로 표현하지만, 주성분분석과 같이 서로 상관관계가 있는 여러 분광밴드에 나누어져 있는 정보를 한 두 개의 독립적인 새로운 영상(성분)으로 집약시키는 기법이다.

TC 변환의 개념은 두 개 밴드(적색광, 근적외선)영상에서 화소값의 분포를 나타내는 산포도를 통하여 쉽게 설명할 수 있다. 식물이 분포하는 지역의 다중분광영상에서 두 밴드영상의 산포도는 그림 7-89와 같이 독특한 형태를 보인다. 적색광과 근적외선 밴드의 파장구간은 서로 인접하고 있지만, 두 밴드에서 식물의 반사 특성은 큰 차이가 있기 때문에 두 밴드 화소값의 산포도는 독특한 모양을 갖는다. 사실 TC 변환이라는 이름은 적색광과 근적외선 밴드의 산포도 모양이 '고깔모자(Tasseled Cap)'와 비슷하기 때문에 사용한 별칭에서 유래한다. 그림 7-89b는 인천, 서울, 제주도, 부산 등 여러 지역의 TM 영상 중 식물이 포함된 부분에서 추출한 두 밴드의 산포도이며, 모양에 다소 차이가 있지만 공통적으로 고깔모자의 형태를 보여준다.

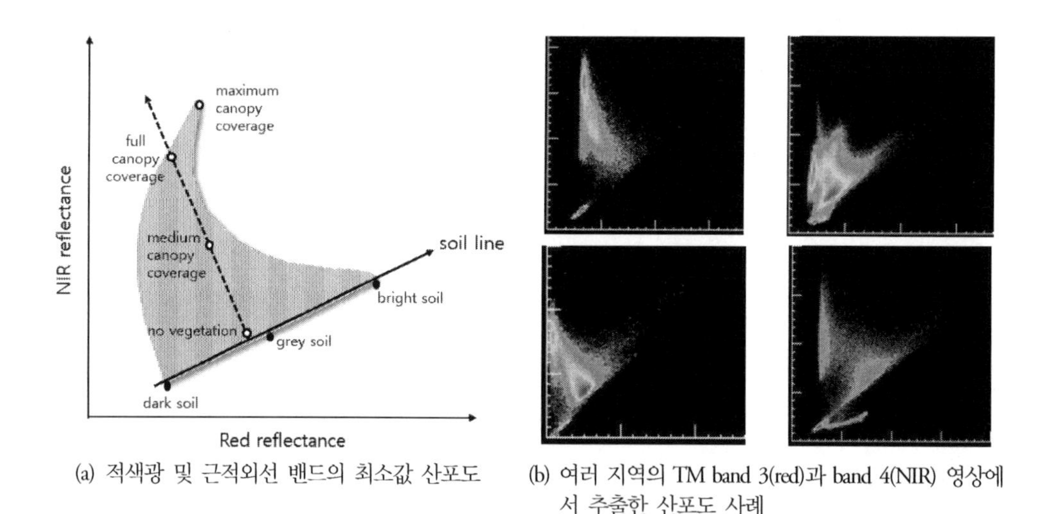

(a) 적색광 및 근적외선 밴드의 최소값 산포도

(b) 여러 지역의 TM band 3(red)과 band 4(NIR) 영상에서 추출한 산포도 사례

그림 7-89 식생지를 포함한 다중분광영상의 적색광 밴드와 근적외선 밴드에서 추출된 영상신호 산포도의 모양과 실제 사례

두 밴드 산포도에서 적색광 밴드와 근적외선 밴드에서 모두 화소값이 낮은 부분은 식물이 없는 나지에 해당하며, 토양의 종류와 수분함량에 따라 가장 어두운 토양부터 가장 밝은 토양까지

비스듬한 선(soil line) 주변에 몰려 있다. 식물에 해당하는 화소는 근적외선 밴드에서 화소값이 높아져서 토양선에서 벗어나며, 식물의 엽량 또는 피복률이 높아질수록 토양선에서 멀어진다. TC 변환은 산포도에서 나타나는 식물과 비식물의 화소값 분포 특성에 착안하여 개발했다. 토양의 밝기를 나타내는 토양선을 첫 번째 축으로 설정하고, 토양선에 직각인 두 번째 축은 식물의 양과 피복률에 비례하는 새로운 성분이 된다. TC 변환과 PCA 변환은 다중밴드영상을 새로운 성분으로 변환하는 유사한 기법이다. 그러나 PCA 변환은 입력영상의 공통적 변이(공분산)를 최대한 설명하는 방향으로 첫 번째 축이 설정되지만, TC 변환에서 첫 번째 축은 식물이 없는 토양 밝기를 나타내는 토양선으로 설정하는 차이가 있다. 두 번째 축은 TC 변환이나 PCA 변환에서 모두 동일하게 첫 번째 축에 직교하도록 결정되므로, 첫 번째 성분과 두 번째 성분의 상관계수는 0이 된다.

적색광 및 근적외선 밴드의 2차원 공간에서 토양선을 설정하는 모습을 보여주었으나, 세 밴드 이상 다중밴드의 다차원 공간으로 확장해도, 토양의 밝기를 나타내는 첫 번째 성분인 토양선을 설정하는 과정은 같다. 토양선을 나타내는 첫 번째 축을 설정하면, 그다음 두 번째 축은 첫 번째 축에 직교하도록 결정된다. TC 변환은 애초에 4개 분광밴드를 가진 MSS 영상에 적용되었으나, 그 후 TM 및 ETM+ 영상에도 적용할 수 있는 변환계수가 개발되었다. MSS 영상을 TC 변환한 첫 번째 성분은 토양밝기(soil brightness)이며, 두 번째 성분은 녹색지수(greenness)가 된다. 단파적외선 분광밴드가 추가된 TM 및 ETM+ 영상을 TC 변환하면, 첫 번째 및 두 번째 성분은 동일하지만, 세 번째 성분은 표면의 수분함량과 관련 있는 수분지수(wetness)로 나타났다.

표 7-23은 Landsat TM 영상에 맞추어 개발한 TC 변환계수를 보여주는데, 각각의 TC 성분은 열적외선 밴드를 제외한 6개 밴드의 가중 평균이다. 각 TC 성분별 변환계수를 보면 TC 성분에 영향을 미친 분광밴드별 영향을 가늠할 수 있다. 토양밝기는 6개 밴드의 모든 가중치가 양수이므로 모든 밴드의 특성이 골고루 포함된 평균값이다. 그림 7-90은 주성분분석에 사용된 인천지역 TM 영상에 TC 변환을 적용하여 변환된 세 개의 성분 영상을 보여주는데, 첫 번째 성분인 토양밝기 영상은 밴드 3, 4, 5의 가중치가 다른 밴드보다 크므로, 이러한 특성을 반영한 영상이다. 두 번째 성분인 녹색지수를 얻기 위한 변환계수를 보면, 단파적외선 밴드의 가중치가 미약하므로 근적외선 밴드와 가시광선 밴드의 차이를 강조한 $(X_{NIR} - X_V)$의 결과가 되며, 이는 결국 식생지수(difference VI)와 동일한 결과다. TC 변환된 인천지역 녹색지수 영상(그림 7-90b)에서도 산림과 농지 등의 식생지가 비식생지와 다르게 뚜렷하게 구분된다. 세 번째 성분인 수분지수는 수분에 민감한 두 개 단파적외선 밴드의 가중치가 크기 때문에, 표면의 수분함량을 잘 보여준다. 수분지수 영상(그림 7-90c)에서 해수면 및 저수장의 물 표면이 가장 밝게 나타나며, 육지에서의 밝기는 표면의 수분함량에 비례한다.

TC 변환은 주로 Landsat 영상을 대상으로 변환계수가 개발되었으나, SPOT, IKONOS, MODIS와 같은 다중분광영상를 포함하여 한국의 GOCI 영상을 위한 변환계수도 개발되었다(신 등, 2014). 다중분광영상에 TC 변환을 적용하기 위해서는 영상에 나타나는 다양한 밝기의 토양에 해당하는 영상신호를 추출하여 토양선을 설정해야 한다. 토양 밝기값의 범위를 추출하기 위해서는, 세계 여러 지역의 다양한 토양 분광반사자료를 이용하는 방법과 영상에서 직접 추출한 토양의 표본 신호값을 이용하는 방법이 있다. 전자의 경우는 반사율 단위로 측정된 자료를 이용하므로, 입력영상은 대기보정 처리를 마친 반사율 자료가 적합하다. 후자의 경우, 특정 지역 영상에 국한하여 적용하는 방법으로, 해당 영상에서 추출된 다양한 토양의 표본값을 이용하여 토양선이 추출되므로 다른 지역의 영상에 적용할 경우에는 토양선의 적합성 검토가 필요하다.

표 7-23 Landsat-5 TM 영상의 TC 변환을 위한 변환식

TC 성분		변환식
TC1	토양 밝기(soil brightness)	$0.2909x_1 + 0.2493x_2 + 0.4806x_3 + 0.5568x_4 + 0.4438x_5 + 0.1706x_6$
TC2	녹색지수(greenness)	$-0.2728x_1 - 0.2174x_2 - 0.5508x_3 + 0.7221x_4 + 0.0734x_5 - 0.1648x_6$
TC3	수분지수(wetness)	$0.1446x_1 + 0.1761x_2 + 0.3322x_3 + 0.3396x_4 - 0.6210x_5 - 0.4186x_6$

(a) soil brightness (b) greeness (c) wetness

그림 7-90 인천 TM 영상을 TC 변환에 의하여 생성한 토양밝기, 녹색지수, 수분지수

영상 질감 정보

컴퓨터 영상처리는 주로 명암 또는 색으로 표현되는 개별 화소값을 이용한다. 그러나 육안에 의한 영상판독은 명암과 색깔뿐만 아니라, 영상에 나타나는 지표물의 질감, 모양, 크기, 배열상태, 지리적 위치 등 다양한 판독 요소를 이용한다. 이러한 영상판독 요소는 판독자의 경험에 의존하는 정성적인 요소이므로, 컴퓨터 영상처리에 적용하는 데 한계가 있다.

영상에 나타나는 질감(texture)은 표면의 거칠기를 의미하며, 영상판독에서 지표물을 탐지하고 분류하는 데 중요한 요소다. 컴퓨터 영상처리에서 질감 정보를 추출하기 위한 시도가 꾸준히 진행되었고, 몇몇 활용 분야에서는 영상의 질감 정보를 성공적으로 이용하고 있다. 공장자동화 분야에서 질감 정보를 이용하여 도금처리의 불량품을 자동으로 선별한다. 즉 도금 처리가 불량인 제품의 표면영상은 흠집으로 인하여, 매끄럽게 도금된 정상 제품보다 영상 질감이 거칠게 나타난다. 원격탐사영상에서도 지표물의 질감 정보를 명암과 함께 이용한다면, 토지피복 분류 및 특정 지표물을 탐지하는 데 정확도를 높일 수 있다.

질감은 육안에 의한 감각에 의존하므로, 영상에서 매끄럽고 거친 정도를 정량적 척도로 표시하기 쉽지 않다. 영상처리에서 질감 정보를 이용하기 위해서는 먼저 질감을 숫자로 표시하는 척도가 필요하다. 질감은 인접한 화소들의 밝기값 차이로 설명할 수 있다. 인접 화소들의 값이 같거나 유사하다면 매끄러운 표면이며, 반대로 화소값에 차이가 크다면 거친 표면이 된다. 영상에서 질감척도(texture measure)로 먼저 제시된 것은 각 화소별로 주변 화소와의 차이를 나타내는 통계값이다. 공간회선필터링에서 적용했던 이동창을 이용하여 창 내부의 표준편차, 범위(max-min), 엔트로피(entropy) 등이 중심화소의 질감척도로 사용된다. 창 내부의 모든 화소가 동일한 값이면 가장 낮은 질감이며, 모든 화소가 다른 값을 가지면 거친 표면으로 높은 질감값을 갖는다. 엔트로피는 물리학, 통계학, 정보공학 등에서 사용하는 용어로, 평형상태를 넘는 무질서 또는 불확실성을 나타내는 척도를 의미한다. 영상의 질감척도로서 엔트로피는 다음과 같이 산출된다.

$$ENT = -\sum_{i=0}^{n} \frac{f_i}{w} \ln \frac{f_i}{w} \quad (7.55)$$

여기서 w =창(window) 내부의 전체 화소 수

f_i = i값을 가진 화소 수

그림 7-91은 고해상도 다중분광영상(GeoEye-1)으로 강, 논, 산림, 마을을 포함한 근적외선 영상이다. 근적외선 영상을 5×5 이동창으로 중심화소를 창 내부 모든 화소의 표준편차와 엔트로피로 나타낸 질감 영상이다. 표준편차 영상은 토지피복 경계선이 밝게 나타나며, 경계선 내부는 대부분 어둡게 보인다. 수면과 논의 질감은 낮게 나타났으나, 산림과 마을의 질감은 다소 높게 보인다. 경계선이 밝게 보이는 이유는 경계선에 해당하는 화소는 창 내부에 신호 특성이 다른 두 토지피복의 화소값을 포함하므로 당연히 표준편차가 크기 때문이다. 반면에 엔트로피 질감 영상 역시 경계선 효과가 보이지만, 수면과 균질의 논을 제외하면 피복 간 질감의 차이가 크지 않다.

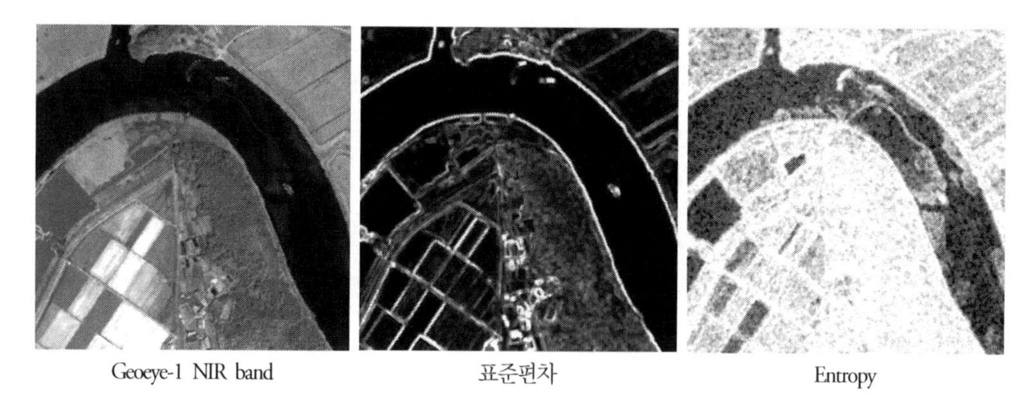

그림 7-91 GeoEye 다중분광영상의 근적외선 밴드 영상을 5×5 이동창의 중심화소를 표준편차와 엔트로피로 표현한 질감 영상

영상 질감을 추출하기 위하여 널리 사용되는 기법은 명암도 동시발생 행렬(grey level co-occurrence matrix, GLCM)을 이용하는 방법이다. GLCM은 오래 전에 개발된 기법으로, 한 쌍의 명암 값이 인접하여 발생하는 빈도를 나타내는 행렬이다(Haralick 등, 1973). 먼저 영상의 각 화소를 중심으로 일정 크기의 창 안에서 GLCM을 추출하고, GLCM에서 여러 종류의 질감척도를 산출하는 방법이다. 표준편차 또는 엔트로피 필터링은 창 안에 포함된 화소의 1차 통계값이지만, 이 방법은 창 안에서 GLCM을 추출하고, 이를 이용하여 질감값을 구하므로 2차 통계값이라고 할 수 있다. GCLM은 수평, 수직, 두 대각선 방향으로 구할 수 있으며, 수평방향(Δx) 및 수직방향(Δ_y)의 간격으로 인접 방향을 표시한다. GLCM은 i의 명암과 인접한 화소의 명암 j가 발생하는 빈도를 나타낸다.

그림 7-92는 5×5 크기의 영상에서 수평방향($\Delta x=1,\ \Delta y=0$)의 GLCM을 구하는 과정을 보여준다. 영상에서 명암 (1, 1)이 수평방향으로 인접하여 발생한 횟수가 네 번이므로 GLCM의 첫 번째 성분은 4가 되며, 두 번째 성분은 명암 (1, 2)가 인접하여 발생한 빈도이므로 역시 4가 된다. 만약 GLCM을 수직방향($\Delta x=0,\ \Delta y=1$)으로 추출한다면, 첫 번째 성분은 5가 된다. GLCM은 한 방향으로 추출한 것을 사용하기도 하며, 경우에 따라서 네 방향으로 추출된 GLCM의 평균을 사용하기도 한다.

GLCM은 인접한 화소값의 차이는 관계없이 동일 여부만 판정하므로, 요즘처럼 복사해상도가 높은 영상의 화소값을 그대로 사용하여 GLCM을 구하면 동일 화소값이 인접하여 나타나는 빈도는 매우 낮다. 따라서 유사한 값을 갖는 화소들을 묶어 단일의 밝기값으로 표시하기 위하여, 입력영상을 단순화(re-scaling)한 후 GLCM을 추출한다. 그림 7-93은 11부터 26 범위의 화소값을 가진 영상을 11~14, 15~18, 19~22, 23~26의 네 그룹으로 묶어서 1부터 4의 밝기값으로 간략화했다. 입력영상의 복사해상도에 따라 다르지만, 화소값을 4~6bit 정도의 명암도로 단순화한다.

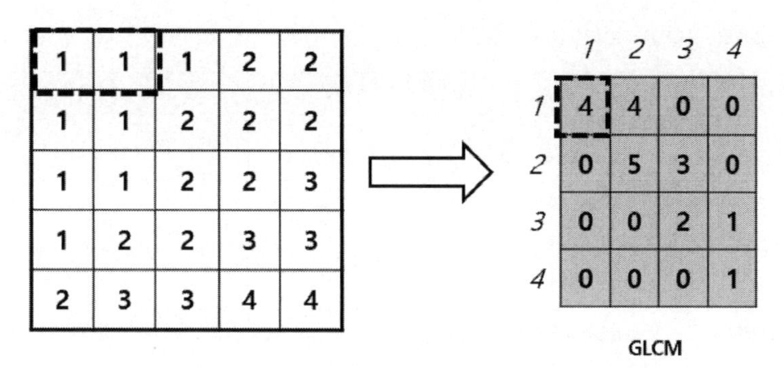

그림 7-92 5×5 크기의 영상에서 수평 방향의 명암도 동시발생 행렬(GLCM) 추출 과정

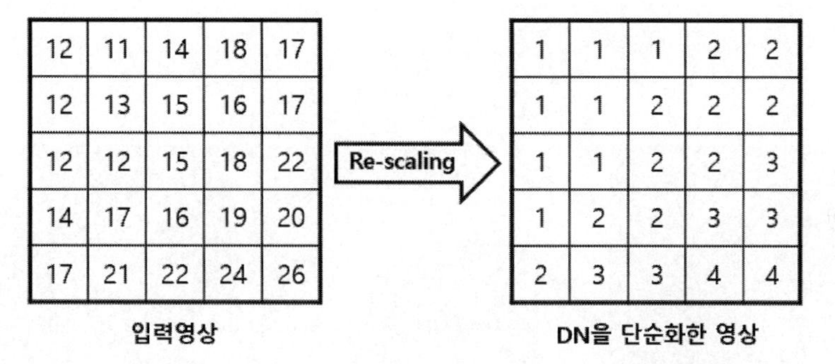

그림 7-93 GLCM 추출을 위하여 입력영상의 화소값을 소수의 명암 단계로 단순화

영상에서 추출한 각 화소별 GLCM에서 질감 정보를 표현하기 위하여, 다양한 척도를 개발했다. GLCM의 대각선에 위치한 성분은 동일한 명암이 발생한 빈도이며, 대각선에서 벗어난 성분은 서로 다른 명암을 가진 인접 쌍의 발생 횟수이므로, GLCM에서 추출하는 질감척도는 이러한 특성을 이용했다. 표 7-24는 GLCM에서 산출되는 여러 종류의 질감척도를 보여준다. 영상 분류 및 특정 지표물을 탐지하기 위하여 질감 정보를 필요로 할 경우, 하나의 질감척도를 사용하는 것보다 해당 지표물의 표면 특성을 잘 보여주는 여러 가지 질감척도를 함께 사용하는 것이 좋다.

그림 7-94는 고해상도 위성영상에서 GLCM을 이용하여 산출한 세 가지 질감 영상을 보여준다. 각 화소의 GLCM이 이동창 내부에 포함된 화소에서 추출되었기 때문에, 표준편차 필터링 결과와 마찬가지로 경계선의 질감값은 주변과 구별된다. 각 질감 영상에서 보이는 밝기는 질감척도에 따라 고유의 특징을 갖고 있다. 질감 정보가 중요한 영상처리에서는 입력영상에 추가하여 그림 7-94와 같은 여러 가지 질감 영상을 함께 사용한다. 가령 농작물 분류에서, 작물별 분광특성은 비슷하지만 표면 질감에 차이가 있다면, 분광영상과 질감 영상을 함께 사용하면 분류정확도를 높일 수 있다.

표 7-24 GLCM에서 산출되는 여러 가지 질감척도

질감척도	수식	내용
대비(contrast)	$\text{Contrast} = \sum_{i=0}^{n}\sum_{j=0}^{n}(i-j)^2 \cdot P_{ij}^2$	화소를 중심으로 주변 화소들의 국소적 변이
동질도(homogeneity)	$\text{Homogeneity} = \sum_{i=0}^{n}\sum_{j=0}^{n}\frac{1}{1+(i-j)^2} \cdot P_{ij}^2$	주변 화소들의 동질성
상관관계(correlation)	$\text{Correlation} = \sum_{i=0}^{n}\sum_{j=0}^{n}\frac{(i-\mu)(j-\mu)P_{ij}^2}{1+(i-j)^2}$	인접 화소 간 명암도의 선형 의존관계
Angular Second Moment	$\text{ASM} = \sum_{i=0}^{n}\sum_{j=0}^{n}P_{ij}^2$	GLCM의 모든 성분의 제곱합

여기서 i, j = 기준 화소(i)와 인접 화소(j)의 명암도
P_{ij} = (i, j)의 명암도로 인접한 쌍이 발생한 빈도

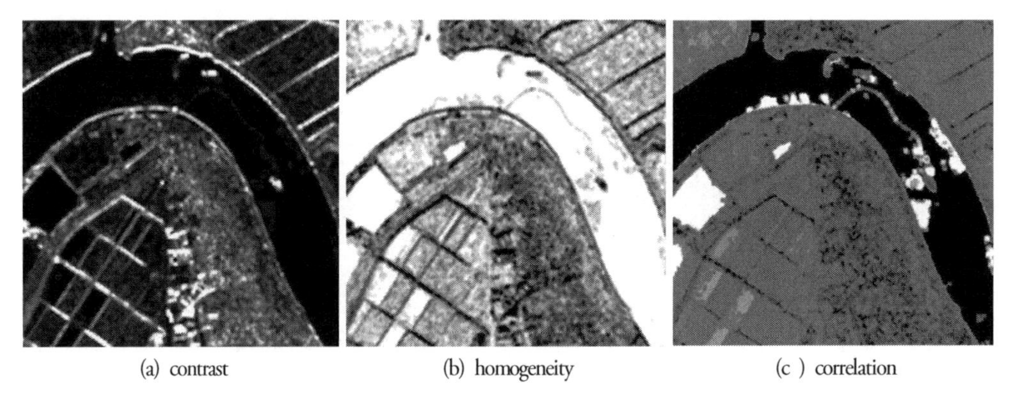

(a) contrast (b) homogeneity (c) correlation

그림 7-94 GeoEye의 근적외선 밴드 영상에서 추출된 GLCM을 이용하여 산출된 세 가지 질감 영상

위에서 설명한 질감척도 외에도 질감 정보를 추출하는 다양한 방법들이 개발되고 있다. 원격탐사 영상처리에서 영상의 개별 화소값에 추가하여 질감 정보를 함께 이용할 수 있다면, 보다 다양한 그리고 정확한 정보의 추출이 가능할 것이다. 그러나 원격탐사 영상처리에서 질감 정보의 이용은 아직 활성화되지 못하고 있다. 질감 정보 추출을 위해서는 해결해야 할 문제가 있다. 먼저 원격탐사영상에서 질감 정보를 추출하기 위한 적정 기준이 마련되어야 한다. 가령 질감 정보 추출에 적합한 분광밴드, 창 크기, 화소값의 단순화 정도 등에 대한 기준이 마련되어야 하며, 다양한 질감척도 간의 효용성과 적합성에 대한 비교도 필요하다. 또한 질감 정보는 영상의 공간해상도에 따라 상대적이므로, 질감척도에 미치는 공간해상도의 영향도 밝혀져야 한다. 현재 원격탐사에서 질감 정보의 사용은 대부분 실험적이며, 향후 많은 연구가 필요한 분야다.

7.12 영상 분류 I(감독 및 무감독 분류)

많은 원격탐사 영상처리의 궁극적인 목적은 모든 화소를 속성에 따라 자동으로 분류하는 것이다. 영상분류는 영상신호를 이용하여 모든 화소를 분석자가 원하는 속성 등급(class)으로 구분한 주제도를 제작하는 과정이다. 육안에 의한 영상판독으로 토지피복도를 제작하는 방법과 비교하여, 컴퓨터 영상분류는 신속하고 저비용으로 결과를 도출할 수 있다. 그러나 컴퓨터 영상분류에 의하여 얻어지는 결과는 대부분 화소값에 의존하므로, 영상의 명암뿐만 아니라 질감, 모양, 배열 상태, 크기 등 다양한 판독 요소를 이용하는 육안에 의한 분류보다 정확도가 떨어질 수 있다. 반면에 컴퓨터 영상분류는 전체 영상에 대하여 일정한 기준을 적용하여 일관된 결과를 얻지만, 육안판독에 의한 분류는 판독자의 경험과 능력에 따라 분류 결과가 크게 다를 수 있다.

원격탐사영상의 분류는 얼핏 과학적 이론에 기초한 처리로 규격화된 결과를 예상하지만, 실제 분류 결과는 분석자의 처리 방법과 경험에 따라 매우 다양하게 나타난다. 컴퓨터 영상분류는 과학이 아닌 기술이라는 말이 있을 정도로, 분류 과정에서 분석자의 주관적 판단에 많이 의존한다, 열 명의 분석자가 동일한 분류 알고리즘을 이용하여 영상분류를 수행해도, 열 가지 다른 분류 결과가 나오는 작업이다. 본 장에서는 영상분류에 앞서서 분류등급의 설정에 필요한 내용을 다루고, 전통적인 영상분류 방법인 감독 분류와 무감독 분류의 과정과 특징을 설명하고자 한다.

분류 체계 및 분류등급

영상분류의 첫 단계는 분류하고자 하는 속성 등급을 설정하는 것이다. 분류등급은 분석자가 분류하기를 원하는 정보등급(information class)과 원격탐사영상의 신호에 의하여 구분이 가능한 분광등급(spectral class)으로 나눌 수 있다. 영상분류가 어려운 점은 이 두 가지 분류등급이 서로 일치하지 않기 때문이다. 표 7-25는 정보등급과 분류등급이 부합하지 않는 예를 보여준다. 분석자는 영상에서 단순히 식물이 존재하는 식생지를 구분하길 원하지만, 영상에서 나타나는 식물의 분광특성은 식물의 종류 및 피복 상태에 따라 농지, 산림, 초지 등으로 구분될 수 있다.

분광등급이 정보등급보다 많다면, 분석자는 어려움 없이 원하는 등급을 분류할 수 있다. 영상에서 산림, 농지, 초지로 분류하고, 후처리를 통하여 이 등급을 결합하면 식생이라는 정보등급을 얻을 수 있다. 영상분류에서 어려운 문제는 정보등급이 분광등급보다 많은 경우다. 가령 분석자는 소나무, 전나무, 낙엽송 등 수종별로 산림을 분류하고 싶지만, 영상에서 나타나는 신호의 특성은 수종별 분류가 어려운 경우를 말한다. 영상에서 보이는 도시 지역은 대부분 콘크리트와 아스팔트의 분광특성을 갖지만, 분석자는 도로, 상업지, 주택지 등으로 분류하길 원하는 경우가 많다.

표 7-25 분석자가 원하는 정보등급과 영상신호로 구분되는 분광등급의 불일치 사례

등급 / 불일치	정보등급(Information class)	분광등급(Spectral class)
정보등급 < 분광등급	식생	잔디, 논, 옥수수밭, 산림 등
	산림	침엽수림, 활엽수림 등
	토양	모래, 진흙 등
정보등급 > 분광등급	도로, 단독주택, 공동주택지 등	콘크리트
	소나무림, 전나무림, 잎깔나무림 등	침엽수림
	깨끗한 물, 오염된 물 등	수면

정보등급과 분광등급이 일치하지 않으면 결국 두 등급을 절충하여 분류등급을 설정해야 한다. 분석자가 분류를 희망하는 정보등급이 우선이면, 정보등급을 분류하기에 적합한 분광특성을 갖는 영상자료를 찾아야 한다. 수종별 산림 분류를 위해서 다중분광영상의 분광특성이 충분하지 않다면, 미세한 분광특성의 차이를 구분할 수 있는 초분광영상을 이용하는 대안이 있다. 그러나 현존하는 원격탐사영상으로는 분석자가 원하는 세부적인 정보등급을 분류할 수 없다고 판단되면, 결국 정보등급을 사용할 영상자료의 분광특성에 맞추어 조정해야 한다. 주어진 원격탐사영상에서 소나무림, 전나무림, 낙엽송림의 분류가 불가능하다고 판단되면, 침엽수림으로 분류등급을 단순화해야 한다.

원격탐사 영상분류를 위해서 분류등급을 표준화하여 다양한 활용 분야에서 공동으로 사용할 수 있도록, 한국, 미국, 세계기구 등에서 표준 분류체계를 개발했다. 원격탐사에서 토지피복(land cover) 또는 토지이용(land use) 분류는 가장 일반적인 영상분류다. 토지피복은 영상에 나타나는 지표면의 물리적 상태를 말하며, 토지이용은 인간의 이용 목적에 따른 구분이다. 가령 한국 지적법에서 분류한 지목은 이용 목적에 따라 구분한 토지이용 등급에 해당하므로, 영상에서 보이는 지표면 상태와는 무관하다. 엄밀한 의미에서 원격탐사영상으로 분류할 수 있는 등급은 토지피복에 해당하므로, 토지이용과 토지피복을 함께 만족하는 영상분류는 실질적으로 어렵다. 그러나 현실적으로 넓은 지역의 토지피복 및 토지이용 분류는 원격탐사가 주된 수단이므로, 토지피복 및 토지이용 등급을 절충한 표준 분류체계를 개발한 사례가 많다.

원격탐사영상을 이용한 표준화된 토지이용 및 토지피복 분류체계는 미국 국립지질조사국에서 개발한 토지이용/토지피복(USGS land use/land cover classification) 분류체계를 꼽을 수 있으며, 개발자의 이름을 따서 Anderson(1976) 분류체계라고도 한다. USGS 분류체계는 원격탐사자료를 이용한 토지이용 및 토지피복도 제작에 있어서 분류등급을 단계별로 나누었고, 각 등급에 대한 세부적인 내용을 정의하였다. 표 7-26에서 보듯이 USGS 분류체계는 단계별로 구성되어 있어, 분석자가 필

요로 하는 단계의 분류등급을 선정하여 사용할 수 있다. 1단계는 9개 분류등급으로 설정되었으며, 2단계에서는 1단계 분류등급을 세분화하는 방식으로 설정하였다. 가령 1단계에서 '도시 및 시가지' 등급을 2단계에서는 주거지, 상업지, 공업지 등으로 세분화하였다. 3단계에서는 2단계를 세분화하여, 2단계의 주거지를 단독주택지, 다세대주택지, 공동주거단지 등으로 나눈다. 3단계와 4단계의 분류등급은 모든 상위 단계의 등급을 세분화하지 않고, 사용자가 필요한 경우 적절하게 설정하여 사용하도록 했다.

표 7-26 미국 국립지질조사국(USGS)의 토지이용/토지피복 분류체계

분류단계	분류등급	분류에 적합한 원격탐사영상의 종류
Level I	1. 도시 및 시가지 2. 농업지 3. 방목지 4. 산림 5. 수계 6. 습지 7. 불모지(Barren Land) 8. 툰드라(Tundra) 9. 영구동토(눈/얼음)	모든 종류의 중저해상도 전자광학 위성영상 AVHRR, MODIS, Landsat(MSS/TM), SPOT
Level II	11. 주거지, 12. 상업지, 13. 공업지 …	중해상도 위성영상(10m 이내 공간해상도), 저축척 항공사진(1 : 80000) 또는 SPOT 전정색영상, IRS, RapidEye 등
	21. 경작지/목장, 22. 과수원, 포도밭 등 …	
	· · ·	
	91. 영구설원, 92. 빙하	
Level III	111. 단독주택, 112. 다세대주택, …	고해상도 위성영상(1~2.5m 공간해상도) 또는 중축척 항공사진(1 : 20000~1 : 80000)
	사용자가 정의할 수 있음	
Level IV	사용자가 정의할 수 있음	고해상도 위성영상(1m 이내 공간해상도) 또는 고축척 항공사진(1 : 4000~1 : 20000)

USGS 분류체계는 각 단계 분류에 적합한 원격탐사자료의 종류와 적정 해상도를 제시했다. 1단계 토지피복 분류를 위해서는 1km 해상도의 AVHRR부터 20m 해상도의 SPOT 다중분광영상까지 모든 중저해상도 위성영상이면 적합하다고 제시한다. 2단계 분류를 위해서는 10m 이내의 해상도를 가진 위성영상이나 높은 고도에서 촬영된 항공사진이 필요하다. 분류등급이 세분화된 3, 4단계의 등급을 분류하기 위해서는, 고해상도 위성영상 또는 고축척 항공사진이 필요하다. USGS 분류체계는 비록 오래 전에 개발되었지만, 한국을 비롯하여 여러 국가와 세계기구에서 토지피복 분류체계를 설정하는 데 중요한 역할을 했다.

영상 분류에서 표준화된 분류체계를 이용하는 목적은 각 분류등급별로 명확한 정의를 부여하고 분류 결과를 다양한 분야에서 함께 활용하기 위함이다. 그러나 토지이용 및 토지피복 분류등급의 설정은 활용 목적이나 대상 지역의 지리적 특성에 따라 크게 좌우되므로, 표준화된 분류체계를 그대로 사용하는 경우는 많지 않다. 한국에서도 국가기관별로 활용 목적에 따라 개별적인 분류체계를 사용하고 있다. 국토지리정보원에서 제작하는 토지이용현황도 분류체계와 환경부의 토지피복도 분류체계는, 미국의 Anderson 분류체계와 비슷하게 계층적 구조로 대분류, 중분류, 세분류의 3단계로 구성되었다(표 7-27). 환경부 토지피복도 제작은 위성영상 사용을 원칙으로 하여 분류 단계별로 적정 영상을 제시했다. 7개 등급의 대분류를 위해서는 30m 해상도의 Landsat TM영상이 적합하며, 22개 등급의 중분류를 위해서는 최소한 5m급 공간해상도를 가진 SPOT-5 또는 KOMPSAT 다중분광영상이 필요하며, 마지막으로 41개 등급의 세분류를 위해서는 1m 해상도의 KOMPSAT 또는 IKONOS와 같은 고해상도 위성영상이 적정하다고 제시했다.

지구환경 변화와 관련하여 범지구 규모의 연구와 환경 보전을 위한 국제 협력 사업이 진행되고 있으며, 이를 위하여 지구 전역을 대상으로 표준의 토지피복 분류체계를 사용하고 있다. 국제지권생물권 프로그램(International Geosphere Biosphere Program, IGBP)을 비롯하여, 유엔, 미국의 NASA 등에서 범지구용 토지피복 분류체계를 사용하고 있다. 또한 토지피복 분류가 아닌 특정 지표물에 대한 표준화된 분류체계를 사용하는 경우도 있다. 식생 분류를 위하여 각국의 식생 종류, 분포 특성에 따라 고유의 분류체계를 사용하고 있다. 한국에서는 산림을 대상으로 수종 및 임목의 속성에 따라 정해진 임상분류체계를 사용한다. 그러나 영상분류는 대상 지역의 특성이나 활용 목적에 우선하여 분류등급이 결정되므로, 표준 분류체계는 일종의 참조자료로 사용한다.

영상분류는 주제도 제작뿐만 아니라, 종종 변화탐지(change detection) 목적으로도 많이 적용하는 처리 기법이다. 인공위성 원격탐사는 주기적인 모니터링 수단으로서, 인간의 활동 및 자연 재해로 인한 지표면 변화를 탐지하고 변화 상태, 위치, 면적 등을 정량적으로 분석하기 위한 방법으로 영상분류를 사용한다. 변화탐지를 위한 영상분류는 두 시기의 영상을 각각 동일한 분류체계로 분류한 후 분류결과를 비교하는 방법(post-classification comparison)이 있다. 변화탐지를 위한 다른 영상분류 방법은 두 시기의 영상을 하나의 자료로 묶어서 한 번에 분류하는 방법(change classification)이다. 가령 2010년 KOMPSAT-2 및 2020년 KOMPSAT-3의 다중분광영상을 합쳐서 8개 밴드의 다중시기영상으로 만든 후, 이 자료를 한 번에 분류하여 변화를 탐지하는 방법이다. 이 경우 관심의 대상인 변화(예를 들어 산림에서 농지 또는 농지에서 도시로 변화)를 분류등급으로 설정하여 두 시기 영상에서 나타나는 시기별 신호 특성을 이용하여 분류하는 방법이다.

표 7-27 한국의 토지이용현황도(국토지리정보원)와 토지피복도(환경부) 분류체계

토지이용현황도 분류체계

대분류	중분류	소분류
농지	논	경지정리답
		미경지정리답
	밭	보통, 특수작물
		과수원 기타
임지	초지	자연초지
		인공초지
	임목지	침엽수림
		활엽수림
		혼합수림
	기타	골프장
		유원지
		공원묘지
		암벽 및 석산
도시 및 주거지	주거지 및상업지	일반주택지
		고층주택지
		상업, 업무지
		나대지 및 인공녹지
	교통시설	도로
		철로 및 주변 지역
		공항
		항만
	공업지	공업시설
		공업나지, 기타
	공공시설물	발전시설
		처리장
		교육, 군사시설
		공공용지
	기타시설	양어장, 양식장
		채광지역
		매립지
		광천지
		가축사육시설
수계	습지	갯벌
		염전
	하천	하천
	호소	호, 소
		댐
	기타	백사장

토지피복 분류체계

대분류	중분류	소분류
시가화·건조지역	주거지역	단독주거시설
		공동주거시설
	공업지역	공업시설
	상업지역	상업·업무시설
		혼합지역
	문화·체육	문화·체육
	휴양지역	휴양시설
	교통지역	공항
		항만
		철도
		도로
		기타 교통
		통신시설
	공공시설지역	환경기초시설
		교육·행정시설
		기타 공공시설
농업지역	논	경지정리가 된 논
		경지정리가 안 된 논
	밭	경지정리가 된 밭
		경지정리가 안 된 밭
	시설재배지	시설재배지
	과수원	과수원
	기타재배지	목장·양식장
		기타 재배지
산림지역	활엽수림	활엽수림
	침엽수림	침엽수림
	혼효림	혼효림
초지	자연초지	자연초지
	인공초지	골프장
		묘지
		기타 초지
습지 (수변식생)	내륙습지 (수변식생)	내륙습지 (수변식생)
	연안습지	갯벌
		염전
나지	자연 나지	해변
		강기슭
		암벽·바위
	인공 나지	채광지역
		운동장
		기타 나지
수역	내륙수	하천
		호소
	해양수	해양수

원격탐사 영상분류 방법

원격탐사영상의 분류는 매우 다양한 영상 처리 기법을 복합적으로 이용하므로, 여러 가지 분류 방법이 있다. 표 7-28은 원격탐사 영상분류에 사용되는 주요 방법의 종류 및 특징을 간단히 비교한다. 물론 표에 열거한 분류 방법 외에도 다른 방법이 있으며, 새로운 분류 방법이 지속적으로 개발되고 있다. 표에 열거된 각 분류 방법도 적용 방식과 과정에 따라 다양한 변이가 존재한다.

원격탐사 영상분류는 크게 감독 분류(supervised classification)와 무감독 분류(unsupervised classification)로 구분한다. 감독 분류는 영상분류에 필요한 기준을 분석자가 제공함으로써, 컴퓨터에 의한 분류과정을 '훈련'시키고 '감독'하는 분류 방법이다. 분석자는 대상 지역에서 분류하고자 하는 등급(class)에 대하여 어느 정도 사전 지식을 갖추고 있거나, 별도의 참조자료가 필요하다. 무감독 분류(unsupervised classification)는 분석자의 '감독'을 최소화하여, 컴퓨터 스스로 유사한 신호 특성을 갖는 화소끼리 군집화하도록 하여 분류하는 방법이다. 혼합 분류(hybrid classification)는 감독 분류와 무감독 분류를 혼합한 방법으로, 감독 분류에서 분류 기준이 되는 훈련통계값을 군집화 방법으로 산출한다.

분광혼합분석(spectral mixture analysis)은 영상의 각 화소는 두 종류 이상의 지표물이 혼재된 혼합화소로 간주하여, 각 화소를 지표물의 점유비율로 분해하고 이를 취합하여 영상을 분류하는 방법이다. 주로 초분광영상에 적용하는 분석 기법이지만, 실질적으로 중저해상도의 영상에서 대부분의 화소가 혼합화소임을 감안하면 현실적인 영상분류 방법이라고 할 수 있다. 객체기반 분류(object-based classification)는 화소 단위로 분류하는 것이 아니라, 비슷한 신호를 갖는 인접 화소들

표 7-28 원격탐사 영상분류에 사용되는 주요 방법의 종류 및 특징

분류 방법	특징
감독 분류 (supervised classification)	영상분류에 필요한 기준을 분석자가 제공함으로써, 컴퓨터에 의한 분류과정을 '훈련'시키고 '감독'하는 분류 방법
무감독 분류 (unsupervised classification)	분석자의 '감독'을 최소화하여, 컴퓨터 스스로 유사한 신호를 가진 화소끼리 군집화하여 분류하는 방법
혼합 분류 (hybrid classification)	감독 분류와 무감독 분류를 혼합한 방법으로, 훈련통계값 산출을 군집화한 결과를 이용하여 분류하는 방법
분광혼합분석 (spectral mixture analysis)	하나의 화소가 두 개 이상의 지표물로 혼합되어 있다는 가정에서, 각 화소를 지표물의 점유비율로 분해하는 방법
객체기반 분류 (object-based classification)	영상을 비슷한 신호를 갖는 인접 화소들을 묶어서 조각(segment) 또는 객체(object) 단위로 구분한 뒤, 객체를 분류하는 방법
인공지능 기반 영상분류 (AI-based classificationP	머신러닝(SVM), 인공신경망, 심층학습 등 인공지능 기법을 이용한 영상분류 방법

을 묶어서 조각(segment) 또는 객체(object) 단위로 분리하고, 이를 분류하는 방법이다. 최근 급증하고 있는 고해상도 영상에 많이 적용하는 분류 방법이다. 인공지능기반 분류(AI-based classification)는 최근 자율주행 자동차, 보안, 의료, 정찰 영상 분야에서 활용이 급증하고 있는 인공지능 영상처리 기법을 원격탐사에 적용한 분류방법이다. 이 방법은 머신러닝, 인공신경망, 심층학습 등의 매우 다양한 영상처리 기법을 포함한다.

다양한 종류의 원격탐사 영상분류 방법이 개발되었지만, 분류 과정의 효율성, 난이도, 효과, 정확도 측면에서 가장 우수하다고 검증된 분류방법은 없다. 앞에서 언급했듯이 영상분류는 분석자의 경험과 능력에 따라 크게 좌우된다. 또한 분류 대상이 정형화된 인공물체가 아닌 매우 복잡한 신호로 구성된 지구 표면이므로, 최적의 분류 방법을 선정하는 게 무리다. 영상분류 방법의 특징과 장단점을 충분히 이해하면, 주어진 분류등급과 영상자료의 특성에 적합한 분류 방법을 선정할 수 있다.

감독 분류

감독 분류는 원격탐사 영상분류에서 가장 널리 사용되는 방법이다. 영상분류 기준이 되는 통계값을 분석자가 직접 산출함으로써, 컴퓨터에 의한 모든 화소의 분류 과정을 '훈련'시키고 '감독'하는 분류 방법이다. 그림 7-95는 감독 분류 방법의 주요 과정을 보여주며, 각 과정에서 처리할 내용을 나누어 설명한다.

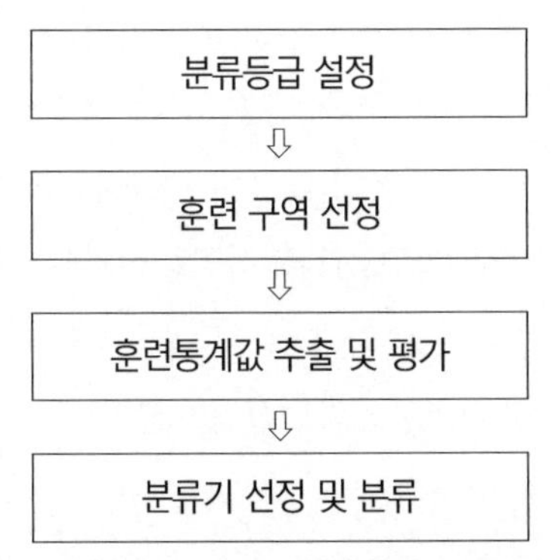

그림 7-95 감독 분류(supervised classification) 방법의 주요 절차

분류등급 설정

모든 영상 분류에서 가장 먼저 결정해야 할 사항은 분류등급이다. 분류등급을 설정하는 기준은 사용자가 요구하는 분류등급의 적정성과 원격탐사 영상자료의 적합성으로 나눌 수 있다. 분류등

급의 기준을 우선하면, 분류등급을 구분하는 데 가장 적합한 원격탐사영상을 선정해야 한다. 분류등급의 분광특성 및 시기적 특성 등을 고려하여, 등급 간 차이가 가장 잘 나타나는 영상자료를 선정해야 한다. 특히 분류등급 간 분광특성의 차이가 크지 않다면, 그 차이가 가장 크게 나타나는 다른 종류의 영상이나 또는 기존 영상을 변환한 영상을 추가하여 사용할 수 있다. 반대로 분류에 사용할 수 있는 원격탐사영상이 제한적이라면, 해당 영상자료에서 분류가 가능한 등급을 설정해야 한다.

훈련구역 선정

분류할 등급을 결정했으면, 각 분류등급의 훈련통계값(training statistics)을 구해야 한다. 감독 분류에서 모든 화소는 훈련통계값에 따라 분류되므로, 훈련통계값 추출은 감독 분류에서 가장 중요한 작업이다. 영상에서 훈련통계값을 얻는 일반적인 방법은 모니터에 출력된 영상에서 직접 훈련구역(training fields)을 구획하여 그 안에 포함된 화소값을 추출하는 것이다. 각 분류등급에 해당하는 훈련구역은 등급을 대표할 수 있는 지점으로, 공간적으로 균일하게 보이는 곳을 선정하는 게 좋다. 훈련구역을 구획하기 위해서는 해당 지점의 피복 상태를 이미 잘 알고 있거나, 그렇지 않다면 고해상도 영상이나 항공사진 또는 기존에 제작된 토지피복도와 같은 참조자료를 사용한다. 화면에 출력된 컬러영상은 고작 3개 분광밴드의 합성영상이므로, 다중밴드영상 전체의 화소값 변이를 보여주지 않는다. 따라서 훈련구역을 구획할 때는 다른 조합의 컬러영상으로 바꾸어 가면서 해당 구역의 화소값 변이를 잘 관찰해야 한다. 훈련통계값을 얻는 다른 방법으로 블록 군집화(block clustering)가 있지만, 이 방법은 다음에 혼합 분류 방법에서 설명한다.

각 분류등급마다 보통 하나의 훈련 구역을 선정하지만, 두 곳 이상의 구역을 선정해야 하는 경우도 있다. 가령 분류등급은 '산림'으로 설정했지만, 사용하는 영상의 특성에 따라 산림에 해당하는 부분의 색이나 명암에 차이가 많으면 산림1, 산림2, 산림3 등으로 여러 곳을 선정한다. 이와 같이 영상신호의 변이가 큰 분류등급은 여러 곳에서 훈련구역을 선정하여, 각각을 별개의 분류등급으로 분류한 후에 이를 결합시킨다. 즉 산림1, 산림2, 산림3으로 분류된 결과를 결합하여 산림으로 분류하는 방식이다.

그림 7-96은 인천지역 TM 영상을 이용하여 토지피복 분류를 하고자, 미리 설정한 8개 분류등급에 대하여 현지조사와 참조자료를 이용하여 훈련구역을 선정한 결과다. 영상을 화면에 출력한 후, 각 분류등급에 해당하는 훈련구역을 하나씩 구획한 모습이다. 훈련구역은 해당 지점의 균질성과 분포 면적 등을 고려하여 모양과 크기에 차이가 있다.

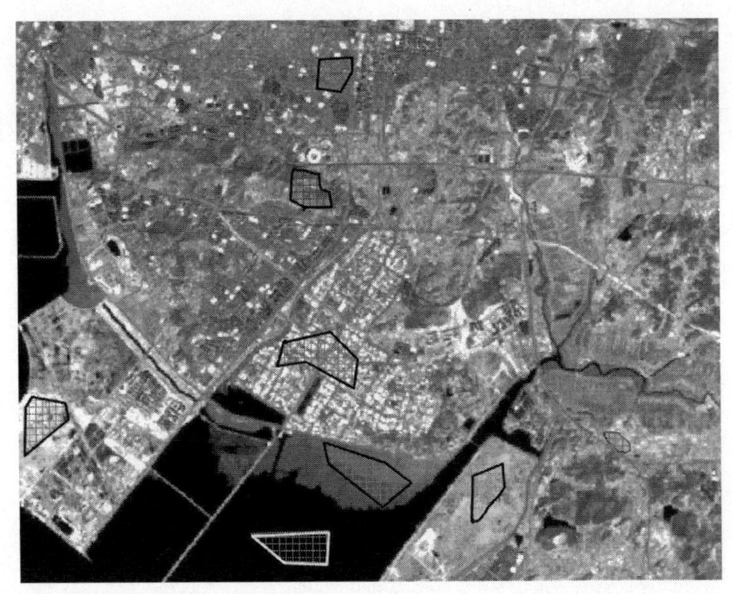

그림 7-96 인천지역 TM영상에서 훈련통계값 추출을 위하여 현지조사와 참조자료를 이용하여 선정한 8개 분류등급별 훈련구역(training fields)

훈련통계값 추출

훈련 구역에 포함된 화소값을 읽어 훈련통계값을 산출하는데, 훈련통계값은 밴드별 최소, 최대, 평균, 표준편차 등 기술통계값과 밴드 간 분산공분산 행렬과 상관계수 행렬이 있다. 표 7-29는 인천지역 TM영상 감독 분류를 위하여 훈련구역에서 추출한, 세 개 분류등급의 훈련통계값을 보여준다. 훈련통계값은 이후 적정성 여부에 대한 평가를 마친 후, 분류에 사용한다. 분류 과정에서 분류등급의 모든 훈련통계값을 사용하는 것은 아니다. 분류 알고리즘에 따라서 기술통계값의 일부(가령 밴드별 평균)만을 사용하거나 혹은 기술통계값과 분산공분산 행렬 모두 사용하기도 한다.

인천 TM영상의 밴드별 기술통계값을 보면 세 개 분류등급의 최대값과 최소값의 차이가 크지 않고, 평균에 비하여 표준편차가 낮다. 훈련통계값은 영상에서 각 분류등급에 해당하는 구역에서 추출했기 때문에 화소값의 차이가 크지 않게 나타났다. 특히 수면은 균질성이 높아 화소값의 변이가 낮고 분산공분산도 아주 낮게 나타났다. 반면에 도심지는 다른 분류등급보다 표준편차가 크게 나타났는데, 건물, 도로, 옥상, 가로수 등 여러 요소가 혼재하기 때문이다. 산림은 수종 및 임목 밀도에 따라 화소값에 미세한 차이가 있지만, 침엽수와 활엽수가 혼합된 산림에서 추출한 훈련통계값은 식물의 반사 특성을 반영하여 근적외선 및 단파적외선 밴드에서 큰 변이를 보인다. 근적외선 및 단파적외선 밴드와 다른 밴드의 공분산도 비교적 큰 값을 갖는데, 이는 두 밴드의 신호가 다른 밴드와 차이가 크다는 의미다. 몇몇 알고리즘은 분류과정에서 추가로 상관계수를 이용하기도 한다.

표 7-29 인천지역 TM영상 분류를 위하여 추출한 세 개 분류등급의 기술통계값과 다변량 통계값의 예시

분류등급 1. 수면

Band	1	2	3	4	5	6	7
Min	62	25	19	8	2	123	1
Max	70	30	26	11	9	126	7
평균	64.60	27.00	21.07	9.75	5.91	125.04	4.02
표준편차	1.41	0.96	1.45	0.61	0.88	0.59	0.82

분산공분산

Band	1	2	3	4	5	6	7
1	1.98	0.68	1.10	0.24	0.02	-0.26	0.01
2	0.68	0.93	1.01	0.21	-0.01	-0.21	0.00
3	1.10	1.01	2.10	0.42	-0.03	-0.37	-0.03
4	0.24	0.21	0.42	0.37	-0.01	-0.08	0.01
5	0.02	-0.01	-0.03	-0.01	0.77	-0.02	0.13
6	-0.26	-0.21	-0.37	-0.08	-0.02	0.35	0.02
7	0.01	0.00	-0.03	0.01	0.13	0.02	0.67

분류등급 5. 도심지

Band	1	2	3	4	5	6	7
Min	60	25	23	25	35	133	20
Max	89	42	48	54	86	137	54
평균	71.27	30.76	31.36	33.69	50.46	135.24	29.41
표준편차	3.95	2.44	3.45	3.92	5.64	1.02	3.98

분산공분산

Band	1	2	3	4	5	6	7
1	15.61	8.03	11.06	6.75	10.27	1.67	10.23
2	8.03	5.97	7.53	5.01	6.04	0.79	5.77
3	11.06	7.53	11.93	7.28	7.51	1.18	7.87
4	6.75	5.01	7.28	15.38	10.75	0.47	5.97
5	10.27	6.04	7.51	10.75	31.80	0.96	18.72
6	1.67	0.79	1.18	0.47	0.96	1.04	1.38
7	10.23	5.77	7.87	5.97	18.72	1.38	15.83

표 7-29 인천지역 TM영상 분류를 위하여 추출한 세 개 분류등급의 기술통계값과 다변량 통계값의 예시(계속)

분류등급 6. 산림

Band	1	2	3	4	5	6	7
Min	50	20	15	35	31	122	10
Max	65	33	36	80	89	130	36
평균	55.60	22.17	18.52	56.57	52.97	126.93	18.18
표준편차	1.81	1.54	2.23	8.55	9.63	1.44	3.85

분산공분산

Band	1	2	3	4	5	6	7
1	3.26	2.09	2.99	8.37	11.72	1.12	4.94
2	2.09	2.38	3.07	8.25	11.29	0.89	4.84
3	2.99	3.07	4.97	9.68	15.14	1.03	6.92
4	8.37	8.25	9.68	73.18	70.87	7.88	23.15
5	11.72	11.29	15.14	70.87	92.80	7.95	34.21
6	1.12	0.89	1.03	7.88	7.95	2.08	2.66
7	4.94	4.84	6.92	23.15	34.21	2.66	14.79

훈련통계값 평가

훈련통계값은 감독 분류에서 절대적인 기준이므로, 분류에 앞서 훈련통계값에 대한 적합성 여부를 평가해야 한다. 훈련통계값이 비슷한 분류등급은 서로 분리되기 어렵고, 훈련통계값의 차이가 클수록 정확하게 분리할 수 있다. 훈련통계값을 평가하는 쉬운 방법으로 그래프를 이용하여 분류등급별 기술통계값을 비교하는 것이다. 그림 7-97은 8개 토지피복 등급의 훈련통계값 중 밴드별 화소값의 분포(평균±표준편차)를 보여주는 그래프다. 네 개 분광밴드에서 8개 분류등급의 훈련통계값은 밴드에 따라 매우 다르게 나타난다. 이 그래프를 통하여 특정 분류등급이 잘 구분되는 분광밴드를 파악할 수 있고, 영상분류 과정에서 분류등급별로 다른 밴드를 사용하는 방법을 적용할 수도 있다. 가령 분류등급 c1, c2, c4는 근적외선 영상(band 4)만으로도 쉽게 분류가 가능하며, 등급 c5는 녹색광 영상(band 2)으로 구분이 가능하다는 것을 볼 수 있다.

그림 7-98은 두 밴드 화소값의 산포도 위에 각 분류등급의 기술통계값을 사각형 모양으로 중첩한 그래프다. 사각형은 분류등급의 밴드별 평균과 표준편차를 이용하거나 최소 및 최대값을 이용하여 구획할 수 있다. 사각형의 중심은 두 밴드의 평균이며, 사각형의 좌우 경계선은 x축 분광밴드의 평균±표준편차이며, 상하 경계선은 y축 분광밴드의 평균±표준편차다. 첫 번째 그래프는 TM 밴드 2와 3에서 훈련통계값을 보여주는데, 대부분의 분류등급의 서로 중첩되어 있다. 밴드 2와 3은 둘 다 가시광선 밴드로 분광특성이 유사하므로, 8개 분류등급의 훈련통계값도 대부분 비슷한

경향을 보여준다. 밴드 3과 4의 산포도에 중첩된 사각형 중에서 분류등급 c1과 c4는 다른 등급과 중첩되지 않고 분류가 용이하다는 것을 보여준다. 이와 같이 두 밴드 조합을 달리하는 그래프를 이용한 훈련통계값 평가는 나름 쉽고 간단한 방법이지만, 분광밴드와 분류등급이 많다면 그래프 판독이 쉽지 않다. 그래프를 이용하여 훈련통계값을 비교 평가한 결과, 서로 구분이 어려운 분류등급은 훈련구역을 다시 설정하여 훈련통계값을 보완하는 작업이 필요하다.

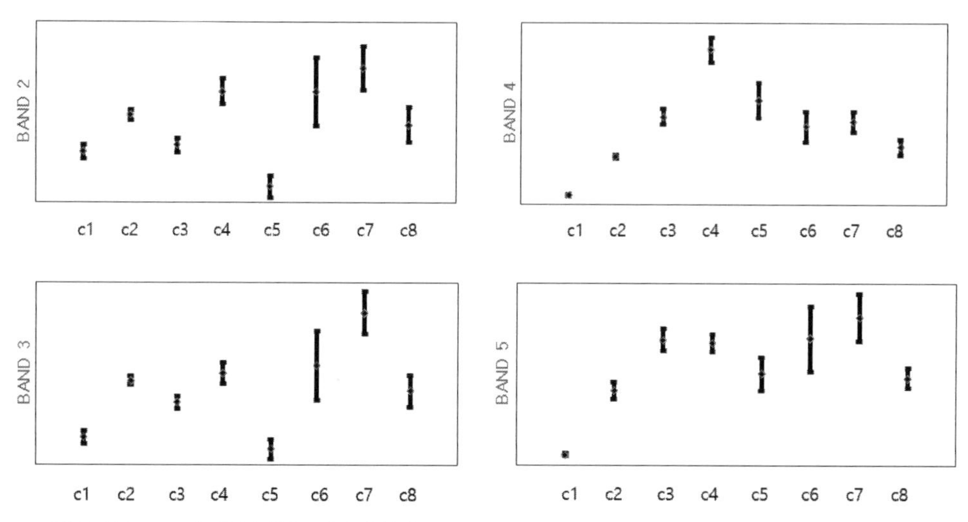

그림 7-97 TM 네 개 분광밴드에서 추출한 8개 토지피복 등급의 훈련통계값의 범위(평균±표준편차)

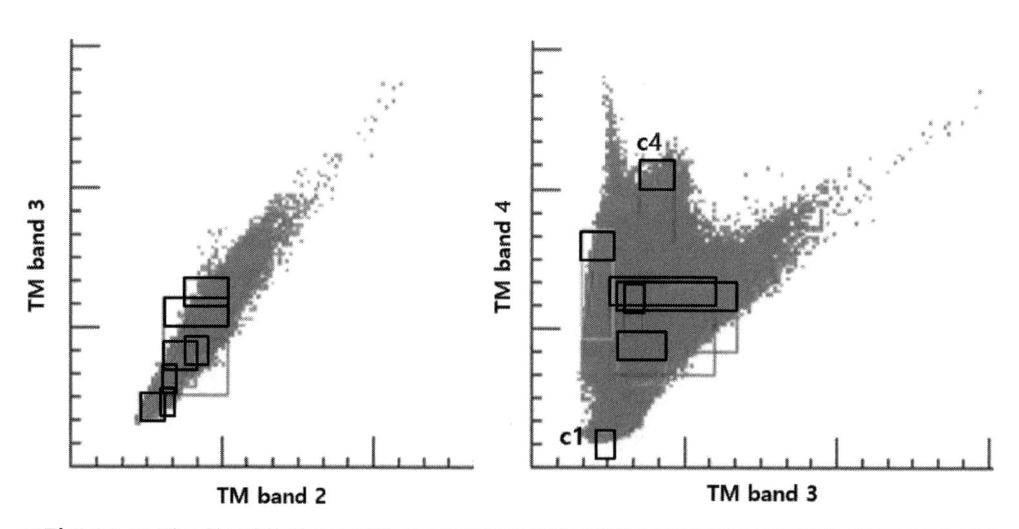

그림 7-98 두 밴드 화소값의 산포도 위에 각 분류등급의 훈련통계값을 중첩하여 분류등급별 구분 여부를 평가

훈련통계값 평가에서 그래프를 이용하는 방법과 함께 분류등급 사이의 분광거리(spectral distance)를 비교하는 방법이 있다. 분광거리는 두 분류등급 사이의 거리를 표시하는 척도로서 통계적 분리도(statistical separability)라고도 하며, 여러 종류의 분리도가 개발되었다. 표 7-30은 한 쌍의 분류등급에 대한 훈련통계값의 차이를 나타내는 여러 가지 분광거리의 종류를 보여준다. 분광거리는 화소와 화소 간의 신호값 차이가 아니라, 훈련구역에 포함된 화소집단 간의 차이를 나타내는 척도다. 따라서 분광분리도 계산에서 각 분류등급의 기술통계값만을 사용하거나 기술통계값과 함께 분산공분산 행렬을 이용하기도 한다.

유클리디언(Euclidean) 거리는 n차원 공간에서 두 점 간의 거리를 측정하는 가장 간단한 방법으로, 각 훈련통계값의 밴드별 평균만을 이용한다. 거리 계산이 간단하지만, 각 분류등급에 포함된 화소값의 분포에 대한 고려가 없기 때문에, 분광거리도 척도로 많이 사용하지 않는다. 발산(divergence)은 훈련통계값의 평균벡터뿐만 아니라 분산공분산 행렬을 이용하여 두 등급 간 거리를 계산한다. 발산의 단점을 보완하여 개발된 변환 발산(transformed divergence)이 비교적 많이 사용되고 있다. 변환 발산은 최대값을 2000으로 설정하여 분류등급 간 거리가 증가할수록 가중치를 부여하여 변환 발산의 증가폭이 감소하도록 했다. 바타차리야(Bhattacharyya) 거리는 두 분류등급에 포함된 화소값이 정규분포를 가진다는 가정에 기초하여, 두 집단의 거리를 측정하는 방법이다. JM(Jeffreys-Matusita distance)거리는 바타차리야 거리를 변형한 분광거리 계산법으로, 두 집단 간의 거리가 증가함에 따라 JM-거리 증가폭을 감소시켜 최대값에 포화되도록 했다. 두 분류등급 간의 분리도를 계산에서, 밴드가 증가하면 당연히 분리도도 증가하게 된다.

표 7-30 한 쌍의 분류등급(i와 j)에 대한 훈련통계값의 차이를 계산하는 분광거리 측정 방법의 종류

분광 거리(분리도)	수식
Euclidean 거리	$d_{ij} = \sqrt{\sum_{b=1}^{n}(\overline{X}_{bi}^2 - \overline{X}_{bj}^2)}$ $\overline{X_{bi}}$ =밴드 b에서 분류등급 i의 평균, $\overline{X_{bj}}$ =밴드 b에서 분류등급 j의 평균
발산 (divergence)	$D_{ij} = \frac{1}{2}tr\left[(V_i - V_j)(V_i^{-1} - V_j^{-1})\right] + \frac{1}{2}tr\left[(V_i^{-1} + V_j^{-1})(M_i - M_j)(M_i - M_j)^T\right]$ $V_{i,j}$=분류등급 i와 j의 공분산행렬, $M_{i,j}$=분류등급 i와 j의 평균벡터
변환 발산 (transformed Dij)	$TD_{ij} = 2000\left[1 - \exp\left(\frac{-D_{ij}}{8}\right)\right]$
바타차리야 거리 (Bhattacharyya)	$Bhat_{ij} = \frac{1}{8}(M_i - M_j)^T\left(\frac{V_i + V_j}{2}\right)^{-1}(M_i - M_j) + \frac{1}{2}\log_e\left[\frac{\left\lvert\frac{V_i + V_j}{2}\right\rvert}{\sqrt{(\lvert V_j\rvert \cdot \lvert V_j\rvert)}}\right]$
JM 거리 (Jeffreys-Matusita)	$JM_{ij} = \sqrt{2\left(1 - e^{-Bhat_{ij}}\right)}$

표 7-31은 인천 TM영상의 3개 분광밴드만을 이용하여 산출한 8개 분류등급 사이의 평균 분광거리(변환 발산, JM-거리)를 계산한 결과다. 여기서 평균 분리도는 7개 TM 밴드에서 3개 밴드를 선택하는 조합의 수는 35가지가 되므로, 35개의 모든 밴드 조합에서 두 분류등급의 분광거리를 평균한 값이다. 예를 들어 분류등급 2와 4의 JM-거리는 1229.5인데, 이는 35개 분광밴드 조합에서 계산된 JM-거리의 평균이다. 두 분류등급 간의 분광거리는 사용하는 밴드 수에 비례하여 증가한다. 표에서와 같이 3개 밴드를 사용하는 대신 TM영상 7개 밴드를 모두 사용한다면, 등급 간 분광거리는 증가하며 따라서 영상분류 과정에서 각 등급이 정확하게 분류될 확률이 높아진다.

표 7-31 인천 TM 영상의 3개 밴드를 이용하여 산출한 8개 분류등급 사이의 평균 분광거리(변환 발산, JM-거리)

Transformed Divergence

Class	1	2	3	4	5	6	7	8
1	0	2000	2000	2000	2000	2000	2000	2000
2	2000	0	2000	1979	1613	2000	2000	1753
3	2000	2000	0	2000	1999	2000	2000	2000
4	2000	1979	2000	0	1668	1995	1990	1996
5	2000	1613	1999	1668	0	1738	2000	1051
6	2000	2000	2000	1995	1738	0	1907	1923
7	2000	2000	2000	1990	2000	1907	0	2000
8	2000	1753	2000	1996	1051	1923	2000	0

J-M distance

Class	1	2	3	4	5	6	7	8
1	0.0	1414.2	1414.2	1413.5	1414.2	1414.2	1414.2	1414.2
2	1414.2	0.0	1386.7	1229.5	1341.8	1414.2	1414.2	1414.2
3	1414.2	1386.7	0.0	1345.5	1326.6	1414.2	1414.2	1414.2
4	1413.5	1229.5	1345.5	0.0	474.9	1408.8	1414.1	1177.0
5	1414.2	1341.8	1326.6	474.9	0.0	1413.2	1414.2	1396.8
6	1414.2	1414.2	1414.2	1408.8	1413.2	0.0	1414.2	1413.7
7	1414.2	1414.2	1414.2	1414.1	1414.2	1414.2	0.0	1414.2
8	1414.2	1414.2	1414.2	1177.0	1396.8	1413.7	1414.2	0.0

변환 발산 또는 JM-거리와 같은 분광거리는 훈련통계값을 평가하기 위해서 사용될 뿐만 아니라, 영상분류에 사용될 최적의 밴드를 선정하는 과정에도 사용된다. 분광밴드 수가 많은 다중분광영상 또는 초분광영상에서 모든 밴드를 사용하는 대신 일부 밴드만을 선택하여 사용하려면, 계산된 분광거리를 기준으로 최적의 밴드 조합을 선택한다. 이러한 과정을 종종 특징 선택(feature selection)이라고 하며, 사용자가 분류하려는 분류등급을 가장 잘 구분하는 밴드들을 선정하는 과정이다. 가령 Landsat-8 OLI/TIRS 10개 밴드의 영상에서 옥수수밭과 콩밭을 가장 잘 구분할 수 있는 3개 분광밴드를 선정한다고 가정할 때, 3개 밴드의 조합은 120가지나 된다. 옥수수밭과 콩밭의 훈련통계값을 추출한 후, 이를 이용하여 120개 조합에 대하여 각각 분광거리를 계산하고 가장 큰 값을 갖는 밴드 조합을 선정하는 것이다. 특징 선택은 또한 기존 영상에서 관심 있는 지표물의 특징을 잘 보여줄 수 있는 새로운 영상으로 변환하는 것을 의미하기도 한다.

분류기

훈련통계값에 대한 검증이 완료되면, 영상의 모든 화소는 정해진 분류등급으로 분류된다. 각 화소의 분류등급을 결정하는 알고리즘을 분류기(classifier) 또는 분류법이라고 한다. 분류기는 분류등급을 결정하기 위해 훈련통계값 중 밴드별 평균 또는 평균과 표준편차만을 사용하는 분류기도 있고, 밴드별 기술통계값과 분산공분산 행렬을 함께 사용하는 분류기도 있다.

평행육면체 분류기(parallelepiped classifier)

평행육면체 또는 평행사변형 분류기는 n 밴드의 공간에서 각 분류등급에 해당하는 공간을 평행사변형(2 밴드), 평행육면체(3밴드) 또는 n-차원 다면체로 구획하여, 각 화소가 포함되는 평행육면체의 등급으로 결정하는 방법이다. 사각형의 중심은 두 밴드의 평균이며, 사각형의 좌우 및 상하 경계선은 두 밴드의 (평균−표준편차)와 (평균+표준편차)로 결정하거나, 두 밴드의 최소값과 최대값으로 결정한다.

그림 7-99는 parallelepiped 분류기의 이해를 위하여 2차원 공간에 다섯 가지 분류등급의 훈련통계값(표 7-32) 중, 밴드 3과 밴드 4의 평균과 표준편차를 이용하여 평행사변형을 구획하여 분류하는 과정을 보여준다. 영상에서 (33, 34)값을 가진 화소 X1은 분류등급 c3의 사각형에 속하므로, c3로 분류된다. 화소 X3(54, 44)는 공교롭게 c4와 c5가 겹치는 구역에 포함되므로, 등급을 결정하기 위해서는 각 사각형의 중심까지의 거리가 가까운 등급으로 결정한다. 화소 X2(39, 29)는 어떤 사각형에도 포함되지 않으므로, 미분류로 처리된다. 그러나 미분류 화소를 줄이거나 또는 없도록 하려면, 사각형의 면적을 (평균±2표준편차)로 확대하거나, 또는 각 분류등급의 평균에 가장 가까운 등급으로 결정하는 대안을 적용한다. 평행육면체 분류기는 단순한 불 논리(Boolean logic)를 이용하므로 계산이 빠르고, 각 분류등급의 밴드별 분포 특성을 어느 정도 고려하는 장점이 있다.

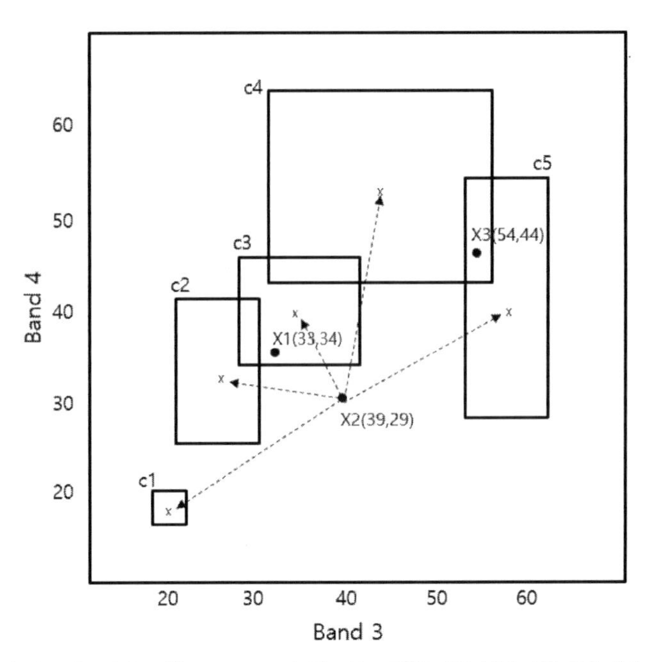

그림 7-99 두 개 밴드를 이용하여 3개(X1, X2, X3) 화소를 평행육면체 분류기와 최소거리 분류기를 이용하여 다섯 가지 분류등급 중 하나로 결정하는 과정

표 7-32 두 개 밴드에서 추출된 다섯 가지 등급의 훈련통계값

훈련 통계값		분류등급				
		c1	c2	c3	c4	c5
밴드 3	평균	20.1	25.6	34.3	43.2	57.1
	표준편차	2.1	4.6	7.7	10.9	4.2
밴드 4	평균	17.8	32.9	38.5	53.0	39.1
	표준편차	2.01	7.2	6.8	9.9	13.1

최소거리 분류기(minimum distance to mean classifier)

평형육면체 분류기는 두 분류등급으로 중복하여 분류되거나 미분류가 발생하면, 별도의 분류 알고리즘을 적용해야 한다. 최소거리 분류기는 영상의 각 화소가 모든 분류등급의 평균까지 분광거리를 계산한 후, 최소거리를 갖는 등급으로 분류한다. 각 등급의 평균까지 거리는 유클리디언(Euclidean) 거리로 다음과 같이 구한다.

$$d_i = \sqrt{\sum_{b=1}^{n} \left(x_b - \overline{x_{bi}}\right)^2} \tag{7.56}$$

여기서 d_i=각 화소로부터 분류등급 i까지 분광거리

x_b=분류할 화소값

$\overline{x_{bi}}$=분류등급 i의 평균

그림 7-99의 평행육면체 분류기에서 미분류처리되었던 화소 X2는 분류등급의 평균까지 유클리디언 거리가 가장 짧은 등급 c3로 분류된다. 최소거리 분류기는 훈련통계값 중 밴드별 평균만을 이용하므로 가장 단순하고 계산이 효율적이다. 그러나 분류등급에 속하는 화소들의 변이에 대한 고려 없이 평균만을 이용하므로, 분류등급에 속하는 화소값의 분산에 차이가 크면 적용에 문제가 있다.

마할라노비스 거리 분류기

최소거리 분류기에서 사용하는 유클리디안 거리는 분류등급에 포함되는 화소값의 변이에 대한 고려가 없다. 거리 계산에서 분류등급의 화소값 분포 특성을 고려하는 방법이 마할라노비스(Mahalanobis) 거리 분류기이다. 마할라노비스 거리는 다차원 공간에서, 한 점으로부터 하나의 분포집단까지의 거리를 측정하는 방법으로, 다음과 같이 구한다.

$$MD_i = \sqrt{(X - M_i)V_i^{-1}(X - M_i)^T} \tag{7.57}$$

여기서 X=분류할 화소값 벡터

M_i=등급 i의 평균벡터

V_i=등급 i의 분산공분산 행렬

이 방법은 모든 화소로부터의 거리 계산에 각 분류등급의 분산공분산 행렬을 사용하므로 최소거리 분류기 및 평행육면체 분류기보다 계산량은 많지만, 각 분류등급의 분산공분산 구조를 이용하므로 이론적으로 개선된 방법이다. 마할라노비스 분류기를 적용할 때는 최대유효거리를 미리 설정하여, 미지의 화소로부터 분류등급까지 거리가 미리 설정된 최대유효거리보다 길면 미분류 화소로 처리하기도 한다.

최대우도 분류기(maximum likelihood classifier)

이 방법은 각 분류등급에 포함되는 화소들이 정규분포를 가진다는 가정을 이용하므로, 종종 가우시안 최대우도(Gaussian maximum likelihood, GML) 분류기라고도 한다. 영상에서 미지의 화소

마다 각 분류등급에 속할 확률을 다음 식으로 계산하여, 가장 높은 확률을 가진 등급으로 결정하는 방법이다. 확률 계산을 위해서는 훈련통계값의 평균벡터와 분산공분산 행렬을 함께 사용한다. 각 분류등급의 밴드별 평균과 밴드 간 공분산 특성을 고려하여 이론적으로 안정된 방법이며, 가장 널리 사용하는 분류기다.

$$P(X|w_i) = \frac{1}{(2\pi)^{n/2}|V_i|^{1/2}} \exp\left[-\frac{1}{2}(X-M_i)^T V_i^{-1}(X-M_i)\right] \tag{7.58}$$

여기서 $P(X|w_i)$ = 화소 X가 등급 w_i에 포함될 확률

X = 분류할 화소값 벡터

V_i = 분류등급 i의 분산공분산 행렬

M_i = 분류등급 i의 평균벡터

최대우도 분류기는 분류등급별 화소값의 분포 특성을 이용하므로, 최소거리 분류기와 다른 분류 결과를 보이기도 한다. 앞 장의 표 7-29의 인천지역 TM영상에서 추출한 훈련통계값을 보면 수면과 같이 화소값의 변이가 매우 작은 분류등급도 있는 반면에, 도심지 및 산림과 같이 다양한 피복 요소로 구성되어 분산공분산이 큰 등급도 있다. 그림 7-100은 한 밴드 영상만으로 분류하는 경우를 가정하여, 최소거리 분류기와 최대우도 분류기의 차이를 보여준다. 훈련통계값에 나타난 class 1은 수면 또는 잔디밭처럼 균질의 피복 특성으로 분산이 작으며, class 2는 도심지와 같이 다양한 피복이 혼재되어 분산이 크게 나타났다. 최소거리 분류기로 미지의 화소 X를 분류하면, 두 등급의 평균까지 거리 d_1이 d_2보다 짧기 때문에 X는 class 1로 분류된다. 그러나 최대우도 분류기를 적용하면, 그림에서 보듯이 X는 class 1의 분포 범위 밖에 위치하므로 class 1에 포함될 확률은 0에

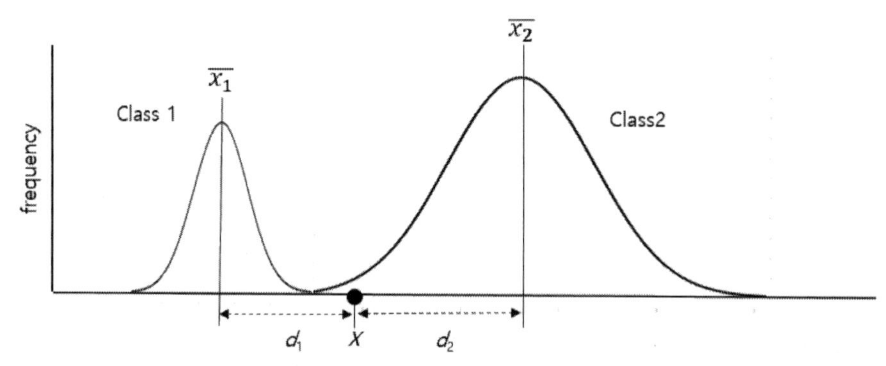

그림 7-100 한 밴드 영상에서 분류등급 1과 2의 분산이 다른 경우, 화소 X는 최소거리 분류기는 class1로 분류하지만, 최대우도 분류기는 class 2로 분류

가깝지만, class 2에 포함될 확률은 0보다 크므로 class 2로 분류된다. 현실적으로 영상자료에서 나타나는 분류등급별 화소값의 분포가 동일하지 않기 때문에, 분포 특성을 고려한 최대우도 분류기의 성능이 높게 나타난다.

최대우도 분류기는 대상 지역에 각 분류등급이 나타날 사전확률(점유 비율)을 미리 설정할 수 있다. 실제로 영상에서 각 분류등급의 점유 비율에 대한 사전 지식이 없다면, 모든 등급의 발생 확률을 동일하게 적용한다. 그러나 영상에서 분류등급별 점유 비율을 부여할 수 있으면, 분류 과정에서 사전확률을 이용하여 보다 정확한 확률 계산이 가능하다. 이와 같이 사전확률을 부여하여 최대우도 분류기를 개선한 방식을 베이지안(Bayesian) 분류기라고 한다.

최대우도 분류기는 분류등급별 화소값의 분포 특성을 이용하여, 각 화소가 속할 등급을 확률적으로 결정하는 장점이 있다. 그러나 이 분류기는 등급별 화소값이 정규분포라는 가정에 기초하고 있기 때문에 이에 대한 주의가 필요하다. 가령 광학영상과 SAR 영상을 함께 이용하거나 또는 질감 영상을 함께 사용하여 영상분류를 할 경우, 각각의 영상에서 나타나는 등급별 화소값의 변이는 정규분포와 다른 경우가 있다. 분류에 사용하는 영상에서 분류등급별 화소값의 분포가 정규분포가 아니면, 확률 계산에 문제가 있으므로 다른 분류기와의 비교를 통하여 결과를 점검해야 한다.

분광각 분류기

앞에서 설명한 분류기는 훈련통계값을 이용하여 산출한 분광거리 또는 확률로 분류했으나, 분광각(spectral angle mapper, SAM) 분류기는 화소와 분류등급 사이의 각도를 이용하여 분류하는 방법이다. 그림 7-101은 두 밴드 공간에서 분류등급의 평균벡터와 화소값 벡터 사이의 분광각 개념을 보여주는데, 밴드의 수가 n개이면 n-차원 공간에서 두 벡터 사이의 각도를 의미한다.

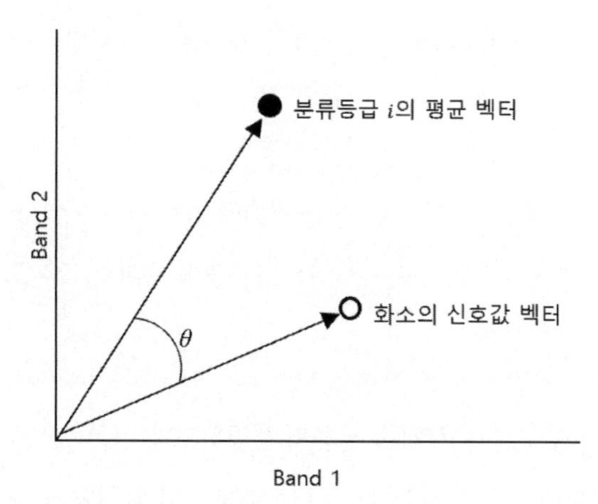

그림 7-101 두 밴드 공간에서 분류등급의 평균벡터와 화소 신호값 벡터 사이의 분광각(spectral angle)

분광각 분류기는 초분광영상에서 얻어지는 분광스펙트럼과 분광라이브러리에 있는 참조스펙트럼 사이의 유사성을 나타내는 척도로 개발되었다. 따라서 초분광영상에서는 반사율 자료를 사용하는 것이 기본 가정이지만, 다중분광영상에서는 훈련통계값과 화소값의 단위가 같으면 어떤 형태의 자료를 사용해도 무방하다. 영상에서 분류될 각 화소의 n-밴드 화소값 벡터와 훈련통계값에 있는 분류등급 i의 평균벡터 사이의 분광각은 다음과 같이 산출된다.

$$\theta_i = \cos^{-1}\left(\frac{\vec{x} \cdot \vec{y_i}}{\|\vec{x}\| \cdot \|\vec{y_1}\|} \right) \tag{7.59}$$

여기서 θ_i = n-밴드 공간에서 화소 x와 분류등급 i가 이루는 분광각

$\vec{x}$ = 분류될 화소값 벡터

$\vec{y_i}$ = 분류등급 i의 평균벡터

두 벡터 사이의 분광각이 작을수록 해당 화소의 스펙트럼은 훈련 스펙트럼과 유사하다. 각 화소에 대하여 모든 분류등급과의 분광각을 계산하고, 분광각이 가장 작은 등급으로 분류한다. 분광각 분류기는 최소거리 분류기와 마찬가지로 훈련통계값 중 밴드별 평균만을 이용하고, 분류등급에 포함하는 화소값의 분포 특성에 대한 고려가 없다. 따라서 밴드 수가 많지 않은 다중분광영상에 분광각 분류기를 적용한 분류결과는 최소거리 분류기와 유사하게 나타날 수 있다.

무감독 분류

무감독 분류(unsupervised classification)는 분석자의 개입을 최소화한 분류 방법이지만, 완전한 '무감독' 처리 과정은 아니다. 감독 분류는 분류의 절대적인 기준인 훈련통계값을 마련하는 모든 과정을 분석자가 직접 담당한다. 반면에 무감독 분류는 컴퓨터가 스스로 유사한 값을 갖는 화소끼리 합쳐서 군집(cluster)이 형성되도록 하는 분류 기법이다. 여기서 분석자는 화소의 유사성 여부를 결정하는 기준을 제시하고, 최종적으로 생성된 각 군집에 적절한 분류등급을 부여하는 역할을 한다.

그림 7-102는 일반적인 무감독 분류 과정을 보여주는데, 분석자는 군집화(clustering) 과정에서 적절한 매개변수를 입력해야 한다. 무감독 분류도 분류하고자 하는 정보등급(information class)을 미리 설정해야 한다. 특히 무감독 분류는 분석자가 대상 지역에 대한 사전 지식이 없고, 피복 상태를 파악할 만한 참조자료가 구비되지 못한 경우에 주로 적용하는 방법이므로, 분류등급의 설정

이 쉽지 않다. 무감독 분류에서 가장 중요한 부분은 군집화 과정인데, 적정 군집화 알고리즘 선택 및 입력할 매개변수 설정을 통하여 최적의 분류 결과를 얻을 수 있다. 마지막으로 군집화 결과 생성된 각 군집에 적절한 정보등급을 할당함으로써 분류 작업이 완료된다. 군집화 결과 생성된 군집을 감독 분류의 훈련통계값 추출에 사용하기도 하는데, 이는 혼합 분류 방법에 해당하며 다음에 다루기로 한다.

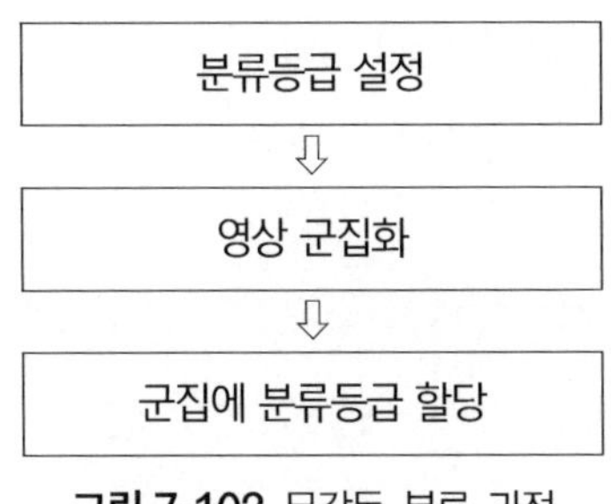

그림 7-102 무감독 분류 과정

무감독 분류의 핵심은 다중밴드영상에서 비슷한 값을 갖는 화소끼리 스스로 뭉쳐서 군집을 형성하도록 하는 과정이다. 다중밴드영상에 적용하는 여러 종류의 군집화 알고리즘의 특징과 장단점을 이해해야 한다. 군집화 결과는 알고리즘의 선택도 중요하지만, 각 알고리즘에 필요한 입력 매개변수에 의하여 좌우될 수 있다.

순차적 군집화

순차적 군집화(sequential clustering)는 체인 방법(chain method)이라고도 하며, 비교적 간단하고 연산 과정이 빠른 군집화 기법이다. 영상의 좌상 모서리에 있는 첫 번째 화소가 첫 번째 군집의 중심이 되면서 군집화가 시작한다. 두 번째 화소를 읽어 첫 번째 군집까지의 유클리디언 거리를 구한 후, 이 값을 미리 설정한 매개변수 중 하나인 군집 최대반경(R)과 비교한다. 첫 번째 군집까지 거리가 R보다 작으면 두 번째 화소는 첫 번째 군집에 포함되고, 그렇지 않으면 새로운 군집의 중심이 된다. 세 번째 화소를 읽어 기존 군집과의 거리를 계산하여, 가장 가까운 군집에 포함되거나 새로운 군집의 중심이 된다. 이와 같이 화소를 순서대로 읽어서, 기존에 생성된 군집 중심과의 거리가 R보다 작으면 가장 가까운 군집으로 할당하고, 그렇지 않으면 새로운 군집의 중심이 된다.

그림 7-103은 순차적 군집화 과정을 이해하기 위하여, 두 밴드 영상에서 다섯 번째 화소까지 읽어서, 군집을 형성하는 과정을 보여준다. 영상의 첫 번째 화소1 (20, 40)이 군집1의 중심이 된다. 두 번째 화소2 (34, 30)으로부터 군집1까지 유클리디언 거리는 17.2가 되며, 이는 미리 설정한 매

개변수인 군집 최대반경(R=20)보다 작으므로, 화소2는 군집1에 할당한다, 화소1과 화소2를 합해서 군집1의 중심은 (27, 35)로 갱신된다. 화소3 (60, 60)은 군집1로부터 거리가 44.7이므로, 새로운 군집2의 중심이 된다. 화소4 (64, 50)에서 군집1과 군집2까지의 거리를 계산하여, 가장 가깝고 R보다 짧은 거리에 있는 군집2에 할당한다. 화소4가 추가된 군집2의 새로운 군집중심 (62, 55)로 갱신한다. 화소5 (48, 60)에서 두 개의 군집 중심까지의 거리를 계산하고, 가까운 거리의 군집2에 할당한다. 화소를 순차적으로 읽어 주변 군집에 포함시켜 군집 중심을 갱신하거나, 새로운 군집을 형성해나간다. 각 군집에 새로운 화소가 할당될 때마다 군집의 중심은 계속 변하지만, 군집에 포함된 화소 수가 많아지면 변하는 폭은 줄어든다.

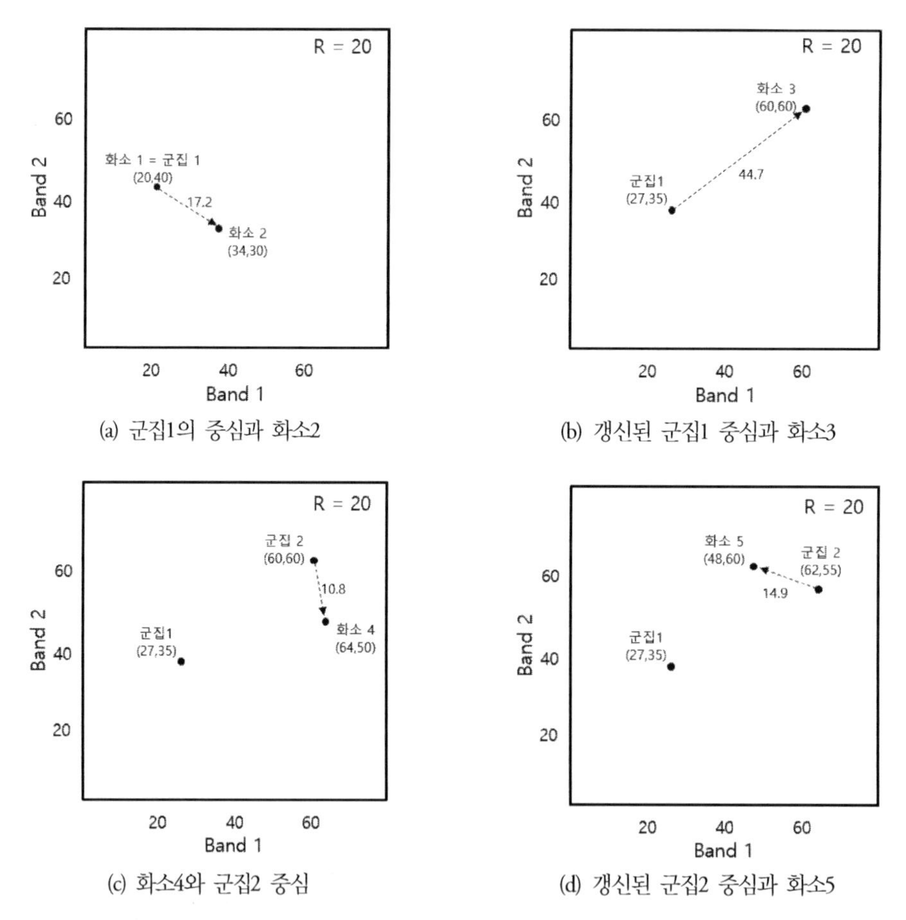

(a) 군집1의 중심과 화소2

(b) 갱신된 군집1 중심과 화소3

(c) 화소4와 군집2 중심

(d) 갱신된 군집2 중심과 화소5

그림 7-103 순차적 군집화는 각 화소를 순서대로 읽어서 기존 군집과의 유클리디언 거리를 계산하여 가장 가까운 군집으로 할당되거나 새로운 군집을 형성

순차적 군집화를 시행하기에 앞서, 군집화 과정에 필요한 매개변수의 값을 미리 설정해야 한다. 표 7-33은 순차적 군집화에 필요한 매개변수의 종류를 보여주지만, 영상의 크기와 계산과정의 효율성 측면에서 매개변수의 수를 줄이거나 고정된 값을 사용하기도 한다. 순차적 군집화 방법은 다른 알고리즘보다 계산이 단순하여 빨리 처리할 수 있다. 그러나 이 방법은 영상자료에 저장된 순서대로 처리되므로 영상의 윗부분과 아랫부분이 매우 다른 피복으로 구성되어 있으면, 대부분의 군집이 윗부분에 해당하는 지표물을 과다하게 반영한다. 또한 모든 군집화 과정에서 마찬가지지만, 입력 매개변수의 설정이 영상자료의 종류, 크기, 피복 특성의 차이 때문에 적절한 값을 정하기 어려운 경우가 많다. 영상의 공간해상도 및 복사해상도가 높아지는 추세에 따라, 영상의 자료량이 많아지고 군집화에 많은 처리 시간을 요구한다. 따라서 소규모 영상을 이용하여, 매개변수의 영향을 평가하여 적정 입력 값을 구하는 시험 과정이 필요하다.

표 7-33 순차적 군집화에 필요한 매개변수의 종류 및 내용

매개변수	내용
군집 최대 반경(R)	새로운 군집을 생성하는 데 필요한 분광거리로, 화소를 읽어서 가장 가까운 군집까지의 거리가 R보다 작으면 이 화소는 그 군집에 할당된다. R보다 큰 거리를 갖는 화소는 새로운 군집의 중심이 된다.
최대 군집 수(Cmax)	생성하는 군집의 최대 개수이며, 영상의 특성과 분류등급의 세부 내역에 따라 설정해야 한다.
군집 하나에 포함되는 최소 화소 수	군집 정리할 때 이 값보다 작은 수의 화소를 포함한 군집은 가장 가까운 군집과 합친다.
군집 간의 최소거리	군집 정리할 때 군집 중심 간의 거리가 이 값보다 작으면 군집들을 합친다.
군집 정리 간격(%)	군집 정리가 필요한 시점을 화소 수의 비율로 표시하며, 전체 영상의 %가 처리될 때마다 군집 정리를 한다. 예를 들어 20이면, 매 20%의 화소가 군집화될 때마다 군집 정리를 하여 총 5회 수행하게 된다.

ISODATA 군집화

ISODATA(Iterative Self-Organizing Data Analysis Technique)는 스스로 군집을 형성하는 반복적인 자료분석 기법이라는 의미지만, 간단하게 약자를 사용하는 경우가 많다. ISODATA 군집화 기법은 다양한 분야의 영상처리에서 자주 사용되는 군집화 알고리즘으로, 원격탐사영상의 무감독 분류에도 널리 사용한다. 이 기법은 순차적 군집화에서 군집의 중심이 화소 순서에 따라 임의로 결정되는 모호함을 개선하여, 영상자료의 통계값을 바탕으로 군집의 초기 중심을 설정한다.

ISODATA가 다른 군집화 기법과 구별되는 큰 차이는, 군집의 초기 중심을 영상 전체의 화소값 범위를 고려하여 고르게 퍼지도록 설정하는 점이다. 가령 7개 분광밴드 영상에서 5개의 군집을 생성하고자 하면, 5개 군집의 초기 중심 벡터(C_1, C_2, C_3, C_4, C_5)는 밴드별 평균과 표준편차를

이용하여 아래와 같이 설정한다.

$$C_1 = \begin{bmatrix} \mu_1 - \sigma_1 \\ \mu_2 - \sigma_2 \\ \mu_3 - \sigma_3 \\ \mu_4 - \sigma_4 \\ \mu_5 - \sigma_5 \\ \mu_6 - \sigma_6 \\ \mu_7 - \sigma_7 \end{bmatrix},\ C_2 = \begin{bmatrix} \mu_1 - 0.5\sigma_1 \\ \mu_2 - 0.5\sigma_2 \\ \mu_3 - 0.5\sigma_3 \\ \mu_4 - 0.5\sigma_4 \\ \mu_5 - 0.5\sigma_5 \\ \mu_6 - 0.5\sigma_6 \\ \mu_7 - 0.5\sigma_7 \end{bmatrix},\ C_3 = \begin{bmatrix} \mu_1 \\ \mu_2 \\ \mu_3 \\ \mu_4 \\ \mu_5 \\ \mu_6 \\ \mu_7 \end{bmatrix},\ C_4 = \begin{bmatrix} \mu_1 + 0.5\sigma_1 \\ \mu_2 + 0.5\sigma_2 \\ \mu_3 + 0.5\sigma_3 \\ \mu_4 + 0.5\sigma_4 \\ \mu_5 + 0.5\sigma_5 \\ \mu_6 + 0.5\sigma_6 \\ \mu_7 + 0.5\sigma_7 \end{bmatrix},\ C_5 = \begin{bmatrix} \mu_1 + \sigma_1 \\ \mu_2 + \sigma_2 \\ \mu_3 + \sigma_3 \\ \mu_4 + \sigma_4 \\ \mu_5 + \sigma_5 \\ \mu_6 + \sigma_6 \\ \mu_7 + \sigma_7 \end{bmatrix}$$

각 밴드 영상의 화소값이 정규분포를 갖는다는 가정에서 평균±표준편차는 전체 화소값의 68%가 포함되므로, 군집1의 중심벡터(C_1)는 각 밴드의 하위 16%에 해당하는 평균−표준편차로 하고, 군집3의 중심벡터(C_3)는 평균으로, 그리고 군집5의 중심벡터(C_5)는 평균+표준편차로 설정하여 전체 화소값의 분포를 반영한다. ISODATA 군집화가 영상 전체에 걸쳐 여러 차례 반복되고, 그때마다 군집의 중심이 갱신되므로, 군집의 초기 중심값 설정은 전체 화소값 영역에 걸쳐 있도록 하면 된다.

그림 7-104는 ISODATA 군집화 과정을 설명하는데, 전체 영상을 대상으로 군집화 과정을 반복하는 과정이 순차적 군집화와 다르다. 영상의 모든 화소를 초기에 자동으로 설정된 각 군집의 중심 벡터까지 유클리디언 거리를 구하고, 가장 가까운 군집으로 할당한다. 영상의 모든 화소가 군집에 할당되므로, 이는 결국 초기 군집의 중심을 훈련통계값으로 하여 최소거리 분류기로 전체 영상을 분류한 것과 같다. 군집화를 마치면 미리 설정한 매개변수에 의하여 군집을 합병하거나 분리하는 정리를 한다. 각 군집에 할당된 화소들로 새롭게 군집 중심을 갱신하는 것으로 1차 군집화를 마친다. 2차 군집화는 갱신된 군집 중심을 이용하여 다시 영상 전체를 군집별로 분류하고, 분류된 화소들로 군집 중심을 다시 갱신하게 된다. 이러한 군집화 과정을 반복하여 수행하는데, 분석자가 설정한 반복 횟수까지 군집화를 되풀이한다.

매번 군집화를 마치면 군집 정리를 하는데, 순차적 군집화와 마찬가지로 소수의 화소로 이루어진 군집은 가장 가까운 군집과 합병된다. 여기에 더하여 군집에 포함된 화소값의 분산 폭이 너무 크면 군집을 두 개로 분리할 수 있다. 군집화가 반복되면, 각 군집의 중심이 변하는 폭이 줄어들면서 일정한 값으로 수렴하는데, 이 시점부터는 군집화를 반복해도 군집 중심은 더 이상 크게 변하지 않는다. ISODATA는 이론적으로 가장 안정된 군집화 기법으로 널리 사용되고 있으나, 계산 과정이 다소 복잡하고 따라서 처리 시간도 길어진다. ISODATA 군집화에 필요한 입력 매개변수는 표 7-34와 같다.

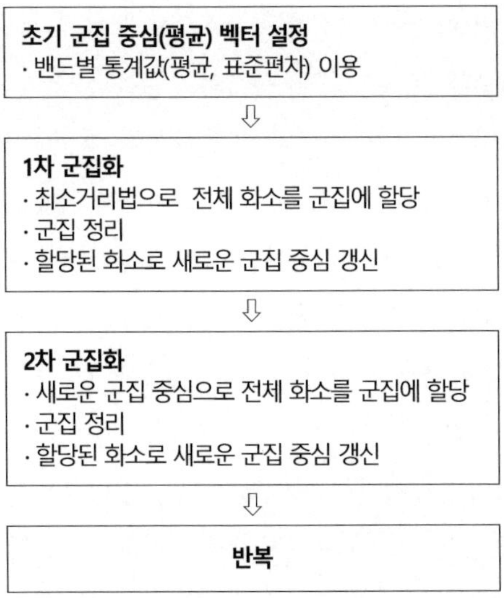

초기 군집 중심(평균) 벡터 설정
· 밴드별 통계값(평균, 표준편차) 이용

⇩

1차 군집화
· 최소거리법으로 전체 화소를 군집에 할당
· 군집 정리
· 할당된 화소로 새로운 군집 중심 갱신

⇩

2차 군집화
· 새로운 군집 중심으로 전체 화소를 군집에 할당
· 군집 정리
· 할당된 화소로 새로운 군집 중심 갱신

⇩

반복

그림 7-104 ISODATA 군집화 기법의 과정

표 7-34 ISODATA 군집화에 필요한 매개변수의 종류 및 내용

매개변수	내용
최대 군집 수(Cmax)	생성될 수 있는 군집의 최대 개수를 말하며, 영상의 특성과 분류등급의 세부 내역에 따라 설정한다.
군집화 반복 횟수	최대 반복 군집화 횟수를 결정한다.
군집화 반복에도 변하지 화소 수의 백분율(%)	군집화가 반복되면서 소속 군집이 변하는 않는 화소 수의 최대 비율. 이 비율에 도달하면 군집화는 중단된다.
군집 하나에 포함되는 최소 화소 수	군집 정리할 때 이 값보다 작은 화소를 포함한 군집은 가장 가까운 거리의 군집과 합친다.
군집 간의 최소거리	군집 정리할 때 군집 중심 간의 거리가 이 값보다 작으면 군집들을 합친다.
군집 분리가 필요한 군집의 최대표준편차	매 군집 정리할 때 표준편차가 큰 군집을 두 개의 군집으로 분리하기 위한 임계값

K-평균 군집화

K-means 군집화 기법은 순차적 군집화의 단점을 보완하고, ISODATA 군집화 기법의 반복 특징을 채택한 기법이다. 순차적 군집화는 영상의 화소 순서대로 읽어 군집을 생성하지만, K-평균 군집화는 군집의 중심을 임의로 설정한다. 이후 군집화 과정은 ISODATA와 거의 비슷하게 군집화를 반복하며, 군집 정리 역시 ISODATA와 마찬가지로 매 반복 시마다 수행된다. 소수의 화소로 이루어진 군집이나 군집 간 분광거리가 가까운 군집들은 서로 합쳐진다. K-평균 군집화는 임의로 설정되는 군집의 초기 중심에 따라 군집화 결과가 민감하게 변할 수 있으므로, 군집화 반복 횟수를 늘려주는 게 좋다.

군집화 처리가 종료되면, 입력 영상은 정해진 군집으로 분류된다. 최종 군집의 개수는 분석자가 원하는 정보등급의 숫자보다 많도록, 최대 군집의 수를 여유 있게 설정하는 게 좋다. 물론 군집의 수는 정보등급뿐만 아니라 영상의 종류와 신호 특성에 따라 결정하기도 한다. 군집화는 영상에 나타나는 신호 특성에 따라 이루어지므로, 군집화 결과에 의하여 생성된 군집은 분광등급의 성격을 갖는다. 분석자는 각 군집에 대하여 영상판독, 지도 및 고해상도 영상 등의 참조자료, 현지조사 등을 통하여 정확한 지표물의 종류를 판단한다. 표 7-35의 사례에서 보듯이 분석자가 희망하는 정보등급은 비록 6개 등급에 불과하지만, 군집화 과정을 통하여 얻어진 12개 군집은 각각 다른 지표물에 해당된다. 각 군집에 해당하는 지표물을 결정하고, 이들을 적절히 결합하여 분석자가 원하는 6개 정보등급으로 할당하면 영상분류가 완료된다. 군집의 수가 정보등급보다 작으면 분석자가 희망하는 분류결과가 아니므로, 군집화 과정에서 가능한 많은 군집이 생성되도록 한다.

표 7-35 군집화 결과를 정보등급으로 할당

군집화 결과	지표물의 종류 판단 결과	정보등급
군집 1	수면	수면
군집 2	갯벌	갯벌
군집 3	침엽수림	산림
군집 4	활엽수림	
군집 5	논	농지
군집 6	밭	
군집 7	주거지	도시
군집 8	공원	
군집 9	도심지	
군집 10	도로	
군집 11	나지	나지
군집 12	백사장	

혼합 분류

혼합 분류(hybrid classification)는 감독 분류와 무감독 분류를 함께 이용하는 방법이다. 감독 분류에서 가장 중요한 과정은 분류등급별 훈련통계값은 산출하는 것이다. 훈련통계값을 산출하기 위하여 화면에 출력된 영상에서 분류등급에 해당하는 지점을 직접 구획해야 한다. 분석자가 비록 분류등급에 해당하는 지점을 찾을 수 있는 참조자료나 현지조사 자료를 갖고 있어도, 영상에서 직접 해당 구역을 찾고 구획하는 데 어려움이 있다. 또한 영상의 해상도와 관심 지점의 면적에 따라 정확한 훈련구역 설정의 난이도가 다르다. 예를 들어 소나무림에 해당하는 훈련 구역을 구획할 때, 참조자료에서 확인된 소나무림의 면적이 협소하고 더구나 영상의 해상도가 낮으면 정확한 지점을 찾기 어렵다.

혼합 분류는 감독 분류에서 훈련통계값 획득의 어려움을 해결하기 위한 방법이다. 영상에서 분류등급을 포함하는 부분 지역을 발췌하여 군집화를 적용하고, 군집 결과를 이용하여 훈련통계값을 구하는 방법이다. 그림 7-105는 혼합 분류와 무감독 분류의 차이를 보여준다. 무감독 분류는 군집화 결과를 분석자의 경험, 영상의 분광특성, 군집의 분포 특성 등을 이용하여 적정 정보등급으로 할당하면 최종적인 영상분류 결과물이 된다. 반면에, 혼합 분류는 군집화 결과인 각 군집의 통계값을 훈련통계값으로 이용한다.

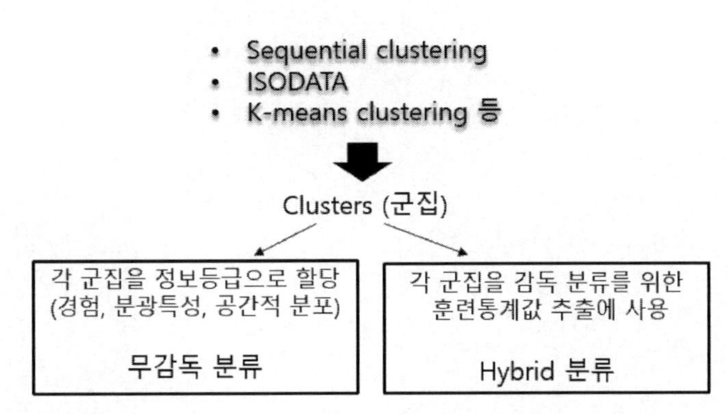

그림 7-105 무감독 분류와 혼합 분류(Hybrid classification)의 차이

혼합 분류는 기본적으로 감독 분류 절차와 동일한 과정이지만, 훈련통계값을 구하는 절차에 차이가 있다. 혼합 분류에서는 훈련통계값 산출을 위하여 영상의 전체가 아닌 부분 지역을 대상으로, 블록 군집화(block clustering)를 시행하여 훈련통계값을 산출하기도 한다. 부분 지역의 군집에서 얻어진 훈련통계값으로 전체 영상을 분류하는 과정은 감독 분류와 동일하다. 그림 7-106은 인천지역의 토지피복 분류에 필요한 훈련통계값 산출을 위하여 추출된 세 곳의 블록 영상을 보여준다. 블록 1에서는 해수면, 공장지, 도심지, 매립지가 주요 분류등급에 해당하는 지점을 포함하며, 블록 2에서는 염생식물, 논, 침엽수림이 포함되었으며, 블록 3에서는 갯벌과 건조한 상태의 나지를 포함하고 있다. 세 곳의 블록 영상을 군집화하여 각 분류등급에 해당하는 군집을 찾아서, 그 군집의 통계값(평균, 표준편차, 분산공분산 행렬 등)을 산출한다. 군집의 통계값은 유사한 값을 갖는 화소끼리 스스로 합해진 군집에서 얻은 결과이므로, 분석자가 화면에서 직접 구획하여 얻은 통계값보다 변이의 폭이 낮다.

이와 같이 혼합 분류는 해당 영상의 공간해상도와 분광해상도에 따라 구분된 군집을 이용하여, 분류등급별 훈련통계값을 얻는다. 또한 화면에 출력된 영상은 컬러영상이라도 3개 분광밴드의 정보만을 보여주기 때문에, 육안에 의한 훈련구역 선정과 구획의 문제를 보완할 수 있다. 블록 군집화는 모든 밴드를 이용하므로, 군집화 결과로 생성된 분류등급의 통계값은 육안으로 추출한 통계값보다 객관적일 수 있다. 혼합 분류를 위한 블록 군집화는 먼저 분석자의 경험과 참조자료 등을 이용하여, 분류등급이 명확하게 존재하는 지점을 포함하는 블록을 선정해야 한다. 군집에서 추출된 분류등급별 훈련통계값에 대한 평가와 검증을 포함하여, 차후 처리 과정은 감독 분류와 동일하다.

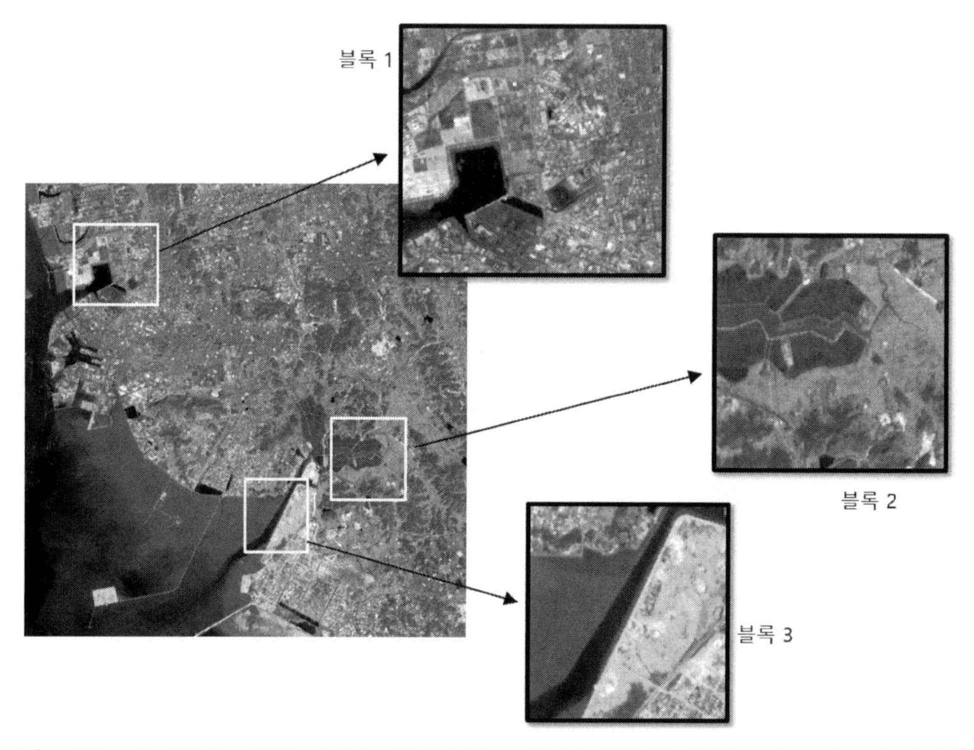

그림 7-106 블록 군집화를 위하여 추출된 부분 영상에서 분석자가 명확하게 확인할 수 있는 2~3개 지표물에 해당하는 군집의 통계값을 훈련통계값으로 이용

7.13 영상 분류 II(추가 분류법 및 분류정확도 평가)

일반적인 영상분류 방법인 감독 및 무감독 분류법 외에, 영상자료의 특성에 적합하도록 개발된 분류법이 있다. 또한 최근에 인공지능을 이용한 원격탐사 영상분류 방법이 빠르게 확산하고 있다. 본 절에서는 영상자료에 특화된 영상분류 방법을 비롯하여 새롭게 등장하는 영상분류 방법을 소개한다. 또한 영상분류 결과에 적용하는 후처리 기법과 분류정확도의 산정 방법을 다루고자 한다.

분광혼합분석

광학영상의 공간해상도는 검출기의 순간시야각(IFOV)에 따라 결정된다. 중저해상도의 위성영상의 화소값은 대부분 두 개 이상 지표물의 복사에너지가 혼합된 결과로 볼 수 있다. 하나의 화소 면적에 두 개 이상의 지표물이 혼재된 화소를 혼합화소(mixed pixel, mixel)라고 한다. 가령 공간해상도가 낮은 MODIS로 촬영한 한국 영상에서, 하나의 화소가 단일 지표물인 경우는 바다를 제외하면 별로 없을 것이다. 식물과 토양이 혼재된 화소는, 식물도 아니고 토양도 아닌 두 물체의 신호가 혼합된 값을 갖는다. 지금까지의 영상분류 방법은 모든 화소를 단일의 지표물로 가정하여 분류했으나, 현실적으로 존재하는 혼합화소를 분류하기에는 적절한 방법이 아니다. 분광혼합분석(spectral mixture analysis)은 혼합화소를 분류하기 위하여 개발되었으며, 각 화소를 구성하는 지표물의 종류와 각 지표물의 점유비율(fraction)을 얻는 방법이다. 이 방법은 영상 내 포함하는 여러 지표물의 순수한 신호값을 이용하여, 모든 화소를 여러 지표물의 점유비율로 분해하므로 분광분해(spectral unmixing)라고도 한다(Keshava와 Mustard, 2002).

분광혼합분석에서 혼합화소를 구성하는 단일 지표물을 'endmember'라고 하며, endmember는 고유한 분광신호를 갖는 순수한 지표물로서 혼합화소를 구성하는 요소다. 가령 영상에서 밭에 해당하는 화소는 식물과 토양의 분광반사 신호가 혼합된 신호를 갖는다. 그림 7-107은 분광혼합 분석의 과정을 보여준다. 다중분광 또는 초분광영상에서 화소 하나의 파장별(밴드별) 반사율 곡선이 (a)와 같다면, (a)는 이 화소를 구성하는 세 종류(A, B, C)의 순수 지표물(endmember)의 파장별(밴드별) 반사율 (b)를 혼합한 결과다. 따라서 순수 지표물의 반사율 (b)를 알고 있다면, 화소 (a)의 신호를 역으로 분해하여 (c)와 같이 각 지표물의 점유비율을 구할 수 있다.

혼합화소를 분해하는 일반적인 방법은 화소에 기록된 신호는 각 endmember 신호의 선형조합(linear mixing model)이라는 가정을 이용한다. 다중분광영상에서 각 화소에 기록된 신호값 X_i는 다음의 식으로 나타낼 수 있다.

$$X_i = \sum_{j=1}^{n} (R_{ij} \cdot F_j) + E_i \tag{7.60}$$

여기서 X_i =밴드 i 에서 화소의 신호

R_{ij} =밴드 i 에서 순수지표물(endmember) j 의 고유 신호

F_j =지표물 j 의 점유비율(fraction)

E_i =오차

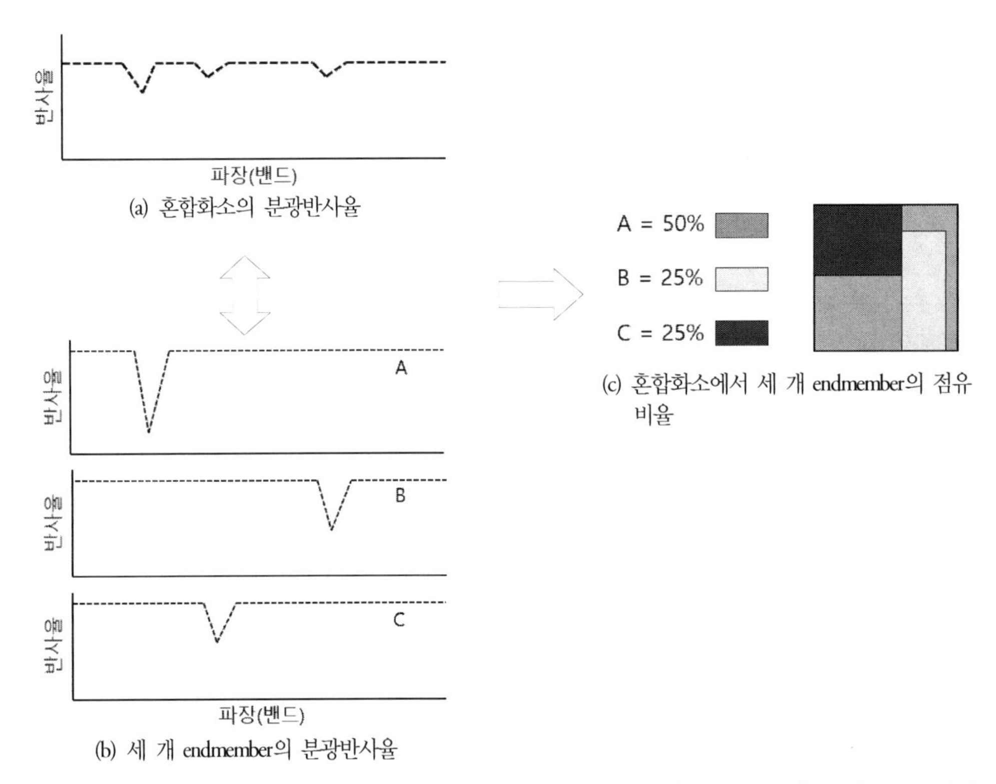

그림 7-107 분광혼합분석은 혼합화소를 구성하는 순수 지표물(endmember)의 고유 신호(반사율)를 이용하여, 혼합화소의 지표물별 점유비율(fraction)을 산출

분광밴드 i 에서 혼합화소 X_i 는 각 endmember의 고유 신호에 따른 점유비율(F_i)의 선형조합으로 표시할 수 있다. 한 화소에서 endmember의 점유비율 F_j 는 항상 양의 값이 되어야 하며, endmember의 점유비율 합은 1이 되어야 한다. 세 가지 순수 지표물로 이루어진 해상공간을 A가 50%, B가 25%, C가 25%를 점유하고 있으면, 그 화소의 신호는 각각의 점유비율과 고유 신호에 따라 결정된다. 따라서 그림 7-107에서 화소의 신호 X 는 $0.5R_A + 0.25R_B + 0.25R_C$ 로 표시할 수

있다. 식(7.60)에서 세 개 이상의 분광밴드 영상이 있다면, X와 R이 주어졌을 때, 각 화소를 구성하는 지표물의 점유비율 F를 구하는 세 개의 식을 도출할 수 있다. 선형혼합모델 적용하면 각 endmember의 점유비율과 함께 오차가 얻어지는데, 이 오차를 통하여 추정된 점유비율의 상대적 정확도를 가늠할 수 있다.

혼합화소를 분해하기 위해서는 먼저 영상 내에 분포하는 다른 지표물과 혼재되지 않은 순수지표물(endmember)의 신호값 R을 얻어야 한다. 대기보정을 마친 반사율 영상은 endmember의 고유신호로 현지에서 직접 측정한 분광반사율이나 분광라이브러리에서 추출한 분광반사곡선을 이용할 수 있다. 화소의 신호가 반사율이 아닌 DN값이면, 영상에서 다른 지표물과 혼합되지 않은 순수 지표물이라고 판단되는 지점의 DN값을 R로 이용한다.

그림 7-108은 경기도 광릉 산림지역의 ETM+ 다중분광영상을 이용하여 분광혼합분석을 적용하여 얻은 점유비율 영상을 보여준다. 분광혼합분석은 열적외선 밴드를 제외한 6개 ETM+ 밴드영상을 이용하여 6개 지표물(활엽수, 침엽수, 토양, 건물, 그림자, 논)의 점유비율을 산출하였다(이 등, 2003). 논은 제외하고 산림 지역만을 대상으로 한 5개 지표물의 점유비율 영상에서, 밝게 보이는 곳은 해당 endmember의 점유 비율이 높은 곳을 나타낸다. 선형혼합모델에서 모든 화소마다 endmember 점유비율의 합은 1이므로, 6개 점유비율 영상은 서로 상반된 결과를 갖는다. 즉 특정 endmember의 점유비율이 높으면 다른 endmember의 점유비율은 낮게 된다.

분광혼합분석을 통하여 얻어진 6개 endmember의 점유비율을 적절히 이용하면, 기존의 화소 기반의 영상분류보다 세부적인 정보를 추출할 수 있다. 가령 현업에서 산림을 수종에 따라 분류할 때 침엽수림은 '75% 이상 침엽수로 이루어진 임분'으로 정의하는데, 이러한 기준에 맞게 화소단위로 숲의 수종 구성을 파악할 수 있다. 혼효림을 침엽수와 활엽수가 각각 40~60% 혼합된 숲으로 정의한다면, 침엽수와 활엽수 점유비율을 이용하여 혼효림을 분류할 수 있다. 또한 침엽수 및 활엽수와 토양의 점유비율을 함께 이용한다면 임목의 수관울폐도(canopy closure)를 추정할 수 있다. 이와 같이 점유비율 영상을 적절히 재구성하면 화소별 영상분류에서 얻기 어려운 새로운 정보를 얻을 수 있다.

분광혼합분석은 대부분의 광학영상에서 물리적으로 존재하는 혼합화소 문제를 고려한 현실적인 접근 방법이라고 할 수 있다. 그러나 분광혼합분석은 혼합화소를 분해하기 위해서는 밴드 수가 순수지표물보다 많아야 하는 근본적 한계가 있다. 분광혼합분석은 원래 밴드 수가 많은 초분광영상의 분석을 위하여 개발한 기법이다. 그러나 다중분광영상의 밴드 수가 증가하고 또한 초분광영상의 획득 가능성이 높아지고 있기 때문에, 분광혼합분석은 향후 활용 가능성이 높은 영상처리 기법으로 기대된다.

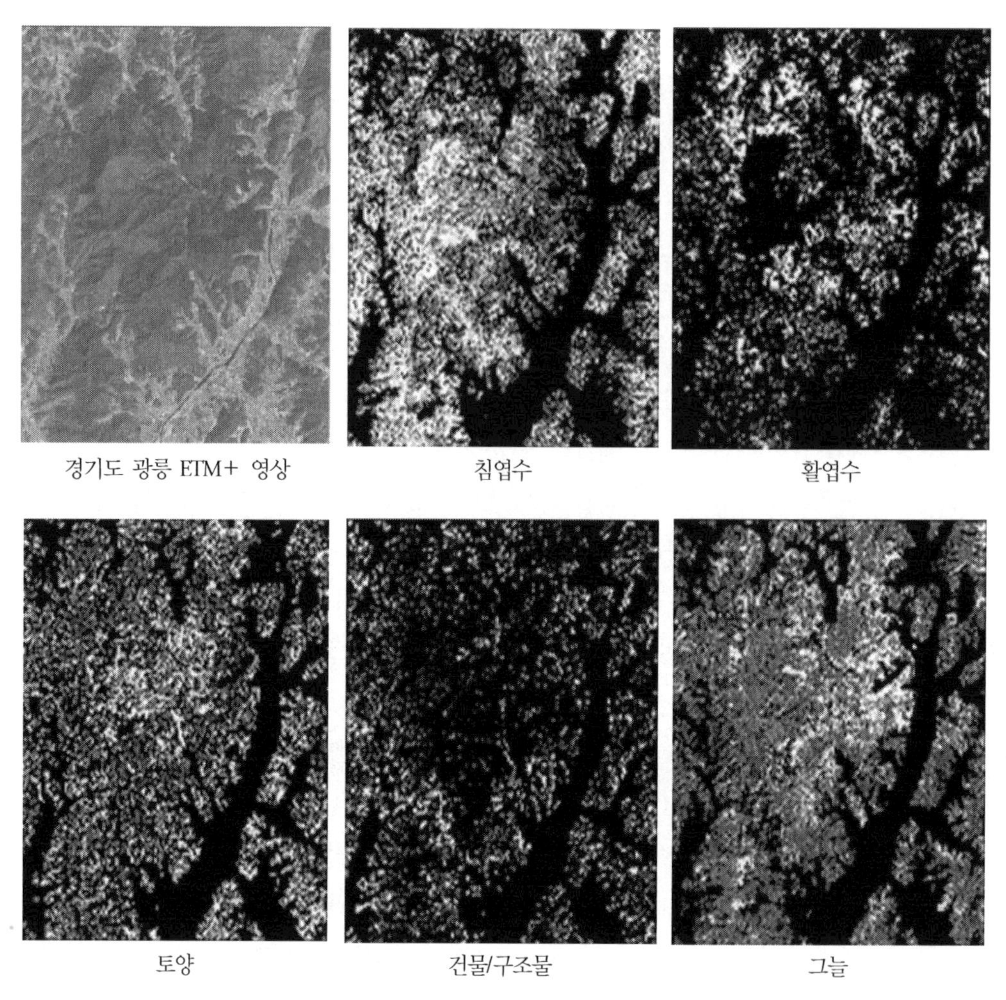

그림 7-108 경기도 광릉 산림지역의 ETM+ 다중분광영상에 분광혼합분석을 적용하여 산출된 5개 지표물의 점유비율 영상

객체기반 분류

원격탐사영상의 종류가 늘어나고, 특히 고해상도 영상이 증가하고 있다. 2000년대부터 1m급 고해상도를 가진 위성영상이 촬영되었으며, 최근에는 무인기영상을 비롯하여 다양한 종류의 항공영상이 cm급 초고해상도를 갖는다. 이러한 고해상도 영상을 분류할 때, 높은 공간해상도 때문에 화소 단위의 분류 결과를 그대로 활용하는 데 문제가 있다. 가령 cm급 초고해상도 영상으로 토지피복 분류를 한다면, 높은 공간해상도로 인하여 사용자가 원하는 이상의 정보로 세분화된 결과를 얻을 수 있다. 가령 도시지역의 고해상도 영상을 화소 단위로 분류한다면, 건물, 도로, 광장 등의 분류등급이 아닌 옥상, 가로수, 보도, 주행로, 도로 시설물 등 필요 이상으로 세분화된

분류 결과를 얻을 수 있다.

객체기반 영상분석((geographic) object-based image analysis, OBIA, GEOBIA)은 고해상도 영상을 화소 단위로 처리할 때 나타나는 문제점을 극복하고자 개발한 기법이다. 먼저 고해상도 영상을 유사한 값을 갖는 화소들의 집합인 객체(object) 단위로 분리한 뒤, 이를 분류하는 방법이다. 그러나 영상에서 특정 관심 객체를 탐지하고 분리하는 기술 개발은 여전히 쉽지 않다. 따라서 영상에서 객체의 전단계라고 할 수 있는, 동질성을 가진 인접화소들을 묶어서 조각(segment)으로 분리하는 영상분할(image segmentation)을 많이 이용한다.

영상조각은 유사한 밝기 또는 신호 특성을 갖는 인접화소들의 집합이며, 객체의 하부 단위로 하나 이상의 조각이 합쳐져서 하나의 객체가 될 수 있다. 따라서 객체기반 영상분석은 영상분할부터 시작된다고 할 수 있다. 영상분할은 원격탐사 분야보다 산업, 의료, 보안, 교통, 방범 등 다양한 분야에서 많이 사용하는 영상처리 기법으로, 오래전부터 폭넓게 개발되었다. 원격탐사 분야에서 영상분할은 고해상도 영상이 등장하면서 적용하기 시작했고, 초고해상도 영상이 급증하는 최근의 추세에 따라 많은 관심을 받고 있다.

영상분할의 기준은 조각의 크기, 화소값, 질감, 주변 관계 등 다양한 요소를 이용하는데, 주로 사용되는 분할 기준은 조각의 크기와 화소값이다. 유사한 값을 갖는 화소들의 집합이라는 관점에서, 영상분할과 군집화를 동일한 처리 기법으로 오인될 수 있다. 군집화는 영상의 모든 화소를 군집으로 분류하는 기법이고, 영상분할은 반드시 서로 인접한 화소들을 모아서 조각을 생성한다. 군집화 결과로 생성된 하나의 군집에 속하는 화소는 모두 동일한 군집 번호를 갖지만, 이 화소들은 서로 인접할 필요가 없기 때문에 한 개의 화소가 독립적으로 떨어져 있을 수 있다. 반면에 영상분할은 한 개의 화소가 단독으로 존립할 수 없으며, 일정 수 이상의 인접화소들이 뭉쳐서 조각이 된다. 각 영상조각은 일정 크기로 분리된 화소의 집합이며 이런 이유로 대형화소(super-pixel)라고도 한다.

그림 7-109는 상대적으로 복잡한 구성 요소로 이루어진 도시 지역의 고해상도 영상을 조각 단위로 분할하여 각 조각을 분류한 결과를 보여주고 있다. 이 영상을 화소 단위 영상분류법으로 분류한다면, 주차장의 차량, 지붕의 처마 및 그늘 등 소수의 화소로 이루어진 부분이 별도의 등급으로 분류되어 잡음처럼 보이게 될 것이다. 다중분광영상에서 하나의 화소는 n개 밴드별 화소값만 갖고 있으며, 이 화소값에 의하여 분류된다. 그러나 영상분할로 생성된 조각은 각 조각에 포함된 화소들의 평균벡터, 최소값, 최대값, 분산공분산 행렬 등 다양한 통계값을 갖고 있다. 또한 각 조각의 크기, 질감, 형상 등 추가적인 속성을 쉽게 추출할 수 있다. 따라서 각 조각이 가진 풍부한 신호값과 속성을 이용한다면, 조각의 종류와 특성에 따른 세부적인 분류가 가능하다.

객체기반 영상분류는 분류에 앞서서 영상분할이라는 중간 단계를 반드시 거쳐야 하며, 영상분할 결과에 따라 분류 정확도가 달라질 수 있다. 그러므로 중간 단계인 영상분할 결과를 평가하는 과정과 방법이 중요할 수 있다. 객체기반 영상분류의 최근 연구 동향은 중간 단계인 영상분할을 영상분류와 동시에 처리되도록 하는 방법에 많은 관심을 가지고 개발 중이다(Johnson and Ma, 2020). 영상분류 목적에 적합한 영상분할 기법을 적용하여, 중간단계 결과물인 영상조각을 생성할 필요 없이 분할과 분류를 동시에 수행할 수 있다면 처리 과정을 크게 단축할 수 있을 것이다.

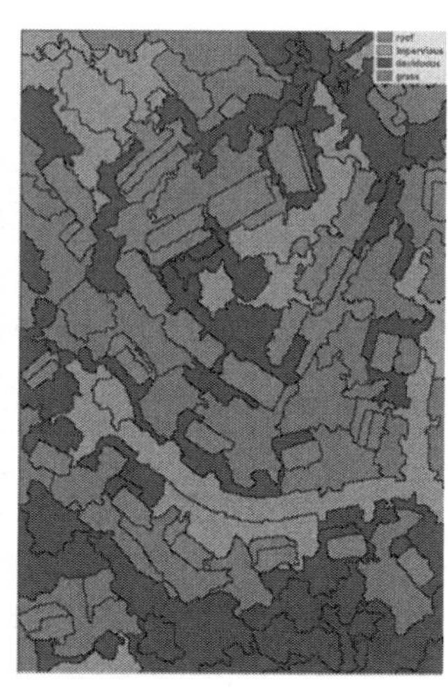

그림 7-109 객체기반 영상분류는 영상을 조각(segment) 또는 객체(object) 단위로 분할한 후, 각 조각을 분류하는 방식(https://clarklabs.org/)

인공지능을 이용한 영상분류

원격탐사 영상처리의 많은 기법이 원래 컴퓨터 비전과 산업 관련 영상처리에서 비롯되었다. 최근 인공지능 기술을 이용한 다양한 영상처리 기법이 폭발적으로 증가하고 있다. 인공지능이란 인간의 지적 추론 능력을 모방한 컴퓨터 이론으로, 영상처리뿐만 아니라 다양한 분야에서 활용이 급증하고 있다. 컴퓨터가 인간의 지능을 모방하고자 하는 개념은 컴퓨터 개발과 함께 시작되었으나, 대부분의 인공지능과 관련된 알고리즘을 구현하고 실행하기 위해서는 방대한 양의 자료를 빠르게 처리할 수 있는 컴퓨터 하드웨어 및 소프트웨어 성능을 필요로 한다. 컴퓨터 기술의 비약적인 발달과 인터넷 및 모바일 환경의 폭발적인 이용에 힘입어, 인공지능 관련 기술의 개발이 활발히 진행 중이다.

원격탐사 영상분류에서 인공지능 개념을 이용하고자 하는 시도는 전문가시스템(expert system)에서 출발했는데, 과거 항공사진 또는 위성영상 판독 전문가의 영상판독 경험을 컴퓨터 프로그램화한 방법이라고 할 수 있다. 전문가 시스템을 구성하기 위한 전문가 규칙이 영상자료의 종류와 활용 분야에 따라 다양하기 때문에, 실질적인 영상분류에 사용할 수 있는 전문가 시스템 구축이 쉽지 않다. 원격탐사 영상분류에 많이 사용된 인공지능 기법은 기계학습(machine learning) 기법이다. 기계학습을 이용한 영상분류는 컴퓨터가 주어진 자료를 이용하여 분류등급을 판단하는 기준을 스스로의 학습과정을 통하여 결정하는 방법이다. 원격탐사 영상분류에 사용하는 기계학습 방법은 서포트 벡터 머신(SVM)과 인공신경망(ANN) 기법 등이 있다. 최근에는 컴퓨터 연산 능력의 비약적인 발달과 함께 인공신경망 기법을 보완한 심층학습(deep learning) 기법이 원격탐사 영상처리에 도입되고 있다.

서포트 벡터 분류기(Support Vector Machine, SVM)

서포트 벡터 분류기법은 원격탐사 영상분류에서 널리 사용하는 기계학습 방법이다. 앞에서 설명한 최대우도법과 같은 분류기(classifier)는 분석자가 제공한 훈련통계값을 기준으로 모든 화소가 분류되지만, SVM 분류기는 통계학습이론을 이용한 방법으로 선형 및 비선형 규칙을 선택적으로 이용할 수 있다. SVM 분류기는 감독분류 과정의 마지막 단계에 적용할 수 있다. 분석자가 제공한 분류등급별 훈련자료를 이용하여, 컴퓨터가 등급을 구분하는 규칙을 스스로 결정한다. 그림 7-110은 두 개 밴드의 영상에서 추출한 두 등급에 해당하는 훈련자료의 산포도를 보여주는데, (a)에서 보듯이 두 분류등급을 분리할 수 있는 경계선은 매우 많다. SVM에서는 두 등급을 구분하는 많은 경계선 중에서 양 분류등급의 폭(margin)을 최대화하는 선을 선택한다. 이때 경계선에서 가장 가까운 곳에 위치한 훈련자료의 값을 서포트 벡터(support vector)라고 한다. 기존의 훈련통계값에서는 분류등급별 평균, 표준편차, 공분산 등을 주로 사용했는데, SVM에서는 오히려 최소값 및 최대값 등이 중요한 요소가 될 수 있다. 즉 경계선을 결정하는 중요 요소가 훈련자료 중 가장자리에 위치한 서포트 벡터가 되며, 서포트 벡터는 종종 훈련자료의 최소 및 최대값에 가까울 수 있다.

원격탐사영상의 다중밴드 공간에서 두 등급의 경계를 구분하는 것이 선이 아닌 고차원의 면이 되므로, 이를 차원을 초월하는 면이란 뜻에서 초평면(hyperplane)이라고 한다. 그림 7-110에서는 이해를 돕고자 두 분류등급 간의 경계를 선형식으로 표시했지만, 두 등급을 효율적으로 분류하기 위해서는 여러 종류의 비선형 함수식의 경계선을 이용하기도 한다.

두 등급을 구분하는 경계선은 경계선에서 가장 가까운 양쪽 서포트 벡터로부터 최대 폭(margin)을 갖도록 결정되는데, 만약 서포트 벡터에 해당하는 화소가 영상의 잡음에 해당하는 이상값이라면 오류가 발생할 수 있다. 두 등급의 폭을 계산하는 과정에서 오분류를 고려하지 않고, 주어진 자료에 최적인 초평면을 산출하는 방법과 서포트 벡터에 어느 정도 오차를 포함시켜 오분류를 허용하는 방법이 있다.

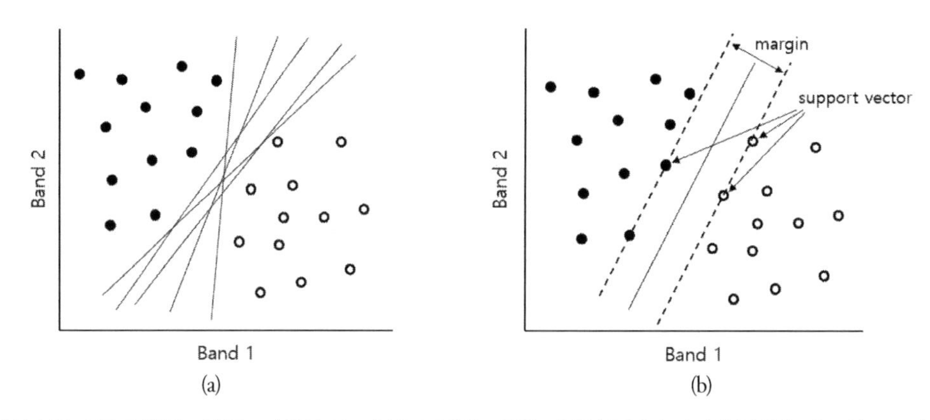

그림 7-110 서포트 벡터 머신(SVM)에서 두 그룹을 구분하는 많은 경계선 중에서 마진이 최대가 되는 선으로 결정

SVM은 기본적으로 두 개의 분류등급을 구분하는 이진 분류기이지만, 토지피복 분류와 같이 세 개 이상의 분류등급의 분류에 적용하려면 적절한 사전 조정이 필요하다. 가장 간단한 방법으로 한 쌍의 분류등급마다 두 등급을 구분하는 경계선을 찾는 것이다. 가령 5개의 분류등급이 있다면, 두 등급의 쌍은 10개가 되므로, 각 조합마다 별도의 경계선을 구하여 적용하는 방법이다. SVM 분류결과는, 최대우도 분류기와 마찬가지로, 모든 화소마다 각 분류등급에 속할 확률을 포함하고 있으며 가장 높은 확률의 등급으로 분류된다. 각 화소에 포함될 확률이 일정 임계값보다 낮은 경우에는 해당 화소를 미분류로 처리할 수 있다.

인공신경망(Artificial Neural Network, ANN) 분류기

인공신경망 분류기는 SVM과 같이 기계학습 기법의 하나로, 인간의 신경세포인 뉴런(neuron)의 구조와 신호전달 원리를 모방한 기법이다. 인공신경망은 입력층, 은닉층, 출력층의 구조로 연결되어 있으며, 각 층은 노드(node)로 구성되어 있다. 그림 7-111에서 입력층은 3개의 노드로 되어 있으며, 이는 분류에 사용되는 세 개 밴드 영상이 될 수 있다. 그러나 입력층의 노드에 밴드별 영상뿐만 아니라 질감 영상과 수치고도자료 등 다양한 자료를 추가할 수 있다. 영상 외에 다른 공간자료가 입력층의 노드로 사용되는 경우를 감안하여 모든 입력자료는 0과 1 사이의 값으로 정규화하여 입력한다. 은닉층(hidden layer)은 입력층과 출력층을 연결하는 노드로 구성되어 있으며, 입력값을 받아서 처리하고 그 결과를 출력층에 전달하는 역할을 한다. 은닉층의 노드 개수는 일반적으로 입력층의 노드보다 많이 설정한다. 출력층(output layer)은 분류 결과가 되는 토지피복 등급이 되는데, 각 분류등급에 대하여 입력층에서 입력된 값과 출력층에서 설정된 값이 최대한 일치되도록 은닉층에서 연산이 이루어진다.

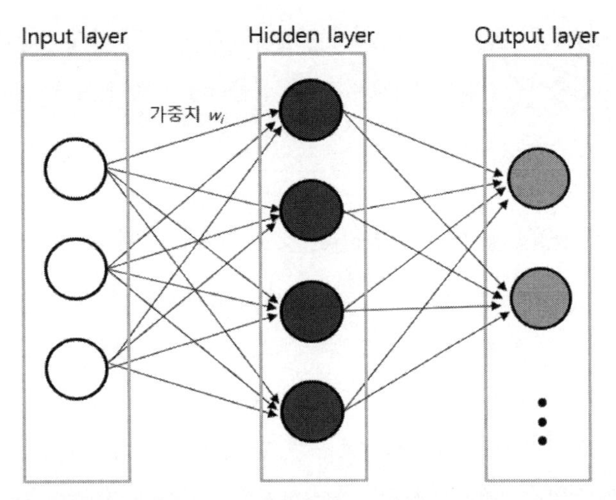

그림 7-111 인공신경망 분류기에서 입력층은 분류에 사용하는 영상이며, 출력층의 각 노드는 토지피복 등급이 된다. 은닉층은 입력된 자료를 반복적으로 연산하여 오차가 최소인 최적의 연결망을 구성하는 역할을 한다.

인공신경망 분류기는 감독분류의 마지막 단계인 분류기로 선택할 수 있다. 각 훈련통계값을 입력값으로 하여, 해당 분류등급에 최적화되도록 은닉층의 각 노드의 도달하는 가중치를 반복적으로 찾는 학습과정을 거친다. 입력층의 각 노드에 해당하는 자료를 읽어, 은닉층의 각 노드에 해당하는 가중치를 곱하고, 이를 더하여 출력층에 전달한다. 출력층에 전달된 값과 정답의 차이가 오차가 되며, 오차는 신경망을 통하여 다시 은닉층으로 역전파(back propagation)된다. 은닉층 노드에서 가중치를 조정한 뒤, 이를 토대로 다시 입력값에 대한 연산을 통하여 출력값을 산출하여 출력층으로 전달한다. 이 과정을 되풀이하면서 오차를 최소화할 수 있는 적정 가중치를 결정하게 된다. 예를 들어 '옥수수밭'이라는 분류등급의 정답이 1이라면, 3개 밴드의 훈련자료에서 전달된 입력자료를 은닉층에서 1차 연산을 통하여 산출된 출력값이 (1+e)이 된다. 오차 e를 역방향으로 은닉층에 전달되고, 은닉층 각 노드의 가중치를 임의로 바꾸어 다시 출력값을 산출하면 오차가 변한다. 이 과정을 되풀이하는 학습과정을 통하여 e가 최소화 된 '옥수수밭'을 분류하기 위한 최적의 가중치 조합을 얻게 된다. 각각의 분류등급에 대하여 이러한 학습과정이 적용되어, 각 분류등급에 적합한 가중치 조합을 얻게 된다.

학습과정이 끝나면, 영상의 모든 화소를 하나씩 입력하여 은닉층의 각 노드에 기억된 가중치를 적용하여 연산한 값을 출력층으로 보낸다. 출력층에 전달되는 값은 각 분류등급별로 예측된 0부터 1 사이의 값을 갖는데, 가장 큰 값을 갖는 등급으로 분류된다. 인공신경망 분류기가 원격탐사 영상처리에 꽤 오래전에 소개되었으나, 은닉층의 구성과 노드의 개수, 신경망 모델 최적화 등 분석자의 주관적 판단에 의존해야 하는 어려움이 있었다. 신경망분류기는 보편화된 영상분류 기법은 아니었으며, 그 효과 또한 충분히 입증되지 않았다. 그러나 인공신경망 분류방법을 개선하여 현재 다양한 종류의 심층학습기법들이 등장하면서, 심층학습 기법을 이해하기 위한 전단계로 인식되고 있다.

합성곱신경망(Convolution Neural Network, CNN) 분류기

인공신경망 분류기는 원격탐사 영상처리에서 적용 과정의 난이도, 처리시간, 정확도 측면에서 기존의 분류기보다 크게 개선된 기법으로 인정받지 못했다. 그러나 최근에 인공신경망 분류기의 단점을 개선한 심층학습(deep learning) 기법들이 등장하여 큰 관심을 끌고 있다. 특히 컴퓨터 하드웨어 기술의 발달로 복잡한 연산 처리시간이 크게 단축되어, 대량의 자료를 빠르게 처리할 수 있게 되었다. 아직까지 원격탐사영상에 해당하는 환경은 아니지만, 충분한 훈련자료를 필요로 하는 심층학습은 인터넷과 SNS(social network service)를 통하여 대량으로 생산되는 자료를 이용할 수 있게 되었다.

여러 종류의 심층학습 방법 중, 합성곱신경망(CNN) 기법이 원격탐사 영상분류와 목표물 탐지 등에 활용되고 있다. CNN 기법은 인공신경망 기법의 단점을 개선하여, 영상 인식, 영상분류, 의료 영상 분야에서 널리 사용하고 있다. 앞에서 설명한 SVM 및 인공신경망 분류기에서는 입력자료로 다중밴드영상을 그대로 사용했지만, CNN 분류기는 입력영상을 그대로 사용하지 않고, 영상에 포함된 주요 특징을 추출하여 사용한다. 영상에서 특징을 추출하기 위한 방법은 영상 필터링에서 적용했던 회선창(convolution window)을 이용한다. 회선창을 이용하여, 전체 영상에서 질감, 형상, 경계선, 명암대비 등 다양한 특징들을 추출한다.

그림 7-112는 CNN의 층 구성과 학습과정을 보여주는데, 앞에서 다루었던 인공신경망의 은닉층에 해당하는 부분이 다소 복잡하게 구성되어 있다는 점에서 큰 차이가 있다. CNN의 입력영상은 영상의 특징을 추출하는 합성곱(convolution)층과 이 자료의 양을 축소한 풀링(pooling)층으로 나눈다. 영상특징 추출을 위한 입력자료는 영상의 각 화소가 아닌, 일정 크기의 패치(patch) 단위이므로 패치 크기에 따라 합성곱층과 풀링층을 여러 번 반복하여 구성할 수 있다. 합성곱층과 풀링층에서 추출된 정보는 특징지도(feature map)의 형태로 저장된다. 특징지도는 전결합(fully connected)층으로 전달되어 인공신경망 분류기에서 입력 자료의 역할을 한다. 따라서 CNN의 합성곱층과 풀링층은 입력영상에서 다양한 특징을 추출하고 이를 단순화하여 새로운 형태의 입력 자료로 전환하는 역할을 한다. 여기서 추출된 특징지도를 입력 자료로 하여, 이후의 과정은 인공신경망 구조와 동일하게 작동하여 영상을 분류한다. 또한 은닉층을 하나가 아닌 여러 개의 층으로 복잡하게 구성하여 최적의 가중치를 구하게 된다.

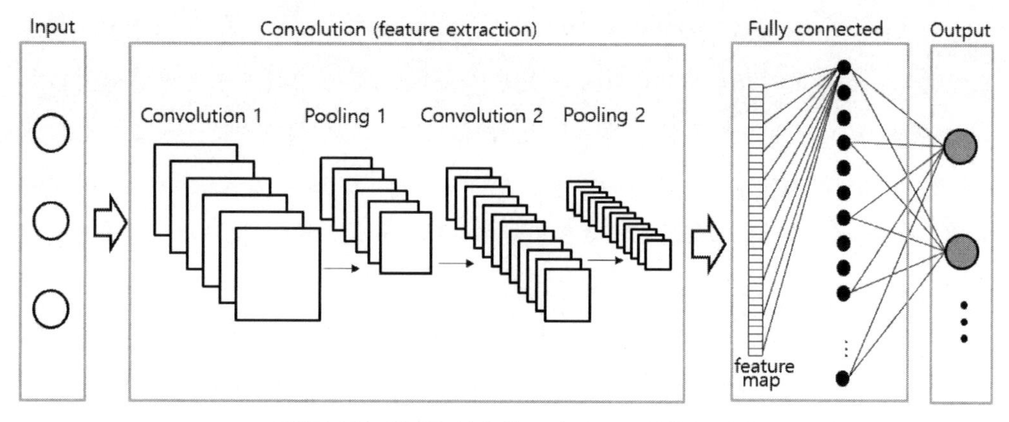

그림 7-112 합성곱 신경망(CNN)의 구성과 학습 과정

CNN 분류기는 현재 원격탐사 영상처리에 도입되기 시작하여, 나름대로 좋은 결과를 보여주고 있다. 그러나 현실적으로 CNN 분류기가 기존의 영상분류 방법을 대체하려면 해결해야 할 과제가 많다. 우선 CNN 분류기를 적용할 때, 다른 방법보다 많은 매개변수를 입력해야 한다. 매개변수로는 원 영상의 입력단위인 패치 크기, 회선필터의 크기, 영상에서 추출될 특징의 종류 등을 포함한다. 특징 추출 과정에서 각 매개변수의 영향과 민감도 등이 충분히 이해되어야 한다. 또한 CNN 분류기를 적용하기 위한 훈련자료 마련이 매우 어렵고, 많은 시간과 노력이 필요하다. CNN에 의한 영상분류의 정확도는 훈련자료의 수에 비례하는데, 일반 산업 및 의료분야 영상과 달리 원격탐사영상은 공간해상도, 분광밴드, 센서의 종류 등에 따라 다양한 특성을 가지고 있기 때문에, 충분한 훈련자료를 마련하기 쉽지 않다. 이를 해결하기 위한 대안으로 특정 지역에서 특정 영상자료에 국한하여 마련된 훈련자료를, 다른 지역의 다른 영상자료에도 적용할 수 있는 전이학습(transfer learning) 방법에 대한 연구가 활발히 진행 중이다(Lee 등, 2020).

인공지능을 이용한 영상처리 기술이 원격탐사 분야에도 많이 소개되고 있지만, 아직까지 기존의 방법에 비하여, 처리 과정의 효율성, 정확도, 난이도를 뛰어넘는 현실적인 대안으로 자리 잡기까지는 다소 시간이 필요하다. 컴퓨터 성능과 알고리즘은 마련되어 있으나, 이를 실무적으로 적용하기 위한 기반은 충분하지 않다. 원격탐사 영상처리에서 심층학습 기법을 비롯한 최신의 인공지능 영상처리 기술을 활용하기 위해서는, 적용 여부에 대한 충분한 검증 작업이 필요하다.

분류 후처리

모든 영상분류 결과는 대부분 화소마다 분류등급으로 표시된 격자형 주제도가 된다. 분류된 주제도를 출력해보면 한두 개의 소수 화소가 잡음(salt-and-pepper)처럼 분포하는 현상을 볼 수 있다. 그림 7-113a는 고해상도 위성영상을 이용하여 농경지를 세 등급(논, 밭, 나지)으로 분류한 결과를 보여준다. 현재 휴경상태인 나지 안에 논으로 분류된 화소들이 흩어져 있으며, 반대로 벼가 자라고 있는 논 내부에도 소수의 화소는 나지로 분류되었다. 화소단위 영상분류는 각 화소의 분광특성을 반영하기 때문에, 휴경지인 나지에도 잡초가 자라는 지점의 분광특성은 벼와 비슷하여 논으로 분류될 수 있으며, 논에도 생육 조건이 불량하여 벼가 자라지 못하는 지점은 나지로 분류될 수 있다.

잡음처럼 산발적으로 분류된 소수의 화소는 실질적인 지표특성을 반영한 분류결과라 할지라도, 사용자의 입장에서는 불필요한 과다 분류라고 여길 수 있다. 각 분류등급별 정확한 면적 산출과 지도로서 외형을 고려하여, 이러한 잡음 효과를 제거할 필요가 있다. 이를 위하여 적용할 수 있는 방법으로 최빈값(mode) 필터링이 있다. 3×3 또는 5×5 크기의 이동창을 분류결과에 적용하면, 창 안의 화소 중 가장 많이 분포하는 화소값으로 중심화소를 대체하여 소수로 존재하는 잡음은 대부분 제거된다. 그림 7-113b는 최빈값 필터를 적용한 결과를 보여주는데, 작은 수의 화소로 분산되었던 화소들이 주변의 분류등급으로 대체된 모습을 볼 수 있다.

(a) 화소단위로 분류된 결과 (b) 최빈값 필터 적용 (c) 최소빈도 필터 적용

그림 7-113 분류 결과에 보이는 잡음(salt-and-pepper)효과(a)를 저감하기 위하여, 최빈값(mode) 필터를 적용한 결과(b)와 소수 화소를 강조하기 위한 최소빈도(minority) 필터를 적용한 결과

한국의 항공사진이나 고해상도 위성영상에서 볼 수 있는 지역적 특징 중에 하나로, 마을 인근의 산림에는 예외 없이 밝은 점으로 보이는 많은 무덤이 분포하고 있다. 중해상도 및 고해상도 위성영상을 이용하여 영상분류를 하면, 무덤에 해당하는 지점은 대부분 산림이 아닌 논 또는 밭으로 분류된다. 산발적으로 분포하는 무덤에 해당하는 화소를 산림으로 통합하고 싶다면, 최빈값 필터로 처리하면 된다. 반대로 산림 내부에 산재한 무덤의 위치와 수를 명확하게 보고 싶다면, 최소빈도(minority) 필터를 처리하면 무덤이 강조되어 보인다. 그림 7-113c는 최소빈도 필터 처리

한 결과로서, 한 두 개의 화소로 분포했던 지점들이 확대된 모습을 볼 수 있다. 그러나 최소빈도 필터는 경계선이 강조되는 역효과도 나타난다.

영상분류 결과에 포함하는 잡음 현상을 제거하는 후처리 외에도, 격자형 주제도에 적용할 수 있는 다양한 처리가 가능하다. 불필요하다고 판단되는 분류등급을 다른 등급에 합병시키거나 또는 하나의 분류등급을 강조하여 보여주는 이진형 지도(예를 들어 '산림과 비산림')를 제작할 수 있다. 또한 격자형 지도자료를 선형(벡터형) 지도로 변환하는 기법 또한 많이 사용하는 처리기법이다.

분류 정확도 평가

원격탐사 영상처리 기법으로 얻어진 분류 결과의 정확도는 많은 관심 대상이다. 특히 원격탐사 외부의 사용자는 자동화 분류 기법보다, 분류 결과의 신뢰도에 의문을 제기하는 경우가 많다. 원격탐사 초기에 제한된 종류와 품질의 영상자료와 충분하지 못한 분류 기법 때문에, 영상분류 결과의 정확도는 다양한 사용자 그룹을 만족시키는 데 한계가 있었다. 영상분류 결과에 대한 정확도 평가는 중요한 관심 사항이며, 정확도에 대한 정보가 결여된 영상분류는 여전히 시험적 결과물로 취급된다.

영상분류 결과의 정확도에 대하여 미리 결론을 얘기한다면, 완전히 객관적인 정확도 평가는 매우 어렵다. 영상분류 결과를 객관적으로 평가하기 위해서는 해당 지역 전체에 대한 지상실측 또는 참값(ground truth)이 있어야 하는데, 대부분의 경우 이러한 조건을 충족하는 참조자료를 얻기는 불가능하다. 영상분류 결과의 정확도 평가는 결국 선정된 표본자료를 통하여 이루어지므로, 표본의 개수, 선정 방법, 위치 등에 최대한 객관성이 담보되도록 충분한 고려가 필요하다.

영상분류 결과의 정확도 평가(accuracy assessment)를 위한 표본자료는, 독립적으로 선정된 평가자료(test samples)이어야 한다. 간혹 감독분류에 사용한 훈련자료(training samples)를 평가자료로 사용하는 경우가 있는데, 이는 왜곡된 정확도 평가라고 할 수 있다. 영상분류에 절대적 기준이 되는 훈련통계값 추출에 사용했던 자료를, 다시 정확도 평가에 사용하는 것은 편향된 접근이다. 객관적인 정확도 평가를 위해서는, 훈련자료를 추출할 때 별도의 평가자료도 함께 준비해야 한다.

분류 정확도 평가를 위하여 고려할 요소는 적정 표본점의 개수다. 표본점 수가 많을수록 통계적으로 신뢰도 높은 정확도를 얻을 수 있지만, 표본 선정의 노력과 시간을 감안하면 그 수는 한정된다. 정확도 검증을 위한 표본값은 분류등급과 일치 여부만을 판단하므로, 이항분포(binomial distribution)를 따른다고 할 수 있다. 물론 여러 분류등급을 다루는 상황이므로 이항분포가 아닌 다항분포(multinomial distribution)에 기초한 표본 수를 산출하는 방법도 있다. 이항확률 분포에 근거하여 정확도 검증을 위한 적정 표본점 수는 다음과 같이 구할 수 있다.

$$n = Z^2 \frac{pq}{E^2} \tag{7.61}$$

여기서 n = 표본점의 수

Z = Z-값(95% 신뢰수준에서 2)

p = 분류정확도(%) 기대값

$q = 100 - p$

E = 허용오차(%)

예를 들어 5% 허용오차에서 기대되는 분류정확도가 80%인 경우, 적정 표본점의 수는 다음과 같이 계산되어 256개다.

$$n = 2^2 \frac{80 \times 20}{5^2} = 256$$

물론 표본점의 수가 많을수록 통계학적으로 의미 있는 결과를 얻을 수 있다. 신뢰수준을 높여서 Z-값을 조정하거나, 기대되는 분류정확도를 낮추면 더 많은 표본점 수가 필요하다. 그러나 평가자료를 얻기 위한 비용, 시간, 노력 등을 고려하여 최종 표본 수를 결정해야 한다. 또한 표본점의 수와 화소 수가 반드시 일치할 필요는 없다. 표본점마다 세 개의 화소를 시험자료로 추출한다면 768개의 평가자료를 얻을 수 있다.

평가자료 추출을 위한 표본점 수가 결정되면, 표본점의 위치와 추출 방법을 결정해야 한다. 그림 7-114는 분류정확도 평가를 위한 표본점의 분포 특성을 보여주고 있다. 일반 통계학에서는 표본은 서로 독립적이어야 하므로 (a)와 같은 임의 추출(random sampling)이 주된 방법이다. 그러나 공간표본 추출에서는 두 지점의 거리가 가까울수록 지표속성이 비슷하므로, 임의로 표본을 추출하면 자칫 하나의 토지피복에서 표본이 편중될 우려가 있다. 따라서 분류등급별 면적이 대부분 유사하면, (b)와 같이 일정 간격으로 표본을 추출하는 계통 추출(systematic sampling)이 전체적인 공간변이를 대표하는 데 적합하다. 만약 분류등급별 분포 면적의 차이가 크다면, (c)와 같이 층화 추출(stratified sampling)을 고려해야 한다. 전체 표본을 분류등급별 면적 비율로 나누어 배분하고, 각 분류등급 안에서 이를 임의 또는 계통 추출 방법으로 추출한다.

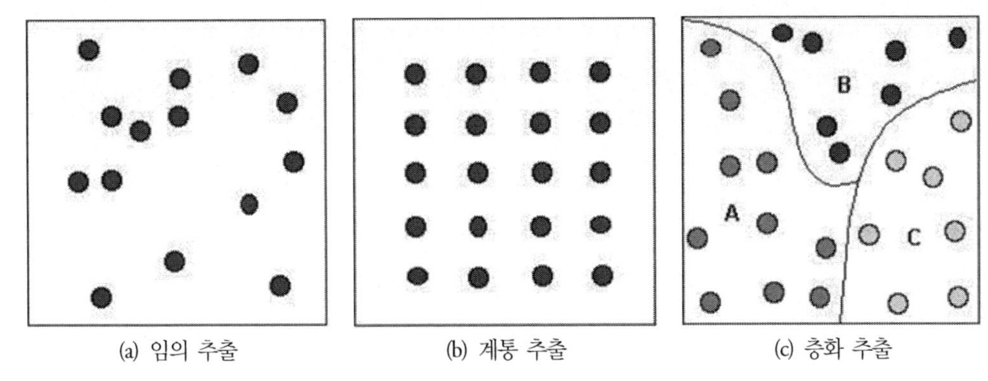

(a) 임의 추출 (b) 계통 추출 (c) 층화 추출

그림 7-114 분류정확도 평가를 위한 공간적 표본 추출 방법

선정된 표본점에 대하여 현지조사, 비슷한 시기에 촬영된 고해상도 항공사진 및 주제도와 같은 참조자료를 이용하여 분류등급을 확정하고, 이를 분류결과와 대조한다. 영상분류 결과와 평가자료를 비교하여 오차행렬(error matrix/contingency matrix)을 구축하고, 오차행렬을 통하여 분류정확도와 관련된 여러 정보를 산출할 수 있다. 표 7-36은 인천지역 TM 영상을 이용하여 토지피복 분류 결과의 정확도 평가를 위하여 구축한 오차행렬이다.

표 7-36 인천지역 TM 영상 토지피복 분류결과와 평가자료를 비교한 오차행렬

분류등급		참조자료(ground truth)								계
		수면	나지	갯벌	공장지	도심지	산림	농지	초지	
분류결과	수면	**777**	1	0	0	0	0	0	0	778
	나지	0	**499**	0	273	0	0	0	0	772
	갯벌	0	7	**950**	32	82	21	0	0	1092
	공장지	0	86	0	**399**	13	0	0	1	499
	도심지	0	20	145	271	**310**	15	0	9	770
	산림	0	0	0	2	2	**461**	2	1	468
	농지	0	0	0	0	0	12	**112**	0	124
	초지	0	0	0	45	1	12	2	**421**	481
계		777	613	1095	1022	408	521	116	432	**4984**

오차행렬에서 대각선에 해당하는 성분은 정확하게 분류된 화소 수이며, 세로축은 참조자료를 이용하여 각 등급별로 추출한 평가용 표본의 화소 수에 해당하며, 가로축은 영상분류 결과에 나타난 화소 수다. 먼저 전체정확도(overall accuracy)는 정분류된 화소 3929개를 전체 표본 화소 4984개로 나눈 78.8%가 된다. 비록 78.8%의 분류정확도는 높은 정확도가 아님에도, 평가를 위하여 각 등급에 할당된 표본 수를 보면 분류등급별 면적 비율에 따라 평가용 표본이 배분된 게 아니라,

일부 분류등급에 표본점이 편중되었음을 볼 수 있다. 가령 갯벌은 전체 영상에서 차지하는 비율이 5% 미만임에도 가장 많은 표본점이 사용되었다. 갯벌은 비교적 동질의 분광특성을 가지고 있으므로 상대적으로 높은 분류 정확도를 갖는다. 따라서 과다한 갯벌표본으로 전체 정확도가 약간 향상되었다고 할 수 있다. 이와 같이 영상분류의 정확도는 표본의 숫자뿐만 아니라 배분에 따라 좌우될 수 있다.

각 분류등급별 정확도는 영상분류를 수행한 생산자 정확도(producer's accuracy)와 분류된 결과를 사용하는 입장에서 평가하는 사용자 정확도(user's accuracy)로 나눌 수 있다. 생산자 정확도는 평가에 사용된 화소 수에 기초하여 산출한 정확도로서 누락오차(ommission error)만을 나타낸다. 표 7-37은 오차행렬에서 8개 분류등급별 생산자 정확도와 사용자 정확도를 계산한 결과다. 나지는 평가에 사용된 613개 표본 중 499개가 정확하게 분류되었으므로, 생산자 입장에서는 81.4%의 정확도를 주장할 수 있다. 그러나 사용자의 관점에서는 나지로 분류된 화소가 772개인데 정분류된 화소는 499개이므로 64.6%의 정확도를 주장할 수 있다. 사용자 정확도는 오분류된 화소에 치중한 수행오차(commission error)를 나타낸다. 이와 같이 두 평가자의 관점에 따라 정확도는 다를 수 있으며, 이를 절충한 정확도 평가 지표로 카파(Kappa) 통계값이 있다(Congalton, 1991).

표 7-37 인천지역 토지피복분류 결과 정확도 오차행렬에서 추출한 등급별 생산자 및 사용자 정확도

분류등급	생산자 정확도		사용자 정확도	
	계산	%	계산	%
수면	777/777	100	777/778	99.9
나지	499/613	81.4	499/772	64.6
갯벌	950/1095	86.8	950/1092	87.0
공장지	399/1022	39.0	399/499	80.0
도심지	310/408	76.0	310/770	40.3
산림	461/521	88.5	461/468	98.5
농지	112/116	96.6	112/124	90.3
초지	421/432	97.5	421/481	87.5

카파 통계값은 두 평가자의 신뢰도를 나타내기 위하여 사용하는 확률로서, 원격탐사에 1980년대에 소개되었다. 카파 통계값은 사용자 정확도와 생산자 정확도의 일치 여부를 나타내는 통계값으로, 전체 정확도와 함께 자주 사용한다. 오차행렬에서 카파 지수는 다음과 같이 산출한다.

$$\widehat{K} = \frac{N\sum_{i=1}^{k} n_{ij} - \sum_{i,j=1}^{k}(n_{i+} \cdot n_{j+})}{N^2 - \sum_{i,j=1}^{k}(n_{i+} \cdot n_{j+})} \tag{7.62}$$

여기서 K=카파 계수

N=평가에 사용된 전체 화소 수

n_{ij}=정분류된 대각선 성분의 화소 수

n_{i+}=평가에 사용된 등급별 평가용 참조자료의 화소 수

n_{j+}=분류결과로 나타난 등급별 화소 수

위의 인천지역 오차행렬에서 다음과 같이 카파 지수를 산출하면 0.753이 되며, 일반적으로 전체 정확도보다 낮게 나타난다.

$$\widehat{K} = \frac{(4898 \times 3929) - [(777 \times 778) + (613 \times 772) + \cdots + (432 \times 481)]}{4898^2 - [(777 \times 778) + (613 \times 772) + \cdots + (432 \times 481)]} = 0.753$$

분류정확도를 표시하는 카파 통계값의 유효성 여부에 대한 논쟁이 있지만, 생산자 정확도와 사용자 정확도를 연결하는 나름대로의 의미를 갖고 있다. 영상분류 결과의 정확도 평가는 전적으로 평가용 표본자료에 기초하므로, 오차행렬에서 계산된 정확도 지표보다, 표본 추출 방법과 과정이 더욱 중요하다. 영상분류 정확도 평가를 위한 표본점 선정 및 추출 과정에서 분석자의 주관을 배제할 수 없기 때문에, 카파 통계값에 대한 논쟁보다는 오차 행렬의 구조와 표본점 추출 방법을 살펴서 제대로 된 정확도 평가 여부를 판단하는 지혜가 필요하다.

참고문헌

김광은, 2017. Iterative Error Analysis 기반 분광혼합분석에 의한 초분광영상의 표적물질 탐지 기법, 대한원격탐사학회지, 33(5_1): 547-557.

김윤형, 이규성, 2000. 고해상도 다중분광영상 제작을 위한 합성방법의 비교, 대한원격탐사학회지, 16(1): 87-98.

김은숙, 이승호, 조현국, 2010. 북한 산림황폐지의 질감특성을 고려한 분할영상 기반 토지피복분류, 대한원격탐사학회지, 26(5): 477-487.

나상일, 박찬원, 정영근, 강천식, 최인배, 이경도, 2016. 원격탐사 기반 맥류 작황 추정을 위한 최적 식생지수 선정, *Korean Journal of Remote Sensing*, 32(5): 483-497.

서원우, 이규성, 2021. 영상분할 결과 평가 방법의 적용성 비교 분석, 대한원격탐사학회지, 37(2): 257-274.

송아람, 최재완, 장안진, 김용일, 2015. IEA(Iterative Error Analysis)와 분광혼합분석기법을 이용한 초분광영상의 변화탐지, 대한원격탐사학회지, 31(5): 361-370.

신지선, 박 욱, 원중선, 2014. 정지궤도 천리안위성 해양관측센서 GOCI의 Tasseled Cap 변환계수 산출연구, 대한원격탐사학회지, 30(2): 275-292.

신정일, 이규성, 2012. 초분광영상에 대한 표적탐지 알고리즘의 적용성 분석, 대한원격탐사학회지, 28(4): 369-392.

이권호, 염종민, 2019. 인공위성 원격탐사를 이용한 대기보정 기술 고찰, 대한원격탐사학회지, 35(6_1): 1011-1030.

이기원, 전소희, 권병두, 2005. GLCM/GLDV 기반 Texture 알고리즘 구현과 고 해상도 영상분석 적용, 대한원격탐사학회지, 21(2): 121-133.

이상훈, 2017. PAN-SHARPENED 고해상도 다중 분광 자료의 영상 복원과 분할, 대한원격탐사학회지, 33(6_1): 1003-1017.

이정빈, 허준, 어양담, 2007. 객체 기반 영상 분류에서 최적 가중치 선정과 정확도 분석 연구, 대한원격탐사학회지, 23(6): 521-528.

이지민, 이규성, 2003. 분광혼합분석 기법에 의한 산림피복 정보의 특성 분석, 대한원격탐사학회지, 19(6): 411-419.

이하성, 오관영, 정형섭, 2014. 고해상 광학센서의 스펙트럼 응답에 따른 영상융합 기법 비교분석, 대한원격탐사학회지, 30(2): 227-239.

전의익, 김경우, 조성빈, 김성학, 2019. 드론 초분광 영상 활용을 위한 절대적 대기보정 방법의 비교 분석, 대한원격탐사학회지, 35(2): 203-215.

정민경, 한유경, 최재완, 김용일, 2018. KOMPSAT 영상을 활용한 SLIC 계열 Superpixel 기법의 최적 파라미터 분석 및 변화 탐지 성능 비교, 대한원격탐사학회지, 34(6_3): 1427-1443.

Ahl, D.E., S.T. Gower, S.N. Burrows, N.V. Shabanov, R.B. Myneni, and Y. Knyazikhin, 2006. Monitoring spring canopy phenology of a deciduous broadleaf forest using MODIS, *Remote Sensing of Environment* , 104(1): 88-95.

Amarsaikhan, D., H.H. Blotevogel, J.L. van Genderen, M. Ganzorig, R. Gantuya and B. Nergui, 2010. Fusing high-resolution SAR and optical imagery for improved urban land cover study and classification. *International Journal of Image and Data Fusion*, Vol. 1, No. 1, March 2010, pp. 83-97.

Anderson, J. R., E. E. Hardy, J. T. Roach, and R. E. Witmer, 1976. A land use and land cover classification system for use with remote sensor data, USGS Professional Paper 964.

Banerjee, K., D. Notz, J. Windelen, S. Gavarraju and M. He, 2018. Online Camera LiDAR Fusion and Object Detection on Hybrid Data for Autonomous Driving, 2018 IEEE Intelligent Vehicles Symposium(IV), Changshu, pp. 1632-1638.

Blaschke, T. 2010. Object based image analysis for remote sensing, *ISPRS Journal of Photogrammetry and Remote Sensing*, 65(1): 2-16.

Blum, R.S. Blum, Zheng Liu(ed.), 2005. Multi-Sensor Image Fusion and Its Applications, 1st Edition, CRC Press

Byun, Y., J. Choi, and Y. Han2013. An Area-Based Image Fusion Scheme for the Integration of SAR and Optical Satellite Imagery, *IEEE Journal of Selected Topics in Applied Earth Observations and Remote Sensing*, 6(5), October 2013.

Chavez, Jr, P., G. Berlin, L. Sowers, 1984. Statistical Method for Selecting Landsat MSS Ratios. *Journal of Applied Photographic Engineering*. 8. 23-30.

Colby, J.D. 1991. Topographic normalization in rugged terrain, *Photogrammetric Engineering and Remote Sensing*, 57: 531-537.

Congalton, R., 1991. A Review of Assessing the Accuracy of Classifications of Remotely Sensed Data. *Remote Sensing of Environment*, 37: 35–46.

Corbane, C.,P. Politis,, P. Kempeneers, D. Simonetti,P. Soille, A. Burger, M. Pesaresi, F. Sabo,V. Syrris, and T.A Kemper, 2020. Global cloud free pixel-based image composite from Sentinel-2 data, Data in Brief, 31, 105737.

Cracknell, A. P.and L. W. B. Hayes, 1991. Introduction to Remote Sensing, 293 pp. Taylor & Francis.

Ekstrand, S.1996.Landsat TM-based forest damage assessment:Correction for topographic effects, *Photogrammetric Engineering and Remote Sensing*, 62(2): 151-161.

Frost, V.S., J.A. Stiles, K.S. Shamugan, and J.C. Holtzman, 1982. A model for radar images and its application to adaptive digital filtering of multiplicative noise, *IEEE Transaction on Pattern Analysis and Machine Intelligence*, 4(2): 157-166.

Frantz, D., M. Stellmes, P. Hostert, 2019. A Global MODIS Water Vapor Database for the Operational Atmospheric Correction of Historic and Recent Landsat Imagery, *Remote Sensing*. 11(3): 257.

Garzelli, G. A., L, R. Restaino, and L. Wald, 2015. A Critical Comparison Among Pansharpening Algorithms, *Ieee Transactions On Geoscience And Remote Sensing*, VOL. 53, NO. 5, pp. 2565-2586.

Guo, Y., J. Senthilnath, W. Wu, X. Zhang, Z. Zeng, and H. Huang, 2019. Radiometric calibration for multispectral camera of different imaging conditions mounted on a UAV platform, *Sustainability*, 11(4): 978.

Haralick, R.M., K. Shanmugam, and I. Dinstein, 1973. Textural Features for Image Classification, *IEEE Transactions on Systems, Man, and Cybernetics*. SMC-3(6): 610-621.

Huete, A., K. Didan, T. Miura, E. P. Rodriguez, X. Gao, L. G. Ferreira. 2002. Overview of the radiometric and biophysical performance of the MODIS vegetation indices. *Remote Sensing of Environment*, 83(2002) 195-213.

Jensen, J. R., 2016. Introductory Digital Image Processing: A Remote Sensing Perspective. 4th Editon, Pearson Prentice Hall, Inc.

Jiang, H., N. Lu, and L. Yao, 2016. A High-Fidelity Haze Removal Method Based on HOT for Visible Remote Sensing Images, *Remote Sensing*, 8: 844.

Johnson, B.A. and L. Ma, 2020. Image Segmentation and Object-Based Image Analysis for Environmental Monitoring: Recent Areas of Interest, Researchers' Views on the Future Priorities. *Remote Sensing*, 1772.

Kauth, R.J.and G.S. Thomas, 1976. "The tasseled Cap — A Graphic Description of the Spectral-Temporal Development of Agricultural Crops as Seen by LANDSAT." *Proceedings of the Symposium on Machine Processing of Remotely Sensed Data*, Purdue University of West Lafayette, Indiana, 1976, pp. 4B-41 to 4B-51.

Keshava N. and J. F. Mustard, 2002. Spectral unmixing, *IEEE Signal Processing Magazine*, vol. 19, no. 1, pp. 44-57.

Kim, Y., P.C. Kyriakdis, and N.-W. Park, 2020. A Cross-Resolution, Spatiotemporal Geostatistical Fusion Model for Combining Satellite Image Time-Series of Different Spatial and Temporal Resolutions. Remote Sensing, 12, 1553.

Kim, S.H., S.J. Kang, J. H. Chi, and K. S. Lee, 2007. Absolute atmospheric correction procedure for the EO-1 HYPERION data using MODTRAN code, *Korean Journal of Remote Sensing*, 23(1): 7-14.

Lee, K.S., 1997. Topographicnormalization of satellite synthetic aperture radar(SAR) imagery, *Journal of the Korean Society of Remote Sensing*, 13(1): 57-73.

Lee, K.S. and S.I. Lee, 2003. Assessment of post-flooding conditions of rice fields with multi-temporal satellite SAR data, *International Journal of Remote Sensing*, 24(17): 3457-3465.

Lee, K.S. and J.S. Yoon, Design of Near Real-time land monitoring system over the Korean Peninsula, 2008. *Journal of Geographic Information System Association of Korea*, 16(4): 411-420.

Lee, H. S., and K. S. Lee, 2018. Operational Atmospheric Correction Method over Land Surfaces for GOCI Images, *Korean Journal of Remote Sensing*, 34(1): 127-139.

Lee, H. S., W. W. Seo, and K. S. Lee, 2020. Damaged Trees Detection Using the Expansion of Deep Learning Model from UAV RGB Images to Multispectral Images, Proc. of IGARSS 2020, Sep. 20- Oct. 2, 2020. Virtual Symposium.

Lee, J.S.,1983.Digital image smoothing and the sigma filter, *Computer Vision, Graphics, and Image Processing*, 24: 255-269.

Lillesand, T., R.W. Kiefer,, and J. Chipman, 2015. Remote Sensing and Image Interpretation, 7th Edition, 736 pp.,

John Wiley & Sons, Inc.,

Minnaert, M., 1941. The reciprocity principle in Lunar photometry, *Astrophys. Journal*, 93: 403-410.

OptiSAR Team, https://directory.eoportal.org/web/eoportal/satellite-missions/o/optisar

Pohl, C. and J. L. Van Genderen, 1998. Review article Multisensor image fusion in remote sensing: Concepts, methods and applications, *International Journal of Remote Sensing*, 19:5, 823-854.

Riggs, G. A., D. K. Hall, and M. O. Roman. 2015. VIIRS Snow Cover Algorithm Theoretical Basis Document. https://modis-snow-ice.gsfc.nasa.gov

Teillet, P.M. et al. 1982. On the slope-aspect correctionof multispectralscanner data. *Canadian Jour. of Remote Sensing*, 8(2): 84-106.

Vetterli, M. and J. Kovacevic, 1995. Wavelets and Subband Coding, Prentice Hall.

Vivone, G.,L. A, J. Chanussot, M. D. Mura, A. Garzelli,G. A. Licciardi, R.Restaino, and L. Wald, 2015. A Critical Comparison Among Pansharpening Algorithms, *IEEE Transactions on Geoscience and Remote Sensing*, 53(5): 2565-2586.

Wang, C. and S. W. Myint, 2015. A Simplified Empirical Line Method of Radiometric Calibration for Small Unmanned Aircraft Systems-Based Remote Sensing, *IEEE Journal of Selected Topics in Applied Earth Observations and Remote Sensing* 8(5): 1-10.

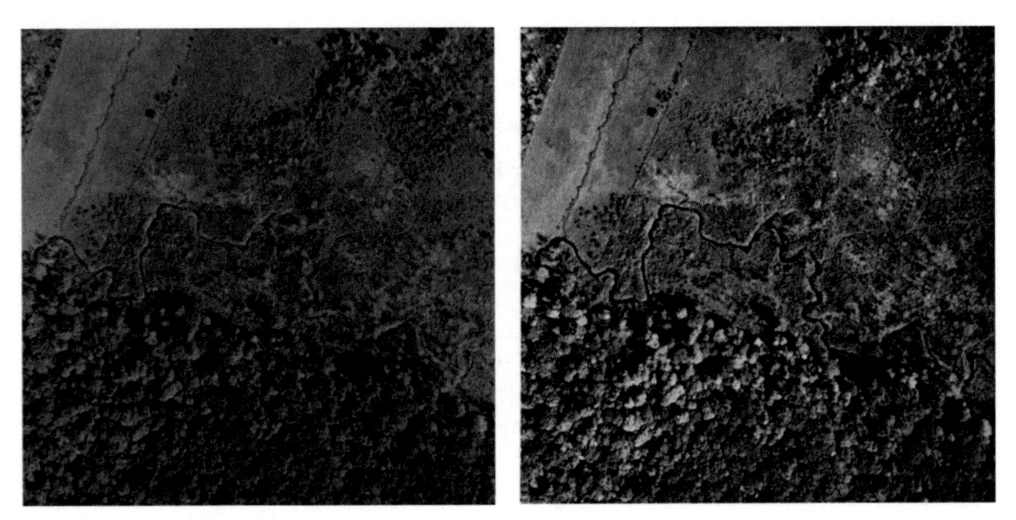

컬러 그림 3-4 미국 동부 코네티컷주 혼효림 지역의 컬러 사진과 컬러적외선 사진의 비교(1992년 10월 7일 촬영) (본문 p.79)

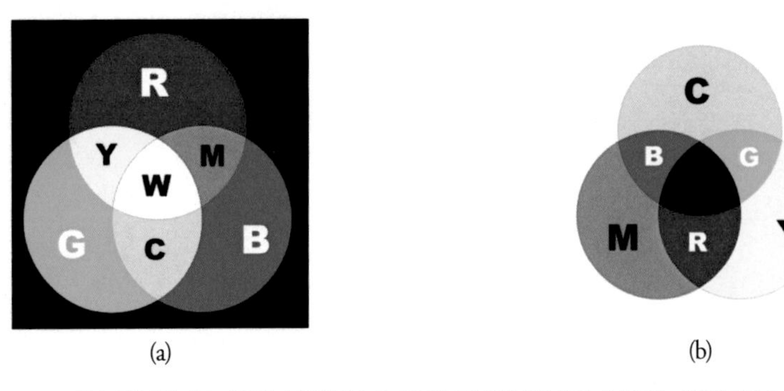

컬러 그림 3-13 색의 생성원리로 빛의 삼원색인 RGB의 가색혼합(a)과 염료의 삼원색인 YMC의 감색혼합(b) (본문 p.91)

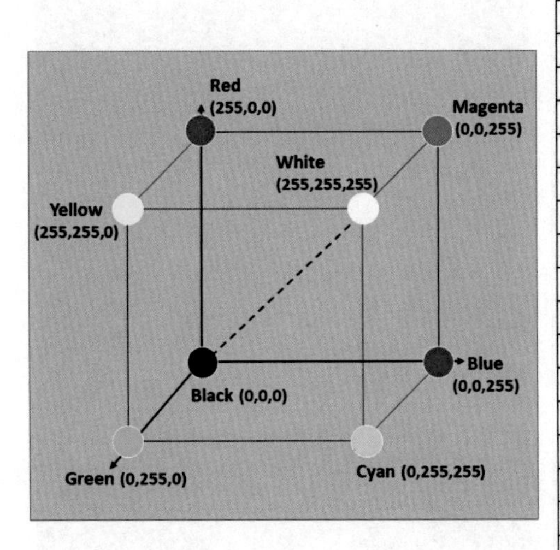

Color name	RGB triplet	Color
Red	(255, 0, 0)	
Lime	(0, 255, 0)	
Blue	(0, 0, 255)	
White	(255, 255, 255)	
Black	(0, 0, 0)	
Gray	(128, 128, 128)	
Fuchsia	(255, 0, 255)	
Yellow	(255, 255, 0)	
Aqua	(0, 255, 255)	
Silver	(192, 192, 192)	
Maroon	(128, 0, 0)	
Olive	(128, 128, 0)	
Green	(0, 128, 0)	
Teal	(0, 128, 128)	
Navy	(0, 0, 128)	
Purple	(128, 0, 128)	

컬러 그림 3-16 3차원으로 표시한 RGB 컬러공간과 일상에 사용하는 주요 색의 RGB값(본문 p.95)

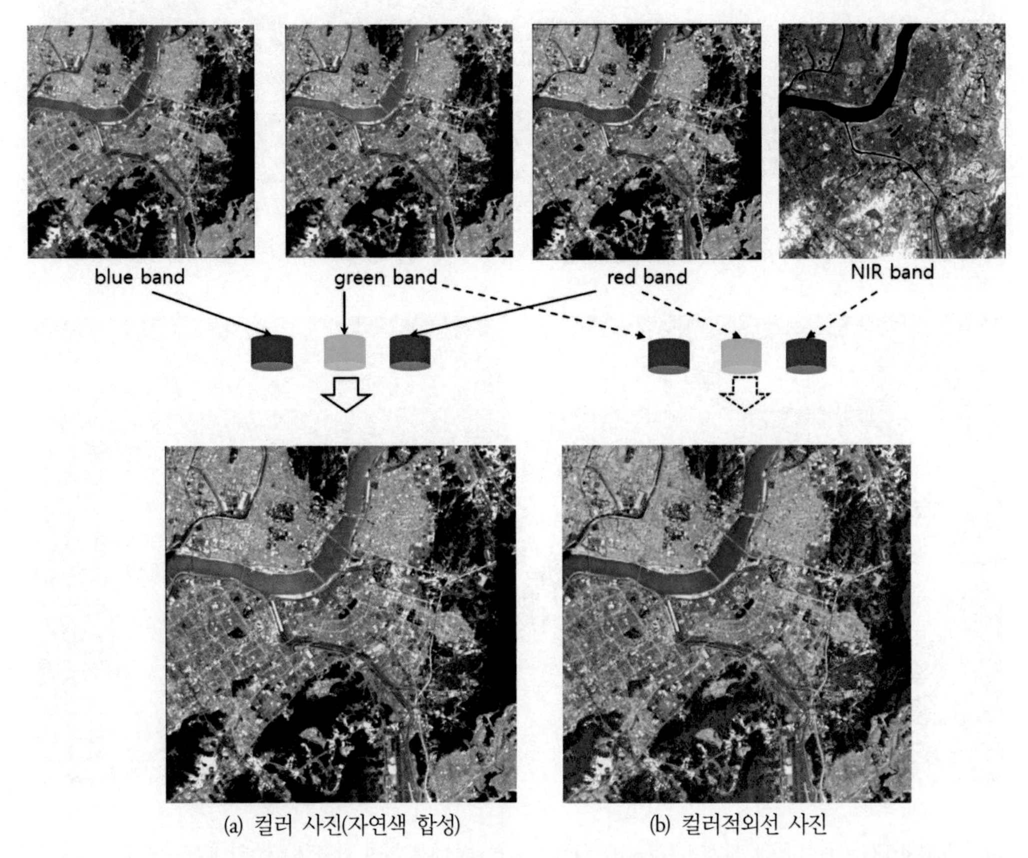

(a) 컬러 사진(자연색 합성)　　(b) 컬러적외선 사진

컬러 그림 3-17 다중분광영상을 이용한 RGB 컬러합성을 통하여 제작되는 자연색 컬러 사진(a)과 컬러적외선 사진(b)과 동일한 색이 생성(본문 p.96)

(a) 코로나감염 진단을 위한 체온 측정

(c) 건물 열손실 탐지

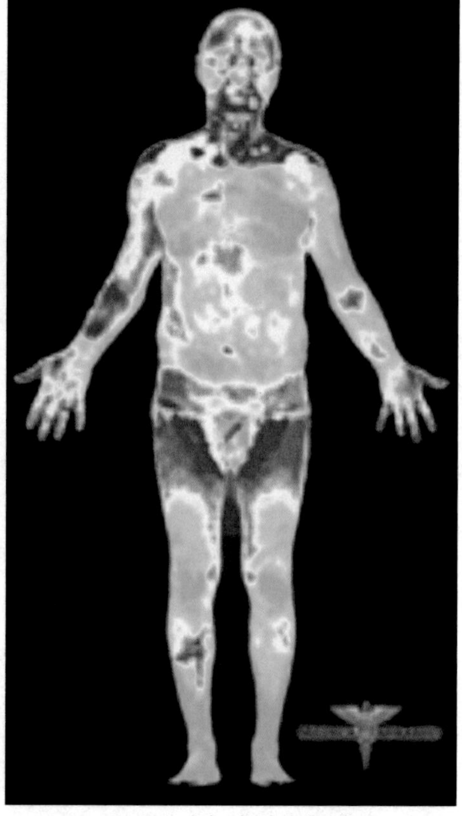

(b) 통증진단 및 인체검색용

컬러 그림 4-58 일상에서 쉽게 볼 수 있는 열적외선 영상의 사례(본문 p.199)

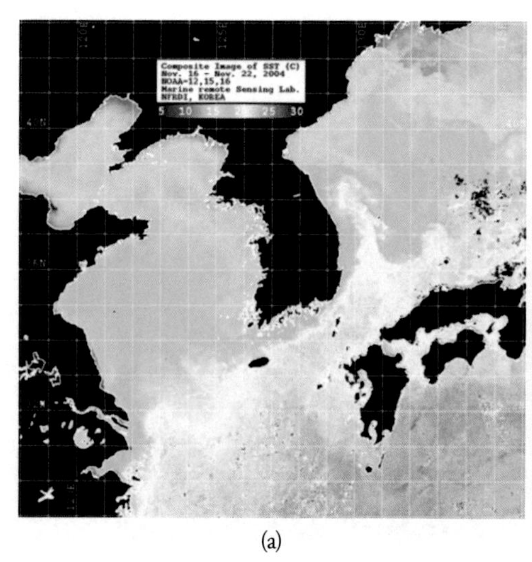

(a)

(b)

컬러 그림 4-60 일주일 동안 촬영한 AVHRR 열적외선 영상을 처리하여 산출된 해수면 온도(SST) 영상(a)과 항공 열적외선 영상의 화소값을 적정 색으로 출력한 컬러 영상(b) (본문 p.201)

컬러 그림 4-63 MODIS 열적외선 영상에서 추출된 2001년 5월의 해수면 온도(SST) 자료로 육지와 극권은 제외하고 바다, 호수, 강의 수면 온도만을 산출하였음(본문 p.204)

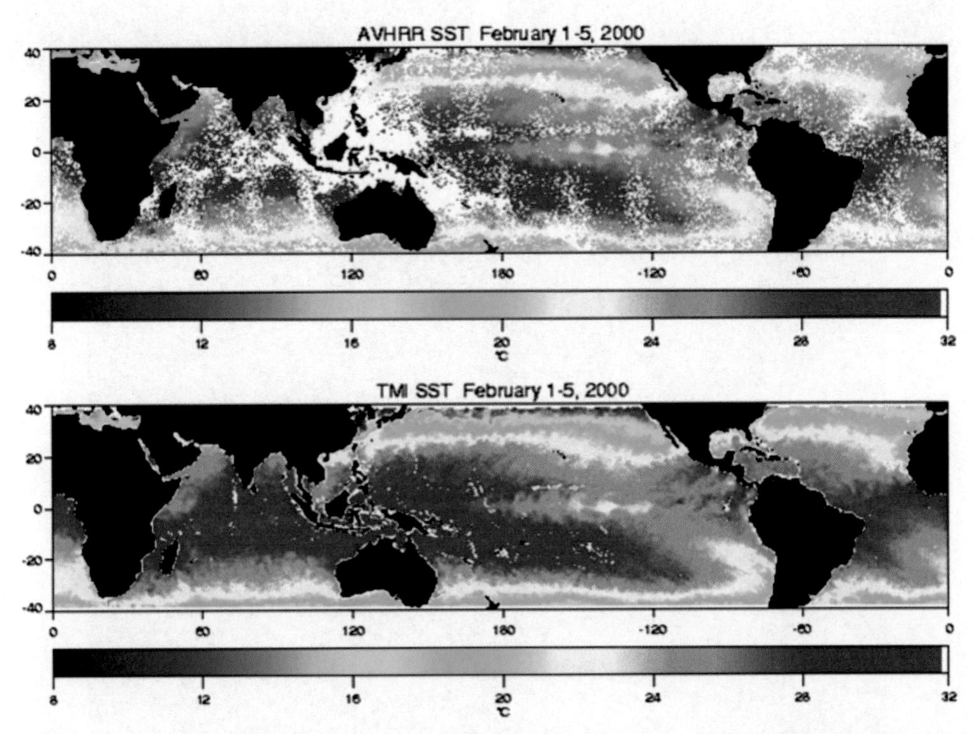

컬러 그림 5-49 동일 기간에 수동 마이크로파 검출기(TMI) 영상과 열적외선 영상(AVHRR)에서 얻어진 해수면 온도(SST) 자료의 비교(본문 p.275)

(a) (b) (c)

컬러 그림 5-56 지상 라이다를 건축 현황 측량(a), 구조물 변형 조사(b), 수목의 측정(c)에 활용한 사례 (본문 p.285)

컬러 그림 6-3 Landsat-1호에서 1972년 10월 31일에 촬영된 한반도 지역 최초의 MSS영상으로 서울 지역의 옛 모습을 볼 수 있음(본문 p.303)

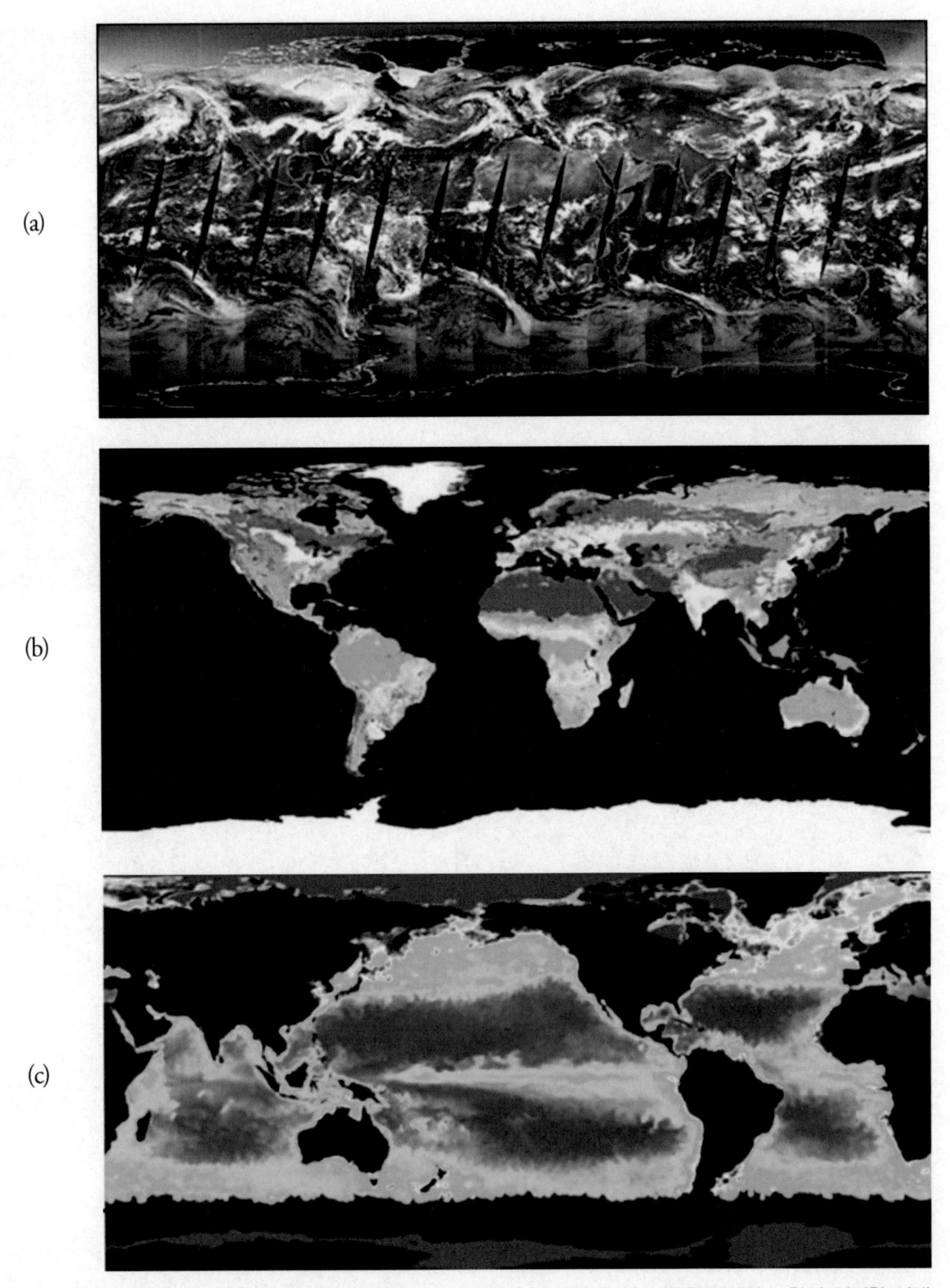

컬러 그림 6-9 AVHRR 및 MODIS와 같은 저해상도 일별 영상(a)을 중첩하여 구름을 제거하고 합성 처리한 식생지수(b)와 해수면 온도(c) (본문 p.316)

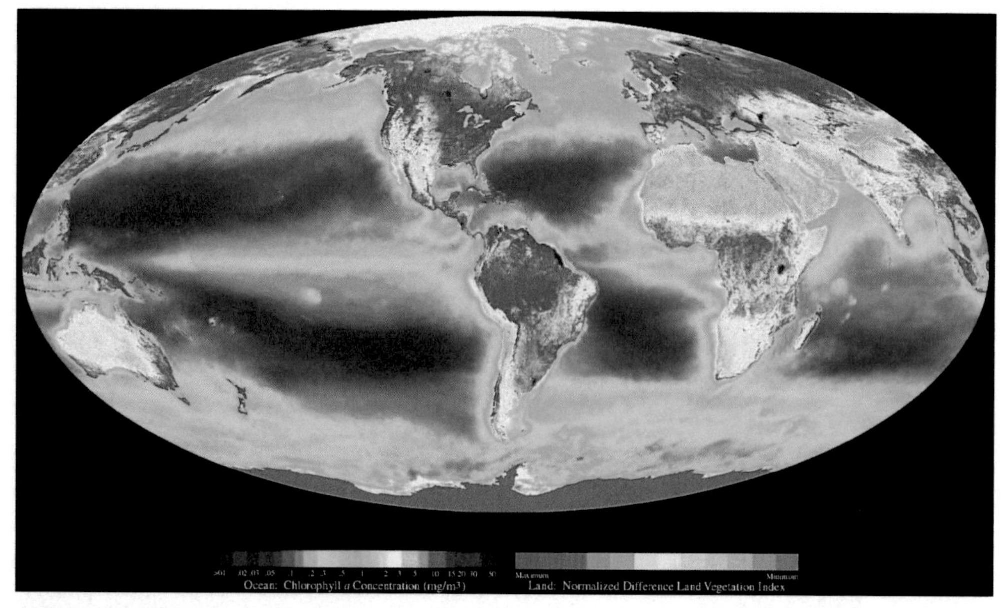

컬러 그림 6-11 SeaWiFS 영상에서 추출한 해수면의 엽록소 분포와 육지의 식생지수 자료(NASA, 2021) (본문 p.323)

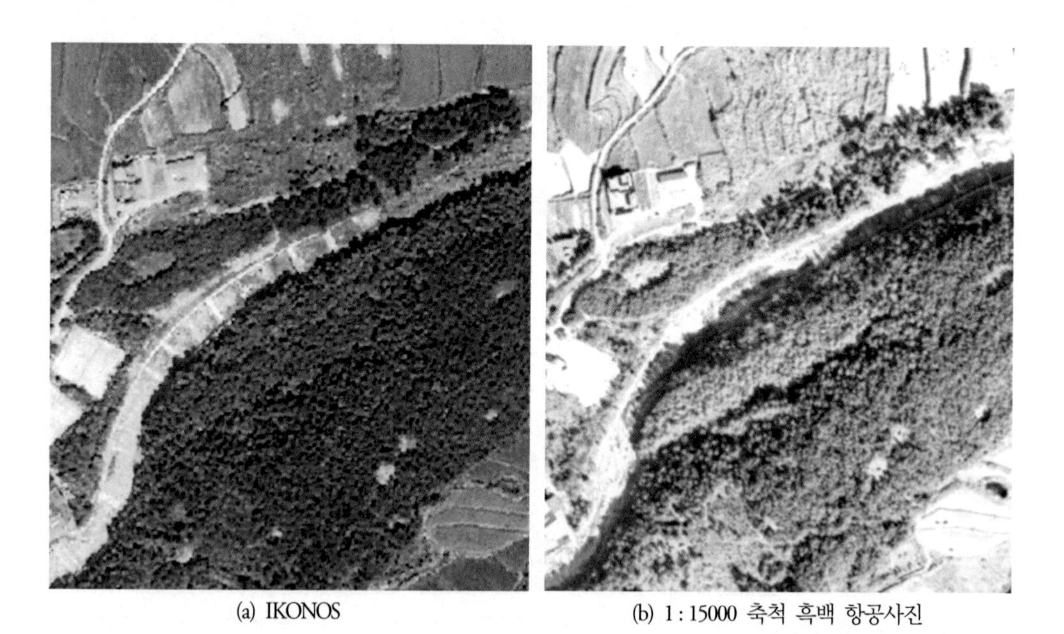

(a) IKONOS

(b) 1 : 15000 축척 흑백 항공사진

컬러 그림 6-12 컬러적외선 사진과 동일한 방식으로 컬러합성된 IKONOS 영상과 흑백 항공사진 비교 (본문 p.325)

(a) AEISS-A 다중분광영상

(b) IIS 열적외선 영상

컬러 그림 6-15 KOMPSAT-3A 위성의 고해상도 다중분광센서(AEISS-A)로 촬영한 김포공항의 자연색영상(a)과 열적외선센서(IIS)로 촬영한 서울 시내 열적외선 영상(b)(한국항공우주연구원, 2021) (본문 p.332)

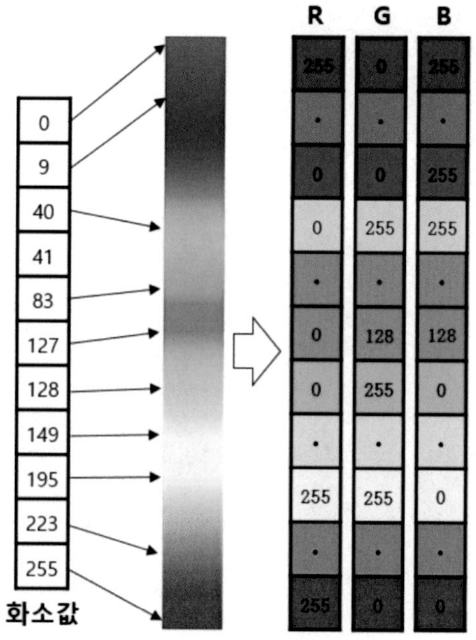

(a) 무지개 색조의 컬러영상 출력을 위한 조견표(LUT)

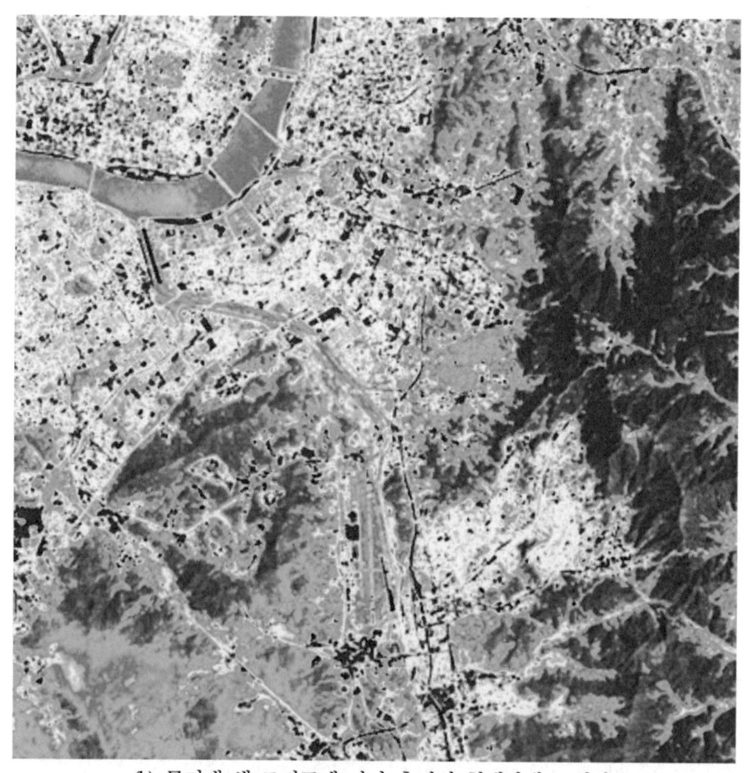

(b) 무지개 색 조견표에 따라 출력된 청색광밴드 영상

컬러 그림 7-19 단일밴드영상을 무지개 색조의 256색으로 출력하기 위한 조견표(a)와 이를 이용하여 출력한 서울 동부 지역의 Landsat-5 TM 청색광밴드 영상(b) (본문 p.387)

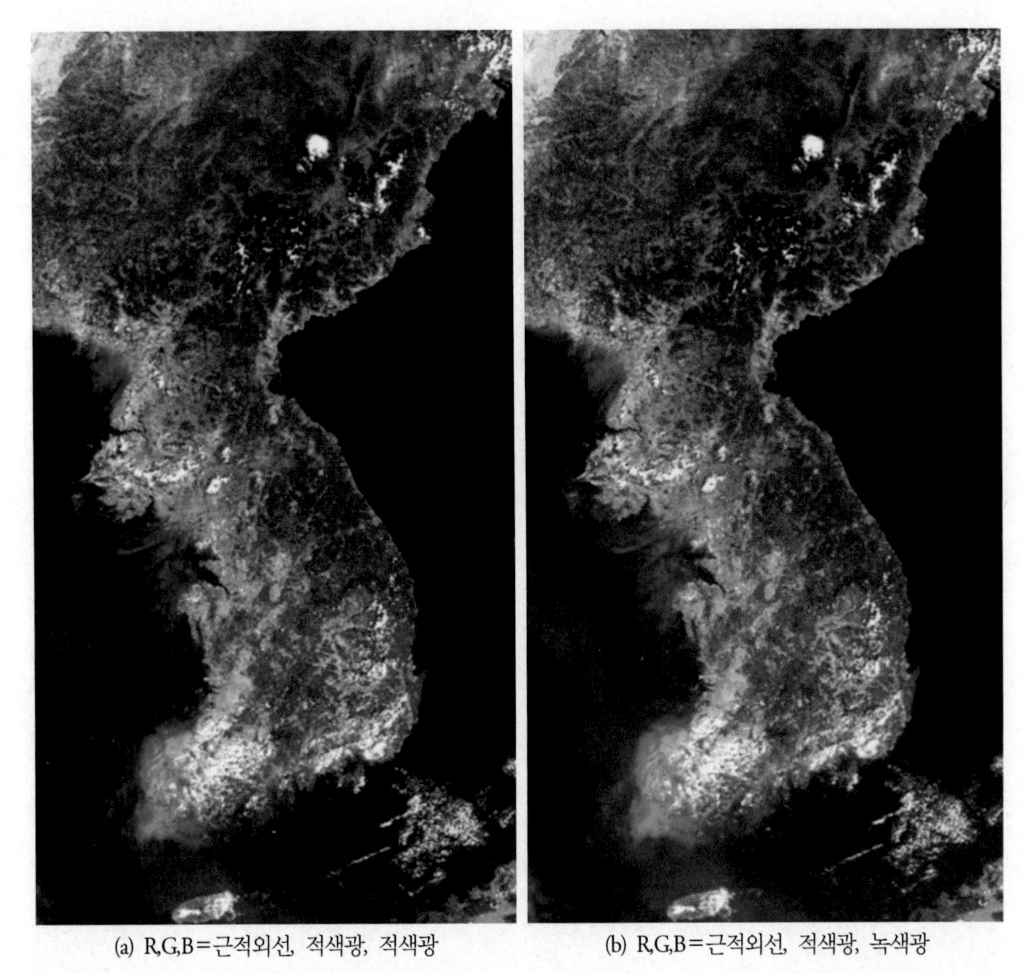

(a) R,G,B=근적외선, 적색광, 적색광　　(b) R,G,B=근적외선, 적색광, 녹색광

컬러 그림 7-21 MODIS 두 개 밴드로 RGB 합성한 컬러영상(a)과 세 개 밴드로 합성한 컬러영상(b)의 비교 (본문 p.389)

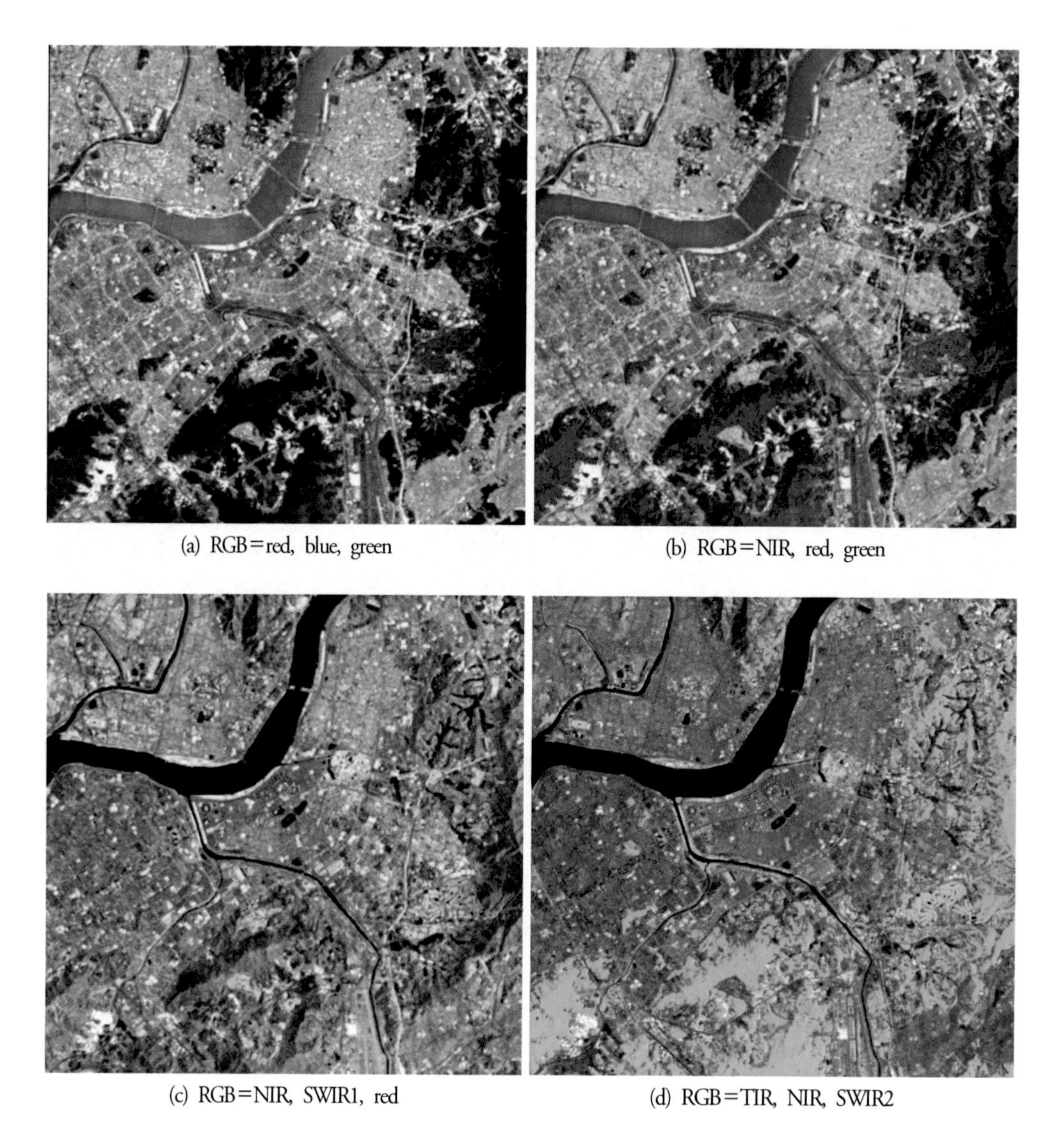

(a) RGB=red, blue, green

(b) RGB=NIR, red, green

(c) RGB=NIR, SWIR1, red

(d) RGB=TIR, NIR, SWIR2

컬러 그림 7-23 Landsat TM의 7개 분광밴드에서 세 개 밴드를 추출하여 RGB 합성한 컬러영상의 예로 자연색 합성(a)과 컬러적외선 사진과 동일한 색으로 구현한 영상 합성(b) (본문 p.391)

컬러 그림 7-25 다중시기 SAR 영상을 이용한 RGB 컬러합성을 이용한 변화 탐지(1999년 7월 7일(R), 8월 4일(G), 8월 14일(B) 촬영한 영상에서 보이는 경기도 북부 지역의 침수 피해지 및 복구 현황) (본문 p.395)

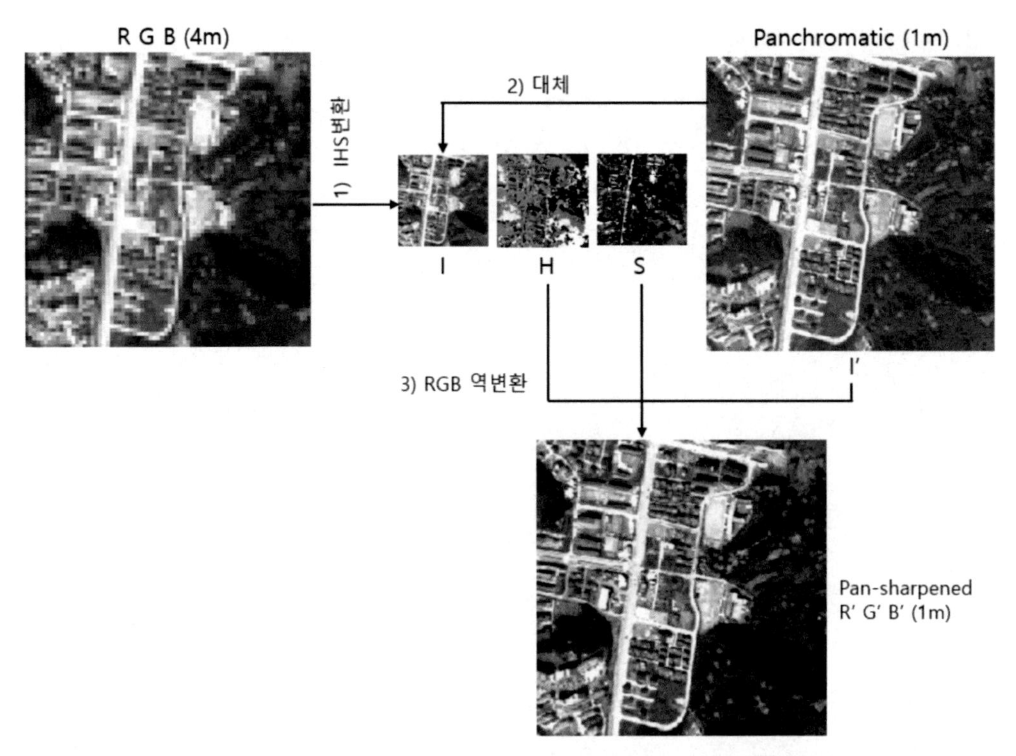

컬러 그림 7-63 IHS 변환 방법으로 저해상도 컬러영상과 고해상도 전정색영상을 융합하는 pan-sharpening 과정(본문 p.454)

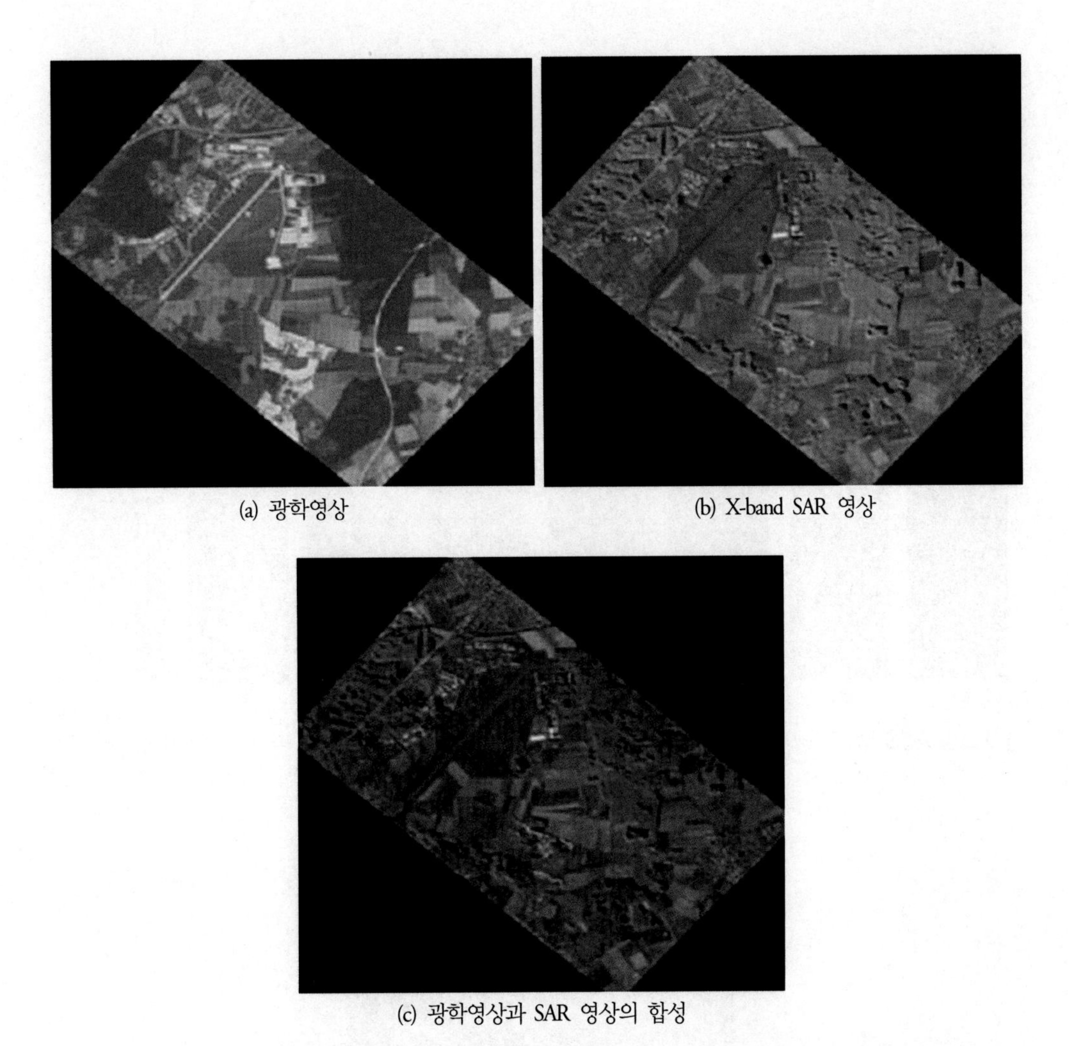

(a) 광학영상

(b) X-band SAR 영상

(c) 광학영상과 SAR 영상의 합성

컬러 그림 7-67 광학영상과 SAR 영상의 합성 사례로 동시에 촬영된 고해상도 광학영상(a)과 X-밴드 SAR 영상(b)을 합성한 결과(c) © OptiSAR Team, https://directory.eoportal.org/ (본문 p.463)

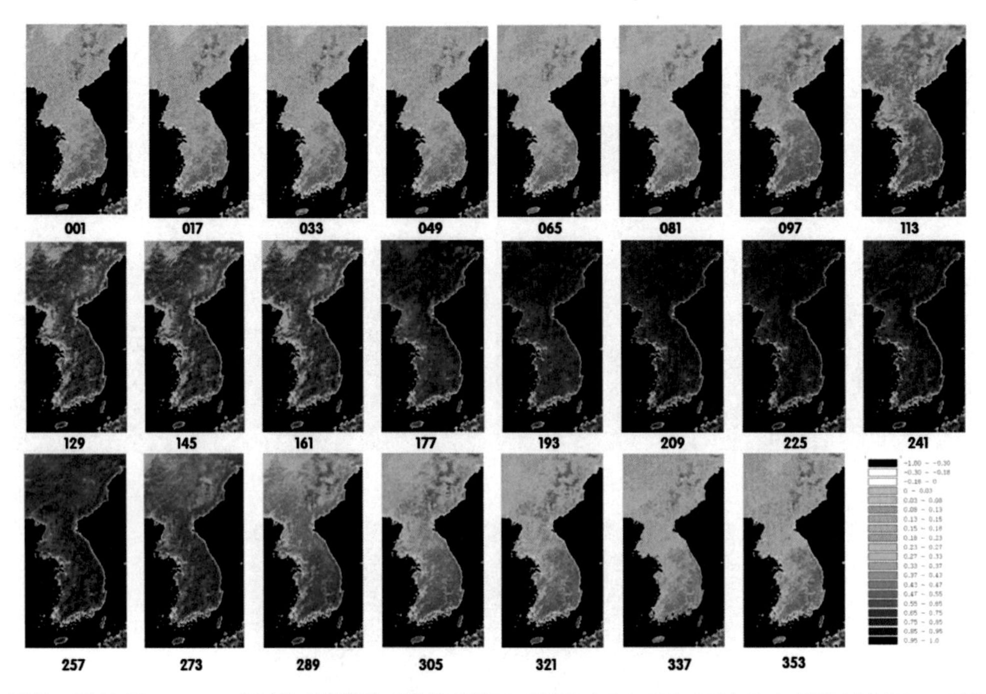

컬러 그림 7-83 MODIS 영상을 이용하여 산출한 한반도 지역의 11년 평균 16일 주기 식생지수(본문 p.487)

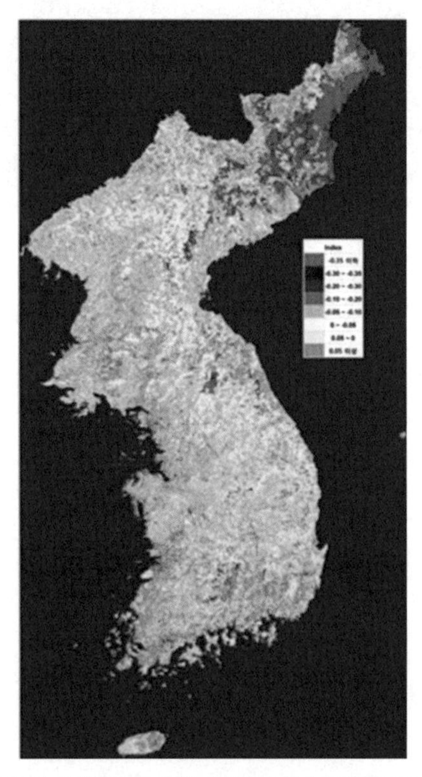

컬러 그림 7-84 한반도 지역의 현재 식생지수와 동일 시점의 예년 평균(2000~2010년) 식생지수와의 차이인 NDVI 이상값(anomaly) 영상(본문 p.489)

컬러 그림 7-88 PCA 변환으로 생성한 처음 세 개 주성분으로 합성한 컬러영상(RGB=PC1, PC2, PC3)
(본문 p.499)

찾아보기

ㅇ

G

H

I

J

K

R

S

T

U

V

W

Y

저자 **이규성**

인하대학교 공간정보공학과 교수를 역임하고, 현재 명예교수로서 원격탐사 강의와 연구를 지속하고 있다. 원격탐사 공부는 건국대학교 임학과에서 처음 접한 항공사진에서 비롯했다. 이후 아이오와 및 콜로라도 주립대학교에서 토지이용 및 산림 원격탐사 연구로 석박사를 마쳤다. 코넬대학교와 국립산림과학원에서 환경변화 분석을 위한 원격탐사 방법에 관한 연구를 수행했다. 1994년 인하대학교에 부임하여 재직 중이다. 주요 연구관심 분야는 식생 원격탐사, 초분광영상 분석 및 활용, 광학영상의 대기보정, 토지피복 변화 모니터링 등이다. (사)대한원격탐사학회 학회지 편집위원장 및 회장을 역임했다.

원격탐사 원리와 방법

초판인쇄 2021년 7월 15일
초판발행 2021년 7월 22일
초판2쇄 2024년 2월 28일

저　　자 이규성
펴 낸 이 김성배
펴 낸 곳 도서출판 씨아이알

편 집 장 박영지
책임편집 최장미
디 자 인 백정수, 윤미경
제작책임 김문갑

등록번호 제2-3285호
등 록 일 2001년 3월 19일
주　　소 (04626) 서울특별시 중구 필동로8길 43(예장동 1-151)
전화번호 02-2275-8603(대표)
팩스번호 02-2265-9394
홈페이지 www.circom.co.kr

I S B N 979-11-5610-976-1 93530
정　　가 32,000원